五金实用技术1000问

主　编　高晓芳　刘光启
副主编　赵　梅　戚丽丽
主　审　孟庆东

机 械 工 业 出 版 社

本书以问答的形式介绍了五金产品的相关知识，主要内容包括金属材料的基础知识、常用金属材料的品种与特点、常用金属材料的规格、测量工具、手工工具、钳工工具、切削与装夹工具、焊割工具、气动与液压工具、电动工具、木工工具、建筑工具、电工工具、电器五金件、紧固件与连接件、传动件与支持件、密封件与润滑件、建筑装潢五金件、起重工具和消防器材，共20章。本书内容丰富、取材新颖、易读易用，具有较强的实用性和针对性。

本书适合从事五金产品设计、生产、营销、采购、管理的人员及五金产品用户使用，也可供相关专业在校师生参考。

图书在版编目（CIP）数据

五金实用技术1000问/高晓芳，刘光启主编．—北京：机械工业出版社，2017.7

ISBN 978-7-111-57495-8

Ⅰ.①五…　Ⅱ.①高…②刘…．Ⅲ.①五金制品—问题解答　Ⅳ.①TS914-44

中国版本图书馆CIP数据核字（2017）第176088号

机械工业出版社（北京市百万庄大街22号　邮政编码100037）
策划编辑：陈保华　　　　　责任编辑：陈保华　章承林
责任校对：肖　琳　刘志文　封面设计：马精明
责任印制：常天培
涿州市京南印刷厂印刷
2018年1月第1版第1次印刷
169mm×239mm・41印张・890千字
0001–3000册
标准书号：ISBN 978-7-111-57495-8
定价：119.00元

凡购本书，如有缺页、倒页、脱页，由本社发行部调换
电话服务　　　　　　　　　　网络服务
服务咨询热线：010-88361066　机 工 官 网：www.cmpbook.com
读者购书热线：010-68326294　机 工 官 博：weibo.com/cmp1952
　　　　　　　010-88379203　金 书 网：www.golden-book.com
策 划 编 辑：010-88379734　教育服务网：www.cmpedu.com

前言

随着工业的迅猛发展，五金实用技术在人们生产、工作和学习中的重要性更加凸显，五金涉及各行各业，并与企业和个人的生产生活紧密相关。因而，及时地介绍有关五金技术最新的专业资讯成为当务之急。本书以问答的形式介绍了五金实用技术中的典型问题和数据。

本书以实用为前提，既注重理论又与实践相结合，介绍了常用的基础知识和五金产品的品种、规格、性能、用途等实用知识。本书共收集问题1000多个，主要内容包括金属材料的基础知识、常用金属材料的品种与特点、常用金属材料的规格、测量工具、手工工具、钳工工具、切削与装夹工具、焊割工具、气动与液压工具、电动工具、木工工具、建筑工具、电工工具、电器五金件、紧固件与连接件、传动件与支持件、密封件与润滑件、建筑装潢五金件、起重工具和消防器材，共20章。

本书具有内容丰富、取材新颖、易读易用的特点，适合从事五金产品设计、生产、营销、采购、管理的人员及五金产品用户使用，也可供相关院校师生参考。

本书由高晓芳、刘光启任主编，赵梅、戚丽丽任副主编，孟庆东任主审。参与编写的人员还有王沙沙、马迎亚、刘营、任孟成、徐永涛、徐博成、李健、柴绪辉、田圣涛、张玲玲、黄学文、孙伟强、刘国强、刘勇、褚庆明、朱建鑫等，他们对本书的编写、策划和大纲制定等工作提出了许多意见和建议，在此表示衷心的感谢。

在本书编写过程中，参阅了大量的文献资料，在此谨向相关作者表示衷心的感谢。热切期望各位读者在使用过程中，提出宝贵意见和建议，以便有机会再版时改进。

作　者

目录

章 目 录

详细目录

第1章

金属材料的基础知识

1.1 金属材料的分类

1.1.1 金属材料如何分类?

金属材料通常分为黑色金属材料、有色金属材料和特种金属材料。

1）黑色金属材料又称钢铁材料，包括含铁量为90%（质量分数）以上的工业纯铁、含碳量为2%～4%（质量分数）的铸铁、含碳量为小于2%（质量分数）的碳钢，以及各种用途的结构钢、不锈钢、耐热钢、高温合金、精密合金等。广义的黑色金属还包括铬、锰及其合金。

2）有色金属材料是指除铁、铬、锰以外的所有金属及其合金，通常分为轻金属、重金属、贵金属、稀有金属和稀土金属等。有色金属合金的强度和硬度一般比纯金属高，并且电阻大、电阻温度系数小。

3）特种金属材料包括不同用途的结构金属材料和功能金属材料。其中有通过快速冷凝工艺获得的非晶态金属材料，以及准晶、微晶、纳米晶金属材料等；还有隐身、抗氢、超导、形状记忆、耐磨、减振阻尼等特殊功能合金，以及金属基复合材料等。

1.1.2 钢和铁的区别是什么?

铁元素很活泼，容易与其他物质结合，在自然界中蕴藏量极为丰富，占地壳元素含量的5%（质量分数），居地球物质中的第四位。钢由生铁冶炼而成，有较高的机械强度和韧性，有的还具有耐热性、耐蚀性等特殊性能。

钢铁是含有少量合金元素和杂质的铁碳合金，按含碳量不同可分为生铁、熟铁、纯铁、铸铁和钢。

在习惯上，常说的钢铁是钢和铁的总称，主要由铁和碳两种元素构成，其化合物一般叫铁碳合金。含碳量多少是区别钢铁的主要标准，对钢铁的性质影响极大，当它增加到一定程度后就会引起质的变化。由铁原子构成的物质叫纯铁，杂质很少；熟铁的含碳量小于0.05%（质量分数），质地很软，塑性好，延展性好，容易变形，可以拉成丝，强度和硬度均较低，容易锻造和焊接，用途不广。生铁的含碳量超过2%（质量分数），几乎没有塑性；铸铁是指含碳量在2%（质量分数）以上的铸造铁碳合金的总称，通常由生铁、废钢、铁合金等以不同比例配合通过熔炼而成；钢的含碳量为0.02%～2.11%（质量分数），不仅有良好的塑性，而且强度高、韧性好、抗冲击，有的还具有耐高温、耐腐蚀、耐磨等优良的物化应用性能，因此被广泛利用。

1.1.3　钢如何分类？各有什么特点？

钢是含碳量在0.02%～2.11%（质量分数）之间的铁碳合金。为了保证其韧性和塑性，含碳量一般不超过1.7%（质量分数）。钢的主要元素除铁、碳外，还有硅、锰、硫、磷等。钢的分类方法多种多样，主要的分类方法有如下7种：

1. 按冶炼设备分类

（1）转炉钢　转炉钢冶炼时，把空气或氧气吹入铁液中，使铁液中的C、Mn、Si、P、S等迅速氧化，靠氧化时放出的热量来升温，而不靠燃料供热。由于节省燃料，转钢炉已成为主要钢种。

（2）平炉钢　平炉钢冶炼时，靠燃料（煤气或重柴油）的燃烧来熔化炉料和提高钢液温度，靠炉气中的氧气和加入铁矿石进行氧化反应。由于平炉钢消耗大量燃料，在20世纪末已被彻底淘汰。

（3）电炉钢　电炉钢是利用电能作为热源进行冶炼的。电炉钢主要用于生产高质量和高合金钢。电炉钢主要有电弧炉钢、电渣炉钢、感应炉钢、真空自耗炉钢、电子束炉钢。

2. 按脱氧程度分类

脱氧是指加入脱氧剂（如锰铁、硅铁、铝等），把钢液中多余的氧去掉。

（1）沸腾钢　只用锰铁脱氧，钢中含氧较多，浇注时，钢中氧与碳发生作用析出大量CO，因此钢液在钢模内呈沸腾现象，故称沸腾钢。沸腾钢成材率高，成本低，但化学成分不均匀，偏析、杂质多。沸腾钢牌号最后用“F”表示。

（2）镇静钢　用锰铁，还用硅铁（有时用铝）脱氧，钢中氧已很少，浇注时没有沸腾现象。镇静钢化学成分均匀，力学性能较好，但有缩孔，成本高。镇静钢牌号后加“Z”。

（3）半镇静钢　脱氧程度和性能在镇静钢与沸腾之间，钢牌号后加b。半镇静钢应用较少。

（4）特殊镇静钢　比镇静钢脱氧程度更充分彻底的钢。特殊镇静钢牌号后加“TZ”。特殊镇静钢的质量最好，适用于特别重要的结构工程。

3. 按化学成分分类

按化学成分，钢可分为碳素钢和合金钢，见表1-1。

表1-1　钢按化学成分分类

分　类	碳素钢		
	低碳钢	中碳钢	高碳钢
碳元素的含量（质量分数）	≤0.25%	>0.25%～0.6%	>0.6%
分　类	合金钢		
	低合金钢	中合金钢	高合金钢
合金元素的总含量（质量分数）	≤5%	5%～10%	>10%

4. 按钢的品质分类

(1) 普通钢 钢中含杂质元素较多，一般S、P的含量均小于0.07%（质量分数），如碳素结构钢、低合金高强度钢等。

1）Q195：强度低，塑性高，有良好的压力加工性和焊接性。用于制作铁丝网、铁钉、铆钉、薄铁皮等；制作日常生活用品，如水壶、水桶、铁皮烟囱、罐头等；也可制作农业机械，如打谷机、压碎机、犁片及一些焊接件。

2）Q215：性能与Q195基本相同，强度比Q195高一些，塑性略差一些，用途与Q195基本相同。

3）Q235：有较高的强度和硬度，塑性稍低，大多数在热轧状态下使用。适用于制造建筑结构、桥梁等用钢材，如角钢、槽钢、工字钢、钢筋钢等，以及农业机械中的犁、锄等和一般机械中的螺栓、连杆、心轴、拉杆等，也可用作不重要的焊接件，是应用最广泛的钢种。

4）Q275：强度高，有一定的耐磨性，但塑性低，一般在热轧状态下使用。制作要求有较高强度和一定耐磨性的机械零件，如机械制造中重要的轴、车轮、钢轨、拖拉机犁等。

(2) 优质钢 钢中含杂质元素较少，S、P的含量一般均小于或等于0.04%（质量分数），抗拉强度$R_m = 290 \sim 785\text{MPa}$，如优质碳素结构钢、合金结构钢、碳素工具钢和合金工具钢、弹簧钢、轴承钢等。

(3) 高级优质钢 钢中含杂质元素极少，S、P的含量一般均小于或等于0.04%（质量分数），如合金结构钢和工具钢等，钢牌号后面通常加符号“A”。

5. 按钢的用途分类

(1) 结构钢 包括建筑及工程用结构钢和机械制造用结构钢。

1）建筑及工程用结构钢，用于建筑、桥梁、船舶、锅炉或其他工程上制作金属结构件的钢，如碳素结构钢、低合金高强度钢和钢筋钢等。

2）机械制造用结构钢，用于制造机械设备上结构零件的钢，这类钢基本上都是优质钢或高级优质钢，主要有优质碳素结构钢、合金结构钢、易切结构钢、弹簧钢、滚动轴承钢和冲压用钢、冷镦用钢等。

(2) 工模具钢 包括碳素工具钢、合金工具钢、高速工具钢等，用于制造各种工具，如刃具钢、模具钢、量具钢等。

(3) 特殊钢 包括不锈钢、耐热钢、耐磨钢、磁钢、低温用钢、电工用钢、气阀钢等。

(4) 专业用钢 包括汽车用钢、农机用钢、航空用钢、化工机械用钢、锅炉用钢、电工用钢、焊条用钢等。

6. 按制造加工形式分类

(1) 铸钢 主要用于制造一些形状复杂、难以进行锻造或切削加工成形而又要求较高的强度和塑性的零件。

(2) 锻钢 指采用锻造方法生产出来的各种锻材和锻件，质量比铸钢件高，能承受大的冲击力作用，塑性、韧性和其他方面的力学性能也都比铸钢件高。

(3) 热轧钢 指用热轧方法生产出来的各种钢材。常用来生产型钢、钢管、钢板等大型钢材，也用于轧制线材。

(4) 冷轧钢　指用冷轧方法而生产出来的各种钢材，表面光洁、尺寸精确、力学性能好，常用来轧制薄板、钢带和钢管。

(5) 冷拔钢　指用冷拔方法而生产出来的各种冷拔钢材，精度高、表面质量好，主要用于生产钢丝，也用于生产直径在50mm以下的圆钢和六角钢，以及直径在76mm以下的钢管。

7. 按金相组织分类

1) 按退火后的金相组织分类，可分为亚共析钢（铁素体+珠光体）、共析钢（珠光体）、过共析钢（珠光体+渗碳体）和莱氏体钢（珠光体+渗碳体）等。

2) 按正火后的金相组织分类，可分为珠光体钢、贝氏体钢、马氏体钢和奥氏体钢等。

3) 按加热、冷却时有无相变和室温时的金相组织分类，可分为铁素体钢、半铁素体钢、半奥氏体钢、奥氏体钢等。

1.1.4　生铁如何分类？

生铁按照化学成分分类，可分为非合金生铁和合金生铁。其中，非合金生铁又可分为炼钢生铁、铸造生铁和其他非合金生铁；合金生铁又可分为镜铁和其他合金生铁。

1.1.5　铸铁如何分类？

(1) 按碳的存在形态分类　铸铁按碳的存在形态可分为灰铸铁、可锻铸铁、球墨铸铁、蠕墨铸铁、白口铸铁、麻口铸铁等。

1) 灰铸铁中的碳主要以片状石墨的形态存在，其铸造性、减振性、减摩性、可加工性比钢好，但力学性能较差。

2) 可锻铸铁中的碳大部分以团絮状石墨的形态存在，其力学性能稍好于灰铸铁。

3) 球墨铸铁中的碳主要以球状石墨的形态存在，其力学性能比灰铸铁高得多，也比可锻铸铁好。

4) 蠕墨铸铁中的碳主要以蠕虫状石墨的形态存在，其力学性能稍低于球墨铸铁。

5) 白口铸铁中的碳主要以渗碳体的形态存在，白口铸铁硬而脆，很少直接使用。

6) 麻口铸铁中的碳以渗碳体和石墨两种形态存在，其性能不好，极少使用。

(2) 按化学成分分类　铸铁按化学成分可分为普通铸铁和合金铸铁等。

(3) 按生产方法和组织性能分类　铸铁按生产方法和组织性能可分为灰铸铁、孕育铸铁、可锻铸铁、球墨铸铁和特殊性能铸铁等。

(4) 按共晶度分类　铸铁按共晶度可分为亚共晶铸铁、共晶铸铁和过共晶铸铁。

(5) 按特殊性能分类　铸铁按特殊性能可分为耐磨铸铁、抗磨铸铁、耐热铸铁、耐蚀铸铁无磁铸铁等。

1.1.6　有色金属如何分类？

有色金属材料是指有色金属及其合金。

(1) 有色金属　有色金属通常可分为轻金属、重金属、贵金属和稀有金属等。

1）轻金属指密度在4.5g/cm³以下的有色金属，如铝、镁、钛、钾、钠、钙、锶、钡等。

2）重金属指密度大于4.5g/cm³的有色金属，如铜、镍、钴、铅、锌、锡、锑、铋、镉、汞等。

3）贵金属指储量少，提取困难，价格昂贵，化学活性低，密度大的有色金属，如金、银、铂等。

4）稀有金属是指储量稀少，难以提取的金属。稀有金属包括稀有轻金属（锂、铷、铯等）、稀有难熔金属（钛、锆、钼、钨等）、稀有分散金属（镓、铟、锗、铊等）、稀土金属（钪、钇、镧系金属）、放射性金属（镭、钫、钋及锕系元素中的铀、钍等）。

（2）有色合金　与纯有色金属相比，有色合金的强度和硬度比较高，电阻较大，电阻温度系数较小，综合力学性能良好。有色合金可分为轻有色金属合金，重有色金属合金、贵金属合金、稀有金属合金等。常用的有色合金有铝合金、铜合金、镁合金、镍合金、锡合金、钛合金、锌合金等。

1.2　金属材料的牌号

1.2.1　生铁的牌号是如何表示的？

生铁的牌号通常由两部分组成：第一部分表示产品用途、特性及工艺方法的大写汉语拼音字母；第二部分表示主要元素平均含量（以千分之几计）的阿拉伯数字，炼钢用生铁、铸造用生铁、球墨铸铁用生铁、耐磨生铁为硅元素平均含量，脱碳低磷粒铁为碳元素平均含量，含钒生铁为钒元素平均含量。

生铁牌号表示方法见表1-2。

表1-2　生铁牌号表示方法

产品名称	第一部分			第二部分	牌号示例
	采用汉字	汉语拼音	采用字母		
炼钢用生铁	炼	LIAN	L	硅的质量分数为0.85%～1.25%的炼钢用生铁，阿拉伯数字为10	L10
铸造用生铁	铸	ZHU	Z	硅的质量分数为2.80%～3.20%的铸造用生铁，阿拉伯数字为30	Z30
球墨铸铁用生铁	球	QIU	Q	硅的质量分数为1.00%～1.40%的球墨铸铁用生铁，阿拉伯数字为12	Q12
耐磨生铁	耐磨	NAI MO	NM	硅的质量分数为1.60%～2.00%的耐磨生铁，阿拉伯数字为18	NM18
脱碳低磷粒铁	脱粒	TUO LI	TL	碳的质量分数为1.20%～1.60%的炼钢用脱碳低磷粒铁，阿拉伯数字为14	TL14
含钒生铁	钒	FAN	F	钒的质量分数不小于0.40%的含钒生铁，阿拉伯数字为04	F04

1.2.2　铁合金的牌号是如何表示的?

各类铁合金产品牌号表示方法如下：

× × × ×

- 第四个×：表示主要杂质元素及其最高质量分数或组别（第四部分）
- 第三个×：表示主元素（或化合物）及其质量分数（第三部分）
- 第二个×：表示含铁元素的铁合金产品，以化学符号“Fe”表示（第二部分）
- 第一个×：表示铁合金产品名称、用途、工艺方法和特性，以汉语拼音字母表示（第一部分）

1）铁合金产品名称、用途、工艺方法和特性表示符号见表1-3。

表1-3　铁合金产品名称、用途、工艺方法和特性表示符号

名　称	采用的汉字及汉语拼音		采用符号		字体	位　置
	汉字	汉语拼音				
金属锰（电硅热法）、金属铬	金	JIN	J		大写	牌号头
金属锰（电解重熔法）	金重	JIN CHONG	JC			
真空法微碳铬铁	真空	ZHEN KONG	ZK			
电解金属锰	电金	DIAN JIN	DJ			
钒渣	钒渣	FAN ZHA	FZ			
氧化钼块	氧	YANG	Y			
组别			英文字母	A	大写	牌号尾
				B		
				C		
				D		

2）需要表明产品的杂质含量时，以元素符号及其最高质量分数或以组别符号“A”“B”等表示。

3）含有一定铁量的铁合金产品，其牌号中应有“Fe”的符号。

铁合金牌号表示示例见表1-4。

表1-4　铁合金牌号表示示例

产品名称	第一部分	第二部分	第三部分	第四部分	牌号示例
硅铁		Fe	Si75	Al1.5-A	FeSi75Al1.5-A
金属锰	J		Mn97	A	JMn97-A
	JC		Mn98		JCMn98
金属铬	J		Cr99	A	JCr99-A
钛铁		Fe	Ti30	A	FeTi30-A
钨铁		Fe	W78	A	FeW78-A
钼铁		Fe	Mo60		FeMo60-A
锰铁		Fe	Mn68	C7.0	FeMn68C7.0
钒铁		Fe	V40	A	FeV40-A

（续）

产品名称	第一部分	第二部分	第三部分	第四部分	牌号示例
硼铁		Fe	B23	C0.1	FeB23C0.1
铬铁		Fe	Cr65	C1.0	FeCr65C1.0
	ZK	Fe	Cr65	C0.010	ZKFeCr65C0.010
铌铁		Fe	Nb60	B	FeNb60-B
锰硅合金		Fe	Mn64Si27		FeMn64Si27
硅铬合金		Fe	Cr30Si40	A	FeCr30Si40-A
稀土硅铁合金		Fe	SiRE23		FeSiRE23
稀土镁硅铁合金		Fe	SiMg8RE5		FeSiMg8RE5
硅钡合金		Fe	Ba30Si35		FeBa30Si35
硅铝合金		Fe	Al52Si5		FeAl52Si5
硅钡铝合金		Fe	Al34Ba6Si20		FeAl34Ba6Si20
硅钙钡铝合金			Al16Ba9Ca12Si30		FeAl16Ba9Ca12Si30
硅钙合金			Ca31Si60		Ca31Si60
磷铁		Fe	P24		FeP24
五氧化二钒			V_2O_598		V_2O_598
钒氮合金			VN12		VN12
电解金属锰	DJ		Mn	A	DJMn-A
钒渣	FZ			1	FZ1
氧化钼块	Y		Mo55.0	A	YMo55.0-A
氮化金属锰	J		MnN	A	JMnN-A
氮化锰铁		Fe	MnN	A	FeMnN-A
氮化铬铁		Fe	NCr3	A	FeNCr3-A

1.2.3 铸铁的牌号是如何表示的？

铸铁的牌号可用力学性能和化学成分表示。

（1）以力学性能表示的铸铁牌号

1）当以力学性能表示铸铁的牌号时，力学性能值排列在铸铁代号之后。当牌号中有合金元素符号时，抗拉强度值排列于元素符号及含量之后，之间用半字线隔开。

2）牌号中代号后面有一组数字时，该组数字表示抗拉强度值，单位为MPa，如HT250；当有两组数字时，第一组表示抗拉强度值，单位为MPa，第二组表示断后伸长率值（%），两组数字间用半字线隔开，如QT400-18。

（2）以化学成分表示的铸铁牌号

1）当以化学成分表示铸铁的牌号时，合金元素符号及名义含量（质量分数）排在铸铁代号之后。

2）在牌号中常规碳、硅、锰、硫、磷元素一般不标注，有特殊作用时，才标注其元素符号及含量。

3）合金化元素的质量分数大于或等于1%时，在牌号中用整数标注，数值修约按GB/T 8170执行；质量分数小于1%时，一般不标注，只有对该合金特性有较大影响时，才标注其合金化学元素符号。

4）合金化元素按其含量递减次序排列，含量相等时按元素符号的字母顺序排列。

（3）各种铸铁名称、代号及牌号示例（见表1-5）

表1-5 各种铸铁名称、代号及牌号表示方法

铸铁名称		代号	牌号示例
灰铸铁 HT	灰铸铁	HT	HT250，HTCr-300
	奥氏体灰铸铁	HTA	HTANi20Cr2
	冷硬灰铸铁	HTL	HTLCr1Ni1Mo
	耐磨灰铸铁	HTM	HTMCu1CrMo
	耐热灰铸铁	HTR	HTRCr
	耐蚀灰铸铁	HTS	HTSNi2Cr
球墨铸铁 QT	球墨铸铁	QT	QT400-18
	奥氏体球墨铸铁	QTA	QTANi30Cr3
	冷硬球墨铸铁	QTL	QTLCrMo
	抗磨球墨铸铁	QTM	QTMMn8-30
	耐热球墨铸铁	QTR	QTRSi5
	耐蚀球墨铸铁	QTS	QTSNi20Cr2
蠕墨铸铁 RuT		RuT	RuT420
可锻铸铁 KT	白心可锻铸铁	KTB	KTB350-04
	黑心可锻铸铁	KTH	KTH350-10
	珠光体可锻铸铁	KTZ	KTZ650-02
白口铸铁 BT	抗磨白口铸铁	BTM	BTMCr15Mo
	耐热白口铸铁	BTR	BTRCr16
	耐蚀白口铸铁	BTS	BTSCr28

1.2.4 铸钢的牌号是如何表示的？

铸钢的牌号可用力学性能和化学成分表示。

1. 以力学性能表示的铸钢牌号

在牌号中，“ZG”后面的两组数字表示力学性能，第一组数字表示该牌号铸钢的屈服强度最低值，第二组数字表示其抗拉强度最低值，单位均为MPa，两组数字间用半字线隔开，如ZG270-500。

2. 以化学成分表示的铸钢牌号

1）当以化学成分表示铸钢的牌号时，碳含量和合金元素符号及其含量排列在铸钢代号“ZG”之后。

2）在牌号中，“ZG”后面以一组（两位或三位）阿拉伯数字表示铸钢的名义碳含量（以万分之几计）。

3）平均碳的质量分数 < 0.1% 的铸钢，其第一位数字为“0”，牌号中名义碳含量用上限表示；平均碳的质量分数≥0.1% 的铸钢，牌号中名义碳含量用平均碳含量表示。

4）在名义碳含量后面排列各主要合金元素符号，在元素符号后用阿拉伯数字表示合金元素名义含量（以百分之几计）。合金元素的平均质量分数 < 1.50% 时，牌号中只标明元素符号，一般不标明含量；合金元素的平均质量分数为 1.50% ~ 2.49%、2.50% ~3.49%、3.50% ~4.49%、4.50% ~5.49% 等时，在合金元素符号后面相应写成2、3、4、5 等。

5）当主要合金化元素多于三种时，可以在牌号中只标注前两种或前三种元素的名义含量值；各元素符号的标注顺序按它们的平均含量的递减顺序排列。若两种或多种元素平均含量相同，则按元素符号的英文字母顺序排列。

6）铸钢中常规的锰、硅、磷、硫等元素一般在牌号中不标明。

7）在特殊情况下，当同一牌号分几个品种时，可在牌号后面用半字线隔开，用阿拉伯数字标注品种序号。

3. 各种铸钢名称、代号及牌号示例（见表 1-6）

表 1-6　各种铸钢名称、代号及牌号表示方法

铸钢名称	代　号	牌号示例
铸造碳钢	ZG	ZG270-500
焊接结构用铸钢	ZGH	ZGH230-450
耐热铸钢	ZGR	ZGR40Cr25Ni20
耐蚀铸钢	ZGS	ZGS06Cr16Ni5Mo
耐磨铸钢	ZGM	ZGM30CrMnSiMo

1.2.5　碳素结构钢和低合金结构钢的牌号是如何表示的？

碳素结构钢和低合金结构钢的牌号通常由四部分组成。

第一部分：前缀符号 + 强度值（以 MPa 为单位），其中通用结构钢前缀符号为代表屈服强度的拼音的字母“Q”。专用结构钢的前缀符号见表 1-7。

表 1-7　专用结构钢的前缀符号

产品名称	采用的汉字及汉语拼音或英文单词			采用字母	位置
	汉　字	汉语拼音	英文单词		
细晶粒热轧带肋钢筋	热轧带肋钢筋 + 细	—	Hot Rolled Ribbed Bars + Fine	HRBF	牌号头
冷轧带肋钢筋	冷轧带肋钢筋	—	Gold Rolled Ribbed Bars	CRB	
预应力混凝土用螺纹钢筋	预应力、螺纹、钢筋	—	Prestressing、Screw、Bars	PSB	
焊接气瓶用钢	焊瓶	HAN PING	—	HP	

（续）

产品名称	采用的汉字及汉语拼音或英文单词			采用字母	位置
	汉字	汉语拼音	英文单词		
管线用钢	管线	—	Line	L	牌号头
船用锚链钢	船锚	CHUAN MAO	—	CM	
煤机用钢	煤	MEI	—	M	

第二部分（必要时）：钢的质量等级，用英文字母A、B、C、D、E、F等表示。

第三部分（必要时）：脱氧方式表示符号，即沸腾钢、半镇静钢、镇静钢、特殊镇静钢分别以F、b、Z、TZ表示。镇静钢、特殊镇静钢表示符号通常可以省略。

第四部分（必要时）：产品用途、特性和工艺方法表示符号，见表1-8。

表1-8 碳素结构钢和低合金结构钢产品用途、特性和工艺方法表示符号

产品名称	采用的汉字及汉语拼音或英文单词			采用字母	位置
	汉字	汉语拼音	英文单词		
锅炉和压力容器用钢	容	RONG	—	R	牌号尾
锅炉用钢（管）	锅	GUO	—	G	
低温压力容器用钢	低容	DI RONG	—	DR	
桥梁用钢	桥	QIAO	—	Q	
耐候钢	耐候	NAI HOU	—	NH	
高耐候钢	高耐候	GAO NAI HOU	—	GNH	
汽车大梁用钢	梁	LIANG	—	L	
高性能建筑结构用钢	高建	GAO JIAN	—	GJ	
低焊接裂纹敏感性钢	低焊接裂纹敏感性	—	Crack Free	CF	
保证淬透性钢	淬透性	—	Hardenability	H	
矿用钢	矿	KUANG	—	K	
船用钢	采用国际符号				

根据需要，低合金高强度结构钢的牌号也可以采用两位阿拉伯数字（表示平均碳含量，以万分之几计）加元素符号（必要时加代表产品用途、特性和工艺方法的表示符号）按顺序表示。例如：碳的质量分数为0.15%～0.26%、锰的质量分数为1.20%～1.60%的矿用钢牌号为20MnK。

碳素结构钢和低合金结构钢的牌号示例见表1-9。

表1-9 碳素结构钢和低合金结构钢的牌号示例

序号	产品名称	第一部分	第二部分	第三部分	第四部分	牌号示例
1	碳素结构钢	最小屈服强度235MPa	A级	沸腾钢	—	Q235AF
2	低合金高强度结构钢	最小屈服强度345MPa	D级	特殊镇静钢	—	Q345D
3	热轧光圆钢筋	屈服强度特征值235MPa	—	—	—	HPB235
4	热轧带肋钢筋	屈服强度特征值335MPa	—	—	—	HRB335

（续）

序号	产品名称	第一部分	第二部分	第三部分	第四部分	牌号示例
5	细晶粒热轧带肋钢筋	屈服强度特征值 335MPa	—	—	—	HRBF335
6	冷轧带肋钢筋	最小抗拉强度 550MPa	—	—	—	GRB550
7	预应力混凝土用螺纹钢筋	最小屈服强度 830MPa	—	—	—	PSB830
8	焊接气瓶用钢	最小屈服强度 345MPa	—	—	—	HP345
9	管线用钢	最小规定总延伸强度 415MPa	—	—	—	L415
10	船用锚链钢	最小抗拉强度 370MPa	—	—	—	GM370
11	煤机用钢	最小抗拉强度 510MPa	—	—	—	M510
12	锅炉和压力容器用钢	最小屈服强度 345MPa	—	特殊镇静钢	压力容器“容”的汉语拼音首位字母“R”	Q345R

1.2.6　优质碳素结构钢和优质碳素弹簧钢的牌号是如何表示的?

优质碳素结构钢和优质碳素弹簧钢的牌号通常由五部分组成。

第一部分：以两位阿拉伯数字表示平均碳含量（以万分之几计）。

第二部分（必要时）：较高含锰量的优质碳素结构钢，加锰元素符号 Mn。

第三部分（必要时）：钢材冶金质量，即高级优质钢、特级优质钢分别以 A、E 表示，优质钢不用字母表示。

第四部分（必要时）：脱氧方式表示符号，即沸腾钢、半镇静钢、镇静钢分别以 F、b、Z 表示，但镇静钢表示符号通常可以省略。

第五部分（必要时）：产品用途、特性或工艺方法表示符号，应符合表 1-8 的规定。

优质碳素结构钢和优质碳素弹簧钢的牌号示例见表 1-10。

表 1-10　优质碳素结构钢和弹簧钢的牌号示例

产品名称	第一部分	第二部分	第三部分	第四部分	第五部分	牌号示例
优质碳素结构钢	碳的质量分数：0.05%～0.11%	锰的质量分数：0.25%～0.50%	优质钢	沸腾钢	—	08F
	碳的质量分数：0.47%～0.55%	锰的质量分数：0.50%～0.80%	高级优质钢	镇静钢	—	50A
	碳的质量分数：0.48%～0.56%	锰的质量分数：0.70%～1.00%	特级优质钢	镇静钢	—	50MnE
保证淬透性用钢	碳的质量分数：0.42%～0.50%	锰的质量分数：0.50%～0.85%	高级优质钢	镇静钢	保证淬透性钢表示符号“H”	45AH
优质碳素弹簧钢	碳的质量分数：0.62%～0.70%	锰的质量分数：0.90%～1.20%	优质钢	镇静钢	—	65Mn

1.2.7　易切削钢的牌号是如何表示的？

易切削钢牌号通常由三部分组成。

第一部分：易切削钢表示符号“Y”。

第二部分：以两位阿拉伯数字表示平均碳含量（以万分之几计）。

第三部分：易切削元素符号，例如，含钙、铅、锡等易切削元素的易切削钢分别以 Ca、Pb、Sn 表示。加硫和加硫磷易切削钢，通常不加易切削元素符号 S、P。较高锰含量的加硫或加硫磷易切削钢，本部分为锰元素符号 Mn。为区分牌号，对较高硫含量的易切削，在牌号尾部加硫元素符号 S。

例如：①碳的质量分数为 0.42% ~0.50%、钙的质量分数为 0.002% ~0.006% 的易切削钢，其牌号表示为 Y45Ca。②碳的质量分数为 0.40% ~0.48%、锰的质量分数为 1.35% ~1.65%、硫的质量分数为 0.16% ~0.24% 的易切削钢，其牌号表示为 Y45 Mn。③碳的质量分数为 0.40% ~0.48%，锰的质量分数为 1.35% ~1.65%、硫的质量分数为 0.24% ~0.32% 的易切削钢，其牌号表示为 Y45MnS。

1.2.8　非调质机械结构钢的牌号是如何表示的？

非调质机械结构钢牌号通常由四部分组成。

第一部分：非调质机械结构钢表示符号“F”。

第二部分：以两位阿拉伯数字表示平均碳含量（以万分之几计）。

第三部分：合金元素含量，以化学元素符号及阿拉伯数字表示，表示方法同合金结构钢第二部分。

第四部分（必要时）：改善切削性能的非调质机械结构钢加硫元素符号 S。

1.2.9　合金结构钢和合金弹簧钢的牌号是如何表示的？

合金结构钢和合金弹簧钢的牌号通常由四部分组成。

第一部分：以两位阿拉伯数字表示平均碳含量（以万分之几计）。

第二部分：合金元素含量，以化学元素符号及阿拉伯数字表示。具体表示方法为：平均质量分数小于 1.50% 时，牌号中仅标明元素，一般不标明含量；平均质量分数为 1.50% ~2.49%、2.50% ~3.49%、3.50% ~4.49%、4.50% ~5.49% 等时，在合金元素后相应写成 2、3、4、5 等；化学元素符号的排列顺序推荐按含量值递减排列，如果两个或多个元素的含量相等时，相应符号位置按英文字母的顺序排列。

第三部分：钢材冶金质量，即高级优质钢、特级优质钢分别以 A、B 表示，优质钢不用字母表示。

第四部分（必要时）：产品用途、特性或工艺方法表示符号。

合金结构钢和合金弹簧钢的牌号示例见表 1-11。

表1-11 合金结构钢和合金弹簧钢的牌号示例

产品名称	第一部分	第二部分	第三部分	第四部分	牌号示例
合金结构钢	碳的质量分数：0.22%~0.29%	铬的质量分数：1.50%~1.80% 钼的质量分数：0.25%~0.35% 钒的质量分数：0.15%~0.30%	高级优质钢	—	25Cr2MoVA
锅炉和压力容器用钢	碳的质量分数：≤0.22%	锰的质量分数：1.20%~1.60% 钼的质量分数：0.45%~0.65% 铌的质量分数：0.025%~0.050%	特级优质钢	锅炉和压力容器用钢	18MnMoNbER
优质弹簧钢	碳的质量分数：0.56%~0.64%	硅的质量分数：1.60%~2.00% 锰的质量分数：0.70%~1.00%	优质钢	—	60Si2Mn

1.2.10 工具钢的牌号是如何表示的？

工具钢通常分为碳素工具钢、合金工具钢和高速工具钢三类。

（1）碳素工具钢 碳素工具钢牌号通常由四部分组成。

第一部分：碳素工具钢表示符号“T”。

第二部分：阿拉伯数字表示平均碳含量（以千分之几计）。

第三部分（必要时）：较高含锰量碳素工具钢，加锰元素符号Mn。

第四部分（必要时）：钢材冶金质量，即高级优质碳素工具钢以A表示，优质钢不用字母表示。

（2）合金工具钢 合金工具钢牌号通常由两部分组成。

第一部分：平均碳的质量分数小于1.00%时，采用一位数字表示碳含量（以千分之几计）。平均碳的质量分数不小于1.00%时，不标明碳含量数字。

第二部分：合金元素含量，以化学元素符号及阿拉伯数字表示，表示方法同合金结构钢第二部分。低铬（平均铬的质量分数小于1%）合金工具钢，在铬含量（以千分之几计）前加数字“0”。

（3）高速工具钢 高速工具钢牌号表示方法与合金结构钢相同，但在牌号头部一般不标明表示碳含量的阿拉伯数字。为了区别牌号，在牌号头部可以加“C”，表示高碳高速工具钢，如CW6Mo5Cr4V3。

1.2.11 轴承钢的牌号是如何表示的？

轴承钢分为高碳铬轴承钢、渗碳轴承钢、高碳铬不锈轴承钢和高温轴承钢四大类。

（1）高碳铬轴承钢 高碳铬轴承钢牌号通常由两部分组成。

第一部分：（滚珠）轴承钢表示符号“G”，但不标明碳含量。

第二部分：合金元素“Cr”符号及其含量（以千分之几计）。其他合金元素含量，以化学元素符号及阿拉伯数字表示，表示方法同合金结构钢第二部分。

（2）渗碳轴承钢 在牌号头部加符号“G”，采用合金结构钢的牌号表示方法。高级优质渗碳轴承钢在牌号尾部加“A”。

例如：碳的质量分数为 0.17% ~0.23%、铬的质量分数为 0.35% ~0.65%、镍的质量分数为 0.40% ~0.70%，钼的质量分数为 0.15% ~0.30% 的高级优质渗碳轴承钢，其牌号表示为 G20CrNiMoA。

（3）高碳铬不锈轴承钢和高温轴承钢　在牌号头部加符号“G”，采用不锈钢和耐热钢的牌号表示方法。

例如：①碳的质量分数为 0.90% ~1.00%、铬的质量分数为 17.0% ~19.0% 的高碳铬不锈轴承钢，其牌号表示为 G95Cr18。②碳的质量分数为 0.75% ~0.85%、铬的质量分数为 3.75% ~4.25%、钼的质量分数为 4.00% ~4.50% 的高温轴承钢，其牌号表示为 G80Cr4Mo4V。

1.2.12　钢轨钢和冷镦钢的牌号是如何表示的？

钢轨钢、冷镦钢牌号通常由三部分组成。

第一部分：钢轨钢表示符号“U”，冷镦钢（铆螺钢）表示符号“ML”。

第二部分：以阿拉伯数字表示平均碳含量，优质碳素结构钢同优质碳素结构钢第一部分，合金结构钢同合金结构钢第一部分。

第三部分：合金元素含量，以化学元素符号及阿拉伯数字表示，表示方法同合金结构钢第二部分。

1.2.13　不锈钢和耐热钢的牌号是如何表示的？

不锈钢和耐热钢的牌号采用化学元素符号和表示各元素含量的阿拉伯数字表示，各元素含量的阿拉伯数字表示应符合下列规定：

（1）碳含量　用两位或三位阿拉伯数字表示碳含量最佳控制值（以万分之几或十万分之几计）。

1）只规定碳含量上限者，当碳的质量分数上限不大于 0.10% 时，以其上限的 3/4 表示碳含量；当碳的质量分数上限大于 0.10% 时，以其上限的 4/5 表示碳含量。

例如：①碳的质量分数上限为 0.08%，碳含量以 06 表示。②碳的质量分数上限为 0.20%，碳含量以 16 表示。

对超低碳不锈钢（即碳的质量分数不大于 0.030%），用三位阿拉伯数字表示碳含量最佳控制值（以十万分之几计）。

例如：①碳的质量分数上限为 0.03% 时，其牌号中的碳含量以 022 表示。②碳的质量分数上限为 0.02% 时，其牌号中的碳含量以 015 表示。

2）规定上、下限者，以平均碳含量乘以 100 表示。

例如：碳的质量分数为 0.16% ~0.25% 时，其牌号中的碳含量以 20 表示。

（2）合金元素含量　合金元素含量以化学元素符号及阿拉伯数字表示，表示方法同合金结构钢第二部分。钢中有意加入的铌、钛、锆、氮等合金元素，虽然含量很低，也应在牌号中标出。

例如：①碳的质量分数不大于 0.08%、铬的质量分数为 18.00% ~20.00%、镍的质量分数为 8.00% ~11.00% 的不锈钢，牌号为 06Cr19Ni10。②碳的质量分数不大于

0.030%，铬的质量分数为16.00%～19.00%，钛的质量分数为0.10%～1.00%的不锈钢，牌号为022Cr18Ti。③碳的质量分数为0.15%～0.25%、铬的质量分数为14.00%～16.00%、锰的质量分数为14.00%～16.00%、镍的质量分数为1.50%～3.00%、氮的质量分数为0.15%～0.30%的不锈钢，牌号为20Cr15Mn15Ni2N。④碳的质量分数不大于0.25%、铬的质量分数为24.00%～26.00%、镍的质量分数为19.00%～22.00%的耐热钢，牌号为20Cr25Ni20。

1.2.14　焊接用钢的牌号是如何表示的？

焊接用钢包括焊接用碳素钢、焊接用合金钢和焊接用不锈钢等。

焊接用钢牌号通常由两部分组成。

第一部分：焊接用钢表示符号“H”。

第二部分：各类焊接用钢牌号表示方法。其中优质碳素结构钢、合金结构钢和不锈钢应分别符合相关规定。

1.2.15　电磁纯铁的牌号是如何表示的？

电磁纯铁牌号通常由三部分组成。

第一部分：电磁纯铁表示符号“DT”。

第二部分：以阿拉伯数字表示不同牌号的顺序号。

第三部分：根据电磁性能不同，分别加质量等级表示符号A。

1.2.16　原料纯铁的牌号是如何表示的？

原料纯铁牌号通常由两部分组成。

第一部分：原料纯铁表示符号“YT”。

第二部分：以阿拉伯数字表示不同牌号的顺序号。

1.2.17　高电阻电热合金的牌号是如何表示的？

高电阻电热合金牌号采用化学元素符号和阿拉伯数字表示，牌号表示方法与不锈钢和耐热钢的牌号表示方法相同（镍铬基合金不标出碳含量）。

例如：铬的质量分数为18.00%～21.00%、镍的质量分数为34.00%～37.00%、碳的质量分数不大于0.08%的合金（其余为铁），其牌号表示为06Cr20Ni35。

1.2.18　为何要用钢铁及合金牌号统一数字代号？该统一数字代号如何组成？

为了便于钢铁及合金产品的设计、生产、使用、标准化和现代化计算机管理，我国于1998年就颁布了GB/T 17616—1998《钢铁及合金牌号统一数字代号体系》。2013年对该标准进行了修订，标准号为GB/T 17616—2013。该标准规定了钢铁及合金产品牌号统一数字代号（简称“ISC”代号）的总则、结构形式、分类和编组、编码规则、编制和管理。凡列入国家标准和行业标准的钢铁及合金产品应同时列入产品牌号和统一数字代号，相互对照，两种表示方法均有效。

根据 GB/T 17616—2013 的规定，钢铁及合金牌号统一数字代号的组成如下：

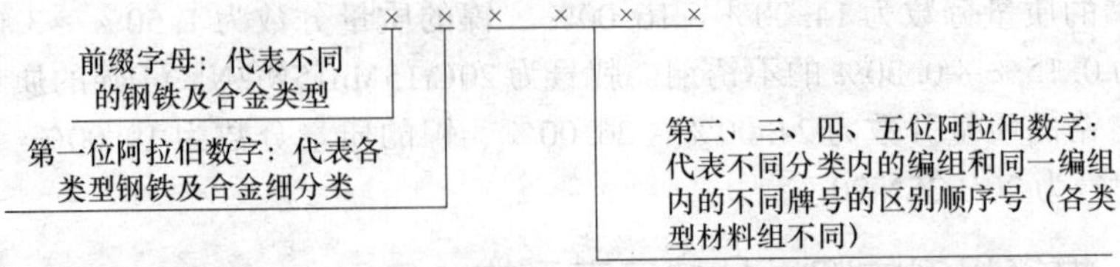

1.2.19 铸造有色金属及其合金的牌号是如何表示的？

（1）铸造有色纯金属　铸造有色纯金属牌号由铸造代号“Z”和相应纯金属的化学元素符号及表明产品纯度百分含量的数字或用半字线加顺序号组成，如 ZAl99.5、ZTi-1 等。

（2）铸造有色合金　铸造有色合金牌号由铸造代号“Z”和基体金属的化学元素符号、主要合金的化学元素符号（其中混合稀土元素符号统一用 RE 表示），以及表明合金元素名义百分含量的数字组成。对杂质限量要求严、性能高的优质合金，在牌号后面标注大写字母“A”。示例如下：

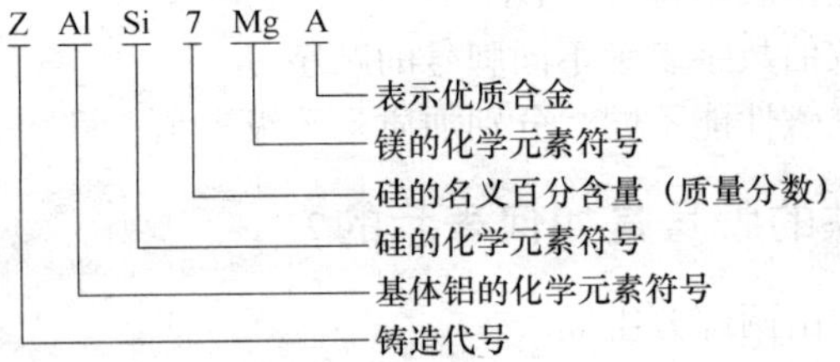

（3）压铸有色合金　压铸有色合金牌号由压铸代号“YZ”和基体金属的化学元素符号、主要合金元素符号，以及表明合金元素名义百分含量的数字组成，如 YZAl-Si10Mg、YZMgAl2Si。

1.2.20 变形铝及铝合金的牌号是如何表示的？

变形铝及铝合金的牌号采用四字符体系牌号表示。四字符体系牌号的第一、三、四位为阿拉伯数字，第二位为英文大写字母（C、I、L、N、O、P、Q、Z 字母除外）牌号的第一位数字表示铝及铝合金的组别。除改型合金外，铝合金组别按主要合金元素（6XXX 系按 Mg_2Si）来确定，主要合金元素指极限含量算术平均值为最大的合金元素。当有一个以上的合金元素极限含量算术平均值同为最大时，应按 Cu、Mn、Si、Mg、Mg_2Si、Zn、其他元素的顺序来确定合金组别。牌号的第二位字母表示原始纯铝或铝合金的改型情况，最后两位数字用以标识同一组中不同的铝合金或表示铝的纯度。

（1）纯铝　铝的质量分数不低于 99.00% 时为纯铝，其牌号用 1XXX 系列表示。牌号的最后两位数字表示最低铝百分含量（质量分数）。当最低铝的质量分数精确到 0.01% 时，牌号的最后两位数字就是最低铝百分含量中小数点后面的两位。牌号第二位的字母表示原始纯铝的改型情况。如果第二位的字母为A，则表示为原始纯铝；如果是B～Y的其他字母，则表示为原始纯铝的改型。

（2）铝合金　铝合金的牌号用2XXX～8XXX系列表示。牌号的最后两位数字没有特殊意义，仅用来区分同一组中不同的铝合金。牌号第二位的字母表示原始合金的改型情况。如果牌号第二位的字母是A，则表示为原始合金；如果是B～Y的其他字母（按国际规定用字母表的次序运用），则表示为原始合金的改型合金。

1.2.21　变形镁及镁合金的牌号是如何表示的？

变形镁及镁合金牌号表示方法如下：

（1）纯镁　纯镁牌号以Mg加数字的形式表示，Mg后的数字表示Mg的质量分数。

（2）镁合金　镁合金牌号以英文字母加数字再加英文字母的形式表示。前面的英文字母是其最主要的合金组成元素代号（元素代号符合表1-12的规定，可以是一位也可以是两位），其后的数字表示其最主要的合金组成元素的大致含量。最后面的英文字母为标识代号，用以标识各具体组成元素相异或元素含量有微小差别的不同合金。

表1-12　镁及镁合金中的元素代号

元素代号	元素名称	元素代号	元素名称
A	铝	M	锰
B	铋	N	镍
C	铜	P	铅
D	镉	Q	银
E	稀土	R	铬
F	铁	S	硅
G	钙	T	锡
H	钍	W	镱
K	锆	Y	锑
L	锂	Z	锌

示例如下：

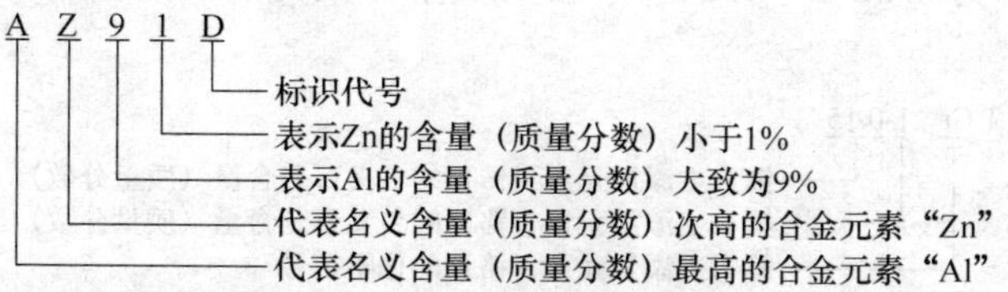

1.2.22　铜和高铜合金的牌号是如何表示的？

铜和高铜合金牌号中不体现铜的含量，其牌号表示方法如下：

1）铜的牌号用“T＋顺序号”或“T＋第一主添加元素化学符号＋各添加元素含量（质量分数，数字间以半字线隔开）”来表示。示例如下：

铜的质量分数≥99.90%的二号纯铜（含银）的牌号为：

T2
└顺序号

银的质量分数为0.06%～0.12%的银铜的牌号为：

TAg 0.1
添加元素（银）的名义百分含量（质量分数）
添加元素（银）的化学符号

银的质量分数为0.08%～0.12%、磷的质量分数为0.004%～0.012%的银铜的牌号为：

TAg 0.1-0.01
第二主添加元素（磷）的名义百分含量（质量分数）
第一主添加元素（银）的名义百分含量（质量分数）
第一主添加元素（银）的化学符号

2）无氧铜的牌号用“TU＋顺序号”或“TU＋添加元素的化学符号＋各添加元素含量（质量分数）”来表示。示例如下：

氧的质量分数≤0.002%的一号无氧铜的牌号为：

TU1
└顺序号

银的质量分数为0.15%～0.25%、氧的质量分数≤0.003%的无氧银铜的牌号为：

TuAg 0.2
添加元素（银）的名义百分含量（质量分数）
添加元素（银）的化学符号

3）磷脱氧铜的牌号用“TP＋顺序号”来表示。示例如下：

磷的质量分数为0.015%～0.040%的二号磷脱氧铜的牌号为：

TP2
└顺序号

4）高铜合金的牌号用“T＋第一主添加元素化学符号＋各添加元素含量（质量分数，数字间以‘-’隔开）”来表示。示例如下：

铬的质量分数为0.50%～1.50%、锆的质量分数为0.05%～0.25%的高铜合金的牌号为：

TCr 1-0.15
第二主添加元素（锆）的名义百分含量（质量分数）
第一主添加元素（铬）的名义百分含量（质量分数）
第一主添加元素（铬）的化学符号

1.2.23 黄铜的牌号是如何表示的？

黄铜中锌为第一主添加元素，但牌号中不体现锌的含量。其牌号表示方法如下：

1）普通黄铜的牌号用“H＋铜含量（质量分数）”来表示。示例如下：

铜的质量分数为63%～68%的普通黄铜的牌号为：

H 65
└── 铜的名义百分含量（质量分数）

2）复杂黄铜的牌号用“H＋第二主添加元素化学符号＋铜含量（质量分数）＋除锌以外的各添加元素含量（质量分数，数字间以半字线隔开）”来表示。示例如下：

铅的质量分数为0.8%～1.9%，铜的质量分数为57.0%～60.0%的铅黄铜的牌号为：

H Pb 59-1
- 1：第二主添加元素（铅）的名义百分含量（质量分数）
- 59：基本元素（铜）的名义百分含量（质量分数）
- Pb：第二主添加元素（铅）的化学符号

1.2.24 青铜的牌号是如何表示的？

青铜的牌号用“Q＋第一主添加元素化学符号＋各添加元素含量（质量分数，数字间以半字线隔开）”来表示。其牌号的表示示例如下：

铝的质量分数为4.0%～6.0%的铝青铜的牌号为：

Q Al 5
- 5：添加元素（铝）的名义百分含量（质量分数）
- Al：添加元素（铝）的化学符号

锡的质量分数为6.0%～7.0%、磷的质量分数为0.10%～0.25%的锡磷青铜的牌号为：

Q Sn 6.5-0.1
- 0.1：第二主添加元素（磷）的名义百分含量（质量分数）
- 6.5：第一主添加元素（锡）的名义百分含量（质量分数）
- Sn：第一主添加元素（锡）的化学符号

1.2.25 白铜的牌号是如何表示的？

白铜的牌号表示方法如下：

1）普通白铜的牌号用“B＋铜含量（质量分数）”命名。示例如下：

镍的质量分数（含钴）为29%～33%的普通白铜的牌号为：

B 30
└── 镍的名义百分含量（质量分数）

2）复杂白铜包括铜为余量的复杂白铜和锌为余量的复杂白铜：①铜为余量的复杂白铜，其牌号用“B＋第二主添加元素化学符号＋镍含量（质量分数）＋各添加元素含量（质量分数，数字间以“-”隔开）”来表示；②锌为余量的锌白铜，其牌号用“B＋Zn元素化学符号＋第一主添加元素（镍）含量（质量分数）＋第二主添加元素（锌）含量（质量分数）＋第三主添加元素含量（质量分数，数字间以“-”隔开）”来表示。示例如下：

镍的质量分数为9.0%～11.0%、铁的质量分数为1.0%～1.5%、锰的质量分数为0.5%～1.0%的铁白铜的牌号为：

B Fe 10-1-1

- 第三主添加元素（锰）的名义百分含量（质量分数）
- 第二主添加元素（铁）的名义百分含量（质量分数）
- 第一主添加元素（镍）的名义百分含量（质量分数）
- 第二主添加元素（铁）的化学符号

铜的质量分数为60.0%～63.0%、镍的质量分数为14.0%～16.0%、铜的质量分数为1.5%～2.0%、锌为余量的含铅锌白铜的牌号为：

B Zn 15-21-1.8

- 第三主添加元素（铅）的名义百分含量（质量分数）
- 第二主添加元素（锌）的名义百分含量（质量分数）
- 第一主添加元素（镍）的名义百分含量（质量分数）
- Zn元素化学符号

1.3 金属材料的性能

1.3.1 什么是金属材料的力学性能？常见的有哪些？

力学性能是金属材料最主要的使用性能，是指金属材料在力的作用下所显示的，与弹性和非弹性相关或涉及应力-应变关系的性能。金属材料的力学性能主要有5个方面：

（1）强度 强度有多个指标。设对应的作用力为 F（N），相应的截面积为 A（m^2），则强度 $R=F/A$，单位为MPa。

1）最大力 F_m——试样在屈服阶段之后所能抵抗的最大力；对于无明显屈服（连续屈服）的金属材料，为试验期间的最大力。

2）抗拉强度 R_m——金属材料在受拉时抵抗被拉断时所能承受的最大应力值，$R_m=F_m/A$。

3）抗压强度 R_{mc}——材料在压裂前所能承受的最大应力值。对于脆性材料，指试样压至破坏过程中的最大压缩应力；对于在压缩中不以粉碎性破裂而失效的塑性材料，则抗压强度取决于规定应变和试样的几何形状，$R_{mc}=F/A$。

4）抗剪强度 R_τ——材料在剪断破坏前所能承受的最大切应力值，$R_\tau=F/A$。

5）挤压强度 R_j——材料在挤压破坏前所能承受的最大挤压应力值，$R_j=F/A$。

6）抗弯强度 R_{bb}——材料在弯断前表面所能承受的最大应力值，即弯曲试验中试样破坏时拉伸侧表面的最大正应力，$R_{bb}=M/W$，M 为弯曲力矩（N·m），W 为截面抗弯模量（m^3）。

7）抗扭强度 τ_m——材料在扭断前所能承受的最大切应力值，$\tau_m=M_\tau/W_p$，M_τ 为扭矩（N·m），W_p 为抗扭截面模量（m^3）。

8）屈服强度 R_e——当金属材料呈现屈服现象时，在试验期间达到塑性变形发生而力不增加的应力点，应区分上屈服强度和下屈服强度。

上屈服强度 R_{eH}——试样发生屈服而力首次下降前的最高应力，对应上屈服力 F_{eH}。

下屈服强度 R_{eL}——试样在屈服期间，不计初始瞬时效应时的最低应力，对应下屈

服力 F_{eL}。

9）规定塑性延伸强度 R_p——塑性延伸率等于规定的引伸计标距百分率时的应力，使用的符号应附以下脚注说明所规定的百分率，例如 $R_{p0.2}$，表示规定塑性延伸率为0.2%时的应力。

10）规定总延伸强度 R_t——总延伸率等于规定的引伸计标距百分率时的应力，使用的符号应附以下脚注，说明所规定的百分率，例如 $R_{t0.5}$ 表示规定总延伸率为0.5%时的应力。

11）疲劳强度 σ_N——很多机械零件在交变应力作用下工作一段时间后会发生断裂，而交变应力大小和断裂循环次数之间的有一定的关系。在实际工作中，常把循环次数达到某一数值（常用钢材的循环基数为 10^7，有色金属和某些超高强度钢的循环基数为 10^8）时不发生断裂的最高应力称为疲劳强度。

（2）硬度　硬度是指金属材料抵抗局部变形、压痕或划痕的能力，它不是一个简单的物理概念，而是材料弹性、塑性、强度和韧性等力学性能的综合指标。金属硬度的代号为 H。按硬度试验方法的不同，常规表示有布氏硬度（HBW）、洛氏硬度（HRC）、维氏硬度（HV）等，其中以 HBW 及 HRC 较为常用。

（3）塑性　塑性是指金属材料受到外力作用时产生显著永久性变形而不断裂的能力，它们分别表示材料受拉时长度变形和截面变形，分别用断后伸长率 A 和断面收缩率 Z 表示。

（4）冲击韧度　它表示金属材料在冲击载荷作用下抵抗破坏的能力，用摆锤弯曲冲击试验测定。将质量为 m 的摆锤提升到 h_1 高度，摆锤由此高度下落时将试样冲断，并升到 h_2 高度，冲断试样所消耗的能量为 $K = mg(h_1 - h_2)$，单位为 J。金属的冲击韧度 a_K 就是冲断试样时在缺口处单位面积 A（单位为 cm^2）所消耗的能量，即 $a_K = K/A$，单位为 J/cm^2。

（5）冲击吸收能量　它是指规定形状和尺寸的试样在摆锤刀刃冲击试验力一次作用下折断时所吸收的能量。U 形缺口时用 KU_x 表示，V 形缺口时用 KV_x 表示，单位为 J。其中，“x”表示刀刃宽度，可为 2mm 或 8mm。

1.3.2　什么是应力集中？其后果是什么？如何预防？

在有的构件上，经常需要开孔、沟槽、缺口、台阶等，导致其几何形状、外形尺寸发生突变。在这些部位附近，因截面的急剧变化，产生的局部高应力峰值远大于由基本公式算得的应力值，这种现象称为应力集中。应力集中削弱了构件的强度，降低了它的承载能力，引起脆性材料断裂，使物体产生疲劳裂纹。应力集中处往往是构件破坏的起始点。

为避免应力集中造成构件破坏，可采取消除尖角、改善构件外形、局部加强孔边以及减小材料表面粗糙度值等措施。

1.3.3　什么是金属材料的理化性能？常见的有哪些？

金属材料的理化性能是指金属材料的物理性能和化学性能。

1）物理性能是指金属材料在各种物理条件下所表现出的性能，包括密度、熔点、导热性、导电性、热膨胀性和磁性等。

2）化学性能是指金属在室温或高温条件下抵抗外界介质化学侵蚀的能力，包括耐蚀性和抗氧化性等。

1.3.4　什么是金属材料的工艺性能？其衡量指标是什么？

金属材料的工艺性能是指金属材料对不同加工方法的适应能力，主要包括切削加工性、铸造性能、锻造性能和焊接性能。

1）切削加工性指金属材料被刀具切削加工后而成为合格工件的难易程度，其衡量指标是材料的硬度、脆性。

2）铸造性能是合金用铸造生产的方法获得优质铸件的难易程度，其衡量指标是铁（钢）液的流动性、收缩性、偏析倾向和氧化性。

3）锻造性能是金属材料在锻压加工中能承受塑性变形而不破裂的能力，其衡量指标是金属的塑性、变形抗力。

4）焊接性能主要指钢材的焊接性，其衡量指标是金属材料的含碳量。

1.3.5　什么是金属材料的拉伸试验？

拉伸试验是指在承受轴向拉伸载荷下测定金属材料特性的试验方法。利用拉伸试验得到的数据，可以确定材料的弹性极限、弹性模量、断后伸长率、断面收缩率、抗拉强度、屈服点、屈服强度和其他拉伸性能指标。

1.3.6　什么是金属材料的弯曲试验？

弯曲试验是测定材料承受弯曲载荷时的力学特性的试验，主要用于测定脆性和低塑性材料（如铸铁、高碳钢、工具钢等）的抗弯强度，并能反映塑性指标的挠度。弯曲试验还可用来检查材料的表面质量。弯曲试验在万能材料试验机上进行，有三点弯曲和四点弯曲两种加载荷方式。试样的截面有圆形和矩形，试验时的跨距一般为直径的 10 倍。对于脆性材料，弯曲试验一般只产生少量的塑性变形即可破坏，而对于塑性材料则不能测出弯曲断裂强度，但可检验其延展性和均匀性。塑性材料的弯曲试验称为冷弯试验。试验时将试样加载，使其弯曲到一定程度，观察试样表面有无裂缝。

1.3.7　什么是金属材料的压缩试验？

压缩试验是测定材料在轴向静压力作用下的力学性能的试验，试样破坏时的最大压缩载荷除以试样的横截面积，称为抗压强度。压缩试验主要适用于脆性材料，如铸铁、轴承合金和建筑材料等。对于塑性材料，无法测出抗压强度，但可以测量出弹性模量和屈服强度等。与拉伸试验相似，通过压缩试验可以做出压缩曲线。为减少摩擦力的影响，一般规定试样的长度与直径的比为（1～3）∶1，为减小试样的表面粗糙度值，涂以润滑油脂或垫上一层薄的聚四氟乙烯等材料。

1.3.8　什么是金属材料的冲击试验?

冲击试验是将被测试的金属材料，按规定制成一定形状和尺寸的试样，放在专门的冲击试验机上，加上一定的冲击载荷将试样打断，以测定材料冲击性能的试验方法，可用于确定机械的薄弱环节，以考核产品结构的完整性。其指标是冲击韧度和冲击吸收能量。

1.3.9　什么是金属材料的扭转试验?

扭转试验是测定材料抵抗扭矩作用的一种试验，可以测定脆性材料和塑性材料的强度和塑性，适用于经常承受扭矩的零件（轴、弹簧等）。扭转试验在扭转试验机上进行，试验时在圆柱形试样的标距两端施加扭矩 M，这时在试样标距的两个截面间产生扭转角 θ，根据 M 和 θ 的变化可绘制成扭转图，同时可得到相应的应力-应变曲线。扭转试样的断口形状能反映出材料性能和受力情况。如断口的断面与试样轴线垂直，材料呈塑性，是切应力作用的结果；如断口断面与试样轴线约呈45°角，材料呈脆性，是正应力作用的结果。

1.3.10　什么是金属材料的剪切试验?

剪切试验是沿固定的剪切面直接施加剪力，得到剪坏时的切应力，主要用于试验承受剪切载荷的零件和材料，如锅炉和桥梁上的铆钉、机器上的销钉等。该试验在万能试验机上进行，试样置于剪切夹具上，如在剪切载荷 F 作用下被切断，剪切力 F 除以试样横截面积 A，可得出剪切强度 $\tau_b = F/A$。

1.3.11　什么是金属材料的硬度试验?

硬度试验是测量固体材料表面硬度的一种材料试验，它能反映出材料在化学成分、组织结构和处理工艺上的差异，是检测材料性能的重要指标之一。例如在钢铁材料中，当马氏体形成时，由于溶入过饱和的碳原子而增大了晶格畸变，增加了错位密度，从而显著降低了塑性变形能力，这就是马氏体高硬度的原因。显然含碳量越高硬度也越高，不同含碳量的钢在淬火后，硬度值与马氏体量及其含碳量之间在很大范围内有很好的对应关系。淬火钢回火后的硬度取决于回火温度及保温时间，回火温度越高，保温时间越长，硬度越低。

1.4　金属材料的涂色标记、交货状态和保管原则

1.4.1　金属材料的涂色标记是如何规定的?

金属材料的涂色标记见表1-13～表1-15。

表 1-13 钢铁材料的涂色标记

类别	牌号或组别	标 记
优质碳素结构钢	05~15	白色
	20~25	棕色+绿色
	30~40	白色+蓝色
	45~85	白色+棕色
	15Mn~40Mn	白色二条
	45Mn~70Mn	绿色三条
合金结构钢	锰钢	黄色+蓝色
	硅锰钢	红色+黑色
	锰钒钢	蓝色+绿色
	铬钢	绿色+黄色
	铬硅钢	蓝色+红色
	铬锰钢	蓝色+黑色
	铬锰硅钢	红色+紫色
	铬钒钢	绿色+黑色
	铬锰钛钢	黄色+黑色
	铬钨钒钢	棕色+黑色
	钼钢	紫色
	铬钼钢	绿色+紫色
	铬锰钼钢	绿色+白色
	铬钼钒钢	紫色+棕色
	铬硅钼钒钢	紫色+棕色
	铬铝钢	铝白色
	铬钼铝钢	黄色+紫色
	铬钨钒铝钢	黄色+红色
	硼钢	紫色+蓝色
	铬钼钨钒钢	紫色+黑色
铬轴承钢	GCr6	绿色条+白色一条
	GCr9	白色一条+黄色一条
	GCr9SiMn	绿色二条
	GCr15	蓝色一条
	GCr15SiMn	绿色一条+蓝色一条
高速工具钢	W12Cr4V4Mo	棕色一条+黄色一条
	W18Cr4V	棕色一条+蓝色一条
	W9Cr4V2	棕色二条
	W9Cr4V	棕色一条
不锈钢（铝白为宽色条，余为窄色条）	铬钢	铝白色+黑色
	铬钛钢	铝白色+黄色
	铬锰钢	铝白色+绿色
	铬钼钢	铝白色+白色
	铬镍钢	铝白色+红色
	铬锰镍钢	铝白色+棕色
	铬镍钛钢	铝白色+蓝色
	铬镍铌钢	铝白色+蓝色
	铬钼钛钢	铝白色+白色+黄色
	铬钼钒钢	铝白色+红色+黄色
	铬镍钼钛钢	铝白色+紫色
	铬钼钒钴钢	铝白色+紫色
	铬镍铜钛钢	铝白色+蓝色+白色
	铬镍钼铜钛钢	铝白色+黄色+绿色
	铬镍钼铜铌钢	铝白色+黄色+绿色
耐热钢及电热合金（前为宽色条，后为窄色条）	铬硅钢	红色+白色
	铬钼钢	红色+绿色
	铬硅钼钢	红色+蓝色
	铬钢	铝白色+黑色
	铬钼钒钢	铝白色+紫色
	铬镍钛钢	铝白色+蓝色
	铬铝硅钢	红色+黑色
	铬硅钛钢	红色+黄色
	铬硅钼钛钢	红色+紫色
	铬硅钼钒钢	红色+紫色
	铬铝钢	红色+铝白色
	铬镍钨钼钛钢	红色+棕色
	铬镍钨钼钢	红色+棕色
	铬镍钨钛钢	铝白色+白色+红色

表 1-14 生铁的涂色标记

名 称	牌 号	标 记
铸造用生铁	Z34	绿色一条
	Z30	绿色二条
	Z26	红色一条
	Z22	红色二条
	Z18	红色三条
	Z14	蓝色一条
炼钢用生铁	L04	白色一条
	L08	黄色一条
	L10	黄色二条
球墨铸铁用生铁	Q_{10}	灰色一条
	Q_{12}	灰色二条

表1-15　有色金属材料的涂色标记

名称	牌号或组别	标　记	名称	牌号或组别	标　记
铝锭	Al 99.90	三道红色横线	镍板	特号镍	红色
	Al 99.85	二道红色横线		一号镍	蓝色
	Al 99.70A	一道红色横线		二号镍	黄色
	Al 99.70	一道红色竖线	铸造碳化钨管	二号管	绿色
	Al 99.60	二道红色竖线		三号管	黄色
	Al 99.50	三道红色竖线			
	Al 99.00	四道红色竖线		四号管	白色
	Al 99.70E	一道绿色竖线			
	Al 99.65E	二道绿色竖线		六号管	浅蓝色
锌锭	Zn 99.995	红色二条	铅锭	一号（Pb-1）	红色二条
	Zn 99.99	红色一条		二号（Pb-2）	红色一条
	Zn99.95	黑色一条		三号（Pb-3）	黑色二条
	Zn 99.5	绿色二条		四号（Pb-4）	黑色一条
	Zn 98.5	绿色一条		五号（Pb-5）	绿色二条
				六号（Pb-6）	绿色一条

1.4.2　钢材材料有哪些常见的交货状态?

钢铁材料常见的交货状态见表1-16。

表1-16　钢铁材料常见的交货状态

名　称	说　明
热轧（锻）状态	钢材在热轧或锻造后（终止温度一般为800～900℃）不再对其进行专门热处理，在空气中自然冷却后直接交货。由于表面覆盖有一层氧化皮，因而具有一定的耐蚀性，储运保管的要求不像冷拉（轧）状态交货的钢材那样严格，大中型型钢、中厚钢板可以在露天货场或经苫盖后存放
冷拉（轧）状态	经冷拉、冷轧等冷加工成形的钢材，不经任何热处理而直接交货。由于钢材尺寸精度高、表面质量好、表面粗糙度值小，并有较高的力学性能，且表面没有氧化皮，存在很大的内应力，极易遭受腐蚀或生锈，故一般均应在库房内保管，并应注意控制库房内的温度和湿度
正火状态	钢材出厂前经正火处理。由于钢材的组织、性能均匀，因而有较高的综合力学性能，并有利于改善低碳钢的魏氏组织和过共析钢的渗碳体网状，可为成品的进一步热处理做好组织准备。碳素结构钢、合金结构钢钢材常采用正火状态交货。某些低合金高强度钢（如14MnMoVBRE、14CrMnMoVB钢）为了获得贝氏体组织，也要求正火状态交货
退火状态	钢材出厂前经退火处理。消除和改善了前道工序遗留的组织缺陷和内应力，并为后道工序做好组织和性能上的准备。合金结构钢、保证淬透性结构钢、冷镦钢、轴承钢、工具钢、汽轮机叶片用钢、铁素体型不锈耐热钢的钢材常以退火状态交货

（续）

名　称	说　明
高温回火状态	钢材出厂前经高温回火处理。经过高温回火，钢材内应力消除较彻底，塑性和韧性好。碳素结构钢、合金结构钢、保证淬透性结构钢钢材均可以高温回火状态交货。某些马氏体型高强度不锈钢、高速工具钢和高强度合金钢，由于有很高的淬透性以及合金元素的强化作用，常在淬火（或正火）后进行一次高温回火，使钢中碳化物适当聚集，得到碳化物颗粒较粗大的回火索氏体组织（与球化退火组织相似），因而这种交货状态的钢材有很好的可加工性
固溶处理状态	钢材出厂前经固溶处理。奥氏体型不锈钢材一般以奥氏体状态交货。通过固溶处理，得到单相奥氏体组织，以提高钢的韧性和塑性，为进一步冷加工（冷轧或冷拉）创造条件，也可为进一步沉淀硬化做好组织准备

1.4.3　变形铝及铝合金的基础状态是如何表示的？

变形铝及铝合金的基础状态表示方法见表1-17。

表1-17　变形铝及铝合金的基础状态表示方法

名　称	代号	说　明
自由加工状态	F	适用于在成形过程中，对于加工硬化和热处理条件下无特殊要求的产品，该状态产品对力学性能不做规定
退火状态	O	适用于经完全退火后获得最低强度的产品状态
加工硬化状态	H	适用于通过加工硬化提高强度的产品。产品在加工硬化后可经过（也可不经过）使强度有所降低的附加热处理。H代号后面必须有两位或三位阿拉伯数字（如H112、H116等）
固溶处理状态	W	适用于经固溶处理后，在室温下自然时效的一种不稳定状态。该状态不作为产品交货状态，仅表示产品处于自然时效阶段
不同于F、O或H状态的热处理状态	T	适用于固溶处理后，经过（或不经过）加工硬化达到稳定的状态。T代号后面必须跟有一位或多位阿拉伯数字，例如：T1—高温成形＋自然时效；T2—高温成形＋冷加工＋自然时效；T3—固溶处理＋冷加工＋自然时效；T4—固溶处理＋自然时效；T5—高温成形＋人工时效；T6—固溶处理＋人工时效；T7—固溶处理＋过时效；T8—固溶处理＋冷加工＋人工时效；T9—固溶处理＋人工时效＋冷加工；T10—高温成形＋冷加工＋人工时效

1.4.4　铜及铜合金的状态是如何表示的？

铜及铜合金的状态表示方法见表1-18。

表1-18　铜及铜合金的状态表示方法

一级状态代号		二级状态代号（名称）	三级状态代号和名称
M（制造状态）	主要是铸件和热加工初级产品，一般不进行热处理	M0（铸造态）	M01～M08分别表示砂型、离心、石膏型、压力、金属型、熔模、连续和低压铸造
		M1（热锻）	M10、M11分别表示热锻-空冷、热锻-淬火
		M2（热轧）	M20、M25分别表示热轧和热轧＋再轧
		M3（热挤压）	M30表示热挤压
		M4（热穿孔）	M40、M45分别表示热穿孔、热穿孔＋再轧

（续）

一级状态代号		二级状态代号（名称）	三级状态代号和名称
H（冷加工状态）	以冷变形量满足标准要求为基础的冷加工（适用于板、带、棒、线材等产品）	H0（硬、弹）	H00、H01、H02、H03、H04、H06、H08 分别表示 1/8 硬、1/4 硬、1/2 硬、3/4 硬、硬、特硬和弹性
		H1（高弹）	H10 表示高弹性
			H12、H13、H14 分别表示特殊弹性、更高弹性、超高弹性
	以适应特殊产品满足标准要求为基础的冷加工（一般无需进一步的热处理）	H5（拉拔）	H50、H52、H55、H58 分别表示热挤压 + 拉拔，热穿孔 + 拉拔，轻拉、轻冷加工，常规拉拔
		H6（冷成形）	H60、H63、H64、H66 分别表示冷锻、铆接、旋压、冲压
		H7（冷弯）	H70 表示冷弯
		H8（硬态拉拔）	H80 表示拉拔（硬）
			H85、H86 分别表示拉拔电线（1/2 硬和硬）
		H9（异形冷加工）	H90 表示翅片成形
	冷加工后进行热处理的冷加工	HR（冷加工 + 消除应力）	HR01、HR02、HR04、HR06、HR08、HR10、HR12 表示 1/4 硬、半硬、硬、特硬、弹性、高弹性、特殊弹性、拉拔、翅片成形 + 应力消除
		HT（冷加工 + 有序强化）	HT04 表示硬 + 有序强化
			HT08 表示弹性 + 有序强化
		HE（冷加工 + 端部退火）	HE80 表示硬态拉拔 + 端部退火
O（退火状态）	为满足公称平均晶粒尺寸的退火	OS（有晶粒尺寸要求的退火）	OS005、OS010、OS015、OS025、OS030、OS035、OS045、OS050、OS060、OS065、OS070、OS100、OS120、OS150、OS200 表示公称平均晶粒尺寸（mm）分别为 0.005、0.010、0.015、0.025、0.030、0.035、0.045、0.050、0.060、0.065、0.070、0.100、0.120、0.150、0.200
	为满足力学性能的退火	O1（铸造态 + 热处理）	O10、O11 分别表示铸造 + 退火（均匀化）、铸造 + 沉淀热处理
		O2（热锻轧 + 热处理）	O20、O25 分别表示热锻 + 退火、热轧 + 退火
		O3（热挤压 + 热处理）	O30、O31 分别表示热挤压 + 退火、热挤压 + 沉淀热处理
		O4（热穿孔 + 热处理）	O40 表示热穿孔 + 退火、
		O5（调质退火）	O50 表示轻退火
		O6（退火）	O60、O61、O65、O68 分别表示软化退火、退火、拉伸退火、深拉退火
		O7（完全软化退火）	O70 表示完全软化退火
		O8（退火到特定性能）	O80、O81、O82 分别表示退火到 1/8 硬、退火到 1/4 硬、退火到 1/2 硬

（续）

一级状态代号		二级状态代号（名称）	三级状态代号和名称
T（热处理状态）	适用于固溶处理或者固溶处理后再冷加工或热处理而得到的状态	TQ（淬火硬化）	TQ00表示为淬火硬化，TQ30、TQ50、TQ55、TQ75分别表示为淬火硬化+退火、调质退火、调质退火+冷拉+应力消除、中间淬火
		TB（固溶处理）	TB00表示固溶处理
		TF（固溶处理+沉淀处理）	TF00、TF01、TF02分别表示固溶处理+沉淀处理、沉淀热处理板—低硬化、沉淀热处理板—高硬化
		TX（固溶处理+亚稳分解热处理）	TX00表示亚稳分解硬化
		TD（固溶处理+冷加工）	TD00、TD01、TD02、TD03、TD04、TD08分别表示固溶处理+冷加工（1/8硬、1/4硬、1/2硬、3/4硬、硬、弹性）
		TH（固溶处理+冷加工+沉淀热处理）	TH01、TH02、TH03、TH04、TH08分别表示固溶处理+冷加工（1/4硬、1/2硬、3/4硬、硬、弹性）+沉淀热处理
		TS（冷加工+亚稳分解热处理）	TS00、TS01、TS02、TS03、TS04分别表示冷加工（1/8硬、1/4硬、1/2硬、3/4硬、硬+亚稳分解硬化
			TS06、TS08、TS10、TS12、TS13、TS14分别表示冷加工（特硬、弹性、高弹性、特殊弹性、更高弹性、超高弹性）+亚稳分解硬化
		TL（沉淀热处理或亚稳分解热处理+冷加工）	TL00、TL01、TL02、TL04、TL08、TL10分别表示沉淀热处理或亚稳分解热处理+冷加工（1/8硬、1/4硬、1/2硬、硬、弹性、高弹性）
		TR（沉淀热处理或亚稳分解热处理+冷加工+应力消除）	TR01、TR02、TR04分别表示沉淀热处理或亚稳分解热处理+冷加工（1/4硬、1/2硬、硬）+应力消除
		TM（加工余热淬火硬化）	TM00、TM01、TM02、TM03、TM04、TM06、TM08分别表示加工余热淬火+冷加工（1/8硬、1/4硬、1/2硬、3/4硬、硬、特硬、弹性）
W（焊接管状态）	适用于由各种状态的带材焊接加工成管材而得到的状态	WM（焊接状态）	WM50表示由退火带材焊接
			WM00、WM01、WM02、WM03、WM04、WM06、WM08、WM10分别表示由1/8硬、1/4硬、1/2硬、3/4硬、硬、特硬、弹性、高弹性带材焊接
			WM15表示由退火带材焊接+消除应力
			WM20、WM21、WM22、WM24分别表示由（1/8硬、1/4硬、1/2硬、3/4硬）带焊接+消除应力
		WO（焊接后退火状态）	WO50、WO60、WO61分别表示焊接+轻退火、焊接+软退火、焊接+退火

（续）

一级状态代号		二级状态代号（名称）	三级状态代号和名称
W（焊接管状态）	适用于由各种状态的带材焊接加工成管材而得到的状态	WC（焊接后轻冷加工）	WC55 表示焊接+轻冷加工
		WH（焊接后冷拉状态）	WH00、WH01、WH02、WH03、WH04、WH06 分别表示焊接+拉拔（1/8 硬、1/4 硬、1/2 硬、3/4 硬、硬、特硬）
			WH55、WH58、WH80 分别表示焊接+（冷轧或轻拉、冷轧或常规拉拔、冷轧或硬拉）
		WR（焊接管+冷拉+应力消除）	WR00、WR01、WR02、WR03、WR04、WR06 分别表示由1/8 硬、1/4 硬、1/2 硬、3/4 硬、硬、特硬带焊接+拉拔+应力消除

1.4.5　金属材料的保管原则是什么？

1. 选择适宜的保管场所

金属材料存放的场所，不论库内库外均应清洁干燥，远离产生有害气体和粉尘的工厂车间，不与酸、碱、盐类及气体、粉末等物质混杂存放，要分类立点，分批存放。不同种类的金属材料存放在同一地点时，须有明显的间隔距离，防止发生接触腐蚀。一般热轧钢材等可以存入货棚或加苫垫；所有铁合金、小型钢材、薄板、钢带及有色金属材料都应存放入库房内，有条件的可存放在专用库房。

2. 保持库房干燥

保证库房相对湿度在临界湿度（65%～70%）以下，管理好仓库的温度和湿度，随时掌握天气变化，避免台风、暴雨侵袭，利用通风办法降温、降潮。库房内放置干燥剂也能起降潮作用。保持库房干燥是保障入库金属材料防止或减轻锈蚀的重要条件。

3. 妥善的码垛、苫垫和密封

妥善的码垛和苫垫也是金属材料防潮、防损的环节之一。码垛要求做到合理、牢固、定量、整齐、节约仓位。密封使金属材料和外界空气隔离，以减少潮气对锈蚀的影响。被密封保存的金属材料，必须在密封前未受过潮，且质量是完好的。

4. 保护器材的防护层和包装

为了防止金属材料生锈，出厂时一般都做过防锈处理，如化学处理生成防护膜、涂覆防锈剂或防锈包装等。在搬运、装卸和贮存等的操作中都需防止损坏防锈外层和包装，并不使其损坏、按伤、受压变形。包装损坏者应予以修复或更换，受潮者应采取干燥处理，防锈油脏污或干涸者应除锈后重新涂油。

5. 保持库房和器材清洁

库房和存库的金属材料应经常保持清洁，尤其是经过海运的材料，如沾染海水、污物后，一般不宜入库存放，而应及时清理，迅速投入生产使用。金属材料沾上手汗后会生锈腐蚀，所以须尽可能避免手汗沾染金属材料。入库金属材料不得与污物杂品接触，不应沉积尘土。

6. 加强检查制度，发现问题及时处理

金属材料在保管期间，要执行检查制度，进行日常、定期和不定期的检查，以便及时发现问题，及时处理。金属材料的各种防锈措施只能起到缓蚀作用，因此保管应有一定期限，应该贯彻先进先出、轮换发货的原则。

1.5 复合材料

1.5.1 什么是复合材料？

复合材料按其组成可分为金属-金属复合材料、非金属-金属复合材料、非金属-非金属复合材料。复合材料是通过物理或化学的方法组成具有新性能的材料，其综合性能优于原组成材料而满足各种不同的要求。复合材料的基体材料分为金属材料和非金属材料两大类，前者常用的有铝、镁、铜、钛及其合金，后者主要有合成树脂、橡胶、陶瓷、石墨、炭等。增强材料主要有玻璃纤维、碳纤维、硼纤维、芳纶纤维、碳化硅纤维、石棉纤维、晶须、金属丝和硬质细粒等。

1.5.2 复合材料有什么优点？

1）具有很高的比强度和刚度。

2）可以在广泛的温度范围内使用，同时其使用温度均高于其组成材料。

3）良好的尺寸稳定性。

4）良好的化学稳定性（聚合物基复合材料和陶瓷基复合材料具有良好的耐蚀性）。

5）良好的疲劳性能、蠕变性能、冲击性能和断裂韧度。

1.5.3 复合材料有哪些应用？

复合材料的应用已经非常广泛，下面举一些例子。

（1）酸奶包装复合材料　酸奶包装复合材料包括聚乙烯 + 二氧化钛、多层复合高密度聚乙烯材料等。

1）聚乙烯 + 二氧化钛。在生产聚乙烯薄膜时，添加白色的二氧化钛所生产出来的聚乙烯薄膜有一定的阻光性能，可以起到一定的遮光作用，以适应酸奶对包装材料的不透明的要求。

2）多层复合高密度聚乙烯材料。常用的主要有三层结构的高密度聚乙烯（中层为含炭的黑色高密度聚乙烯，内层和外层为含二氧化钛的白色高密度聚乙烯）和五层结构的高密度聚乙烯。

（2）食品包装复合材料　常用塑料铝复合膜 PET12/AL9/PE70，即外层为 12μm 的聚酯耐磨保护层，中层为 9μm 的铝箔阻隔层，内层为 70μm 的热封层。复合膜的特点如下：

1）可以高温杀菌，食品保存期长。

2）密封性能好，适宜各类食品包装。

3）防氧气、水、光线的透过，保持食品的色、香、味。

4）铝箔层具有银色外观，可增加印刷效果。

（3）不粘锅　不粘锅之所以不粘，是由于锅内层涂上了称为“特富龙”的涂料。这种涂料是含氟树脂的总称，包括聚四氟乙烯、聚全氟乙丙烯及各种含氟共聚物。由于它们具有耐高温、低温、自润滑性、化学稳定性等优点，故不仅用于不粘炊具，而且还用于防水透气材料（如防水衣物）、皮革、汽车部件，以及微波炉爆玉米花袋等。

（4）石油管道　可采用复合材料制作石油管道，如钢骨架塑料管、玻璃钢管等。

1）钢骨架塑料管由钢骨架+塑料管复合而成。

2）玻璃钢管由玻璃纤维+酚醛树脂等粘合而成。

（5）铜铝复合散热器　外层散热部分为铝合金，走水部分为纯铜管。复合管具有惊人的热传导速度和循环使用的物理特性，以及出众的耐蚀性、广泛的适用性、较好的热价比、较高的保值率和优美的外观。

（6）飞机用碳纤维　增强塑料碳纤维是用粘胶丝、聚丙烯腈纤维和沥青丝等为原料，在1000～3000℃下碳化而成的。碳纤维的直径极细（7μm左右），但强度特别高。用它替代铝合金或钛合金后，飞机的自重能减轻15%，用同量的燃料，能增加飞行距离10%，爬高率增加10%，起飞滑跑距离缩短15%。

（7）宇宙飞船和人造卫星用烧蚀材料　当宇宙飞船和人造卫星返回地面时，与空气剧烈摩擦，外壳温度可达5000℃以上。外壳使用烧蚀材料后，在高温、高压气流冲刷的条件下，烧蚀材料发生热解、汽化、升华、熔化、辐射等作用，通过表面材料的损耗而带走大量热量，结果只在表面上“剥掉一层皮”，而内部的人、仪器设备、资料却可安全地返回地面。

第2章

常用金属材料的品种与特点

2.1 生铁及铁合金

2.1.1 生铁的化学成分有什么要求？它有哪些特点？

生铁是铁矿石经高炉冶炼所得到的产品。生铁中碳的质量分数超过2%，锰的质量分数不超过30.0%，硅的质量分数不超过8.0%，磷的质量分数不超过3.0%，铬的质量分数不超过10.0%，其他合金元素总的质量分数不超过10.0%。

生铁耐磨性和铸造性好，但质硬而脆，缺乏韧性，几乎没有塑性变形能力，因此不能通过锻造、轧制、拉拔等方法加工成形。

2.1.2 常用的生铁有哪几种？

常用的生铁有炼钢用生铁、铸造用生铁、球墨铸铁用生铁、含钒生铁、含镍生铁、脱碳低磷生铁、铸造用磷铜钛低合金耐磨生铁等。

1）炼钢用生铁按含硅量分成3个牌号：L03、L07和L10。各牌号按含锰量分为3组，按含磷（P）量分为4级，按含硫量分为3类。

2）铸造用生铁按含硅量分成6个牌号：Z34、Z30、Z26、Z22、Z18和Z14。各牌号按含锰量分位3组，按含磷量分为5级，按含硫量分为3类。

3）球墨铸铁用生铁按含硅量分成2个牌号：Q10和Q12。各牌号按含钛量分成2挡，按含锰量分为3组，按含磷量分为3级，按含硫量分为4类。

4）含钒生铁按含钒量分成4个牌号：V02、V03、V04和V05。各牌号按含磷量分为3级，按含硫量分为3类。

5）含镍生铁按含镍量分成12个牌号：FeNi4.5、FeNi5.5、FeNi6.5、FeNi7.5、FeNi8.5、FeNi9.5、FeNi10.5、FeNi11.5、FeNi12.5、FeNi13.5、FeNi14.5和FeNi15。各牌号按杂质含量分为两级。

6）脱碳低磷生铁按含碳量分成3个牌号：TL10、TL14和TL18。

7）铸造用磷铜钛低合金耐磨生铁按含硅量分成6个牌号：NMZ34、NMZ30、NMZ26、NMZ22、NMZ18和NMZ14。各牌号按含锰量分为3组，按含硫量分3类，按含磷量分为3级，按含铜量分为两级。

2.1.3 铁合金分哪几种?

铁合金的品种很多，一般按照其所含元素分类，例如：

(1) 硅铁 硅的质量分数多为60%~95%。

(2) 锰铁 有如下几种：

1) 高炉锰铁：锰的质量分数为60%~82%，碳的质量分数为7.0%或7.5%。

2) 高碳电炉锰铁：锰的质量分数为65%~82%，碳的质量分数为7.0%~8.0%。

3) 中碳电炉锰铁：锰的质量分数为75%~85%，碳的质量分数为1.0%~2.0%。

4) 低碳电炉锰铁：锰的质量分数为80%~92%，碳的质量分数为0.2%~0.7%。

(3) 铬铁 有如下几种：

1) 高碳铬铁：铬的质量分数限定范围者为60%~72%，分级者为60.0%或52.0%；碳的质量分数为6.0~10.0%。

2) 中碳铬铁：铬的质量分数限定范围者为60.0%~70.0%，分级者为60.0%或52.0%；碳的质量分数为1.0~4.0%。

3) 低碳铬铁：铬的质量分数规定同中碳铬铁；碳的质量分数为0.25%~0.50%。

4) 微碳铬铁：铬的质量分数规定同中碳铬铁；碳的质量分数为0.03%~0.15%。

5) 真空法微碳铬铁：铬的质量分数为65.0%；碳的质量分数为0.010%~0.100%。

(4) 其他铁合金 除了以上几类铁合金外，还有钨铁、钼铁、钛铁、钒铁、磷铁、硼铁、镍铁、铌铁、锆铁、稀土合金等。

2.1.4 各类铁合金在生产中有什么用途?

(1) 硅铁 硅铁是以焦炭、钢屑、石英（或硅石）为原料，用电炉冶炼制成的。由于硅和氧很容易化合成二氧化硅，所以硅铁作为脱氧剂常用于炼钢；同时由于二氧化硅生成时放出大量的热，所以在脱氧的同时，对提高钢液温度也是有利的。硅铁作为合金元素加入剂，广泛用于低合金结构钢、合结钢、弹簧钢、轴承钢、耐热钢及电工硅钢之中。此外，硅铁在铁合金生产及化学工业中，常用作还原剂。纯硅中硅的质量分数达95%~99%，常用来制造单晶硅或配制有色合金。

(2) 锰铁 锰铁是以锰矿石为原料，在高炉或电炉中熔炼而成的。锰铁也是钢中常用的脱氧剂，锰还有脱硫和减少硫的有害影响的作用。因此，在各种钢和铸铁中，几乎都含有一定数量的锰。锰铁还作为重要的合金剂，广泛地用于结构钢、工具钢、不锈耐热钢、耐磨钢等合金钢中。

(3) 铬铁 铬铁在炼钢中作为合金加入剂。

(4) 其他铁合金 这些铁合金大多是在电炉中冶炼的，由于其中所含的元素有些比较稀贵或由于生产工艺比较复杂，因此使用过程中虽然其脱氧能力较强，但并不用作脱氧剂，而主要用作合金加入剂。

2.2 铸铁及铸钢

2.2.1 各类铸铁的特点和用途有哪些?

(1) 灰铸铁 其中的碳主要以片状石墨形态存在，断口呈灰色；熔点低（1145～1250℃），凝固时收缩量小，抗压强度和硬度接近碳素钢，减振性好。灰铸铁主要用于制造机床床身、气缸、箱体等结构件。

(2) 可锻铸铁 它由白口铸铁经石墨化退火处理后获得，其中的石墨呈团絮状分布；其组织性能均匀，耐磨损，有良好的塑性和韧性。可锻铸铁主要用于制造形状复杂、能承受强动载荷的零件。

(3) 球墨铸铁 其中的碳主要以球状石墨形态存在；比普通灰铸铁有更高的强度，以及更好的韧性和塑性。球墨铸铁主要用于制造内燃机、汽车零部件及农机具等。

(4) 蠕墨铸铁 其中的碳主要以蠕虫状石墨形态存在；其力学性能与球墨铸铁相近，铸造性能介于灰铸铁与球墨铸铁之间。蠕墨铸铁主要用于制造汽车的零部件。

(5) 白口铸铁 其中的碳、硅含量较低，碳主要以渗碳体形态存在，断口呈银白色，晶粒粗大，有明显方向性；凝固时收缩大，易产生缩孔、裂纹；硬度较高，脆性大，不能承受冲击载荷。白口铸铁是一种良好的抗磨材料，多用作可锻铸铁的坯件和制作耐磨损的零部件（如犁铧、导板等）。

(6) 麻口铸铁 它是介于白口铸铁和灰铸铁之间的一种铸铁，它的组织由珠光体+渗碳体+石墨组成，断口呈灰色白相间的麻点状。这种铸铁性能不好，极少应用。

(7) 合金铸铁 它是由普通铸铁加入适量合金元素（如硅、锰、磷、镍、铬、钼、铜、铝、硼、钒、锡等）获得的；合金元素使铸铁的基体组织发生变化，从而具有相应的耐热、耐磨、耐蚀、耐低温或无磁等特性。合金铸铁主要用于制造矿山、化工机械和仪器、仪表等的零部件。

2.2.2 铸钢分为哪几种？它有什么特点?

铸钢是用来生产钢铸件的铁基合金，其中碳的质量分数一般为0.15%～0.60%。铸钢按其化学成分分为铸造碳钢和铸造合金钢，按其用途分为铸造结构钢、铸造特殊钢和铸造工具钢。

铸钢的缺点是铸造性能差，往往需要用热处理和合金化等方法来改善其组织和性能。铸钢主要用于制造一些形状复杂、难以进行锻造或切削加工成形，而又要求较高的强度和塑性的零件。

2.3 结构钢

2.3.1 结构钢如何分类?

结构钢是指符合特定强度和可成形性等级的钢。其可成形性以拉伸试验中断后伸长率表示，一般用于承载等用途。

（1）按含杂质量的不同分　结构钢可分优质碳素结构钢和普通碳素结构钢，前者的硫、磷及其他非金属夹杂物的含量较低。

（2）按使用场合的不同分　结构钢可分为建筑及工程用结构钢和机械制造用结构钢。

1）建筑及工程用结构钢指用于建筑、桥梁、船舶、锅炉或其他工程上制作金属结构件的钢，如碳素结构钢、低合金高强度钢等。

2）机械制造用结构钢指用于制造机械设备上结构零件的钢，这类钢基本上都是优质钢或高级优质钢，主要有优质碳素结构钢、合金结构钢、易切结构钢、弹簧钢、滚动轴承钢等。

（3）按含碳量的不同分　结构钢可分为低碳钢、中碳钢和高碳钢。

1）低碳钢。其碳的质量分数小于0.25%，其中典型的是碳的质量分数小于0.10%的08、08Al等，由于具有很好的深冲性和焊接性，被广泛地用作深冲件，如汽车、制罐等；20G则是制造普通锅炉的主要材料。低碳钢大多不经热处理直接用于工程结构件，如制造链条、铆钉、螺栓、轴等。低碳钢也可作为渗碳钢，用于机械制造业。

2）中碳钢。其碳的质量分数为0.25%～0.60%，多在调质状态下使用，制作机械制造工业的零件。其调质硬度为22～34HRC，能得到综合的力学性能，也便于切削。

3）高碳钢。其碳的质量分数大于0.6%，多用于制造弹簧、齿轮、轧辊等。根据含锰量（质量分数）的不同，高碳钢又可分为普通含锰量（0.25%～0.8%）和较高含锰量（0.7%～1.0%和0.9%～1.2%）两组钢。锰能改善钢的淬透性，强化铁素体，提高钢的屈服强度、抗拉强度和耐磨性。通常在含锰量高的钢的牌号后附加标记“Mn”，如15Mn、20Mn，以区别于正常含锰量的碳素钢。

（4）按用途的不同分　结构钢可分为通用结构钢和专用结构钢。

2.3.2　碳素结构钢的主要特点和应用如何？

碳素结构钢的特点和应用见表2-1。

表2-1　碳素结构钢的特点和应用

牌号	主要特点	应用举例
Q195	具有高的塑性、韧性和焊接性，良好的压力加工性能，但强度低。Q215与Q195相比，强度稍高，塑性略差	用于制造地脚螺栓、犁铧、烟筒、屋面板、铆钉、低碳钢丝、薄板、焊管、拉杆、吊钩、支架、焊接结构
Q215		
Q235	具有良好的塑性、韧性和焊接性、冲压性能，以及一定的强度和硬度、好的冷弯性能。大多在热轧状态下使用	广泛用于一般要求的零件和焊接结构。如受力不大的拉杆、连杆、销、轴、螺钉、螺母、套圈、支架、机座、建筑结构、桥梁等
Q275	具有较高的强度和耐磨性、较好的塑性和可加工性、一定的焊接性。小型零件可以淬火强化	用于制造要求强度较高的零件，如齿轮、轴、链轮、键、螺栓、螺母、农机用型钢、输送链和链节

2.3.3　优质碳素结构钢的主要特点和应用如何？

优质碳素结构钢的特点和应用见表2-2。

表2-2　优质碳素结构钢的特点和应用

牌　号	主要特点	应用举例
08	极软低碳钢，强度、硬度很低，塑性、韧性极好，冷加工性好，淬透性、淬硬性极差，时效敏感性差，不宜切削加工，退火后导磁性能好	宜轧制成薄板、薄带、冷变形材、冷拉件、冲压件、焊接件、表面硬化件
10	强度低（稍高于08钢），塑性、韧性很好，焊接性优良，无回火脆性，易冷热加工成形，淬透性很差，正火或冷加工后可加工性好	宜用冷轧、冲压、冷镦、冷弯、热轧、热挤压、热镦等工艺成形，制造要求受力不大、韧性高的零件，如摩擦片、深冲器皿、汽车车身、弹体等
15	强度、硬度、塑性与10钢相近。为改善其切削性能需进行正火或水韧处理，适当提高硬度。淬透性、淬硬性差，韧性、焊接性好	制造受力不大、形状简单，但韧性要求较高或焊接性较好的中、小结构件，如螺钉、螺栓、拉杆、起重钩、焊接容器等
20	强度硬度稍高于15钢，塑性、焊接性都好，热轧或正火后韧性好	制作不太重要的中、小型渗碳、碳氮共渗件，以及锻压件，如杠杆轴、变速器变速叉、齿轮、重型机械拉杆等
25	具有一定的强度、硬度，塑性和韧性好，焊接性、冷塑性加工性较好，但可加工性中等，淬透性、淬硬性差，淬火+低温回火后强韧性好，无回火脆性	焊接件、热锻件、热冲压件，渗碳后用作耐磨件
30	强度、硬度较高，塑性好，焊接性尚好，可在正火或调质后使用，适于热锻、热压，切削性能良好	用于受力不大、温度＜150℃的低载荷零件，如丝杠、拉杆、轴键、齿轮、轴套筒等，渗碳件表面耐磨性好，可用作耐磨件
35	强度适当，塑性较好，冷塑性好，焊接性尚可，冷态下可局部镦粗和拉丝，淬透性差，正火或调质后使用	适于制造小截面零件，可承受较大载荷的零件，如曲轴、杠杆、连杆、钩环等，以及各种标准件、紧固件
40	强度较高，可加工性良好，冷变形能力中等，焊接性差，无回火脆性，淬透性差，易生水淬裂纹，多在调质或正火态使用，两者综合性能相近，表面淬火后可用于制造承受较大应力件	适于制造曲轴、心轴、传动轴、活塞杆、连杆、链轮、齿轮等，用作焊接件时须先预热和焊后缓冷
45	最常用中碳调质钢，综合力学性能良好，淬透性差，水淬时易生裂纹。小型件宜采用调质处理，大型件宜采用正火处理	主要用于制造要求强度高的运动件，如透平机叶轮、压缩机活塞、轴、齿轮、齿条、蜗杆等，用作焊接件时应焊前预热和焊后进行去应力退火

（续）

牌　号	主要特点	应用举例
50	高强度中碳结构钢，冷变形能力差，可加工性中等，焊接性差，无回火脆性，淬透性较差，水淬时易生裂纹。使用状态：正火，淬火后回火，高频感应淬火	适用于在动载荷及冲击作用不大的条件下耐磨性高的机械零件，如锻造齿轮、拉杆、轧辊、轴摩擦盘、机床主轴、发动机曲轴、农业机械犁铧、重载荷心轴及各种轴类零件等，以及较次要的减振弹簧、弹簧垫圈等
55	具有高强度和硬度，塑性和韧性差，切可加工性中等，焊接性差，淬透性差，水淬时易淬裂	多在正火或调质处理后使用，适于制造高强度、高弹性、高耐磨性机件，如齿轮、连杆、轮圈、轮缘、机车轮箍、扁弹簧、热轧轧辊等
60	具有高强度和高硬度，弹性好，冷变形时塑性差，可加工性中等，焊接性不好，淬透性差，水淬易生裂纹，故大型件用正火处理	轧辊、轴类、轮箍、弹簧圈、减振弹簧、离合器、钢丝绳
65	适当热处理或冷作硬化后具有较高的强度和较好的弹性，焊接性不好，易形成裂纹，不宜焊接，可加工性差，冷变形塑性低，淬透性不好，一般采用油淬，大截面件采用水淬油冷或正火处理。在相同组态下其疲劳强度可与合金弹簧钢相当	宜用于制造截面形状简单、受力小的扁形或螺形弹簧零件，如气门弹簧、弹簧环等，也宜用于制造高耐磨性零件，如轧辊、曲轴、凸轮及钢丝绳等
70	强度比65钢稍高，弹性也比65钢稍好，其他性能与65钢近似	弹簧、钢丝、钢带、车轮圈等
75、80	性能与65、70钢相似，但强度较高，弹性较差，淬透性差，通常在淬火、回火后使用	板弹簧、螺旋弹簧、抗磨损零件、较低速车轮等
85	含碳量最高的高碳结构钢，强度、硬度比其他高碳钢高，但弹性略差，其他性能与65、70、75、80钢相近似，淬透性仍然较差	铁道车辆、扁形板弹簧、圆形螺旋弹簧、钢丝、钢带等
15Mn	含锰量较高的低碳渗碳钢，其强度比15钢稍高，塑性、可加工性和淬透性均比15钢稍好，渗碳与淬火时表面形成软点较少，宜进行渗碳、碳氮共渗处理，得到表面耐磨而心部韧性好的综合性能，热轧或正火处理后韧性好	齿轮、曲柄轴、支架、铰链、螺钉、螺母、铆焊结构件，板材适于制造油罐、寒冷地区的农具等，如奶油罐等
20Mn	其强度，比15Mn钢略高，淬透性比15Mn钢略好，其他性能与15Mn钢相近	与15Mn钢基本相同
25Mn	性能与20Mn钢及25钢相近，强度稍高	与20Mn钢及25钢相近
30Mn	与30钢相比，具有较高的强度和较好的淬透性，冷变形时塑性好，焊接性中等，可加工性良好，热处理时有回火脆性倾向及过热敏感性	螺栓、螺母、螺钉、拉杆、杠杆、小轴、制动齿轮

（续）

牌　号	主要特点	应用举例
35Mn	强度比30Mn钢高，淬透性比30Mn钢好，冷变形时的塑性中等，可加工性好，但焊接性较差，宜调质处理后使用	转轴、啮合杆、螺栓、螺母、螺钉、心轴、齿轮等
40Mn	淬透性略好于40钢，热处理后，强度、硬度比40钢稍高，韧性比40钢稍好，冷变形塑性中等，可加工性好，焊接性差，具有过热敏感性和回火脆性，水淬易裂	耐疲劳件、曲轴、辊子、轴、连杆，以及高应力下工作的螺钉、螺母等
45Mn	中碳调质结构钢，调质后具有良好的综合力学性能。强度比45钢高，淬透性、韧性比45钢好，可加工性尚好，冷变形塑性差，焊接性差，具有回火脆性倾向	转轴、心轴、花键轴、汽车半轴、万向接头轴、曲轴、连杆、制动杠杆、啮合杆、齿轮、离合器、螺栓、螺母等
50Mn	性能与50钢相近，但其淬透性较好，热处理后强度、硬度均稍高于50钢，弹性也稍好于50钢，焊接性差，有过热敏感性和回火脆性倾向	用作承受高应力零件和高耐磨零件，如齿轮、齿轮轴、摩擦盘、心轴、平板弹簧等
60Mn	强度和硬度比60钢稍高，弹性和淬透性比60钢稍好，退火态可加工性良好，冷变形塑性和焊接性差，具有过热敏感和回火脆性倾向	大尺寸螺旋弹簧、板簧、各种圆扁弹簧，弹簧环、片，冷拉钢丝及发条
65Mn	强度和硬度比65钢高，弹性和淬透性均比65钢高，具有过热敏感性和回火脆性倾向，水淬有形成裂纹倾向。退火态可加工性尚可，冷变形塑性差，焊接性差	受中等载荷的板弹簧，直径达7~20mm的螺旋弹簧及弹簧垫圈、弹簧环；高耐磨性零件，如磨床主轴、弹簧夹头、精密机床丝杠、犁、切刀、螺旋辊子轴承上的套环、铁道钢轨等
70Mn	性能与70钢相近，但淬透性稍好，热处理后强度和硬度比70钢高，弹性比70钢好，具有过热敏感性和回火脆性倾向，易脱碳，水淬时有形成裂纹倾向，冷变形塑性差	承受大应力、磨损条件下工作的零件，如各种弹簧圈、弹簧垫圈、止推环、锁紧圈、离合器盘等

2.3.4 什么是专用结构钢？它有什么特点？

专用结构钢是指有专门用途的结构钢。一般采用代表钢屈服强度的符号“Q”、屈服强度和代表产品用途的符号等表示。专用结构钢的种类和符号见表2-3。

表2-3　专用结构钢的种类和符号

专用结构钢	特征字	符号
锅炉和压力容器用钢	容	R *
低温压力容器用钢	低容	DR *
锅炉用钢（管）	锅	g *
桥梁用钢	桥	q *
耐候钢	耐候	NH *

（续）

专用结构钢	特征字	符号
高耐候钢	高耐候	GNH *
汽车大梁用钢	梁	L *
高性能建筑结构用钢	高建	GJ *
低焊接裂纹敏感性钢	—	CF *
保证淬透性钢	—	H *
矿用钢	矿	K *
焊接气瓶用钢	焊瓶	HP
煤机用钢	煤	M
钢轨钢	轨	U
机车车轴用钢	机轴	JZ
车辆车轴用钢	辆轴	LZ
船用锚链钢	船锚	CM
船用钢	采用国际符号	

注："*"者加在代号尾部，如"Q345R"为压力容器用钢，"Q340NH"为耐候钢。

（1）锅炉和压力容器用钢　用以制造室温及中温承压元件的钢板与钢管，要求有较高的室温强度、较低的缺口敏感性、良好的加工工艺性能和焊接性，应用最多的是Q345R钢；用以制造高温承压元件的钢管，要求具有足够的蠕变强度、持久强度和持久塑性，以及良好的高温组织稳定性、高温抗氧化性和加工工艺性能。

（2）耐候钢　即耐大气腐蚀钢，是介于普通钢和不锈钢之间的低合金钢系列，由普通碳素钢添加少量铜、镍等耐腐蚀元素而成，具有优质钢的强韧、塑延、成形、焊割、磨蚀、高温、抗疲劳等特性；耐候性为普通碳素钢的2~8倍，涂装性为普通碳素钢的1.5~10倍。同时，它具有耐腐蚀、使用寿命长等特点。耐候钢主要用于制造集装箱、铁道车辆、石油井架、海港建筑、采油平台及化工石油设备中含硫化氢腐蚀介质的容器等结构件。

（3）锅炉用钢　主要材质有优质结构钢及低合金耐热钢，常用的锅炉用钢有低碳镇静钢或低碳钢，碳的质量分数在0.16%~0.26%范围内。由于锅炉用钢钢板处于中温（350℃以下）高压状态下工作，除承受较高压力外，还受到冲击、疲劳载荷及水和气的腐蚀，对锅炉用钢的性能要求主要是有良好的焊接性及冷弯性能、一定的高温强度和耐碱性腐蚀、耐氧化等。

（4）桥梁用钢　是专用于架造铁路或公路桥梁的钢板，要求有一定的强度、韧性和良好的抗疲劳性，并且对钢材的表面质量要求较高。桥梁用钢具有良好的焊接性能和低的缺口敏感性，主要用于铁路桥和公路桥其跨度在46~160mm之间的结构件。其主要有Q345qD、Q345qC高强度低合金结构钢。

（5）汽车大梁用钢　主要用于制造汽车纵梁、横梁、前后车桥、保险杠等结构件，厚度一般为4.0~8.0mm，是汽车结构钢板中需求量大、性能指标要求较高的钢种。它具有良好的综合性能，有足够的强韧性，以及良好的抗疲劳性和冷成形性。

(6) 焊接气瓶用钢　是厚度为 2.5 ~ 12.0mm 的热轧钢板及厚度为 1.5 ~ 4.0mm 的冷轧钢板，主要用于制造液化石油气瓶和乙炔气瓶。其化学成分稳定，P、S 含量低，钢质纯净，内在组织均匀，晶粒细小。其强度适中、塑性好、屈强比低，屈服平台不明显，纵横向性能差异小，冲压性能优良。其钢板平直，厚度同板差小。其碳当量低，能适应自动埋弧焊、等离子弧焊等多种焊接工艺的要求。

2.4 工模具钢

2.4.1 工模具钢分为哪几类?

工模具钢的分类见表 2-4。

表 2-4　工模具钢的分类

分类方法	工模具钢的种类
按用途分类	工具钢：刃具用非合金钢、量具刃具用钢、耐冲击工具用钢、轧辊用钢 模具钢：模具用非合金钢、冷作模具用钢、热作模具用钢、塑料模具用钢和特殊用途模具用钢
按使用加工方法分类	压力加工用钢：热压力加工用钢（UP）和冷压力加工用钢（UCP），切削加工用钢（UC）
按化学成分分类	非合金工具钢（牌号头带“T”）、合金工具钢、非合金模具钢（牌号头带“SM”）和合金模具钢
按形状分类	热轧圆钢、热轧方钢、热轧扁钢

2.4.2 模具钢可分为哪几类？各类的应用情况如何？

由于模具的用途很广，各种模具的工作条件差别很大，所以制造模具用材料范围很广。模具钢按用途一般可分为冷作模具钢、热作模具钢和塑料模具钢三大类。

(1) 冷作模具钢　主要用于制造对冷状态下的工件进行压制成形的模具，如冲裁模具、冲压模具、拉深模具、压印模具、冷挤压模具、螺纹压制模具和粉末压制模具等。冷作模具钢的范围很广，从各种碳素工具钢、合金工具钢、高速工具钢到粉末高速工具钢和粉末高合金模具钢。冷作模具钢是真空脱气精炼钢，内质纯净，可加工性良好，切削性明显提高，淬透性良好，空冷淬硬不易出现淬裂，耐磨性极为优异，韧性良好，可用作不锈钢及高硬度材料的冲裁模。

(2) 热作模具钢　主要用于制造对高温状态下的工件进行压力加工的模具，如热锻模、热挤压模、压铸模、热镦锻模等。常用的热作模具钢有中高含碳量的添加 Cr、W、Mo、V 等合金元素的合金模具钢；对特殊要求的热作模具钢，有时采用高合金奥氏体耐热模具钢制造。

(3) 塑料模具钢　由于塑料的品种很多，对塑料制品的要求差别也很大，对制造塑料模具的材料也提出了各种不同的性能要求。因此，不少工业发达的国家已经形成了范围很广的塑料模具用钢系列，包括碳素结构钢、渗碳型塑料模具钢、预硬型塑料模具钢、时效硬化型塑料模具钢、耐蚀塑料模具钢、易切塑料模具钢、整体淬硬型塑料模具钢、马氏体时效钢以及镜面抛光用塑料模具钢等。

2.4.3 常用的碳素刃具钢有哪些？它有哪些特点？

常用的碳素刃具钢有T7、T8、T8Mn、T9、T10、T11、T12、T13。其中碳的质量分数在0.65%～1.35%之间，S、P杂质含量低，加工性良好，价格低廉，经热处理后可得到高的强度、硬度（58～64HRC）和良好的耐磨性（＜200℃时）。对于侧重于要求韧性的工具（如錾子、冲子等）多采用T7、T8（A）钢；侧重要求硬度和耐磨性的工具（如锉刀、刨刀）多采用T12（A）、T13（A）钢；要求较高硬度和一定韧性的工具（如小钻头、丝锥、低速车刀等）多采用T9～T11（A）钢等。碳素刃具钢的缺点是淬透性、回火稳定性和热硬性差，因此，只能用于制造手用工具、低速及小走刀量的机用刀具。碳素刃具钢淬火时需用水冷，形状复杂的工具易于淬火变形，开裂危险性大等。当对刃具性能要求较高时，就必须采用合金刃具钢。

刃具在切削过程中，切削刃与工件表面金属相互作用，使切屑产生变形与断裂并从整体上剥离下来。因此，切削刃本身在承受弯曲、扭转、切应力和冲击、振动负荷的同时，还要受到工件和切屑的强烈摩擦作用，产生大量的热。刃具的失效形式主要是磨损，另外还有卷刃、崩刃和折断等。由于要求其性能为高的硬度和良好的耐磨性，所以，刃具钢的碳含量都较高。对切削刀具，还要求在温度较高的情况下也能保持高硬度，即具有热硬性。

2.4.4 常用的量具刃具钢有哪些？它有哪些特点？

常用的量具刃具钢有9SiCr、8MnSi、Cr06、Cr2、9Cr2和W。该钢种具有以下特点：

1）碳的质量分数大（0.75%～1.45%），以形成适量碳化物，同时保证钢淬火、回火后获得高硬度和良好的耐磨性。

2）加入Cr、W、Mo、V等较强碳化物形成元素，在钢中形成合金渗碳体和特殊碳化物，用以提高钢的硬度和耐磨性，并可细化晶粒，提高强度；合金元素Cr、Mn、Si等则主要是提高钢的淬透性，强化铁素体。

3）反复进行锻造或轧制，以破碎碳化物网，并使碳化物细小、均匀分布于基体之中。

4）预备热处理。采用球化退火，所得组织为粒状珠光体。

5）最终热处理。淬火＋低温回火后，其显微组织为粒状（碳化物＋回火马氏体＋残留奥氏体）。由于大部分采用油淬，工件淬火变形小，淬裂倾向低。

量具和刃具必须具有精确而稳定的尺寸，因此应有高硬度（≥56HRC）、良好的耐磨性和稳定的尺寸；热处理变形小，尺寸稳定；良好的加工工艺性和耐蚀性。

2.4.5 高速工具钢有哪些？其特点及用途是什么？

高速工具钢按化学成分分为W系、W-Mo系和Mo系三个系列，按性能分为低合金高速钢、普通高速钢、高性能高速钢三个系列。常用高速工具钢的牌号、特点及用途见表2-5。

表2-5　常用高速工具钢的牌号、特点及用途

牌　号	特　点	用途举例
W18Cr4V	硬度、热硬性及高温硬度较高，易于磨削加工	制造一般高速切削车刀、刨刀、铣刀、铰刀、钻头等
W6Mo5Cr4V2	韧性、耐磨性优于W18Cr4V，硬度、热硬性及高温硬度相当	制造要求耐磨性和韧性很好配合的高速切削刀具，如丝锥、滚刀、插齿刀、冲模、冷挤压模等
W6Mo5Cr4V3	耐磨性高，但可磨性差	制造要求耐磨性和热硬性较高的、耐磨性和韧性较好配合的、形状稍为复杂的刀具，如拉刀、铣刀、成形刀具等
W9Mo3Cr4V	兼有W18Cr4V和W6Mo5Cr4V2的优点，并明显减少了两者的缺点	制造拉刀、铣刀、成形刀具等
W18Cr4VCo5	硬度、耐热性略高于W18Cr4V，耐磨性及热硬性都比较好	制造切削不锈钢及其他硬或韧的材料刀具，刀具寿命长且工件表面光滑

2.4.6　高速工具钢是如何热处理的？

高速工具钢交货状态为钢棒时的硬度及试样淬火、回火硬度见表2-6。

表2-6　高速工具钢交货状态为钢棒时的硬度及试样淬火、回火硬度

牌　号	交货硬度①（退火态）HBW≤	试样热处理制度及淬火、回火硬度					
		预热温度/℃	淬火温度/℃		淬火冷却介质	回火温度②/℃	硬度HRC≥
			盐浴炉	箱式炉			
W3Mo3Cr4V2	255	800～900	1180～1220	1180～1220	油浴或盐浴	540～560	63
W4Mo3Cr4VSi	255		1170～1190	1170～1190		540～560	63
W18Cr4V	255		1250～1270	1260～1280		550～570	63
W2Mo8Cr4V	255		1180～1220	1180～1220		550～570	63
W2Mo9Cr4V2	255		1190～1210	1200～1220		540～560	64
W6Mo5Cr4V2	255		1200～1220	1210～1230		540～560	64
CW6Mo5Cr4V2	255		1190～1210	1200～1220		540～560	64
W6Mo6Cr4V2	262		1190～1210	1190～1210		550～570	64
W9Mo3Cr4V	255		1200～1220	1220～1240		540～560	64
W6Mo5Cr4V3	262		1190～1210	1200～1220		540～560	64
CW6Mo5Cr4V3	262		1180～1200	1190～1210		540～560	64
W6Mo5Cr4V4	269		1200～1220	1200～1220		550～570	64
W6Mo5Cr4V2Al	269		1200～1220	1230～1240		550～570	65
W12Cr4V5Co5	277		1220～1240	1230～1250		540～560	65
W6Mo5Cr4V2Co5	269		1190～1210	1200～1220		540～560	64
W6Mo5Cr4V3Co8	285		1170～1190	1170～1190		550～570	65
W7Mo4Cr4V2Co5	269		1180～1200	1190～1210		540～560	66
W2Mo9Cr4VCo8	269		1170～1190	1180～1200		540～560	66
W10Mo4Cr4V3Co10	285		1220～1240	1220～1240		550～570	66

① 退火＋冷拉态的硬度允许比退火态指标高50HBW。

② 回火温度为550～570℃时，回火两次，每次1h；回火温度为540～560℃时，回火两次，每次2h。

2.5　不锈钢和耐热钢

2.5.1　什么是不锈钢？它可分为哪几类？

不锈钢是铬的质量分数不小于 10.5% 的普通不锈钢和耐酸钢的总称。普通不锈钢是耐大气、蒸汽、水等弱腐蚀介质或具有不锈性的钢种，而将耐化学腐蚀介质（酸、碱、盐等化学侵蚀）腐蚀的钢种称为耐酸钢。它们的耐蚀性不同，普通不锈钢一般不耐化学介质腐蚀，而耐酸钢则一般均具有不锈性。

不锈钢常按组织状态分为马氏体型不锈钢、铁素体型不锈钢、奥氏体型不锈钢、奥氏体-铁素体（双相）型不锈钢及沉淀硬化型不锈钢等。另外，不锈钢可按成分分为铬不锈钢、铬镍不锈钢和铬锰氮不锈钢等。

2.5.2　不锈钢有什么特点？

各种不锈钢的主要特点见表 2-7。

表 2-7　各种不锈钢的主要特点

类　别	特　点
奥氏体型不锈钢	塑性、韧性、焊接性、耐蚀性和无磁或弱磁性等综合性能好，可耐多种介质腐蚀
铁素体型不锈钢	耐蚀性、韧性和焊接性随含铬量的增加而提高，耐氯化物应力腐蚀性能优于其他种类不锈钢，但力学性能与工艺性能较差
奥氏体-铁素体型不锈钢	奥氏体和铁素体组织各约占一半，兼有奥氏体型不锈钢和铁素体型不锈钢的优点，并具有超塑性。具有优良的耐孔蚀性能，也是一种节镍不锈钢
马氏体型不锈钢	含碳量较高，故具有较高的强度、硬度和较好的耐磨性，但耐蚀性、塑性和焊接性较差
沉淀硬化型不锈钢	能通过沉淀硬化（时效）处理使其硬（强）化，具有高强度、足够的韧性和适宜的耐蚀性

2.5.3　什么是耐热钢？它可分为哪几类？

耐热钢是在高温下具有良好的抗氧化性、较高的力学性能和良好的化学稳定性、线胀系数小、导热性好的合金钢，可分为抗氧化钢（或称为耐热不起皮钢）和热强钢两类。前者一般要求有较好的化学稳定性，但承受的载荷较低；后者则要求有较高的高温强度和相应的抗氧化性。耐热钢按其正火组织可分为奥氏体型耐热钢、马氏体型耐热钢、铁素体型耐热钢、珠光体型耐热钢及沉淀硬化型耐热钢等。

2.5.4　耐热钢的主要用途是什么？其失效形式有哪些？

耐热钢常用于制造锅炉、汽轮机、动力机械、工业炉和航空、石油化工等工业部门中在高温下工作的零部件。这些零部件除要求有高温强度和抗高温氧化腐蚀外，根据用途不同还要求有足够的韧性、良好的可加工性和焊接性，以及一定的组织稳定性。

耐热钢的失效形式有剧烈氧化、形成氧化皮、承载截面不断缩小，以及高温强度急剧下降而破坏等。

2.6 铝及铝合金

2.6.1 铝及铝合金有什么特点？

铝及铝合金的特点如下：

(1) 质轻　铝的密度只有 2.7g/cm³，约为钢密度的1/3。

(2) 外观好　银白色金属光泽，柔软，而且还可着色或染上纹理图案。铝的表面具有高度反射性。

(3) 物理性能　熔点低（660.4℃）、沸点高（2477℃），非铁磁性，不自燃且无毒性。有优良的电导率和热导率，在质量相等时，铝的电导率大约为铜的两倍。铝合金的热导率是铜的50%～60%。

(4) 可加工性优良　延展性（特别是纯铝或低合金铝）好，可锻性好，可通过冲压、弯曲、轧、挤压等工艺加工。铝和铝之间的连接有多种方法（熔焊、电阻焊、硬钎焊、软钎焊、粘接、铆接和栓接）。

(5) 力学性能好　一些铝合金在强度上甚至可超过结构钢。

(6) 耐蚀性好　在大多数环境条件下，包括在空气、水（或盐水）、石油化学和很多化学体系中，铝能表现出优良的耐蚀性。

(7) 可回收性　再生铝的特性与原生铝几乎没有区别。

2.6.2 铝及铝合金可分为哪几类？

铝及铝合金可分纯铝、变形铝合金和铸造铝合金三类。

1) 纯铝可分为高级纯铝、工业高纯铝和工业纯铝，其铝的质量分数分别为99.93%～99.999%、99.85%～99.9%和98%～99.7%。

2) 变形铝合金是通过冲压、弯曲、轧、挤压等工艺使其组织、形状发生变化的铝合金材料。又可根据其形变硬化程度分为若干种。

3) 铸造铝合金按化学成分可分为铝-硅合金、铝-铜合金、铝-镁合金和铝-锌合金等。

2.6.3 铝合金的热处理强化方式有哪两种？

铝合金的热处理强化方式主要有以下两种：

(1) 固溶强化　纯铝中加入合金元素，形成铝基固溶体，造成晶格畸变，阻碍了位错的运动，起到固溶强化的作用，可使其强度提高。形成无限固溶体或高浓度的固溶体型合金时，还能获得优良的塑性与良好的压力加工性能。Al-Cu、Al-Mg、Al-Si、Al-Zn、Al-Mn 等二元合金一般都能形成有限固溶体，具有较大的固溶强化效果。

（2）时效强化 过饱和铝基固溶体放置在室温或加热到某一温度时，其强度和硬度随时间的延长而增高，但塑性、韧性则降低，这个过程称为时效。在室温下进行的时效称为自然时效，在加热条件下进行的时效称为人工时效。时效过程中使铝合金的强度、硬度增高的现象称为时效强化或时效硬化。

2.6.4 变形铝合金包括哪些？其性能如何？

变形铝合金按性能和用途不同，可分为工业纯铝、防锈铝、硬铝、超硬铝、锻铝和特殊铝。

（1）工业纯铝 其加工性能好，导电性好，主要用于制作导线及热交换器。

（2）防锈铝 是热处理不可强化合金，只能通过冷加工来强化。常用的有 5A02、5083 和 3A21，具有中等强度、良好的塑性和耐蚀性。

（3）硬铝 硬铝的强度高，典型牌号为 2A12。该牌号的热挤压型材热处理后，其室温下的抗拉强度可达 392MPa 以上，有一定的耐热性，可用作 150℃以下工作的零件。

（4）超硬铝 典型牌号有 7A04，也称超高强度硬铝，挤压件室温下的抗拉强度不小于 539MPa，主要用于航天器结构中的主要受力元件。

（5）锻铝 典型牌号有 6070、2A14、6061、6063。

1）6070 具有良好的塑性，冷、热态都易成形，广泛用于制造中等强度常温下工作的锻件、挤压型材和管材。

2）2A14 又称高强度硬铝，与 2A12 合金的强度相当，但可锻性较好，有良好的塑性，有较好的耐热性和焊接性，但材料的纵向和横向性能差距较大，可加工成管、棒、型、线及锻件，主要用作高负荷的结构件。

3）6061、6063 具有中等强度，有良好的塑性和优良的焊接性、耐蚀性，无应力腐蚀裂倾向，可阳极氧化，适合作为建筑装饰型材及各种需要有良好耐蚀性要求的结构件、工业材。

2.6.5 铸造铝合金包括哪些？其性能如何？

铸造铝合金根据主要合金元素差异分成以下四类。

（1）铝-硅合金 有良好的铸造性和耐磨性，热胀系数小，是铸造铝合金中品种最多、用量最大的合金，硅的质量分数为 4% ~13%。铝-硅合金可用于结构件，如壳体、缸体、箱体和框架等。有时添加适量的铜和镁，能提高合金的力学性能和耐热性。此类合金广泛用于制造活塞等部件。

（2）铝-铜合金 铜的质量分数为 4.5% ~5.3% 时合金强化效果最佳，适当加入锰和钛能显著提高室温、高温强度和铸造性能。此类合金主要用于制作承受大的动、静载荷和形状不复杂的砂型铸件。

（3）铝-镁合金 是密度最小（2.55g/cm^3）、强度最高（355MPa）的铸造铝合金，镁的质量分数为 12% 时强化效果最佳。此类合金在大气和海水中的耐蚀性好，室温下有良好的综合力学性能和可加工性，可用于制作雷达底座、飞机的发动机机匣、螺旋桨、起落架等零件，也可作为装饰材料。

（4）铝-锌合金　为改善性能常加入硅、镁元素。在铸造条件下，此类合金有“自行淬火”作用，不经热处理就可使用；经变质及热处理后，铸件有较高的强度。此类合金经稳定化处理后，尺寸稳定，常用于制作模型、型板及设备支架等。

2.7　铜及铜合金

2.7.1　什么是工业纯铜？其总体上有什么特点？

纯铜是一种坚韧、柔软、富有延展性的紫红色而有光泽的金属，铜的质量分数大于99.50%，常含有氧、硫、铅、砷、铋、磷等杂质。其特性如下：

1）性能良好。具有优良的导电性、导热性。纯铜的导电性和导热性很高，仅次于银，但铜比银要便宜得多。

2）延展性好。1g铜可以拉成3000m长的细丝，或压成超过10m^{2}且几乎透明的铜箔。

3）抗氧化。在干燥空气中安定，可保持金属光泽（但在潮湿空气中，表面会生成一层碱式碳酸铜，保护内层的铜不再被氧化）。

4）耐蚀性好。可以在大气、海水和某些非氧化性酸（盐酸、稀硫酸）、碱、盐溶液及多种有机酸（醋酸、柠檬酸）中工作。

5）力学性能适中。可经冷、热塑性加工制成各种半成品和成品。

6）防磁性干扰。用于制造磁学仪器、仪表，如罗盘、航空仪表等。

7）焊接性良好。

2.7.2　工业纯铜分哪几类？各有哪些特点和用途？

工业纯铜的分类、特点和用途举例见表2-8。

表2-8　工业纯铜的分类、特点和用途举例

类别	合金代号	特　点	用　途
纯铜	T1、T2	杂质较少，有良好的导热、导电性能，耐蚀性、可加工性和焊接性好。含有微量氧，不能在高于370℃的还原性气氛中加工和利用（易引起“氢病”）	用于制造电线、电缆、导电螺钉、爆破用雷管和化工用蒸发器及各种管道等
	T3	杂质较多，含氧量比T1、T2高，导电性能比T1、T2差，更容易引起“氢病”	用于制作电气开关、垫片、油管、铆钉等
阴极铜	Cu-CATH-X	分为A级铜(Cu-CATH-1)、1号标准铜（Cu-CATH-2）和2号标准铜（Cu-CATH-3）三种。A级铜电阻率≤0.15176Ωg/m^2，1号、2号标准铜电阻率≤0.15328Ωg/m^2	用电解法生产，通常供重熔用，质量极高，可以用来制作电气产品
无氧铜	TU1 TU2	无氧铜极少产生“氢病”，纯度高，导电性、导热性优良，塑性加工性、焊接性、耐蚀性、耐寒性良好	主要用于制造电真空器件

（续）

类别	合金代号	特　点	用　途
磷脱氧铜	TP1、TP2	极少产生“氢病”，可在还原性气氛中加工使用，导电性、导热性、焊接性、耐蚀性良好，TP1中残留磷量比TP2少，故其导电性、导热性比TP2好	多以管材供应，主要用于汽油、气体管道、排水管、冷凝器、蒸发器、热交换器等
银铜	TAg0.1	含少量银，显著提高了纯铜的再结晶温度和蠕变强度，但又不降低纯铜的导电性、导热性、可加工性，同时提高了纯铜的耐磨性、电接触性和耐蚀性	用于耐热、导电器件，如微电动机换向器片、发电机转子用导体、电子管材料等

2.7.3　什么是铜合金？它可分为哪几类？

铜合金是以纯铜为基体加入一种或几种其他元素所构成的合金，其分类方法有以下三种。

（1）按合金系分类　铜合金可分为黄铜、青铜和白铜等，各自有若干小的合金系。

1）黄铜是铜锌合金（普通黄铜），加有其他元素者称为特殊黄铜。

2）青铜是指除黄铜、白铜以外的铜合金，常在其前冠以第一主要添加元素，如锡青铜、铅青铜、铝青铜、磷青铜、铍青铜等。

3）白铜是铜镍合金（普通白铜），加有其他元素者称复杂白铜，有工业用白铜、结构用白铜、电工用白铜等多种。

（2）按功能分类　铜合金可分为导电导热用铜合金、结构用铜合金、耐蚀用铜合金、耐磨用铜合金、易切削铜合金和弹性铜合金等。

（3）按材料形成方法分类　铜合金可分为铸造铜合金和变形铜合金。

2.7.4　阴极铜有哪些牌号？其化学成分和用途如何？

阴极铜的名称、牌号、化学成分和用途见表2-9。

表2-9　阴极铜的名称、牌号、化学成分和用途

A级铜（Cu-CATH-1），用于高纯阴极				
元素组	杂质元素	含量（质量分数，%）	元素组总含量（质量分数，%）	
1	Se	≤0.00020	≤0.00030	≤0.0003
	Te	≤0.00020		
	Bi	≤0.00020		
2	Cr	—	≤0.0015	
	Mn	—		
	Sb	≤0.0004		
	Cd	—		
	As	≤0.0005		
	P	—		
3	Pb	≤0.0005	≤0.0005	
4	S	≤0.0015	≤0.0015	

（续）

A 级铜（Cu-CATH-1），用于高纯阴极			
元素组	杂质元素	含量（质量分数,%）	元素组总含量（质量分数,%）
5	Sn	—	≤0.0020
	Ni	—	
	Fe	≤0.0010	
	Si	—	
	Zn	—	
	Co	—	
6	Ag	≤0.0025	≤0.0025
表中所列杂质元素总含量（质量分数,%）		≤0.0065	

1 号标准铜（Cu-CATH-2），用于熔铸铜线锭、铜锭、铜棒和铸造合金										
Cu + Ag 含量（质量分数,%）	杂质含量（质量分数,%）									
	As	Sb	Bi	Fe	Pb	Sn	Ni	Zn	S	P
≥99.95	≤0.0015	≤0.0015	≤0.0005	≤0.0025	≤0.002	≤0.0010	≤0.0020	≤0.002	≤0.0025	≤0.001

2 号标准铜（Cu-CATH-3），用于压延导电线材、铜棒和型材				
Cu 含量（质量分数,%）	杂质含量（质量分数,%）			
	Bi	Pb	Ag	总含量
≥99.90	≤0.0005	≤0.005	≤0.025	≤0.03

注：1. 供方需按批测定 1 号标准铜中的铜、银、砷、锑和铋的含量，并保证其他杂质符合 GB/T 467—2010 的规定。

2. 表中铜含量为直接测得。

2.7.5 常用的黄铜有哪些牌号？各牌号有什么用途？

常用黄铜的牌号、硬度和用途见表 2-10。

表 2-10 常用黄铜的牌号、硬度和用途

类别	牌号	硬度 HBW 软	硬度 HBW 硬	用途举例
普通黄铜	H95	55	120	冷凝管、散热器管、散热片、汽车散热器带及导电零件等
	H90	53	130	汽车散热器带、水管、双金属片及工艺品等
	H85	53	135	虹吸管、冷却设备制件等
	H80	53	145	薄壁管、造纸网、皱纹管和建筑装饰用品等
	H70	55	150	复杂冲压件和深冲件，如子弹壳、散热器外壳、波纹管、机械和电器零件等
	H68	55	150	
	H65	55	160	一般机械零件、铆钉、垫圈、螺钉、螺母、小五金等
	H62	56	164	
铅黄铜	HPb63-3	90	140	制造切削加工要求极高的钟表零件及汽车、拖拉机零件
	HPb61-1			制造高切削性能的一般结构零件
	HPb59-1			制造热冲压及切削加工零件，如销子、螺钉等

（续）

类　别	牌　号	硬度 HBW		用途举例
		软	硬	
锡黄铜	HSn90-1	58	148	制造汽车、拖拉机弹性套管及耐蚀减摩零件
	HSn70-1			制造船舶、热电厂中高温耐蚀冷凝器
	HSn59-1			制造与海水和汽油接触的零件
铝黄铜	HAl67-2.5	95	180	制造船舶等要求耐蚀的一般结构零件
	HAl60-1-1			制造齿轮、涡轮、衬套及耐蚀零件
	HAl59-3-2			制造船舶、电动机及在常温下工作的高强度、耐蚀结构件
锰黄铜	HMn58-2	85	175	应用较广，如船舶制造、精密电器制造
	HMn57-3-1	115	175	制造耐蚀结构件、弱电用的零件
	HMn55-3-1	120	175	
铁黄铜	HFe59-1-1	88	160	制造受海水腐蚀的结构件，如垫圈、衬套等
	HFe58-1	硬		船舶零件及轴承等耐磨零件等
	HFe58-1-1	硬		制造热压和高速切削件

2.7.6　常用的青铜有哪些牌号？各牌号有什么用途？

常用青铜的牌号、硬度和用途见表 2-11。

表 2-11　常用青铜的牌号、硬度和用途

类　别	牌　号	硬度 HBW		用途举例
		软	硬	
压力加工锡青铜	QSn4-0.3	60	170	压力计弹簧用各种尺寸的管材
	QSn4-3	60	160	弹簧、管配件和化工机械的耐磨及抗磁零件
	QSn4-4-2.5	60	170	承受摩擦的零件，如轴套、轴承、衬套等
	QSn6.5-0.1	80	180	弹簧接触片，精密仪器的耐磨零件和抗磁元件
	QSn6.5-0.4	80	180	金属网、耐磨及弹性元件
	QSn7-0.2	75	180	耐磨零件，如轴承、电器零件等
压力加工铝青铜	QAl5	60	200	弹簧、耐蚀的弹性元件、齿轮摩擦轮
	QAl9-2	100	170	高强度耐蚀零件，以及在 250℃以下工作的管配件
	QAl9-4	110	180	高强度抗磨、耐蚀零件，如轴承、轴套、齿轮、阀座等
	QAl10-4-4	140	200	高强度抗磨、耐蚀零件，如坦克用蜗杆、轴套、齿轮、螺母等
硅青铜	QSi1-3	80	180	在 300℃以下工作的摩擦零件，发动机进、排气导向套
	QSi3-1	80	180	弹簧、蜗轮、蜗杆、齿轮及耐蚀零件
	QSi3.5-3-1.5			高温条件下工作的轴套材料

2.7.7　常用的白铜有哪些牌号？各牌号有什么用途？

常用白铜的牌号、性能和用途见表 2-12。

表2-12 常用白铜的牌号、性能和用途

组别	牌号	力学性能			用途
		加工状态	R_m/MPa	A（%）	
普通白铜	B25	软	380	23	船舶仪器零件、化工机械零件
		硬	550	3	
	B19	软	300	30	
		硬	400	3	
	B5	软	200	30	
		硬	400	10	
锌白铜	BZn15-20	软	350	35	潮湿条件下和强腐蚀介质中工作的仪表零件
		硬	550	2	
锰白铜	BMn3-12	软	360	25	弹簧热电偶丝
		硬	—	—	
	BMn40-1.5	软	400	—	
		硬	600	—	

2.8 其他金属材料

2.8.1 工业纯钛有什么特点和用途？

（1）特点 工业纯钛的特点如下：

1）可进行锻造、轧制、挤压、冲压等各种压力加工，易于锯削和砂轮切割，但绝不允许使用氢气加热。

2）钛的屈强比一般为0.70～0.95，变形抗力大，而钛的弹性模量相对较低，因此加工成形比较困难。

3）纯钛的焊接性良好，焊缝强度、延性和耐蚀性与母材相差不多（为防止焊接时的污染，须采用钨极氩气保护焊）。

4）钛的切削加工比较困难，主要原因是钛的摩擦因数大，导热性差；同时钛的化学活性高，容易黏附刀具，造成黏着磨损。在切削加工时，应正确选用刀具材料，保持刀具锋锐，并采用良好的冷却工艺。

5）耐蚀性优良。

（2）用途 用于350℃以下、受力小的零件及冲压成各种复杂形状的零件。如火电站凝汽器，船用海水腐蚀的管道系统、阀门、泵，化工热交换器、泵体、蒸馏塔，海水淡化系统、镀铂阳极，飞机的骨架、蒙皮、发动机部件、横梁等。

2.8.2 锌合金有什么特点和用途？

锌合金是以锌为基础加入其他元素（铝、铜、镁等）组成的合金，按制造工艺可分为铸造锌合金和变形锌合金。锌合金的特点如下：

1）相对密度。

2）熔点低，铸造性能好，可以压铸形状复杂、薄壁的精密件，铸件表面光滑。

3）可进行表面处理：电镀、喷涂、喷漆、抛光、研磨等。

4）熔化与压铸时不吸铁，不腐蚀压型，不粘模。

5）在大气中耐腐蚀，有很好的常温力学性能和耐磨性。

6）易于回收和重熔；但蠕变强度低，自然时效会引起尺寸变化。

铸造锌合金适用于压铸仪表、玩具、灯具、装饰品、电器元件及其盒体、汽车配件、机电配件的机械零件。

2.8.3　钛合金分为哪几类？各有什么特点和用途？

钛合金是以钛为基体加入其他元素组成的，按组织可分三类：钛中加入铝和锡元素，钛中加入铝、铬、钼、钒等合金元素，钛中加入铝和钒等元素。

（1）特点　钛合金的特点如下：

1）抗拉强度高，可达 1000 ~ 1400MPa，而密度仅为钢的 60%；且在中等温度下仍能保持所要求的强度，可在 450 ~ 500℃的温度下长期工作。

2）耐蚀性好，通常钛在氧化性和中性介质中具有良好的耐蚀性，在海水、湿氯气和氯化物溶液中的耐蚀性更为优异（但在还原性介质，如盐酸等溶液中，钛的耐蚀性较差）。

3）力学性能和韧性好，但工艺性能差，切削加工困难。在热加工中，非常容易吸收氢、氧、氮、碳等杂质，且耐磨性差，生产工艺复杂。

4）低温性能好，间隙元素极低的钛合金，如 TA7，在 -253℃下还能保持一定的塑性。

5）弹性模量低，热导率小，无铁磁性。

（2）用途　钛合金用于制作电解工业的电极、发电站的冷凝器、石油精炼和海水淡化的加热器以及环境污染控制装置等；现代主要用于制作飞机发动机压气机部件，其次可用于制作火箭、导弹和高速飞机的结构件。

2.8.4　镁有什么特点和用途？

镁有比较强的还原性，能与沸水反应放出氢气，燃烧时能产生炫目的白光，镁与氟化物、氢氟酸和铬酸不发生作用，也不受氢氧化钠侵蚀，但极易溶解于有机酸和无机酸中。镁能直接与氮、硫和卤素等化合。镁与包括烃、醛、醇、酚、胺、脂和大多数油类在内的有机化学药品仅仅轻微地发生反应或者根本不发生反应，但在无水条件下和卤代烃反应却较为剧烈，镁能和二氧化碳发生燃烧反应。镁由于能和氮与氧反应，所以镁在空气中燃烧时，燃烧比较剧烈并发出耀眼的白光，放热，生成白色固体。在食醋中的变化为快速冒出气泡，浮在醋液面上，逐渐消失。

利用镁在空气中燃烧时发出耀眼白光的特点，可把它添加于烟花和照明弹的火药中。

2.8.5 镁合金分为哪几类？

镁合金一般按以下三种方式分类。

（1）按化学成分分类　以五种主要合金元素Mn、Al、Zn、Zr和稀土为基础，组成合金系：Mg-Mn、Mg-Al-Mn、Mg-Al-Zn-Mn、Mg-Zr、Mg-Zn-Zr、Mg-RE-Zr、Mg-Ag-RE-Zr、Mg-Y-RE-Zr。

（2）按加工工艺分类　可分为铸造镁合金和变形镁合金两大类。前者多用压铸工艺生产，其特点是生产率高，精度高，铸件表面质量好，铸态组织优良，可生产薄壁及复杂形状的构件；后者可用挤压、轧制、锻造和冲压等塑性成形方法生产，它比前者具有更高的强度、更好的塑性和更多样式的规格。

（3）按是否含锆元素分类　可分为无锆镁合金和含锆镁合金两类，后者的晶粒更细，性能更好。

2.8.6 镁合金有什么特点和用途？

镁合金是以镁为基体加入其他元素组成的。镁合金的特点：密度小（1.8g/cm^3，大约是铝的2/3，铁的1/4），比强度高，比弹性模量大，散热好，消振性好，承受冲击载荷能力比铝合金大，耐有机物和碱的腐蚀性能好。其主要合金元素有铝、锌、锰、铈、钍以及少量锆或镉等。目前使用最广的是镁铝合金，其次是镁锰合金和镁锌锆合金。镁合金主要用于航空、航天、运输、化工等工业部门。

2.8.7 镍及镍合金产品有什么特点和用途？

镍及镍合金产品的特点和用途见表2-13。

表2-13　镍及镍合金产品的特点和用途

组别	代　号	特　性	用　途
纯镍	N2 N4 N6 N8	熔点高（1455℃），无毒；力学性能和冷热加工性能好；耐蚀性优良，在大气、淡水、海水中化学性能稳定，但不耐氧化性酸	用作机械及化工设备耐蚀结构件、电子管和无线电设备零件、医疗器械及食品工业餐器皿等
纯镍	DN	为电真空用镍，除具备纯镍的一般特性外，还有高的电真空性能	用作电子管阴极芯和其他零件
阳极镍	NY1 NY2 NY3	为电解镍，质纯，有去钝化作用	在电镀镍中作为阳极。NY1适于pH值小、不易钝化的场合；NY2适于pH值范围大、电镀形状复杂的场合；NY3适于一般的电镀场合
镍锰合金	NMn3 NMn5	室温和高温强度较高，耐热性和耐蚀性好；加工性能优良；在温度较高的含硫气氛中的耐蚀性高于纯镍，热稳定性和电阻率也高于纯镍	用作内燃机火花塞电极、电阻灯泡灯丝和电子管的栅极等

（续）

组别	代　号	特　性	用　途
镍铜合金	NCu40-2-1	无磁性，耐蚀性高	适用于抗磁性材料
	NCu28-2.5-1.5	在一般情况下，耐蚀性比 NCu40-2-1 更好，尤其是非常耐氢氟酸；其强度和加工工艺性、耐高温性能好；在750℃以下的大气中稳定	适用于制作高强度、高耐蚀性零件，以及高压充油电缆、供油槽、加热设备和医疗器械等
电子用镍合金	NMg0.1 NSi0.19	电真空性能和耐蚀性好（但用作电子管氧化物阴极芯材料时，氧化层与芯金属接触面上易产生一层电阻的化合物，降低发射能力，缩短电子管寿命）	主要用于生产中短寿命无线电真空管氧化物阴极芯
	NW4-0.15 NW4-0.1 NW4-0.07	高温强度和耐振强度好；电子发射性能优良，用它制作的电子管氧化物阴极芯，接触面氧化层稳定性高	主要用于生产长寿命、高性能的无线电真空管氧化物阴极芯等
热电合金	NSi3	耐蚀性好；在600～1250℃时有足够大的热电势和热电势率	用作热电偶负极材料
	NCr10	在0～1200℃时有足够大的热电势和热电势率，测温灵敏、准确且范围宽；电阻温度系数小，电阻率高；互换性好，辐射效应小，电势稳定；抗氧化性和耐蚀性好	用作热电偶正极和高电阻仪器材料

2.8.8　轴承合金应具有哪些性能要求？

轴承合金应具有的性能要求如下：

1）足够的强度和硬度，以承受轴颈较大的单位压力。

2）足够的塑性和韧性，高的疲劳强度，以承受轴颈的周期性载荷。

3）良好的磨合能力，使其与轴能较快地紧密配合和稳定地长期工作。

4）高的耐磨性，与轴的摩擦因数小，并能保留润滑油，减轻磨损。

5）良好的耐蚀性、导热性，较小的线胀系数，防止摩擦升温而发生咬合。

2.8.9　轴承合金的组织特征是什么？

轴承合金的组织是有软相基体和均匀分布的硬相质点组成的。典型锡基轴承合金中，软相基体为固溶体，硬相质点是锡锑金属间化合物（SnSb）。合金元素铜和锡形成星状和条状的金属间化合物（CuSn），可防止凝固过程中因最先结晶的硬相上浮而造成的重力偏析。巴氏合金具有较好的减摩性能。这是因为在机器最初的运转阶段，旋转着的轴磨去轴承内极薄的一层软相基体以后，未被磨损的硬相质点仍起着支承轴的作用，继续运转时轴与轴承之间形成连通的微缝隙。

2.8.10　滚动轴承常用的滚动轴承钢有哪些？

常用的滚动轴承钢有高碳铬轴承钢、渗碳轴承钢、不锈轴承钢、高温轴承钢等。

（1）高碳铬轴承钢　高碳铬轴承钢包括GCr15、GCr15SiMn、GCr18SiMo和GCr15SiMo等。

1）GCr15轴承钢大量用来制造汽车、拖拉机、坦克、飞机等使用的发动机轴承，机床、电机等所使用的主轴轴承，以及铁路车辆、矿山机械、通用机械用轴承。

2）GCr15SiMn轴承钢主要用来制造壁厚大的轴承，如各种大型和特大型轴承，多用在无较大冲击载荷的重型机床及轧钢机上。

3）GCr18SiMo和GCr15SiMo轴承钢是高淬透性钢，其裂纹敏感性和冲击韧性要比GCr15SiMn钢优越，用于铁路客车轴承、轧机轴承、矿山机械轴承，替代GCr15SiMn钢使用。

（2）渗碳轴承钢　渗碳轴承钢主要是低碳钢和优质低碳合金结构钢，它们经渗碳、淬火、回火等热处理工艺后，表面硬度很高（≥60HRC），有一定的耐磨性，以及较高的接触疲劳强度，而心部硬度较低（35～40HRC），有良好的韧性，特别适宜于制造在冲击载荷条件下工作的轴承和尺寸较大的轴承。渗碳的深度和浓度可以根据需要加以调节。

（3）不锈轴承钢　不锈轴承钢常用的有奥氏体型不锈钢（07Cr19Ni11Ti）、马氏体型不锈钢（95Cr18、102Cr18Mo、65Cr14Mo）、沉淀硬化型不锈钢（07Cr17Ni7Al）及镍基或钴基合金等。其中以95Cr18最为常用，102Cr18Mo次之。

07Cr19Ni11Ti和07Cr17Ni7Al主要用于制造耐腐蚀保持架、钢球等。其中，07Cr19Ni11Ti还可制作防磁轴承套圈及滚动体，经渗氮处理后适用于制造高温、高真空、低载荷及高速条件下工作的套圈和滚动体。

95Cr18和102Cr18Mo经热处理后具有高硬度和高强度，以及很好的耐磨性和韧性，主要用于制造在海水、河水、酸、有机盐水以及蒸汽等腐蚀介质中工作的轴承，在-253～350℃下工作的轴承以及某些微型轴承。

（4）高温轴承钢　高温轴承钢用于制造工作温度高于250℃的轴承。除具有一般轴承钢的性能外，还应具有高温条件下的硬度、耐磨性以及接触疲劳强度，还要具有抗氧化性、耐冲击性和尺寸稳定性。

高温轴承钢主要是高速钢和高铬马氏体型不锈钢。对于结构复杂，又需承受强大冲击载荷的轴承，也可采用高温渗碳钢。

当环境温度超过500℃时，应选用钴基、镍基合金碳化钛等高温材料。

高温轴承钢主要用于制造航空喷气发动机、燃气轮机、核反应堆系统，以及高速飞行器、火箭和宇宙飞船中的轴承。

2.8.11　滑动轴承常用的轴承合金有哪些？

滑动轴承常用的轴承合金主要有锡基轴承合金与铅基轴承合金（两者统称为巴氏合金）、铜基轴承合金、铝基轴承合金，此外，还有银基合金、镍基合金、镁基合金和铁基合金等。

（1）锡基轴承合金（锡基巴氏合金）　它是以锡为基体元素，加入锑、铜等元素组成的合金。这种合金摩擦因数小，塑性和导热性好，是优良的减摩材料，常用作重要的轴承，如汽轮机、发动机、压气机等巨型机器的高速轴承。其主要缺点是疲劳强度较低，且锡较稀缺，价格最贵。

（2）铅基轴承合金（铅基巴氏合金）　它是以铅-锑为基的合金。加入锡可提高铅基合金的强度和耐磨性；加入铜可形成 Cu_2Sb 硬质点，并防止重力偏析。铅基轴承合金的强度、塑性、韧性及导热性、耐蚀性均较锡基合金低，且摩擦因数较大，但价格较便宜，常用来制造承受中、低载荷的中速轴承，如汽车、拖拉机的曲轴、连杆轴承及电动机轴承。

无论是锡基轴承合金还是铅基轴承合金，它们都不能承受大的压力，须将其镶铸在钢的轴瓦上，形成一层薄而均匀的内衬，形成所谓双金属轴承。

（3）铜基轴承合金　有锡青铜、铅青铜等。

1）锡青铜。常用的是 ZCuSn10Pb1。ZCuSn10Pb1 的组织中有较多的分散缩孔，有利于储存润滑油。这种合金能承受较大的载荷，广泛用于中等速度及承受较大的固定载荷的轴承，例如电动机、泵、金属切削机床用轴承。锡青铜可直接制成轴瓦，但与其配合的轴颈应具有较高的硬度（300～400HBW）。

2）铅青铜。常用的是 ZCuPb30。铅青铜与巴氏合金相比，具有高的疲劳强度和承载能力，同时还有高的导热性（约为锡基巴氏合金的6倍）和低的摩擦因数，并可在较高温度（如250℃）以下工作，适于制造高速、高压下工作的轴承，如航空发动机、高速柴油机及其他高速机器的主轴承。铅青铜的强度较低（R_m = 60MPa），因此也需要在轴瓦上挂衬，制成双金属轴承。

2.8.12　什么是粉末冶金材料？

粉末冶金材料是用粉末冶金工艺制得的多孔、半致密或全致密材料（包括制品）。粉末冶金材料具有传统熔铸工艺所无法获得的、独特的化学成分和物理性能、力学性能，如材料的孔隙度可控，材料组织均匀、无宏观偏析（合金凝固后其截面上不同部位没有因液态合金宏观流动而造成的化学成分不均匀现象），可一次成型等。

2.8.13　各类粉末冶金材料有什么应用？

（1）减摩材料　通过在材料孔隙中浸润滑油或在材料成分中加减摩剂或固体润滑剂制得。材料表面间的摩擦因数小，在有限润滑油条件下，使用寿命长、可靠性高；在干摩擦条件下，具有自润滑效果。该类材料广泛用于制造轴承、支承衬套或作为端面密封等。

（2）多孔材料　由球状或不规则形状的金属或合金粉末经成型、烧结制成。材料内部孔道纵横交错、互相贯通，一般有30%～60%的体积孔隙度，孔径为1～100μm。材料的透过性能和导热、导电性能好，耐高温、低温，抗热振，抗介质腐蚀。该类材料用于制造过滤器、多孔电极、灭火装置、防冻装置等。

（3）结构材料　能承受拉伸、压缩、扭曲等载荷，并能在摩擦磨损条件下工作。由于材料内部有残余孔隙存在，其延展性和冲击性能比化学成分相同的铸锻件低，从而使其应用范围受限。

(4) 摩擦材料　由基体金属（铜、铁或其他合金）、润滑组元（铅、石墨、二硫化钼等）、摩擦组元（二氧化硅、石棉等）三部分组成。其摩擦因数高，能很快吸收动能，制动、传动速度快，磨损小；强度高，耐高温，导热性好；抗咬合性好，耐腐蚀，受油脂、潮湿影响小。此类材料主要用于制造离合器和制动器。

(5) 工模具材料　包括硬质合金、粉末冶金高速钢等。后者组织均匀，晶粒细小，没有偏析，比熔铸高速钢的韧性和耐磨性好，热处理变形小，使用寿命长。此类材料可用于制造切削刀具、模具和零件的坯件。

(6) 电磁材料　包括电工材料和磁性材料。电工材料中，用作电能头材料的有金、银、铂等贵金属的粉末冶金材料和以银、铜为基体添加钨、镍、铁、碳化钨、石墨等制成的粉末冶金材料；用作电极的有钨铜、钨镍铜等粉末冶金材料；用作电刷的有金属-石墨粉末冶金材料；用作电热合金和热电偶的有钼、钽、钨等粉末冶金材料。磁性材料分为软磁材料和硬磁材料。软磁材料有磁性粉末、磁粉芯、软磁铁氧体、矩磁铁氧体、压磁铁氧体、微波铁氧体、正铁氧体和粉末硅钢等；硬磁材料有硬磁铁氧体、稀土钴硬磁、磁记录材料、微粉硬磁、磁性塑料等。电磁材料用于制造各种转换、传递、储存能量和信息的磁性器件。

(7) 高温材料　包括粉末冶金高温合金、难熔金属和合金、金属陶瓷、弥散强化和纤维强化材料等。此类材料用于制造高温下使用的涡轮盘、喷嘴、叶片及其他耐高温零部件。

2.8.14　什么是硬质合金？它分为哪几类？各有什么特点？

硬质合金是由难熔金属的硬质化合物和粘结金属通过粉末冶金工艺制成的一种合金材料。

硬质合金可分为切削工具用硬质合金、地质矿山工具用硬质合金和耐磨零件用硬质合金三类。

硬质合金的特点是硬度高（86～93HRA，相当于69～81HRC），热硬性好（可达900～1000℃，硬度保持在60HRC），可切削50HRC左右的硬质材料。此外，硬质合金有耐磨性好、强度高和韧性较好、耐蚀性好等一系列优良性能，特别是它的高硬度和良好的耐磨性，即使在500℃的温度下也基本保持不变，在1000℃时仍有很高的硬度。

因此，硬质合金刀具比高速钢刀具的切削速度高4～7倍，刀具寿命高5～80倍；硬质合金模具、量具比合金工具钢模具、量具的寿命高20～150倍。

但硬质合金脆性大，不能进行切削加工，难以制成形状复杂的整体刀具，因而常制成不同形状的刀片，采用焊接、粘接、机械夹持等方法安装在刀体或模具体上使用。

2.8.15　切削工具用硬质合金分为哪几类？其基本化学成分与力学性能如何？

切削工具用硬质合金分为P、M、K、N、S和H六类，见表2-14。

表2-14 切削工具用硬质合金的分类

类别	使用领域
P	长切屑材料的加工，如钢、铸钢、长切屑可锻铸铁等的加工
M	通用合金，用于不锈钢、铸钢、锰钢、可锻铸铁、合金钢、合金铸铁等的加工
K	短切屑材料的加工，如铸铁、冷硬铸铁、短切屑可锻铸铁、灰铸铁等的加工
N	有色金属、非金属材料的加工，如铝、镁、塑料、木材等的加工
S	耐热和优质合金材料的加工，如耐热钢、含镍、钴、钛的各类合金材料的加工
H	硬切屑材料的加工，如淬硬钢、冷硬铸铁等材料的加工

切削工具用硬质合金的基本化学成分与力学性能要求见表2-15。

表2-15 切削工具用硬质合金的基本化学成分与力学性能

分类代号	分组号	基本化学成分	力学性能		
			洛氏硬度 HRA	维氏硬度 HV3	抗弯强度 R_{tr}/MPa
P	01	以TiC、WC为基，以Co(Ni+Mo、Ni+Co)为粘结剂的合金/涂层合金	≤92.3	≤1750	≤700
	10		≤91.7	≤1680	≤1200
	20		≤91.0	≤1600	≤1400
	30		≤90.2	≤1500	≤1550
	40		≤89.5	≤1400	≤1750
M	01	以WC为基，以Co为粘结剂，添加少量TiC(TaC、NbC)的合金/涂层合金	≤92.3	≤1730	≤1200
	10		≤91.0	≤1600	≤1350
	20		≤90.2	≤1500	≤1500
	30		≤89.9	≤1450	≤1650
	40		≤88.9	≤1300	≤1800
K	01	以WC为基，以Co为粘结剂，或添加少量TaC、NbC的合金/涂层合金	≤92.3	≤1750	≤1350
	10		≤91.7	≤1680	≤1460
	20		≤91.0	≤1600	≤1550
	30		≤89.5	≤1400	≤1650
	40		≤88.5	≤1250	≤1800
N	01	以WC为基，以Co为粘结剂，或添加少量TaC、NbC或CrC的合金/涂层合金	≤92.3	≤1750	≤1450
	10		≤91.7	≤1680	≤1560
	20		≤91.0	≤1600	≤1650
	30		≤90.0	≤1450	≤1700
S	01		≤92.3	≤1730	≤1500
	10		≤91.5	≤1650	≤1580
	20		≤91.0	≤1600	≤1650
	30	以WC为基，以Co为粘结剂，或添加少量TaC、NbC或TiC的合金/涂层合金	≤90.5	≤1550	≤1750
H	01		≤92.3	≤1730	≤1000
	10		≤91.7	≤1680	≤1300
	20		≤91.0	≤1600	≤1650
	30		≤90.5	≤1520	≤1500

注：1. 洛氏硬度和维氏硬度中任选一项。

2. 表中数据为非涂层硬质合金要求，涂层产品可按对应的维氏硬度下降30~50。

2.8.16　切削工具用硬质合金作业条件如何？

切削工具用硬质合金推荐的作业条件见表 2-16。

表 2-16　切削工具用硬质合金推荐的作业条件

类别	分组号	被加工材料		适应的加工条件
P	01	钢、铸钢		高切削速度、小切屑截面积、无振动条件下的精车、精镗
	10			高切削速度、小切屑截面积条件下的车削、仿形车削、车螺纹和铣削
	20	钢、铸钢、长切屑可锻铸铁		中等切削速度、中等切屑截面条件下的车削、铣削和小切屑截面积的刨削
	30			中等或低切削速度、中等或大切屑截面条件下的车削、铣削、刨削和不利条件下的加工
	40	钢、含砂眼和气孔的铸钢件		低切削速度、大切削角、大切屑截面和不利条件下的车削、刨削、切槽和自动机床加工
M	01	不锈钢、铁素体钢、铸钢		高切削速度、小载荷、无振动条件下精车、精镗
	10	不锈钢、铸钢、锰钢、合金钢、合金铸铁、可锻铸铁		中和高等切削速度、中和小切屑截面条件下的车削
	20			中等切削速度、中等切屑截面条件下的车削、铣削
	30			中和高等切削速度、中等或大切屑截面条件下的车削、铣削、刨削
	40			车削、切断、强力铣削加工
K	01	铸铁、冷硬铸铁、短切屑可锻铸铁		车削、精车、铣削、镗削、刮削
	10	铸铁、短切屑可锻铸铁	>220HBW	车削、铣削、镗削、刮削、拉削
	20		<220HBW	用于中等切削速度下的轻载荷粗加工、半精加工的车削、铣削、镗削等
	30	铸铁、短切屑可锻铸铁		用于在不利条件下，可能采用大切削角的车削、铣削、刨削、切槽加工，对刀片的韧性有一定的要求
	40			用于在不利条件下的粗加工，采用较低的切削速度和大进给量
N	01	有色金属、塑料、木材、玻璃		高切削速度下，有色金属（铝、铜、镁）和塑料、木材等非金属材料的精加工
	10			较高切削速度下，有色金属（铝、铜、镁）、非金属材料（塑料、木材）等的精加工或半精加工
	20	有色金属、塑料		中等切削速度下，有色金属（铝、铜、镁）、塑料等的半精加工或粗加工
	30			中等切削速度下，有色金属（铝、铜、镁）、塑料等的粗加工

（续）

类　别	分组号	被加工材料	适应的加工条件
S	01	耐热和优质合金：含镍、钴、钛的各类合金材料	中等切削速度下，耐热钢和钛合金的精加工
	10		低切削速度下，耐热钢和钛合金的半精加工或粗加工
	20		较低切削速度下，耐热钢和钛合金的半精加工或粗加工
	30		较低切削速度下，耐热钢和钛合金的断续切削，适于半精加工或粗加工
H	01	淬硬钢、冷硬铸铁	低切削速度下，淬硬钢、冷硬铸铁的连续轻载精加工
	10		低切削速度下，淬硬钢、冷硬铸铁的连续轻载精加工、半精加工
	20		较低切削速度下，淬硬钢、冷硬铸铁的连续轻载半精加工、粗加工
	30		较低切削速度下，淬硬钢、冷硬铸铁的半精加工、粗加工

注：1. 在各组别中，01组可用切削速度最高，进给量最低；40（30）组可用进给量最高，切削速度最低。

2. 不利条件是指原材料或铸造、锻造的零件表面硬度不匀，加工时的切削深度不匀，间断切削以及振动等情况。

2.8.17　地质、矿山工具用硬质合金分几种？其基本化学成分与力学性能如何？

地质、矿山工具用硬质合金按用途分为8种：

A——凿岩钎片用　　B——地质勘探用

C——煤炭采掘用　　D——矿山、油田钻头用

E——复合片基体用　　F——铲雪片用

W——挖掘齿用　　Z——其他用

地质、矿山工具用硬质合金的基本化学成分与力学性能要求见表2-17。

表2-17　地质、矿山工具用硬质合金的基本化学成分与力学性能

分组号	基本化学成分（质量分数,%）			力 学 性 能		
	Co	其他	WC	洛氏硬度 HRA	维氏硬度 HV	抗弯强度 R_{tr}/MPa
05	3~6	<1	余量	≥88.5	≥1250	≥1800
10	5~9			≥87.5	≥1150	≥1900
20	6~11			≥87.0	≥1140	≥2000
30	8~12			≥86.5	≥1080	≥2100
40	10~15			≥86.0	≥1050	≥2200
50	12~17			≥85.5	≥1000	≥2300
60	15~25			≥84.0	≥820	≥2400

注：洛氏硬度和维氏硬度中任选一项。

2.8.18 耐磨零件用硬质合金分几种？其基本化学成分与力学性能如何？

耐磨零件用硬质合金分4种：

S——金属线、棒、管拉制用　　T——冲压模具用

Q——高温高压构件用　　V——线材轧制辊环用

耐磨零件用硬质合金的基本化学成分与力学性能要求见表2-18。

表2-18　耐磨零件用硬质合金的基本化学成分与力学性能

分类代号	分组号	基本化学成分（质量分数,%）			力学性能		
		Co	其他	WC	洛氏硬度 HRA	维氏硬度 HV	抗弯强度 R_{tr}/MPa
S	10	3～6	微量	余量	≥90.0	≥1550	≥1300
	20	5～9			≥89.0	≥1400	≥1600
	30	7～12			≥88.0	≥1200	≥1800
	40	11～17			≥87.0	≥1100	≥2000
T	10	13～18			≥85.0	≥950	≥2000
	20	17～25			≥82.5	≥850	≥2100
	30	23～30			≥790	≥650	≥2200
Q	10	5～7			≥89.0	≥1300	≥2600
	20	6～9			≥88.0	≥1200	≥2700
	30	8～15			≥86.5	≥1200	≥2800
V	10	14～18			≥85.0	≥950	≥2100
	20	17～22			≥82.5	≥850	≥2200
	30	20～26			≥81.0	≥750	≥2250
	40	25～30			≥79.0	≥650	≥2300

注：洛氏硬度和维氏硬度中任选一项。

2.8.19 耐磨零件用硬质合金作业条件如何？

耐磨零件推荐的作业条件见表2-19。

表2-19　耐磨零件用硬质合金推荐的作业条件

类　别	分组号	作业条件推荐
LS	10	金属线、棒材直径小于6mm的拉制用模具、密封环等
	20	金属线、棒材直径小于20mm，管材直径小于10mm的拉制用模具、密封环等
	30	金属线、棒材直径小于50mm，管材直径小于35mm的拉制用模具
	40	大应力、大压缩力的拉制用模具
LT	10	M9以下小规模标准紧固件冲压用模具
	20	M12以下中、小规模标准紧件固冲压用模具
	30	M20以下大、中规模标准紧固件、钢球冲压用模具
LQ	10	人工合成金刚石用顶锤
	20	人工合成金刚石用顶锤
	30	人工合成金刚石用顶锤、压缸
LV	10	高速线材高水平轧制精轧机组用辊环
	20	高速线材较高水平轧制精轧机组用辊环
	30	高速线材一般水平轧制精轧机组用辊环
	40	高速线材预精轧机组用辊环

第3章

常用金属材料的规格

3.1 生铁和铁合金

3.1.1 生铁有几种？其产品的供货状态是怎样的？

生铁的种类及产品的供货状态见表3-1。

表3-1 生铁的种类及产品的供货状态

种　类	供货状态
炼钢用生铁	小块时每块质量为2～7kg；大块时每块质量≤40kg，且每块上有两个凹口，凹口处厚度≤45mm
铸造用生铁和球墨铸铁	小块时每块质量为2～7kg，大于7kg与小于2kg之和小于总质量的10%。大块时每块质量≤40kg，且每块上有一道或两道深度不小于铁块厚度2/3的凹槽
铸造用磷铜钛低合金耐磨生铁	小块，每块质量为2～7kg，大于7kg与小于2kg之和不超过总质量的10%

3.1.2 铁合金有几种？其产品的供货状态是怎样的？

铁合金的种类及产品的供货状态见表3-2。

表3-2 铁合金的种类及产品的供货状态

种　类	供货状态
脱碳低磷粒铁	粒度为3～15mm，大于15mm与小于3mm之和不超过总质量的5%
铬铁	块状，最大每块质量不超过30kg，小于20mm×20mm的每块质量不超过批质量的10%
氧化铬铁	块状，最大每块质量不超过15kg，小于10mm×10mm的每块质量不超过批质量的10%
磷铁	块状，最大每块质量不超过15kg，小于20mm×20mm的每块质量不超过批质量的5%
硼铁	块状，粒度为5～10mm，大于100mm与小于10mm之和不超过批质量的10%
钨铁	块状，粒度为10～130mm，小于10mm×10mm的每块质量不超过批质量的5%
硅铁	大粒，粒度为50～350mm；中粒，粒度为20～200mm；小粒，粒度为10～100mm；最小粒，粒度为10～50mm
钒铁	分1、2、3组，粒度分别为10～50mm、10～100mm和10～150mm
锰铁	分1、2、3、4组，粒度分别为20～250mm、50～150mm、10～50mm和0.097～0.45mm
钼铁	分1、2、3、4组，粒度分别为10～150mm、10～100mm、10～50mm和3～10mm
钛铁	分1、2、3、4、5组，粒度分别为5～100mm、5～70mm、5～40mm、<20mm和<2mm

3.2　常用钢产品

3.2.1　钢产品如何分类？常用钢产品有哪些类别？

（1）按国家标准　钢产品分为钢的工业产品和钢的其他产品两大类。前者又分为初产品、半成品、轧制成品和最终产品、锻制条钢；后者分为粉末冶金产品、铸件、锻压产品、光亮产品、冷成型产品、焊接型钢、钢丝、钢丝绳。

（2）按钢材外形　可分为型材、板（带）材、线（丝）材、管材和金属制品五大类。

1）型材，如普通钢材、钢轨和冷弯型钢等。

① 普通钢材：圆钢、方钢、扁钢、六角钢、工字钢、槽钢、等边和不等边角钢及螺纹钢等。

② 钢轨：大于30kg/m的钢轨（包括起重机轨）为重轨，小于或等于30kg/m的钢轨为轻轨。

③ 冷弯型钢：将钢材或钢带冷弯成型制成的型钢。

2）板（带）材。钢板是一种宽厚比和表面积都很大的矩形截面钢材，通常成张交货，称为平板。钢板可分为薄钢板（厚度不大于4mm）、中板（厚度大于4mm～20mm）、厚板（厚度大于20mm～60mm）、特厚板（厚度大于60mm）。也有成卷交货的钢板，称为卷板。

钢带实际上是长而窄（宽度小于600mm）并成卷供应的薄钢板。宽度大于600mm的钢板，称为宽钢带，否则称为窄钢带。

3）线（丝）材，是用热轧盘条经冷拉制成的再加工产品，按断面形状分类，主要有圆形、方形、矩形、三角形、椭圆形、扁形、梯形、Z字形等；按尺寸分类，有特细（<0.1mm）、较细（0.1～0.5mm）、细（0.5～1.5mm）、中等（1.5～3.0mm）、粗（3.0～6.0mm）、较粗（6.0～8.0mm）、特粗（>8.0mm）。

4）管材，包括无缝钢管和焊接钢管。

① 无缝钢管：用热轧、热轧-冷拔或挤压等方法生产的管壁无接缝的钢管。

② 焊接钢管：将钢板或钢带卷曲成型，然后焊接制成的钢管。

5）金属制品，包括钢丝绳、钢绞线等。

3.2.2　钢的半成品的交货状态是怎样的？

1）大方坯，边长大于120mm。

2）方坯，边长为40～120mm。

3）大矩形坯，横截面积大于14400mm^2，宽厚比大于1且小于2。

4）矩形坯，横截面积为1600～14400mm^2，宽厚比大于1且小于2。

5）板坯，厚度不小于50mm，宽厚比不小于2（宽厚比大于4的板坯为扁平板坯）。

6）薄板坯，宽度不小于150mm，厚度大于6mm且小于50mm。

7）异形坯，异形半成品横截面积通常大于2500mm^2，用于生产型钢以及经预加工成型的半成品。

8）供生产无缝钢管用半成品（简称管坯），横截面可以是圆形、方形、矩形和多边形。

3.2.3　常用各种钢板的特点和应用有哪些？

1）钢带：钢带又称带钢，为长度很长、大多成卷供应的钢板。宽度在600mm以下的称为窄带钢，超过600mm的称为宽钢带。钢带具有表面光洁、平整，尺寸精度高，力学性能好等优点，大多加工成涂层带钢，供汽车、洗衣机、电冰箱外壳等冲压件用。

2）覆层钢板：在具有良好深冲压性能的低碳钢板表面镀覆锡、锌、铝等金属保护层或涂覆有机涂层、塑料等非金属保护层制品。

3）镀锌钢板：表面镀锌的低碳钢板。镀锌钢板广泛用于建筑、车辆、家电、日用品等行业。

4）镀锡钢板：表面镀有纯锡层的低碳钢薄板，俗称可锻铸铁或马铁。镀锡钢板具有良好的耐蚀性、焊接性，深冲压时有润滑性，并能进行彩色印刷。镀锡钢板用于罐头盒、食品容器等。

5）无锡钢板：不镀锡却可替代镀锡钢板使用的薄钢板。无锡钢板生产成本低，用作啤酒、饮料罐等包装材料。

6）镀铝钢板：表面镀有纯铝或含硅量为5%～10%（质量分数）铝合金的覆层钢板，多用热镀法、电泳法和真空蒸镀法产生。镀铝钢板多用于汽车排气系统、耐热部件及建筑材料等。真空蒸镀铝钢板可作为罐体、瓶盖等包装材料，部分代替镀锡钢板。

7）有机涂层钢板：有机涂层钢板是在冷轧钢板、镀锌钢板或镀铝钢板表面涂覆有机涂料或薄膜，一般采用辊涂法或层压法生产制成的装饰性板材，表面可制成不同色彩和花纹图案，装饰性极强，故有彩色涂层钢板之称。有机涂层钢板可长期保持新鲜的色泽，具有良好的耐蚀性、耐久性和耐擦洗性。其加工性好，可进行钻孔、切断、弯曲、卷边等。有机涂层钢板广泛用作汽车制造、电器工业和电冰箱、洗衣机等行业的原材料。

3.2.4　花纹钢板的花纹有几种？其规格有哪些？

花纹钢板的花纹有菱形、圆豆形和扁豆形三种，热轧花纹钢板和钢带还有组合形。其规格见表3-3。

表3-3　花纹钢板的规格

种　类	供货规格
花纹钢板	基本厚度为2.5～6mm（间隔0.5mm）和7mm、8mm
热轧花纹钢板和钢带	基本厚度为2.5～6mm（间隔0.5mm）和7mm、8mm、10mm，宽度为600～1500mm，钢板长度为2000～12000mm，钢带长度不规定

3.2.5　棒材包括几种？其规格有哪些？

棒材包括圆钢、方钢、六角钢、八角钢、扁钢（不包括混凝土用钢筋）。

热轧圆钢和方钢用得最广泛，其规格见3.2.6问。

六角钢是截面为正六边形的棒材，以对边距离 s 为标称尺寸。其常见的规格为8～30mm，（间隔1mm），32～42mm（间隔2mm），45mm、48mm、50mm、53mm、56mm、58mm、60mm、63mm、65mm、68mm、70mm。

八角钢指横截面为八边形的棒材。以对边距离 s 为标称尺寸。其常见的规格为20mm、22mm、25mm、28mm、30mm、32mm、34mm、36mm、38mm、40mm。

热轧扁钢的规格见3.2.7问。

3.2.6　热轧圆钢和方钢的规格有哪些？其截面积和线质量是多少？

热轧圆钢和方钢的规格、截面积和线质量见表3-4。

表3-4　热轧圆钢和方钢的规格、截面积和线质量

d 或 a /mm	截面积/cm^2		线质量/(kg/m)		d 或 a /mm	截面积/cm^2		线质量/(kg/m)	
	圆钢	方钢	圆钢	方钢		圆钢	方钢	圆钢	方钢
5.5	0.2376	0.30	0.187	0.237	29	6.6052	8.41	5.185	6.602
6.0	0.2827	0.36	0.222	0.283	30	7.0686	9.00	5.549	7.065
6.5	0.3318	0.42	0.260	0.332	31	7.5477	9.61	5.925	7.544
7	0.3848	0.49	0.302	0.385	32	8.0425	10.24	6.313	8.038
8	0.5027	0.64	0.395	0.502	33	8.5530	10.89	6.714	8.549
9	0.6362	0.81	0.499	0.636	34	9.0792	11.56	7.127	9.075
10	0.7854	1.00	0.617	0.785	35	9.6211	12.25	7.553	9.616
11	0.9503	1.21	0.746	0.950	36	10.179	12.96	7.990	10.17
12	1.1310	1.44	0.888	1.130	38	11.341	14.44	8.903	11.34
13	1.3273	1.69	1.042	1.327	40	12.566	16.00	9.865	12.56
14	1.5394	1.96	1.208	1.539	42	13.854	17.64	10.88	13.85
15	1.7671	2.25	1.387	1.766	45	15.904	20.25	12.48	15.90
16	2.0106	2.56	1.578	2.010	48	18.096	23.04	14.21	18.09
17	2.2698	2.89	1.782	2.269	50	19.635	25.00	15.41	19.62
18	2.5447	3.24	1.998	2.543	52	21.237	27.04	16.67	21.23
19	2.8353	3.61	2.226	2.834	56	24.630	31.36	19.33	24.62
20	3.1416	4.00	2.466	3.140	60	28.274	36.00	22.20	28.26
21	3.4636	4.41	2.719	3.462	63	31.172	39.69	24.47	31.16
22	3.8013	4.84	2.984	3.799	70	38.485	49.00	30.21	38.46
23	4.1548	5.29	3.261	4.153	75	44.179	56.25	34.68	44.16
24	4.5239	5.76	3.551	4.522	80	50.265	64.00	39.46	50.24
25	4.9087	6.25	3.853	4.906	85	56.745	72.25	44.54	56.72
26	5.3093	6.76	4.168	5.307	90	63.617	81.00	49.94	63.58
27	5.7256	7.29	4.495	5.723	95	70.882	90.25	55.64	70.85
28	6.1575	7.84	4.834	6.154	100	78.540	100.0	61.65	78.54

（续）

d 或 a /mm	截面积/cm^2 圆钢	截面积/cm^2 方钢	线质量/(kg/m) 圆钢	线质量/(kg/m) 方钢	d 或 a /mm	截面积/cm^2 圆钢	截面积/cm^2 方钢	线质量/(kg/m) 圆钢	线质量/(kg/m) 方钢
105	86.590	110.3	67.97	86.59	200	314.16	400.0	246.6	314.2
110	95.033	121.0	74.60	95.03	210	346.36	—	271.9	—
115	103.87	132.3	81.54	103.9	220	380.13	—	298.4	—
120	113.10	144.0	88.78	113.1	240	452.39	—	355.1	—
125	122.72	156.3	96.33	122.7	250	490.87	—	385.3	—
130	132.73	169.0	104.2	132.7	260	530.93	—	416.7	—
140	153.94	196.0	120.8	153.9	270	572.55	—	449.4	—
150	176.71	225.0	138.7	176.7	280	615.75	—	483.4	—
160	201.06	256.0	157.8	201.1	290	660.52	—	518.5	—
170	226.98	289.0	178.2	227.0	300	706.86	—	554.9	—
180	254.47	324.0	199.8	254.5	310	754.77	—	592.5	—
190	283.53	361.0	222.6	283.5					

注：表中线质量按密度 $\rho = 7.85 g/cm^3$ 计算。

3.2.7　热轧扁钢的规格有哪些？

热轧扁钢的规格见表 3-5。

表 3-5　热轧扁钢的规格

宽度/mm	厚度/mm	长度/m
10，12，14	3，4，5，6，7，8	3~9
16，18	3，4，5，6，7，8，9，10	
20，22	3，4，5，6，7，8，9，10，11，12	
25，28	3，4，5，6，7，8，9，10，11，12，14，16	
30，32	3，4，5，6，7，8，9，10，11，12，14，16，18，20	
35，40	3，4，5，6，7，8，9，10，11，12，14，16，18，20，22，25，28	
45，50	3，4，5，6，7，8，9，10，11，12，14，16，18，20，22，25，28，30，32，36	
55	4，5，6，7，8，9，10，11，12，14，16，18，20，22，25，28，30，32，36	
60	4，5，6，7，8，9，10，11，12，14，16，18，20，22，25，28，30，32，36，40	3~9
	45	3~7
65	4，5，6，7，8，9，10，11，12，14，16，18，20，22，25，28，30，32，36	3~9
	40，45	3~7
70	4，5，6，7，8，9，10，11，12，14，16，18，20，22，25，28，30，32	3~9
75	36，40，45	3~7
80	5，6，7，8，9，10，11，12，14，16，18，20，22，25，28，30	3~9
	32，36，40，45，50，56	3~7
85	5，6，7，8，9，10，11，12，14，16，18，20，22，25，28	3~9
	30，32，36，40，45，50，56，60	3~7
90	5，6，7，8，9，10，11，12，14，16，18，20，22，25	3~9
95	28，30，32，36，40，45，50，56，60	3~7
100	5，6，7，8，9，10，11，12，14，16，18，20，22	3~9
105	25，28，30，32，36，40，45，50，56，60	3~7
110	5，6，7，8，9，10，11，12，14，16，18，20	3~9
120	22，25，28，30，32，36，40，45，50，56，60	3~7

（续）

宽度/mm	厚度/mm	长度/m
125	6，7，8，9，10，11，12，14，16，18	3～9
130	20，22，25，28，30，32，36，40，45，50，56，60	3～7
140	7，8，9，10，11，12，14，16	3～9
150	18，20，22，25，28，30，32，36，40，45，50，56，60	3～7
160	7，8，9，10，11，12，14	3～9
	16，18，20，22，25，28，30，32，36，40，45，50，56，60	3～7
180	7，8，9，10，11，12	3～9
200	14，16，18，20，22，25，28，30，32，36，40，45，50，56，60	3～7

注：表中横线上下方的长度分组（3～9m 和 3～7m）对应于普通钢。对于优质钢及特殊质量钢，则其长度为 2～6m，短尺长度≥1.5m。

3.2.8　什么是盘条？标准件用盘条的规格有哪些？

盘条是热轧后卷成盘状交货的成品，其横截面通常为圆形，也有椭圆形、方形、矩形、六角形、八角形、半圆形或其他形状。标准件用碳素钢热轧盘条的直径为 5.5mm、6mm、6.5mm 以及 10～24mm（间隔 1mm）。

3.2.9　混凝土用钢筋的规格有哪些？

混凝土用钢筋的规格见表 3-6。

表 3-6　混凝土用钢筋的规格

种　类	供货状态
钢筋混凝土用热轧光圆钢筋	直径为 6mm、8mm、10mm、12mm、14mm
钢筋混凝土用热轧带肋钢筋	直径为 6～20mm（间隔 2mm）
预应力混凝土用螺纹钢筋	直径为 18mm、25mm、32mm、40mm、50mm
冷轧带肋钢筋	直径为 4～12mm（间隔 0.5mm）
冷轧扭钢筋	强度级别有 CTB550、CTB650
砌体结构用成型钢筋	直径为 6～18mm（间隔 2mm）

钢筋混凝土用和预应力钢筋混凝土用轧制品的横截面通常为圆形，有时为带圆角的方形，其直径或边长不小于 5mm，可以按以下形式供货：表面光滑的直条；表面呈齿状、螺纹状或带肋的直条；表面光滑的盘条；表面呈齿状、螺纹状或带肋的盘条。

3.2.10　金属软管用碳素钢冷轧钢带的规格有哪些？

金属软管用碳素钢冷轧钢带的厚度为 0.2～0.5mm（依次递增 0.05mm）和 0.6mm。金属软管用碳素钢冷轧钢带的宽度为 4mm，6mm，7.1mm，8.6mm，9.5mm，12.7mm，15mm，16mm，17mm，21.2mm，25mm，35mm。

3.2.11　铠装电缆用钢带的规格有哪些？

铠装电缆用钢带的厚度为 0.2mm、0.3mm、0.5mm、0.8mm，宽度为 15～60mm（间隔 5mm）。

3.2.12　无缝钢管如何分类？

无缝钢管的分类有多种方法：按制造工艺分有热轧（挤）无缝钢管和冷拔（轧）无缝钢管两种，按截面形状分有圆形无缝钢管、方形无缝钢管、矩形无缝钢管和异形无缝钢管，按所用材料分有碳钢无缝钢管、合金钢无缝钢管、不锈钢无缝钢管、耐热钢无缝钢管等，按尺寸精度分有精密无缝钢管和普通无缝钢管，按用途分有结构用无缝钢管、输送流体用无缝钢管、液压和气动缸筒用无缝钢管、锅炉用无缝钢管、气瓶用无缝钢管、化工设备用无缝钢管、地质钻探用无缝钢管、船舶用无缝钢管等。

3.2.13　普通无缝钢管的规格有哪些？

普通无缝钢管的尺寸分为普通钢管尺寸组和精密钢管尺寸组。普通钢管的外径分为三个系列，系列1：标准化钢管；系列2：非标准化钢管；系列3：特殊用途钢管。精密钢管的外径分为系列2、3。普通无缝钢管的规格详见表3-7。

表3-7　普通无缝钢管的规格

外径/mm			壁厚范围/mm	外径/mm			壁厚范围/mm
系列1	系列2	系列3		系列1	系列2	系列3	
—	6	—	0.25~2.0	89	95	—	1.4~24
—	7，8	—	0.25~2.5	—	102	—	1.4~28
—	9	—	0.25~2.8	—	—	108	1.4~30
10	11	—	0.25~3.5	114	—	—	1.5~30
13.5	12，13	14	0.25~4.0	—	121	—	1.5~32
17	16	18	0.25~5.0	—	127	—	1.8~32
—	19，20	—	0.25~6.0	—	133	—	2.5~36
21	—	22	0.40~6.0	140	133	142	3.0~36
27	25，28，32	25.4	0.4~7.0	—	146	152	3.0~40
34	—	30	0.4~8.0	168	—	159	3.5~45
—	—	35	0.4~9.0	—	—	180，194	3.5~50
—	38，40	—	0.4~10	219	203	—	3.5~55
42	—	—	1.0~10	—	—	232，245	6.0~65
48	51	45	1.0~12	273	—	—	6.5~85
—	57	54	1.0~14	325	299	—	7.5~100
60	63，65，68	—	1.0~15	—	340，351	—	8.0~100
—	70	—	1.0~17	356	377	—	9.0~100
—	—	73	1.0~19	406	402	—	9.0~100
76	—	—	1.0~20	457	426	—	9.0~100
—	77，80	—	1.4~20	—	450，480	—	9.0~100
—	85	83	1.4~22	508	500	—	9.0~110
610	530	560	9.0~120				
711	630	660，699	9.0~120	914	762	788.5	20~120
813	720	—	12~120	1016	—	864，965	20~120

注：壁厚系列单位为mm：0.25，0.30，0.40，0.50，0.60，0.80，1.0，1.2，1.4，1.5，1.6，1.8，2.0，2.2，2.5，2.8，3.0，3.2，3.5，4.0，4.5，5.0，5.5，6.0，6.5，7.0，7.5，8.0，8.5，9.0，9.5，10，11，12，13，14，15，16，17，18，19，20，22，24，25，26，28，30，32，34，36，38，4042，45，48，50，55，60，65，70，75，80，85，90，95，100，110，120。

3. 2. 14 冷拔或冷轧精密无缝钢管的交货状态分几类？其规格有哪些？

冷拔或冷轧的无缝钢管按交货状态分为五类，其类别和代号：冷加工/硬状态，+C；冷加工/软状态，+LC；消除应力退火状态，+SR；退火状态，+A；正火状态，+N。其公称外径为 4 ~ 200mm，公称壁厚为 0. 5 ~ 2. 5mm。冷拔或冷轧精密无缝钢管的规格详见表 3-8。

表 3-8 冷拔或冷轧精密无缝钢管的规格

外径/mm	壁厚/mm								
	0. 5	0. 8	1. 0	1. 2	1. 5	1. 8	2. 0	2. 2	2. 5
	内径/mm								
4	3	2. 4	2	1. 6	—	—	—	—	—
5	4	3. 4	3	2. 6	—	—	—	—	—
6	5	4. 4	4	3. 6	3	2. 4	2	—	—
7	6	5. 4	5	4. 6	4	3. 4	3	—	—
8	7	6. 4	6	5. 6	5	4. 4	4	3. 6	3
9	8	7. 4	7	6. 6	6	5. 4	5	4. 6	4
10	9	8. 4	8	7. 6	7	6. 4	6	5. 6	5
12	11	10. 4	10	9. 6	9	8. 4	8	7. 6	7
14	13	12. 4	12	11. 6	11	10. 4	10	9. 6	9
15	14	13. 4	13	12. 6	12	11. 4	11	10. 6	10
16	15	14. 4	14	13. 6	13	12. 4	12	11. 6	11
18	17	16. 4	16	15. 6	15	14. 4	14	13. 6	13
20	19	18. 4	18	17. 6	17	16. 4	16	15. 6	15
22	21	20. 4	20	19. 6	19	18. 4	18	17. 6	17
25	24	23. 4	23	22. 6	22	21. 4	21	20. 6	20
26	25	24. 4	24	23. 6	23	22. 4	22	21. 6	21
28	27	26. 4	26	25. 6	25	24. 4	24	23. 6	23
30	29	28. 4	28	27. 6	27	26. 4	26	25. 6	25
32	31	30. 4	30	29. 6	29	28. 4	28	27. 6	27
35	34	33. 4	33	32. 6	32	31. 4	31	30. 6	30
38	37	36. 4	36	35. 6	35	34. 4	34	33. 6	33
40	39	38. 4	38	37. 6	37	36. 4	36	35. 6	35
42	—	—	40	39. 6	39	38. 4	38	37. 6	37
45	—	—	43	42. 6	42	41. 4	41	40. 6	40
48	—	—	46	45. 6	45	44. 4	44	43. 6	43
50	—	—	48	47. 6	47	46. 4	46	45. 6	45
55	—	—	53	52. 6	52	51. 4	51	50. 6	50
60	—	—	58	57. 6	57	56. 4	56	55. 6	55
65	—	—	63	62. 6	62	61. 4	61	60. 6	60
70	—	—	68	67. 6	67	66. 4	66	65. 6	65
75	—	—	73	72. 6	72	71. 4	71	70. 6	70
80	—	—	78	77. 6	77	76. 4	76	75. 6	75
85	—	—	—	—	82	81. 4	81	80. 6	80
90	—	—	—	—	87	86. 4	86	85. 6	85
95	—	—	—	—	—	—	91	90. 6	90

（续）

外径/mm	壁厚/mm 0.5	0.8	1.0	1.2	1.5	1.8	2.0	2.2	2.5
	内径/mm								
100	—	—	—	—	—	—	96	95.6	95
110	—	—	—	—	—	—	106	105.6	105
120	—	—	—	—	—	—	116	115.6	115
130	—	—	—	—	—	—	—	—	125
140	—	—	—	—	—	—	—	—	135

外径/mm	壁厚/mm 2.8	3	3.5	4	4.5	5	5.5	6	7
	内径/mm								
9	3.4	—	—	—	—	—	—	—	—
10	4.4	4	—	—	—	—	—	—	—
12	6.4	6	5	4	—	—	—	—	—
14	8.4	8	7	6	5	—	—	—	—
15	9.4	9	8	7	6	5	—	—	—
16	10.4	10	9	8	7	6	5	4	—
18	12.4	12	11	10	9	8	7	6	—
20	14.4	14	13	12	11	10	9	8	6
22	16.4	16	15	14	13	12	11	10	8
25	19.4	19	18	17	16	15	14	13	11
26	20.4	20	19	18	17	16	15	14	12
28	22.4	22	21	20	19	18	17	16	14
30	24.4	24	23	22	21	20	19	18	16
32	26.4	26	25	24	23	22	21	20	18
35	29.4	29	28	27	26	25	24	23	21
38	32.4	32	31	30	29	28	27	26	24
40	34.4	34	33	32	31	30	29	28	26
42	36.4	36	35	34	33	32	31	30	28
45	39.4	39	38	37	36	35	34	33	31
48	42.4	42	41	40	39	38	37	36	34
50	44.4	44	43	42	41	40	39	38	36
55	49.4	49	48	47	46	45	44	43	41
60	54.4	54	53	52	51	50	49	48	46
65	59.4	59	58	57	56	55	54	53	51
70	64.4	64	63	62	61	60	59	58	56
75	69.4	69	68	67	66	65	64	63	61
80	74.4	74	73	72	71	70	69	68	66
85	79.4	79	78	77	76	75	74	73	71
90	84.4	84	83	82	81	80	79	78	76
95	89.4	89	88	87	86	85	84	83	81
100	94.4	94	93	92	91	90	89	88	86
110	104.4	104	103	102	101	100	99	98	96
120	114.4	114	113	112	111	110	109	108	106
130	124.4	124	123	122	121	120	119	118	116
140	134.4	134	133	132	131	130	129	128	126

（续）

外径/mm	壁厚/mm								
	2.8	3	3.5	4	4.5	5	5.5	6	7
	内径/mm								
150	—	144	143	142	141	140	139	138	136
160	—	154	153	152	151	150	149	148	146
170	—	164	163	162	161	160	159	158	156
180	—	—	173	172	171	170	169	168	166
190	—	—	183	182	181	180	179	178	176
200	—	—	193	192	191	190	189	188	186

外径/mm	壁厚/mm								
	8	9	10	12	14	16	18	20	22
	内径/mm								
25	9	—	—	—	—	—	—	—	—
26	10	—	—	—	—	—	—	—	—
28	12	—	—	—	—	—	—	—	—
30	14	12	10	—	—	—	—	—	—
32	16	14	12	—	—	—	—	—	—
35	19	17	15	—	—	—	—	—	—
38	22	20	18	—	—	—	—	—	—
40	24	22	20	—	—	—	—	—	—
42	26	24	22	—	—	—	—	—	—
45	29	27	25	—	—	—	—	—	—
48	32	30	28	—	—	—	—	—	—
50	34	32	30	—	—	—	—	—	—
55	39	37	35	31	—	—	—	—	—
60	44	42	40	36	—	—	—	—	—
65	49	47	45	41	37	—	—	—	—
70	54	52	50	46	42	—	—	—	—
75	59	57	55	51	47	43	—	—	—
80	64	62	60	56	52	48	—	—	—
85	69	67	65	61	57	53	—	—	—
90	74	72	70	66	62	58	—	—	—
95	79	77	75	71	67	63	59	—	—
100	84	82	80	76	72	68	64	—	—
110	94	92	90	86	82	78	74	—	—
120	104	102	100	96	92	88	84	—	—
130	114	112	110	106	102	98	94	—	—
140	124	122	120	116	112	108	104	—	—
150	134	132	130	126	122	118	114	110	—
160	144	142	140	136	132	128	124	120	—
170	154	152	150	146	142	138	134	130	—
180	164	162	160	156	152	148	144	140	—
190	174	172	170	166	162	158	154	150	156
200	184	182	180	176	172	168	164	160	166

3.2.15　不锈钢无缝管的规格有哪些？

不锈钢无缝管的外径分为系列1、系列2和系列3。系列1是推荐选用系列，系列2是非通用系列，系列3是少数特殊、专用系列。

表3-9　常用不锈钢无缝管的规格

外径/mm			壁厚范围/mm	外径/mm			壁厚范围/mm
系列1	系列2	系列3		系列1	系列2	系列3	
	6、7、8、9		0.5~1.2	60（60.3）	64（63.5）		1.6~10
10(10.2)	12		0.5~2.0	76(76.1)	68，70，73		1.6~12(12.5)
13(13.5)	12.7		0.5~3.2	89(88.9)	95	83(82.5)	1.6~14(14.2)
		14	0.5~3.5		102(101.6)		1.6~14(14.2)
17(17.2)	16		0.5~4.0	114(114.3)	108		1.6~14(14.2)
	19、20	18	0.5~4.5		127，133		1.6~14(14.2)
21(21.3)	24	22	0.5~5.0	140(139.7)	146		1.6~14(14.2)
	25		0.5~5.5(5.6)		152，159		1.6~14(14.2)
27(26.9)		25.4	1.0~6.0	168(168.3)			1.6~18
	32(31.8)	30	1.0~(6.3) 6.5	219(219.4)	180，194		2.0~18
34(33.7)	38、40	35	1.0~(6.3) 6.5	273	245		2.0~18
42(42.4)			1.0~7.5	325(323.9)	351		2.5(2.6)~18
48(48.3)		45(44.5)	1.0~8.5	356(355.6)	377		2.5(2.6)~18
	51		1.0~(8.8) 9.0	406(406.4)			2.5(2.6)~18
	57	54	1.6~10		426		3.2~20

注：1. 壁厚系列（单位为mm）：0.5，0.6，0.7，0.8，0.9，1.0，1.2，1.4，1.5，1.6，1.8，2.0，2.2（2.3），2.5（2.6），2.8（2.9），3.0，3.2，3.5（3.6），4.0，4.5，5.0，5.5（5.6），6.0，(6.3) 6.5，7.0（7.1），7.5，8.0，8.5，(8.8) 9.0，9.5，10，11，12（12.5），13，14（14.2），15，16，17（17.5），18，20，22（22.2），24，25，26，28。

2. 括号内尺寸不推荐使用。

3.2.16　不锈钢小直径无缝钢管的规格有哪些？

不锈钢小直径无缝钢管的外径为0.30~0.55mm（间隔0.5mm），0.60~1.00mm（间隔0.10mm），1.20mm，1.60mm，2.00mm，2.20mm，2.50mm，2.80mm，3.00~4.20mm（间隔0.20mm），4.50mm，4.80mm，5.00mm，5.50mm，6.00mm，公称厚度为0.10~0.60mm（间隔0.05mm），0.70~1.00mm（间隔0.10mm）。

3.2.17　柴油机用高压无缝钢管的规格有哪些？

柴油机用高压无缝钢管的内径为1.5mm，1.6mm，1.8mm，2.0mm，2.2mm，2.5mm，2.8mm，3.0mm，3.3mm，4.0mm，外径为6.0mm，7.0mm，8.0mm，10.0mm。

3.2.18 冷拔异型无缝钢管的种类有哪些？

冷拔异型无缝钢管的种类有正方形、矩形、椭圆形、平椭圆形、内六角形以及直角梯形。

3.2.19 钻探用无缝钢管的规格有哪些？

普通钻杆料的公称外径为33～127mm，公称壁厚为6.0～10mm；普通钻杆接头料、钢粒钻头料的公称外径为75～174mm，公称壁厚为9.0～12.0mm；绳索取心钻杆料的公称外径为43.5～114.3mm，公称壁厚为4.75～6.4mm；绳索取心钻杆接头料的公称外径为45～120mm，公称壁厚为6.25～10.0mm；套管料、岩心管料的公称外径为35～340mm，公称壁厚为2.0～13.0mm；套管接箍料的公称外径为73～168mm，公称壁厚为5.5～8.0mm；钻铤、锁接头料的公称外径为68～121mm，公称壁厚为20.0～28.0mm。

3.2.20 高压锅炉用内螺纹无缝钢管的规格有哪些？

高压锅炉用内螺纹无缝钢管按齿型分为A型和B型；A型外径为28.6～76.2mm，公称壁厚为6.38～18.33mm；B型外径为35～66.7mm，公称壁厚为7.2～8.55mm。

3.2.21 食品工业用不锈钢管的规格有哪些？

食品工业用不锈钢管的规格见表3-10。

表3-10 食品工业用不锈钢管的规格 （单位：mm）

外径 D_0	壁厚 T	外径 D_0	壁厚 T	外径 D_0	壁厚 T	外径 D_0	壁厚 T
12	1	38	1.2，1.6	88.9	2	273	2.6
12.7	1	40	1.2，1.6	101.6	2	323.9	2.6
17.2	1	51	1.2，1.6	114.3	2	355.6	2.6
21.3	1	63.5	1.6	139.7	2	406.4	3.2
25	1.2，1.6	70	1.6	168.3	2.6		
33.7	1.2，1.6	76.1	1.6	219.1	2.6		

3.2.22 建筑结构用冷弯钢管有哪些？

建筑结构用冷弯钢管分正方形钢管和长方形钢管。正方形钢管的边长为100～500mm（间隔10mm），壁厚为4～22mm；长方形钢管的长度为120～500mm，宽度为60～480mm，壁厚为4～22mm。

3.2.23 焊接钢管的规格有哪些？

焊接钢管的规格见表3-11。

表 3-11　焊接钢管的规格

种　类	规　格
机械结构用不锈钢焊接钢管	外径应符合 GB/T 21835—2008 的规定，通常长度为 2000～12000mm
土木结构用高强度耐候焊接钢管	外径为 21mm、27mm、34mm、42mm、48mm、60mm、76mm、89mm、114mm、140mm、168mm；壁厚为 2.0mm、2.2mm、2.5mm、2.8mm、3.0mm、3.2mm、3.5～7.0mm（间隔 0.5mm）
建筑装饰用不锈钢焊接管	类别为 1、2、3，代号分别为 H、M、R；外径为 6～160mm，壁厚为 0.4～3.0mm
建筑装饰用不锈钢方管	边长为 10～100mm，壁厚为 0.4～3.0mm
装饰用电焊不锈钢管	外径为 6～219mm，壁厚为 0.4～3.5mm
一般结构用焊接钢管	外径为 21.3～1016mm，壁厚为 2～16mm
低中压锅炉用电焊钢管	公称直径为 12～114m，壁厚为 1.5～6.0mm（间隔 0.5mm）
矿山流体输送用电焊钢管	外径为 21.3～660mm，公称壁厚为 2.5～14.0mm
换热器用焊接钢管	公称外径为 19mm、25mm、32mm、38mm、45mm、57mm，壁厚为 2～4mm（间隔 0.5mm）
深井水泵用电焊钢管	公称直径为 48.3～660mm，壁厚为 2.5～14.0mm
双层铜焊钢管	外径为 3.14mm、4.00mm、4.76mm、5.00mm、6.00mm、6.35mm、8.00mm、9.52mm、10.00mm、12.00mm、14.00～18.00mm（间隔 1.00mm）；壁厚为 0.50mm、0.70mm、1.00mm、1.30mm
钢板制对焊管	种类有 45°弯头、90°弯头、异径接头、三通、四通和管帽

3.2.24　大型型钢的规格要求是什么？

大型型钢的主要规格要求是高度不小于 80mm。轧制产品的横截面形状如字母 I、H 或 U，一般称为 I 字钢、H 型钢和槽钢。I 字钢、H 型钢又细分为标准型钢、薄壁型钢和厚壁型钢。大型型钢还包括矿用钢和特殊大型型钢。

3.2.25　大型材、中型材和小型材的尺寸范围是什么？

大型材、中型材和小型材的尺寸范围见表 3-12。

表 3-12　大型材、中型材和小型材的尺寸范围　（单位：mm）

型材品种名称	大　型　材	中　型　材	小　型　材
工字钢、槽钢（高度）	>180	<180	—
H 型钢（高度）	>600	200～600	—
等边角钢（边长）	>150	50～149	20～49
不等边角钢（边长×边长）	>150×100	60×40～149×99	30×20～59×39
方钢（边长）	≥81	38～80	10～37
圆钢（直径）	≥81	38～80	10～37
扁钢（宽度）	≥101	60～100	≤59
螺纹钢（直径）	≥81	38～80	10～37
六角钢（对边距离）	≥81	38～80	10～37
八角钢（对边距离）	≥81	38～80	10～37

注：表中尺寸范围仅供参考，以有关部门的规定为准。

3.2.26 H 型钢的特点是什么？它有哪些分类？

H 型钢是一种截面面积分配更加优化、强重比更加合理的经济断面高效型材，因其断面与英文字母“H”相同而得名。由于 H 型钢的各个部位均以直角排布，因此 H 型钢在各个方向上都具有抗弯能力强、施工简单、节约成本和结构重量轻等优点。

H 型钢分为热轧 H 型钢和焊接 H 型钢（H）两种，热轧 H 型钢又分为宽翼缘 H 型钢（HW）、中翼缘 H 型钢（HM）和窄翼缘 H 型钢（HN）三种。

1）HW，型钢高度和翼缘宽度基本相等；主要用于钢筋砼框架结构柱中钢芯柱，也称劲性钢柱；在钢结构中主要用于立柱。尺寸从 100×100～500×500 共 10 种。

2）HM，型钢高度和翼缘宽度比例为 1.33～1.75；主要在钢结构中用作钢框架柱；在承受动力荷载的框架结构中用作框架梁，例如设备平台。尺寸从 150×100～600×300 共 10 种。

3）HN，型钢高度和翼缘宽度比例大于或等于 2，主要用于横梁。尺寸从 100×50～1000×300 共 25 种。

3.2.27 角钢的特点是什么？它有哪些分类及规格？

角钢俗称角铁，是两边互相垂直成角形的长条钢材。角钢有等边角钢和不等边角钢之分。等边角钢的两个边宽相等，其规格以边宽×边宽×边厚的毫米数表示。如“30×30×3”，即表示边宽为 30mm、边厚为 3mm 的等边角钢。也可用型号表示，型号是边宽的厘米数，如 3#。型号不表示同一型号中不同边厚的尺寸，因而在合同等单据上将角钢的边宽、边厚尺寸填写齐全，避免单独用型号表示。热轧等边角钢的规格为 2#～25#共 24 种。不等边角钢的型号用长/短边的尺寸表示，从 2.5/1.6～20/12.5 共 20 种。

角钢可按结构的不同需要组成各种不同的受力构件，也可作为构件之间的连接件。角钢广泛地用于各种建筑结构和工程结构，如房梁、桥梁、输电塔、起重运输机械、船舶、工业炉、反应塔、容器架以及仓库货架等。

3.2.28 槽钢的特点是什么？它有哪些分类及规格？

槽钢是截面为凹槽形的长条钢材。其规格表示方法是腰高×腿宽×腰厚，如 120×53×5，即表示腰高为 120mm、腿宽为 53mm、腰厚为 5mm 的槽钢，或称 12#槽钢。若腰高相同的槽钢有几种不同的腿宽和腰厚，需在型号右边加 a、b、c 予以区别，如25a#、25b#、25c#等。槽钢分为普通槽钢和轻型槽钢。热轧普通槽钢的规格为 5#～40#共 20 种。

槽钢主要用于建筑结构、车辆制造和其他工业结构，槽钢还常常和工字钢配合使用。

3.2.29 工字钢的特点是什么？它有哪些分类及规格？

工字钢是截面为工字形的长条钢材，其规格以腰高（h）×腿宽(b)×腰厚(d)，如“160×88×6”，即表示腰高为 160m、腿宽为 88mm、腰厚为 6mm 的工字钢。工字钢的规格也可用型号（cm）表示，如工 16#。若腰高相同的工字钢有几种不同的腿宽和腰厚，需在型号右边加 a、b、c 予以区别，如 32a#、32b#、32c#等。工字钢分为普通工字钢和轻型工字钢，热轧普通工字钢的规格为10#~63#共21种。

工字钢广泛用于各种建筑结构、桥梁、车辆、支架、机械等。

3.2.30 冷弯型钢的特点是什么？它有哪些分类及规格？

冷弯型钢是制作轻型钢结构的主要材料，采用钢板或钢带冷弯成型制成。它的壁厚不仅可以制得很薄。该产品不仅工艺简单，生产效率高，而且可以生产用一般热轧方法难以生产的、壁厚均匀但截面形状复杂的各种型材和不同材质的冷弯型钢。

冷弯型钢除用于各种建筑结构外，还广泛用于车辆制造、农业机械制造等方面。

冷弯型钢按尺寸规格分类，以产品厚度和展开宽度分为大型、中型、小型和宽幅4种。

1）大型冷弯型钢：厚度为6~16mm，展开宽度为600~2000mm。

2）中型冷弯型钢：厚度为3.0~6mm，展开宽度为200~600mm。

3）小型冷弯型钢：厚度为1.5~4mm，展开宽度为30~200mm。

4）宽幅冷弯型钢：厚度为0.5~4mm，展开宽度为700~1600mm。

3.3 常用铝及铝合金

3.3.1 常用铝及铝合金板（带）材的规格有哪些？

常用铝及铝合金板（带）材的规格见表3-13。

表3-13 常用铝及铝合金板（带）材的规格 （单位：mm）

厚度	板材		带材	
	宽度	长度	宽度	卷内径
>0.20~0.50	500~1660	1000~4000	1660	ϕ75，ϕ50，ϕ200，ϕ300，ϕ405，ϕ505，ϕ610，ϕ650，ϕ750
>0.50~0.80	500~2000	1000~10000	2000	
>0.80~1.20	500~2200	1000~10000	2200	
>1.20~8.00	500~2400	1000~10000	2400	
>1.20~150.0	500~2400	1000~10000	2400	

3.3.2 通用铝及铝合金板（带）的规格有哪些？

通用铝及铝合金板（带）的规格见表3-14。

表3-14 通用铝及铝合金板（带）的规格

名称	规格
铝及铝合金花纹板	宽度为500~2400mm，长度为1000~10000mm
铝及铝合金花纹带	宽度为1660mm、2000mm、2200mm、2400mm，内径有ϕ75mm、ϕ150mm、ϕ200mm、ϕ300mm、ϕ405mm、ϕ505mm、ϕ610mm、ϕ650mm、ϕ750mm
常用铝及铝合波纹板	坯料厚度为0.60~1.00mm，长度为2000~10000mm，宽度为1115mm、1008mm

（续）

名　　称	规　　格
常用铝及铝合压型板	共有 V25-150Ⅰ、V25-150Ⅱ、V25-150Ⅲ、V25-150Ⅳ、V 60-187.5、V25-300、V35-115Ⅰ、V35-115Ⅱ、V35-125、V130-550、V173、Z295 共 12 种规格
普通装饰用铝塑复合板	厚度为 3mm、4mm、5mm、6mm，宽度为 1220mm、1250mm，长度为 2000mm、2440mm、3200mm
铝及铝合金铸轧带	边部厚度为 5.0～10mm，宽度为 500～2200mm，内径为 505mm 或 605mm

3.3.3 专用铝合金板（带）的规格有哪些？

专用铝合金板（带）的规格见表 3-15。

表 3-15　专用铝合金板（带）的规格

名　　称		规　　格
洗衣机用铝合金板		厚度为 0.6～1.0mm，宽度为 500～850mm，长度为 1600～2000mm
冰箱、包装箱及装饰用铝及铝合金压花板（带）	板	厚度为 0.2～1.5mm，宽度为 500.0～1500.0mm，长度为 1000～4000mm
	带	厚度为 0.2～1.5mm，宽度为 500.0～1500.0mm，长度不限
铁道货车用铝合金板		厚度为 5～30mm，宽度为 1000～2500mm，长度为 2000～11000mm
百叶窗用铝合金带		厚度为 0.13～0.25mm，宽度为 15～100mm，长度为≥2000mm

3.3.4 铝及铝合金花纹板的规格有哪些？

铝及铝合金花纹板的花纹代号为 1、2、3、4、5、6、7、8、9，宽度为 1000～1600mm，长度为 2000～10000mm。铝及铝合金花纹板的规格见表 3-16。

表 3-16　铝及铝合金花纹板的规格

格型	图　示	底板厚度/mm	筋高/mm	格型	图　示	底板厚度/mm	筋高/mm
1 号 方格型	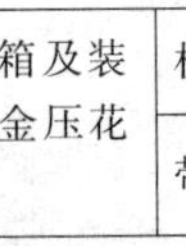	1.0～3.0	1.0	4 号 三条型	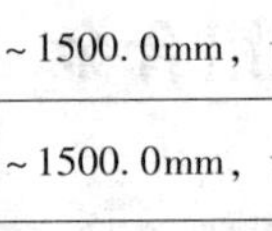	1.5～4.5	1.0
2 号 扁豆型	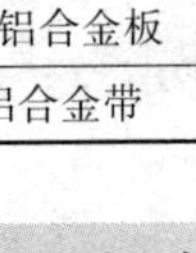	2.0～4.0	1.0	5 号 指针型	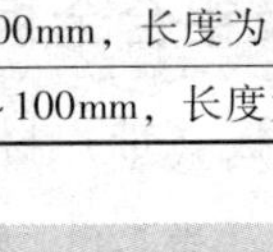	1.5～4.5	1.0
3 号 五条型	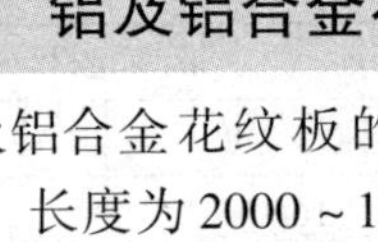	1.5～4.5	1.0	6 号 菱型	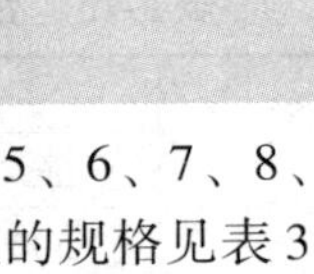	3.0～8.0	0.9

（续）

格型	图　示	底板厚度/mm	筋高/mm	格型	图　示	底板厚度/mm	筋高/mm
7 号 四条型	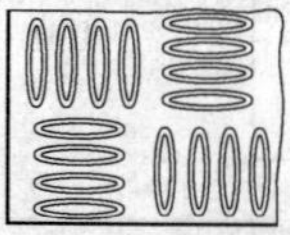	2.0 ~ 4.0	1.0	9 号 星月型		1.0 ~ 3.0 1.0 ~ 4.0	0.7
8 号 三条型	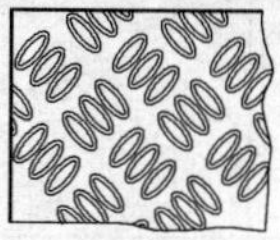	1.5 ~ 4.5	0.3				

注：宽度为 1.0 ~ 1.6m，长度为 2.0 ~ 10.0m。

3.3.5　一般工业用铝及铝合金箔的规格有哪些？

一般工业用铝及铝合金箔的规格见表 3-17。

表 3-17　一般工业用铝及铝合金箔的规格

牌　号	状　态	厚度 T/mm	卷外径/mm
1050、1060 1070、1100 1145、1200 1235	O	0.0045 ~ 0.2000	150 ~ 1200
	H22	>0.0045 ~ 0.2000	
	H14、H24	0.0045 ~ 0.0060	
	H16、H26	0.0045 ~ 0.2000	
	H18	0.0045 ~ 0.2000	
	H19	>0.0060 ~ 0.2000	
2A11、2A12	O、H18	0.0300 ~ 0.2000	100 ~ 1500
3003	O	0.0090 ~ 0.0200	
	H22	0.0200 ~ 0.2000	
	H14、H24	0.0300 ~ 0.2000	
	H16、H26	0.1000 ~ 0.2000	
	H18	0.0100 ~ 0.2000	
	H19	0.0180 ~ 0.1000	
3A21	O	0.0300 ~ 0.0400	100 ~ 1500
	H22	>0.0400 ~ 0.2000	
	H24	0.1000 ~ 0.2000	
	H18	0.0300 ~ 0.2000	
4A13	O、H18	0.0300 ~ 0.2000	
5A02	O	0.0300 ~ 0.2000	
	H16、H26	0.1000 ~ 0.2000	
	H18	0.0200 ~ 0.2000	

（续）

牌　号	状　态	厚度 T/mm	卷外径/mm
5052	O	0.0300 ~ 0.2000	100 ~ 1500
	H14、H24	0.0500 ~ 0.2000	
	H16、H26	0.1000 ~ 0.2000	
	H18	0.0500 ~ 0.2000	
	H19	>0.1000 ~ 0.2000	
5082、5083	O、H18、H38	0.1000 ~ 0.2000	
8006	O	0.00500 ~ 0.2000	250 ~ 1200
	H22	0.0350 ~ 0.2000	
	H24	0.0350 ~ 0.2000	
	H26	0.0350 ~ 0.2000	
	H18	0.0180 ~ 0.2000	
8011 8011A 8079	O	0.0060 ~ 0.2000	250 ~ 1200
	H22	0.0350 ~ 0.2000	
	H24	0.0350 ~ 0.2000	
	H26	0.0350 ~ 0.2000	
	H18	0.0180 ~ 0.2000	
	H19	0.0350 ~ 0.2000	

注：宽度为50.0 ~ 1820.0mm，管芯内径为75.0mm、76.2mm、150.0mm、152.4mm、300.0mm、400.0mm和406.0mm。

3.3.6　专用铝箔的规格有哪些？

专用铝箔的规格见表3-18。

表3-18　专用铝箔的规格

名　称	规　格
电解电容器用铝箔	铝箔分为三种：阴极箔，厚度为0.015 ~ 0.06mm；高压箔，厚度为0.065 ~ 0.1mm；低压箔，厚度为0.06 ~ 0.1mm。铝箔大多数呈卷状。宽度为200 ~ 1000mm
卡纸用铝及铝合金箔	厚度为0.006 ~ 0.009mm，宽度为≥200mm
泡罩包装用铝及铝合金箔	厚度为0.018 ~ 0.1mm，宽度为200 ~ 1500mm
啤酒标用铝合金箔	厚度为0.009 ~ 0.012mm，宽度为200 ~ 1500mm

3.3.7　铝塑管的规格有哪些？

铝塑管的规格见表3-19。

表3-19　铝塑管的规格

名　称	规　格
铝管搭接焊式铝塑管	外径/参考内径（单位为mm）：12/8.3，16/12.1，20/15.7，25/19.9，32/25.7，40/31.6，50/40.5，63/50.5，75/59.3
铝管对接焊式铝塑管	外径/参考内径（单位为mm）：16/10.9，20/14.5，25/18.5，32/25.5，40/32.4，50/41.4

3.3.8 铝及铝合金挤压和拉制型材的规格有哪些？

铝及铝合金挤压和拉制型材的规格见表3-20。

表3-20 铝及铝合金挤压和拉制型材的规格

名称		规格
连续挤压管		公称外径为4～19mm（间隔1mm），壁厚为0.45mm、0.50mm、0.75mm、0.90mm、1.00mm、1.25mm、1.50mm、1.75mm、2.00mm、3.00mm
普通挤压棒	圆棒	圆棒直径为5～600mm
	方棒	内切圆直径≤30～200mm
	六角棒	内切圆直径≤14～150mm
大规格拉制无缝管	圆管	外径为125.00～145.00mm（间隔5mm），150.00～220.00mm（间隔10mm）；壁厚为3.00mm、3.50mm、4.00～10.00mm（间隔1.00mm）
	正方形管	边长为70～95mm（间隔5mm），100～120mm（间隔10mm）；壁厚为2.00～3.50mm（间隔0.5mm）、4.00～7.00mm（间隔1.00mm）
	矩形管	边长为90.00mm×70.00mm、95.00mm×70.00mm、100.00mm×80.00mm、105.00mm×80.00mm、110.00mm×90.00mm、115.00mm×90.00mm、120.00mm×100.00mm；壁厚为2.00～3.50mm（间隔0.5mm）、4.00～7.00mm（间隔1.00mm）
工业用拉制棒	圆棒	直径为5～100mm
	方棒	边长为5～50mm
	扁棒	厚度为5～40mm，宽度为5～60mm

3.3.9 各种铝及铝合金棒材的理论线质量是多少？

铝及铝合金棒材的理论线质量见表3-21。

表3-21 铝及铝合金棒材的理论线质量

d(a) /mm	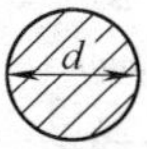	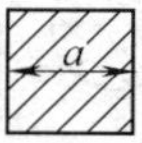		d(a) /mm			
	理论线质量/(kg/m)				理论线质量/(kg/m)		
5	0.0550	0.070	0.061	10	0.2199	0.280	0.242
5.5	0.0665	0.085	0.074	10.5	0.2425	0.309	0.268
6	0.0792	0.101	0.087	11	0.2661	0.339	0.294
6.5	0.0929	0.118	0.102	11.5	0.2908	0.370	0.320
7	0.1078	0.137	0.119	12	0.3167	0.403	0.349
7.5	0.1237	0.158	0.137	13	0.3716	0.473	0.410
8	0.1407	0.179	0.155	14	0.4310	0.549	0.475
8.5	0.1589	0.202	0.175	15	0.4948	0.630	0.546
9	0.1781	0.227	0.197	16	0.563	0.717	0.621
9.5	0.1985	0.253	0.219	17	0.6355	0.809	0.701

（续）

d(a) /mm		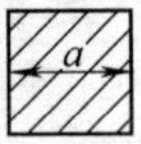		d(a) /mm	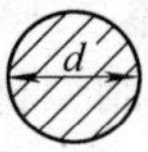	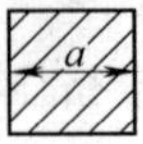	
	理论线质量/(kg/m)				理论线质量/(kg/m)		
18	0.7125	0.907	0.786	59	7.655	—	—
19	0.7999	1.011	0.876	60	7.917	10.08	8.730
20	0.8796	1.120	0.970	62	8.453	—	—
21	0.9698	1.235	1.070	63	8.728	—	—
22	1.064	1.355	1.174	65	9.291	11.83	10.25
24	1.267	1.613	1.397	70	10.78	13.72	11.88
25	1.374	1.750	1.516	75	12.37	15.75	13.64
26	1.487	1.893	1.639	80	14.07	17.92	15.52
27	1.603	2.041	1.768	85	15.89	20.23	17.52
28	1.724	2.195	1.901	90	17.81	22.68	19.64
30	1.979	2.520	2.182	95	19.85	25.27	21.89
32	2.252	2.867	2.483	100	21.99	28.00	24.25
34	2.542	3.237	2.803	105	24.25	30.87	26.74
35	2.694	3.430	2.971	110	26.61	33.88	29.34
36	2.850	3.629	3.143	115	29.08	37.03	32.07
38	3.176	4.043	3.502	120	31.67	40.32	34.92
40	3.519	4.480	3.880	125	34.36	43.75	37.89
41	3.697	4.707	4.077	130	37.16	47.32	40.98
42	3.879	4.939	4.278	135	40.08	51.03	44.20
45	4.453	5.670	4.911	140	43.10	54.88	47.53
46	4.653	5.925	5.131	145	46.24	58.87	50.99
48	5.067	6.451	5.587	150	49.48	63.00	54.56
50	5.498	7.000	6.062	160	56.30	71.68	62.08
51	5.720	7.283	6.308	170	63.55	80.92	70.08
52	5.946	7.571	6.557	180	71.25	90.72	78.57
55	6.652	8.470	7.336	190	79.39	101.1	87.56
58	7.398	9.419	8.158	200	（见后续）	112.0	97.00

d /mm	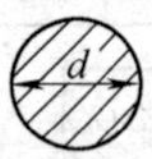	d /mm	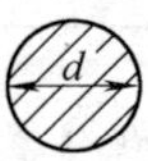	d /mm	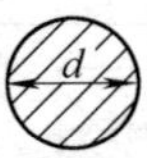	d /mm	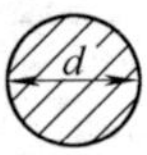
（圆棒紧接上面）		260	148.7	340	254.2	450	445.3
200	87.96	270	160.3	350	269.4	480	506.7
210	96.98	280	172.4	360	285.0	500	549.8
220	106.4	290	184.9	370	301.1	520	594.6
230	116.3	300	197.9	380	317.6	550	665.2
240	126.7	320	225.2	390	334.5	600	791.7
250	137.4	330	239.5	400	351.9	630	872.8

注：理论线质量按 2B11（LY8）、2A11（LY11）、2A70（LD7）、2A14（LD10）等牌号铝合金的密度 2.8g/cm^3 计算。

3.3.10 电工圆铝线和母线的规格有哪些？

电工圆铝线和母线的规格分别见表 3-22 和表 3-23。

表 3-22 铝线的规格和线盘质量

导电用铝线				
直径/mm	(Cu + Mg) 的质量分数 (%)	线盘质量/kg	单根质量/kg	
			规定值，≥	最小值
≤4.0	—	≥3 ~ 40	1.5	1.0
>4.0 ~ 10.0	>4	≥10 ~ 40	1.5	1.0
	≤4.0	≥15 ~ 40	3.0	1.5
>10.0 ~ 25.0	>4	≥20 ~ 40	1.5	1.0
	≤4.0	≥25 ~ 40	3.0	1.5

电工用铝线			
标称直径/mm	每根圆铝线质量（最小值）/kg	短段	
		质量	交货数量
0.30 ~ 0.50	1	≥每根圆铝线质量最小值的 50%	≤交货总质量的 15%
0.51 ~ 1.00	3		
1.01 ~ 2.00	8		
2.01 ~ 4.00	15		
4.01 ~ 6.00	20		
6.01 ~ 10.00	25		

表 3-23 母线的规格

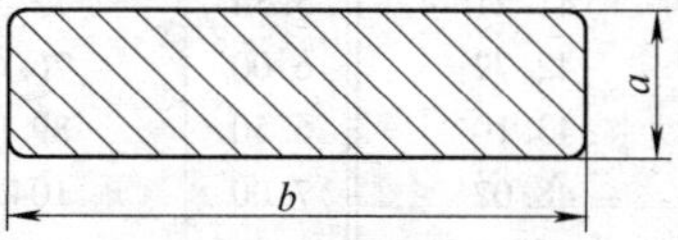

长度 b/mm	宽度 a/mm 2.24	2.50	2.80	3.15	3.55	4.00	4.50	5.00	5.60	6.30	7.10	8.00	9.00	10.00	11.20	12.50	14.00	16.00	18.00	20.00	22.40	25.00	28.00	31.50
16.00												√	√	√	√	√	√	√						
18.00	√	√	√	√	√	√	√	√	√	√	√	√	√	√	√	√	√	√	√					
20.00		√	√	√	√	√	√	√	√	√	√	√	√	√	√	√	√	√	√	√				
22.40		√	√	√	√	√	√	√	√	√	√	—	—	√	√	√	√	√	√	√				
25.00			√	√	√	√	√	√	√	√	√	√	√	√	√	√	√	√	√	√	√	√		
28.00					√	√	√	√	√	√	√	√	√	√	√	√	√	√	√	√	√	√	√	
31.50						√	√	√	√	√	√	√	√	√	√	√	√	√	√	√	√	√	√	√
35.50						√	√	√	√	√	√	√	√	√	√	√	√	√	√	√	√	√	√	√
40.00						√	√	√	√	√	√	√	√	√	√	√	√	√	√	√	√	√	√	√
45.00						√	√	√	√	√	√	√	√	√	√	√	√	√	√	√	√	√	√	√
50.00						√	√	√	√	√	√	√	√	√	√	√	√	√	√	√	√	√	√	√
56.00						√	√	√	√	√	√	√	√	√	√	√	√	√	√	√	√	√	√	√

（续）

长度 b/mm	宽度 a/mm																							
	2.24	2.50	2.80	3.15	3.55	4.00	4.50	5.00	5.60	6.30	7.10	8.00	9.00	10.00	11.20	12.50	14.00	16.00	18.00	20.00	22.40	25.00	28.00	31.50
63.00						√	√	√	√	√	√	√	√	√	√	√	√	√	√	√	√	√	√	√
71.00						√	√	√	√	√	√	√	√	√	√	√	√	√	√	√	√	√	√	√
80.00						√	√	√	√	√	√	√	√	√	√	√	√	√	√	√	√	√	√	√
90.00						√	√	√	√	√	√	√	√	√	√	√	√	√	√	√	√	√	√	√
100.00						√	√	√	√	√	√	√	√	√	√	√	√	√	√	√	√	√	√	√
112.00										√	√	√	√	√	√	√	√	√	√	√	√	√	√	√
125.00										√	√	√	√	√	√	√	√	√	√	√	√	√	√	√
140.00										√	√	√	√	√	√	√	√	√	√	√	√	√	√	√
160.00										√	√	√	√	√	√	√	√	√	√	√	√	√	√	√
180.00										√	√	√	√	√	√	√	√	√	√	√	—	—	—	—
200.00										√	√	√	√	√	√	√	—	√	—	√	—	—	—	—

3.3.11 铆钉用和焊条用铝及铝合金线材的规格有哪些？

铆钉用铝及铝合金线材的规格见表 3-24。焊条用铝及铝合金线材的规格见表 3-25。

表 3-24　铆钉用铝及铝合金线材的规格

直径/mm	理论线质量/(kg/km)	直径/mm	理论线质量/(kg/km)	直径/mm	理论线质量/(kg/km)	直径/mm	理论线质量/(kg/km)
1.60	5.449	3.50	26.07	5.00	53.21	7.50	119.7
2.00	8.514	3.84	31.39	5.10	55.36	7.76	128.2
2.27	10.97	1.98	33.72	5.23	58.22	7.80	129.5
2.30	11.26	4.00	34.05	5.27	59.11	8.00	136.2
2.58	14.17	4.10	35.78	5.50	64.39	8.50	153.8
2.60	14.39	4.35	40.28	5.75	70.37	8.94	170.1
2.90	17.90	4.40	41.21	5.84	72.59	9.00	172.4
3.00	19.16	4.48	42.72	6.00	76.62	950	192.1
3.41	24.75	4.50	43.10	6.50	89.93	9.76	202.7
3.45	25.33	4.75	48.02	7.00	104.3	9.94	210.3
3.48	25.78	4.84	49.86	7.10	107.3	10.00	212.8

注：1. 铆钉用线材每盘质量：直径≤4.0mm，≥1.5kg；直径>4.0mm，≥3kg。

2. 铆钉用线材牌号有 1035、5A02、5A06（直径≥3mm）、5B05、3A21、2A01、2A04、2B11、2B12、2A10 和 7A03；理论线质量按纯铝（密度 2.7g/cm^3）计算。其他牌号理论线质量应乘以相应的换算系数。

表 3-25　焊条用铝及铝合金线材的规格

直径/mm	理论线质量/(kg/km)	直径/mm	理论线质量/(kg/km)	直径/mm	理论线质量/(kg/km)	直径/mm	理论线质量/(kg/km)
0.8	1.362	2.5	13.30	5.0	53.21	9.0	172.4
1.0	2.128	3.0	19.16	5.5	64.39	10.0	212.8
1.2	3.065	3.5	26.07	6.0	76.62		
1.5	4.789	4.0	34.05	7.0	104.3		
2.0	8.514	4.5	43.10	8.0	136.2		

注：焊条用铝及铝合金线材每盘质量≤40kg。

3.3.12　铝及铝合金挤压无缝圆管的外径和壁厚尺寸系列有哪些？

铝及铝合金挤压无缝圆管的外径和壁厚尺寸系列见表 3-26。

表 3-26　铝及铝合金挤压无缝圆管的外径和壁厚尺寸系列　（单位：mm）

项　　目	尺 寸 系 列
壁厚	5.00，6.00，7.000，7.50，8.00，9.00，10.00，12.50，15.00，17.50，20.00，22.50，25.00，27.50，30.00，32.50，35.00，37.50，40.00，42.50，45.00，47.50，50.00
外径	25.00，28.00，30.00，32.00，34.00，36.00，38.00，40.00，42.00，45.00，48.00，50.00，52.00，55.00，58.00，60.00，62.00，65.00，70.00，75.00，80.00，85.00，90.00，95.00，100.00，105.00，110.00，115.00，120.00，125.00，130.00，135.00，140.00，145.00，150.00，155.00，160.00，165.00，170.00，175.00，180.00，185.00，190.00，195.00，200.00，205.00，210.00，215.00，220.00，225.00，230.00，235.00，240.00，245.00，250.00，260.00，270.00，280.00，290.00，300.00，310.00，320.00，330.00，340.00，350.00，360.00，370.00，380.00，390.00，400.00，450.00

3.3.13　铝及铝合金冷拉（轧）制圆管的外径和壁厚尺寸系列有哪些？

铝及铝合金冷拉（轧）制有缝圆管和无缝圆管的外径和壁厚尺寸系列见表 3-27。

表 3-27　铝及铝合金冷拉（轧）制有缝圆管和无缝圆管的外径和壁厚尺寸系列

（单位：mm）

项　　目	尺 寸 系 列
壁厚	0.50，0.75，1.00，1.50，2.00，2.50，3.00，3.50，4.00，4.50，5.00
外径	6.00，8.00，10.00，12.00，14.00，15.00，16.00，18.00，20.00，22.00，24.00，25.00，26.00，28.00，30.00，32.00，34.00，35.00，36.00，38.00，40.00，42.00，45.00，48.00，50.00，52.00，55.00，58.00，60.00，65.00，70.00，75.00，80.00，85.00，90.00，95.00，100.00，105.00，105.00，110.00，115.00，120.00

3.3.14　铝及铝合金等边角铝型材的规格有哪些？

铝及铝合金等边角铝型材的规格见表 3-28。

表 3-28　铝及铝合金等边角铝型材的规格

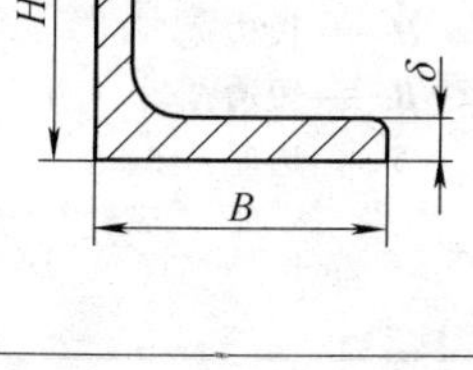

$H=B$——边宽

δ——边厚

（续）

主要尺寸/mm		理论质量
$H=B$	δ	/(kg/m)
12	1	0. 065
	2	0. 122
12. 5	1. 6	0. 105
15	1	0. 082
	1. 2	0. 098
	1. 5	0. 121
	2	0. 157
	3	0. 228
16	1. 6	0. 137
	2. 4	0. 202
18	1. 5	0. 146
	2	0. 19
19	1. 6	0. 163
	2. 4	0. 239
	3. 2	0. 313
20	1	0. 11
	1. 2	0. 131
	1. 5	0. 162
	2	0, 212
	3	0. 317
	4	0. 41
20. 5	1. 6	0. 176
23	2	0. 245
25	1. 2	0. 166

主要尺寸/mm		理论质量
$H=B$	δ	/(kg/m)
25	1. 5	0. 204
	1. 6	0. 216
	2	0. 268
	2. 5	0. 331
	3	0. 392
	3. 2	0. 42
	3. 5	0. 456
	4	0. 516
	5	0. 673
27	2	0. 289
	2	0. 303
30	1. 5	0. 246
	2	0. 324
	2. 5	0. 4
	3	0. 478
	4	0. 623
32	2. 4	0. 415
	3. 2	0. 544
	3. 5	0. 592
	6. 5	1. 036
35	3	0. 557
	4	0. 739
38	2. 4	0. 493
38. 3	3. 5	0. 712

主要尺寸/mm		理论质量
$H=B$	δ	/(kg/m)
38. 3	5	0. 998
	6. 3	1. 235
40	2	0. 435
	2. 5	0. 54
	3	0. 645
	3. 5	0. 749
	4	0. 85
	5	1. 043
45	4	0. 961
	5	1. 189
50	3	0. 812
	4	1. 072
	5	1. 328
	6	1. 572
	6. 5	1. 699
	12	2. 947
60	5	1. 606
	6	1. 906
75	7	2. 783
	8	3. 158
	10	3. 892
90	5	2. 433
	8	3. 825

注：计算密度为 2. 78g/cm³，表 3-29 同。

3. 3. 15 铝及铝合金不等边角铝型材的规格有哪些?

铝及铝合金不等边角铝型材的规格见表 3-29。

表 3-29 铝及铝合金不等边角铝型材的规格

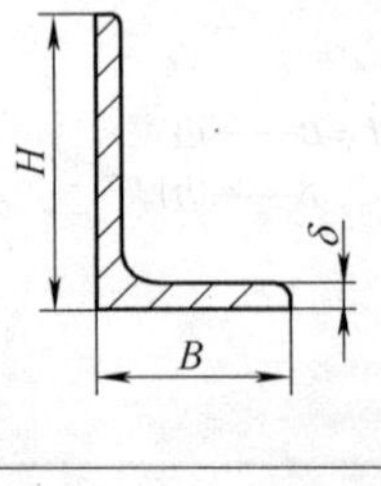

H——长边宽

B——短边宽

δ——边厚

（续）

主要尺寸/mm			理论质量	主要尺寸/mm			理论质量	主要尺寸/mm			理论质量
H	B	δ	/(kg/m)	H	B	δ	/(kg/m)	H	B	δ	/(kg/m)
15	7	1.5	0.086	30	25	3	0.436	44	25	2	0.374
	8	1.5	0.090		27	2.5	0.379		32	4.8	0.965
	12	1.5	0.111	32	19	1.5	0.207	45	25	4	0.734
16	13	1.6	0.123		19	2.4	0.326		28	2	0.397
18	5	2.5	0.143		25	3.5	0.520		30	3	0.600
	8	4	0.245	35	20	2	0.295		30	4	0.798
20	8	1.5	0.111		20	3	0.434		32	3	0.617
	15	1.5	0.142		22	3.5	0.524		38	6.5	1.397
	15	2	0.171		25	4	0.623	46	40	2.5	0.598
	15	3	0.267		30	4	0.678	47	23	2.5	0.473
	18	2	0.200	36	20	1.6	0.244	48	20	2.5	0.461
	18	1	0.105		23	2	0.320		25	3	0.593
22	13	5	0.416		25	2.5	0.407	50	15	4	0.685
25	15	1.5	0.163	38	16	2	0.290		30	3	0.645
	19	1.8	0.213		19	1.5	0.233		30	4	0.845
	18	2.4	0.279		25	2.4	0.406		35	3	0.684
	20	1.2	0.148		25	3.2	0.537		35	5	1.043
	20	1.5	0.184		32	3	0.562	54	25	4	0.839
	20	2.5	0.298		32	5	0.906	55	25	2.5	0.542
27	22	2.5	0.322		32	6.5	1.147	56	42	3.2	0.855
		4	0.501	40	20	3	0.475		42	3.5	0.931
30	15	3	0.35		24	4	0.677	57	38	6.5	1.608
	20	3	0.394		25	3.5	0.601	58	40	2.5	0.667
	20	5	0.626		30	4	0.806	60	25	3.2	0.739
	24	3	0.439		30	5	0.904		28	3	0.712
	25	1.5	0.228		36	4	0.805		35	6	1.485
	25	2	0.297		36	5	0.987		40	2.5	0.681
	25	2.5	0.370	43	30	2.5	0.493		40	4	1.073

3.4　常用铜及铜合金

3.4.1　铜及铜合金板的规格有哪些?

一般用途的加工铜及铜合金板的规格见表3-30。

表3-30　一般用途的加工铜及铜合金板的规格

牌　号	状　态	规　格		
		厚度/mm	宽度/mm	长度/mm
T2、T3、TP1 TP2、TU1、TU2	R	4～60	≤3000	≤6000
	M、Y_4、Y_2、Y、T	0.2～12		
H96、H80	M、Y	0.2～10	≤3000	≤6000
H90、H85	M、Y_2、Y			
H65	M、Y_1、Y_2、Y、T、TY			
H70、H68	R	4～60		
	M、Y_4、Y_2、Y、T、TY	0.2～10		
H63、H62	R	4～60		
	M、Y_2、Y、T	0.2～10		
H59	R	4～60	≤3000	≤6000
	M、Y	0.2～10		
HPb59-1	R	4～60		
	M、Y_2、Y	0.2～10		
HPb60-2	Y、T	0.5～10		
HMn58-2	M、Y_2、Y	0.2～10		
HSn62-1	R	4～60		
	M、Y_2、Y	0.2～10		
HMn55-3-1、Hn57-3-1	R	4～40	≤1000	≤2000
QSn6.5-0.1	R	9～50	≤600	≤2000
	M、Y_4、Y_2、Y、T、TY	0.2～12		
QSn6.5-0.4、QSn4-3	M、Y、T	0.2～12	≤4600	≤2000
QSn8-0.3	M、Y_4、Y_2、Y、T	0.2～5	≤600	≤2000
BAl6-1.5	Y	0.5～12	≤600	≤1500
BAl13-3	CYS			
BZn15-20	M、Y_2、Y、T	0.5～10	≤600	≤1500
BZn18-17	M、Y_2、Y	0.5～5	≤600	≤1500
B5、BFe10-1-1 B19、BFe30-1-1	R	7～60	≤2000	≤4000
	M、Y	0.5～10	≤600	≤1500
QAl5	M、Y	0.4～12	≤1000	≤2000
QAl7	Y_2、Y			
QAl9-2	M、Y			
QAl9-4	Y			
QCd1	Y	0.5～10	200～300	800～1500
QCr0.5、QCr0.5-0.2-0.1	Y	0.5～15	100～600	≥300
QMn1.5	M	0.5～5	100～600	≤1500
QMn5	M、Y			

（续）

牌 号	状 态	规格		
		厚度/mm	宽度/mm	长度/mm
QSi3-1	M、Y、T	0.5~10	100~1000	≥500
QSn4-4-2.5、QSn4-4-4	M、Y_3、Y_2、Y	0.8~5	200~600	800~2000
BMn40-1.5	M、Y	0.5~10	100~600	800~1500
BMn3-12	M			

注：R—热加工，M—退火，C—淬火，CY—淬火后冷轧硬化，CYS—淬火后冷轧、人工时效，Z—自然时效，S—人工时效，Y—硬，Y_1—3/4硬，Y_2—1/2硬，Y_3—1/3硬，Y_4—1/4硬，T—特硬，TY—弹硬。

3.4.2 加工铜及铜合金带材的规格有哪些？

一般用途的加工铜及铜合金带材的规格见表3-31。

表3-31 一般用途的加工铜及铜合金带材的规格

牌 号	状 态	厚度/mm	宽度/mm
T2、T3、TU1、TU2 TP1、TP2	软（M）、1/4硬（Y_4） 半硬（Y2）、硬（Y）、特硬（T）	>0.15~<0.50 0.50~3.0	<600 <1200
H96、H80、H59	软（M）、硬（Y）	>0.15~<0.50 0.50~3.0	≤600 ≤1200
H85、H90	软（M）、半硬（Y_2）、硬（Y）	>0.15~<0.50 0.50~3.0	<600 ≤1200
H70、H68、H65	软（M）、1/4硬（Y_4）、半硬（Y_2）、硬（Y）、特硬（T）、弹硬（TY）	>0.15~<0.50 0.50~3.0	<600 ≤1200
H63、H62	软（M）、半硬（Y_2）、硬（Y）、特硬（T）	>0.15~<0.50 0.50~3.0	<500 ≤1200
HPb59-1、HMn58-2	软（M）、半硬（Y_2）、硬（Y）	>0.15~0.20 >0.20~2.0	≤300 <550
HPb59-1	特硬（T）	0.32~1.5	≤200
HSn62-1	硬（Y）	>0.15~0.20 >0.20~2.0	≤300 ≤550
QAl5 QAl7 QAl9-2 QAl9-4	软（M）、硬（Y） 半硬（Y_2）、硬（Y） 软（M）、硬（Y）、特硬（T） 硬（Y）	>0.15~1.2	≤300
QSn6.5-0.1	软（M）、1/4硬（Y_4）、半硬（Y_2）、硬（Y）、特硬（T）、弹硬（TY）	>0.15~2.0	≤610
QSn7-0.2、QSn6.5-0.4 QSn4-3、QSn4-0.3	软（M）、硬（Y）、特硬（T）	>0.15~2.0	≤610
QSn8-0.3	软（M）、1/4硬（Y_4）、半硬（Y_2）、硬（Y）、特硬（T）	>0.15~2.6	≤610
QSn4-4-4、QSn4-4-2.5	软（M）、1/3硬（Y_3）、半硬（Y_2）、硬（Y）	0.80~1.2	<200
QCd1	硬（Y）	>0.15~1.2	≤300
QMn1.5 QMn5	软（M） 软（M）、硬（Y）	>0.15~1.2	

（续）

牌　号	状　态	厚度/mm	宽度/mm
QSi3-1 BZn18-17	软（M）、硬（Y）、特硬（T） 软（M）、半硬（Y_2）、硬（Y）	>0.15~1.2 >0.15~1.2	<300 <610
BZn15-20	软（M）、半硬（Y_2）、硬（Y）、特硬（T）	>0.15~1.2	≤400
B5、B19、 BFe10-1-1、BFe30-1-1 BMn40-1.5、BMn3-12	软（M）、硬（Y）		
BAl13-3 BAl6-1.5	淬火+冷加工+人工时效（CYS） 硬（Y）	>0.15~1.2	<300

3.4.3　铜及铜合金箔材的牌号、状态和规格有哪些?

铜及铜合金箔材的牌号、状态和规格见表3-32。

表3-32　铜及铜合金箔材的牌号、状态和规格

牌　号	状　态	（厚度×宽度）/mm
T1、T2、T3、TU1、TU2	软（M）、1/4硬（Y_4）、半硬（Y_2）、硬（Y）	（0.012~<0.025） ×≤300 （0.025~0.15） ×≤600
H62、H65、H68	软（M）、1/4硬（Y_4）、半硬（Y_2）、 硬（Y）、特硬（T）、弹硬（TY）	
QSn6.5-0.1、QSn7-0.2 QSi3-1 QSn8-0.3 BMn40-1.5 BZn15-20 BZn18-18、BZn18-26	硬（Y）、特硬（T） 硬（Y） 特硬（T）、弹硬（TY） 敬（M）、硬（Y） 软（M）、半硬（Y_2）、硬（Y） 半硬（Y_2）、硬（Y）、特硬（T）	

注：工艺铜箔的规格有120×120mm、130×130mm、140×140mm、150×150mm、160×160mm。

3.4.4　铜及铜合金拉制棒材的规格有哪些?

铜及铜合金拉制棒材的规格见表3-33。

表3-33　铜及铜合金拉制棒材的规格

牌　号	状　态	直径（或对边距离）/mm	
		圆形、方形、六边形	矩形
H96、T2、T3、TP2、TU1、TU2	硬（Y）、软（M）	3~80	3~80
H90	硬（Y）	3~40	—
H80、H65	硬（Y）、软（M）	3~40	—
H68	半硬（Y_2）	3~80	—
	软（M）	13~35	—
H62、HPb59-1	半硬（Y_2）	3~80	3~80
H63、HPb63-0.1	半硬（Y_2）	3~40	—
HPb63-3	硬（Y）、	3~30	3~80
	半硬（Y_2）	3~60	
HPb61-1	半硬（Y_2）	3~20	—
HFe58-1-1、HFe59-1-1、HSn62-1、HMn58-2	硬（Y）	4~60	—

（续）

牌　号	状　态	直径（或对边距离）/mm	
		圆形、方形、六边形	矩形
QSn6-5-0.1、QSn6.5-0.4、QSn4-3、QSn4-0.3、QSi3-1、QAl9-2、QAl9-4、QAl9-3-1.5、QZr-0.2、QZr-0.4	硬（Y）	4~40	—
QSn7-0.2	硬（Y）、特硬（T）	4~40	—
QCu1	硬（Y）、软（M）	4~60	—
QCr0.5	硬（Y）、软（M）	4~40	—
BZn15-20	硬（Y）、软（M）	4~40	—
BZn15-24-1.5	特硬(T)、硬(Y)、软(M)	3~18	—
BFe30-1-1	硬（Y）、软（M）	16~50	—
BMn40-1.5	硬（Y）	7~40	—

注：优选直径（单位为mm）：5，5.5，6，6.5，7，7.5，8，8.5，9，9.5，10，11，12，13，14，15，16，17，18，19，20，21，22，23，24，25，26，27，28，29，30，32，34，35，36，38，40，42，44，45，46，48，50，52，54，55，56，58，60，65，70，75，80。

3.4.5　铜及铜合金挤制棒材的规格有哪些？

铜及铜合金挤制棒材的规格见表3-34。

表3-34　铜及铜合金挤制棒材的规格

牌　号	状态	直径或长边对边距/mm		
		圆形棒	矩形棒①	方形棒、六角形棒
T2、T3	挤制（R）	30~120	20~120	30~120
TU1、TU2、TP2		16~300	—	16~120
H80、H68、H59		16~120	—	16~120
H96、HFe58-1-1、HAl60-1-1		10~160	—	10~120
HSn62-1、HMn58-2、HFe59-1-1		10~220	—	10~120
H62、HPb59-1		10~220	5~50	10~120
HSn70-1、HAl77-2		10~160	—	10~120
HMn55-3-1、HMn57-3-1、HAl66-6-3-2、HAl67-2.5		16~160	—	16~120
QAl9-2		10~200	—	30~60
QAl9-4、QAl10-3-1.5、QAl10-4-4		10~200	—	—
QAl11-6-6、HSi80-3、HNi56-3		10~160	—	—
QSi1-3		20~100	—	—
QCd1		20~120	—	—
QSi3-1		20~160	—	—
QSi3.5-3-1.5、BFe10-1-1、BFe30-1-1、BAl13-3、BMn40-1.5		40~120	—	—
QSn4-0.3		60~180	—	—
QSn7-0.2、QSn4-3		40~180	—	40~120
QSn6.5-0.1、QSn6.4-0.4		40~180	—	30~120
QCr0.5		18~160	—	—
BZn15-20		25~120	—	—

注：直径（或对边距）为10~50mm的棒材，供应长度为1000~5000mm；直径（或对边距）大于50~75mm的棒材，供应长度为500~5000mm；直径（或对边距）大于75~120mm的棒材，供应长度为500~4000mm；直径（或对边距）大于120mm的棒材，供应长度为300~4000mm。

① 矩形棒的对边距指两短边的距离。

3.4.6 铜及铜合金拉制管材的规格有哪些？

铜及铜合金拉制管材的规格见表3-35。

表3-35 铜及铜合金拉制管材的规格

牌号	状态	规格			
		圆形		矩（方）形	
		外径/mm	壁厚/mm	对边距/mm	壁厚/mm
T2、T3、TU1、TU2、TP1、TP2	软（M）、轻软（M_2）硬（Y）、特硬（T）	3~360	0.5~15	3~100	1~10
	半硬（Y_2）	3~100			
H96、H90	软（M）、轻软（M_2）半硬（Y_2）、硬（Y）	3~200	0.2~10		0.2~7
H85、H80、H85A					
H70、H68、H59、HPb59-1、HSn62-1、HSn70-1、H70A、H68A		3~100			
H65、H63、H62、HPb66-0.5、H65A		3~200			
HPb63-0.1	半硬（Y_2）	18~31	6.5~13	—	—
	1/3硬（Y_3）	8~31	3.0~13		
BZn15-20	硬（Y）、半硬（Y_2）、软（M）	4~40	0.5~8	—	—
BFe10-1-1	硬（Y）、半硬（Y_2）、软（M）	8~160			
BFe30-1-1	半硬（Y_2）、软（M）	8~80			

注：1. 外径≤100mm的圆形直管，供应长度为1000~7000mm，其他规格的圆形直管供应长度为500~6000mm。
2. 矩（方）形直管的供应长度为1000~5000mm。
3. 外径≤30mm、壁厚<3mm的圆形管材和圆周长≤100mm或圆周长与壁厚之比≤15的矩（方）形管材，可供应长度≥6000mm的盘管。

3.4.7 铜及铜合金挤制管的规格有哪些？

铜及铜合金挤制管的规格见表3-36。

表3-36 铜及铜合金挤制管的规格

牌号	状态	规格		
		外径/mm	壁厚/mm	长度/mm
TU1、TU2、T2、T3、TP1、TP2	挤制（R）	30~300	6~60	300~6000
H96、H62、HPb59-1、HFe59-1-1		20~300	1.5~42.5	
H80、H65、HSn62-1、HSi80-3、H68、HMn58-2、HMn57-3-1		60~220	7.5~30	
QAl9-2、QAl10-3-1.5、QAl9-4、QAl10-4-4		20~250	3~50	500~6000
QSi3.5-3-1.5		80~200	10~30	
QCr0.5		100~220	17.5~37.5	500~3000
BFe10-1-1		70~250	10~25	300~3000
HFe30-1-1		80~120	10~25	

3.4.8　其他铜及铜合金管的规格有哪些？

其他铜及铜合金管的规格见表3-37。

表3-37　其他铜及铜合金管的规格

名　称	规　格
铜及铜合金毛细管	外径×内径：(ϕ0.5~ϕ6.1)mm×(ϕ0.3~ϕ4.45)mm
空调制冷设备用无缝铜管	外径为3~30mm，壁厚为0.25~2mm，长度为400~10000mm
电缆用无缝铜管	外径为4~22mm，壁厚为0.25~1.5mm
导电用无缝圆形铜管	直管：外径为5~159mm，壁厚为0.5~25mm，长度为1500~7500mm
	盘管：外径为5~22mm，壁厚为0.5~6mm，长度>7500mm
冰箱用高清洁度铜管	外径为3.8~20mm，壁厚为0.25~1.5mm，长度为400~10000mm
铜及铜合金波导管	矩形管：4.775mm×2.388mm~165.1mm×82.55mm 中等扁矩形管：22.85mm×5mm~165.1mm×41.3mm 扁矩形管：22.86mm×5mm~109.2mm×13.1mm 方形管：15mm×15mm~48mm×48mm

3.4.9　电器用铜板、带、条的规格有哪些？

电器用铜板、带、条的规格见表3-38。

表3-38　电器用铜板、带、条的规格

牌　号	供应状态	形状	规格 厚度/mm	规格 宽度/mm	规格 长度/mm
导电用铜板和条					
T2、TU2、TU3	热轧（M20） 热轧+再轧（M25）	板	4~100	50~650	<12000
	软（O60） 1/2硬（H02） 硬（H04）		4~20		
	热轧（M20） 热轧+再轧（M25）	条	10~60	10~400	≤12000
	软（O60） 1/2硬（H02） 硬（H04）		3~30		
电真空器件用无氧铜板和带					
TU00 TU0	软（O60） 1/2硬（H02）、硬（H04）	板	0.4~10.0	200~1000	1000~3000
TU1	软（O60）、1/4硬（H01） 1/2硬（H02）、硬（H04）	带	0.05~6.0	≤1000	—

3.4.10 专用铜带的规格有哪些？

专用铜带的规格见表3-39。

表3-39 专用铜带的规格

名称	规格
散热器水室和主片用黄铜带	厚度为0.5～1.2mm，宽度为50～600mm
散热器冷却管专用黄铜带	厚度为0.08～0.18mm，宽度为20～100mm
电工用铜带	宽边标称尺寸为9.00～100.00mm，窄边标称尺寸为0.80～3.55mm
电缆用铜带	厚度为0.07～0.80mm，宽度为15～305mm
变压器用铜带	厚度为0.10～0.50mm时，宽度≤600mm；厚度为0.50～2.5mm时，宽度≤1000mm

3.4.11 铜及铜合金线的规格有哪些？

铜及铜合金线的规格见表3-40。

表3-40 铜及铜合金线的规格 （单位：mm）

名称	规格
电工用圆铜线	软圆铜线（TR）和硬圆铜线（TY）的规格为0.020，0.100，0.200，0.290，0.300，0.380，0.480，0.570，0.660，0.750，0.850，0.940，1.03，1.12，1.22，1.31，1.41，1.50，1.56，1.60，1.70，1.76，1.83，1.90，2.00，2.12，2.24，2.36，2.50，2.62，2.65，2.73，2.80，2.85，3.00，3.15，3.35，3.55，3.75，4.00，4.25，4.50，4.75，5.00，5.30，5.60，6.00，6.30，6.70，7.10，7.50，8.00，8.50，9.00，9.50，10.00，10.60，11.20，11.80，12.50，13.20，14.00；特硬圆铜线（TYT）的规格为1.50～5.00
镀锡圆铜线	镀锡软圆铜线（TXR）的规格为0.05～4.0 可焊镀锡软圆铜线（TXRH）的规格为0.20～1.20
镀镍圆铜线	直径：0.05，0.07，0.08，0.10，0.12，0.14，0.15，0.16，0.18，0.20，0.23，0.26，0.28，0.32，0.35，0.37，0.39，0.41，0.45，0.50，0.53，0.56，0.60，0.63，0.67，0.71，0.75，0.80，0.85，0.90，1.00，1.05，1.10，1.15，1.20，1.30，1.40，1.50，1.60，1.70，1.80，1.90，2.00，2.30，2.60，2.90，3.26

3.4.12 铜及铜合金扁线的规格有哪些？

铜及铜合金扁线的规格见表3-41。

表3-41 铜及铜合金扁线的规格

牌号	状态	厚度×宽度
T2、TU1、TP2	软（M）、硬（Y）	(0.5～6.0) mm×(0.5～15.0) mm
H62、H65、H68、H70、H80、H85、H90B	软（M）、半硬（Y_2）、硬（Y）	
HPb59-3、HPb62-3	半硬（Y_2）	
HBi60-1.3、HSb60-0.9、HSb61-0.8-0.5	半硬（Y_2）	

（续）

牌　　号	状　　态	厚度×宽度
QSn6.5-0.1、QSn6.5-0.4、QSn7-0.2、QSn5-0.2	软（M）、半硬（Y_2）、硬（Y）	（0.5~6.0）mm×（0.5~12.0）mm
QSn4-3、QSi3-1	硬（Y）	

3.5　其他金属材料

3.5.1　镁及镁合金板、带材的规格有哪些？

镁及镁合金板、带材的规格见表3-42。

表3-42　镁及镁合金板、带材的规格

牌　　号	状　　态	规　　格		
		厚度/mm	宽度/mm	长度/mm
Mg99.00	H18	0.20	3.0~6.0	≥100
M2M	O	0.80~10.00	400~1200	1000~3500
AZ40M	H112、F	>8.00~70.00	400~1200	1000~3500
AZ41M	H18、O	0.40~2.00	≤1000	≤2000
	O	>2.00~10.00	400~1200	1000~3500
	H112、F	>8.00~70.00	400~1200	1000~2000
AZ31B	H24	>0.40~2.00	≤600	<2000
		>2.00~4.00	≤1000	≤2000
		>8.00~32.00	400~1200	1000~3500
		>32.00~70.00	400~1200	1000~2000
AZ31B	H26	6.30~50.00	400~1200	1000~2000
	O	>0.40~1.00	≤600	≤2000
		>1.00~8.00	≤1000	≤2000
		>8.00~70.00	400~1200	1000~2000
	H112F	>8.00~70.00	400~1200	1000~2000
ME20M	H18、O	0.40~0.80	≤1000	≤2000
	H24、O	>0.80~10.00	400~1200	1000~3500
	H112.F	>8.00~32.00	400~1200	1000~3500
		>32.00~70.00	400~1200	1000~2000

3.5.2　镁合金热挤压棒的规格有哪些？

镁合金热挤压棒的等级有A、B、C三个等级，A级直径规格为5.00~80.00mm；B级直径规格为5.00~120.00mm；C级直径规格为10.00~300.00mm。

3.5.3 镍及镍合金板材的牌号有哪些？其规格有哪些？

热轧镍合金矩形板材的牌号：N4、N5（NW2201，N02201）、N6、N7（NW2200、N02200）、NSi0.19、NMg0.1、NW4-0.15、NW4-0.1、NW4-0.07、DN、NCu28-2.5-1.5、NCu30（NW4400、N04400）、NS1101（N08800）、NS1102（N08810）、NS1402（N08825）、NS3304（N10276）、NS3102（NW6600、N06600）、NS3306（N06625）。镍及镍合金板材的规格见表3-43。

表3-43 镍及镍合金板材的规格

制造方法	状态	规格	
		矩形板（厚度×宽度×长度）	圆形板（厚度×直径）
热轧	热加工态（R） 软态（M） 固溶退火态（ST）	(4.1～100.0) mm ×(50～3000) mm ×(500～4500) mm	(4.1～100.0) mm ×(50～3000) mm
冷轧	冷加工态（Y） 半硬态（Y_2） 软态（M） 固溶退火态（ST）	(0.1～4.0) mm ×(50～1500) mm ×(500～4000) mm	(0.5～4.0) mm ×(50～1500) mm

3.5.4 电真空器件用镍及镍合金材料的规格有哪些？

电真空器件用镍及镍合金材料的规格见表3-44。

表3-44 电真空器件用镍及镍合金材料的规格

名称	规格					
薄壁管	直径为0.40～5.00mm；壁厚为0.05mm、0.07mm、0.10mm、0.15mm、0.20mm、0.25mm；长度为200mm～2500mm					
丝	直径为0.10～4.00mm					
带	厚度/mm	宽度/mm	长度/mm	厚度/mm	宽度/mm	长度/mm
	0.05～0.09	60～100	≥1000	0.40～0.60	60～100	≥1500
	0.10～0.15		≥3000	0.61～2.00		≥1000
	0.16～0.39		≥2500	—		—
板带材	厚度为0.05～3.00mm，宽度<75～300mm					
棒材	外径为5～35mm					

3.5.5 镍及镍合金焊条的规格有哪些？

镍及镍合金焊条的规格：直径为2.0mm、2.5mm时，焊条长度为230～300mm；焊条的直径为3.2mm、4.0mm、5.0mm时，焊条长度为250～350mm。

第4章

测量工具

测量工具包括量尺、卡尺和千分尺，量具和量规，量块及样板，指示量表和仪具等。

4.1 量尺类

4.1.1 常用的钢直尺有哪几种？各有什么用途？

钢直尺是用不锈钢制成的，其规格（标称长度）有150mm、300mm、500mm、600mm、1000mm和2000mm六种。尺面上刻线间距一般为1mm，但在1~50mm一段内刻线间距为0.5mm（是钢直尺的最小刻度）。有的背面还刻有米制、寸制换算表。

钢直尺可以用来测量工件的长度、宽度、高度和深度，有时还可用来对一些要求较低的工件表面进行平面度误差检测。由于钢直尺刻度线本身宽度就有0.1~0.2mm，再加上钢直尺本身的刻度误差，所以用钢直尺测量出的数值误差比较大，而且1mm以下的小数值只能靠估计得出，不能用作精确的测定。

4.1.2 常用的卷尺分哪几种？

卷尺分钢卷尺和塑料纤维卷尺，是测量长距离或较长工件尺寸的常用量具。钢卷尺可分为自卷式、制动式以及摇卷架式、摇卷盒式。自卷式、制动式卷尺的标称长度有1m、2m、3 m、3.5 m、5m、10m六种；摇卷架式、摇卷盒式卷尺的标称长度有5m、10m、15 m、20m、30m、50m和100m七种。塑料纤维卷尺的标称长度同摇卷架式、摇卷盒式卷尺。

4.1.3 什么是内、外卡钳？各有什么用途？

卡钳（图4-1）是最简单的比较量具。外卡钳是用来测量外径和厚度等平面尺寸的，内卡钳是用来测量内径和凹槽的。它们本身都不能直接读出测量结果，而是把测得的长度尺寸（含直径），在钢直尺上进行读数，或在钢直尺上先取下所需尺寸，再去检验零件的直径是否符合要求。

卡钳的规格（全长）：100mm、125mm、150mm、200mm、250mm、300mm、350mm、400mm、450mm、500mm、600mm。

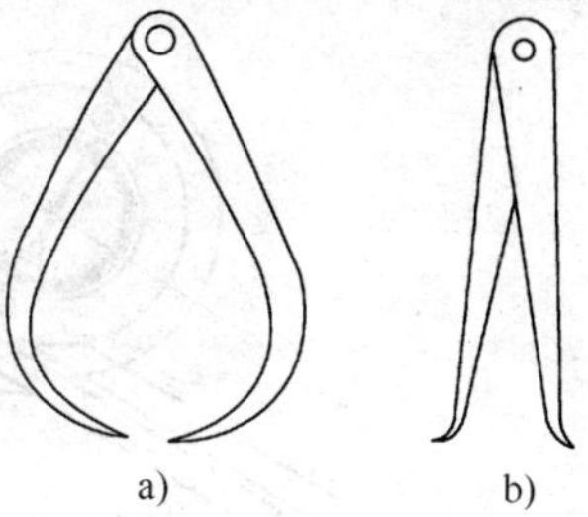

图4-1 卡钳

a）外卡钳 b）内卡钳

4.1.4　什么是线纹尺？常见线纹尺的规格有哪些？

线纹尺是用金属或玻璃制成的、表面上准确地刻有等间距平行线的长度测量和定位元件，也称刻线尺。线纹尺的刻线间距一般为 1mm 或 0.1mm。金属线纹尺一般采用铁镍合金制造（也有采用不锈钢制造的，或在钢的基体上镀镍或镀铬）。玻璃线纹尺一般采用与金属线膨胀系数接近的光学玻璃制造。

线纹尺可分为基准线纹尺、标准线纹尺和工作线纹尺，前两者用于长度计量，后者用于测长机、万能工具显微镜、万能测量机等长度测量工具中作为测量元件；在坐标镗床、坐标磨床等精密机床中作为定位元件；线纹尺用于测量或定位时，要和读数显微镜、光学读数头或光电显微镜等配套使用。

在机械制造中，常见的线纹尺规格有 100mm、200mm、300mm、500mm 和 1000mm 几种。基准线纹尺的允许检定误差为 ±0.2μm/1000mm。1m 内 1、2、3 等标准金属线纹尺的允许检定误差分别为 $\pm(0.1+0.4L)$μm、$\pm(0.2+0.8L)$μm 和 $\pm(0.5+1.0L)$μm；1m 内 1、2 等标准玻璃线纹尺的允许检定误差分别为 $\pm(0.1+0.5L)$μm 和 $\pm(0.2+1.5L)$μm。其中，L 为被检测线纹的距离（m）。工作线纹尺的刻线精度可达 ±1μm/1000mm 或更高。

4.1.5　万能角度尺的用途有哪些？它有哪些种类和规格？

万能角度尺是用于测量精密工件的内、外角度或进行角度划线的工具，其规格见表 4-1。

表 4-1　万能角度尺的规格

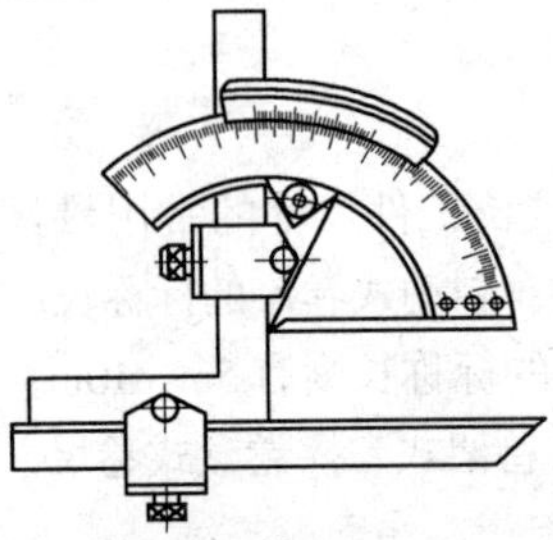
Ⅰ型

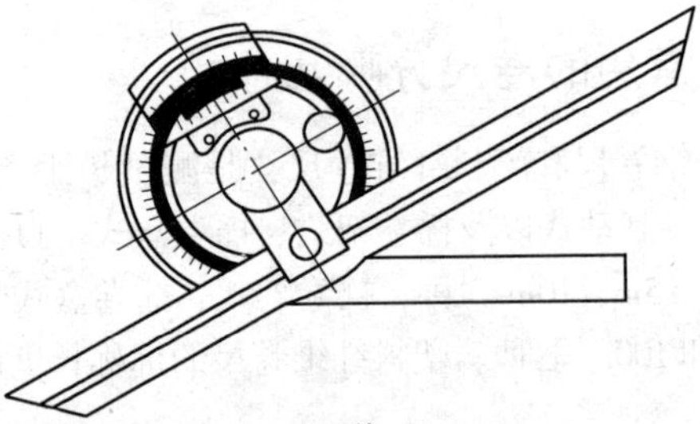
Ⅱ型

游标万能角度尺

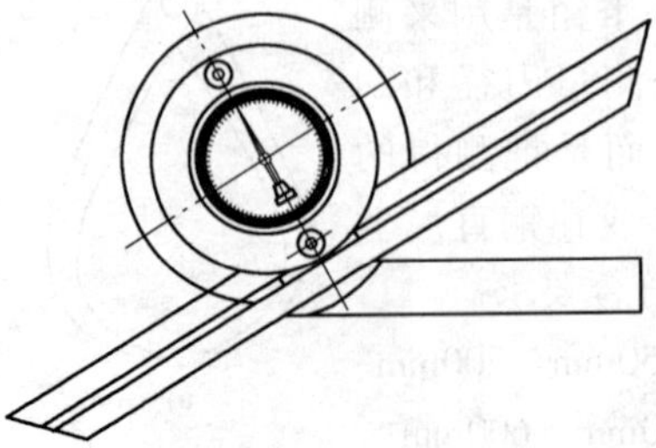
带表万能角度尺

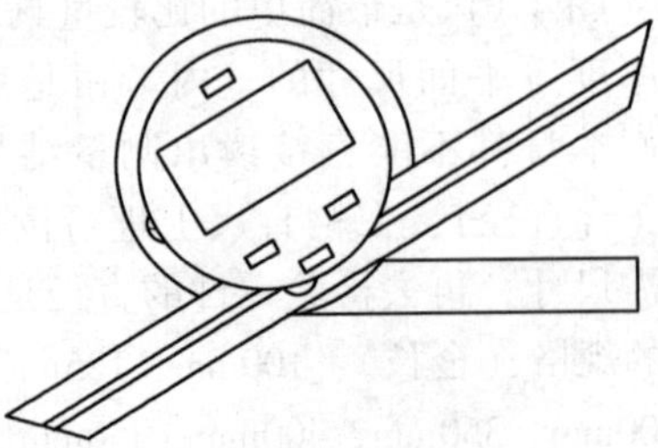
数显万能角度尺

（续）

<table>
<tr><th colspan="2" rowspan="2">型　式</th><th rowspan="2">测量范围</th><th>直尺测量面</th><th>基尺测量面</th><th>附加测量面</th></tr>
<tr><th colspan="3">公称长度/mm</th></tr>
<tr><td rowspan="2">游标万能角度尺</td><td>Ⅰ型</td><td>0°～320°</td><td>≥150</td><td rowspan="4">≥50</td><td>—</td></tr>
<tr><td>Ⅱ型</td><td rowspan="3">0°～360°</td><td rowspan="3">150 或
200 或
300</td><td rowspan="3">≥70</td></tr>
<tr><td colspan="2">带表万能角度尺</td></tr>
<tr><td colspan="2">数显万能角度尺</td></tr>
</table>

4.2 卡尺和千分尺

4.2.1 卡尺一般有哪几种？其用途是什么？

卡尺按用途分，有长度游标卡尺、高度卡尺、深度游标卡尺和齿厚卡尺。

1）长度游标卡尺，用于测量工件外形尺寸（长度、宽度、高度、深度）和孔距等，分为Ⅰ型、Ⅱ型、Ⅲ型、Ⅳ型和Ⅴ型五种。

2）高度卡尺，是用于测量物体高度的卡尺，广泛应用于机械加工中的高度测量、划线等。它包括单柱带手轮数显高度卡尺、带表双柱高度卡尺、游标高度卡尺、数显高度卡尺、双柱数显高度尺、带表高度尺以及数显高度尺等。

3）深度游标卡尺，用于测量凹槽或孔的深度、梯形工件的梯层高度、长度等尺寸。

4）齿厚卡尺是利用游标原理，以齿高尺定位，对齿厚尺两个测量爪相对移动分隔的距离进行读数的齿厚测量工具。

4.2.2 卡尺的读数方式有哪几种？其原理是什么？

卡尺的读数方式有游标型、带表型和数显型三种，现以长度卡尺为例说明其读数原理。

1）游标读数（图4-2a）。测量时，量值的整数部分从尺身上读出，小数部分从游标尺上读出（利用尺身上的刻线间距和游标尺上的线距之差）。最小分度值有0.02mm、0.05mm和0.1mm三种。

2）带表读数（图4-2b）。以精密齿条、齿轮的齿距作为已知长度，以带有相应分度的指示表作为放大、细分和指示部分的长度测量工具。常见的最小分度值有0.01mm和0.02mm两种。

3）数显读数（图4-2c）。采用容栅、磁栅等测量系统，以数字显示测量示值，读数直观、清晰，测量效率较高。常用的分辨力为0.01mm，允许误差为±0.03mm/150mm。也有分辨力为0.005mm的高精度数显卡尺，允许误差为±0.015mm/150mm。还有分辨力为0.001mm的多用途数显千分卡尺，允许误差为±0.005mm/150mm。

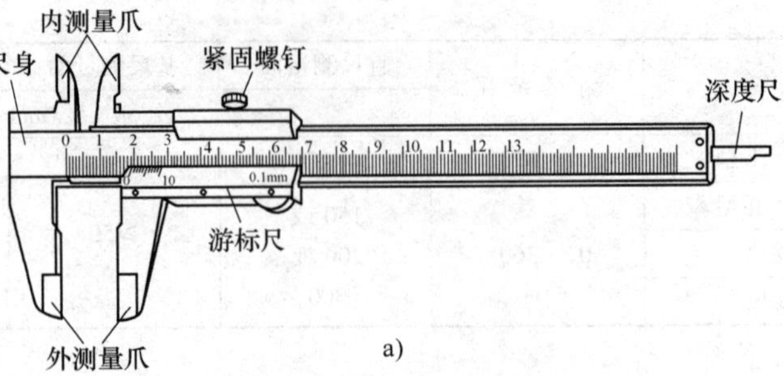

a)

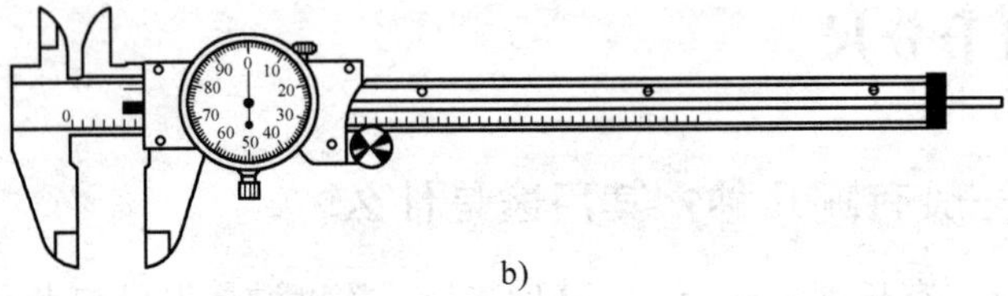
b)

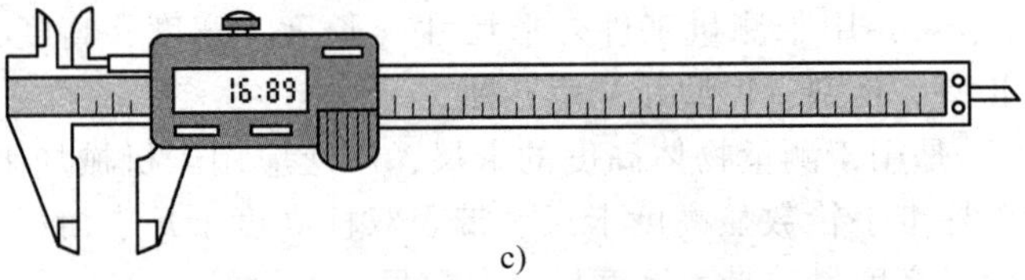

c)

图 4-2 卡尺的读数方式
a）游标卡尺 b）带表卡尺 c）数显卡尺

4.2.3 卡尺的规格有哪些？

游标卡尺、带表卡尺和电子数显卡尺的测量范围：0 ~ 70mm，0 ~ 150mm，0 ~ 200mm，0 ~ 300mm，0 ~ 500mm，0 ~ 1000mm，0 ~ 1500mm，0 ~ 2000mm，0 ~ 2500mm，0 ~ 3000mm，0 ~ 3500mm，0 ~ 4000mm。游标卡尺分度值为 0.02mm、0.05mm 和 0.10mm；带表卡尺分度值为 0.01mm、0.02mm 和 0.05mm；数显卡尺分度值为 0.01mm。

4.2.4 游标卡尺的读数原理是什么？

游标卡尺的读数机构由尺身和游标两部分组成，当活动量爪与固定量爪贴合时，游标上的“0”刻线（简称游标零线）对准尺身上的“0”刻线，此时量爪间的距离为“0”。当尺框向右移动到某一位置时，固定量爪与活动量爪之间的距离就是零件的测量尺寸。此时零件尺寸的整数部分，可在游标零线左边的尺身刻线上读出来，而比 1mm 小的小数部分，可借助游标读数机构来读出。

4.2.5 分度值为 0.1mm 的游标卡尺怎样读数？

如图 4-3a 所示，尺身刻线间距为 1mm，当游标零线与尺身零线对准（两测量爪合并）时，游标上的第10根刻线正好指向等于尺身上的9mm，而游标上的其他刻线都不会与尺身上任何一条刻线对准；游标每格间距 = 9mm ÷ 10 = 0.9mm；尺身每格间距与游标每格间距相差 = 1mm - 0.9mm = 0.1mm；0.1mm 即为此游标卡尺上游标所读出的最小数值，再也不能读出比0.1mm 小的数值。

当游标向右移动0.1mm 时，则游标零线后的第1根刻线与尺身刻线对准。当游标向右移动0.2mm 时，则游标零线后的第2根刻线与尺身刻线对准，依次类推。若游标向右移动0.5mm，如图4-3b 所示，则游标上的第5根刻线与尺身刻线对准。由此可知，游标向右移动不足1mm 的距离，虽不能直接从尺身上读出，但可以由游标的某一根刻线与尺身刻线对准时，该游标刻线的次序数乘其读数值而读出其小数值。例如，图4-3b 所示的尺寸即为 5 × 0.1mm = 0.5mm。

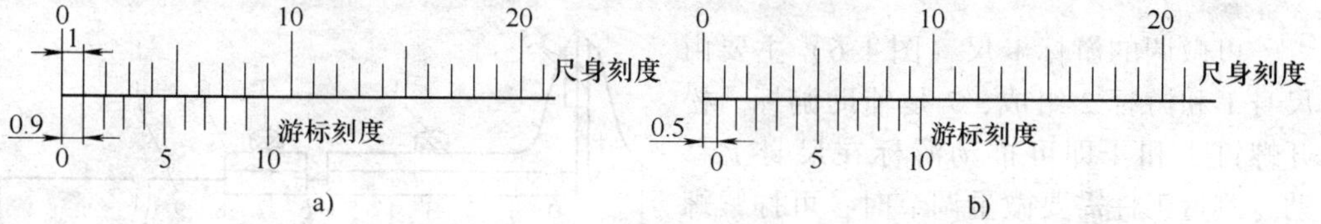

图4-3　分度值为0.1mm 的游标卡尺的读数

4.2.6　分度值为0.05mm 的游标卡尺怎样读数？

图4-4a 中，尺身每小格间距为1mm，当两测量爪合并时，游标上的20格刚好等于尺身上的39mm，则游标每格间距为 39mm ÷ 20 = 1.95mm；尺身2格间距与游标1格间距相差 = 2mm - 1.95mm = 0.05mm；0.05mm 即为此种游标卡尺的最小读数值。同理，也有游标上的20格刚好等于尺身上的19mm 的游标卡尺，其读数原理不变。

图4-4b 中，游标零线在32mm 与33mm 之间，游标上的第11格刻线与尺身刻线对准。所以，被测尺寸的整数部分为32mm，小数部分为 11 × 0.05mm = 0.55mm，被测尺寸为 32mm + 0.55mm = 32.55mm。

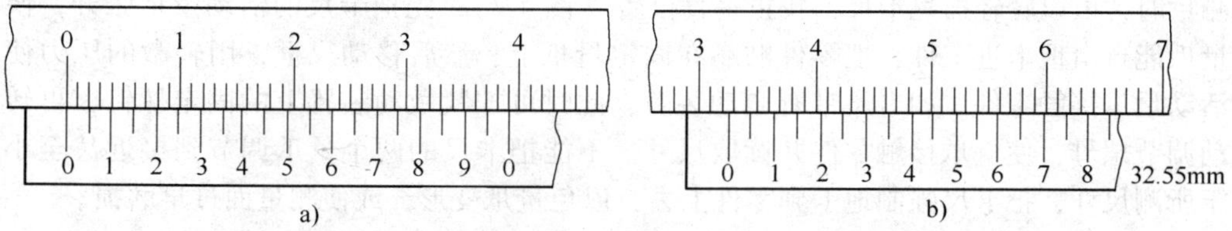

图4-4　分度值为0.05mm 的游标卡尺的读数

4.2.7　分度值为0.02mm 的游标卡尺怎样读数？

图4-5a 中，尺身每小格间距为1mm，当两测量爪合并时，游标上的50格刚好等于尺身上的49mm，则游标每格间距为 49mm ÷ 50 = 0.98mm；尺身每格间距与游标每格间距相差 = 1mm - 0.98mm = 0.02mm；0.02mm 即为此种游标卡尺的最小读数值。

图4-5b 中，游标零线在123mm 与124mm 之间，游标上的11格刻线与尺身刻线对

准。所以，被测尺寸的整数部分为123mm，小数部分为11 ×0.02mm = 0.22mm，被测尺寸为123mm + 0.22mm = 123.22mm。

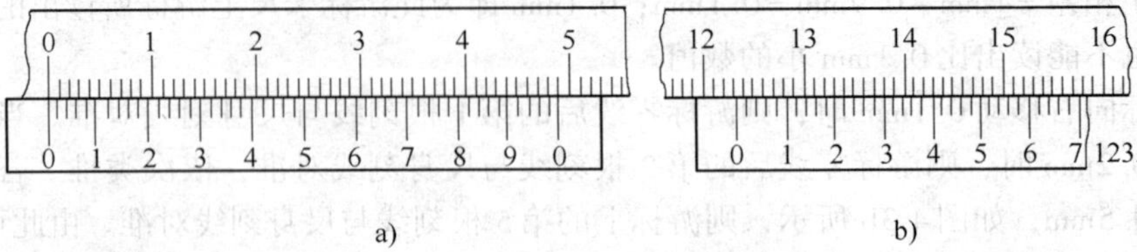

图4-5　分度值为0.02mm的游标卡尺的读数

4.2.8　可微调的游标卡尺有哪些组成部分?

可微调的游标卡尺（图4-6）主要由尺身1和游标2组成，7是辅助游标。松开螺钉3和4即可推动游标在尺身上移动。测量工件需要微量调节时，可拧紧螺钉3，松开螺钉4，旋动微调螺母8，通过小螺杆9使辅助游标7微动。量得尺寸后，拧紧螺钉4，使辅助游标位置固定，然后读数。游标卡尺上量爪5做成尖形，可用来测量齿轮公法线长度和孔距尺寸，下量爪6做成平圆形，外侧面用来测量内孔和沟槽。

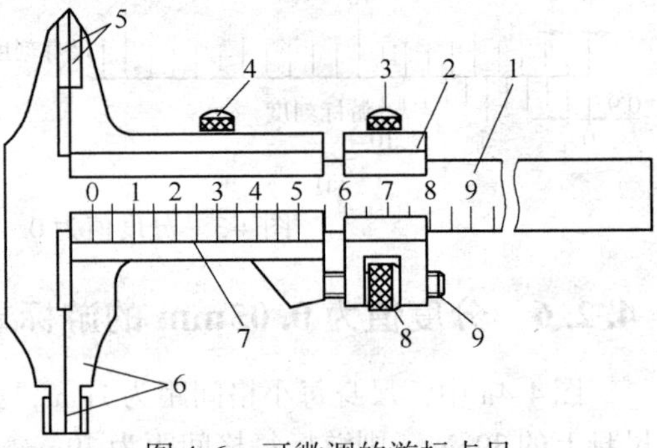

图4-6　可微调的游标卡尺

1—尺身　2—游标　3、4—螺钉　5—上量爪　6—下量爪　7—辅助游标　8—微调螺母　9—小螺杆

4.2.9　如何用游标卡尺测量零件的外尺寸?

当测量零件的外尺寸时，卡尺两测量面的连线应垂直于被测量表面，不能歪斜。测量时，可以轻轻摇晃卡尺，找正垂直位置（图4-7）；先把卡尺的活动量爪张开，使量爪能自由地卡进工件，把零件贴靠在固定量爪上，然后移动尺框，用轻微的压力使活动量爪接触零件。如卡尺带有微动装置，此时可拧紧微动装置上的固定螺钉，再转动调节螺母，使量爪接触零件并读取尺寸。不能把卡尺的两个量爪调节到接近甚至小于所测尺寸，把卡尺强制地卡到零件上去，以免量爪变形，或使测量面过早磨损。

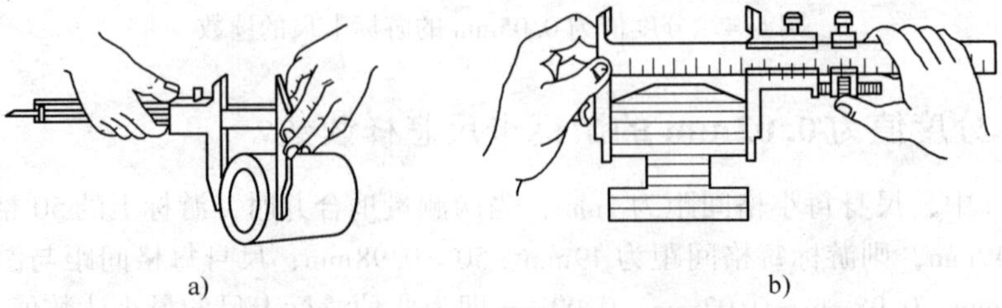

图4-7　用游标卡尺测量零件的外尺寸

a）测量圆形零件　b）测量平面零件

4.2.10 如何用游标卡尺测量零件的内尺寸？

当测量零件的内尺寸时，要使量爪分开的距离小于所测内尺寸（图4-8），进入零件内孔后，再慢慢张开量爪并使其轻轻接触零件内表面，用固定螺钉固定尺框后，轻轻取出卡尺来读数。取出卡尺时，用力要均匀，并使卡尺沿着孔的中心线方向滑出，不可歪斜，以免使量爪扭伤、变形和受到不必要的磨损，同时会使尺框移动，影响测量精度。卡尺两测量刃应在孔的直径方向上，不能偏歪。当量爪在错误位置时，其测量结果将比实际孔径要小。

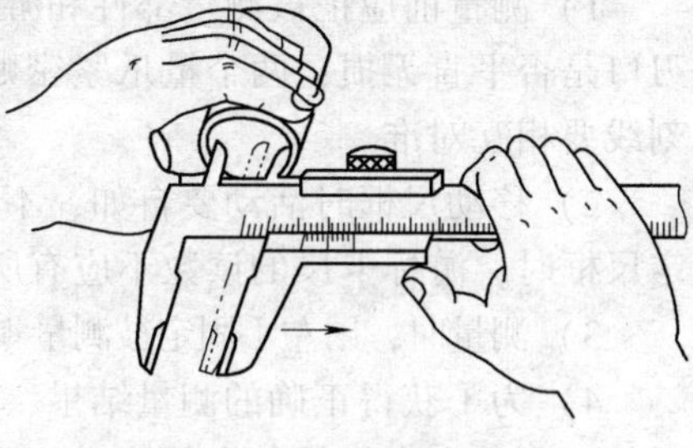

图4-8 测量零件的内尺寸

4.2.11 如何用游标卡尺测量沟槽的尺寸？

在测量圆弧形沟槽的尺寸时，应当用刃口形量爪进行测量，不应当用平面形测量刃进行测量（图4-9a）。

测量沟槽的宽度时，应当用量爪的平面测量刃进行测量，尽量避免用端部测量刃和刃口形量爪去测量外尺寸（图4-9b）。

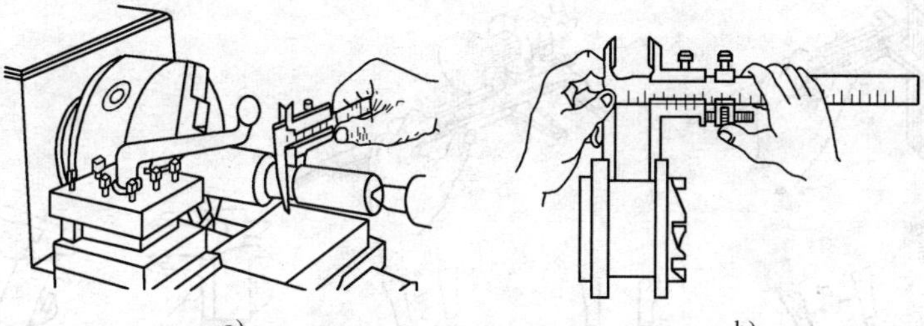

a) b)

图4-9 用游标卡尺测量沟槽的尺寸

a）测量圆弧形沟槽 b）测量沟槽的宽度

4.2.12 如何用游标卡尺测量孔中心线与侧平面之间的距离？

用游标卡尺测量孔中心线与侧平面之间的距离 L 时，先要用游标卡尺测量出孔的直径 D，再用刃口形量爪测量孔的壁面与零件侧面之间的最短距离（图4-10）。此时，游标卡尺应垂直于侧平面，且要找到它的最小尺寸，读出游标卡尺的读数 A，则孔中心线与侧平面之间的距离 $L = A + 0.5D$。

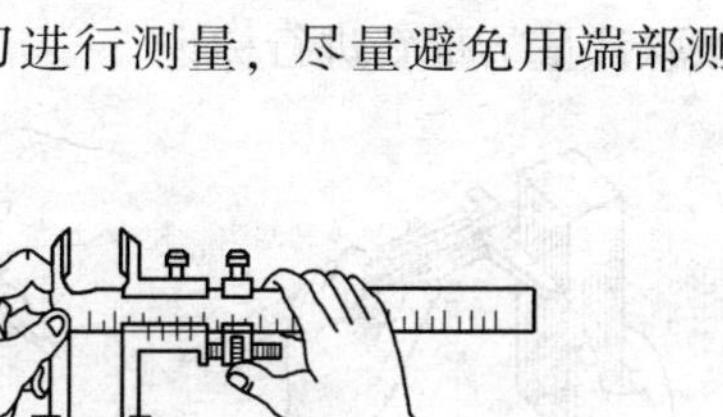

图4-10 用游标卡尺测量孔中心线与侧平面之间的距离

4.2.13　使用游标卡尺时有哪些注意事项？

1）测量前应把被测量部件和游标卡尺擦干净。检查游标卡尺的两个测量面和测量刃口是否平直无损；两个量爪紧密贴合时，应无明显的间隙，同时游标和尺身的零位刻线要相互对准。

2）移动尺框时活动要自如，不应过松或过紧，更不能有晃动现象。用固定螺钉固定尺框时，游标卡尺的读数不应有所改变。在移动尺框时，不要忘记松开固定螺钉。

3）测量时，用左手固定被测量零件，不得来回晃动，右手把握好测量姿势（图 4-11）。

4）为了获得正确的测量结果，可在零件的同一截面的不同方向多测几次。对较长零件，则应在全长的各个部位进行测量，取其平均值。

5）测量零件时，所用压力应使两个量爪刚好接触零件表面，不允许过分地施加压力，以免量爪弯曲、磨损或产生弹性变形。

6）读数时，应保持游标卡尺水平，朝着亮光的方向，使人的视线尽可能和游标卡尺的刻线表面垂直，以免造成人为的读数误差。

7）使用过程中要轻拿轻放，严禁将游标卡尺随意乱扔，影响其性能。

8）计量标签为计量检定/校准的标识，使用时应注意保护，如有损坏应立即通知车间兼职计量员重新进行标识。

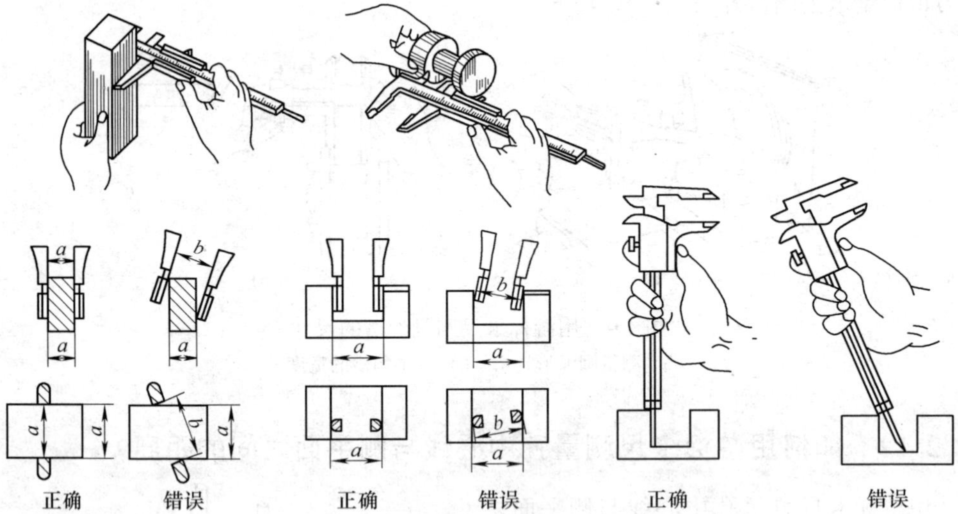

图 4-11　左右手的测量姿势

4.2.14　高度卡尺的规格有哪些？

游标高度卡尺、带表高度卡尺和数显高度卡尺的规格为 0 ~ 150mm、>150 ~ 400mm、>400 ~ 600mm、>600 ~ 1000mm 四种，分度值/分辨力为 0.01mm、0.02mm、0.05mm、0.10mm。高度卡尺的测量最大允许误差见表 4-2。

表4-2 高度卡尺的测量最大允许误差

测量范围上限/mm	最大允许误差/mm					
	分度值/分辨力					
	0.01、0.02		0.05		0.10	
	计算公式	计算值	计算公式	计算值	计算公式	计算值
150	±(20+0.05L)μm	±0.03	±(40+0.06L)μm	±0.05	±(50+0.1L)μm	±0.10
200		±0.03		±0.05		
300		±0.04		±0.06		
500		±0.05		±0.07		
1000		±0.07		±0.10		±0.15

注：表中最大允许误差计算公式中的L为测量范围上限值，以mm计。计算结果应四舍五入到10μm，且其值不得小于数字级差（分辨力）或游标刻线间距。

4.2.15 什么是游标深度卡尺？其结构有什么特点？它有哪些常用规格？

游标深度卡尺用于测量零件的深度、台阶高低和槽的深度，分为Ⅰ型（无钩）、Ⅱ型（单钩）、Ⅲ型（双钩）三种（图4-12），其读数方法和长度游标卡尺完全一样。

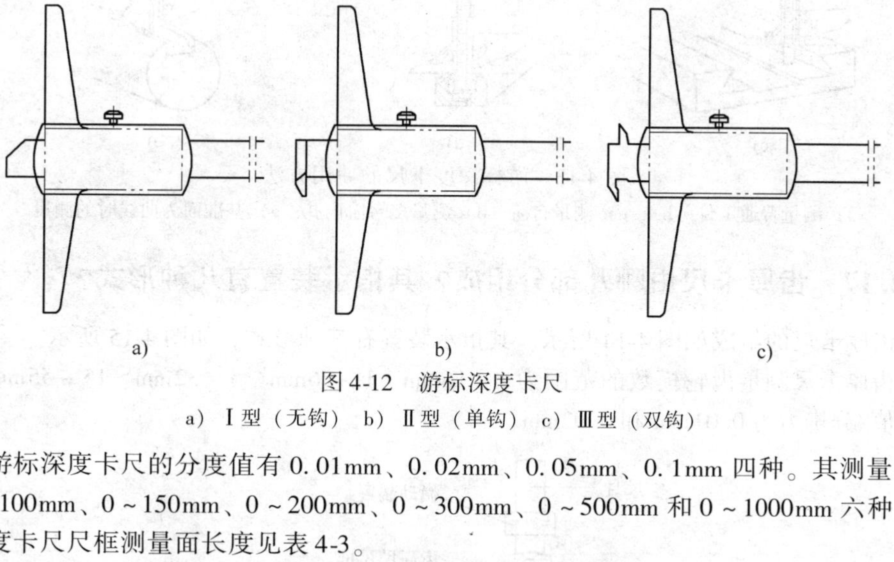

a) b) c)

图4-12 游标深度卡尺

a）Ⅰ型（无钩） b）Ⅱ型（单钩） c）Ⅲ型（双钩）

游标深度卡尺的分度值有0.01mm、0.02mm、0.05mm、0.1mm四种。其测量范围有0～100mm、0～150mm、0～200mm、0～300mm、0～500mm和0～1000mm六种。游标深度卡尺尺框测量面长度见表4-3。

表4-3 游标深度卡尺尺框测量面长度 （单位：mm）

测量范围	尺框测量面长度	测量范围	尺框测量面长度
0～100，0～150	80	0～500	120
0～200，0～300	100	0～1000	150

4.2.16 如何使用游标深度卡尺？

测量普通工件时，先把测量基座轻轻压在工件的基准面上，两个端面必须接触工件的基准面（图4-13a）。

测量轴类等台阶时，测量基座的端面一定要压紧在基准面上（图4-13b、c），再移动尺身，直到尺身的端面接触到工件的测量面（台阶面）上，然后用紧固螺钉固定尺框，提起卡尺，读出深度尺寸。

测量多台阶小直径的内孔深度时，要注意尺身的端面是否在要测量的台阶上（图4-13d）。

测量基准面是曲线的工件时（图4-13e），基座的端面必须放在曲线的最高点上，测量出的深度尺寸才是工件的实际尺寸，否则会有测量误差。

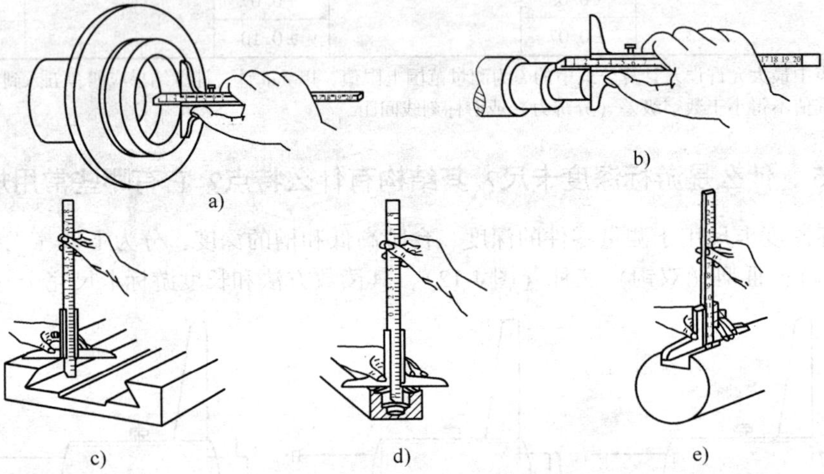

图4-13　游标深度卡尺的使用方法

a）测量普通工件　b）、c）测量台阶　d）测量多台阶内孔　e）基准面为曲线时的测量

4.2.17　齿厚卡尺由哪几部分组成？其指示装置有几种形式？

齿厚卡尺的组成如图4-14所示。其指示装置有三种形式，如图4-15所示。

齿厚卡尺测量齿轮模数的范围为1～16mm、1～26mm、5～32mm、15～55mm，其分度值/分辨力为0.01mm和0.02mm。

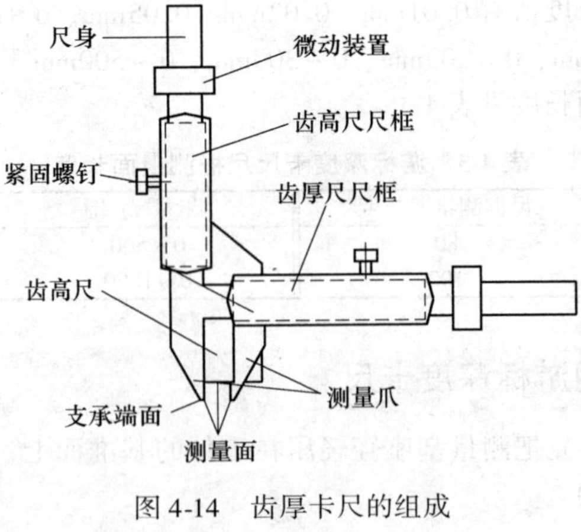

图4-14　齿厚卡尺的组成

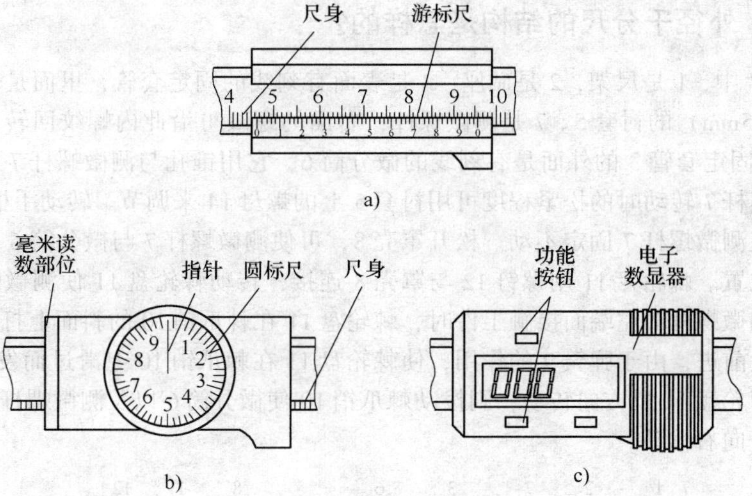

图4-15　齿厚卡尺的指示装置

a）游标齿厚卡尺　b）带表齿厚卡尺　c）数显齿厚卡尺

4.2.18　千分尺有哪几类?

千分尺按测量对象可分为外径千分尺、内径千分尺、深度千分尺、壁厚千分尺、杠杆千分尺、螺纹千分尺、公法线千分尺等；按读数方式可分为机械式千分尺和数显千分尺两类。

1）机械式千分尺是利用精密螺纹副原理测量长度的手携式通用长度测量工具。改变千分尺测量面形状和尺架等，就可以制成不同用途的千分尺，如图4-16所示。

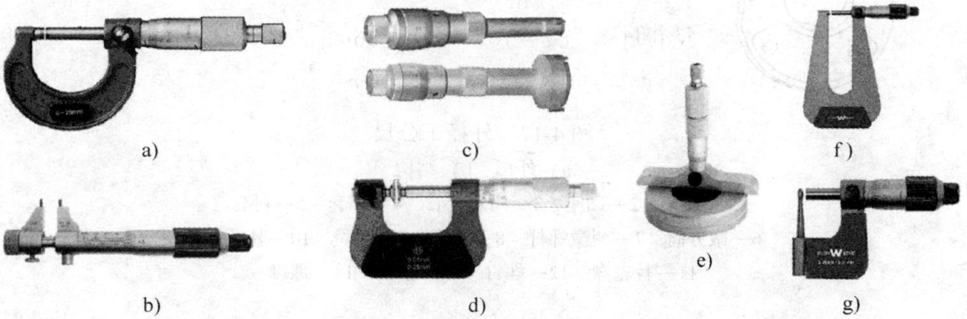

图4-16　机械式千分尺

a）外径千分尺　b）内测千分尺　c）内径千分尺　d）公法线千分尺

e）深度千分尺　f）深弓千分尺　g）壁厚千分尺

2）数显千分尺也叫电子千分尺，其测量系统中应用了光栅测长技术和集成电路等。

4.2.19　外径千分尺的结构是怎样的？

图 4-17 中，1 是尺架，2 是砧座，3 是表面有刻线的固定套管，里面是带有内螺纹（螺距为 0.5mm）的衬套 5。7 是测微螺杆，右面的螺纹可沿此内螺纹回转，并用轴套 4 定心。在固定套管 3 的外面是有刻线的微分筒 6，它用锥孔与测微螺杆 7 右端锥体相连。测微螺杆 7 转动时的松紧程度可用衬套 5 上的螺母 14 来调节。转动手柄 13 通过偏心锁紧可使测微螺杆 7 固定不动。松开罩壳 8，可使测微螺杆 7 与微分筒 6 分离，以便调整零线位置。棘轮盘 11 用螺钉 12 与罩壳 8 连接，转动棘轮盘 11 使测微螺杆 7 产生移动，当测微螺杆 7 左端面接触工件时，棘轮盘 11 在棘爪销 10 的斜面上打滑，测微螺杆 7 就停止前进，由于弹簧 9 的作用，使棘轮盘 11 在棘爪销 10 上滑过而发出“嗒嗒”声。如果棘轮盘 11 反方向转动，则拨动棘爪销 10 使微分筒 6 以及测微螺杆 7 转动，可使测微螺杆向右移动。

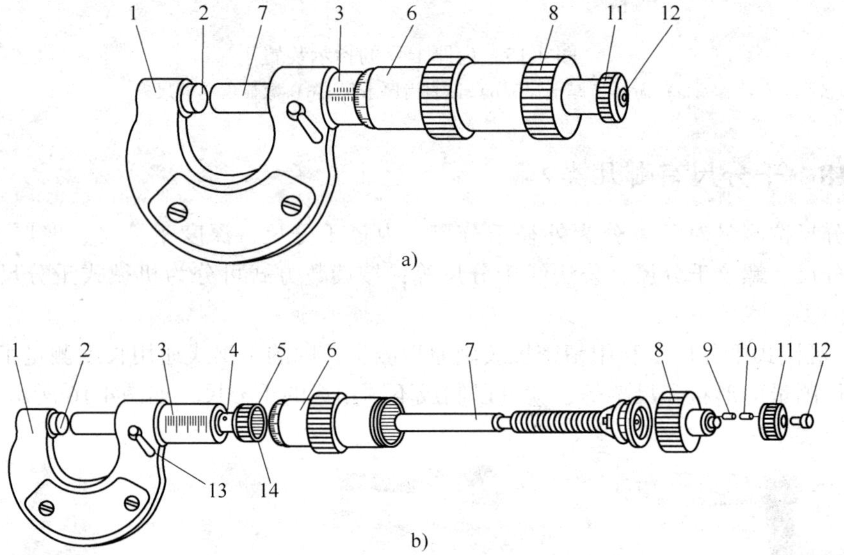

图 4-17　外径千分尺

a）外形　b）结构

1—尺架　2—砧座　3—固定套管　4—轴套　5—衬套

6—微分筒　7—测微螺杆　8—罩壳　9—弹簧　10—棘爪销

11—棘轮盘　12—螺钉　13—手柄　14—螺母

4.2.20　外径千分尺的刻线原理是什么？其测量范围有哪些？

千分尺的分度值有 0.01mm、0.001mm、0.002mm 和 0.005mm。对分度值为 0.01mm 的千分尺而言，测微螺杆右端螺纹的螺距为 0.5mm，而微分筒前端圆锥面的圆周上共刻 50 格。因此，当微分筒转一周时，测微螺杆就移动 0.5mm；当微分筒转一格，测微螺杆就移动 0.01mm。其他分度值的千分尺的刻线原理与此类同。

千分尺的测量范围：0～25mm，25～50mm，50～75mm，75～100mm，100～125mm，125～150mm，150～175mm，175～200mm，200～225mm，225～250mm，250～275mm，275～300mm，300～325mm，325～350mm，350～375mm，375～400mm，400～425mm，425～450mm，450～475mm，475～500mm，500～600mm，600～700mm，700～800mm，800～900mm，900～1000mm。

大外径千分尺（JB/T10007—2012）的测量范围，测砧可调式：1000～1100mm，1100～1200mm，1000～1200mm，1200～1300mm，1300～1400mm，1200～1400mm，1400～1500mm，1500～1600mm，1400～1600mm，1600～1700mm，1700～1800mm，1600～1800mm，1800～1900mm，1900～2000mm，1800～2000mm，2000～2200mm，2200～2400mm，2400～2600mm，2600～2800mm，2800～3000mm；带表可调式：1000～1500mm，1500～2000mm，2000～2500mm，2500～3000mm。

4.2.21 两点内径千分尺有几种型式和规格？

两点内径千分尺的型式和规格见表4-4。

表4-4 两点内径千分尺的型式和规格

型式	测量范围		分度值
普通式	50～250mm，50～600mm		0.01mm
	100～1225mm，100～1500mm，100～5000mm		
	150～1250mm，150～1400mm，150～2000mm，150～3000mm，150～4000mm，150～5000mm		
	250～2000mm，250～4000mm，250～5000mm		
	1000～3000mm，1000～4000mm，1000～5000mm		
	2500～5000mm		
Ⅰ型三爪式	6～14mm，2mm/挡 14～20mm，3mm/挡	20～40mm，5mm/挡 40～100mm，10mm/挡	0.01mm、0.001mm、0.002mm、0.005mm
Ⅱ型三爪式	3.5～6.5mm，1mm/挡 8～14mm，2mm/挡 14～20mm，3mm/挡	20～50mm，5mm/挡 50～100mm，10mm/挡 100～300mm，25mm/挡	

4.2.22 三爪内径千分尺有几种规格？

三爪内径千分尺的规格见表4-5。

表4-5 三爪内径千分尺的规格

测量范围/mm	数值间隔/mm	分度值/mm
6～8，8～10，10～12	2	0.010 0.005
11～14，14～17，17～20	3	
20～25，25～30，30～35，35～40	5	
40～50，50～60，60～70，70～80，80～90，90～100	10	

4.2.23 深度千分尺、壁厚千分尺和杠杆千分尺有几种规格？

深度千分尺、壁厚千分尺和杠杆千分尺的规格见表4-6。

表4-6 深度千分尺、壁厚千分尺和杠杆千分尺的规格

类别	测量范围/mm	分度值/mm
深度千分尺	0～25，0～50，0～100，0～150，0～200，0～250，0～300	0.01、0.001、0.002、0.005
壁厚千分尺	0～25，25～50	
杠杆千分尺	0～25，25～50，50～75，75～100	0.001、0.002

4.2.24 螺纹螺距千分尺和螺纹中径千分尺有几种规格？

螺纹螺距千分尺和螺纹中径千分尺的规格见表4-7。

表4-7 螺纹螺距千分尺和螺纹中径千分尺的规格

类别	测量范围/mm	分度值/mm
螺纹螺距千分尺	0～25（5线）：P=0.4～0.5，0.6～0.8，1～1.25，1.5～2，2.5～3.5	0.01
	25～50（5线）：P=0.6～0.8，1～1.25，1.5～2，2.5～3.5，4～6	
	50～75，75～100（4线）：P=1～1.25，1.5～2，2.5～3.5，4～6	
	100～125，125～150（3线）P=1.5～2，2.5～3.5，4～6	
螺纹中径千分尺	0～100，25mm/挡	0.01、0.001、0.002、0.005

注：表中P为螺距。

4.2.25 什么是高度规？其使用时应该注意什么？

高度规实际上是一种带表高度尺，可用来测量工件的外径、内径、高度和深度等，如图4-18所示。

图4-18 几种高度规

在使用高度规时必须注意以下事项：

1）测量前，用干净清洁的布反复擦拭保护膜表面，清洁底座和测量爪的工作面，检查测量爪是否有磨损。

2）清洁平台工作面，将高度尺置于其上，松开紧固螺钉，移动尺框，检查显示屏和各按键工作是否正常。

3）移动尺框时，活动要自如，不应过松或过紧，更不能有晃动现象。

4）测量时，用力要均匀，测力为3~5N，以保证测量的准确性。

5）高度尺的液晶显示处不可沾油、沾水。

6）测量零件时，零件上不能有异物，并在常温下测量。

7）使用时应轻拿轻放，避免测量爪被碰撞到，更不可掉到地上。

4.2.26 使用千分尺之前有哪些检查事项？

1）测量面上，不能有缺口和异物附着现象。

2）旋转棘轮，检查确认锭子移动顺利。

3）旋转棘轮移动锭子（图4-19），使基准面和锭子缓慢地接触，然后再空转棘轮2~3次，并检查确认基点（零点）正确。数显千分尺要进行复位（显示值为0.000）；刻度显示千分尺要确认主轴零点和副轴零点重合（否则要调整千分尺主轴）。

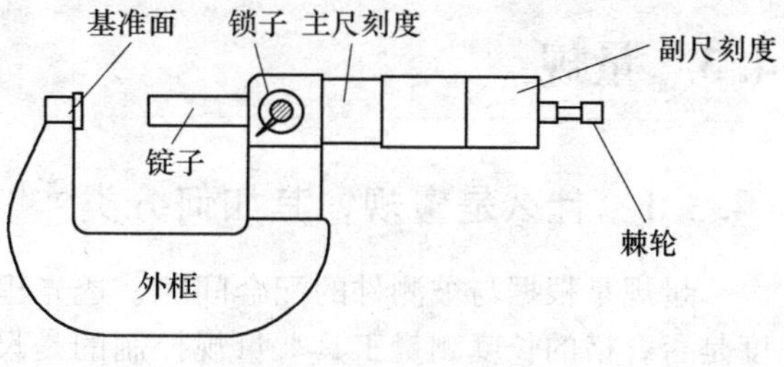

图4-19 千分尺的构造

4.2.27 千分尺如何读数？

1）读出微分筒边缘在固定套管上的毫米数和半毫米数。

2）找出微分筒上哪一格与固定套管上的基准线对齐，并读出不足0.5mm的数。

3）把两个数相加即得到实测尺寸。

如图4-20所示，读数步骤：先读出主尺上的整数为6mm，微分筒（副尺）上刻线5正好与固定套管上基准线对齐，读数为0.05mm，两数相加即得到实测尺寸为6.00mm + 0.05mm = 6.05mm。

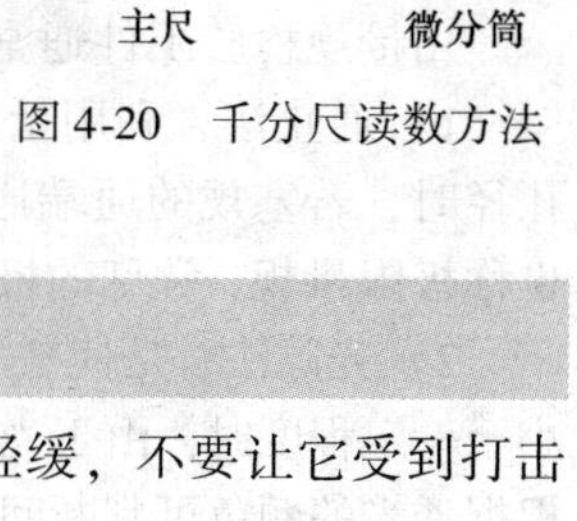

图4-20 千分尺读数方法

注意：为减小读取误差，读取刻度时视线要尽可能地垂直于所要读取的刻度平面。

4.2.28 使用千分尺时应该注意哪些事项？

1）千分尺是一种精密的量具，使用时应小心谨慎，动作轻缓，不要让它受到打击和碰撞。千分尺内的螺纹非常精密，使用时要注意：

① 在转动旋钮和测力装置时都不能过分用力。

② 当转动旋钮至测微螺杆已靠近待测件时，一定要改旋测力装置，不能转动旋钮使螺杆压在待测件上。

③ 在测微螺杆与测砧已将待测件卡住或旋紧锁紧装置的情况下，决不能强行转动旋钮。

2）有些千分尺为了防止手温使尺架膨胀引起微小的误差，在尺架上装有隔热装置。测量时应手握隔热装置，而尽量少接触尺架的金属部分。

3）使用千分尺测同一长度时，一般应反复测量几次，取其平均值作为测量结果。

4）千分尺用毕后，应用纱布擦干净，在测砧与螺杆之间留出一点空隙，放入盒中。如长期不用，可抹上黄油或机油，放置在干燥的地方。注意不要让它接触腐蚀性的气体。

4.3 量规

4.3.1 什么是量规？其如何分类？

量规是根据与被测件的配合间隙、透光程度或者能否通过被测件等来判断被测长度是否合格的长度测量工具。量规控制的是尺寸或规格的上下限，一般包含全部的公差带。

量规按检测对象分为光滑圆柱极限量规、锥体量规、位置量规、专用量规（螺纹量规、轴用量规、孔用量规、键和花键量规）等。

按照工作用途，量规又分为以下三种：

1）工作量规，是在生产中使用的量规，通规用代号 T 表示，止规用代号 Z 表示。通常使用新的或者磨损较少的量规作为工作量规。

2）验收量规，是检验部门（检验科）或用户验收产品（零件）时使用的量规。

3）校对量规，是用于校对工作的量规。轴用量规在制造或使用过程中常会发生碰撞变形，且通规经常通过零件易磨损，所以要定期校对。孔用量规虽也需定期校对，但它能很方便地用通用量仪检测，故不规定专用的校对量规。

4.3.2 量规检验的方法有几种？

用量规检验工件通常有通止法、着色法、光隙法和指示表法。

1）通止法，利用量规的通端和止端来控制工件尺寸，使之不超出公差带。如测量孔径时，若塞规的通端通过而止端不通过，则孔径是合格的。利用通止法检验的量规也称极限量规，常见的极限量规还有螺纹塞规、螺纹环规和卡规等，如图 4-21 所示。

2）光隙法，是使被测表面与量规的测量面接触，后面放光源或采用自然光，当间隙小至一定程度时，由于光学衍射现象使透光成为有色光，间隙至 0.5μm 时还能看到透光，根据透光的颜色可判断间隙大小。间隙大小和不均匀程度即表示被测尺寸、形状或位置误差的大小。例如，用直尺检验直线度，用刀口形角尺和平板检验垂直度（图 4-22）等。

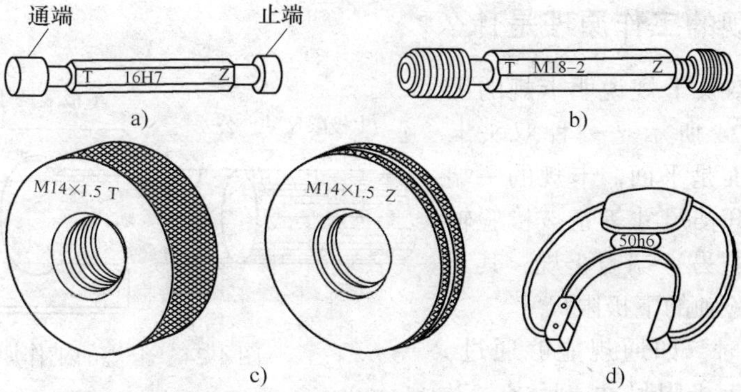

图4-21 极限量规

a）光滑圆柱塞规 b）螺纹塞规 c）螺纹环规 d）卡规

3）着色法，是在米制量规工作表面上薄薄地涂上一层适当的颜料（如普鲁士蓝或红丹粉），然后用量规表面与被测表面研合。被测表面的着色面积大小和分布不均匀程度表示其误差。例如，用圆锥量规检验机床主轴锥孔和用平尺检验机床导轨的直线度等。

4）指示表法，是利用量规的准确几何形状与被测几何形状比较，以百分表或测微仪等指示被测几何误差。例如，用平板和百分表等测量尺形工件的直线度误差，用正弦规、平板和测微仪测量角度等。

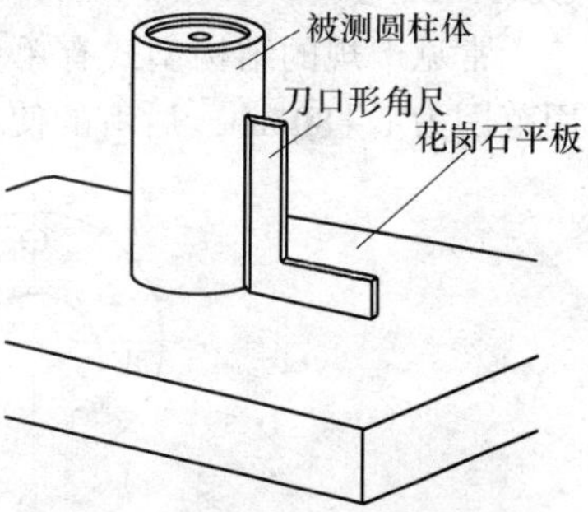

图4-22 用光隙法检验垂直度

4.3.3 什么是卡规?

卡规属于光滑极限量规的一种，是没有刻度的定尺寸专用量规，用于检验轴径及长方形、多边形等的外尺寸。卡规的上极限尺寸一端叫作通端，下极限尺寸一端叫作止端。检验工件时，只有通规能通过工件而止规通不过才表示工件合格，否则不合格，如图4-23所示。

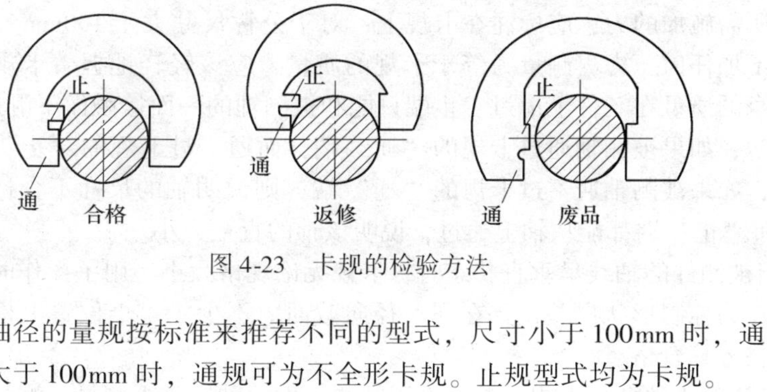

图4-23 卡规的检验方法

检验工件轴径的量规按标准来推荐不同的型式，尺寸小于100mm时，通规应为全形环规；尺寸大于100mm时，通规可为不全形卡规。止规型式均为卡规。

4.3.4　卡规的工作原理是什么？

下面利用双头卡规说明卡规的工作原理。图 4-24 所示是一种双头卡规，其工作表面是平面。卡规的一端为通规，它的开挡尺寸等于被检验轴的上极限尺寸；另一端为止规，其开挡尺寸是被检验轴的下极限尺寸。

检验工件时，如通规能够通过，表示轴径小于上极限尺寸；反之，表示轴径大于下极限尺寸。

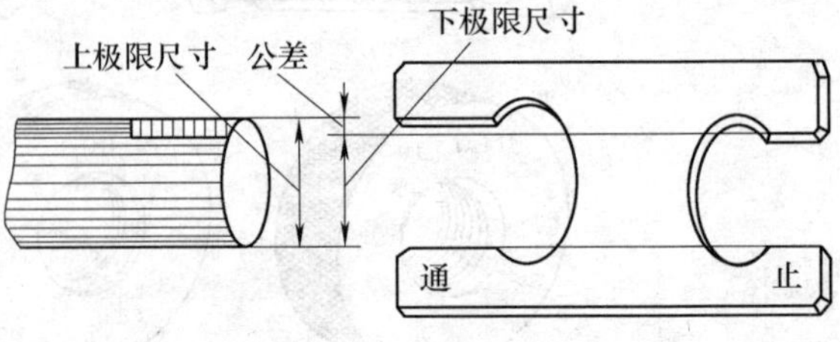

图 4-24　卡规的工作原理

4.3.5　常见的轴用卡规有哪几种结构型式？

常见卡规的结构型式有单头卡规（图 4-25a）和双头卡规（图 4-25b），前者的使用范围为 1 ~ 80mm，后者的使用范围为 3 ~ 10mm。

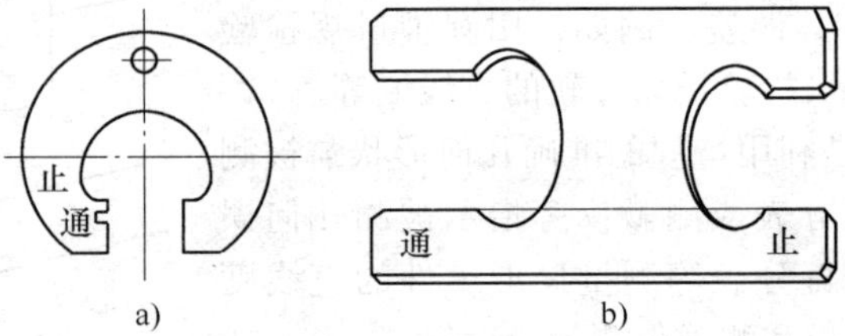

图 4-25　卡规的结构型式

a）单头卡规　b）双头卡规

4.3.6　如何使用轴用卡规？

1）当被测件的轴线呈水平状态时，对于公称尺寸小于 100mm、质量小于 100g 的卡规，只允许稍加压力（外加压力和卡规本身质量的总和不应超过 100g）。也就是说其测量力是卡规质量的一部分，测量时应尽量减少卡规本身的一部分质量。为减少这部分质量所需施加的力，应标注在卡规上；对于公称尺寸大于 100mm、质量超过 100g 的卡规，不加任何压力，测量力等于卡规的质量，应该轻轻地握着卡规，使卡规的通端用它本身的质量在工件上滑过，止端只能和被测轴的一面接触而不滑过。

检验时，如果被测轴通过卡规的“通”端，而通不过卡规的“止”端，说明该轴尺寸合格；如果被测轴通不过卡规的“通”端，则说明轴的尺寸不合格；如果卡规的“通”端和“止”端都能从轴上通过，说明该轴的直径太小。

2）当被测件的轴线呈垂直状态时，卡规无论规格大小，用手操作时，都不需施加很大的力。为控制形状误差，要在同一径向截面内不少于 4 个位置上检验，要求每个位置都合格才算合格。

3）应当端正地拿着卡规，并垂直于被测工件的轴线进行测量。测量时卡规的测量面要平行于被测工件的轴线，不得歪斜。

4）使用卡规时，应该手握绝热护板，防止手上的热量传到卡规上。

4.3.7 什么是塞规？其工作原理是什么？

塞规是一种量具，常用的有圆孔塞规和螺纹塞规。圆孔塞规可做成最大实体尺寸和最小实体尺寸两种。

圆孔塞规做成圆柱形状，两端分别为通端和止端，用来检查孔的直径。

螺纹塞规是测量内螺纹尺寸正确性的工具，可分为粗牙普通螺纹塞规、细牙普通螺纹塞规和管螺纹塞规三种。

下面以单头全形塞规（图4-26）说明其工作原理。塞规的工作表面为圆柱形，一端为通规，其尺寸等于被检验孔的下极限尺寸；另一端为止规，其尺寸等于被检验孔的上极限尺寸。

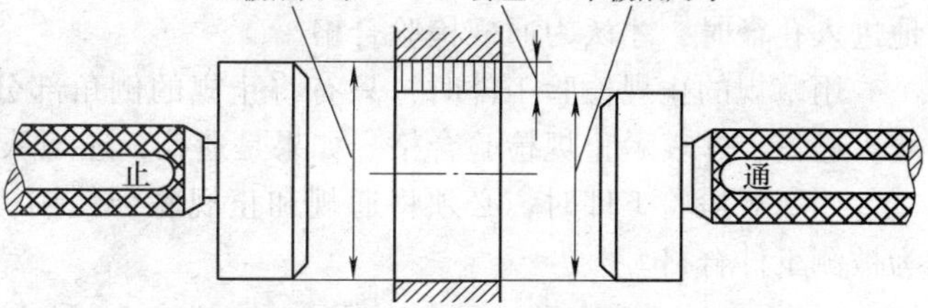

图4-26 塞规的工作原理

与卡规的工作原理相仿，塞规也是通过通规和止规把被测孔的尺寸控制在允许的公差范围内。

4.3.8 常见的塞规有哪几种结构型式？

常见塞规的结构型式，除单头全形塞规之外，生产中常用的还有锥柄圆柱塞规（图4-27a），其使用范围是1～50mm；单头非全形塞规（图4-27b），其使用范围是80～180mm；片形塞规（图4-27c），其使用范围是18～315mm；以及测量大孔径的球端杆规（图4-27d），其使用范围是315～500mm等。

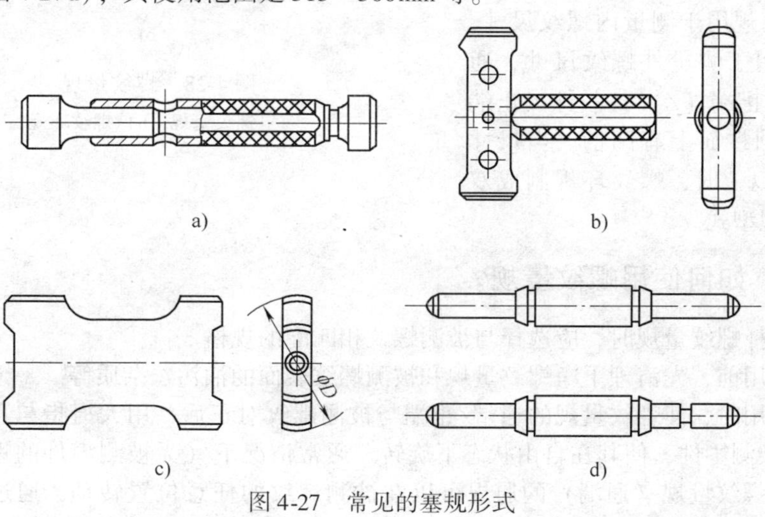

图4-27 常见的塞规形式

a）锥柄圆柱塞规 b）单头非全形塞规 c）片形塞规 d）球端杆规

4.3.9　如何使用塞规?

用全形塞规检验垂直位置的被测孔时，应从上面检验。用手拿住塞规的柄部，凭塞规本身的质量，让通规滑进孔中。对于水平位置的被测孔，要顺着孔的轴线，把通规轻轻地送入孔中。通规顺利地进入被测孔为合格（不允许用力把塞规往孔里推或边旋转边往里推）。

当用不全形塞规检验孔径时，应在两个轴向平面通过工件；用片形塞规检验工件时，至少要在孔的两个垂直的直径方向上检验。只有达到上述要求，并能使通规顺利地进入孔径时，才认为通规检验合格。

用塞规的止规检验工件时，只有将止规的倒角部分放在孔口边缘上，而工作表面塞不进去，才表示止规检验合格。如果是通孔，还须从孔的两端进行检验。

用塞规检验工件时，必须将通规和止规联合使用，并且分别检验合格时，才可认为被测工件合格。

4.3.10　什么是螺纹量规?

螺纹量规又称螺纹通止规，通常用来检验判定螺纹的尺寸是否正确，可分为粗牙普通螺纹量规、细牙普通螺纹量规和管螺纹量规三种。由于螺纹尺寸由螺纹直径与螺距组成，所以通常在选用螺纹量规时要知道检验的螺纹规格。

螺纹量规分为螺纹塞规（图 4-28a）和螺纹环规（图 4-28b）。

螺纹塞规用于测量内螺纹尺寸，螺纹环规用于测量外螺纹尺寸，通端（T）和止端（Z）各一件。止端环规在外圆柱面上有凹槽。当尺寸在 100mm 以上时，螺纹环规制成双柄螺纹环规型式。

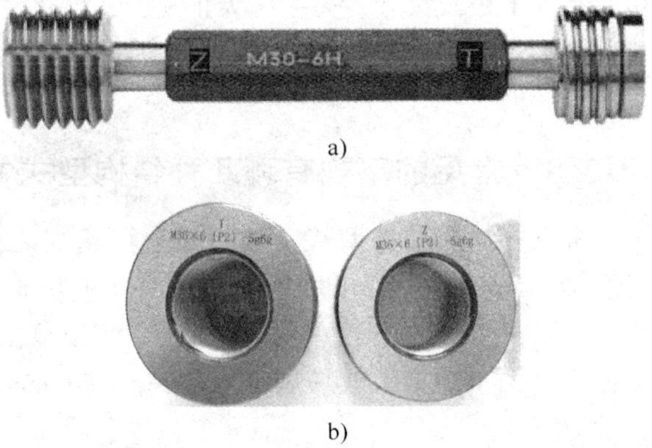

图 4-28　螺纹量规

a）螺纹塞规　b）螺纹环规

4.3.11　如何使用螺纹量规?

1）选择螺纹量规时，应选择与被测螺纹相匹配的规格。

2）使用前，先清理干净螺纹量规和被测螺纹表面的油污、杂质等。

3）使用时，使螺纹量规的通端/止端与被测螺纹对正后，用大拇指与食指转动螺纹量规或被测零件，使其在自由状态下旋转。通常情况下（无被测零件的螺纹的图示说明时），螺纹量规（通端）的通规可以在被测螺纹的任意位置转动，通过全部螺纹长度则判定为合格，否则为不合格；在螺纹量规（止端）的止规与被测螺纹对正后，旋入螺纹长度在两个螺距之内止住为合格，不可强行用力通过，否则判为不合格（有被测零件的图示说明时，应按照图示说明做判定）。

4）检验工件时旋转螺纹量规不能用力拧，用三只手指自然顺畅地旋转，止住即可，螺纹量规退出工件最后一圈时也要自然退出，不能用力拔出螺纹量规，否则会影响产品检验结果的误差，并造成螺纹量规的损坏。

5）使用完毕后，及时清理干净螺纹量规的通端（止端）的表面附着物，并将其存放在工具柜的量具盒内。

4.3.12　什么是成组塞尺？

成组塞尺是由一组具有不同厚度级差的薄钢片组成的量具（图4-29），用于测量间隙尺寸。

成组塞尺一般用不锈钢制造，最薄的为0.02mm，最厚的为1.00mm，在0.02～0.1mm间，各钢片厚度级差一般为0.01mm；自0.15～1.0mm间，各钢片的厚度级差一般为0.05mm。最外层是保护板。

图4-29　成组塞尺

成组塞尺的片数、塞尺长度及组装顺序见表4-8。

表4-8　成组塞尺的片数、塞尺长度及组装顺序

成组塞尺的片数	塞尺的长度/mm	塞尺的组装顺序及厚度/mm
13	100，150，200，300	0.10，0.02，0.02，0.03，0.03，0.04，0.04，0.05，0.05，0.06，0.07，0.08，0.09
14		1.00，0.05，0.06，0.07，0.08，0.09，0.10，0.15，0.20，0.25，0.30，0.40，0.50，0.75
17		0.50，0.02，0.03，0.04，0.05，0.06，0.07，0.08，0.09，0.10，0.15，0.20，0.25，0.30，0.35，0.40，0.45
20		1.00，0.05，0.10，0.15，0.20，0.25，0.30，0.35，0.40，0.45，0.50，0.55，0.60，0.65，0.70，0.75，0.80，0.85，0.90，0.95
21		0.50，0.02，0.02，0.03，0.03，0.04，0.04，0.05，0.05，0.06，0.07，0.08，0.09，0.10，0.15，0.20，0.25，0.30，0.35，0.40，0.45

4.3.13　如何使用塞尺？应该注意什么问题？

1）先将要测量工件的表面清理干净，不能有油污或其他杂质，必要时用磨石清理。

2）形成间隙的两工件必须相对固定，以免因松动导致间隙变化而影响测量效果。

3）根据目测的间隙大小，选择适当规格的塞尺逐个塞入。

4）当间隙较大或希望测量出更小的尺寸范围时，单片塞尺已无法满足测量要求，可以使用数片塞尺叠加（若能满足使用间隙要求时，应避免使用此法，以免造成累积误差）。

例如：当塞尺的最大规格为 0.5mm，间隙尺寸大约在 0.65mm 时，就需要使用 0.5mm 与 0.15mm 叠加测量。

5）使用时应该注意：①根据接合面的间隙情况选用塞尺片数，片数越少越好；②测量时不能用力太大，以免塞尺弯曲或折断；③使用塞尺时不能戴手套，并保持手的干净、干燥；④不用弯折、生锈或有灰尘和油污的塞尺，以免影响测量的准确度；⑤不能测量温度较高的工件。

4.3.14　什么是正弦规？它有什么用途？

正弦规（图 4-30）是根据正弦函数原理，利用量块垫其一端，使之倾斜一定角度的检验定位工具。正弦规工作面的下方固定有两个直径相等且互相平行的圆柱体，它的公切面与上工作面平行。两个圆柱体的中心距要求很准确，两圆柱的轴线距离一般有 100mm 和 200mm 两种。

正弦规一般用于测量小于 45°的角度，在测量小于 30°的角度时，精确度可达 3″~5″。

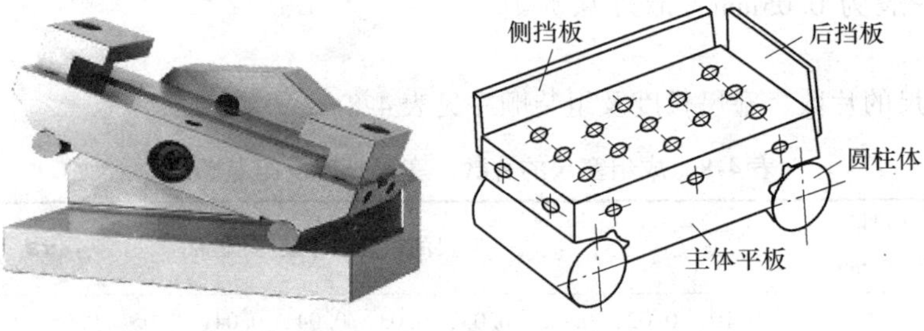

图 4-30　正弦规的外形和结构

4.3.15　正弦规的常用规格有哪些？

正弦规常有宽型和窄型两种，其规格见表 4-9。

表 4-9　正弦规的规格

两圆柱中心距/mm	圆柱直径/mm	工作台宽度/mm		精度等级
		窄　型	宽　型	
100	20	25	80	0.1 级
200	30	40	80	

4.3.16　正弦规的技术要求有哪些？

1）工作面不得有严重影响外观和使用性能的裂痕、划痕、夹渣等缺陷。

2）主体工作面、圆柱工作面、挡板工作面硬度应分别不小于 664HV、712HV、478HV。

3）主体工作面、圆柱工作面、挡板工作面的表面粗糙度 *Ra* 值应分别不大于 0.08μm、0.04μm、1.25μm。

4）各零件均应去磁，主体和圆柱必须进行稳定性处理。

5）应能装置成0°～80°范围内的任意角度，其结构刚性和各零件强度应能适应磨削工作条件，各零件应易于拆卸和修理。

6）圆柱应采用螺钉可靠地固定在主体上，且不得引起圆柱和主体变形；紧固后的螺钉不得露出圆柱表面。主体上固定圆柱的螺孔不得露出工作面。

4.3.17　如何使用正弦规测量零件的角度？

下面以应用正弦规测量圆锥塞规的圆锥角来说明正弦规的使用方法。

图4-31中，用正弦规测量零件的角度时，先把正弦规放在精密平台上，被测零件（如圆锥塞规）放在正弦规的工作平面上，被测零件的定位面平靠在正弦规的挡板上（如圆锥塞规的前端面靠在正弦规的前挡板上）。在正弦规的一个圆柱下面垫入量块，用百分表检查零件全长的高度，调整量块尺寸，使百分表在零件全长上的读数相同。此时，就可应用直角三角形的正弦公式算出零件的角度。

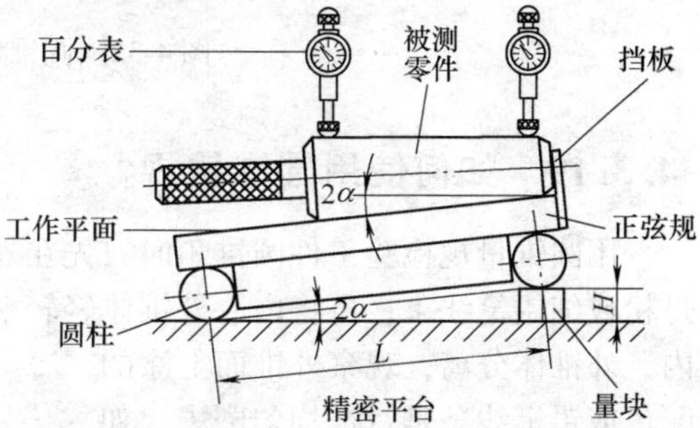

图4-31　正弦规的使用

正弦公式：

$$\sin 2\alpha = H/L \quad H = L\sin 2\alpha$$

式中　2α——圆锥的锥角（°）；

H——量块的高度（mm）；

L——正弦规两圆柱的中心距（mm）。

例如，当正弦规两圆柱的中心距 $L=200\text{mm}$，量块高度 $H=10.06\text{mm}$ 时，才使百分表在圆锥塞规的全长上读数相等，则此时圆锥塞规的锥角计算如下：

$$\sin 2\alpha = H/L = 10.06/200 = 0.0503$$

查正弦函数表得 $2\alpha = 2°53'$，即为圆锥塞规的实际锥角。

4.3.18　什么是圆锥量规？其工作原理是什么？

圆锥（锥度）量规是以内、外圈相配合的实体，实现检验相应圆锥配合工件的圆锥角和圆锥直径的量具。圆锥量规分为塞规（检验锥孔）和套规（检验外锥体）两种，广泛用于机械加工行业中。

圆锥量规的锥形表面制造很精密。根据使用要求，标准圆锥量规（塞规）分为1等、2等；检验工作环规用的校对规（塞规）和检验工件锥度公差等级AT3～AT8的工作量规（塞规和环规），均分为1级、2级、3级。

圆锥量规的型式有莫氏圆锥量规及米制圆锥量规（分为A型和B型，B型仅用来检验工件的圆锥尺寸)、7∶24 工具圆锥量规（分为 A 型和 C 型）和钻夹圆锥量规。

圆锥塞规和套规上各有一个台阶形的缺口（或刻上两条环形刻线），如被测锥体端面正好处于缺口处或两刻线之间，且两锥体表面接触均匀，则表示该锥体大小和形状均合格，反之不合格，如图 4-32 所示。

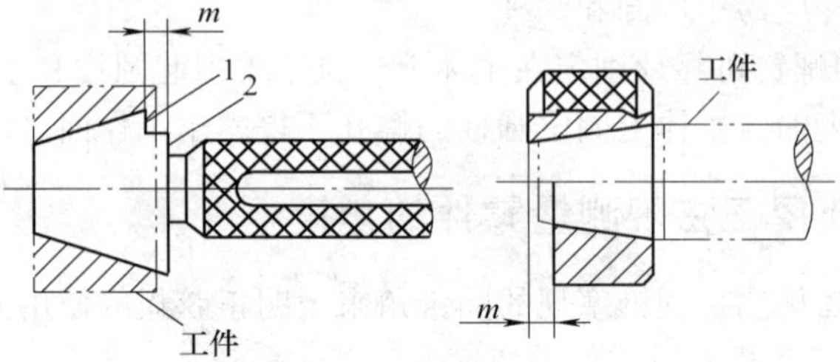

图 4-32　圆锥量规的使用方法

4.3.19　如何使用圆锥量规？

用圆锥量规检验工件圆锥角时，先在外锥面上沿母线方向均匀涂 3～4 条极薄的红丹粉或细铅笔线条，再将内、外锥体轻轻贴合，并相对转动约 90°（图 4-33）。然后将内、外锥体分离，观察外锥面上涂的颜色或铅笔线条是否被均匀磨去。如磨去痕迹均匀，则表示该圆锥角制造精确；反之，则表示该圆锥角制造误差较大。

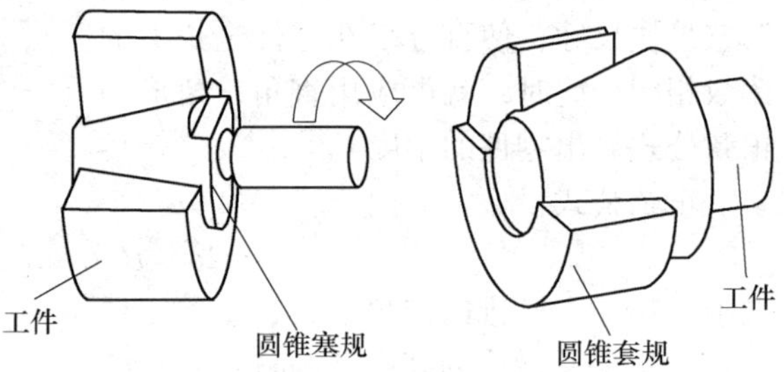

图 4-33　圆锥量规检验工件的方法

圆锥角检验完毕后，再检验被测锥体的尺寸。将内、外圆锥轻轻贴合后，如果被测锥体的端面正好处于圆锥量规的缺口处或两条刻线之间，则表示该锥体尺寸合格（图 4-32）。

如图 4-32 所示，用圆锥塞规检验锥孔时，如被测锥孔的端面不但露出圆锥塞规的表面 1，且还超出表面 2，则表示该锥孔尺寸偏大（不合格）；反之，被测锥孔端面未露出圆锥塞规的表面 1，则表示锥孔尺寸偏小（也不合格）。

用圆锥套规检验工件时，如套规上的两条刻线都进入工件，则表示被测锥体太小；反之，如两条刻线都不能进入工件，则表示被测锥体太大。这两种情况都表示被测工件不合格。

4.3.20　怎样维护量规？

1）不要把两个量规的工作表面配合（如塞规和环规套）在一起保存，否则两个工作表面会相互胶合，加外力分开时会受到不必要的损伤。

2）量规使用完毕，要用清洁的棉纱或软布擦干净，放在专用木盒内，然后收存到工具柜里；片形量规也可以挂在工具柜里。如果天气潮湿或隔一段时间才需使用时，擦干净后再涂上一层无酸凡士林或防锈油。保管量规的地方必须干燥。

3）量规是精密量具，不要随意拆卸、调整和修理，以免降低精度。

4）量规不论是否经常使用，都要定期进行检查（一般检查周期为6~12个月），看是否有损伤、锈蚀或变形。若发现量规开始生锈，应及时放进汽油内浸泡一段时间，再取出仔细擦干净，并涂上防锈油。

5）使用期间，量规放置的地方要适当，如工具柜的台面上或机床不动部分的木垫板上，不要放在机床刀架上或机床导轨上，以免造成损坏。

4.4 量块及样板（块）

4.4.1 什么是长度量块？它分为几等几级？

长度量块是由两个相互平行的测量面之间的距离来确定其工作长度的高精度量具，有长方形、圆柱形两种。量块主要用于鉴定和校准量具和量仪。在相对测量时，调整测量器具的零位，量块可用于精密测量和机床的调整。

长度量块按“等”使用时，不再以标称长度作为工作尺寸，而是用量块经检定后所给出的实测中心长度作为工作尺寸，该尺寸排除了量块的制造误差，仅包含检定时较小的测量误差；按JJG 2056—1990《长度计量器具（量块部分）检定系统》的规定，量块按其检定精度自高至低分为1、2、3、4、5、6六个等。

就同一量块而言，检定时的测量误差要比制造误差小得多。所以，量块按“等”使用时其精度比按“级”使用要高。

长度量块的级是以量块的标称长度为工作尺寸的，该尺寸包含了量块的制造误差，它们将被引入到测量结果中，由于不需要加修正值，故使用较方便。量块按制造精度自高至低分为0、K、1、2、3级，其中0级精度最高，3级最低，K级为校准级。

4.4.2 长度量块常见的规格有哪些？

每块量块只有一个长度尺寸可供使用，但可将4块以内研合在一起组成各种长度尺寸使用。

长度量块推荐成套使用，其最小和最大标称长度分别0.5mm和1000mm。

100mm以下的成套量块常用91块组、83块组、46块组、38块组、10块组等。

长方体量块有两个测量面和四个非测量面。测量面极为光滑、平整，其表面粗糙度 Ra 值见GB/T 6093—2001中表3，两测量面之间的距离即为量块的工作长度（标称长度）。

标称长度小于5.5mm的量块，其标称长度值刻印在上测量面上；否则刻印在上测量面左侧较宽的一个非测量面上。

4.4.3 常用成套长度量块如何编组？

长度量块是成套供应的，每套装成一盒，其中有各种不同的尺寸。常用成套量块的编组见表 4-10。

表 4-10　成套量块的编组

套别	总块数	级别	尺寸系列/mm	间隔/mm	块数
1	91	0，1	0.5	—	1
			1	—	1
			1.001，1.002，…，1.009	0.001	9
			1.01，1.02，…，1.49	0.01	49
			1.5，1.6，…，1.9	0.1	5
			2.0，2.5，…，9.5	0.5	16
			10，20，…，100	10	10
2	83	0，1，2	0.5	—	1
			1	—	1
			1.005	—	1
			1.01，1.02，…，1.49	0.01	49
			1.5，1.6，…，1.9	0.1	5
			2.0，2.5，…，9.5	0.5	16
			10，20，…，100	10	10
3	46	0，1，2	1	—	1
			1.001，1.002，…，1.009	0.001	9
			1.01，1.02，…，1.09	0.001	9
			1.1，1.2，…，1.9	0.1	9
			2，3，…，9	1	8
			10，20，…，100	10	10
4	38	0，1，2	1	—	1
			1.005	—	1
			1.01，1.02，…，1.09	0.01	9
			1.1，1.2，…，1.9	0.1	9
			2，3，…，9	1	8
			10，20，…，100	10	10
5	10^-	0，1	0.991，0.992，…，1	0.001	10
6	10^+	0，1	1，1.001，…，1.009	0.001	10
7	10^-	0，1	1.991，1.992，…，2	0.001	10
8	10^+	0，1	2，2.001，2.002，…，2.009	0.001	10
9	8	0，1，2	125，150，175，200，250，300，400，500	—	8
10	5	0，1，2	600，700，800，900，1000	—	5
11	10	0，1，2	2.5，5.1，7.7，10.3，12.9，15，17.6，20.2，22.8，25	—	10
12	10	0，1，2	27.5，30.1，32.7，35.3，37.9，40，42.6，45.2，47.8，50	—	10

（续）

套别	总块数	级别	尺寸系列/mm	间隔/mm	块数
13	10	0，1，2	52.5，55.1，57.7，60.3，62.9，65，67.6，70.2，72.8，75	—	10
14	10	0，1，2	77.5，80.1，82.7，85.3，87.9，90，92.6，95.2，97.8，100	—	10
15	12	3	41.2，81.5，121.8，51.2，121.5，191.8，101.2，201.5，291.8，10，20（两块）	—	12
16	6	3	101.2，200，291.5，375，415.8，490	—	6
17	6	3	201.2，400，581.5，750，901.8，990	—	6

4.4.4 长度量块如何组合？

每块量块只有一个工作尺寸，但由于量块的两个测量面做得十分准确而光滑，具有可黏合的特性，即将两块量块的测量面轻轻地推合后，这两块量块就能黏合在一起不会自己分开，好像一块量块一样，因此，每块量块只有一个工作尺寸的缺点就克服了。利用量块的可黏合性就可组成各种不同尺寸的量块组，扩大了量块的应用范围。但为了减少误差，希望组成量块组的块数不超过4块。

为了使量块组的块数最少，在组合时就要根据一定的原则来选取量块尺寸，即首先选择能去除最小位数的尺寸的量块。

例如：若要组成87.545mm的量块组，其量块尺寸的选择方法如下：

量块组的尺寸为87.545mm；选用的第1块量块尺寸为1.005mm，剩下的尺寸为86.54mm；选用的第2块量块尺寸为1.04mm，剩下的尺寸为85.5mm；选用的第3块量块尺寸为5.5mm，剩下的即为第4块量块尺寸80mm。

4.4.5 量块的基本特性是什么？

（1）研合性　在使用过程中，往往需要将几块量块组合起来使用。因此，量块的工作面应具有黏合性。若量块表面上存有一层不显著的油膜（厚度约为0.02μm），当两块量块表面相互黏合时，由于分子间的吸引力，可使两者牢牢地黏合在一起。为了达到量块相应的黏合性，对其工作面的表面粗糙度及平面度应有严格的要求。

（2）稳定性　量块作为计量标准用于量值传递，作为标准尺寸广泛用于微差比较测量。因此对量块的尺寸及工作面形状要求具有稳定性。量块的稳定性是指量块的长度随时间变化而保持不变的能力，一般以每年的长度变化量来表示。

（3）耐磨性　量块工作面一般在接触情况下使用，因而很容易产生磨损。量块的磨损会使其尺寸减小，影响黏合性，缩短使用寿命。

量块的耐磨性主要与量块的材料及材料的热处理有关。量块用铬锰钢等特殊合金钢或线膨胀系数小、性质稳定、耐磨以及不易变形的其他材料制成。量块工作面的硬度值，按我国量块标准规定，应不低于800HV或63HRC。

4.4.6 什么是陶瓷量块？它有什么特性？

陶瓷量块是保存和传递长度单位的基准，是保持度量统一的重要工具，具有高强度、高硬度和耐蚀性好的特点。

陶瓷量块由优质陶瓷材料二氧化锆制造，硬度为 1100HV，防腐蚀耐磨损，尺寸稳定。陶瓷量块可以单块使用，也可以多块组合使用。100mm 以上量块组合时需要使用量块夹子夹持。

4.4.7 什么是千分尺检定专用量块？它有什么特性？

千分尺检定量块是一种长度计量基准，主要用于千分尺示值误差的检定，精度分为 0 级、1 级和 2 级。其材质一般为高速钢。JJG 21—2008《千分尺检定规程》对卡尺示值误差的检定量块有严格的要求。

4.4.8 什么是卡尺检定专用量块？它有什么特性？

卡尺检定量块是一种长度计量基准，主要用于游标卡尺及数显卡尺示值误差的检定，精度分为 1 级、2 级和 3 级。其材质一般为高速钢。JJG 30—2012《通用卡尺》对卡尺示值误差的检定量块有严格的要求。

4.4.9 什么是角度量块？它有什么用途？

角度量块是能在两个具有研合性的平面间形成准确角度的量规，是一种角度计量基准，适用于万能角度尺和角度样板的检定。

角度量块成套供应，分 0 级、1 级、2 级 3 种精度，其测量角 α 的允许偏差分别为 $\pm 3''$、$\pm 10''$和 $\pm 30''$。

4.4.10 使用量块时有哪些注意事项？

1）使用前先在汽油中洗去防锈油，再用清洁的麂皮或软绸擦干净。不要用棉纱头去擦量块的工作面，以免损伤量块的测量面。

2）清洗后的量块，不要直接用手去拿，应当用软绸衬起来拿。若必须用手拿量块时，应当把手洗干净，并且要拿在量块的非工作面上。

3）把量块放在工作台上时，应使量块的非工作面与台面接触。不要把量块放在蓝图上，因为蓝图表面有残留化学物，会使量块生锈。

4）不要使量块的工作面与非工作面进行推合，以免擦伤测量面。

5）量块使用后，应及时在汽油中清洗干净，用软绸揩干后，涂上防锈油，放在专用的盒子里。若经常需要使用，可在洗净后不涂防锈油，放在干燥缸内保存。绝对不允许将量块长时间地黏合在一起，以免由于金属黏结而引起不必要的损伤。

4.4.11 什么是半径样板？

半径样板（图 4-34）是带有一组准确内、外圆弧半径尺寸的薄板，是用于检验圆弧半径的测量器具。成组半径样板由凸形样板、凹形样板、保护板和锁紧螺钉（或铆钉）等组成。

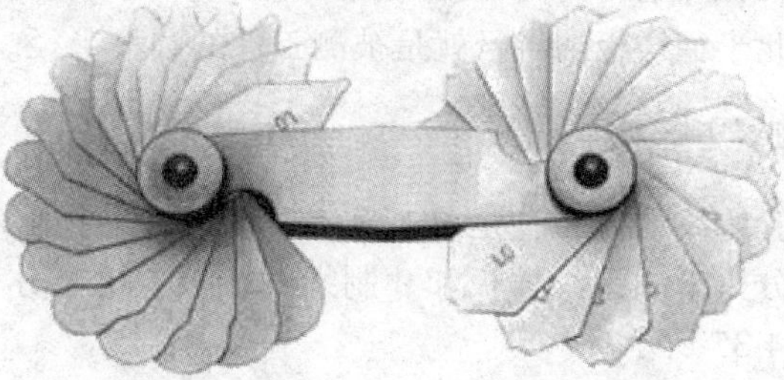

图 4-34 半径样板

4.4.12 半径样板有哪些规格？

半径样板一般采用45钢或同等性能的冷轧带钢材料制造，其硬度为170～230HV。

对于凸形半径样板：半径小于或等于10mm的凸形半径样板，其工作面的圆弧所对的中心角应大于150°；半径大于10mm的凸形半径样板，其工作面的圆弧弦长应等于半径样板的宽度。

对于凹形半径样板：半径小于或等于14.5mm的凹形半径样板，其工作面的圆弧所对应的中心角应为80°～90°；半径大于14.5mm的凹形半径样板，其工作面的圆弧所对应的中心角应大于45°。

成组半径样板的规格见表4-11。

表 4-11 成组半径样板的规格

半径样板的尺寸			成组半径样板的组装顺序及半径系列尺寸/mm	成组半径样板的片数	
中径/mm	宽度/mm	厚度/mm		凹形	凸形
1～6.5	13.5	0.5	1，1.25，1.5，1.75，2，2.25，2.5，2.75，3，3.5，4，4.5，5，5.5，6，6.5	16	16
7～14.5	20.5		7，7.5，8，8.5，9，9.5，10，10.5，11，11.5，12，12.5，13，13.5，14，14.5		
15～25			15，15.5，16，16.5，17，17.5，18，18.5，19，19.5，20，21，22，23，24，25		

4.4.13 如何使用半径样板？

检验轴类零件的圆弧曲率半径时，半径样板要放在径向截面内；检验平面形圆弧曲率半径时，半径样板应平行于被检截面，不得前后倾倒。

检验工件圆弧半径的方法：当已知被检验工件的圆弧半径时，可选用相应尺寸的半径样板去检验；否则用试测法进行，即首先用目测估计被测工件的圆弧半径，依此选择半径样板试测。若工件为凸面圆弧，当光隙位于圆弧的中间部分时，说明工件的圆弧半径大于半径样板的圆弧半径，应换一片半径稍大的半径样板。若光隙位于圆弧的两边，说明工件的圆弧半径小于半径样板的半径，应换一片半径较小的半径样板。当两者吻合时，说明此半径样板的半径就是被测工件的圆弧半径。

4.4.14　什么是螺纹样板？

螺纹样板用于检验螺纹的螺距，是以一个螺距为一片，把多种螺距叠合起来的专用量具。螺纹样板可分为米制螺纹样板和寸制螺纹样板，也可分为普通螺纹样板和梯形螺纹样板等，如图 4-35 所示。

图 4-35　螺纹样板

4.4.15　螺纹样板有哪些规格？

成组螺纹样板的规格见表 4-12。

表 4-12　成组螺纹样板的规格

普通螺纹样板螺距/mm	统一螺纹样板的螺纹牙数/25.4mm	螺纹样板的厚度/mm
0.40，0.45，0.50，0.60，0.70，0.75，0.80，1.00，1.25，1.50，1.75，2.00，2.50，3.00，3.50，4.00，4.50，5.00，5.50，6.00（共 20 块）	28，24，22，20，18，16，14，13，12，11，10，9，8，7，6，5，4.5，4（共 18 块）	0.5

4.4.16　如何使用螺纹样板？

测量螺纹螺距时，将螺纹样板组中齿形钢片作为样板，卡在被测螺纹工件上，如果不密合，就另换一片，直到密合为止，这时该螺纹样板上标记的尺寸即为被测螺纹工件的螺距。但是，须注意把螺纹样板卡在螺纹牙廓上时，应尽可能利用螺纹工作部分长度，使测量结果较为正确。

测量牙型角时，把螺距与被测螺纹工件相同的螺纹样板放在被测螺纹上面，然后检查其接触情况。如果没有间隙透光，则被测螺纹的牙型角是正确的。如果有不均匀间隙透光现象，那就说明被测螺纹的牙型不准确。这种测量方法只能判断牙型角误差的大概情况，不能确定牙型角误差的数值。

4.5 指示表

4.5.1 什么是指示表？常用的指示表有哪些？

指示表是以指针指示出测量结果的量具，主要用于找正零件的安装位置，检验零件的形状精度和相互位置精度，以及测量零件的内径等。指示表有十分表、百分表、千分表。十分表和百分表的量程不超过100mm；分度值为0.002mm的千分表量程不超过10mm；分度值为0.001mm的千分表，量程不超过5mm。

常用的指示表有内径百分表、千分表和杠杆百分表、千分表等，都有指针式和电子式。

4.5.2 什么是百分表和千分表？其常用的规格有哪些？

百分表（图4-36）是分度值为0.01mm的指示表，千分表（图4-37）是分度值为0.001mm或0.002mm的指示表。

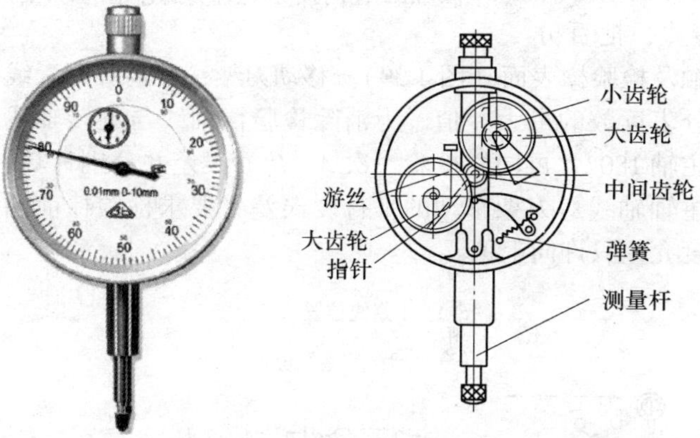

图4-36 百分表

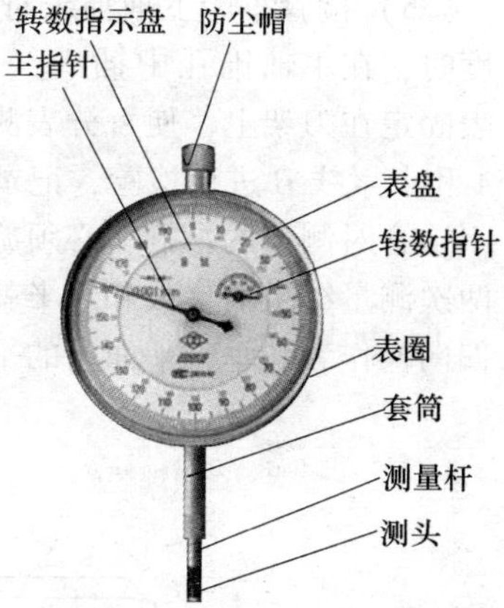

图4-37 千分表

百分表和千分表按其制造精度，可分为0级、1级和2级三种，0级精度较高。

百分表的测量范围有0～3mm、0～5mm和0～10mm三种，适用于尺寸公差等级为IT6～IT8零件的找正和检验。

千分表的测量范围为0～10mm或0～5mm，适用于尺寸公差等级为IT5～IT7零件的找正和检验。

4.5.3 如何使用百分表？

1）找正或测量零件时，应当使测量杆有一定的初始测力。即用百分表测头与零件表面接触时，测量杆应有0.3～1mm的压缩量（千分表可小一点，有0.1mm即可），当指针的零位稳定后，再开始工作。

2）检查工件平行度时，将工件放在平台上，使测头与工件表面接触，调整指针使其摆动 1/3 ~ 1/2 转，然后把刻度盘零位对准指针，接着慢慢地移动表座或工件，当指针顺时针摆动时，说明工件偏高，反之说明工件偏低。

3）进行轴测时，以指针摆动最大数字为读数（最高点）；测量孔时，以指针摆动最小数字（最低点）为读数。

4）检验工件的偏心度时，如果偏心距较小，可把被测轴装在两顶尖之间，使百分表的测头接触在偏心部位上（最高点，图 4-38），用手转动轴，百分表上指示出的最大数字和最小数字（最低点）之差的 1/2 就等于偏心距的实际尺寸。此法也可用于偏心套的偏心距测量，但必须将偏心套装在心轴上。

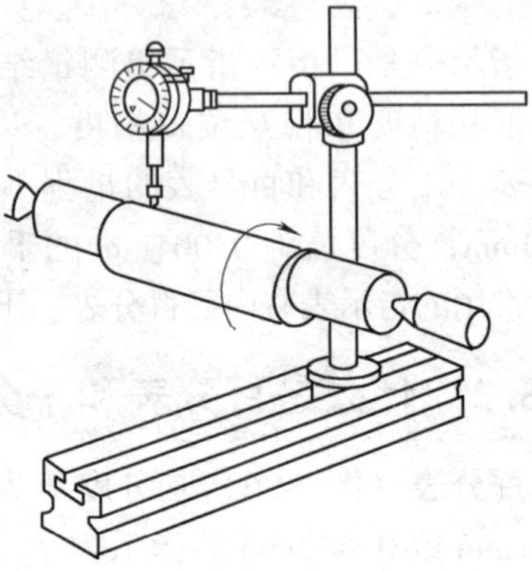

图 4-38　在两顶尖上测量偏心距的方法

偏心距较大的工件，因受到百分表测量范围的限制，可用间接测量偏心距的方法进行测量。

5）检验车床主轴轴线对刀架移动的平行度时，在主轴锥孔中插入一检验棒，把百分表固定在刀架上，使百分表测头触及检验棒表面（图 4-39）。移动刀架，分别对侧素线 A 和上素线 B 进行检验，记录百分表读数的最大差值。为消除检验棒轴线与旋转轴线不重合对测量的影响，必须旋转主轴 180°，再同样检验一次 A、B 的误差并分别计算，两次测量结果的代数和之半就是主轴轴线对刀架移动的平行度误差（要求检验棒前端偏向操作者；垂直平面内的平行度允差只许向上偏）。

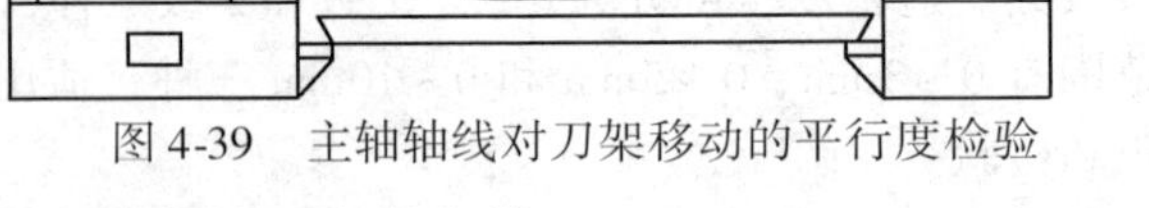

图 4-39　主轴轴线对刀架移动的平行度检验

6）检验刀架移动在水平面内的直线度时，将百分表固定在刀架上，使其测头顶在主轴和尾座顶尖间的检验棒侧素线上（图 4-40 中位置 A），调整尾座，使百分表在检验棒两端的读数相等。然后移动刀架，在全行程上检验。百分表在全行程上读数的最大代数差值，就是水平面内的直线度误差。

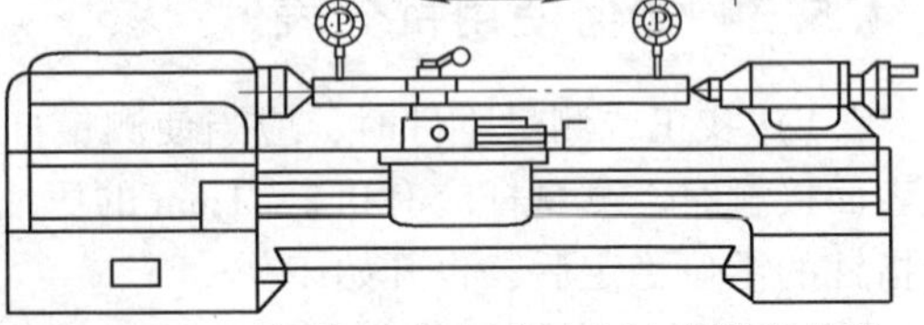

图 4-40　刀架移动在水平面内的直线度检验

4.5.4 使用百分表时有哪些注意事项?

1）使用前，应检查测量杆活动的灵活性。即轻轻推动测量杆时，测量杆在套筒内的移动要灵活，没有任何轧卡现象，且每次放松后，指针能回复到原来的刻度位置。

2）使用百分表时，必须把它固定在可靠的夹持架上（如固定在万能表架或磁性表座上，图4-41），夹持架要安放平稳，以免使测量结果不准确或摔坏百分表。

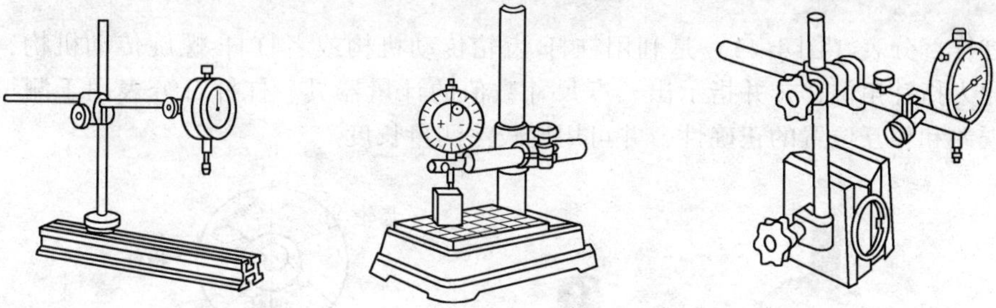

图4-41 安装在专用夹持架上的百分表

用夹持百分表的套筒来固定百分表时，夹紧力不要过大，以免因套筒变形而使测量杆活动不灵活。

3）用百分表测量零件时，测量杆必须垂直于被测量表面，使测量杆的轴线与被测量尺寸的方向一致（图4-42）。

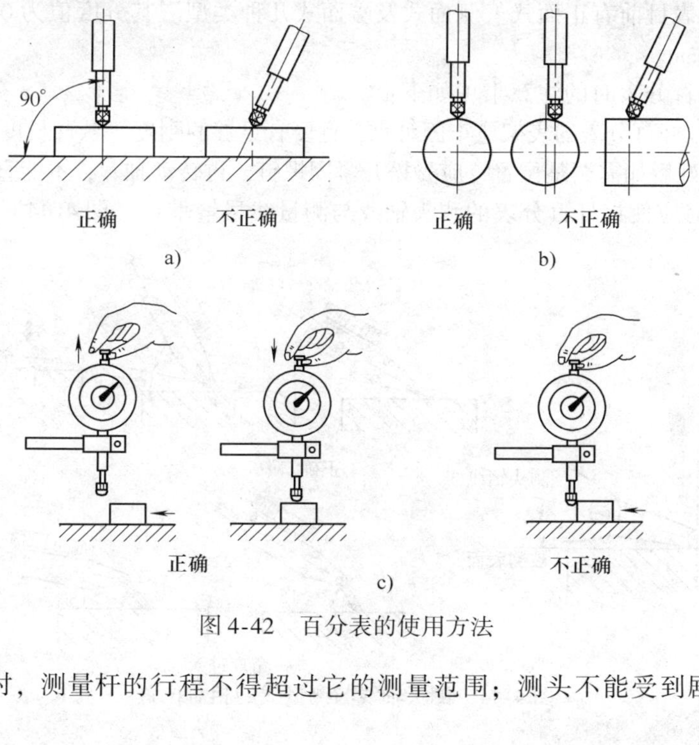

图4-42 百分表的使用方法

4）测量时，测量杆的行程不得超过它的测量范围；测头不能受到剧烈振动和撞击，不能把零件强迫推入测头下，不能用于测量表面粗糙或有显著凹凸不平的零件。

5）在使用百分表和千分表的过程中，要严格防止水、油和灰尘渗入表内，测量杆上也不要加油，免得粘有灰尘的油污进入表内，影响百分表的灵活性。

6）百分表用完后，应使测量杆处于自由状态，以免使百分表内的弹簧失效。内径百分表上的表头，不使用时应拆下来保存。

4.5.5　什么是杠杆百分表？其使用时要注意什么？

杠杆百分表（图 4-43）是利用杠杆-齿轮传动机构或者杠杆-螺旋传动机构，将尺寸变化为指针角位移，并指示出长度尺寸数值的计量器具。杠杆百分表用于测量工件几何误差和相互位置的正确性，并可用比较法测量长度。

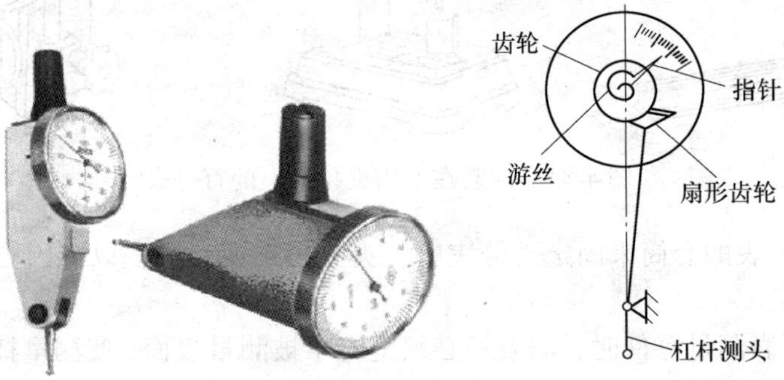

图 4-43　杠杆百分表

杠杆百分表目前有正面式、侧面式及端面式几种类型。其分度值为 0.01mm，测量范围不大于 1mm。

使用杠杆百分表时的注意事项如下：

1）夹持杠杆百分表的表架应牢固可靠，且要有足够的刚度，悬臂长度应尽量短。杠杆百分表装夹好后如需调整位置，应先松开紧固螺钉，再转动轴套，不能直接转动表体。

2）测量时应使杠杆百分表的测头轴线与测量线尽量垂直（图 4-44）。

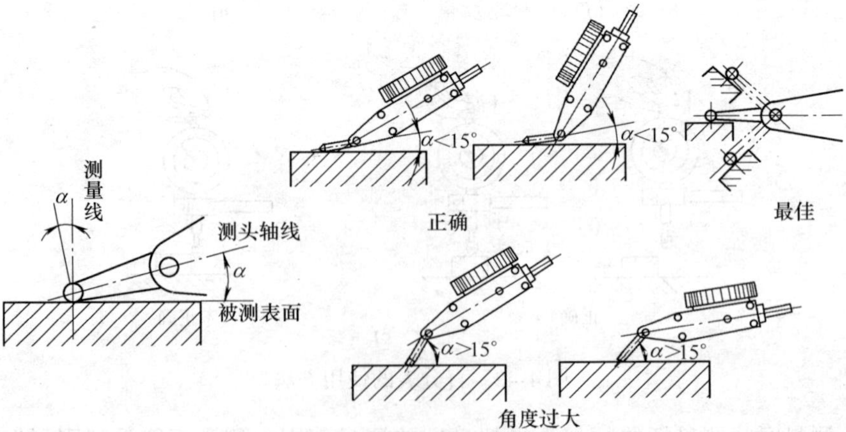

图 4-44　测头轴线与测量线的相对位置

4.5.6　如何使用杠杆百分表？

1）检验零件上孔的轴线与底平面的平行度（图4-45）。将工件底平面放在平台上，使测头与*A*端孔表面接触，左右慢慢移动表座，找出工件孔径最低点，调整指针至零位，将表座慢慢向*B*端推进。也可以工件转换方向，再使测头与*B*端孔表面接触，*A*、*B*两端指针最低点和最高点在全程上读数的最大差值，就是全部长度上的平行度误差。

2）检验键槽的直线度（图4-46）。在键槽上插入检验块，将工件放在V形架上，百分表的测头触及检验块表面进行调整，使检验块表面与轴线平行。调整好平行度后，使测头接触*A*端平面，调整指针至零位，将表座慢慢向*B*端移动，在全程上检验。百分表在全程上读数的最大代数差值，就是水平面内的直线度误差。

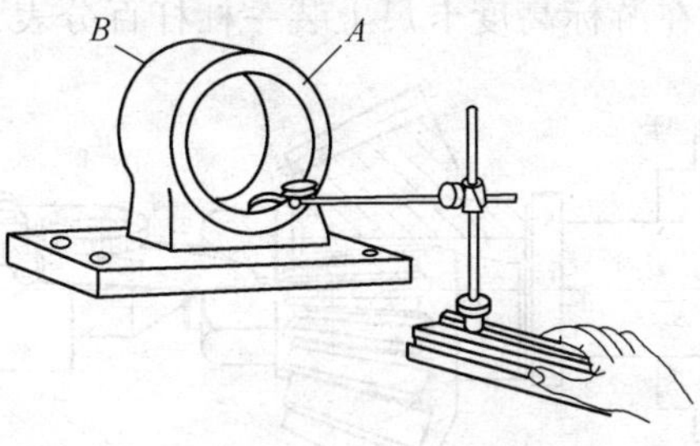

图4-45　平行度检验

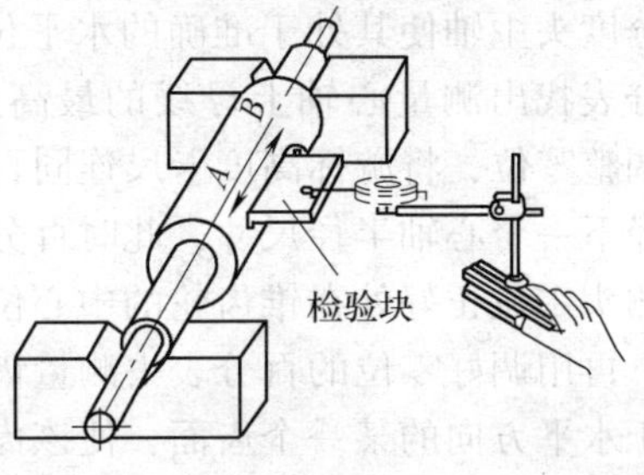

图4-46　直线度检验

3）检验车床主轴的轴向窜动量。在主轴锥孔内插入一根短锥检验棒，在检验棒中心孔放一颗钢珠，将百分表固定在车床上，使百分表平测头顶在钢珠上（图4-47中位置*A*），沿主轴轴线加一力*F*，旋转主轴进行检验，百分表读数的最大差值就是主轴轴向窜动的误差。

4）检验车床主轴轴肩支承面的圆跳动。将百分表固定在车床上使其测头顶在主轴轴肩支承面靠近边缘处（图4-47中位置*B*），沿主轴轴线加一力*F*，旋转主轴进行检验，百分表读数的最大差值就是主轴轴肩支承面的圆跳动误差。

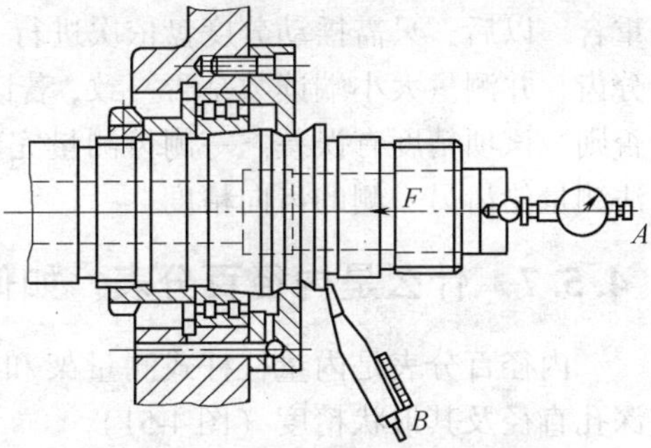

图4-47　检验主轴轴向窜动量和轴肩支承面圆跳动

检验主轴的轴向窜动量和轴肩支承面圆跳动时外加轴向力*F*，是为了消除主轴轴承轴向间隙对测量结果的影响。其大小一般等于主轴重量的50%～100%。

5）检验内、外圆的同轴度。在排除内、外圆本身的形状误差时，可用圆跳动量的1/2来计算。以内孔为基准时，可把工件装在两顶尖的心轴上，用杠杆百分表检验（图4-48）。杠杆百分表在工件转一周时的读数，就是工件的圆跳动。以外圆为基准时，把工件放在V形架上（图4-49），用杠杆百分表检验。这种方法可测量不能安装在心轴上的工件。

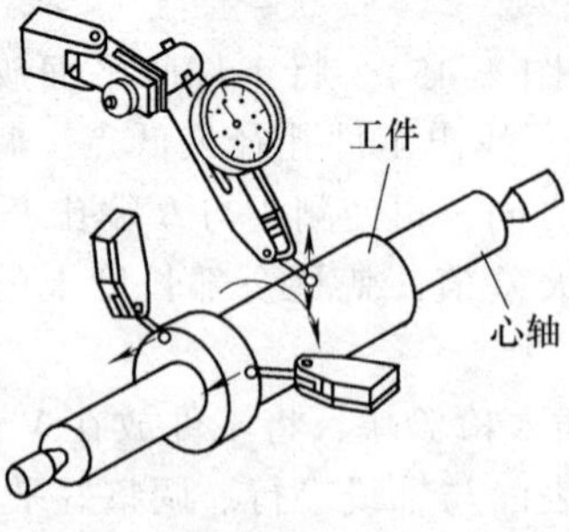

图4-48　在心轴上检验圆跳动

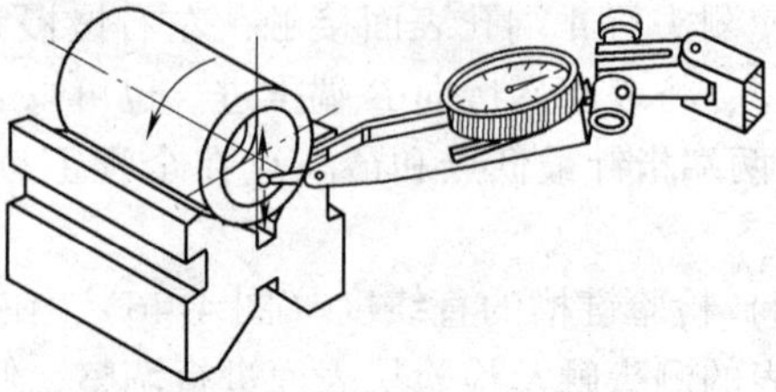

图4-49　在V形架上检验圆跳动

6）检验齿向精度（图4-50）。将锥齿轮套入测量心轴，心轴装夹于分度头上，找正分度头主轴使其处于准确的水平位置，然后在游标高度卡尺上装一杠杆百分表，用百分表找出测量心轴上母线的最高点，并调整零位，将游标高度卡尺连同百分表降下一个心轴半径尺寸，此时百分表的测头零位正好处在锥齿轮的中心位置上。再用调好零位的百分表去测量齿轮处于水平方向的某一个齿面，使该齿大小端的齿面最高点都处在百分表的零位上。此时，该齿面的延伸线与齿轮轴线重合。以后，只需摇动分度盘依次进行分齿，并测量大小端读数是否一致，若读数一致，说明该齿侧方向齿向精度是合格的，否则，该项精度有误差。一侧齿测量完毕后，将百分表测头改成反方向，用同样的方法测量轮齿另一侧的齿向精度。

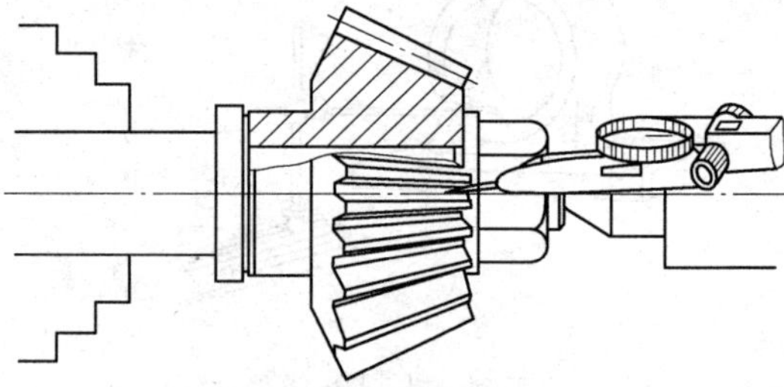

图4-50　检查齿向精度

4.5.7　什么是内径百分表？如何使用内径百分表？

内径百分表是内量杠杆式测量架和百分表的组合，用以测量或检验零件的内孔、深孔直径及其形状精度（图4-51）。

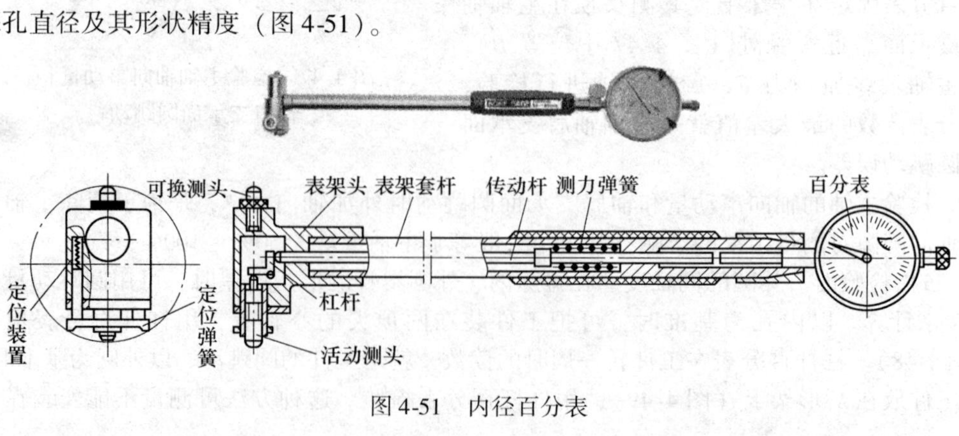

图4-51　内径百分表

内径百分表活动测头的移动量，小尺寸的有 0 ~ 1mm，大尺寸的有 0 ~ 3mm，其测量范围是由更换或调整可换测头的长度来达到的。内径百分表的分度值为 0.01mm，测量范围有 10 ~ 18mm，18 ~ 35mm，35 ~ 50mm，50 ~ 100mm，100 ~ 160mm，160 ~ 250mm，250 ~ 450mm。

内径百分表的示值误差比较大，如测量范围为 35 ~ 50mm 时，示值误差为 ±0.015mm。内径百分表的指针摆动读数，刻度盘上每一格为 0.01mm，盘上刻有 100 格，即指针每转一圈为 1mm。

内径百分表使用方法如下：

1）内径百分表用来测量圆柱孔，它附有成套的可调测头，使用前必须先进行组合和校对零位。

2）测量前应根据被测孔径的大小，在专用的环规或百分尺上调整好尺寸后才能使用。调整内径百分表的尺寸时，选用可换测头的长度及其伸出的距离（大尺寸内径百分表的可换测头是用螺纹旋上去的，故可调整伸出的距离，小尺寸的不能调整），应使被测尺寸在活动测头总移动量的中间位置。

3）测量时，连杆中心线应与工件中心线平行，不得歪斜，同时应在圆周上多测几个点，找出孔径的实际尺寸，看其是否在公差范围内。

4.5.8　什么是杠杆千分表？其使用时要注意什么？

杠杆千分表（图 4-52）是测量外尺寸的一种精密量具，其外形与外径千分尺相似，测量机构由螺旋测微部分和杠杆齿轮机构组成，螺旋测微部分的分度值为 0.01mm，杠杆齿轮机构的分度值有 0.001mm 和 0.002mm 两种，指示表的标尺示值范围仅为 ±0.02mm。

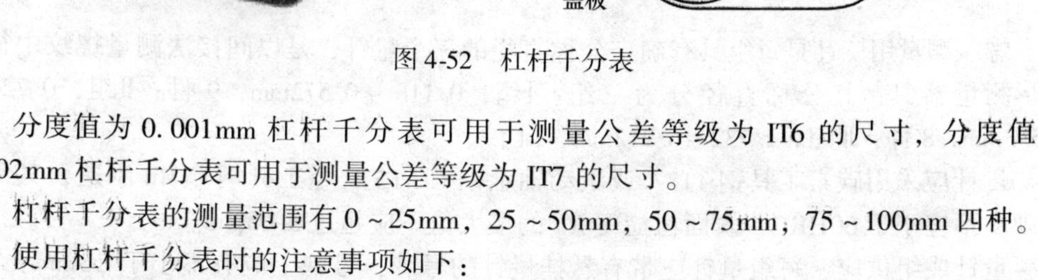

图 4-52　杠杆千分表

分度值为 0.001mm 杠杆千分表可用于测量公差等级为 IT6 的尺寸，分度值为 0.002mm 杠杆千分表可用于测量公差等级为 IT7 的尺寸。

杠杆千分表的测量范围有 0 ~ 25mm，25 ~ 50mm，50 ~ 75mm，75 ~ 100mm 四种。

使用杠杆千分表时的注意事项如下：

1）杠杆千分表应固定在可靠的表架上，测量前必须检查千分表是否夹牢，并多次提拉千分表测量杆与工件接触，观察其重复指示值是否相同。

2）测量时，不准用工件撞击测头，以免影响测量精度或撞坏千分表。为保持一定的起始测量力，测头与工件接触时，测量杆应有 0.3 ~ 0.5mm 的压缩量。

3）不要给测量杆加油，以免油污进入表内，影响千分表的灵敏度。

4）杠杆千分表测量杆与被测工件表面必须垂直，否则会产生误差。

5）杠杆千分表的测量杆轴线与被测工件表面的夹角越小，测量误差就越小。

4.5.9　什么是深度指示表？它有哪些常用规格？

深度指示表是借助标准块及指示表，对基座测量面与测头测量面间分隔的距离进行读数的深度测量器具。

常用的规格有分度值为 0.01mm 的深度百分表和分度值为 0.001mm、0.005mm 的深度千分表。

4.5.10　什么是数显指示表？它有哪些常用规格？

数显指示表是利用电子测量、数字显示原理，对测量杆的直线位移进行读数的测量器具。

常用的规格有分辨力为 0.01mm 的数显百分表和分辨力为 0.001mm、0.005mm 的数显千分表。

4.5.11　使用电子数显指示表时有哪些注意事项？

1）指示表测量杆的移动速度不得大于 0.5m/s。

2）指示表属精密量具，使用时应防止撞击、跌落。

3）应保持清洁，避免水等液态物质渗入指示表内。

4）不使用数据输出端口时，不要将输出口盖取下，不要用金属器件任意触及输出端。

5）指示表的任何部位不能施加电压，不要用笔刻字。

6）长期不使用时，应取出电池。

4.6　其他测量工具

4.6.1　什么是螺纹测量用三针？它有哪些常见规格？

螺纹测量用三针是每组具有确定公称直径的三个量针，是以间接法测量螺纹中径的针形测量器具，其公称直径分为三组：Ⅰ组，0.118～0.572mm，9 件；Ⅱ组，0.724～1.553mm，8 件；Ⅲ组，1.732～6.212mm，14 件。

量针应采用碳素工具钢 T12A 或滚动轴承钢 GCr15 合金工具钢 CrMn 制造，其测量面硬度不应小于 60HRC，表面粗糙度 *Ra* 的最大值不应超过 0.05μm。

量针成组供应，每组量针应带有悬挂量针的号牌，号牌上应有不小于 ϕ3mm 的孔，自孔中心到量针工作部分中间的距离约为 70mm。

4.6.2　什么是直角尺？

直角尺是检验零部件平面间垂直度所用的量具，有圆柱直角尺、矩形直角尺、刀口矩形直角尺、三角形直角尺、刀口形直角尺、宽座刀口形直角尺、平面形直角尺、带座平面形直角尺和宽座直角尺。图4-53所示是其中的几种。其中，宽座直角尺的结构简单，使用方便，可以测量工件的直角、工件表面和基准面间的垂直度误差和进行基准校正（图4-54）等。直角尺的测量面长度一般不大于1600mm。

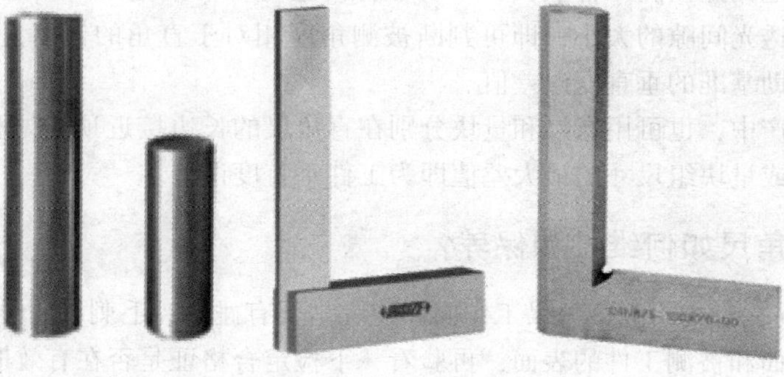

a) b) c)

图4-53 几种直角尺

a）圆柱直角尺 b）宽座直角尺 c）刀口形直角尺

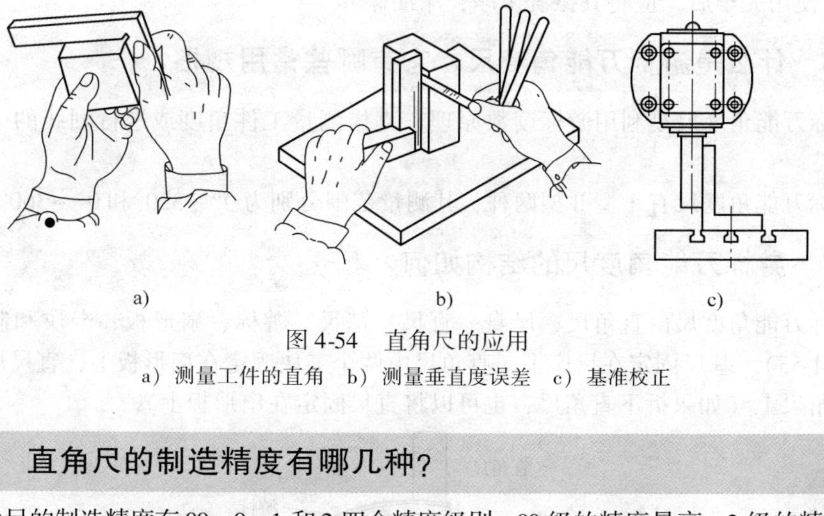

a) b) c)

图4-54 直角尺的应用

a）测量工件的直角 b）测量垂直度误差 c）基准校正

4.6.3 直角尺的制造精度有哪几种？

直角尺的制造精度有00、0、1和2四个精度级别。00级的精度最高，2级的精度最低。00级直角尺一般作为基准，在计量部门多用来检定低精度的直角量具。0级和1级直角尺用于检验精密工件，2级直角尺则用于检验一般工件。各种直角尺的制造精度见表4-13。

表4-13 各种直角尺的制造精度

类 别	00级	0级	1级	2级
圆柱直角尺、刀口矩形直角尺、三角形直角尺	√	√		
矩形直角尺	√	√	√	
刀口形直角尺、宽座刀口形直角尺		√	√	
平面形直角尺、带座平面形直角尺、宽座直角尺		√	√	√

4.6.4 如何使用直角尺？

在检验工件时，先将直角尺的短边放在辅助基准表面（或者平板）上，再将直角尺的长边轻轻地靠拢被测工件表面，不要碰撞。这时，根据直角尺长边工作面和被测工件表面之间透光间隙的大小，即可判断被测角度相对于直角的偏离量，或被测工件表面相对于辅助基准的垂直度误差值。

在实际生产中，也可用塞尺和量块分别在直角尺的长边接近顶端处和底端处测量。这时，塞尺片或量块组尺寸的最大差值即为工件垂直度误差。

4.6.5 直角尺如何维护和保养？

1）使用前，应先检查直角尺工作面和边缘是否有碰伤、毛刺等明显缺陷，并擦净直角尺的工作面和被测工件的表面，再验看一下检定合格证是否在有效期内。

2）使用过程中，要一手托短边，一手扶长边，绝不允许手提长边搬动或将其倒放，以防直角尺变形和精度失真。

3）因直角尺的使用精度与检测时所用的平板精度有关，使用时应注意合理选用。

4）使用完毕后，应将其擦洗干净，涂油保养。

4.6.6 什么是游标万能角度尺？它有哪些常用规格？

游标万能角度尺是利用游标读数原理来直接测量工件角度或进行划线的一种角度量具。

游标万能角度尺有Ⅰ型Ⅱ型两种，其测量范围分别为0°~320°和0°~360°。

4.6.7 游标万能角度尺的结构如何？

游标万能角度尺由直角尺、尺身、直尺、基尺、游标、扇形板、卡块和制动头组成（图4-55）。基尺固定在尺座上，直角尺由两个卡块固定在扇形板上，直尺用支架固定在直角尺上（如果拆下直角尺，也可以将直尺固定在扇形板上）。

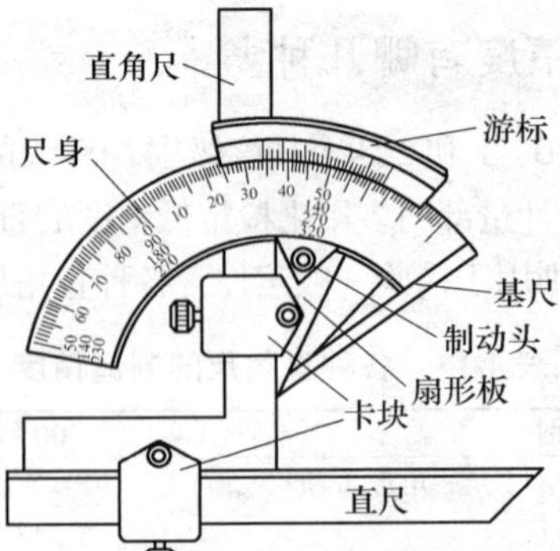

图 4-55 游标万能角度尺

4.6.8 游标万能角度尺如何读数?

游标万能角度尺与游标卡尺读数原理相似，不同的是游标卡尺的读数值是长度单位数值，而游标万能角度尺的读数值是角度值。

由图4-55可见，尺身两条刻线间的角度值为1°，尺身的23格与游标上的12格相等，则游标每一格（两条刻线间）的角度值为

$$\frac{23°}{12}=\frac{60'\times 23}{12}=115'$$

这样尺身两格与游标一格的差值为

$$2°-115'=120'-115'=5'$$

这就是分度值为5′的游标万能角度尺的读数原理。同理也可得到分度值为2′和10′的游标万能角度尺的读数原理。

游标万能角度尺的读数步骤：先读度，再读分，最后得到整个读数值。如图4-56所示，从尺身上可见为38°，游标与尺身对准的那条线为30′，则整个读数值为

$$38°+30'=38°30'$$

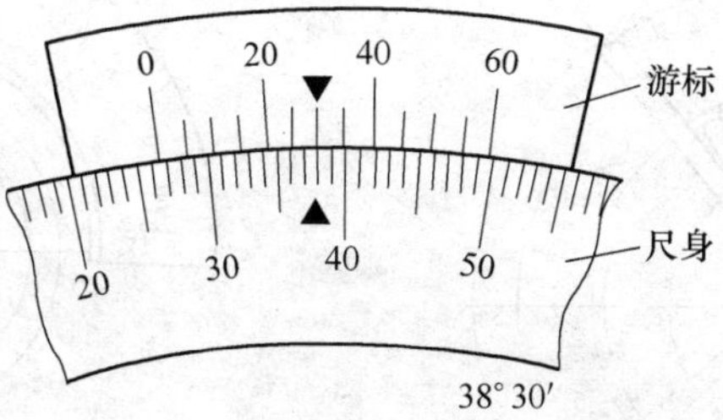

图4-56 游标万能角度尺的读数

4.6.9 如何使用游标万能角度尺?

由于直角尺和直尺可以移动和拆换，所以游标万能角度尺可以测量0°~320°的任何角度。

直角尺和直尺全装上时，可测量0°~50°的外角度（图4-57a）；仅装上直尺时，可测量50°~140°的角度（图4-57b）；仅装上直角尺时，可测量140°~230°的角度（图4-57c）；把直角尺和直尺全拆下时，可测量230°~320°的角度，即可测量40°~130°的内角度（图4-57d）。

游标万能角度尺的尺座上，基本角度的刻线只有0°~90°，如果测量的零件角度大于90°，则在读数时，应加上一个基数（90°、180°、270°）。当零件角度>90°~180°时，被测角度=90°+角度尺读数；当零件角度>180°~270°时，被测角度=180°+角度尺读数；当零件角度>270°~320°时，被测角度=270°+角度尺读数。

用游标万能角度尺测量零件角度时，应使基尺与零件角度的母线方向一致，且零件应在角度尺的两个测量面的全长上接触良好，以免产生测量误差。

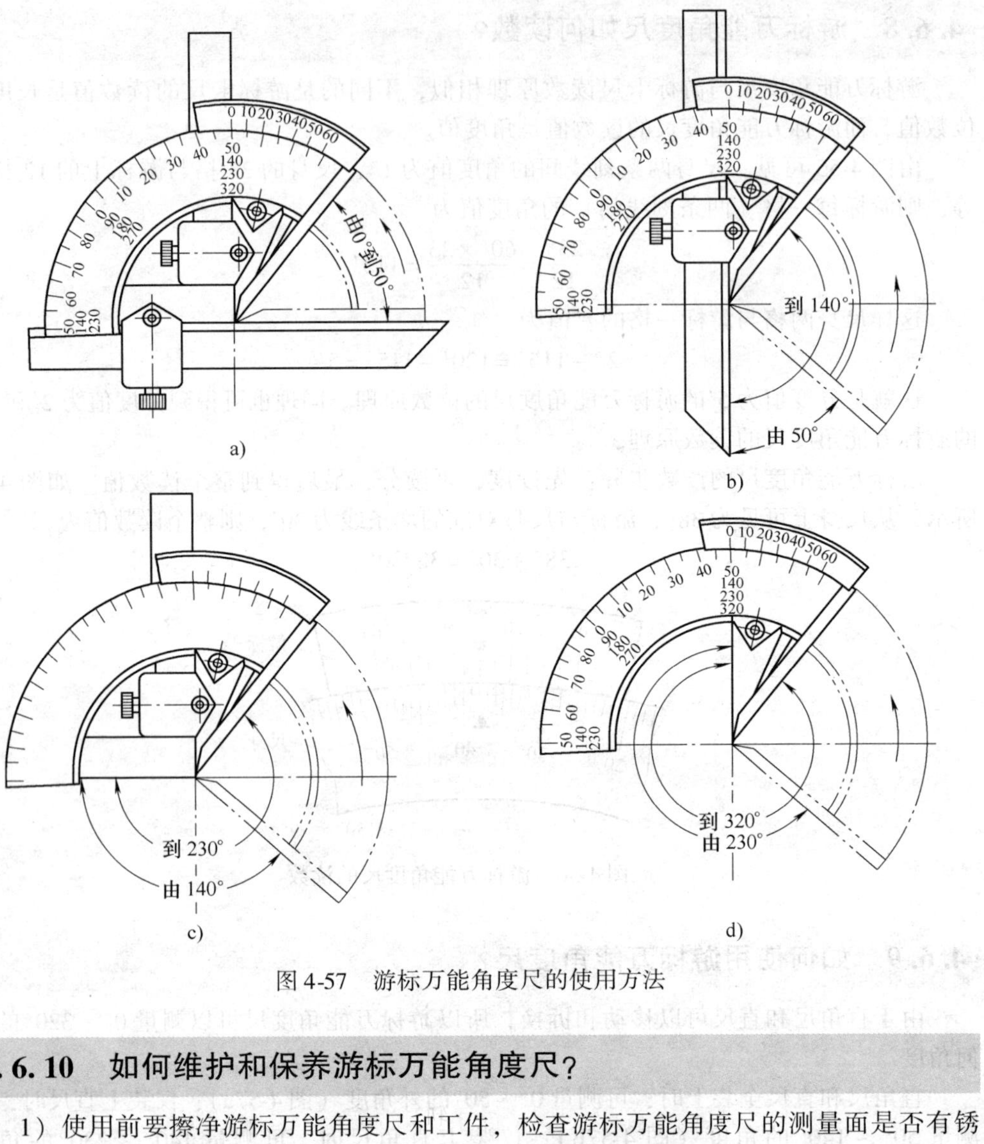

图 4-57　游标万能角度尺的使用方法

4.6.10　如何维护和保养游标万能角度尺？

1）使用前要擦净游标万能角度尺和工件，检查游标万能角度尺的测量面是否有锈迹和毛刺，活动件是否灵活、平稳，能否固定在规定的位置上。

2）应将游标的零线对准尺身的零线，游标的尾线对准尺身相应的刻线，再拧紧固定螺钉。

3）测量工件时，应先调整好直角尺或直尺的位置，并用卡块上的螺钉紧固。再松开制动器上的螺母，移动尺身做粗调整。然后转动扇形板背面的微动装置做细微调整，直到基尺测量面与被测表面紧密贴合为止。这时将角度尺取下读数，所得读数值即为被测角度值。如测量角度大于 90°，测得的读数还应加上基数（90°、180°、270°），才是被测的角度值。

4）测量完毕后，松开各紧固件，取下直尺、直角尺和卡块等，然后擦净、上防锈油，装入专用盒内。

4.6.11 什么是平面平晶？它有哪些用途？

平面平晶是用于以干涉法测量量块，以及检验量块、量规、零件密封面、测量仪器及测量工具量面的研合性和平面度的常用工具。

平面平晶适用于光学加工厂、厂矿企业计量室、精密加工车间、阀门密封面现场检测使用，也适用于高等院校、科学研究等单位做平面度等检测。

4.6.12 平面平晶有哪些常用规格？

平面平晶的规格见表4-14。

表4-14 平面平晶的规格

规格	30	45	60	80	100	150	200①
直径/mm	30	45	60	80	100	150	200
高度/mm	10	15	20	20	25	30	40

① 此规格按特殊订货供应。

4.6.13 如何使用平面平晶？

平面平晶是利用光波干涉现象测量平面度误差的，故其测量方法称为平面平晶干涉法，也称技术光波干涉法。测量时，把平面平晶放在被测表面上，且与被测表面形成一个很小的楔角，以单色光源照射时会产生干涉条纹。干涉条纹的位置与光线的入射角有关。如入射光线垂直于被测表面，且平面平晶与被测表面间的间隙很小，则由平面平晶测量面反射的光线与被测表面反射的光线在测量面发生干涉而出现明或暗的干涉条纹。若在白光下，则出现彩色干涉条纹。如干涉条纹平直、相互平行且分布均匀，则表示被测表面的平面度很好；如干涉条纹弯曲，则表示平面度不好。

4.6.14 什么是水平仪？它有什么用途？

水平仪是一种测量小角度的常用量具。在机械行业和仪表制造中，水平仪用于测量相对于水平位置的倾斜角、机床类设备导轨的平面度和直线度、设备安装的水平位置和垂直位置等。水平仪有条形水平仪、框式水平仪、光学合像水平仪和电子水平仪等几种。

4.6.15 框式水平仪有哪几种规格？它由哪几部分组成？

框式水平仪的规格（工作面长度 × 工作面宽度）有 100mm × 30mm、150mm × 35mm、200mm × 35mm、250mm × 40mm 和 300mm × 40mm 五种，其分度值有 0.02mm/m、0.05mm/m、0.10mm/m 三种。框式水平仪由框架和水准器两个部分组成。水准器是一个内壁呈一定曲率半径的弧状玻璃管，内装酒精或乙醚等流动性较好的液体，并留有一定长度的气泡，在玻璃管外表面刻有刻度。

4.6.16 如何使用水平仪?

使用水平仪应先进行检查，将水平仪放在平板上，读取气泡的刻度大小，然后将水平仪反转置于同一位置，再读取其刻度大小，若读数相同，即表示水平仪底座与气泡管相互间的关系是正确的。否则，需用微调螺钉调整直到读数完全相同，才可做测量工作。若想检查水平仪的精度，可用正弦杆和量块组成的已知角度进行。同时，欲测量较大倾斜角也可共同使用正弦杆与水平仪。

4.6.17 什么是激光干涉仪?它有哪些分类?

激光干涉仪是以激光波长为基准，按迈克尔逊原理产生干涉条纹进行几何量测量的测量仪器。激光干涉仪可配合各种折射镜、反射镜等来做线性位置、速度、角度、平面度、直线度、平行度和垂直度等测量工作，并可作为精密工具机或测量仪器的校正工作。

激光干涉仪有单频的和双频的两种。

4.6.18 什么是自准值仪?它有哪些分类?

自准直仪是依据光学自准直成像原理，通过LED发光器件和线阵CCD成像技术设计而成的，由内置的高速数据处理系统对CCD信号进行实时采集处理，同时完成两个维度的角度测量。自准直仪常用于测量导轨的直线度、平板的平面度（这时称为平面度测量仪）等，也可借助于转向棱镜附件测量垂直度等。

自准直仪常按读数系统的不同，分为光学自准直仪和数字自准直仪。

第5章

手工工具

5.1 手工工具常识

5.1.1 什么是手工工具?

手工工具是指用手握持，以人力或以人控制的其他动力作用于物体的小型工具。手工工具用于手工切削和辅助装修，一般均带有手柄，便于携带。

5.1.2 手工工具按功能可分为哪几类?

手工工具按功能可分为切削工具和装修辅助工具两大类，按用途可分为螺钉和螺母装配手工具（如扳手、螺钉旋具）、建筑用手工具、园艺用手工具（剪刀、镰刀、秣刀、修枝剪等）、管道用手工具、测量用手工具、木工用手工具、焊接用手工具等。手工工具常见的有锤、锉、刀、钳、锯、螺钉旋具、扳手和金刚石工具等。

5.1.3 手工工具一般常用的原材料有哪些?

手工工具常用的原材料一般为碳素钢和合金钢两类。碳素钢因其含碳量不同可分为低碳钢、中碳钢、高碳钢。合金钢是为了改善钢的某种性能，有目的地在碳素钢中加入一种或多种适量的合金元素。不同的合金元素对钢的性能产生不同的作用。合金钢的力学性能比一般工具所采用的中碳钢好。工具上用得比较多的是 Cr 钢、Cr-V 钢、Cr-Mo 钢、Cr-Mo-V 钢。Cr-V 钢中的 Cr 和 V 元素分别代表了钢材硬度和钢材的韧性，硬度可达 52 ~ 54HRC；Cr-Mo 钢的硬度比 Cr-V 高，可达 55 ~ 57HRC；Cr-Mo-V 钢的硬度可达 59 ~ 61HRC，不但硬度高而且韧性也很好。

5.1.4 手工工具的完好标准有哪些?

1. 土木工具

（1）八角锤的完好标准

1）锤头与锤柄的连接必须牢固、可靠，以确保安全。

2）锤体应对称、孔眼端正，锤面平整。

3）外观完好，锤体轮廓清晰，表面无裂纹、折痕、缺口、毛刺。

4）锤头与锤柄在安装孔中必须加楔，楔子的长度不要大于安装孔深的 2/3。

（2）十字镐的完好标准

1）镐头与镐柄的连接必须牢固、可靠，以确保安全。

2）外观完好，没有分层、裂纹、氧化皮、毛刺、漏孔、锈蚀等。

3）镐体应对称，刃部开刃均匀一致。

4）镐体表面有喷涂处理，涂漆无漏漆、脱落、起泡、流痕等现象。

（3）冲击钻的完好标准

1）保护线连接正确、牢固可靠，冲击钻符合常规额定 220V 电压。

2）冲击钻机体绝缘防护、辅助手柄无破损，深度尺调节正常，机器无螺钉松动。

3）冲击钻的合金钢冲击钻头或钻孔通用钻头半径应为 $\phi6\sim\phi25$mm。

4）电源开关动作正常、灵活，无缺损、破裂。

5）机械保护装置完好。

6）工具转动部分转动灵活、轻快，无阻塞现象。

2. 钳工工具

（1）手钳、尖嘴钳、带塑料管钢丝钳、剥线钳的完好标准

1）绝缘胶良好，没有破损、漏电等现象。

2）钳口无磨损、错口现象，能够保持正常使用。

3）手柄无潮湿现象，保持充分干燥。

（2）钢锯弓的完好标准

1）锯条与锯身连接牢固。

2）外观完好，轮廓清晰，表面无裂纹、折痕、缺口。

3）锯身表面有喷涂处理，涂漆无漏漆、脱落、起泡、流痕等现象。

4）锯条有任性，锯齿均匀。

（3）榔头的完好标准

1）榔头与榔头手柄的连接必须牢固，榔头两端应对称、孔眼端正。

2）外观完好，轮廓清晰，表面无裂纹、折痕、缺口。

（4）活扳手的完好标准

1）使用扳手时，旋转螺钉没有出现滑丝等现象。

2）扳手收缩正常，能保证正常使用。

3）扳手没用出现断裂等现象。

4）外观完好，轮廓清晰，表面无裂纹、折痕、缺口。

（5）双头呆扳手、单头呆扳手、梅花呆扳手的完好标准

1）外观完好，轮廓清晰，表面无裂纹、折痕、缺口。

2）扳口无磨损、断裂现象。

3）扳手表面无锈蚀。

（6）套筒扳手的完好标准

1）外观完好，轮廓清晰，表面无裂纹、折痕、缺口。

2）套筒扳手配件齐全，无磨损、断裂现象。

3）套筒扳手表面无锈蚀、变形。

（7）手电钻的完好标准

1）手电钻的技术状态完好，电缆线无破损、开裂。

2）外壳的通风口（孔）必须保持畅通。

3）使用前应使电钻先空转一下，其运转正常。

4）电源引线和插头、插座完好，接上电源后，试电笔检查外壳无漏电。

（8）铆钉枪的完好标准

1）铆钉枪气压正常。

2）气管、油管完好通畅，无漏气现象。

3）枪嘴正确。

4）气管及接头无损坏。

5）铆钉枪无漏油现象，枪爪无磨损。

6）电源开关动作正常、灵活，无缺损、破裂。

7）工具转动部分转动灵活、轻快，无阻塞现象。

8）铆枪底盖旋紧牢固，机械保护装备完好。

（9）台虎钳的完好标准

1）台虎钳固定牢靠。

2）电源开关动作正常、灵活，无缺损、破裂。

3）使用时，台虎钳钳口无损伤。

4）台虎钳紧固性完好，加力杆无变形。

（10）管钳的完好标准

1）管钳的固定销钉要牢固，钳头、钳柄无裂痕。

2）管钳的牙和调节环要保持清洁。

3）钳头开口无裂纹、折痕、缺口，旋转螺母无生锈。

4）各部件表面无锈蚀、毛刺等缺陷。

5）链条式管钳的锯齿形螺杆、锯齿形钩舌、链条、管钳手柄连接良好稳固。

（11）卡簧钳的完好标准

1）左右钳体的嘴顶部分厚度应一致，不得出现明显的厚度不同、崩齿及歪斜现象。

2）钳体腮部缝隙应均匀、一致，最大缝隙≤0.3mm。

3）套柄内应加适当胶水，防止套柄松脱。

4）钳体、腮部等处不应有多余的毛刺、凹坑、锈迹、缺损等缺陷。

5）钳体外形应匀称、平整一致，钳头卡孔直径大小一致，沾塑柄尾部不得有多余料头流痕。

6）沾塑柄上不得有飞边、气孔、杂质、胶水外溢、粘污等缺陷。

（12）套筒的完好标准

1）套筒数量齐全。

2）外观完好，轮廓清晰，表面无裂纹、折痕、缺口、松动。

3）各部件表面无锈蚀、变形、毛刺等缺陷。

4）手柄绝缘胶良好，没有破损、漏电等现象。

(13) 磨光机的完好标准

1）磨光机有防护罩且安装稳固，磨光机的磨片安装稳固。

2）磨光机外壳、手柄不得出现裂纹、破损，电缆软线及插头等完好无损，开关动作正常，保护接零连接正确、牢固可靠，电气保护装置可靠。

3）磨光机的电源线无破损、插座绝缘完好，电源线不得长于5m。

4）磨光机的磨片无缺损、松动现象。

5）紧固用的螺栓、螺母、垫圈等齐全、紧固、无锈蚀。

(14) 手动套丝机的完好标准

1）手动套丝机配件齐全。

2）手动套丝机应安放在稳固的基础上，先空运转，再进行检查调整，各部件运转正常。

3）手动套丝机操作前无漏油现象，油管顺畅。

4）手动套丝机的电源线无破损、插座绝缘完好。

5）紧固用的螺栓、螺母、垫圈等齐全、紧固、无锈蚀。

6）外观完好，轮廓清晰，表面无裂纹、折痕、缺口、松动。

(15) 黄油枪的完好标准

1）黄油枪各部件完整、牢固、可靠，特别是皮碗要完整。

2）外观完好，轮廓清晰，表面无裂纹、折痕、缺口、松动。

3）各部件表面无锈蚀、毛刺等缺陷。

(16) 脚扣的完好标准

1）金属母材及焊缝无裂纹以及可目测的变形。

2）橡胶防滑条完好、无裂损。

3）脚带完好，无霉变、裂纹及严重变形。

4）属合格产品，功能正常。

(17) 转向手柄的完好标准

1）转向手柄连接牢固、可靠。

2）外观完好，轮廓清晰，表面无裂纹、折痕、缺口。

3）各部件表面无锈蚀、毛刺等缺陷。

3. 电工工具

(1) 断线钳的完好标准

1）绝缘胶良好，没有破损、漏电等现象。

2）钳口无磨损、错口现象，能够保持正常使用。

3）各部件表面无裂纹、锈蚀、伤痕、毛刺等缺陷。

(2) 十字槽螺钉旋具、一字槽螺钉旋具的完好标准

1）绝缘胶良好，没有破损、漏电等现象。

2）头部无磨损现象，能够保持正常使用。

3）手柄无潮湿现象，保持充分干燥。

（3）电烙铁的完好标准

1）电烙铁的插头是三极插头，电源插头、电源线无损坏，同时烙铁头无松动。

2）紧固用的螺栓、螺母、垫圈等齐全、紧固、无锈蚀。

3）接线装置齐全、完整、紧固，导电良好。

4）外观完好，轮廓清晰，表面无裂纹、折痕、缺口、松动。

5）手柄绝缘胶良好，没有破损、漏电等现象。

（4）热熔机完好标准

1）热熔机配件齐全

2）拖线板、电线、插头、插座完好，热容器具无松动或损坏，专用配管完好。

3）热熔机器有红绿指示灯，红灯代表加温，绿灯代表恒温。

4）紧固用的螺栓、螺母、垫圈等齐全、紧固、无锈蚀。

5）外观完好，轮廓清晰表面无裂纹、折痕、缺口、松动。

（5）电焊钳的完好标准

1）手把线连接牢固、可靠。

2）焊接手柄操持绝缘、隔热性能良好。

3）外观完好，轮廓清晰，表面无裂纹、折痕、缺口。

4）电焊钳应在所设置的任一角度都能夹紧焊条，并且更换焊条安全、方便。

4. 起重工具

（1）手动葫芦的完好标准

1）各零部件的安全可靠性好，转动部位应灵活。

2）倒链的制动部分完好，棘轮齿槽与棘爪爪部啮合良好，弹簧和棘爪应灵活可靠。

3）制动器应可靠；链条无断节和裂纹、开焊；悬挂手拉葫芦的支承点（如吊挂用的绳索及支架、横梁、吊环等）应结实牢固。

4）手动葫芦承载能力应与该葫芦的起重能力相适应。

（2）紧绳器的完好标准

1）紧绳器的手柄、棘轮、转动绕线轴、脚爪柄连接牢固、可靠。

2）外观完好，轮廓清晰，表面无裂纹、折痕、缺口。

3）各部件表面无锈蚀、毛刺等缺陷。

5. 其他工具

（1）木锉的完好标准

1）外观完好，表面无裂纹、折痕、缺口。

2）毛刺良好，能保证正常使用。

（2）修枝剪的完好标准

1）剪头与剪柄的连接应牢固、可靠，以确保安全。

2）外观完好，没有分层、裂纹、氧化皮、毛刺、漏孔、锈蚀等。

3）剪体应对称，刃部开刃均匀一致。

4）剪体表面有喷涂处理，涂漆无漏漆、脱落、起泡、流痕等现象。

(3) 射钉枪的完好标准

1）外壳、手柄无裂纹、破损。

2）电缆软线及插头等完好无损，开关动作正常，保护接零连接正确、牢固可靠。

3）各部防护罩齐全牢固，电气保护装置可靠。

4）紧固用的螺栓、螺母、垫圈等齐全、紧固、无锈蚀。

5）外观完好，轮廓清晰，表面无裂纹、折痕、缺口、松动。

5.2 钳类工具

5.2.1 什么是钳类工具？钳嘴的形式主要有哪些？

钳类工具是一种用于夹持、固定加工工件或者扭转、弯曲、剪断金属丝线的手工工具（图5-1）。钳子的外形呈V形，通常包括手柄、钳腮和钳嘴三个部分。

按主要功能和使用性质，钳可分夹持式、剪切式和夹持剪切式三种。

钳类工具的种类很多，常见的有钢丝钳、鲤鱼钳、尖嘴钳、平嘴钳、扁嘴钳、圆嘴钳、弯嘴钳、电工钳、斜嘴钳、水泵钳、挡圈钳、鸭嘴钳、大力钳、断线钳、胡桃钳、紧线钳等。

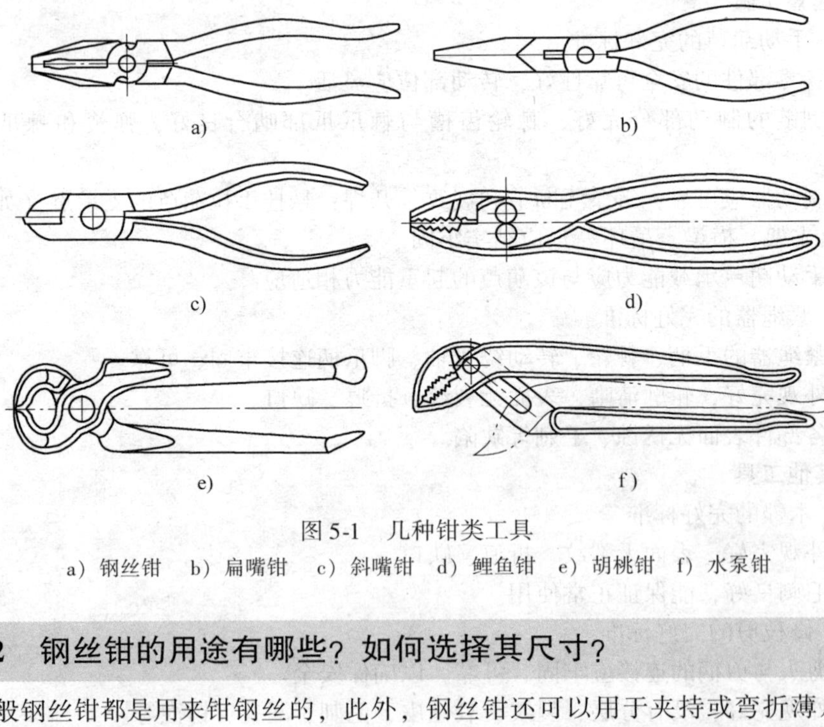

图5-1　几种钳类工具

a）钢丝钳　b）扁嘴钳　c）斜嘴钳　d）鲤鱼钳　e）胡桃钳　f）水泵钳

5.2.2 钢丝钳的用途有哪些？如何选择其尺寸？

一般钢丝钳都是用来钳钢丝的，此外，钢丝钳还可以用于夹持或弯折薄片形、圆柱形金属零件及切断金属丝，其刃口也可用于切断细金属丝等。钳子的绝缘塑料管耐压500V以上，有了它可以带电剪切电线。

常用的钢丝钳长度有160mm、180mm、200mm。180mm的用起来比较合适；200mm的力量比较大，但是略显笨重；160mm的比较小巧，剪切稍微粗点的钢丝就比较费力。

5.2.3 使用钢丝钳有哪些注意事项？

1）钢丝钳的绝缘护套耐压一般为500V，使用时检查手柄的绝缘性能是否良好，以免带电作业时会发生触电事故。

2）带电操作时，手离金属部分的距离应不小于2cm，以确保人身安全。

3）剪切带电导线时，严禁用刃口同时剪切相线和中性线，或同时剪切两根相线，以免发生短路事故。

4）钳轴要经常加油，防止生锈。

5.2.4 什么是尖嘴钳？其常用规格有哪些？

尖嘴钳由尖头、刃口和钳柄组成。其主要用途是在比较狭小的工作空间夹持小零件，带刃尖嘴钳还可剪切线径较细的单股与多股线，以及给单股尖嘴钳导线接头弯圈、剥塑料绝缘层等，也是电工常用的工具之一（电工用尖嘴钳的钳柄上套有额定电压500V的绝缘套管）。

尖嘴钳的规格是以其全长来表示的，常见的规格有130mm、160mm、180mm、200mm。

5.2.5 使用尖嘴钳有哪些注意事项？

1）不允许用尖嘴钳卸装螺母、夹持较粗的硬金属导线以及其他硬物。

2）塑料手柄破损后严禁带电操作。

3）尖嘴钳头部是经过淬火处理的，不要在锡锅或高温条件下使用。

4）要保持钳口锐利，转轴灵活，手柄的橡胶套完好，并具有一定的摩擦。

5）始终保持外表干净，不得有油污。

6）使用完毕后，要及时保存并放到指定工具包或箱内，不得与锋利工具一起放。

5.2.6 压接钳的用途是什么？其安全使用规则是什么？

压接钳通过压接的方式使导线和接线端子紧密连接，用于输电设备、电信设备和计算机的装配维修。其使用规则如下：

1）严禁带电作业，以防触电。

2）压接孔一旦出现毛刺或裂纹，应立即停止使用。

3）不能用它当钢锤敲击硬物。

4）不能在钳柄尾端加接套管延长力臂，以免压接过度损坏端子。

5.2.7 什么是扁嘴钳？其用途有哪些？

扁嘴钳是一种用于夹持、固定加工工件或者扭转、弯曲、剪断金属丝线的手工工具，嘴扁，外形呈V形，由手柄、钳腮和钳嘴三部分组成。扁嘴钳用于弯曲金属薄片，或把金属细丝弯成为所需的形状。在修理工作中，扁嘴钳用以装拔销子、弹簧等，是金属机件装配及电信工程常用的工具。

扁嘴钳分短嘴扁嘴钳和长嘴扁嘴钳两种型式。扁嘴钳的规格以其长度（mm）计，短嘴扁嘴钳的规格有125mm、140mm和160mm三种，长嘴扁嘴钳的规格有140mm、160mm和180mm三种。

5.2.8 使用扁嘴钳有哪些注意事项？

1）使用前应先擦净扁嘴钳上的油污，以免工作时滑脱而导致事故；使用后应及时擦净并放在适当位置。

2）钳子的规格应与工件规格相适应，以免因钳子小、工件大造成钳子受力过大而损坏。

3）严禁用钳子代替敲击扳手使用，以免损坏螺栓、螺母等工件的棱角。

4）使用时，不允许用钳柄代替撬棒使用，以免造成钳柄弯曲、折断或损坏，也不可以用来代替锤子敲击零件。

5.2.9 斜嘴钳的用途是什么？如何选择斜嘴钳的尺寸？

斜嘴钳的用途是切断金属丝，平口斜嘴钳适宜在凹下的工作空间使用，是电线安装电器装配和维修工作中常用的工具。

斜嘴钳的规格有125mm、140mm、160mm、180mm、200mm，大于200mm的比较少见，比125mm更小的，称为迷你斜口钳。

尺寸选择建议：在尺寸选择上以125mm、140mm、160mm为主，普通电工布线时选择140mm、160mm的，切断能力比较强，剪切不费力。线路板安装维修以125mm、140mm的为主，使用起来方便灵活，长时间使用不易疲劳。迷你钳适合于一些小的零件。

5.2.10 如何使用斜嘴钳？

斜嘴钳的刃口可用来剥离软电线的橡皮或塑料绝缘层，也可用来剪切电线、铁丝。剪8号镀锌铁丝时，应用刀刃绕表面来回割几下，然后轻轻一扳。铡口可以用来切断电线、钢丝等较硬的金属线，齿口可用来紧固或拧松螺母。但斜嘴钳不可用来剪切钢丝、钢丝绳、过粗的铜导线和铁丝，以免钳子崩牙和损坏。

使用斜嘴钳时要熟知其性能、特点、使用、保管和维修及保养方法。用右手操作钳子，钳口朝内侧，便于控制钳切部位，用小指伸在两钳柄中间来抵住钳柄，张开钳头，这样分开钳柄灵活。

5.2.11 断线钳的用途有哪些？其规格有哪些？

断线钳用于切断较粗的、硬度不大于30HRC的金属线材、铁丝以及电线等。

断线钳的规格（长度尺寸）有300mm、450mm、600mm、750mm、900mm、1050mm。

5.2.12 断线钳的质量有哪些要求？

1）断线钳刀片的刃口硬度不低于55HRC，螺栓、压板、中心轴硬度为33~40HRC。

2）各零部件表面不应有裂纹、锈蚀和有害伤痕、毛刺等缺陷。

3）凡进行表面处理的零件，须色泽均匀，不得有明显斑疤、麻点、气泡、剥层和流痕。

4）刀片刃口的两斜面表面粗糙度 Ra 值不大于 3.2μm，刀片其余切削加工部位的表面粗糙度 Ra 值不大于 6.3μm。

5）断线钳各部件的连接件或连接螺栓应紧固，刃口部位应能灵活地开合。

6）断线钳的剪切刀片或刃口应可替换。

7）压板螺栓应具有防松功能。

5.2.13　什么是圆嘴钳？其规格有哪些？

圆嘴钳是钳头呈圆锥形、用于将金属薄片及金属丝弯成圆形的手工工具，分为短嘴和长嘴两种型式，是日常生活和电信工程中的必备工具。

圆嘴钳的规格以其长度（mm）计，短嘴的规格有 125mm、140mm 和 160mm 三种，长嘴的规格有 140mm、160mm 和 180mm 三种。

5.2.14　什么是胡桃钳？其规格有哪些？

胡桃钳是一种钳头呈弯环状、钳柄较长的钳子，木工和鞋工等多用它来起拔或切断钉子，钳工多用它来夹持圆形或柱状工件。材质为铝青铜、铍青铜合金的胡桃钳，广泛用于石油、化工等各种防爆场合，铍青铜合金产品还能起到防磁的功能。

胡桃钳的规格以其长度（mm）计，有 160mm、180mm、200mm、224mm、250mm 和 280mm 六种。

5.2.15　什么是水泵钳？其规格有哪些？

水泵钳是用于夹持扁形或圆柱形金属零件的工具，其特点是钳口的开口宽度有 3 或 4 挡调节位置，以适应夹持不同尺寸零件的需要，是汽车、内燃机、农业机械及室内管道等安装、维修工作中常用的工具。

水泵钳的规格以其长度（mm）计，有 100mm、125mm、160mm、200mm、230mm、315mm、400mm 和 500mm 八种。

5.2.16　什么是鲤鱼钳？它有哪些规格和用途？

鲤鱼钳因外形酷似鲤鱼而得名，其特点是钳口的开口宽度有两档调节位置，可放大或缩小使用。鲤鱼钳主要用于夹持扁形或圆柱形金属零件，也可代替扳手旋小螺母和小螺栓，钳口后部刃口可用于切断金属丝，也可用钳口夹紧或拉动，在颈部切断细导线。鲤鱼钳及其使用方法如图 5-2 所示。其规格（长度尺寸）有 125mm、150mm、165mm、200mm 和 250mm。

5.2.17　使用鲤鱼钳有哪些注意事项？

1）塑料柄可以耐高压，使用过程中不要随意乱扔，以免损坏塑料管。

2）在用钳子夹持零件前，必须用防护布或其他防护罩遮盖易损坏件，防止锯齿状钳口对易损件造成伤害（图 5-2）。

3）严禁把鲤鱼钳当成扳手使用，因为锯齿状钳口会损坏螺栓或螺母的棱角。

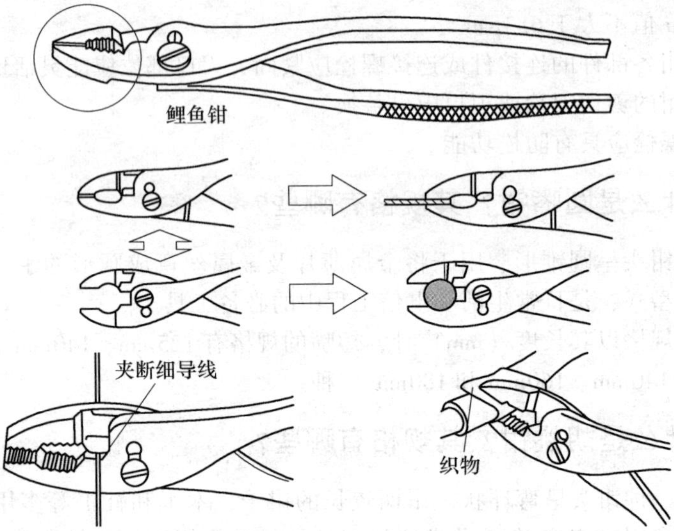

图 5-2　鲤鱼钳及其使用方法

5.2.18　管子钳的用途和常见的规格有哪些？

管子钳一般用来夹持和旋转钢管类工件，有Ⅰ型、Ⅱ型和Ⅲ型，广泛用于民用管道和石油管道安装。常见的规格（长度尺寸）有 150mm、200mm、250mm、300mm、350mm、450mm、600mm、900mm 和 1200mm。

5.2.19　什么是台虎钳？其常用的规格有哪些？

台虎钳是用来夹持工件的通用夹具，有普通台虎钳（分固定式和旋转式）、多用台虎钳和管子台虎钳三种。台虎钳装置在工作台上，用以夹稳加工工件。

台虎钳的规格是指钳口宽度。普通台虎钳的规格有 75mm、90mm、100mm、115mm、125mm、150mm 和 200mm 七种。多用台虎钳的规格有 75mm、100mm、120mm、125mm 和 150mm 五种（每种又根据夹紧能力分轻型和重型）。管子台虎钳根据工作范围分 6 种：$\phi10\sim\phi60$mm，$\phi10\sim\phi90$mm，$\phi15\sim\phi115$mm，$\phi15\sim\phi165$mm，$\phi30\sim\phi220$mm，$\phi30\sim\phi300$mm。

5.2.20　台虎钳的结构组成和原理是什么？

（1）结构组成　台虎钳主要由活动钳身、固定钳身、丝杆、手柄等可活动零件，以及螺钉、螺母等起固定作用的零件组成，如图 5-3 所示。

（2）工作原理　台虎钳的底座用螺栓固定于工作台边缘上，固定钳身装在底座上，并能绕底座轴线绕一定角度转动，当转到要求的方向时，扳动夹紧手柄使夹紧螺栓旋紧，固定钳身。活动钳身通过导轨与固定钳身的导轨配合。处于活动钳身上的丝杆可以旋转，但不能轴向移动，并与安装在固定钳身内的丝杆螺母配合。当摇动手柄时，丝杆旋转，带动活动钳身相对于固定钳身做轴向移动，在钳口的作用下夹紧或放松物件。其次，在丝杆与活动钳身配合处有弹簧，借助挡圈和开口销固定在丝杆上，当放松丝杆时，可使活动钳身及时地退出。另外，在固定钳身和活动钳身上，各有用螺钉固定的钢制且制有交叉网纹钳口，起夹紧、防滑作用。

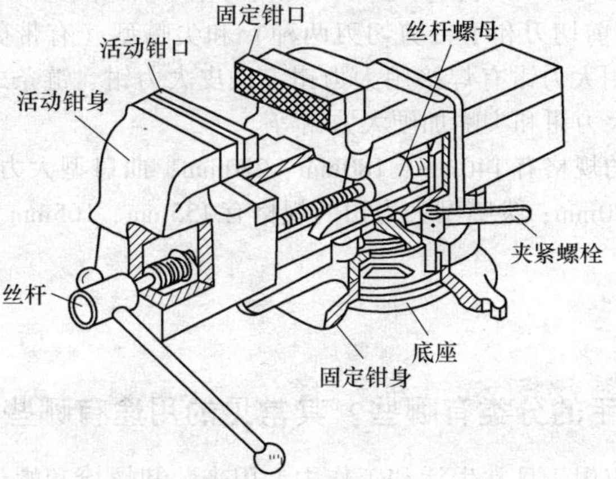

图 5-3 台虎钳的结构

5.2.21 台虎钳的安装使用方法是什么？

1）在钳台上安装时，必须扳紧三个压紧螺钉，保证在加工时钳身不松动，以免损坏台虎钳和影响加工。

2）固定钳身钳口的一部分要处于钳台边缘以外，保证夹持长条形工件时，工件不受钳台边缘的阻碍。回转底座的中间孔应该朝里边。

3）钳口高度要恰当。操作者工作时，一般多以钳口高度恰好与肘齐平为宜，即肘放在台虎钳最高点半握拳，拳刚好抵下颚。钳桌的长度和宽度则随工作而定。

5.2.22 使用、维护台虎钳有哪些注意事项？

1）在夹紧工件时松紧适当，只许用手力扳动手柄，不许用锤子或其他套筒，以免损坏丝杆、螺母或钳身。

2）不许在活动钳口、钳身和光滑平面上敲击作业，而应该在固定钳身的平台上，以免损坏钳口。

3）丝杆、螺母和其他滑动表面要求经常保持清洁，并加油润滑。

4）强力作业时，应尽量使力朝向固定钳身。

5.2.23 什么是大力钳？其作用是什么？

大力钳钳口可以锁紧并产生很大的夹紧力，具有夹持、扳拧和夹持锁定或兼有剪切功能，而且钳口有很多档调节位置，供夹紧不同厚度零件使用。大力钳主要用于夹持零件进行铆接、焊接、磨削等加工。

5.2.24 大力钳分几类？通用大力钳的规格有几种？

大力钳分通用和专用两大类。通用大力钳分直口型（有钳口带齿和钳口无齿两种）、曲口型（有带剪切刃和不带剪切刃两种）和尖嘴型（有带剪切刃和不带剪切刃两种）三小类。专用大力钳有焊接用大力钳、铁皮大力钳、链条式大力钳、弧齿加硬大力钳、直齿加硬大力钳和尖嘴加硬大力钳等。

直口型大力钳的规格有 140mm、180mm、220mm；曲口型大力钳的规格有 100mm、140mm、180mm、220mm；尖嘴型大力钳的规格有 135mm、165mm、220mm。

5.3 扳手

5.3.1 手动扳手的分类有哪些？其常见的用途有哪些？

手动扳手主要应用于日常生活和工作中，用来装卸螺栓和螺母。手动扳手可分为呆扳手、梅花扳手、两用扳手、套筒扳手、扭力扳手、棘轮扳手、内六角扳手等几种。

1）呆扳手：一端或两端制有固定尺寸的开口，用以拧转一定尺寸的螺母或螺栓。

2）梅花扳手：两端具有带 6 角孔或 12 角孔的工作端，适用于工作空间狭小、不能使用普通扳手的场合。

3）两用扳手：一端为单头呆扳手，另一端为梅花扳手，拧转相同规格的螺栓或螺母。

4）套筒扳手：由多个带 6 角孔或 12 角孔的套筒，并配有手柄、接杆等附件组成，用来套入六角螺母，特别适用于拧转位置十分狭小或凹陷很深处的螺栓或螺母。

5）内六角扳手：成 L 形的六角棒状扳手，专用于拧转内六角圆柱头螺钉。

6）扭力扳手：它在拧转螺栓或螺母时，能显示出所施加的扭矩；或者当施加的扭矩到达规定值后，会发出光或声响信号，适用于对扭矩大小有明确规定的装配工作。

5.3.2 什么是呆扳手？其常见型号有哪些？

呆扳手分为单头和双头两种，主要用于机械检修、设备装置、家用装修、汽车修理等场合。

1）单头呆扳手的型号规格：5.5mm，6～32mm（连续整数），34mm，36mm，41mm，46mm，55～80mm（间隔 5mm）。

2）双头呆扳手的型号规格（对边尺寸组配）：4mm × 5mm，5mm × 5.5mm，5.5mm × 7mm，7mm × 8mm，8mm × 10mm，10mm × 11mm，10mm × 13mm，11mm ×

13mm，13mm×15mm，13mm×16mm，15mm×16mm，16mm×18mm，18mm×21mm，21mm×24mm，24mm×27mm，27mm×30mm，30mm×34mm，34mm×36mm，36mm×41mm，41mm×46mm，46mm×50mm，50mm×55mm，55mm×60mm，65mm×65mm，65mm×70mm，70mm×75mm，75mm×80mm。

5.3.3 常用外六角头螺栓头部对边尺寸及相应的扳手有哪些？

常用外六角头螺栓头部对边尺寸及相应的扳手见表5-1。

表5-1 常用外六角头螺栓头部对边尺寸及相应的扳手 （单位：mm）

螺纹直径	螺栓头部对边尺寸 S	套筒扳手的规格（S） 两用扳手的规格（S）	双头呆扳手的规格（$S_1 \times S_2$） 双头梅花扳手的规格（$S_1 \times S_2$）
M5	8	8	7×8
M6	10	10	10×11
M8	13	13	13×16
M10	16	16	13×16
M12	18	18	18×21
M14	21	21	18×21
M16	24	24	24×27
M18	27	27	24×27
M20	30	30	30×34
M22	34	34	30×34
M24	36	36	36×41
M27	41	41	36×41
M30	46	46	46×50

5.3.4 内六角扳手有哪些规格？

内六角扳手及对应的螺纹规格见表5-2。

表5-2 内六角扳手及对应的螺纹规格

扳手规格	S3	S4	S5	S6	S8	S10	S12	
螺纹规格	M4	M5	M6	M8	M10	M12	M14	M16
扳手规格	S14		S17		S19		S24	S27
螺纹规格	M18	M20	M22	M24	M27	M30	M36	M37

5.3.5 套筒有哪些种类及规格？

套筒分手动扳手套筒和机动四方传动套筒两种。

手动扳手套筒的基本尺寸分6.3mm、10mm、12.5mm、20mm和25mm共5个系列，见表5-3。

表 5-3　手动扳手套筒的尺寸系列

规格（S）	系　列			规格（S）	系　列			
/mm	6.3mm	10mm	12.5mm	/mm	10mm	12.5mm	20mm	25mm
3.2	√			19	√	√		
4	√			21	√	√	√	
4.5	√			22	√	√	√	
5	√			24	√	√	√	
5.5	√			27		√	√	
6	√			30		√	√	
7	√	√		32		√	√	
8	√	√	√	34		√	√	
9	√	√	—	36			√	
10	√	√	√	41			√	√
11	√	√	√	46			√	√
12	√	√	√	50			√	√
13	√	√	√	55			√	√
14	√	√	√	60			√	√
15	√	√	√	65				√
16	√	√	√	70				√
17		√	√	75				√
18		√	√	80				√

机动四方传动套筒的方孔尺寸有 6.3mm、10mm、12.5mm、16mm、20mm、25mm、40mm 共 7 个系列，见表 5-4。

表 5-4　机动四方传动套筒的尺寸系列

规格（S）	方孔尺寸/mm					规格（S）	方孔尺寸/mm					
/mm	6.3	10	12.5	16	20	/mm	10	12.5	16	20	25	40
3.2	√					24	√	√	√	√		
4	√					27		√	√	√	√	
5	√					30		√	√	√	√	
5.5	√					34		√	√	√	√	
7	√	√				36			√	√	√	√
8	√	√	√			41				√	√	√
10	√	√	√			46				√	√	√
11	√	√	√			50				√	√	√
13	√	√	√			55				√	√	√
15	√	√	√	√		60				√	√	√
16	√	√	√	√		65					√	
18		√	√	√	√	70					√	
21		√	√	√	√							

5.3.6 如何正确使用呆扳手?

1）目测螺栓头部平台的宽度，或用量具测量后根据宽度选用扳手尺寸。

2）保证扳手的两个面与螺栓或螺母的两个面进行接触（图5-4a）。

3）采用拉或者手掌推动的用力方式（图5-4b）。

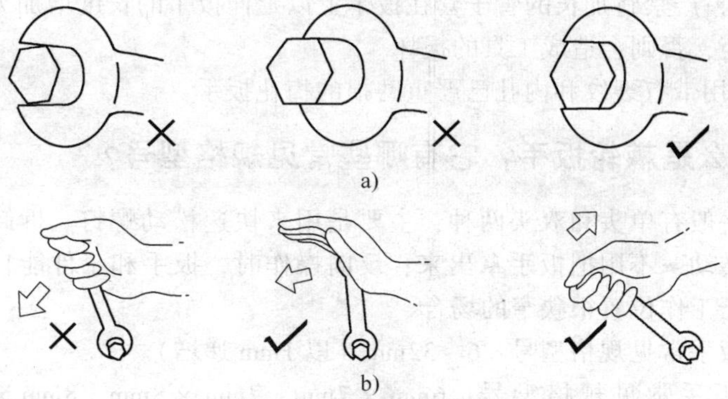

图5-4 呆扳手的使用

a）扳手的两个面与螺栓或螺母的两个面进行接触 b）采用拉或者手掌推动的用力方式

5.3.7 什么是两用扳手？它有哪些常见规格型号?

1）两用扳手的一端与单头呆扳手相同，另一端与梅花扳手相同，两端拧转相同规格的螺栓或螺母。它可广泛应用于石油、石化、油站、油库、采气、化工、军工、电力、矿山、电子、铁路等潜在火患和爆炸的危险环境中，也是机械制造和机械维修必不可少的专用工具。

2）两用扳手的常见型号规格：3.2mm，4mm，5mm，5.5mm，6mm~32mm（逢整数），34mm，36mm，41mm，46mm，50mm。

5.3.8 什么是梅花扳手？它有哪些常见规格型号?

梅花扳手的两端呈花环状，其内孔由两个正六边形相互同心错开30°而成。很多梅花扳手都有弯头，常见的弯头角度为10°~45°，从侧面看旋转螺栓部分和手柄部分是错开的。这种结构方便于拆卸装配在凹陷空间的螺栓、螺母，并可以为手指提供操作间隙，以防止擦伤。

梅花扳手有单头梅花扳手和双头梅花扳手两种。

单头梅花手的型号规格：10~32mm（逢整数），34mm，36mm，41mm，46mm，50~80mm（间隔5mm）。

双头梅花扳手的型号规格（对边尺寸组配）：7mm×8mm，8mm×10mm，10mm×11mm，10mm×13mm，11mm×13mm，13mm×15mm，13mm×16mm，15mm×16mm，16mm×18mm，18mm×21mm，21mm×24mm，24mm×27mm，27mm×30mm，30mm×34mm，34mm×36mm，36mm×41mm，41mm×46mm，46mm×50mm，50mm×55mm，55mm×60mm。

5.3.9 如何使用梅花扳手?

1）使用梅花扳手时，左手推住梅花扳手与螺栓连接处，保持梅花扳手与螺栓完全配合，防止滑脱，右手握住梅花扳手另一端并加力。梅花扳手可将螺栓、螺母的头部全部围住，因此不会损坏螺栓角，可以施加大力矩。

2）扳转时，严禁将加长的管子套在扳手上以延伸扳手的长度增加力矩，严禁捶击扳手以增加力矩，否则会造成工具的损坏。

3）严禁使用带有裂纹和内孔已严重磨损的梅花扳手。

5.3.10 什么是棘轮扳手？它有哪些常见规格型号?

棘轮扳手一般有单头和双头两种，主要是用来快速松动螺钉。拆卸或组装时，可以连续不断地转动，不用把扳手拿出来；反向操作时，扳手和工件能自动分离。棘轮扳手尤其适用于工作位置很狭窄的场合。

单头棘轮扳手常见规格型号：6～32mm（以1mm递增）。

双头棘轮扳手常见规格型号：6mm×7mm，7mm×8mm，8mm×9mm，8mm×10mm，9mm×11mm，10mm×11mm，10mm×12mm，10mm×13mm，11mm×13mm，12mm×13mm，12mm×14mm，13mm×14mm，13mm×15mm，13mm×16mm，13mm×17mm，14mm×15mm，14mm×16mm，14mm×17mm，15mm×16mm，15mm×18mm，16mm×18mm，17mm×18mm，17mm×19mm，18mm×21mm，19mm×22mm，19mm×24mm，20mm×22mm，21mm×22mm，21mm×24mm，22mm×24mm，24mm×27mm，24mm×30mm，25mm×28mm，27mm×30mm，30mm×32mm。

5.3.11 什么是扭力扳手？它分哪几类？其型号如何规定?

扭力扳手是当要求测量螺栓、螺母等拧紧力矩或要求按规定的力矩进行拧紧时所使用的扳手。扭矩一般为10～2000N·m。

扭力扳手按动力源可分为电动扭力扳手、液压扭力扳手及手动扭力扳手；手动扭力扳手又可分为预置式、表盘式和数显式。

扭力扳手的型号一般是根据扭力扳手的力值范围来分的，例如：AM-6、AM-100分别表示扭力最大值是6N·m和100N·m。

5.3.12 扭力扳手的原理和参数是什么?

几种扭力扳手的工作过程和工作原理基本上是一样的。工作时首先在扭力扳手上设定所需扭矩值，然后锁定扭矩扳手开始拧紧螺栓，当螺栓达到扭矩值后会产生瞬间脱节的效应。在产生脱节效应的瞬间发出关节敲击扳手金属外壳所发出的“卡塔”声，由此来确认达到扭矩值的提醒作用。

扭力扳手所发出的“卡塔”声是由本身内部的扭矩释放结构产生的，其结构分为压力弹簧、扭矩释放关节、扭矩顶杆三部分。扭力扳手在发出“卡塔”声后是提示已经达到所要求的扭矩。

扭力扳手的参数见表5-5。

表5-5 扭力扳手的参数

普通式		预调式		
扭矩/N·m≤	方榫尺寸/mm	扭矩范围/N·m	长度 L/mm	方榫尺寸/mm
100, 200, 300, 500	12.5	≤20	300	6.3
		20~100	488	12.5
		80~300	606	12.5
		280~760	800	20
		750~2000	920	25

5.3.13 扭力扳手常见的故障及故障产生的原因有哪些?

1）自锁功能无法调节，产生原因是：量程调节超出最大量程，锁定键反向过紧。

2）扭力接头打滑，产生原因是：方向转换未拨到位、连接头未装到位。

3）扭力值无法调整，产生原因是：紧锁键处于自锁状态。

4）超出量值未发出声响，产生原因是：方向调整钮拨错位。

5）测量数值偏大，产生原因是：加力速度过快。

5.3.14 使用扭力扳手的要点是什么?

1）按所需数值选择相应的并经校验合格的扭矩扳手，不能使用没有经过校验的扭矩扳手。

2）要用平衡、缓慢的力扭转扳手，不能急扭，手握住扭矩扳手手柄中间点，垂直于扳手中心线拉动手柄，直到达到所要求的力矩为止，不允许随意手握根部和端点。

3）不要施加大于扭矩扳手额定值的扭矩，不能用扭矩扳手拆卸螺栓或螺母，扭矩扳手只能顺时针转动。

4）用扭矩扳手拧紧螺栓时，应尽可能不使用转接器，非用不可时，必须遵守下列要求：根据各种不同形状合理选用；为减少拧紧力矩误差，转接器长度应小于扭矩扳手长度；连接转接器时，其中心线应和扳手中心线成一条直线，若需要也可使用轴线偏移的转接器，但最大不超过15°角。

5）不允许将扭矩扳手当作普通扳手使用，如用来拧松螺母或螺栓等。

6）右扭矩扳手不能左旋，而左扭矩扳手也不能右旋。

7）不能用镀铬的扭矩扳手和转接扳手接触钛及合金制成的螺栓或产品结构。

8）扭矩扳手施加的扭矩不允许超过扭矩扳手的额定扭矩值。

5.4 旋具

5.4.1 什么是螺钉旋具？其常用的规格有哪些?

螺钉旋具按其头部形状可分为一字槽形和十字槽形两种；按其手柄型式可分为1

型（木柄型）、2 型（塑料柄型）和 3 型（方形旋杆型）；此外还有螺旋棘轮螺钉旋具、多用螺钉旋具和内六角花形螺钉旋具。

一字槽螺钉旋具用来紧固或者拆卸一字槽螺钉。一般情况下，其工作部分用碳素工具钢制成，并经过淬火处理。其规格用柄部以外的长度表示，常用的规格有 50mm、75mm、100mm、125mm、150mm、200mm、250mm 和 300mm 等，使用时应根据螺钉沟槽的宽度选用相应的规格。

十字槽螺钉旋具用来紧固或者拆卸十字槽螺钉。其常用的规格（槽号）有 5 个：0、1、2、3、4。0 号适用的螺钉规格≤M2（旋杆长度为 75mm），1 号适用的螺钉规格为 M2.5 和 M3（旋杆长度为 100mm），2 号适用的螺钉规格为 M4 和 M5（旋杆长度为 150mm），3 号适用的螺钉规格为 M6（旋杆长度为 200mm），4 号适用的螺钉规格为 M8 和 M10（旋杆长度为 250mm）。

5.4.2　如何使用螺钉旋具？它有哪些注意事项？

1. 使用方法

1）大螺钉旋具一般用来紧固较大的螺钉。使用时，除大拇指、食指和中指要夹住握柄外，手掌还要顶住柄的末端，以防止旋具转动时滑脱（图 5-5a）。

2）小螺钉旋具一般用来紧固电气装置接线桩头上的小螺钉，使用时可用手指顶住木柄的末端捻旋（图 5-5b）。

3）较长螺钉旋具的使用：可用右手压紧并转动手柄，左手握住螺钉旋具的中间部分，以使螺钉刀不滑落，此时左手不得放在螺钉的周围，以免螺钉刀滑出时将手划伤。

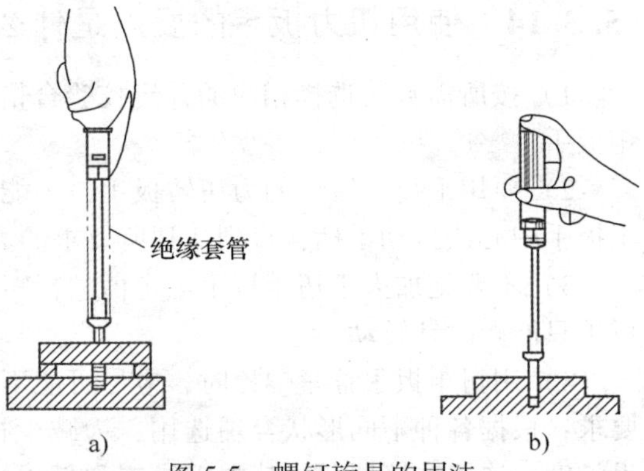

图 5-5　螺钉旋具的用法
a）大螺钉旋具　b）小螺钉旋具

2. 注意事项

1）根据不同螺钉选用不同的螺钉旋具。旋具头部厚度应与螺钉尾部槽形相配合，斜度不宜太大，头部不应该有倒角，否则容易打滑。一般来说，电工不可使用金属杆直通柄顶的螺钉旋具，否则容易造成触电事故。

2）使用螺钉旋具时，需将旋具头部放至螺钉槽口中，并用力推压螺钉，平稳旋转螺钉旋具，特别要注意用力应均匀，不要在槽口中蹭，以免磨毛槽口。

3）使用螺钉旋具紧固和拆卸带电的螺钉时，手不得触及螺钉旋具的金属杆，以免发生事故。

4）不要将螺钉旋具当作锤子使用，以免损坏螺钉旋具。

5）为了避免螺钉旋具的金属杆触及皮肤或触及邻近带电体，可在金属杆上套绝缘套管。

6）螺钉旋具在使用时应该使头部顶牢螺钉槽口，以防止打滑而损坏槽口。同时应注意，不用小螺钉旋具去拧旋大螺钉。否则，一是不容易旋紧，二是螺钉尾槽容易拧豁，三是螺钉旋具头部易受损。反之，如果用大螺钉旋具拧旋小螺钉，也容易造成因为力矩过大而导致小螺钉滑丝现象。

5.4.3　螺旋棘轮螺钉旋具的参数有哪些？

螺旋棘轮螺钉旋具的参数见表5-6。

表5-6　螺旋棘轮螺钉旋具的参数

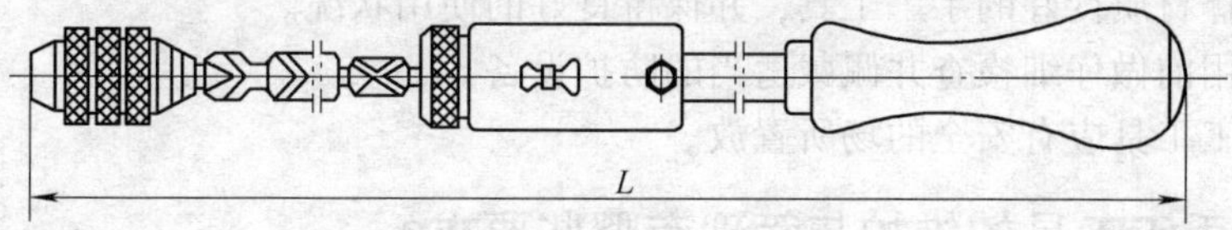

A型

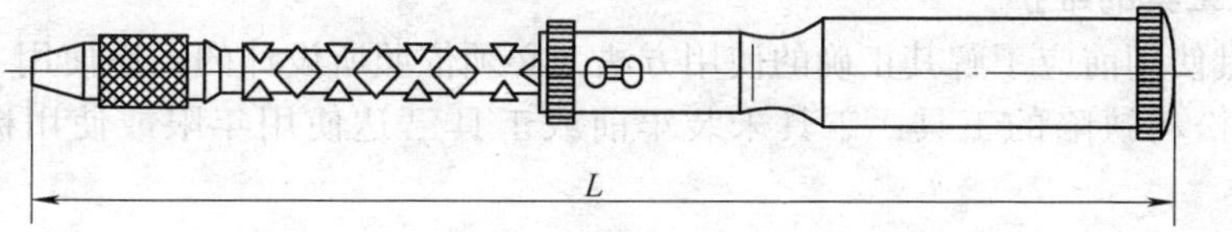

B型

型　式	规　格	L/mm	全行程旋转圈数	扭矩/N · m
A型	220	220	≥1 1/4	3.5
	300	300	≥1 1/2	6.0
B型	300	300	≥1 1/2	6.0
	450	450	≥2 1/2	8.0

5.4.4　多用螺钉旋具的尺寸有哪些？

多用螺钉旋具的尺寸见表5-7。

表5-7　多用螺钉旋具的尺寸

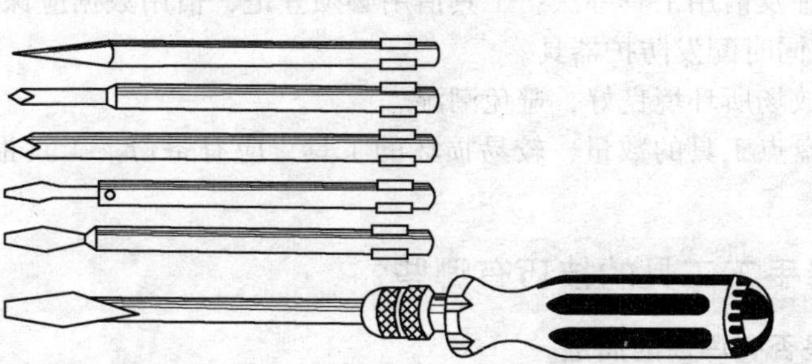

全长（手柄加旋杆）/mm	附　件		
	一　字　形	十　字　形	钢　钻
230	3只	2只（1号、2号）	1只

5.5　手工工具的操作与维护

5.5.1　手工工具安全使用的原则有哪些?

1）按工作需要选用标准或规定的手工工具，并正确使用。

2）选择材质良好的手工工具，并保持良好的使用状况。

3）使用前做仔细检查并佩戴适当的防护设备。

4）手工工具应有安全的场所置放。

5.5.2　手工工具的维护与管理有哪些要求?

1. 手工工具的维护

1）工具使用前应了解其正确的使用方法，必须依照所设计的用途使用；绝不使用已损坏或有松动缺陷的工具；工具未装牢前或工具已达使用年限或使用极限，禁止使用。

2）遇有故障或损坏时，应找出损坏的原因，立即检查维修。

3）工具应定期检查与保养，并应建立检查与维护记录卡，详细记录各项保养维护数据。长时间不使用的工具，仍须保养维护。

4）工具养护时应在静止状态下实施，并以不破坏原设计为原则。

5）掌握正确的使用方法，减少伤害事故的发生；携带尖锐的工具不可刺伤他人。

6）厂内无法修复的工具，应送回原制造厂维修。

2. 手工工具的管理

1）各项工具应有购买日期、价格、附件、使用年限等记录数据。

2）工具应有专人集中、分类保管，并存放于固定的地方，便于检查与维修。贵重工具应妥善收存，避免遗失。

3）制订管理及借用工具办法；工具借用必须登记，借用数据应保持完整，危险工具在借发时，应同时配发防护器具。

4）工具存放场所环境良好，避免潮湿。

5）应定期盘点工具的数量，较易损坏的工具，应有备份。工具报废依规定办理，并申请补购。

5.5.3　选择手工工具的技巧有哪些?

1. 看表面是否有浑浊的油迹

凡涉及五金类产品，一定要看防锈技术的处理是不是到位。大多金属本身容易生锈，这就要求生产厂必须有一定的防锈技术。选购时可以看看产品拿到手上，是否会留下油迹或黏手，另外，如果产品有刺鼻的异味，一般是由于在制作时存在疏漏。

2. 钢印字是否清晰

五金产品一般会印有品牌字样、标号等，正规生产厂的出品大都使用钢印技术，而且在未经过热处理之前就进行压字，字体虽小，但是凹得深，非常清晰。而仿冒产品的字体比较模糊，印字技术粗糙，字体浮于表面。

3. 外包装是否明晰

正规生产厂产品的外包装上都有厂名、厂址、商标、电话，外包装设计、制作精良，甚至还有专门用以保护知识产权的独特设计。

第6章

钳 工 工 具

6.1 锉削工具

6.1.1 锉刀常用的材料有哪些？它是如何加工而成的？

锉刀常用的材料为碳素工具钢T12、T12A、T13A。其加工一般要经轧制、锻造、退火、磨削、剁齿和淬火（达62HRC以上）等工序。

6.1.2 锉刀有哪些结构要素？

锉刀的结构要素包括锉身、锉刀面、锉刀边、锉刀舌、锉刀木柄和锉纹，如图6-1所示。

（1）锉身　锉身指锉削前端到锉刀尾之间所包含的部分（对于没有锉肩的整形锉，是指有锉纹的部分）。

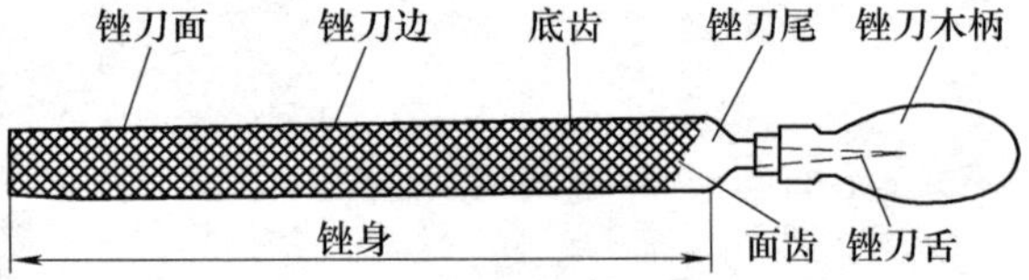

图6-1　锉刀的结构要素

（2）锉刀面　锉刀面是锉刀的主要工作面，梢部做成弧形，锉削时能够抵消部分因两手上下摆动而产生的表面中凸现象，使工件锉平。

（3）锉刀边　锉刀边是指锉刀的两个侧面，其中没有锉纹的侧面称为光边，在锉内直角时，用锉刀边靠在内直角的一个面上去锉削另一个面，可使不加工的表面免受损坏，另一个边有齿，用来锉削工件表面的氧化皮。

（4）锉刀舌　锉刀舌指锉身以外的部分，用以装入木柄内，便于握持并传递推力。由于锉刀舌是非切削部分，因此要求其强度不得高于38HRC。

（5）锉刀木柄　为了握住锉刀和用力方便，锉刀必须装上手柄（一般用硬木或塑料制成），圆柱部分应镶铁箍，其安装孔的深度和直径以能够将锉刀舌的3/4插入柄孔为宜。手柄表面不得有毛刺、裂纹，涂漆均匀，手感舒适。

（6）锉纹　锉纹包括主锉纹和辅锉纹。前者是指在锉刀工作面上起主要锉削作用的锉纹，主锉纹齿纹较深；后者是指主锉纹覆盖的锉纹，辅锉纹的齿纹线较浅。

6.1.3 锉刀的种类有哪些？

1）锉刀按用途分，有钳工锉、木锉、整形锉、木工锯刃磨用锉和专用异形锉。

钳工锉用于一般的锉削加工；木锉用于锉削木材、皮革等软质材料；整形锉由许多各种断面形状的锉刀组成一套，用于锉削小而精细的金属零件；木工锯刃磨用锉用于刃磨木工锯刃；专用异形锉是用于锉修特殊形状的平形和弓形的锉，有直形和弯形两种。

2）锉刀按剖面形状分，有平锉、方锉、半圆锉、圆锉、三角锉、菱形锉和刀形锉等。

平锉用来锉削平面、外圆面和凸弧面；方锉用来锉削方孔、长方孔和窄平面；三角锉用来锉削内角、三角孔和平面；半圆锉用来锉削凹弧面和平面；圆锉用来锉削圆孔、半径较小的凹弧面和椭圆面。

3）锉刀按锉纹形式分，有单纹锉和双纹锉两种。

单纹锉的刀齿与轴线倾斜成一个角度，适于加工软质的有色金属；双纹锉刀的主、副锉纹交叉排列，用于加工钢铁和有色金属，它能把宽的锉屑分成许多小段，使锉削比较轻快。

4）锉刀按每10mm长度内主锉纹条数分，有Ⅰ号锉、Ⅱ号锉、Ⅲ号锉、Ⅳ号锉、Ⅴ号锉。Ⅰ号锉为粗齿锉，Ⅱ号锉为中齿锉，Ⅲ号锉为细齿锉，Ⅳ号锉和Ⅴ号锉为油光锉，分别用于粗加工和精加工。金刚石锉刀没有锉纹，只是在锉刀表面电镀一层金刚石粉，用以锉削淬硬金属。

5）异形锉。异形锉按锉齿粗细分为00号、0号、1号、2号、……、8号，共10种。

6.1.4 锉刀分哪几类？各有多少种？

锉刀按功能来分，有钳工锉、异形锉、整形锉和锯锉等（表6-1）；锉刀按加工对象来分，有钢锉、铝锉和锡锉等。前者用来修整钢铁工件表面，后两者用来修整铝、锡工件或其他软金属工件。

表6-1 锉刀的种类

类别	名称和图示	
钳工锉	平锉	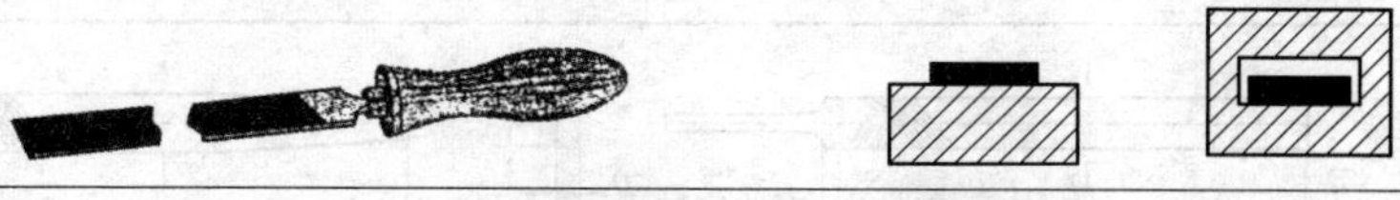
	半圆锉	
	方锉	

（续）

类　别	名称和图示	
钳工锉	三角锉	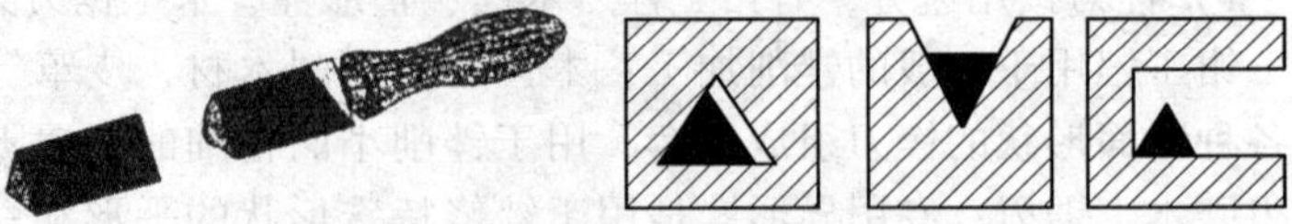
钳工锉	圆锉	
异形锉（用来锉削工件的特殊表面）	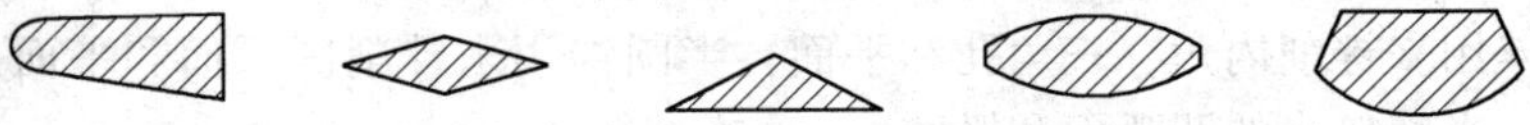 刀口锉　菱形锉　三角锉　椭圆锉　圆肚锉	
整形锉（用于修整工件细小部分的表面，通常以5把、6把、8把、10把、12把为一套）	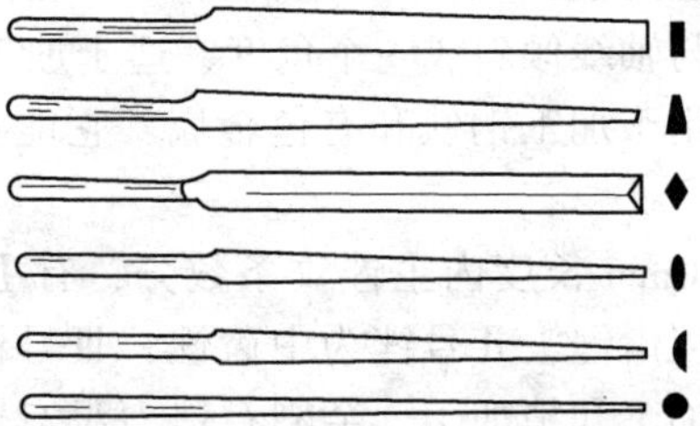	
锯锉	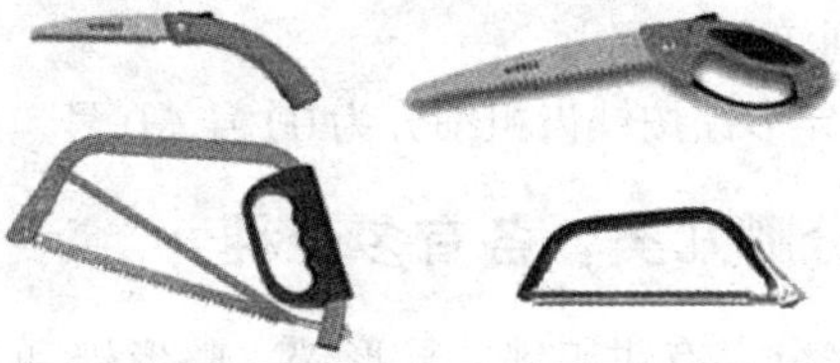	

6.1.5　钳工锉有几种？其规格有哪些？

钳工锉分齐头扁锉、尖头扁锉、半圆锉、三角锉、方锉和圆锉。其规格见表6-2。

表6-2　钳工锉的规格　　（单位：mm）

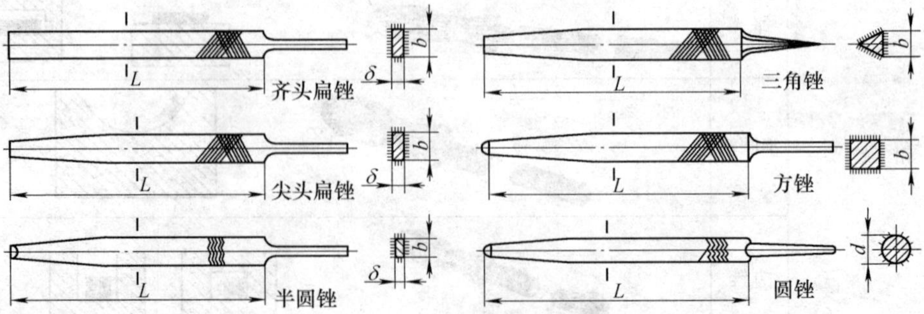

（续）

锉身长度 L	齐头扁锉、尖头扁锉		半圆锉			三角锉	方锉	圆锉
	b	δ	b	薄型 δ	厚型 δ	b	b	d
100	12	2.5（3）	12	3.5	4	8	3.5	3.5
125	14	3（3.5）	14	4	4.5	9.5	4.5	4.5
150	16	3.5（4）	16	4.5	5	11	5.5	5.5
200	20	4.5（5）	20	5.5	6	13	7	7
250	24	5.5	24	7	8	16	9	9
300	28	6.5	28	8	9	19	11	11
350	32	7.5	32	9	10	22	14	14
400	36	8.5	36	10	11.5	26	18	18
450	40	9.5	—	—	—	—	22	—

6.1.6 整形锉的规格有哪些？

整形锉的规格见表6-3。

表6-3 整形锉的规格 （单位：mm）

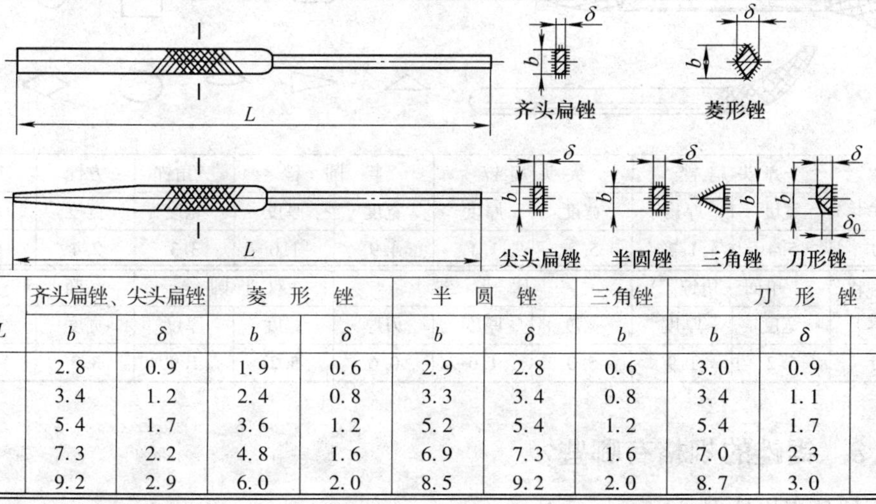

锉身长度 L	齐头扁锉、尖头扁锉		菱形锉		半圆锉		三角锉	刀形锉		
	b	δ	b	δ	b	δ	b	b	δ	δ_0
100	2.8	0.9	1.9	0.6	2.9	2.8	0.6	3.0	0.9	0.3
120	3.4	1.2	2.4	0.8	3.3	3.4	0.8	3.4	1.1	0.4
140	5.4	1.7	3.6	1.2	5.2	5.4	1.2	5.4	1.7	0.6
160	7.3	2.2	4.8	1.6	6.9	7.3	1.6	7.0	2.3	0.8
180	9.2	2.9	6.0	2.0	8.5	9.2	2.0	8.7	3.0	1.0

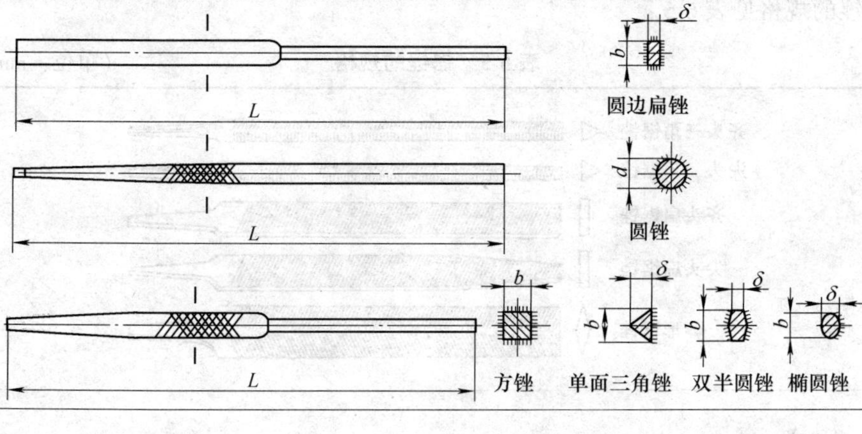

（续）

锉身长度 L	圆边扁锉		圆锉	方锉	单面三角锉		双半圆锉		椭圆锉	
	b	δ	d	b	b	δ	b	δ	b	δ
100	2.8	1.4	0.6	1.2	3.4	1.0	2.6	1.0	1.8	1.2
120	3.4	1.9	0.8	1.6	3.8	1.4	3.2	1.2	2.2	1.3
140	5.4	2.9	1.2	2.6	5.5	1.9	5.0	1.8	3.4	2.4
160	7.3	3.9	1.6	3.4	7.1	2.7	6.3	2.5	4.4	3.4
180	9.2	4.9	2.0	4.2	8.7	3.4	7.8	3.4	6.4	4.3

6.1.7　异形锉的规格有哪些?

异形锉的规格见表 6-4。

表 6-4　异形锉的规格　　（单位：mm）

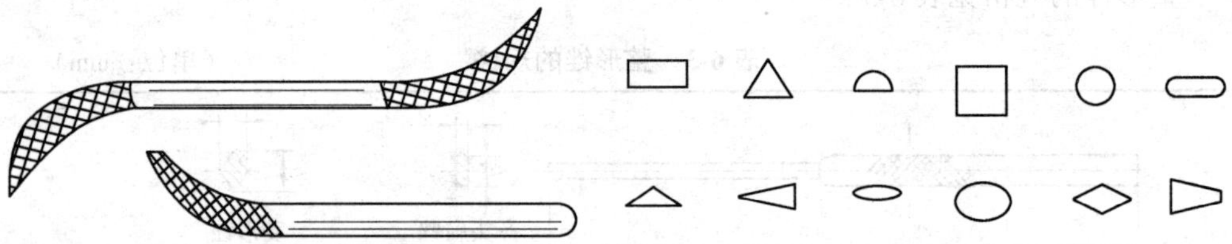

规格（锉身全长）	齐头扁锉		尖头扁锉		半圆锉		三角锉	方锉	圆锉
	宽度	厚度	宽度	厚度	宽度	厚度	宽度	宽度	直径
170	5.4	1.2	5.2	1.1	4.9	1.6	3.3	2.4	3.0

锉身规格（全长）	单面三角锉		刀形锉			双半圆锉		椭圆锉	
	宽度	厚度	宽度	厚度	刃厚	宽度	厚度	宽度	厚度
170	5.2	1.9	5.0	1.6	0.6	5.2	1.9	3.3	2.3

6.1.8　锯锉的规格有哪些?

锯锉的规格见表 6-5。

表 6-5　锯锉的规格　　（单位：mm）

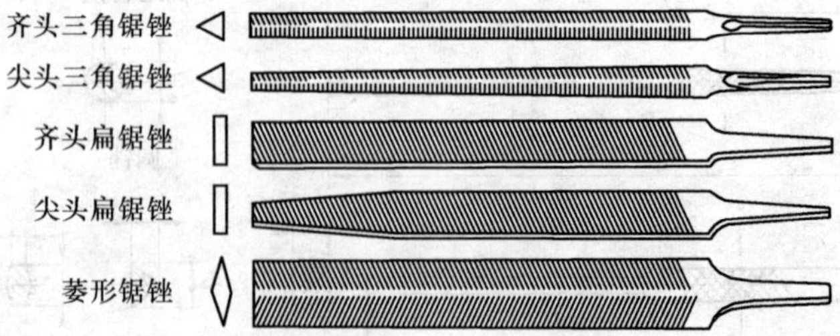

（续）

规格（锉身长度）	三角锯锉（尖头、齐头）			扁锯锉（尖头、齐头）		菱形锯锉		
	普通型	窄型	特窄型					
	宽度	宽度	宽度	宽度	厚度	宽度	厚度	刃厚
60	—	—	—	—	—	16	2.1	0.40
80	6.0	5.0	4.0	—	—	19	2.3	0.45
100	8.0	6.0	5.0	12	1.8	22	3.2	0.50
125	9.5	7.0	6.0	14	2.0	25	3.5（4.0）	0.55（0.70）
150	11.0	8.5	7.0	16	2.5	28	4.0（5.0）	0.70（1.00）
175	12.0	10.0	8.5	18	3.0	—	—	—
200	13.0	12.0	10.0	20	3.5	32	5.0	1.00
250	16.0	14.0	—	24	4.5	—	—	—
300	—	—	—	28	5.0	—	—	—
350	—	—	—	32	6.0	—	—	—

注：带括号的尺寸为非推荐尺寸。

6.1.9 电镀超硬磨料制品整形锉的规格有哪些？

电镀超硬磨料制品整形锉的规格见表6-6。

表6-6 电镀超硬磨料制品整形锉的规格

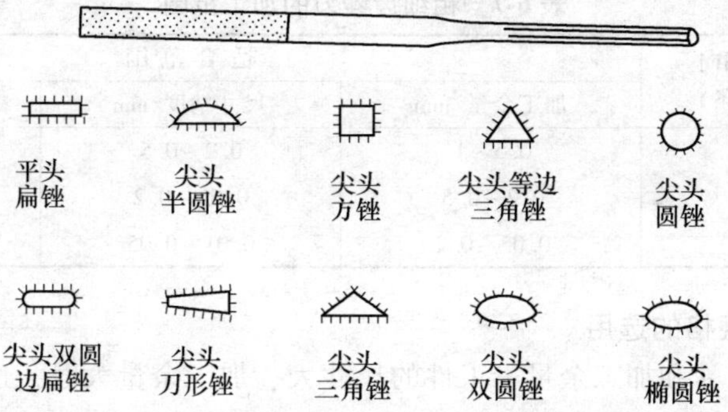

类型	名称	代号	全长×柄部直径/mm	工作面长度/mm
尖头型	尖头扁锉	NF1	140×3，160×4，180×5	50，70
	尖头半圆锉	NF2		
	尖头方锉	NF3		
	尖头等边三角锉	NF4		
	尖头圆锉	NF5		
	尖头双边圆扁锉	NF6		
	尖头刀形锉	NF7		
	尖头三角锉	NF8		
	尖头双半圆锉	NF9		
	尖头椭圆锉	NF10		
平头型	平头扁锉	PF1	140×3，160×4，180×5	50，70
	平头等边三角锉	PF2	50×2，60×3，100×4	15，25
	平头圆锉	PF3		15，25

6.1.10 木工锉分哪几种？各有哪些规格和参数？

木工锉分为扁木锉、半圆锉、圆锉和家具半圆木锉四种。

其规格用长度（mm）表示，有 150mm（但扁木锉无此规格）、200mm、250mm 和 300mm 四种。它们有不同的宽度和厚度（圆锉的参数是直径）。

6.1.11 锉刀的选用原则有哪些？

1. 锉刀断面形状的选用

锉刀的断面形状应根据被锉削工件的形状来选择，使两者的形状相适应。锉削内圆弧面时，要选择半圆锉或圆锉（小直径的工件）；锉削内角表面时，要选择三角锉；锉削内直角表面时，可以选用扁锉或方锉等。选用扁锉锉削内直角表面时，要使锉刀没有齿的窄面（光边）靠近内直角的一个面，以免碰伤该直角表面。

2. 锉刀齿粗细的选择

锉刀齿的粗细要根据工件的加工余量大小、加工精度、材料性质来选择。粗齿锉刀适用于加工余量大、尺寸精度低、几何公差大、表面粗糙度值大、材料软的工件；反之，应选择细齿锉刀。各种粗细齿锉刀的加工范围请参见表 6-7，使用时，要根据工件要求的加工余量、尺寸精度和表面粗糙度来选择使用。

表 6-7 粗细齿锉刀的加工范围

锉纹（每 10mm 轴向长度内的锉纹数/条）	适合范围		
	加工余量/mm	尺寸精度/mm	表面粗糙度/μm
粗齿（5.5～8）	0.5～1	0.2～0.5	100～25
中粗（8～12）	0.2～0.5	0.05～0.2	12.5～6.3
细齿（13～20）	0.05～0.2	0.01～0.05	12.5～3.2

3. 锉刀尺寸规格的选用

根据工件的尺寸和加工余量：工件的尺寸大、加工余量大时，选用大尺寸规格的锉刀；反之亦然。

4. 锉刀齿纹的选用

根据工件材料的性质：锉削铝、铜、软钢等软材料工件，最好选用单齿纹锉刀（前角大，楔角小，容屑槽大，切屑不易堵塞，切削刃锋利）。

6.1.12 锉刀如何保养？

1）为防止锉刀过快地磨损，不要用锉刀锉削毛坯件的硬皮或工件的淬硬表面，而应先用其他工具或用锉刀的前端、边齿加工。

2）由于使用过的锉齿易锈蚀，因此锉削时应先用锉刀的一面，待这个面用钝后再用另外一面。

3）锉削时要充分利用锉刀的有效工作面，避免局部磨损。

4）不能用锉刀作为装拆、敲击和撬物的工具，防止因锉刀材质较脆而折断。

5）用整形锉和小锉时，用力不能太大，防止把锉刀折断。

6）锉刀要防水防油。锉刀沾水后易生锈。锉刀沾油后在工作时易打滑。

7）锉削过程中，若发现锉纹上嵌有切屑，要及时将其除去，以免切屑刮伤加工表面。锉刀用完后，要用锉刷或铜片顺着锉纹刷掉残留下的切屑，以防生锈。

8）放置锉刀时要避免与硬物相碰，避免锉刀与锉刀重叠堆放，防止损坏锉刀。

6.1.13　锉刀的握法有哪些？

锉刀的握法正确与否，对于锉削质量的提高，锉削力的运用和发挥以及对操作时的疲劳程度都有一定影响。由于锉刀的大小和形状不同，因此锉刀的握持方法也有所不同。锉刀的握法如图6-2所示。

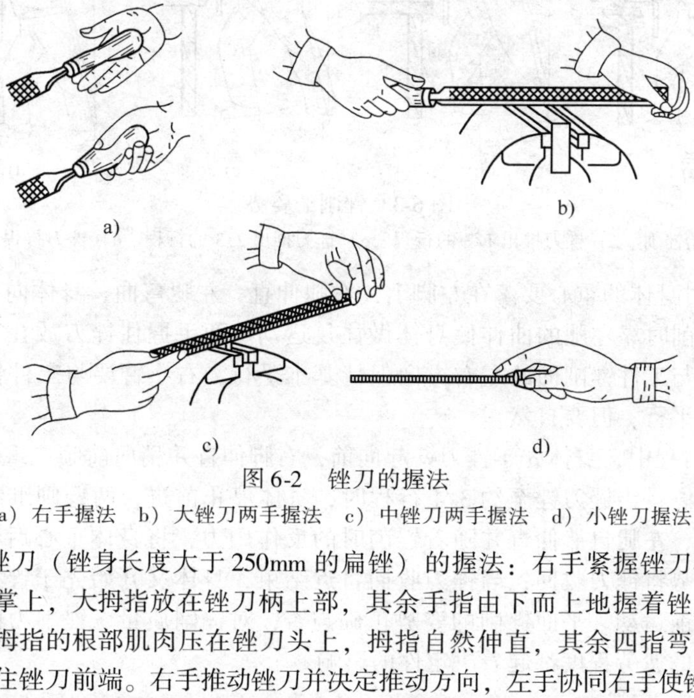

图6-2　锉刀的握法

a）右手握法　b）大锉刀两手握法　c）中锉刀两手握法　d）小锉刀握法

1）大型锉刀（锉身长度大于250mm的扁锉）的握法：右手紧握锉刀柄，柄端抵在拇指根部的手掌上，大拇指放在锉刀柄上部，其余手指由下而上地握着锉刀柄；左手的基本握法是将拇指的根部肌肉压在锉刀头上，拇指自然伸直，其余四指弯向手心，用中指、无名指捏住锉刀前端。右手推动锉刀并决定推动方向，左手协同右手使锉刀保持平衡。

2）中型锉刀（锉身长度为200mm左右）的握法：右手握法与大锉刀的握法相同，左手用大拇指、食指、中指轻轻地扶持即可。

3）小型锉刀（锉身长度为150mm左右）的握法：所需锉削力小，可用左手大拇指、食指、中指捏住锉刀端部。锉身长度在150mm以下的更小型锉刀，只需右手握住即可。

6.1.14　正确的锉削姿势如何？

1）站立姿势：两腿自然站立，身体重心稍微偏于后脚。身体与台虎钳中心线大致呈45°角，且略向前倾；左脚跨前半步（左右两脚后跟之间的距离为250～300mm），脚掌与台虎钳呈30°角，膝盖处稍有弯曲，保持自然；右脚要站稳伸直，不要过于用力，脚掌与台虎钳呈75°角；视线要落在工件的切削部位上。

2）锉削动作开始锉削时，人的身体向前倾斜 10°左右，左膝稍有弯曲，右肘尽量向后收缩；锉削的前 1/3 行程中，身体前倾至 15°左右，左膝稍有弯曲；锉刀推出 2/3 行程时，右肘向前推进锉刀，身体逐渐向前倾斜 18°左右；锉刀推出全程（锉削最后 1/3 行程）时，右肘继续向前推进锉刀至尽头，身体自然地退回到 15°左右；推锉行程终止时，两手按住锉刀，把锉刀略微提起，使身体和手回复到开始的姿势，在不施加压力的情况下抽回锉刀，再如此进行下一次的锉削。锉削的姿势如图 6-3 所示。

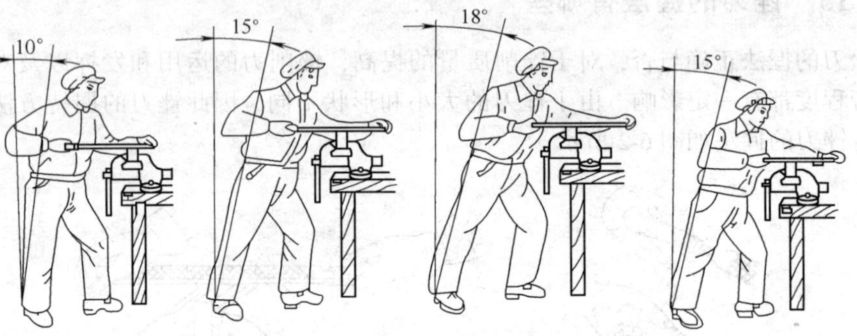

图 6-3 锉削的姿势

a）开始锉削 b）锉刀推出 1/3 的行程 c）锉刀推出 2/3 的行程 d）锉刀行程推尽时

3）锉削时身体的重心要落在左脚上，右腿伸直，左腿弯曲，身体向前倾斜，两脚站稳不动，锉削时靠左腿的曲伸使身体做往复运动。两手握住锉刀放在工件上面，左臂弯曲，小臂与工件锉削面的左右方向保持基本平行，右小臂要与工件锉削面的前后方向保持基本平行，但要自然。

4）锉削行程中，身体先于锉刀一起向前，右脚伸直并稍向前倾，重心在左脚，左膝部呈弯曲状态；当锉刀锉至约 3/4 行程时，身体停止前进，两臂则继续将锉刀向前锉到头，同时，左腿自然伸直并随着锉削时的反作用力，将身体重心后移，使身体恢复原位，并顺势将锉刀收回；当锉刀收回将近结束，身体又开始先于锉刀前倾，做第二次锉削的向前运动。平面锉削的姿势正确与否，对锉削质量、锉削力的运用和发挥以及对操作时的疲劳程度都起着决定性的影响。

6.1.15 如何正确运用锉削力？

锉削力的正确运用是锉削的关键。锉削力有水平推力和垂直压力两种。推力主要由右手控制，其大小必须大于锉削阻力才能锉去切屑，压力是由两个手控制的，其作用是使锉齿深入金属表面。

由于锉刀两端伸出工件的长度随时都在变化，因此两手压力大小必须随着变化，使两手的压力对工件的力矩相等，这是保证锉刀平直运动的关键。方法是随着锉刀的推进，左手的压力应由大而逐渐减小，右手的压力则由小而逐渐增大，到中间时两手的压力应相等。锉刀运动不平直，工件中间就会凸起或产生鼓形面。锉刀的平直运动如图 6-4 所示。

锉削时对锉刀的压力不能太大，因为锉齿存屑空间有限，压力太大只能使锉刀磨损加快；但压力也不能太小，过小会使锉刀打滑，达不到切削目的；一般是以在向前推进时有一种韧性感觉为适宜。

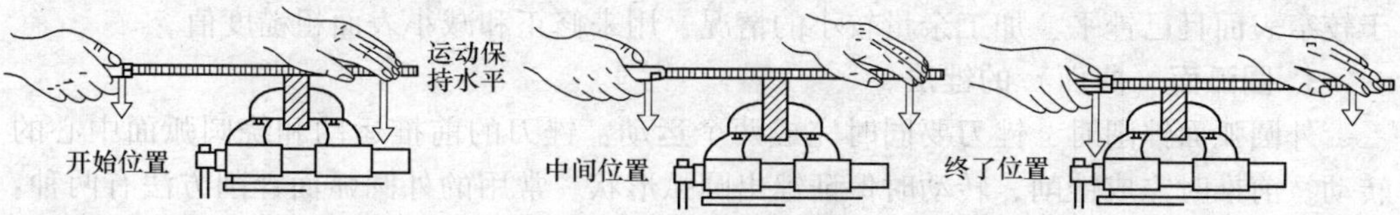

图 6-4 锉刀的平直运动

锉削速度一般为 30 ~ 60 次/min。锉削速度太快，操作者容易疲劳，且锉齿易磨钝；锉削速度太慢，切削效率低。

6.1.16 锉削方法有哪些?

1. 基本锉法

粗加工锉削（粗锉）：当加工余量大于 0.5mm 时，一般选用 300mm、350mm 的粗齿、中齿锉刀进行大切削量加工，以去除工件余量的较多部分。

细加工锉削（细锉）：当加工余量为 0.5 ~ 0.1mm 时，一般选用 250mm、300mm 的细齿锉刀进行小切削量加工，以接近工件的要求尺寸。

精加工锉削（精锉）：当加工余量小于 0.1mm 时，一般选用 200mm、250mm 的细齿、双细齿锉刀以及整形锉对工件进行修整性加工，以达到工件的要求尺寸。

全程锉削：锉刀推进时，其行程长度基本接近锉刀面长度。它一般用于粗锉和细锉加工。

短程锉削：锉刀推进时，其行程长度仅为锉刀面长度的 1/2 ~ 1/4。它一般用于精锉加工。

2. 平面锉法

平面锉法是最基本的锉削方法，常用以下三种方式锉削（图 6-5）。

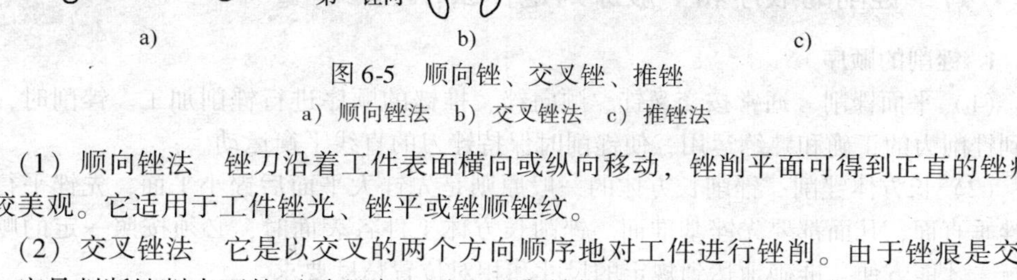

图 6-5 顺向锉、交叉锉、推锉
a）顺向锉法 b）交叉锉法 c）推锉法

（1）顺向锉法 锉刀沿着工件表面横向或纵向移动，锉削平面可得到正直的锉痕，比较美观。它适用于工件锉光、锉平或锉顺锉纹。

（2）交叉锉法 它是以交叉的两个方向顺序地对工件进行锉削。由于锉痕是交叉的，容易判断锉削表面的不平程度，因此也容易把表面锉平。交叉锉法去屑较快，适用于平面的粗锉。

（3）推锉法　两手对称地握着锉刀，用两大拇指推锉刀进行锉削。这种方法适用于较窄表面且已锉平、加工余量较小的情况，用来修正和减小表面粗糙度值。

3. 圆弧面（曲面）的锉法

外圆弧面锉削时，锉刀要同时完成两个运动：锉刀的前推运动和绕圆弧面中心的转动。前推时完成锉削，转动时保证锉出圆弧形状。常用的外圆弧面锉削方法有两种：滚锉法、横锉法。滚锉法是使锉刀顺着圆弧面锉削，此法用于精锉外圆弧面。横锉法是使锉刀横着圆弧面锉削，此法用于粗锉外圆弧面或不能用滚锉法的情况下。（图 6-6）

内圆弧面锉削时，锉刀要同时完成三个运动：锉刀的前推运动、锉刀的左右移动和锉刀自身的转动。

圆弧面的锉削如图 6-6 所示。

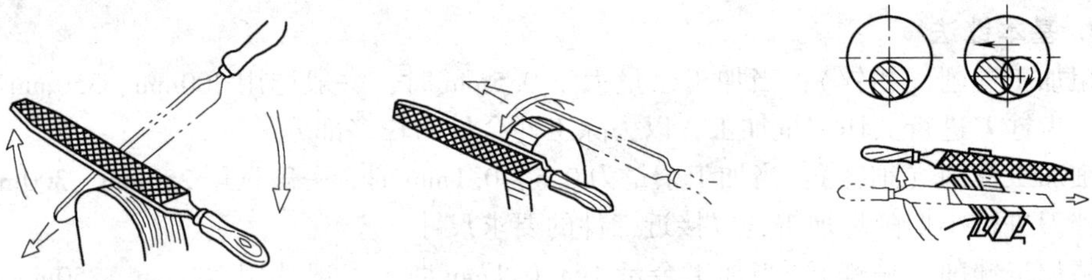

a)　　b)　　c)

图 6-6　圆弧面的锉削

a）滚锉法　b）横锉法　c）内圆弧面的锉削

4. 通孔的锉法

通孔锉削时要根据通孔的材料、工件的材料、加工余量、加工精度和表面粗糙度来选择所需的锉刀，如图 6-7 所示。

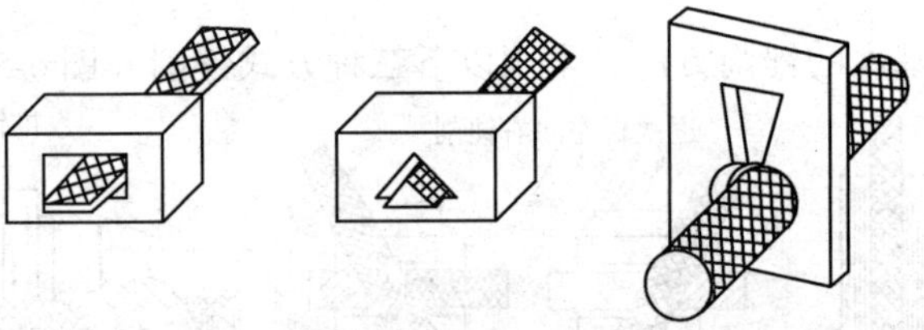

图 6-7　通孔的锉削

6.1.17　锉削的顺序和一般原则是什么？

1. 锉削的顺序

（1）平面锉削　通常按交叉锉、顺向锉、推锉的顺序进行锉削加工。锉削时，要做到锉削力的正确和熟练运用，使锉削时保持锉刀的直线平衡运动。

（2）长方体锉削　锉削长方体的一般原则是先锉大平面后锉小平面，先锉平行面后锉垂直面，凡面都要先锉基准面。锉削长方体工件各表面时，必须按照一定的顺序进行，才能方便、准确地达到规定的尺寸和相对位置精度要求。

2. 锉削的一般原则

以长方体工件各表面的锉削为例，其锉削的顺序和一般原则如下：

1）选择最大的平面作为基准面先锉平（达到规定的平面度要求）。

2）先锉大平面后锉小平面。以大面控制小面，能使测量准确、精度修整方便。

3）先锉平行面后锉垂直面，即在达到规定的平行度要求后，再加工取得相关面的垂直度。在检查垂直度时，要注意直角尺从上向下移动的速度，压力不要太大，否则易造成尺座的测量面离开工件基准面，仅根据被测表面的透光情况就认为垂直度正确了，但实际上并没有达到正确的垂直度。在接近加工要求时的误差修整，要全面考虑，逐步进行，不要过急，以免造成平面的塌角、不平现象。

6.2　錾削工具

6.2.1　什么是錾削？其工作内容是什么？

用锤子打击錾子对金属工件进行切削加工的方法，叫作錾削。其工作内容主要是去除毛坯上的凸缘、毛刺，分割材料，錾削平面及油槽等，经常用于不便于机械加工的场合，常用的工具是錾子、锤子。

6.2.2　钳工常用錾子的种类和规格有哪些？

钳工常用的錾子，按形状分有扁錾、尖錾、油槽錾；按应用场合分有普通錾子和防爆錾子。

扁錾常用于錾平面，切割板料，去凸缘、毛刺，以及倒角；窄錾常用于錾沟槽，分割曲面、板料，修理键槽等；油槽錾主要用于錾油槽；防爆铜錾用于要求防爆的场合。

錾子的规格见表6-8和表6-9。

表6-8　錾子的规格　　（单位：mm）

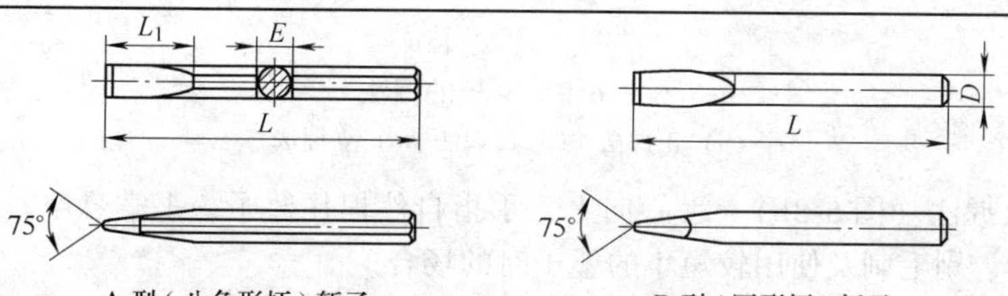

A型（八角形柄）錾子　　B型（圆形柄）錾子

普通用	规　格	16×180	18×180	20×200	27×200	27×250
	錾口宽度	16	18	20	27	27
	全长	180	180	200	200	250
防爆用	八角形对边宽度 E	19	25	19	25	25
	圆形直径 D	16	18	20	27	27
	全长 L	≥180	≥180	≥180	≥200	≥250
	工作部分长度 L_1	70	70	70	70	70

表 6-9　防爆用錾子的规格　　(单位：mm)

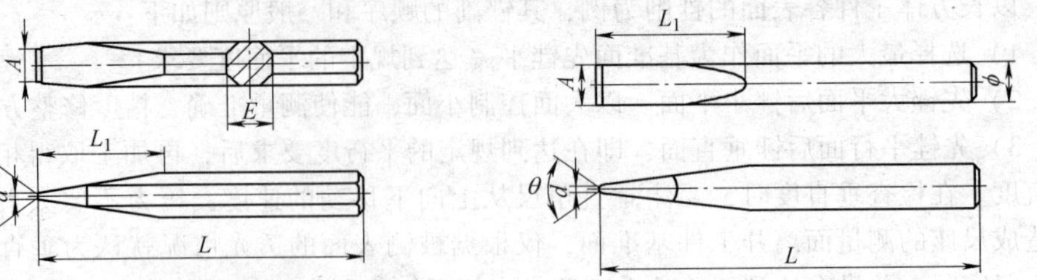

A 型（六角形）　　B 型（圆形）

规　格	L_{min}	L_1	A	d	E	φ	θ
16×180	180	70	18	4	19	16	75°
18×180					25	18	
20×180	200		20		19	20	
27×200			27	4.5	25	27	
27×250	250						

6.2.3　錾子的握法有几种？

握錾子的方法有正握法、反握法和立握法。

（1）正握法（图 6-8a）　手心向下，腕部伸直，用中指、无名指握住錾子，小指自然合拢，食指和大拇指做自然伸直地松靠，錾子头部伸出约 20mm。正握法常用于正面錾削、大面积强力錾削等场合。

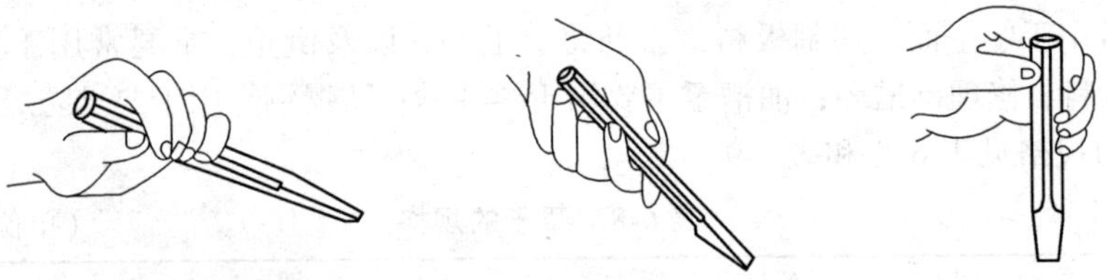

a)　　b)　　c)

图 6-8　錾子的握法

a）正握法　b）反握法　c）立握法

（2）反握法（图 6-8b）　手心向上，手指自然捏住錾子，手掌悬空。反握法常用于侧面錾切、剔毛刺及使用较短小的錾子时的场合。

（3）立握法（图 6-8c）　手心正对胸前，拇指和其他四指骨关节自然地捏住錾子。立握法常用于在铁砧上錾断材料时的场合。

6.2.4　錾削的姿势是怎样的？

錾削时，两脚互成一定角度，左脚跨前半步，右脚稍微朝后，身体自然站立，重心偏于右脚。右脚要站稳，右腿伸直，左腿膝盖关节应稍微自然弯曲。眼睛注视錾削处。左手握錾，使其在工件上保持正确的角度。右手挥锤，使锤头沿弧线运动，进行敲击。錾削的姿势如图6-9所示。

图6-9 錾削的姿势

6.2.5 起錾、终錾以及錾削大平面的方法分别是什么？

（1）起錾方法　在錾削平面时，应采用斜角起錾的方法，即先在工件的边缘尖角处将錾子向下倾斜。

（2）终錾方法　当錾削快到尽头时，要防止工件边缘材料的崩裂，尤其是錾削铸铁、青铜等脆性材料时特别要注意，当錾削至距尽头10~15mm时，必须调头再錾去余下的部分。

（3）錾削大平面的方法　在錾削较宽的平面时，工件被切削面的宽度超过錾子切削刃的宽度，一般要先用尖錾以适当的间隔开出工艺直槽，再用扁錾将槽间的凸起部分錾平，这样既便于控制尺寸精度，又可使錾削省力。

6.2.6 如何錾削键槽？

在轴上錾削通槽时的划线、起錾、终錾方法与錾削工艺槽方法相同。开槽时，可以先用扁錾把轴上的圆弧面錾平，便于尖錾錾槽。尖錾切削刃宽度不能超过所划的键槽宽度线，合适的切削刃宽度应小于槽宽0.5mm，使键槽的两侧面有一定的修整量。起錾的位置、尺寸要正确，第一遍的錾削量要少，便于掌握方向，使錾削线与所划线平行，然后按槽的深度适当增加錾削量，到接近规定尺寸时再完成底面的修整。錾子应放正、握稳，锤子的落点要准，作用力方向对着槽向，锤击力要均匀，键槽才能錾平直。

6.2.7 如何对錾子进行刃磨与热处理？

（1）切削刃的刃磨　将錾子刃面置于旋转着的砂轮轮缘上，并略高于砂轮的中心，且在砂轮的全宽方向做左右移动。刃磨时要掌握好錾子的方向和位置，以保证所磨的楔角符合要求。前、后两面要交替磨，以求对称。刃磨时，加在錾子上的压力不应太大，以免刃部因过热而退火，必要时，可将錾子浸入冷水中冷却。

（2）热处理　合理的热处理能保证錾子切削部分的硬度和韧性。对錾子粗磨后再热处理，有利于清楚地观察切削部分的颜色变化。热处理时，把约20mm长的切削部分加热到呈暗樱红色（750~780℃）后迅速浸入冷水中冷却。浸入深度为5~6mm。为了加速冷却，可手持錾子在水面慢慢移动。

6.2.8　錾削操作时要注意哪些安全事项？

1）錾子要经常刃磨以保持锋利，过钝的錾子不但使錾削费力、錾出的表面不平整，而且易产生打滑现象而划伤手部。

2）錾子头部有明显的毛刺时要及时磨掉，避免其伤到手。

3）发现锤子木柄有松动或损坏时，要立即装牢或更换，以免锤头脱落飞出伤人。

4）錾子头部、锤子头部和锤子木柄都不应沾油，以防滑出。

5）錾削碎屑要防止伤人，操作者必要时可戴上防护眼镜。

6）握锤的手不准戴手套，以免锤子飞脱伤人。

7）工作前，检查工作场所有无不安全因素，若有要及时排除。

8）錾削将近终止时，锤击要轻，以免用力过猛而碰伤手。

9）錾削疲劳时要适当休息，手臂过度疲劳时容易击偏伤人。

6.2.9　什么是锤子？它有哪些分类？各有哪些作用？

锤子是钳工和钣金工等在冷作、建筑、安装用于敲击工件和整形用的手工工具，由锤头、木柄和楔子组成。木柄用硬而不脆、比较坚韧的木材（如檀木等）制成。手握处的断面应为椭圆形，以便锤头定向，准确敲击。木柄安装必须稳固、牢靠。锤柄的粗细和强度要适当，要和锤头大小相称。

锤子的种类较多，按外形可分为圆头锤、六角锤、八角锤、羊角锤、扇尾锤；按用途可分为钳工锤、检查锤、敲锈锤、防爆锤等。锤子也可分为硬头锤子和软头锤子。硬头锤子用碳素工具钢 T7 制成。软头锤子的锤头是用铅、铜、硬木、牛皮或橡胶制成的，多用于装配和矫正工作。

锤子的分类有八角锤、圆头锤、钳工锤、检查锤、敲锈锤、焊工锤、羊角锤、木工锤、石工锤、安装锤、橡胶锤、电工锤、什锦锤。它们的作用如下：

1）八角锤：用于锤锻钢件、敲击工件、安装机器以及开山、筑路时凿岩、碎石等敲击力较大的场合。

2）圆头锤：锤头一端是平头，用于敲钉子；另一端是圆头，用于非平整的物体上。它适于钳工、冷作、装配、维修等工种。

3）钳工锤：一端是平的，一般供敲击用，另一端是尖的，供钳工、锻工、安装工、冷作工、维修装配工作敲击或整形用。锤头硬度应在 50 ~ 56HRC 范围内为好。

4）检查锤：用于避免因操作中产生机械火花而引爆爆炸性气体的场所。

5）敲锈锤：用于加工除锈、除焊渣。

6）焊工锤：用于电焊加工中除锈、除焊渣。

7）羊角锤：一端圆头，一般供敲击用；另一端扁平向下弯曲并开 V 形口，用于起钉子。

8）木工锤：为木工专用，有钢柄及木柄两种。

9）石工锤：石工专用，用于采石和敲碎小石块。

10）安装锤：锤头两端由塑料或橡胶制成，可使敲击面不留痕迹、伤疤，适用于薄板的敲击、整形。

11）橡胶锤：用于精密零件的装配作业。

12）电工锤：供电工安装和维修线路时用。

13）什锦锤：主要用于仪器、仪表、量具等检修工作中，也可供实验室或家庭使用。

6.2.10 圆头锤有哪些规格？

圆头锤的规格见表6-10和表6-11。

表6-10　圆头锤的规格

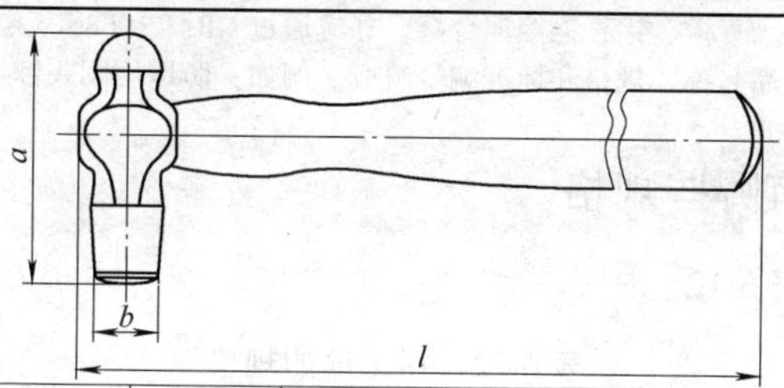

规格（锤头质量）/kg	0.11	0.22	0.34	0.45	0.68	0.91	1.13	1.36
全长 l/mm	260	285	315	335	355	375	400	400
锤高 a/mm	66	80	90	101	116	127	137	147
圆头直径 b/mm	18	23	26	29	34	38	40	42

表6-11　防爆用圆头锤的规格

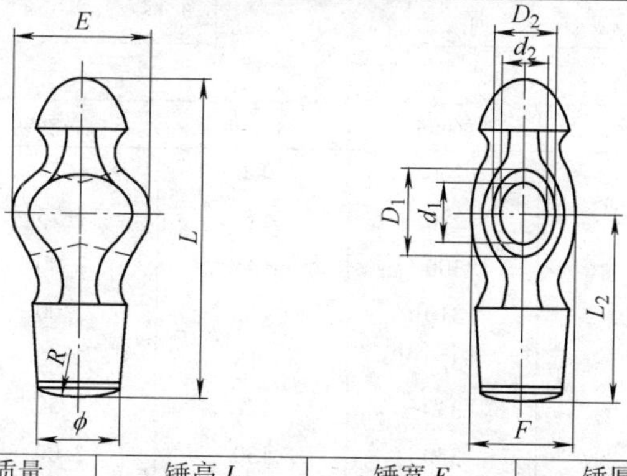

规　格	锤头质量/kg	锤高 L/mm	锤宽 E/mm	锤厚 F/mm	锤击面直径 ϕ/mm
0.11	0.11	66	25	20	17.5
0.22	0.22	80	30	25	23.0
0.33	0.33	90	34	29	26.0
0.44	0.44	101	30	33	29.0
0.66	0.66	116	43	36	34.0
0.88	0.88	127	49	40	38.0
1.10	1.10	137	52	43	40.0
1.32	1.32	147	57	46	42.0
0.11	37	13	9	16	11

（续）

规　　格	孔中心高 L_2 /mm	孔长径 d_1 /mm	孔短径 d_2 /mm	孔口长径 D_1 /mm	孔口短径 D_2 /mm
0.22	44	17	11	20	14
0.33	49	19	13	22	16
0.44	56	22	14	25	17
0.66	63	24	16	27	19
0.88	70	27	19	30	22
1.10	74	29	20	33	24
1.32	80	30	21	34	25

注：1. 圆头锤的材料为铍青铜、铝青铜等铜合金，并应通过 GB/T 10686 规定的防爆性能试验。
2. 产品的标记由产品名称、规格和标准编号组成。例如，防爆用圆头锤　0.11　QB/T 2613.7。

6.2.11　钳工锤有哪些规格?

钳工锤的规格见表 6-12。

表 6-12　钳工锤的规格

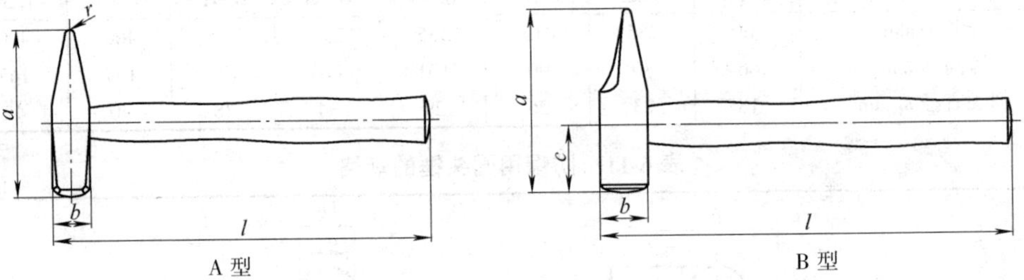

	规格（锤头质量）/kg	l/mm	a/mm	r_{min}/mm	b×b/(mm×mm)
A 型	0.1	260	82	1.25	15×15
	0.2	280	95	1.75	19×19
	0.3	300	105	2.00	23×23
	0.4	310	112	2.00	25×25
	0.5	320	118	2.50	27×27
	0.6	330	122	2.50	29×29
	0.8	350	130	3.00	33×33
	1.0	360	135	3.50	36×36
	1.5	380	145	4.00	42×42
	2.0	400	155	4.00	47×47
	规格（锤头质量）/kg	l/mm	a/mm	b/mm	c/mm
B 型	0.28	290	85	25	34
	0.40	310	98	30	40
	0.67	310	105	35	42
	1.50	350	131	45	53

6.2.12 敲锈锤有哪些规格?

敲锈锤的规格见表6-13。

表6-13 敲锈锤的规格

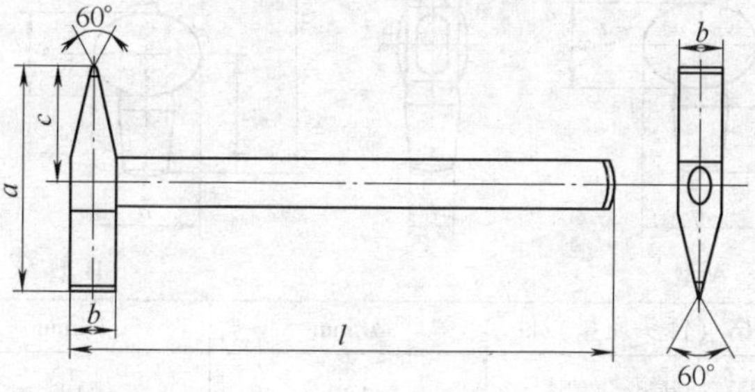

规格（锤头质量)/kg	l/mm	a/mm	b/mm	c/mm
0.2	285.0	115.0	19.0	57.5
0.3	300.0	126.0	22.0	63.0
0.4	310.0	134.0	25.0	67.0
0.5	320.0	140.0	28.0	70.0

注：产品标记由产品名称、标准编号、规格和型式代号组成。例如，敲锈锤 QB/T 1290.6-0.4。

6.2.13 扇尾锤有哪些规格?

扇尾锤的规格见表6-14。

表6-14 扇尾锤的规格

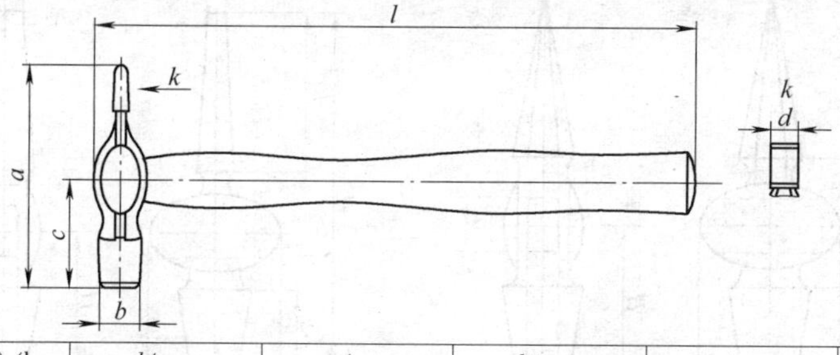

规格（锤头质量)/kg	l/mm	a/mm	b/mm	c/mm	d/mm
0.10	240	83	14	40	14
0.14	255	87	16	44	16
0.18	270	95	18	47	18
0.22	285	103	20	51	20
0.27	300	110	22	54	22
0.35	325	122	25	59	25

注：产品标记由产品名称+标准编号和规格组成。例如，扇尾锤 QB/T 1290.4-0.1。

6.2.14 检查锤有哪些规格?

检查锤的规格见表6-15和表6-16。

表 6-15　检查锤的规格

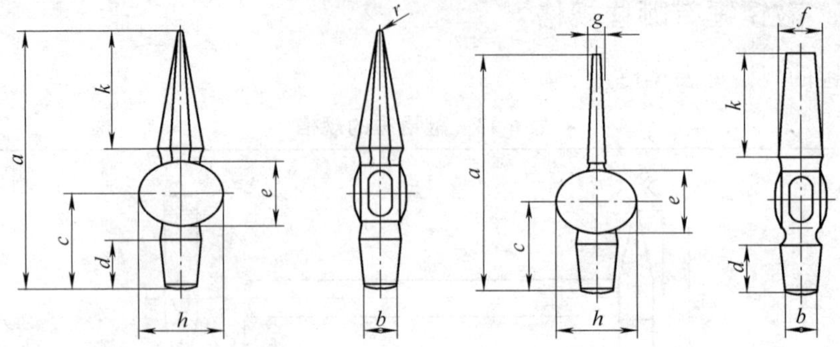

A 型　　B 型

型　　式	规格（锤头质量）/kg	a/mm	b/mm	c/mm
A 型	0. 25	120	18	47. 5
B 型				

型　　式	d/mm	e/mm	f/mm	g/mm
A 型	27	27	—	—
B 型			19	3

型　　式	h/mm	r/mm	k/mm	
A 型	—	1. 5	52	
B 型	42	—		

表 6-16　防爆用检查锤的规格

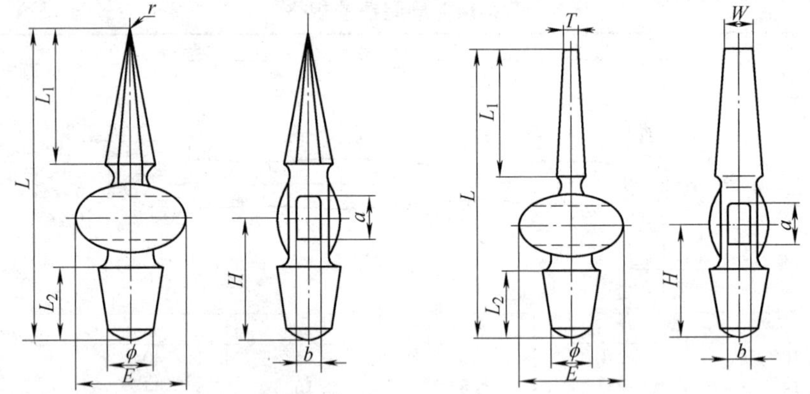

A 型　　B 型

型　　式	规格（锤头质量）/kg	L/mm	L_1/mm	L_2/mm	E/mm	ϕ/mm
A 型、B 型	0. 25	120	52	27	42	18

型　　式	H/mm	a/mm	b/mm	r/mm	W/mm	T/mm
A 型	47. 5	21	14	1. 5	—	—
B 型				—	19	3

6.2.15　铜头锤有哪些规格？

铜头锤的规格见表6-17。

表6-17　铜头锤的规格

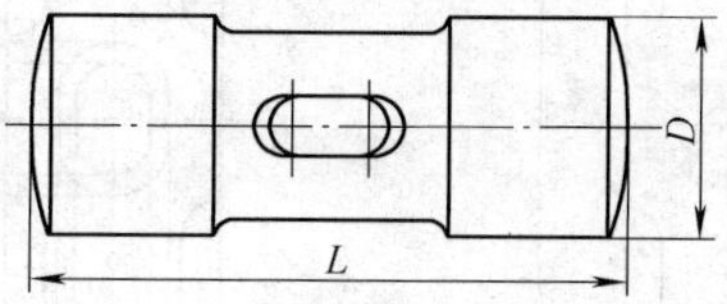

规格（锤头质量）/kg	0.5	1.0	1.5	2.5	4.0
L/mm	80	100	120	140	160
D/mm	32	38	45	60	70

6.2.16　防爆八角锤有哪些规格？

八角锤分普通八角锤和防爆用八角锤，其规格分别见表6-18和表6-19。

表6-18　八角锤的规格（QB/T 1290.1—2010）

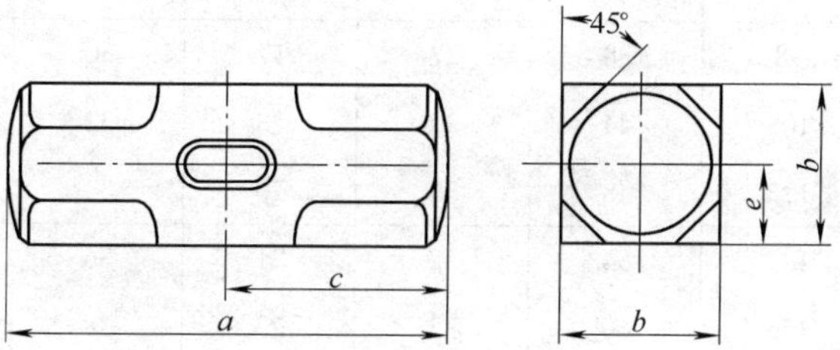

规格（锤头质量）/kg	a/mm	b/mm	c/mm	e/mm
0.9	105	38	52.5	19.0
1.4	115	44	57.5	22.0
1.8	130	48	65.0	24.0
2.7	152	54	76.0	27.0
3.6	165	60	82.5	30.0
4.5	180	64	90.0	32.0
5.4	190	68	95.0	34.0
6.3	198	72	99.0	36.0
7.2	208	75	104.0	37.5
8.1	216	78	108.0	39.0
9.0	224	81	112.0	40.5
10.0	230	84	115.0	42.0
11.0	236	87	118.0	43.5

表 6-19　防爆用八角锤的规格（QB/T 2613.6—2003）

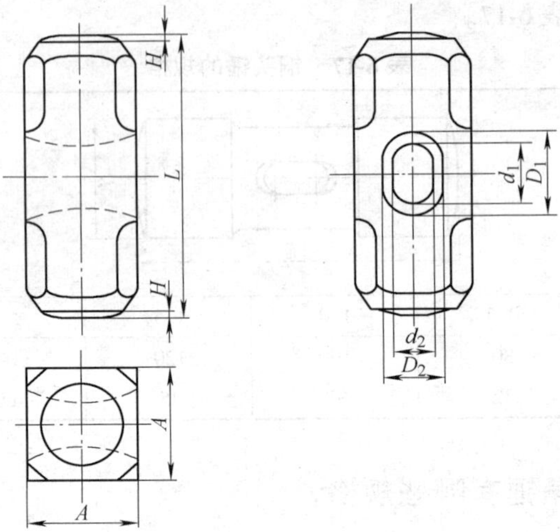

规格	锤头质量 /kg	锤高 L /mm	锤宽 A /mm	孔长径 d_1/mm	孔短径 d_2/mm	孔口长径 D_1/mm	孔口短径 D_2/mm	弓形高 H/mm
0.9	0.9	98	38	27	17	30	20	1.5
1.4	1.4	108	44	29	18	32	22	
1.8	1.8	122	48	30	20	34	24	
2.7	2.7	142	54	32	21	36	26	2.0
3.6	3.6	155	60	33	23	38	28	
4.5	4.5	170	64	35	24	40	30	2.5
5.4	5.4	178	68	37	26	42	32	
6.4	6.4	186	72			43		
7.3	7.3	195	75	38	27	44	34	3.0
8.2	8.2	203	78	40	29	46	36	
9.1	9.1	210	81	42		48		
10.2	10.2	216	84	43		50		
10.9	10.9	222	87	45	30	52	38	

注：1. 八角头锤的材料为铍青铜、铝青铜等铜合金，并应通过 GB/T 10686 规定的防爆性能试验。

2. 产品的标记由产品名称、规格和标准编号组成。例如，防爆用八角锤　1.8　QB/T 2613.6。

6.2.17　焊工锤有哪些规格？

焊工锤的规格见表 6-20。

表 6-20 焊工锤的规格

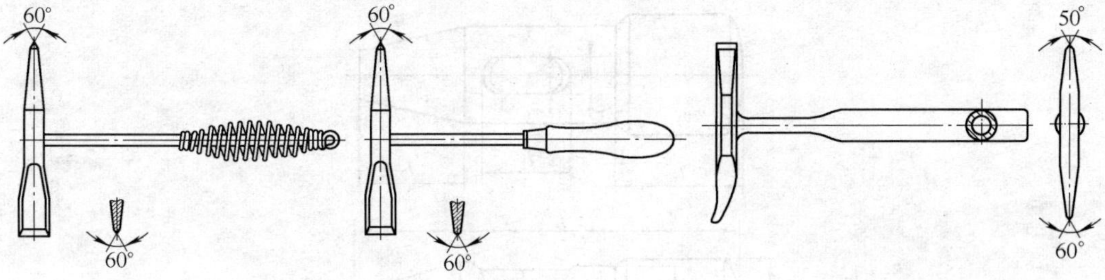

A 型 B 型 C 型

规格	标准没有规定，市售有 300g、400g、500g 等
全长	标准没有规定，一般为 300mm 左右
要求	锤头尖端的热处理长度不少于 8mm，并应与锤柄牢固地连接，在承受 2000N 的拉力对，不应出现松动和拉脱现象

注：标记由产品名称 + 型式代号 + 标准编号组成。例如，焊工锤 C QB/T 1290.7。

6.2.18 羊角锤有哪些规格？

羊角锤的规格见表 6-21。

表 6-21 羊角锤的规格

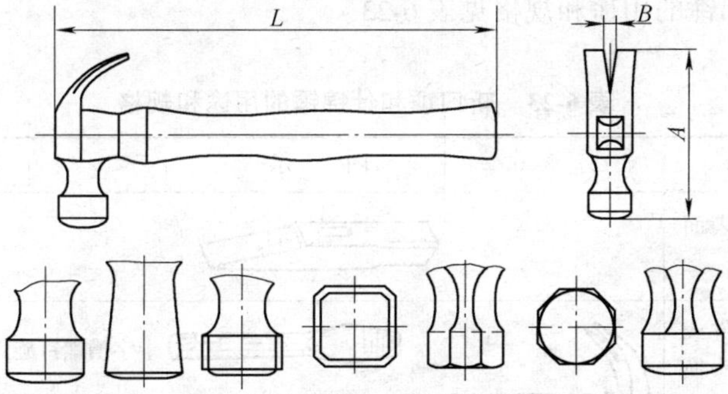

A 型 B 型 C 型 D 型 E 型

规格（锤头质量）/kg	L_{max} /mm	A_{max} /mm	B_{max} /mm	锤孔编号	规格（锤头质量）/kg	L_{max} /mm	A_{max} /mm	B_{max} /mm	锤孔编号
0.25	305	105	7	C-01	0.55	340	135	8	C-02
0.35	320	120			0.65	350	140	9	C-03
0.45	340	130	8	C-02	0.75	350	140		
0.50	340	130							

6.2.19 锤头有哪些规格？

JB/T 3411.52—1999 规定了锤头的规格和尺寸，见表 6-22。

表 6-22　锤头的规格和尺寸

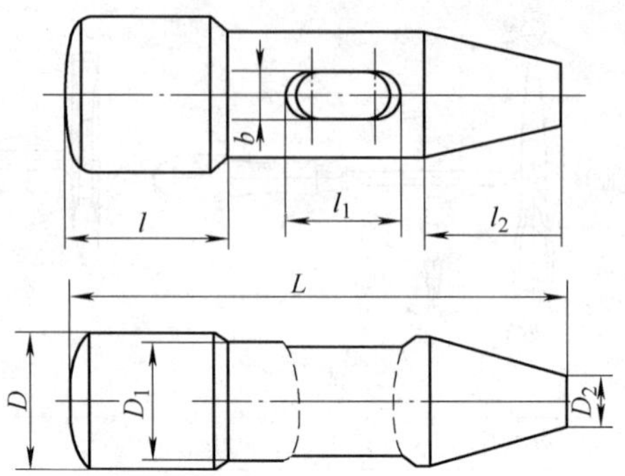

规格（锤头质量)/kg		L	D	D_1	D_2	b	l	l_1	l_2
钢	铜	mm							
0.05	0.06	60	15	12	4	6	16	14	26
0.1	0.11	80	18	15	6	8	20	18	32
0.2	0.23	100	22	18	8	10	25	22	43

6.2.20　斩口锤和什锦锤的用途是什么？它们有哪些规格？

斩口锤和什锦锤的用途和规格见表 6-23。

表 6-23　斩口锤和什锦锤的用途和规格

名称	用　途	图　示	锤头质量/kg
斩口锤	平整金属表面或翻边	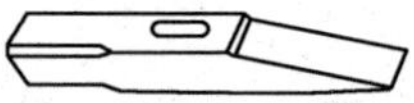	0.0625，0.125，0.25，0.5
什锦锤	可锤击工件或起钉，把锤头换成手柄内的附件后，可分别作为三角锉、锥子、木工錾或螺钉旋具使用	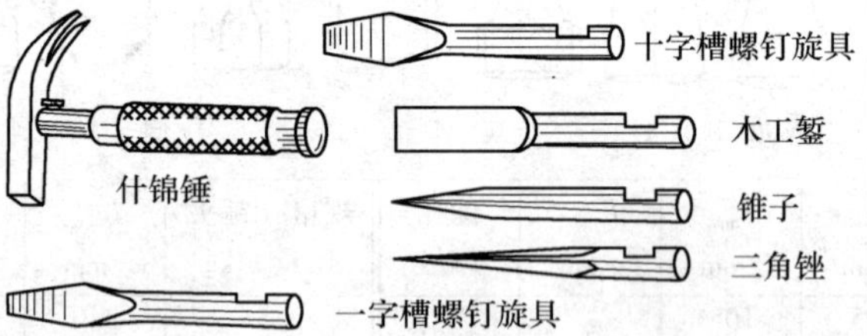	手柄连锤头的长度为 162mm

6.2.21　如何正确操作锤子？

1）锤子的握法分紧握法和松握法两种（图 6-10）。

紧握法是用右手五指紧握锤柄，大拇指合在食指上，虎口对准锤头方向（木柄椭圆的长轴方向），木柄尾端露出 15～30mm。在挥锤和锤击过程中，五指始终紧握。

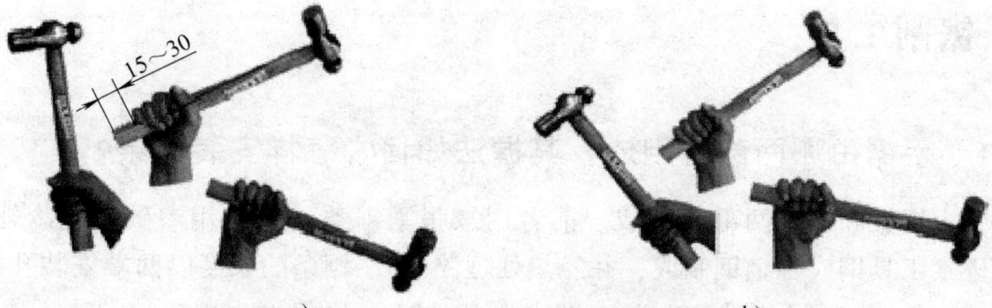

图6-10　锤子的握法

a）紧握法　b）松握法

松握法是只用大拇指和食指始终握紧锤柄。在挥锤时，小指、无名指、中指则依次放松；在锤击时，又以相反的次序收拢握紧。这种握法的优点是手不易疲劳，且锤击力大。

2）挥锤方法有腕挥、肘挥和臂挥三种方法（图6-11）。

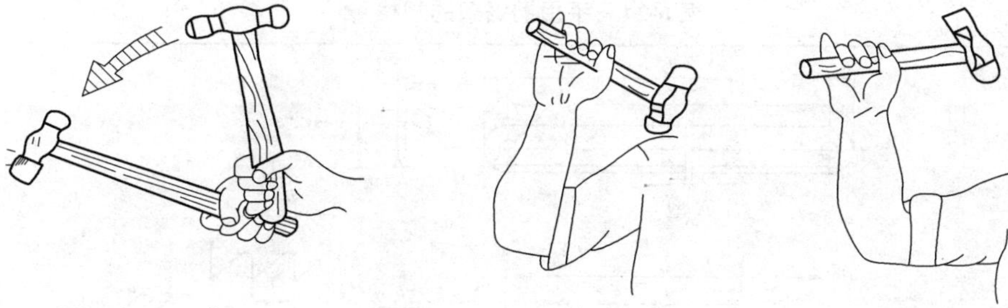

图6-11　挥锤

a）腕挥　b）肘挥　c）臂挥

腕挥是仅用手腕的动作进行锤击运动，采用紧握法握锤。它一般用于錾削加工余量较小或錾削开始或结尾。在油槽錾削中采用腕挥法锤击，锤击力量均匀，錾出的油槽深浅一致，槽面光滑。

肘挥是手腕与肘部一起挥动做锤击运动，采用松握法握锤，因挥动幅度较大，故锤击力也较大，这种方法应用最多。

臂挥是用手腕、肘和全臂一起挥动，其锤击力最大，多用于强力錾削。

3）錾削的要领：锤击要稳、准、狠，其动作要一下一下有节奏地进行，一般在肘挥时为40次/min左右，腕挥时为50次/min左右。锤子敲下去应是加速度，可增加锤击的力量。

4）锤击的要领：挥锤时做到肘收臂提，举锤过肩；手腕后弓，三指微松；锤面朝天，稍停瞬间。锤击时做到目视錾刃，臂肘齐下；收紧三指，手腕加劲；锤錾一线，锤走弧形；左脚着力，或右腿伸直。

6.3 锯削工具

6.3.1 手锯由哪两部分组成？其握法如何？怎样安装锯条？

手锯由锯架和锯条两部分组成。前者用来张紧锯条（一般用渗碳软钢冷轧而成，也有用碳素工具钢或合金钢制成，并经热处理淬硬）。锯条的长度以两端安装孔的中心距来表示，常用的中心距为300mm，宽度为10～25mm，厚度为0.6～1.25mm。

手锯的握法是用右手握锯柄，左手轻扶锯架前端。

安装锯条应使锯齿尖端向前。锯条松紧要适当，过紧易崩断，过松易折断，一般用拇指和食指的力旋紧即可。

6.3.2 手用钢锯条的用途是什么？它有哪些规格？

手用钢锯条装在锯架上切割金属工件，有单面齿（A型）和双面齿（B型）之分。手用钢锯条的规格见表6-24。

表6-24 手用钢锯条的规格 （单位：mm）

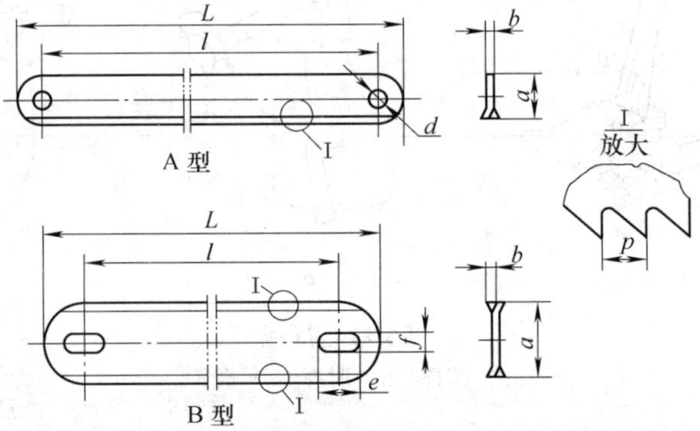

型　式	长度 l	宽度 a	厚度 b	齿距 p	销孔 d（$e\times f$）	全长 L
A型	300	12.7 或 10.7	0.65	0.8，1.0， 1.2，1.4， 1.5，1.8	3.8	≤315
	250					≤265
B型	296	22	0.65	0.8，1.0， 1.4	8×5	≤315
	292	25			12×6	

6.3.3 曲线锯条的用途是什么？它有哪些型式和规格？

曲线锯条用于对金属、塑料、木材等板料进行直线和曲线锯削的电动曲线锯。按其柄部型式分为T型、U型、MA型、H型四种（图6-12）；按使用材质分为碳素工具钢（代号T，75HRA）、合金工具钢（代号M，75HRA）、高速工具钢（代号G，81HRA）以及双金属复合钢（代号Bi，690HV）四种类型。

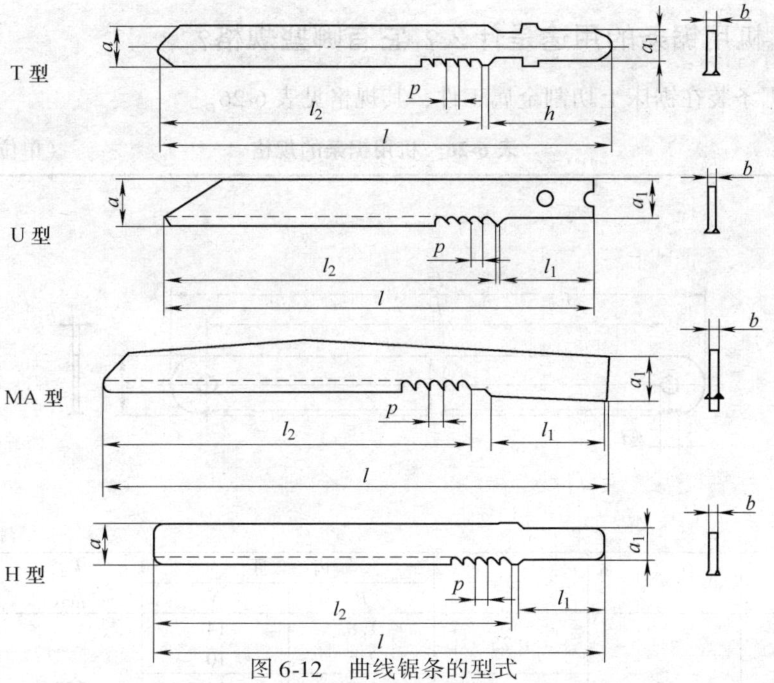

图6-12　曲线锯条的型式

曲线锯的基本尺寸见表6-25。

表6-25　曲线锯的基本尺寸　（单位：mm）

型　式	全长 l	锯齿长度 l_2	宽度 a	厚度 b	每25.4mm内的齿数	齿距 p
T型	70 75 80 95 100	45 50 55 70 75	5 8	0.9～1.5	32 24 20 18 16 14 13 10 9 — 8 — 7 — 6	0.8 1.0 1.2 1.4 1.5 1.8 2.0 2.5 2.8 3.0 — 3.5 3.6 4.0 4.2
	105 125	80 100	8			
	150	125	8 9.5			
U型	70 80 90 100	50 60 70 80	5 8			
MA型	70 80 95 120	50 60 75 100	—			
H型	80 95 105 115 125	60 75 85 95 105	8			

注：齿距 p = 0.8～1.4，用于切割金属；齿距 p = 1.4～2.5，用于切割塑料；齿距 p = 2.5～4.2，用于切割木材。

6.3.4　机用锯条的用途是什么？它有哪些规格？

机用锯条装在锯床上切割金属工件，其规格见表 6-26。

表 6-26　机用锯条的规格　　（单位：mm）

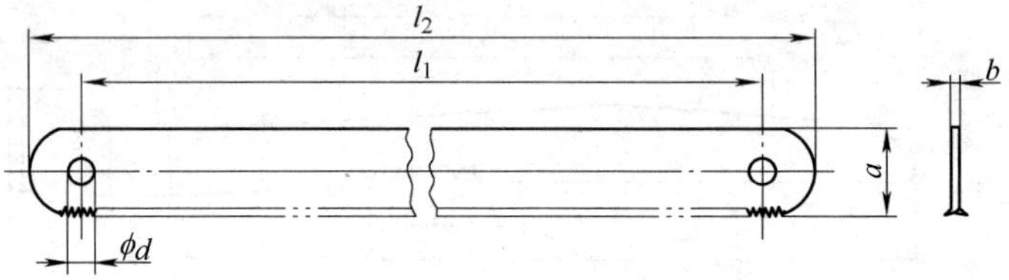

l_1	a	b	齿距 P	齿距 N	l_2 max	d H14
300	25	1.25	1.8	14	330	8.4
			2.5	10		
		1.5	1.8	14		
			2.5	10		
			4.0	6		
350	25	1.25	1.8	14	380	8.4
			2.5	10		
		1.5	1.8	14		
			2.5	10		
			4.0	6		
	30		1.8	14		
			2.5	10		
			4.0	6		
		2	1.8	14		
			2.5	10		
			4.0	6		
400	25	1.5	1.8	14	430	10.4
			2.5	10		
			4.0	6		
	30		1.8	14		
			2.5	10		
			4.0	6		
		2	2.5	10		
			4.0	6		
			6.3	4		
	40		4.0	6	440	10.4
			6.3	4		

（续）

l_1	a	b	齿距		l_2	d
			P	N	max	H14
450	30	1.5	2.5	10	490	8.4
			4.0	6		
	40	2	2.5	10		8.4/10.4
			4.0	6		
			6.3	4		
500			2.5	10	540	10.4
			4.0	6		
			6.3	4		
575	50	2.5	4.0	6	615	
			6.3	4		
			8.5	3		
600			4.0	6	640	
			6.3	4		
700			4.0	6	745	10.4/12.9
			6.3	4		
			8.5	3		

注：N 表示25mm 长度上的齿数。

6.3.5　钢锯架的用途是什么？它有哪些规格？

在钢锯架上安装钢锯条后，用于手工锯削金属材料，钢锯架的规格见表6-27。

表6-27　钢锯架的规格　　（单位：mm）

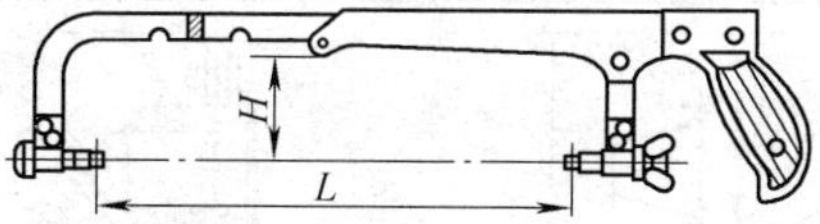

产品分类		规格（L）	长　度	高　度	最大锯切深度 H
钢板制	调节式	200，250，300	324～328	60～80	64
	固定式	300	325～329	65～85	
钢管制	调节式	250，300	330	80	74
	固定式	300	324	85	

6.3.6　锯齿的粗细有哪些规格？如何选择锯齿？

1）锯齿的粗细是以锯条每25mm 长度内的齿数来表示的，有14、18、24和32等几种，一般分为粗、中、细（表6-28），齿数越多则锯齿越细。粗齿锯条的容屑槽较大，可防止产生堵塞而影响锯削效率，适用于锯削软材料或较大的切面。

表 6-28　锯齿的粗细

锯齿粗细	每 25mm 内的锯齿数	应　用
粗	14 ~ 18	铜、铝等软材料
中	19 ~ 23	钢、铸铁等中硬材料
细	24 ~ 32	硬材料及薄壁工件

2）锯齿的选择原则：锯齿的粗细应根据工件材料的硬度、厚度以及切面大小来选择。锯削软材料（如纯铜、铝、铸铁、低碳钢和中碳钢等）、厚材料或较大的切面时，应选用粗齿锯条。因为在锯削时锯屑较多，要求有较大的容屑空间。

锯削硬材料、薄材料（如工具钢、合金钢、各种管子、薄板料、角铁）或切面较小时，应选用细齿锯条。因为锯硬材料时，锯齿不易切入，锯屑量少，选用细齿锯条可使同时参加切削的齿数增多，切削阻力小，材料容易被切除，而且推锯省力，锯齿也不容易被磨损。

锯削管子和薄板时，必须使用细齿锯条，保证截面上至少要有两个以上的锯齿同时参加锯削，否则因齿距大于板厚，会使锯齿被钩住而崩齿。

6.4　三爪钻夹头

6.4.1　扳手三爪钻夹头的用途是什么？它有哪些规格？

扳手三爪钻夹头用于电钻或钻床上夹持直柄钻头，分为重型（代号 H）、中型（代号 M）和轻型（代号 L）三类。前者用于机床和重负荷加工，中者用于轻负荷加工和便携式工具，后者用于轻负荷加工和家用钻具。扳手三爪钻夹头的规格见表 6-29。

表 6-29　扳手三爪钻夹头的规格

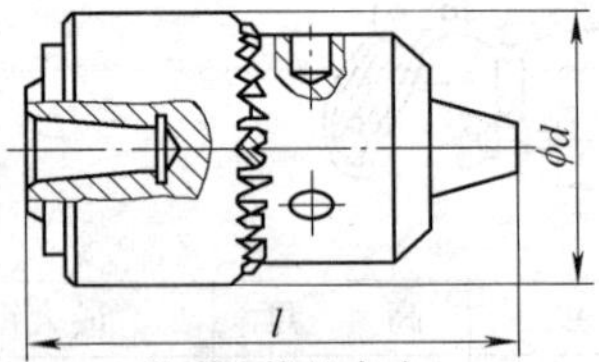

锥孔连接钻夹头

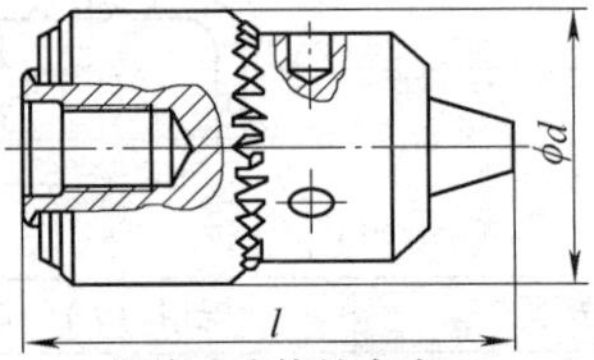

螺纹孔连接钻夹头

钻夹头型式		夹持钻头直径范围/mm	外形尺寸/mm		锥孔代号		螺纹规格	
			l	d	莫氏锥孔	贾格锥孔	寸制螺纹	米制普通螺纹
H型	4H	0.5 ~ 4	50	26	B10	0	①	—
	6.5H	0.8 ~ 6.5	60	38/34	(B10), B12	1	②③	⑥⑦
	8H	0.8 ~ 8	62	38	(B10), B12	2S, (2)	②③	⑥⑦
	10H	1 ~ 10	80	46	(B12), B16	2S, 2, 33	③	⑥⑦
	13H	1 ~ 13	93/90	55	B16, (B18)	33, 6	③④	⑦
	16H	1/3 ~ 16	106/100	60	(B16), B18	(6), (3)	③④	⑦⑧
	20H	5 ~ 20	120/110	65	B22	(3)	⑤	⑧
	26H	5 ~ 26	148	93	B24	(4), (5)	—	—

（续）

钻夹头型式		夹持钻头直径范围/mm	外形尺寸/mm		锥孔代号		螺纹规格	
			l	*d*	莫氏锥孔	贾格锥孔	寸制螺纹	米制普通螺纹
M型	6.5M	0.8~6.5	58/56	35	B10	1	①②	⑥
	8M	0.8~8	58/56	35	B12	1	②③	⑥⑦
	10M	1~10	65	42.9	B12	2S，2，33	②③	⑥⑦
	13M	1.5~13	82	47/46	B16	2，33，6	③	⑥⑦
	16M	3~16	93/90	52	B16	4	③④	⑦⑧
L型	6.5L	0.8~6.5	56	30	Bl0	1	②	⑥
	8L	1~8	56	30	Bl0	1	②③	⑥⑦
	10L	1.5~10	65	34	B12	2S，2，33	②③	⑥⑦
	13L	2.5~13	82	42.9	B12，B16	2，33，6	③④	⑥⑦
	16L	3~16	88	51	B16	33，6	④⑤	⑦⑧

注：1. 括号内的锥孔代号尽量不采用。2S 中的“S”表示短规格锥孔。

2. 外形尺寸栏中用分数表示的数据，分子适用于锥孔连接钻夹头，分母适用于螺纹孔连接钻夹头。

3. 螺纹规格栏中：螺纹代号①为 5/16×24，②为 3/8×24，③为 1/2×20，④为 5/8×16，⑤为 3/4×16，⑥为 M10×1，⑦为 M12×1.25，⑧为 M16×1.5。

6.4.2 无扳手三爪钻夹头的扭矩要求是什么？

无扳手三爪钻夹头也分为重型（H）、中型（M）和轻型（L），有自紧式和手紧式两种，与机床的连接形式有锥孔连接和螺纹孔连接。钻夹头的扭矩要求见表 6-30。

表 6-30 钻夹头的扭矩要求

型式		自紧式				
最大夹持直径/mm		3	4	5	6.5	8
试棒直径 *d*/mm		3	4	5	6.5	8
输入转矩/N·m		—	—	—	—	—
输出转矩 M_{min}/N·m	H型	0.8	1.2	2	3	4
	M型	—	—	—	2.5	3.5
	L型	—	—	—	—	3
最大夹持直径/mm		10	13	16	10	13
试棒直径 *d*/mm		10	13	16	10	13
输入转矩/N·m		—	—	—	7	7
输出转矩 M_{min}/N·m	H型	6	12	14	5	6
	M型	5	8	10	4.5	5
	L型	4	5	—	4	4.5

6.5 划线工具

6.5.1 划线工具按用途分类有哪些？

1）基准工具，包括划线平板、方箱、V 形铁等。

2）绘划工具，包括划规、划针、划线盘等（还有锤子、高度游标尺卡等，在前面的相关章节已叙述）。

3）量具，包括钢板尺、量高尺、游标卡尺、万能角度尺、直角尺以及钢卷尺等（在前面的相关章节已叙述）。

4）辅助工具，包括千斤顶垫铁、V 形铁等。

6.5.2 什么是平台？什么是方箱？方箱的基本尺寸是多少？

（1）平台　平台一般由铸铁制成，工作表面经过精刨或刮削或精磨加工而成。它的工作表面应保持水平并具有较好的平面度，是划线或检测的基准。较大的划线平台由多块组成，适用于大型工件划线。

（2）方箱　方箱一般由铸铁制成，各表面均经刨削及精刮加工，六面成直角，工件夹到方箱的 V 形槽中，能迅速地划出三个方向的垂线，是划线和检验机械零件平行度、垂直度的必要工具。方箱的基本尺寸见表 6-31。

表 6-31　方箱的基本尺寸　　（单位：mm）

B	H	d	d_1
160 200	320 400	20	M10 M12
250 320	500 600	25	M16
400 500	750 900	30	M20

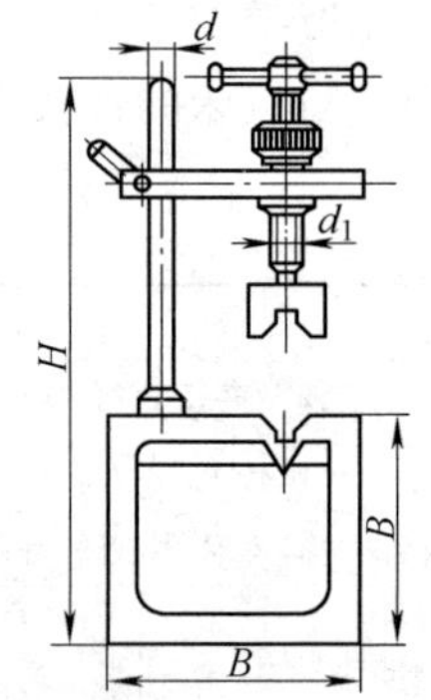

6.5.3 什么是 V 形铁？其用途和规格有哪些？

V 形铁是带有一个或多个 V 形缺口的铁块，其材料可以是球墨铸铁、灰铸铁、大理石或钢等。它主要用于轴类工件校正、划线时支承工件，还可用于检验工件的垂直度和平行度。精密 V 形铁的相互表面间的平行度、垂直度误差在 0.01mm 之内，V 形槽的中心线必须在 V 形铁的对称平面内并与底面平行，同心度、平行度的误差也在 0.01mm 之内，V 形槽半角误差在 ±30′ ~ ±1°范围内。V 形铁分不带夹紧装置和带夹紧装置两种，带夹紧装置两面V形铁供钳工对各种小型的轴套、圆盘等工件划线时使用。

1. 不带夹紧装置V形铁

不带夹紧装置V形铁的基本尺寸见表6-32。

表6-32 不带夹紧装置V形铁的基本尺寸 （单位：mm）

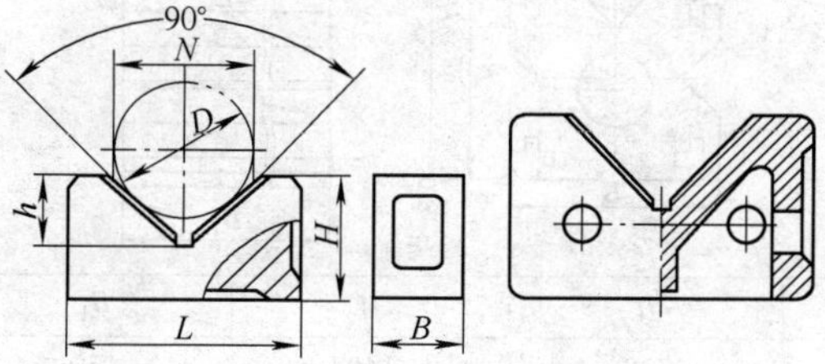

N=50～90mm　　N=120～400mm

N	D	L	B	H	h
50	15～60	100	50	50	26
90	40～100	150	60	80	46
120	60～140	200	80	120	61
150	80～180	250	90	130	75
200	100～240	300	120	180	100
300	120～350	400	160	250	150
350	150～450	500	200	300	175
450	180～550	500	250	400	200

2. 带夹紧装置两面V形铁

带夹紧装置两面V形铁的基本尺寸见表6-33。

表6-33 带夹紧两面V形铁的基本尺寸 （单位：mm）

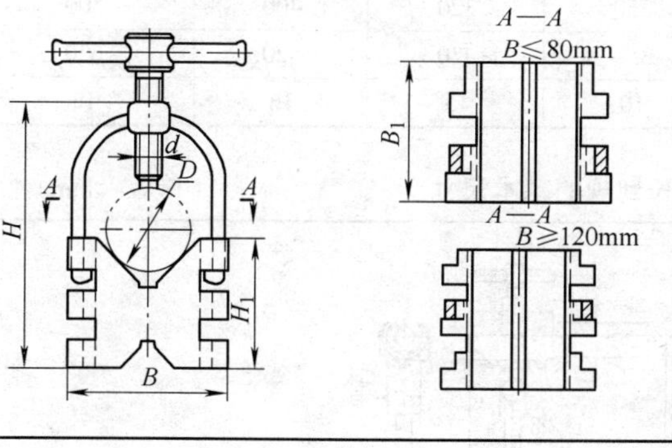

夹持工件直径D	B	B_1	H	H_1	d
8～35	50	50	85	40	M8
10～60	80	80	130	60	M10
15～100	125	120	200	90	M12
20～135	160	150	260	120	M16
30～175	200	160	325	150	M16

3. 带夹紧装置四面V形铁

带夹紧装置四面V形铁的基本尺寸见表6-34。

表 6-34 带夹紧四面 V 形铁的基本尺寸 （单位：mm）

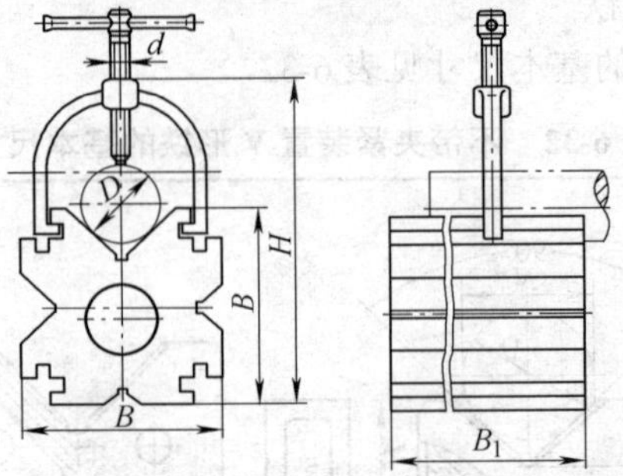

夹持工件直径 D	H	B	B_1	d
12 ~ 80	230	140	150	M12
24 ~ 120	310	180	200	M12
45 ~ 170	410	230	250	M16

6.5.4 划规有什么用途？其基本尺寸是多少？

划规由工具钢或不锈钢制成，两脚尖端淬硬，或在两脚尖端焊上一段硬质合金，使之耐磨。划规可以用量取的尺寸定角度、划分线段、划圆、划圆弧线、测量两点间距离等。长划规供钳工在较大工件上划圆、分度用。划针可在横梁上移动。划规的基本尺寸见表 6-35 和表 6-36。

表 6-35 划规的基本尺寸 （单位：mm）

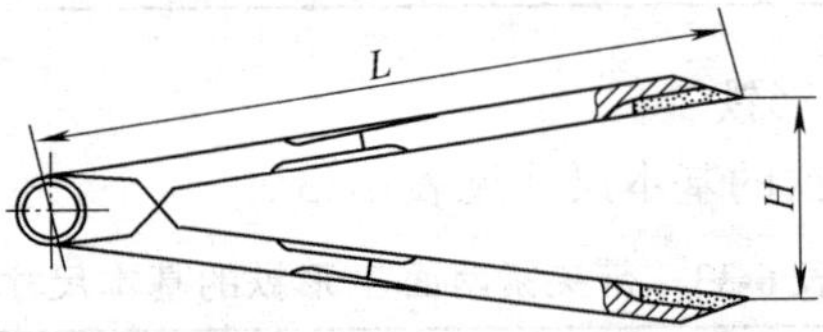

L	160	200	250	320	400	500
H_{max}	200	280	350	430	520	620
厚度	9	10	10	13	16	16

表 6-36 长划规的基本尺寸 （单位：mm）

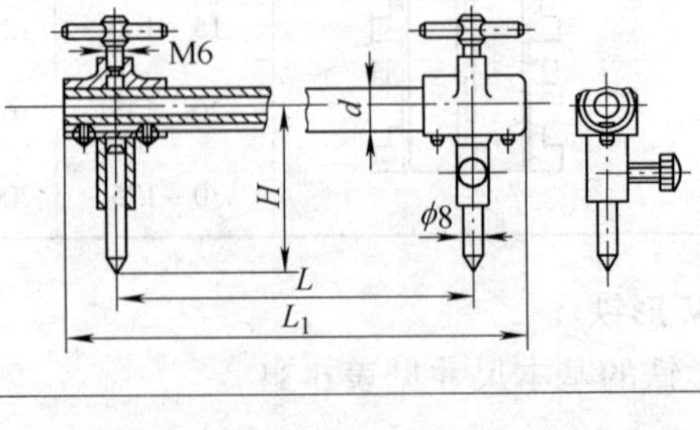

（续）

L_{max}	L_1	d	$H\approx$
800	850	20	70
1250	1315	32	90
2000	2065		

6.5.5 什么是划针？其基本尺寸是多少？

划针一般由直径为4～6mm的弹簧钢丝或高速钢丝制成，尖端淬硬，或在尖端焊接上硬质合金。划针是用来在被划线的工件表面沿着钢板尺、直尺、直角尺或样板进行划线的工具，有直划针和弯头划针之分。划针的基本尺寸见表6-37。

表6-37 划针的基本尺寸 （单位：mm）

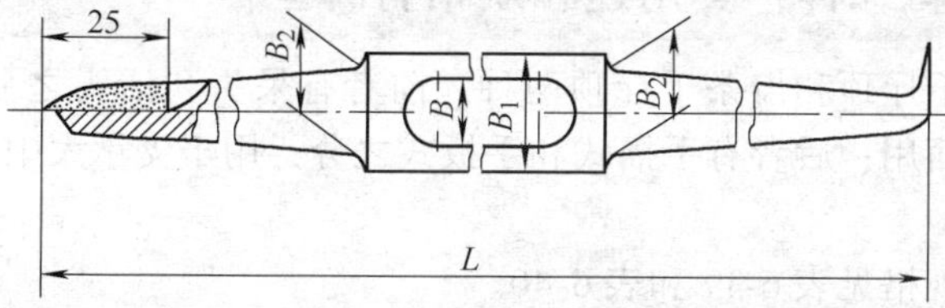

规格（L）	320	450	500	700	800	1200	1500
B	11		13		17		
B_1	20		25	30	38	45	
B_2	15		20	25	33	37	40

6.5.6 什么是划线盘？其基本尺寸是多少？

划线盘是在工件上划线和找正工件位置常用的工具。普通划线盘的划针尖端一般都焊上硬质合金作划线用；另一端制成弯头，是找正工件用的。划线盘的基本尺寸见表6-38。

表6-38 划线盘的基本尺寸 （单位：mm）

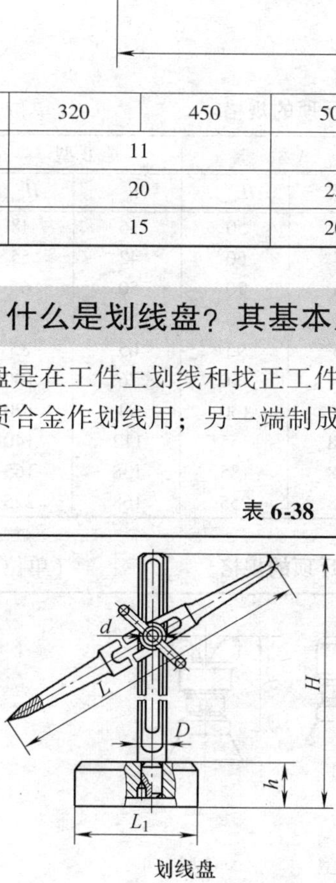

划线盘

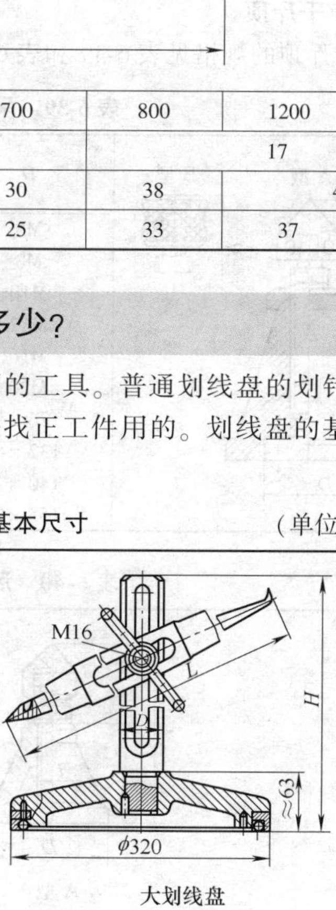

大划线盘

（续）

	H	L	L_1	D	d	h
划线盘	355	320	100	22	M10	35
	400					
	560	450	120	25		40
	710	500	140	30	M12	50
	900	700	160	35		60

	H	L	D
大划线盘	1000，1250	850	45
	1600	1200	50
	2000	1500	

6.5.7　千斤顶有几种？其用途和规格有哪些？

千斤顶有螺旋千斤顶和齿条千斤顶两种。前者有呆头和活头之分，主要用于支承中小型工件及找平面用；后者有手摇式和手扳式之分，用于支承大中型工件。

1. 螺旋千斤顶

螺旋千斤顶的规格见表 6-39 和表 6-40。

表 6-39　呆头螺旋千斤顶的规格　　（单位：mm）

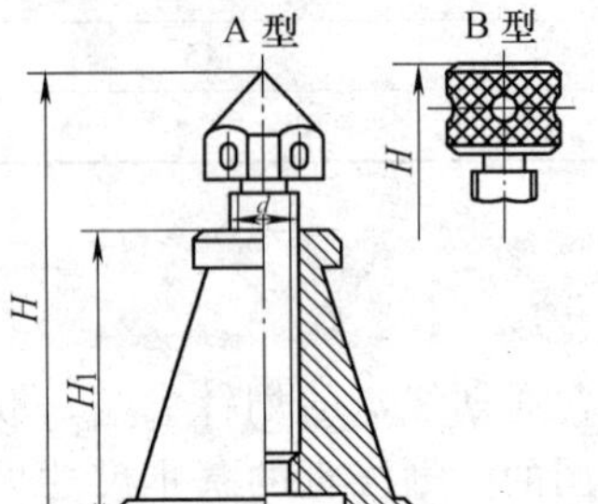

D	A 型		B 型		H_1
	H_{min}	H_{max}	H_{min}	H_{max}	
M6	36	50	36	48	25
M8	47	60	42	55	30
M10	56	70	50	65	35
M12	67	80	58	75	40
M16	76	95	65	85	45
M20	87	110	76	100	50
T26 × 5	102	130	94	120	65
T32 × 6	128	155	112	140	80
T40 × 7	158	185	138	165	100
T55 × 9	198	255	168	225	130

表 6-40　活头螺旋千斤顶的规格　　（单位：mm）

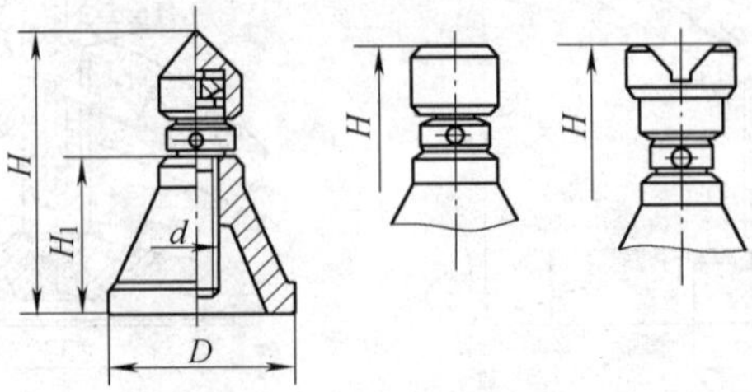

A 型　　B 型　　C 型

（续）

d	D	A 型		B 型		C 型		H_1
		H_{min}	H_{max}	H_{min}	H_{max}	H_{min}	H_{max}	
M6	30	45	55	42	52	50	60	25
M8	35	54	65	52	62	60	72	30
M10	40	62	75	60	72	70	85	35
M12	45	72	90	68	85	80	95	40
M16	50	85	105	80	100	92	110	45
M20	60	98	120	94	115	108	130	50
T26×5	80	125	150	118	145	134	160	65

2. 齿条千斤顶

齿条千斤顶的规格见表6-41。

表6-41 齿条千斤顶的规格

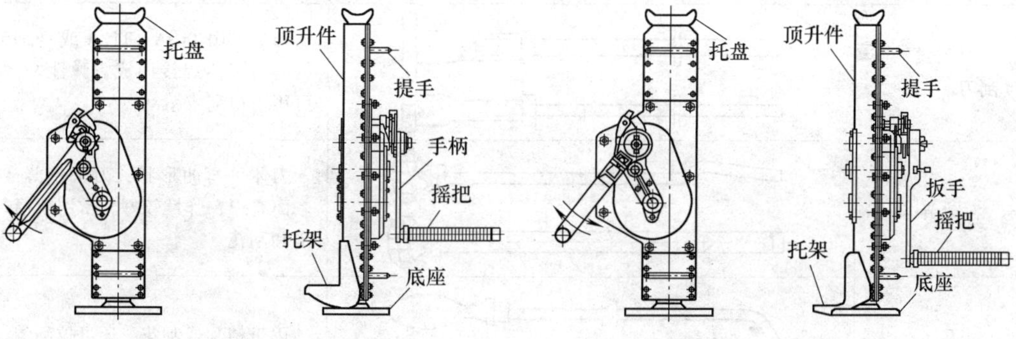

手摇式千斤顶　　　　手扳式千斤顶

额定起重量 G_n/t	额定辅助起重量 G_1/t	行程 H/mm	手柄（扳手）最大力/N
1.6	1.6	350	280
3.2	3.2		
5	5	300	
10	10		560
16	11.2	320	640
20	14		

6.6 其他钳工工具

6.6.1 什么是钳桌？

钳桌也称为钳台，它是工具钳工主要的工作场地。钳桌一般用木材或者钢木结构制成，以便确保工作时的稳定性。为了使操作者有合适的工作高度和位置，要求钳桌的桌面到地面的距离为 800 ~ 900mm；钳桌的长度和宽度可根据工作场地的大小和实际生产需要来确定。此外，要求固定钳身的钳口处于钳桌边缘外，以便于对工件顺利夹紧和操作者进行各种操作。钳桌还可以用来放置和收藏工具钳工常用的各种工具、量具和准备加工的工件。

6.6.2 钳工刮刀的分类有哪些？

钳工刮刀是刮削的主要工具，用于工件的修整与刮光。由于工件的形状不同，因此要求刮刀有不同的形状。刮刀可粗分为平面刮刀和曲面刮刀两类；其细分种类和用途见表 6-42。

表 6-42 刮刀的种类和用途

种类	图示	用途
平面刮刀	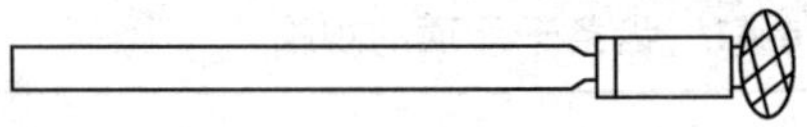	适用于平面刮削，如平板、工作台等，也可用来刮削外曲面
挺刮式平面刮刀	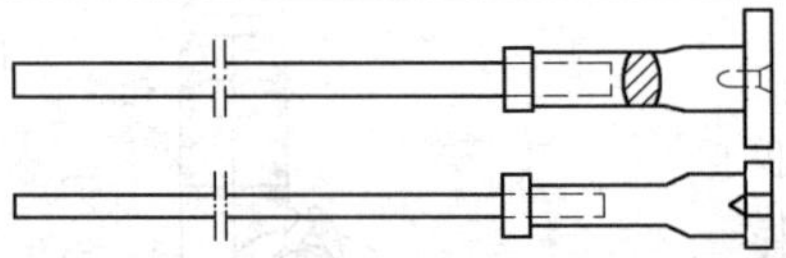	刀片采用 T10A ~ T12A 或 GCr15 材料与刀体焊接而成，弹性好，可用于粗刮或精刮
弯头刮刀	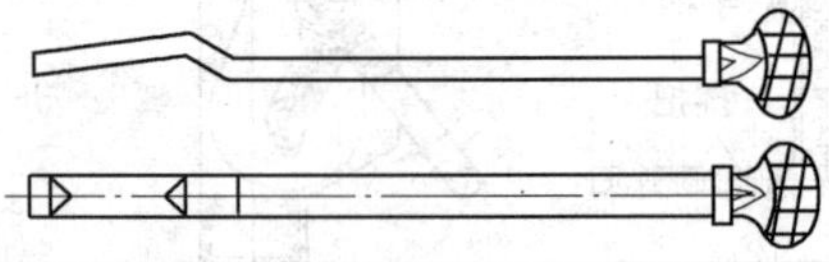	刀体呈弯曲形状，刀头较薄，一面有刃，弹性较好，常用于精刮和刮花
拉刮刀	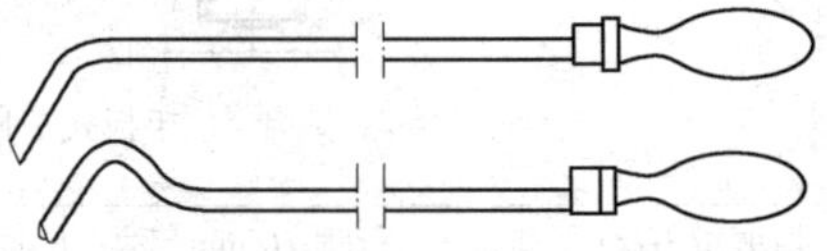	用于精刮或刮花，还可拉刮带有台阶的平面
双刃刮花刀	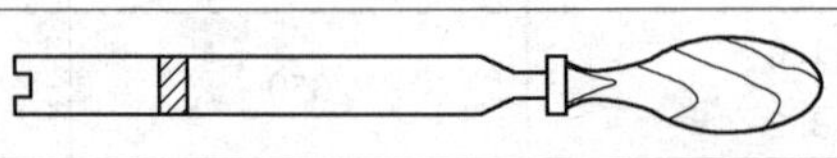	用于刮削交叉花纹
半圆头刮刀	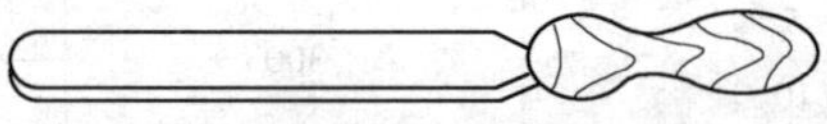	用于对开轴承以及较长且直径较大的轴承套的刮削
三角刮刀	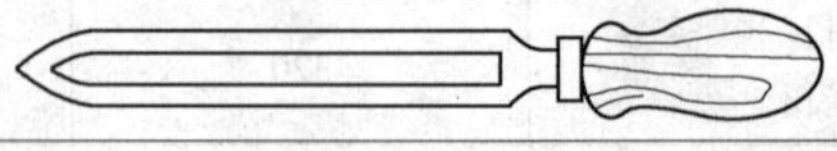	用来刮削内曲面，如轴瓦类零件
柳叶刮刀	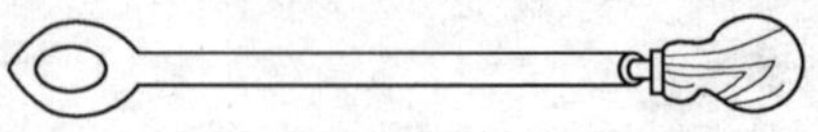	用来刮削内曲面，如轴瓦类零件
蛇头刮刀	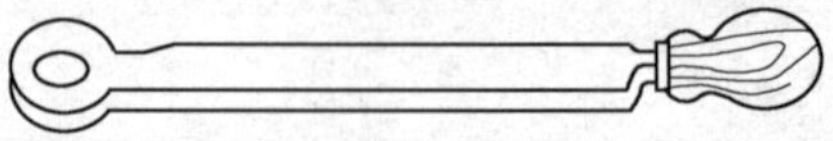	用来刮削内曲面，如轴瓦类零件
匙形刮刀	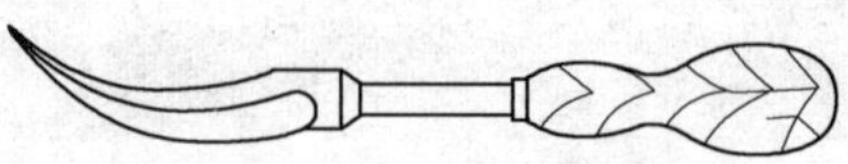	头部有两个刃口，刃口的中部有一弧形钩槽，适用于刮削对开轴承及轴承套

注：长度规格（不含柄）有 50mm，75mm，100mm，125mm，150mm，175mm，200mm，250mm，300mm，350mm，400mm。

6.6.3 平面刮刀的常见规格有哪些?

按所刮削表面精度的不同，平面刮刀可分为粗刮刀、细刮刀和精刮刀三种，平面刮刀的规格见表6-43。

表6-43 平面刮刀的规格 （单位：mm）

类别	全长	宽度	厚度	活动长度
粗刮刀	450~600	25~30	3~4	100
精刮刀	400~500	15~20	2~3	80
细刮刀	400~500	10~12	1.5~2	70

6.6.4 钳工刮刀如何刃磨?

1）刮刀先在砂轮上进行粗磨，将刮刀顶端对着砂轮上进行粗磨，将刮刀顶端对着砂轮的边缘，平稳地左右移动。磨好后，再磨刮刀的平面和侧面。刃磨时要经常用水冷却，防止刃口退火。粗磨以后用磨石进行细磨，具体方法先在磨石上涂一层机油，然后使刮刀垂直于磨石表面，先磨端面，后磨平面，这两面交替进行刃磨，直到符合要求为止。

2）曲面刮刀粗磨时，用一只手轻微地把刃口靠在砂轮上，用另一只手使刮刀摆动和在砂轮上移动。精磨时用磨石使刮刀在其上面做直线和圆弧运动。

6.6.5 常见冲子有哪些?其用途是什么?

冲子是用金属制造的一种打眼器具。常见冲子的名称和用途见表6-44。

表6-44 常见冲子的名称和用途

名称	图示	用途
尖冲子		在金属材料上冲凹坑
圆冲子	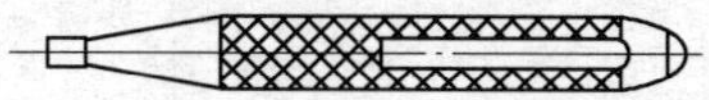	装配中的冲击工具
半圆头铆钉冲子	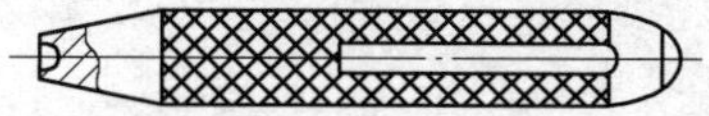	冲击铆钉头
四方冲子	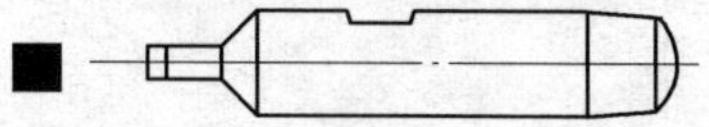	冲内四方孔
六方冲子	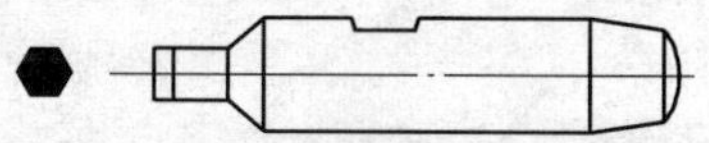	冲内六方孔
皮带冲子	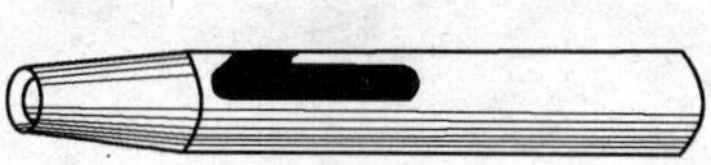	用于在皮革及其他非金属材料（如纸、橡胶板、石棉制品等）上冲制圆形孔

6.6.6　常见冲子的规格有哪些?

常见冲子的规格见表 6-45。

表 6-45　常见冲子的规格

名　称	规　格
尖冲子	冲头直径（mm）：2，3，4，6
圆冲子	圆冲直径（mm）：3，4，5，6，8，10
半圆头铆钉冲子	铆钉直径（mm）：2，2.5，3，4，5，6，8
四方冲子	四方对边距离（mm）：2.00，2.24，2.50，2.80，3.00，3.15，3.55，4.00，4.50，5.00，5.60，6.00，6.30，7.10，8.00，9.00，10.00，11.20，12.00，12.50，14.00，16.00，17.00，18.00，20.00，22.00，22.40，25.00
六方冲子	六方对边距离（mm）：3，4，5，6，8，10，12，14，17，19，22，24，27
皮带冲子	单支冲头直径（mm）：1.5，2.5，3，4，5，5.5，6.5，8，9.5，11，12.5，14，16，19，21，22，24，25，28，32，35，38 组套：8 支套，10 支套，12 支套，15 支套，16 支套

第 7 章

切削与装夹工具

7.1 钻头

7.1.1 钻头一般分为几种？影响钻头磨损的因素是什么？

钻头是装在钻床和车床上（也可装在镗床或铣床上），在实体材料上加工孔的必备工具。其种类很多，主要有麻花钻、中心钻、扁钻、炮钻、扩孔钻和锪钻等，用于在各种工件或岩石等物体上钻孔。当钻头切削刃旋转时切削工件，再由钻槽排除钻屑。

影响钻头磨损的主要因素：钻头材料与热处理状态，钻头结构，刃形参数，切削条件等。钻头硬度越高，结构刚性越好，刃形参数与加工材料搭配合理，刃磨对称度越高，切削用量优化越合理，则钻头寿命越长。

7.1.2 什么是麻花钻？

麻花钻是通过其相对固定轴线的旋转切削以钻削工件的圆孔的工具。因其容屑槽成螺旋状而形似麻花而得名。螺旋槽有两槽、三槽或更多槽，但以两槽最为常见。麻花钻可被夹持在手动、电动的手持式钻孔工具或钻床、铣床、车床乃至加工中心上使用。麻花钻有锥柄麻花钻和直柄麻花钻两种（图 7-1），有时也可以当扩孔钻来使用。

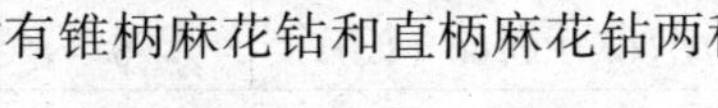

a)

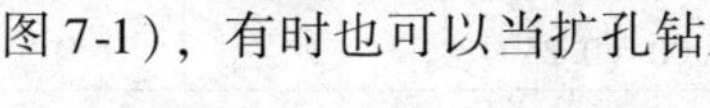

b)

图 7-1 麻花钻

a）锥柄麻花钻 b）直柄麻花钻

7.1.3 标准麻花钻由哪几部分组成？

标准麻花钻由柄部、颈部和工作部分组成（图 7-2）。

工作部分又分为切削部分和导向部分。前者担负着主要的切削工作，它包括横刃和两个主切削刃；后者在钻孔时起引导钻头方向和修光孔壁的作用，同时还是切削部分的备磨部分。

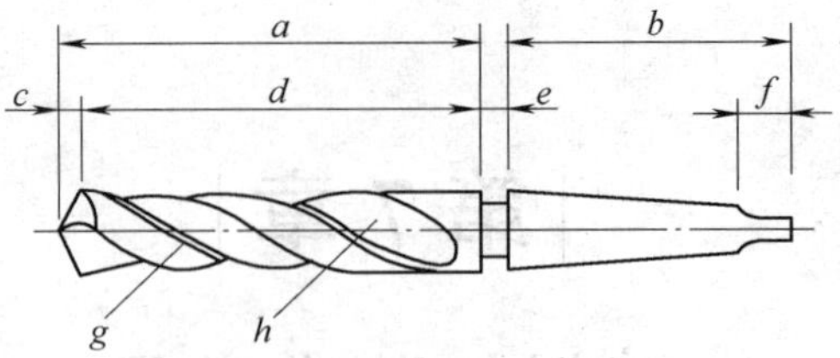

图 7-2　标准麻花钻的组成

a—工作部分　*b*—柄部　*c*—切削部分　*d*—导向部分　*e*—颈部　*f*—钻舌　*g*—刃带　*h*—螺旋槽

柄部包括钻柄和钻舌。钻柄供装夹用，并用来传递钻孔时所需的转矩和轴向力。扁尾供拆卸钻头时用。钻头直径 $d < 12$mm 时常制成圆柱柄；否则常采用圆锥柄。

颈部是柄部与工作部分的连接部分，并作为磨外径时砂轮退刀和打印标记处。小直径钻头不做出颈部。钻头的规格、材质、制造厂厂标一般都刻印在颈部。

7.1.4　莫氏锥柄麻花钻有哪些规格?

莫氏锥柄麻花钻有莫氏锥柄麻花钻、莫氏锥柄长麻花钻、莫氏锥柄加长麻花钻、莫氏锥柄超长麻花钻四种。莫氏圆锥号和钻头工作部分直径之间的关系见表 7-1。

表 7-1　莫氏圆锥号和钻头工作部分直径之间的关系

钻头工作部分直径 D/mm	莫氏圆锥号		钻头工作部分直径 D/mm	莫氏圆锥号	
	标准柄	粗柄		标准柄	粗柄
莫氏锥柄麻花钻（有＊者，小数点后面的数值为 00、20、50 和 80）					
3.00～11.80*	1	—	30.25～31.75（0.25）	3	4
12.00～14.00*	1	2	32.00～40.00（0.50）	4	—
14.25～18.00（0.25）	2	—	40.50～50.50（0.50）	4	5
18.25～23.00（0.25）	2	3	51.00～63.00（1.00）	5	—
23.25～26.50（0.25）	3	—	64.00～76.00（1.00）	5	6
26.75～30.00（0.25）	3	4	77.00～100.00（1.00）	6	—
莫氏锥柄长麻花钻（有＊者，小数点后面的数值为 00、20、50 和 80）					
5.00～14.00*	1	—	23.25～31.75（0.25）	3	—
14.25～23.00（0.25）	2	—	32.00～50.00（0.50）	4	—
莫氏锥柄加长麻花钻（有＊者，小数点后面的数值为 00、20、50 和 80）					
6.00～14.00*	1	—	23.25～30.00（0.25）	3	—
14.25～23.00（0.25）	2	—			
莫氏锥柄超长麻花钻（有＊者，小数点后面的数值为 00）					
6.00～9.500（0.50）	1	—	24，25，28，30*	3	—
10.00～14.00（1.00）	1	—	32，35，38，40*	4	—
15.00～23.00（1.00）	2	—	42，45，48，50*	4	—

注：括号内为进阶尺寸。

7.1.5 标准麻花钻的切削部分如何构成？

标准麻花钻的切削部分由前面（切屑流过的表面）、后面（与已加工表面相对应的表面）、主切削刃（前面与后面的交线）和横刃（两个主后面的交线）四个部分构成（图7-3）。

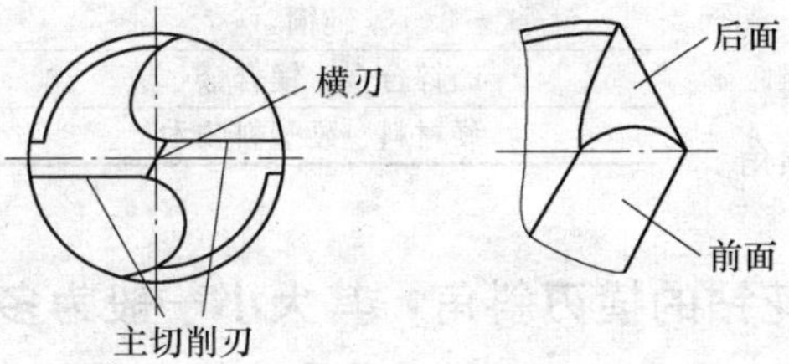

图7-3 标准麻花钻的切削部分

7.1.6 标准麻花钻的导向部分如何构成？其作用是什么？

标准麻花钻的导向部分由以下四部分构成（图7-4）。

（1）螺旋槽　在麻花钻上有两条相对称的螺旋槽，其作用是正确形成切削刃和前角，并排出切屑和输送切削液。

（2）刃带和齿背　刃带是沿螺旋槽高出5~1mm的窄带，在切削时它跟孔壁相接触，以保持钻头的方向。钻头表面低于刃带的部分叫齿背，其作用是减少摩擦。直径小于0.5mm的钻头，不制出刃带。

（3）倒锥　导向部分直径略带倒锥，其作用是减少摩擦。

（4）钻心　两螺旋槽的实心部分叫钻心，其作用是连接两个刃瓣，以保持钻头的强度和刚度。

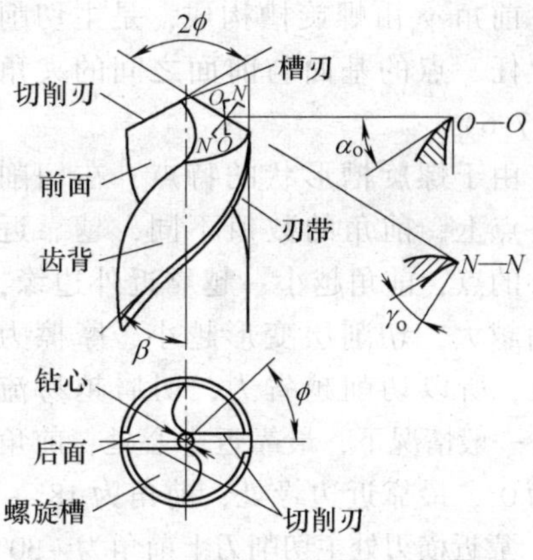

图7-4 标准麻花钻的导向部分

7.1.7 什么是麻花钻的顶角？如何正确选用顶角？

顶角2ϕ是两主切削刃之间的夹角，标准麻花钻的顶角一般是118°±2°（图7-5）。

顶角起着主偏角的作用。随着钻头顶角的增大，切削刃的有效长度减小而且切削厚度变大，导致作用在切削单位长度上的力增大，也就加大了钻头的磨损。当顶角从140°减小到90°时，轴向进给力降低40%~50%，而转矩则增大25%~30%。

根据不同的工件材料，麻花钻的顶角可按表7-2选取。

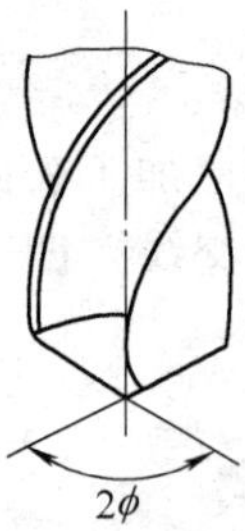

图 7-5　标准麻花钻的顶角

表 7-2　加工材料不同时选取的顶角

工 件 材 料	2φ/(°)
钢、铸铁、硬青铜	116 ~ 120
不锈钢、高强度钢、耐热合金	125 ~ 150
黄铜、软青铜	130
铝合金、巴氏合金	140
纯铜	125
锌合金、镁合金	90 ~ 100
硬材料、硬塑料胶木	50 ~ 90

7.1.8　什么是麻花钻的横刃斜角？其大小一般为多少？

麻花钻的横刃斜角 ψ 是横刃和主切削刃之间的夹角。横刃斜角越大，横刃越短，强度越低，越易磨损，但钻孔时阻力越小；反之，阻力越大，钻头易于折断。横刃斜角一般取 50° ~ 55°。

7.1.9　什么是麻花钻的前角？它在切削刃上如何变化？

前角 γ_o 由螺旋槽构成，是主切削刃上任一点的基面与前面之间的夹角（图 7-6）。

由于螺旋槽形状的特点，在切削刃各点上，前角的数值不同，越靠近中心的点，前角越小；越靠近外边缘，前角越大，切削层变形越小，摩擦力越小，所以切削越省力，切屑越易流出。一般情况下，最靠近中心处，前角约为 0°，最靠近边缘处，前角为 18° ~ 30°。靠近横刃处主切削刃上前角为 −30° 左右。

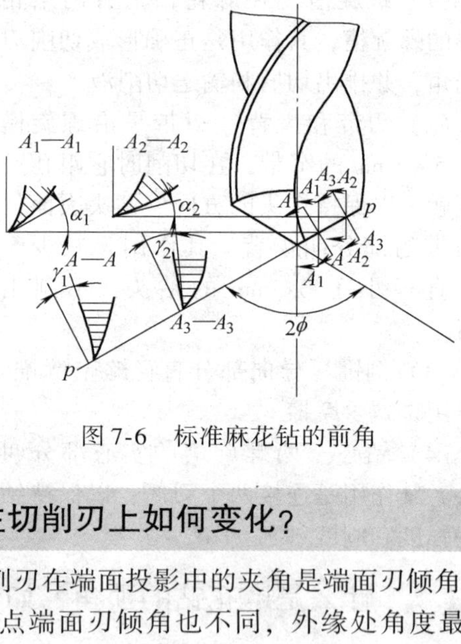

图 7-6　标准麻花钻的前角

7.1.10　什么是端面刃倾角？它在主切削刃上如何变化？

麻花钻主切削刃上任意点的基面与主切削刃在端面投影中的夹角是端面刃倾角。

由于主切削刃上各点基面不同，因此各点端面刃倾角也不同，外缘处角度最小，越接近钻心角度越大。

7.1.11　什么是麻花钻的后角？其大小是多少？

切削平面与后面切线所成的角叫作后角，用 α_o 表示（图 7-7）。由于工件材料的弹性变形，使钻头主后面与工件已加工表面之间有一段接触，从而造成了刀具和工件之间的摩擦，因此后角 α_o 越大，这种摩擦越小。

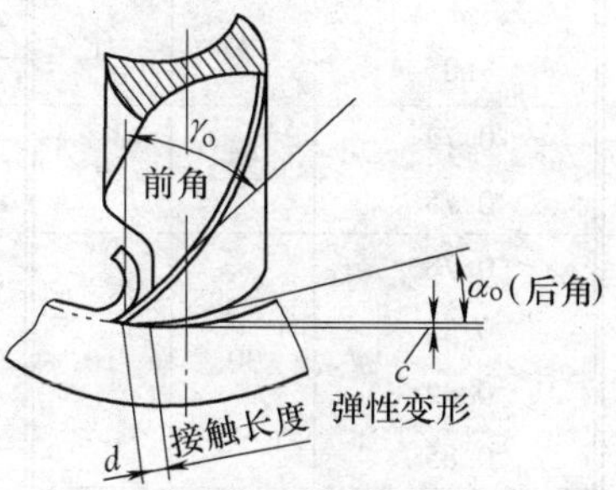

图 7-7　麻花钻的后角

后角的数值在主切削刃各点上不相同，标准麻花钻外缘处后角为 8°～14°。

7.1.12　麻花钻后角的作用是什么？

麻花钻后角的作用是减少后面和加工底面的摩擦，保证钻刃锋利。中心处的后角加大后，可改善横刃工作条件。但后角如果太大，会使钻刃的强度削弱，影响钻头寿命。

7.1.13　什么是麻花钻的螺旋角？如何选取？

钻头外圆柱面和螺旋槽交线的切线与钻头轴线的夹角称为螺旋角。由于螺旋槽上各点的导程相同，因而麻花钻的主切削刃上半径不同的各点螺旋角也不同。钻头外径处的螺旋角最大，越靠近钻心，其螺旋角越小。

螺旋角实际上就是钻头在轴向剖面的前角，因此螺旋角越大，切削刃越锋利，切削省力；但螺旋角过大，会削弱钻头的强度，散热条件也变差。

标准麻花钻的螺旋角一般为 18°～30°。对于某些特殊材料钻孔时，螺旋角的大小可根据材料确定，如钻青铜和黄铜螺旋角取 8°～12°，钻纯铜和铝合金螺旋角取 35°～40°，钻高强度钢和铸铁螺旋角取 10°～15°。

7.1.14　直柄麻花钻有哪些规格？

直柄麻花钻有直柄麻花钻、粗直柄小麻花钻、直柄短麻花钻、直柄长麻花钻和直柄超长麻花钻等几种，其规格分别见表 7-3～表 7-7。

1. 直柄麻花钻

直柄麻花钻的规格见表 7-3。

表 7-3　直柄麻花钻的规格　（单位：mm）

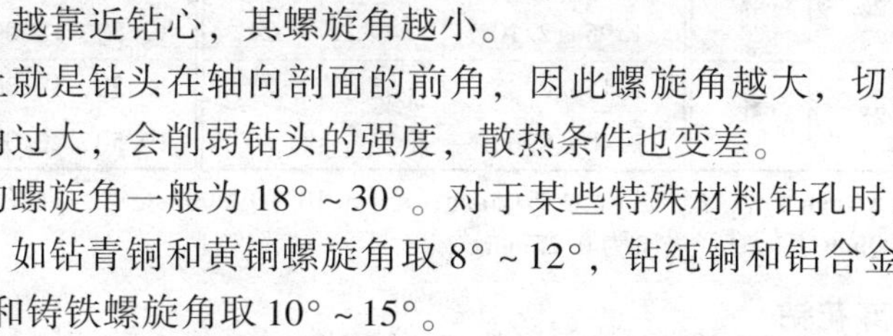

（续）

d h8	l	l_1	d h8	l	l_1	d h8	l	l_1
0.20	19	2.5	0.72	28	9	2.70～3.00	61	33
0.22			0.75			3.10～3.30	65	36
0.25		3	0.78	30	10	3.40～3.70	70	39
0.28			0.80			3.80～4.20	75	43
0.30			0.82			4.30～4.70	80	47
0.32		4	0.85			4.80～5.30	86	52
0.35			0.88	32	11	5.40～6.00	93	57
0.38			0.90			6.10～6.70	101	63
0.40	20	5	0.92			6.80～7.50	109	69
0.42			0.95			7.60～8.50	117	75
0.45			0.98	34	12	8.60～9.50	125	81
0.48			1.00			9.60～10.60	133	87
0.50	22	6	1.05			10.70～11.80	142	94
0.52			1.10，1.15	36	14	11.90～13.20	151	101
0.55	24	7	1.20～1.30	38	16	13.30～14.00	160	108
0.58			1.35～1.50	40	18	14.25～15.00	169	114
0.60			1.55～1.70	43	20	15.25～16.00	178	120
0.62	26	8	1.75～1.90	46	22	16.50，17.00	184	125
0.65			1.95～2.10	49	24	17.50，18.00	191	130
0.68	28	9	2.15～2.35	53	27	18.50，19.00	198	135
0.70			2.40～2.65	57	30	19.50，20.00	205	140

注：d＝1.10～3.00mm 者，直径进阶为 0.05mm；d＝3.10～14.00mm 者，直径进阶为 0.10mm；d＝14.25～16.00mm 者，直径进阶为 0.25mm。

2. 粗直柄小麻花钻

粗直柄小麻花钻的规格见表 7-4。

表 7-4　粗直柄小麻花钻的规格　　（单位：mm）

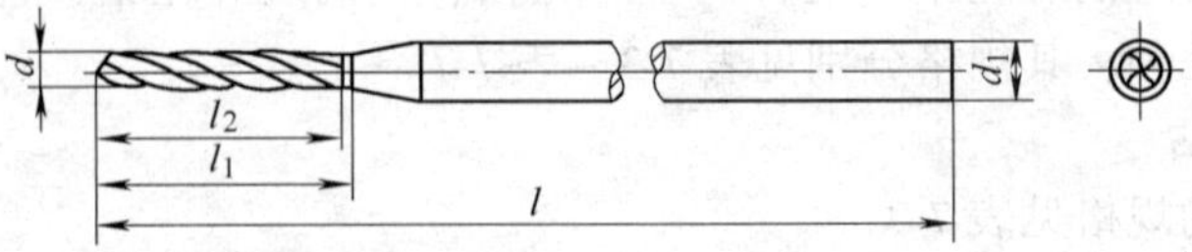

d h7	l ±1	l_1 js15	l_2 min	d_1 h8	d h7	l ±1	l_1 js15	l_2 min	d_1 h8
0.10～0.12	20	1.2	0.7	1.0	0.20～0.24	20	2.5	1.8	1.0
0.13～0.15		1.5	1.0		0.25～0.30		3.2	2.2	
0.16～0.19		2.2	1.4		0.31～0.35		3.5	2.8	

注：直径 d 的间隔为 1mm。

3. 直柄短麻花钻

直柄短麻花钻的规格见表 7-5。

表 7-5　直柄短麻花钻的规格　　（单位：mm）

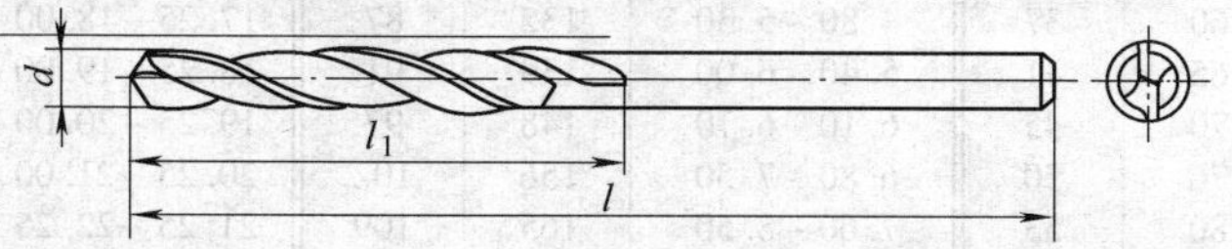

d h8	l	l_1	d h8	l	l_1	d h8	l	l_1
0.50	20	3	6.80	74	34	13.00	102	51
0.80	24	5	7.00			13.20		
1.00	26	6	7.20			13.50	107	54
1.20	30	8	7.50			13.80		
1.50	32	9	7.80			14.00		
1.80	36	11	8.00	79	37	14.25 ~ 15.00	111	56
2.00	38	12	8.20			15.25 ~ 16.00	115	58
2.20	10	13	8.50			16.25 ~ 17.00	119	60
2.50	43	14	8.80	84	40	17.25 ~ 18.00	123	62
2.80	46	16	9.00			18.25 ~ 19.00	127	64
3.00	46	16	9.20			19.25 ~ 20.00	131	66
3.20	49	18	9.50			20.25 ~ 21.00	136	68
3.50	52	20	9.80	89	43	21.25 ~ 22.25	141	70
3.80	55	22	10.00			22.50 ~ 23.50	146	72
4.00	55	22	10.20			23.75 ~ 25.00	151	75
4.20	55	22	10.50			25.25 ~ 26.50	156	78
4.50	58	24	10.80			26.75 ~ 28.00	162	81
4.80	62	26	11.00	95	47	28.25 ~ 30.00	168	84
5.00			11.20			30.25 ~ 31.50	174	87
5.20			11.50			31.75 ~ 33.50	180	90
5.50	66	28	11.80			34.00 ~ 35.50	186	93
5.80			12.00	102	51	36.00 ~ 37.50	193	96
6.00			12.20			38.00 ~ 40.00	200	100
6.20	70	31	12.50					
6.50			12.80					

注：d = 14.25 ~ 31.75mm 者，直径进阶为 0.25mm；d = 32.00 ~ 40.00mm 者，直径进阶为 0.50mm。

4. 直柄长麻花钻

直柄长麻花钻的规格见表 7-6。

表 7-6　直柄长麻花钻的规格　　（单位：mm）

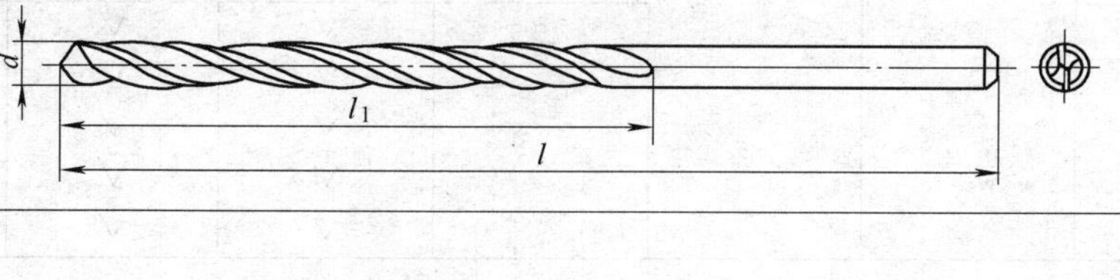

（续）

d h8	l	l_1	d h8	l	l_1	d h8	l	l_1
1.00	56	33	4.30～4.70	126	82	16.25～17.00	235	154
1.10	60	37	4.80～5.30	132	87	17.25～18.00	241	158
1.20，1.30	65	41	5.40～6.00	139	91	18.25～19.00	247	162
1.40，1.50	70	45	6.10～6.70	148	97	19.25～20.00	254	166
1.60，170	76	50	6.80～7.50	156	102	20.25～21.00	261	171
1.80，1.90	80	53	7.60～8.50	165	109	21.25～22.25	268	176
2.00，2.10	85	56	8.60～9.50	175	115	22.50～23.50	275	180
2.20，2.30	90	59	9.60～10.60	181	121	23.75～25.00	282	185
2.40～2.60	95	62	10.70～11.80	195	128	25.25～26.50	290	190
2.70～3.00	100	66	11.90～13.20	205	134	26.75～28.00	298	195
3.10～3.30	106	69	13.30～14.00	214	140	28.25～30.50	307	201
3.40～3.70	112	73	14.25～15.00	220	144	30.75～31.50	316	207
3.80～4.20	119	78	15.25～16.00	227	149			

注：d＝2.40～14.00mm 者，直径进阶为 0.1mm；d＝14.00～31.50mm 者，直径进阶为 0.25mm。

5. 直柄超长麻花钻

直柄超长麻花钻的规格见表 7-7。

表 7-7　直柄超长麻花钻头的规格　　（单位：mm）

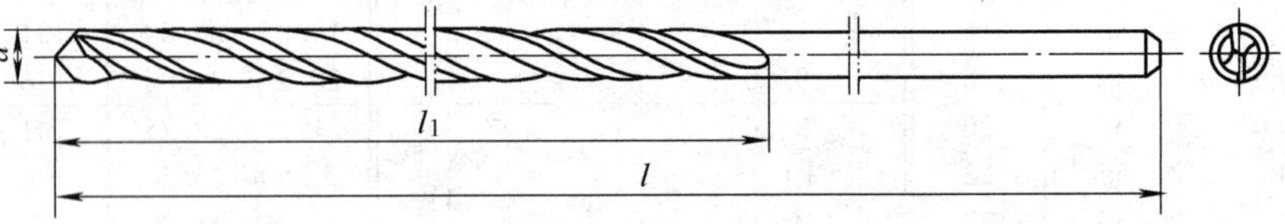

d h8	l＝125 l_1＝80	l＝160 l_1＝100	l＝200 l_1＝150	l＝250 l_1＝200	l＝315 l_1＝250	l＝000 l_1＝300
2.0	√	√				
2.5	√	√				
3.0		√	√			
3.5		√	√	√		
4.0		√	√	√	√	
4.5		√	√	√	√	
5.0			√	√	√	√
5.5			√	√	√	√
6.0			√	√	√	√
6.5			√	√	√	√
7.0			√	√	√	√
7.5			√	√	√	√
8.0				√	√	√
8.5				√	√	√
9.0				√	√	√
9.5				√	√	√
10.0				√	√	√

（续）

d h8	l = 125 l_1 = 80	l = 160 l_1 = 100	l = 200 l_1 = 150	l = 250 l_1 = 200	l = 315 l_1 = 250	l = 000 l_1 = 300
10.5				√	√	√
11.0				√	√	√
11.5				√	√	√
12.0				√	√	√
12.5				√	√	√
13.0				√	√	√
13.5				√	√	√
14.0				√	√	√

注：“√”表示有此规格。

7.1.15　锥柄麻花钻有哪些规格？

锥柄麻花钻有莫氏锥柄麻花钻、锥柄长麻花钻、莫氏锥柄加长麻花钻、莫氏锥柄超长麻花钻和1∶50锥孔锥柄麻花钻等几种，其规格分别见表7-8～表7-12。

1. 莫氏锥柄麻花钻

莫氏锥柄麻花钻的规格见表7-8。

表7-8　莫氏锥柄麻花钻的规格　（单位：mm）

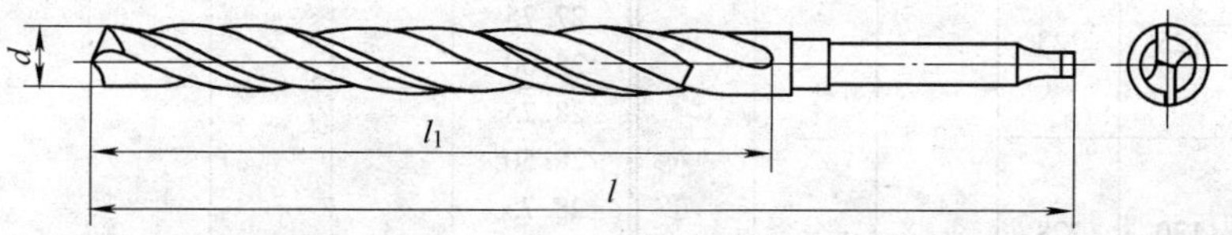

d h8	l_1	标准柄 l	标准柄 莫氏圆锥号	粗柄 l	粗柄 莫氏圆锥号
3.00	33	114			
3.20	36	117			
3.50	39	120			
3.80					
4.00	43	124			
4.20			1	—	—
4.50	47	128			
4.80					
5.00	52	133			
5.20					
5.50					
5.80	57	138			
6.00					
6.20	63	144			
6.50			1	—	—
6.80					
7.00	69	150			
7.20					
7.50					

d h8	l_1	标准柄 l	标准柄 莫氏圆锥号	粗柄 l	粗柄 莫氏圆锥号
7.80					
8.00	75	156			
8.20					
8.50			1	—	—
8.80					
9.00	81	162			
9.20					
9.50					
9.80					
10.00	87	168			
10.20					
10.50					
10.80			1	—	—
11.00					
11.20	94	175			
11.50					
11.80					

（续）

<table>
<tr><th rowspan="2">d
h8</th><th rowspan="2">l_1</th><th colspan="2">标准柄</th><th colspan="2">粗柄</th></tr>
<tr><th>l</th><th>莫氏圆锥号</th><th>l</th><th>莫氏圆锥号</th></tr>
<tr><td>12.00</td><td rowspan="6">101</td><td rowspan="6">182</td><td rowspan="9">1</td><td rowspan="6">199</td><td rowspan="9">2</td></tr>
<tr><td>12.20</td></tr>
<tr><td>12.50</td></tr>
<tr><td>12.80</td></tr>
<tr><td>13.00</td></tr>
<tr><td>13.20</td></tr>
<tr><td>13.50</td><td rowspan="3">108</td><td rowspan="3">189</td><td rowspan="3">206</td></tr>
<tr><td>13.80</td></tr>
<tr><td>14.00</td></tr>
<tr><td>14.25</td><td rowspan="4">114</td><td rowspan="4">212</td><td rowspan="8">2</td><td rowspan="8">—</td><td rowspan="8">—</td></tr>
<tr><td>14.50</td></tr>
<tr><td>14.75</td></tr>
<tr><td>15.00</td></tr>
<tr><td>15.25</td><td rowspan="4">120</td><td rowspan="4">218</td></tr>
<tr><td>15.50</td></tr>
<tr><td>15.75</td></tr>
<tr><td>16.00</td></tr>
<tr><td>16.25</td><td rowspan="4">125</td><td rowspan="4">223</td><td rowspan="8">2</td><td rowspan="8">—</td><td rowspan="8">—</td></tr>
<tr><td>16.50</td></tr>
<tr><td>16.75</td></tr>
<tr><td>17.00</td></tr>
<tr><td>17.25</td><td rowspan="4">130</td><td rowspan="4">228</td></tr>
<tr><td>17.50</td></tr>
<tr><td>17.75</td></tr>
<tr><td>18.00</td></tr>
<tr><td>18.25</td><td rowspan="4">135</td><td rowspan="4">233</td><td rowspan="8">2</td><td rowspan="4">256</td><td rowspan="8">3</td></tr>
<tr><td>18.50</td></tr>
<tr><td>18.75</td></tr>
<tr><td>19.00</td></tr>
<tr><td>19.25</td><td rowspan="4">140</td><td rowspan="4">238</td><td rowspan="4">261</td></tr>
<tr><td>19.50</td></tr>
<tr><td>19.75</td></tr>
<tr><td>20.00</td></tr>
<tr><td>20.25</td><td rowspan="4">145</td><td rowspan="4">243</td><td rowspan="9">2</td><td rowspan="4">266</td><td rowspan="12">3</td></tr>
<tr><td>20.50</td></tr>
<tr><td>20.75</td></tr>
<tr><td>21.00</td></tr>
<tr><td>21.25</td><td rowspan="5">150</td><td rowspan="5">248</td><td rowspan="5">271</td></tr>
<tr><td>21.50</td></tr>
<tr><td>21.75</td></tr>
<tr><td>22.00</td></tr>
<tr><td>22.25</td></tr>
<tr><td>22.50</td><td rowspan="3">155</td><td rowspan="3">253</td><td rowspan="3">3</td><td rowspan="3">276</td></tr>
<tr><td>22.75</td></tr>
<tr><td>23.00</td></tr>
</table>

<table>
<tr><th rowspan="2">d
h8</th><th rowspan="2">l_1</th><th colspan="2">标准柄</th><th colspan="2">粗柄</th></tr>
<tr><th>l</th><th>莫氏圆锥号</th><th>l</th><th>莫氏圆锥号</th></tr>
<tr><td>23.25</td><td rowspan="2">155</td><td rowspan="2">276</td><td rowspan="8">3</td><td rowspan="8">—</td><td rowspan="8">—</td></tr>
<tr><td>23.50</td></tr>
<tr><td>23.75</td><td rowspan="6">160</td><td rowspan="6">281</td></tr>
<tr><td>24.00</td></tr>
<tr><td>24.25</td></tr>
<tr><td>24.50</td></tr>
<tr><td>21.75</td></tr>
<tr><td>25.00</td></tr>
<tr><td>25.25</td><td rowspan="6">165</td><td rowspan="6">286</td><td rowspan="6">3</td><td rowspan="6">—</td><td rowspan="6">—</td></tr>
<tr><td>25.50</td></tr>
<tr><td>25.75</td></tr>
<tr><td>26.00</td></tr>
<tr><td>26.25</td></tr>
<tr><td>26.50</td></tr>
<tr><td>26.75</td><td rowspan="6">170</td><td rowspan="6">291</td><td rowspan="6">3</td><td rowspan="6">319</td><td rowspan="6">4</td></tr>
<tr><td>27.00</td></tr>
<tr><td>27.25</td></tr>
<tr><td>27.50</td></tr>
<tr><td>27.75</td></tr>
<tr><td>28.00</td></tr>
<tr><td>28.25</td><td rowspan="8">175</td><td rowspan="8">296</td><td rowspan="8">3</td><td rowspan="8">324</td><td rowspan="8">4</td></tr>
<tr><td>28.50</td></tr>
<tr><td>28.75</td></tr>
<tr><td>29.00</td></tr>
<tr><td>29.25</td></tr>
<tr><td>29.50</td></tr>
<tr><td>29.75</td></tr>
<tr><td>30.00</td></tr>
<tr><td>30.25</td><td rowspan="6">180</td><td rowspan="6">301</td><td rowspan="7">3</td><td rowspan="6">329</td><td rowspan="7">4</td></tr>
<tr><td>30.50</td></tr>
<tr><td>30.75</td></tr>
<tr><td>31.00</td></tr>
<tr><td>31.25</td></tr>
<tr><td>31.50</td></tr>
<tr><td>31.75</td><td rowspan="5">185</td><td>306</td><td>334</td></tr>
<tr><td>32.00</td><td rowspan="4">334</td><td rowspan="8">4</td><td rowspan="8">—</td><td rowspan="8">—</td></tr>
<tr><td>32.50</td></tr>
<tr><td>33.00</td></tr>
<tr><td>33.50</td></tr>
<tr><td>34.00</td><td rowspan="4">190</td><td rowspan="4">339</td></tr>
<tr><td>34.50</td></tr>
<tr><td>35.00</td></tr>
<tr><td>35.50</td></tr>
<tr><td>36.00</td><td rowspan="2">195</td><td rowspan="2">344</td><td rowspan="2">4</td><td rowspan="2">—</td><td rowspan="2">—</td></tr>
<tr><td>36.50</td></tr>
</table>

（续）

d h8	l_1	标准柄 l	标准柄 莫氏圆锥号	粗柄 l	粗柄 莫氏圆锥号
37.00	195	344			
37.50					
38.00					
38.50			4	—	—
39.00	200	349			
39.50					
40.00					
40.50					
41.00					
41.50	205	354		392	
42.00					
42.50					
43.00			4		5
43.50					
44.00	210	359		397	
44.50					
45.00					
45.50					
46.00					
46.50	215	364		402	
47.00					
47.50					
48.00			4		5
48.50					
49.00	220	369		407	
49.50					
50.00					
50.50		374		412	
51.00	225				
52.00		412			
53.00					
54.00					
55.00	230	417			
56.00					
57.00			5	—	—
58.00	235	422			
59.00					
60.00					
61.00					
62.00	240	427			
63.00					

d h8	l_1	标准柄 l	标准柄 莫氏圆锥号	粗柄 l	粗柄 莫氏圆锥号
64.00					
65.00	245	432		499	
66.00					
67.00					
68.00					
69.00	250	427		504	
70.00			5		6
71.00					
72.00					
73.00	255	442		509	
74.00					
75.00					
76.00		447		514	
77.00					
78.00	260	514			
79.00					
80.00					
81.00			6	—	—
82.00					
83.00	265	519			
84.00					
85.00					
86.00					
87.00					
88.00	270	524			
89.00					
90.00					
91.00					
92.00					
93.00	275	529	6	—	—
94.00					
95.00					
96.00					
97.00					
98.00	280	534			
99.00					
100.0					

2. 锥柄长麻花钻

锥柄长麻花钻的规格见表 7-9。

表 7-9　锥柄长麻花钻的规格　　（单位：mm）

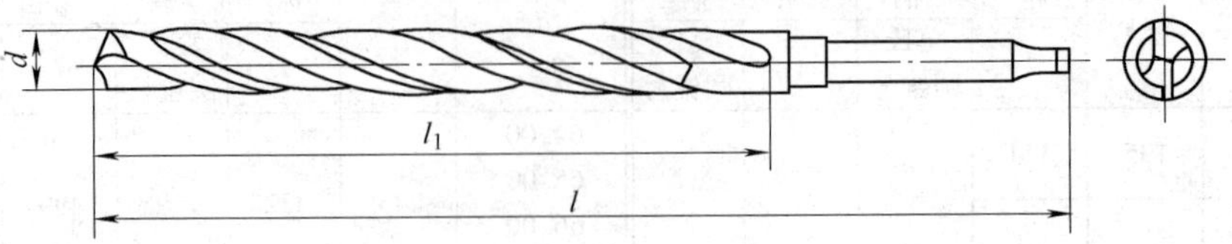

d h8	l_1	l	莫氏圆锥号
5.00，5.20	74	155	1
5.50，5.80 6.00	80	161	
6.20，6.50	86	167	
6.80，7.00 7.20，7.50	93	174	
7.80，8.00 8.20，8.50	100	181	
8.80，9.00 9.20，9.50	107	188	
9.80，10.00 10.20，10.50	116	197	
10.80，11.00 11.20，11.50 11.80	125	206	
12.00，12.20 12.50，12.80 13.00，13.20	134	215	
13.50，13.80 14.00	142	223	
14.25 ~ 15.00	147	245	2
15.25 ~ 16.00	153	251	
16.25 ~ 17.00	159	257	2
17.25 ~ 18.00	165	263	
18.25 ~ 19.00	171	269	
19.25 ~ 20.00	177	275	
20.25 ~ 21.00	184	282	
21.25 ~ 22.25	191	289	
22.50 ~ 23.00	198	296	
23.25，23.50	198	319	3
23.75 ~ 25.00	206	327	
25.25 ~ 26.50	214	335	
26.75 ~ 28.00	222	343	
28.25 ~ 30.00	230	351	
30.25 ~ 31.50	239	360	
31.75	248	369	
32.00 ~ 33.50	248	397	4
34.00 ~ 35.50	257	406	
36.00 ~ 37.50	267	416	
38.00 ~ 40.00	277	426	
40.50 ~ 42.50	287	436	
43.00 ~ 45.00	298	447	
45.50 ~ 47.50	310	459	
48.00 ~ 50.00	321	470	

注：d = 14.0 ~ 32.00mm 者，直径进阶为 0.25mm；d = 32.00 ~ 50.00mm 者，直径进阶为 0.50mm。

3. 莫氏锥柄加长麻花钻

莫氏锥柄加长麻花钻的规格见表 7-10。

表 7-10　莫氏锥柄加长麻花钻的规格　　（单位：mm）

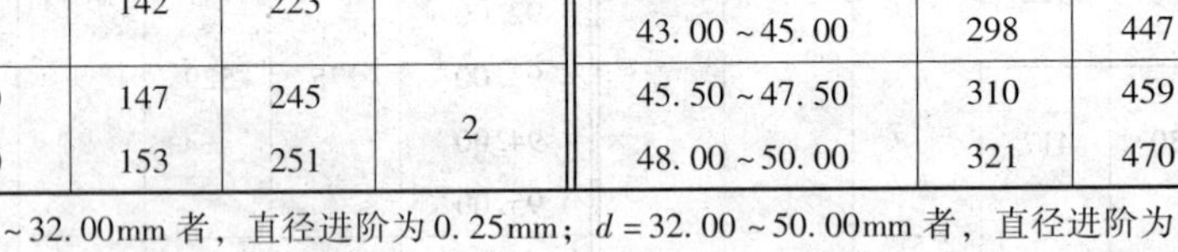

（续）

d h8	l_1	l	莫氏 圆锥号
6.00	145	225	1
6.20，6.50	150	230	
6.80，7.00 7.20，7.50	155	235	
7.80，8.00 8.20，8.50	160	240	
8.80，9.00 9.20，9.50	165	215	
9.80，10.00 10.20，10.50	170	250	1
10.80，11.00 11.20，11.50 11.80	175	255	
12.00，12.20 12.50，12.80 13.00，13.20	180	260	

d h8	l_1	l	莫氏 圆锥号
13.50，13.80 14.00	185	265	1
14.25～15.00	190	290	2
15.25～16.00	195	295	
16.25～17.00	200	300	
17.25～18.00	205	305	
18.25～19.00	210	310	
19.25～20.00	220	320	
20.25～21.00	230	330	
21.25～22.25	235	335	
22.50～23.00	240	340	
23.25，23.50	240	360	3
23.75～25.00	245	355	
25.25～26.50	255	375	
26.75～28.00	265	385	
28.25～30.00	275	395	

注：d = 14.00～30.00mm 者，直径进阶为 0.25mm。

4. 莫氏锥柄超长麻花钻

莫氏锥柄超长麻花钻的规格见表 7-11。

表 7-11　莫氏锥柄超长麻花钻的规格　（单位：mm）

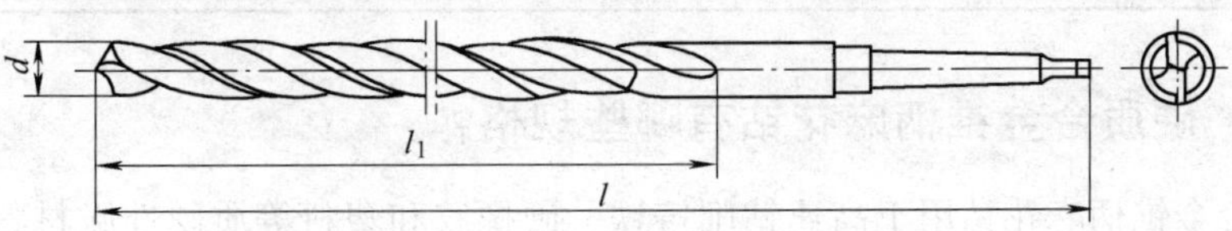

d h8	l = 200	l = 250	l = 315	l = 400	l = 500	l = 630	莫氏 圆锥号
	l_1						
6.00～9.50	110	160	225	—	—	—	1
10.00～14.00	—			310			
15.00～23.00	—	—	215	300	400	—	2
24.00，25.00 28.00，30.00	—	—	—	275	375	505	3
32.00，35.00 38.00，40.00				250	350	480	4
42.00，45.00 48.00，50.00				—			
直径范围	6≤d≤9.5	6≤d≤14	6≤d≤23	9.5＜d≤40	14＜d≤50	23＜d≤50	—

注：d = 6.00～9.50mm 者，直径进阶为 0.50mm；d = 10.00～23.00mm 者，直径进阶为 1.00mm。

5. 1∶50 锥孔锥柄麻花钻

1∶50 锥孔锥柄麻花钻的规格见表 7-12。

表 7-12　1 : 50 锥孔锥柄麻花钻的规格　　（单位：mm）

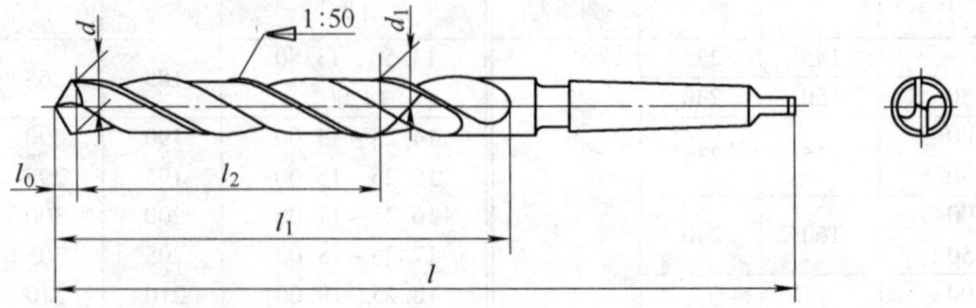

d	d_1	l	l_1	l_2	l_0	锥　柄　号
12	15. 1	290	190	155	12	2
	16. 9	380	280	245		
16	20. 2	355	255	210	16	
	22. 2	455	355	310		
20	24. 3	385	265	215	20	3
	2613	485	365	315		
25	29. 4	430	280	220	25	4
	31. 4	530	380	320		
30	34. 5	445	295	225	30	
	36. 5	545	395	325		

7. 1. 16　硬质合金锥柄麻花钻有哪些规格?

硬质合金锥柄麻花钻用于高速钻削铸铁、硬橡胶和塑料等质硬性脆材料，其规格见表 7-13。

表 7-13　硬质合金锥柄钻头麻花钻的规格

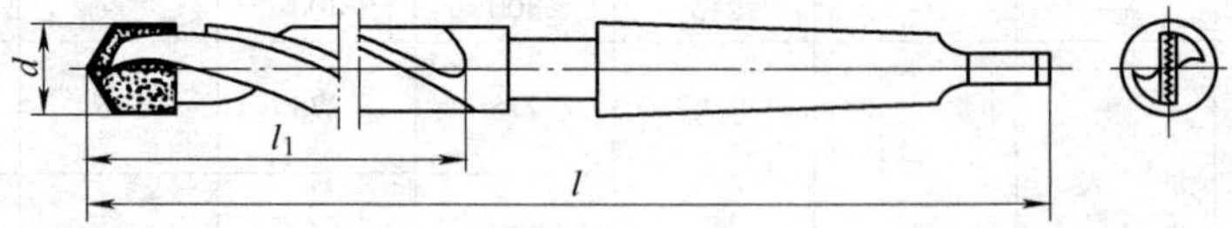

d/mm h8	l_1/mm		l/mm		莫氏 圆锥号	硬质合金刀片 型号（参考）
	短型	标准型	短型	标准型		
10. 00，10. 20，10. 50	60	87	140	168	1	E211
10. 80	65	94	145	175		
11. 00，11. 20，11. 50，11. 80						E213

（续）

d/mm h8	l_1/mm		l/mm		莫氏圆锥号	硬质合金刀片型号（参考）
	短型	标准型	短型	标准型		
12.00，12.20，12.50，12.80		101		199		E214
13.00，13.20	70		170		2	E215
13.50，13.80		108		206		
14.00						E216
14.25，14.50，14.75	75	114	175	212		
15.00					2	E217
15.25，15.50，15.75	80	120	180	218		
16.00						E218
16.25，16.50，16.75	85	125	185	223		
17.00					2	E219
17.25，17.50，17.75	90	130	190	228		
18.00						E220
18.25，18.50，18.75	95	135	195	256	3	
19.00						E221
19.25，19.50，19.75	100	140	220	261		
20.00						F222
20.25，20.50，20.75	105	145	225	266		
21.00						E223
21.25，21.50，21.75		150		271	3	
22.00，22.25	110		230			E224
22.50，22.75		155		276		
23.00，23.25，23.50	110	155	230	276		E225
23.75					3	
24.00，24.25，24.50，24.75	115	100	235	281		E226
25.00						E227
25.25，25.50，25.75	115	165	235	286		
26.00，26.25，26.50					3	E228
26.75			240	291		
27.00	120	170				E229
27.25，27.50，27.75			270	319		
28.00						E230
28.25，28.50，28.75	125	175	275	324	4	
29.00，29.25，29.50，29.75，30.00						E231

7.1.17　阶梯麻花钻有几种？各有哪些规格？

阶梯麻花钻用于攻螺纹前钻孔，有直柄阶梯麻花钻和锥柄阶梯麻花钻两种，其规格分别见表7-14和表7-15。

表 7-14　直柄阶梯麻花钻的规格　　（单位：mm）

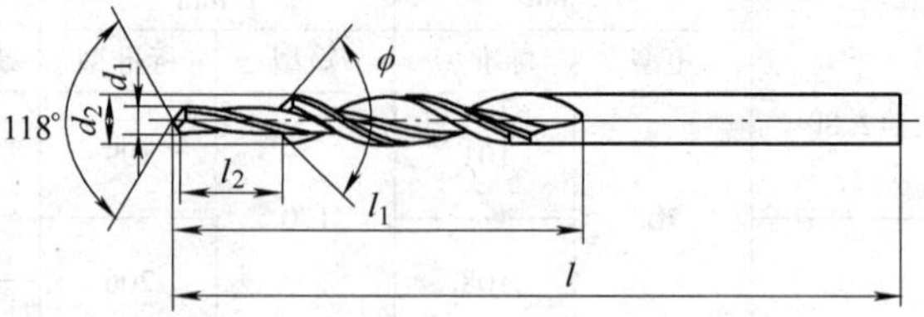

d_1	d_2	l	l_1	l_2	ϕ	适用的螺纹孔
2.5	3.4	70	39	8.8	90° （120°） （180°）	M3
3.3	4.5	80	47	11.4		M4
4.2	5.5	93	57	13.6		M5
5.0	6.6	101	63	16.5		M6
6.8	9.0	125	81	21.0		M8
8.5	11.0	142	94	25.5		M10
10.2	（13.5）14.0	160	108	30.0		M12
12.0	（15.5）16.0	178	120	34.5		M14
2.65	3.4	70	39	8.8	90° （120°） （180°）	M3×0.35
3.50	4.5	80	47	11.4		M4×0.5
4.50	5.5	93	57	13.6		M5×0.5
5.20	6.6	101	63	16.5		M6×0.75
7.00	9.0	125	81	21.0		M8×1.00
8.80	11.0	142	94	25.5		M10×1.25
10.50	14.0	160	108	30.0		M12×1.5
12.50	16.0	178	120	34.5		M14×1.5

注：根据用户需要选择括号内的直径和角度。

表 7-15　锥柄阶梯麻花钻的规格　　（单位：mm）

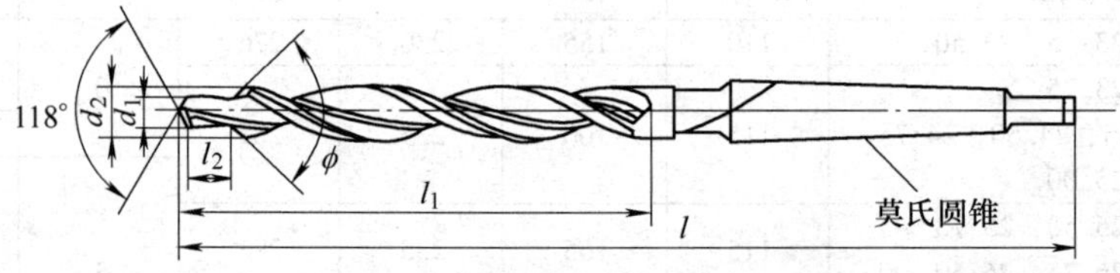

d_1	d_2	l	l_1	l_2	ϕ	莫氏圆锥号	适用的螺纹孔
6.8	9.0	162	81	21.0	90° （120°） （180°）	1	M8
8.5	11.0	175	94	25.5		1	M10
10.2	14.0	189	108	30.0		1	M12
12.0	16.0	218	120	34.5		2	M14
14.0	18.0	228	130	38.5		2	M16
15.5	20.0	238	140	43.5		2	M18
17.5	22.0	248	150	47.5		2	M20
19.5	24.0	281	160	51.5		3	M22
21.0	26.0	286	165	52.5		3	M24
24.0	30.0	296	175	62.5		3	M27
26.5	33.0	334	185	70.0		4	M30

（续）

d_1	d_2	l	l_1	l_2	ϕ	莫氏圆锥号	适用的螺纹孔
7.0	9.0	162	81	21.0		1	M8×1.0
8.8	11.0	175	94	25.5		1	M10×1.25
10.5	14.0	189	108	30.0		1	M12×1.5
12.5	16.0	218	120	34.5		2	M14×1.5
14.5	18.0	228	130	38.5	90°	2	M16×1.5
16.0	20.0	238	140	43.5	(120°)	2	M18×2
18.0	22.0	248	150	47.5	(180°)	2	M20×2
20.0	24.0	281	160	51.5		3	M22×2
22.0	26.0	286	165	52.5		3	M24×2
25.0	30.0	296	175	62.5		3	M27×2
28.0	33.0	334	185	70.0		4	M30×2

注：1. 括号内的数值可根据用户需要选择。

2. 阶梯麻花钻钻孔部分直径 d_1 和锪孔部分直径 d_2 的公差均为普通级 h9，精密级 h8。

7.1.18 什么是群钻？

在标准麻花钻的基础上，通过对切削部分的再加工刃磨时就产生了新型钻头，这种钻头就叫群钻（图7-8）。群钻在生产实践中，比标准麻花钻有明显的优势。其生产率高，使用寿命长，加工质量好，在工厂得到了广泛应用。标准群钻经过不断实践和应用，又总结出加工各种不同材质的专用群钻，有钻削铸铁、纯铜、黄铜、铝合金、不锈钢、薄铁板、有机玻璃、橡胶等各种不同形状的群钻。

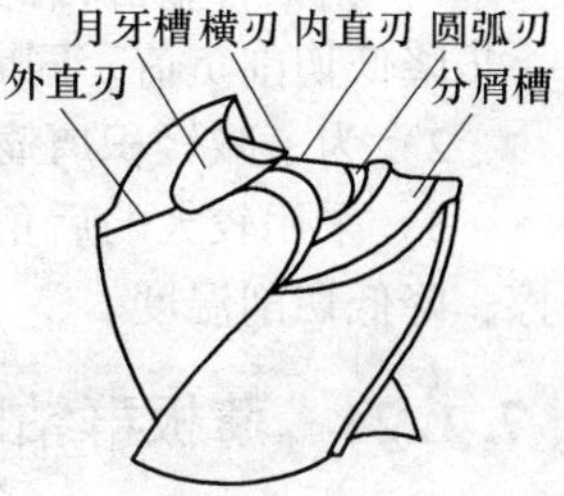

图7-8 群钻的几何形状

7.1.19 标准群钻和标准麻花钻的区别是什么？

标准群钻与标准麻花钻相比较，主要有以下几点不同：

1）标准麻花钻的前角越靠近中心越小，横刃处是负的前角，所以钻削抗力大，不易切削。标准群钻上磨出的圆弧刃和内刃，使圆弧刃的前角平均增大10°，内刃段前角平均增大25°，所以群钻具有更好的切削性能。

2）标准麻花钻的横刃太钝、太宽，造成很大的钻削抗力，标准群钻将横刃磨尖、磨窄，使钻心处锋利，能起切削作用。

3）钻头直径大于15mm时，标准群钻在一侧外刃上磨出分屑槽，使切屑能自动折断并顺利排出，有利于切削液流入，因此减少了切削力和切削热。

7.1.20 铸铁群钻的特点是什么？

1）修磨顶角，对较大钻头磨有三重顶角，以提高钻头的寿命，减小进给力。

2）加大后角，比钻钢材时大3°～5°，以减少后刀面与工件的摩擦。同时，在主后刀面磨出45°的第二重后角。

3）修磨横刃，与标准群钻相比，其横刃更短，横刃处的内刃更锋利，高度更小。

7.1.21 钻削黄铜或青铜时产生扎刀的原因是什么？如何避免？

由于黄铜或青铜的强度和硬度较低，结构较疏松，所以切削阻力较小。当拉力大于切削阻力时，不需要施加任何外力，钻头就会自动切入工件材料而造成扎刀现象。

扎刀现象的产生是由于钻头前角过大而造成的。钻头近心处前角为负值，不会造成扎刀。而主切削刃最外缘处前角为最大，所以当主切削刃全部进行切削时，最容易产生扎刀。因此，要避免扎刀现象的产生，只要将钻头外缘处的前角磨小即可。

7.1.22 黄铜群钻的特点是什么？

1）修磨前刀面，以减小前角，避免扎刀。

2）磨短横刃，减小了进给力。

3）刃带磨窄，修圆弧，使孔圆整光滑。

7.1.23 铝合金深孔群钻的特点是什么？

1）钻铝合金群钻的几何参数与标准群钻基本相近，只是将横刃修磨得更窄，以进一步降低切削负荷。同时加大外刃顶角，以利于排屑。

2）为了减轻积屑瘤的情况，将钻头切削刃的前刀面和后刀面用磨石修光。

3）采用较大的后角和修磨刃带，钻尖高度较低，钻心稍微磨偏一些，以减小摩擦，降低切削温度。

7.1.24 薄板群钻的特点是什么？

钻薄板的群钻又称三尖钻，其主要特点如下：

1）主切削刃外缘磨成锋利的刀尖。

2）外缘刀尖处与钻尖的高度差仅为 0.5 ~ 1mm。这种结构的优点是，在钻削过程中，钻头尚未钻穿薄板，两切削刃外缘刀尖已在工件上切出一条圆环槽，起到了良好的定心作用，同时所加工的孔圆整光滑，并且不会引起扎刀现象。

7.1.25 有机玻璃群钻的特点是什么？

1）加大外刃的纵向前角；将横刃磨得尽可能短，以减小切削力和切削热的产生。

2）外刃顶角为 100° ~ 110°，外圆处磨出过渡圆角。

3）加大棱边倒角，可在外圆磨床上磨出副偏角为 15′ ~ 30′的锥度；磨窄棱边；加大外刃外缘后角 25° ~ 27°。

4）把刃口和棱边用磨石修光；钻孔时要加充足的切削液；选用适中的转速和较小的进给量。

7.1.26 硬质合金麻花钻与高速钢麻花钻有哪些区别？

硬质合金麻花钻与高速钢麻花钻的区别见表 7-16。

表 7-16　硬质合金麻花钻与高速钢麻花钻的区别

项　目	硬质合金麻花钻	高速钢麻花钻
性能	温度可达 800～1000℃，具有较高的强度、刚度和寿命	温度为 500～600℃，耐磨性较好，切削性能良好
特点	头部钎焊硬质合金刀片；齿冠与钻头刀体阶梯嵌接；工作部分整体压制	工作部分用高速钢，柄部用 45 钢焊接而成
适用范围	高强度钢、淬火钢、非金属材料、高速切削铸铁	一般碳素钢、铸铁、软金属等
制造成本	造价高，制造工艺复杂、难度大	造价较低，经济适用

7.1.27　什么是中心钻？其型式和规格有哪些？

为了保证轴类零件的同轴度，工件两端面上要用中心钻钻中心孔确定轴线的位置。中心钻有 A 型（不带护锥）、B 型（带护锥）和 R 型（弧形）三种（表 7-17）。中心孔圆柱部分的直径有 1.00mm、1.60mm、2.00mm、2.50mm、3.15mm、4.00mm、6.30mm 和 10.00mm 共 8 种，有储存油脂、保护顶尖的作用。

A 型中心钻有 60°圆锥面，精度低且没有护锥，用于一般精度工件。中心孔由圆柱和圆锥部分组成，适用于不需多次安装或不保留中心孔的零件，起定位和导向作用。

B 型中心钻有 120°护锥面，但和顶尖接触仍然是 60°圆锥面，用于较高精度工件。中心孔的 120°锥孔，可保护 60°圆锥孔，适用于多次安装的零件。

R 型中心钻刃口是圆弧，和顶尖接触是一条圆弧。圆弧接触面起到了保护作用，有利于多次重复使用。中心孔的圆锥母线为圆弧线，适用于定位精度要求较高的工件。

中心钻的规格见表 7-17。

表 7-17　中心钻的规格　（单位：mm）

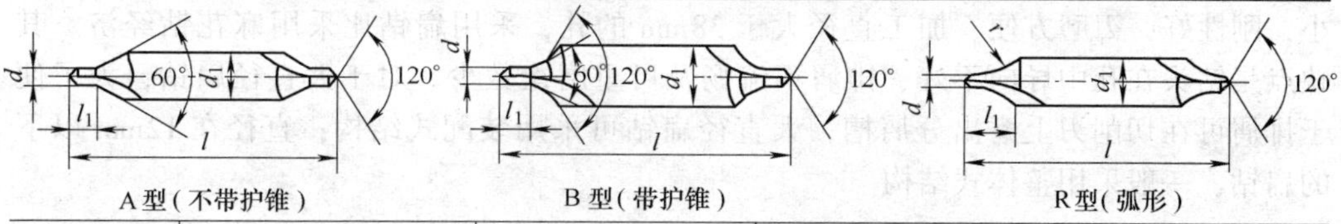

d	d_1		l		l_1		r
	A 型、R 型	B 型	A 型、R 型	B 型	A 型、B 型	R 型	R 型
(0.50)	3.15		31.5		0.8～1.0		
(0.63)					0.9～1.2		
(0.80)					1.1～1.5		
1.00	3.15	4.00	31.5	35.5	1.3～1.9	3.00	2.50～3.15
(1.25)	3.15	5.00	31.5	40.0	1.6～2.2	3.35	3.15～4.00
1.60	4.00	6.30	35.5	45.0	2.0～2.8	4.25	4.00～5.00
2.00	5.00	8.00	40.0	50.0	2.5～3.3	5.30	5.00～6.30
2.50	6.30	10.00	45.0	56.0	3.1～4.1	6.70	6.30～8.00
3.15	8.00	11.20	50.0	60.0	3.9～4.9	8.50	8.00～10.00
4.00	10.00	14.00	56.0	67.0	5.0～6.2	10.60	10.00～12.50
(5.00)	12.50	18.00	63.0	75.0	6.3～7.5	13.20	12.50～16.00
6.30	16.00	20.00	71.0	80.0	8.0～9.2	17.00	16.00～20.00
(8.00)	20.00	25.00	80.0	100.0	10.1～11.5	21.20	20.00～25.00
10.00	25.00	31.50	100.0	125.0	12.8～14.2	26.50	25.00～31.50

注：括号中的尺寸尽量不采用。

7.1.28　如何使用中心钻钻孔?

1）根据图样要求选择不同种类和不同规格的中心钻。

2）装夹中心钻的方法如下：

① 用钻夹头钥匙逆向旋转夹头外套，张开三爪并装好中心钻，伸出长度为中心钻长度的1/3，然后用钻夹头钥匙顺时针方向转动钻夹头外套，使三爪夹紧中心钻。

② 擦净钻夹头柄部和尾座锥孔，沿尾座套筒轴线方向将钻夹头锥柄部分，稍用力插入尾座套筒锥孔中（注意扁尾方向）。

3）钻中心孔时的注意事项如下：

① 一般普通中心钻可钻出 60°锥角，带护锥的中心钻钻中心孔时，必须要将 120°的保护锥钻出。根据机床尾座套筒锥度选择带莫氏锥柄的钻夹头。

② 由于是在工件轴线上钻削，钻削线速度低，必须选用较高的转速（500～1000r/min），进给量要小。孔径越大，转速越小。

③ 工件端面必须车平，不允许出现小凸头；找正尾座，以保证中心钻和轴线同轴。

④ 中心钻起钻时，进给速度要慢，钻入工件时要用毛刷加注切削液并及时退屑冷却，钻削结束时应停留中心钻在中心孔中 2～3s，然后退出，使中心孔光滑、圆整、尺寸准确。

7.1.29　什么是扁钻？它有哪些特点?

扁钻（图 7-9）的切削部分磨成一个扁平体，主切削刃磨出顶角、后角并形成横刃；副切削刃磨出后角与副偏角并控制钻孔直径。扁钻的优点是结构简单，轴向尺寸小，刚性好，刃磨方便。加工直径大于 38mm 的孔，采用扁钻比采用麻花钻经济。其缺点是钻头在孔中导向不好、排屑不流畅及可重磨次数少。对于大直径扁钻，为了便于排屑可在切削刃上磨出分屑槽，大直径扁钻可采用装配式结构；直径在 12mm 以下的扁钻，一般采用整体式结构。

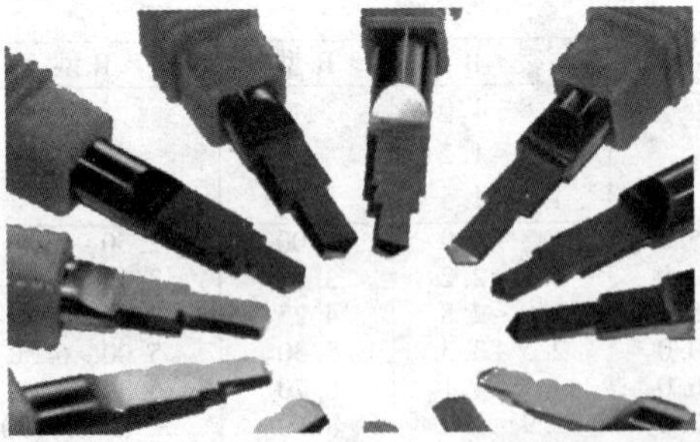

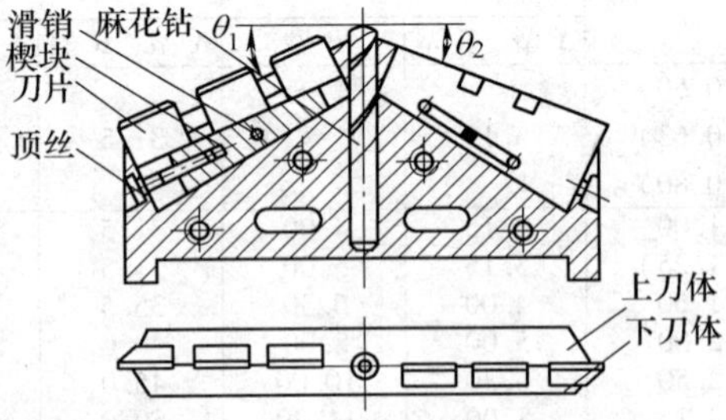

图 7-9　扁钻及其结构

7.1.30　什么是深孔钻？其常见的类型有哪些?

可以用来钻削孔深度超过钻头直径 5～10 倍的钻头，一般称为深孔钻，多装夹于深孔钻钻床和深孔钻镗床上。深孔钻分为焊接式和机夹式两种，都采用内排屑。焊接式深孔钻的刀片不可以调换，一次性使用；机夹式深孔钻的刀片可以互换，刀体永久使用，刀片可以替换。深孔钻常见的类型有炮钻、枪钻、多刃深孔钻、螺旋钻头、内排屑钻、套料钻和组合式可转位深孔钻等。

7.1.31　使用深孔钻必须解决好哪几个问题？为什么？

使用深孔钻必须解决好以下三个问题：

1）要解决好排屑问题。深孔钻排屑情况如果不好，就使切削温度升高过快，很容易使钻头挤塞。经常从孔中退出钻头排屑，要花费大量的时间，造成生产率降低。

2）要解决好冷却、润滑问题。把切削液、润滑油引到切削区，有利于改善排屑及提高刀具寿命。

3）要解决好钻头在工作中有比较精确的导向问题。在加工深孔时易使钻头偏离中心，导致产生废品。

7.1.32　多刃深孔钻的结构及工作原理是什么？

多刃深孔钻有四条导向棱边（图7-10），这样有利于钻头在切削过程中的定心作用。在主切削刃上加工有分屑槽，钻削孔径大于20mm的深孔时，切削液可由钻杆中的孔进入切削刃的小孔。由于分屑槽可使切屑呈粉碎状，易于碎屑的排出。

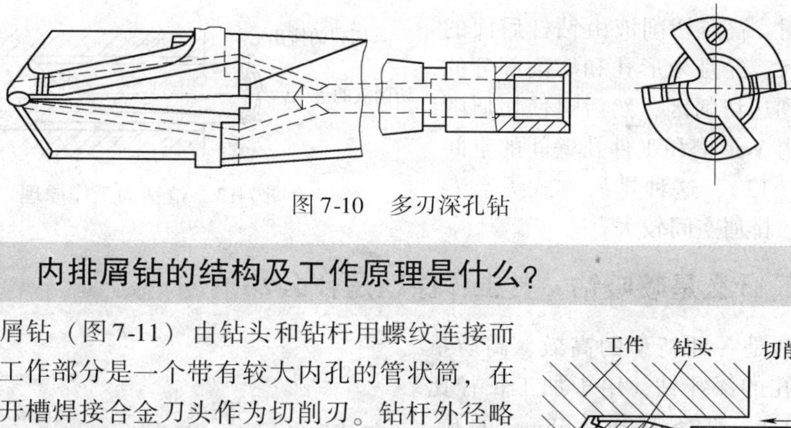

图7-10　多刃深孔钻

7.1.33　内排屑钻的结构及工作原理是什么？

内排屑钻（图7-11）由钻头和钻杆用螺纹连接而成，钻头工作部分是一个带有较大内孔的管状筒，在筒壁边缘开槽焊接合金刀头作为切削刃。钻杆外径略小于钻头工作部分外径，使得钻杆与工件孔壁间有较大的间隙。切削液在较高的压力下，由工件孔壁与钻杆外表面之间的空隙进入切削区进行冷却、润滑钻头，并将切屑经钻头的排屑孔冲入钻杆内部向后排出。

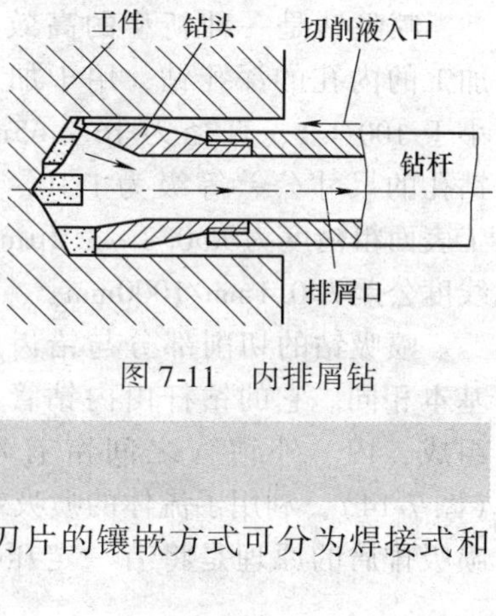

图7-11　内排屑钻

7.1.34　什么是错齿内排屑深孔钻？

错齿内排屑深孔钻的切削部分呈交错齿排列，根据刀片的镶嵌方式可分为焊接式和可转位式（图 7-12）。其后部的矩形螺纹与中空的钻杆连接，适用于加工直径为 15 ~ 180mm 的孔。

图 7-12 错齿内排屑深孔钻
a）焊接式 b）可转位式

7.1.35 什么是枪钻？它有哪些特点？

枪钻也是深孔钻的一种，因最早应用于钻枪孔而得名，多用于加工直径较小（3 ~ 13mm）、长径比较大［（100 ~ 250）：1］的深孔。枪钻将钻孔、镗孔、铰孔一次完成，一次走刀便可加工出高精度（IT6 ~ IT8）、精直线度（0. 16 ~ 0. 33mm/1000mm）、小表面粗糙度值（*Ra*0. 1 ~ 3. 2μm）的孔。其钻削速度可达到 30 ~ 100m/min。

7.1.36 枪钻的工作原理是什么？

工作时，高压切削液由钻杆后面的中心孔注入，经月牙形孔和切削部分的进油小孔到达切削区，然后迫使切屑随同切削液由 V 形槽和工件孔壁间的空间排出（图 7-13），这种排屑方式无需专门的辅具，排屑空间较大。

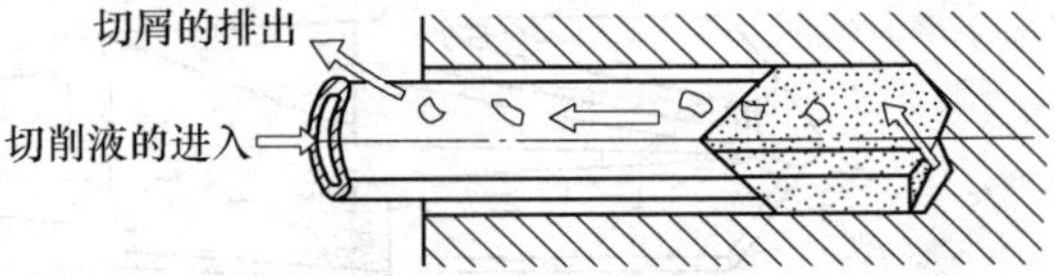

图 7-13 枪钻的工作原理

7.1.37 什么是喷吸钻？其工作原理是什么？

喷吸钻是一种新型的高效、高质量加工的内孔的深孔钻，用于加工长径比小于 100：1、直径为 16 ~ 65mm 的孔，钻孔的尺寸公差等级为 IT10 ~ IT11，加工表面粗糙度为 *Ra*0. 8 ~ 3. 2μm，孔的直线度公差为 0. 1mm/1000mm。

喷吸钻的切削部分与错齿内排屑钻基本相同。它的钻杆由内钻管及外钻管组成，内、外钻管之间留有环形空隙（图 7-14），利用了流体的喷吸效应原理。喷吸排屑的原理是将有一定压力的切削

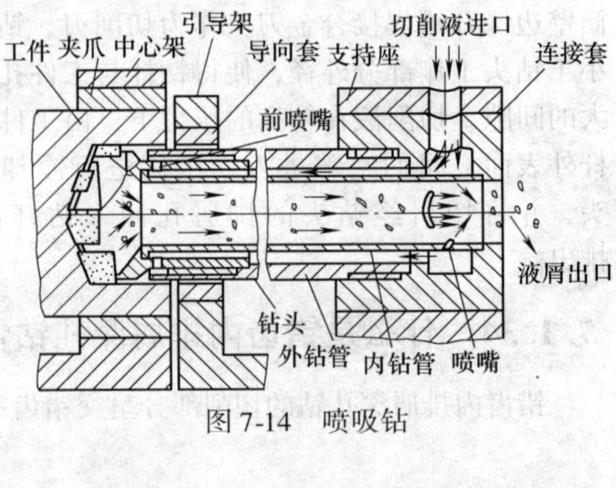

图 7-14 喷吸钻

液从刀体外压入切削区并用喷吸法进行内排屑。喷吸钻刀齿排列有利于分屑。切削液从进液口流入连接套，其中 1/3 的切削液从内管四周月牙形喷嘴喷入内管。由于牙槽缝隙很窄，切削液喷出时产生的喷射效应能使内管中形成负压区。另外 2/3 的切削液经内管与外管之间流入切削区，汇同切屑被负压吸入内管中，迅速向后排出，增强了排屑效果。

7.1.38　什么是套料钻？它有什么特点？

套料钻又叫环孔钻，通常用来加工直径大于 30mm 的孔，套料深度可达十几米。由于它切下的金属少，节省了金属材料、刀具和动力的消耗。其生产率高，加工精度也高。当需要从材料中心取出试样做性能检验时，套料钻是其他刀具所不能代替的，在重型机械和地质勘探中应用较多。

套料钻有外排屑和内排屑两种（见深孔钻）。外排屑套料钻的主要优点是所需的切削液系统的设备简单，但钻杆直径较小，因而强度和刚度较差，多用于单件小批生产；内排屑套料钻依靠切削液的压力，将切屑从钻杆中冲出，因此需要配备较为复杂的供液系统和解决密封问题，但生产率高，适用于成批生产。

7.1.39　什么是开孔钻？其规格有哪些？

开孔钻用于厚度小于 3mm 的薄钢板、有色金属板和非金属板等工件的大孔钻削加工，其规格见表 7-18。

表 7-18　开孔钻的规格

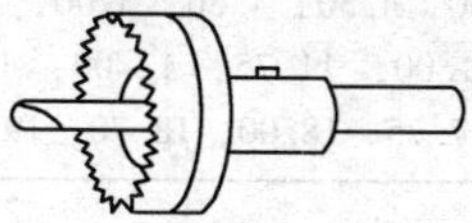

直径/mm	齿数	直径/mm	齿数	直径/mm	齿数	直径/mm	齿数
13	13	22	18	38	29	60	42
14	14	24	19	40	30	65	46
15	14	25	20	42	31	70	49
16	15	26	20	45	34	75	53
17	15	28	21	48	35	80	56
18	16	30	22	50	36	85	59
19	17	32	24	52	38	90	62
20	17	34	26	55	39	95	64
21	18	35	27	58	40	100	67

7.1.40　什么是扩孔钻？它有几种类型？

扩孔钻是对孔进行半精加工或终加工所用的钻头，一般用于铰削或磨削前的预加工或毛坯孔的扩大，加工时导向效果好，进给力小。

扩孔钻由切削部分、导向部分或校准部分、颈部及柄部组成（图 7-15）。

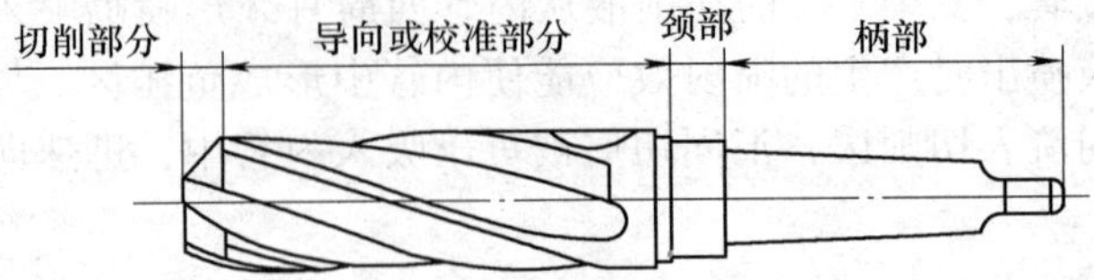

图 7-15　扩孔钻

扩孔钻有整体式和套装式两种。直径为 10～32mm 的扩孔钻多做成整体结构，直径为 25～80mm 的扩孔钻多做成套装结构。

当扩孔钻作为终加工使用时，其直径等于扩孔后孔的基本尺寸。当扩孔钻作为半精加工使用时，其直径等于孔的基本尺寸减去精加工余量。

扩孔的公差等级一般为 IT11～IT10，加工表面粗糙度为 $Ra3.2$～$6.3\mu m$。

7.1.41　扩孔钻有几种？其规格有哪些？

扩孔钻有直柄扩孔钻、莫氏锥柄扩孔钻和套式扩孔钻，用于扩孔，其规格分别见表 7-19～表 7-21。

表 7-19　直柄扩孔钻的规格　（单位：mm）

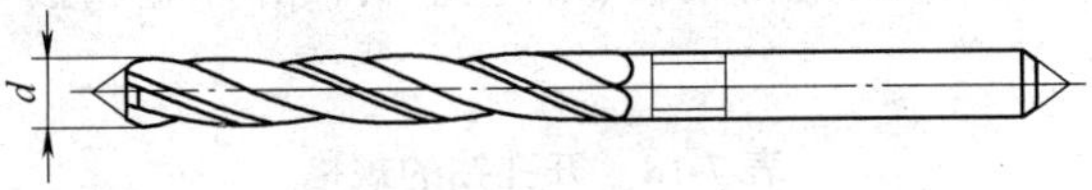

3.00，3.30，3.50，3.80，4.00，4.30，4.50，4.80，5.00，5.80，6.00，6.80，7.00，7.80，8.00，8.80，9.00，9.80，10.00，10.75，11.00，11.75，12.00，12.75，13.00，13.75，14.00，14.75，15.00，15.75，16.00，16.75，17.00，17.75，18.00，18.70，19.00，19.70

表 7-20　莫氏锥柄扩孔钻的规格　（单位：mm）

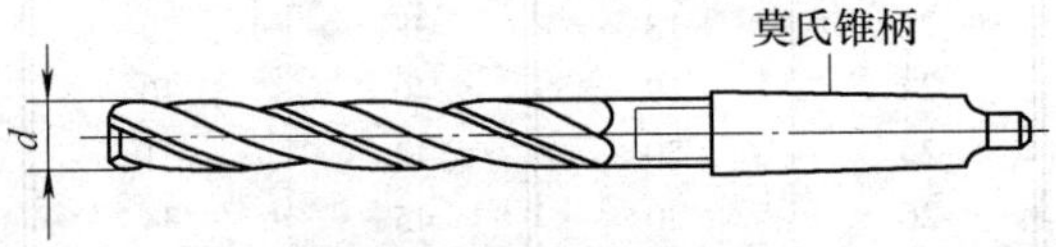

莫氏锥柄号	扩孔钻直径系列
1	7.80，8.00，8.80，9.00，9.80，10.00，10.75，11.00，11.75，12.00，12.75，13.00，13.75，14.00
2	14.75，15.00，15.75，16.00，16.75，17.00，17.75，18.00，18.70，19.00，19.70，20.00，20.70，21.00，21.70，22.00，22.70，23.00
3	23.70，24.00，24.70，25.00，25.70，26.00，27.70，28.00，29.70，30.00，31.60
4	32.00，33.60，34.00，34.60，35.00，35.60，36.00，37.60，38.00，39.60，40.00，41.60，42.00，43.60，44.00，44.60，45.00，45.60，46.00，47.60，48.00，49.60，50.00

表7-21　以直径范围分段的套式扩孔钻的规格　　（单位：mm）

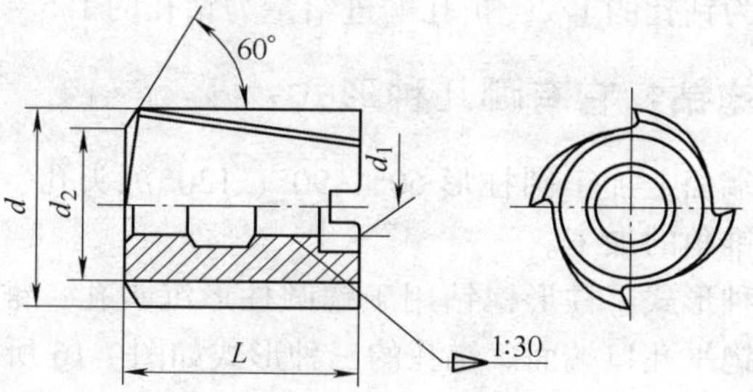

直径范围 d（h8）		d_1	d_2	L
大　于	至			
23.6	35.5	13	$d-5$	45
35.5	45	16	$d-6$	50
45	53	19	$d-8$	56
53	63	22	$d-9$	63
63	75	27	$d-11$	71
75	90	32	$d-13$	80
90	101.6	40	$d-15$	90

注：下列直径的扩孔钻推荐作为常备尺寸（单位为mm）：25，26，27，28，29，30，31，32，33，34，35，36，37，38，39，40，42，44，45，46，47，48，50，52，55，58，60，62，65，70，72，75，80，85，90，95，100。

7.1.42　如何根据工件材料选择扩孔钻切削部分的前角和后角？

用高速钢扩孔钻加工硬钢或硬铸铁时，前角 $\gamma_o=0°\sim5°$；加工中硬钢时，$\gamma_o=8°\sim12°$；加工软钢时，$\gamma_o=15°\sim29°$；加工铜、铝时，$\gamma_o=25°\sim30°$。

用硬质合金扩孔钻加工铸铁时，前角 $\gamma_o=5°$；加工钢时，$\gamma_o=-5°\sim5°$；加工高硬度材料时，$\gamma_o=-5°$。

一般取后角 $\alpha_o=8°\sim10°$。

7.1.43　扩孔钻的结构、切削情况与麻花钻有什么不同？

1）扩孔的背吃刀量比钻孔小，因此扩孔钻没有横刃，其切削刃只有较小的尺寸并位于外缘上。

2）由于背吃刀量小，切屑窄，易排出，不易擦伤已加工表面。

3）由于排屑容易，所以可将容屑槽做得较小、较浅，从而增大了钻心直径，所以大大提高了扩孔钻的刚度。

4）由于扩孔钻刚度增强，所以扩孔时的切削用量和加工质量随之得以改善。

5）扩孔钻的刀齿较多，所以切削平稳轻快，加工质量和生产率都高于麻花钻。

7.1.44　怎样确定扩孔的切削用量？

扩孔前钻孔直径的确定：如果用麻花钻扩孔，扩孔前钻孔直径为孔径的50%～

70%；如果用扩孔钻扩孔，扩孔前钻孔直径为孔径的 90%。

扩孔的切削速度为钻孔的 1/2；扩孔的进给量为钻孔的 1.5～2 倍。

7.1.45 什么是锪钻？它有哪几种形式？

锪钻用于在孔的端面上加工圆柱形 60°、90°、120°沉头孔、锪面沉头孔或凸台表面，可一次完成所需锥角的加工。

常用的锪钻有三种形式：柱形锪钻用于锪圆柱形沉头孔；锥形锪钻用于锪锥形沉头孔；端面锪钻用于锪平孔口端面。锪孔的三种形式如图 7-16 所示。

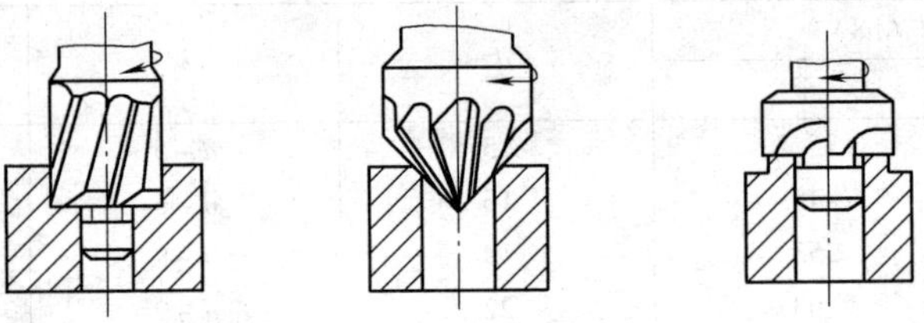

a) b) c)

图 7-16 锪孔的三种形式

a）锪圆柱形沉头孔 b）锪锥形沉头孔 c）锪凸台平面

7.1.46 扩孔钻与锪钻有什么区别？

1）圆柱形沉头锪钻和端面锪钻前端均有导向柱，依靠导向柱导向，而扩孔钻其导向部分在切削部分后面。

2）锥形锪钻一般有 6～12 条切削刃，端面锪钻也有 4～6 条切削刃，而扩孔钻仅有 3～4 条切削刃。

7.1.47 锪孔时要注意哪些问题？

1）锪孔时，进给量为钻孔时的 2～3 倍，切削速度为钻孔时的 1/3～1/2（精锪，可用惯性来锪孔）。

2）尽量选用较短的钻头来改磨锪钻，并注意修磨前面，减小前角，以防扎刀、振动。

3）锪钢件时，应在导柱和切削表面加切削液。

7.1.48 如何维护和保养钻头？

1）钻削钢件时，要保证充分的冷却量并使用金属切削液。

2）良好的钻杆刚性与导轨间隙，能提高钻孔的精度及钻头的寿命。

3）要确保磁座与工件之间的平整与清洁。

4）钻薄板时，要将工件加固；钻大型工件时，要保证工件的稳固。

5）在钻孔开始与结束时，进给量应减小 1/3。

6）对钻削时出现大量细小粉末的材料，如铸铁、铸铜等，可以不使用切削液，而采用压缩空气帮助排屑。

7）要及时清除缠绕在钻体上的切屑，以保证排屑顺畅。

7.2 车刀

7.2.1 什么是车刀？车刀分哪几类？

车刀是在卧式车床、转塔车床、立式车床、自动与半自动车床上完成工件的外圆、内孔、端面、切槽或切断以及部分内外成形面等加工的切削刀具。

车刀按结构不同，可分为整体式高速钢车刀、焊接式硬质合金车刀和机械夹固式硬质合金车刀（包括机夹可重磨式车刀和可转位式机夹车刀）；按用途不同又可分为外圆车刀、端面车刀、切断车刀、外螺纹车刀、带轮车刀、内孔车刀、内螺纹车刀和内切槽车刀。

7.2.2 什么是外圆车刀？它有哪些种类和规格？

外圆车刀是在车床上加工零件外圆的车刀，其种类和规格见表 7-22。

表 7-22 外圆车刀的种类和规格

车刀代号		主要尺寸/mm								参考尺寸/mm	
		L		h		b		h_1			
右切车刀	左切车刀	公称尺寸	极限偏差	公称尺寸	极限偏差	公称尺寸	极限偏差	公称尺寸	极限偏差	l	n
70°外圆车刀（Ⅰ）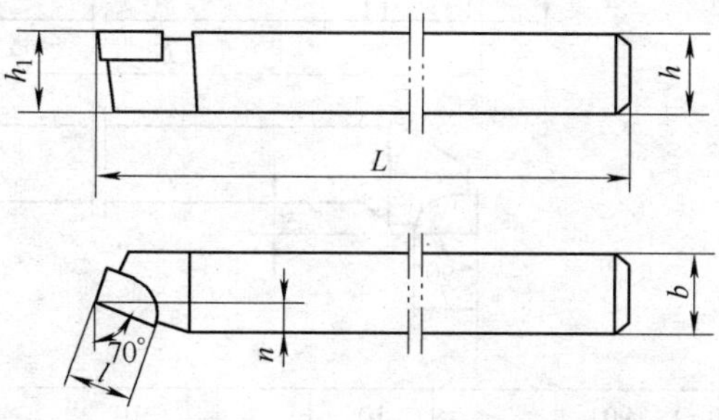											
01R1010	01L1010	90	+3.5 0	10	0 −0.70	10	0 −0.70	10	0 −0.70	8	4
01R1212	01L1212	100		12		12		12		10	5
01R1616	01L1616	110		16		16		16		12	6
01R2020	01L2020	125	+4.0 0	20	0 −0.84	20	0 −0.84	20	0 −0.84	16	8
01R2525	01L2525	140		25		25		25		20	10
01R3232	01L3232	170		32	0 −1.0	32	0 −1.0	32	0 −1.0	25	12
01R4040	01L4040	200	+4.6 0	40		40		40		32	16
01R5050	01L5050	240		50		50		50		40	20

（续）

车刀代号		主要尺寸/mm								参考尺寸/mm	
		L		h		b		h_1			
右切车刀	左切车刀	公称尺寸	极限偏差	公称尺寸	极限偏差	公称尺寸	极限偏差	公称尺寸	极限偏差	l	n

75°外圆车刀

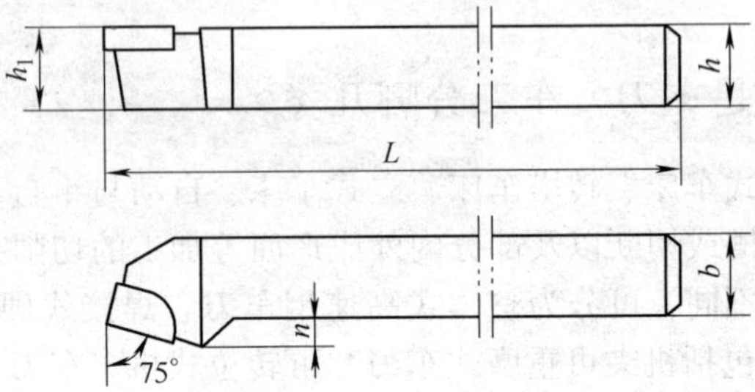

14R1010	14L1010	90	+3.5 0	10	0 −0.70	10	0 −0.70	10	0 −0.70	8	4
14R1212	14L1212	100		12		12		12		10	
14R1616	14L1616	110		16		16		16		12	5
14R2020	14L2020	125	+4.0 0	20	0 −0.84	20	0 −0.84	20	0 −0.84	16	
14R2525	14L2525	140		25		25		25		20	6
14R3232	14L3232	170		32		32	0 −1.0	32	0 −1.0	25	7
14R4040	14L4040	200	+4.6 0	40	0 −1.0	40		40		32	9
14R5050	14L5050	240		50		50		50		40	10

90°外圆车刀

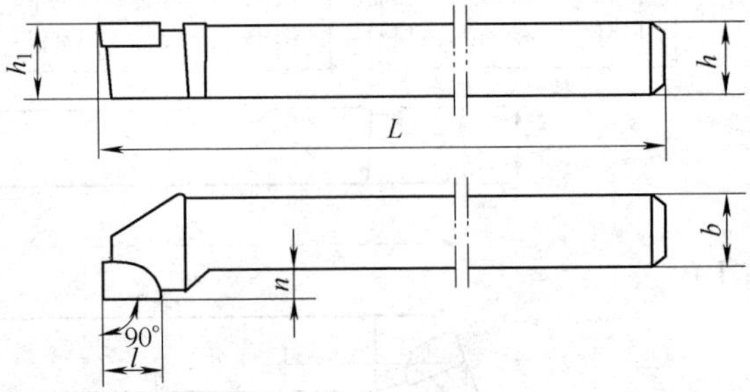

06R1010	06L1010	90	+3.5 0	10	0 −0.70	10	0 −0.70	10	0 −0.70	8	4
06R1212	06L1212	100		12		12		12		10	5
06R1616	06L1616	110		16		16		16		12	6
06R2020	06L2020	125	+4.0 0	20	0 −0.84	20	0 −0.84	20	0 −0.84	16	8
06R2525	06L2525	140		25		25		25		20	10
06R3232	06L3232	170		32	0 −1.0	32	0 −1.0	32	0 −1.0	25	12
06R4040	06L4040	200	+4.6 0	40		40		40		32	14
06R5050	06L5050	240		50		50		50		40	18

（续）

车刀代号		主要尺寸/mm								参考尺寸/mm	
		L		h		b		h_1			
右切车刀	左切车刀	公称尺寸	极限偏差	公称尺寸	极限偏差	公称尺寸	极限偏差	公称尺寸	极限偏差	l	n
95°外圆车刀		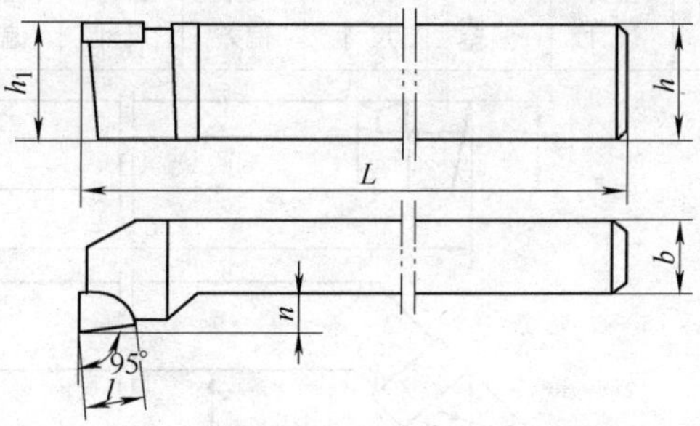									
03R1610	03L1610	110	+3.5 0	16	0 -0.70	10	0 -0.70	16	0 -0.70	8	5
03R2012	03L2012	125	+4.0 0	20	0 -0.84	12	0 -0.84	20	0 -0.84	10	
03R2516	03L2516	140		25		16		25		12	
03R3220	03L3220	170		32	0 -1.0	20	0 -1.0	32	0 -1.0	16	
03R4025	03L4025	200	+4.6 0	40		25		40		20	
03R5032	03L5032	240		50		32		50		25	

车刀代号（右切）	主要尺寸/mm								参考尺寸/mm	
	L		h		b		h_1			
	公称尺寸	极限偏差	公称尺寸	极限偏差	公称尺寸	极限偏差	公称尺寸	极限偏差	l	P
70°外圆车刀（Ⅱ）	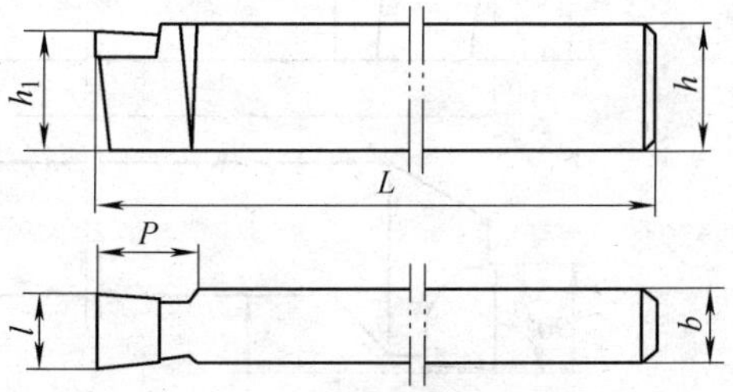									
04R2012	125	+4.0 0	20	0 -0.84	12	0 -0.84	20	0 -0.84	12	20
04R2516	140		25		16		25		16	25
04R3220	170		32	0 -1.0	20	0 -1.0	32	0 -1.0	20	32
04R4025	200	+4.6 0	40		25		40		25	40
04R5032	240		50		32		50		32	50

7.2.3　什么是端面车刀？它有哪些种类和规格？

端面车刀是用于车削工件端面和倒角的车刀，也可用于车外圆，其种类和规格见

表 7-23。

表 7-23　端面车刀的种类和规格

车刀代号		主要尺寸/mm								参考尺寸/mm	
		L		h		b		h_1			
右切车刀	左切车刀	公称尺寸	极限偏差	公称尺寸	极限偏差	公称尺寸	极限偏差	公称尺寸	极限偏差	l	n
45°端面车刀		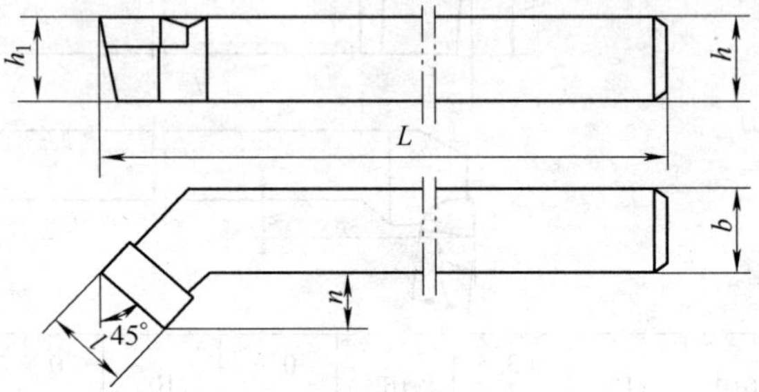									
02R1010	02L1010	90	+3.5 0	10	0 −0.70	10	0 −0.70	10	0 −0.70	8	6
02R1212	02L1212	100		12		12		12		10	7
02R1616	02L1616	110		16		16		16		12	8
02R2020	02L2020	125	+4.0 0	20	0 −0.84	20	0 −0.84	20	0 −0.84	16	10
02R2525	02L2525	140		25		25		25		20	12
02R3232	02L3232	170		32		32		32		25	14
02R4040	02L4040	200	+4.6 0	40	0 −1.0	40	0 −1.0	40	0 −1.0	32	1S
02R5050	02L5050	240		50		50		50		40	22
90°端面车刀		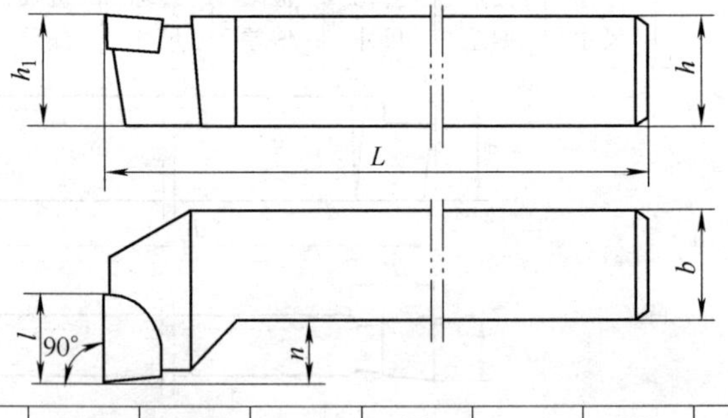									
05R2020	05L2020	125	+4.0 0	20	0 −0.84	20	0 −0.84	20	0 −0.84	16	10
0fR2525	05L2525	140		25		25		25		20	12
05R3232	05L3232	170		32	0 −1.0	32	0 −1.0	32	0 −1.0	25	16
05R4040	05L4040	200	+4.6 0	40		40		40		32	20
0fR5050	05L5050	240		50		50		50		40	25

7.2.4　什么是切断车刀？它有哪些种类和规格？

切断车刀是用来切断工件用的车刀，其种类和规格见表 7-24。

表 7-24　切断车刀的种类和规格　（单位：mm）

车刀代号		主要尺寸/mm								参考尺寸/mm	
		L		h		b		h_1			
右切车刀	左切车刀	公称尺寸	极限偏差	公称尺寸	极限偏差	公称尺寸	极限偏差	公称尺寸	极限偏差	l	P

A 型切断车刀

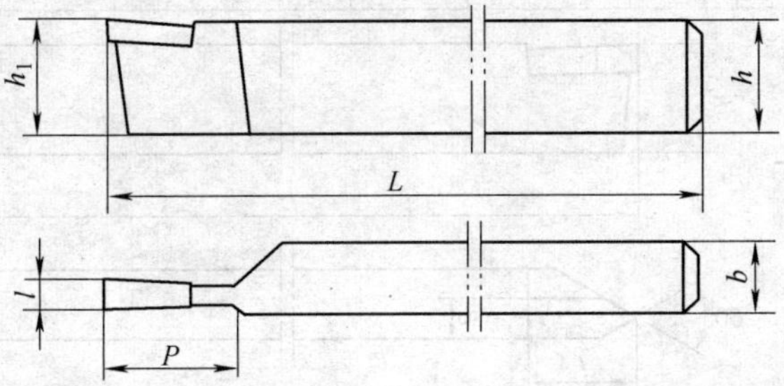

07R1208	07L1208	100	+3.5	12	0	8	0	12	0	3	12
07R1610	07L1610	110	0	16	-0.70	10	-0.70	16	-0.70	4	14
07R2012	07L2012	125	+4.0	20	0	12	0	20	0	5	16
0TR2516	07L2516	140	0	25	-0.84	16	-0.84	25	-0.84	6	20
07R3220	07L3220	170		32	0	20	0	32	0	8	25
07R4025	07L4025	200	+4.6	40	-1.0	25	-1.0	40	-1.0	10	32
0TR5032	07L5032	240	0	50		32		50		12	40

车刀代号		主要尺寸/mm								参考尺寸/mm		
		L		h		b		h_1				
右切车刀	左切车刀	公称尺寸	极限偏差	公称尺寸	极限偏差	公称尺寸	极限偏差	公称尺寸	极限偏差	l	P	H

B 型切断车刀

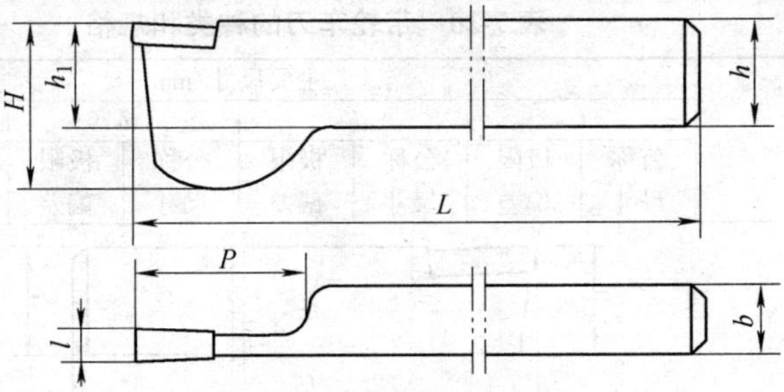

15R1208	15L1208	100	+3.5	12	0	8	0	12	0	3	12	20
15R1610	15L1610	110	0	16	-0.70	10	-0.70	16	-0.70	4	14	26
15R2012	15L2012	126	+4.0	20	0	12	0	20	0	5	16	30
15R2516	15L2516	140	0	25	-0.84	16	-0.84	25	-0.84	6	20	40
15R3220	15L3220	170		32	0	20	0	32	0	8	25	47
15R4025	15L4025	200	+4.6 0	40	-1.0	25	-1.0	40	-1.0	10	32	d5

7.2.5　什么是外螺纹车刀？它有哪些种类和规格？

外螺纹车刀是用来在机床上加工外螺纹的车刀，其种类和规格见表 7-25。

表 7-25　外螺纹车刀的种类和规格

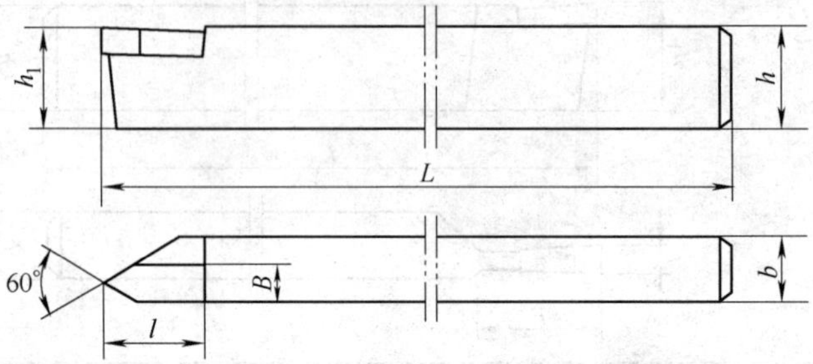

车刀代号（右切）	主要尺寸/mm								参考尺寸/mm	
	L		h		b		h_1			
	公称尺寸	极限偏差	公称尺寸	极限偏差	公称尺寸	极限偏差	公称尺寸	极限偏差	l	B
16R1208	100	+3.5 0	12	0 -0.70	8	0 -0.70	12	0 -0.70	10	4
16R1610	110		16		10		16		16	6
16R2012	125	+4.0 0	20	0 -0.84	12		20	0 -0.84	16	8
16R2516	140		25		16	0 -0.84	25		20	
16R3220	170		32	0 -1.0	20		32	0 -1.0	22	10

7.2.6　什么是带轮车刀？它有哪些种类和规格？

带轮车刀是用于加工带轮的车刀，可分为普通带轮车刀和成形带轮车刀，其种类和规格见表 7-26。

表 7-26　带轮车刀的种类和规格

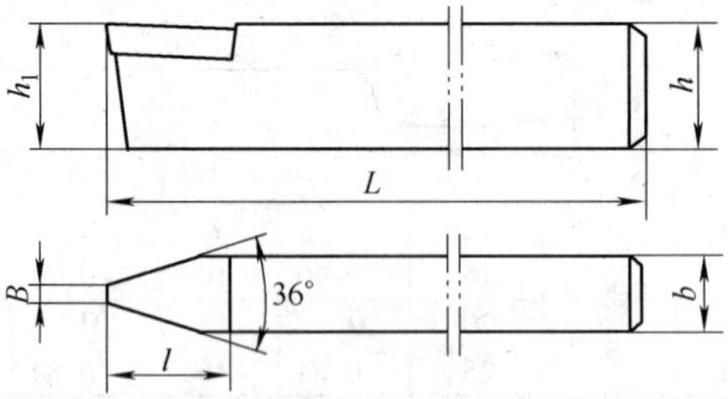

车刀代号（右切）	主要尺寸/mm								参考尺寸/mm	
	L		h		b		h_1			
	公称尺寸	极限偏差	公称尺寸	极限偏差	公称尺寸	极限偏差	公称尺寸	极限偏差	l	B
17R1212	100	+3.5 0	12	0 -0.70	12	0 -0.70	12	0 -0.70	20	3
17R1610	110		16		10		16			
17R2012	125	+4.0 0	20	0 -0.84	12		20	0 -0.84	25	4
17R2516	140		25		16	0 -0.84	25			
17R3220	170		32	0 -1.0	20		32	0 -1.0	30	5.5

7.2.7　什么是内圆车刀？它有哪些种类和规格？

内圆车刀是用来车削工件内孔的刀具，其种类和规格见表7-27。

表7-27　内圆车刀的种类和规格

车刀代号	主要尺寸/mm								参考尺寸/mm			
	l_1		h		b		l_2		l	n	d	D_{min}
	公称尺寸	极限偏差	公称尺寸	极限偏差	公称尺寸	极限偏差	公称尺寸	极限偏差				

45°内孔车刀

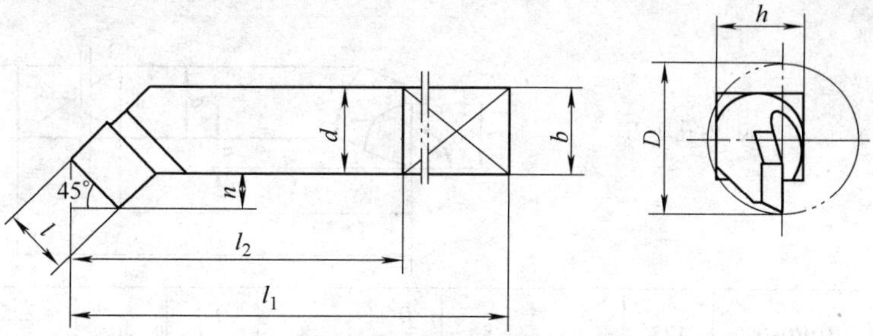

11R0808	125	+4.0 0	8	0 −0.58	8	0 −0.58	40	+2.5 0	5	3	8	14
11R1010	150	+4.6 0	10	0 −0.70	10	0 −0.70	50	+3.0 0	6	4	10	18
11R1212	180		12		12		63		8	5	12	21
11R1616	210		16		16		80		10	6	16	27
11R2020	250	+5.2 0	20	0 −0.84	20	0 −0.84	100	+3.5 0	12	8	20	34
11R2525	300		25		25		125	+4.0 0	16	10	25	43
11R3232	355	+5.7 0	32	0 −1.0	32	0 −1.0	160		20	12	32	52

75°内孔车刀

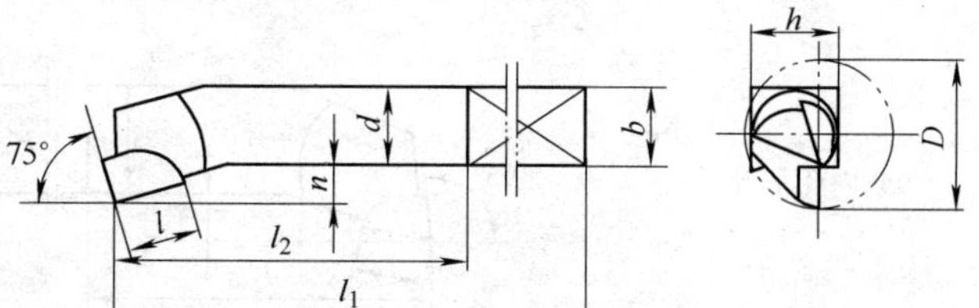

08R0808	125	+4.0 0	8	0 −0.58	8	0 −0.58	40	+2.5 0	5	3	8	14
08R1010	150	+4.6 0	10	0 −0.70	10	0 −0.70	50	+3.0 0	6	4	10	18
08R1212	180		12		12		63		8	5	12	21
08R1616	210	+4.6 0	16		16		80		10	6	16	27

（续）

车刀代号	主要尺寸/mm								参考尺寸/mm			
	l_1		h		b		l_2					
	公称尺寸	极限偏差	公称尺寸	极限偏差	公称尺寸	极限偏差	公称尺寸	极限偏差	l	n	d	D_{min}
08R2020	250	+5.2 0	20	0 −0.04	20	0 −0.84	100	+3.5 0	12	8	20	34
08R2525	300		25		25		125	+4.0 0	16	10	25	43
08R3232	355	+5.7 0	32	0 −1.0	32	0 −1.0	160		20	12	32	52

90°内孔车刀

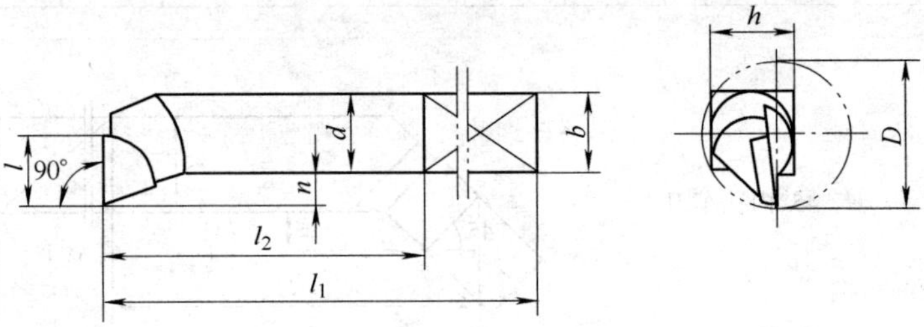

10R0808	125	+4.0 0	8	0 −0.58	8	0 −0.58	40	+2.5 0	5	3	8	14
10R1010	150		10	0 −0.70	10	0 −0.70	50	+3.0 0	6	4	10	16
10R1212	180		12		12		63		8	5	12	21
10R1616	210	+4.6 0	16		16		80		10	6	16	27
10R2020	250	+5.2 0	20	0 −0.84	20	0 −0.84	100	+3.5 0	12	8	20	34
10R2525	300		25		25	−1.0 0	125	+4.0 0	16	10	25	43
10R3232	355	+5.7 0	32	0 −1.0	32		160		20	12	32	52

95°内孔车刀

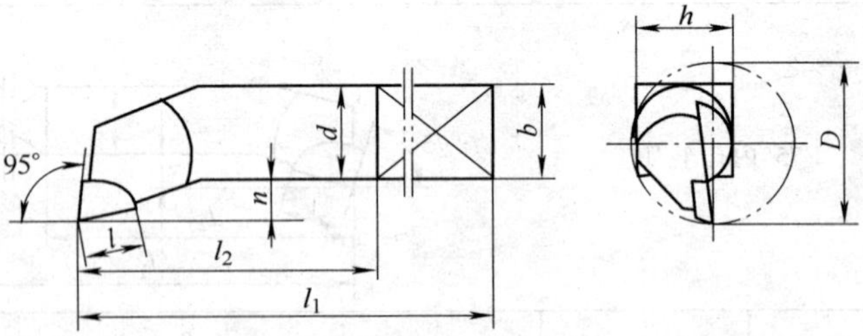

09R0808	125	+4.0 0	8	0 −0.58	8	0 −0.58	40	+2.5 0	5	3	8	14
09R1010	150		10	0 −0.70	10	0 −0.70	50	+3.0 0	6	4	10	16
09R1212	180		12		12		63		8	5	12	21
09R1616	210	+4.6 0	16		16		80		10	6	16	27

（续）

车刀代号	主要尺寸/mm								参考尺寸/mm			
	l_1		h		b		l_2					
	公称尺寸	极限偏差	公称尺寸	极限偏差	公称尺寸	极限偏差	公称尺寸	极限偏差	l	n	d	D_{min}
09R2020	250	+5.2 0	20	0 −0.84	20	0 −0.84	100	+3.5 0	12	8	20	34
09R2525	300		25		25		125	+4.0 0	16	10	25	43
09R3232	355	+5.7 0	32	0 −1.0	32	−1.0 0	160		20	12	32	52

7.2.8　什么是内螺纹车刀？它有哪些种类和规格？

内螺纹车刀是用来加工工件上内螺纹的刀具，其种类和规格见表 7-28。

表 7-28　内螺纹车刀的种类和规格

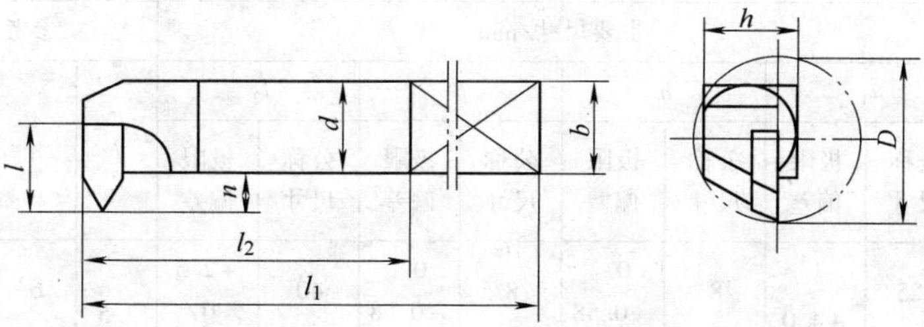

车刀代号	主要尺寸/mm								参考尺寸/mm			
	l_1		h		b		l_2					
	公称尺寸	极限偏差	公称尺寸	极限偏差	公称尺寸	极限偏差	公称尺寸	极限偏差	l	n	d	D_{min}
12R0808	125	+4.0 0	8	0 −0.58	8	0 −0.58	40	+2.6 0	5	4	8	15
12R1010	150		10	0 −0.70	10	0 −0.70	50	+3.0 0	6	5	10	19
12R1212	180		12		12		63		8	6	12	22
12R1616	210	+4.6 0	16		16		80		10	8	16	29
12R2020	260	+5.2 0	20	0 −0.84	20	0 −0.84	100	+3.5 0	12	10	20	36
12R2525	300	+5.7 0	25		25		125	+4.0 0	16	12	25	45
12R3232	355		32	0 −1.0	32	0 −1.0	160		20	14	32	54

7.2.9　什么是内槽车刀？它有哪些种类和规格？

内槽车刀是用来加工工件内孔上沟槽的刀具，其种类和规格见表7-29。

表7-29　内槽车刀的种类和规格

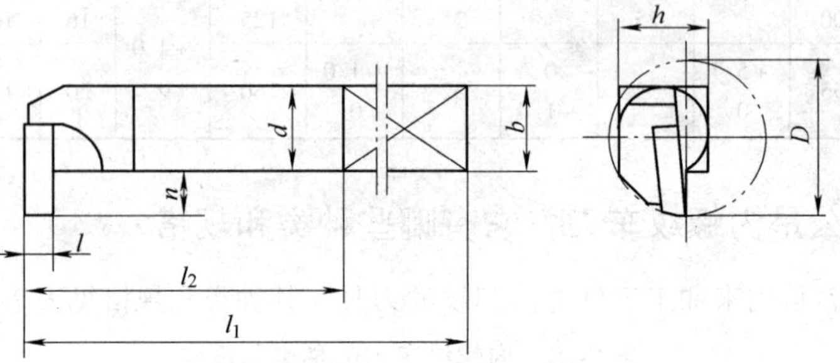

车刀代号	主要尺寸/mm								参考尺寸/mm			
	l_1		h		b		l_2		l	n	d	D_{min}
	公称尺寸	极限偏差	公称尺寸	极限偏差	公称尺寸	极限偏差	公称尺寸	极限偏差				
13R0808	125	$^{+4.0}_{0}$	8	$^{0}_{-0.58}$	8	$^{0}_{-0.58}$	40	$^{+2.5}_{0}$	3.5	6	8	17
13R1010	150		10	$^{0}_{-0.70}$	10	$^{0}_{-0.70}$	50	$^{+3.0}_{0}$		8	10	22
13R1212	180		12		12		63		4.5	10	12	26
13R1616	210	$^{+4.6}_{0}$	16		16		80		5.5	12	16	33
13R2020	250	$^{+5.2}_{0}$	20	$^{0}_{-0.84}$	20	$^{0}_{-0.84}$	100	$^{+3.5}_{0}$	6.5	16	20	42
13R2525	300		25		25		125	$^{+4.0}_{0}$	8.5	20	25	53
13R3232	355	$^{+5.7}_{0}$	32	$^{0}_{-1.0}$	32	$^{0}_{-1.0}$	160		10.5	25	32	65

7.2.10　什么是机夹车刀？它有哪些种类和规格？

机夹车刀在刀杆上装夹硬质合金可重磨刀片或高速钢车刀条，用于在车床上切削金属零件，有切断车刀、内螺纹车刀和外螺纹车刀三种。

1. 机夹切断车刀

机夹切断车刀的种类和规格见表7-30。

表7-30　机夹切断车刀的种类和规格　（单位：mm）

A型

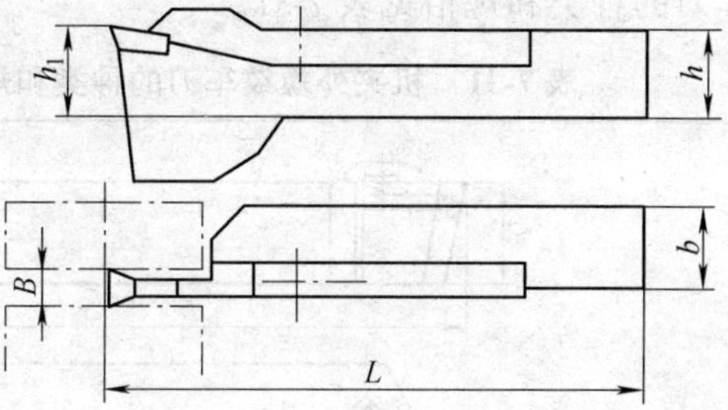

车刀代号 [R（右）L（左）]	h_1	h h13	b h13	L 公称尺寸	L 极限偏差	B	最大加工直径 D_{max}
QA2022R（L）-03	20	20	22	125	0 −2.5	3.2	40
QA2022R（L）-04						4.2	
QA2525R（L）-04	25	25	25	150		4.2	60
QA2525R（L）-05						5.3	
QA3232R（L）-05	32	32	32	170	0 −2.9	5.3	80
QA3232R（L）-06						6.5	

B型

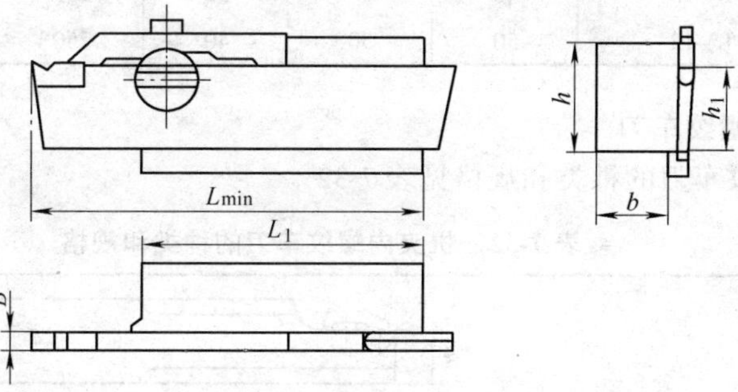

车刀代号 [R（右）L（左）]	h_1	h h13	b h13	L_{max}	B	L_1	最大加工直径 D_{max}
QB2020R（L）-04	20	25	20	125	4.2	100	100
QB2020R（L）-05					5.3		
QB2525R（L）-05	25	32	25	150	5.3	125	125
QB2525R（L）-06					6.5		
QB3232R（L）-06	32	40	32	170	6.5	140	150
QB3232R（L）-08					8.5		
QB4040R（L）-08	40	50	40	200	8.5	160	175
QB4040R（L）-10					10.5		
QB5050R（L）-10	50	63	50	250	10.5	200	200
QB5050R（L）-12					12.5		

2. 机夹外螺纹车刀

机夹外螺纹车刀的种类和规格见表 7-31。

表 7-31　机夹外螺纹车刀的种类和规格　（单位：mm）

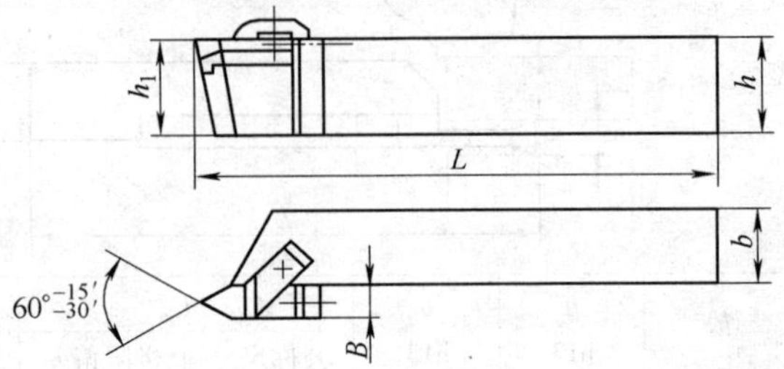

车刀代号 [R（右）L（左）]	h_1 js14	h h13	b h13	L 公称尺寸	L 极限偏差	B
LW1616R（L）-03	16	16	16	110	0 −2.5	3
LW2016R（L）-04	20	20	16	125		4
LW2520R（L）-06	25	25	20	150		6
LW3225R（L）-08	32	32	25	170	0 −2.9	8
LW4032R（L）-10	40	40	32	200		10
LW5040R（L）-12	50	50	40	250		12

3. 机夹内螺纹车刀

机夹内螺纹车刀的种类和规格见表 7-32。

表 7-32　机夹内螺纹车刀的种类和规格　（单位：mm）

矩形刀杆

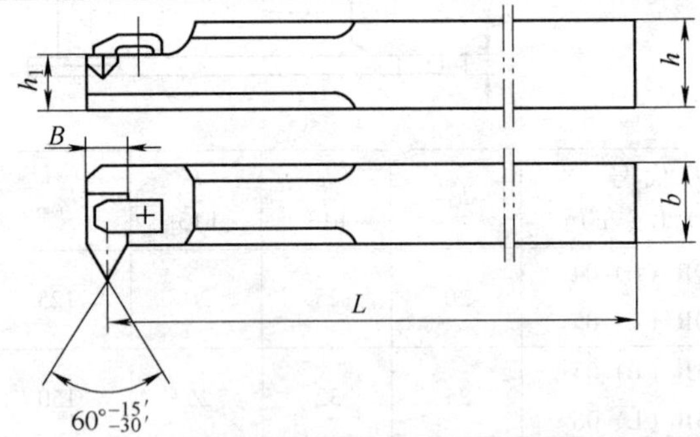

车刀代号 [R（右）L（左）]	h_1 js14	h h13	b h13	L 公称尺寸	L 极限偏差	B
LN1216R（L）-03	12	16	16	150	0 −2.5	3
LN1620R（L）-04	16	20	20	180		4
LN2025R（L）-06	20	25	25	200		6
LN2532R（L）-08	25	32	32	250	0 −2.9	8
LN3240R（L）-10	32	40	40	300		10

（续）

圆形刀杆

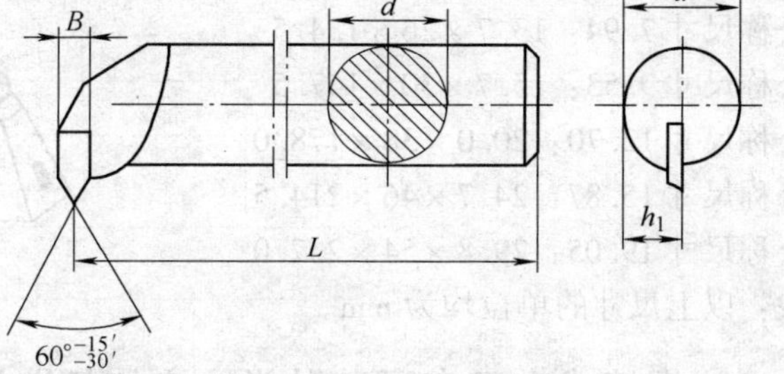

车刀代号 [R（右）L（左）]	h_1 js14	d 公称尺寸	d 极限偏差	L 公称尺寸	L 极限偏差	B
LN1020R（L）-03	10	20	0 −0.052	180	0 −2.5	3
LN1225R（L）-03	12.5	25		200		3
LN1632R（L）-04	16	32	0 −0.062	250		4
LN2040R（L）-08	20	40		300	0 −2.9	6
LN2550R（L）-08	25	50	0 −0.074	350		8
LN3060R（L）-10	30	60		400		10

7.2.11　什么是高速钢车刀条？它有哪些种类和规格？

高速钢车刀条是安装在机床上，用于切削金属工件的，截面形状有正方形、矩形、圆形和不规则四边形。

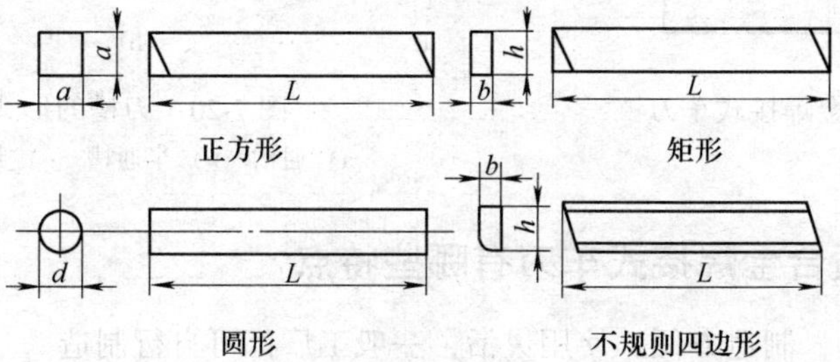

图7-17　高速钢车刀条

正方形刀条的长度有63mm、80mm、100mm、160mm、200mm五种。

矩形刀条的长度有100mm、160mm、200mm三种。

圆形刀条的长度有63mm、80mm、100mm、160mm、200mm五种。

不规则四边形刀条的长度有85mm、120mm、140mm、200mm、250mm五种。

7.2.12　什么是刀排？它有哪些规格？

刀排（图7-18）是用于固定多件车刀、刨刀，以便对工件进行切削的工具。刀排的规格（柄宽×柄高×全长）如下：

公称尺寸 6.35：11.8×22×123.0

公称尺寸 7.94：13.7×26×134.5

公称尺寸 9.53：15.7×30×147.5

公称尺寸 12.70：20.0×38×178.0

公称尺寸 15.87：24.7×46×214.5

公称尺寸 19.05：29.8×54×257.0

注：以上尺寸的单位均为 mm。

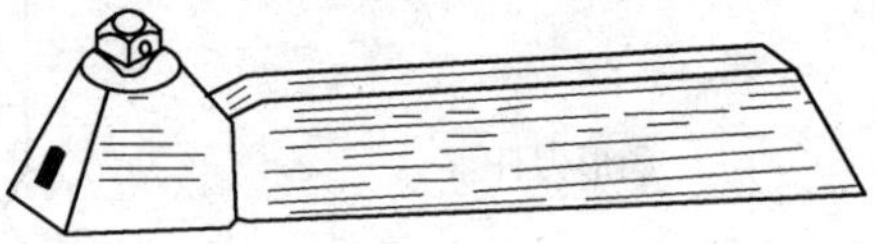

图 7-18　刀排

7.2.13　焊接式车刀有哪些种类？它如何选用？

焊接式车刀（图 7-19）是将一定形状的硬质合金刀片和刀杆通过钎焊连接而成的。

焊接式车刀刀杆常用中碳钢制造，截面有矩形、方形和圆形三种。卧式车床多采用矩形截面。当切削力较大时（尤其是进给力较大时），可采用方形截面。圆形刀杆多用于内孔车刀。

刀杆上应根据采用的刀片形状和尺寸开出刀槽（图 7-20）。其中，通槽易加工，用于矩形刀片；半通槽用于带圆弧刀片；封闭槽焊接面积大，强度高，但焊接应力较大，适用于焊接面积相对较小的刀片。

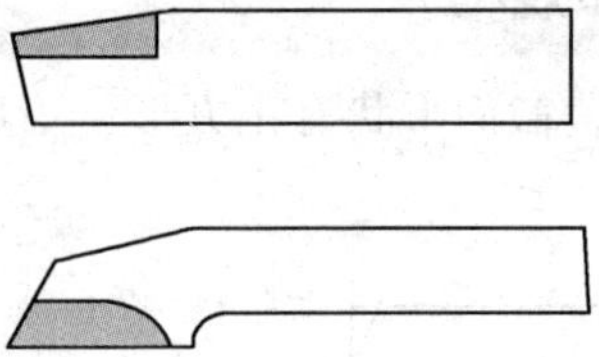

图 7-19　硬质合金焊接式车刀

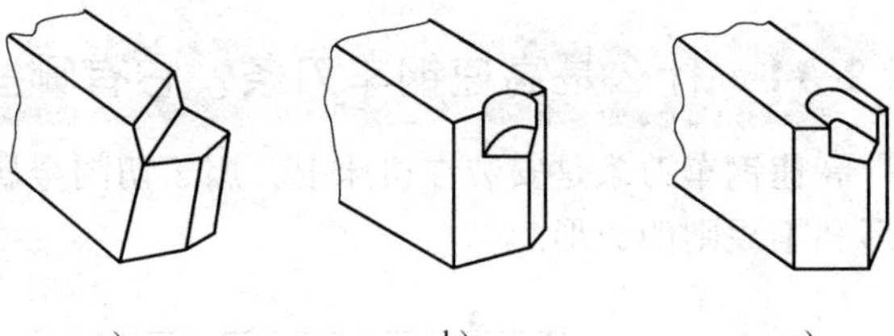

图 7-20　刀槽的形式

a）通槽　b）半通槽　c）封闭槽

7.2.14　硬质合金焊接式车刀有哪些特点？

1）结构简单，制造方便，使用灵活，一般工厂都可自行制造。

2）可以根据切削条件和加工要求刃磨出所需的形状和角度，硬质合金利用较充分。其切削性能主要取决于工人刃磨的技术水平，与现代化生产不相适应。

3）刀杆不能重复使用，材料利用率低。

4）在制造工艺上，由于硬质合金和刀杆材料（一般为中碳钢）的线胀系数不同，当焊接工艺不够合理时易产生热应力，严重时会导致硬质合金出现裂纹；另外，还可能出现磨刀热应力和裂纹。

7.2.15　什么是上压式机夹车刀？其特点如何？

上压式机夹车刀采用螺钉和压板从上面压紧刀片，通过调整螺钉来调节刀片位置

（图 7-21）。

其特点是结构简单，夹固牢靠，使用方便，刀片平装，用钝后重磨后面。上压式机夹车刀是加工中应用最多的一种。

7.2.16　什么是侧压式机夹车刀？其特点如何？

侧压式机夹车刀一般多利用刀片本身的斜面，由楔块和螺钉从刀片侧面来夹紧刀片（图 7-22）。

其特点是刀片竖装，对刀槽制造精度的要求可适当降低，刀片用钝后重磨前面。

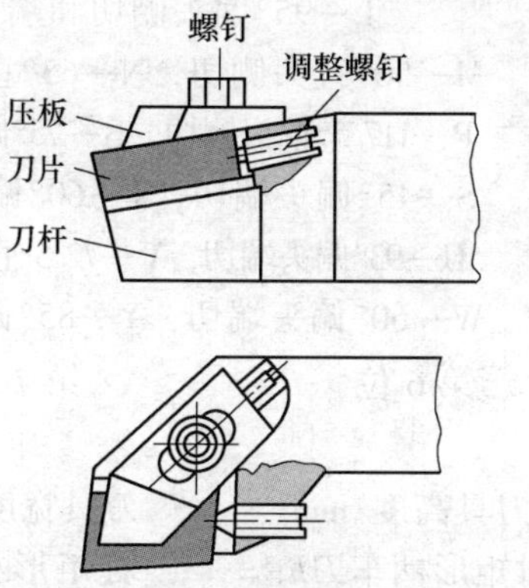

图 7-21　上压式机夹车刀

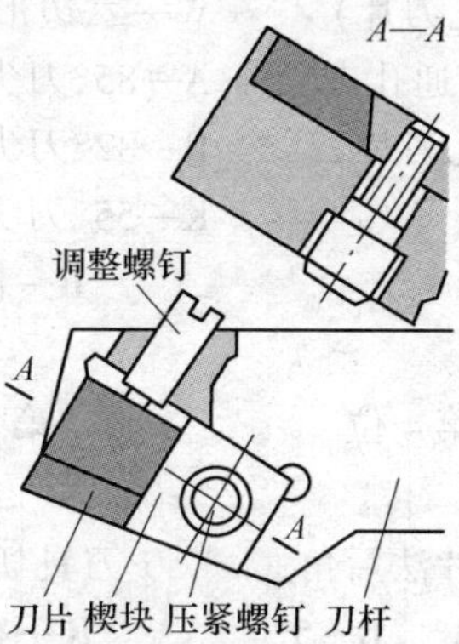

图 7-22　侧压式机夹车刀

7.2.17　什么是可转位车刀？

可转位车刀（图 7-23）是将可转位的硬质合金刀片用机械方法夹持在刀杆上形成的。刀片具有供切削时选用的几何参数（不需磨）和三个以上供转位用的切削刃。当一个切削刃磨损后，松开夹紧机构，将刀片转位到另一切削刃后再夹紧，即可进行切削，当所有切削刃磨损后，则可取下再换成新的同类刀片。由于其具有不需重磨、可转位和可更换刀片等优点，因此可降低刀具的刃磨费用和提高切削效率。

图 7-23　可转位车刀

7.2.18　可转位车刀和刀夹有哪些代号？

可转位车刀和刀夹的代号由代表给定意义的字母或数字按一定规则排列所组成，共有以下 10 位符号：

第 1 位
刀片夹紧方式
C—顶面夹紧
（无孔刀片）
M—顶面和孔夹紧
（有孔刀片）
P—孔夹紧
（有孔刀片）
S—螺钉通孔夹紧
（有孔刀片）

第 2 位
刀片形状
H—正六边形，O—正八边形
P—正五边形，S—正四边形
T—正三边形，C—菱形 80°
D—菱形 55°，E—菱形 75°
M—菱形 86°，V—菱形 35°
W—六边形 80°，L—矩形
A—85°刀尖角平行四边形
B—82°刀尖角平行四边形
K—55°刀尖角平行四边形
R—圆形刀片

第 3 位
刀具头部型式
A—90°直头侧切，B—75°直头侧切
C—90°直头端切，D—45°直头侧切
E—60°直头侧切，F—90°偏头端切
G—90°偏头侧切，H—107.5°偏头侧切
J—93°偏头侧切，K—75°偏头端切
L—95°偏头侧切和端切
M—50°直头侧切，N—63°直头侧切
P—117.5°偏头侧切，R—75°偏头侧切
S—45°偏头端切，T—60°偏头侧切
U—93°偏头端切，V—72.5°直头侧切
W—60°偏头端切，Y—85°偏头端切

第 4 位
刀片法后角
A—3°，B—5°
C—7°，D—15°
E—20°，F—25°
G—30°，N—0°
P—11°（对于不等边刀片，表示较长边的法后角）

第 5 位
刀具切削方向
R—右切削
L—左切削
N—左右均可

第 6 位
刀具高度/mm
对矩形柄车刀 $h_1 = h$，用刀杆高度 h 表示；对 $h_1 \neq h$ 的刀夹，用 h_1 表示（不足两位时，均在该数前加“0”）

第 7 位
刀具宽度/mm
对矩形柄车刀，用 b 表示；对未给出宽度的刀夹，用 C 和类型代号表示

第 8 位
刀具长度/mm
A—32，B—40，C—50
D—60，E—70，F—80
G—90，H—100，J—110
K—125，L—140，M—150
N—160，P—170，Q—180
R—200，S—250，T—300
U—350，V—400，W—450
X—待定，Y—500

第 9 位
刀片尺寸/mm
对 H、O、P、S、T 和 C、D、E、M、V、W 型，用刀片的边长表示；
对 L 和 A、B、K 型，用主切削刃长度或较长的切削刃表示；
对 R 型，用直径表示（均忽略小数；不足两位时，均在该数前加“0”）

第 10 位
特殊公差
对于 f_1、f_2 和 l_1 带有 ±0.08 偏差的不同测量基准刀具，基准面代号：
Q—基准外侧面和基准后端面
P—基准内侧面和基准后端面
B—基准内外侧面和基准后端面

7.2.19　可转位车刀有哪些规格？

可转位车刀的类型和规格见表7-33。

表7-33　可转位车刀的类型和规格

车刀类型			规格尺寸（高度×头部高度×宽度×全长）/mm					
车刀名称	刀片类型	刀尖角度/(°)	16×16×16×100	20×20×20×125	25×25×20×150	32×32×25×170	40×40×32×200	50×50×40×250
直头外圆车刀	WN	50		√	√	√	√	
	TN	60		√	√	√	√	
	SN	75		√	√	√	√	
偏头外圆车刀	SN	75		√	√	√	√	
	TN	60		√	√	√	√	
	FN	90		√	√	√	√	√
	SN	75		√	√	√	√	√
	SN	45		√	√	√	√	√
	PN	60		√	√	√	√	√
	TP	90	√	√	√	√		
	TP	60	√	√	√	√		
	SP	45	√	√	√	√		
	TN，WN，RN	90		√	√	√	√	
偏头端面车刀	TN	90		√	√	√	√	
偏头仿形车刀	CN，DN	93			√	√	√	

注：“√”表示有此规格。

7.2.20　可转位车刀的刀片有哪些形状？它如何选用？

常用的可转位车刀的刀片有正三角形、正方形、菱形和圆形等。

刀片的边数多，则刀尖角大，刀削的强度和散热条件好，同时由于切削刃多，也使得刀片的利用率高。但在同样厚度和质量的条件下，刀片边数越多，则切削刃长度越短，因此允许的背吃刀量就越小。

选择刀片形状时要考虑被加工零件的形状、工序性质、刀片利用率等因素。三角形刀片用于90°外圆车刀、90°端面车刀、内孔镗刀。其优点是加工时背向力小，特别适于工艺系统刚性较差的加工；缺点是刀片刀尖角小，刀尖强度较差，散热面积小，故刀具寿命较低。为了增强刀尖强度，可以选择偏8°的三角形刀片。这种刀片刀尖角增大为82°，故不仅可提高刀具寿命，而且还可以减小已加工表面的残留面积，降低残留面积的高度，故有利于改善表面加工质量。

正方形刀片适于主偏角为45°、60°、75°的各种外圆车刀、端面车刀和内孔镗刀。它有较大的刀尖角，通用性较好，故使用普遍。

五边形、六边形、八边形刀片切削刃数较多，刀片利用率较高。它们的刀尖角更大，故可提高刀具寿命和改善已加工表面质量。但往往受到工件形状、工艺系统刚性和背吃刀量的限制，故使用范围不如三角形和正方形刀片广泛。

其他形状的刀片，如圆形、平行四边形和菱形刀片，主要用于仿形车削和数控机床加工。

7.2.21 可转位车刀的刀片有哪些典型的夹固结构?

常用的可转位机夹车刀刀片夹紧结构的类型有以下几种。

（1）上压式（图 7-24a） 这种结构采用夹紧元件从上面将刀片夹紧，夹紧可靠、定位精确，但刀头尺寸较大，夹紧元件可能妨碍切屑的流出。这种结构适用于无孔刀片夹紧和中、重负荷的切削。

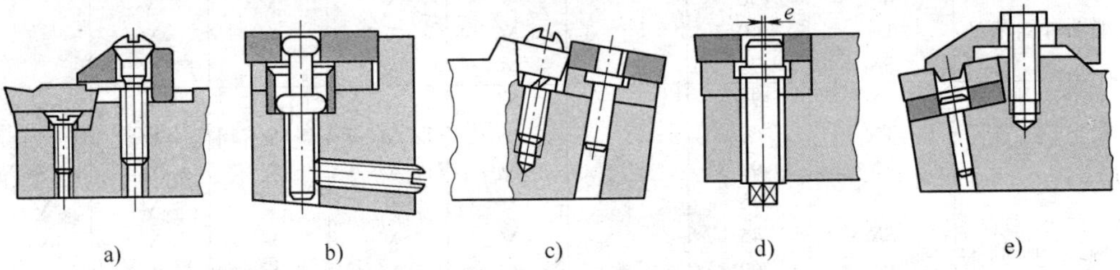

图 7-24 刀杆夹紧结构举例

a）上压式 b）杠杆式 c）楔块式 d）偏心式 e）综合式

（2）杠杆式（图 7-24b） 该结构利用杠杆原理对刀片进行夹固，拧动螺钉推动杠杆绕其支点顺时针转动一个角度，将刀片压向两个定位面并夹紧。其结构简单，装卸方便，定位精确，且排屑顺畅，不会刮伤夹紧元件，故应用较广，适于在中、小型机床上使用。

（3）楔块式（图 7-24c） 该结构利用斜面夹紧原理将刀片夹紧，拧动螺钉带动楔块下压，楔块将刀片向右压向刀片中间孔的大圆柱销上。刀杆结构简单，夹紧可靠，但由于利用孔的一个侧面定位，刀片转位后定位精度不易保证。此外，由于切削热的影响，将产生较大的内应力，可能造成刀片碎裂和圆柱销变形。

（4）偏心式（图 7-24d） 该结构利用轴上端部的偏心将刀片夹紧在刀杆上。由于螺纹能自锁，故夹紧较为可靠。偏心式结构简单，装卸方便，切屑流出顺利，不会刮伤夹紧元件，但往往只能使刀片靠单面夹紧，难以保证两个定位侧面都贴合，定位精度稍差，在冲击和振动下刀片易松动，故通常在中、小型机床上进行连续切削时使用。

（5）综合式（图 7-24e） 为了增强夹紧力，避免刀片因振动而产生位移，可将上述几种夹固结构综合使用。这是一种利用上压及斜楔作用而形成的结构。压板左端的凸起圆台与刀片孔相配合，而压板右端带有斜面，与刀杆相应的斜面配合起斜楔作用。拧紧螺钉时，压板产生双向移动而压紧刀片。其特点是夹紧力大，刀片定位精度高，夹紧力与切削力方向一致，使用可靠。

7.2.22 什么是成形车刀？与普通车刀相比，成形车刀有哪些特点？

成形车刀是加工回转体成形表面的专用工具，它的切削刃形状是根据工件的轮廓设计的。其特点如下：

1）加工精度稳定：成形表面的精度取决于刀具的设计和制造精度，与工人操作熟练程度无关。因此，它可以保证被加工工件表面形状和尺寸精度的一致性和互换性，加工尺寸公差等级可达IT9～IT10，表面粗糙度为$Ra3.2\sim6.3\mu m$。

2）生产率高：它相当于几把具有不同形状切削刃的车刀一起参加切削，同时工作的切削刃长度较长，只要经过一次切削行程就能切出成形表面。

3）刀具使用寿命长：由于允许的重磨次数多，它的使用寿命比普通车刀长得多。

4）刃磨简单：它只需重磨前刀面，而前刀面是一个平面，所以刃磨及重磨都十分简便。

5）刀具的设计和制造较复杂，成本高，主要用在小型零件的大批量生产中。

7.2.23　成形车刀有哪些种类？各有什么特点？

按成形车刀的结构和形状，可以分为以下几类：

（1）平体成形车刀　它的外形呈平条状，和普通车刀的外形相似，但其切削刃是成形的。它用于加工宽度不大而成形表面简单的工件，如螺纹车刀和铲制成形铣刀的铲刀属于这种成形车刀。其缺点是重磨次数少，且刀具刚性较差。

（2）棱体成形车刀　棱柱体的刀头和刀杆分开制作，大大增加了沿前刀面的重磨次数，刀体刚性好，但比圆体成形车刀制造工艺复杂，刃磨次数少，且只能加工外成形表面。

（3）圆体成形车刀　它由棱体成形车刀包在一个圆柱面上而形成。刀体是一个磨出了排屑缺口的前刀面，并且带安装孔的回转体。它允许重磨的次数最多，制造也比棱体成形车刀容易，且可加工零件上的内、外成形表面；但加工误差较大，加工精度不如前两种成形车刀高。

7.2.24　确定车刀切削角度有哪三个辅助平面？

为了确定和测量车刀的切削角度，规定以下三个辅助平面（图7-25）。

（1）基面p_r　通过主切削刃上的任一点，并垂直于该点切削速度方向的平面。车刀的基面都平行于它的底面。

（2）切削平面p_s　通过主切削刃上的任一点，与工件加工表面相切的平面。它与基面p_r是一对相互垂直的坐标平面。

（3）正交平面p_o　通过主切削刃上的一点，并与主切削刃在基面上的投影相垂直的平面。

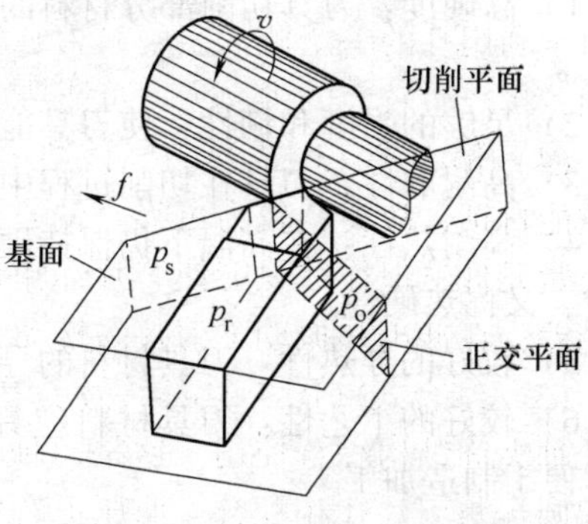

图7-25　车刀上的三个辅助平面

7.2.25　切削用量有哪三个要素？

切削深度、进给量和切削速度是切削用量的三个要素。

1）背吃刀量 a_p（mm）：是工件已加工表面和待加工表面之间的垂直距离。

2）进给量 f（mm/r）：工件（或刀具）每转一转，刀具（或工件）沿进给方向移动的距离。

3）切削速度 v_c（m/min）：在进行切削加工时，刀具切削刃上的某一点相对于待加工表面在主运动方向上的瞬时速度。

7.2.26 如何选择切削用量？

由于切削速度 v_c、背吃刀量 a_p、进给量 f 对切削温度和刀具寿命的影响大小不同，选择切削用量的顺序依次是背吃刀量、进给量和切削速度（均尽量选最大值）。

（1）背吃刀量的选择　粗加工时，在机床的功率、刚性和刀具强度允许的情况下，一般是把精加工余量留出来，剩下的加工余量一次切完。如果加工余量太大，也可以分几次切去，但第一次走刀应尽量将 a_p 取得大些。精加工时，背吃刀量要根据加工精度和表面粗糙度的要求来确定。

（2）进给量的选择　当 a_p 确定以后，增大进给量会使切削力和表面粗糙度值增大。因此，粗加工时，进给量主要受机床和刀具的强度、刚性限制。精加工时，进给量主要受表面粗糙度的限制。各种切削加工的进给量都可以根据进给量表选择确定。

（3）切削速度的选择　粗加工时，由于 a_p 和 f 较大，切削力较大，切削速度受刀具寿命和机床功率的限制；精加工时，切削速度受工件尺寸精度、表面粗糙度和刀具寿命的限制。切削速度可以通过计算或根据经验加以确定，也可以查表确定。

7.2.27 刀具切削部分的材料应具备哪些基本要求？

在切削过程中，刀具切削部分受切削力、切削热和摩擦的作用，有时还会遇到冲击和振动。因此，对刀具切削部分的材料有如下要求：

1）高硬度：刀具切削部分材料的硬度应大于工件材料的硬度，一般要求在60HRC以上。

2）足够的强度和韧性：使刀具能承受压力、冲击和振动。

3）高耐磨性：刀具在切削过程中经受强烈的摩擦，因此必须有良好的耐磨性。

4）高耐热性：在高温下仍保持硬度、强度、韧性和耐磨性基本不变的性能称为耐热性，又称热硬性。

5）较好的导热性：刀具材料的导热性越好，切削温度越低，可以提高刀具寿命。

6）较好的工艺性：刀具材料应具备良好的热处理性能、可加工性能、焊接性能等，便于制造加工。

7.3 铰刀

7.3.1 铰刀的种类有哪些？

1）按使用方法分为手用铰刀和机用铰刀。

2）按加工孔的形状分为圆柱形铰刀、圆锥形铰刀和圆锥阶梯形铰刀。

3）按构成形式分整体式铰刀（多用于中小直径孔）和组合式铰刀（多用于较大直径孔）。

4）按直径的调整方法分可调节式铰刀和不可调节式铰刀。

5）按刀具材料分为碳素工具钢铰刀、高速钢铰刀、合金钢铰刀和硬质合金铰刀。

6）按铰削刃分为有刃铰刀和无刃铰刀。

7）按铰刀的齿形分为直齿铰刀和螺旋齿铰刀。

7.3.2　手用铰刀的特点及其适用范围是什么？

1. 手用铰刀（图7-26）**的特点**

1）只有一段倒锥校准部分，而没有圆柱校准部分。

2）切削部分一般较长。

3）顶角小，一般为30′~1°30′，这样定心作用好，进给力小，工作省力。

4）齿数在圆周上分布不均匀。

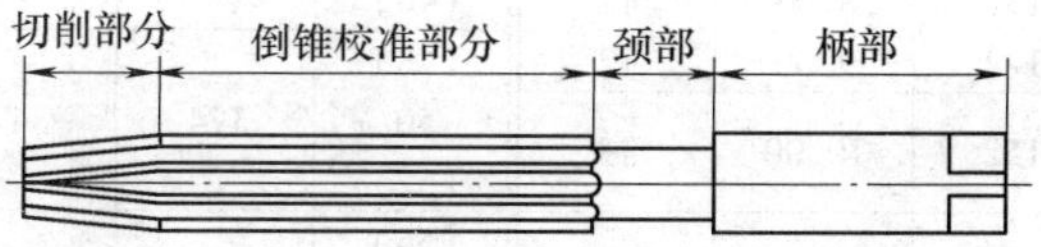

图7-26　手用铰刀

2. 手用铰刀的适用范围

1）铰孔的直径较小，尺寸公差等级和表面质量要求不高。

2）工件材料硬度不高，批量很少。

3）工件较大，受设备条件限制，不能在机床上进行铰孔。

7.3.3　米制手用铰刀有哪些规格？

手用铰刀用于手工提高已加工（钻、扩）孔的精度和减小表面粗糙度值，有固定型和可调节型（又分普通型和带导向套型）两种。米制手用铰刀的推荐规格见表7-34。

表7-34　米制手用铰刀的推荐规格　（单位：mm）

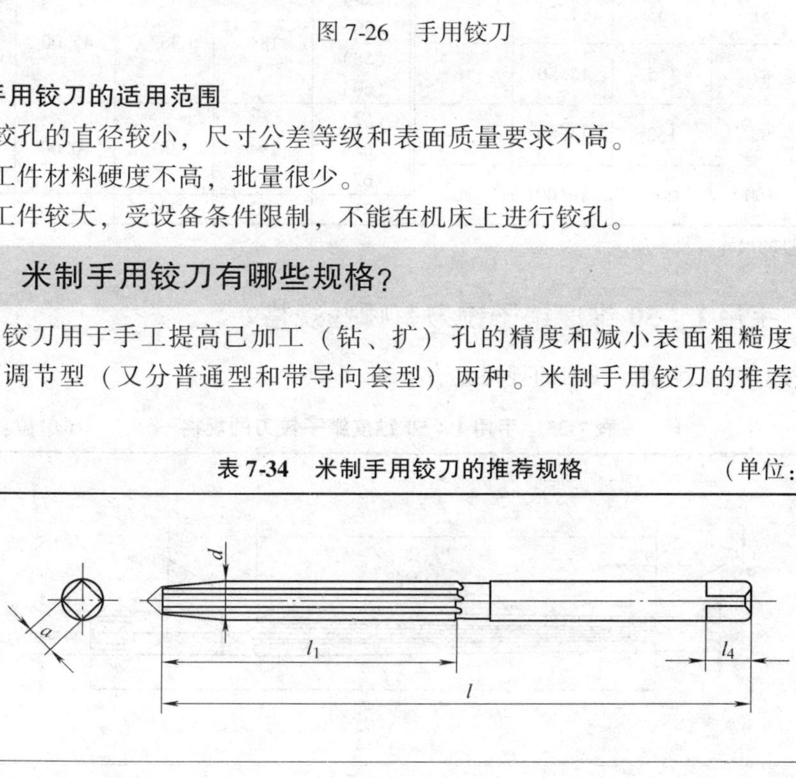

（续）

<table>
<tr><th>d</th><th>l_1</th><th>l</th><th>a</th><th>l_4</th></tr>
<tr><td>(1.5)</td><td>20</td><td>41</td><td>1.12</td><td rowspan="6">4</td></tr>
<tr><td>1.6</td><td>21</td><td>44</td><td>1.25</td></tr>
<tr><td>1.8</td><td>23</td><td>47</td><td>1.40</td></tr>
<tr><td>2.0</td><td>25</td><td>50</td><td>1.60</td></tr>
<tr><td>2.2</td><td>27</td><td>54</td><td>1.80</td></tr>
<tr><td>2.5</td><td>29</td><td>58</td><td>2.00</td></tr>
<tr><td>2.8</td><td rowspan="2">31</td><td rowspan="2">62</td><td rowspan="2">2.24</td><td rowspan="3">5</td></tr>
<tr><td>3.0</td></tr>
<tr><td>3.5</td><td>35</td><td>71</td><td>2.80</td></tr>
<tr><td>4.0</td><td>38</td><td>76</td><td>3.15</td><td rowspan="2">6</td></tr>
<tr><td>4.5</td><td>41</td><td>81</td><td>3.55</td></tr>
<tr><td>5.0</td><td>44</td><td>87</td><td>4.00</td><td rowspan="3">7</td></tr>
<tr><td>5.5</td><td rowspan="2">47</td><td rowspan="2">93</td><td rowspan="2">4.50</td></tr>
<tr><td>6.0</td></tr>
<tr><td>7.0</td><td>54</td><td>107</td><td>5.60</td><td>8</td></tr>
<tr><td>8.0</td><td>58</td><td>115</td><td>6.30</td><td>9</td></tr>
<tr><td>9.0</td><td>62</td><td>124</td><td>7.10</td><td>10</td></tr>
<tr><td>10.0</td><td>66</td><td>133</td><td>8.00</td><td>11</td></tr>
<tr><td>11.0</td><td>71</td><td>142</td><td>9.00</td><td>12</td></tr>
<tr><td>12.0
(13.0)</td><td>76</td><td>152</td><td>10.00</td><td>13</td></tr>
<tr><td>14.0
(15.0)</td><td>81</td><td>163</td><td>11.20</td><td>14</td></tr>
<tr><td>16.0
(17.0)</td><td>87</td><td>175</td><td>12.50</td><td>16</td></tr>
<tr><td>18.0
(19.0)</td><td>93</td><td>188</td><td>14.00</td><td>18</td></tr>
<tr><td>20.0
(21.0)</td><td>100</td><td>201</td><td>16.00</td><td>20</td></tr>
</table>

<table>
<tr><th>d</th><th>l_1</th><th>l</th><th>a</th><th>l_4</th></tr>
<tr><td>22
(23)</td><td>107</td><td>215</td><td>18.00</td><td>22</td></tr>
<tr><td>(24)
25
(26)</td><td>115</td><td>231</td><td>20.00</td><td>24</td></tr>
<tr><td>(27)
28
(30)</td><td>124</td><td>247</td><td>22.40</td><td>26</td></tr>
<tr><td>32</td><td>133</td><td>265</td><td>25.00</td><td>28</td></tr>
<tr><td>(34)
(35)
36</td><td>142</td><td>284</td><td>28.00</td><td>31</td></tr>
<tr><td>(38)
40
(42)</td><td>152</td><td>305</td><td>31.5</td><td>34</td></tr>
<tr><td>(44)
45
(46)</td><td>163</td><td>326</td><td>35.50</td><td>38</td></tr>
<tr><td>(48)
50
(52)</td><td>174</td><td>347</td><td>40.00</td><td>42</td></tr>
<tr><td>(55)
56
(58)
(60)</td><td>184</td><td>367</td><td>45.00</td><td>46</td></tr>
<tr><td>(62)
63
67</td><td>194</td><td>387</td><td>50.00</td><td>51</td></tr>
<tr><td>71</td><td>203</td><td>406</td><td>56.00</td><td>56</td></tr>
</table>

注：括号的尺寸尽量不用。

7.3.4　手用 1∶50 锥度销子铰刀有哪些规格?

手用 1∶50 锥度销子铰刀的规格见表 7-35。

表 7-35　手用 1∶50 锥度销子铰刀的规格　　（单位：mm）

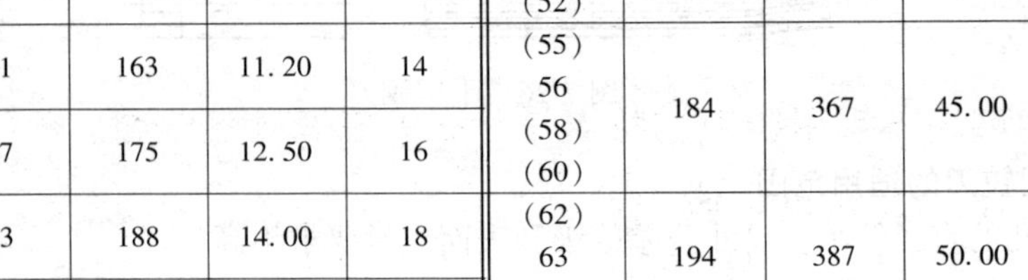

（续）

d h8	Y	d_1		d_2	l		d_3 h11	L	
		短刃型	普通型		短刃型	普通型		短刃型	普通型
0.6		0.70	0.90	0.6	10	20	3.15	35	38
0.8	5	0.94	1.18	0.7	12	24	3.15	35	42
1.0		1.22	1.46	0.9	16	28	3.15	40	46
1.2		1.50	1.74	1.1	20	32	3.15	45	50
1.5		1.90	2.14	1.4	25	37	3.15	50	57
2.0	5	2.54	2.86	1.9	32	48	3.15	60	68
2.5		3.12	3.36	2.4	36	48	3.15	65	68
3.0		3.70	4.06	2.9	40	58	4.0	65	80
4.0		4.90	5.26	3.9	50	68	5.0	75	93
5.0		6.10	6.36	4.9	60	73	6.3	85	100
6.0	5	7.30	8.00	5.9	70	105	8.0	95	135
8.0		9.80	10.80	7.9	95	145	10.0	125	180
10.0		12.30	13.40	9.9	120	175	12.5	155	215
12.0		14.60	16.00	11.8	140	210	14.0	180	255
16.0	10	19.00	20.40	15.8	160	230	18.0	200	280
20.0		23.40	24.80	19.8	180	250	22.4	225	310
25.0		28.50	30.70	24.7	190	300	28.0	245	370
30.0	15	33.50	36.10	29.7	190	320	31.5	250	400
40.0		44.00	46.50	39.7	215	340	40.0	285	430
50.0		54.10	56.90	49.7	220	360	50.0	300	460

7.3.5　可调节手用铰刀的特点是什么？它有哪些规格？

可调节手用铰刀有以下几个特点：

1）刀片可拆下更换，修磨方便。

2）铰刀尺寸可在一定尺寸范围内调节，适用于修配式生产中铰削非标准的通孔。

普通型和带导向套型可调节手用铰刀的规格分别见表 7-36 和表 7-37。

表 7-36　普通型可调节手用铰刀的规格　（单位：mm）

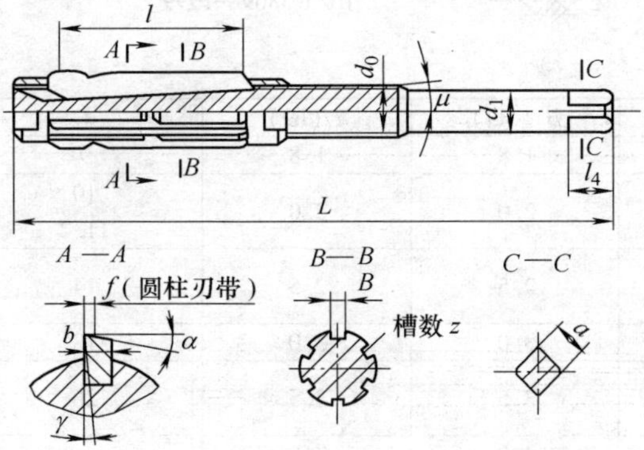

标记示例：

直径调节范围为 15.25 ~ 17mm 的普通型可调节手用铰刀的标记：

可调节手用铰刀　15.25 ~ 17　JB/T 3869—1999。

（续）

铰刀直径调节范围	L	B（H9）	B（h9）
≥6.5～7.0	85	1.0	1.0
>7.0～7.75	90		
>7.75～8.5	100	1.15	1.15
>8.5～9.25	105		
>9.25～10	115	1.3	1.3
>10～10.75	125		
>10.75～11.75	130		
>11.75～12.75	135	1.6	1.6
>12.75～13.75	145		
>13.75～15.25	150		
>15.25～17	165	1.8	1.8
>17～19	170	2.0	2.0
>19～21	180		
>21～23	195		
>23～26	215	2.5	2.5
>26～29.5	240		
>29.5～33.5	270	3.0	3.0
>33.5～38	310	3.5	3.5
>38～44	350	4.0	4.0
>44～54	400	4.5	4.5
>54～63	460	4.5	4.5
>63～84	510	5.0	5.0
>84～100	570	6.0	6.0

表 7-37　带导向套可调节手用铰刀的规格　　（单位：mm）

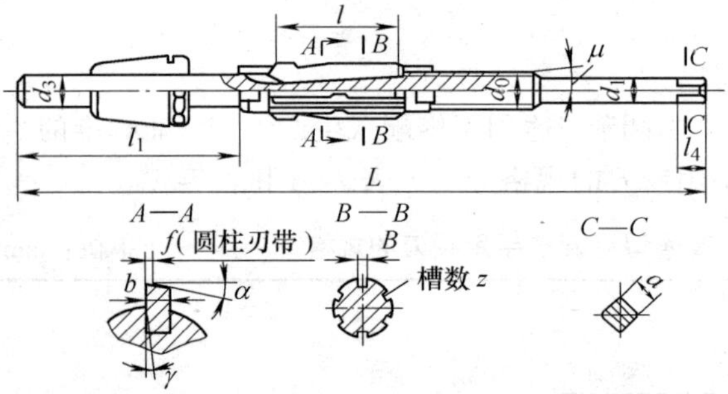

标记示例：

直径调节范围为 19～21mm 的带导向套型可调节手用铰刀的标记：

可调节手用铰刀 19～21DX JB/T 3869—1999。

铰刀直径调节范围	L	B（H9）	b（h9）	d_1
>15.25～17	245	1.8	1.8	9
>17～19	260	2.0	2.0	10
>19～21	300			11.2
>21～23	340	2.5	2.5	14
>23～26	370			
>26～29.5	400	3.0	3.0	18
>29.5～33.5	420	3.5	3.5	20
>33.5～38	440			
>38～44	490	4.0	4.0	25
>44～54	540	4.5	4.5	
>54～68	550			

7.3.6　普通整体式机用铰刀的特点及其适用范围是什么?

1. 普通整体式机用铰刀的特点

1）工作部分最前端倒角较大，一般为45°，目的是容易放入孔中，保护切削刃。

2）切削刃紧接倒角。

3）分圆柱校准和倒锥校准两段。

4）切削部分一般较短。

2. 普通整体式机用铰刀的适用范围

1）铰孔的直径较大。

2）要铰的孔同基准面或其他孔的垂直度、平行度或角度等技术条件要求较高。

3）铰孔的批量较大。

4）工件材料硬度较高。

7.3.7　机用铰刀校准部分的作用是什么?

机用铰刀校准部分在加工过程中起引导、防振、修光和校准孔的作用。此外，它也是重磨切削刃的后备部分。校准部分的长度按铰刀直径取：当铰刀直径小于50mm时，取铰刀直径的20%～30%；当铰刀直径为50～500mm时，取6～20mm。

7.3.8　硬质合金铰刀及硬质合金无刃铰刀的适用范围是什么?

硬质合金铰刀应用于以下场合：

1）工件材质过硬或经调质后较硬的工件。

2）工件材质可加工性很差。

3）铰孔批量极大的铸铁件或钢件。

硬质合金无刃铰刀应用于精铰孔和铰小孔。

7.3.9　常用的锥铰刀有几种?

锥铰刀是用来铰削圆锥孔的，常用的锥铰刀有以下4种：

(1) 1∶10锥铰刀　用来铰联轴器上与销配合的锥孔。

(2) 1∶30锥铰刀　用来铰削套式刀具上的锥孔。

(3) 1∶50锥铰刀　用来铰削定位销孔。

(4) 莫氏锥铰刀　用来铰削0号～6号莫氏锥孔。

7.3.10　三重刃改进型铰刀有哪些特点?

三重刃改进型铰刀（图7-27）有以下几个特点：

1）在切削部分磨出三个主偏角，这样就形成了一把扩孔、粗铰、精铰的组合铰刀。

2）切削刃连接圆滑，外圆处的尖角加大，改善了散热条件。切削时，相对于一个主偏角的铰刀来说，切削层变薄了，减少了切削刃单位长度上的负荷，减轻了切削刃及其和校准部分刃带连接处的磨损，从而提高了铰刀的使用寿命。

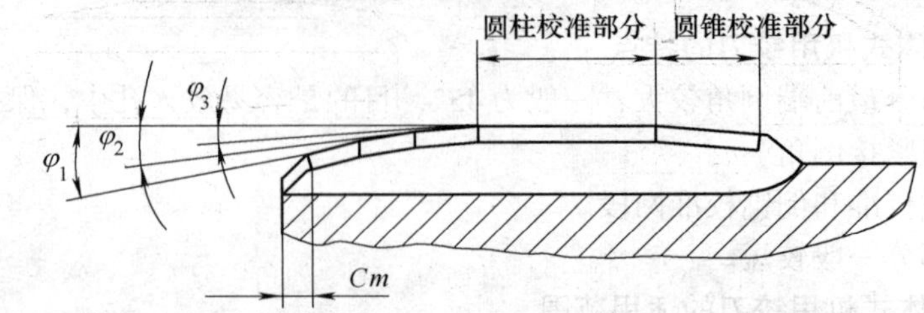

图 7-27　三重刃改进型铰刀

3）三个切削刃同时投入切削，起到了相互制约的作用，减小了振动，使切削平稳，提高了铰孔的质量。

7.3.11　阶梯式改进型铰刀有哪些特点？

阶梯式改进型铰刀（图 7-28）有以下几个特点：

1）铰刀靠几个不同直径的台阶同时进行切削，分别起到扩孔、粗铰和精铰的作用。对预加工要求不高，铰削加工余量可以加大，钻孔后即可铰孔，缩短了工艺流程。

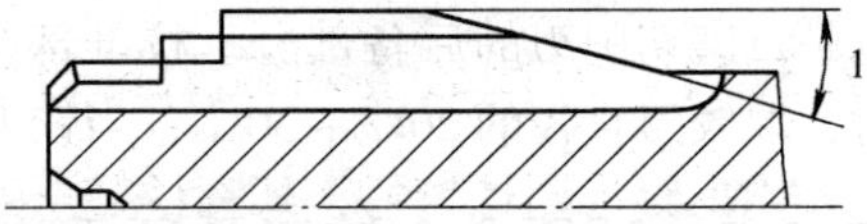

图 7-28　阶梯式改进型铰刀

2）每个台阶高度很小，切下的切屑厚而窄，同时因为减小了齿数，故切屑排出容易，冷却条件也好。

3）铰刀的圆柱台阶多，在切削过程中具有良好的导向性，工作平稳。同时因背向力较小不容易引起振动，所以对孔径的扩张影响不大。

4）制造方便，容易保证较高的加工精度。几个不同直径一次磨出，保证铰刀各部分的同轴度要求，使各切削刃能够均匀地投入切削。

5）使用寿命长。其使用寿命比标准铰刀高 2 ~ 3 倍，并可进行多次刃磨。

7.3.12　硬质合金无刃铰刀有哪些特点？

硬质合金无刃铰刀有以下几个特点：

1）这种铰刀对内孔表面的加工，主要依靠挤压作用，因而提高了孔壁表面的硬度，铰孔质量比较高。

2）使用寿命长，其使用寿命为高速钢铰刀的 8 ~ 10 倍。

3）使用时操作方便，容易掌握。

4）因为铰削加工余量较小，所以对预加工要求高，需经扩孔和粗铰，增加了工序。

7.3.13　圆弧切削刃铰刀和小主偏角铰刀有哪些特点？

圆弧切削刃铰刀和小主偏角铰刀（图 7-29）有以下几个共同的特点：

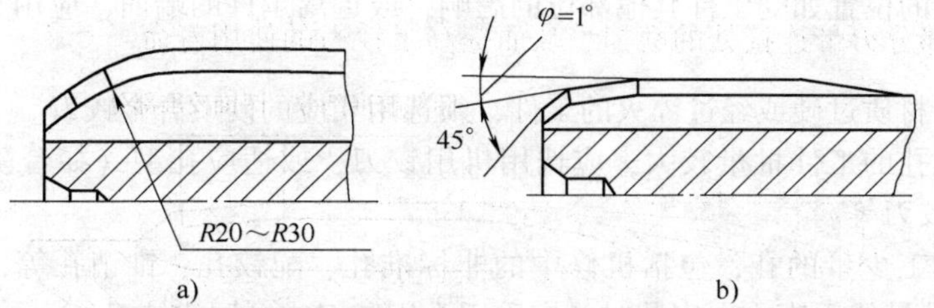

图7-29 圆弧切削刃铰刀及小主偏角铰刀

a）圆弧切削刃铰刀 b）小主偏角铰刀

1）由于切削刃是圆弧形，主偏角又很小，因此使切削刃加长了。在铰削时，增大了被切削层的宽度，减小了切屑厚度，切削刃单位长度上所承受的负荷减小，因此切削平稳，能获得较小的表面粗糙度值。

2）切削刃与校准部分的连接比较圆滑，其夹角较大，使之不易磨损。因此，改善了散热条件，提高了铰刀的使用寿命，尤其是小主偏角铰刀，它比标准铰刀的寿命提高了5倍以上。

7.3.14 为什么要对铰刀进行研磨？如何研磨？

新的标准圆柱铰刀，其直径上一般均留有0.005～0.02mm的研磨量，刃带的表面粗糙度值也较大，只适用于铰IT4以下公差等级的孔，若用来铰削IT3以上公差等级的孔时，则须先将铰刀直径研磨到与工件相符合的公差等级。

研磨铰刀时，若使用可调研具，应先将研套孔径调到大于铰刀的外径，接着在铰刀表面涂上研磨剂，塞入研套孔内。再调整铰刀与研套的研磨间隙，使研套能在铰刀上自由滑动和转动。然后把铰刀装在机床上，开反车，使铰刀沿与铰削相反的方向旋转，同时用手捏住研套，沿铰刀轴线方向往复移动和缓慢做正向转动（图7-30）。机床的速度以40～60r/min为宜，若铰刀直径较大，则机床转速相应较低。在研磨过程中要随时停车把沟槽内的研垢揩干净，并重新涂上研磨剂进行研磨，以免脏物影响研磨效果。

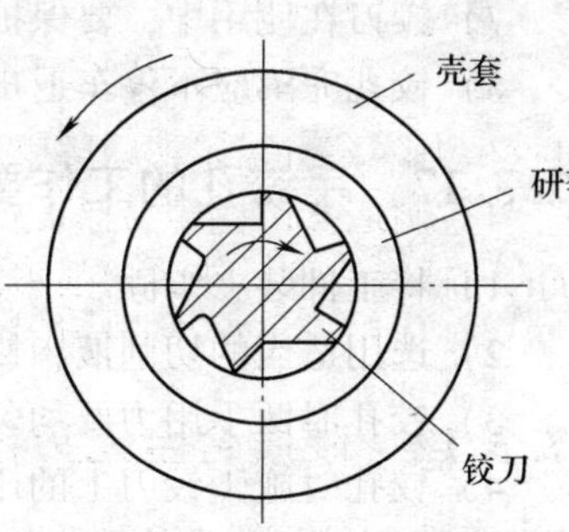

图7-30 铰刀的研磨

研磨时要随时注意检验。等圆周齿距分布的铰刀可用千分尺或杠杆千分尺直接进行测量；对不等圆周齿距分布的铰刀，则须间接进行测量。

7.3.15 怎样根据加工对象选择铰刀？

1）铰削锥孔时，应按孔的锥度选择相应的锥铰刀。标准锥铰刀有1∶50锥度销子铰刀和莫氏锥度铰刀两种类型，每一种类型里面又有手用铰刀和机用铰刀两种。

2）铰削带槽的孔，应选择螺旋齿铰刀，以免使刀齿卡在槽内。

3）铰孔的位置如受工件其他部位的影响，或远离工件的端面，应用长铰刀或接长套筒。

4）工件材质过硬或经过淬火的工件，须选用相应的硬质合金铰刀。

5）若铰孔的工件批量较大，应选用机用铰刀，或适应孔型（如台阶孔）的特殊铰刀、组合铰刀等。

6）若加工少量的孔，包括机修中的非标准孔、配铰孔、锥销孔等，工件形状复杂，不宜在孔轴线垂直方向安装时，应采用手用铰刀或可调式铰刀。

7.3.16 机铰孔的工作要点有哪些？

1）选用的钻床主轴锥孔中心线的径向圆跳动、主轴中心线对工作台平面的垂直度均不得超差。

2）装夹工件时，应保证欲铰孔的中心线垂直于钻床工作台平面，其误差在100mm长度内不大于0.002mm。铰刀中心与工件预钻孔中心重合，误差不大于0.02mm。

3）开始铰削时，为了引导铰刀进给，可采用手动进给。当铰进2~3mm时，使用机动进给，以获得均匀的进给量。

4）采用浮动夹头夹持铰刀时，在未吃刀前，最好用手扶正铰刀慢慢引导铰刀接近孔边缘，以防止铰刀与工件发生撞击。

5）在铰削过程中，特别是铰不通孔时，可分几次不停车退出铰刀，以清除铰刀上的粘屑和孔内切屑，防止切屑刮伤孔壁，同时也便于输入切削液。

6）在铰削过程中，输入切削液要充分，其成分应根据工件的材料进行选择。

7）铰刀在使用中，要保护两端的中心孔，以备刃磨时使用。

8）铰孔完毕应不停车退出铰刀，否则会在孔壁上留下刀痕。

7.3.17 手铰孔的工作要点有哪些？

1）将工件装夹牢固。

2）选用适当的切削液，铰孔前先涂一些在孔内表面及铰刀上。

3）铰孔时两手用力要均匀，只准顺时针方向转动。

4）铰孔时施于铰刀上的压力不能太大，要使进给量适当、均匀。

5）铰完孔后，仍按顺时针方向退出铰刀。

6）铰圆锥孔时，对于锥度小、直径小而且较浅的圆锥孔，可先按锥孔小端直径钻孔，然后用锥铰刀铰削；对于锥度大、直径大而且较深的孔应先钻出阶梯孔，再用锥铰刀铰削。

7.4 铣刀

7.4.1 什么是铣刀？它有哪些种类？

铣刀从结构实质上可看成是分布在圆柱体、圆锥体或特形回转体的外缘或端面上的切削刃或镶装上刀齿的多齿刀具。每一个刀齿相当于一把车刀，其切削加工特点与车削加工基本相同。铣刀按其用途大体上可分为加工平面用铣刀、加工沟槽用铣刀和加工成形面用铣刀三类；按其刀齿齿背形式分为尖齿铣刀和铲齿铣刀。

7.4.2　什么是圆柱形铣刀？它有哪些特点和规格？

圆柱形铣刀用于在卧式铣床上加工平面。刀齿分布在铣刀的圆周上，按齿形分为直齿和螺旋齿两种，按齿数分粗齿和细齿两种。螺旋齿粗齿铣刀齿数少，刀齿强度高，容屑空间大，适用于粗加工；细齿铣刀适用于精加工。

圆柱形铣刀主要用高速钢制造，常制成整体式（图7-31a），也可以镶焊螺旋形的硬质合金刀片，即镶齿式（图7-31b）。

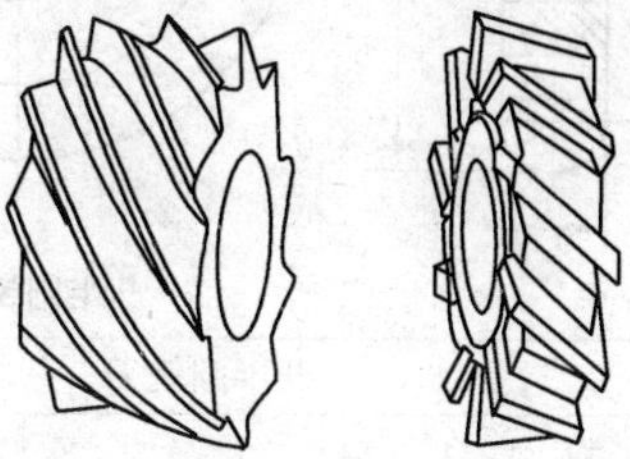

a)　　b)

图7-31　圆柱形铣刀
a）整体式　b）镶齿式

螺旋形切削刃分布在圆柱表面上，没有副切削刃。螺旋形的刀齿切削时是逐渐切入和脱离工件的，所以切削过程较平稳，一般适宜于加工宽度小于铣刀长度的狭长平面。GB/T 1115.1—2002 规定圆柱形铣刀直径为50mm、63mm、80mm和100mm四种规格。圆柱形铣刀的规格见表7-38。

表7-38　圆柱形铣刀的规格　（单位：mm）

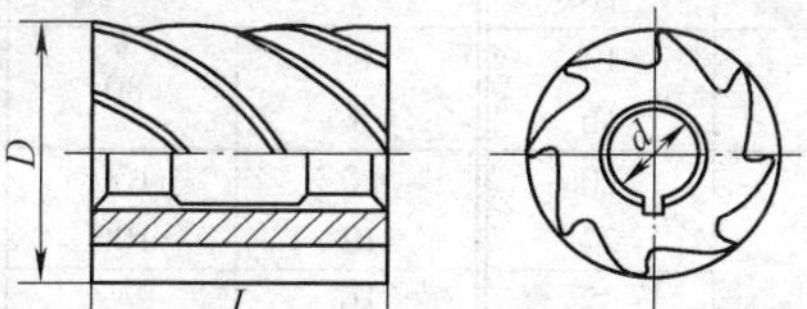

D js16	d H7	L js6 40	50	63	70	80	100	125
50	22	√		√		√		
63	27		√		√			
80	32			√			√	
100	40				√			√

注："√"表示有此规格。

7.4.3　什么是半圆铣刀？它有哪些规格？

半圆铣刀有凹半圆铣刀和凸半圆铣刀两种。它们分别适用于加工凹半圆或凸半圆的工件外表面，其的规格见表7-39。

表 7-39　半圆铣刀的规格　　（单位：mm）

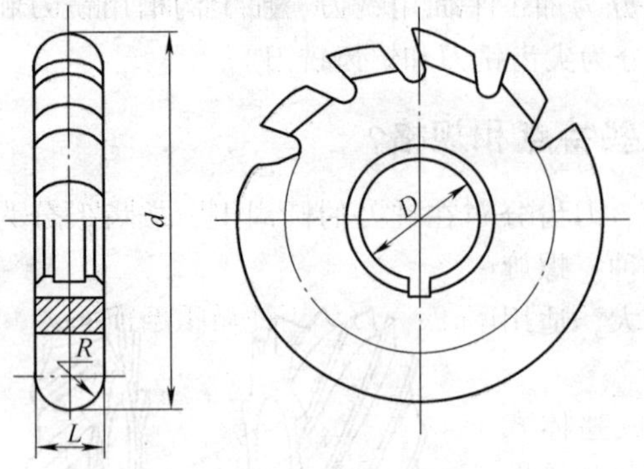

凸半圆铣刀

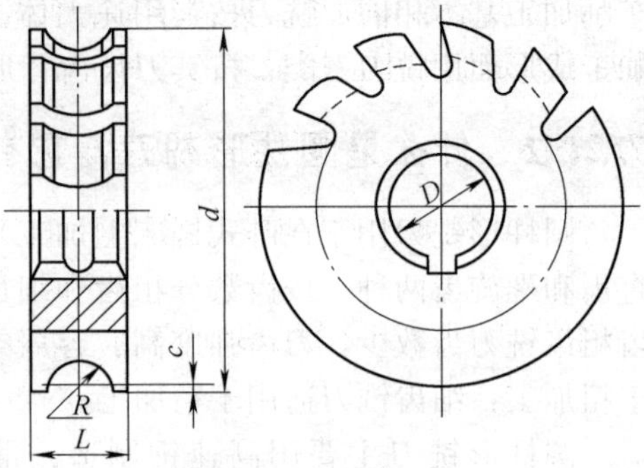

凹半圆铣刀

凸半圆铣刀				凹半圆铣刀				
半圆半径 R k11	外径 d jsl6	内孔 D H7	厚度 L $^{+0.30}_{0}$	半圆半径 R N11	外径 d jsl6	内孔 D H7	厚度 L js16	尺寸 C
1	50	16	2	1	50	16	6	0.2
1.25			2.5	1.25				
1.6			3.2	1.6			8	0.25
2			4	2			9	0.25
2.5	63	22	5	2.5	63	22	10	0.3
3			6	3			12	0.3
4			8	4			16	0.4
5			10	5			20	0.5
6	80	27	12	6	80	27	24	0.6
8			16	8			32	0.8
10	100	32	20	10	100	32	36	1.0
12			24	12	100		40	1.2
16	125		32	16	125		50	1.6
20			40	20			60	2.0

7.4.4　什么是面铣刀？它有哪些特点和规格？

面铣刀用于在立式铣床上加工平面，铣刀的轴线垂直于被加工表面。面铣刀的主切削刃位于圆柱或圆锥表面上，副切削刃位于圆柱或圆锥的端面上。用面铣刀加工平面时，由于同时参加切削的齿数较多，又有副切削刃的修光作用，因此已加工表面的表面粗糙度值小。小直径的面铣刀一般用高速钢制成整体式（图 7-32a），大直径的面铣刀是在刀体上焊接硬质合金刀片制成焊接式（图 7-32b）。

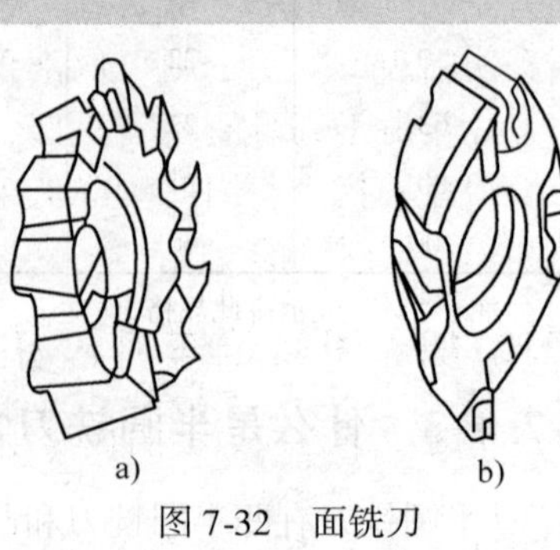

a)　　b)

图 7-32　面铣刀

a）整体式　b）焊接式

面铣刀分 A、B、C 三种类型：A 型面铣刀，端键传动，内六角沉头螺钉紧固，规格有 50mm、63mm、80mm 和 100mm 四种；B 型面铣刀，端键传动，铣刀夹紧螺钉紧固，规格有 80mm、100mm 和 125mm 三种；C 型面铣刀，安装在带有 7∶24 锥柄的定心刀杆上，规格有 160mm、200mm、250mm、315mm、400mm 和 500mm 六种。

7.4.5　什么是三面刃铣刀？它有哪些特点和规格？

三面刃铣刀在刀体的圆周上及两侧环形端面上均有刀齿，所以称为三面刃铣刀。圆周切削刃为主切削刃，侧面切削刃为副切削刃，用于铣削工件上的定宽端面、凹槽和台阶面。三面刃铣刀分为直齿三面刃铣刀和错齿三面刃铣刀，前者用于加工较浅的沟槽，后者用于加工较深的沟槽。三面刃铣刀的规格见表 7-40。

表 7-40　三面刃铣刀的规格　（单位：mm）

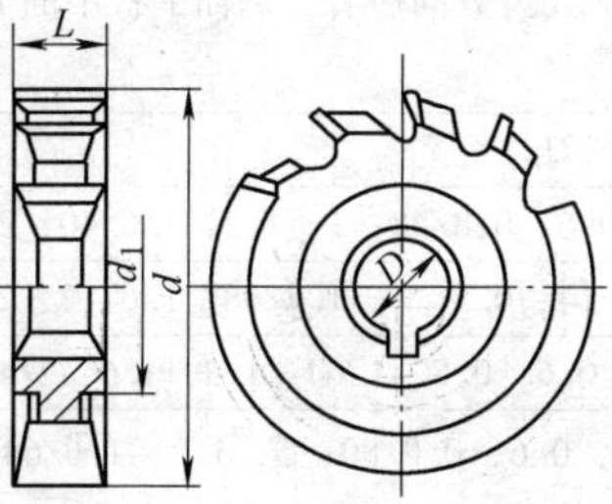

直齿三面刃铣刀

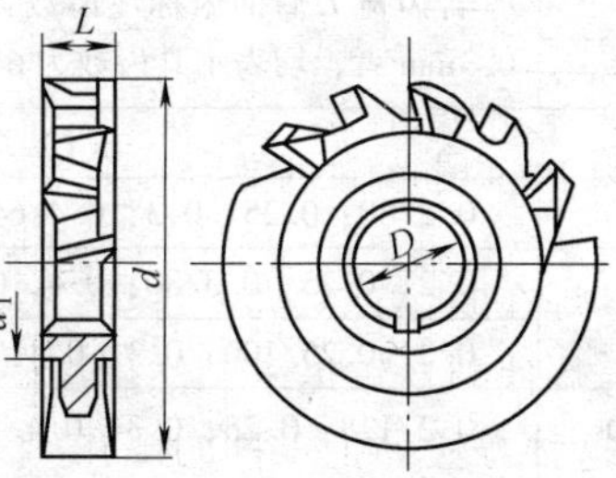

错齿三面刃铣刀

d	D	d_1	L k11															
js16	H7	min	4	5	6	8	10	12	14	16	18	20	22	25	28	32	36	40
50	16	27	√	√	√	√	√	—	—	—	—	—	—	—	—	—	—	—
63	22	34	√	√	√	√	√	√	√	√								
80	27	41	—	√	√	√	√	√	√	√	√	√						
100	32	47		—	√	√	√	√	√	√	√	√	√	√				
125					—	√	√	√	√	√	√	√	√	√	√			
160	40	55				—	√	√	√	√	√	√	√	√	√	√		
200							—	√	√	√	√	√	√	√	√	√	√	√

注：“√”表示有此规格。

7.4.6　什么是锯片铣刀？它有哪些特点和规格？

锯片铣刀用于切削狭槽或切断金属材料，与切断车刀类似，对刀具几何参数的合理性要求较高。为了避免夹刀，其厚度由边缘向中心减薄使两侧形成副偏角。

锯片铣刀有高速钢型和整体硬质合金型，前者又分粗齿、中齿和细齿，粗齿者一般用来加工铝及铝合金等软金属材料，细齿者一般用来加工钢及铸铁等硬金属材料，中齿者则介于其间。高速钢锯片铣刀的规格见表 7-41。

表 7-41　高速钢锯片铣刀的规格

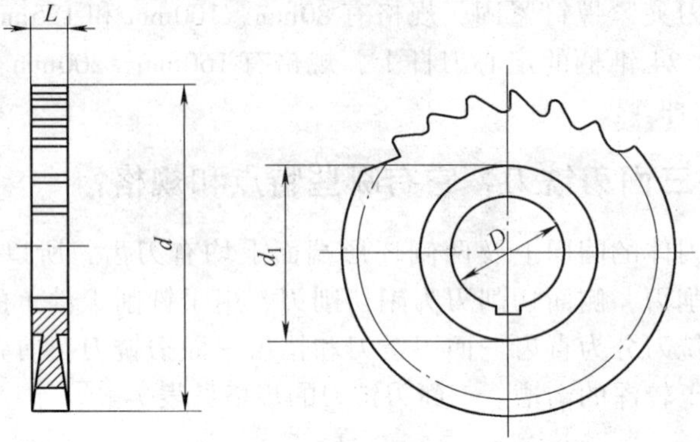

d js16	D H7	L js11（mm）/齿数 若齿宽 L 后面未标注齿数者，则表示其齿数同后者，例如下行中的 L = 0.25mm 和 0.3mm 者，均表示其齿数为 64
mm		
（1）细齿锯片铣刀		
20	5	0.2/80；0.25，0.3，0.4/64；0.5，0.6，0.8/48；1，1.2，1.6/40；2/32
25	8	0.2，0.25，0.3/80；0.4，0.5，0.6/64；0.8，1，1.2/48；1.6，2，2.5/40
32		0.2，0.25/100；0.3，0.4，0.5/80；0.6，0.8，1/64；1.2，1.6，2/48；2.5，3/40
40	10 (13)	0.2/128；0.25，0.3，0.4/100；0.5，0.6，0.8/80；1，1.2，1.6/64；2，2.5，3/48；4/40
50	13	0.25，0.3/128；0.4，0.5，0.6/100；0.8，1，1.2/80；1.6，2，2.5/64；3，4，5/48
63	16	0.3，0.4，0.5/128；0.6，0.8，1/100；1.2，1.6，2/80；2.5，3，4/60；5，6/48
80	22	0.5，0.6，0.8/128；1，1.2，1.6/100；2，2.5，3/80；4，5，6/64
100	22 (27)	0.6/160；0.8，1，1.2/128；1.6，2，2.5/100；3，4，5/80；6/64
125		0.8，1/160；1.2，1.6，2/128；2.5，3，4/100；5，6/80
160	32	1.2，1.6/160；2，2.5，3/128；4，5，6/100
200		1.6，2，2.5/60；3，4，5/138；6/100
250		2/200；2.5，3，4/160；5，6/128
315	40	2.5，3/200；4，5，6/160
（2）中齿锯片铣刀		
32	8	0.3，0.4，0.5/40；0.6，0.8，1/32；1.2，1.6，2/21；2.5，3/20
40	10 (13)	0.3，0.4/48；0.5，0.6，0.8/40；1，1.2，1.6/32；2，2.5，3/24；4/20
50	13	0.3/64；0.4，0.5，0.6/48；0.8，1，1.2/40；1.6，2，2.5/32；3，4，5/24
63	16	0.3，0.4，0.5/64；0.6，0.8，1/48；1.2，1.6，2/40；2.5，3，4/32；5，6/24
80	22	0.6，0.8/64；1，1.2，1.6/48；2，2.5，3/40；4.5.6/32
100	22 (27)	0.8，1，1.2/64；1.6，2，2.5/48；3，4，5/40；6/32
125		1/80；1.2，1.6，2/64；2.5，3，4/48；5，6/40

（续）

d js16	D H7	L js11(mm)/齿数 若齿宽 L 后面未标注齿数者，则表示其齿数同后者，例如下行中的 L = 0.25mm 和 0.3mm 者，均表示其齿数为 64
mm		
160	32	1.2，1.6/80；2，2.5，3/64；4，5，6/48
200		1.6，2，2.5/80；3，4，5/64；6/48
250		2/100；2.5，3，4/80；5，6/64
315	40	2.5，3/100；4，5，6/80
（3）粗齿锯片铣刀		
50	13	0.8，1，1.2/24；1.6，2，2.5/20；3，4，5/16
63	16	0.8，1/32；1.2，1.6，2/24；2.5，3，4/20；5，6/16
80	22	0.8/40；1，1.2，1.6/32；2，2.5，3/24；4，5，6/20
100	22	0.8，1，1.2/40；1.6，2，2.5/32；3，4，5/24；6/20
125	(27)	1/48；1.2，1.6，2/40；2.5，3，4/32；5，6/24
160	23	1.2，1.6/48；2，2.5，3/40；4，5，6/32
200	32	1.6，2，2.5/48；3，4，5/40；6/32
250		2/64；2.5，3，4/48；5，6/40
315	40	2.5，3/64；4，5，6/48

注：括号内的尺寸尽量不采用。

7.4.7 什么是立铣刀？它有哪些特点和规格？

立铣刀相当于带柄的小直径圆柱形铣刀，一般由3~4个刀齿组成。它用于加工平面、台阶、槽和相互垂直的平面，利用锥柄或直柄紧固在机床主轴中。圆柱上的切削刃是主切削刃，端面上分布着副切削刃。工作时只能沿刀具的径向进给，而不能沿铣刀的轴线方向做进给运动。用立铣刀铣槽时槽宽有扩张，故应取直径比槽宽略小的铣刀。

按柄部形式，立铣刀可分为直柄立铣刀、莫氏锥柄立铣刀、7：24锥柄立铣刀、套式立铣刀和粗加工立铣刀等，其规格见表7-42。

表7-42 立铣刀的规格

名称		规格（铣刀直径）/mm
直柄立铣刀		2，2.5，3，3.5，4，5，6，7，8，9，10，11，12，14，16，18，20，22，24，25，28，32，36，40，45，50，56，63，71
莫氏锥柄立铣刀		6，7，8，9，10，11，12，14，16，18，20，22，24，25，28，32，36，40，45，50，56，63，71
7：24锥柄立铣刀		25，28，32，36，40，45，50，56，63，71，80
套式立铣刀		40，50，63，80，100，125，160
粗加工立铣刀	标准型	6~11（间隔1），12~22（间隔2），25，28~40（间隔4），45，50
	削平型	8~11（间隔1），12~22（间隔2），25，28~40（间隔4），45，50，56，63
	莫氏锥柄	10，11，12~22（间隔2），25，28~40（间隔4），45，50，56，63，70，80

7.4.8 什么是键槽铣刀？它有哪些特点和规格？

键槽铣刀主要用来加工圆头封闭键槽。它的外形与立铣刀相似，不同的是键槽铣刀只有两个刃瓣，圆柱面和端面都有切削刃。

键槽铣刀分直柄键槽铣刀和莫氏锥柄键槽铣刀两种。

直柄键槽铣刀的公称尺寸有 2～7mm（间隔 1mm）、8～20mm（间隔 2mm）；莫氏锥柄键槽铣刀的公称尺寸有 6mm、7mm、8～24mm（间隔 2mm）、25mm、28mm、32mm、36mm、38mm、40mm、45mm、50mm、56mm、63mm。

7.4.9 什么是 T 形槽铣刀？它有哪些特点和规格？

T 形槽铣刀是用于加工各种机械台面或其他构体上的 T 形槽的刀具，可以分为直柄 T 形槽铣刀和锥柄 T 形槽铣刀以及硬质合金 T 形槽铣刀三种。其特点是直槽铣出后，可一次铣出精度达到要求的 T 形槽，铣刀端刃有合适的切削角度，刀齿按斜齿、错齿设计，切削平稳，切削力小。

直柄 T 形槽铣刀的规格（铣刀直径）：11mm、12.5mm、16mm、18mm、21mm、25mm、32mm、40mm、50mm、60mm。

莫氏锥柄 T 形槽铣刀的规格（铣刀直径）：18mm、21mm、25mm、32mm、40mm、50mm、60mm、72mm、85mm、95mm。

硬质合金直柄 T 形槽铣刀的规格（铣刀直径）：12mm、14mm、18mm、22mm、28mm、36mm。

硬质合金锥柄 T 形槽铣刀的规格（铣刀直径）：12mm、14mm、18mm、22mm、28mm、36mm、42mm、48mm、54mm。

7.4.10 什么是角度铣刀？它有哪些特点和规格？

角度铣刀有单角铣刀和双角铣刀（图 7-33），在卧式铣床上用于铣沟槽和各种角度斜面。角度铣刀大端和小端直径相差较大时，往往造成小端刀齿过密，容屑空间较小，因此常将小端刀齿间隔去掉，使小端的齿数减少一半，以增大容屑空间。

a)　　b)

图 7-33　角度铣刀

a）单角铣刀　b）不对称双角铣刀

单角铣刀、对称双角铣刀和不对称双角铣刀的规格分别见表7-43～表7-45。

表7-43　单角铣刀的规格

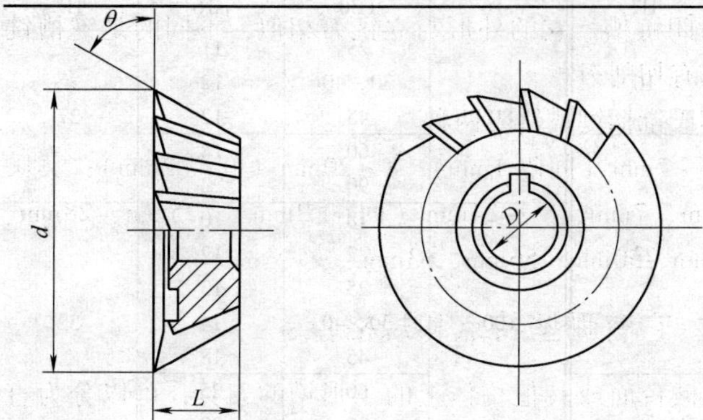

标记示例：

$d=50$mm，$\theta=45°$的单角铣刀为：

单角铣刀　50×45°　GB/T 6128.1—2007

d/mm js16	θ/(°) ±20′	L/mm js16	D/mm H7	d/mm js16	θ/(°) ±20′	L/mm js16	D/mm H7
40	45，50，55，60	8	13	63	75，80，85，90	12	22
	65，70，75，80，85，90	10		80	18	10	
50	45，50，55，60，65，70，75，80，85，90	13	16		22	12	
63	18	6	22		25	13	
	22	7			30，40	15	
	25	8			45，50，55，60，65，70	22	27
	30，40	9			75，80，85，90	24	
	45，50，55，60，65，70	16		100	18	12	32
					22	14	
					25	16	
					30，40	18	

注：单角铣刀的顶刃允许有圆弧，圆弧半径尺寸由制造商自行规定。

表7-44　对称双角铣刀的规格

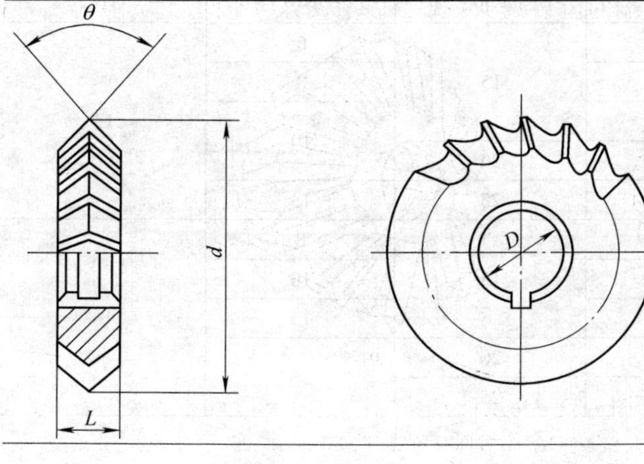

标记示例：

$d=50$mm，$\theta=45°$的对称双角铣刀为：

对称双角铣刀　50×45°　GB/T 6128.2—2007

（续）

d/mm js16	θ/(°) ±30′	L/mm js16	D/mm H7	d/mm js16	θ/(°) ±30′	L/mm js16	D/mm H7
50	45	8	16	80	25	11	27
	60	10			30，40	12	
	90	14			45	12	
63	18	5	22		60	18	
	22	6			90	22	
	25	7		100	18	10	32
	30，40	8			22	12	
	45，50	10			25	13	
	60	11			30，40	14	
	90	20			45	18	
80	18	8	27		60	25	
	22	10			90	32	

注：对称双角铣刀的顶刃允许有圆弧，圆弧半径尺寸由制造商自行规定。

表 7-45　不对称双角铣刀的规格

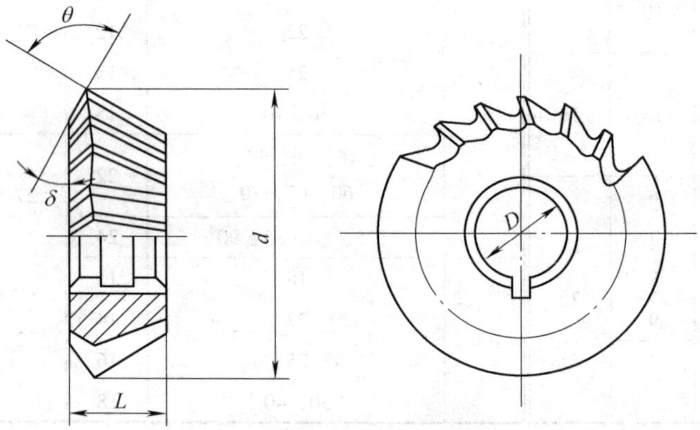

标记示例：

$d=50$mm，$\theta=55°$的不对称双角铣刀为：

不对称双角铣刀　50 × 55°　GB/T 6128.1—2007

d/mm js16	θ/(°) ±20′	δ/(°) ±30′	L/mm js16	D/mm H7
40	55，60，65	15	6	13
	70，75		8	
	80，85		10	
	90	20		
	100	25	13	
50	55，60，65	15	8	16
	70，75		10	
	80，85		13	
	90	20	16	
	100	25		

（续）

d/mm js16	θ/（°） ±20′	δ/（°） ±30′	L/mm js16	D/mm H7
63	55，60，65	15	10	22
	70，75		13	
	80，85		16	
	90	20		
	100	25		
80	50，55	15	13	27
	60，65		16	
	70，75，80		20	
	85		24	
	90	20		
100	50，55	15	20	32
	60，65		24	
	70，75，80		30	

注：不对称双角铣刀的顶刃允许有圆弧，圆弧半径尺寸由制造商自行规定。

7.4.11　什么是成形铣刀？它有哪些特点和规格？

切削刃廓形根据工件廓形设计的铣刀称为成形铣刀。它用于在铣床上加工成形表面，其刀齿廓形要根据被加工工件的廓形来确定，所以可在通用的铣床上加工复杂形状的表面，并获得较高的精度和表面质量，生产率也较高。图7-34所示为一种矩形外花键成形铣刀，其齿形尺寸见表7-46。

图7-34　矩形外花键成形铣刀

表7-46　矩形外花键成形铣刀的齿形尺寸

公称尺寸/mm N-$D\times d\times B$	刀顶宽度 L_1/mm	外花键槽顶 宽度 L_2/mm	铣刀两侧 夹角 θ/（°）	刀顶圆弧 半径 R/mm
轻　系　列				
4-20×17×6	7.00	9.25	90	8.5
4-22×19×8	6.53	8.83	90	9.5
6-26×23×6	5.91	7.45	60	11.5
6-30×26×6	7.49	9.50	60	13
6-32×28×7	7.49	9.55	60	14
8-36×32×6	6.49	8.04	45	16
8-40×36×7	7.05	8.60	45	18
8-46×42×8	8.39	9.94	45	21
8-50×46×9	8.95	10.51	45	23
8-58×52×10	10.29	12.63	45	26
8-62×56×10	11.85	14.18	45	28
10-78×72×12	10.52	12.40	36	36
10-88×82×12	13.65	15.53	36	41

（续）

公称尺寸/mm $N\text{-}D \times d \times B$	刀顶宽度 L_1/mm	外花键槽顶宽度 L_2/mm	铣刀两侧夹角 θ/(°)	刀顶圆弧半径 R/mm
中 系 列				
6-20×16×4	4.28	6.33	60	8.0
6-25×21×5	5.87	7.92	60	10.5
6-28×23×6	5.91	8.48	60	11.5
6-32×26×6	7.45	10.52	60	13
8-38×32×6	6.49	8.82	45	16
8-42×36×7	7.05	9.38	45	18
8-48×42×8	8.39	10.72	45	21
8-54×46×9	8.95	12.06	45	23
8-60×52×10	10.29	13.40	45	26
8-65×56×10	11.85	15.34	45	28
10-82×72×12	10.52	13.65	36	36
重 系 列				
10-40×32×5	5.01	7.51	36	16
10-45×36×5	6.26	9.06	36	18
10-52×42×6	7.14	10.25	36	21
补充系列				
6-35×30×10	5.48	8.11	60	15.0
6-38×33×10	7.06	9.67	60	16.5
6-40×35×10	8.11	10.70	60	17.5
6-42×36×10	8.63	11.74	60	18
6-45×40×12	8.69	11.29	60	20
6-48×42×12	9.73	12.85	60	21
6-50×45×12	11.29	13.88	60	22.5
10-40×35×6	4.95	6.51	36	22.5
10-42×36×6	5.26	7.14	36	18
10-45×40×7	5.51	7.08	36	20

7.4.12　如何选择铣刀的前角？

铣刀的前角应根据刀具和工件的材料确定。因铣削时常有冲击，故应保证切削刃有较高的强度。一般情况下，铣刀的前角小于车刀的前角；高速钢铣刀的前角比硬质合金铣刀的前角要大。另外，在铣削塑性材料时，由于切削变形较大，应取较大的前角；在铣削脆性材料时，前角应小些；在加工强度大、硬度高的材料时，还可采用负前角。表 7-47 是铣刀前角的参考值。

表7-47 铣刀前角的参考值

工件材料的抗拉强度/MPa		高速钢铣刀的前角	硬质合金铣刀的前角
钢材	<600	20°	15°
	600~1000	15°	-5°
	>1000	12°~10°	-15°~-10°
铸铁		5°~15°	-5°~5°

7.4.13 如何选择铣刀的后角?

在铣削过程中，由于铣刀的切削厚度一般比较小，所以铣刀的磨损主要发生在后刀面上，采用较大的后角可以减少磨损。当采用较大的负前角时，可适当增加后角。铣刀后角的参考值见表7-48。

表7-48 铣刀后角的参考值

铣刀的类型		后角
高速钢铣刀	粗齿	12°
	细齿	16°
高速钢锯片铣刀	粗、细齿	20°
硬质合金铣刀	粗齿	6°~8°
	细齿	12°~15°

7.4.14 如何选择铣刀的刃倾角?

立铣刀和圆柱形铣刀的外圆螺旋角就是刃倾角。刃倾角能使刀齿逐渐地切入和切出工件，提高铣削的平稳性。增大外圆螺旋角，可以使实际前角增大，切削刃锋利，同时也使切屑易于排出。铣削宽度较窄的铣刀，增大外圆螺旋角的意义不大，故一般取外圆螺旋角为0°或较小的值。铣刀刃倾角的可参考值见表7-49。

表7-49 铣刀刃倾角的参考值

铣刀类型	螺旋齿圆柱形铣刀		立铣刀	三面刃铣刀、两面刃铣刀
	粗齿	细齿		
刃倾角	45°~60°	25°~30°	30°~45°	15°~20°

7.4.15 如何选择铣刀的主偏角与副偏角?

面铣刀主偏角的作用及其对铣削过程的影响，与车刀主偏角在车削中的作用和影响相同。铣刀常用的主偏角有45°、60°、75°、90°，工艺系统的刚性好，取小值；反之，取大值。铣刀的副偏角一般为5°~10°。

圆柱形铣刀只有主切削刃，没有副切削刃，因此没有副偏角。其主偏角为90°。

7.4.16　如何选择铣削用量?

铣削用量的选择应当根据工件的加工精度、铣刀的寿命及机床的刚性来选择，首先选定背吃刀量，然后选取进给量，最后确定铣削速度。

(1) 背吃刀量的选择　背吃刀量是指一次进给所切去金属层的深度。它的选取应视工艺系统的刚度和已加工表面的精度、表面粗糙度而定。

(2) 进给量和切削速度　粗加工时，加工余量较大，精度要求不高，此时应当根据工艺系统的刚性及刀具寿命来选择。在刀具性能允许的条件下应以较大的每齿进给量进行切削，以提高生产率。半精加工时，此时工件的加工余量一般为 0.5 ~2mm，并且无硬皮，加工后要减小表面粗糙度值，因此应选择较小的每齿进给量和较大的切削速度。精加工时，这时加工余量很小，应当着重考虑刀具的磨损对加工精度的影响，宜选择较小的每齿进给量和较大的铣削速度进行铣削。

7.5　板牙、丝锥和搓丝板、滚丝轮

7.5.1　什么是板牙?它有哪些分类?

板牙是加工或修正外螺纹的工具，常用合金工具钢或高速钢制造，并经淬火硬化。

板牙按外形和用途分为圆板牙、四方板牙、六方板牙、管形板牙等；按牙型分有粗牙板牙和细牙板牙两种；按种类分有米制板牙和英制板牙两类。

7.5.2　什么是圆板牙?其结构如何?

圆板牙（图 7-35）是加工外螺纹的螺纹加工工具。粗牙板牙和细牙板牙可加工 6g 公差带的普通外螺纹。

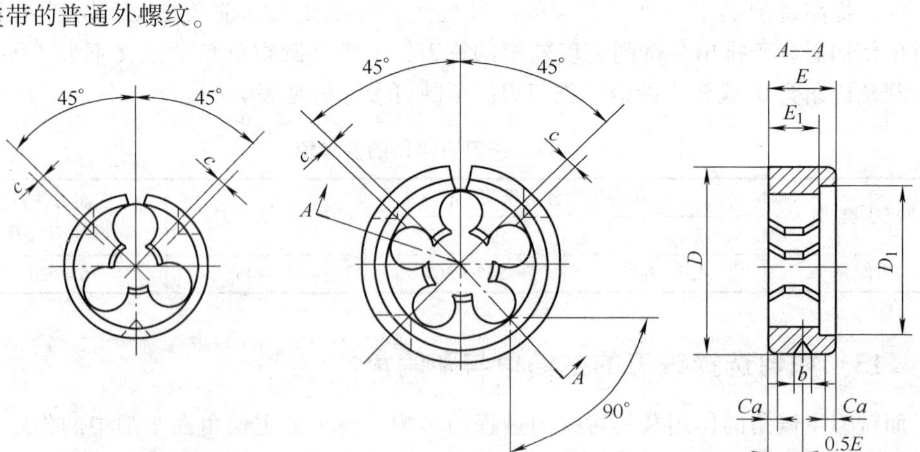

图 7-35　圆板牙

板牙由切削部分、校准部分和排屑孔组成。其本身就像一个圆螺母，在它上面钻有几个排屑孔而形成切削刃。

切削部分是板牙两端有切削锥角的部分。板牙的中间一段是校准部分，也是套螺纹时的导向部分。板牙的校准部分因磨损会使螺纹尺寸变大而超出公差范围。因此，为延长板牙的使用寿命，常用的圆板牙在外圆上有四个锥坑和一条V形槽，起调节板牙尺寸的作用（图7-35）。其中的两个锥坑的轴线与板牙直径方向一致，借助铰手上的两个相应位置的紧固螺钉顶紧后，用以套螺纹时传递扭矩。另外两个与板牙中心偏心的锥坑起调节作用。当板牙磨损，套出的螺纹尺寸变大，以致超出公差范围时，可用锯片砂轮沿板牙V形槽将板牙磨割出一条通槽，用铰手上的另两个紧固螺钉，拧紧顶入板牙上面两个偏心的锥坑内，让板牙产生弹性变形，使板牙的螺纹中径变小，以补偿尺寸的磨损。调整时，应使用标准样件进行尺寸校对。板牙两端面都有切削部分，待一端磨损后，可换另一端使用。

7.5.3　普通螺纹用圆板牙的规格有哪些？

圆板牙分为粗牙普通螺纹用板牙和细牙普通螺纹用板牙，可加工6g公差带的普通外螺纹。粗牙普通螺纹用板牙的代号为M1、M1.1、M1.2~M2.2（间隔0.2）、M2.5~M4.5（间隔0.5）、M5~M11（间隔1.0）、M12~M24（间隔2.0）、M27~M48（间隔3.0）、M52~M68（间隔4.0）。细牙普通螺纹用板牙的规格为M1、M1.1、M1.2~M2.2（间隔0.2）、M2.5~M5.5（间隔0.5）、M6~M11（间隔1.0）、M12~M24（间隔2.0，另有M15）、M25、M27、M28、M30、M32、M33、M35、M36~M48（间隔3.0，另有M40）、M50、M52、M55、M56。同一代号的板牙可能有不同的螺距，构成全部规格。

7.5.4　管螺纹板牙分哪几类？

管螺纹板牙有55°非密封管螺纹板牙和55°密封管螺纹板牙两种，其基本结构与圆板牙相仿。但55°密封管螺纹板牙只是在单面切成切削锥，故55°密封管螺纹板牙只能单面使用。

7.5.5　什么是套螺纹？其操作要点有哪些？

用板牙在圆杆或管子上切削加工外螺纹的方法称为套螺纹，其操作要点如下：

1）为使板牙容易对准工件和切入工件，圆杆端部要倒成圆锥斜角为15°~20°的锥体。锥体的最小直径可以略小于螺纹小径，使切出的螺纹端部避免出现锋口和卷边而影响螺母的拧入。

2）为了防止圆杆夹持出现偏斜和夹出痕迹，圆杆应装夹在用硬木制成的V形钳口或软金属制成的衬垫中，在加衬垫时圆杆套螺纹部分离钳口要尽量近。

3）套螺纹时应保持板牙端面与圆杆轴线垂直，否则套出的螺纹两面会有深浅，甚至烂牙。

4）在开始套螺纹时，可用右手掌按住铰柄中心，沿圆杆的轴向适当施加压力并转动铰杠；用左手配合使板牙架顺向旋进（转动要慢，压力要大），并保证板牙端面与圆杆垂直，不歪斜。当板牙切入圆杆 1 ~2 圈时，应目测检查和找正板牙的位置。当板牙切入圆杆 3 ~4 圈时，停止施加压力，而仅平稳地转动铰杠，靠板牙螺纹自然旋进套螺纹。

5）为了避免切屑过长，套螺纹过程中板牙应经常倒转。

6）钢件上套螺纹时要加切削液，以延长板牙的使用寿命，减小螺纹的表面粗糙度值。一般可用机油或较浓的乳化液，要求高时可用工业植物油。

7.5.6　什么是攻螺纹？攻螺纹的工具有哪些？

用丝锥在孔中切削加工内螺纹的方法称为攻螺纹。攻螺纹的工具有：

（1）丝锥　它是加工内螺纹的标准刀具，按使用对象的不同，可分为手用丝锥和机用丝锥两大类；按用途不同，可以分为普通螺纹丝锥、寸制螺纹丝锥、55°非密封管螺纹丝锥、55°密封管螺纹丝锥、板牙丝锥、螺母丝锥、校准丝锥及特殊螺纹丝锥等。其中，普通螺纹丝锥、55°非密封管螺纹丝锥和55°密封管螺纹丝锥是常用的三种丝锥。

（2）铰杠　它是手工攻螺纹时用的一种辅助工具，来夹持丝锥进行攻螺纹。它有普通铰杠和丁字形铰杠两类（图 7-36），前者包括固定铰杠和活铰杠，后者包括固定丁字形铰杠和可调节丁字形铰杠。在一般情况下用普通铰杠，而丁字形铰杠主要用在攻高凸台旁边或箱体内部的螺纹。各类铰杠又有固定式和活络式两种，活络式铰杠可以调节方孔尺寸，丁字形活铰杠的方孔对边距离 a = 3. 15 ~ 10mm（见 JB/T 3411. 40—1999）。

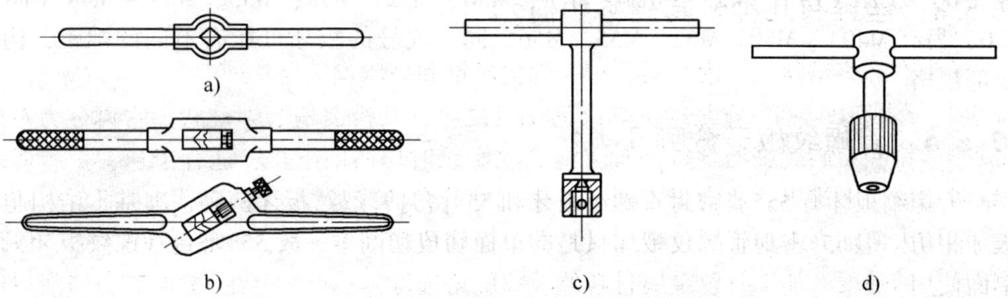

图 7-36　铰杠

a）固定铰杠　b）活铰杠　c）固定丁字形铰杠　d）可调节丁字形铰杠

7.5.7　丝锥的结构有几部分？各部分有什么作用？

丝锥由工作部分（包括切削和校准部分）和柄部组成。切削部分磨出锥角，校准部分具有完整的齿形，柄部有方榫（图 7-37）。

每种规格的手用丝锥由两支或三支（M6 ~ M24 之间为两支，其余为三支）组成一套，分别称作头锥、二锥和三锥。它们的主要区别在于切削部分的结构。头锥的切削部分较长，锥角较小，有利于攻螺纹开始时导入。二锥和三锥的锥角较大，切削部分很短，以便保证螺孔尺寸。

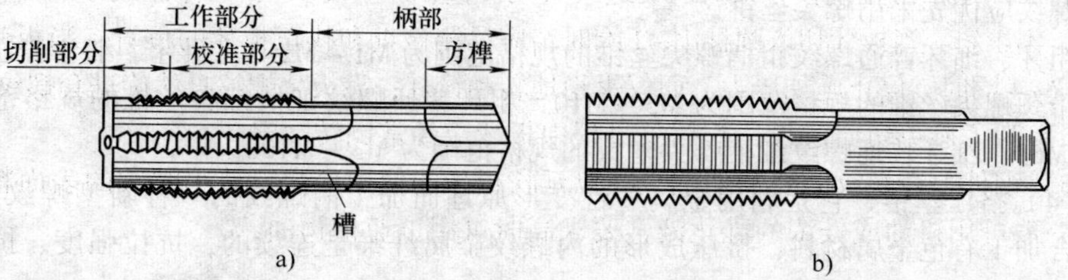

图7-37 丝锥的构造
a）头锥 b）二锥

切削部分担任主要的切削任务，其牙型由浅入深，逐渐变得完整，以保证丝锥容易攻入孔内，并使各牙切削的金属量大致相同。常用丝锥轴向开3～4条容屑槽，形成切削部分锋利的切削刃和前角，同时能容纳切屑。端部磨出切削锥角，把切削负荷分布在几个刀齿上，逐渐切到齿深，从而使切削省力、刀齿受力均匀，不易崩刃或折断，也便于正确切入。校准部分均具有完整的牙型，主要用来校准和修光已切出的螺纹，并引导丝锥沿轴向前进。为了制造和刃磨方便，丝锥上的容屑槽一般做成直槽。有些专用丝锥为了控制排屑方向，做成螺旋槽。加工不通孔螺纹，为使切屑向上排出，容屑槽为右旋；加工通孔螺纹，为使切屑向下排出，容屑槽为左旋。

柄部的方头用来插入丝锥，铰孔时用以传递扭矩。

7.5.8 丝锥有几种？其规格如何？

丝锥有螺旋槽丝锥、内容屑丝锥、螺尖丝锥和挤压丝锥等几种。

（1）螺旋槽丝锥 它是加工螺纹的工具之一，其排屑槽为螺旋状。它可分为左旋螺旋槽丝锥和右旋螺旋槽丝锥两种。前者攻螺纹时切屑向下排，适合于通孔；后者攻螺纹时切屑向上排出，适合于不通孔。由于螺旋角的缘故，丝锥实际切削前角会随螺旋角的增大而加大。加工黑色金属材料的，螺旋角选得小一点，一般为30°左右，以保证螺旋齿的强度。加工有色金属材料的，螺旋角选得大一点，可在45°左右，切削刃锋利一些。

粗牙普通螺旋槽丝锥的规格范围为M3～M27，细牙普通螺旋槽丝锥的规格范围为M3～M33。

（2）内容屑丝锥 其头部有一个足够大的容屑槽，工作时切屑内排，不与已加工螺纹接触。它适合用于大规格不通孔内螺纹的加工，产品螺纹孔的精度高，质量好。它既适用于数控镗铣床对大直径内螺纹孔的加工，同时也适用于在摇臂钻床上加工内螺纹孔。

整体式内容屑丝锥的规格范围为M10～M100，套式内容屑丝锥的规格范围为M56～M250。

（3）螺尖丝锥 它是直槽丝锥的一种变形，加工螺纹时切屑向前排出。其芯部尺寸设计比较大，强度较好，可承受较大的切削力。它加工各种金属材料的效果都很好，通孔螺纹应优先采用螺尖丝锥。

粗牙、细牙普通螺纹粗柄螺尖丝锥的规格范围为 M1 ~ M2.5，粗牙、细牙普通螺纹粗柄带颈螺尖丝锥的规格范围为 M3 ~ M10，粗牙普通螺纹细柄螺尖丝锥的规格范围为 M3 ~ M68，细牙普通螺纹细柄螺尖丝锥的规格范围为 M3 ~ M100。

(4) 挤压丝锥　它是利用金属塑性变形原理而加工内螺纹的一种新型螺纹刀具。它适合加工有色金属材料，挤压成形的内螺纹金属纤维是连续的，抗拉强度、抗剪强度高。

粗牙、细牙普通螺纹粗柄挤压丝锥的规格范围为 M1 ~ M2.5，粗牙、细牙普通螺纹粗柄带颈挤压丝锥的规格范围为 M3 ~ M10，粗牙、细牙普通螺纹细柄螺尖丝锥的规格范围为 M3 ~ M27。

7.5.9　手动攻螺纹的要点有哪些？

1）螺纹底孔口要倒角，通孔螺纹两端孔口都要倒角。

2）工件的装夹位置要正确，应尽量使螺孔中心线置于水平或垂直位置。

3）攻螺纹时应把丝锥放正，用右手掌按住铰杠中部，沿丝锥中心线用力加压，此时左手配合做顺向旋进；或两手握住铰杠两端平衡施加压力，并将丝锥顺向旋进，保持丝锥中心与孔中心线重合，不能歪斜（图 7-38）。

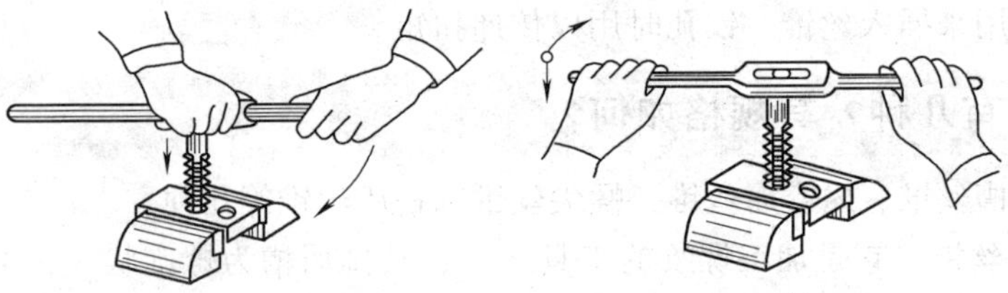

a)　　b)

图 7-38　手动攻螺纹的起攻方法
a) 不正确　b) 正确

4）攻螺纹时应经常将丝锥反方向转动半圈左右，使切屑碎断后容易排出。

5）攻不通孔螺纹时，要经常退出丝锥，排除孔中的切屑。尤其是当将要攻到孔底时。

6）攻通孔螺纹时，丝锥校准部分不应全部攻出头。

7）丝锥攻毕，应先用铰杠带动螺纹平稳地反向转动，当能用手动退出时完全用手动。

8）攻螺纹过程中换用丝锥时，应先手动旋入已攻出的螺孔中，直到用手旋不动时，再用铰杠进行攻螺纹。

9）攻材料硬度较高的螺纹孔时，应用头锥、二锥交替攻削，以防止丝锥折断。

10）攻塑性材料的螺纹孔时，要加切削液。一般用机油或浓度较大的乳化液；对要求高的螺孔可用植物油或二硫化钼等。

7.5.10 机动攻螺纹的要点有哪些？

1）检查钻床各项精度有无超差。

2）当丝锥即将旋入螺纹底孔时，进给要轻要慢，防止丝锥撞击工件。

3）螺纹孔深度超过10mm，或攻不通螺纹孔时，应采用安全夹头，并按丝锥直径的大小调节切削力。

4）在攻螺纹行程初，施于钻床进给手柄上的压力要均匀，以协助丝锥进入工件。同时避免由于靠开始几牙不完整的螺纹，向下拉钻床主轴时，将螺纹刮烂。当校准部分进入工件时，解除压力，靠螺纹自然旋进。

5）攻螺纹时的切削速度，主要根据加工材料、丝锥直径、螺距、螺纹孔的深度而定。螺纹孔深度在10～30mm内的工件，其切削速度大致如下：钢为6～15m/min，调质后或较硬的钢为5～10m/min，不锈钢为2～7m/min，铸铁为8～10m/min。在同样条件下，丝锥直径小取高速，丝锥直径大取低速，螺距大取低速。

6）攻通孔螺纹时，丝锥的校准部分不能全出头，避免在开倒车退出丝锥时造成乱牙。

7.5.11 丝锥折断的原因有哪些？如何预防？

1. 折断原因

1）操作者双手用力不均衡，尤其是螺纹直径较小时。

2）底孔孔径与丝锥不匹配。例如在加工M5×0.5的螺纹时，不用ϕ4.5mm而用ϕ4.2mm的钻头钻底孔，致使扭矩增大。

3）加工不通孔螺纹时，丝锥即将接触孔底的，而操作者仍按原先的攻螺纹速度送进；或者有部分切屑未能及时排出而填堵在孔底，操作者强行继续攻螺纹。

4）丝锥自身的质量有问题。

2. 预防措施

1）加强技能训练和技术培训，提高手动攻螺纹作业的理论水平，熟练掌握攻螺纹作业中的实际操作技能。

2）改进丝锥的结构。在头锥的前端增设长度为5～10mm、直径与底孔钻头直径相同的圆柱体，将其作为丝锥与底孔能自动保持同心的引导部位，使丝锥本身具备在攻螺纹开始时自动与底孔保持同心的功能。用这种丝锥攻螺纹时，可避免因丝锥与底孔不同心而发生的丝锥折断现象，也可杜绝因底孔与丝锥不匹配而发生的丝锥折断现象。

7.5.12 怎样取出断丝锥？

1）用冲子顺着丝锥旋出方向敲打，开始用力轻一点，逐渐加重，必要时可以反向敲一下，使断丝锥有所松动（图7-39）。

2）用专用工具（图7-40）。专用工具上的短圆柱数量与丝锥的槽数相等，把专用工具插入断丝锥的槽中，顺着丝锥旋出方向转动，取出断丝锥。

3）把三根弹簧丝插入两截断丝锥的槽中，把螺母旋在带柄的那一端上，然后转动丝锥的方头，把断在工件中的另一端取出（图 7-41）。

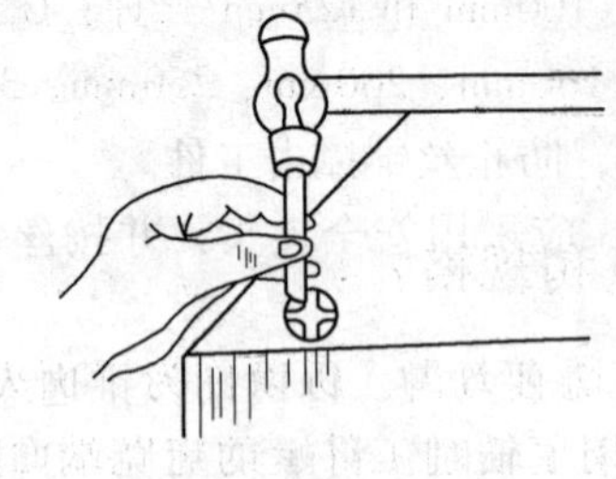

图 7-39　用冲子敲打断丝锥

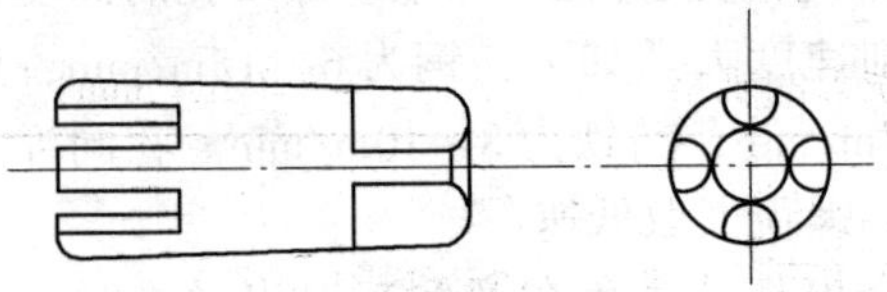

图 7-40　旋出断丝锥的专用工具

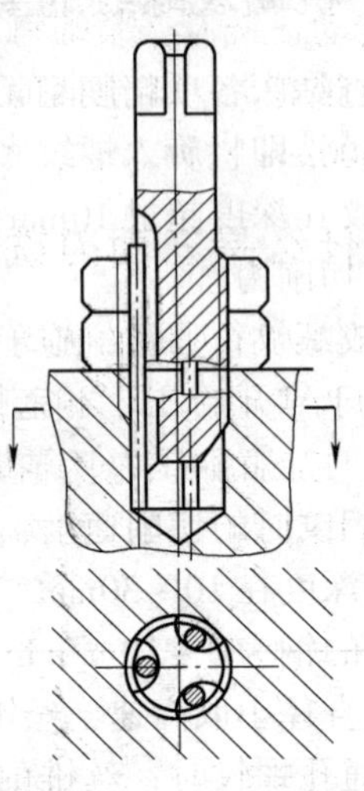

图 7-41　用弹簧丝取断丝锥

4）用气焊在断丝锥上焊一个螺钉，然后转动螺钉取出断丝锥。

5）用气焊使断丝锥退火，然后用一个比螺纹内径略小的钻头把它钻掉，再清除残余部分。但这种方法易把工件的螺孔弄坏。

6）用电火花加工的方法取出断丝锥。

7.5.13　什么是搓丝板？其质量要求有哪些？

搓丝板是一长一短的两块方形模板，上面有牙纹，装在搓牙机上对光杆冷挤压出螺纹。用搓丝板加工螺纹具有生产率高、加工成本低、加工出的螺纹精度和强度高、表面质量好等优点。

搓丝板工作部分的硬度为 59 ~ 62HRC，硬度太高容易崩齿，硬度太低易磨损；工作表面不应有脱碳和硬度低的地方；搓丝板表面不得有裂纹、刻痕、锈迹和磨削烧伤等影响使用性能的缺陷。

7.5.14　什么是滚丝轮？它有哪些规格？

滚丝轮（图 7-42）是在滚丝机上利用金属塑性变形的方法滚压出螺纹的一种工具，有带凸台和不带凸台两种，普通螺纹用滚丝轮的型式有 45 型、54 型和 75 型。

45 型粗牙普通螺纹滚丝轮的规格为 M3 ~ M22，细牙普通螺纹滚丝轮的规格为 M8 ~ M39。

54 型粗牙普通螺纹滚丝轮的规格为 M3 ~ M39，细牙普通螺纹滚丝轮的规格为 M8 ~ M45。

75 型粗牙普通螺纹滚丝轮的规格为 M6 ~ M42，细牙普通螺纹滚丝轮的规格为 M8 ~ M45。

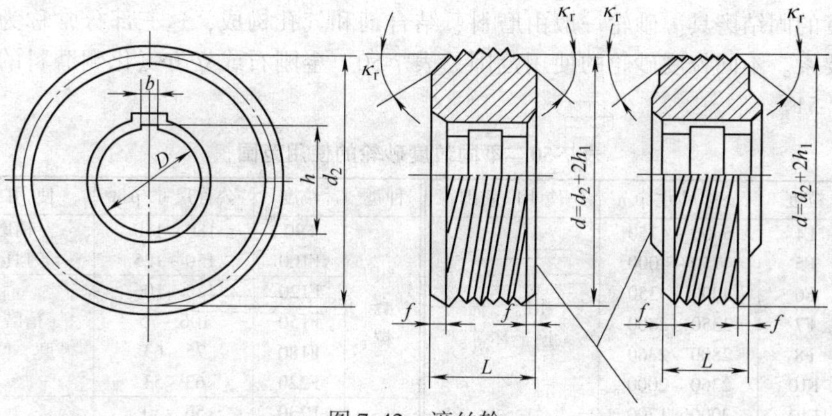

图7-42 滚丝轮

7.6 砂磨器具

7.6.1 什么是磨料？它有什么特性？

磨料是用以磨削较软材料表面的锐利、坚硬的材料，按来源可分为天然磨料和人造磨料两大类，按硬度可分为超硬磨料和普通磨料两大类。

磨料的特性：它的硬度（常用莫氏硬度计测定）必须比待加工材料更硬；其韧性或体积强度可由改变原料的混合量、纯度、粒度和晶体结构等来控制。

7.6.2 什么是磨料的粒度？它有哪些规格？

磨料的粒度是指磨料颗粒的粗细程度，通常用粒度号来表示。磨料的国家标准把粒度规格分为两类：一类用于固结磨具、研磨、抛光的磨料，其粒度号以“F”打头，称为“F粒度号磨料”；另一类用于涂附磨料，其粒度号以“P”打头，称为“P粒度号磨料”。

F粒度号规格：GB/T 2481—2009规定，普通磨料粒度颗粒尺寸大小分为粗、中粗、细和极细四类，37个粒度号（筛比为1.1892）。

粗：F4、F5、F6、F7、F8、F10、F12、F14、F16、F20、F22、F24。

中粗：F30、F36、F40、F46、F54、F60。

细：F70、F80、F90、F100、F120、F150、F180、F220。

极细：F230、F240、F280、F320、F360、F400、F500、F600、F800、F1000、F1200、F1500、F2000。

根据磨料生产工艺，磨料粒度在F4～F220部分的称为“粗磨粒”，其磨粒尺寸在63μm以上，多用筛分法生产：磨料粒度在F230～F2000范围内，磨粒尺寸小于63μm的称为“微粉”，多用水选法生产。

7.6.3 什么是砂轮？其使用范围如何？

砂轮是由结合剂将普通磨料固结成一定形状（多数为圆形，中央有通孔），并具有一定强度的固结磨具。砂轮一般由磨料、结合剂和气孔构成，这三部分常称为固结磨具的三要素。不同粒度砂轮的使用范围见表7-50。金刚石或立方氮化硼磨料的粒度范围见表7-51。

表7-50　不同粒度砂轮的使用范围

种类	粒度	公称尺寸/μm	使用范围
粗磨粒	F4	5600～4750	粗磨、荒磨毛坯等
	F5	4750～4000	
	F6	4000～3350	
	F7	3350～2800	
	F8	2800～2360	
	F10	2360～2000	
	F12	2000～1700	
	F14	1700～1400	磨钢锭、铸件去毛刺、切断钢坯等
	F16	1400～1180	
	F20	1180～1000	
	F22	1000～850	
	F24	850～710	
	F30	710～600	
	F36	600～500	一般平磨、外圆磨和无心磨
	F40	500～425	
	F46	425～355	
	F54	355～300	精磨和刀具刃磨
	F60	300～250	
	F70	250～212	
	F80	212～180	
粗磨粒	F90	180～150	精磨和刀具刃磨
	F100	150～125	
	F120	125～106	精磨、珩磨、磨螺纹
	F150	106～75	
	F180	75～63	
	F220	63～53	
微粉	F230	56～50	精细研磨、镜面磨削
	F240	46.5～42.5	
	F300	38～35	
	F320	30.7～27.2	
	F360	24.3～21.3	
	F400	18.3～16.3	
	F500	13.8～11.8	
	F600	10.3～8.3	
	F800	7.5～5.5	
	F1000	5.3～3.7	
	F1200	3.5～2.5	
	F1500	2.4～1.6	研磨、抛光
	F2000	1.5～0.9	

表7-51　金刚石或立方氮化硼磨料的粒度范围

粒度标记	上/下筛网孔尺寸/μm	99.9%通过的网孔尺寸（上限筛）/μm
窄范围		
16/18	1180/1000	1700
18/20	1000/850	1400
20/25	850/710	1180
25/30	710/600	1000
30/35	600/500	850
35/40	500/425	710
40/45	425/355	600
45/50	355/300	500
50/60	300/250	455
60/70	250/212	384
70/80	212/180	322
80/100	180/150	271
100/120	150/125	227
120/140	125/106	197
140/170	106/90	165
170/200	90/75	139
200/230	75/63	116
230/270	63/53	97
270/325	53/45	85
325/400	45/38	75
宽范围		
16/20	1180/850	1700
20/30	850/600	1180
30/40	600/425	850
40/50	425/300	600
60/80	250/180	384

7.6.4 砂轮结合剂有哪些？如何选择砂轮结合剂？

砂轮中用以粘结磨料的物质称为结合剂，它的性能决定了砂轮的强度、抗冲击性、耐热性及耐蚀性。常用结合剂的种类、性能及用途见表7-52。

表7-52 常用结合剂的种类、性能及用途

种类	代号	性能	用途
陶瓷	V	耐热性、耐蚀性好，气孔率大，易保持轮廓，弹性差	应用广泛，适用于砂轮线速度小于35m/s的各种成形磨削、磨齿轮、磨螺纹等
树脂	B	强度高，弹性大，耐冲击、坚固性和耐热性差，气孔率小	适用于砂轮线速度大于或等于50m/s的高速磨削，可制成薄片砂轮，用于磨槽、切割等
橡胶	R	强度更高，弹性更好，气孔率小，耐热性差，磨粒易脱落	适用于无心磨的砂轮和导轮，开槽和切割的薄片砂轮，抛光砂轮等
金属	M	韧性和成形性好，强度高，但自锐性差	可制造各种金刚石磨具

7.6.5 常用砂轮的硬度等级有哪些？其选择的原则是什么？

砂轮的硬度是指砂轮表面上的磨粒在磨削力作用下脱落的难易程度。砂轮的硬度软，表示其磨粒容易脱落；反之，表示磨粒较难脱落。常用砂轮的硬度等级见表7-53。

表7-53 常用砂轮的硬度等级

硬度	等级				硬度	等级			
极软	A	B	C	D	硬	P	Q	R	S
很软	E	F	G	—	很硬	T	—	—	—
软	H	—	J	K	极硬	—	Y	—	—
中级	L	M	N	—					

选择砂轮硬度的一般原则：加工软金属时，为了使磨料不致过早脱落，则选用硬砂轮，因为此时砂轮的工作磨粒磨损很慢，不需要太早地脱离；加工硬金属时，为了能及时地使磨钝的磨粒脱落，从而露出具有尖锐棱角的新磨粒（即自锐性），选用软砂轮，因为此时砂轮的工作磨粒磨损较快，需要较快地更新。

精磨时，为了保证磨削精度和表面粗糙度，应选用稍硬的砂轮。工件材料的导热性差，易产生烧伤和裂纹时（如磨硬质合金等），选用的砂轮应软一些。

7.6.6 砂轮的组织是如何定义的？它有哪些分类？

砂轮的组织是指组成砂轮的磨粒、结合剂、气孔三部分体积的比例关系，通常以磨粒所占砂轮体积的百分比来分级。砂轮有三种组织状态：紧密、中等、疏松；细分成0～14号，共15级。组织号越小，磨粒所占比例越大，砂轮越紧密；反之，组织号越大，磨粒比例越小，砂轮越疏松。砂轮组织的分类见表7-54。

表 7-54　砂轮组织的分类

组织号	0	1	2	3	4	5	6	7
磨粒率（%）	62	60	58	56	54	52	50	48
用途	成形磨削、精密磨削				磨削淬火钢、刀具刃磨			
组织号	8	9	10	11	12	13	14	
磨粒率（%）	46	44	42	40	38	36	34	
用途	磨削韧性大、硬度不高的材料				磨削热敏性大的材料			

7.6.7　砂轮可以分为哪几类？如何选择砂轮？

砂轮按用途可分为平面磨砂轮、外圆磨砂轮、内圆磨砂轮、工具磨砂轮、修磨用钹形砂轮、蜗杆砂轮、树脂和橡胶薄片砂轮、人工操纵磨削砂轮、重负荷磨削砂轮、深切缓进给磨削砂轮、磨钢球砂轮等若干种。

根据不同的用途，按照磨床类型、磨削方式以及工件的形状和尺寸等，将砂轮制成不同的形状和尺寸。表 7-55 为常用砂轮的种类、形状、代号及用途举例。

表 7-55　常用砂轮的种类、形状、代号及用途举例

系别	砂轮名称	形状代号	断面形状	特征值标记及用途举例
平形系	平形砂轮	1	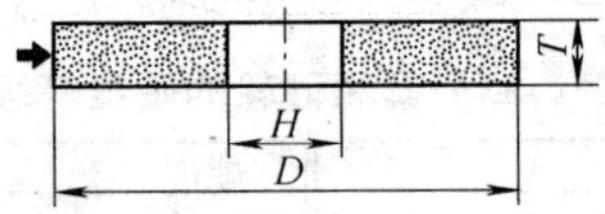	1 型-$D \times T \times H$ 磨外圆和内圆，无心磨，刃磨刀具等
	双斜边砂轮	4	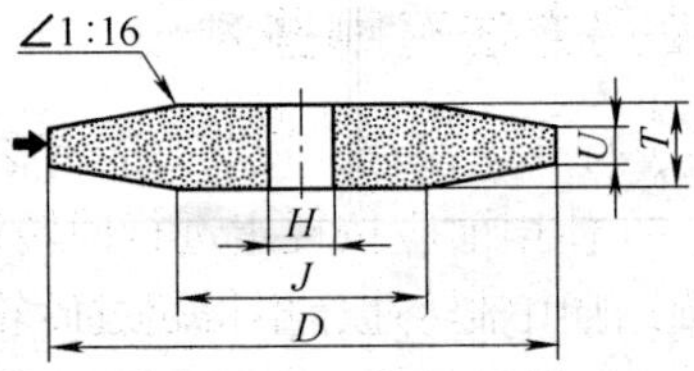	4 型-$D \times T \times H$ 磨齿轮及螺纹
	双面凹砂轮	7	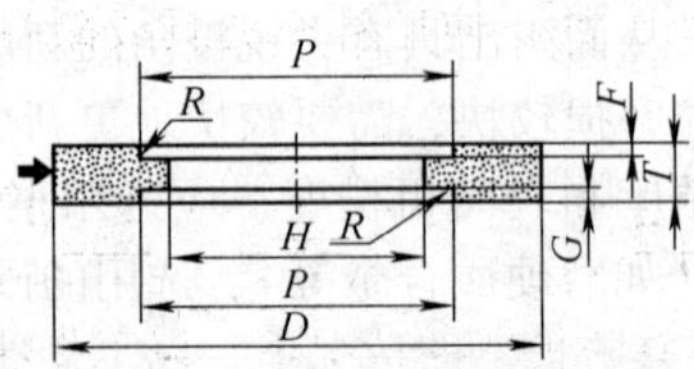	7 型-$D \times T \times H\text{-}P \times F/G$ 磨外圆，刃磨刀具，无心磨
	薄片砂轮	41	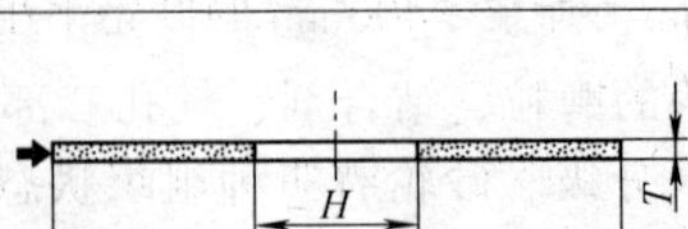	41 型-$D \times T \times H$ 切断及切槽

（续）

系别	砂轮名称	形状代号	断面形状	特征值标记及用途举例
	筒形砂轮	2	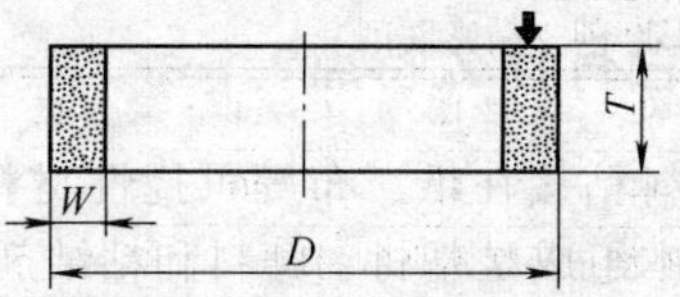	2 型-$D \times T \times W$ 端磨平面
筒形、杯形系	杯形砂轮	6	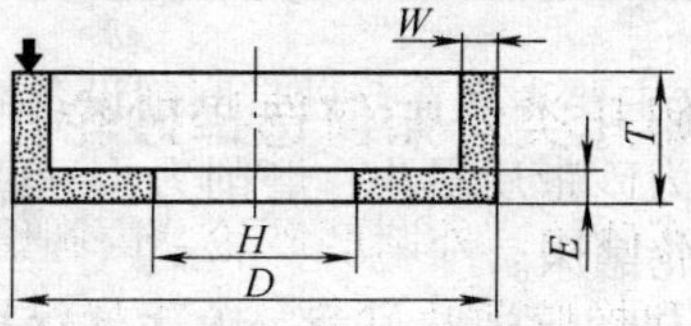	6 型-$D \times T \times H$-$W \times F$ 磨平面、内圆，刃磨刀具
	碗形砂轮	11	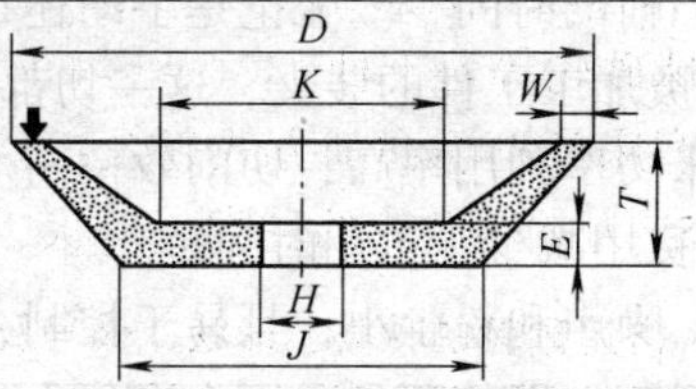	11 型-$D/J \times T \times H$-$W \times E$ 刃磨刀具，磨导轨
碟形系	碟形砂轮	12a	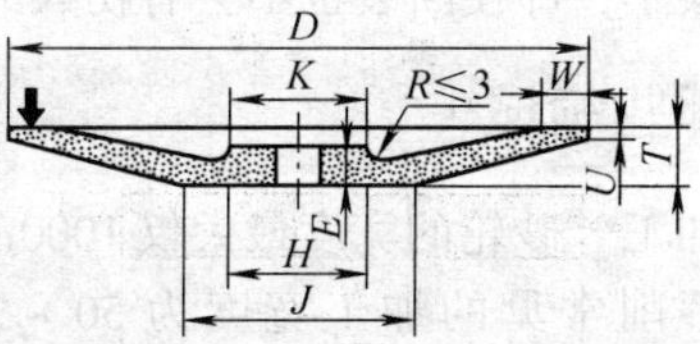	12 a 型-$D/J \times T \times H$ 磨齿轮，刃磨铣刀、拉刀、铰刀

7.6.8 砂轮的安装与使用方法有哪些？

1）砂轮安装使用前必须进行外观检查，视其是否有裂纹或损伤，并用木工锤敲击砂轮，发出的声音应当清脆，在使用前应按规定进行回转试验，否则严禁使用。

2）安装前必须核对机床上的主轴转速，不得超过砂轮上标明的最高工作速度。

3）紧固砂轮只允许使用专用螺母扳手，且必须在主轴相对的两侧对称地按顺序分次逐渐拧紧，螺母松紧应适当。禁止使用补充夹具或敲打工具，关掉切削液，以免砂轮不平衡。

4）砂轮孔径与砂轮主轴及卡盘的配合应符合 GB 4674—2009《磨削机械安全规程》的规定。

5）新安装的砂轮必须在有防护罩的情况下，以工作速度按下列时间进行空转：外径<400mm 的砂轮不小于 2min，外径≥400mm 的砂轮不小于 5min。空转时，操作者不要站在砂轮的前面或者切线方向。

6）不是专门使用端面磨削的砂轮（例如平行砂轮），不得以砂轮端面进行磨削，不是专门使用外圆磨削的砂轮例（如碗形、杯形砂轮），同样也不得以砂轮外圆进行磨削，以免砂轮破碎。

7）砂轮在磨削工件时，禁止以杠杆推压工件再增加对砂轮的压力。

8）对于切断砂轮，切削时，如用力过猛，易发生砂轮停转卡住和撞碎砂轮现象，造成砂轮损坏。切削工件时不能多件工件叠起来切削，以防意外。

7.6.9 什么是砂带？它有什么特点？

砂带是使用粘结剂将磨料粘接在纸、布等可挠性材料上制成的，可以进行磨削和抛光的一种带状工具，其基本组成是基材、磨料和粘结剂三要素。

砂带的特点如下：

1）砂带磨削成本低。这主要表现在：砂带磨削设备简单。与砂轮磨床相比，砂带磨床简单得多，这主要是因为砂带质量小，磨削力小，磨削过程中振动小，对机床的刚性及强度要求都远低于砂轮磨床。

2）砂带磨削操作简便，辅助时间少。无论是手动还是机动砂带磨削，其操作都非常简便。从更换调整砂带到被加工工件的装夹，这一切都可以在很短的时间内完成。

3）砂带磨削比大，机床功率利用率高，切削效率高。这使得切除同等质量或体积的材料所消耗的工具和能源费用减少，占用时间短。

4）砂带磨削非常安全，噪声和粉尘小，且易于控制，环境效益好。

5）由于砂带本身质量很小，即使断裂也不会有伤人的危险。

7.6.10 砂带适用于哪些领域？

1）大面积板材的抛磨加工。砂轮的宽度最大仅1000mm，而砂带可以做到2500mm以上。实际使用中，砂带磨削常见的加工宽度为50～2000mm，加工厚度为0.4～150mm。其生产率高达1000m^2/h。这种宽砂带磨削可广泛用于钢板、不锈钢板、硅钢片、铝板、铜板、中密度纤维板、皮革、绝缘板、陶瓷板，以及宇航器具、舰船和核物理研究装置上使用的各种高精度、小表面粗糙度值的大型板材等的表面加工。

2）金属带材或线材的连续抛磨加工。由于宽砂带磨削的发展，使薄型带材在整个宽度上都有相同的磨削条件，不至于发生局部受力过大，产生应力变形，故冷轧钢带、铜带、铝带及其他合金带材等的表面都适合于用砂带连续抛磨。其加工宽度为600～2100mm，加工厚度为0.1～2.2mm，表面粗糙度值为Ra3.2～0.1μm，带材运行速度为3～80m/min。

3）长径比很大的工件内、外圆抛磨。现代工业中的各种大型的、长径比很大的轴类工件的外圆和管类工件的内圆表面的加工利用砂带磨削十分方便。一般可在大型标准设备上增加一个砂带磨削装置便可实现。批量大的则可采用专用的砂带磨床。

4）复杂异型工件的抛磨。利用砂带的柔性可方便地加工各种复杂曲面，曲率半径仅为3mm的内圆角，砂带也可对其进行抛磨。例如，飞机发动机叶片、汽轮机叶片、导航叶片、聚光镜灯碗、反射镜、餐具、手柄、水暖器具等都可用砂带进行高效率、高质量的抛磨加工。

7.6.11 砂纸分为哪几种？砂纸的常用型号有哪些？

砂纸按形状可分为砂页砂纸（S）和砂卷砂纸（R）；按粘结剂可分为动物胶砂纸

(G/G)、半树脂砂纸(R/G)、全树脂砂纸(R/R)和耐水砂纸(WP);按基材可涂附定量分为 A 型($\geqslant 70g/m^2$)、B 型($\geqslant 100g/m^2$)、C 型($\geqslant 120g/m^2$)、D 型($\geqslant 150g/m^2$)、E 型($\geqslant 220g/m^2$)、F 型($\geqslant 300g/m^2$)、G 型($\geqslant 350g/m^2$);按研磨物质可分为金刚砂纸、人造金刚砂纸、玻璃砂纸等多种。

砂纸的常用型号有 400#、600#、1000#、1200#、1500#、2000#。

各种型号砂纸砂粒的规格见表 7-56。

表 7-56 砂纸砂粒的规格

磨料、微粉粒度号	砂纸代号	尺寸范围/μm	磨料、微粉粒度号	砂纸代号	尺寸范围/μm
280	01	~40	1400(M3.5 或 W3.5)	7	3.5~3.0
320(M40 或 W40)	0	40~28	1600(M3 或 W3)	8	3.0~2.5
400(M28 或 W28)	1	28~20	1800(M2.5 或 W2.5)	9	2.5~2.0
500(M20 或 W20)	2	20~14	2000(M2 或 W2)	10	2.0~1.5
600(M14 或 W14)	3	14~10	2500(M1.5 或 W1.5)	—	1.5~1.0
800(M10 或 W10)	4	10~7	3000(M1 或 W1)	—	1.0~0.5
1000(M7/或 W7)	5	7~5	3500(M0.5 或 W0.5)	—	0.5~更细
1200(M5 或 W5)	6	5~3.5	40000(M0.1 或 W0.1)	—	—

注:粒度号用目或粒度表示,是指 $1in^2$ 面积内有多少个颗粒数。400#就是指 400 目的,数字越大,越细;W28 是指颗粒大小,数字越小,越细。代号 01,就是通常说的 1 号砂纸,数字越大,越细。

砂页(砂布)和砂卷的规格分别见表 7-57 和表 7-58。

表 7-57 砂页(砂布)的规格 (单位:mm)

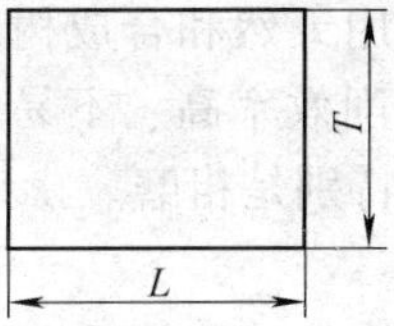

宽度 T	长度 L	宽度 T	长度 L	宽度 T	长度 L
70	115	115	140	230	280
70	230	115	280		
93	230	140	230		

表 7-58 砂卷的规格 (单位:mm)

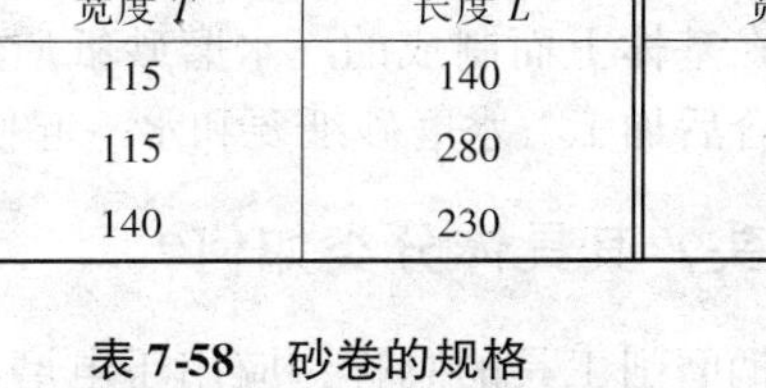

A 型 未装卡盘砂卷 B 型 装有卡盘砂卷

（续）

宽度 T	长度 L	宽度 T	长度 L	宽度 T	长度 L
12.5 *	25000或50000	80 *	25000或50000	230	50000
15 *		93 *		300	
25 *		100	50000	600	
35 *		115		690	
40 *		150		920	
50 *		200		1370	

注：标有“ * ”者有A型、B型，其余只有B型。

7.6.12　海绵砂纸、干磨砂纸、水磨砂纸的用途是什么？

1. 海绵砂纸

海绵砂纸是在海绵上植上研磨砂而成的，可吸水，保持长时间带水研磨，代替水砂纸，适合打磨圆滑部分，适用于各种材料。海绵砂纸砂磨工艺具有生产率高、被加工表面质量好、生产成本低等特点，因此在家具生产中得到了广泛的应用，家具产品的最终表面质量与砂磨工艺有着密切的关系。

2. 干磨砂纸

干磨砂纸是以合成树脂为粘结剂将碳化硅磨料粘接在乳胶之上，并涂以抗静电的涂层制成的高档产品，具有防堵塞、防静电、柔软性好、耐磨度高等优点。干磨砂纸一般选用特制牛皮纸和乳胶纸，选用天然和合成树脂作为粘结剂，经过先进的高静电植砂工艺制造而成。此产品具有磨削效率高、不易粘屑等特点，适用于干磨。干磨砂纸广泛应用于家具、装修等行业，特别是粗磨。

3. 水磨砂纸

水磨砂纸是以耐水基质或经耐水处理的基质为基体，以合成树脂或清漆为粘结剂，将氧化铝或碳化硅粘接在基体上而制成的。水磨砂纸质感比较细，适合打磨一些纹理较细腻的东西，而且适合后加工。水磨砂纸要和水一起使用。

7.6.13　什么是磨头？其具体分类如何？

磨头是一种小型带柄磨削工具的总称，应用于电磨机、吊磨机和手电钻。其种类很多，主要有陶瓷磨头、橡胶磨头、金刚石磨头和砂布磨头等。

（1）陶瓷磨头　粒度砂（一般为棕刚玉、白钢玉、铬刚玉、碳化硅）由陶瓷结合剂烧结而成，中央辅以金属柄。陶瓷磨头主要研磨各种金属，用于孔径内壁的研磨以及模具的修正。

（2）橡胶磨头　较细的粒度砂由橡胶结合剂结合合成，用于模具的抛光。

（3）砂布磨头　多片长方形砂布片粘合在金属柄周围。粒度一般为 F60 ~ F320，用于孔径内壁的抛光。

（4）金刚石磨头　以金刚石合金为磨体的磨削工具。

7.7　装夹工具

7.7.1　什么是机床夹具？其具体分类和组成是什么？

机床夹具是零件在机床上加工时，用于装夹工件和引导刀具的一种工艺装备。其作用是正确确定工件与刀具之间的相对位置，并将工件牢固地加紧。使用夹具可以有效地保证工件的加工质量，提高生产率，扩大机床的工艺范围和减小劳动强度。因此，夹具在机械制造中占有重要地位。

1. 夹具的分类

（1）按夹具的使用特点　有通用夹具、专用夹具、组合夹具、通用可调整夹具和成组夹具等。

（2）按使用夹具的机床类型　有车床夹具、铣床夹具、钻床夹具、磨床夹具、镗床夹具、齿轮加工机床夹具、组合机床夹具等。

（3）按夹具夹紧动力源的不同　有手动夹具、气动夹具、液压夹具、气-液夹具、电动夹具、电磁夹具和真空夹具等。

2. 夹具的组成

通常，夹具的组成部分包括定位装置、夹紧装置、对刀及引导装置、其他元件及装置和夹具体。

（1）定位装置　包括定位元件及其组合，其作用是确定工件在夹具中的具体位置，常用的定位元件有支承钉、定位销、V形块等。

（2）夹紧装置　其作用是将工件压紧夹牢，保证工件在定位时所占据的位置，在加工过程中不因受外力（切削力、重力、惯性力等）作用而产生位移，同时可以减轻或防止振动。它通常由夹紧元件（夹爪、压板等）、传动机构（如杠杆、斜楔等）和动力恢复装置（气缸、液压缸等）组成。

（3）对刀及引导装置　其作用是确定刀具相对于夹具的位置或引导刀具进行加工。常用的对刀及引导元件有对刀块、钻套等。

（4）其他元件及装置　是根据夹具特殊功能需要而设置的一些元件或装置，如分度装置、靠模装置、连接件以及其他辅助元件等。

（5）夹具体　连接夹具上所有元件和装置，使其成为一个整体件，它还用来与机床的有关部位连接，以确定夹具在机床上的位置，如底座、机床本体等。

7.7.2　工件定位的基本原理是什么？它有几种定位方式？

工件定位的基本原理是六点定位原理：工件在空间具有六个自由度，要完全确定工件的位置，就必须用六个支承点（即定位元件）消除这六个自由度。例如：在主基准面上，用不在同一直线上的三个支承点限制三个自由度；在导向平面上，用沿长度方向布置的两个支承点限制两个自由度；在止动平面上，用一个支承点限制一个自由度。

工件的定位方式有平面定位、圆柱孔定位、外圆柱面定位和组合表面定位四种。

（1）平面定位　定位元件有支承板、调节支承、自位支承和其他辅助支承。

（2）圆柱孔定位　定位元件有自位支承、定位心轴、锥度心轴、圆锥销。

（3）外圆柱面定位　定位元件有固定 V 形块、调整 V 形块、活动 V 形块、定位套和锥形套。

（4）组合表面定位　定位元件有两个定位销。

对定位元件的基本要求：足够的精度，足够的强度和刚度，耐磨性好，工艺性好。

7.7.3　常用定位元件有哪些？它们能限制几个自由度？

常用定位元件及其能限制的自由度见表 7-59。

表 7-59　常用定位元件及其能限制的自由度

<table>
<tr><th>工件定位基面</th><th>定位元件</th><th>定位简图</th><th>定位元件特点</th><th>限制的自由度</th></tr>
<tr><td rowspan="2">平面
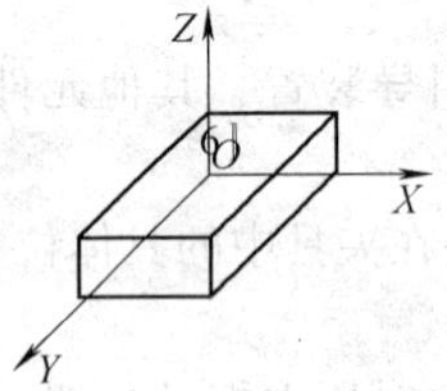
</td><td>支承钉</td><td>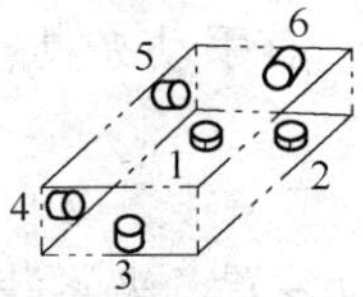
</td><td></td><td>1、2、3——$\vec{Z}$、$\hat{X}$、$\hat{Y}$
4、5——$\vec{X}$、$\hat{Z}$
6——$\vec{Y}$</td></tr>
<tr><td>支承板</td><td>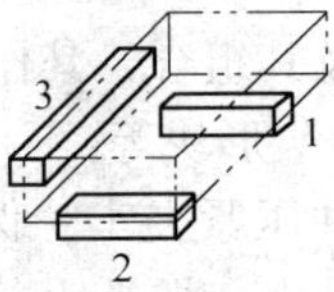
</td><td></td><td>1、2——$\vec{Z}$、$\hat{X}$、$\hat{Y}$
3——$\vec{X}$、$\hat{Z}$</td></tr>
<tr><td rowspan="4">圆孔
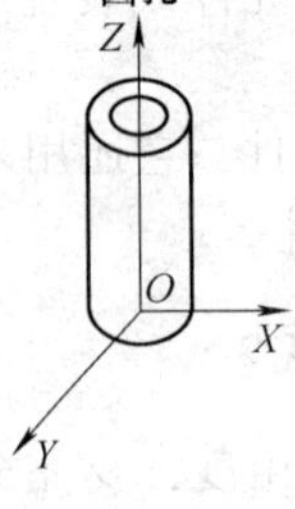
</td><td rowspan="2">定位销
（心轴）</td><td>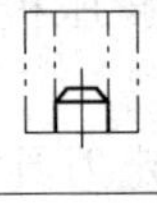</td><td>短销
（短心轴）</td><td>$\vec{X}$、$\vec{Y}$</td></tr>
<tr><td>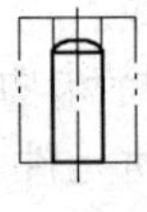</td><td>长销
（长心轴）</td><td>$\vec{X}$、$\vec{Y}$
$\hat{X}$、$\hat{Y}$</td></tr>
<tr><td rowspan="2">锥销</td><td>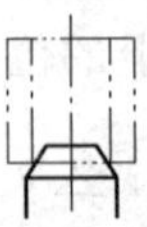</td><td></td><td>$\vec{X}$、$\vec{Y}$、$\vec{Z}$</td></tr>
<tr><td>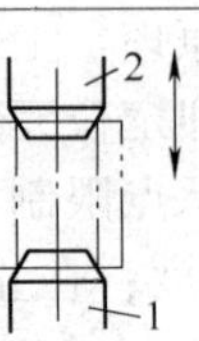
</td><td>1—固定销
2—活动销</td><td>$\vec{X}$、$\vec{Y}$、$\vec{Z}$
$\hat{X}$、$\hat{Y}$</td></tr>
</table>

（续）

工件定位基面	定位元件	定位简图	定位元件特点	限制的自由度
外圆柱面 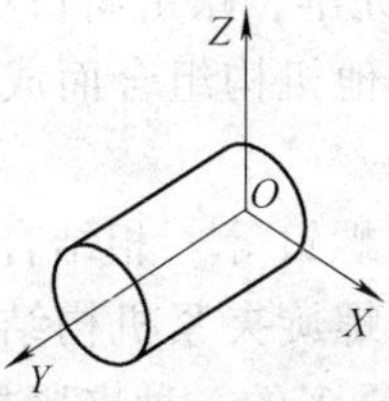	定位套	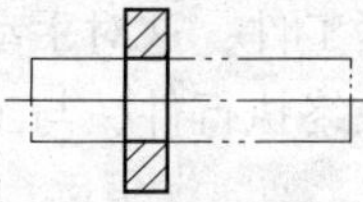	短套	$\vec{X}$、$\vec{Z}$
		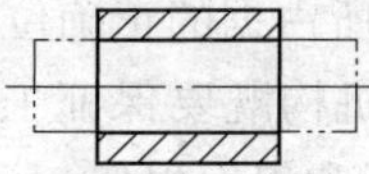	长套	$\vec{X}$、$\vec{Z}$ $\overset{\frown}{X}$、$\overset{\frown}{Z}$
	半圆套	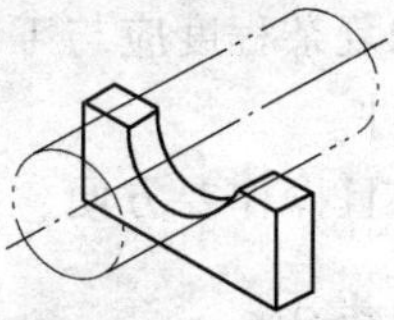	短半圆套	$\vec{X}$、$\vec{Z}$
			长半圆套	$\vec{X}$、$\vec{Z}$ $\overset{\frown}{X}$、$\overset{\frown}{Z}$
	锥套			$\vec{X}$、$\vec{Y}$、$\vec{Z}$
		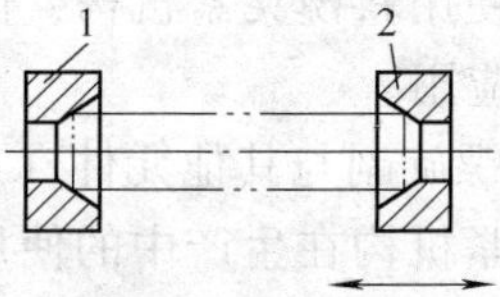	1—固定锥套 2—活动锥套	$\vec{X}$、$\vec{Y}$、$\vec{Z}$ $\overset{\frown}{X}$、$\overset{\frown}{Z}$
	支承板或支承钉	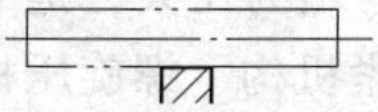	短支承板或支承钉	$\vec{Z}$
			长支承板或两个支承钉	$\vec{Z}$、$\overset{\frown}{X}$
	V 形块	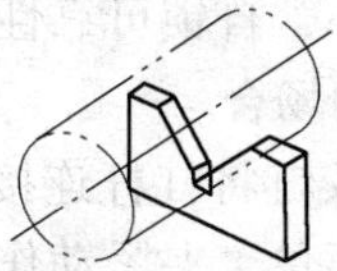	窄 V 形块	$\vec{X}$、$\vec{Z}$
		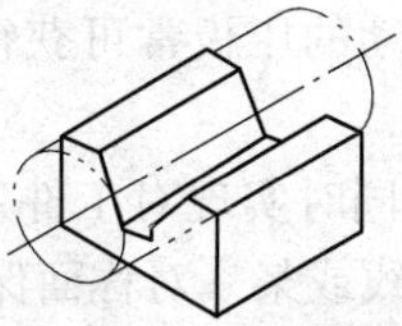	宽 V 形块	$\vec{X}$、$\vec{Z}$ $\overset{\frown}{X}$、$\overset{\frown}{Z}$

7.7.4　夹紧装置的组成和基本要求是什么?

1. 夹紧装置的组成

（1）力源装置　产生夹紧作用力的装置。所产生的力称为原始力，如气动、液动、电动等，对于手动夹紧来说，力源来自人力。

（2）中间传力机构　介于力源和夹紧元件之间传递力的机构。在传递力的过程中，它能够改变作用力的方向和大小，起增力作用；还能使夹紧实现自锁，保证力源提供的原始力消失后，仍能可靠地夹紧工件，这对手动夹紧尤为重要。

（3）夹紧元件　夹紧装置的最终执行件，与工件直接接触完成夹紧作用。

2. 对夹具装置的要求

1）夹紧时应保持工件定位后所占据的正确位置。

2）夹紧力大小要适当。夹紧机构既要保证工件在加工过程中不产生松动或振动，同时，又不得产生过大的夹紧变形和表面损伤。

3）夹紧机构的自动化程度和复杂程度应与工件的生产规模相适应，并有良好的结构工艺性，尽可能采用标准化元件。

4）夹紧动作要迅速、可靠，且操作要方便、省力、安全。

7.7.5　夹紧机构有哪些种类？

（1）斜楔夹紧机构　主要是利用其斜面移动时所产生的压力夹紧工件。斜楔夹紧机构的工作原理：将工件装入，敲击斜楔大头，夹紧工件；加工完毕，敲击斜楔小头，使工件松开。生产中很少单独使用斜楔夹紧机构，但由斜楔与其他机构组合而成的夹紧机构却在生产中得到了广泛应用。

（2）螺旋夹紧机构　是指螺旋副与其他元件（压板、垫片、螺钉等）相结合，对工件实施夹紧的机构。螺旋夹紧机构在生产中的使用极为普遍。螺旋夹紧机构结构简单，夹紧行程大，且自锁性能好，增力比大，是手动夹紧中用得最多的一种夹紧机构。其常用的夹紧形式有单个螺旋夹紧机构、螺旋压板夹紧机构。

（3）偏心夹紧机构　用偏心件直接或间接夹紧工件，有圆偏心夹紧机构和曲线偏心夹紧机构两种类型。圆偏心夹紧机构具有结构简单、操作方便、夹紧迅速等优点。其缺点是，如夹紧力和夹紧行程小，自锁可靠性差，结构抗冲击性较差，故一般用于夹紧行程短及切削载荷小且平稳的场合。

（4）铰链夹紧机构　是指用铰链将杠杆连接，组合后用于夹紧的机构。铰链夹紧机构常设计成增力机构，其结构简单，夹紧动作快，机构摩擦损耗小。在铰链臂为小倾角时，增力比较大，与其他联动的压板常可获得大张量，方便了工件的装卸。铰链夹紧机构常用于气动夹紧机构中。

（5）定心夹紧机构　是一种同时实现对工件定心定位和夹紧的夹紧机构，即在夹紧过程中，能使工件相对某一轴线或某一对称面保持对称性。

当工件被加工面以中心要素（轴线、中心平面等）为工序基准时，为使基准重合以减少定位误差，需采用定心夹紧机构。

定心夹紧机构按其工作原理分为两种类型：一种是按定位 - 夹紧元件等速移动原理来实现定心夹紧的，如自定心卡盘；另一种是按定位 - 夹紧元件均匀弹性变形原理来实现定心夹紧的机构，如弹簧夹筒、膜片卡盘、液性塑料等。

7.7.6　什么是卡盘？它有什么用途？

卡盘是机床上用来夹紧工件的机械装置，利用均布在卡盘体上的活动卡爪的径向移动，把工件夹紧和定位的机床附件。卡盘一般由卡盘体、活动卡爪和卡爪驱动机构三部分组成。卡盘体直径最小为65mm，最大可达1500mm，中央有通孔，以便通过工件或棒料；背部有圆柱形或短锥形结构，直接（或通过法兰盘）与机床主轴端部相连接。卡盘通常安装在车床、外圆磨床和内圆磨床上使用，也可与各种分度装置配合，用于铣床和钻床上。

7.7.7　自定心卡盘的工作原理是什么？

自定心卡盘在夹紧时利用扳手旋转锥齿轮，锥齿轮带动平面矩形螺纹，然后带动三爪向心运动，因为平面矩形螺纹的螺距相等，所以三爪运动距离相等，有自动定心的作用。自定心卡盘由一个大锥齿轮、三个小锥齿轮和三个卡爪组成（图7-43）。三个小锥齿轮和大锥齿轮啮合，大锥齿轮的背面有平面螺纹结构，三个卡爪等分安装在平面螺纹上。当用扳手扳动小锥齿轮时，大锥齿轮便转动，它背面的平面螺纹就使三个卡爪同时向中心靠近或退出。

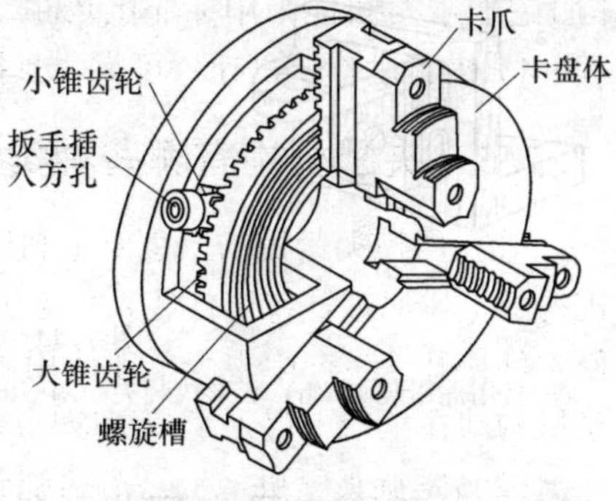

图7-43　自定心卡盘

7.7.8　工件在钻孔时的装夹形式有哪些？

工件钻孔时，要根据工件的不同形体以及钻削力的大小（或钻孔的直径大小）等情况，采用不同的装夹（定位和夹紧）方法，以保证钻孔的质量和安全。工件在钻孔时常用的基本装夹方法如下：

1）平整的工件可用机用虎钳装夹（图7-44a）。装夹时，应使工件表面与钻头垂直。钻直径大于8mm的孔时，必须将机用虎钳用螺栓、压板固定。用机用虎钳装夹工件钻通孔时，工件底部应垫上垫铁，空出落钻部位，以免钻坏机用虎钳。

2）圆柱形的工件可用V形块对工件进行装夹（图7-44b）。装夹时应使钻头轴线与V形块两斜面的对称平面重合，保证钻出孔的中心线通过工件轴线。

3）对较大的工件且钻孔直径在10mm以上时，可用压板装夹的方法进行钻孔（图7-44c）。在搭压板时应注意：压板厚度与压紧螺栓直径的比例应适当，不要造成压板弯曲变形而影响压紧力。压板螺栓应尽量靠近工件，垫铁应比工件压紧表面高度稍高，以保证对工件有较大的压紧力和避免工件在夹紧过程中移动。当压紧表面为已加工表面时，要用衬垫进行保护，以防止压出印痕。

4）底面不平或加工基准在侧面的工件，可用角铁进行装夹（图7-44d）。由于钻孔时的轴向钻削力作用在角铁安装平面之外，故角铁必须用压板固定在钻床工作台上。

5）在小型工件或薄板件上钻小孔，可将工件放置在定位块上，用手虎钳进行装夹

(图 7-44e)。

6) 圆柱工件端面钻孔可利用自定心卡盘进行装夹 (图 7-44f)。

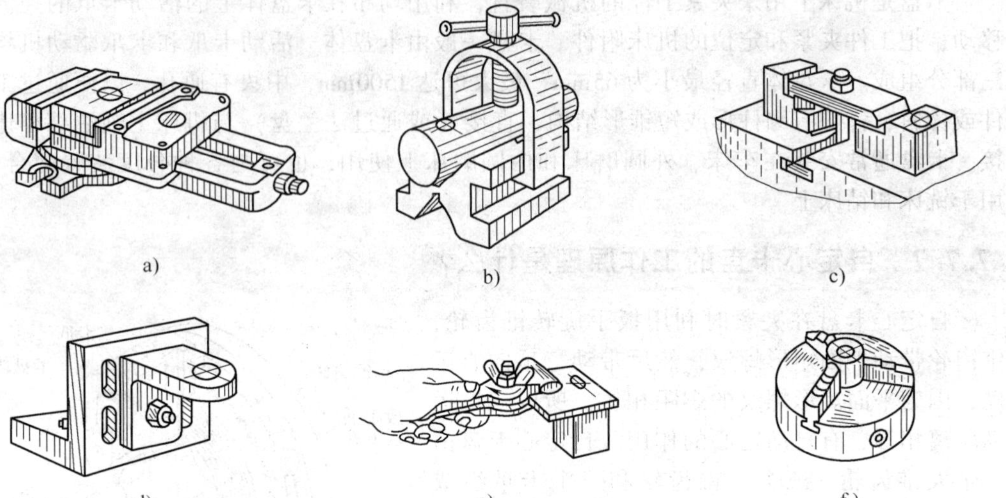

图 7-44 工件在钻孔时的装夹形式

a) 机用虎钳装夹 b) V 形块装夹 c) 压板装夹 d) 角铁装夹 e) 手虎钳装夹 f) 自定心卡盘装夹

7.7.9 组合夹具由哪些元件构成?

组合夹具由用途不同的各类元件组成,主要有基础件、支承件、定位件、导向件 (槽系夹具专用)、夹紧件、紧固件、辅助件和组合件。

(1) 基础件 包括各种规格尺寸的方形、矩形、圆形基础板和基础角铁等,它是安装其他元件的基础。基础件通过定位键、T 形槽、螺钉孔来定位和安装其他元件 (图 7-45)。

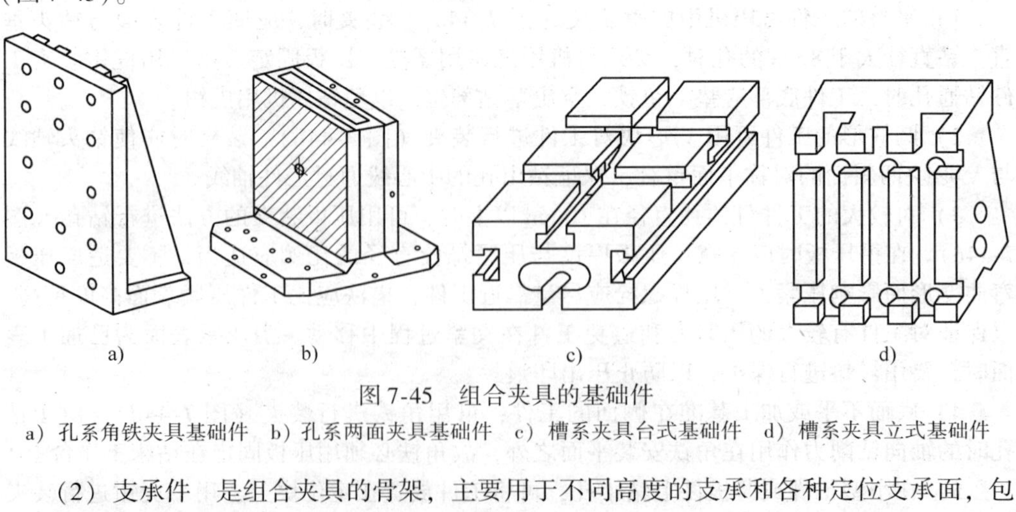

图 7-45 组合夹具的基础件

a) 孔系角铁夹具基础件 b) 孔系两面夹具基础件 c) 槽系夹具台式基础件 d) 槽系夹具立式基础件

(2) 支承件 是组合夹具的骨架,主要用于不同高度的支承和各种定位支承面,包括各种规格尺寸的垫片、垫板、方形和矩形支承、角度支承、V 形支承等（图 7-46）。

a)　　b)　　c)

图 7-46　组合夹具的支承件

a）V 形支承　b）方形支承　c）转角垫板

一般情况下，支承件和基础件共同组成夹具的夹具体，在组合小型夹具时，支承件也可作为基础件。

（3）定位件　主要用于确定元件与元件、元件与工件之间的相互位置，以保证夹具的装配精度和工件的加工精度，还能增强元件之间的连接强度和整个夹具的刚度。定位件主要包括各种定位销、定位盘、定位支承等（图 7-47）。

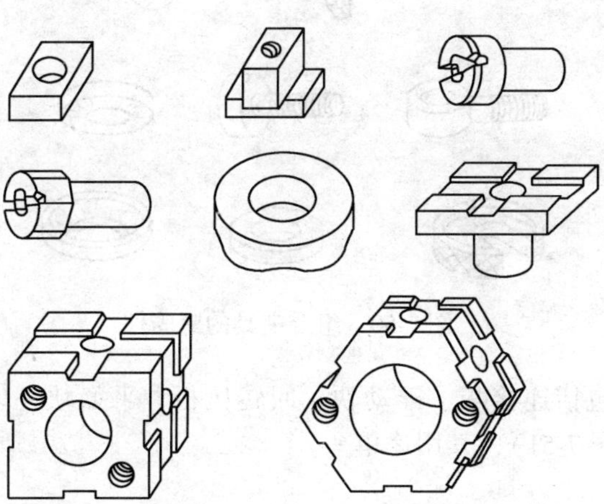

图 7-47　组合夹具的定位件

（4）导向件　用来确定刀具与工件的相互位置，加工时引导刀具到达加工部位，还可增加加工稳定性。常用的导向件有各种导向板、钻套、钻模板及导向支承等（图 7-48）。

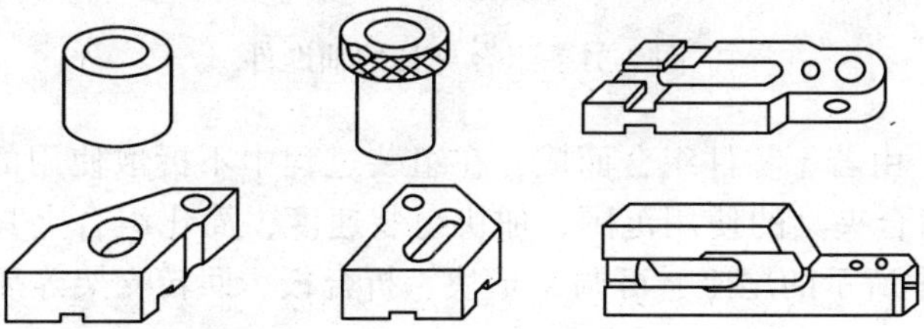

图 7-48　组合夹具的导向件

(5) 夹紧件　其作用是将工件夹紧在夹具上，包括各种形状、尺寸的压板(图7-49)。

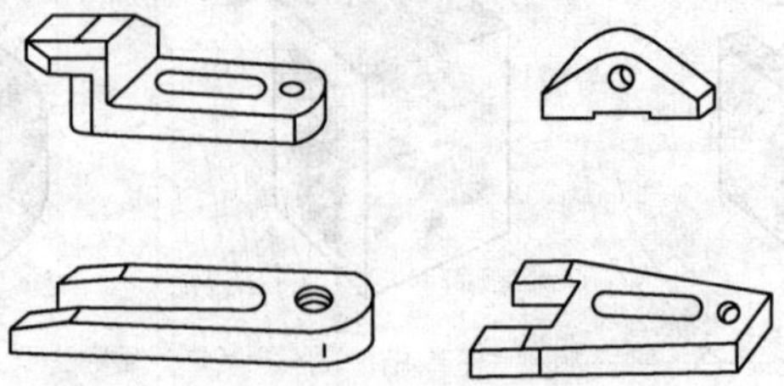

图7-49　组合夹具的夹紧件

由于组合夹具的压板主要表面都经过磨光，因此也常作为定位板、连接板使用。

(6) 紧固件　包括各种螺栓、螺钉、螺母和垫圈等(图7-50)。组合夹具使用的标准件，要求强度高、寿命长、体积小，材料比一般标准紧固件好，加工精度也较高。

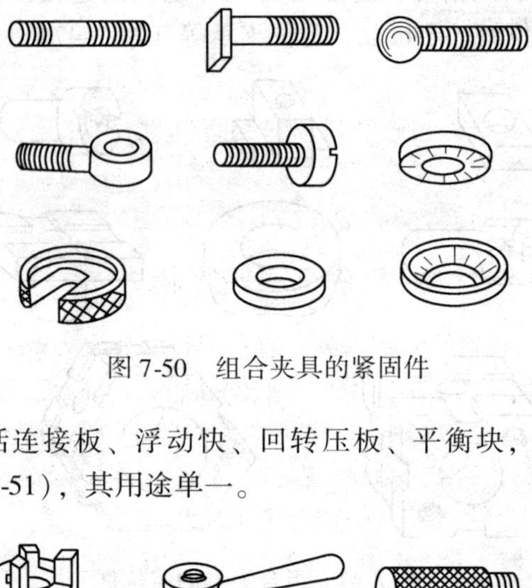

图7-50　组合夹具的紧固件

(7) 辅助件　包括连接板、浮动快、回转压板、平衡块，以及支承钉、支承环、弹簧、平衡块等(图7-51)，其用途单一。

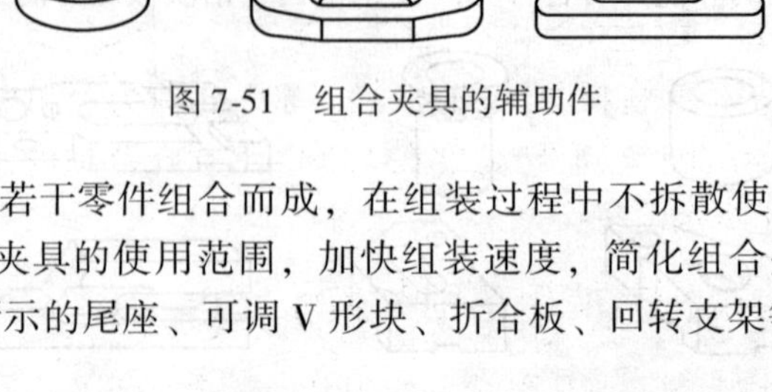

图7-51　组合夹具的辅助件

(8) 组合件　由若干零件组合而成，在组装过程中不拆散使用的独立部件。使用组合件可以扩大组合夹具的使用范围，加快组装速度，简化组合夹具的结构，减小夹具体积。图7-52中所示的尾座、可调V形块、折合板、回转支架等都是组合件。

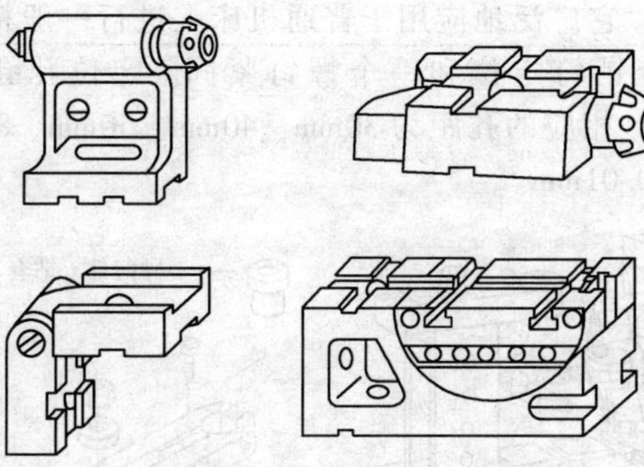

图 7-52　组合夹具的组合件

7.7.10　组合夹具如何分类？各有哪些组成元件？

组合夹具可分为孔系组合夹具和槽系组合夹具两种。

1）孔系组合夹具（图 7-53）是指组合夹具各元件主要靠孔来定位和夹紧的夹具，其特点是一个元件用两圆柱销定位，属允许使用的过定位；其定位精度高，刚性比槽系组合夹具好，组装可靠，体积小，元件的工艺性好，成本低。由于孔系组合夹具基础板上的孔系形成网格式坐标，其他元件可按孔系网格的坐标值组装在此基础板上，基础板的孔系网格坐标与托板网格坐标相对应，因而简化了数控编程的计算。但组装时元件的位置不能随意调节，常用偏心销钉或部分开槽元件进行弥补。

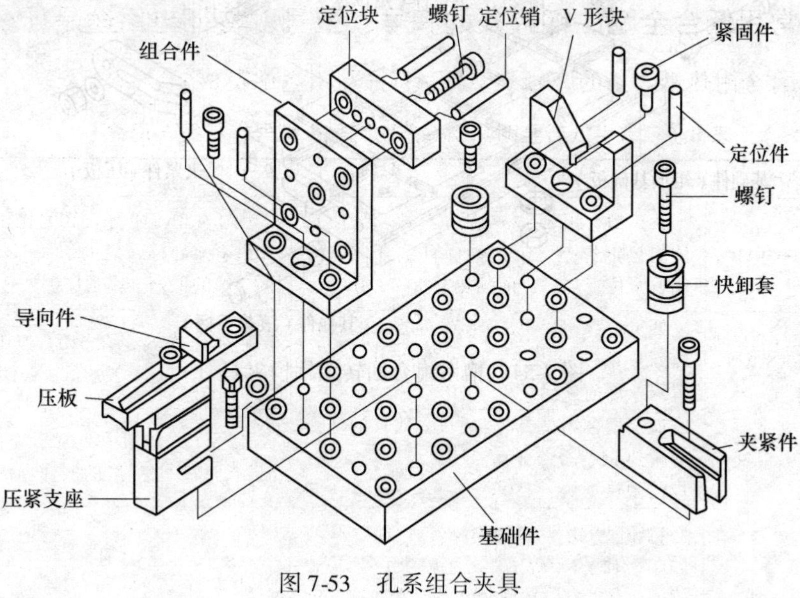

图 7-53　孔系组合夹具

2）槽系组合夹具是指组合夹具各元件主要靠槽来定位和夹紧的夹具（图 7-54），

其特点是平移调整方便，它广泛地应用于普通机床上进行一般精度零件的机械加工，元件与元件之间用两个销钉定位和一个螺钉紧固。定位孔孔径有 10mm、12mm、16mm、24mm 四种规格；相应的孔距为 30mm、40mm、50mm、80mm；孔径公差带为 H7，孔距允许偏差为 ±0.01mm。

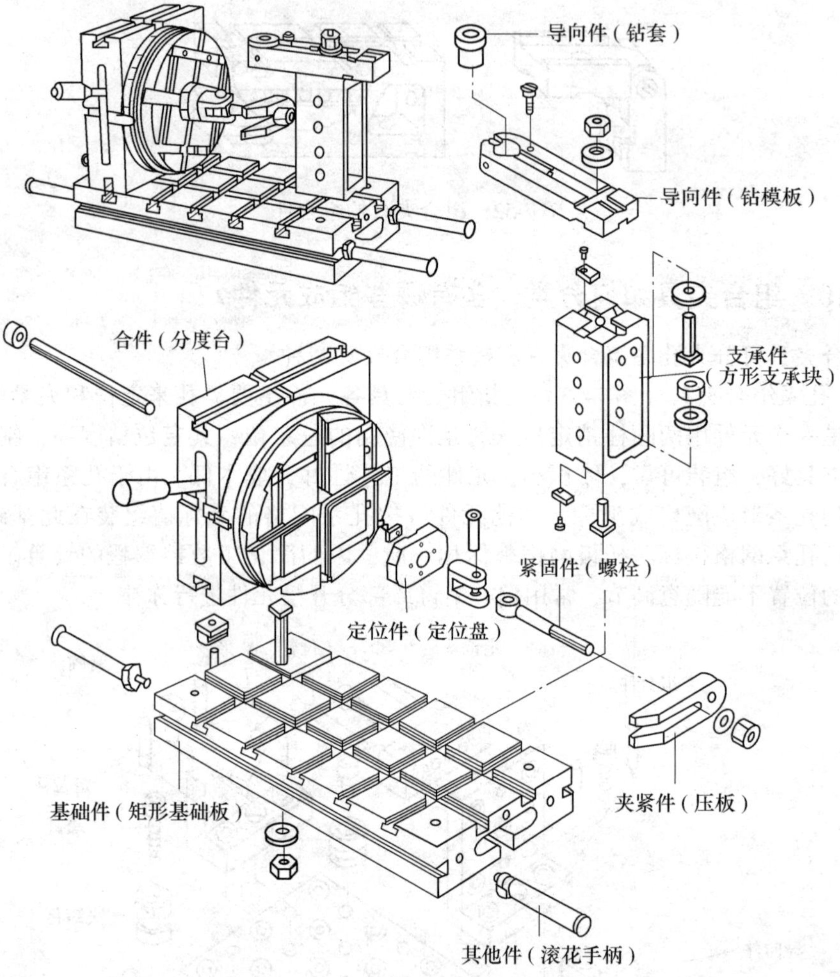

图 7-54　槽系组合回转式钻模夹具

第 8 章

焊割工具

8.1　焊条和焊接方法

8.1.1　焊条如何分类？

1）按用途可分为非合金钢及细化晶粒钢焊条、不锈钢焊条、堆焊焊条、铸铁焊条、热强钢焊条、硬质合金焊条、铝及铝合金焊条、铜及铜合金焊条、镍和镍合金焊条（丝）等。

2）按药皮的主要化学成分可分为氧化钛型焊条、氧化钛钙型焊条、钛铁矿型焊条、氧化铁型焊条、纤维素型焊条、低氢型焊条、石墨型焊条及盐基型焊条。

3）按药皮熔化后熔渣的特性可分为酸性焊条和碱性焊条。前者的主要成分为酸性氧化物，如二氧化硅、二氧化钛、三氧化二铁等。后者的主要成分为碱性氧化物，如大理石、萤石等。

8.1.2　焊条的牌号和型号有什么区别？

焊条牌号是生产企业制定的相对比较通用的编号，其含义包括药皮类型、合金类型、熔敷金属的强度、适用焊接电源等，没有区别焊接位置的编号，但增加了特殊性能的符号（如超低氢、高韧性和打底焊等）。

焊条型号是国家标准中对焊条规定的编号，用来区别各种焊条熔敷金属的力学性能、化学性能、药皮类型、焊接位置和焊接电流种类。标有型号的焊条，其技术要求、性能指标、检验方法都应该按国家标准的规定进行。国家标准通常只规定该种焊条最基本的要求。

8.1.3　焊条的牌号和型号有哪些？

焊条牌号共分 10 大类，通常以一个拼音字母（或汉字）与三位数字表示。拼音字母（或汉字）表示焊条各大类，后面的数字中，前面两位数字表示各大类中的若干小类，第三位数字表示各种焊条牌号的药皮类型及焊接电源（表 8-1），后面可加注表示其特性的字母符号（表 8-2）。

表 8-1 焊条牌号中第三位数字的含义

焊条牌号	药皮类型	焊接电源种类	焊条牌号	药皮类型	焊接电源种类
□××0	未做规定	未做规定	□××5	纤维素型	直流或交流
□××1	氧化钛型	直流或交流	□××6	低氢钾型	直流或交流
□××2	钛钙型	直流或交流	□××7	低氢钠型	直流
□××3	钛铁矿型	直流或交流	□××8	石墨型	直流或交流
□××4	氧化铁型	直流或交流	□××9	盐基型	直流

表 8-2 牌号后面加注字母符号的含义

字母符号	表示的意义	字母符号	表示的意义
D	底层焊条	R	压力容器用焊条
DF	低尘焊条	RH	高韧性超低氢焊条
Fe	铁粉焊条	SL	渗铝钢焊条
Fe13	名义熔敷率为 130% 的铁粉焊条	X	向下立焊用焊条
Fe18	名义熔敷率为 180% 的铁粉焊条	XG	管子用向下立焊焊条
G	高韧性焊条	Z	重力焊条
GM	盖面焊条	Z15	名义熔敷率为 150% 的重力焊条
GR	高韧性压力容器用焊条	CuP	含 Cu 和 P 的抗大气腐蚀焊条
H	超低氢焊条	CrNi	含 Cr 和 Ni 的耐海水腐蚀焊条
LMA	低吸潮焊条		

焊条的型号有多种，其分类也很细，由国家标准规定，它们均以“E”开头（后面可以加特定字母或化学元素符号）。焊条的型号和牌号的字头见表 8-3。

表 8-3 焊条的型号和牌号的字头

名称	型号	牌号	名称	型号	牌号
非合金钢焊条①	E		镍及镍合金焊条	ENi	Ni（镍）
结构钢焊条		J（结）	铜及铜合金焊条	ECu	T（铜）
高强度钢焊条	E		铝及铝合金焊条	E	L（铝）
不锈钢焊条	E	G（铬不锈钢焊条） A（奥氏体不锈钢焊条）	钼及铬钼耐热钢焊条	E	
			热强钢焊条	E	R（热）
堆焊焊条	ED	D（堆）	低温钢焊条		W（温）
铸铁焊条	EZ	Z（铸）	特殊用途焊条		TS（特）

① 非合金钢及细化晶粒钢焊条。

8.1.4 各种常用焊条的型号如何表示？各有什么用途？

（1）非合金钢及细化晶粒钢焊条 它是适用于抗拉强度低于 570MPa 的非合金钢及细晶粒钢焊条。这类焊条的熔敷金属在常温自然环境中具有一定的力学性能。

E 55 15-N5 P U H10

- H10：附加代号，表示熔敷金属扩散氧含量≤10mL/100g
- U：附加代号，表示在规定温度下，冲击吸收能量≥47J
- P：焊后状态代号，此处表示热处理
- N5：熔基金属化学成分分类代号
- 15：药皮类型为碱性，适用于全位置焊接，采用直流反接
- 55：熔敷金属抗拉强度最小值为550MPa
- E：焊条

（2）不锈钢焊条　其熔敷金属在常温、高温或低温中具有不同程度的抗大气腐蚀性介质腐蚀的能力和一定的力学性能。

E 308-1 6

- 6：药皮类型为金红石型，适用于交直流两用焊接
- 1：焊接位置
- 308：熔敷金属化学成分分类代号
- E：焊条

（3）堆焊焊条　此类焊条专门用于金属表面的堆焊，其熔敷金属在常温和高温中具有一定程度的耐不同类型磨损或腐蚀等性能。

E D □(□) □-□□

- -□□：最后两位数字表示药皮类型和焊接电流种类
- □：基本型号，可用数字、字母进行细分类
- □(□)：熔敷金属的化学成分分类代号，可附加一些主要成分元素的符号
- D：用于表面耐磨堆焊
- E：焊条

（4）铸铁焊条　此类焊条专门用作焊补或焊接铸铁。

E Z C Q

- Q：熔敷金属中含有球化剂
- C：熔敷金属类型为铸铁
- Z：用于铸铁焊接
- E：焊条

E Z NiFe-1

- 1：细分类编号为1
- NiFe：熔敷金属中主要元素为镍、铁
- Z：用于铸铁焊接
- E：焊条

（5）铝及铝合金焊条　此类焊条用于铝及铝合金的焊接、焊补或堆焊。

E 1100

- 1100：焊芯用的铝及铝合金牌号
- E：焊条

（6）铜及铜合金焊条　此类焊条用于铜及铜合金的焊接、焊补或堆焊，某些焊条可用于铸铁焊补及异种金属的焊接。

E □-□

- -□：同一分类中有不同化学成分要求时，用字母或数字表示
- □：用元素符号表示型号分类
- E：焊条

（7）镍及镍合金焊条　此类焊条用于镍及镍合金的焊接、焊补或堆焊，某些焊条还可用于铸铁焊补及异种金属的焊接。

ENi 6022 NiCr21Mo13W3

- NiCr21Mo13W3——化学成分分类代号
- 6022——焊条型号第一位数字表示熔敷金属的类别：2－非合金系列；4－镍铜合金；6－含铬，且铁的质量分数≤25%的NiCrFe和NiCrMo合金；8－含铬，且铁的质量分数>25%的NiFeCr合金；10－不含铬，含钼的NiMo合金
- ENi——镍及镍合金焊条

（8）热强钢焊条　此类焊条用于焊条电弧焊用热强钢焊条。

E 62 15 -2C1M H10

- H10——可选附加代号，表示熔敷金属扩散氢含量≤10mL/100g
- -2C1M——熔敷金属化学成分分类代号
- 15——药皮类型为碱性，适用于全位置焊接，采用直流反接
- 62——熔敷金属抗拉强度≥620MPa
- E——焊条

（9）硬质合金焊条　此类焊条主要用于堆焊石油、地质、采煤、矿山、建筑等行业中。

Y D □

- □——合金颗粒目数
- D——用于表面耐磨堆焊
- Y——硬质合金焊条

8.1.5　常用碳钢焊条的牌号、型号、特征与用途是什么？

常用碳钢焊条的牌号、型号、特征与用途见表8-4。

表8-4　常用碳钢焊条的牌号、型号、特征与用途

牌号	型号	特　征	用　途
J420G	E4300	管道用全位置焊条。交直流两用，抗气孔性好	用于工作温度小于450℃，工作压力为3.9～18MPa的高温、高压电站碳钢管道的焊接
J421	E4313	交直流两用，可全位置焊，工艺性能好，再引弧容易	用于焊接低碳钢结构，尤其适用于薄板小件及短焊缝的间断焊和要求表面光洁的盖面焊
J421X	E4313	立向下专用焊条。交直流两用，工艺性能好，焊缝成形美观，易脱渣，引弧和再引弧容易	用于一般船用碳钢及镀锌钢板焊接，尤其适用于薄板及间断焊
J421Fe	E4313	高效铁粉焊条。交直流两用，可全位置焊，工艺性能好，飞溅小，焊缝成形美观，再引弧容易	用于焊接一般船用碳钢结构，尤其适用于薄板及短焊缝的间断焊和要求表面光洁的盖面焊
J421Fe13	E4324	熔敷效率为125%～135%的铁粉焊条。交直流两用，适于平焊、平角焊，再引弧容易，工艺性能好，飞溅小，焊缝成形美观	用于焊接一般低碳钢结构，尤其适用于薄板及短焊缝的间断焊和要求表面光洁的盖面焊

（续）

牌号	型号	特　征	用　途
J421Fe16	E4324	熔敷效率为155%～165%的钛型药皮铁粉焊条。交直流两用，适于平焊、平角焊，再引弧容易，飞溅小，焊缝成形美观	用于一般低碳钢结构和要求表面光洁的盖面焊
J421Fe18	E4324	熔敷效率为180%的钛型药皮高效铁粉焊条。工艺性好，电弧稳定，飞溅小，脱渣容易，焊缝成形美观，引弧性能好，焊接速度快，烟尘小	适用于船体结构低碳钢和相应等级的普通低碳钢的平焊、平角焊
J421Z	E4324	钛型铁粉药皮的重力焊碳钢焊条。交直流两用，焊道厚度可通过选择焊条的直径和改变焊缝的长度来控制	适用于碳钢和其他相应等级的普通低碳钢的角焊缝焊接
J422	E4303	钛钙型药皮的碳钢焊条。焊接工艺性能好，电弧稳定，焊缝成形美观，飞溅小，交直流两用，可全位置焊	用于焊接较重要的低碳钢结构和强度等级低的低合金钢
J422Y	E4303	钛钙型药皮的碳钢焊条。主要用于空载电压36V电源，交直流两用，焊接工艺性好	用于低电压下焊接低碳钢薄板和强度等级低的低合金钢薄板
J422GM	E4303	钛钙型药皮的盖面焊专用焊条。焊接工艺性能和力学性能良好，再引弧、脱渣容易，焊缝表面光洁，交直流两用，可全位置焊	适用于海上平台、船舶、车辆、工程机械等盖面焊缝的焊接
J422Fe	E4303	钛钙型药皮的铁粉焊条。交直流两用，可全位置焊	适用于较重要的低碳钢结构的焊接
J422Fe13	E4323	熔敷效率为125%～135%的钛钙型药皮铁粉焊条。交直流两用	适用于较重要的低碳钢结构的平焊和平角焊
J422Fe16	E4323	熔敷效率为155%～165%的钛钙型药皮高效铁粉焊条。交直流两用，电弧稳定，焊缝成形美观	适用于较重要的低碳钢结构的平焊和平角焊
J422Fe18	E4323	熔敷效率达180%的铁粉钛钙型药皮高效焊条。交直流两用，电弧稳定，焊缝成形美观	适用于较重要的低碳钢结构的平焊和平角焊
J422Z	E4323	熔敷效率达150%以上的钛钙型药皮的重力焊条。焊道厚度可通过选择焊条直径和改变焊缝的长度来控制	适用于碳钢和其他相应等级钢结构的角焊缝焊接
J423	E4301	钛铁矿型药皮的碳钢焊条。交直流两用，成本低廉。平焊、平角焊工艺性能较好，立焊性能稍次于J422焊条	可焊接较重要的低碳钢结构
J424	E4320	氧化铁型药皮的碳钢焊条。交直流两用，熔深大，熔化速度快，由于焊条中含锰量较高，抗热裂性能较好	适于平焊和平角焊，可焊接较重要的碳钢结构
J424Fe14	E4327	熔敷效率为140%左右的铁粉氧化铁型药皮的低碳钢焊条。交直流两用，电弧稳定，熔深大，熔化速度快，由于焊条中含锰量较高，抗热裂性能较好	适于平焊和平角焊，可焊接较重要的碳钢结构

（续）

牌号	型号	特　征	用　途
J424Fe16	E4327	熔敷效率为 155% ~165% 的铁粉氧化铁型药皮高效焊条。交直流两用，电弧吹力大，熔深大，熔化速度快，由于焊条中含锰量较高，抗热裂性能较好	适于平焊和平角焊，可焊接较重要的碳钢结构
J424Fe18	E4327	熔敷效率达 180% 的铁粉氧化铁型药皮高效焊条。交直流两用，电弧稳定，熔深大，熔化速度快，由于焊条中含锰量较高，抗热裂性能较好	适于平焊和平角焊，可焊接较重要的碳钢结构
J425	E4311	纤维素钾型药皮的向下立焊专用碳钢焊条。交直流两用，向下立焊时焊缝成形美观，焊接效率高，焊条摆动不宜过宽，电弧长度要适宜	适用于薄板结构的对接、角接及搭接焊（如电站烟道、风道、变压器的油箱、船体和车辆外板的低碳钢结构）
J425G	E4310	高纤维素钠型药皮的向下立焊条。适用于管缝现场环焊缝全位置向下立焊接，采用直流反极性底层焊时，可单面焊双面成形，焊接速度快	用于各种碳钢钢管的环缝对接
J426	E4316	低氢钾型碱性药皮的碳钢焊条。具有良好的力学和抗裂性能，交直流两用，可全位置焊，交流施焊时在性能稳定性方面稍次于直流焊接	用于焊接重要的低碳钢和低合金钢结构（如 Q295 等）
J426X	E4316	低氢钾型碱性药皮交直流两用向下立角焊缝专用焊条。有良好的焊接工艺性能，在施焊过程中从上向下进行焊接，波纹均匀，焊缝成形美观	用于碳钢和低合金钢结构的向下立角焊缝的焊接
J426H	E4316	低氢钾型碱性药皮的碳钢焊条。扩散氢含量极低，塑性、低温韧性、抗裂性良好，交直流两用，可全位置焊	用于重要的碳钢和低合金钢结构的焊接
J426DF	E4316	低氢钾型碱性药皮的低尘碳钢焊条。具有良好的力学性能和抗裂性能，交直流两用，可全位置焊，焊接时的烟尘发生量及烟尘中可溶性氟化物含量较低	用于密闭容器及通风不良工作场地的焊接，焊接重要的低碳钢和低合金钢（如 Q295 等）
J426Fe13	E4328	熔敷效率为 130% 左右的铁粉低氢钾型药皮的碳钢焊条。交直流两用，可全位置焊，药皮含有铁粉	焊接重要的低碳钢和低合金钢（如 Q295 等）
J427	E4315	低氢钠型碱性药皮的碳钢焊条。采用直流反接，可全位置焊，具有优良的塑性、韧性及抗裂性能	用于焊接重要的低碳钢和低合金钢（如 Q295 等）
J427X	E4315	低氢钠型碱性药皮立向下角焊缝专用焊条。具有良好的焊接工艺性能，在施焊过程中从上向下进行焊接，焊缝波纹均匀、成形美观	适用于碳钢和低合金钢结构的向下立角焊缝的焊接
J427Ni	E4315	低氢钠型碱性药皮的碳钢焊条。采用直流反接，可全位置焊，焊缝金属具有较高的低温冲击韧度	适用于低碳钢的焊接（如船舶用钢、锅炉、桥梁、压力容器及其他低温下承受动载荷的结构等）

（续）

牌号	型号	特 征	用 途
J501Fe	E5014	熔敷效率为110%的铁粉氧化铁型药皮焊条。交直流两用，可进行全位置焊	用于碳钢和低合金钢（如Q345）等船舶、车辆及机械结构焊接
J501Fe15	E5024	熔敷效率为110%左右的铁粉钛型药皮的高效焊条。交直流两用，电弧稳定，飞溅小，焊缝成形美观	适于平焊、平角焊，用于机车车辆、船舶、锅炉等结构的焊接
J501Fe18	E5024	熔敷效率达180%的氧化铁型高效率铁粉碳钢焊条。适用于平焊、平角焊位置的焊接	适用于低碳钢以及普通船用A级、D级钢的焊接
J501Z	E5024	熔敷效率达150%以上的钛型药皮铁粉重力焊碳钢焊条。性能与J501Fe一样，施焊时焊道厚度可通过选择焊条直径和改变焊缝的长度来控制	适用于碳钢和某些低合金钢的平角焊
J502	E5003	钛钙型药皮的碳钢焊条。交直流两用，可全位置焊	主要用于16Mn等低合金钢结构的焊接
J502Fe	E5003	钛钙型药皮的铁粉碳钢焊条。交直流两用，可全位置焊	适用于碳钢及相应强度等级钢结构的焊条
J502Fe16	E5023	熔敷效率达160%的钛钙型药皮的高效铁粉碳钢焊条。交直流两用，适用于平焊和平角焊，效率高，工艺性能好	适用于碳钢等相应强度等级钢的焊接
J502Fe18	E5023	熔敷效率达180%的钛钙型药皮的高效铁粉焊条。交直流两用，适用于平焊和平角焊	适用于碳钢等相应强度等级钢的焊接
J503	E5001	钛铁矿型碳钢焊条。交直流两用，平焊和平角焊工艺性能较好，立焊工艺性能稍次于J502	适用于低合金钢（如Q345等）结构的焊接
J504Fe	E5027	氧化铁型药皮铁粉碳钢焊条。交直流两用，电弧稳定，飞溅小，焊缝成形美观，适用于平焊和平角焊	适用于低碳钢及低合金钢（如船用钢ZC1、ZC2及Q345等）
J504Fe14	E5027	熔敷效率为140%左右的氧化铁型药皮高效铁粉碳钢焊条。交直流两用，电弧稳定，熔深大，熔化速度快，由于焊缝中含锰量较高，抗热裂性较好	是平焊和平角焊专用焊条，可焊接重要的碳钢及低合金钢结构
J505	E5011	高纤维素钾型药皮向下立焊专用焊条。交直流两用，下行焊时钢液及熔渣不下淌，电弧吹力大，熔深大，底层焊可双面成形，焊接效率高	用于碳钢及低合金高强度钢（如Q345、Q420等）管道的焊接
J505MoD	E5011	纤维素钾型药皮底层焊焊条。交直流两用，电弧穿透力大，不易产生气孔、夹渣等焊接缺陷，不宜多层焊和封面焊，作为底层焊时应挑弧焊，以免钢液下淌	专用于厚壁容器及管道的底层打底焊接，提高工作效率和改善焊工工作条件
J506	E1016	低氢钾型碱性药皮焊条。具有良好的力学性能和抗裂性能，交直流两用，可全位置焊，交流施焊时，在工艺性能方面次于直流焊接	用于中碳钢和低合金高强度钢（如Q345等）的焊接

（续）

牌号	型号	特　　征	用　　途
J506X	E1016	低氢钾型碱性药皮交直流两用向下立角焊缝专用焊条，具有良好的焊接工艺性能，施焊过程中从上向下进行焊接，焊缝波纹均匀、成形美观	适用于船体结构的向下立角焊缝的焊接
J506H	E1016 - 1	低氢钾型碱性药皮的超低氢焊条。扩散氢含量极低，塑性、低温韧性、抗裂性良好，交直流两用，可全位置焊	用于重要的碳钢和低合金钢结构的焊接
J506D	E5016	低氢钾型碱性药皮底层焊条。交直流两用，可全位置焊，打底焊时单面焊双面成形，电弧稳定，焊缝成形美观	专用于底层打底焊接，提高工作效率和改善焊工工作条件，但不宜作为多层焊
J506DF	E5016	低氢钾型碱性药皮的低尘焊条。交直流两用，可全位置焊，具有良好的力学性能和抗裂性能，焊接时的烟尘发生量及烟尘中可溶性氟化物含量较低	适用于密闭容器及通风不良工作场所的焊接，用于中碳钢和低合金钢的焊接
J506GM	E5016	低氢钾型碱性药皮的盖面焊条。交直流两用，具有良好的焊接工艺性和力学性能，脱渣容易，焊缝成形美观	用于碳钢、低合金钢的压力容器、石油管道、造船等盖面焊缝的焊接
J506LMA	E5018	熔敷效率为120%左右的低氢钾型碱性药皮低吸潮焊条。交直流两用，可全位置焊，飞溅小，脱渣容易，焊缝成形美观，工艺性能良好，药皮具有耐吸潮性能，焊条使用前经350℃ ×2h 烘干后，在相对湿度较高（80%）的环境中使用，8h 内药皮含水量仍满足使用要求，焊缝的抗裂性能较好	用于焊接较重要的碳钢、低合金钢及刚性较大的船舶结构
J506Fe	E5018	低氢钾型碱性药皮铁粉焊条。交直流两用，可全位置焊，药皮含有铁粉	用于碳钢及低合金高强度钢（如 Q345 等）的焊接
J506Fe-1	E5018-1	低氢钾型碱性药皮铁粉焊条。交直流两用，可全位置焊，药皮含有铁粉，工艺性能良好，具有良好的塑性和韧性	用于碳钢及低合金高强度钢（如 Q345 等）的焊接
J506Fe16	E5028	熔敷效率可达160%的低氢钾型碱性药皮铁粉焊条。交直流两用，适用于平焊和平角焊	用于碳钢及低合金高强度钢（如 Q345 等）的平焊和平角焊接
J506Fe18	E5028	熔敷效率达180%的低氢钾型高效铁粉焊条。交直流两用	用于碳钢及低合金钢的平焊和平角焊接
J507	E1015	低氢钠型碱性药皮焊条。采用直流反接，可全位置焊，具有良好的塑性、韧性及抗裂性能	可焊接中碳钢和某些低合金高强度钢（如 Q345、Q295 等）
J507H	E1015	低氢钠型碱性药皮的超低氢焊条。具有良好的塑性、韧性及抗裂性能，扩散氢含量很低，电弧稳定，脱渣容易，飞溅小，焊缝成形良好，采用直流反接，可全位置焊	用于重要的低合金高强度钢焊接结构

（续）

牌号	型号	特　征	用　途
J507X	E1015	低氢钠型碱性药皮的向下立焊专用焊条。采用直流反接，由上向下立焊时，熔渣不下淌，焊缝成形美观，脱渣好，可提高焊接效率，焊条直拖而下，一般不需摆动	用于造船、建筑、车辆、电站、机械结构等角接和搭接焊缝
J507D	E1015	低氢钠型碱性药皮的底层焊专用焊条。采用直流反接，可全位置焊，单面焊双面成形，采用适当工艺操作可避免产生气孔和夹渣等缺陷	专用于管道及厚壁容器的打底焊
J107DF	E5015	低氢钠型碱性药皮的低尘焊条。采用直流反接，可全位置焊，具有良好的力学性能和抗裂性能，焊接时烟尘量≤10g/kg，烟尘中可溶性氟化物含量≤10%，比一般低氢焊条低	适于密闭容器及通风不良场所焊接，可焊接中碳钢和低合金钢（如Q345、9Mn2V等）
J507XG	E5015	低氢钠型碱性药皮管道向下立焊条。采用直流反接，具有良好的力学性能和抗裂性能，焊接效率高	适于壁厚≤9mm管道的向下立焊及向下立角焊，也可用于厚度>9mm管道的向下立打底焊，可焊接中碳钢和相应强度等级的低合金钢等
J507Fe	E5018	低氢钠型碱性药皮铁粉焊条。采用直流反接，可全位置焊，焊缝成形美观，飞溅少，熔深适中	用于焊接重要的低碳钢和相应强度等级的低合金钢（如Q345等）结构
J507Fe16	E5028	熔敷效率达160%的低氢钠型碱性药皮铁粉焊条。采用直流反接，当空载电压大于70V时，也可采用交流电源施焊，具有良好的塑性	适于平焊和平角焊，适用于碳钢及低合金钢（如Q345等）结构的焊接

8.1.6 常用低合金钢焊条的牌号、型号、特征与用途是什么？

常用低合金钢焊条的牌号、型号、特征与用途见表8-5。

表8-5 常用低合金钢焊条的牌号、型号、特征与用途

牌号	型号	特　征	用　途
J502CuP	—	钛钙型药皮的低合金钢焊条。交直流两用，可全位置焊，焊缝金属具有耐大气和耐海水腐蚀的性能	适用于铜磷系结构钢（如Q345）的焊接
J502NiCu	E5003-G	钛钙型药皮的低合金钢焊条。交直流两用，可全位置焊，焊缝金属具有耐大气腐蚀的性能	用于耐候的铁路机车车辆的焊接（如日产SPA钢、国产Q345钢等）
J502WCu	E5003-G	钛钙型药皮的低合金耐候钢专用焊条。交直流两用，可全位置焊，焊缝金属具有耐大气腐蚀的性能	用于耐候的铁路车辆的焊接（如Q345钢等）

（续）

牌号	型号	特　征	用　途
J502CuCrNi	E5003-G	钛钙型药皮的低合金钢焊条。交直流两用，可全位置焊，具有耐大气腐蚀的性能	用于耐大气腐蚀及近海工程的焊接结构（如耐候钢车辆、铬铝及铜铬镍低合金钢的焊接）
J506WCu	E5016-G	低氢钾型药皮的低合金耐候钢专用焊条。交直流两用，可全位置焊，具有良好的力学性能和抗裂性	适于耐大气腐蚀钢，如 Q345（09MPTi），也用于其他低合金钢，如 Q345（16Mn）等
J506R	E5016-G	低氢钾型药皮的低合金钢高韧性焊条。具有良好的力学性能和较高的低温冲击韧度，焊接工艺优良，脱渣容易，交直流两用，可全位置焊	用于低温高韧性材料，适用于采油平台和船舶、高压容器等重要结构
J506RH	E5016-G	低氢钾型药皮的低合金钢高韧性低氢焊条。交直流两用，可全位置焊，电弧稳定，焊缝具有优良的塑性、韧性和抗裂性能	用于 E36、DE36、A537 等低合金钢重要结构（如海洋平台、船舶和高压容器等）
J506RK	E5016-G	低氢钾型药皮的低合金钢高韧性焊条。具有良好的力学性能和较高的低温冲击韧度。在引弧端对起弧处焊缝金属保护良好，焊接工艺优良，脱渣容易，交直流两用，可全位置焊	用于低温高韧性材料，适用于采油平台、船舶和高压容器等重要结构
J506NiCu	E5016-G	低氢钾型药皮的耐候钢焊条，具有优良的耐大气腐蚀性、抗裂性及良好的塑性、韧性，交直流两用，可全位置焊	用于碳钢及耐候钢焊接（如车辆、近海工程结构、桥梁等）
J506NiMA	E5015-G	耐吸潮超低氢型药皮的低合金钢焊条。具有优良的塑性、抗裂性和较高的低温冲击韧度，可全位置焊。焊条经 400℃ ×1h 烘干后，在相对湿度≥80%的环境中停放 4h，药皮内含水量仍满足使用要求	用于较重要的碳钢、低合金钢（如采油平台、船舶、高压容器等）的焊接
J506FeNE	E5018-G	低氢钾型药皮的核电工程用低合金铁粉焊条。具有良好的抗裂性和较高的低温冲击韧度，焊接工艺优良，交直流两用，可全位置焊	用于核电工程主管道等焊接结构以及化工容器、贮罐、船舶的焊接
J506NiCrCu	E5016-G	低氢钾型药皮的低合金焊条。交直流两用，可全位置焊，具有良好的耐大气腐蚀性	用于耐大气腐蚀的近海工程（如耐候钢车辆、铬铝及铜铬镍低合金钢）的焊接结构
J507TiBMA	E5015-G	低氢钠型超低氢耐吸潮药皮的低合金钢焊条。采用直流反接，熔敷金属中含有 Ti-B 元素，具有很高的低温冲击韧度和断裂韧度	用于船舶、桥梁、高压管道、压力容器、锅炉、海洋工程及其他重要焊接结构
J507NiCu	E5015-G	低氢钠型药皮的耐候钢焊条。具有优良的耐大气腐蚀性、抗裂性及良好的塑、韧性，采用直流反接，可全位置焊	用于碳钢及 500MPa 级耐候钢（如车辆、近海工程结构、桥梁等）

（续）

牌号	型号	特征	用途
J507NiCuP	E5015-G	低氢钠型药皮的低合金钢焊条。采用直流反接，可全位置焊，焊接工艺性能良好	用于耐海水和耐大气腐蚀的Q345钢（09MnCuPTi）及其他相应钢种的焊接
J507WCu	E5015-G	低氢钠型药皮的低合金耐候钢焊条。采用直流反接，可全位置焊，具有良好的抗裂性和力学性能	用于耐大气腐蚀的Q345钢（09MnCuPTi、16Mn）及其他低合金高强度钢等
J507R	E5015-G	低氢钠型药皮的高韧性低合金钢焊条。采用直流反接，可全位置焊，焊后经620℃×10h消除应力处理，其抗拉强度不低于490MPa	用于压力容器的焊接，也用于其他低合金高强度钢重要结构，如Q345（16Mn、16MnRE）等
J507NiTiB	E5015-G	低氢钠型药皮的高韧性低合金钢焊条。熔敷金属含Ni-Ti-B元素，具有很高的低温冲击韧度，工艺性良好，采用直流反接，可全位置焊	用于船舶、锅炉、压力容器、工程矿山机械、海洋工程结构及其他重要焊接结构
J507RH	E5015-G	低氢钠型的低氢药皮的高韧性低合金钢焊条。具有良好的塑性、抗裂性和较高的低温冲击韧度，工艺性良好，直流反接，可全位置焊	用于船舶、桥梁、高压管道、压力容器、锅炉、海上平台及其他重要焊接结构
J507Mo	E5015-G	低氢钠型药皮抗硫化氢腐蚀的低合金钢焊条。工艺性能较好，采用直流反接，可全位置焊	用于含钼、钒或低铝等元素的耐腐蚀钢（如12MoVAl）
J507MoNb	E5015-G	低氢钠型药皮抗硫化氢腐蚀的低合金钢焊条。工艺性能较好，采用直流反接，可全位置焊，具有良好的塑性、韧性和抗裂性	用于石油化工用钢。对耐硫化氢及氢、氮、氨介质腐蚀具有良好的综合性能
J507CuP	E5015-G	低氢钠型药皮的低合金钢焊条。采用直流反接，可全位置焊，焊缝具有耐大气、耐海水腐蚀的性能	用于铜磷系耐大气、耐海水腐蚀的低合金，如Q345（16MnPNbRE、09MnCuTi）等
J507FeNi	E5018-G	低氢型药皮的低合金钢铁粉焊条。采用直流反接，可全位置焊，具有较低的扩散氢含量和较高的低温冲击韧度	用于中碳钢、低温钢压力容器如16MnDR等
J507MoWNbB	E5015-G	低氢钠型药皮的低合金钢焊条。采用直流反接，可全位置焊，工艺性能良好	用于耐中温、高压（在400℃、320atm，1atm = 101.3kPa）耐氢、氮、氨介质腐蚀条件的焊接结构
J507SLA/B	E5015-G	低氢钠型药皮的渗铝钢专用焊条。采用直流正接，可全位置焊，J507SLA焊前不去除坡口表面和两侧的渗铝层，而J507SB焊前应去除渗铝层	用于厚度为8mm以下的低碳或低合金钢表面渗铝钢（至少一方为渗铝钢）
J555	E5011-G	高纤维素钾型药皮的向下立焊低合金钢焊条。交直流两用，下行焊时，钢液及熔渣不下淌，电弧吹力大，熔深大，底层焊可双面成形，焊接速度快	用于低合金钢管的焊接

（续）

牌号	型号	特　征	用　途
J555G	E5010-G	高纤维素钠型药皮的向下立焊低合金钢焊条。采用直流反接，适合现场环焊缝全位置向下立焊，底层焊可双面成形，焊接速度快	用于低合金钢管的环缝对接焊
J556	E5016-G	低氢钾型药皮的低合金钢焊条。交直流两用，可全位置焊，交流焊时在工艺性能稳定性方面稍次于直流焊接	用于中碳钢和低合金钢
J556RH	E5016-G	低氢钾型药皮的超低氢高韧性焊条。交直流两用，可全位置焊，焊缝具有优良的塑性、韧性和抗裂性	用于海洋采油平台、船舶、压力容器等低合金钢重要焊接结构
J556XG	E5516-G	低氢钾型药皮管子向下立焊低合金钢焊条。交直流两用，具有良好的力学性能和抗裂性，并有低尘、高效的特点	用于中碳钢和相应强度等级的低合金钢，适于壁厚≤9mm 圆管的向下立焊及角焊，向下立对接坡口焊，以及壁厚 >9mm 圆管的向下立打底焊
J556CuCrMo	E5516-G	低氢钾型药皮的耐海水腐蚀低合金钢焊条。交直流两用，可全位置焊，含有 Cu、Cr、Mo 元素，具有优良的耐海水冲刷腐蚀性和力学性能	用于在海水中使用的钢结构
J557	E5515-G	低氢钠型药皮的低合金钢焊条。采用直流反接，可全位置焊	用于中碳钢和 Q390（15MnTi、15MV）等低合金高强度钢
J557Mo	E5515-D3		
J557MoV	E5515-G	低氢钠型药皮的低合金钢焊条。采用直流反接，可全位置焊，具有优良的塑性、韧性	主要用于大型水轮机涡壳现场装焊，也用于抗裂性要求较高的 Q390（15Mn、15MnV）等低合金高强度钢焊接结构
J557SLA/B	E5515-G	低氢钠型药皮的渗铝钢专用焊条。采用直流正接，短弧操作，可全位置焊（J557SLA 焊前不去除坡口表面和两侧的渗铝层，而 J557SLB 焊前应去除渗铝层）	焊接工作温度在 540℃ 以下，焊接在硫化氢、硫、氨、碳氨及氢、氮腐蚀介质下使用的渗铝钢（如锅炉管道、石油精炼设备、化肥设备和蒸汽管道等）
J606	E6016-D1	低氢钾型药皮的低合金高强度钢焊条。交直流两用，可全位置焊，交流焊时，工艺性能稳定性稍次于直流焊	用于中碳钢及相应强度等级的低合金高强度钢，如 Q420（15MnVN）
J606RH	E6016-G	压力容器用 590MPa 级无裂纹钢使用的超低氢钾型药皮的高韧度焊条。具有较高的缺口冲击韧度和良好的抗裂性，采用直流反接，可全位置焊	用于压力容器、桥梁、水电站及海洋工程等焊接结构，与 CF60 钢匹配良好
J607	E6015-D1	低氢钠型药皮的低合金高强度钢焊条。采用直流反接，可全位置焊	用于中碳钢及相应强度等级的低合金高强度钢，如 Q420（15MnVN）

（续）

牌号	型号	特征	用途
J607Ni	E6015-G	低氢钠型药皮的低合金高强度钢焊条。采用直流反接，可全位置焊，具有良好的抗热裂性	用于相应强度等级并具有再热裂纹倾向的钢（如核反应堆壳体、锅炉锅筒、化工容器、贮罐等）
J607RH	E6015-G	压力容器用590MPa级无裂纹钢使用的超低氢钾型药皮的高韧性焊条。具有较高的缺口冲击韧度和良好的抗裂性，采用直流反接，可全位置焊	用于压力容器、桥梁、水电站及海洋工程等焊接结构，与CF60钢匹配良好
J707	E7015-D2	低氢钠型药皮的低合金高强度钢焊条。采用直流反接，可全位置焊，焊件在必要时可焊前预热和焊后热处理	用于焊接15MnMoV、14MnMoVB、18MnMoNb等低合金钢
J707Ni	E7015-G	低氢钠型药皮的低合金高强度钢焊条。采用直流反接，可全位置焊，具有良好的综合力学性能，与J707相比，低温冲击韧度和抗裂性显著提高	用于焊接相应强度等级低合金钢（如14MnMoVB、WEL-TEN70等）
J707-RH	E7015-G	低氢钠型超低氢药皮的高韧性焊条。采用直流反接，可全位置焊，焊接工艺性良好，焊接接头的冷弯、抗裂性和抗爆性良好，具有良好的塑性、韧性	用于船体结构，也用于$R_{p0.2}\geqslant$590MPa级高强度钢重要结构
J707NiW	E7015-G	低氢钠型药皮的低合金高强度钢焊条。采用直流反接，可全位置焊，焊接工艺性良好，具有较高的低温冲击韧度和良好的抗裂性	用于15MnMoVN钢的各种工程机械
J757	E7515-G	低氢钠型药皮的低合金高强度钢焊条。采用直流反接，可全位置焊	用于抗拉强度相当于740MPa的低合金高强度钢焊接结构
J757Ni	E7515-G	低氢钠型药皮的低合金高强度钢焊条。采用直流反接，可全位置焊，具有良好的综合力学性能，尤其是具有较高的低温冲击韧度和优良的抗裂性	用于焊接相应强度等级的高强度钢（如14MnMoNbB、WEL-TEN80等）
J807	E8015-G	低氢钠型药皮的低合金高强度钢焊条。采用直流反接，可全位置焊，具有优良的工艺性能和抗裂性	用于焊接14MnMoNb B钢及相应的其他低合金钢
J807RH	E8015-G	低氢钠型药皮的超低氢高韧性焊条。采用直流反接，可全位置焊，具有良好的工艺性能、综合力学性能、抗裂性和较高的低温冲击韧度	用于相应强度等级的低合金钢（如WES、HW70、ASTM、A514、A517、CF80等）结构
J857	E8515-G	低氢钠型药皮的低合金高强度钢焊条。采用直流反接，可全位置焊	用于抗拉强度相当于830MPa的低合金高强度钢结构

（续）

牌号	型号	特　征	用　途
J857Cr	E8515-G	低氢钠型药皮的低合金高强度钢焊条。采用直流反接，可全位置焊	用于抗拉强度相当于830MPa的低合金高强度钢(如14CrMnMoVB、30CrMo、35CrMo）结构
J857CrNi	E8515-G	低氢钠型药皮的低合金高强度钢焊条。采用直流反接，可全位置焊，具有优良的工艺性、抗裂性和较高的低温冲击韧度	用于E级钢制造的列车车钩缺陷的焊补和抗拉强度相当于830MPa的低合金高强度钢（如WEL-TEN80、WEL-TEN80C等）结构
J907	E9015-G	低氢钠型药皮的低合金高强度钢焊条。采用直流正接，可全位置焊	用于抗拉强度相当于880MPa的低合金高强度钢结构
J907Cr	E9015-G	低氢钠型药皮的低合金高强度钢焊条。采用直流正接，可全位置焊	用于抗拉强度相当于830MPa的低合金高强度钢（如14CrMnMoVB、30CrMo、35CrMo）结构
J107	E10015-G	低氢钠型药皮的低合金高强度钢焊条。采用直流反接，可全位置焊	用于抗拉强度相当于980MPa的低合金高强度钢结构
J107Cr	E10015-G	低氢钠型药皮的低合金高强度钢焊条。采用直流反接，可全位置焊	用于抗拉强度相当于980MPa的低合金高强度钢（如30CrMnSi、35CrMo等）结构

8.1.7　常用低合金耐热钢焊条的牌号、型号、特征与用途是什么？

常用低合金耐热钢焊条的牌号、型号、特征与用途见表8-6。

表8-6　常用低合金耐热钢焊条的牌号、型号、特征与用途

牌号	型号	特　征	用　途
R102	E5003-A1	钛钙型含钼0.5%（质量分数）的珠光体耐热钢焊条。工艺性优良，交直流两用，全位置焊，焊前预热至90～110℃	用于工作温度在510℃以下的锅炉管道氩弧焊打底后的盖面焊，以及焊接一般的低合金高强度钢
R106Fe	E5018-A1	低氢型含钼0.5%（质量分数）的珠光体耐热钢铁粉焊条。交直流两用，全位置焊，焊前预热至90～110℃	用于工作温度在510℃以下的锅炉管道，也用于一般的低合金钢
R107	E5015-A1	低氢型含钼0.5%（质量分数）的珠光体耐热钢焊条。直流反接，全位置焊，焊前预热至90～110℃	用于工作温度在510℃以下的锅炉管道，也用于一般的低合金高强度钢
R200	E5500-B1	特殊型含铬、钼均为0.5%（质量分数）的珠光体耐热钢焊条。交直流两用，全位置焊，具有良好的抗气孔性及冷弯塑性，可满足高压管道焊接的各种技术要求，焊前预热至160～200℃	用于工作温度在510℃以下的珠光体耐热钢和蒸汽及过热器管道等

（续）

牌号	型号	特　征	用　途
R202	E5503-B1	钛钙型含铬、钼均为0.5%（质量分数）的珠光体耐热钢焊条。交直流两用，全位置焊，焊前预热至160～200℃	用于工作温度在510℃以下的珠光体耐热钢和蒸汽及过热器管道等
R207	E5515-B1	低氢型含铬、钼均为0.5%（质量分数）的珠光体耐热钢焊条。直流反接，全位置焊，焊前预热至90～110℃	用于工作温度在510℃以下的铬钼珠光体耐热钢和高温、高压管道、化工容器等
R302	E5503-B2	钛钙型含铬1.0%（质量分数）、钼0.5%（质量分数）的珠光体耐热钢焊条。交直流两用，全位置焊，焊缝成形美观，焊前预热至150～250℃	用于工作温度在520℃以下的含铬1.0%（质量分数）、钼0.5%（质量分数）的珠光体耐热钢的锅炉受热管道氩弧焊打底焊后的盖面焊
R306Fe	E5518-B2	低氢钾型含铬1.2%（质量分数）、钼0.5%（质量分数）的珠光体耐热钢铁粉焊条。交直流两用，短弧操作，全位置焊，焊接时预热和层间温度为160～250℃	用于含铬1.0%（质量分数）、钼0.5%（质量分数）的珠光体耐热钢，如工作温度在550℃以下的锅炉受热面管道和工作温度在520℃以下的蒸汽管道、高压容器
R307	E5515-B2	低氢钾型含铬1.2%（质量分数）、钼0.5%（质量分数）的珠光体耐热钢焊条。直流反接，全位置焊，焊前预热温度为160～250℃	用于工作温度在520℃以下的含铬1.0%（质量分数）、钼0.5%（质量分数）的珠光体耐热钢（如15CrMo）、锅炉管道、高压容器、石化设备等，也用于30CrMnSi铸钢件的焊接
R307H	E5515-B2	超低氢低合金耐热钢焊条。熔敷金属具有高韧度、优异的抗裂性等特点，直流反接，短弧操作，全位置焊，工艺性好	用于工作温度在520℃以下的低合金耐热钢，如加氢反应器、换热器等高压容器及锅炉管道焊接
R310	E5500-B2-V	特殊型含铬1.0%（质量分数）、钼0.5%（质量分数）、钒的珠光体耐热钢焊条。交直流两用，全位置焊，具有良好的抗气孔性及冷弯塑性，焊前预热至250～300℃	用于工作温度在540℃以下的珠光体耐热钢，如高温高压锅炉管道、石油裂化设备、高温合成化工机械设备等
R312	E5503-B2-V	钛钙型含铬1.0%（质量分数）、钼0.5%（质量分数）、钒的珠光体耐热钢焊条。交直流两用，全位置焊，焊前预热至250～300℃	用于540℃以下的珠光体耐热钢，如锅炉管道焊条氩弧焊打底后的盖面焊
R316Fe	E551S-B/-V	低氢钾型含铬1.2%（质量分数）、钼0.5%（质量分数）、钒的珠光体耐热钢铁粉焊条。交直流两用，全位置焊，焊前预热至250～300℃	用于工作温度在580℃以下的珠光体耐热钢锅炉受热面管道、工作温度在540℃以下的蒸汽管道、石油裂化设备、高温合成化工设备等，也用于相应强度等级的低合金钢结构

（续）

牌号	型号	特　征	用　途
R317	E5515-B2-V	低氢钠型含铬1.0%（质量分数）、钼0.5%（质量分数）、钒的珠光体耐热钢焊条。直流反接，全位置焊，焊前预热至250～300℃	用于工作温度在510℃以下的珠光体耐热钢，如高温高压锅炉管道、石油裂化设备、高温合成化工机械等
R327	E5515-B2VW	低氢钠型含铬、钼、钒的珠光体耐热钢焊条。直流反接，全位置焊，焊前预热至250～300℃	用于工作温度在570℃以下的珠光体耐热钢
R337	E5515-B2VNb	低氢钠型含铬、钼、钒、铌的珠光体耐热钢焊条。直流反接，全位置焊，焊前预热至250～300℃	用于工作温度在570℃以下的珠光体耐热钢
R340	E5500-B3VWB	特殊型含铬、钼、钒、钨、硼的珠光体耐热钢焊条。直流反接，全位置焊，焊前预热至250～300℃	用于工作温度在570℃以下的珠光体耐热钢
R347	E5515-B3-VWB	低氢钠型含铬、钼、钒、钨、硼的珠光体耐热钢焊条。直流反接，全位置焊，焊前预热至320～360℃	用于工作温度在620℃以下的珠光体耐热钢结构，如高温高压汽轮发电机组、锅炉管道等
R100	E6000-B3	特殊型含铬2.5%（质量分数）、钼1.0%（质量分数）的珠光体耐热钢焊条。交直流两用，全位置焊，焊前预热至160～200℃	用于珠光体耐热钢结构，如550℃以下工作的高温高压管道、石油裂化设备、合成化工机械设备等
R402	F6000-B3	钛钙型含铬2.5%（质量分数）、钼1.0%（质量分数）的珠光体耐热钢焊条。交直流两用，全位置焊，焊前预热至160～200℃	用于工作温度在550℃以下的高温高压管道氩弧焊打底后的盖面焊
R406Fe	E6018-B3	低氢钾型含铬2.5%（质量分数）、钼1.0%（质量分数）的珠光体耐热钢铁粉焊条。交直流两用，全位置焊，焊前预热至160～200℃	用于珠光体耐热钢结构，如550℃以下工作的高温高压管道、石油裂化设备、合成化工机械设备等
R407	E60115-B3	低氢钠型含铬2.5%（质量分数）、钼1.0%（质量分数）的珠光体耐热钢焊条。直流反接，全位置焊，焊前预热至250～300℃	用于珠光体耐热钢结构如550℃以下工作的高温高压管道、石油裂化设备、合成化工机械设备等
R417	E5515-B3-VNb	低氢钾型含铬2.5%（质量分数）、钼1.0%（质量分数）的珠光体耐热钢铁粉焊条。交直流两用，全位置焊，焊前预热至160～200℃	用于珠光体耐热钢结构，如550℃以下工作的高温高压管道、石油裂化设备、合成化工机械设备等
R427	E5515-B3-VNb	低氢钠型含铬、钼、钨、铌的耐热钢焊条。直流反接，短弧操作，全位置焊，焊前预热和层间温度为300～400℃	用于工作温度在620℃以下的耐热钢结构，如高温高压锅炉中的蒸汽管道、过热蒸汽管等

（续）

牌号	型号	特征	用途
R507	E5MoV-15	低氢钠型含铬5%（质量分数）、钼的珠光体耐热钢焊条。具有高温耐氢侵蚀性，直流反接，短弧操作，全位置焊，焊前预热至300～400℃（焊接全程中必须保持）	用于珠光体耐热钢结构，如400℃的高温耐氢腐蚀管道
R517	—	低氢钠型含铬、钼、钨、钒、铌的珠光体耐热钢焊条。直流反接，短弧操作，全位置焊，焊前预热至250～350℃	用于工作温度在650℃以下的耐热钢，如高温高压锅炉再热汽管等
R707	E9Mo-15	低氢钠型耐热钢焊条，直流反接，短弧操作，全位置焊，焊前预热至300～400℃	用于耐热钢及过热蒸汽管道等
R717	—	低氢钠型含铬9%（质量分数）、钼1.0%（质量分数）、镍0.8%（质量分数）、钒的贝氏体和马氏体耐热钢焊条。直流反接，短弧操作，全位置焊，焊接时焊件预热和层间温度为300～400℃，焊后须经730～750℃的回火处理	用于工作温度为600～650℃的耐热钢，如蒸汽管道和过热蒸汽管等
R717A	—	低氢钠型耐热钢焊条。直流反接，短弧操作，全位置焊，焊前焊件须预热至250～350℃	用于Cr9Mo1类耐热钢，如高温高压锅炉过热蒸汽管及石油精炼设备的加热器管等
R802	E11MoVNi-16	钛钙型耐热钢焊条。交直流两用，全位置焊，焊前焊件须预热至350～400℃	用于工作温度在565℃以下的耐热钢
R807	E11MoVNi-15	低氢钠型耐热钢焊条。直流反接，全位置焊，焊前焊件须预热至350～400℃	用于工作温度在565℃以下的耐热钢，如高压汽轮机的变速级叶片等
R817	E11MoNiW-15	低氢钠型耐热钢焊条。直流反接，全位置焊，焊前焊件须预热至350～400℃	用于工作温度在580℃以下的热强钢过热器及蒸汽管道等
R827	—	低氢钠型耐热钢焊条。直流反接，全位置焊，焊前焊件须预热至350～400℃	用于工作温度在565℃以下的热强钢结构，如过热器及蒸汽管道、高压汽轮机的变速级叶片等

8.1.8 常用不锈钢焊条的牌号、型号、特征与用途是什么？

常用不锈钢焊条的牌号、型号、特征与用途见表8-7。

表8-7 常用不锈钢焊条的牌号、型号、特征与用途

牌号	型号	特征	用途
G202	E410-16	钛钙型药皮的Cr13不锈钢焊条。交直流两用	用于06Cr13及12Cr13不锈钢，也用于耐蚀、耐磨的表面堆焊
G207	E410-15	低氢型的Cr13不锈钢焊条。采用直流反接，可全位置焊	用于06Cr13及12Cr13不锈钢，也用于耐蚀、耐磨的表面堆焊

（续）

牌号	型　号	特　征	用　途
G217	E410-15	低氢型的 Cr13 不锈钢焊条。采用直流反接，短弧操作，可全位置焊，焊前焊件需预热至 300～350℃，焊后经 680～760℃回火处理，焊缝金属回火温度即使在相变温度以下，也能得到良好的力学性能	用于焊接 06Cr13、12Cr13、20Cr13 不锈钢，如汽轮机叶片的补焊及对接，也用于耐蚀、耐磨的表面堆焊
G302 G307	E430-16	钛钙型的 Cr17 不锈钢焊条。交直流两用	用于耐硝酸腐蚀、耐热的 10Cr17 等不锈钢结构
A001G15	E308L-15	熔敷效率为 150% 的氧化钛耐发红高效率不锈钢焊条。具有飞溅小、脱渣易、焊缝成形美观、高效节能等特点，直流反接	用于同类型不锈钢平焊或平角焊
A002	E308L-16	钛钙型的超低碳 022Cr19Ni10 不锈钢焊条。熔敷金属含碳量≤0.040%（质量分数），有很好的抗晶间腐蚀性能，可交直流两用，工艺性能好	用于超低碳 022Cr19Ni10 不锈钢和工作温度低于 300℃ 耐腐蚀的不锈钢，主要用于合成纤维、化肥、石油等设备的焊接
A002A	E308L-17	氧化钛酸性超低碳耐发红高效率不锈钢焊条。具有耐发红、飞溅小、引弧及再引弧性好，脱渣容易、成形美观等特点，交直流两用	用于含钛稳定性奥氏体不锈钢和同类型不锈钢，焊条直径≤3.2mm 时可全位置焊，其他规格仅用于平焊
A012Si	—	钛钙型超低碳不锈钢焊条。有很好的耐浓硝酸腐蚀性能，可交直流两用，工艺性能好	用于耐浓硝酸腐蚀的超低碳不锈钢
A002Mo	E308Mo-16	钛钙型超低碳不锈钢焊条。具有良好的耐蚀性及抗裂性，可交直流两用，工艺性能好	用于焊接超低碳不锈钢，也用于碳素钢，如合成纤维、化肥、石油化工等设备
A022	E316L-16	钛钙型超低碳不锈钢焊条。具有良好的耐热性、耐蚀性及抗裂性，可交直流两用，工艺性能好	用于尿素、合成纤维等设备及相同类型的不锈钢，也用于焊后不热处理的铬不锈钢、复合钢和异种钢等
A022Si	E316L-16	钛钙型超低碳不锈钢焊条。具有良好的抗应力腐蚀和点腐蚀性，可交直流两用，工艺性能极佳	用于焊接冶金设备中的衬板或管材
A022L	E316L-16	钛钙型超低碳不锈钢焊条。具有良好的耐热性、耐蚀性、抗裂性，工艺性能好，可交直流两用	用于核安全一级铬镍奥氏体不锈钢管道和容器构件，以及尿素、合成纤维等设备和焊后不热处理的铬不锈钢、异种钢等
A032	E317MoCuL-16	钛钙型超低碳不锈钢焊条。交直流两用，焊缝中含有钼和铜，在硫酸介质中具有较高的耐蚀性	用于在低、中浓度硫酸介质中工作的同类型超低碳不锈钢，如合成纤维等设备，也可焊接 Cr13Si3 耐酸钢

（续）

牌号	型　号	特　征	用　途
A042	E309MoL-16	钛钙型超低碳不锈钢焊条，交直流两用，焊缝中加入适量的钼，提高了焊缝金属的抗裂性及耐蚀性	用于相同类型的超低碳不锈钢及异种钢等
A042Si	—	是一种超低碳不锈钢焊条。交直流两用，具有良好的焊接工艺性能，加入适量的钼，提高了焊缝金属的抗裂性及耐蚀性	用于相同类型的超低碳不锈钢及异种钢等
A042Mn	—	是一种超低碳不锈钢焊条。交直流两用，具有良好的耐蚀性	用于尿素设备
A052	—	钛钙型超低碳不锈钢焊条。焊缝金属具有耐含甲酸、醋酸介质点蚀及耐氯离子腐蚀性能，比A017、A022等焊条耐蚀性好，交直流两用，工艺性能好	用于化学耐硫酸、醋酸、磷酸腐蚀的反应器、分离器，也用于耐海水腐蚀的不锈钢及异种钢
A062	E300L-16	钛钙型超低碳不锈钢焊条。可交直流两用，在不含铌、钛等稳定化元素时，也能抵抗因碳化物析出而产生的晶间腐蚀	用于不锈钢、复合钢和异种钢等，如合成纤维、石油化工等设备，也用于核反应堆压力容器内壁过渡层堆焊和塔内构件
A072	—	钛钙型超低碳不锈钢焊条。可交直流两用，焊缝在65%硝酸沸腾介质中有良好的耐蚀性	用于不锈钢的焊接，如核燃料设备等
A082	—	钛酸型耐浓硝酸腐蚀用超低碳不锈钢焊条。焊接工艺性好，焊条药皮具有良好的抗发红开裂性能，交直流两用	用于耐浓硝酸腐蚀的不锈钢焊接和补焊
A101	E308-16	钛型不锈钢焊条。施焊时药皮具有不发红、不开裂的特点，具有良好的力学性能及抗晶间腐蚀性，特别适于薄板平焊	用于工作温度低于300℃耐蚀的不锈钢结构
A102	E308-16	钛钙型不锈钢焊条。具有良好的力学性能及抗晶间腐蚀性，交直流两用，工艺性能极好	用于工作温度低于300℃耐蚀的不锈钢结构
A102A	E308-17	钛钙型超低碳不锈钢焊条。有良好的力学性能及抗晶间腐蚀性，耐发红、熔化速度快，工艺性能好，交直流两用	用于工作温度低于300℃耐蚀的不锈钢结构
A102T	E307-16	用低碳钢焊芯、药皮过渡铬镍等合金元素而获得高效率的不锈钢焊条。熔敷效率可达130%～150%，具有良好的力学性能和抗晶间腐蚀性，工艺性能优异，交直流两用，交流稳弧性好，药皮无发红、开裂现象，适于平焊和平角焊	用于工作温度低于300℃耐腐蚀的不锈钢焊接及表面层堆焊

（续）

牌号	型　　号	特　　征	用　　途
A107	E308-15	低氢型不锈钢焊条。具有良好的力学性能及抗晶间腐蚀性，采用直流反接，可全位置焊	用于工作温度低于300℃耐腐蚀的不锈钢焊接及表面层堆焊
A112	—	钛钙型不锈钢焊条。由于焊缝含碳量较高，晶间腐蚀敏感性大，焊后经1050～1100℃水淬处理，可得到较好的抗晶间腐蚀性，交直流两用，工艺性能优异	特别适于薄板平焊，用于焊接一般耐蚀性要求不高的不锈钢
A117	—	低氢型不锈钢焊条。由于焊缝含碳量较高，晶间腐蚀敏感性大，焊后经1050～1100℃水淬处理，可得到较好的抗晶间腐蚀性，采用直流正接，可全位置焊	用于焊接一般耐蚀性要求不高的不锈钢
A122	—	钛钙型双相不锈钢焊条。交直流两用，由于焊缝中含有较多的铁素体，故具有优良的抗裂性及抗晶间腐蚀性	用于工作温度低于300℃、要求抗裂性及耐蚀性较高的不锈钢
A132	E347-16	钛钙型含铌不锈钢焊条。具有优良的抗晶间腐蚀性，交直流两用，工艺性能优异	用于重要的耐腐蚀含钛稳定化元素的不锈钢
A132A	E147-17	钛钙型含铌不锈钢焊条。具有优良的抗晶间腐蚀性，药皮耐发红，熔化速度快，交直流两用，工艺性能优异	用于重要的耐腐蚀含钛稳定化元素的不锈钢
A137	E347-15	低氢型含铌不锈钢焊条。具有优良的抗晶间腐蚀性，采用直流反接，可全位置焊	用于重要的耐腐蚀含钛稳定化元素的不锈钢
A146	—	低氢型不锈钢焊条。交直流两用，可全位置焊，熔敷金属具有良好的力学性能	用于重要的不锈钢
A172	E307-16	钛钙型不锈钢焊条。交直流两用，具有优良的抗裂性	用于ASTM307钢及其他异种钢焊接，也用于耐冲击腐蚀钢和过渡层的堆焊，如高锰钢、淬硬钢
A201	E316-16	钛型不锈钢焊条。施焊时药皮不发红、不开裂，由于焊缝金属添加钼，具有良好的耐蚀性、耐热性及抗裂性，特别是对抗氯离子点蚀有好处。可交直流两用，工艺性能优异，适宜薄板的平焊和角焊	用于在有机酸和无机酸介质中工作的不锈钢，也用于焊后不能热处理的高铬钢或异种钢焊接

8.1.9　常用低温钢焊条的牌号、型号、特征与用途是什么？

常用低温钢焊条的牌号、型号、特征与用途见表8-8。

表8-8 常用低温钢焊条的牌号、型号、特征与用途

牌号	型号	特征	用途
W607	E5015-G	低氢钠型含镍的低温钢焊条。直流反接，可全位置焊，在-60℃时焊缝金属仍具有较高的冲击韧度	焊接-60℃低温钢结构
W607H	E5515-C1	超低氢钠型低温钢焊条。可全位置焊，焊接工艺性优良，在-60℃时焊缝金属仍具有较高的冲击韧度	焊接铝镇静低温钢和含镍2.5%（质量分数）的低温钢压力容器和焊接结构
W707	—	低氢钠型低温钢焊条。直流反接，可全位置焊，在-70℃时焊缝金属仍具有较高的冲击韧度	焊接-70℃工作的低温钢结构，如9Mn2V、Q345（09MnTiCuRE）等
W707Ni	E5515-C1	低氢钠型含镍低温钢焊条。直流反接，可全位置焊，在-70℃时焊缝金属仍具有较高的冲击韧度	焊接-70℃工作的低温钢结构，如9Mn2V等
W807	E5515-G	低氢钠型含镍低温钢焊条。直流反接，可全位置焊，在-80℃时焊缝金属仍具有较高的冲击韧度	焊接-80℃工作的含镍1.5%（质量分数）的低温钢结构
W907Ni	E5515-C2	低氢钠型含镍低温钢焊条。直流反接，可全位置焊，在-90℃时焊缝金属仍具有较高的冲击韧度	焊接-90℃工作的含镍3.5%（质量分数）的低温低合金钢结构
W107	E5015-C2L	低氢钠型含镍低温钢焊条。直流反接，可全位置焊，在-100℃时焊缝金属仍具有较高的冲击韧度	焊接-100℃工作的含镍3.5%（质量分数）的低温低合金钢结构
W107Ni	—	低氢钠型含镍低温钢焊条。直流反接，可全位置焊，由于焊缝含5%（质量分数）左右的镍，因此焊缝金属具有良好的耐回火性	焊接含镍3.5%（质量分数）的低温钢结构

8.1.10 焊条的选用原则是什么？

焊条的选用，必须在确保焊接结构安全、可靠使用的前提下，根据被焊材料的化学成分、力学性能、板厚及接头形式、焊接结构特点、受力状态、结构使用条件对焊缝性能的要求、焊接施工条件和技术经济效益等综合考查后，有针对性地选用，必要时还需进行焊接性试验。焊条选用主要应考虑如下几个方面：

（1）焊缝金属的力学性能和化学成分　对于普通结构钢，通常要求焊缝金属与母材等强度，应选用熔敷金属抗拉强度等于或稍高于母材的焊条。对于合金结构钢，有时还要求合金成分与母材相同或接近。在焊接结构刚性大、接头应力高、焊缝易产生裂纹的情况下，应考虑选用比母材强度低的焊条；当母材中碳、硫、磷等元素的含量偏高时，焊缝中容易产生裂纹，应选用抗裂性好的碱性低氢型焊条。

（2）焊件的使用性能和工作条件　对承受动载荷和冲击载荷的焊件，除满足强度要求外，还应主要保证焊缝金属具有较高的冲击韧度和良好的塑性，可选用塑性、韧性指标较高的低氢型焊条；接触腐蚀介质的焊件，应根据介质的性质及腐蚀特征，选用不锈钢焊条或其他耐腐蚀焊条；在高温、低温、耐磨或其他特殊条件下工作的焊件，

应选用相应的耐热钢、低温钢、堆焊或其他特殊用途焊条。

（3）焊接结构的特点及受力条件　对结构形状复杂、刚性大的厚大焊接结构件，由于焊接过程中产生很大的内应力，易使焊缝产生裂纹，应选用抗裂性好的碱性低氢型焊条；对受力不大、焊接部位难以清理干净的焊件，应选用对铁锈、氧化皮、油污不敏感的酸性焊条；对受条件限制不能翻转的焊件，应选用适于全位置焊接的焊条。

（4）施工条件和经济效益　在满足产品使用性能要求的情况下，应选用工艺性好的酸性焊条；在狭小或通风条件差的场合，应选用酸性焊条或低尘焊条；对焊接工作量大的结构，应尽量选用高效率焊条，如铁粉焊条、高效率重力焊条等，或选用底层焊条等专用焊条，以提高焊接生产率。

（5）级别不同的碳钢与低合金钢（或低合金钢与低合金高强钢）焊接　选用的焊条应能保证焊缝及接头的强度不低于强度较低侧母材的强度，同时焊缝金属的塑性和冲击韧度不低于强度较高而塑性较差侧母材的性能（可按两者之中强度级别较低的钢材选用焊条）；为防止出现焊接裂纹，应按强度级别较高、焊接性较差一侧的钢种确定焊接工艺（包括焊接参数、预热温度及焊后热处理等）。

8.1.11　焊丝可分为哪几类？

第 1 类：药制焊丝　该类焊丝的形状为圆形或是异形，使用薄钢带弯曲卷成。有一定成分的药粉填充在其中，然后经过拉制所制成有缝的药芯焊丝；或是在钢管中填充大量的药粉拉制成的无缝药芯焊丝。

第 2 类：轧制焊丝　市面上大多数的焊丝都是轧制焊丝。轧制焊丝的种类包括有色金属焊丝、不锈钢焊丝、碳钢焊丝、合金结构钢焊丝、低合金结构钢焊丝等。

第 3 类：铸造焊丝　该类焊丝主要用在能满足抗氧化、耐磨损和高温/低温下对耐蚀性等有特殊性能要求的手工堆焊中。

第 4 类：电火花冷焊丝　该类焊丝一般在常温状态下进行焊接，或是堆焊时使用，对象是某些性能特别、不耐高温的零件焊补和修复，温度通常在 100℃以内。

8.1.12　焊丝的选用原则是什么？

焊丝的选用要根据被焊钢材的种类、焊接部件的质量要求、焊接施工条件（板厚、坡口形状、焊接位置、焊接条件、焊后热处理及焊接操作等）、成本等综合考虑。

（1）被焊钢材的种类　对于碳钢及低合金钢，一般按“等强匹配”的原则选择满足力学性能要求的焊丝；对于耐热钢、耐候钢和不锈钢，主要考虑焊缝金属与母材化学成分的一致性或相似性，以满足对耐热性和耐蚀性等方面的要求。

（2）焊接部件的质量要求（特别是冲击韧度）　焊接接头性能与焊接条件、坡口形状、保护气体混合比等工艺条件有关，要在确保焊接接头性能的前提下，选择达到最大焊接效率及降低焊接成本的焊接材料。

（3）焊接施工条件　对应于被焊工件的板厚选择所使用的焊丝直径，确定所使用的电流值；参照各生产厂的经验，选择适合于焊接位置及使用电流的焊丝牌号。

8.1.13 常用焊接方法有哪些？各自适用范围如何？

常用焊接方法及各自适用范围见表8-9。

表8-9 常用焊接方法及各自适用范围

焊接方法	接头形式	焊接位置	适焊材料	钢板厚度/mm	生产率	变形度	应用范围
气焊	对接、卷边、接头等	全位置	碳钢、合金钢、耐热钢，铜及铜合金，铝及铝合金等	0.5~3	低	大	受力不大的薄板构件焊接、修补
焊条电弧焊	对接、搭接、角接、T形接等	全位置	碳钢、合金钢、铜及铜合金等	3~20	中	较小	结构件、零件焊接、修补
埋弧焊		平焊		6~60	高	小	结构件中厚板长直焊缝、环缝批量生产
钨极氩弧焊		全位置	铝、铜、镁、钛及其合金，耐热钢、不锈钢	0.5~6	中	小	薄板构件全位置焊，打底焊等
熔化极惰性气体保护电弧焊				0.5~25	离	小	各种板厚，各种熔滴过渡形式
CO_2焊及MAG焊			碳钢、低合金结构钢、不锈钢	0.8~25	高	小	各种板厚，各种熔滴过渡形式
电子束焊、激光焊			碳钢、合金结构钢、不锈钢、热敏金属等	0.5~60	高	极小	调整薄板，超厚板焊
等离子弧焊	对接	全位置	耐热钢、不锈钢、铜、镍、钛及钛合金	0.025~12	较高	小	薄件熔入型焊，厚件小孔穿透焊
电渣焊		立焊	碳钢、低合金钢、铸钢、不锈钢等	40~450	很高	大	大厚度件拼接
电阻对焊 电阻点焊 电阻缝焊	对接 搭接 搭接	平焊 全位置 平焊	碳钢、低合金钢、不锈钢、铝合金	$\phi\leqslant20$ 0.5~3 <3	很高	小	杆状零件薄板容器、管件
钎焊	搭接 套接	平焊	碳钢、合金钢、铜及铜合金等	—	高	极小	特殊形状及结构，异种材料，微电子器件等
胶焊	搭接	全位置	各种金属、非金属	—	较高	极小	飞行器、汽车构件，微电子器件

8.2 焊割工具和设备

8.2.1 常用的焊割工具有哪些？

常用的焊割工具包括焊炬、割炬、焊割两用炬、碳弧气刨炬和割嘴、焊嘴、电焊钳等。其中，焊炬分射吸式焊炬、等压式焊炬、气体保护焊焊炬、便携式微型焊炬等；割炬分射吸式割炬、等压式割炬和专用割炬；焊割两用炬分射吸式焊割两用炬和等压式焊割两用炬。火焰割嘴分等压式割嘴、射吸式割嘴和快速割嘴。

8.2.2 各种焊割工具有什么用途？

各种焊割工具及其用途如图 8-1 ~ 图 8-9 所示。

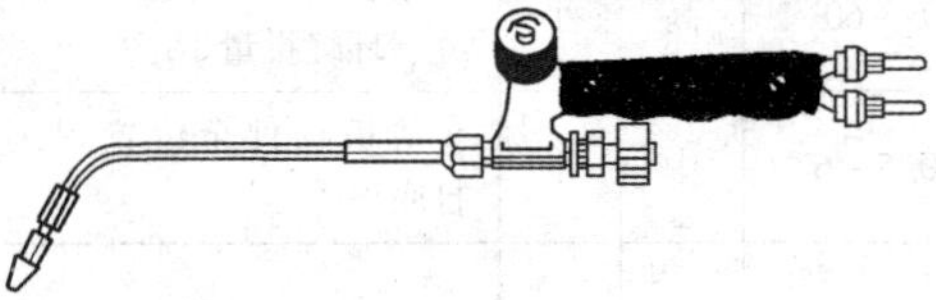

图 8-1 射吸式焊炬

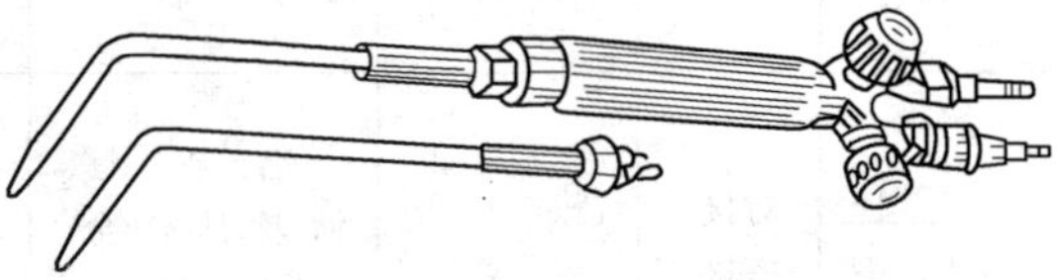

图 8-2 等压式焊炬

射吸式焊炬用于氧乙炔焊。等压式焊炬用于焊接和预热金属。

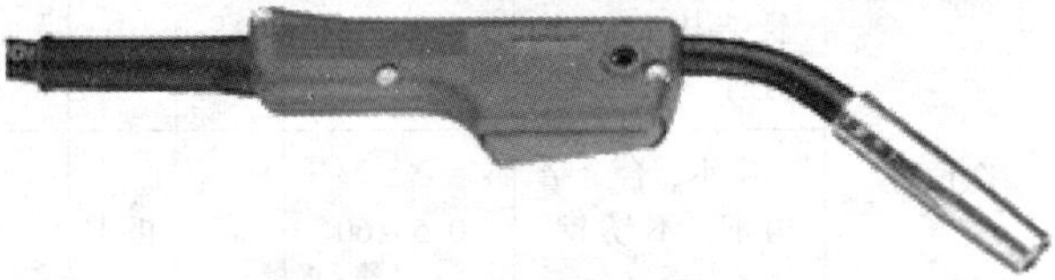

图 8-3 气体保护焊焊炬

气体保护焊焊炬用于需要用保护气体的场合。

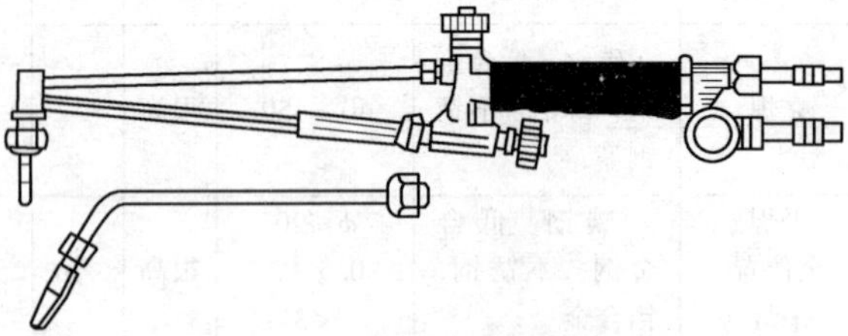

图 8-4 射吸式焊割两用炬

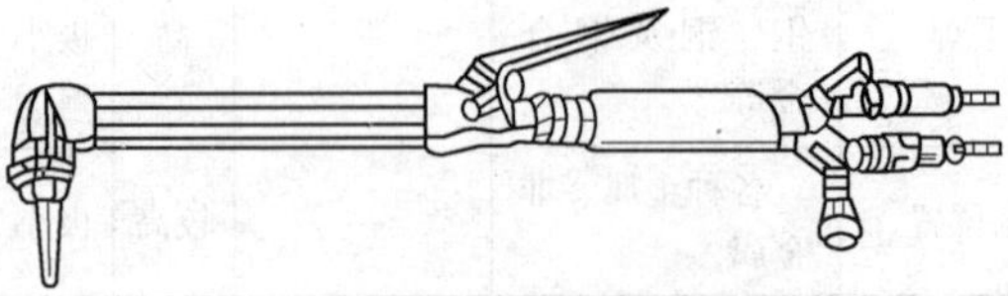

图 8-5 等压式焊割两用炬

射吸式焊割两用炬和等压式焊割两用炬均可利用氧气及乙炔作为热源，以及高压氧气作为切割氧流，焊接、预热各种金属，或切割低碳钢材，多用于焊割任务不大的修理车间。

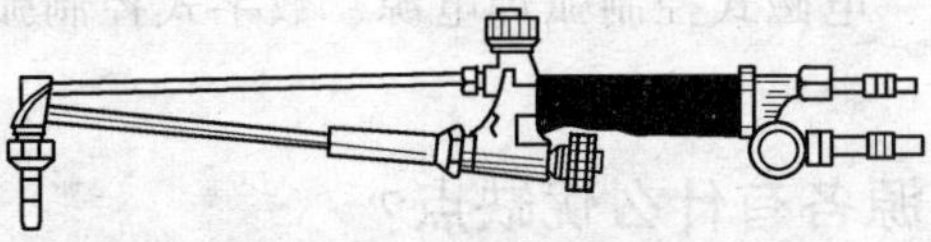

图 8-6 射吸式割炬

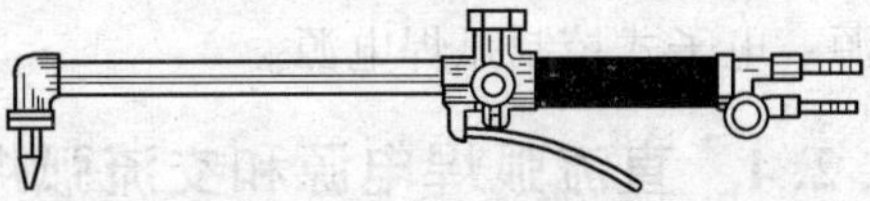

图 8-7 等压式割炬

射吸式割炬和等压式割炬均可用预热火焰对工件表面加热，达到一定温度后加切割氧气流使钢材熔化，并吹走熔渣。

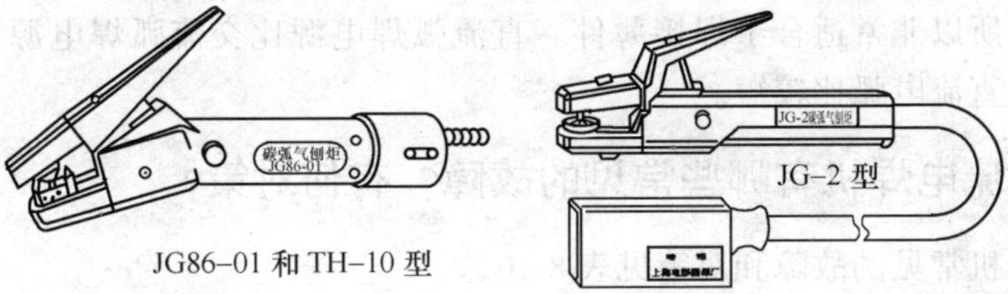

图 8-8 碳弧气刨炬

碳弧气刨炬是用于配合碳棒使用的专业夹具，工作时碳棒与工件呈45°夹角，并沿切线（或直线）方向刨削。

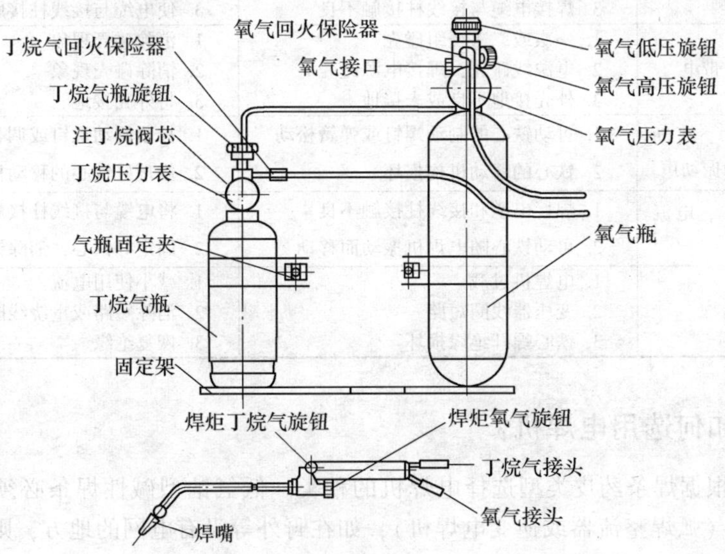

图 8-9 便携式微型焊炬

便携式微型焊炬用于场所经常变更但工作量不大的焊接场合。

8.2.3　弧焊电源分为哪几类？

弧焊电源按类别分有直流弧焊电源、交流弧焊电源、脉冲弧焊电源、逆变式弧焊电源；按控制方式分有机械式控制弧焊电源、电磁式控制弧焊电源、数字式控制弧焊电源、电子式控制弧焊电源。

8.2.4　直流弧焊电源和交流弧焊电源各有什么优缺点？

直流弧焊电源与交流弧焊电源相比，能提供稳定的电弧和平稳的熔滴过渡。一旦电弧被引燃，直流电弧能保持连续燃烧；而采用交流弧焊电源焊接时，由于电流和电压方向的改变，并且每秒钟电弧要熄灭和重新引燃 120 次，电弧不能连续稳定地燃烧。在焊接电流较小的情况下，直流电弧对熔化的焊缝金属有很好的润湿作用，并且能规范焊道尺寸，所以非常适合于焊接薄件。直流弧焊电源比交流弧焊电源更适合于仰焊和立焊，因为直流电弧比较短。

8.2.5　交流电焊机有哪些常见的故障？有何对策？

交流电焊机常见的故障和对策见表 8-10。

表 8-10　交流电焊机常见的故障和对策

常见故障	故障原因	对　策
焊接电流太小	1. 焊接电缆过长 2. 焊接电缆卷成盘形致使电感过大 3. 焊接电缆与接线柱接触不良	1. 减小电缆长度或增大电缆芯的横截面积 2. 拉直电缆尽量使其不弯曲 3. 使电缆与接线柱接触良好
电焊机外壳带电	1. 一次或二次绕组碰壳 2. 电源线碰壳，焊接电源碰壳 3. 外壳接地不良或未接地	1. 消除碰壳现象 2. 消除碰壳现象 3. 将外壳接地
焊接过程中，可动铁心有强烈的振动声	1. 可动铁心的制动螺钉或弹簧松动 2. 铁心的移动机构损坏	1. 拧紧制动螺钉或调整弹簧拉力 2. 修理好铁心的移动机构
焊接过程中，电流忽大忽小	1. 焊接电缆和接线柱接触不良 2. 可动铁心随电焊机振动而移动	1. 将电缆与接线柱接触好 2. 固定好铁心，消除铁心移动现象
电焊机过热	1. 电焊机过载 2. 变压器线圈短路 3. 铁心螺杆绝缘损坏	1. 减小使用电流 2. 消除短路或重绕线圈 3. 恢复绝缘

8.2.6　如何选用电焊机？

首先，根据焊条药皮类型选择电焊机的种类。低氢钠型碱性焊条必须选用直流焊条电弧焊机（弧焊整流器或逆变电焊机），如在野外等没有电网的地方，则要选用柴油机或汽油机驱动的直流弧焊发电机，以保证电弧能稳定燃烧。酸性焊条可使用交流电焊机，也可使用直流电焊机，一般选用结构简单、价格较低的交流电焊机。

其次，根据焊接产品所需要的焊接电流范围和实际负载持续率来选择电焊机的额定电流。在维修性的焊接工作条件下，由于焊缝不长，连续使用电源的时间较短，可选用额定负载持续率较低的弧焊电源。从节能要求出发，应尽可能选用高效节能的弧焊电源，如先考虑弧焊逆变器，再考虑弧焊整流器、弧焊变压器。在需要经常移动的场合，最好选用体积小、质量小的电焊机。

8.2.7 焊条电弧焊的常用辅助工具有哪些？

（1）焊钳 它起着从焊接电缆向焊条传导焊接电流的作用，使操作者能夹住焊条和控制焊条。

（2）面罩 操作者通过面罩上的黑玻璃，能清楚地观察焊接熔池，面罩还可保护操作者的眼镜和面部，不受电弧直接辐射与飞溅物伤害。

（3）接地夹钳和挡板 接地夹钳将焊接导线或接地电缆接到工件上；挡板用于将焊接区与外界隔离开，防止焊接弧光影响他人工作，避免火花飞溅引起火灾；室外工作时还可防止风吹而引起偏弧。

（4）防护手套和防护服 防护手套和防护服防止焊接时操作者被弧光和飞溅物、熔渣伤害。

（5）焊条保温桶 焊条保温桶可使已烘干的焊条保持干燥、防雨淋等。

（6）焊接电缆 焊接电缆是焊接电路的一部分，应具有最大的挠度，以便容易操作，特别是操纵焊钳、焊接电缆必须耐磨和耐擦伤。

（7）其他辅助工具 其他辅助工具有尖锤、钢丝刷、扁錾、锤子等，主要用来清理焊接工件上的熔渣、锈蚀和氧化物等。此外，还应配备钢丝钳、螺钉旋具、扳手、试电笔等，供操作者维护焊接设备和排除一般故障用。

8.2.8 焊接设备分为哪几类？各自适用范围如何？

工矿企业主要用的电焊机有交流弧焊机、直流电焊机、氩弧焊机、气体保护焊机、对焊机、点焊机、埋弧焊机、高频焊接机、闪光对焊机、压焊机、碰焊机、激光焊机等。

（1）交流弧焊机 它主要用于焊接钢板，多用在钢结构厂或一般通用机械或农机厂。

（2）直流电焊机 它可焊接不锈钢、铜及铜合金、铝及铝合金、低碳钢、中碳钢，大功率直流电焊机还可作为碳弧气刨，用在制造压力容器、锅炉、管道等单位。

（3）氩弧焊机 它用钨作为不熔化电极，以氩气作为保护气体，有交流和直流两种。直流氩弧焊机主要用在管道、压力容器、锅炉、不锈钢加工企业；交流氩弧焊机主要用于铝焊接件、铝制容器、铝制暖气片焊接。

（4）气体保护焊机 它用焊丝与焊件之间的电弧来熔化金属，以惰性气体作为保护气体，主要应用于大型钢结构厂或通用机械、农用机械、汽车制造厂、防盗门加工厂，以及压力容器锅炉加工厂。它适用于各种低碳钢、低合金钢的气体保护焊接。

（5）对焊机 它可对焊圆钢等，主要用于索链厂焊接铁索等物体。

（6）点焊机 它可焊接低碳钢、碳钢、合金钢、不锈钢、铸铁、铝板和铸铝等。

(7) 埋弧焊机　它用于焊钢结构件、桥梁 H 钢、工字钢大梁等厚的钢结构材料，主要应用于大型钢结构、管段制造和压力容器锅炉制造企业。

(8) 高频焊接机　它不但可用于各种金属材料的焊接，还可用于加热、熔炼、热处理等工艺，是替代各种落后的加热手段的最佳选择。

(9) 闪光对焊机　它广泛用于钢筋纵向连接及预应力钢筋与螺钉端杆的焊接和焊接各种板件、管件、型材、实心件、刀具等。

(10) 压焊机　它采用浮动装置，使焊接压力不直接作用在转盘上，保证热压焊接的精确定位，实现精密焊接。

(11) 碰焊机　它是电阻焊机的一种，用来焊接棒、管子、型钢等。它能焊接直径达 16mm 及截面为 200mm^2 的金属，适用于各五金制品行业（自行车、风扇、厨具器皿等）。

(12) 激光焊机　它是利用高能量密度的激光束作为热源的一种高效精密焊机，可焊接晶体管内部的引线。

(13) 逆变焊机　它把直流电改变为交流电，是采用逆变技术的弧焊电源，该类焊机更节能、轻便。

8.2.9　焊接用阀门有哪几种？各有什么作用？

焊接用阀门有气瓶减压阀、电磁气阀和安全阀。

(1) 气瓶减压阀　它安装在气瓶或管道上，将其中的高压气调节成稳定的低压气，除氧气减压阀、乙炔减压阀外，还有丙烷、空气、二氧化碳、氩气、氢气等减压阀。

(2) 电磁气阀　它由电磁线圈和磁心组成，当线圈通电或断电时，磁心的运转将导致流体通过阀体或被切断。

(3) 安全阀　其作用是控制压力不超过规定值，对人身安全和电焊机的运行有重要保护作用。

8.2.10　使用电焊机有哪些注意事项？

1）使用前必须检查电焊机和导线绝缘是否良好，螺栓要紧固，绝缘板无破损，防护罩应符合防雨、防尘要求。导线不得有破损及短路，接地状况和焊把要合理。

2）接电源时，应检查一次、二次绕组的接头，不得错接，输入电压要符合铭牌规定。使用时严禁用手触及一次绕组的带电部分。合闸必须戴好绝缘手套，不准用电火花点烟和引火。

3）电焊机不准让雨水浸湿，不准放在潮湿或近火源的地方。

4）严禁一次绕组落水或平拉在地面上，必须用绝缘物悬挂起来，长度不能超过 3m。移动电焊机不准利用电缆拖拉；露天作业，应防止电缆磨损或压坏。

5）电焊机一次、二次绕组的接头不准超过两个，且严禁与气焊胶管混合交错在一起。一次绕组、焊把和导线必须绝缘好，禁止用金属物当接地线与电焊机相连接。

6）电焊机导线严禁和氧气瓶、乙炔瓶接触，电焊机电表必须准确。禁止在危险区域（如有化学品库，易燃物，瓦斯气体等）工作，允许距离要大于 10m。

7）不准在储油器和变压器上焊接。焊接盛油脂、化学品的容器时，必须要用火碱水洗涤后才能使用，必要时通知安全技术人员检查后方可工作。在密封容器中工作时，必须采取通风措施，照明灯电压不能大于12V，并有专人监护。

8）两台电焊机之间距离应大于1.5m，使用电焊机的空载电压，直流焊机为100V，交流焊机为80V。

9）焊机使用温度不能超过85℃，机体温度过高或壳体带电时，必须断电检查，不准继续使用，连续作业时应改善通风冷却条件。

10）工作完毕应及时清洁各种部件与清除炭屑。

8.2.11 使用交流电焊机有哪些注意事项?

1）交流电焊机一般是单相的，在首次使用前要先检查绕组的额定电压与电源电压是否相符，并检查接线端子板上的接线是否正确。对首次投入运行或长期停用的交流电焊机，使用前应该用500V的兆欧表测量各绕组对铁心和相互间的绝缘电阻，不应低于0.5MΩ。

2）交流电焊机一次侧电源线可用BXR型橡皮绝缘铜芯软导线，二次侧焊接电缆可用YHH型橡套铜芯软电缆。

3）交流电焊机一次、二次侧接线板上的螺母、铜接线片和导线必须接触紧密可靠，否则会使螺栓、螺母和接线片烧坏。因此，电焊机在运行一段时间后，要用细砂纸将各接触面上的氧化层擦净，再将螺栓紧固。

4）电焊机的外壳必须用单独的导线与接地干线连接。多台电焊机与一个接地装置连接时，要采用并联的方法，禁止进行串联。焊接工作未结束时，不可随意拆除接地线。

5）多台交流电焊机同时工作时，应将电焊机均匀地分接在三相电上，使三相负载平衡。

6）电焊机不能在高湿（相对湿度>90%）、高温（>40℃）、不通风的场合下工作，要远离易燃、易爆物品。电焊机的放置要平稳，切忌剧烈振动和敲击，以免损坏电抗器的性能，使电焊机不能正常工作。应保持电焊机的清洁与干燥，定期用低压干燥的压缩空气进行清理。

7）应避免电焊条与焊接件长时间短路，以防烧毁电焊机。

8）电焊机有不起弧、绕组过热、焊接电流不能调节、电焊机振动或响声过大等故障时，应及时停机，查找原因并排除。

8.2.12 使用直流电焊机有哪些注意事项?

1）电焊机应放置在通风良好的场所，电焊机前后面板不要与墙面靠得太近（距离应在0.5m以上）。长期放置后，应先开机空载运行5min。

2）电焊机使用前应检查螺钉是否有松动，风机运转是否正常，以及电源线的连接是否正确，接地线接触是否良好等（严禁220V的电焊机用380V的电源）。

3）主机设有断相诊断功能，当风机损坏或某一相断电时，主机自动关机，同时前面板上的电源异常灯将会发光提示。

4）使用普通焊条时，请将电流推力旋钮调至最小位置，否则焊接时电流不稳。

5）直流电焊机工作时，不允许换向器与电刷间带有针状黄色环火，或有能使换向片发热的绿色白火花。

6）电焊机的防护等级为 IP21，不宜在雨中使用。

7）采用超长焊接电缆线时，整机输出电流低于额定电流，属于正常现象。

8）应检查直流电焊机转子旋转方向，不得反转，接线板、柱及螺栓紧固情况良好，接地及绕组绝缘电阻符合要求。

9）主机内部有易碎器件，不得剧烈碰撞或跌落。

10）电焊机长时间空载运行时，要关闭电焊机以延长其使用寿命。

11）电焊机内部有强电，非专业人员不得打开主机，以免发生危险。

12）气体保护电焊机适用标准的 3m 焊枪，使用 5m 或 5m 以上焊枪将增加送丝阻力，从而使电焊机焊接性能无法保证。

第9章

气动与液压工具

9.1 气动工具

9.1.1 什么是气动工具？

气动工具是一种能把压缩空气的能量转化为各种机械能，从而完成各项工作的工具。也有人把它称为风动工具，通常为手持式。

压缩空气使活塞等机件产生不同的运动来进行工作：有做直线往复运动、产生冲击力的，有产生压力的，有产生旋转运动的。

9.1.2 气动工具有什么优缺点？

1. 气动工具的优点

1）工作介质取之不尽，来源方便，用过以后无污染。

2）工作环境适应性好。在易燃、易爆、多尘埃、辐射、强磁、振动、冲击等恶劣的环境中，气压传动系统工作安全可靠。

3）空气黏度小，流动阻力小，便于介质集中供应和远距离输送。

4）控制动作迅速，可在较短的时间内达到所需的压力和速度，可无级、大范围调速。

5）气动元件结构简单，易于加工，使用寿命长，可靠性高，易于实现标准化、系列化、通用化。

6）输出功率相同时，比电动工具体积小、重量轻。

7）适合长时间工作，而不会出现发热现象，适用于大型生产线。

8）长期使用在能源消耗与工具维护上成本较低。

2. 气动工具的缺点

1）气体压缩比大，气缸的动作速度易随外加负载的变化而变化，稳定性差，给位置和速度控制带来较大影响。

2）目前气动系统的压力级一般小于0.8MPa，总的输出力不大。

3）工作介质没有润滑性，必须给系统加油润滑。

4）空气压缩机排出的气体内含有水和润滑油，必需使用油水分离器，以免它们随气进入气动工具，粘住风叶片，造成起动困难或扭力不足。

5）噪声大，一般需要加装消声器。

9.1.3　气动工具如何分类？各有哪些产品？

1. 按用途分

（1）金属切削类工具　包括气钻、气锯、气铣、气剪、气冲剪、气动倒角机、气动攻螺纹机、气动管子坡口机等。

（2）装配作业类工具　包括气动铆钉机、气动拉钉枪、气动打钉机、气扳机、气动螺钉旋具、气动棘轮扳手等。

（3）铲锤类工具　包括气铲、气锤、气动捣固机、气动破碎机等。

（4）砂磨类工具　包括气动砂轮机、气动抛（磨）光机等。

（5）其他类工具　包括气动搅拌机、气动雕刻机等。

2. 按运动形式分

（1）回转式气动工具　包括气钻、气锯、气铣、气剪、气动砂轮（带）机、气动抛（磨）光机、气动螺钉旋具、气扳机、回转气动除锈器、回转式气动震动器、回转式气动雕刻机、气动捆扎机等。

（2）冲击式气动工具　包括气镐、气铲、气锉、气钳、气动铆钉机、气动顶把、气动捣固机、气动除锈器、气冲剪、气动订合机、气动打钉机、气动震动器、冲击式雕刻机、气动油枪、气动封口机等。

（3）马达和机械类气动工具　包括气动马达、气动油泵、气动预供油泵、气动水泵、隔膜泵、气动起重机、气动绞车、气动打桩机、气动涂油机、气动搅拌机、铸型用冲击器、地下穿孔机等。

9.1.4　气动工具由哪几部分组成？它们的作用是什么？

一般气动工具主要由动力机构、工作转化机构、进排气管路、空气过滤与气压调节装置、开关、壳体等几部分组成。

（1）动力机构　包括气动马达及动力输出齿轮。高压空气带动马达转动，对外输出旋转运动，并通过齿轮带动工作转化机构。

（2）工作转化机构　包括各种离合器和行星齿轮组、液压缸、杆件及执行机构。

（3）进排气管路：压缩空气的进出管路。

（4）空气过滤与气压调节装置　包括过滤器、油雾器、调压器（合称为气源处理装置）和气压表等。过滤器给气动马达提供清洁的能源；油雾器给气功马达各部分提供润滑油；调压器保证给气动马达提供稳定的能源，由气压表指示。

（5）开关　控制能源的供给或切断。

（6）壳体　容纳气动马达、齿轮、离合器、过滤器、油雾器和调压器等。

9.1.5　气压传动系统由哪几部分组成？它们的作用是什么？

典型的气压传动系统，一般由以下四部分组成（图 9-1）：

（1）气源装置 把原动机输出的机械能转变为空气的压力能，其主要设备是空气压缩机。

（2）控制元件 用来控制压缩空气的压力、流量和流动方向，以保证执行元件具有一定的输出力和速度，并按设计的程序正常工作。如压力阀、流量阀、方向阀和逻辑阀等。

（3）执行元件 将空气的压力能转变为机械能的能量转换装置，如气缸、马达等。

（4）辅助元件 压缩空气用净化、润滑、干燥、消声以及元件之间连接所用的一些装置。如油水分离器、油雾器、消声器等。

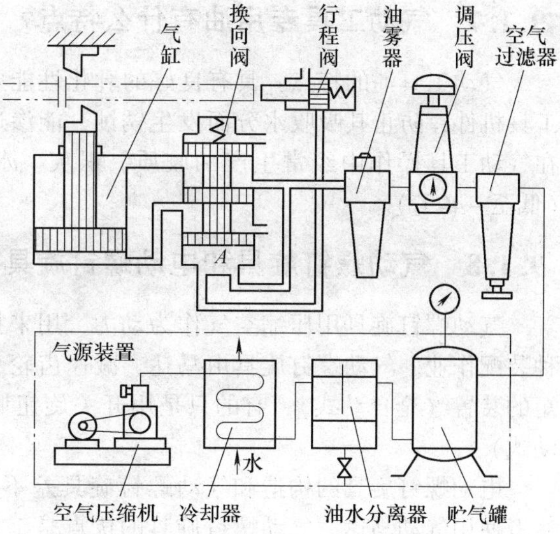

图9-1 气压传动系统的组成

9.1.6 如何正确操作气动工具？

1）初次使用工具前，应认真阅读使用说明书。

2）每天使用过后，需要在工具的进气口滴入15mL左右的专用润滑油（可用缝纫机油代替）。长时间不用时，要把气动工具清洁及润滑后储存在干净、干燥的地方。

3）正确使用气动工具，不要高速空转，不要超负荷，不要“小马拉大车”。

4）使用气动工具时保持适当距离，保持身体平衡及正确的姿势；手、长发及宽松衣服不要靠近气动工具使用时的旋转部位。

5）压缩空气要清洁、干燥，空气压力不要超过规定值，并使用合格、指定内径的空气管。不要使用已磨损的连接器、接头。

6）连接高压气源和气动工具时，不要在没有使用的时候起动空气压缩机。

7）在安装、拆除、调整任何气动工具配件或保养气动工具时，要将气动工具与压缩空气管分开，并且关掉空气。

8）确定所有压缩空气管、连接器接头等尺寸正确、连接紧密。

9）如果使用的气动工具离空气压缩机太远，可用较粗的气动软管，或者更大流量的空气压缩机。

10）使用或保养气动工具时，要戴安全护目镜或护面罩、耳罩及手套。

11）选择套筒要适当，连接要牢固，只使用空气驱动套筒及配件而不能使用手。

12）灰尘、腐蚀性气体及湿气都会损坏气动工具的马达。定期检查离合器润滑油。

13）如发现缺少机件和有损坏处及时进行修理。

14）气动工具须由受过训练的专业人员维修。

9.1.7　气动工具专用油有什么特点？

气动工具油的特点：具有良好的乳化性能及雾化性能，能很好地润滑、保养气动工具机件，防止其吸收水分而发生锈蚀，能渗透清除零件内表面的锈，能溶解和清除在气动工具操作中经常生产的胶质、积灰、冰霜以及锈斑锈迹，适应温度范围很广（低至 -40℃）。

9.1.8　气动螺钉旋具和电动螺钉旋具有什么区别？各有什么优缺点？

气动螺钉旋具用压缩空气作为动力，用来拧紧和旋松螺钉、螺母等，主要用于各种装配作业。气动螺钉旋具由马达、减速齿轮和离合器组成，有的装有调节和限制扭矩的装置（全自动式），有的只是用开关旋钮调节进气量，以控制转速或扭矩（半自动式）。

电动螺钉旋具的构造和气动螺钉旋具差不多，区别主要在于前者使用电动马达，后者使用气动马达。气动螺钉旋具的优点是工作速度快、安全性高、故障率低、寿命长，无磁波干扰，防静电，不易发热，扭力精准；缺点是前期投资大，有噪声，手感欠佳，扭力精度要参考气压的稳定性，单只价格较高，要专人保养。气动螺钉旋具适用于直径在 4mm 以上的螺钉或较长螺钉，或长期使用粗牙螺钉自攻牙等。电动螺钉旋具的优点是使用方便、舒适，扭力稳定度高且价格便宜，不需要保养，噪声小，前期投入小；缺点是不能用在潮湿和有火花的地方，易发烫，有磁波干扰、产生静电、故障率高，寿命比气动螺钉旋具短。电动螺钉旋具适用于直径不大于 3mm 的较短螺钉，多用在装配线、流水线上。

9.1.9　气动螺钉旋具常见故障有哪些？如何维修？

气动螺钉旋具的常见故障和维修方法见表 9-1。

表 9-1　气动螺钉旋具的常见故障和维修方法

常见故障	故障原因	维修方法
马达不转	马达部混入杂物	去除杂物
	轴承破损	换轴承
	主轴生锈	换主轴
	叶片磨损	换叶片
	压力不足	检查管路
断气（只排气，不回转、不打击）	缺少黄油	换新黄油
	打击部零部件破损	换冲击零件
	前盖磨损	换前盖
	设计不良	换新品
空气漏气	进气口漏气	换新头
	调速杆漏气	换 O 形环
	开关阀漏气	换 O 形环
	排风口漏气	换 O 形环或清除开关阀杂物

（续）

常见故障	故障原因	维修方法
主轴速度慢	空气压力太低 正逆转杆或速度杆位置错误 油不够 风叶、气缸后盖生锈、磨损 锁紧螺母生锈	调整空气压力 确认正确位置 加油 分解整修 分解除锈、锁紧
打击部力量不足	打击部零件磨损 缺黄油 前盖磨损	换冲击零件 换新黄油 换前盖
漏气或插上气管即转	油封脱落 开关弹簧损坏	换油封 换弹簧
LB 系列螺钉旋具起动不转	转子卡死 制动时间松脱 撞针磨损 轴承过短	修理转子 调整 换新撞针 更换轴承
LB、PB 系列螺钉旋具连跳	制动六角轴内弹簧过紧 跳脱钢珠孔内有毛刺 制动弹簧弹力减小 离合器局部零件磨损 气源气压过低 顶针过长	换新弹簧 用磨具磨去毛刺 把弹簧拉伸一点或更换弹簧 更换零件 加大气压 磨去一点
回转不停	开关阀有杂物 弹簧断裂 开关阀变形	去除杂物 换新弹簧 换新开关阀
枪型气动螺钉旋具正反转速不一样	排气不顺 消声器部分排气不畅	检查管路是否有弯曲、堵塞、变形
正反开关转不动	气阀板上的弹簧故障 气阀板生锈	调整弹簧压力 用砂纸磨气阀板
转动时自动跳脱	轴承过长 撞套弹簧弹力减小	磨去一部分 换新弹簧
零件正常，却不转	马达与离合器间距太小	加垫片
气动弯头部分不转	弯头中螺钉松动，或有异物卡住	调整螺钉，或清理异物
PB 系列螺钉旋具运转时连跳，但用力下压则正常	螺钉旋具头帽弹簧、撞套弹簧弹力减小 顶针过短 撞套磨损 上离合器头磨损 钢珠孔有毛刺	换新弹簧 更换长度合适的顶针 换新撞套 换新离合器头 清理毛刺
PB 系列螺钉旋具大扭力制动失效，不跳脱	撞套磨损 回气阀板磨损	换新撞套 换新回气阀板

9.1.10　什么是气钻？它有哪些规格？

气钻是以压缩空气为动力的气动工具，可高效钻削各种金属。其产品按旋向分为单向和双向；按手柄型式分为直柄式、枪柄式和侧柄式；按结构型式分为直式和角式。

气钻的规格和技术数据见表 9-2。

表 9-2　气钻的规格和技术数据

项　目	产品系列								
	6	8	10	13	16	22	32	50	80
功率/kW　≥	0.200		0.290		0.660	1.07	1.24	2.87	
空转转速/（r/min）　≥	900	700	600	400	360	260	180	110	70
单位功率耗气量/[L/(s·kW)]　≤	44.0		36.0		35.0	33.0	27.0	26.0	
噪声（声功率级）/dB（A）　≤	100		105			120			
机器质量/kg　≤	0.9	1.3	1.7	2.6	6.0	9.0	13.0	23.0	35.0
气管内径/mm	10		12.5		16			20	
清洁度/mg　≤	170	190	300	400	800	1510	2000	2400	3000
寿命指标/h	800				600				

注：1. 验收气压为 0.63MPa。
2. 噪声是在空运转下测量的。
3. 机器质量不包括钻夹头的质量；角式气钻质量允许增加 25%。

9.1.11　手持式气动钻机的型号如何编制？其技术数据有哪些？

手持式气动钻机广泛适用岩石硬度 $f \leqslant 100$MPa 的半煤岩巷、岩巷的钻孔作业。它主要用于钻井下煤层的探放水孔、瓦斯孔、构造孔、探煤厚，同时可用于锚喷测厚钻孔，非常适合于狭窄巷道的深孔作业。

手持式气动钻机的型号编制方法：

Z Q □ □/□ □ □

- 企业自定
- 补充特征代号S—温式作业带冲洗水功能（无冲洗水功能省略）
- 主参数额定转矩/最大输出功率N·m/kW
- 第二特征代号S—手持式ST—支腿支撑手持式SJ—架柱支撑手持式
- 第一特征代号气动
- 产品类别代号矿用钻机

手持式气动钻机的技术数据见表 9-3。

表 9-3　手持式气动钻机的技术数据

技术参数		参数值		
工作气压/MPa		0.4	0.5	0.63
额定转矩/N·m		17	22	25
额定转速/(r/min)		780	880	950
耗气量/(m^3/min)		2.9	3.3	4.5
最大输出功率/kW		1.4	2.0	2.4
空载转速/(r/min)		1560	1760	1900
1/2 空载转速/(r/min)		780	880	950
1/2 空载转速转矩/N·m		17	22	25
失速转矩/N·m		32	41	45
最大负荷转矩/N·m		30	38	43
起动转矩/N·m		31	40	44
噪声/dB	功率级	112	112	112
	声压级	95	95	95
质量/kg		8.5	8.5	8.5

9.1.12　什么是气动攻螺纹机？它有哪些型号？

气动攻螺纹机用于在工件上攻内螺纹，其型号和技术数据见表9-4。

表9-4　气动攻螺纹机的型号和技术数据

型　号	攻螺纹直径/mm		空载转速/(r/min)		功率/W	质量/kg	结构型式
	铝	钢	正转	反转			
2G8-2	M8	—	300	300	—	1.5	枪柄
GS6Z10	M6	M5	1000	1000	170	1.1	直柄
GS6Q10	M6	M5	1000	1000	170	1.2	枪柄
GS8Z09	M8	M6	900	1800	190	1.55	直柄
GS8Q09	M8	M6	900	1800	190	1.7	枪柄
GS10Z06	M10	M8	550	1100	190	1.55	直柄
GS10Q06	M10	M8	550	1100	190	1.7	枪柄

9.1.13　气动倒角机的型号如何编制？其基本参数有哪些？

气动倒角机的型号编制方法：

XD □ □ □

- 产品规格倒角半径/mm
- 特性代号主轴与柄体间的夹角/(°)（端面式省略）
- 型别代码J—角式D—端面式
- 类别代码“铣刀”两字汉语拼音首字母

气动倒角机的基本参数见表9-5。

表9-5　气动倒角机的基本参数

产品系列	最大倒角半径/mm	空转转速/(kr/min)	空转耗气量/(L/s)	主轴功率/kW	单位耗气量/[L/(s·kW)]	空转噪声/dB(A)	气管内径/mm	机器质量/kg
XDJ110R3	3	≤9.0	≤34	≥0.50	≤36	≤110	13	≤4.0
XDJ90R3		≤8.5	≤35	≥0.55	≤35			
XDDR3		≤8.0	≤36	≥0.60	≤34			

9.1.14　气动冲击扳手、气动棘轮扳手和液压系列的气动扳手有哪些特点？

气动冲击扳手的特点：以空气作为动力原料，取材方便，尾气没有污染，可以直接排放到空气里，所以结构简单，耐高气压，功率强大，性能稳定，使用寿命长，应用范围广泛。

气动棘轮扳手的特点：体积小，重量轻，动力强，可应用于狭窄空间，是汽车维修行业和工业生产中不可或缺的工具。

液压系列的气动扳手有驱动式液压转矩扳手和中空式液压扳手两大系列。驱动式液压转矩扳手配合标准套筒使用，为通用型液压扳手，适用范围广。中空式液压扳手厚度较薄，特别适用于空间比较狭小的地方，适用于电力、船舶、冶金、交通、水泥、建筑、航空等领域。

9.1.15　什么是气动砂轮机、气动研磨机、气动刻磨机？

气动砂轮机是以气动马达驱动砂轮进行磨削的设备，适用于清理铸件表面、光整焊缝、打磨钢铁圆角、抛光除锈以及模具修型等工作。气动砂轮机分直柄式气动砂轮机、气动角向砂轮机、气动立式端面砂轮机和直向砂轮机。

气动研磨机是用气动马达驱动带有磨料的研具对工件表面进行研磨的设备，研磨速度为 10000 ~ 20000r/min，以适应各种部件表面的研磨需要。

气动刻磨机是用气动马达驱动直径为 3 ~ 6mm 磨头的磨削设备，用于模具雕刻、钢构件焊接焊点去除等。

9.1.16　气动剪刀和气动压着钳的用途和基本要求有哪些？

气动剪刀和气动压着钳分别适用于工件的切断、压接工作。前者由本体和刀刃两个基础结构组成，本体可按需要搭配不同型号的刀刃及各式配件，适合在各种铜、铁、塑料、皮革、草席、冷媒管、电热管、玻璃纤维、帆布等地方使用；后者可压接工厂所需的各种不同端子。

对气动剪刀和气动压着钳的基本要求如下：

1）要有安全开关及安全卡榫设计，以降低因误触所造成的危险。

2）要有增压及稳压设计，提高作业速度。

3）刀刃更换简易，可现场操作，提高工作效率。

4）刀刃要锋利，适应的产品面要广。

5）最好能配合自动化设备使用。

9.1.17　气动剪刀有几个系列？各有哪些规格？

气动剪刀用于剪切金属或非金属板材，有 JD 系列和 CP 系列，其规格分别见表 9-6 和表 9-7。

表 9-6　JD 系列气动剪刀的规格

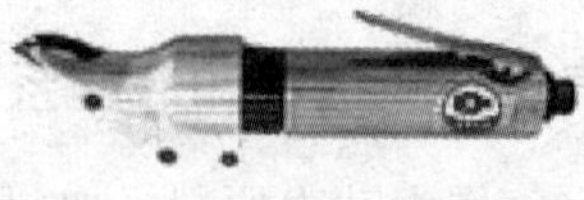

型　号	工作气压/MPa	剪切厚度/mm	剪切频率/Hz	气管内径/mm	质量/kg
JD2	0.63	2.0	30	10	1.6
JD3	0.63	2.5	30	10	1.5

表 9-7　CP 系列气动剪刀的规格

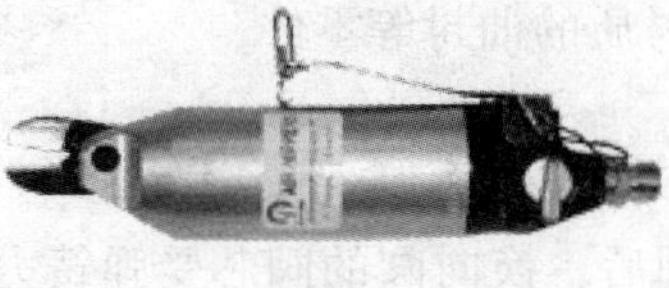

CP20

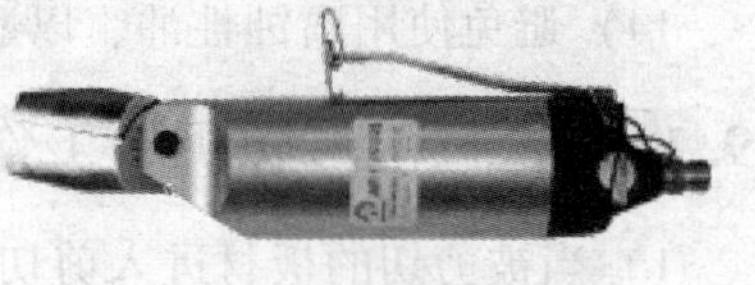

CP30

型号	全长/mm	质量/g	直径/mm	空气压力/N	剪断能力（直径）/mm				
					铜	铁	钢琴线	软树脂	硬树脂
CP10	132	220	36	580	1.6	1.0	0.5	4.0	2.0
CP20	170	400	45	1370	2.6	2.0	1.0	6.5	5.0
CP20X	257	600	45	1960	2.6	2.0	1.0	6.5	5.0
CP30	201	630	56	2740	3.3	2.8	1.2	9.0	6.5
CP30X	293	940	56	4410					

型号	S 型刀刃（铜用）	P 型刀刃（铁用）	Z 型刀刃（钢琴用）	EP 型刀刃（铁线用）	F 型刀刃（树脂用）	FD 型刀刃（树脂用）
CP10	S400	—	Z400	EP400	F300	FD300
CP20	S500	P600	Z600	EP600	F500	FD500
CP20X	S500	P600	Z600	EP600	F500	FD500
CP30	S700	P800	Z800	EP100	F900	FD900
CP30X	S700	P800	Z800	EP100	F900	FD900

9.1.18　拉帽枪、拉钉枪使用时的注意事项有哪些？

1）使用前详读安全操作说明，并按照操作说明使用工具，以确保安全。

2）禁止在有爆炸危险的场合中使用。

3）严禁使用空气以外的气体作为动力源，以避免爆炸的危险。

4）不使用时、更换配件或进行维修时，先关掉空气源并将工具和空气源的接头断开。

5）不要自行更换配件，不要将高压空气直接吹向任何人。

6）操作、维修或更换工具配件时，要戴上眼罩、耳罩及面具。

7）感到手臂有麻木、刺痛感或白皮肤发生，要停止工作并就医。

8）工具旋转时不接触传动螺钉、拉帽（拉钉）。

9）经常检查空压管线是否有缠绕，并放置在适当的位置。

10）所有的工具、配件和空压管线都必须合乎空气压力与容积的要求。

11）工具使用的空气必须干净、干燥。进气口处最大压力不可超过规定的压力。

12）使用专用工具润滑油，用注油器润滑马达，流量符合规定（若不使用注油器，则必需从管接头处注入规定量的专用工具润滑油）。每天工作结束时，应从管接头处注入规定量的专用润滑油，并操作 1 ~ 2s，将异物排出，再将工具置于洁净处。

13）每操作 1000 次拉钉枪后（或发现工具无法拉断拉钉时），要检查工具的液压油的油位是否足够。

14）避免使用腐蚀性油，以避免破坏橡胶材质的油封等零件。

9.1.19　气动剪切机的工作原理是什么？

1）当被剪切的板材进入剪切机压下信号阀后，换向阀的阀芯受弹簧力作用下移，改变气路的连通状态（图 9-2）。

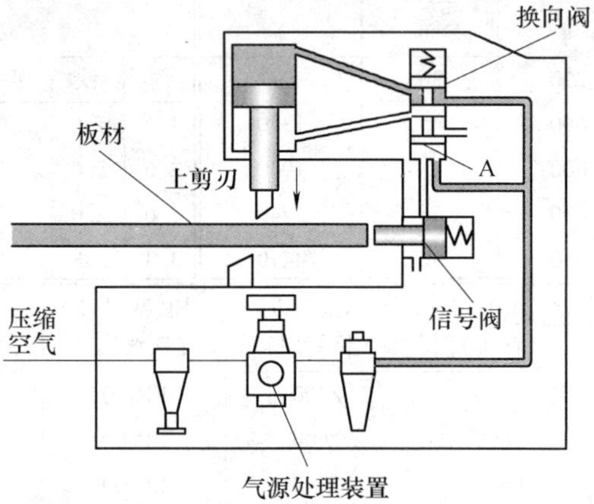

图 9-2　气动剪切机的工作原理

2）压缩空气经换向，进入气缸上腔，推动气缸活塞带动上剪刃下移剪切板材；板材落下后，信号阀阀芯复位。压缩空气进入换向阀的 A 腔，使换向阀芯复位。

3）压缩空气经换向阀进入气缸的下腔，气缸活塞带动上剪刃上移到初始状态。

9.1.20　使用气动隔膜泵要注意哪些事项？

1）保证流体中所含的最大颗粒不超过泵的最大安全通过颗粒直径标准。

2）进气压力不要超过泵的最高允许使用压力，高于额定压力的压缩空气可能导致人身伤害和财产的损失及损坏泵的性能。

3）保证泵压的管道系统能承受所达到的最高输出压力，保证驱动气路系统的清洁和正常工作条件。

4）静电火花可能引起爆炸，要根据需要使用足够大截面积的导线，把泵上的接地螺钉妥善可靠接地，接地要求符合当地法律法规要求及现场的一些特殊要求的规定。

5）紧固好泵及各连接管接头，防止因振动撞击摩擦产生静电火花（使用抗静电软管）。

6）要周期性地检查和测试接地系统的可靠性，要求接地电阻小于 100Ω。

7）保持良好的排气和通风，远离易燃易爆物和热源。

8）泵不允许长时间空运转。排气中可能含有固体物，不要将排气口对着工作区或者人。

9）不使用失效隔膜，以免输送的物料会从排气消声器中喷出。

10）输送易燃和有毒的流体时，要将排口接到远离工作区的安全地方，不要把泵直接送到厂家修理，要根据当地法律法规妥善处理，并使用纯正配件以保证使用寿命。

11）连接进气口的管道内壁要光滑，内径大于12.7mm$\left(\frac{1}{2}\text{in}\right)$。

12）不要在泵加压时维修泵体及管道系统；维修时要先切断泵的进气，打开旁通的卸压机构，使管路系统卸压，再慢慢松开连接的各管道接头。

13）保证所有接触输送体的部件不会被输送的流体腐蚀损坏。液体输送管件材料为铝合金时，不能输送含有Fe^{3+}的液体和卤代烃及其他的卤代碳氢化合物溶剂，以免产生腐蚀引起泵体爆裂。

14）保证所有的操作人员熟悉泵的操作使用方法和掌握泵的安全使用注意事项，必要时配给必需的防护用品。

9.1.21　气动工具与电动工具的性能有什么区别？

（1）工作能力

1）两者都提供多种不同的工作方式，如旋转、往复、摆动、冲击等。

2）气动工具可以很简单地进行速度调节和输出功率调节。

3）气动工具按质量容积之比输出功率大；与电动工具相比小型、轻量。

4）气动工具在转速范围上能提供更多级别的选择，从100～70000r/min。

5）在往复运动方面，气动工具采用的是活塞运动，而电动工具是通过凸轮转换，相比之下气动工具更具优势。

6）气动工具更适合长时间工作，且即使压缩空气发动机超负荷，工具仅仅是停止转动，一旦超负荷现象解除则重新恢复正常运转，对工具毫无影响。

（2）工作环境

1）气动工具可以在各种不良或恶劣的环境下工作（但必须做好保养工作，如除尘、除水、加油等），可以使用内燃机气泵。更适用于野外工作。

2）气动工具耐水性能强。浸水虽然对工具有害，但不会像电动工具那样有致命的危害。且由于气动工具不会产生电火花，所以即使在有爆炸危险的场所使用也不会发生引火爆炸的可能，因而更适用于煤矿、油田等岗位使用。

（3）经济性　气动工具初期投资大，但长期使用在能源消耗与工具维护上成本较低。电动工具初期投资较低，但长期使用能源消耗较高，且工具维修、更换所需成本也较高。

（4）工作效率　气动工具能够长时间工作，适用于大规模的生产线，工作效率高，而电动工具的重量一般是气动工具的3～4倍，不适合长时间工作。

9.1.22　气动打磨机和电动打磨机的特点和用途是什么？

气动打磨机和电动打磨机的特点和用途见表9-8。

表9-8 气动打磨机和电动打磨机的特点和用途

项　目	气动打磨机	电动打磨机
特点	适合各种角度操作，体积小，转速高，效率高，噪声小，振动小，具有强力的吸尘效果，长时间使用不疲劳	无须提气泵，生产成本低，行程长，效率高，节能，环保，重量轻，噪声小，携带方便
用途	适用于铁板、木材、塑料和船舶、汽车、磨具、航空业精细抛光、去毛边、除锈、去油漆等作业	往复式电动抛光打磨机广泛用于模具行业的精加工及表面抛光处理
易耗部件	叶片，价格便宜	电动机，价格高
外观	小巧，简单	体积大
保养	简单	复杂

9.1.23　气动阀门和电动阀门的特点是什么？

气动阀门和电动阀门的特点见表9-9。

表9-9　气动阀门和电动阀门的特点

项　目	气动阀门	电动阀门
可靠性	可靠性高	可靠性差，但采用集成电路者除外
动力源	安全防爆	防爆要求不高、配备气源又不方便时首选
价格对比	投资多，需配置空压站等气源设施	投资少，在价格上有优势
防火防爆	远远优于电动执行机构	高易燃、易爆等特殊场合通常不允许采用

9.1.24　气动锚杆钻机的工作原理是什么？

气动锚杆钻机利用压缩空气作为动力源，压缩空气通过过滤器、油雾器、滤网、阀块，然后分成两路，一路驱动齿轮马达，马达通过两级齿轮箱减速输出传动力；另一路则控制气腿的升降，气腿升降的支撑力大小和速度由压缩空气的压力和流量来决定，开启气腿控制阀，压缩空气快速进入气腿空腔，气腿在压缩空气作用下伸长，关闭气阀，供气结束，排气阀自动打开，钻机靠自重回落。气动锚杆钻机还外接一根冲洗水管，冲洗水经控制阀、水套、主轴内孔进入钻杆钻头，冲洗水的作用是冷却钻头和冲洗除尘。

9.1.25　如何选购气动锚杆钻机？

首选要了解井下环境，确定岩层的硬度 $f \leqslant 100\text{MPa}$，确定巷道工作面的高度和宽度，确定锚杆钻机是机载还是单体工作。

在确认了煤矿巷道工作面以后，就可以根据以下两方面来选择气动锚杆钻机。

1）净高为1440～3650mm时选C（高）型。钻机整机的伸长高度以接近巷道的净高为宜。

2）按额定转矩不同，锚杆钻机又分 85 型、120 型和 130 型。其中，85 型钻机由于提供的动力较小，作业速度慢，又容易损坏，在煤矿使用已经不太普遍，因此一般多选 120 型。

9.1.26　什么是气铲？它有哪些类别、用途和规格？

气铲是装有铲头，以冲击方式铲切金属构件飞边、毛刺及清砂等用的气动工具。

气铲按手柄型式可分为直柄式气铲、弯柄式气铲和环柄式气铲。气铲适用于锅炉造船冶金工业及其分行业各种金属构件的铲切；中大型铸件的清砂和铲除浇冒口；基本建设和交通工程的桥梁铲切焊缝；各种砖墙混凝土墙的开口工作。气铲的规格见表 9-10。

表 9-10　气铲的规格

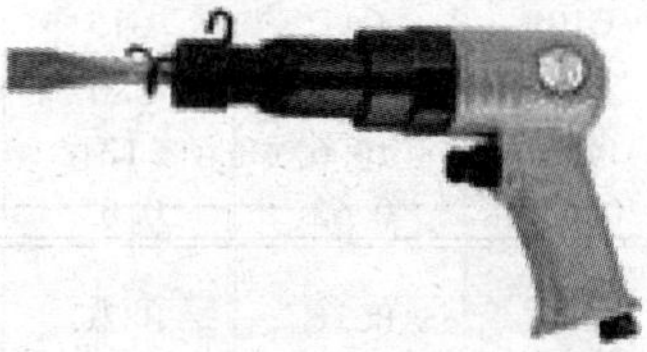

<table>
<tr><th rowspan="2">产品规格</th><th rowspan="2">机器质量/kg（±10%）</th><th colspan="4">验收气压 0.63MPa</th><th rowspan="2">气管内径/mm</th><th rowspan="2">气铲尾柄/mm</th></tr>
<tr><th>冲击能量/J</th><th>耗气量/（L/s）</th><th>冲击频率/Hz</th><th>噪声/dB（A）</th></tr>
<tr><td rowspan="2">2</td><td rowspan="2">2</td><td>≥2</td><td rowspan="2">≤7</td><td>≥50</td><td rowspan="3">≤103</td><td rowspan="3">10</td><td>φ10×41</td></tr>
<tr><td>≥0.7</td><td>≥65</td><td>□12.7</td></tr>
<tr><td>3</td><td>3</td><td>≥5</td><td>≤9</td><td>≥50</td><td>φ17×48</td></tr>
<tr><td>5</td><td>5</td><td>≥8</td><td>≤19</td><td>≥35</td><td rowspan="2">≤116</td><td rowspan="4">13</td><td rowspan="4">φ17×60</td></tr>
<tr><td rowspan="2">6</td><td rowspan="2">6</td><td>≥14</td><td>≤15</td><td>≥20</td></tr>
<tr><td>≥15</td><td>≤21</td><td>≥32</td><td>≤120</td></tr>
<tr><td>7</td><td>7</td><td>≥17</td><td>≤16</td><td>≥13</td><td>≤116</td></tr>
</table>

9.1.27　什么是气镐？它有哪些规格？

气镐是用于市政建设中打碎旧路面，工矿企业设备安装中破碎原混凝土基础，土木工程及地下建筑、人防施工等工作中摧毁坚固冻结的地层的工具（也适用于采石、采矿等其他领域），按手柄型式分为直柄式、弯柄式和环柄式三种，动力可为电动、气动或液压。

气镐的基本参数见表 9-11。一些气镐的规格见表 9-12。

表 9-11 气镐的基本参数

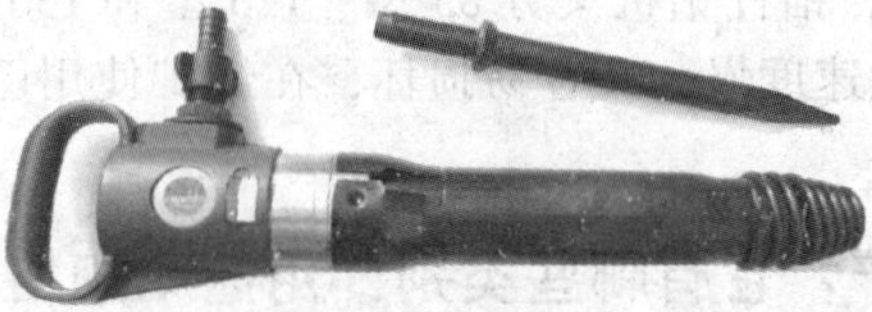

产品规格	机器质量/kg	验收气压为 0.63MPa				气管内径/mm	镐钎尾柄规格/mm
		冲击能量/J	耗气量/(L/s)	冲击频率/Hz	噪声/dB (A)		
8	8	≥30	≤20	≥18	≤116	16	$\phi25\times75$
10	10	≥43	≤26	≥16	≤118	16	$\phi25\times75$
20	20	≥55	≤28	≥16	≤120	16	$\phi30\times87$

注：机器质量的误差不应超过表中参数的 ±10%。

表 9-12 一些气镐的规格

项目	G7	G10	G11	G15	G20	G35	G90
机身全长/mm	465	575	570	580	485	626	688
机器质量/kg	7.2	10.5	10.6	12	20	20	42
使用气压/MPa	0.5	0.63	0.63	0.63	—	—	—

项目	B47	B47	B67C	B87C	SK-10	OP3	
						0.4MPa	0.63MPa
机身全长/mm	550	615	615	686	498	610	
机器质量/kg	21.5	30	30	39	10	8.6	
使用气压/MPa	0.63	0.63	0.63	0.4	—	0.4～0.63	

9.1.28 什么是捣固镐？它有哪些规格？

捣固镐是用于建筑施工时的混凝土浇筑和铁路工务维修过程中捣实轨枕下面石碴的工具，其基本参数和规格分别见表 9-13 和表 9-14。

表 9-13 捣固镐的基本参数

类别	项目	基本参数	
振动镐	铭牌标示额定振动频率/Hz	偏心式（转轴水平）	45～50
		偏心式（转轴竖直）	110～140
		行星式	140～200
	额定振动频率下镐尖沿振动方向的稳定加速度/(m/s^2)	转轴竖直式	600～1500
		转轴水平式	200～500
	振动方向的单边有效振幅/mm	≥0.9	
	转轴竖直式振动镐镐头质量/kg	1.0～1.5	
	便携式整机质量（不含燃油）/kg	内燃，≤20；电动，≤25	
	分体式整机质量/kg	内燃，电动	≤175
冲击镐	铭牌标示的额定冲击频率/Hz	20～30	
	冲击能量/J	25～40	
	整机净质量/kg	≤25	

表 9-14　一些捣固镐的规格

型号	机器质量/kg	使用气压/MPa	耗气量/(L/s)	冲击次数/(次/min)	活塞直径/mm	结构行程/mm	锤头直径/mm	气管内径/mm	全长/mm
D3	2.5	0.63	0.25	900	17	92	32	13	410
D4	3.6	0.63	0.35	800	20	128	36	13	480
D6	6	0.45	0.45	700	25	155	42	13	975
D9	9	0.63	0.65	600	32	207	54	13	1180

注：D3 为特小型，适合作业空间狭窄的场合使用；D4 为小型，适合作业空间狭窄的场合使用；D6 适用于中等铸件的造型工作；D9 适用于大型铸件砂型的捣固。

9.1.29　气铲、气镐出故障的原因有哪些？

1）冲击力不足：主要是活塞或气缸磨损，致使间隙过大，出现内漏；阀座故障（振动片断裂、阀座断裂等）；气缸与本体配合松动。

2）卡死：气缸中有杂物、生锈，加油或拆下清洗，或者更换相应零件。

9.1.30　什么是气动锤？

气动锤是气动敲击锤的简称，为冲击式结构，用以防止粉体在管路、料斗、料仓输送中产生的粘附、堵塞和架桥。它利用空气动力原理，通过调节供气压力来调整冲击力度。对设备的外壁进行打击而不产生变形，并具有防爆功能，广泛应用于化工、化肥、食品、陶瓷、玻璃、水泥、制药、塑料、燃料和矿井等粉体加工行业。

气动锤的结构都是采用装有磁铁的锤头吸合着基板，靠固定压力的气源来强行推开锤头，使锤头撞击出去，然后由三通电磁阀断气，再由锤头下安装的弹簧来使锤头上弹复位来完成一次冲击。

9.1.31　气动锤的安装和使用注意事项有哪些？

1. 气动锤的安装注意事项

1）在进行气锤安装作业时，要穿戴好安全帽、安全鞋，系好安全带。

2）对安装部分比较薄的板，要焊接增强板，防止冲击可能造成安装部位的破损。

3）如焊接增强板，要确保增强板与料斗之间没有空隙，并预留约 10mm 的排气口，以利空气排出，使冲击力能充分传导（为避免料斗破损，可多焊几层）。

4）为防止脱落，可用拉索将本体吊装并固定，防止冲击造成螺栓松动而脱落。

5）用螺栓将本体与法兰固定时，在螺栓两端加装弹簧垫片，并严格按照拧紧扭力紧固并定期检查。

6）配管前配备空气过滤器，防止杂物或灰尘等混入，导致运转不良。

7）使用时切勿超出所需打击力，防止料仓或安装部位破损。

8）连续循环打击时，时间设定应在 1s 以上，以免误动作的发生。

9）安装法兰的打击面必须为实心平面，需要时要焊增强筋。

10）气锤的安装位置要合适，尽量发挥其最大的性能。

11）安装完毕，务必在机体上安装防止脱落拉索，以免冲击力致使机体掉落造成伤害。

2. 气动锤的使用注意事项

1）气动锤在反复撞击的过程中容易造成锤头磁铁碎裂，从而减弱磁铁的吸力，同时锤头上的磁铁吸在基板上，要通过压缩空气来推开锤头，压力源较为固定和单一，会对冲击物体产生较大的损坏。因此在使用气动锤冲击时，最好在料仓上焊接槽钢，将气动锤安装在槽钢上，以消除破坏料仓的隐患。

2）在进行作业时要做好安全防护，按要求穿戴好安全帽、安全鞋。

3）如果锤头上的磁铁碎裂，要注意及时更换锤头。

4）进行冲击作业时，不可避免地会产生垃圾和粉尘，所以要给气动锤安装过滤器，避免杂物的混入，影响气动锤的性能。

9.1.32 气动调节阀的安装细节与技巧有哪些？

气动调节阀通常是由气动执行机构和调节阀连接安装调试后形成的组合，其安装调试极为重要。

1）安装过程中应始终遵守气动调节阀安装指导和注意事项。

2）调节阀的工作环境温度要在 -30～60℃，相对湿度不大于95%。

3）调节阀前后位置应有直管段，长度不小于管道直径的10倍，以避免阀的直管段太短而影响流量特性。

4）在安装阀门之前，先阅读指导手册中安装前和安装时应注意的安全事项及预防措施；

5）确认管道清洁：管道中的异物可能会损坏阀门的密封表面，甚至阻碍阀芯、球或蝶板的运动而造成阀门不能正确地关闭，在安装阀门前需要清洗所有的管道。

另外，要检查管道法兰，确保垫片表面光滑。如果阀门有螺纹连接端，要在管道外螺纹上涂上高级管道密封剂（不要在内螺纹上涂密封剂，以免多余的密封剂被挤进阀体内，造成阀芯的卡塞或脏物的积聚，进而导致阀门不能正常关闭）。

6）安装之前，检查并除去所有运输挡块、防护用堵头或垫片表面的盖子，检查阀体内部，确保不存在异物。

7）调节阀应安装在水平管道上，保持阀杆向上与管道垂直，一般要在阀下加以支撑，保证稳固可靠。对于特殊场合下，需要调节阀水平安装在竖直的管道上时，也应将调节阀进行支撑（小口径调节阀除外）。安装时，要避免给调节阀带来附加应力。

8）确保在阀门的上下留有足够的空间，以便在检查和维护时容易地拆卸执行机构或阀芯。对于法兰连接的阀体，确保法兰面准确地对准以使垫片表面均匀地接触。在法兰对中后，轻轻地旋紧螺栓，最后以交错形式旋紧这些螺栓。

气动调节阀应存放在干燥的室内，通路两端必须堵塞，不准堆置存放；长期存放时应定期检查，清除污垢，在各运动部分及加工面上应涂以防锈油，防止生锈。

9.2 液压工具

9.2.1 什么是液压工具?

液压工具就是将液压系统与普通的工具有机地结合为一个整体，将强大的液压动力转换为往复直线运动、旋转运动、摆线运动等机械运动的工具。

9.2.2 液压的原理是什么?

以液压千斤顶为例来说明液压的原理，如图9-3所示。

图中，液压缸6和3的内部分别装有活塞7和2，活塞不仅能在缸内滑动，而且它和缸体之间还能实现可靠的密封。当用手向上提起杠杆1时，活塞2就被带动上升，于是液压缸3的下腔密封容积增大，腔内压力下降，形成部分真空，这时钢球5将所在的通路关闭，油箱10中的油液就在大气压力的作用下推开钢球4，沿吸油孔道进入液压缸3的下腔，完成一次吸油动作。接着，压下杠杆1，活塞2下移，液压缸3下腔的密封容积减小，腔内压力升高，这时钢球4自动关闭了油液回油箱的通路，液压缸3下腔的压力油就推开钢球5挤入液压缸6的下腔，推动活塞7将重物8向上顶起一段距离。如此反复地提压杠杆1. 就可以使重物不断升起，达到提升重物的目的。

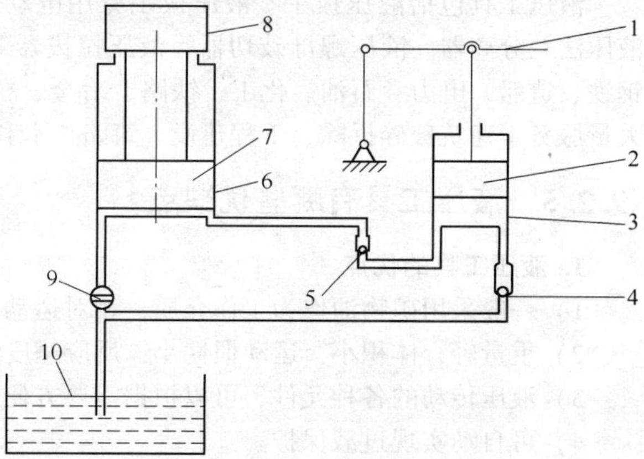

图9-3 液压千斤顶的液压系统

1—杠杆 2、7—活塞 3、6—液压缸 4、5—钢球 8—重物 9—溢流阀 10—油箱

根据帕斯卡定律，设小活塞的横截面积是 S_1，加在小活塞上的向下的压力是 F_1。于是，小活塞对液体的压强 $p=F_1/S_1$，大活塞所受到的压强必然也等于 p。若大活塞的横截面积是 S_2，压强 p 在大活塞上所产生的向上的压力 $F_2=pS_2$。所以，在小活塞上加一较小的力时，则在大活塞上会得到很大的力。据此原理设计的液压机，可用来压制胶合板、榨油、提取重物、锻压钢材等。

9.2.3 液压工具由哪几部分组成?

一个完整的液压工具系统由五个部分组成，即动力元件、执行元件、控制元件、辅助元件和液压油。

1）动力元件：液压泵。其作用是将原动机的机械能转换成液体的压力能。液压泵的种类有齿轮液压泵、叶片液压泵和柱塞液压泵三种。

2）执行元件：液压缸和液压马达。其作用是将液体的压力能转换为机械能，驱动负载做直线往复运动或回转运动。

3）控制元件：各种液压阀。在液压系统中，液压阀控制和调节液体的压力、流量和方向。根据控制功能的不同，液压阀可分为压力控制阀、流量控制阀和方向控制阀。

4）辅助元件：包括油箱、过滤器、油管及管接头、密封圈、压力表、油位计、油温计等。

5）液压油：液压系统中传递能量的工作介质，有各种矿物油、乳化液和合成型液压油等几大类。除传递能量外，液压油还起着抗磨、润滑、防腐、防锈、冷却等作用。

9.2.4 液压工具有哪些分类及应用？

液压工具包括液压扳手、液压扳手专用电动泵、液压千斤顶、液压螺栓拉伸器、液压法兰分离器、液压螺母破切器、液压拉拔器等。液压工具在世界各地已广泛用于钢铁、造船、电力、石油、化工、铁路、冶金、桥梁建筑等工程维修及抢修作业，也大量服务于建筑破碎拆除、工程建设、筑路、水利等施工场合。

9.2.5 液压工具有哪些优缺点？

1. 液压工具的优点

1）一般采用矿物油作为工作介质，相对运动面可自行润滑，使用寿命长。

2）重量轻，体积小，运动惯性小，反应速度快。

3）液压传动的各种元件，可以根据需要方便、灵活地布置。

4）可自动实现过载保护。

5）操纵控制方便，可实现大范围的无级调速（调速范围达 2000∶1）。

6）很容易实现直线运动。

7）很容易实现机器的自动化。当采用电液联合控制后，不仅可实现更高程度的自动控制过程，而且可以实现遥控。

2. 液压工具的缺点

1）易出现泄漏。液压系统的油压较高，容易通过密封或间隙产生泄漏，引起液压介质消耗和环境污染。

2）传动效率低。在能量传递过程中，常存在较多的能量损失（如压力损失和流量损失等）。

3）传动比不准确。由于传动介质的可压缩性、泄漏和管路弹性变形等因素影响所致。

4）工作机构运动不稳定。由于液压液的黏度随温度而变，黏度变化引起流量、泄漏量和阻力的变化所致。

5）制造成本高。为了减少泄漏，液压元件的制造精度要求较高，从而提高了制造成本。

9.2.6 液压油有哪些品种代号？

由于使用条件的差异，对液压传动介质的要求有很大不同。液压油的分类有多种方法，按类型分，有矿物油型、合成油型和含水液型三种；按可燃性分，有易燃、难燃、不燃三种；按化学组成分分，有矿物油、高水基液、水包油乳化液、油包水乳化液、合成烃、聚醚、有机酯、磷酸酯、有机硅、卤代烃等数种。其中用量最多的是矿物油型和合成烃型。GB 11118.1—2011 规定了五种系列产品，即 L-HL、L-HM、L-HV、L-HS 和 L-HG，与国际通用标准 ISO 分类相同。液压油的代号和名称见表 9-15。

表 9-15 液压油的代号和名称

代号	类别	名称	特点
L-HL	精制矿物润滑油	抗氧防锈液压油	抗氧、防锈
L-HM		抗磨液压油（高压、普通）	抗氧、防锈、抗磨
L-HV		低温液压油	抗氧、防锈、抗磨、增黏
L-HG		液压导轨油	抗氧、防锈、抗磨、抗黏滑
L-HS	合成烃油	超低温液压油	抗氧、防锈、抗磨

注：以上五种产品，按黏度等级（GB/T 3141）共分 33 个级号：

L-HL：有 15、22、32、46、68、100 和 150 七个级号。

L-HM（高压）：有 32、46、68 和 100 四个级号。

L-HM（普通）：有 22、32、46、68、100 和 150 六个级号。

L-HV：有 10、15、22、32、46、68、100 七个级别。

L-HS：有 10、15、22、32 和 46 五个级别。

L-HG：有 32、46、68 和 100 四个级号。

9.2.7 液压系统的三大缺陷是什么？如何解决？

液压系统的三大缺陷和解决办法如下：

（1）发热 由于液压油在流动过程中，液体内部和液体与管路内壁之间也存在摩擦，引起液压油温度升高，导致内外泄漏增大，降低其机械效率。同时较高的温度，会使液压油膨胀，导致压缩比增大，使控制动作无法很好地传递。

解决办法：使用质量好的液压油；液压管路的布置中应尽量避免弯头的出现；使用高质量的管路以及管接头、液压阀等。

（2）振动 液压油在管路中因高速流动而产生的冲击，以及控制阀打开、关闭过程中产生的冲击，都是系统发生振动的原因。强振动会导致系统控制动作和系统中一些较为精密的仪器发生错误，导致系统故障。

解决办法：液压管路应尽量固定，避免出现急弯；避免频繁改变液流方向；整个液压系统应有良好的减振措施，同时还要避免外来振源对系统的影响。

（3）泄漏 液压系统的泄漏分为内（系统内部）泄漏和外（系统和外部环境之间）泄漏。内泄漏虽然不会产生液压油的损失，但是可能会影响既定的控制动作，甚至引起系统故障。液压油直接泄漏到环境中，除了会影响系统的工作环境外，还会导致系统压力不够引发故障，还有引发火灾的危险。

解决办法：采用质量较好的密封件；提高设备的加工精度。

9.2.8　手持式液压钳的结构原理是什么？其基本参数有哪些？

手持式液压钳是以液压为动力，用一个活塞驱动一对彼此相对的钳口，使钳口间的开口完全靠近，以夹断或夹碎方式切断物料的手持式液压动力工具。

液压钳有整体式、分体式、电动式、手动式等。常见的功能是压接和切断，它可以以最小的晃动剪断金属，特别适合在救援活动中使用。

液压钳的结构原理：

（1）手持式液压钳　由破碎头、钳碎体、缸体、手柄、换向阀和防护罩构成。通过操作手柄施加液压能，以机械能的形式推动钳头做功。手持式液压钳的基本参数见表 9-16。

（2）充电液压钳　是一种目前最轻便设计的充电式液压工具，可单手操作，运用于配电作业端子压接，轻巧、耐用，维修概率是所有液压工具中最低的，达到设定压力自动卸压，头部可旋转，适用于不同的工作场所，机械式液压头确保压接的质量。

表 9-16　手持式液压钳的基本参数

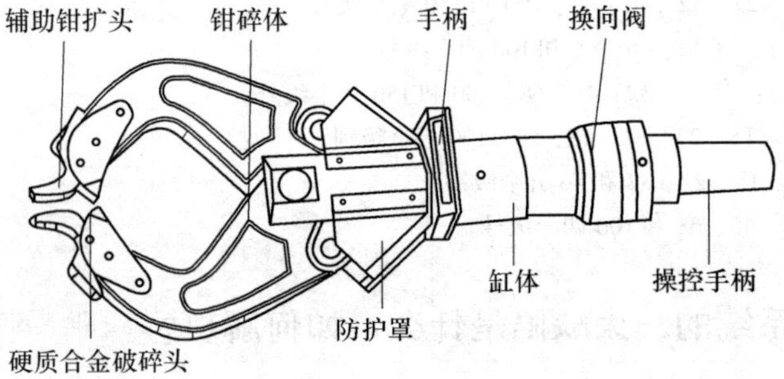

型　　号	额定工作压力/MPa	钳碎力/kN	扩张力/kN	钳碎深度/mm	钳碎厚度/mm	质量/kg
NY35	63	≥35	≥22	105	320	≤14
NY70	63	≥70	—	100	170	≤16

9.2.9　液压拉拔器的用途是什么？其性能参数有哪些？

液压拔轮器适用于铁道车辆检修、机械安装、矿山维护，可拆卸各种机械设备中的带轮、齿轮、轴承等圆形工件，有 CH、ZH 等型式，其性能参数分别见表 9-17 和表 9-18。

表 9-17　CH 分体液压拉拔器的性能参数

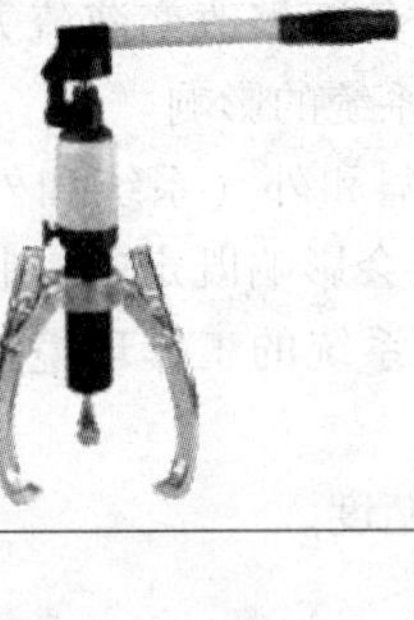

适用于工厂、修理场所。在结构上有分体液压拉拔器和整体液压拉拔器之分，在动力上有液压和电动之分

（续）

型　　号	CH-5	CH-10	CH-20	CH-30	CH-50	CH-100
安全负重/t	5	10	20	30	50	100
轴心有效伸距/mm	50	50	50	60	100	160
纵向最长拉距/mm	140	160	200	250	400	250～600
横向最长外径/mm	200	250	350	450	500	630

注：CK 整体液压拉拔器型号为 CK-××，性能参数同上。

表 9-18　ZH 分体液压拉拔器的性能参数

型　　号	工作行程/mm	最低高度/mm	拉爪有效直径/mm	手柄操作力/N
ZH1.5	70	130	20～180	
ZH3	100	170	20～240	
ZH5	110	170	25～300	
ZH8	140	240	35～350	
ZH10	140	240	40～380	320
ZH16	160	250	50～400	
ZH20	170	260	50～450	
ZH32	180	270	100～500	
ZH50	190	280	150～500	
ZH100	200	290	150～600	

9.2.10　液压拉拔器有什么优点？如何使用？

液压拉拔器（图9-4）是一种替代传统拉拔器的新型理想工具，具有结构紧凑、使用灵活、携带操作方便省力、较少受场地限制等特点，适用于各种维修场所。油压起动杆直接前进移动，推动杆本身不转动。钩爪座可随螺纹直接做前进后退之调距，操作时只要把手前后小幅度摆动，油压起动杆前移，钩爪相对应后退，便可将被拉物体拉出。

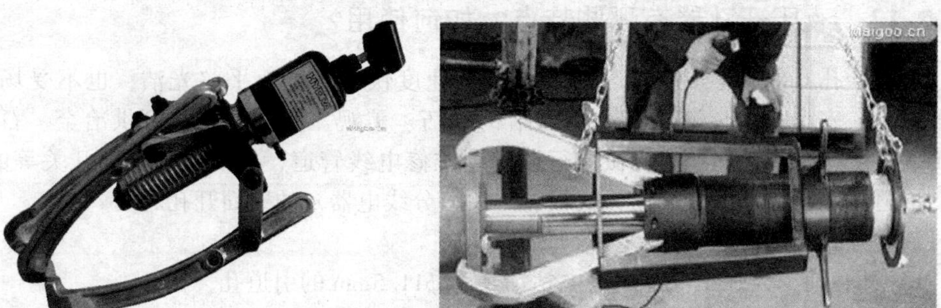

图 9-4　液压拉拔器

液压拉拔器的使用方法和步骤如下：

1）使用前先将回油阀杆按顺时针方向旋紧。

2）把钩爪座调整到爪钩能抓住所拉物体。

3）来回揿动活塞起动杆向前平稳前进，爪钩相应后退，把被拉物体拉出。

4）若使用时需要活塞起动杆伸距大于液压拉拔器活塞起动杆有效距，则需要在伸出距接进最大有效距时停止，松开回油阀杆，让活塞起动杆缩回去，调好后再次重复步骤 1）~3），直到拉出为止。

5）要松开回油阀杆，只需将回油阀按逆时针方向微微旋松即可。活塞起动杆在弹簧作用下渐渐回缩。

6）使用前必须估计被拉出物体所需力，选用合适的型号。

7）液压拉拔器工作用油以抗磨液压油为宜，工作油须保证清洁。

9.2.11　什么是液压开孔器？其技术参数有哪些？

液压开孔器是一种能在金属板上开孔的先进手动液压工具，能够起到一般冲压设备所不能达到的开孔作用。SKY 系列液压开孔器的技术参数见表 9-19。

表 9-19　SKY 系列液压开孔器技术参数

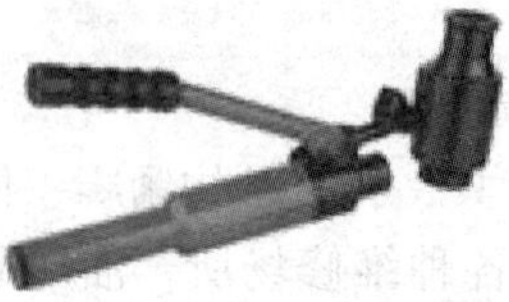

技术参数		
最大液压剪切力	105kN	
液压泵额定工作压力	60MPa	
最大手动压力	0.4kN	
活塞行程	20mm	
液压油	20 号机械油	
开孔范围	金属板厚度≤4mm	金属板厚度≤3mm
	$\phi15 \sim \phi60$mm	$\phi63 \sim \phi114$mm
整机质量	12.5kg	
外形尺寸	420mm×245mm×120mm	

9.2.12　液压开孔器有哪些特点？如何使用？

液压开孔器的特点是操作简便、省力、速度快、加工面平整光洁，也不受场地、位置限制，安全可靠。液压开孔器的结构轻巧、美观、便于携带，可供冶金、石油、化工、电子、电器、船舶、机械等行业安装维修电线管道、指示灯、仪表开关等的开孔，更适用于已成形的仪表面板底板、开关箱分线电器盒的壁面开孔之用。

液压开孔器的使用方法和步骤如下：

1）开孔前，先在工件上用手电钻钻一个 $\phi11.5$mm 的引道孔。

2）将活塞拉杆旋进活塞缸的螺孔中，然后将垫圈套进活塞拉杆后套进凹模，再将活塞拉杆伸进工件的引道孔，最后拧进凸模，使凸模的刃口和加工面紧密接合，凸模、工件、凹模三者可靠地固定。

3）按顺时针方向关住回油阀，然后反复按揿加力手柄，使活塞泵开始工作，油压升高，凹、凸模之间的剪切力增加，模具在工件上剪孔，直到剪通为止。

4）按逆时针方向松开回油阀，使油压全部卸载，开孔操作完成。

5）拧下凸模，清除凹模中废板，擦净模具。

最大开孔力：15t，工作行程：25mm，开孔范围：金属板厚 3mm 以下为 $\phi16.5 \sim \phi60.8$mm，板厚 2mm 以下为 $\phi16.5 \sim \phi115.5$mm。

9.2.13　液压转矩扳手的构造是什么？它有哪些规格？

液压转矩扳手适用于紧固螺纹直径为 M16 ~ M120 的各种六角头、方头、内六角头螺纹紧固件、公称转矩为 2500 ~ 80000N · m 的扳手，环境温度为 −20 ~ 50℃。

液压转矩扳手的型式有 LGB 型（连杆式）、WJB 型（外棘轮曲柄式）和 NJB 型（内棘轮曲柄式）。

（1）型号　由 4 部分组成：

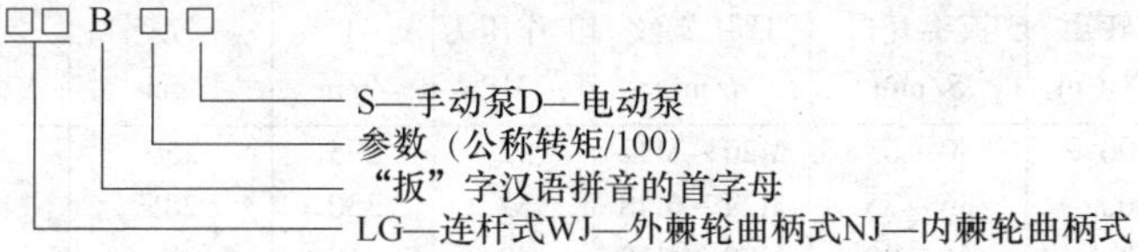

（2）液压转矩扳手的规格　见表 9-20 ~ 表 9-22。

表 9-20　连杆式液压转矩扳手的规格

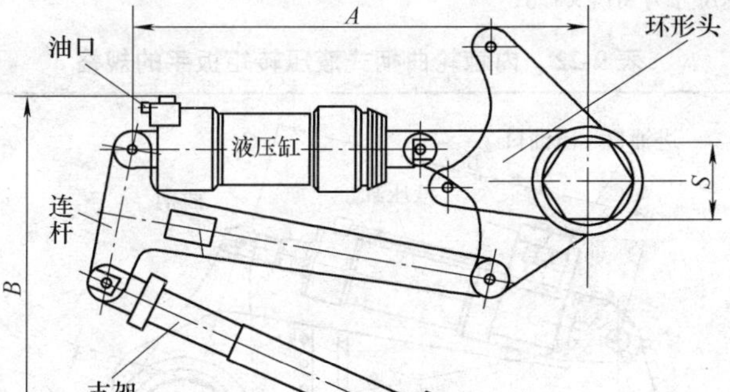

型　　号	公称转矩 M_A/N · m	扳手开口 S/mm	适用螺纹 d/mm	工作压力 p/MPa	A /mm	B /mm	液压泵	质量 /kg
LGB50	5000	24 ~ 75	M16 ~ M48	63	312.9	305	手动泵 电动泵	10
LGB100	10000	27 ~ 95	M18 ~ M64	63	352	330		15
LGB150	30000	65 ~ 130	M42 ~ M90	63	418.8	355		26
LGB500	50000	55 ~ 155	M36 ~ M110	31.5	595	410	电动泵	40

注：油口连接螺纹尺寸为 M10 × 10。

表 9-21　外棘轮曲柄式液压转矩扳手的规格

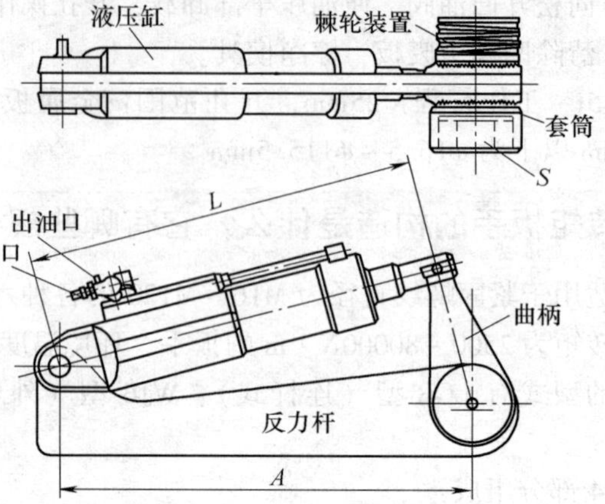

型　　号	公称转矩 M_A/N · m	扳手开口 S/mm	适用螺纹 d/mm	工作压力 p/MPa	A /mm	L /mm	液压泵	质量 /kg
WJB25	2500	30 ~ 65	M20 ~ M42	32	295	250	电动泵	7.5
WJB50	5000	36 ~ 75	M24 ~ M48	32	330	285		10.5
WJBl00	10000	46 ~ 90	M30 ~ M60	40	410	335		14.5
WJB200	20000	55 ~ 100	M36 ~ M68	50	430	360		21
WJB400	40000	75 ~ 115	M48 ~ M80	50	455	380		40
WIB600	60000	85 ~ 145	M56 ~ M100	50	500	400		45
WJB800	80000	95 ~ 170	M64 ~ M120	50	545	425		59

注：油口连接螺纹尺寸为 M14 × 1.5。

表 9-22　内棘轮曲柄式液压转矩扳手的规格

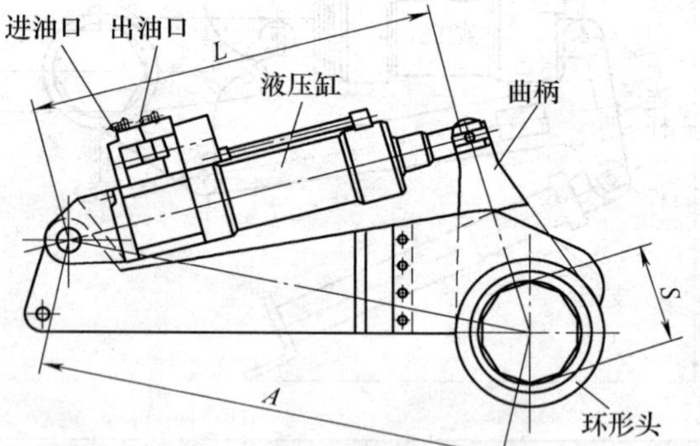

型　　号	公称转矩 M_A/N · m	扳手开口 S/mm	适用螺纹 d/mm	工作压力 p/MPa	A /mm	B /mm	液压泵	质量 /kg
NJB25	2500	30 ~ 65	M20 ~ M42	32	295	250	电动泵	10.5
NJB50	5000	36 ~ 75	M24 ~ M48	32	330	285		13.5
NJBI00	10000	46 ~ 90	M30 ~ M60	40	410	335		20
NJB200	20000	55 ~ 100	M36 ~ M68	50	430	360		27

注：油口连接螺纹尺寸为 M14 × 1.5。

9.2.14　液压冲孔机有什么用途？它有哪些技术参数？

液压冲孔机是用于角铁、扁铁、铜、铝排等金属板材打孔的工具，特别适用于电力、建筑等行业在野外工地作业。分体式液压冲孔机的技术参数见表9-23。

表9-23　分体式液压冲孔机的技术参数

	型号	板厚/mm	吨位/t	喉深/mm	质量/kg	模具配置
	CH-60	10	31	95	13.5	ϕ10.5mm，ϕ13.8mm，ϕ17mm，ϕ20.5mm
	CH-70	12	35	110	28	ϕ10.5mm，ϕ13.8mm，ϕ17mm，ϕ20.5mm

9.2.15　液压冲孔机如何使用？

液压冲孔机由手动泵（或电动泵）和工作头两部分组成，输油软管采用快速接头连接，密封可靠、快速，作业时无方向性限制，装拆方便，专门用于各种钢、铁、铜、铝板、型钢、槽钢、工字钢等的冲孔作业。液压冲孔机有分体式液压冲孔机和一体式冲孔机两种。

液压冲孔机的使用方法和步骤如下：

1）将液压泵和工作头用快速接头接好。

2）选择好相应的上、下模，先装上模后装下模，装上模时先将定位螺钉拧出一定的位置后再装入下模，一定要放到位，再将定位螺钉拧紧。

3）放好工件，关紧液压泵回油螺钉，扳动手柄，直至工作完成后松开回油螺钉，如冲较薄的金属板材时，一定要将退料垫插入退料脚架和工件的中间，否则工件会卡在模具上。

9.2.16　液压螺栓拉伸器的结构怎样？如何利用它来预紧、拆卸螺栓？

液压螺栓拉伸器（图9-5），是一种专门用于螺栓锁紧或拆卸的液压工具。其动力元件（液压泵）的作用是将原动机的机械能转换成液体的压力能，向液压螺栓预紧器提供动力，实现流体液压能至机械能的转化。它适用于电力、船舶工业、冶金煤矿、石油化工、重型机械等领域。

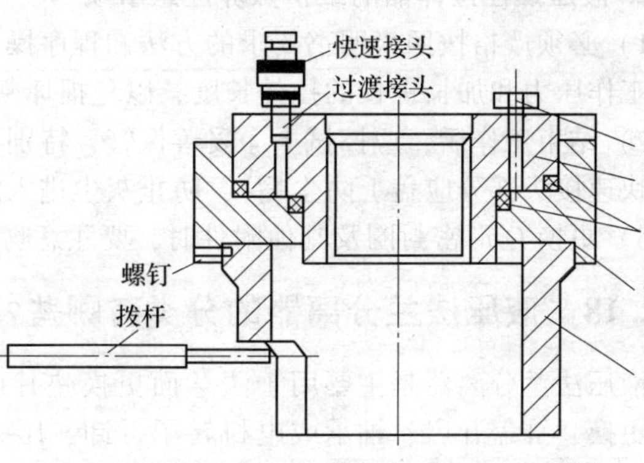

图9-5　液压螺栓拉伸器的结构

液压螺栓拉伸器共有四大

类：普通通用型、拉伸头互换型、单级复位型和双级复位型。普通通用型适用于单规格螺栓的拉伸，其重量轻、精度高、体积小、结构紧凑；拉伸头互换型通用性强，通过更换拉伸头可适用于多个规格螺栓的拉伸；单级复位型采用活塞自动复位设计，适合频繁使用的场合；双级复位型采用双液压缸设计，适用于空间狭小的工况。

其预紧方式是利用液压缸直接对螺栓端头施加外力，将螺栓拉伸到所需长度，然后将螺母渐渐拧紧。拉伸器可以对多个螺栓进行同步拉伸，使整圈螺栓受力均匀，得到均衡载荷。该拉伸方式尤其适用于大型关键法兰等紧固精度要求较高零部件的拆装。

预紧或拆卸螺栓的步骤：① 将拨套套装在被拉螺栓的螺母上，连接拉伸器活塞内螺纹与被拉伸螺栓头部的外螺纹；② 用手动液压泵或液压泵站对拉伸器液压缸注油加压，使活塞与液压缸产生相对运动，带动螺栓产生轴向拉伸，实现螺栓需要的拉伸量；③ 螺栓受到拉伸，螺母与原接触面脱开后，通过拉伸器下端开口将拨杆插入拨套上的小孔内，转动拨套并带动螺母，即可实现拆装螺栓；④ 完成上述工作后，通过手动液压泵或液压泵站对拉伸器进行卸压，再退出活塞与螺栓的连接。

自身带有专用拨孔的圆形螺母或六角螺母，不需用拨套，直接用拨杆插入小孔拨紧或拨松螺母即可。

9.2.17 液压螺栓拉伸器的优点有哪些？如何对其进行维护保养？

1. 液压螺栓拉伸器的优点

1）一般采用矿物油作为工作介质，相对运动面可自行润滑，使用寿命长。

2）重量轻、体积小、运动惯性小、反应速度快。

3）液压传动的各种元件可以根据需要方便、灵活地布置。

4）可自动实现过载保护。

5）操纵控制方便，可实现多个螺栓同时紧固，节约劳动成本。

6）很容易实现直线运动。

7）很容易实现机器的自动化。当采用电液联合控制后，不仅可实现更高程度的自动控制过程，而且可以实现遥控。

8）可以作为液压过盈连接施加轴向力的装置，进行顶压安装。

2. 液压螺栓拉伸器的维护保养注意事项

1）必须严格按照说明书要求的方法和程序操作，不能随意提高液压螺栓拉伸器输入的工作压力和加长螺栓的拉伸长度，以免损坏密封圈和相关配合部件。

2）结束工作后，应擦拭干净妥善保管，特别是进油接口不能渗入灰尘（施工完成后，快速接头部分应盖上防尘帽），防止灰尘进入液压缸后损伤液压缸和活塞。

3）更换 O 形密封圈及其他附件时，要注意吻合，确保密封效果。

9.2.18 液压法兰分离器的分类有哪些？其优点是什么？

液压法兰分离器是主要用于法兰面更换垫片时分离用的液压设备，在管路维护、法兰更换、缸盖开启、轴承或电机转子拆卸、压力容器、发电厂、油田钻井、海上平台、造船等行业领域都有应用。

液压法兰分离器分为机械式、一体式和分体式三种（图9-6）。

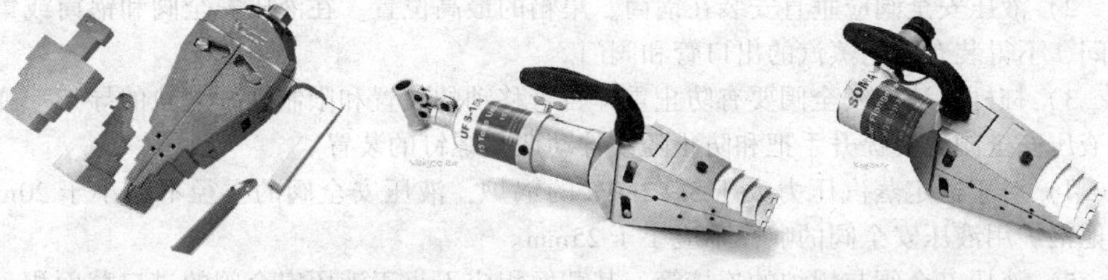

图9-6 液压法兰分离器

a）机械式 b）一体式 c）分体式

液压法兰分离器的优点如下：

1）机身轻而分离力大，便于携带，减低了劳动强度，可单人操作。

2）方便、安全、效率高，适用范围广，也可作为千斤顶使用。

3）可克服空间限制，适用于狭窄空间及高空作业。

4）增大分离量，减小了楔形块插入法兰的深度。

5）在分离的同时，防止法兰错位，防止损伤法兰内垫片，提高使用寿命。

9.2.19 什么是液压安全阀？其安装和维护的注意事项有哪些？

液压安全阀（图9-7）是装设在油罐顶上，保护油罐安全的一个重要附件，主要装在锅炉、压力容器和管道上，对人身安全和设备运行起重要的保护作用。其原理：安全阀的启闭件受外力作用下处于常闭状态，当设备或管道内的介质压力升高，超过规定值时自动开启，向系统外排放介质来防止管道或设备内介质压力超过规定数值。即当机械呼吸阀发生故障时，它能代替机械呼吸阀进行排气或放气。

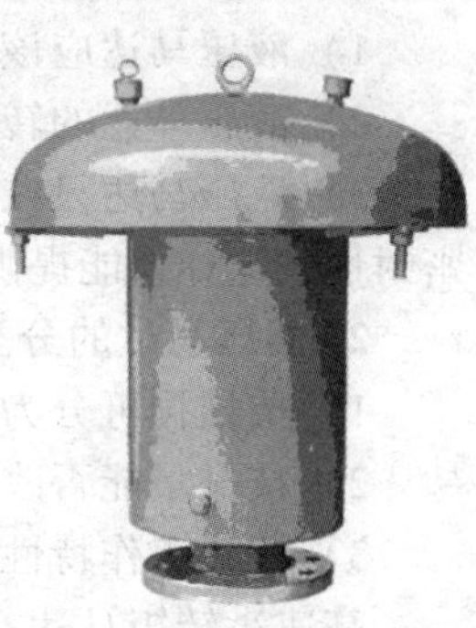

图9-7 液压安全阀

液压安全阀控制的压力或真空值比机械呼吸阀高10%，因此在正常情况下不动作。阀内用密封液体的沸点高（夏天不易挥发）、蒸发慢、凝点低（冬天不至于凝固），如轻柴油、太阳油或变压器油。

液压安全阀的安装和维护注意事项如下：

1）各种液压安全阀都应垂直安装。

2）液压安全阀出口处应无阻力，避免产生受压现象。

3）液压安全阀在安装前应专门测试，并检查其密封性。

4）对使用中的液压安全阀应做定期检查。

9.2.20 液压安全阀如何安装？

1）额定蒸发量大于0.5t/h的锅炉，至少装设两个液压安全阀，其他锅炉至少装一个液压安全阀。可分式省煤器出口处、蒸汽过热器出口处都必须装设液压安全阀。

2）液压安全阀应垂直安装在锅筒、集箱的最高位置。在液压安全阀和锅筒或集箱之间，不得装有取用蒸汽的出口管和阀门。

3）杠杆式液压安全阀要有防止重锤自行移动的装置和限制杠杆越轨的导架。弹簧式液压安全阀要有提升手把和防止随便拧动调整螺钉的装置。

4）对于额定蒸汽压力大于 3.82MPa 的锅炉，液压安全阀的喉径不应小于 20mm。其他锅炉用液压安全阀的喉径不应小于 25mm。

5）液压安全阀与锅炉的连接管，其截面积应不小于液压安全阀的进口截面积。如果几个液压安全阀共同装设在一根与锅筒直接相连的短管上，短管的通路截面积应不小于所有液压安全阀排汽面积的 1.25 倍。

6）液压安全阀一般应装设排汽管。排汽管应直通安全地点，并有足够的截面积，保证排汽畅通。液压安全阀排汽管底部应装有接到安全地点的疏水管，在排气管和疏水管上都不允许装设阀门。

9.2.21 液压马达的特点是什么？它有哪些分类？

液压马达是液压系统的一种执行元件，它将液压泵提供的液体压力能转变为其输出轴的机械能（转矩和转速）。它主要应用于注塑机械、起扬机、工程机械、建筑机械、矿山机械、冶金机械、船舶机械、石油化工、港口机械等。

1. 液压马达的特点

1）液压马达应该能够正、反转，因而要求其内部结构对称。

2）液压马达的转速范围要足够大，特别对最低稳定转速有一定的要求。

3）液压马达只在输入压力油条件下工作，不必具备自吸能力，但需要一定的初始密封性，这样才能提供必要的起动转矩。

2. 液压马达的分类

1）按结构可分为齿轮马达、叶片马达、柱塞马达和螺杆马达。

2）按排量能否改变可分为定量马达、变量马达。

3）按其工作特性可分为高速液压马达和低速液压马达。

高速小转矩马达——额定转速在 500r/min 以上，包括齿轮马达、螺杆马达、叶片马达、柱塞马达等。其特点是转速较高，转动惯量小，便于起动和制动，调节和换向灵敏度高，但输出转矩不大，仅几十牛 · 米到几百牛 · 米。

低速大转矩液压马达——额定转速在 500r/min 以下，包括单作用连杆型径向柱塞马达和多作用内曲线径向柱塞马达等。其特点是排量大、体积大、转速低，有的可低到每分钟几转甚至不到一转，因此可直接与工作机构连接，不需要减速装置，使传动机构大大简化。通常低速液压马达的输出扭转较大，可达几千牛 · 米到几万牛 · 米。

9.2.22 液压泵和液压马达有什么区别？液压泵有哪些分类？

液压泵是液压系统的动力元件，是靠发动机或电动机驱动，从油箱中吸入油液，形成压力油排出，送到执行元件的一种元件。而液压马达正好相反，压力油推动液压马达内的叶片旋转，从而带动与液压马达轴相连的机械做功，即把压力能转换成机械能。

常用液压泵的分类如下：

1）按流量是否可调节可分为变量泵和定量泵。前者的输出流量可以根据需要来调节，后者的流量不能调节。

2）按液压系统中常用的泵结构分为齿轮泵、叶片泵和柱塞泵三种。

① 齿轮泵：体积较小，结构较简单，对油的清洁度要求不严，价格较便宜，但泵轴受力不平衡，磨损严重，泄漏较大。

② 叶片泵：分为双作用叶片泵和单作用叶片泵。叶片泵的流量均匀，运转平稳，噪声小，工作压力和容积效率比齿轮泵高，结构比齿轮泵复杂。

③ 柱塞泵：容积效率高，泄漏小，但可在高压下工作，大多用于大功率液压系统；但其结构复杂，材料和加工精度要求高，价格贵，对油的清洁度要求高。一般在齿轮泵和叶片泵不能满足要求时才用柱塞泵。

还有一些其他形式的液压泵，如螺杆泵等，但应用不如上述三种泵普遍。

9.2.23　液压泵的故障原因有哪些？

液压泵在维修时应从以下三点查找故障原因，并对系统进行改进。

1）检查动臂液压缸的内漏情况。最简单的方法是把动臂升起，看其是否有明显的自由下降。若下落明显则拆卸液压缸检查，若密封圈磨损应予以更换。

2）检查操纵阀。首先清洗安全阀，检查阀芯是否磨损，如磨损应更换。安全阀安装后若仍无变化，再检查操纵阀阀芯的磨损情况，其间隙使用限度一般为0.06mm，若磨损严重应更换。

3）测量液压泵的压力。若压力偏低，则进行调整；若加压力仍调不上去，则说明液压泵严重磨损。

第10章

电动工具

10.1 电动工具基本常识

10.1.1 什么是电动工具？

电动工具是以电动机或电磁铁为动力，通过传动机构驱动工作头的一种机械化工具。

10.1.2 电动工具分成几大类？如何标注其型号？

电动工具分为9大类（表10-1），其型号标注方法如下：

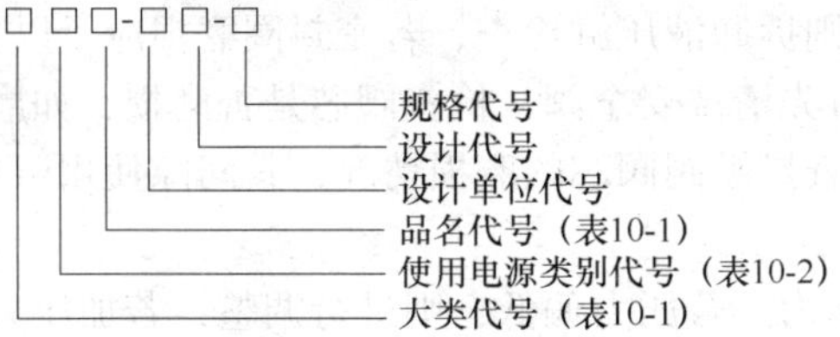

表10-1 电动工具的大类代号与品名代号

类别	名称	代号	类别	名称	代号	类别	名称	代号
(1)金属切削类(J)	电铰刀	A	(2)砂磨类(S)	盘式砂光机	A	(4)林木类(M)	带锯	A
	磁座钻	C		平板摆动式砂光机	B		电刨	B
	多用工具	D		车床电磨	C		电插	C
	刀锯	F		模具电磨	J		木工多用工具	D
	型材切割机	G		角向磨光机	M		修枝机	E
	电冲剪	H		抛光机	P		截枝机	H
	电剪刀	J		气门座电器	Q		开槽机	K
	电刮刀	K		砂轮机	S		电链锯	L
	斜切割机	L		带式砂光机	T		曲线锯	Q
	焊缝坡口机	P	(3)装配作业类(P)	电扳手	B		木铣	R
	攻螺纹机	S		定扭矩电扳手	D		木工刃磨机	S
	锯管机	U		旋具	L		圆锯	Y
	电钻	Z		拉铆枪	M		木工钻	Z
				墙板旋具	U			
				胀管机	Z			

（续）

类别	名称	代号	类别	名称	代号	类别	名称	代号
(5)农牧类(N)	采茶剪	A	(6)建筑道路类(Z)	湿式磨光机	M	(8)铁道类(T)	枕木钻	Z
	剪毛机	J		钢筋切割机	Q	(9)其他(Q)	塑料电焊炬	A
	粮食扦样机	L		砖墙铣沟机	R		裁布机	C
	喷洒机	P		地板砂光机	S		电动气泵	E
	修蹄机	T		套螺纹机	T		管道清洗机	G
(6)建筑道路类(Z)	锤钻	A		弯管机	W		卷花机	H
	地板抛光机	B		铲刮机	Y		石膏剪	J
	电锤	C		混凝土钻机	Z		雕刻机	K
	混凝土振动器	D	(7)矿山类(K)	岩石电钻	Y		电喷枪	P
	大理石切割机	E		凿岩机	Z		除锈机	Q
	电镐	G	(8)铁道类(T)	铁道扳手	B		石膏电锯	S
	夯实机	H		枕木电镐	G		地毯剪	T
	冲击钻	J					牙钻	Y
	铆胀螺栓扳手	L					骨钻	Z

10.1.3 电动工具使用的电源类别代号是什么？

电动工具使用的电源类别代号见表10-2。

表10-2 电动工具使用的电源类别代号

电源类别	低压直流	单相交流	三相交流				
频率/Hz	—	50	200	50	400	150	300
代号	0	1	2	3	4	5	6

型号举例1：J1Z-LS2-6A表示最大钻孔直径为6mm的A型电钻，使用电源为单相交流工频（50Hz，220V），由行业第二次联合设计。

型号举例2：S2A-××2-150表示砂盘直径为150mm的盘式砂光机，使用电源为三相交流中频（200Hz，380V），由××单位第二次自行设计。

型号举例3：M01B-××-90-×2表示刨刀宽度为90mm，最大刨削深度为2mm的电刨，可在直流和单相交流电流下使用，由××单位第三次自行设计。

10.1.4 电动工具设计的一般要求有哪些？

1）符合GB 3883《手持式电动工具的安全》和GB 13960《可移式电动工具的安全》的要求，保证在正常使用时安全可靠，并考虑即使在正常使用中可能发生疏忽的情况下，也不至于对人和周围事物造成危险（例如着火、机械伤害、电击等）。

2）应有一个合理的使用寿命，在正常的日常维护保养时，应有 1000h 以上的无故障工作寿命。

3）应有足够的机械强度，应能承受在正常使用中可能出现的错误操作。

4）外形要求要便于使用者握持和操作，且造型新颖、美观。

5）应有尽可能高的工作效能和尽可能小的质量。

10.1.5　电动工具的使用与维护注意事项有哪些？

（1）电动工具的安全使用规则　主要有以下 8 条。

1）电线或插头已坏者不要使用。

2）操作前要读懂操作指令或使用说明书。

3）不在潮湿的地板上使用，以防电动工具漏电而引起触电事故。

4）使用时一定要穿橡胶底鞋。

5）用三相插头，并确认插座已接好保护零线。

6）用工具上的开关来开关电源，而不是插上或拔下电源插头代替开关。

7）按照操作规程来使用，否则将可能导致严重的人身伤亡事故。

8）定期对电动工具进行安全检查。

（2）电动工具的日常维护　经常检查导线、插头和工具是否损坏。

（3）电动工具的外接线　理想的外接线应该尽量短，直径尽量大，以免产生明显的电压降，造成导线过热。此外，使用时要检查其绝缘是否良好，有无金属部分外露，且导线不能被水或其他溶剂湿润过。

10.2　常用电动工具

10.2.1　金属切削电动工具有哪些？

金属切削电动工具包括电钻、磁座钻、电冲剪、电剪刀、电锯、攻螺纹机、切割机和锯管机等，如图 10-1 所示。

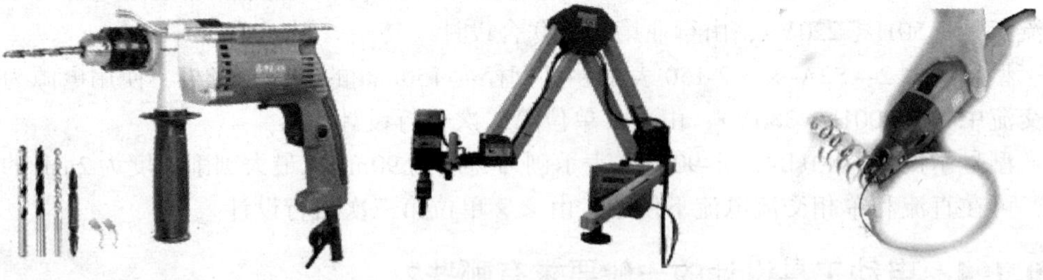

a)　　b)　　c)

图 10-1　金属切削电动工具

a）电钻　b）电动攻螺纹机　c）电剪刀

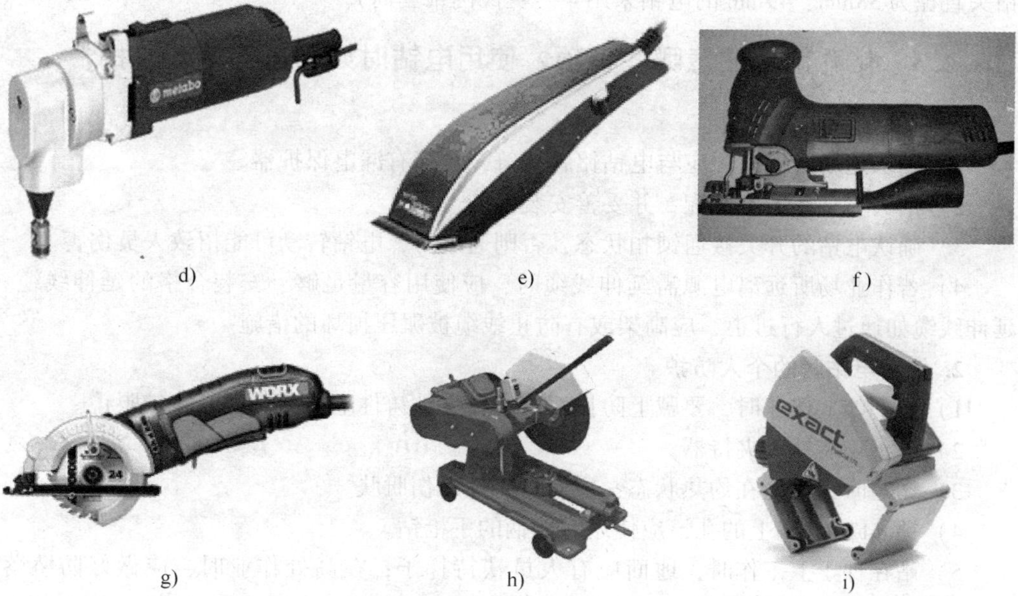

图 10-1　金属切削电动工具（续）

d）电冲剪　e）电推剪　f）电动往复锯　g）多功能电锯

h）型材切割机　i）电动锯管机

10.2.2　什么是电钻？它有哪些种类和规格？

电钻（图 10-1a）是指利用电能作为动力的钻孔工具，由钻夹头、输出轴、齿轮、转子、定子、机壳、开关和电缆线构成，广泛用于建筑、装修、泛家具等行业。

（1）电钻的分类　根据其参数不同，电钻可分为 C 型、A 型和 B 型。

1）C 型（额定输出功率最小），转速较高，主要用于铝、铜等有色金属及其合金，塑料和铸铁等材料的钻孔，额定输出功率和转矩比 A 型小。

2）A 型（额定输出功率居中），主要用于普通钢材的钻孔，如 A3、25～45 钢角铁等。

3）B 型（额定输出功率最大），转矩比 A 型大，持续和过载能力强，转速与 A 型相仿，主要用于优质钢材及各种钢材的钻孔。

（2）电钻的规格　电钻的规格（钻头直径）有 4mm、6mm、8mm、10mm、13mm、16mm、19mm、23mm、32mm、38mm、49mm 等（数字是指在抗拉强度为 390MPa 的钢材上钻孔的钻头最大直径。对有色余属、塑料等材料，最大钻孔直径可比原规格大 30%～50%），可以用它在金属、塑料、木材及类似材料上钻孔。配备了电动调节装置及正/逆转功能的电钻，也能旋转及钻制螺纹。

一般钻头直径在 19mm 以下的电钻多采用三爪式钻夹头，钻头直径在 23mm 及以上的电钻均采用莫氏圆锥套筒（钻头直径为 19mm、23mm 的电钻采用 3 号莫氏圆锥套筒，钻头直径为38mm、49mm的电钻采用4号莫氏圆锥套筒）。

10.2.3　钻孔前应注意哪些事项？使用电钻时如何进行个人防护？

1. 钻孔前的注意事项

1）确认现场所接电源应与电钻铭牌相符，且接有漏电保护器。

2）钻头与夹持器应适配，并妥善安装。

3）确认电钻的开关接通锁扣状态，否则通电时，电钻转动可能招致人员伤害。

4）若作业场所远离电源需延伸线缆时，应使用容量足够、安装合格的延伸线缆。延伸线缆如通过人行过道，应高架或有防止线缆被碾压损坏的措施。

2. 使用电钻时的个人防护

1）面部朝上作业时，要戴上防护面罩。在生铁铸件上钻孔要戴好防护眼镜。

2）妥善安装钻头夹持器。

3）作业时钻头处在灼热状态，应注意避免灼伤肌肤。

4）钻 ϕ12mm以上的孔，应使用有侧柄的手枪钻。

5）站在梯子上工作时，地面应有人员扶持梯子；在高处作业时，应做好防坠落措施。

10.2.4　电钻如何正确操作？电钻要进行哪些维护和检查？

1. 正确操作方法

1）在金属材料上钻孔应首先要在被钻孔位置处打上样冲眼。

2）钻较大孔时，预先用小钻头钻穿，然后再使用大钻头钻孔。

3）长时间在金属上钻孔，要有一定的冷却措施，以保持钻头的锋利。

4）严禁用手直接清理钻屑，而应用专用工具。

2. 维护和检查事项

1）不使用迟钝或弯曲的钻头，以免电动机过负荷，并降低作业效率。

2）使用前检查电钻机身安装螺钉的紧固情况，以免导致电钻故障。

3）若电动机上的电刷磨耗超出极限，电动机将发生故障，因此应及时予以更换。此外电刷必须处于干净状态。

4）Ⅰ类器具应保证其外壳良好接地。

10.2.5　什么是电动攻螺纹机？它有哪些规格？

电动攻螺纹机（图10-1b）是通过伺服电动机将电压信号转化为转矩和转速输出进行攻螺纹，用于加工内螺纹的电动工具，包含钻夹头、机床、传动系统、轴承和电气系统几部分。它适用于机床、工程机械、汽车摩托车零部件、机车车辆以及通用机械等行业。其规格有J1S-8、J1SS-8（固定式）、J1SS-8（活动式），攻螺纹直径为M4～M8；J1S-12，攻螺纹直径为M6～M12。它可分为台式攻螺纹机、半自动台式攻螺纹机、立式攻螺纹机、卧式攻螺纹机等几种。

10.2.6 什么是电剪刀和电冲剪？各自有哪些规格？

电剪刀（图10-1c）是以单相串励电动机作为动力，通过传动机构驱动工作头，进行剪切作业的双重绝缘手持式电动工具。它可以方便地剪切金属和非金属板材等，也可以切剪曲线和直线。用途不同，其型式也不尽相同，有手持电剪刀、双刃电剪刀、平板电剪刀和电冲剪等。按能源提供方式可分为手持式电剪刀和电动电剪刀。电剪刀广泛用于汽车、造船、飞机及修配等部门钣金场合。电剪刀的规格见表10-3。

表10-3 电剪刀的规格

规格	额定输出功率/W	刀杆额定往复次数/(次/min)	规格	额定输出功率//W	刀杆额定往复次数/(次/min)
1.6	≥120	≥2000	3.2	≥250	≥650
2	≥140	≥1100	4.5	≥540	≥400
2.5	≥180	≥800			

注：1. 电剪刀的规格是指其剪切抗拉强度 R_m = 390MPa 热轧钢板的最大厚度（mm）。
2. 手持式电剪刀的规格有 J1J-1.6、J1J-2、J1J-2.6、J1J-3.2 和 J1J-4.5。
3. 双刃电剪刀的规格有 J1R-1.5 和 J1R-2。

电冲剪（图10-1d）是利用上下冲头的冲切来切割板材的，其用途与电剪刀相同，但还可以冲剪波纹钢板、塑料板、层压板等，可开切各种不同形状的孔洞，且冲剪过程中被冲剪的材料不会变形。电冲剪可用于金属加工、钳工车间、屋面与立面施工、配电箱加工及拆卸和回收工作，其规格有 J1H-1.3、J1H-1.5、J1H-2.3 和 J1H-3.2。

10.2.7 使用电剪刀过程中有哪些注意事项？

1）电剪刀在使用前应空载运转1min，检查传动部分是否灵活，并在往复运动机构中添加润滑油。

2）应根据加工材料的厚度，调整上、下刀片的横向间隙（可为剪切板材厚度的20%～40%，如剪切1mm厚的钢板可调为0.2mm，剪切2mm厚的钢板可调为0.6～0.7mm）。两刀片的上、下间隙出厂时已调整好，注意任何情况下（即使刀杆在上死点时），上、下刀片都不应脱离重叠。

3）剪切时不能用力过猛，遇到转速急剧下降时，应立即减小推力，防止过载。因故卡剪时，必须立即切断电源。

4）为了平滑地剪切，向前推进时，要将工具略向后倾斜。

5）电剪刀使用一段时间后，刀刃变钝，应拆下刀片在砂轮上刃磨。安装时，需调整好刀片的上、下间隙。

10.2.8 什么是电推剪？其使用过程中有哪些注意事项？

电推剪（图10-1e）是理发、美发工具，一般由固定推齿、活动推齿、调节手柄、壳体和装在壳体内的电器部件组成，使用时须以电（交流电居多）作为动力。电推剪一般分为插电式和充电式两种。

电推剪使用过程中的注意事项如下：

1）适时适量在切削刃和刀片间滴注润滑油，保持切削刃锋利。

2）开启时应握在手中，放置前应关闭开关，保护电推剪免受意外损伤。

3）电推剪不能受潮浸水，电源线避免露芯，确保电器使用安全。

4）用毕收藏前清除刀片上的毛发，开启电推剪，在刀片间滴注润滑油少许，然后罩上护刀套。

5）发生使用故障或长期使用切削刃失去锋利，如无修理经验，不要拆动电推剪，应送专修商店或本厂修理。

10.2.9 电动刀锯有哪些种类？各自有哪些规格？

（1）电动往复锯（图 10-1f） 是指以往复运动的锯条进行锯切的电动工具，有刀锯和曲线锯两种（一般所说的往复锯专指刀锯），用于锯切板、管及棒等型材。它所用的锯条为马刀状，比曲线锯条宽。其规格有 24、26（两者额定输出功率≥430W）和 28、30（两者额定输出功率≥570W）。

（2）多功能电锯（图 10-1g） 可配多种锯片，可用于锯割木工板材、水管、瓷砖、大理石、陶瓷、装修工金属钢筋、玻璃纤维增强塑料、线路板亚克力板等材料的切割与倒角。

10.2.10 什么是型材切割机？它有哪些规格？

型材切割机（图 10-1h）是以三相工频、单相电容电动机或单相串励电动机为动力，通过传动机构驱动，带动纤维增强树脂薄片砂轮，对金属或非金属型材等进行切割的可移式切割机设备。它适用于建筑、五金、石油化工、机械冶金及水电安装等部门。

JB/T 9608—2013 规定的规格有 300 型（最大切割直径 30mm）、350 型（最大切割直径 35mm）和 400 型（最大切割直径 50mm）。

JG/T 5070—1995 规定的规格有 350 型（最大切割直径 35mm）、400 型（最大切割直径 50mm）、450 型（最大切割直径 55mm）和 500 型（最大切割直径 60mm）。

型材切割机的基本参数见表 10-4。

表 10-4 型材切割机的基本参数

规格代号	额定输出功率/W	额定输出转矩/N·m	最大切割直径/mm	说明
类型	A/B	A/B	A/B	—
300	≥800/1100	≥3.5/4.2	30	—
350	≥900/1250	≥4.2/5.6	35	—
400	≥1100	≥5.5	50	单相电容切割机
	≥2000	≥6.7		三相切割机

注：基本参数分为 A 型和 B 型，以适应不同客户的需要，推荐 B 型。

10.2.11 什么是电动锯管机？它有哪些用途？

电动锯管机（图 10-1i）是用于切断金属管材用的一种电动往复锯，适合于切割铜管、铝管、不锈钢管、铸铁管和塑料管等。引进的 exact 170e 型电动锯管机具有重量轻、可电子调速、易于携带和便于现场操作的特点。该机的主要参数如下：

电压：220～240V（50～60Hz）；功率：1200W；转速：1600～3500r/min；锯片中心孔直径：62mm；锯片直径：140mm；使用范围（管直径）：15～170mm；管壁最大厚度：钢为8mm，不锈钢为5mm，塑料为14mm；质量：5.7kg。

10.2.12 电动自爬式锯管机的型号如何表示？其技术数据有哪些？

电动自爬式锯管机用于切割大口径金属管材。其型号的表示方法：

J 3 U—□□—□

- 铣刀轴转速（r/min）（规格代号）
- 设计序号
- 设计单位代号
- 锯管机（品名代号）
- 使用电源类别代号3—三相交流电（50Hz）
- 金属切削类（大类代号）

电动自爬式锯管机的技术数据见表10-5。

表 10-5 电动自爬式锯管机的技术数据

型 号	刀轴转速 /(r/min)	切割管径 /mm	切割管壁厚 /mm	额定电压/V	输出功率 /W	进给速度 /(mm/min)	质量 /kg
J3UP-35	35	133～1000	≤35	380	1500	40	80
J3UP-70	70	200～1000	≤20	380	1000	85	60

10.3 装配作业类电动工具

装配作业类电动工具主要有电动扳手、电动冲击扳手、电动螺钉旋具、充电式电钻旋具、电动胀管机和微型永磁直流旋具等，如图10-2所示。

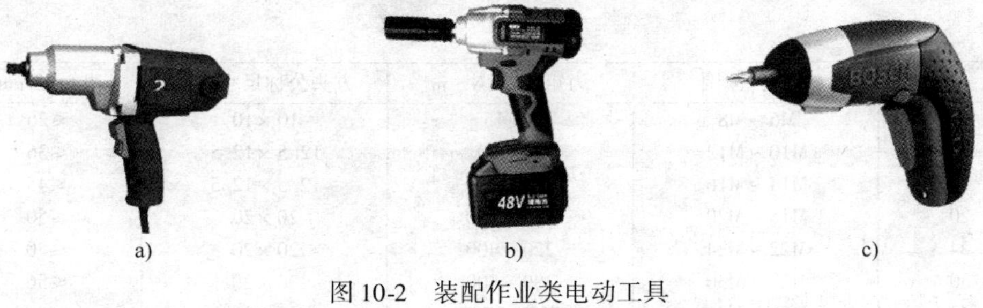

a) b) c)

图 10-2 装配作业类电动工具

a）电动扳手 b）电动冲击扳手 c）电动螺钉旋具

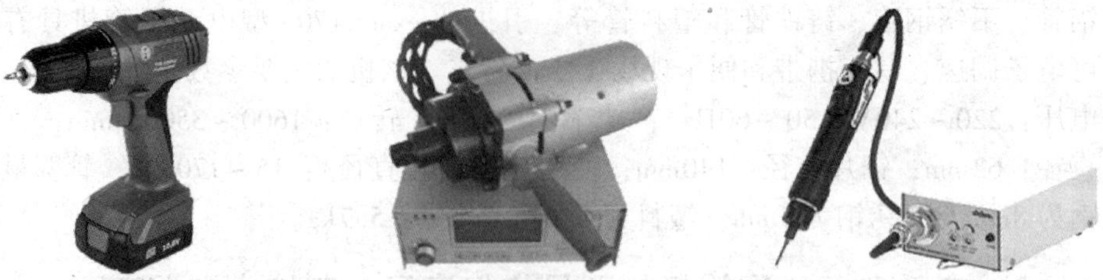

d)　　e)　　f)

图 10-2　装配作业类电动工具（续）

d）充电式电钻旋具　e）电动胀管机　f）微型永磁直流旋具

10.3.1　什么是电动扳手？它有哪些规格？

电动扳手（图 10-2a）是以电源或电池为动力的扳手，其传动机构由行星齿轮和滚珠螺旋槽冲击机构组成。它用于钢结构行业装卸高强度螺栓。其规格有 M8、M12、M16、M20、M24、M30 和 M42。

按离合器结构，电动扳手可分为安全离合器式（A 型）和冲击式（B 型）两种型式。前者有到达一定扭紧力矩时脱扣的安全离合器机构，完成装拆螺纹件，适宜于小规格的电动扳手；后者采用冲击力矩机构完成装拆螺纹件，适宜于较大规格的电动扳手。

还有一种定扭矩电动扳手，又叫扭矩可调电动扳手，其最主要的特征就是可以设定扭矩，并且扭矩可调。

10.3.2　什么是电动冲击扳手？它有哪些规格？

电动冲击扳手（图 10-2b）是采用冲击离合器机构，利用冲击力矩完成装拆螺纹件用的扳手。电动冲击扳手的规格和技术数据见表 10-6。

表 10-6　冲击扳手的规格和技术数据

规　格	适用范围	力矩范围/N·m	方头公称尺寸/mm	边心距/mm
8	M6 ~ M8	4 ~ 15	10 × 10	≤26
12	M10 ~ M12	15 ~ 60	12.5 × 12.5	≤36
15	M14 ~ M16	50 ~ 150	12.5 × 12.5	≤45
20	M18 ~ M20	120 ~ 220	20 × 20	≤50
24	M22 ~ M24	220 ~ 400	20 × 20	≤50
30	M27 ~ M30	380 ~ 800	20 × 20	≤56
42	M36 ~ M42	750 ~ 2000	25 × 25	≤66

10.3.3 使用电动扳手的过程中有哪些注意事项?

1）确认现场所接电源与电动扳手铭牌是否相符，是否接有漏电保护器。

2）根据螺母大小选择匹配的套筒，并妥善安装。

3）送电前确认电动扳手上的开关应处于断开状态，以免通电时可能招致人员伤害。

4）若作业场所远离电源需延伸线缆时，应使用容量足够、安装合格的延伸线缆。延伸线缆如通过人行过道，应高架或有防止线缆被碾压损坏的措施。

5）尽可能在使用时找好反向力距支靠点，防止反作用力伤人。

6）若发现电动机电刷火花异常时，应立即停止工作，并排除故障。此外必须保持电刷清洁干净。

7）站在梯子上工作时，地面应有人员扶持梯子；在高处作业时，应做好防坠落措施。

10.3.4 什么是电动螺钉旋具?其型号如何标注?其基本参数有哪些?

电动螺钉旋具（图10-2c）是用于拧紧或拆卸机螺钉、螺母和木螺钉、自攻螺钉的交直流两用、单串励电动螺钉旋具。它采用牙嵌离合器传动机构或齿轮传动机构，其规格只有P1L-6一种（适用于M4~M6机螺钉、≤M4木螺钉和ST3.9~ST4.8自攻螺钉）。电动螺钉旋具有直杆式、手持式和安装式三类。

另外还有由一种电动自攻螺钉旋具，有P1U-5和P1U-6两个规格，分别适用于ST3~ST5和ST4~ST6自攻螺钉。

电动螺钉旋具的型号标注方法：

P □□—□□—□□

装拆螺钉的最大螺钉直径（mm）（规格代号）
设计序号
设计单位代号
L—电动螺钉旋具U—电动自攻螺钉旋具（品名代号）
工具用电源类别代号，0—直流；1—单相交流50Hz
装配类（大类代号）

电动螺钉旋具的基本参数见表10-7。

表10-7 电动螺钉旋具的基本参数

规 格	适用范围/mm	额定输出功率/W	拧紧力矩/N·m
M6	机螺钉M4~M6 木螺钉≤M4 自攻螺钉ST3.9~ST4.8	≥85	2.45~5.0

注：木螺钉M4是指在拧入一般木材中的木螺钉规格。

10.3.5 什么是充电式电钻旋具?它有哪些规格?

充电式电钻旋具（图10-2d）是配用一字槽或十字槽螺钉旋具，进行装拆机螺钉、木螺钉作业的工具，适用于野外、高空、管道及特定场合。其规格是J0ZS-6，可在钢板上装拆小于M6的机螺钉，或在木板上装拆小于5×25mm的木螺钉。

10.3.6 什么是电动胀管机？它有哪些规格？

电动胀管机（图 10-2e）是在金属管与板的连接中用于胀管的电动工具。它能扩大金属管端部的直径，使其与锅炉管板连接部位紧密胀合，确保密封并能承受一定的压力。它带有自动控制仪，能自动控制膨胀度，避免膨胀不够造成的渗漏以及过胀时引起的裂痕和管板翘曲变形等缺陷。它适用于锅炉制造和安装，石油化工交换器及冷凝器、机车制造和维修。

其规格有 P3Z2-13、P3Z2-19、P3Z2-25、P3Z-38、P3Z-51、P3Z2-51 和 P3Z-76，适用钢管直径范围分别为 8 ~ 13mm、13 ~ 19mm、19 ~ 25mm、25 ~ 38mm、38 ~ 51mm、38 ~ 51mm、51 ~ 76mm。

10.3.7 什么是微型永磁直流旋具？它有哪些规格？

微型永磁直流旋具（图 10-2f）是由配套电源箱供电，由离合机构（或由离合机构和电子线路共同控制）拧紧力矩的，用于装卸 M6 及以下一字槽或十字槽螺钉的工具。其额定电压有 6V、9V、12V、18V、24V 和 30V。它尤其适用于手表、照相机、电视机和仪器仪表行业中装卸微型螺钉。

其规格有 P0L-2.5、P0L-4 和 P0L-6，分别用于装卸 M1 ~ M2.5、M2.5 ~ M4、M4 ~ M6 螺钉。

10.4 砂磨类电动工具

砂磨类电动工具主要有砂轮机、砂带机、砂磨机、磨光机、抛光机和电磨等，如图 10-3 所示。

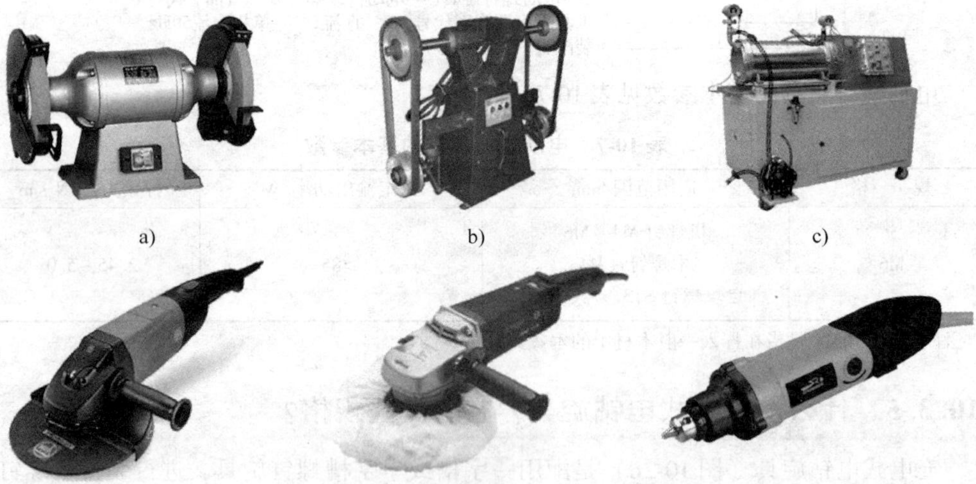

a) b) c) d) e) f)

图 10-3 砂磨类电动工具

a）砂轮机 b）砂带机 c）砂磨机 d）角向磨光机 e）抛光机 f）电磨机

10.4.1 什么是砂轮机？它有哪些规格？

砂轮机（图10-3a）是用来刃磨各种刀具、工具的常用设备。其主要是由基座、砂轮、电动机或其他动力源、托架、防护罩和给水器等组成的。按安装形式分为台式砂轮机和落地砂轮机、手持式砂轮机、软轴式砂轮机、悬挂式砂轮机；按驱动源分为手动砂轮机、电动砂轮机、风动砂轮机和他驱式砂轮机；按附加功能分为除尘式砂轮机和防爆式砂轮机等。砂轮则可用于磨削工件的外圆、内圆、平面、端面、去毛刺、荒磨和粗磨等。电动砂轮机则是以电动机作为动力，用砂轮或磨盘进行磨削的工具，其种类和规格有：

（1）台式砂轮机 规格（砂轮外径×厚度×孔径/mm-功率/W）有$\phi150\times20\times32$-250、$\phi200\times25\times32$-500、$\phi250\times25\times32$-750。

（2）轻型台式砂轮机 单相，规格（砂轮外径×厚度/mm-功率/W）有$\phi100\times16$-90、$\phi125\times16$-120、$\phi150\times16$-150、$\phi175\times20$-180、$\phi200\times20$-250、$\phi250\times25$-400；三相规格只有后四种。

（3）落地砂轮机 规格（砂轮外径×厚度×孔径/mm-功率/W）有：$\phi200\times25\times32$-500、$\phi250\times25\times32$-750、$\phi300\times40\times75$-1500、$\phi350\times40\times75$-1750、$\phi400\times40\times127$-3000、$\phi500\times50\times203$-4500、$\phi600\times65\times305$-5000。

（4）直向砂轮机 有单相串励和三相中频砂轮机之分。单相串励砂轮机的规格（砂轮外径×厚度×孔径/mm-功率/W）有$\phi80\times20\times20$（13）-$^{200}_{280}$、$\phi100\times20\times20$（16）-$^{300}_{350}$、$\phi125\times20\times20$（16）-$^{380}_{500}$、$\phi150\times20\times32$（16）-$^{520}_{750}$、$\phi175\times20\times32$（20）-$^{800}_{1000}$。三相中频砂轮机的规格（砂轮外径×厚度×孔径/mm-功率/W）有$\phi125\times20\times20$（16）-$^{250}_{350}$、$\phi150\times20\times32$（16）-$^{350}_{500}$、$\phi175\times20\times32$（20）-$^{500}_{750}$。各规格中，括号内数值为ISO 603的内孔值，功率各有A型、B型两种（上标对应A型，下标对应B型）。

（5）软轴砂轮机 规格（砂轮外径×厚度×孔径/mm-功率/W）有$\phi150\times20\times32$-1000、$\phi200\times25\times32$-1500。

10.4.2 什么是砂带机？它有哪些规格？

砂带机（图10-3b）是一种由砂带、电动机、壳体、手柄以及传动装置组成的砂磨工具，可分为台式砂带机、立式砂带机、手持式砂带机和除尘砂带机等几类。其规格用砂带宽度×长度/mm-功率/W表示。

台式砂带机的规格：150×1200-750。

立式砂带机的规格：50×3000-4000。

手持式砂带机的规格：76×533-950、110×620-950。

10.4.3 什么是砂磨机？它有哪些规格？

砂磨机（图10-3c）是把物料在旋转研磨盘作用下与研磨体混合并旋转，经与研磨体之间及与粉碎室各部分之间产生的研磨、剪切而粉碎的工具。它有立式砂磨机及卧式砂磨机之分，一般为湿式研磨。其规格见表 10-8 和表 10-9。

表 10-8　立式砂磨机的规格

产品型号	SK10 SB10	SK20 SB20	SK40 SB40	SK80 SB80	SK120 SB120	SK200 SB200
筒体有效容积/L	10	20	40	80	120	200
主电动机功率/kW	5.5	11 ~ 15	18.5 ~ 22	22 ~ 30	30 ~ 37	45 ~ 55

表 10-9　卧式砂磨机的规格

产品型号	SW2.5	SW5	SW15	SW30	SW45	SW60	SW90	SW250	WM20A	WM30A	WM40A	WM50A
筒体有效容积/L	2.5	5	15	30	45	60	90	250	20	30	40	50
主电动机功率/kW	4	11 15	15 18.5	22 30	30 37	30 37	45 55	55 75	22	30		

10.4.4　什么是磨光机？它有哪些规格？

磨光机（图 10-3d）是用来进行金属或石材表面打磨处理的一种手持电动工具，有直磨机和角向磨光机之分。

直磨机：安装了金刚砂砂轮后用于研磨金属及去除毛边，可配备电子调速装置；在低转速的作业状态下，也可以安装刷子、扇形砂轮及磨削砂带。

角向磨光机：砂轮轴线与电动机轴线呈直角，特别适用于位置受限制、不能使用普通磨光机的场合（如墙角、地面边缘、构件边角等）。

角向磨光机是用于切割不锈钢、合金钢、普通碳素钢的型材、管材或修磨工件的飞边、毛刺的砂磨工具，换上专用砂轮可切割砖、石、石棉波纹板等建筑材料；换上圆盘钢丝刷，可用于除锈、砂光金属表面；换上抛轮则可抛光各种材料的表面。角向磨光机在机械制造、造船、电力、建筑等部门获得了广泛的应用。

角向磨光机和地板磨光机的规格分别见表 10-10 和表 10-11。

表 10-10　角向磨光机的规格

规格		额定输出功率/W	规格		额定输出功率/W
砂轮直径（外径×内径）/mm	类型		砂轮直径（外径×内径）/mm	类型	
100×16	A	≥200	150×22	A	≥500
	B	≥250	180×22	C	≥710
115×22	A	≥250		A	≥1000
	B	≥320		B	≥1250
125×22	A	≥320	230×22	A	≥1000
	B	≥400		B	≥1250

表 10-11 地板磨光机的规格

主参数		三相				单相			
		200	(250)	300	350	200	(250)	300	350
电动机功率/kW		≤1.5	≤2.2		≤3	≤1.5	≤2.2		≤3
滚筒线速度/(m/s)		≥18							
吸尘器风速/(m/s)		≥26							
整机质量/kg	铝合金外壳	≤55	(≤76)	≤86	≤92	≤55	(≤76)	≤86	≤92
	铸铁外壳	≤65	(≤86)	≤96	≤108	≤65	(≤86)	≤96	≤108
外形尺寸(长×宽×高)/mm		≤1000×450×1000		≤1150×500×1000		≤1000×450×1000		≤1150×500×1000	

注：括号内数据不推荐使用。

10.4.5 什么是抛光机？它有哪些规格？

抛光机（图 10-3e）是由底座、抛盘、抛光织物、抛光罩及盖等基本元件组成的手持抛光工具。它按用途可分为机械抛光机、制鞋抛光机、衬板抛光机、药丸抛光机、胶囊抛光机和大米抛光机等。机械抛光机的规格见表 10-12。

表 10-12 机械抛光机的规格

最大弛轮直径/mm	200	300	400
电动机额定功率/kW	0.75	1.5	3

10.4.6 什么是电磨机？它有哪些规格？

电磨机（图 10-3f）是用砂轮或磨盘进行砂磨的电动工具（直流、交直流两用和单相串励电动机），有直向、角向及软轴传动等类型。模具电磨一般采用直流电动机，交流电压，具有高速、大转矩、大功率等特点，并带有调速档，一般可以在 0～30000r/min 之间进行调速，配合各型切割砂片和磨料能有效地对金属、塑料、有机玻璃、玻璃和木材等进行切割、修整、修边打磨、研磨、抛光等。此种工具的安全系数高、小巧方便，易于使用。模具电磨的规格见表 10-13。

表 10-13 模具电磨的规格

磨头尺寸/mm	额定输出功率/W	额定转矩/N·m	最高额定转速/(r/min)
$\phi10\times16$	≥40	≥0.02	≤55000
$\phi25\times32$	≥110	≥0.08	≤27000
$\phi30\times32$	≥150	≥0.12	≤22000

10.5 木工用电动工具

木工用电动工具包括木工手提电钻、电圆锯、曲线锯、电链锯、多功能木锯、电刨、木工凿眼机、木工压刨机和木工多用机等，如图 10-4 所示。

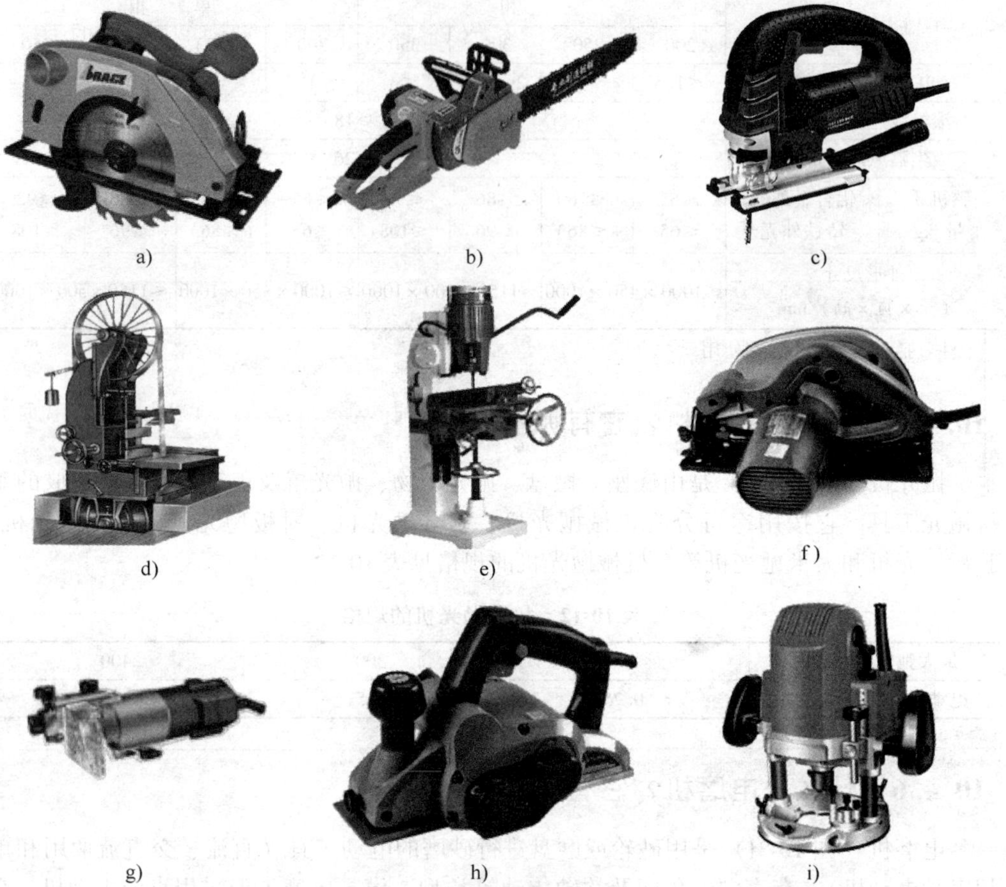

图 10-4　木工用电动工具

a）电圆锯　b）电链锯　c）曲线锯　d）带锯机　e）凿眼机　f）切割机　g）修边机　h）电刨　i）木铣

10.5.1　什么是电圆锯？它有哪些规格？

电圆锯（图 10-4a）是一种以单相串励电动机为动力通过传动机构驱动圆锯片进行锯割作业的工具，适用于对木材、纤维板、塑料和软电缆以及类似材料进行锯割作业的直流、交直流两用、单相串励电圆锯。电圆锯的规格见表 10-14。

表 10-14　电圆锯的规格

规格/mm	输出功率/W	最大锯割深度/mm	规格/mm	输出功率/W	最大锯割深度/mm
160×30	≥550	55	235×30	≥850	84
180×30	≥600	60	270×30	≥1000	98
200×30	≥700	65			

注：表中规格指可使用的最大锯片外径×孔径。

10.5.2　什么是电链锯？它有哪些规格？

电链锯（图10-4b）是对树枝、木材及类似材料进行切割作业的单人操作的手持式电锯。电链锯的规格见表10-15。

表10-15　电链锯的规格

规格/mm	额定输出功率/W	额定转矩/N·m	链条线速度/(m/s)
305	≥420	≥1.5	6～10
355	≥650	≥1.8	8～14
405	≥850	≥2.5	10～15

10.5.3　什么是曲线锯？它有哪些规格？

曲线锯（图10-4c）是用于进行直线或曲线锯削的手持式交直流两用或单相串励锯割工具，由串励电动机、减速齿轮、往复杆、平衡板、底板、开关、调速器等组成。曲线锯可以切割非金属及金属等板材，锯齿较大（每25.4mm为6齿或8齿），切屑处理能力更强。曲线锯的规格见表10-16。

表10-16　曲线锯的规格

规格/mm	额定输出功率/W	工作轴额定往复次数/(次/min)	规格/mm	额定输出功率/W	工作轴额定往复次数/(次/min)
40（3）	≥140	≥1600	65（8）	≥270	≥1400
55（6）	≥200	≥1500	80（10）	≥420	≥1200

注：1. 规格是指垂直锯割一般硬木的厚度。
2. 括号内数值为锯割抗拉强度为390MPa钢板的最大厚度。

10.5.4　什么是带锯机？它有哪些规格？

带锯机是以环状无端的带锯条为锯具，绕在两个锯轮上做单向连续的直线运动来锯切木材的锯机。它主要由床身、锯轮、上锯轮升降和仰俯装置、带锯条张紧装置、锯条导向装置、工作台、导向板等组成。其床身由铸铁或钢板焊接制成。

带锯机的分类：按其型式来分可分为立式（图10-4d）和卧式；按其锯齿来分可分为粗齿和细齿；按其工作方式来分可分为普通带锯机和跑车带锯机。

带锯机锯轮直径系列（单位为mm）：710，800，900*，1060*，1250*，1500，1800，2100（带“*”者仅用于卧式）。

跑车式木工带锯机锯轮直径（单位为mm）：710，800，900，1060，1250，1500，1800，2120。

10.5.5　什么是木工凿眼机？它有哪些规格？

木工凿眼机（图10-4e）配用方眼钻头，可在木件上凿方眼，去掉方眼钻头的方壳后，也可凿圆孔。其型号规格见表10-17。

表 10-17 木工凿眼机的型号规格

型　　号	凿眼宽度/mm	凿孔深度/mm	夹持工件尺寸/mm	电动机功率/W
ZMK-16	8～16	≤100	≤100×100	550

10.5.6 什么是木材切割机？它有哪些规格？

木材切割机（图 10-4f）是用于切割木材和一些强度和硬度不大的非金属材料的工具。M1X 系列木材切割机的型号规格见表 10-18。

表 10-18 M1X 系列木材切割机的型号规格

型　　号	锯片直径/mm	最大切割尺寸（深×宽）/mm	输入功率/W
M1X-ZT2-210	ϕ210	55 × 120	900
M1X-ZT201Z3-210	ϕ210	55 × 120	1050
M1X-ZTZ3-250	ϕ250	75 × 140	1400

10.5.7 什么是修边机？它有哪些规格？

在修边机（图 10-4g）装上各种成形铣刀，可把木料的直角边修刨成圆弧边，或进行斜面加工。其型号规格见表 10-19。

表 10-19 修边机的型号规格

型　　号	输入功率/W	规　　格	输入功率/W
M1P-FF-6	440	M1P-NT-6	350
M1P-FF02-6	350	M1P-QB-6	350
M1P-FG-6	350	M1P-SF1-6	405
M1P-MK-6	350	M1P-WD-6	400
M1P-MY01	400	M1P-WH-6	350
M1P-NG-6	350		

注：刀头直径为 ϕ6.35mm，空载转速为 30000r/min。

10.5.8 什么是电刨？它有哪些规格？

电刨（图 10-4h）是由单相串励电动机经传动带驱动刨刀，进行刨削木材或木结构件作业的手持式电动工具，可进行各种木材的平面刨削、倒棱和裁口等，广泛用于房屋建筑、住房装潢、木工车间、野外木工作业及车辆、船舶、桥梁施工等场合。

电刨的直流电压：220V、110V；电刨的交流电压：220V、110V、42V、36V。其型号规格见表 10-20。

表 10-20 电刨的型号规格

刨削宽度 /mm	刨削深度 /mm	额定输出功率/W	额定转矩 /N · m	刨削宽度 /mm	刨削深度 /mm	额定输出功率/W	额定转矩 /N · m
60	1	≥250	≥0.23	82（80）	3	≥400	≥0.38
82（80）	1	≥300	≥0.28	90	2	≥450	≥0.44
82（80）	2	≥350	≥0.33	100	2	≥500	≥0.50

10.5.9　什么是木铣？它有哪些规格？

木铣（图10-4i）是用于平整光洁木制品表面的工具。M1R系列电动木铣的型号规格见表10-21。

表10-21　M1R系列电动木铣的型号规格

型　　号	铣刀最大直径/mm	电压/V	输入功率/W	型　　号	铣刀最大直径/mm	电压/V	输入功率/W
MIR-HU-8	$\phi 8$	230	900	M1R-KW02-12	$\phi 12$	120	1300
M1R-ZK3-8A	$\phi 8$	230	1050			230	1500
M1R-FG-12	$\phi 12$	220	1600	M1R-NG-12	$\phi 12$	220	1600
M1R-HU-12	$\phi 12$	220	1050	M1R-SF1-12	$\phi 12$	220	1350
	$\phi 12$	120	1200	M1R-SF2-12	$\phi 12$	220	1500
M1R-HU02-12	$\phi 12$	120/220/230	1600	M1R-FF-12	$\phi 12.7$	220	1600
M1R-HU05-12	$\phi 12$	120	1600	M1R-FF02-12	$\phi 12.7$	220	1650
M1R-KW-12	$\phi 12$	220	1050	Q1K-WD-12	$\phi 12$	220	1300
M1R-ZN01-12	$\phi 12$	120/220/230	16000				

10.6　建筑道路类电动工具

建筑道路类电动工具包括冲击电钻、电锤、锤钻、电镐、湿式磨光机、石材切割机、混凝土振动器、混凝土钻孔机、砖墙铣沟机、钢筋调直切断机、钢筋弯曲机和型材切割机等，如图10-5所示。

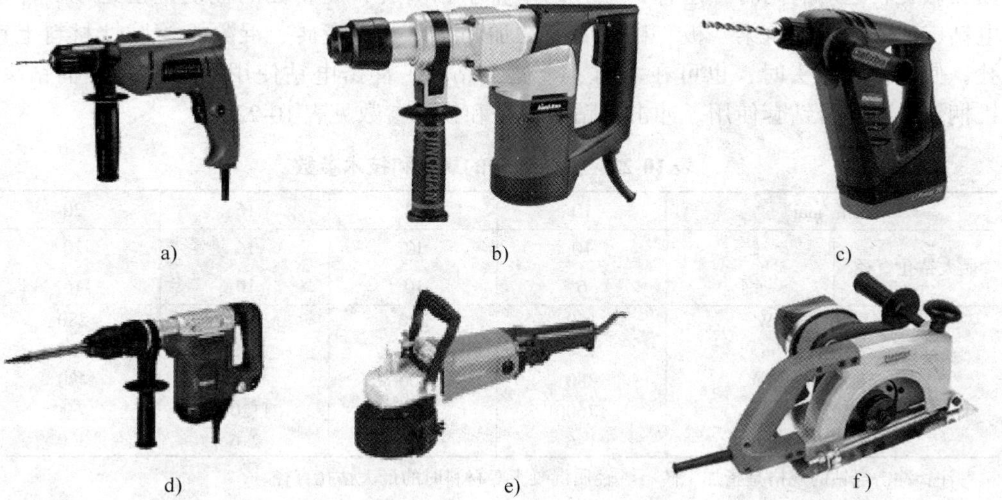

a)　b)　c)　d)　e)　f)

图10-5　建筑道路类电动工具

a）冲击电钻　b）电锤　c）锤钻　d）电镐　e）湿式磨光机　f）石材切割机

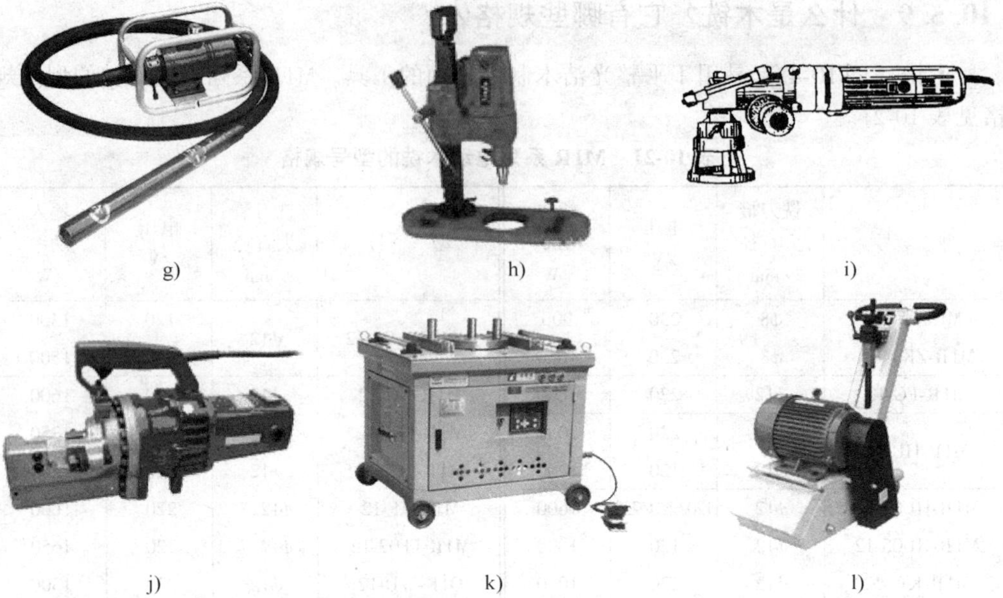

图 10-5 建筑道路类电动工具（续）

g）混凝土振动器 h）混凝土钻孔机 i）砖墙铣沟机 j）钢筋调直切断机
k）钢筋弯曲机 l）路面铣刨机

10.6.1 什么是冲击电钻？它有哪些规格？冲击电钻夹头的种类有哪些？

冲击电钻（图 10-5a）以旋转切削为主，兼有冲击力的冲击机构驱动钻头，在带动钻头做旋转运动的同时，还有一个方向垂直于钻头旋转旋转面的往复锤击运动。冲击电钻广泛适用于建筑梁、板、柱、墙等的加固，以及在瓷砖、混凝土等脆性材料上钻孔；使用普通钻头时，也可在木材、金属上钻孔。冲击电钻使用的钻头是直柄钻头，锥柄钻头要配合钻套使用。冲击电钻的规格和技术参数见表 10-22。

表 10-22 冲击电钻的规格和技术参数

规格/mm		10	12	16	20
最大钻孔直径	砖	10	12	16	20
	钢	6	10	10	16
额定输出功率/W		160	200	240	280
额定转矩/N · m		1.4	2.2	3.2	4.5
额定转速/(r/min)		880	700	800	480
额定冲击次数/(次/min)		17600	13600	11200	9600
质量/kg		1.6	1.7	2.6	3.0

注：冲击电钻的规格是指加工砖石、轻质混凝土等材料时的最大钻孔直径。

冲击电钻夹头的种类如下：

1）按夹紧方式分，可以分为带钥匙钻夹头和手紧钻夹头。

2）按夹持范围分，可以分为6mm、10mm、13mm、16mm、20mm等规格。

3）按连接方式分，可以分为两种：

① 螺纹连接：英制，1/2-20UNF、3/8-24UNF；米制，M12×1.25、M10×1.0。

② 锥柄连接：莫氏圆锥柄，B12、B16、B18；贾氏圆锥柄，J2。

4）按最大外径尺寸分：

类 型	10mm夹头	13mm夹头	16mm夹头
轻型夹头	34/34	43/42.7	51/50
中型夹头	38/38	46/46	53/52
重型夹头	43/42.7	53/52	57/57

注：“/”前面的是中国标准，“/”后面的是德国标准。

10.6.2 什么是电锤？它有哪些规格？

电锤（图10-5b）是附有气动锤击机构的一种带安全离合器的电动式旋转锤钻，用于破碎墙面、道路、混凝土、石材等脆性材料，或在其上面钻孔、开槽、打毛等作业。电锤有插电式和充电式两种。其冲击力由内部压气活塞与冲击活塞间产生气垫，冲击活塞随压气活塞同步往复而锤击钻杆尾部，从而使其钻孔；另外也可以在木材、金属、陶瓷和塑料上钻孔；配备电子调速转备和正/逆转功能的机型，能够松/紧螺钉和攻螺纹。

高档电锤可以利用转换开关，使电锤的钻头处于不同的工作状态：只转动不冲击，或只冲击不转动，或既冲击又转动。电锤的规格和技术参数见表10-23。

表10-23 电锤的规格和技术参数

规格/mm	16	18	20	22	26	32	38	50
钻削率/(cm^3/min)	≥15	≥18	≥21	≥24	≥30	≥40	≥50	≥70
脱扣力矩/N·m	≤35	≤35	≤35	≤45	≤45	≤50	≤50	≤60
噪声值/dB（A）	≤88	≤88	≤88	≤91	≤91	≤93	≤93	≤95

注：电锤规格是指在C30号混凝土（抗拉强度为30~35MPa）上作业时的最大钻孔直径（mm）。

10.6.3 什么是锤钻？锤钻钻头有哪些规格？

锤钻（图10-5c）是冲击电钻和电锤两种功能合一的手持式电动工具，在以冲击力驱动钢钎的同时，还以旋转的方式切削，用于混凝土、砖等材料上的开槽、开大孔等；在旋转而无冲击时，配用麻花钻头，可以钻金属和软质非金属材料；配备了电子调速装置和正/逆转开关的机型，可旋入/出螺钉或钻螺纹。锤钻的技术参数和钻头规格见表10-24。

表10-24 锤钻的技术参数和钻头规格

型 号	钻孔范围/mm		工作转速/(r/min)	冲击次数/(次/min)	额定输入功率/W
	混 凝 土	钢 板			
Z1A-14	8~14	3~8	770	3500	380

（续）

锤钻钻头的规格					
结　　构	直径/mm	总长/mm	结　　构	直径/mm	总长/mm
实心直花键柄	ϕ13 ~ ϕ38	250 ~ 550	十字形直花键柄	ϕ30 ~ ϕ80	220 ~ 450
实心斜花键柄	ϕ16 ~ ϕ26	260 ~ 550	十字形斜花键柄	ϕ30 ~ ϕ80	220 ~ 450
实心六方柄	ϕ12 ~ ϕ26	200 ~ 500	十字形六方柄	ϕ30 ~ ϕ80	220 ~ 450
实心双键尾柄	ϕ5 ~ ϕ15	110 ~ 400	筒形直花键柄	ϕ40 ~ ϕ125	300 ~ 660
实心圆锥柄	ϕ6 ~ ϕ13	110 ~ 260	筒形斜花键柄	ϕ40 ~ ϕ125	290 ~ 640
实心圆柱柄	ϕ6 ~ ϕ20	110 ~ 400	筒形六方柄	ϕ40 ~ ϕ125	300 ~ 660

10.6.4　什么是电镐？它有哪些规格？

电镐（图 10-5d）是以单相串励电动机为动力的双重绝缘手持式电动工具，能产生很大的冲击能量，可直接对混凝土、砖墙、石材和沥青等进行破碎、錾平、挖掘、开槽、切削等作业。电镐广泛应用于管道敷设、机械安装、给排水设施建设、室内装修、港口设施建设和其他建设工程施工，如果安装上合适的配件也可以使用电镐敲入螺钉或敲实疏松的材料。

电镐的规格和技术参数见表 10-25。电镐产品的基本参数见表 10-26。

表 10-25　电镐的规格和技术参数

型　　号	输入功率/W	冲击次数/(次/min)	冲击能量/J	型　　号	输入功率/W	冲击次数/(次/min)	冲击能量/J
ZIG-SD01-6	900	2900		HM1303	1300	1450	50
ZIG-DW-50	1800	1030	50	GSH5E	950	2600	2 ~ 9
HM0810	900	2900		GSH388	1050	2800	10

表 10-26　电镐产品的基本参数

型　　号	Z1G-SD01-6	HM0810	顺源-65	BOSCH	雷亚 LY105-01	永煤-0810
锤击数/(次/min)	2900	2900	1000	2900	14000	540
单次锤击力/能量			10000N		46J	840J
输入功率/W	900			900		
长度/mm		410				
净质量/kg	6.8	5.3		6.7		

10.6.5　什么是湿式磨光机？它有哪些规格？

湿式磨光机（图 10-5e）是用于带水磨光混凝土、石板、石料表面的工具，其规格和技术参数见表 10-27。

表 10-27　湿式磨光机的规格和技术参数

型号	砂轮规格			额定输出功率/W	砂轮结合剂	
					陶瓷	树脂
	外径/mm	厚度/mm	螺孔/mm		最高空载转速/(r/min)	
Z1M-80A Z1M-80B	80	40	M10	200 250	7150	8350
Z1M-100A Z1M-100B	100	40	M14	340 500	5700	6600
Z1M-125A Z1M-125B	125	50	M14	450 500	4500	5300
Z1M-150A Z1M-150B	150	50	M14	850 1000	3800	4400

10.6.6　什么是石材切割机？它有哪些规格？

石材切割机（图 10-5f）是配用金刚石切割片，用于切割硬而脆的非金属材料（水磨石、大理石、花岗岩、陶瓷砖、石棉水泥板）的工具。它在建筑工程、装饰作业、石材加工等行业有广泛应用（不可以使用本机器切割木材、塑胶或金属）。具备特殊配置的机型也能够进行湿割。电动石材切割机的规格和技术参数见表 10-28。

表 10-28　电动石材切割机的规格和技术参数

规格	切割尺寸(外径×内径)/mm	额定输出功率/W	最大切割深度/mm
110C	110×20	≥200	20
110	110×20	≥450	30
125	125×20	≥450	40
150	150×20	≥550	50
180	180×25	≥550	60
200	200×25	≥650	70
250	250×25	≥730	75

10.6.7　什么是混凝土振动器？它有哪些规格？

混凝土振动器（图 10-5g）是通过振动使浇注混凝土消除气孔、提高强度的电动工具。它用于建筑和道路施工中，有电动外部式、电动机内装插入式、电动软轴偏心插入式、电动软轴行星插入式和电动直联式振动器。混凝土振动器的规格和技术参数见表 10-29。

表 10-29　电动软轴插入式混凝土振动器的规格和技术参数

型号	ZPN25	ZPN30	ZPN35	ZPN42	ZPN50
振动棒直径/mm	25	30	35	42	50
空载振动频率标称值/Hz	270	250	230	200	200
振动棒空载最大振幅/mm	≥0.5	≥0.75	≥0.8	≥0.9	≥1.0
电动机输出功率/W	370	370	370	370	370
生产率/(m^3/h)	1.0	1.7	2.5	3.5	5.0

（续）

型　　号	ZPN25	ZPN30	ZPN35	ZPN42	ZPN50
振动棒质量/kg	1.0	1.4	1.8	2.4	3.0
软轴直径/mm	8.0	8.0	10	10	10
软管外径/mm	24	24	30	30	30
电动机与软管接头连接螺栓	M42×1.5				
电动机轴与软轴接头连接螺栓	M10×1.5				

10.6.8　什么是混凝土钻孔机？它有哪些规格？

混凝土钻孔机（图10-5h）是用于对硬质的非金属材料（如墙壁、混凝土、瓷砖、岩石等）钻孔的工具，如安装煤气管道、水暖管道，敷设电缆等钻孔，安装机器设备钻地锚孔，各种水泥管道侧面钻孔等。混凝土钻孔机的规格和技术参数见表10-30。

表10-30　混凝土钻孔机的规格和技术参数

型　　号	最大钻孔直径/mm	输入功率/W	空载转速/(r/min)	型　　号	最大钻孔直径/mm	输入功率/W	空载转速/(r/min)
Z1Z-CF-90	90	1100	1800	Z1Z-CF-205	205	2300	750
Z1Z-CF02-80	78	1500	—	Z1Z-CF-230	230	2500	720
Z1Z-CF02-90	90	1400	2000	Z1Z-CF-255	255	2600	460/900
Z1Z-CF03-90	100	1500	1350	Z1Z-FF-90	90	1350	1150
Z1Z-CF04-90	100	1500	1350	Z1Z-FF-200	200	3300	500
Z1Z-CF-102	102	1360	1900	Z1Z-FT-110	110	1500	1700
Z1Z-CF-110	110	1700	1200	Z1Z-SF1-65	65	1000	900①
Z1Z-CF-160	160	2000	750	Z1Z-TJ-200	200	2500	740
Z1Z-CF-180	180	2200	750				

① 为额定转速。

10.6.9　什么是砖墙铣沟机？它有哪些规格？

砖墙铣沟机（图10-5i）配合硬质合金专用铣刀，用于对砖墙、石膏等表面铣切沟槽，并带有集尘袋集尘。砖墙铣沟机的规格和技术参数见表10-31。

表10-31　砖墙铣沟机的规格和技术参数

型　　号	输入功率/W	负载转速/(r/min)	额定转矩/N·m	铣沟能力（宽度×深度）/mm
Z1R-16	400	800	2.0	≥20×16

注：单相串励电动机驱动，电源电压为220V，频率为50Hz，软电缆长度为2.5m。

10.6.10　什么是钢筋调直切断机？其基本参数有哪些？

钢筋调直切断机（图10-5j）是一种调直剪切钢筋所使用的一种工具，按自动化程度有全自动和半自动之分，按切断方式有固定式和随动式之分，按安装形式有卧式和立式之分，按尺寸大小有普通式和便携式之分。它主要用于房屋建筑、桥梁、隧道、电站、大型水利等工程中对钢筋的定长切断。钢筋调直切断机的基本参数见表10-32。

表 10-32 钢筋调直切断机的基本参数

项目	数值				
钢筋公称直径/mm	1.6~4	3~8	6~12	10~16	14~20
钢筋抗拉强度 R_m/MPa	≥650	≥550		≥450	
牵引速度/(m/min)	≥35		≥30	≥25	
钢筋切断长度/mm	200~2000	300~6000			

10.6.11 什么是钢筋弯曲机？其基本参数有哪些？

钢筋弯曲机（图 10-5k）是用于弯曲钢筋的机械，其工作机构是一个在垂直轴上旋转的水平工作圆盘，支承销轴固定在机床上，中心销轴和压弯销轴装在工作圆盘上，圆盘回转时便将钢筋弯曲。为了弯曲各种直径的钢筋，在工作圆盘上有几个孔，用以插压弯销轴，也可相应地更换不同直径的中心销轴。

钢筋弯曲机按传动方式分为机械传动式和液压传动式，按结构特征分为台式和手持式，其基本参数见表 10-33。

表 10-33 钢筋弯曲机的基本参数

名称		单位	参数						
主参数		mm	12	20	25	32	40	50	65
钢筋抗拉强度 R_m	台式	MPa	≤450						
	手持式		≤650				—		
弯曲速度	机械传动式	r/min	≥15		≥9		≥5	≥2.5	
	液压传动式		≥12						
	手持式		≥20		≥12	≥5	—		
整机质量	手持式	kg	≤9	≤15	≤25	≤40	—		

注：当 R_m 大于表中规定值时，弯曲钢筋直径按钢筋公称直径折算。

10.6.12 什么是路面铣刨机？其适用场合有哪些？

路面铣刨机（图 10-5l）是铣削损坏的旧沥青路面的施工机械，主要用于市政道路和高速公路、机场、货场等沥青混凝土面层的开挖翻新，也可以用于清除路面拥包、油浪、网纹、车辙等缺陷，还可用来开挖路面坑槽及沟槽，以及水泥路面的拉毛及面层错台的铣平。路面铣刨机的基本参数见表 10-34。

表 10-34 路面铣刨机的基本参数

项目	220	280	300	DYL-300
发动机输出功率/kW	4	7.5	7.5	3
工作宽度/mm	220	280	250~300	250~300
工作深度/mm	1~20	1~20	5~30	0~40
刀片数量/片	90	120	120	100
刀轴数量/根	6	6	6	6
行进方式	—	—	—	自行式
质量/kg	110	220	180	230

（续）

项　　目	DYL-350 型	DYL-400	DYL-400 进口型	DYL-500
发动机输出功率/kW	3.5	8	18	82
工作宽度/mm	350	400	300 ~ 500	500
工作深度/mm	0 ~ 30	0 ~ 40	0 ~ 40	~ 120
刀片数量/片	160	170	大 130，小 200	44
刀轴数量/根	6	6	6	6
起动方式	电起动	电起动	工作方式：上切式	转速 2200r/min
行进方式	自行式	自行式	全液压驱动	v = 600m/h
铣刨深度/mm	自由调节	自由调节	自由调节	
尺寸/mm	1300 × 600 × 900	1300 × 800 × 1100	1200 × 600 × 1000	3470 × 1895 × 3070
质量/kg	350	650	400 ~ 500	7000

10.7　其他类电动工具

其他类电动工具很多，这里只介绍磨刀机、光饰机、胶带封箱机、打蜡机、电喷枪、热风枪等，如图 10-6 所示。

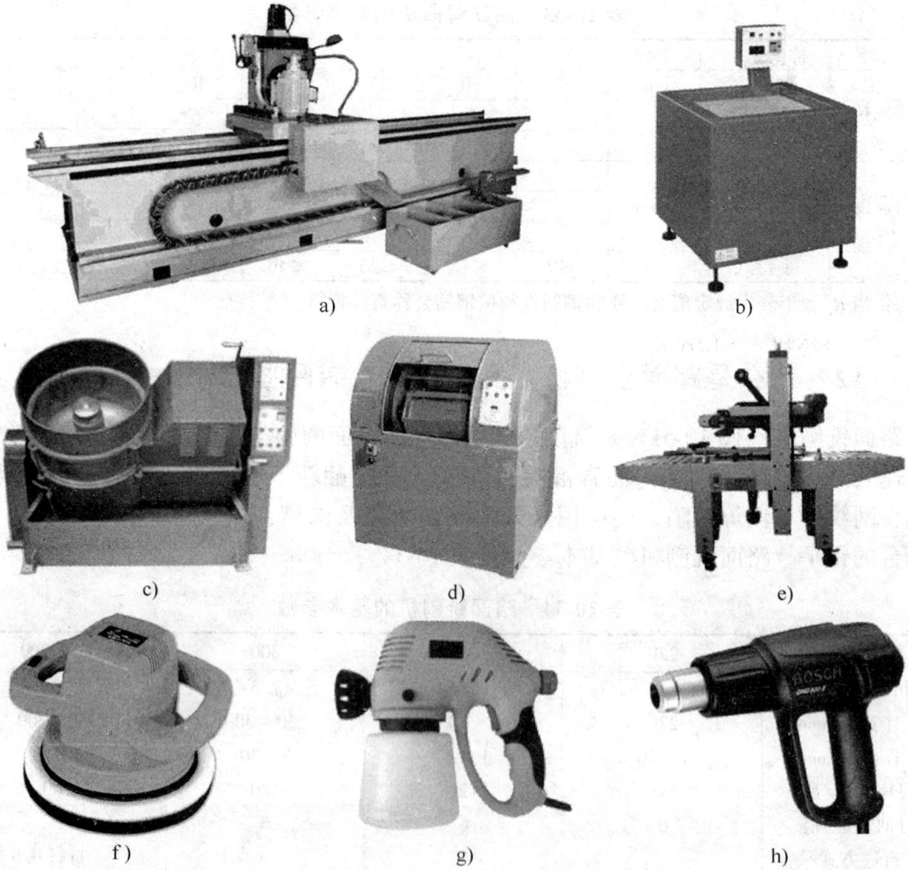

图 10-6　其他类电动工具

a）磨刀机　b）磁力光饰机　c）离心光饰机　d）滚桶光饰机　e）胶带封箱机　f）打蜡机　g）电喷枪　h）热风枪

10.7.1　什么是磨刀机？它有哪些规格？

磨刀机（图10-6a）是主要针对车刀、钻头、铣刀、雕刻刀、电脑雕刻机、刻模铣床、加工中心、CNC（数控机床）、刻字机、刻线机和打标机等金属设备磨削的设备。磨刀机的规格见表10-35。

表10-35　磨刀机的规格

工作台长度/mm	1000	1250	1600	2250	3000	3500	4000	4500	5000
工作台宽度 B/mm	140，200			200				200，320	
工作台回转角度	±90°								

10.7.2　什么是光饰机？它有哪些种类？

光饰机是给工件进行抛光和去毛刺等表面处理的机器，主要有磁力光饰机、离心光饰机和滚桶光饰机。

磁力光饰机（图10-6b）是利用传导细小的研磨不锈钢针，产生高速流动、调头等动作，在工件内孔表面摩擦，一次性达到抛光、清洗、去除毛边等精密研磨效果。

离心光饰机（图10-6c）是利用振动电动机产生的振动偏差，使机器在三维面内运动，从而使工件与磨料沿一个方向运转，互相摩擦，达到处理表面的效果。

滚桶光饰机（图10-6d）采用水平式回转桶，桶身可任意回转，有适当的斜度，所以下料方便。它也是采用离心运动的原理达到研磨工件目的的。

10.7.3　什么是胶带封箱机？它有哪些种类？

胶带封箱机（图10-6e）是用即贴胶带对纸箱封口的设备，可一次完成上、下封箱动作。它有半自动封箱机、自动封箱机、全自动封箱机、气动封箱机、折盖封箱机、角边封箱机、侧边封箱机等系列。

10.7.4　什么是打蜡机？它由哪些部件组成？

打蜡机（图10-6f）是利用电力带动刷盘，对地板和光整地面上蜡、打光的清洁工具，工作时以椭圆形的轨迹旋转，其底盘直径比抛光盘直径大，其双手扶把紧贴机体的中心立轴。

打蜡机由机壳、电动机、托盘和抛盘组成，抛盘的转轴和电动机转轴采用偏心安装，在电动机和抛盘之间设置有平衡块，电动机与平衡块直接相连。在底盘上设置有微型除尘滴蜡器、行走驱动装置、行走控制装置和电源。

10.7.5　什么是电喷枪？其工作原理是什么？

电喷枪（图10-6g）是把各种低黏度的液体喷射成雾状的电动工具。它采用电磁铁驱动衔铁，作用于活塞杆而进行高速往复运动，形成空吸现象，使液体从容器内抽吸上来；同时形成高压，由喷嘴高速喷出、雾化，附着于物体表面，完成喷涂过程。

10.7.6　什么是热风枪？其电路由哪几部分组成？

热风枪（图10-6h）是利用发热电阻丝的枪芯吹出的热风，对元件进行焊接或摘取的工具。热风枪控制电路的主体部分应包括温度信号放大电路、比较电路、可控硅控制电路、传感器、风控电路等，另外，还有温度显示电路、关机延时电路和过零检测电路。热风枪分为普通型、标准型、数显型和高温型。

10.7.7　什么是电动开门机？它有哪些种类？

电动开门机（图10-7）是所有需要做遥控控制的庭院、别墅、小区、机关、学校的电动开门首选的驱动器。它有平开门开门机、推拉门开门机、滑动门开门机、车库门开门机、工业滑升门开门机等，安装在各种不同材质和不同类型的门上，通过电动开门机的动作实现门的开、停、关。

图10-7　电动开门机

第11章

木 工 工 具

11.1 木工工具常识

11.1.1 什么是木工工具?

木工工具是用于加工木材的器具，包括钻、锯、锉、锯、斧、刨、凿等，一般都有较锋利的刃口。

11.1.2 木工工具分为哪几类? 各有哪些品种?

木工工具分为手动木工工具、电动木工工具和气动木工工具。

手动木工工具有手工木锯、木工刨、木锉刀、手工凿、木砂纸等；电动木工工具按功能分可分为单功能工具（如电刨、曲线锯、电圆锯、砂磨机和雕刻机等）和多功能工具（如多功能手电钻等）；气动木工工具有磨光机和打钉机等。

11.1.3 木工刀具材料的选择要注意什么?

木工刀具的切削对象是木材或木质复合材料，它们的硬度远低于金属，因木材的构造不均匀且各向异性，且大多数木工刀具是不连续切削，故木工刀具的切削速度多高于金属切削刀具，承受的冲击也大。所以，在选择木工刀具材料时，其硬度、强度和韧性等必须与此相适应，同时满足生产、安装以及刀具制造工艺的要求；为了经济上的合理性，一般刀具切削部分和刀体可以用不同的材料，用焊接或机械装夹的方式结合。

具体选择刀具材料时，可以重点考虑如何满足主要性能同时兼顾其他。一般说来，锯和刨刀等多用碳素工具钢制造，以便得到较好的淬火性能。因此，木工刀具所用的钢材碳的质量分数为0.7% ~1.0%；为了得到高塑性和高疲劳极限，带锯条用钢碳的质量分数为0.7% ~0.8%。

11.1.4 木工刀具的保养要注意什么?

1）保持刀具的清洁，用完后要清除刀具上的木屑、树脂及其他污物。

2）涂上少量的机油可防止刀具表面生锈，清理刀具柄部的所有污渍，以防止在使用过程中出现滑移现象。

3）因为每一次研磨都需要专业的研磨设备以及专业技巧，所以切勿擅自重磨刀具和改变刀具的型态，以免造成刃口断裂。

11.2 木工钻

11.2.1 木工钻的用途是什么？它有哪些类别和规格？

木工钻有双刃短柄木工钻、单刃短柄木工钻、双刃长柄木工钻、单刃长柄木工钻、木柄电工用木工钻和铁柄电工用木工钻六种。

非电工用木工钻的钻头直径（单位为 mm）：5，6，6.5，8，9.5，10，11，12，13，14，(14.5)，16，19，20，22，(22.5)，24，25，(25.5)，28，(28.5)，30，32，38，括号内的尺寸尽可能不采用。

木工钻用于在木材上钻孔，其类别和规格见表 11-1。

表 11-1 木工钻的类别和规格

按用途分

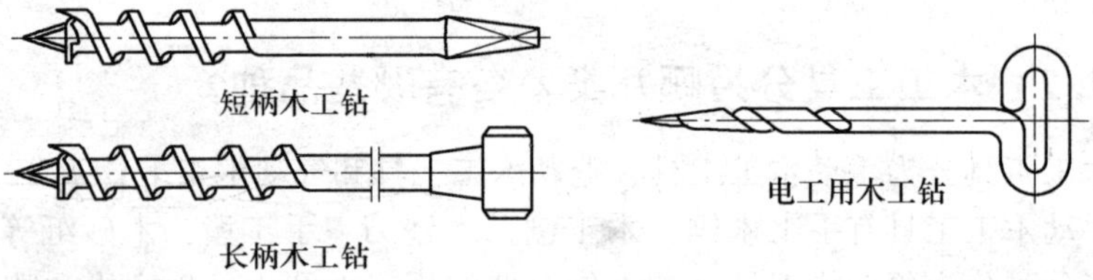

按刃数分

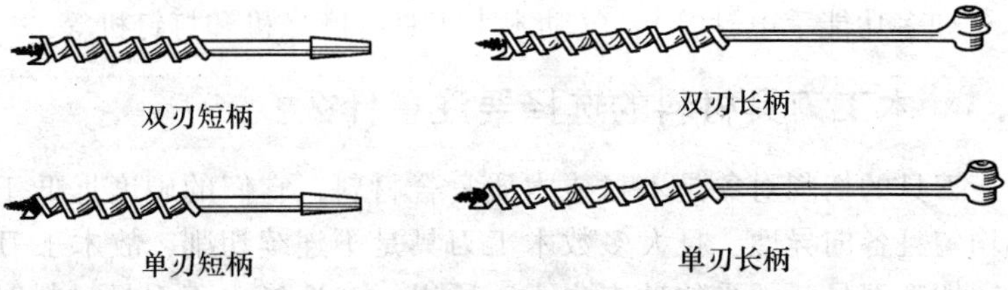

钻头直径/mm	全长/mm 短柄	全长/mm 长柄	全长/mm 电工用	钻头直径/mm	全长/mm 短柄	全长/mm 长柄	全长/mm 电工用
4	—	—	120	13	200	420	—
5	150	250	120	14	230	500	170
6	170	380	130	14.5，16，19，20	230	500	—
6.5	170	380	—				
8	170	380	130	22，22.5，24，25，25.5，28，28.5，30	250	560	—
9.5	200	420	—				
10	200	420	150				
11	200	420	—				
12	200	420	150	32，38	280	610	—

11.2.2 什么是木工销孔钻？它有哪些规格？

木工销孔钻是用于在木工钻床上钻削各种木材和人造板的工具，带导向中心和沉割刃的钻头，分Ⅰ型和Ⅱ型，其规格见表11-2。

表11-2 木工销孔钻的规格

d/mm		d_1 /mm	ω /(°)	L /mm	S /mm	
第1系列	第2系列					
5	4.8					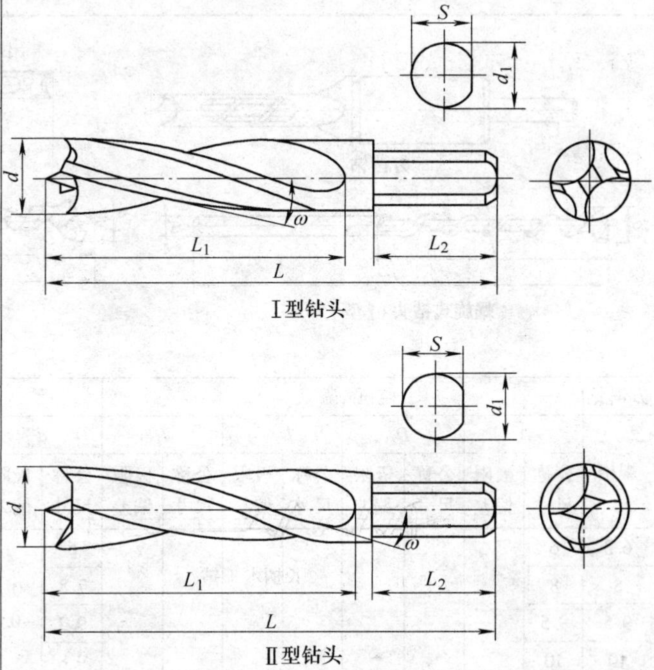
6	5.8					
7	6.8					
8	7.3					
9	8.8	10	15 ~ 20	70 85	9	
10	9.8					
12	11.8					
14	13.8					
16	15.8					

11.2.3 什么是弓摇钻？它有哪些规格？

弓摇钻是一种弓形的手动木工钻，用时一手在上端向下用力按并保持轴线垂直，另一手快速转动手柄。随着科技的进步，现在已经少见。其规格见表11-3。

表11-3 弓摇钻的规格

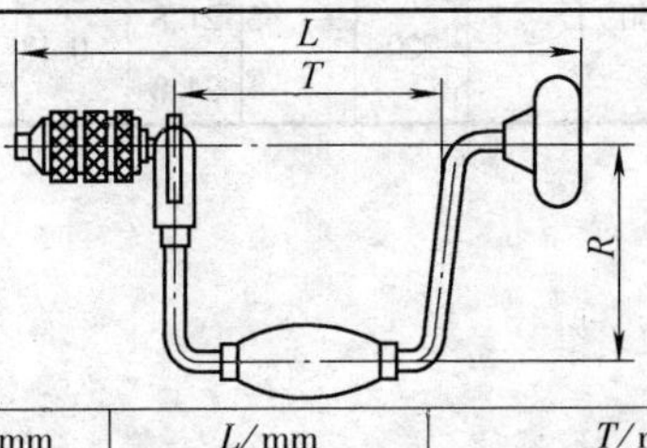

规 格	最大夹持尺寸/mm	L/mm	T/mm	R/mm
250	22	320 ~ 360	150 ± 3	125
300	28.5	340 ~ 380	150 ± 3	150
350	38	360 ~ 400	160 ± 3	175

注：弓摇钻的规格为其回转直径（mm）。

11.2.4　什么是方凿钻？它有哪些规格？

方凿钻是由钻头和空心凿刀组合而成的一种复合刀具，钻头切削部分采用蜗旋式（Ⅰ型）或螺旋式（Ⅱ型），用于在木工机床上加工木榫槽。其规格见表11-4。

表11-4　木工方凿钻的规格

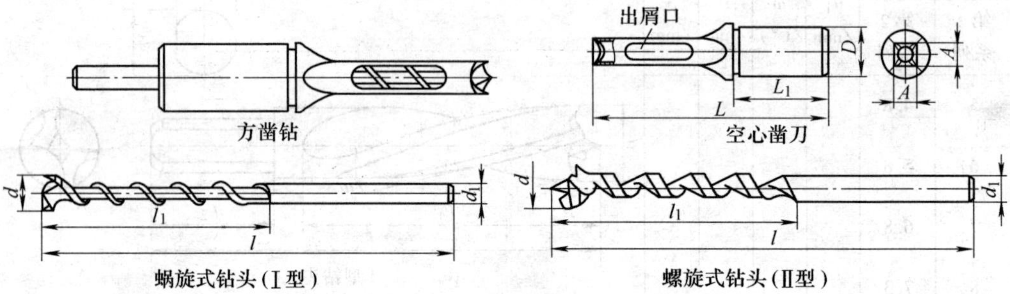

（单位：mm）

方凿钻	空心凿刀								钻头							
规格	A		D		L_1		L		d		d_1		l_1		l	
	公称尺寸	极限偏差	公称尺寸	极限偏差	公称尺寸	极限偏差	公称尺寸	极限偏差	公称尺寸	极限偏差	公称尺寸	极限偏差	公称尺寸	极限偏差	公称尺寸	极限偏差
6.3	6	+0.10 0	19	0 -0.052	40	±1.25	100~150	±1.25	6	0 -0.09	7~10	0 -0.15	50~80	±1.2	160~250	±1.85
8	8								7.8							
9.5	9.5								9.2							
10	10								9.8							
11	11								10.8	0 -0.11						
12	12								11.8							
12.5	12.5								12.3							
14	14								13.8		11~16	0 -0.18				
16	16								15.8							
20	20		28.5		50		200~220	±1.45	19.8	0 -0.13			90~180	±1.6	225~315	±2.10
22	22								21.8		18~22	0 -0.21				
25	25								24.8							

11.3　木工锯

11.3.1　什么是木工锯条？它有哪些规格？

木工锯条是带锯齿的薄钢片，安装在锯上用于切割。锯由锯条和固定框架组成，两头各有一个带有造型的横档，中间用一根小木方作为支撑，一边是锯条，另一边用绳子绷紧。

木工锯条的规格见表11-5。

表11-5 木工锯条的规格 （单位：mm）

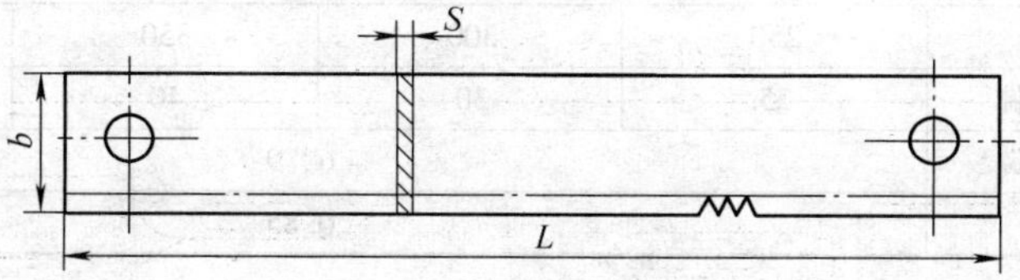

规格	长度 L	宽度 b	厚度 S	规格	长度 L	宽度 b	厚度 S
400	400	22	0.50	800	800	38 44	0.70
450	450	25		850	850		
500	500	25		900	900		
550	550	32		950	950	44 50	0.80 0.90
600	600	32	0.60	1000	1000		
650	650	38		1050	1050		
700	700	38	0.70	1100	1100		
750	750	44		1150	1150		

11.3.2 什么是手板锯？它有哪些规格？

手板锯是一片有大小头的锯片，在大头端加一个手柄，用于锯一般木材或较宽木材。

手板锯的规格见表11-6。

表11-6 手板锯的规格 （单位：mm）

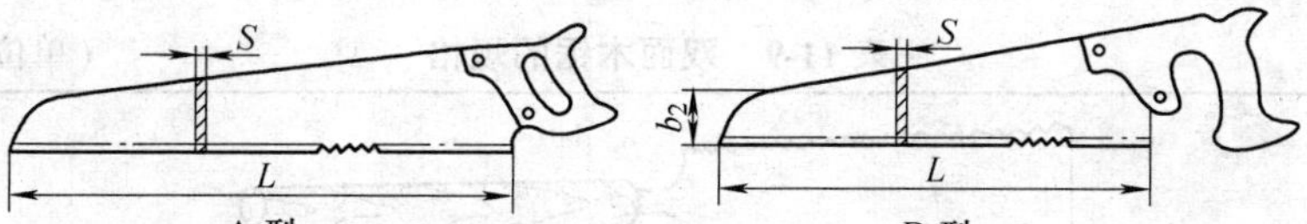

A型　　B型

规格	300	350	400	450	500	550	600
长度 L	300	350	400	450	500	550	600
厚度 S	0.80	0.85	0.90	0.85	0.90	0.95	1.00

11.3.3 什么是鸡尾锯？它有哪些规格？

鸡尾锯用于锯狭孔、槽，也可修锯林木树枝。

鸡尾锯的规格见表11-7。

表 11-7　鸡尾锯的规格　(单位：mm)

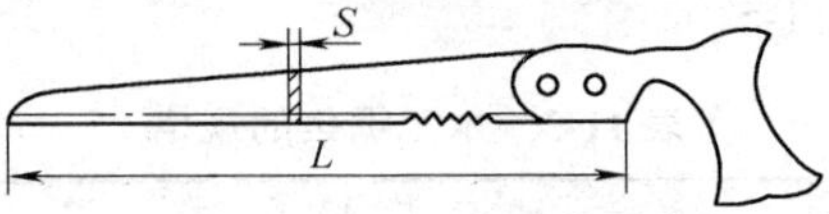

规格（长度 L）		250	300	350	400
宽度	大端	25	30	40	40
	小端	6，9			
厚度 S		0.85			

11.3.4　什么是木工绕锯条？它有哪些规格？

木工绕锯条用于锯软质工件的圆弧、曲线和凹凸面，有 A 型和 B 型两种。

木工绕锯条的规格见表 11-8。

表 11-8　木工绕锯条的规格　(单位：mm)

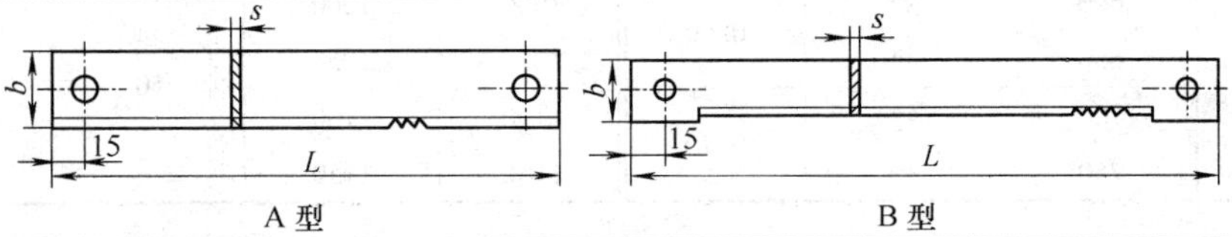

长度 L	400，450，500	500，600，650	700，750，800
厚度 s	0.50	0.60，0.70	0.60，0.70
宽度 b	10		

11.3.5　什么是双面木锯？它有哪些规格？

双面木锯锯条的两面有粗细不同的锯齿，用于锯大面积薄板。

双面木锯的规格见表 11-9。

表 11-9　双面木锯的规格　(单位：mm)

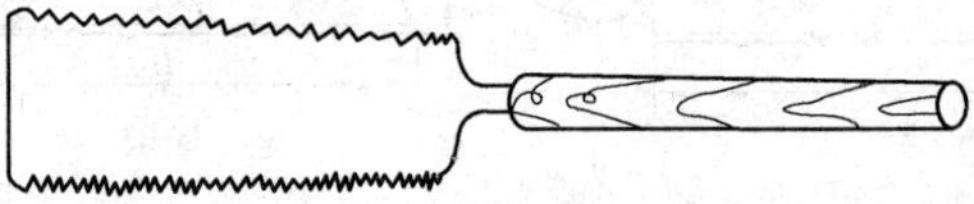

长　度	宽　度	厚　度	长　度	宽　度	厚　度
225	100	0.85	400	140	1.10
250	110	0.85	450	150	1.25
300	120	0.90	500	160	1.40
350	130	1.05			

11.3.6　什么是木工带锯？它有哪些规格？

木工带锯机是有环状带锯条的锯具，绕在两个锯轮上做单向连续的直线运动来锯切木材。它主要由床身、锯轮、上锯轮升降和仰俯装置，带锯条张紧装置、锯条导向装置、工作台、导向板等。带锯条安装在带锯机上锯圆木、原木等木材大料。

木工带锯的规格见表11-10。

表11-10 木工带锯的规格 （单位：mm）

宽度	厚度	长度	宽度	厚度	长度
6.3	0.40，0.50	≥7500	90	0.80，0.90	≥7500
10，12.5，16	0.40，0.50，0.60		100	0.80，0.90，1.00	≥8500
20，25，32	0.40，0.50，0.60，0.70		125	0.90，1.00，1.10	
40	0.60，0.70，0.80		150	1.00，1.10，1.25，1.30	
50，63	0.60，0.70，0.80，0.90		180	1.25，1.30，1.40	≥12500
75	0.70，0.80，0.90		200	1.30，1.40	

11.3.7 什么是木工圆锯片？它有哪些规格？

木工圆锯片安装在木工圆锯机上，用于锯木材、人造板等木料。其规格（锯片外径，单位为mm）：40，50，60，80，100，125，（140），160，（180），200，250，（255），（280），315，（355），400，（450），500，（560），630，（710），800，（900），1000，1250，1600，2000，括号内尺寸尽量不采用。

11.3.8 什么是伐木锯？其锯条有哪些规格？

伐木锯是伐木工人用于手工锯圆木、原木等木材大料的锯具，两端装有手柄，锯条的中间宽两端窄。

伐木锯条的规格见表11-11。

表11-11 伐木锯条的规格 （单位：mm）

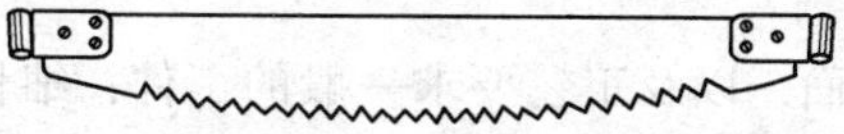

长度	1000	1200	1400	1600	1800
中间宽度	110	120	130	140	150
厚度	1.0	1.2	1.2	1.4	1.4，1.6

11.4 木工凿

11.4.1 什么是凿？它有哪些种类和规格？

凿是挖槽或穿孔用的工具。木工凿一般分有柄和无柄斜边平口凿、平边平口凿和半圆平口凿（图11-1）。其规格（凿口宽度，单位为mm）如下：

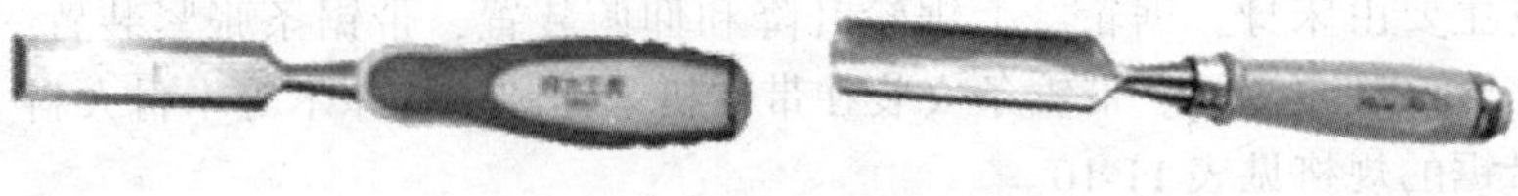

图 11-1　平口凿和半圆凿

无柄斜边平口凿的规格：4，6，8，10，13，16，19，22，25。

无柄平边平口凿的规格：13，16，19，22，25，32，38。

无柄半圆平口凿的规格：同无柄斜边平口凿。

有柄斜边平口凿的规格：6，8，10，12，13，16，18，19，20，22，25，32，38。

有柄平边平口凿的规格：同有柄斜边平口凿。

有柄半圆平口凿的规格：10，13，16，19，22，25。

11.4.2　什么是方凿钻？它有哪些规格？

见问题 11.2.4。

11.5　其他木工工具

11.5.1　木工刨分几类？各自的用途是什么？

木工刨按动力源可分为手工刨和电刨两类；按用途可分为平刨、斜刃刨、板刨、槽刨、线刨（拆口刨、槽刨、凹线刨、圆线刨、单线刨）、套刨和异型刨；按柄的材质可分为木柄刨和铁柄刨。

（1）手工刨　包括常用刨和专用刨。前者可分为中粗刨、细长刨、细短刨等；后者专为制作特殊工艺要求工件所用，包括轴刨、线刨等。轴刨包括铁柄刨、圆底轴刨、双重轴刨、内圆刨、外圆刨等；线刨包括拆口刨、槽刨、凹线刨、圆线刨、单线刨等多种。

中长刨用于粗加工表面，以及工艺要求一般的工件；细长刨用于精细加工、拼缝及工艺要求高的面板净光；粗短刨常用于刨削木材粗糙的表面；细短刨常用于刨削工艺要求较高的木材表面。

手工刨由刨刃和刨床两部分构成。刨刃是由金属锻制而成的，刨床是木制的。

（2）电刨　主要用于各种木材的平直表面刨光，按大小有固定式和手提式之分，按用途有粗刨和短刨之分。粗刨主要用于平直木料表面的刨光，并可用于相对较大的板面刨光；短刨除用于板面刨光外，还可与各种导板配合进行刨削企口、边框和开槽等。

11.5.2　木工手工刨由哪几部分组成？各自的功用和尺寸如何？

木工手工刨由刨刀、盖铁和刨体组成（图 11-2），盖铁压紧刨刀，刨体起导向作用，用于手工刨削各种木材平面。刨刀的规格和尺寸见表 11-12。

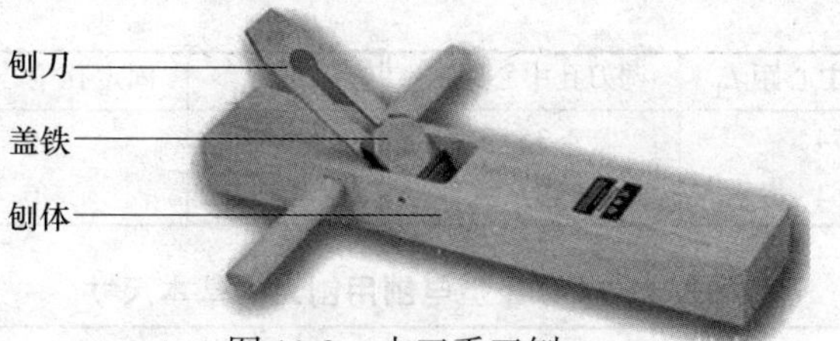

图 11-2　木工手工刨

表 11-12　刨刀的规格和尺寸　（单位：mm）

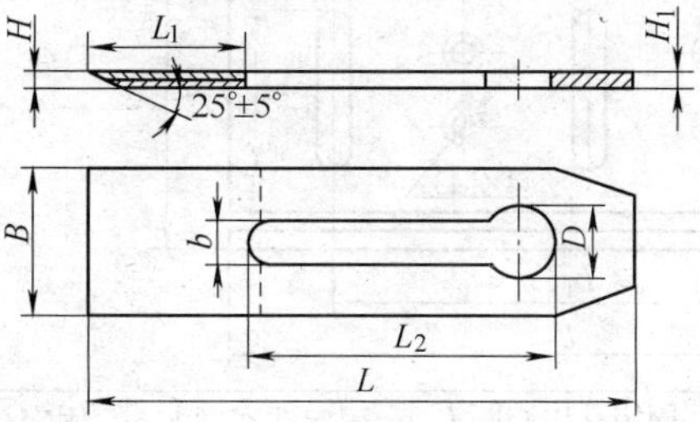

规格	B		b		D_{min}	H		H_1		L_{min}	L_{1min}	L_{2min}
	公称尺寸	极限偏差	公称尺寸	极限偏差		公称尺寸	极限偏差	公称尺寸	极限偏差			
25	25	±0.42	9	±0.29	16	3	±0.30	2.5	0.30 0	175	56	90
32	32	±0.50	11	±0.35	19							
38	38											
44	44											
51	51	±0.60										
57	57											
64	64											

注：L_{1min} 为采用复合材料制造时的刃钢体的最小长度。

11.5.3　电刨用刨刀的规格和基本尺寸有哪些？

电刨分 A～E 五型，其规格和基本尺寸见表 11-13～表 11-18。

表 11-13　A 型电刨用刨刀的基本尺寸　（单位：mm）

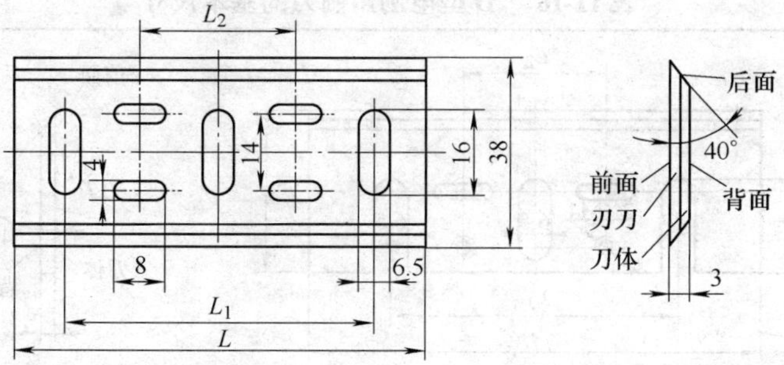

（续）

长度 L	固定孔中心距 L_1	调刀孔中心距 L_2	长度 L	固定孔中心距 L_1	调刀孔中心距 L_2
100	74	35	82	60	30
90	64	32	60	40	20

表 11-14　B 型电刨用刨刀的基本尺寸　（单位：mm）

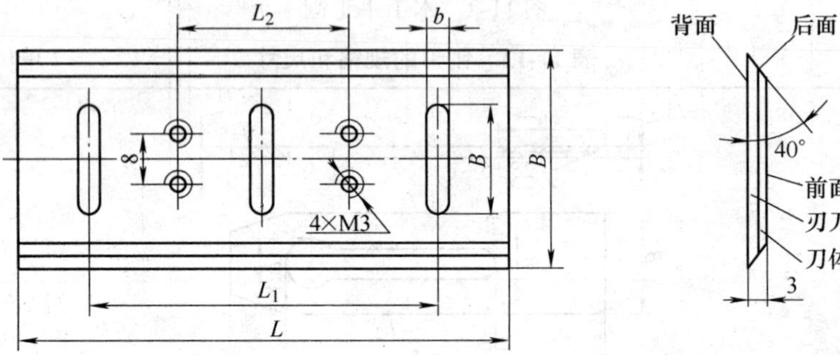

长度 L	宽度 B	固定孔中心距 L_1	固定孔宽度 b	固定孔长度 H	调刀孔中心距 L_2
90	39	64	6．5	20	32
80（82）	38	60		16	26
60	34	40		15	16

表 11-15　C 型电刨用刨刀的基本尺寸　（单位：mm）

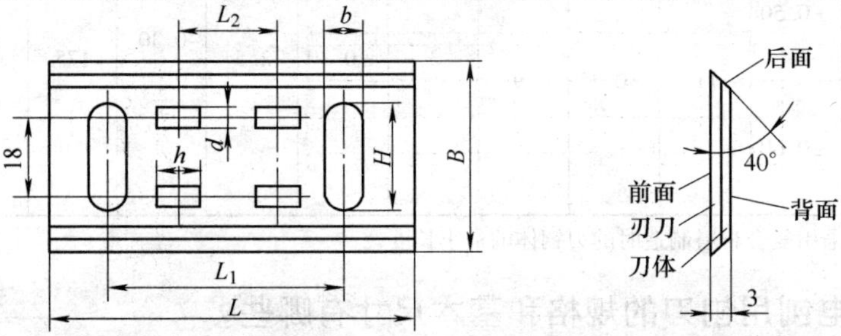

长度 L	宽度 B	固定孔中心距 L_1	固定孔宽度 b	固定孔长度 H	调刀孔宽度 d	调刀孔长度 h
60	32	38	6．5	16	4	8

表 11-16　D 型电刨用刨刀的基本尺寸　（单位：mm）

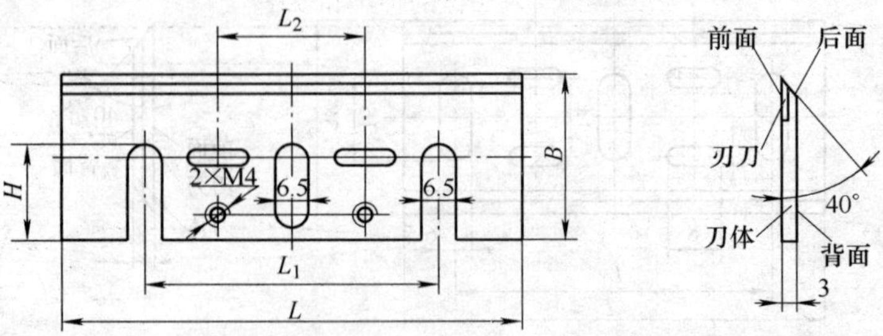

（续）

长度 L	宽度 B	固定孔中心距 L_1	调刀孔中心距 L_2	固定孔长度 H
82	29	82	26	17.5

表 11-17　E 型电刨用刨刀的基本尺寸　（单位：mm）

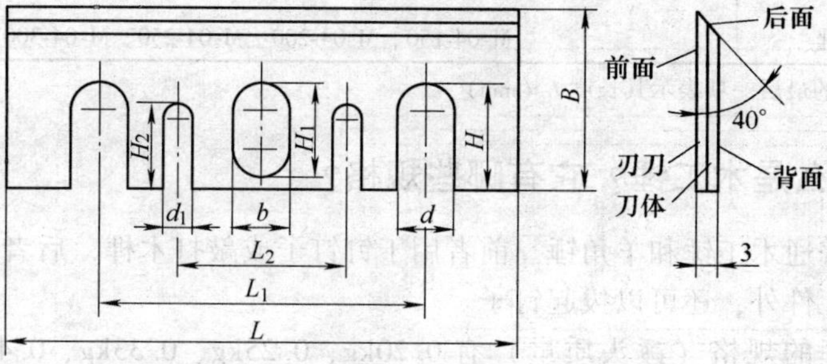

长度 L	宽度 B	固定孔中心距 L_1	调刀孔中心距 L_2	开口孔宽度 d	调刀孔宽度 d_1	固定孔宽度 b	开口孔 H	调刀孔长度 H_2	固定孔长度 H_1
100	30	70	35	9	4.4	9	18	15	15
90	28	58	29						
80（82）	28	52	26						

表 11-18　不可重磨刨刀的材质和基本尺寸

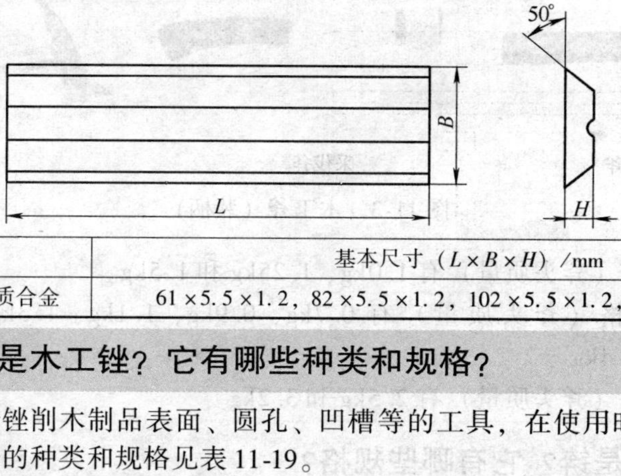

材　质	基本尺寸（$L \times B \times H$）/mm
65Mn、高速钢、硬质合金	61×5.5×1.2，82×5.5×1.2，102×5.5×1.2，110×5.5×1.2

11.5.4　什么是木工锉？它有哪些种类和规格？

木工锉是用于锉削木制品表面、圆孔、凹槽等的工具，在使用时都装有木柄。按形状不同，木工锉的种类和规格见表 11-19。

表 11-19　木工锉的种类和规格

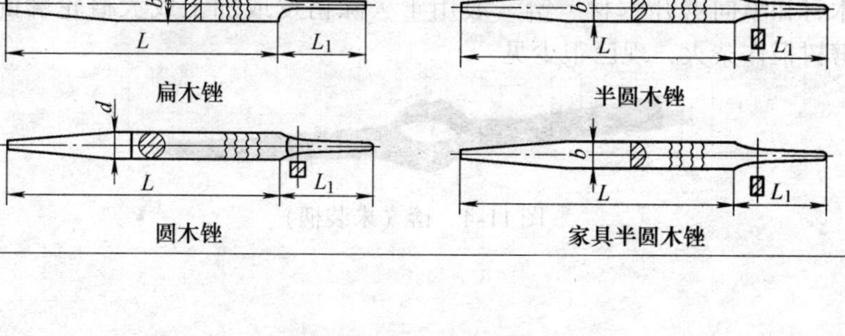

（续）

种　类	类型代号
扁木锉	M-01-200、M-01-250、M-01-300
半圆木锉	M-02-150、M-02-200、M-02-250、M-02-300
圆木锉	M-03-150、M-03-200、M-03-250、M-03-300
家具半圆木锉	M-04-150、M-04-200、M-04-250、M-04-300

注：类型代号的最后一项表示其长度 L（mm）。

11.5.5　什么是木工锤？它有哪些规格？

木工锤有普通木工锤和羊角锤。前者用于钉钉子或敲打木榫，后者除用于钉钉子、起钉子或敲打工件外，还可以拔起钉子。

普通木工锤的规格（锤头质量）有 0.20kg、0.25kg、0.33kg、0.42kg 和 0.50kg；羊角锤的规格（锤头质量）有 0.25kg、0.35kg、0.45kg、0.50kg、0.55kg、0.65kg 和 0.75kg。

11.5.6　什么是木工斧？它有哪些规格？

木工斧（图 11-3）包括木工斧、采伐斧、劈柴斧。木工用于劈削或砍断木材，采伐斧适用于采伐树林和木材加工（有单刃和双刃之分），劈柴斧适用于砍劈木柴。

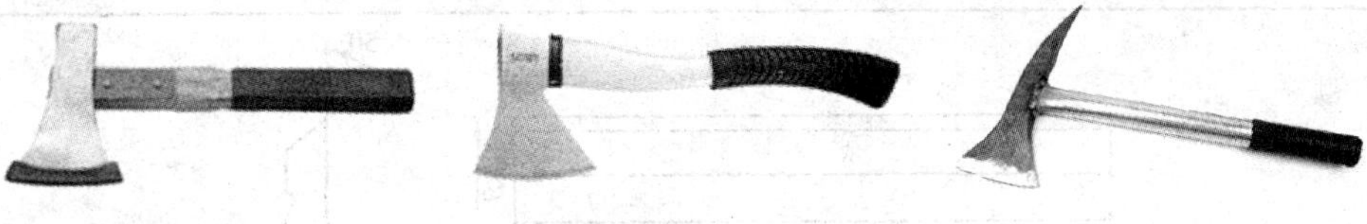

木工斧　　采伐斧　　劈柴斧

图 11-3　木工斧（装柄）

木工斧的规格（斧头质量）有 1.0kg、1.25kg 和 1.5kg。

采伐斧的规格（斧头质量）有 0.7kg、0.9kg、1.1kg、1.3kg、1.6kg、1.8kg、2.0kg、2.2kg 和 2.4kg。

劈柴斧的规格（斧头质量）有 2.5kg 和 3.2kg。

11.5.7　什么是锛？它有哪些规格？

锛（图 11-4）是木工用的一种劈开、削平木料的斧头，两端各有一刃，分别用于横向削平木材和纵向劈开木材。锛一般用于去除树皮或加工成大概轮廓的粗糙加工，农村用于劈树根作柴火，现已很少见。

图 11-4　锛（未装柄）

第 12 章

建 筑 工 具

建筑工具可分为测量工具、泥工工具、石工工具、钢筋工工具、装修工具、挖掘工具和登高梯具等。

12.1　测量工具

12.1.1　建筑测量工具有哪些？

建筑工具中常用的测量工具有线锤、水平尺、水准仪、经纬仪、测钎、钢尺、测距仪、全站仪、水准尺、花杆、测绳等。

12.1.2　什么是线锤？它有哪些规格？

线锤是用在建筑高度不太高的工地上，砌墙垒砖时吊在墙角或墙面处，保证砌的墙面与地面垂直的工具。线锤的规格见表 12-1。

表 12-1　线锤的规格

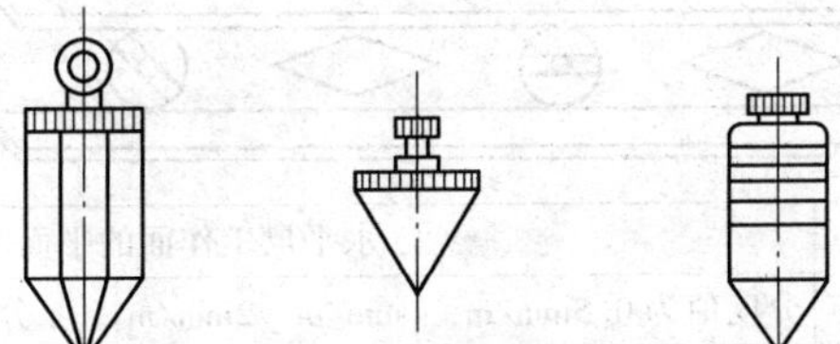

棱柱形　　圆锥形　　圆柱形

材料	质量/kg
铜	0.0125，0.025，0.05，0.10，15，0.2，0.25，0.3，0.4，0.5，0.6，0.75，1.0，1.5
钢	0.1，0.15，0.2，0.25，0.3，0.4，0.5，0.75，1.0，1.25，2，2.5

12.1.3　什么是水平尺？其工作面有哪些技术要求？

水平尺是利用液面水平的原理，以水准泡直接显示角位移，测量被测表面相对水平位置、铅直位置、倾斜位置偏离程度的一种计量器具。水平尺主要用于土木建筑和普通机器的安装。水平尺的尺体主要有铁制、木制及铝合金制的三种。水平尺工作面的技术要求见表 12-2。

表 12-2　水平尺工作面的技术要求

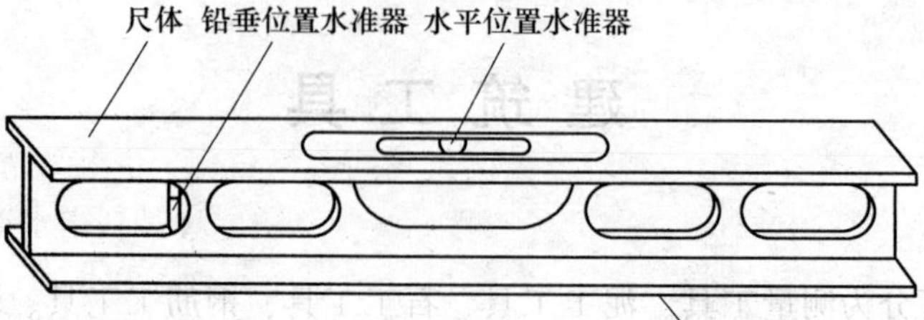

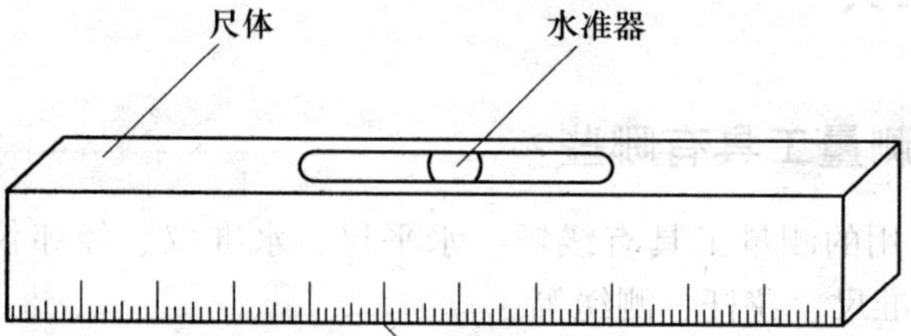

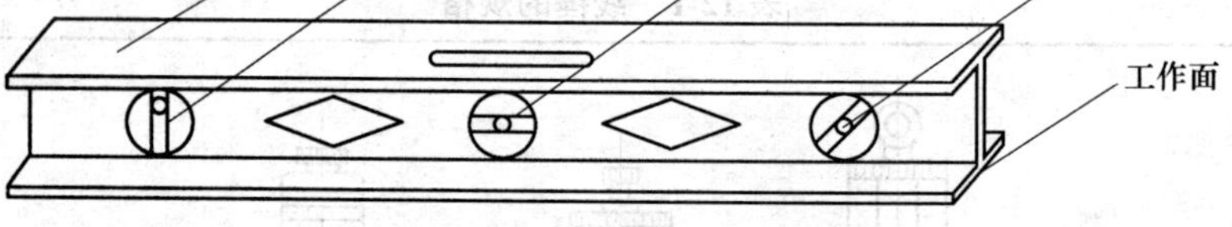

水平尺工作面的长度/mm	水平尺工作面的平面度/mm	
	分度值为 0.5mm/m，1mm/m，2mm/m	分度值为 5mm/m，10mm/m
100 ~ 160	0.08	0.25
>160 ~ 250	0.10	0.30
>250 ~ 400	0.12	0.40
>400 ~ 630	0.15	0.50
>630	0.20	0.60

12.1.4　什么是建筑用电子水平尺？它有哪些型号和尺寸？

建筑用电子水平尺是保证建筑工程质量的行业必备的角度计量工具，用来检测或测量水平和垂直度。建筑用电子水平尺的型号和尺寸见表 12-3。

表12-3 建筑用电子水平尺的型号和尺寸

型　　号	长×厚×高/mm	型　　号	长×厚×高/mm
JYC-400/Ⅰ-0.01	400×26×62	JYC -2000/Ⅰ-0.01	2000×40×80
JYC -1000/Ⅰ-0.01	1000×30×80	JYC-3000/Ⅰ-0.01	3000×50×80

12.1.5 什么是水准仪？其测量原理是什么？

水准仪是建立水平视线、测定地面两点间高差的仪器。其主要部件有望远镜、管水准器（或补偿器）、垂直轴、基座、脚螺旋。其测量原理是利用水准仪提供的一条水平视线，测出两地面点之间的高差，然后根据已知点的高程和高差，推算出另一个点的高程。水准仪按显示方式分，有数字式水准仪和电容式静力水准仪两种；按测量精度分，有高精密级、精密级和普通级三种。高精密级用于国家一等水准测量及地震水准测量，精密级用于国家二等水准测量及其他精密水准测量，普通级用于国家三、四等水准测量及一般工程水准测量。水准仪的系列及基本参数见表12-4。

表12-4 水准仪的系列及基本参数

参数名称		单　位	高精密	精　密	普　通
望远镜	放大率	—	38~42	32~38	20~32
	物镜有效孔径	mm	45~55	40~45	30~40
	最短视距	m	≤2.0		
水准泡角值	符合式管状	(″)/2mm	10		20
	直交型管状	(′)/2mm	2		—
	圆形	(′)/2mm	4	8	
自动安平补偿性能	补偿范围	(′)	±8		
	安平时间	s	2		
测微器	测微范围	mm	10，5		—
	分格值	mm	0.1，0.05		

12.1.6 经纬仪如何分类？光学经纬仪的精度分几等？

经纬仪（图12-1）是测量水平角和竖直角的仪器，根据度盘刻度和读数方式的不同，分为光学经纬仪和电子经纬仪、陀螺经纬仪和游标经纬仪。目前最常用的是光学经纬仪和电子经纬仪，游标经纬仪早已淘汰。光学经纬仪系列的等级及基本参数见

表 12-5。

光学经纬仪　　电子经纬仪　　陀螺经纬仪　　游标经纬仪

图 12-1　经纬仪

表 12-5　光学经纬仪系列的等级及基本参数

参数名称		单位	等级				
			DJ07	DJ1	DJ2	DJ6	DJ30
一测回水平方向标准偏差	室外	(″)	0.7	1.0	2.0	6.0	30.0
	室内		0.6	0.8	1.6	4.0	20.0
望远镜	放大率	—	30×，45×，55×	24×，30×，45×	28×	25×	18×
	物镜有效孔径	mm	65	60	40	35	25
	最短视距	m	3.5	3.0	2.0	2.0	1.0
水准泡角值	照准部	(″)/2mm	4	6	20	30	60
	竖直度盘指标		10	10	20	30	—
	圆形	(′)/2mm	8	8	8	8	8
竖直度盘指标自动归零补偿器	补偿范围	(′)	—	—	±2	±2	—
水平读数最小格值		(″)	0.2	0.2	1	60	120
仪器净质量		kg	17	13	6	5	3

注：DJ07 用于国家一等三角测量，DJ1 用于国家二等三角测量和精密工程测量，DJ2 用于国家三、四等三角测量和工程测量，DJ6 用于地形测图的控制测量和一般工程测量，DJ30 用于一般工程测量和矿山测量。

12.1.7　测距仪如何分类？测距仪的原理是什么？

测距仪是一种用于测量目标距离的仪器，通常是一个长形圆筒，由物镜、目镜、测距转钮等组成。

测距仪可以分为激光距仪、超声波测距仪和红外测距仪，如图 12-2 所示。

（1）激光测距仪　工作时向目标射出一束很细的激光，由光电元件接收目标反射的激光束，计时器测定激光束从发射到接收的时间，从而计算出从观测者到目标的距离。

激光测距仪　超声波测距仪　红外测距仪

图12-2　测距仪

激光测距仪是目前使用最为广泛的测距仪，可分为手持式激光测距仪（测量距离0～300m）和望远镜激光测距仪（测量距离500～3000m）。

（2）超声波测距仪　超声波发射器向某一方向发射超声波，在空气中传播途中碰到障碍物就立即返回，超声波接收器会收到反射波，从而测出从发射超声波到接收回波的时间差，据此求出距离。

由于超声波受周围环境影响较大，所以超声波测距仪的测量距离一般比较短，精度比较低，目前其使用范围不是很广泛。

（3）红外测距仪　根据从测距仪发出红外线后，碰到反射物被反射回来被接收到的时间及红外线的传播速度算出距离。用调制的红外光进行精密测距的仪器，测程一般为1～5km。

红外测距仪的优点是便宜、易制、安全，缺点是精度低、距离近、方向性差。

12.1.8　全站仪如何分类？

全站仪（图12-3）是集测量水平角、垂直角、距离（斜距、平距）、高差等诸功能于一体的，采用光、机、电的高技术测绘仪器。它不仅包含了水准仪、经纬仪和测距仪的功能，而且操作简单，避免了读数误差，所以称之为全站仪。它广泛用于地上大型建筑和地下隧道施工等精密工程测量或变形监测领域。

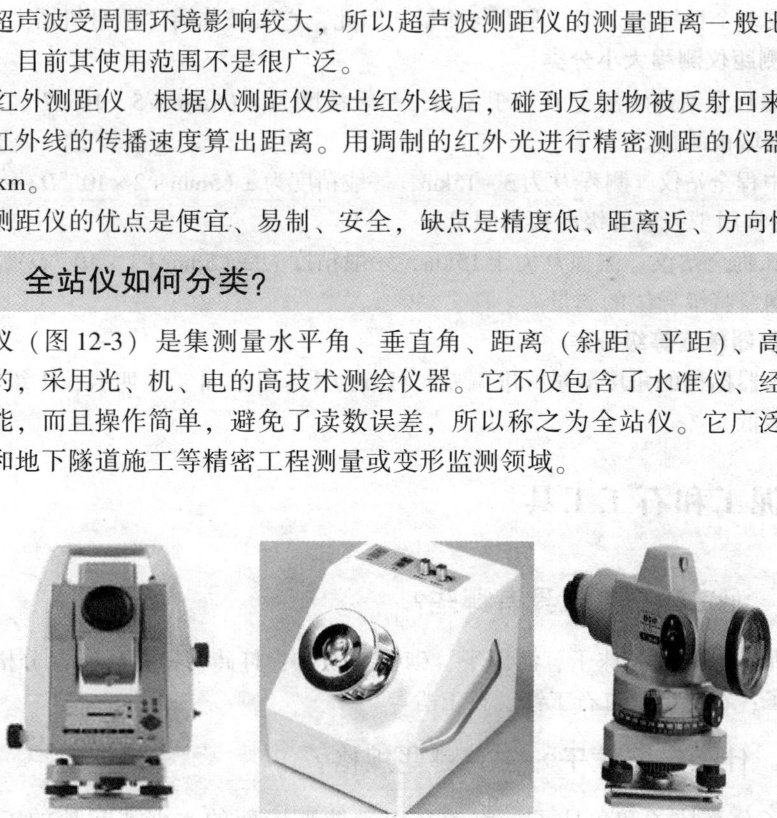

图12-3　几种全站仪的外貌

1. 按其外观结构分类

（1）积木型全站仪　早期的全站仪的电子速测仪、电子经纬仪、电子记录器可以分离使用，也可以通过电缆或接口把它们组合起来，形成完整的全站仪。

（2）整体型全站仪　现代的全站仪大都把测距、测角和记录单元在光学、机械等方面设计成一个不可分割的整体。

2. 按测量功能分类

（1）经典型全站仪　经典型全站仪具备全站仪电子测角、电子测距和数据自动记录等基本功能，有的还可以运行厂家或用户自主开发的机载测量程序。

（2）机动型全站仪　机动型全站仪可自动驱动全站仪照准部和望远镜的旋转。在计算机控制下，机动型全站仪可按计算机给定的方向值自动照准目标，并可实现自动正、倒镜测量。

（3）无合作目标型全站仪　这类全站仪可对一般的目标直接测距适用于对不便安置反射棱镜的目标进行测量，测程可达1000m。

（4）智能型全站仪　在相关软件的控制下，智能型全站仪在无人干预的条件下，可自动完成多个目标的识别、照准与测量。因此，它又被称为“测量机器人”。

3. 按测距仪测程大小分类

（1）短程全站仪　测程D小于3km，一般精度为$\pm(5\text{mm}+5\times10^{-6}D)$，主要用于普通测量和城市测量。

（2）中程全站仪　测程D为3～15km，一般精度为$\pm(5\text{mm}+2\times10^{-6}D)\sim\pm(2\text{mm}+2\text{ppm})$，通常用于一般等级的控制测量。

（3）长程全站仪　测程D大于15km，一般精度为$\pm(5\text{mm}+1\times10^{-6}D)$，通常用于国家三角网及特级导线的测量。

4. 按仪器精度等级分类

根据仪器标称的角度测量标准偏差，可分为Ⅰ、Ⅱ、Ⅲ、Ⅳ四级，Ⅰ级精度最高，Ⅳ级精度最低。

12.2　泥工和石工工具

12.2.1　泥工和石工工具有哪些？

常用泥工工具有泥抹子、泥压子、砌铲、砌刀、打砖刀、打砖斧、分格器、缝溜子、缝扎子；石工工具有石工锤、石工凿等。

12.2.2　什么是泥抹子？它有哪些规格？

泥抹子分平抹子和角抹子。前者是用于抹平墙面的水泥或灰沙的工具；后者是用于在垂直内角、外角和圆角处抹水泥或灰沙的工具。其规格分别见表12-6和表12-7。

表 12-6 平抹子的规格 （单位：mm）

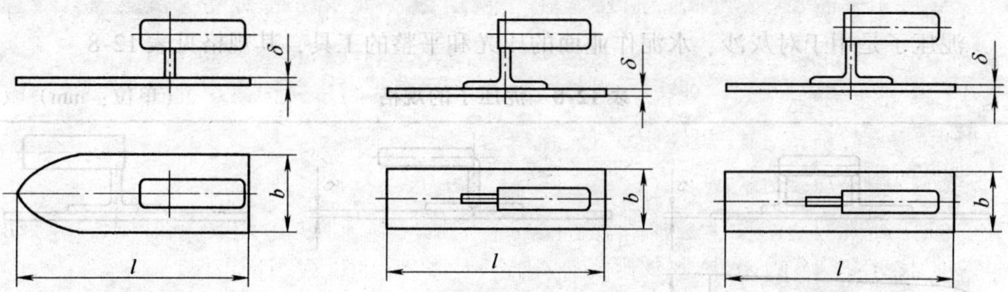

尖头形平抹子　　长方形平抹子　　梯形平抹子

规格 *l*		*b*		δ
公称尺寸	极限偏差	公称尺寸	极限偏差	
220	±2.0	80	±2.0	≥0.7
230		85		
240		90		
250		90		
260		95		
280		100		
300		100		
320		110		

注：特殊型式和其他规格可不受本表限制。

表 12-7 角抹子的规格

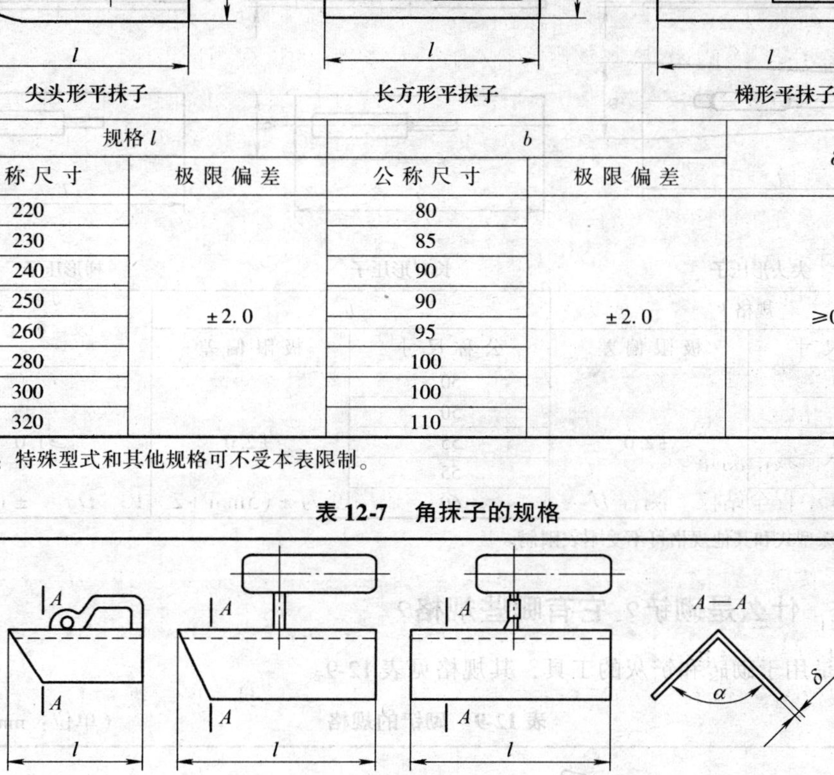

阳角抹子

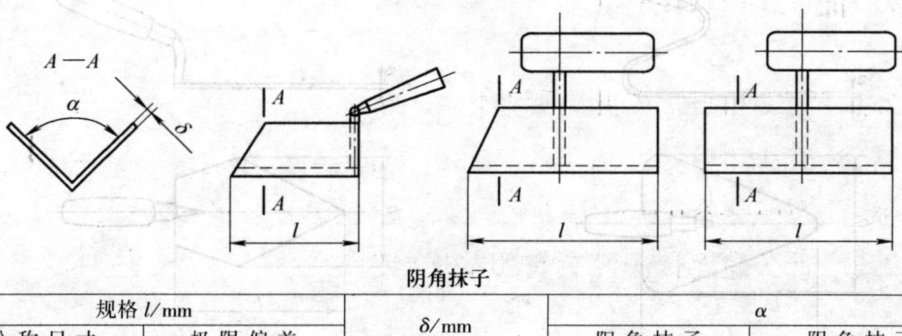

阴角抹子

规格 *l*/mm		δ/mm	α	
公称尺寸	极限偏差		阳角抹子	阴角抹子
100~180（间隔10）	±2.0	≥1.0	92°±1°	88°±1°

注：特殊型式和其他规格可不受本表限制。

12.2.3　什么是泥压子？它有哪些规格？

泥压子是用于对灰沙、水泥作业面的压光和平整的工具，其规格见表 12-8。

表 12-8　泥压子的规格　（单位：mm）

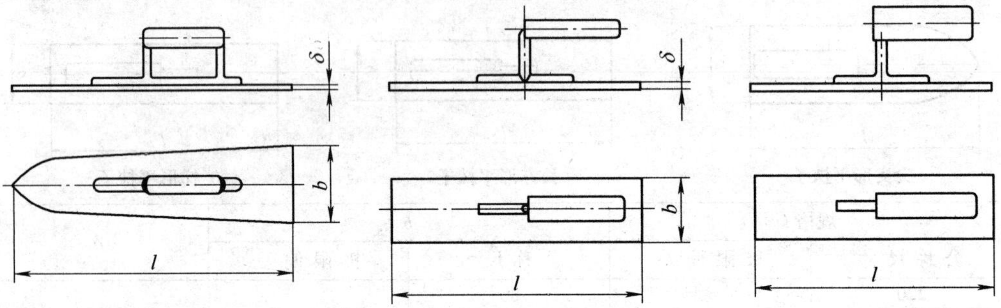

尖头形压子　　长方形压子　　梯形压子

规格 l		b		δ
公称尺寸	极限偏差	公称尺寸	极限偏差	
190		50		
195		50		
200	±2.0	55	±2.0	≥1.0
205		55		
210		60		

注：特殊型式和其他规格可不受本表限制。

12.2.4　什么是砌铲？它有哪些规格？

砌铲是用于砌砖和铲灰的工具，其规格见表 12-9。

表 12-9　砌铲的规格　（单位：mm）

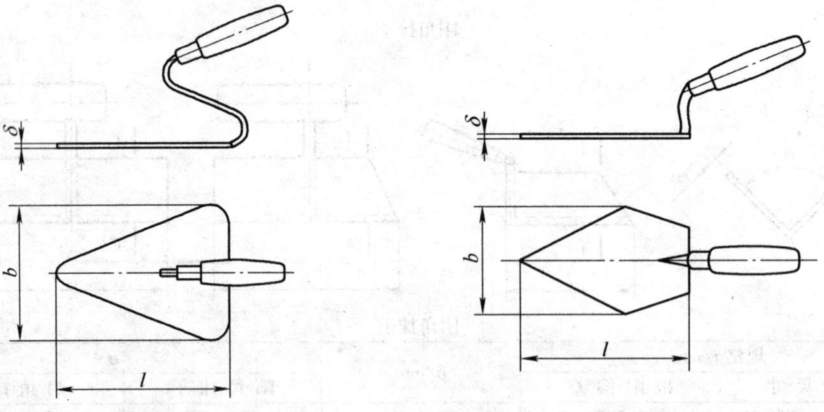

尖头形砌铲　　菱形砌铲

（续）

尖头形				菱形	
铲板长 l	铲板宽 b	铲板长 l	铲板宽 b	铲板长 l	铲板宽 b
140	170	165	195	180	125
145	175	170	200	200	140
150	180	175	205	230	160
155	185	180	210	250	175
160	190	185	215		

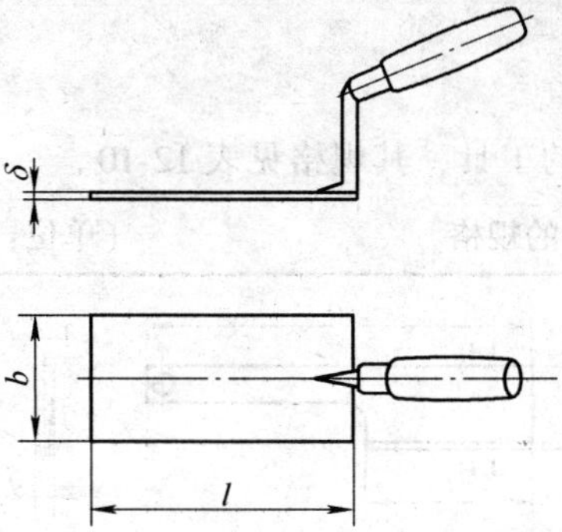

长方形砌铲

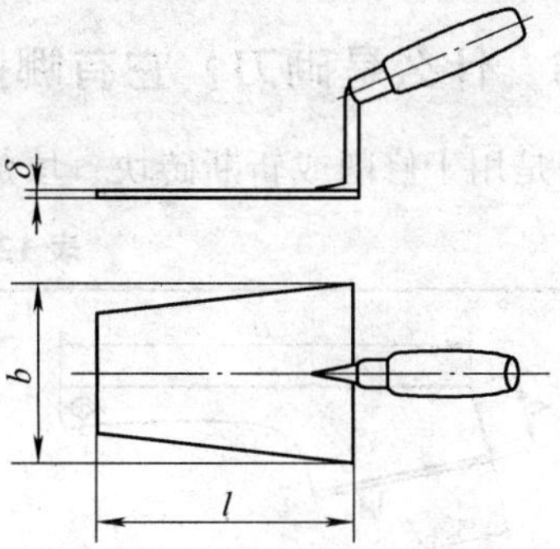

梯形砌铲

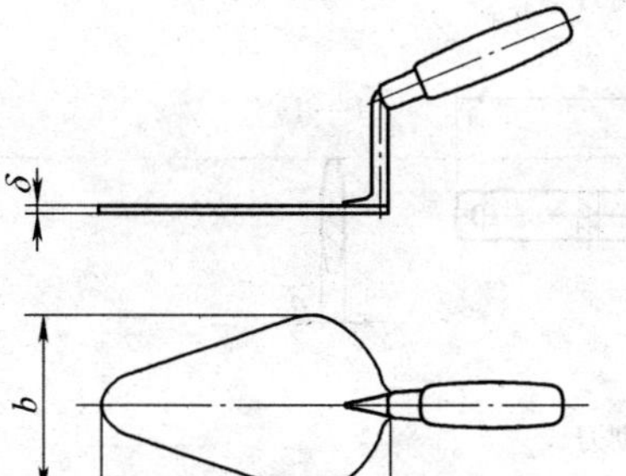

叶形砌铲

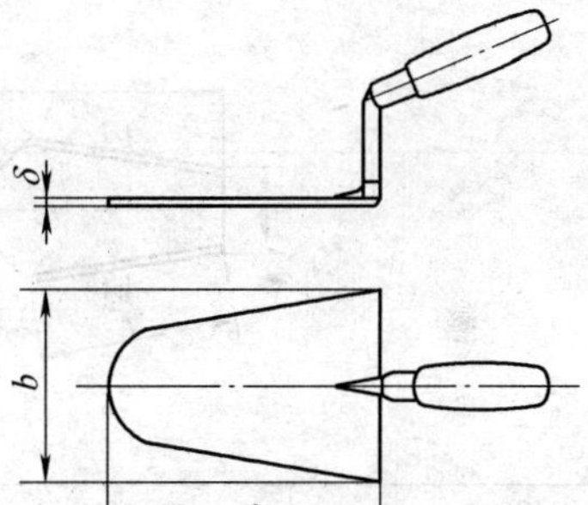

圆头形砌铲

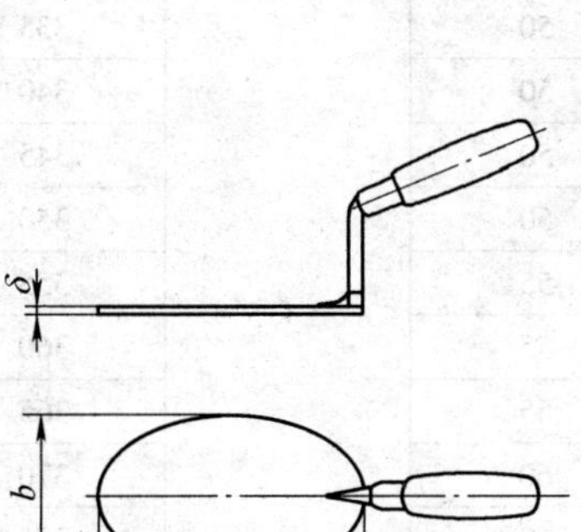

椭圆形砌铲

（续）

铲板长 l	铲板宽 b	铲板长 l	铲板宽 b	铲板长 l	铲板宽 b
125	60	180	90	230	115
140	70	190	95	240	120
150	75	200	100	250	125
165	80	215	105		

注：1. δ≥1.0mm。
　　2. 特殊型式和其他规格可不受本表限制。

12.2.5　什么是砌刀？它有哪些规格？

砌刀是用于修削或斩断砖块、填敷泥灰等的工具，其规格见表12-10。

表12-10　砌刀的规格　　（单位：mm）

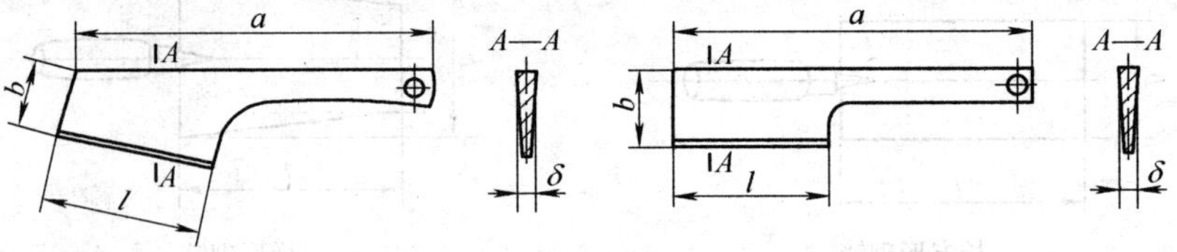

单刃砌刀

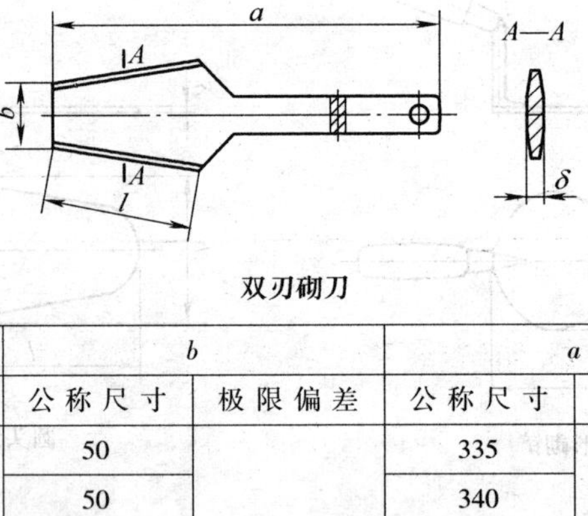

双刃砌刀

规格 l		b		a		δ
公称尺寸	极限偏差	公称尺寸	极限偏差	公称尺寸	极限偏差	
135		50		335		
140		50		340		
145		50		345		≥4.0
150		50		350		
155		55		355		
160	±2.0	55	±1.5	360	±3.0	
165		55		365		
170		60		370		≥6.0
175		60		375		
180		60		380		

注：1. 刃口厚度不小于1.0mm。
　　2. 特殊型式和其他规格可不受本表限制。

12.2.6　什么是打砖刀和打砖斧？各自有哪些规格？

打砖刀和打砖斧是用于修削或斩断砖块等的工具，其规格见表12-11。

表12-11　打砖刀和打砖斧的规格　（单位：mm）

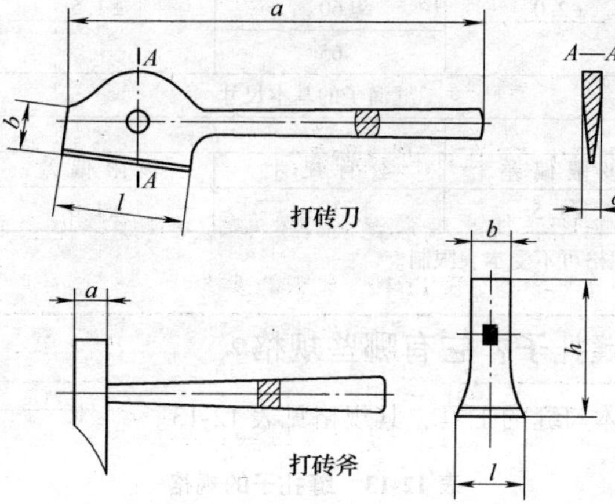

打砖刀的尺寸

规格 l		b		a		δ
公称尺寸	极限偏差	公称尺寸	极限偏差	公称尺寸	极限偏差	
110	±2.0	75	±1.5	300	±2.5	≥6.0

打砖斧的尺寸

规格 l		a		b		h	
公称尺寸	极限偏差	公称尺寸	极限偏差	公称尺寸	极限偏差	公称尺寸	极限偏差
50	±1.5	20	±1.5	25	±1.5	110	±2.0
55		25		30		120	

注：特殊型式和其他规格可不受本表限制。

12.2.7　什么是分格器和缝溜子？各自有哪些规格？

分格器是用于抹灰时在地面、墙面上分格的工具；缝溜子是用于溜光外砖墙灰缝的工具。其规格见表12-12。

表12-12　分格器和缝溜子的规格　（单位：mm）

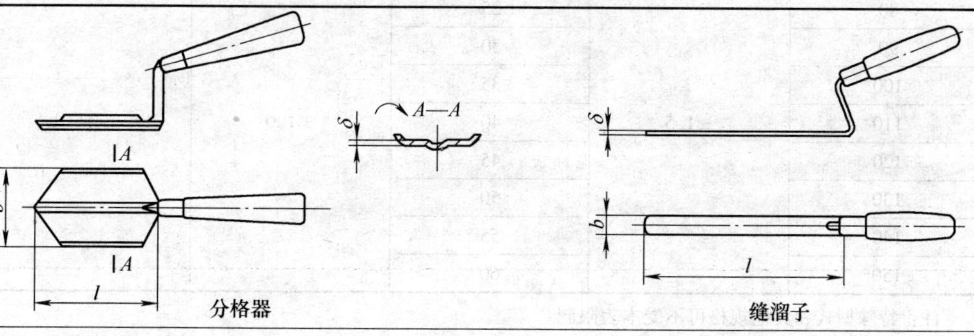

（续）

分格器的基本尺寸				
规格 l		b		δ
公称尺寸	极限偏差	公称尺寸	极限偏差	
80	±2.0	45	±1.5	≥1.5
100		60		
110		65		

缝溜子的基本尺寸				
规格 l		b		δ
公称尺寸	极限偏差	公称尺寸	极限偏差	
100～160（间隔 10）	±1.5	10	±1.0	≥2.5

注：特殊型式和其他规格可不受本表限制。

12.2.8　什么是缝扎子？它有哪些规格？

缝扎子是用于墙体勾缝的工具，其规格见表 12-13。

表 12-13　缝扎子的规格　（单位：mm）

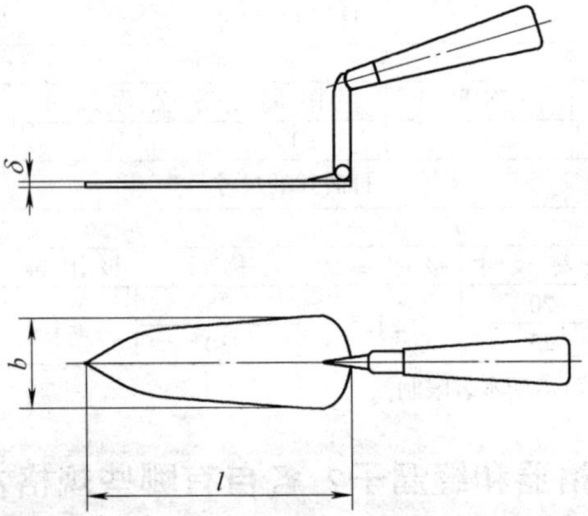

规格		b		δ
公称尺寸	极限偏差	公称尺寸	极限偏差	
50	±1.5	20	±1.0	≥1.0
80		25		
90		30		
100		35		
110		40		
120		45		
130		50		
140		55		
150		60		

注：特殊型式和其他规格可不受本表限制。

12.2.9　什么是石工锤？它有哪些规格？

石工锤主要是加工石材（制坯、雕刻等）时使用的工具，手柄多为木制。石工锤的规格见表12-14。

表12-14　石工锤的规格

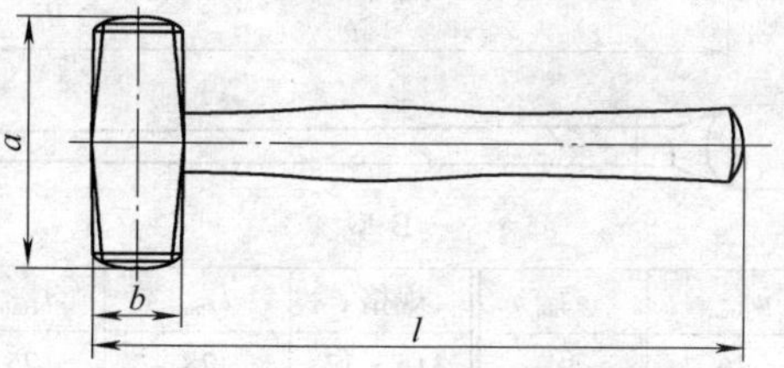

规格（锤头质量）/kg	l/mm	a/mm	b/mm	规格（锤头质量）/kg	l/mm	a/mm	b/mm
0.80	240	90	36	1.50	280	110	45
1.00	260	95	40	2.00	300	120	50
1.25	260	100	43				

石工锤的产品标记由产品名称、标准编号和规格组成。例如，1.50kg的石工锤标记：石工锤　QB/T 1290.10-1.50。

12.3　钢筋工工具

12.3.1　什么是扎线钳？它有哪些规格？

扎线钳是用于钢筋工捆绑钢筋时扎线和一般作业扎线的工具，按用途和外形分为A型和B型两种，其规格见表12-15。

表12-15　扎线钳的规格　（单位：mm）

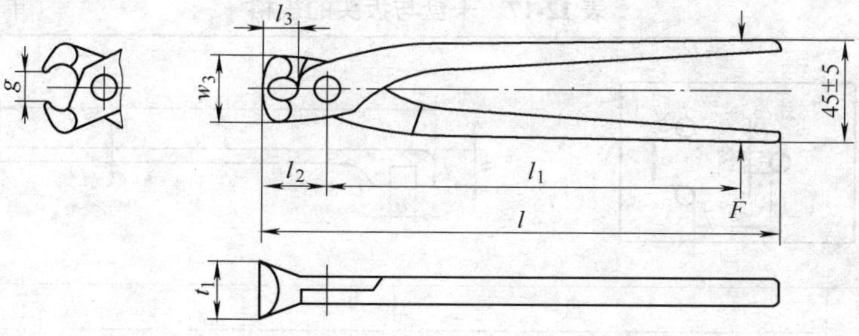

A型

规格 l	l_{3max}	t_{1min}	w_{3max}	g_{min}	规格 l	l_{3max}	t_{1min}	w_{3max}	g_{min}
200±10	18	16	32	14	250±10	22	20	40	18
224±10	20	18	36	16	280±10	25	22	45	20

（续）

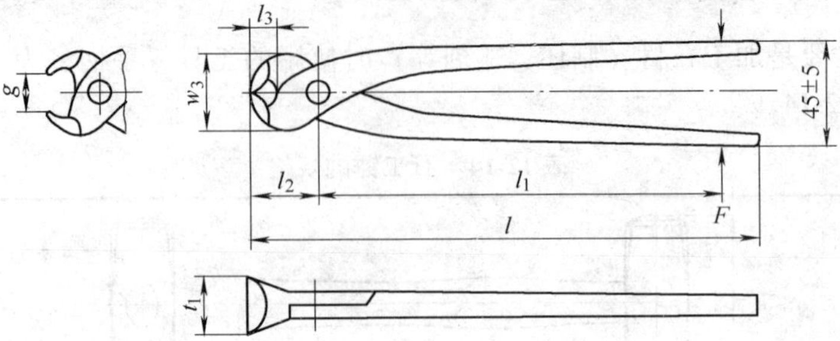

B 型

规格 l	$l_{3\max}$	$t_{1\min}$	$w_{3\max}$	$g_{\min}$	规格 l	$l_{3\max}$	$t_{1\min}$	$w_{3\max}$	$g_{\min}$
200 ± 13	18	16	36	14	315 ± 13	28	25	56	18
250 ± 13	22	20	45	16	355 ± 13	32	28	63	20

12.3.2　手工弯曲钢筋工具有哪些？各自有哪些规格？

手工弯曲钢筋工具有手摇扳手、卡盘与扳头两种。手摇扳手的规格见表 12-16，主要用于弯制细钢筋；卡盘与扳头的规格见表 12-17，主要用于弯制粗钢筋。

表 12-16　手摇扳手的规格　　（单位：mm）

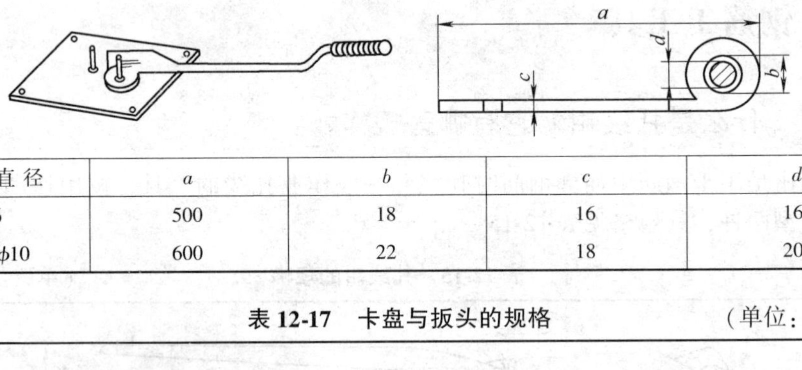

钢 筋 直 径	a	b	c	d
$\phi6$	500	18	16	16l
$\phi8 \sim \phi10$	600	22	18	20l

表 12-17　卡盘与扳头的规格　　（单位：mm）

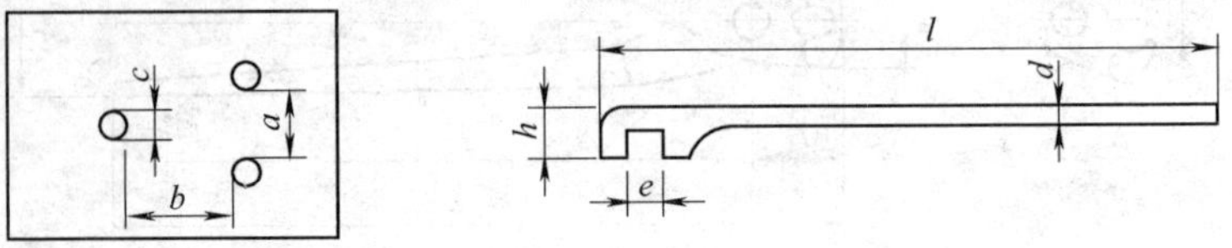

钢筋直径	卡　盘			扳　头			
	a	b	c	d	e	h	l
$\phi12 \sim \phi16$	50	80	20	22	18	40	1200
$\phi18 \sim \phi22$	65	90	25	28	24	50	1350
$\phi25 \sim \phi32$	80	100	30	38	34	76	2100

12.4 装修工具

12.4.1 什么是油灰刀？它有哪些规格？

油灰刀是油漆工用于刮、铲、涂、填油灰（腻子）使用的工具，由刀片和手柄组成。刀片材质有碳钢、65Mn 钢和不锈钢；手柄有木柄、塑料柄和铁柄。平口式油灰刀的规格见表 12-18。

表 12-18 平口式油灰刀的规格 （单位：mm）

宽度 B	25	30	38	40	45	50	60
长度 L	185	185	190	190	190	195	205
厚度 t	0.4						
宽度 B	65	70	75	80	90	100	
长度 L	205	210	215	215	225	230	
厚度 t	0.4						

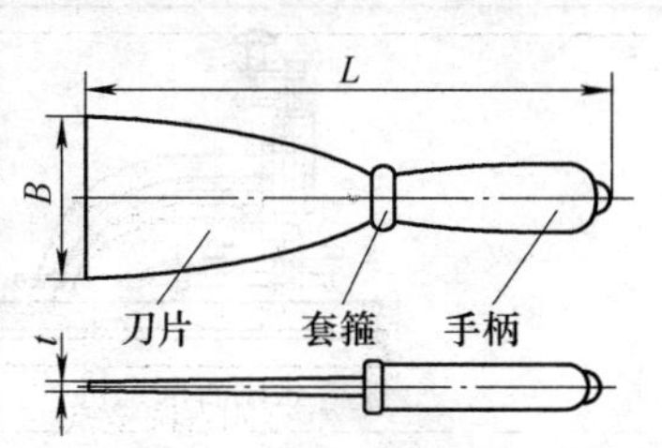

12.4.2 什么是玻璃割刀？它有哪些规格？

玻璃割刀是切割玻璃用的工具，刀头材料是硬度很高的金刚石，刀把多是质地优良的木材，中间用不锈钢或其他金属连接。其种类和规格见表 12-19 ~ 表 12-21。

表 12-19 金刚石玻璃刀的规格 （单位：mm）

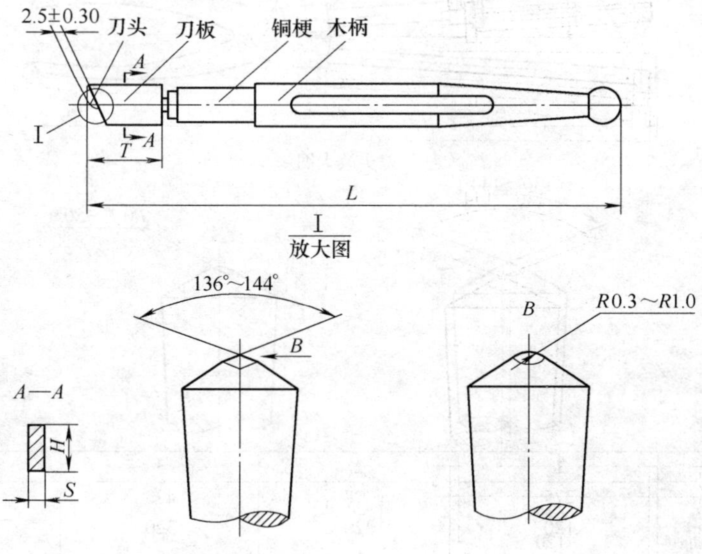

（续）

规格代号	全长 L	刀板长 T	刀板宽 H	刀板厚 S	适用玻璃厚度
1 2 3	182	25	13	5	1 ~ 2 2 ~ 3 2 ~ 4
4 5 6	184	27	16	6	3 ~ 6 3 ~ 8 4 ~ 8

表 12-20　金刚石圆镜机和金刚石圆规刀的技术参数

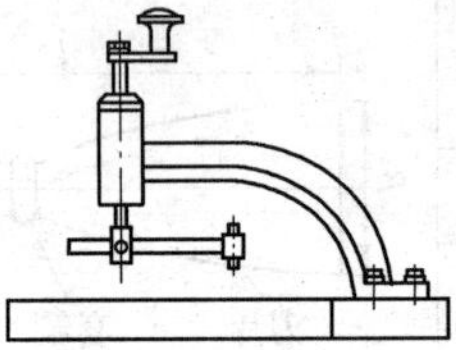 金刚石圆镜机		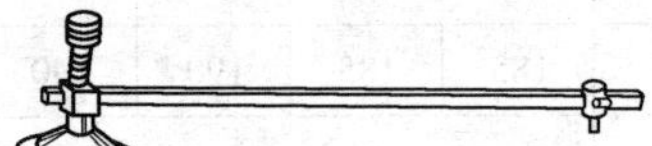 金刚石圆规刀	
裁划玻璃范围		裁划玻璃范围	
厚度/mm	直径/mm	厚度/mm	直径/mm
1 ~ 3	$\phi35 \sim \phi200$	2 ~ 6	$\phi200 \sim \phi1200$

注：两者均为供裁割圆形平板玻璃、镜面玻璃用。

表 12-21　金刚石玻璃管割刀的规格

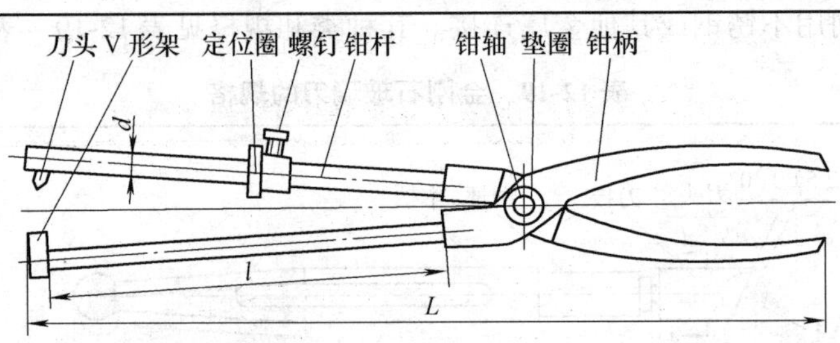

刀头放大图

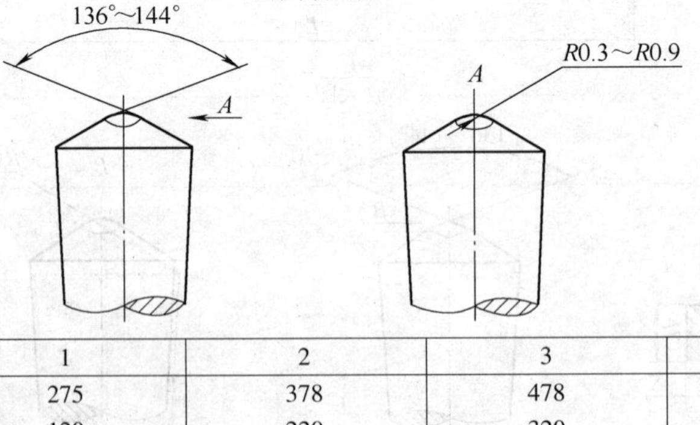

规格代号	1	2	3	4
全长 L/mm	275	378	478	578
钳杆长度 l/mm	120	220	320	420
钳杆直径 d/mm	6	6	8	8

12.4.3 什么是金刚石圆锯片？它有哪些规格？

金刚石圆锯片加工石材，具有加工效率高、质量好等优点，是石材加工业的主要工具。锯齿的材料最早是天然金刚石，与基体镶嵌连接；后来多采用人造金刚石，用焊接式或烧结式连接（图 12-4 和图 12-5）。金刚石圆锯片的磨料代号和粒度范围见表 12-22，金刚石圆锯片的尺寸见表 12-23。

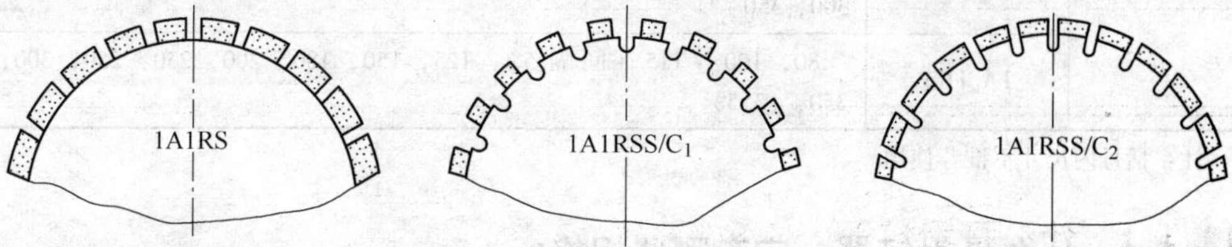

图 12-4 焊接式锯片的形状和代号

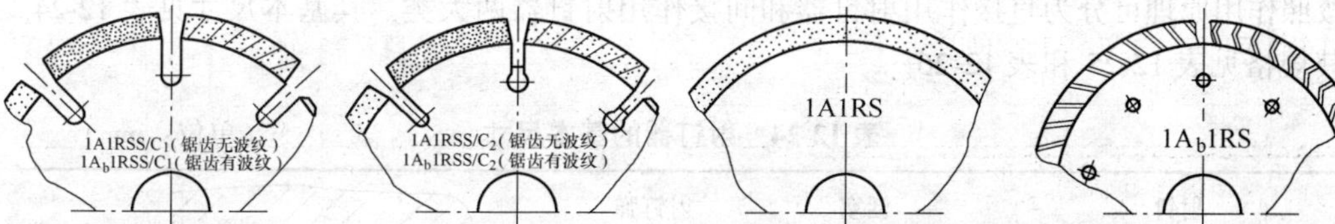

图 12-5 烧结式锯片的形状和代号

表 12-22 金刚石圆锯片的磨料代号和粒度范围

项目		代号	SD				
磨料代号	人造金刚石	牌号	MBD6	MBD8	MBD10	SMD	
			SMD25	SMD30	SMD35	SMD40	
	天然金刚石	代号	ND				
磨料粒度	窄范围	16/18	18/20	20/25	25/30	30/35	35/40
		40/45	45/50	50/60	60/70	70/80	—
	宽范围	16/20	20/30	30/40	40/50	60/80	—

表 12-23 金刚石圆锯片的尺寸

类别	代号	直径/mm
焊接式圆锯片	1A1RS	180，250
	1A1RSS/C_1	105，110，115，125，150，178，200～600（间隔 50），700～1000（间隔 100），1200，1300，1350，1400，1500，1600，1800～2200（间隔 200），2500，2700，3000，3500
	1A1RS S/C_2	100～115（间隔 5），125，150，180，200～500（间隔 50），600～800（间隔 100）

（续）

类　别	代　号	直径/mm
烧结式圆锯片	1A1RSS/C_1 1A_b1RSS/C_1	105，110，115，125，150，（178），200，230，250，300，（355）
	1A1RSS/C_2 1A_b1RSS/C_2	105，110，115，125，150，180，200，230，250，300，350，（355）
	1A1RS	60，80，85，100～115（间隔 5），125，150，180，200，230，250，300，350
	1A_b1RS	80，100～115（间隔 5），125，150，180，200，230，250，300，350，（355）

注：括号内尺寸不推荐使用。

12.4.4　什么是射钉器？它有哪些规格？

射钉器是以击发射钉弹使火药燃烧产生的高压气体，推动射钉等进行作业的工具，按照作用原理可分为直接作用射钉器和间接作用射钉器两大类。其基本尺寸见表 12-24。其规格见表 12-25 和表 12-26。

表 12-24　射钉器的基本尺寸　（单位：mm）

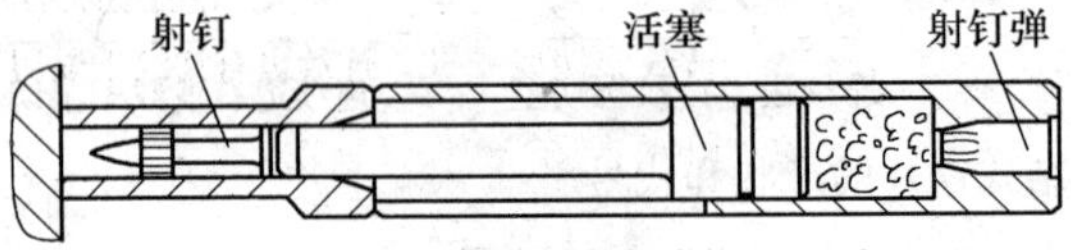

间接作用射钉器

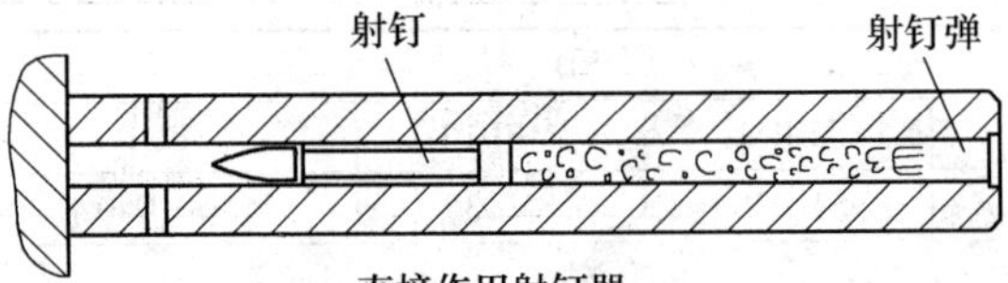

直接作用射钉器

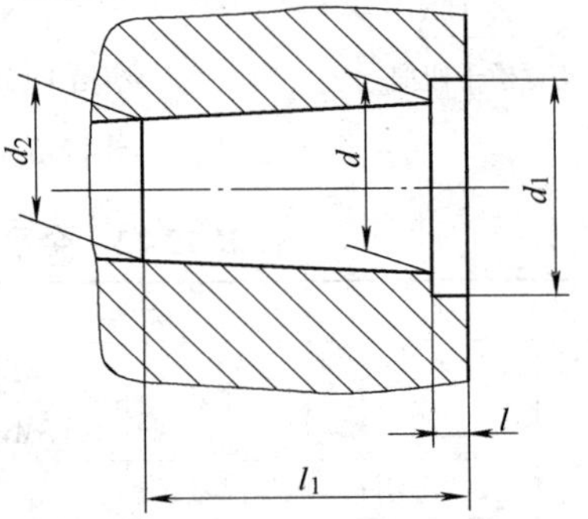

弹膛尺寸

配用射钉弹		d	d_1	d_2	l	l_1
直　径	长　度					
5.6	16	5.8	7.1	5.75	1.1	16.33
5.6	16①	5.8	7.1	5.75	1.1	9.1
6.3	10	6.35	7.7	6.35	1.25	11
	12					13
	16					17
6.8	11	6.9	8.55	6.9	1.45	12
	18					19
10	18	10.05	10.95	10.05	1.15	19

① 为缩颈弹。

表 12-25　一些射钉器的规格

型　　号	适用射钉弹（直径×长度）	适 用 钉 头	适 用 射 钉	全长/mm	质量/kg
NS603 NS603N NS608	6.8mm×11mm 6.8mm×18mm	直径：8mm、10mm、12mm；长度≤77mm	DD、HDD、M6、HM6、M8、HM8、M10、HM10、YD、HYD、KD	385	3.5
NS307	5.6mm×16mm	直径：6mm、8mm；长度≤77	PD、PJ、YD、HYD、M8、HM8	335	1.85
NS301	6.8mm×11mm	直径：6mm、8mm；长度≤62mm	YD、HYD、PD、HPD、M8、HM8	340	2.4

表 12-26　一些气动射钉机的规格

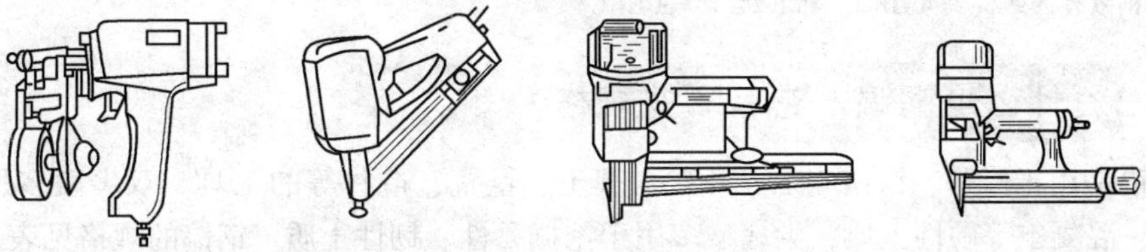

气动圆盘射钉枪　　气动圆头钉射钉枪　　气动码钉射钉枪　　气动 T 形钉射钉枪

种　　类	空气压力/MPa	射钉频率/（枚/s）	装钉容量/枚	质量/kg
气动圆盘射钉枪	0.4～0.7 0.45～0.75 0.4～0.7 0.4～0.7	4 4 4 3	385 300 285/300 300/250	2.5 3.7 3.2 3.5
气动圆头钉射钉枪	0.45～0.7 0.4～0.7	3 3	64/70 64/70	5.5 3.6
气动码钉射钉枪	0.4～0.7 0.45～0.85	6 5	110 165	1.2 2.8
气动 T 形钉射钉枪	0.4～0.7	4	120/104	3.2

12.5　挖掘工具

12.5.1　什么是钢锹？它有哪些种类和规格？

钢锹用于铲土、水利施工、挖沟等。尖锹用于挖砂质土、搅拌灰土等。方锹多用于铲建筑散料（水泥、石子）等。煤锹用于铲煤块、砂土、垃圾等。深翻锹用于深翻、掘泥、开沟等。钢锹的种类和规格见表 12-27。

表 12-27　钢锹的种类和规格

分　类	型式代号	规格代号	全长/mm	分　类	型式代号	规格代号	全长/mm
农用锹	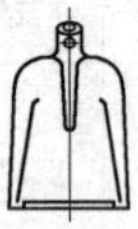	—	345	煤锹		1 号 2 号 3 号	550 510 490
尖锹		1 号 2 号 3 号	460 425 380	深翻锹		1 号 2 号 3 号	450 400 350
方锹		1 号 2 号 3 号	420 380 340				

注：钢锹有 A 级（≥40HRC）和 B 级（≥30HRC）。

12.5.2　什么是钢镐？它有哪些规格？

钢镐是用于修路、铁道施工、开矿、掘土、垦荒、造林等的工具。双尖型多用于开凿岩山、混凝土等硬性土质，尖扁型多用于挖掘黏性、韧性土质。钢镐的规格见表 12-28。

表 12-28　钢镐的规格

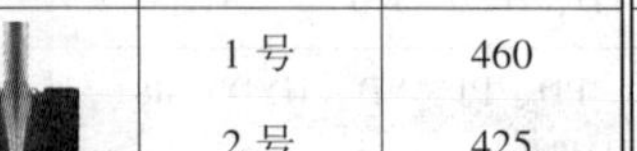
双尖型

尖扁型

型式代号	分　类	质量/kg					
		1.5	2.0	2.5	3.0	3.5	4.0
		总长/mm					
SJA	双尖 A 型钢镐	450	500	520	560	580	600
SJB	双尖 B 型钢镐	—	—	—	500	520	540
JBA	尖扁 A 型钢镐	450	500	520	560	600	720
JBB	尖扁 B 型钢镐	420	—	520	550	570	—

12.5.3　什么是道镐和耙镐？各自有哪些规格？

道镐和耙镐（图 12-6）都是修整道路的工具，前者一端尖而另一端扁，质量为 3.5kg；后者一端一齿而另一端三齿，质量为 1.7kg。两者均用 60 或 65 优质碳素结构钢（或以旧钢轨、旧轮箍代用）整体锻造，并两端淬火。

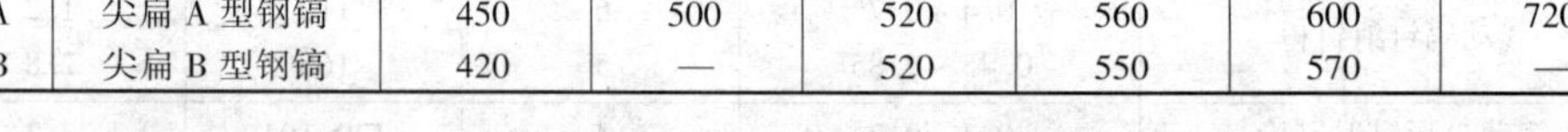

图 12-6　道镐和耙镐

12.5.4 什么是凿岩机？它有哪些基本参数？

凿岩机是用于在岩石、混凝土等坚硬材料上打孔的工具（也可用作破碎混凝土之类的坚硬层）。按动力源分，凿岩机可以分为风动凿岩机、电动凿岩机、内燃凿岩机和液压凿岩机四大类型；按支撑方式可以分为手持式、支腿式、导轨式和向上式（伸缩式），其基本参数分别见表12-29～表12-37。

表12-29 手持式凿岩机的基本参数

产品系列	验收气压为0.4MPa							气管内径/mm	水管内径/mm	钎尾规格/mm
	空转转速/(r/min)	冲击能量/J	冲击频率/Hz	凿岩耗气量(L/s)	掘进耗气量/(m^3/m)	噪声（声功率级）/dB（A）	凿孔深度/m			
轻型（≤10kg）		2.5～15	45～60	≤20		≤114	1	8或13	—	生产厂自定
中型（>10～22kg）	≥200	15～35	25～45	≤40	18.8	≤120	3	16或20（19）	8或13	H22×108或H19×108
重型（>22kg）		30～50	22～40	≤124		≤124	5	20（19）	13	H22×108或H25×108

注：(19) 也可选用。

表12-30 手持式内燃凿岩机的基本参数

基本参数	各产品系列指标				
	25	26	27	28	30
发动机缸径/mm	60	62	58	58	58
发动机负载转速/(r/min)	2600～2900	2500～2800	2450～2750	2700～3000	2700～3000
冲击能量/J	≥22	≥25	≥24	≥20	≥20
钎杆空转转速/(r/min)	≥180	≥350	≥250	≥180	≥180
凿孔速度 mm/min	≥250	≥300	≥250	≥220	≥200（250）
燃油消耗率/(L/m)	≤0.12	≤0.12	≤0.12	≤0.13	≤0.13（0.195）
凿孔深度/m	6	8	6	6	6
噪声/dB（A）	≤106				
机器质量/kg	25±1	26±1	27±1	28±1	30±1
排粉压力/MPa	≥0.08（0.15）				
钎尾规格/(mm×mm)	六角钎尾 22×108				

注：括弧内的数值为带副缸时的指标。

表12-31 支腿式电动凿岩机基本参数

基本参数		数值	基本参数		数值
机体	机器质量/kg	28～30	电动机	额定功率/kW	≤3
	凿孔速度/(mm/min)	≥180		额定电压/V	380
	冲击能量/J	≥40		频率/Hz	50
	冲击频率/Hz	≥34		绝缘电阻（实际冷态）/MΩ	≥50
	凿孔深度/m	4		空载电流/A	≤4.4
	钎杆转速/(r/min)	≥150		工作电流/A	5.8～8
	噪声（声功率级）/dB（A）	≤117			

表 12-32 支腿式液压凿岩机的基本参数

基本参数	指标	基本参数	指标
冲击工作油压/MPa	12 ~ 16	凿孔直径/mm	32 ~ 45
冲击工作流量/(L/min)	30 ~ 60	凿孔深度/m	≤15
冲击频率/Hz	≥43	最大扭矩/N · m	40 ~ 60
冲击能量/J	50 ~ 80	噪声（声压级）/dB（A）	≤105
回转工作油压/MPa	9 ~ 16	清洁度/mg	≤500
回转工作流量/(L/min)	20 ~ 40	钎尾规格/mm	25 × 108 或 22 × 108
空转转速/(r/min)	≥180	机器质量/kg	≤30

表 12-33 导轨式凿岩机的基本参数

基本参数	各产品系列指标								
	内回转型				独立回转型				
	28	35	40	80	50	70	90	100	170
机器质量/kg	28	35	40	80	50	70	90	100	170
验收气压/MPa	0.63								
空转转速/(r/min)	≥300								
冲击频率/Hz	≥44	≥46	≥33	≥32	≥45	≥43	≥34	≥33	≥32
冲击能量/J	≥90	≥100	≥118	≥215	≥112	≥112	≥225	≥230	≥230
凿岩耗气量/(L/s)	≤110	≤142	≤117	≤175	≤195	≤159	≤217	≤233	≤260
扭矩/N · m	35	55	35	96	107	85	120	265	335
噪声/dB（A）	≤132								
凿孔直径/mm	38 ~ 46	38 ~ 46	40 ~ 55	50 ~ 75	38 ~ 55	38 ~ 55	50 ~ 75	50 ~ 80	65 ~ 100
凿孔深度/m	4	5	15	20	8		25	25	30
气管内径/mm	25	25	25	38	冲击 32 回转 19		冲击 38 回转 25		冲击 38 回转 19
水管内径/mm	13		13	19	13		19		
钎尾规格/mm	（六角） 22 × 108	（六角） 25 × 159	$\phi 32\times 97$		（六角） 25 × 108	（六角） 25 × 159	$\phi 38\times 97$	$\phi 32\times 97$ $\phi 38\times 97$	$\phi 38\times 162$ $\phi 45\times 162$

注：凿岩耗气量是指在凿岩条件下，凿岩机冲击和回转部分的耗气量之和。

表 12-34 导轨式液压凿岩机的基本参数

产品系列	产品质量/kg	冲击压力/MPa	冲击流量/(L/min)	冲击能量/J	冲击频率/Hz	回转压力/MPa	回转流量/(L/min)	回转转速/(r/min)	回转扭矩/N · m	噪声限值/dB（A）
轻型	≤100	10 ~ 16	≤90	≥100	> 34	> 8	> 30	0 ~ 450	> 50	≤120
中型	> 100 ~ 200	10 ~ 24	≤120	≥150	> 32	> 10	> 40		> 70	≤130
重型	> 200	12 ~ 25	≤180	≥200	> 30	> 12	> 50		> 100	≤140

注：噪声值为声功率级。

表 12-35　向上式凿岩机的基本参数

基本参数	产品系列 35	产品系列 45	基本参数	产品系列 35	产品系列 45
机器质量/kg	≤35.5	≤45.0	气腿接力/N	2099	2469
冲击能量/J	≥73	≥74	验收气压/MPa	0.63	
凿岩冲击频率/Hz	≥37	≥43	凿孔直径/mm	38～50	
凿岩耗气量/(L/s)	≤85	≤113	凿孔深度/m	5	
凿孔每米耗气量/(m^3/m)	≤12.8	≤15.1	气管内径/mm	25	
空转转速/(r/min)	≥300	≥350	水管内径/mm	13	
噪声（声功率级)/dB（A)	≤128	≤132	钎尾规格/mm	H22×108 或 H25×108	

表 12-36　气腿式凿岩机的技术参数

产品系列	验收气压为 0.4MPa 空转转速/(r/min)	冲击能量/J	冲击频率/Hz	凿岩耗气量/(L/s)	掘进耗气量/(m^3/s)	噪声（声功率级)/dB（A)	凿孔深度/m	气管内径/mm	水管内径/mm	钎尾规格/mm
轻型（≤22kg)		≥55		≤70		≤125	3			H22×108 或 H19×108
中型（>22～25kg)	250～500	≥65	30～50	≤80	≤11	≤126	5	20 或 25	13	
重型（>25kg)		≥70		≤85		≤127	5			H22×108 或 H25×108

表 12-37　一些凿岩机的技术参数

基本参数	气腿式 YT23	气腿式 YT24	气腿式 YT27
机器质量/kg	24	24	27
工作气压/MPa	0.63	0.4～0.63	0.63
冲击频率/Hz	≥36	≥31	≥36.7
冲击能量/J	≥65	—	≥75.5
凿岩耗气量/(L/s)	≤80	≤66.7	≤80
凿孔直径/mm	34～42	34～42	34～45
凿孔深度/m	5	—	5
全长（或尺寸)/mm	628	678	668×248×202

基本参数	气腿式 YT28	气腿式 YT29A	导轨式 PL-YYG65
机器质量/kg	26	26.5	65
工作气压/MPa	0.5～0.6	0.4～0.63	—
冲击频率/Hz	≥34/37	≥37	54～68
冲击能量/J	—	≥70	125～180
凿岩耗气量/(L/s)	≤55/81	≤65	—
凿孔直径/mm	34～42	34～45	（转钎扭矩）0～200N·m
凿孔深度/m	—	5	（旋转油压）6.5～14MPa
全长（或尺寸)/mm	661	659×248×205	800×340×220

12.6　登高梯具

12.6.1　什么是登高梯具？它有哪些类别和规格？

登高梯具是人们从事高空作业时登高的工具。从材质上分有铝合金梯、不锈钢梯、玻璃钢梯、铁梯、竹梯、木梯等；从样式上分有直梯、人字梯、伸缩梯、两用梯、单侧梯、双侧梯、多功能梯、货架梯等；从绝缘性分有非绝缘梯、半绝缘梯、全绝缘梯；从用途上分有家庭梯、工程梯、两用梯、货架梯。宝富登高梯具的规格见表 12-38。

表 12-38　宝富登高梯具的规格

种　类	型　号	关节数	伸长/m	折长/m	净质量/kg	特　点
折梯	L2105	2	3.2	1.6	10.5	为多功能折合式铝梯，具有 64 种形式高强度铝合金管材，自动上锁关节，平稳强固的防滑梯脚，适用多种使用坡度
	L2125	2	3.8	1.9	12.5	
	L2145	2	4.5	2.2	14.5	
	L6145	6	3.8	0.95	12.5	
	L6165	6	5.0	1.25	16.5	
	L6205	6	6.3	1.58	20.5	
铝合金伸缩梯	AP-50	—	5.04	3.15	—	踩杆为强化铝合金挤压成形，表面具有防滑条纹；由上、下两节梯组合，借滑轮组及拉绳使上节梯升梯，自由调整所需高度，锁扣装置固定
	AP-b0		6.03	3.81		
	AP-70		7.02	4.14		
	AP-80		8.04	4.83		
	AP-90		9.03	5.16		
	AP-100		10.02	5.82		

12.6.2　什么是高空作业平台？它有哪些类别和规格？

高空作业平台是用于各行业高空作业、设备安装、检修等可移动性高空作业的产品。它可分为剪叉式、臂架式、套筒液压缸式、桅柱式和桁架式五种。

高空作业平台的型号表示方法：

□□□ □□ □

- 更新变型代号汉语拼音大写字母A，B，C，…
- 主参数代号平台最大高度/m
- 特性代号G—固定式Y—移动式Z—自行式
- GTJ—剪叉式GTB—臂架式GTT—套筒液压缸式GTW—桅柱式GTH—桁架式

高空作业平台的最大高度见表 12-39。一些高空作业平台的规格见表 12-40。

表 12-39　高空作业平台的最大高度

类　别	最大高度/m
剪叉式	1，2，2.5，3，4，(5)，6，(7)，8，9，10，11，12，14，16，18，20
臂架式	3，4，5，6，8，10，12，14，16，18，20，25，30

（续）

类　别	最大高度/m
套筒液压缸式	3，4，（5），6，（7），8，9，10，11，12，14，16，18，20
桅柱式	1，2，2.5，3，4，5，6，8，10，12，14，16，18
桁架式	5，6，8，10，12，14，16，18，20，22，24，26

注：括号内数值是现有产品规格值，不属优先数系。

表12-40　一些高空作业平台的规格

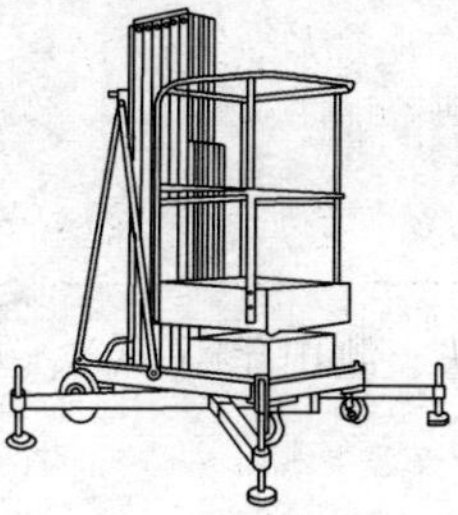

<table>
<tr><th>型　号</th><th>工作台最大升起高度/m</th><th>额定载重/kg</th><th>工作台尺寸（长×宽）/m</th><th>总质量/kg</th><th>外形尺寸（长×宽×高）/m</th><th>额定电压/V</th><th>液压系统最大压力/MPa</th><th>电动机功率/W</th></tr>
<tr><td>GTC2
GTC2A</td><td>2</td><td rowspan="2">150</td><td rowspan="2">0.62×0.62</td><td>190</td><td rowspan="2">1.25×0.7×1.85</td><td rowspan="2">220</td><td rowspan="2">16</td><td rowspan="2">750</td></tr>
<tr><td>GTC3
GTC3A</td><td>3</td><td>200</td></tr>
<tr><td>GTC4
GTC4A</td><td>4</td><td>150</td><td rowspan="3">0.62×0.62</td><td>210</td><td rowspan="3">1.25×0.7×1.64</td><td rowspan="3">220</td><td rowspan="3">16</td><td rowspan="3">750</td></tr>
<tr><td>GTC5
GTC5A</td><td>5</td><td rowspan="2">100</td><td>220</td></tr>
<tr><td>GTC6
GTC6A</td><td>6</td><td>230</td></tr>
<tr><td>GTC7
GTC7A</td><td>7</td><td rowspan="2">100</td><td rowspan="2">0.62×0.62</td><td>242</td><td rowspan="2">1.25×0.7×1.80</td><td rowspan="2">220</td><td rowspan="2">16</td><td rowspan="2">750</td></tr>
<tr><td>GTC8
GTC8A</td><td>8</td><td>254</td></tr>
</table>

第13章

电 工 工 具

13.1 常用电工工具

电工工具包括电工刀、电烙铁、测电笔（器）、万用表、电工钳、紧线用葫芦、压线钳、断线剪、电讯钳和电焊钳等。

13.1.1 什么是电工刀？它有哪几种类型？

电工刀是电工用来剖削电线、电缆绝缘层，削制木桩等的刀具。如图13-1所示，标准规定的电工刀有A型（单用）和B型（多用）两种。

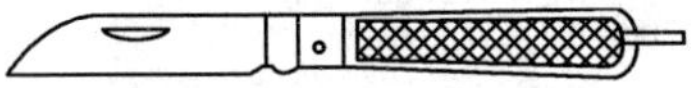

a)

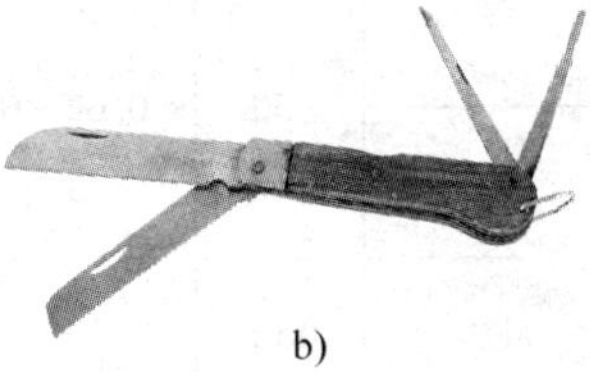

b)

图13-1 电工刀
a）A型（单用） b）B型（多用）

13.1.2 电工刀有哪几种规格？

电工刀的规格见表13-1。

表13-1 电工刀的规格

类型代号	产品规格代号	刀柄长度/mm	类型代号	产品规格代号	刀柄长度/mm
A型（单用）	1号	115	B型（多用）	1号	115
	2号	105		2号	105
	3号	95		3号	95

13.1.3 电工刀在使用时有哪些注意事项？

1）使用时切勿用力过大，以免不慎划伤手指和其他器具。

2）使用时，刀口应朝外操作。

3）电工刀的手柄一般不绝缘，严禁用电工刀进行带电操作。

13.1.4 什么是电烙铁？它有哪些类型？

电烙铁是电工用来焊接电线接头、电气元件接点等的工具。焊剂是焊锡［约含60%（质量分数）的锡和40%（质量分数）的铅］，熔点较低，用松香作为助焊剂。

电烙铁有多种类型，按加热方式可分为直热式、感应式等；按功能可分为单用式、两用式、调温式等；按发热功率可分为20W、30W、45W、75W、100W、300W、500W等；按烙铁头安装的位置可分为外热式电烙铁与内热式电烙铁。

13.1.5 外热式电烙铁和内热式电烙铁的结构有哪些特点？

外热式电烙铁（图13-2）的烙铁头安装在发热元件的内部，采用一只紧固螺钉进行固定。其优点是抗振动性好，机械强度大，适用于较大体积的电线接头焊接；缺点是预热时间较长，效率较低。

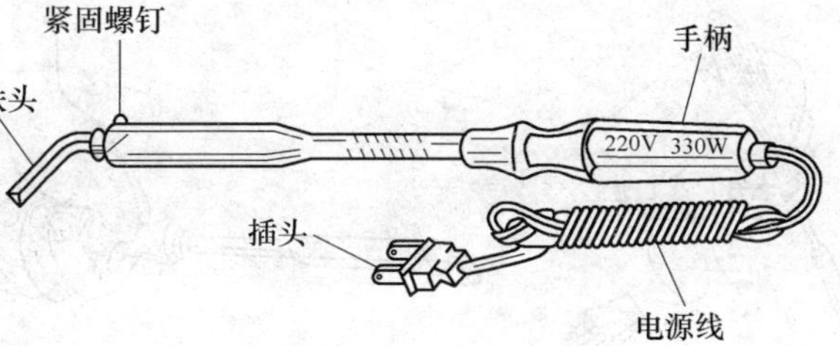

图13-2 外热式电烙铁

内热式电烙铁（图13-3）的发热元件装在烙铁头的内部，电热丝绕得很紧凑，使用时动作要轻，否则烙铁芯比较容易损坏。其优点是体积小、重量轻、发热快，适用于在印制电路板上焊接电子元器件；缺点是机械强度差，不能经受较大的振动，不适用于大面积焊接。

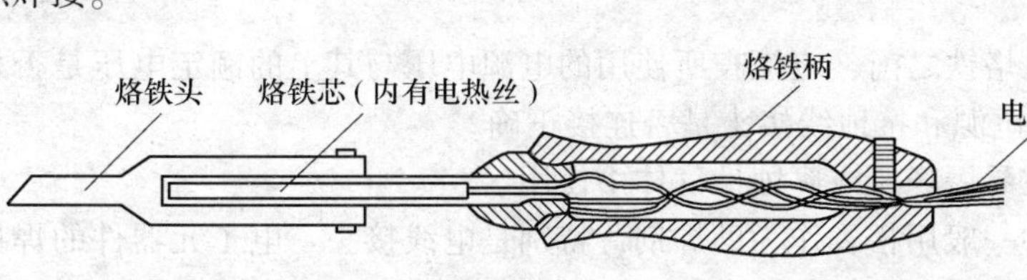

图13-3 内热式电烙铁

电工在日常工作中最常用的是直热式电烙铁，功率一般为20～45W，如遇到需要焊接温度较高时，应准备一把75W的电烙铁。

13. 1. 6 电烙铁通用部件的功率和结构参数如何？

电烙铁通用部件的功率和结构参数见表 13-2。

表 13-2 电烙铁通用部件的功率和结构参数

内热式	功 率/W	20	35	50	70	100	150	200	300
	烙铁头内径/mm	5.2	6.2	6.8	9.0	10.5	13.0	16.0	—
	烙铁头孔深/mm	37	48	52	60	65	70	75	—
	烙铁头质量/g	≥8	≥13	≥15	≥30	≥120	≥230	≥300	—
外热式	功 率/W	30	50	75	100	150	200	300	500
	烙铁头外径/mm	4.5	6.0	9.0	11	13	15	18	24
	烙铁头长度/mm	80	95	102	115	120	135	150	155
	烙铁头质量/g	≥10	≥20	≥50	≥80	≥120	≥170	≥280	≥500

13. 1. 7 电烙铁的正确握法是什么？

电烙铁的基本握法是握笔式（图 13-4a），焊接大型电气设备时用拳握式（图 13-4b）。电烙铁在使用过程中，如果暂时不用，应将其放在电烙铁架上。

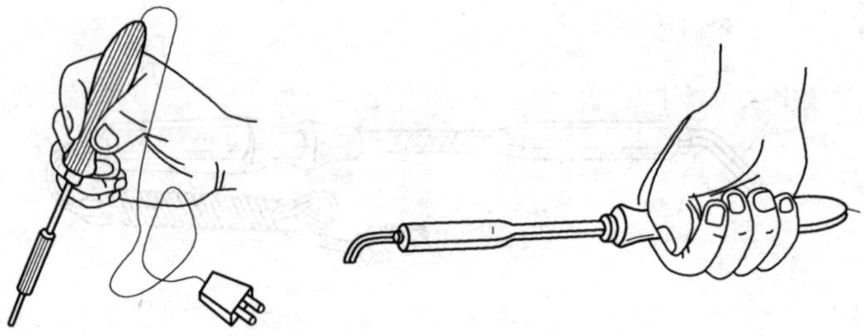

a) b)

图 13-4 电烙铁的正确握法

a）握笔式 b）拳握式

13. 1. 8 使用电烙铁应该注意哪些问题？

1）使用电烙铁之前，应检查所使用的电源电压与其上的额定电压是否相符，一般为 220V。检查电源和接地线接头是否连接正确。

2）不能在易爆场所或腐蚀性气体中使用。

3）使用中一般用松香作为助焊剂，特别是电线接头、电子元器件的焊接，严禁用盐酸等带有腐蚀性的焊锡膏焊接，以免腐蚀印制电路板或使电气线路短路。在焊接金属铁、锌等物质时，可用焊锡膏焊接。

4）在焊接中，如果发现纯铜制的烙铁头氧化不易沾锡时，可用锉刀锉去氧化层，然后在酒精内浸泡后再用，切勿放入盐酸内浸泡，以免腐蚀烙铁头。

5）焊接电子元器件时，最好选用低温焊丝，头部涂上一层薄锡后再焊接。焊接场效应晶体管时，应将电烙铁电源线插头拔下，利用余热去焊接，以免损坏管子。

6）使用外热式电烙铁还要经常将铜头取下，清除氧化层，以免日久造成铜头烧死。

7）电烙铁通电后不能敲击，以免缩短使用寿命。

8）电烙铁使用完毕，应拔下插头，待冷却后放置干燥处，以免受潮漏电。

13.1.9　电工常用的钳类有哪些？

电工常用的钳类有钢丝钳、尖嘴钳、斜口钳、剥线钳等，这些钳类的相关规格等问题参看第5章手工工具。下面介绍一些电工用的专用钳：夹扭剪切钳、剥线钳、紧线钳、压线钳、断线剪、电讯剪切钳、电讯夹扭钳和电焊钳。

13.1.10　什么是夹扭剪切钳？它有哪些规格？

夹扭剪切钳（图13-5）是用于夹持或折弯细圆柱形或薄片形金属零件、切断金属丝的工具。其公称长度有165mm、190mm、215mm、250mm四种。

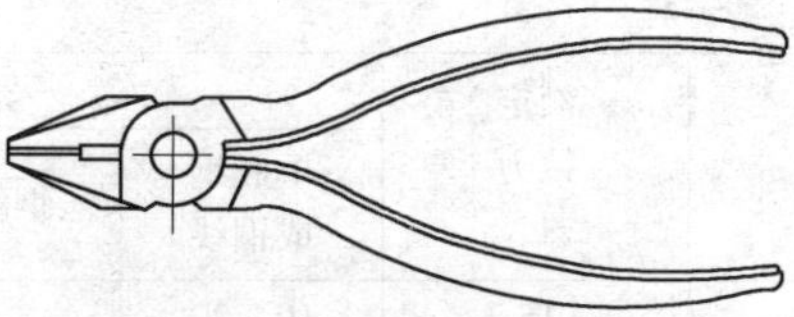

图13-5　夹扭剪切钳

13.1.11　什么是剥线钳？它有哪些规格？

剥线钳是用于剥离各种塑料电线、橡胶绝缘电线和电缆芯线的外部绝缘层的工具，其规格见表13-3。

表13-3　剥线钳的规格

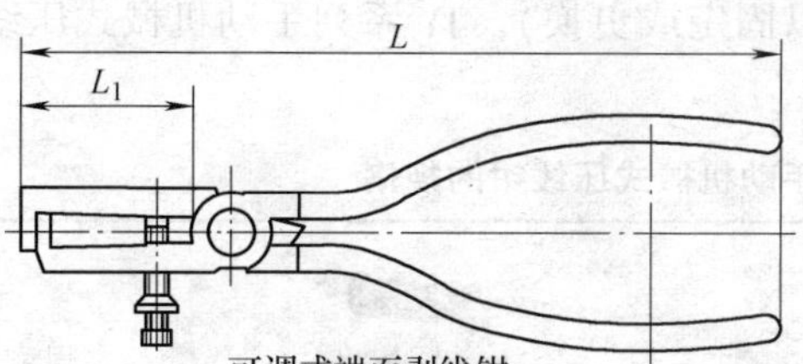

可调式端面剥线钳

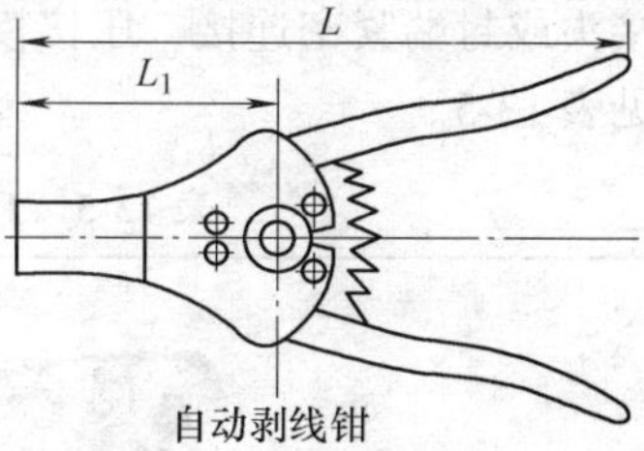

自动剥线钳

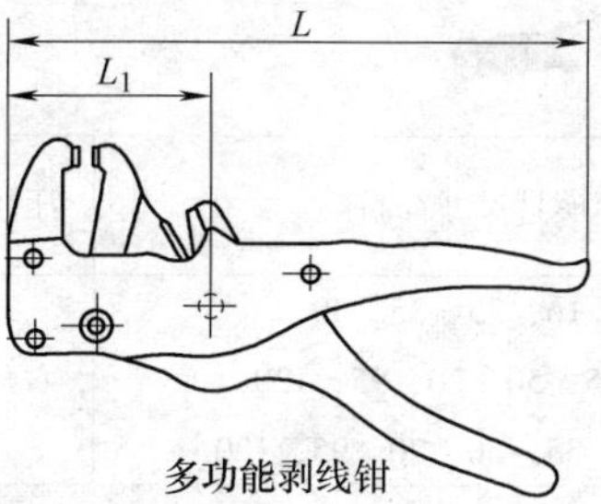

多功能剥线钳

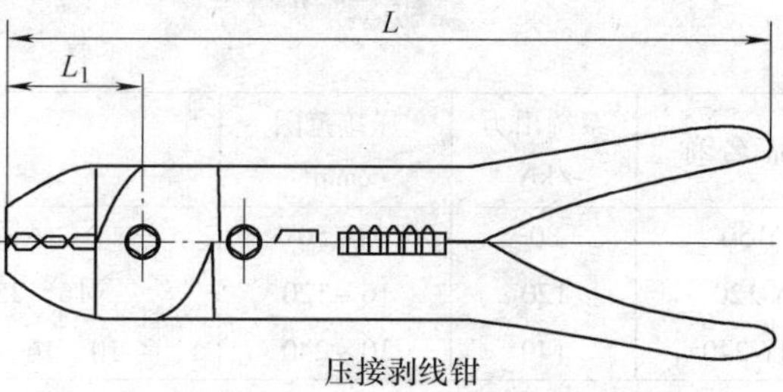

压接剥线钳

（续）

类　别	可调式端面剥线钳	自动剥线钳	多功能剥线钳	压接剥线钳
全长 L/mm	160	170	170	200
头部长 L_1/mm	36	70	60	34

13.1.12　什么是紧线钳？它有哪些规格？

紧线钳是用于架设各种通信和电力线路时收紧导线的工具。平口紧线钳的规格见表 13-4。

表 13-4　平口紧线钳的规格

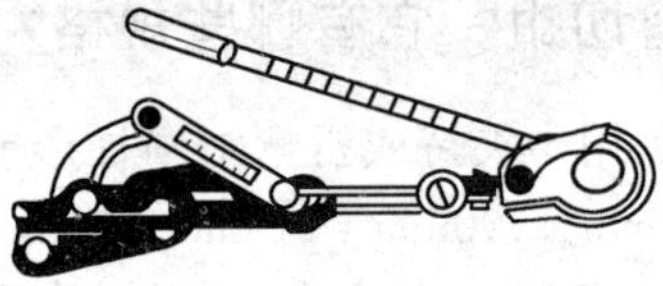

规格（号数）	钳口弹开尺寸 /mm	额定拉力 /kN	夹线直径范围/mm			
			单股钢或铜线	钢绞线	无芯铝绞线	钢芯铝绞线
1	≥21.5	15	10 ~ 20	—	12.4 ~ 17.5	13.7 ~ 19
2	≥10.5	8	5 ~ 10	5.1 ~ 9.6	5.1 ~ 9	5.4 ~ 9.9
3	≥5.5	3	1.5 ~ 5	1.5 ~ 4.8	—	—

13.1.13　什么是压线钳？它有哪些规格？

压线钳是用于电力电气工程中压接铝或铜导线的接头或封端的工具（利用模块使导线接头或封端紧密连接，压接模具可以固定或更换）。JY 系列手动机械式压线钳的规格见表 13-5。

表 13-5　JY 系列手动机械式压线钳的规格

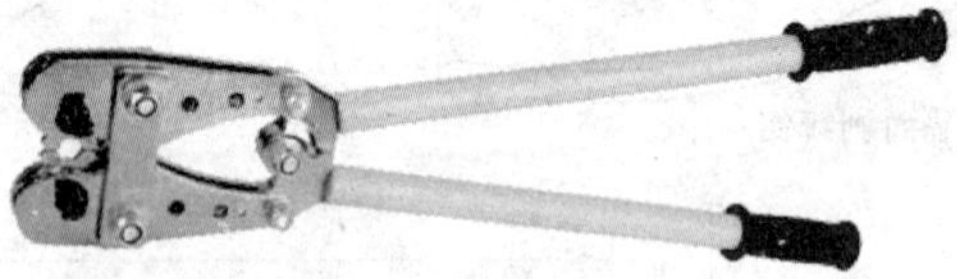

产品名称	系统出力 /kN	压接范围 /mm²	配套模具尺寸/mm	压接形式
JY-50	80	6 ~ 50	6，10，16，25，35，50	六角围压
JY-120	120	16 ~ 120	16，25，35，50，70，95，120	
YJY-240	140	10 ~ 240	10，16，25，35，50，70，95，120	

（续）

产品名称	—	压接范围/mm^2	长度/mm	质量/kg	压接形式
JY-0650A	—	6~50	380	1.5	六角围压
JY-16120	—	6~120	650	3.8	
JY-25150	—	25~150	650	3.9	
JY-70240	—	70~240	670	4.1	

13.1.14　什么是断线剪？它有哪些规格？

断线剪是用于高空或无能源场合剪切钢芯铝绞线的工具。JD-JQ 系列断线剪的规格见表 13-6。

表 13-6　JD-JQ 系列断线剪的规格

JD-JQ01 齿轮式断线钳	断线范围/mm^2	LGJ	120	240	400
		GJ	50	70	120
	质量/kg		2.5	3.5	4.5

JD-JQ02 大剪刀	规格	剪切直径/mm	外形长度/mm
	24	$\phi 8$	600
	36	$\phi 12$	900

JD-JQ03 链条式断线剪刀	剪切范围/mm^2	质量/kg
	LGJ：400；GJ：95	5

JD-JQ04 电缆剪刀	工作性能	外形尺寸/mm	质量/kg
	$\phi 60$mm 以下铜线、铝线和电缆	150×400×40	2.0
	$\phi 90$mm 以下铜线、铝线和电缆	180×400×40	2.8
	400mm^2 以下导线电缆钢芯铝绞线	150×400×40	2.5

13.1.15　电讯剪切钳分几类？各有哪些规格？

电讯剪切钳按外形主要分为电讯顶切钳（图 13-6a）、电讯斜嘴钳（图 13-6b）和电讯斜刃顶切钳（图 13-6c）；其剪切刃口型式按 GB/T 16452—1996 可分为标准双斜刃（SB）、小倒角双斜刃（SF）和单斜刃（F）。

电讯剪切钳的规格见表 13-7。

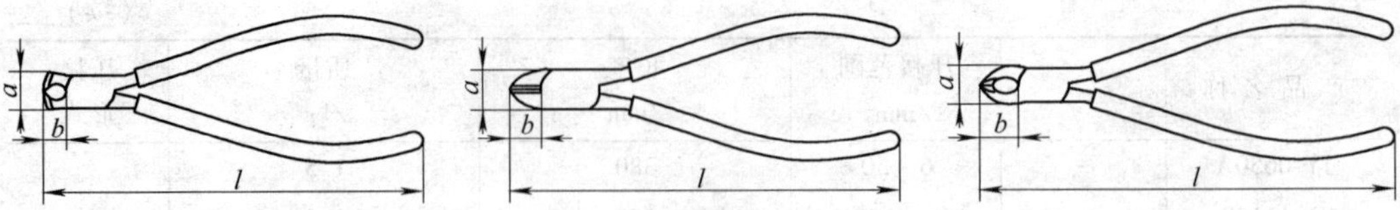

a)　　b)　　c)

图 13-6　电讯剪切钳

a）电讯顶切钳　b）电讯斜嘴钳　c）电讯斜刃顶切钳

表 13-7　电讯剪切钳的规格

类　别	钳嘴型式	规格 l/mm	a_{max}/mm	b/mm
电讯顶切钳	短嘴（S）	112 ±7	13	9_{max}
	长嘴（L）	125 ±8	7	14_{min}
		160 ±10	7	36_{min}
电讯斜嘴钳	—	112 ±7	13	16
	—	125 ±8	16	20
电讯斜刃顶切钳	短嘴（S）	112 ±7	14	14
	长嘴（L）	125 ±8	8	25

13.1.16　电讯夹扭钳分几类？各有哪些规格？

电讯夹扭钳按外形主要分为电讯圆嘴钳（图 13-7a）、电讯扁嘴钳（图 13-7b）和电讯尖嘴钳（图 13-7c）。电讯夹扭钳的规格见表 13-8。

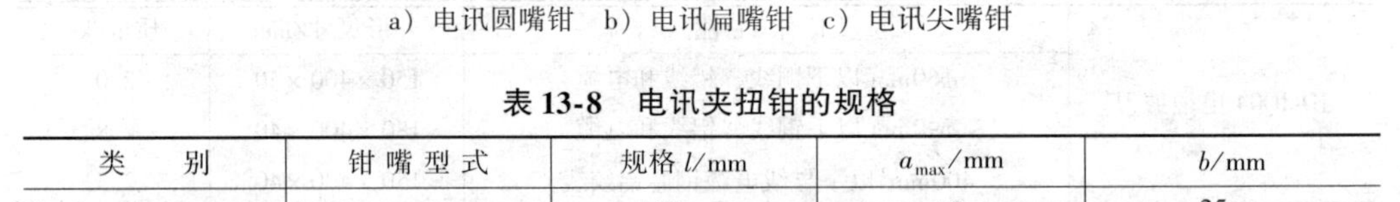

a)　　b)　　c)

图 13-7　电讯夹扭钳

a）电讯圆嘴钳　b）电讯扁嘴钳　c）电讯尖嘴钳

表 13-8　电讯夹扭钳的规格

类　别	钳嘴型式	规格 l/mm	a_{max}/mm	b/mm
电讯圆嘴钳	短嘴（S）	112 ±7	10	25_{max}
		125 ±8	13	30_{max}
	长嘴（L）	125 ±8	13	30_{min}
		140 ±9	14	34_{min}
电讯扁嘴钳	短嘴（S）	112 ±5	10	25_{max}
		125 ±7	13	30_{max}
	长嘴（L）	125 ±7	13	30_{min}
		140 ±8	14	34_{min}

（续）

类别	钳嘴型式	规格 l/mm	a_{max}/mm	b/mm
电讯尖嘴钳	短嘴（S）	112 ±5	10	25_{max}
		125 ±7	13	30_{max}
	长嘴（L）	125 ±7	13	30_{min}
		140 ±7	14	34_{min}

13.1.17 什么是电焊钳？其尺寸有哪些要求？

电焊钳是与电弧焊机配套使用的，在进行焊条电弧焊时，用以夹持和操纵焊条，并保证与焊条电气连接的手持绝缘器具，其主要技术指标有外壳防护、防电击保护、温升值、耐焊接飞溅、耐跌落等。电焊钳的尺寸要求见表13-9。

表13-9 电焊钳的尺寸要求

60%负载持续率时的额定电流/A	焊条直径的最小范围/mm	可装配焊接电缆的最小截面积范围/mm^2
125	1.6~2.5	10~16
160（150）	2.0~3.2	10~16
200	2.5~4.0	16~25
250	3.2~5.0	25~35
315（300）	4.0~6.3	35~50
400	5.0~8.0	50~70
500	6.3~10.0	70~95

注：1. 如果电焊钳在35%负载持续率下使用，电流可取表中下一行较高额定值，因此在35%负载持续率时的最大电流值为630A。
2. 括号内的数值为非推荐值。

13.2 电工仪表

13.2.1 常用的电工测量仪表有哪些种类？

电工仪表是实现电磁测量过程中所需技术工具的总称。常用的电工测量仪表，按工作原理不同，可分为磁电式、电磁式、电动式、感应式等；按测量对象不同，可分为电流表、电压表、电阻表、电能表以及多用途的万用表等；按测量电流种类的不同，可分为单相交流表、直流表、交直流两用表、三相交流表等；按使用性质和装置方法的不同，可分为固定式（开关板式）、携带式；按测量准确度不同，可分为0.1、0.2、0.5、1.0、1.5、2.5、5.0共七个等级。

13.2.2 电流表的外形有什么特点？如何读数？

电流表（图13-8）也叫安培表，主要用于测量某一支路的电流。

电流表表盘标有“A”符号，表示这是一个直流电流表，右端的接线柱标有3A，表示用此接线柱只能测量3A以下的电流；左侧“-”是负极接线柱。

交流电流表表盘标有“A”符号，如果右端的接线柱标有5A，表示用此接线柱只能测量5A以下的电流。

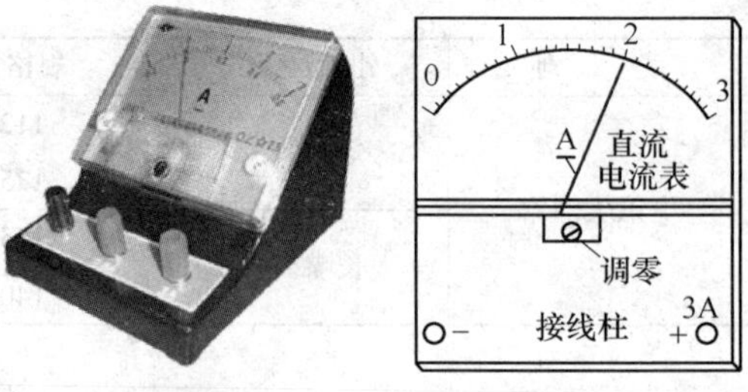

图 13-8　电流表的外形

读数时，先确定电流表的一个小格代表多大的电流。例如电流表的最右端是3A，表盘上从0到最右端共有30小格，则每小格代表0.1A。然后看表针向右偏过了多少小格，用小格数乘每小格代表的数值0.1A，就是所测的电流。例如，图13-8中指针向右偏过20小格，则说明被测电流为2A。

13.2.3　电流表测量直流电流时如何接线？

接线方法（图13-9）：电流表经负载与电源串联，不能并联，因为电流表的内阻很小，并联时相当于将电源正负极短接，电流很大，会损坏电源和电流表。注意电流表直接串接入被测电路时，电流表的量程不应小于负载电流。

测量直流电流要用直流电流表，电流必须从标着“+”号（或红色）的接线柱流入，从标有“-”号（或黑色）的接线柱流出，否则表针会向左反偏，无法读数且易折弯表针。

13.2.4　电流表测量交流电流时如何接线？

测量交流电流时，要用交流电流表，接线方法如图13-10所示，它不用分“+”“-”接线端，但交流电流表也不能与负载并联，电流表的量程不应小于负载电流。

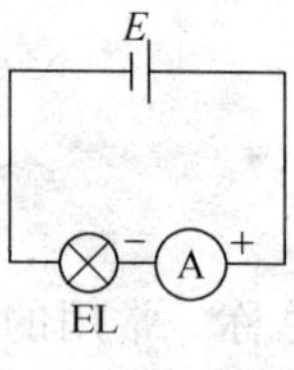

图 13-9　测量直流电流

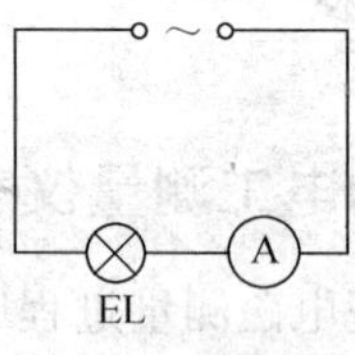

图 13-10　测量交流电流

13.2.5　什么是钳形电流表？

一般电流表测量电流时，需要将电路切断停机后才能将电流表接入进行测量，不但很麻烦，有时正常运行的电动机也不允许这样做。钳形电流表（图13-11a）可以在不切断电路的情况下使用，虽然其测量精度不高，但使用方便，应用很广泛。因其外形与钳子相似而得名，钳形电流表有交流钳形表和交/直流钳形表两种。

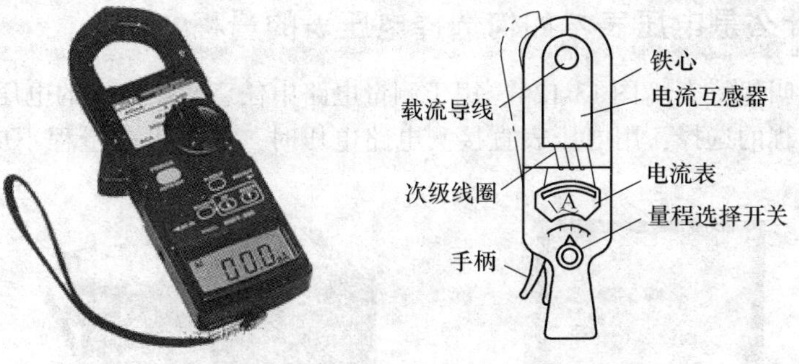

a) b)

图 13-11 钳形电流表
a）外形图 b）结构图

13.2.6 钳形电流表的结构和工作原理是什么？

钳形电流表（图 13-11b）由电流表和电流互感器组成。电流互感器的铁心制成活动开口，且成钳形，活动部分与手柄相连。当紧握手柄时，电流互感器的铁心张开（图 3-11b 中双点画线所示），可将被测载流导线置于钳口中，该载流导线成为电流互感器的初级线圈。关闭钳口，在电流互感器的铁心中就有交变磁通通过，互感器的次级线圈中产生感应电流。电流表接于次级线圈两端，其指针所指示的电流与钳入的载流导线的工作电流成正比，可直接从刻度盘上读出被测电流值。

13.2.7 如何使用钳形电流表？有哪些注意事项？

1. 测量前的准备

1）检查仪表的钳口上是否有杂物或油污，待清理干净后再测量。

2）进行仪表的机械调零。

2. 测量

1）估计被测电流的大小，将转换开关调至需要的测量挡。如无法估计被测电流大小，先用最高量程挡测量，然后根据测量情况调到合适的量程。

2）握紧钳柄，使钳口张开，放置载流导线。为减少误差，载流导线应置于钳口的中央。

3）钳口要紧密接触，如遇有杂音时可检查钳口清洁，或重新开口一次，再闭合。

4）测量 5A 以下的小电流时，为提高测量精度，在条件允许的情况下，可将载流导线多绕几圈，再放入钳口进行测量。此时实际电流应是仪表读数除以放入钳口中的导线圈数。

5）测量完毕，将选择量程开关拨到最大量程挡位上。

3. 注意事项

1）被测电路的电压不可超过钳形电流表的额定电压，不能测量高压电气设备。

2）不能在测量过程中转动转换开关换挡。在换挡前，应先将载流导线退出钳口。

13.2.8　什么是电压表？如何选择电压表的量程？

电压表也叫伏特表（图 13-12），用于测量电路中任意两点之间的电压。

电压表量程的选择：用电压表直接测电路电压时，电压表的量程不应小于被测电路的实际电压。

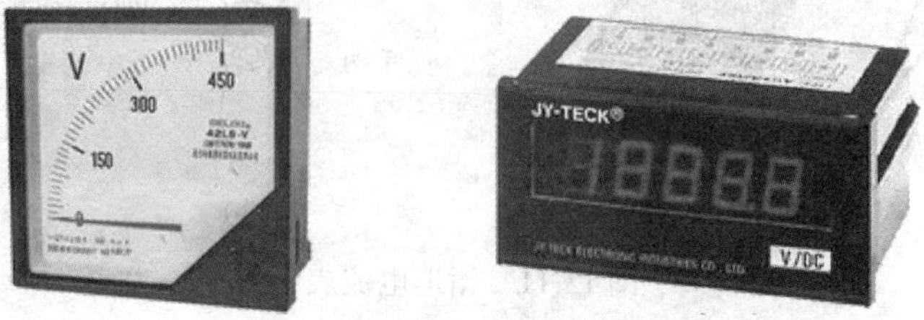

a)　　b)

图 13-12　电压表

a）指针式　b）数字式

13.2.9　使用电压表时如何接线？

接线方法（图 13-13）：电压表直接与被测电路并联。

测量直流电压时应选用直流电压表，直流电压表的表盘上标有“$\underline{V}$”符号，测量时，红接线柱（或红表笔）接被测电源的正极，黑接线柱（或黑表笔）接被测电源的负极。如果不知道被测电路的极性，可将两表笔试触一下被测电源，如果表针向右正偏，说明红表笔所接为电源的正极；反之，如果表笔反偏，说明正、负表笔接反。

测量交流电压应选用交流电压表，交流电压表的表盘上标有“$\underset{\sim}{V}$”符号，测量交流电压不分正、负极。

13.2.10　电压表如何读数？

电压表的读数与电流表的读数相似，先确定电压表的一个小格代表多大的电压。例如300V 的电压表，表盘上从 0 到最右端共有 30 个小格，则每个小格就代表 10V，然后看表针向右偏过了多少小格，用小格数乘每小格代表的数值 10V，就是所测的电压。例如，图 13-14 中电压表指针向右偏转 20 小格，表明被测电路的电压为 200V。

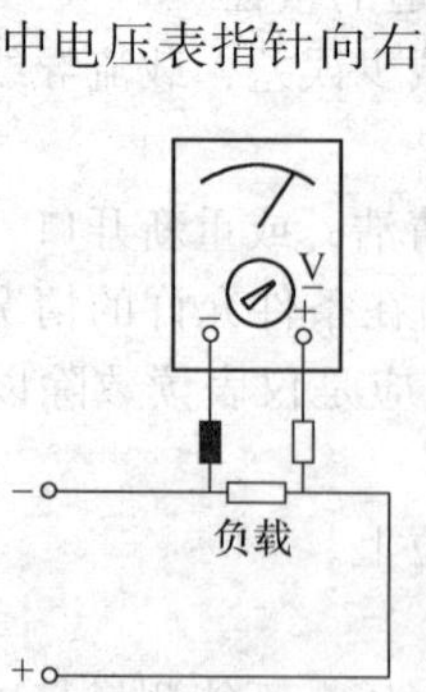

图 13-13　电压表的接线

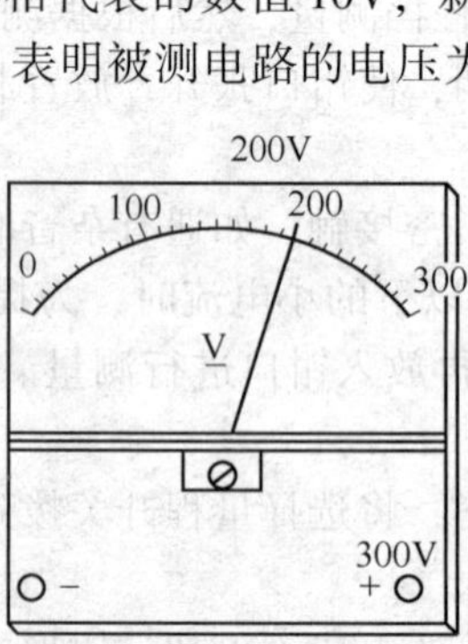

图 13-14　电压表的读数

13.2.11　什么是电阻表？如何选择电阻表的量程？

电阻表又称欧姆表（图13-15），是一种可以测量电阻大小的仪表，测量时并联在电阻两端。其刻度为对数形式，量程一般是零至几百欧姆或无限大（断路状态）。

在表头上并联和串联适当的电阻，同时串接一节电池，使电流通过被测电阻，根据电流的大小，就可测量出电阻值。改变分流电阻的阻值，就能改变电阻的量程。

使用时要根据阻值选择适当的量程。如测几十欧姆以内的，用“×1”挡，测几千欧姆的，就用“×1000”挡。测量前，先要调零，把两表笔短接，调整旋钮，使电阻表的指针指0。用表笔接触两个脚，根据读数，乘以挡位就可以了。每换一个挡位，应重新调零。

a)　　b)

图13-15　电阻表

a）指针式　b）数字式

13.2.12　什么是兆欧表？其常用的规格有哪些？

兆欧表（图13-16）也称绝缘电阻表，是专门用于测量绝缘电阻的仪表，其计量单位是兆欧（MΩ）。兆欧表的常用规格有250V、500V、1000V、2500V、5000V等挡级。常用的手摇式兆欧表，主要由磁电式流比计和手摇直流发电机组成。

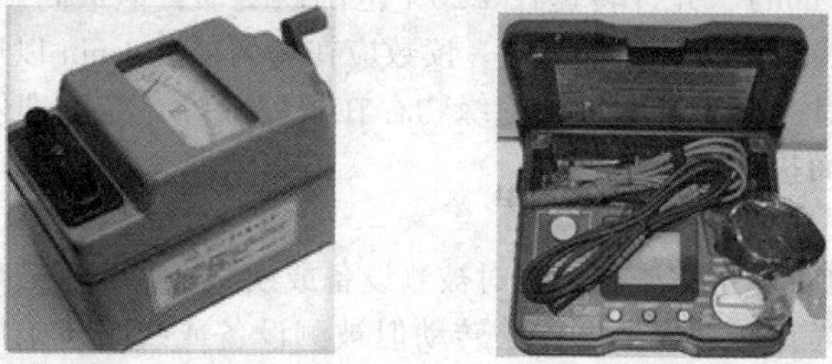

图13-16　兆欧表

13.2.13　如何正确选择兆欧表？

选用兆欧表主要应考虑其输出电压及其测量范围。

1. 输出电压

兆欧表的输出电压应与被测电气设备或线路的工作电压相适应，也就是说，兆欧表中的发电机产生的电压，应能够模拟被测绝缘电阻值的工作电压，通常有如下的规律：

1）额定电压在50V以下的电气设备和线路，可选用250V的兆欧表。

2）额定电压在50～380V之间的电气设备和线路，可选用500V的兆欧表。

3）额定电压在500V以上的电气设备和线路，可选用1000～2500V之间的兆欧表。

2. 测量范围

兆欧表的测量范围（量限）应适应被测绝缘电阻值，否则将发生较大的测量误差。

有些兆欧表的读数不是从0开始的，而是从1 MΩ或2MΩ开始的，就不适合于测量潮湿环境中电气设备和线路的绝缘电阻值，因为这种被测电气设备和线路的绝缘电阻值有可能小于1MΩ或2 MΩ，容易误将它的绝缘电阻值判读为0。通常兆欧表测量范围的选用方法如下：

1）测量低压电气设备和线路的绝缘电阻值，可选用0～200 MΩ或0～500 MΩ量限的兆欧表。

2）测量高压电气设备和线路的绝缘电阻值，可选用0～2000 MΩ量限的兆欧表。

13.2.14　如何正确使用兆欧表？

使用兆欧表测量绝缘电阻值时，应注意方法和技巧，否则测得的数据可能误差很大，甚至有损仪表。

1）测量用连接导线：连接导线应用兆欧表专用测量线或选用绝缘强度高的两根单芯多股软线，两根导线切忌绞在一起，以免影响测量准确度。

2）测量前先断电：测量前，切断被测设备或线路的电源，并将导电部分接地放电，防止电容器储能放电伤人和烧坏仪表。然后擦干净被测试点，以免影响测量的准确性。禁止在雷电、高压附近测量。

3）摇动速度方面：测量时，转动摇柄的速度应由慢逐渐到快，然后使之保持在额定转速（一般为120r/min），允许转速在±20%范围内变动，但最高不得超过150r/min。摇动不得忽快忽慢，否则指针摇摆不定。读数应在均匀摇动1min以后待指针稳定下来再读取。若发现指针为零，表明被测绝缘物存在短路故障，应立即停止转动摇柄，以防表内线圈因发热而损坏。

4）测电容量要注意耐压。

5）测完应放电：测量完毕，要先对被测设备或线路进行充分放电，再进行拆线收尾工作。若兆欧表尚在转动或虽已停止转动但被测设备或线路还未放电时，不能用手触及被测部分或进行拆线，以防触电。在测量电容性设备或线路的绝缘电阻值时，应在取得稳定读数后先小心取下测量连接导线，再停止转动摇柄，以免被测设备或线路向兆欧表倒充电而损坏仪表。

6）测量前应进行校验：将兆欧表水平且平稳放置，检查指针偏转情况，观测指针是否指到“∞”或“0”处，以判断兆欧表是否正常。

7）保持兆欧表表面清洁，保存要妥当。

13.2.15　交流有功电能表有哪些类型？

电能表也称为千瓦时表或电度表，是用来测量电能的，通常所说的电能表主要指交流有功电能表。

常见的交流有功电能表（图13-17）有单相有功电能表、三相三线有功电能表与三相四线有功电能表。这三类电能表的字母代号如下：

1）单相有功电能表：一般采用字母DD表示，前一个D表示电能表（下同），后一个D表示单相。

2）三相三线有功电能表：一般采用字母DS表示，S表示三相三线制。

3）三相四线有功电能表：一般采用字母DT表示，T表示三相四线制。

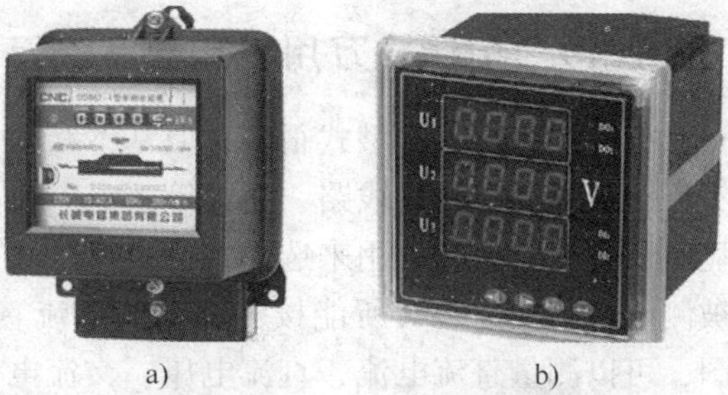

a) b)

图13-17 交流有功电能表

a）单相交流有功电能表 b）三相交流有功电能表

13.2.16 如何选择电能表？

1）根据供电方式和用电性质来选择单相、三相或多功能电能表。

2）根据用户的用电容量来确定选用电能表的标定电流。一般按照单相每千瓦5A、三相每千瓦2.5A估算。

3）根据用电情况、用户类别来确定电能表的准确等级。

4）正确选定额定电压、额定电流和精度。电能表额定电压与负载的额定电压要相符，额定电压要与实际使用电压相符。如标注为3×380/220V，则表示相数是三相，额定线电压是380V，相电压是220V。额定电流应大于或等于负载的最大电流。

13.2.17 如何使用电能表？

1）电能表属国家规定强制检定计量器具，其检定周期：一般用户单相表5年，三相表3年。未经检定的电能表供电部门一律不予安装。

2）应固定安装在远离高温、高湿、灰尘较多的地方。不应受振动和冲击，垂直位置偏差不超过1°。

3）电能表在使用10（40）A以上规格时，接入端线盒的引入线必须用铜线，避免端钮盒铜条因接触不良发热而烧毁端钮盒。

4）使用过程中，电路上不允许经常短路或负载超过额定值125%。

5）当电能表的电流线路中无电流，而加于电压线路的电压为额定值的80%～110%时，电能表的转盘转动不应超过一整转，否则说明该电能表不合格。

6）电能表的读数：红框内数字为小数，黑框内数字为整数。直接接入式电能表窗口的示数可直接读出用电数；若配用互感器时，还需将窗口的读数乘以互感器的倍率。

13.2.18 什么是万用表？它有哪些分类？

万用表为多用途测量仪表，除了可以测量直流电流、直流电压、交流电压和电阻、电容、功率等外，还可以用来检查电器的故障、检查漏电、检查电器元件和灯泡的好坏。

万用表分为指针式万用表和数字式万用表两类。

13. 2. 19　指针式万用表和数字式万用表的结构如何？

指针式万用表的型式很多，但基本结构是类似的。指针式万用表的结构主要由表头、转换开关、测量线路、面板等组成。表头采用高灵敏度的磁电式机构，是测量的显示装置；转换开关用来选择被测电量的种类和量程；测量线路将不同性质和大小的被测电量转换为表头所能接受的直流电流。图 13-18 所示为一种指针式万用表的外形图，可以测量直流电流、直流电压、交流电压和电阻等多种电量。当转换开关拨到直流电流挡，可分别与 5 个接触点接通，用于测量 500mA、50mA、5mA 和 500μA、50μA 量程的直流电流。同样，当转换开关拨到欧姆挡，可分别测量 ×1Ω、×10Ω、×100Ω、×1kΩ、×10kΩ 量程的电阻；当转换开关拨到直流电压挡，可分别测量 1V、5V、25V、100V、500V 量程的直流电压；当转换开关拨到交流电压挡，可分别测量 500V、100V、10V 量程的交流电压。

数字式万用表具有体积小、精度高、显示直观等特点（图 13-19）。

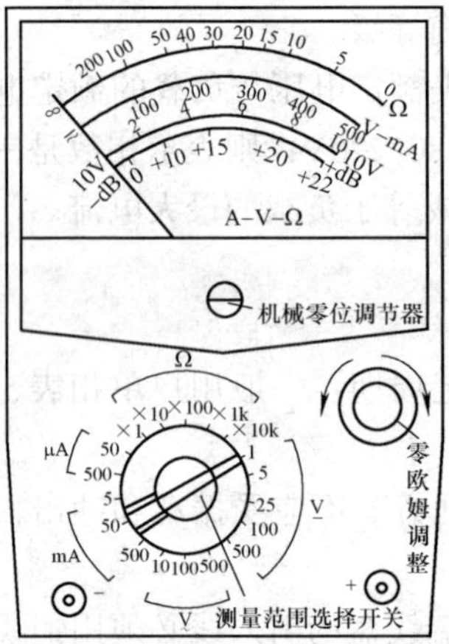

图 13-18　指针式万用表

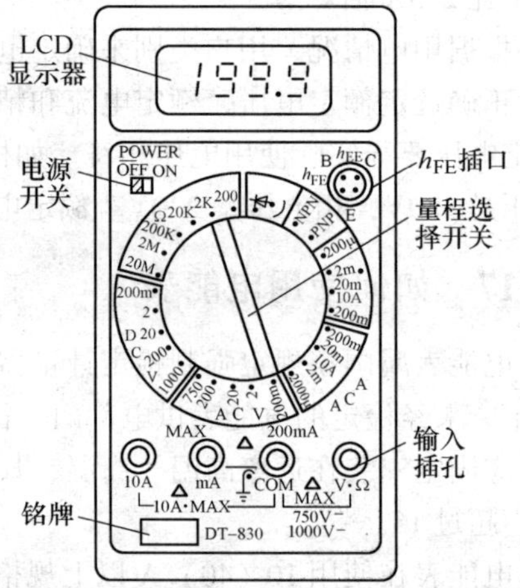

图 13-19　数字式万用表

13. 2. 20　指针式万用表使用前的准备工作有哪些？

1）熟悉转换开关、旋钮、插孔等的作用，检查表盘符号，“⊓”表示水平放置，“⊥”表示垂直使用。

2）了解刻度盘上每条刻度线所对应的被测电量。

3）检查红色和黑色两根表笔所接的位置是否正确，红表笔插入“+”插孔，黑表笔插入“-”插孔，有些万用表另有交直流 2500V 高压测量端，在测高压时黑表笔不动，将红表笔插入高压插口。

4）机械调零。旋动万用表面板上的机械零位调整螺钉，使指针对准刻度盘左端的“0”位置。

13.2.21 用指针式万用表如何测量直流电压？

1）把转换开关拨到直流电压挡，并选择合适的量程。当被测电压数值范围不清楚时，可先选用较高的测量范围挡，再逐步选用低挡，测量的读数最好选在满刻度的2/3处附近。

2）把万用表并联接到被测电路上，红表笔接到被测电压的正极，黑表笔接到被测电压的负极，不能接反。

3）根据指针稳定时的位置及所选量程，正确读数。

13.2.22 用指针式万用表如何测量交流电压？

1）把转换开关拨到交流电压挡，选择合适的量程。

2）将万用表两根表笔并接在被测电路的两端，不分正负极。

3）根据指针稳定时的位置及所选量程，正确读数。其读数为交流电压的有效值。

13.2.23 用指针式万用表如何测量直流电流？

1）把转换开关拨到直流电流挡，选择合适的量程。

2）将被测电路断开，万用表串接于被测电路中。注意正、负极性：电流从红表笔流入，从黑表笔流出，不可接反。

3）根据指针稳定时的位置及所选量程，正确读数。

13.2.24 用万用表测量电压或电流时的注意事项有哪些？

1）测量时，不能用手触摸表笔的金属部分，以保证安全和测量的准确性。

2）测直流电流时要注意被测电量的极性，避免指针反打而损坏表头。

3）测量较高电压或大电流时，不能带电转动转换开关，避免转换开关的触点产生电弧而被损坏。

4）测量完毕后，将转换开关置于交流电压最高挡或空挡。

13.2.25 用万用表如何测量电阻？

1）把转换开关拨到欧姆挡，选择合适的量程。

2）两表笔短接，进行电调零，即转动零欧姆调节旋钮，使指针指到电阻刻度右边的“0”Ω处。

3）将被测电阻脱离电源，用两表笔接触电阻两端，从表头指针显示的读数乘所选量程的倍率数即为所测电阻的阻值。如选用 $R\times100$ 挡测量，指针指示40，则被测电阻值为 $40\times100\Omega=4000\Omega=4k\Omega$。

13.2.26 用万用表测量电阻时的注意事项有哪些？

1）不允许带电测量电阻，否则会烧坏万用表。

2）万用表内干电池的正极与面板上“-”号插孔相连，干电池的负极与面板上的“+”号插孔相连。在测量电解电容和晶体管等器件的电阻时要注意极性。

3）每换一次倍率挡，要重新进行电调零。

4）不允许用万用表电阻挡直接测量高灵敏度表头的内阻，以免烧坏表头（万用表内电池电压也可能足以使表头过电流烧坏）。

5）不准用两只手捏住表笔的金属部分测电阻，否则会将人体电阻并接于被测电阻而引起测量误差。

6）测量完毕，将转换开关置于交流电压最高挡或空挡。

13.2.27 用数字式万用表如何测量交、直流电压？

先将黑表笔插入 COM 插孔，红表笔插入 V/Ω 插孔，然后将功能开关置于 DCV（直流）或 ACV（交流）量程，并将测试表笔连接到被测源两端，显示器将显示被测电压值。

如果显示器只显示“1”，表示超量程，应将功能开关置于更高的量程。

13.2.28 用数字式万用表如何测量交、直流电流？

先将黑表笔插入 COM 插孔，红表笔须视被测电流的大小而定。如果被测电流最大为2A，应将红表笔插入2A 插孔；如果被测电流最大为20A，应将红表笔插入20A 插孔。再将功能开关置于 DCA 或 ACA 量程，将测试表笔串联接入被测电路，显示器即显示被测电流值。

13.2.29 用数字式万用表如何测量电阻？

先将黑表笔插入 COM 插孔，红表笔插入 V/Ω 插孔（注意：红表笔极性此时为“+”，与指针式万用表相反），然后将功能开关置于 OHM 量程，将两表笔连接到被测电路上，显示器将显示出被测电阻值。

13.2.30 用数字式万用表如何测试二极管？

先将黑表笔插入 COM 插孔，红表笔插入 V/Ω 插孔，然后将功能开关置于二极管挡，将两表笔连接到被测二极管两端，显示器将显示二极管正向压降的毫伏（mV）值。当二极管反向时则过载。

根据万用表的显示，可检查二极管的质量及鉴别所测量的二极管是硅管还是锗管。

1）测量结果若在1V 以下，红表笔所接为二极管正极，黑表笔为负极。

2）测量显示若为550～700mV 者为硅管，若为150～300mV 者为锗管。

13.2.31 用万用表怎么检查电器的故障？

1）测试前，首先把万用表放置水平，并视其表针是否处于零点（指电流、电压刻度的零点），若不在，则应调整表头下方的“机械零位调整”，使指针指向零点。

2）根据被测项，正确选择万用表上的测量项目及量程开关。如已知被测量的数量级，则应选择与其相对应的数量级量程。如不知被测量值的数量级，则应从选择最大量程开始测量，当指针偏转角太小而无法精确读数时，再把量程减小。一般以指针偏转角不小于最大刻度的30%为合理量程。

3）万用表作为电流表使用：

① 把万用表串接在被测电路中时，应注意电流的方向。即把红表笔接电流流入的一端，黑表笔接电流流出的一端。如果不知被测电流的方向，可以在电路的一端先接好一支表笔，另一支表笔在电路的另一端轻轻地碰一下，如果指针向右摆动，说明接线正确；如果指针向左摆动（低于零点），说明接线不正确，应把万用表的两支表笔位置调换。

② 在指针偏转角大于或等于最大刻度的30%时，尽量选用大量程挡。因为量程越大，分流电阻越小，电流表的等效内阻越小，这时被测电路引入的误差也越小。

③ 在测大电流（如500mA）时，千万不要在测量过程中拨动量程选择开关，以免产生电弧，烧坏转换开关的触点。

13.2.32　万用表使用前后要检查调整什么？

1）万用表使用前，应做到：

① 万用表水平放置。

② 应检查表针是否停在表盘左端的零位。如有偏离，可用小螺钉旋具轻轻转动表头上的机械零位调整旋钮，使表针指零。

③ 将表笔按相应要求插入表笔插孔。

④ 将选择开关旋到相应的项目和量程上，就可以使用万用表了。

2）万用表使用后，应做到：

① 拔出表笔。

② 将选择开关旋至“OFF”挡，若无此挡，应旋至交流电压最大量程挡，如“1000V”挡。

③ 若长期不用，应将表内电池取出，以防电池电解液渗漏而腐蚀万用表的内部电路。

13.2.33　万用表可以检查漏电吗？

1）先断开用户电源进线的总隔离开关，关闭用户的所有用电负荷，如拔下电冰箱插头、断开水泵开关等。

2）把数字式万用表的挡位放在欧姆挡的200MΩ挡上，一只表笔放在负荷侧两根出线其中的一根上，另一只表笔碰触墙壁，最好是碰触接地线或者临时接地线。等万用表上显示的数字稳定后，读出的是主线路的绝缘电阻数值，如果绝缘电阻数值小于0.5MΩ，那么是主线路出了问题，如果绝缘电阻在0.5 MΩ以上，那就可以排除是主线路出了问题。用同样的办法测量另外一根导线，也查看数值，看是否是主线路出了问题。

3）查看分路及各用电电器的绝缘电阻值，也是用同样的方法逐个检测，直到找到故障点为止。

13. 2. 34　怎么用万用表测继电器的好坏?

1）测触点电阻用万能表的电阻挡，测量常闭触点与动点电阻，其阻值应为 0；而常开触点与动点的阻值就为无穷大。由此可以区别出哪个是常闭触点，哪个是常开触点。

2）测线圈电阻可用万能表 R×10Ω 挡测量继电器线圈的阻值，从而判断该线圈是否存在开路现象。

3）测量吸合电压和吸合电流。找来可调稳压电源和电流表，给继电器输入一组电压，且在供电电路中串入电流表进行监测。慢慢调高电源电压，听到继电器吸合声时，记下该吸合电压和吸合电流。为求准确，可以多试几次而求平均值。

4）测量释放电压和释放电流。如上述那样连接测试，当继电器发生吸合后，再逐渐降低供电电压，当听到继电器再次发生释放声音时，记下此时的电压和电流，也可多尝试几次而取得平均的释放电压和释放电流。一般情况下，继电器的释放电压为吸合电压的 10% ~50%，如果释放电压太小（小于 1/10 的吸合电压），则继电器不能正常使用了，这样会对电路的稳定性造成威胁，使继电器工作不可靠。

13. 2. 35　怎么用万用表测电容的好坏?

用数字式万用表测电容比较困难，要看被测电容的容量，容量太小的电容如果用指针式万用表的欧姆挡方法根本就看不到结果（电容内部短路除外），因为数字式万用表不像指针式万用表能那么直观地观察到数值变化。一般测量可以用以下方法：建议用指针式万用表的欧姆挡测量，电容容量越小则用越高的挡，一般 1μF 以下用 R×10k，10μF 以下用 R×1k，以此类推。用表笔接触电容的两个引脚，观察指针的摆动，如指针摆动过中心刻度后即往回摆动直至无穷大，过数秒至数分钟后再次测试（电容容量大，则适当延长时间），如果指针摆动幅度没有第一次的幅度大或只有很小的摆动则可认为电容是好的。如果手头上只有数字式万用表，容量大一点的电容（5μF 以上）可以参考以上方法，观察数字由大变小可大致得到结果（现在一般数字式万用表都有电容挡可以很方便地测量）。

13. 2. 36　怎么用万用表测电动机线圈的好坏?

用数字式万用表测量判断电动机线圈的好坏：电阻为零，是短路。

用万用表能大概地检测电动机线圈的好坏：

1）测量三相电动机三个线圈的电阻是否一样。

2）测量线圈和外壳之间是否有电阻，该阻值要大于 5MΩ 以上，最好是无穷大。线圈阻值大小要看电动机的功率，功率越高，电阻越小，十几千瓦的应该是几十欧到十几欧，只要三个线圈阻值大概一样就行；单相电动机也差不多，不过有个一次绕组和二次绕组，还要连接一个起动电容，会麻烦点，不过只要都有电阻，跟外壳不导通，则电动机线圈就大概没有问题。

13. 2. 37　怎么用万用表测节能灯管的好坏?

1）将万用表上的旋钮拨到二极管（蜂鸣）挡，并将红黑表笔插在万用表的正确位置。

2）观测节能灯管，有四脚和两脚两种。测量时若是四脚的，则选测中间两个脚。将红黑表笔分别接触到所需检测的两个引脚上，若有蜂鸣声且万用表红色灯亮，则灯管是好的；否则灯管已坏。

3）测量时若是两脚的，则拆开灯头，会发现有四根导线，之后的测量法与四脚灯管一样。

13.2.38 怎么用万用表测晶体管的好坏？

首先将万用表打到测试二极管端（蜂鸣端），再用万用表的红表笔接触晶体管的其中一个引脚，而用万用表的黑表笔去测试其余的引脚，直到测试出如下结果：

1）如果用万用表的黑表笔接其中一个引脚，而用红表笔测其他两个引脚都导通且有电压显示，那么此晶体管为 PNP 晶体管，且黑表笔所接的引脚为晶体管的基极 B。用上述方法测试时其中万用表的红表笔接其中一个引脚的电压稍高，那么此引脚为晶体管的发射极 E，剩下的电压偏低的那个引脚为集电极 C。

2）如果用万用表的红表笔接其中一个引脚，而用黑表笔测其他两个引脚都导通且有电压显示，那么此晶体管为 NPN 晶体管，且红表笔所接的为晶体管的基极 B。用上述方法测试时其中万用表的黑表笔接其中一个引脚的电压稍高，那么此引脚为晶体管的发射极 E，剩下的电压偏低的那个引脚为集电极 C。

13.3 其他电工工具

13.3.1 低压测电器有哪些类型？它有哪些用途？

低压测电器（以下简称测电器）是用来测试低压电气设备的导电部分或外壳是否带电的工具。常用的测电器有钢笔式和螺钉旋具式两种（图 13-20），测定电压范围有 100～500V 和 100～1000V 两挡。测电器有笔型（包括尖、锥形）、螺钉旋具型（分为一字形、十字形）和工具组合型，其绝缘内腔长度≤60mm，直径≤10mm。

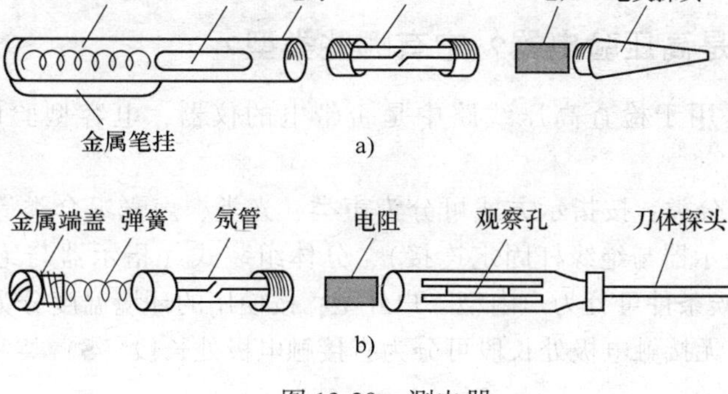

图 13-20 测电器

a）钢笔式 b）螺钉旋具

13.3.2　如何使用测电器？

使用时，必须用手指触及测电器尾部的金属部分，并使氖管小窗背光且朝自己，以便观测氖管的亮暗程度，防止因光线太强造成误判断。测电器的使用方法如图 13-21 所示。

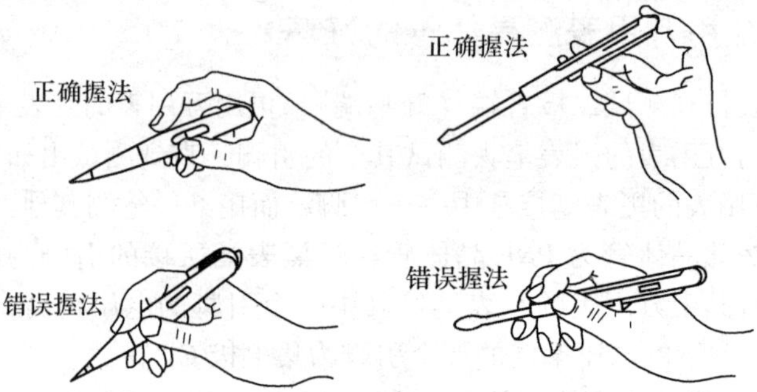

图 13-21　测电器的使用方法

当用测电器测试带电体时，电流经带电体、测电器、人体及大地形成通电电路，只要带电体与大地之间的电位差超过 60V 时，测电器中的氖管就会发光。低压测电器检测的电压范围为 60～500V。

13.3.3　使用测电器有哪些注意事项？

1）使用前，必须在有电源处对测电器进行测试，以证明该测电器确实良好，方可使用。

2）验电时，应使验电器逐渐靠近被测物体，直至氖管发亮，不可直接接触被测体。

3）验电时，手指必须触及测电器尾部的金属体，否则带电体也会误判为非带电体。

4）验电时，要防止手指触及测电器头部的金属部分，以免造成触电事故。

13.3.4　什么是高压验电器？它有哪些类型？

高压验电器是用于检查高压线路中是否带电的仪器，电容型验电器用于 10～750kV 电力系统。

高压验电器的分类：按指示方式可分为声类、光类、声光组合类等；按连接方式可分为整体式（指示器与绝缘杆固定连接）、分体组装式（指示器与绝缘构件可拆卸组装）；按使用气候条件可分为户内型、户外型；按使用的环境温度分为低温型、常温型和高温型；按有无接触电极处长段可分为有接触电极处长段（S）类和无接触电极处长段（L）类。

图 13-22 所示为几类电容型验电器的简图。

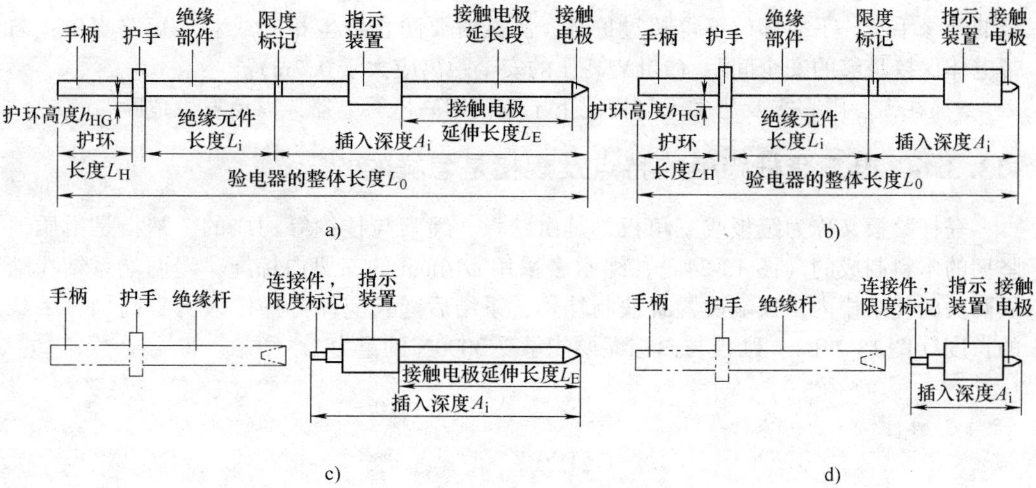

图 13-22 电容型验电器的简图

a）有接触电极延长段的整体式验电器 b）无接触电极延长段的整体式验电器

c）有接触电极延长段的分体式验电器 d）无接触电极延长段的分体式验电器

整体式验电器绝缘部件的最小长度见表 13-10。

表 13-10 整体式验电器绝缘部件的最小长度

额定电压 U_n/kV	最小绝缘长度 L_1/mm	额定电压 U_n/kV	最小绝缘长度 L_1/mm	额定电压 U_n/kV	最小绝缘长度 L_1/mm
10	700	66	1000	330	3100
20	800	110	1300	500	4000
35	900	220	2100	750	5000

注：L_1 为限度标记到手柄之间的长度（不包括导电部分）。

13.3.5 如何使用高压验电器？

1）掌握高压验电器的正确握法：高压验电器的握法如图 13-23 所示。高压验电器在使用时，手握部位不得超过护环，还应戴好绝缘手套。

2）高压验电器使用前应在确有电源处测试检查，确认验电器良好后方可使用。

3）验电时应将高压验电器逐渐靠近被测体，直至指示装置发光。只有在指示装置不发光时，并在采取防护措施后，才能与被测物体直接接触。

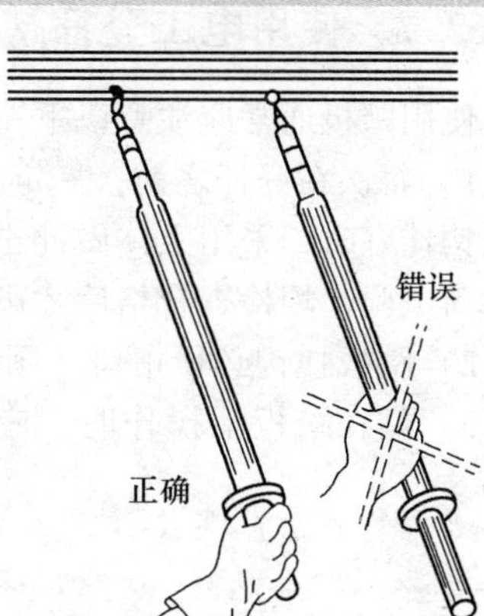

图 13-23 高压验电器的握法

4）使用高压验电器验电时，应一人测试，一人监护；测试人必须戴好符合耐压等级的绝缘手套，手握部位不得超过护环；测试时要防止发生相间或对地短路事故；与带电体保持足够的安全间距（10kV 高压的安全距离应大于 0.7m）。

5）在雪、雨、雾及恶劣天气情况下不宜使用高压验电器，以免发生危险。

13.3.6　电工登杆踏板的特点及规格是怎样的？

登杆踏板又称为蹬板或三角板，是由踏板、绳索与挂钩等构成的。踏板是由质地坚韧的木料制成的（图 13-24a）；绳索多采用 ϕ16mm 的三股白棕绳，绳两端系结在踏板两头的扎结槽内，顶端设置有铁制挂钩，系结后绳长应保持操作人员身高加一手长的长度（图 13-24b），踏板与白棕绳要能承受 3000N 的重力。

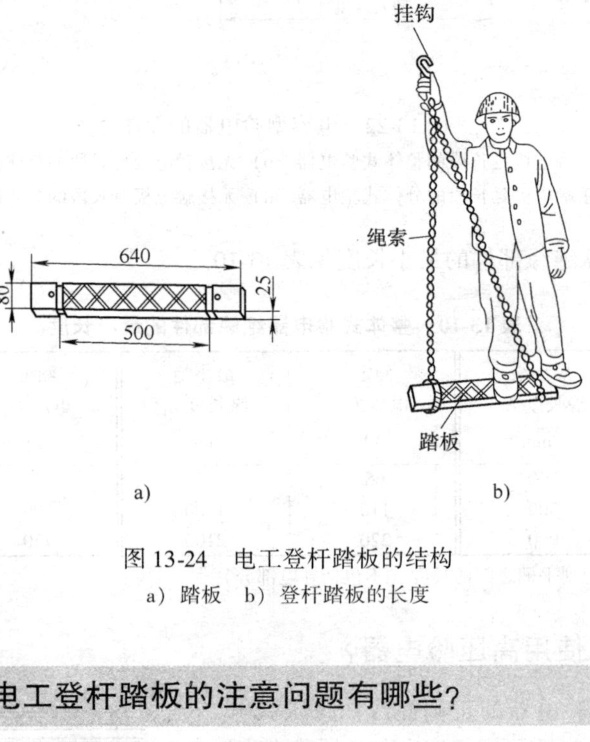

图 13-24　电工登杆踏板的结构
a）踏板　b）登杆踏板的长度

13.3.7　使用电工登杆踏板的注意问题有哪些？

使用踏板通常应注意以下三个方面的问题。

1）每次在登杆之前，一定要检查登杆踏板有无断裂或腐朽，绳索有无断股；当把踏板钩挂好时，采用人体做冲击载荷试验，以检查踏板是否合格，同时对腰带进行冲击载荷试验，均检查合格后才可使用。

2）踏板挂钩必须正勾（图 13-25a）。

3）站在踏板上操作时，应保持人体平稳，站立要用两脚内侧夹靠电杆（图 13-25b）。

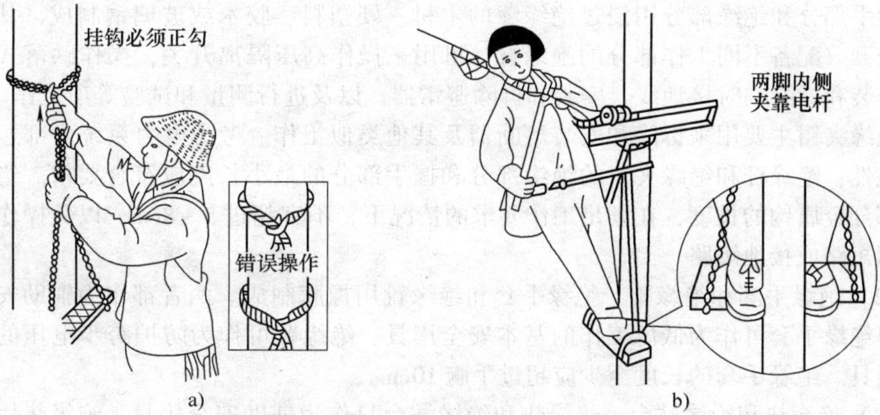

图 13-25　电工登杆踏板的使用方法

13.3.8　使用电工脚扣的注意问题有哪些？

脚扣又称为铁脚、铁扣，有水泥杆脚扣与木杆脚扣两种，是电工现场登上电杆进行作业较常用的工具。脚扣有大小号多种，以满足不同粗细电杆的需要。

使用脚扣通常应注意以下四个方面的问题。

1）用前检查。选与电杆直径相适应的脚扣，并检查其有无变形、活动部位是否灵活可靠；对于橡胶脚扣，要检查橡胶层有无脱落、断裂、离骨或有无严重磨损等不良现象。

2）不得使用木杆脚扣登水泥杆，但水泥杆脚扣可用于登木杆。

3）上、下登杆时，每一步都应使脚扣完全套入，且可靠扣住电杆后，才可移动身体。

4）上杆作业时，应使两脚扣定位身体平稳后，才可进行操作。

13.3.9　使用安全腰带的注意问题有哪些？

安全腰带简称安全带，其作用是在高空作业时用来系挂保险绳、吊物绳和腰绳等。使用安全腰带时，通常应注意以下四个方面的问题。

1）每次使用前必须检查安全钩环是否齐全，保险装置要可靠，两根带子无破损、变质。

2）安全带不得系在杆尖或要调换的部件上，应选合适、可靠的部位系牢固。

3）作业时，一定要在勾好安全钩环、上好保险装置的情况下，才可探身或后仰、转位等。

4）安全带脏污后可在低温水中用肥皂轻擦洗，再用清水漂干净并晾干。

13.3.10　电工绝缘安全用具有哪些？各有哪些用途？

绝缘安全用具包括绝缘杆、绝缘夹钳、绝缘靴、绝缘手套、绝缘垫和绝缘站台。绝缘安全用具分为基本安全用具和辅助安全用具，前者的绝缘强度能长时间承受电气设备的工作电压，能直接用来操作带电设备，后者的绝缘强度不足以承受电气设备的工作电压，只能加强基本安全用具的保安作用。

（1）绝缘杆和绝缘夹钳　绝缘杆和绝缘夹钳都是绝缘基本安全用具。绝缘夹钳只用于35kV以下的电气操作。绝缘杆和绝缘夹钳都由工作部分、绝缘部分和握手部分组成。握手部分和绝缘部分用浸过绝缘漆的木材、硬塑料、胶木或玻璃钢制成，其间由护环分开。配备不同工作部分的绝缘杆，可用来操作高压隔离开关，操作跌落式保险器，安装和拆除临时接地线，安装和拆除避雷器，以及进行测量和试验等项工作。

绝缘夹钳主要用来拆除和安装熔断器及其他类似工作。考虑电力系统内部过电压的可能性，绝缘杆和绝缘夹钳的绝缘部分和握手部分的最小长度应符合要求。绝缘杆工作部分金属钩的长度，在满足工作要求的情况下，不宜超过 5～8cm，以免操作时造成相间短路或接地短路。

（2）绝缘手套和绝缘靴　绝缘手套和绝缘靴用橡胶制成。两者都作为辅助安全用具，但绝缘手套可作为低压工作的基本安全用具，绝缘靴可作为防护跨步电压的基本安全用具。绝缘手套的长度至少应超过手腕 10cm。

（3）绝缘垫和绝缘站台　绝缘垫和绝缘站台只作为辅助安全用具。绝缘垫用厚度为 5mm 以上、表面有防滑条纹的橡胶制成，绝缘站台最小尺寸不宜小于 0.8m×0.8m，但为了便于移动和检查，最大尺寸也不宜超过 1.5m×1.0m。绝缘站台用木板或木条制成。相邻板条之间的距离不得大于 2.5cm，以免鞋跟陷入，站台不得有金属零件，台面板用支持绝缘子与地面绝缘，支持绝缘子高度不得小于 10cm，台面板边缘不得伸出绝缘子之外，以免站台倾翻，造成人员摔倒。

13.3.11　电工常用的梯子有哪几种？

电工人员登高进行高空作业的梯子应采用木材或竹料制成，且应坚固可靠，能承受作业人员及其携带工具的重量。常用的有靠梯与人字梯两种，站立的姿势要正确，如图 13-26 所示。

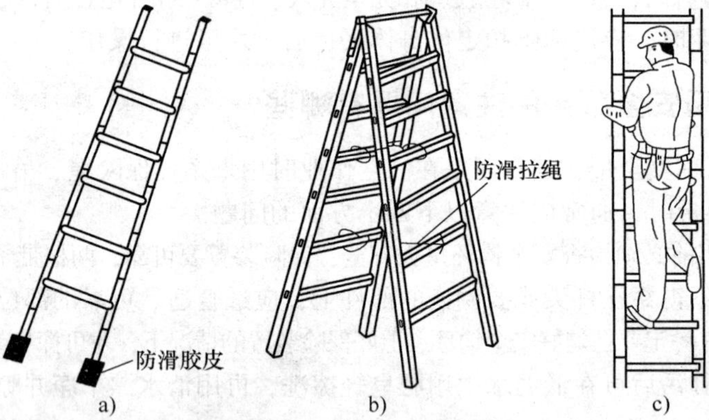

图 13-26　梯子和站立姿势

a）靠梯　b）人字梯　c）正确的站立姿势

13.3.12　电工使用梯子时应该注意什么问题？

使用梯子时，通常应注意以下四个方面的问题。

1）使用靠梯时，梯脚和墙壁之间的距离应大于梯长的 1/4，放置斜度为 60°～75°，以防梯倒伤人。

2）人字梯在使用时，其开角尺寸应小于梯长的 1/2，且两侧应加拉绳，用于对张开的角度进行限制。

3）在光滑坚硬的地面上使用梯子时，梯脚上应加套；在泥土地面上应加铁尖，以保证梯子稳固。

4）在梯子上操作时，梯顶不应低于作业人员的腰部，严禁在人字梯上采用骑马方式站立，或站在梯子最高处或最上面一、二级踏挡上工作。在梯子上正确的站立姿势如图 13-26c 所示。

13.3.13　变电站登高用具有哪几种？其基本技术要求是什么？

变电站登高用具包括梯子（抱杆梯、直梯、折叠梯、组合梯、鱼杆梯）、梯台和过桥（一般式过桥、梯台式过桥、脚手架式过桥），如图 13-27 所示。

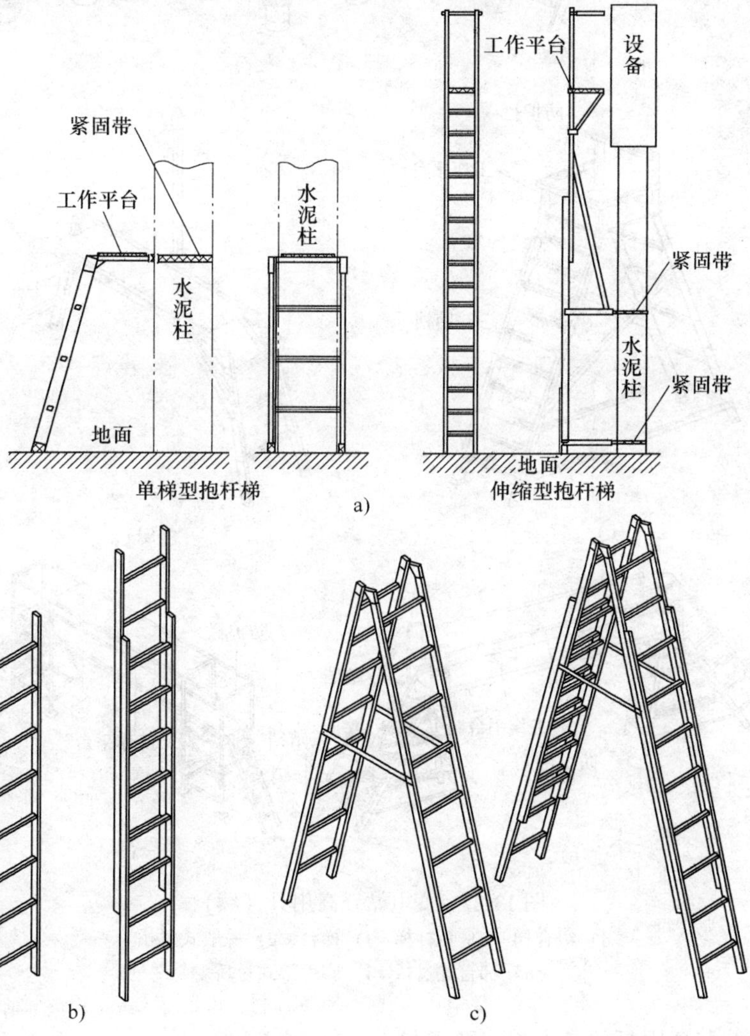

图 13-27　变电站登高用具
a）抱杆梯　b）直梯　c）折叠梯

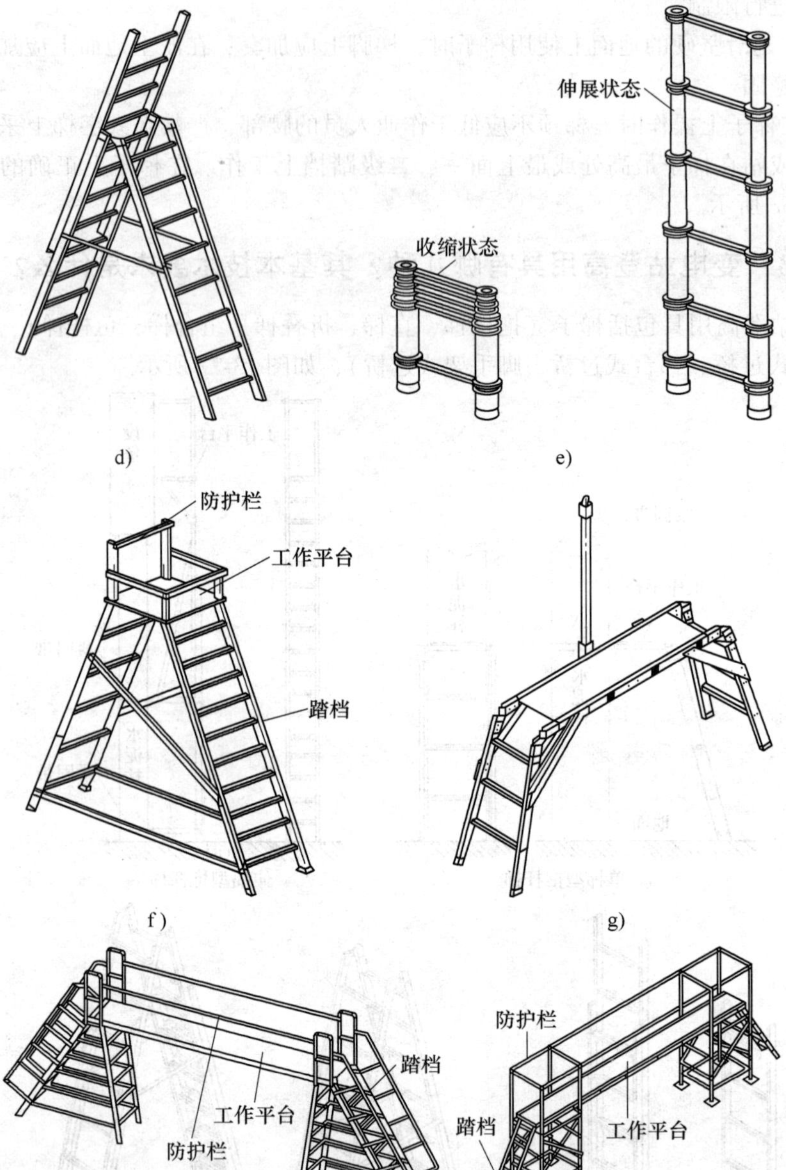

图 13-27　变电站登高用具（续）

d）组合梯　e）鱼杆梯　f）梯台　g）一般式过桥

h）梯台式过桥　i）脚手架式过桥

对变电站登高用具的基本技术要求如下：

1）额定工作载荷不应小于 1000N。

2）上下相邻踏挡（或踏板）的中心间距应不大于360mm。

3）升降梯应装有机械式强制限位器，以保证足够的安全搭接量（表13-11）。

表13-11　升降梯的最小搭接量推荐值

标称长度 L/m	最小搭接量/m		标称长度 L/m	最小搭接量/m	
	两　节　梯	两节以上		两　节　梯	两节以上
≤8	0.80	0.70	>10～14	1.40	1.20
>8～10	1.00	0.80	>14～18	1.70	1.50

4）折叠功能的梯具应具有防过度开张的限位装置。

5）应具有足够的机械强度、电气强度、稳定性能和良好的抗老化性。

6）组合梯用作延伸梯使用时，应具有可靠的定位及锁定装置，控制其长度不大于产品说明书标示的最大工作长度。

7）伸缩型抱杆梯、过桥作业面上部1050～1200mm处应设置防护栏。

第 14 章

电器五金件

14.1 电线电缆

14.1.1 什么是电器五金件?

电器是实现对电路或非电现象切换、控制、保护、检测、变换和调节的电气设备，其用途广泛，职能多样，品种规格繁多，工作原理各异，故从不同角度有不同的分类方法。电器五金件是由各种金属材料制作的电器用品，包括电工材料（导电材料、绝缘材料、磁性材料和特殊导电材料）、电器（开关电器、保护电器、主令电器、控制电器、测量电器和特种电器等）和仪器仪表（示波器、信号灯等）等几类。

14.1.2 如何区分电线和电缆?

电线由一根或几根柔软的导线组成，外面包以轻软的护层；电缆由一根或几根绝缘包导线组成，外面再包以金属或橡皮制的坚韧外层。电缆与电线一般都由芯线、绝缘包皮和保护外皮三个部分组成。通常把直径小的、结构简单的叫“线”；直径大的、结构复杂的叫“缆”。

14.1.3 电线电缆由哪几部分组成?

电线电缆一般由导体、绝缘层、屏蔽层和保护层四部分组成。

1）导体是电线电缆的导电部分，用来输送电能，是电线电缆的主要部分。

2）绝缘层是将导体与大地以及不同相的导体之间在电气上彼此隔离，保证电能输送，是电线电缆结构中不可缺少的组成部分。

3）屏蔽层是为了均匀导电线芯和绝缘电场，6kV 及以上的中高压电力电缆一般都有导体屏蔽层和绝缘屏蔽层，部分低压电缆不设置屏蔽层。屏蔽层有半导电屏蔽和金属屏蔽两种。

4）保护层的作用是保护电线电缆免受外界杂质和水分的侵入，以及防止外力直接损坏电力电缆。

14.1.4 电线电缆在应用上有哪些分类?

1）电力系统采用的电线电缆产品，主要有架空裸电线、汇流排（母线）、电力电缆［塑料线缆、油纸力缆（基本被塑料电力电缆代替）、橡套线缆、架空绝缘电缆］、分支电缆（取代部分母线）、电磁线以及电力设备用电气装备电线电缆等。

2）信息传输系统的电线电缆产品，主要有市话电缆、电视电缆、电子线缆、射频电缆、光纤缆、数据电缆、电磁线、电力通信或其他复合电缆等。

3）仪器系统的电线电缆产品，除架空裸电线外几乎其他所有产品均有应用，但主要是电力电缆、电磁线、数据电缆、仪器仪表线缆等。

14.1.5　电线电缆产品主要分为哪五大类?

1）裸导体及其制品：无绝缘及护套层的导体金属，如钢芯铝绞线、铜铝汇流排、电力机车线等。

2）电力电缆：主要用在发、配、输、变、供电线路中的强电电能传输，通过的电流大（几十安培至几千安培）、电压高（220V至500kV及以上）。

3）电气装备用电线电缆：从电力系统的配电点把电能直接传送到各种用电设备、器具的电源连接线路，品种规格繁多，应用范围广泛。

4）通信电缆及光纤：是指用于近距音频通信和远距的高频载波和数字通信及信号传输的电缆，包括简单的电话电报线缆到几千对的话缆、同轴缆、光缆、数据电缆，甚至组合通信缆等。该类产品结构尺寸通常较小而均匀，制造精度要求高。

5）电磁线（绕组线）：用于大中型高压电机、电器的绕组，具有优良的电气性能和较高的机械特性及耐湿热性能。

14.1.6　裸电线及其制品的类别和特征代号是什么?

裸电线及其制品的类别和特征代号见表14-1。

表14-1　裸电线及其制品的类别和特征代号

类别（以导体区分）	特征代号				派生
	形状	加工	类型	软硬	
T—铜线或天线 L—铝线，M—母线 C—电车线 G—钢（铁）线 HL_1—热处理型铝镁合金线 HL_2—非热处理铝镁合金线 QG—汽车拖拉机蓄电池线 S—电刷线 TY—银铜合金线	B—扁形 D—带形 G—沟形 K—空心 P—排状 T—梯形 Y—圆形	F—防腐 J—绞制 S—纤维编织 X—镀锡 YD—镀银 Z—编织	C—触头型 G—支撑型 J—加强型 K—扩径型 Q—轻型	F—防护 R—柔软 Y—硬 YB—半硬	A—第一种 B—第二种 1—第一种 2—第二种 3—第三种 4—第四种 5—第五种 6—第六种 （铝镁硅合金线）

14.1.7　常用裸电线及其制品的型号和规格范围是什么?

常用裸电线及其制品的型号和规格范围见表14-2～表14-6。

表 14-2　常用裸电线及其制品的用途、型号和规格范围

小　类	型　号	名　称	规格范围/mm	用　途
电工圆铜线	TR	软圆铜线	0.020 ~ 14.00	用作电线、电缆的线芯，架空导线等
	TY	硬圆铜线	0.020 ~ 14.00	
	TYT	特硬圆铜线	1.50 ~ 5.00	
电工圆铝线	LR	O 状态软圆铝线	0.30 ~ 10.00	
	LY4	H4 状态硬圆铝线	0.30 ~ 6.00	
	LY6	H6 状态硬圆铝线	0.30 ~ 10.00	
	LY8	H8 状态硬圆铝线	0.30 ~ 5.00	
	LY9	H9 状态硬圆铝线	1.25 ~ 5.00	
镀锡软圆铜线	TXR	镀锡软圆铜线	0.05 ~ 4.00	用作电线、电缆的线芯和屏蔽层等
	TXRH	可焊镀锡软圆铜线	0.20 ~ 1.20	
镀银软圆铜线	TRY	镀银软圆铜线	0.03 ~ 3.20	用作电线电缆的导体和编织层等
铝包钢线	LB14	电导率 14% IACS 铝包钢线	2.25 ~ 5.50	输电线路用
	LB20	电导率 20.3% IACS 铝包钢线	1.24 ~ 5.50	
	LB23	电导率 23% IACS 铝包钢线	2.50 ~ 5.00	
	LB27	电导率 27% IACS 铝包钢线	2.50 ~ 5.00	
	LB30	电导率 30% IACS 铝包钢线	2.50 ~ 5.00	
	LB35	电导率 35% IACS 铝包钢线	2.50 ~ 5.00	
	LB40	电导率 40% IACS 铝包钢线	2.50 ~ 5.00	
架空绞线用硬圆铝线	LY9	架空绞线用硬圆铝线	1.25 ~ 5.00	架空输电绞线用
架空绞线用铝镁硅合金圆线	LHA1 LHA2	架空绞线用铝镁硅合金圆线	1.5 ~ 4.80	

表 14-3　常用铜带及其制品的用途、型号和规格范围

型　号	名　称	规格范围/mm	用　途
TDR	软铜带	窄边 a = 0.80 ~ 3.55（24 种），宽边 b = 9.00 ~ 100.00（22 种）	用作通信电缆线芯外导体
TDY1	H1 状态铜带		
TDY2	H2 状态铜带		

表 14-4　常用裸型电线及其制品的用途、型号和规格范围

类　别	型　号	名　称	规格范围/mm	用　途
铝扁线	LBR	软铝扁线	窄边 a = 0.80 ~ 5.60（18 种，b/a = 1.4 ~ 8 之外不推荐）；宽边 b = 2.00 ~ 16.00（19 种）	用作电机、电器的线圈或绕阻
	LBY2	H2 状态硬铝扁线		
	LBY4	H4 状态硬铝扁线		
	LBY8	H8 状态硬铝扁线		
铜扁线	TBR	软扁铜线		
	TBY	H1 状态硬铜扁线		
	TBY2	H2 状态硬铜扁线		

（续）

类　别	型　号	名　称	规格范围/mm	用　途
铝母线	LMR（O） LMY（H）	软铝母线 硬铝母线	窄边 $a = 2.24 \sim 50.00$（28 种）； 宽边 $b = 16.00 \sim 400.00$（26 种）	用作汇流排或其他电器产品
铜母线	TMR（O） TMY（H）	软铜母线 硬铜母线	窄边 $a = 2.24 \sim 31.50$（24 种）； 宽边 $b = 16.00 \sim 200.00$（23 种）	
铜接触线	CTY	圆形铜接触线	$50 \sim 110mm^2$	用于铁路、工矿、城市交通等电气运输、起重系统
	CT	双钩型铜接触线	$65 \sim 150mm^2$	
软铜天线	TTR	通信用架空天线	1.0，1.6，2.5，4.0，6.3，10，16，25	用作通信架空天线
铜电刷线	TS TSR TSX	铜电刷线 软铜电刷线 镀锡铜电刷线	0.25 ~ 16 0.25 ~ 16 0.063 ~ 6.3	用作电机电刷连接线

表 14-5　常用裸圆绞线及其制品的型号和规格范围

小　类	型　号	名　称	标称截面面积/mm^2
电工用软铜绞线	TJR1 TJR2 TJ3 TJRX1 TJRX2 TJRX3	1 型软铜绞线 2 型软铜绞线 3 型软铜绞线 1 型镀锡软铜绞线 2 型镀锡软铜绞线 3 型镀锡软铜绞线	0.01 ~ 1000 2.5 ~ 63 0.025 ~ 500 0.1 ~ 2.5 2.5 ~ 63 0.025 ~ 500
铝绞线	JL	铝绞线	10 ~ 1500
	JL/G1A、JL/G1B、JL/G2A、JL/G2B、JL/G3A	钢芯软铝绞线	150/25 ~ 850/100
	JL/G1AF、JL/G2AF、JL/G3AF	防腐钢芯软铝绞线	16/3 ~ 1250/100
铝镁硅合金绞线	JLHA1、JLHA2	热处理铝镁硅合金绞线	10 ~ 1000
	JLHA1/G1A、JLHA1/G1B、JLHA1/G3A、JLHA2/G1A、JLHA2/G1B、JLHA2/G3A	钢芯热处理铝镁硅合金绞线	10/23 ~ 1000/125

注：裸圆绞线主要用作高压或低压架空输电线。

表 14-6　常用裸铜编织线及其制品的用途、型号和规格范围

型　号	名　称	规格范围	用　途
TZ（X）-20 TZ（X）-15 TZ（X）-10 TZ（X）-07 TZ（X）-Q	斜纹铜编织线	$16 \sim 800mm^2$ $4 \sim 120mm^2$ $4 \sim 35mm^2$ $4 \sim 10mm^2$ $0.05 \sim 0.3mm^2$	用作可动电气设备耐弯曲连接线

（续）

型　号	名　称	规格范围	用　途
TZZ-15 TZZ-10 TZZ-07	直纹铜编织线	6 ~ 50mm² 4 ~ 35mm² 4 ~ 16mm²	小型精密电器设备用
TZ（X）Q	扬声器音圈用斜纹铜编织线	0.03 ~ 0.3mm²	扬声器音圈用

14.1.8　常用圆单线及其制品的型号和规格范围是什么？

圆单线的型号及规格范围见表 14-7。

表 14-7　圆单线的型号及规格范围

类　别	型　号	名　称	规格范围/mm
圆铜线	TR	软圆铜线	0.020 ~ 14.00
	TY	硬圆铜线	0.020 ~ 14.00
	TYT	特硬圆铜线	1.50 ~ 5.00
镀锡圆铜线	TXR	镀锡软圆铜线	0.05 ~ 4.00
	TXRH	可焊镀锡软圆铜线	0.20 ~ 1.20
圆铝线	LR	软圆铝线	0.30 ~ 10.00
	LY4	H4 状态硬圆铝线	0.30 ~ 6.00
	LY6	H6 状态硬圆铝线	0.30 ~ 10.00
	LY8	H8 状态硬圆锯线	0.30 ~ 15.00
	LY9	H9 状态硬圆铝线	1.25 ~ 5.00

14.1.9　常用镀锌铁线的规格有哪些？

常用镀锌铁线的规格见表 14-8。

表 14-8　常用镀锌铁线的规格

直径/mm	截面积/mm²	质量/(kg/km)	直径/mm	截面积/mm²	质量/(kg/km)
1.6	2.011	15.69	3.5	9.621	75.04
1.8	2.545	19.85	4.0	12.57	98.05
2.0	3.142	24.51	4.5	15.90	124.0
2.3	4.155	32.41	5.0	19.64	153.2
2.6	5.309	41.41	5.5	23.76	185.3
2.9	6.605	51.52	6.0	28.27	220.5
3.2	8.042	62.73			

14.1.10　常用扁线的种类和规格有哪些？

常用扁线的种类和规格见表 14-9。

表 14-9　常用扁线的种类和规格

种　类	窄边 a/mm	宽边 b/mm
铜扁线 铝扁线	0.80，0.90，1.00，1.12，1.25，1.40，1.60，1.80，2.00，2.24，2.50，2.80，3.15，3.55，4.00，4.50，5.00，5.60（b/a=1.4～8 之外不推荐）	2.00，2.24，2.50，2.80，3.15，3.55，4.00，4.50，5.00，5.60，6.30，7.10，8.00，9.00，10.00，11.20，12.50，14.00，16.00

注：扁线用于制造电机、电器设备绕组、安装配电设备等工程。

14.1.11　铝绞线有哪几种？各自的名称和型号是什么？

铝绞线的名称和型号见表 14-10。

表 14-10　铝绞线的名称和型号

名　称	型　号
铝绞线	JL
铝合金绞线	JLHA2、JLHA1
钢芯铝绞线	JL/G1A、JL/G1B、JL/G2A、JL/G2B、JL/G3A
防腐型钢芯铝绞线	JL/G1AF、JL/G2AF、JL/G3AF
钢芯铝合金绞线	JLHA2/G1A、JLHA2/G1B、JLHA2/G3A
钢芯铝合金绞线	JLHA1/G1A、JLHA1/G1B、JLHA1/G3A
铝合金芯铝绞线	JL/LHA2、JL/LHA1
铝包钢芯铝绞线	JL/LB1A
铝包钢芯铝合金绞线	JLHA2/LB1A、JLHA1/LB1A

14.1.12　铜绞线有哪几种？各自的名称和型号是什么？

铜绞线的名称和型号见表 14-11。

表 14-11　铜绞线的名称和型号

名　称		型　号	名　称		型　号
硬铜绞线 （TJ）	硬铜绞线 铜镁合金绞线	TJ JTM	硬铜绞线 （TJ）	高强度铜镁 合金绞线	JTMH
软铜绞线 （TJR）	1 型软铜绞线 2 型软铜绞线 3 型软铜绞线	TJR1 TJR2 TJR3	软铜绞线 （TJR）	1 型镀锡软铜绞线 2 型镀锡软铜绞线 3 型镀锡软铜绞线	TJRX1 TJRX2 TJRX3

14.1.13　钢绞线有哪几种？各自的名称和型号是什么？

钢绞线的名称和型号见表 14-12。

表 14-12　钢绞线的名称和型号

名　称	型　号
钢绞线	JG1A、JG1B、JG2A、JG3A
铝包钢绞线	JLB1A、JLB1B、JLB2

14. 1. 14　镀锌钢绞线有几种结构？各自的总面积和参考质量是多少？

镀锌钢绞线的结构和参考质量见表 14-13。

表 14-13　镀锌钢绞线的结构和参考质量

结　构	全部钢丝断面面积/mm²	参考质量/(kg/100m)
 1×3	19.92	16.49
	24.13	20.09
	28.86	24.03
	37.70	31.38
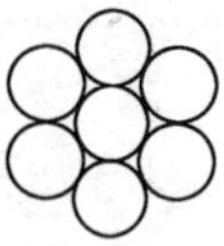 1×7	5.50	4.58
	6.65	5.54
	7.92	6.59
	9.29	7.73
	10.78	8.97
	12.37	10.30
	14.07	11.71
	15.89	13.23
	17.81	14.83
	21.99	18.31
	26.61	22.15
	31.67	26.36
	37.16	30.93
	43.10	35.88
	49.48	41.19
	56.30	46.87
	67.35	56.07
	79.39	66.09
	87.96	73.22
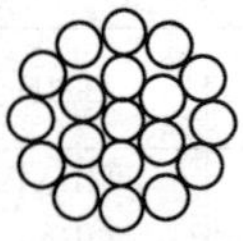 1×19	14.92	12.42
	18.06	15.03
	21.49	17.89
	25.22	20.99
	29.25	24.35
	38.20	31.80
	48.35	40.25
	59.69	49.69
	72.22	60.12
	85.90	71.55
	93.27	77.64
	100.88	83.98
	116.99	97.39
	134.30	118.80
	152.81	127.21
	182.80	152.17
	238.76	198.76
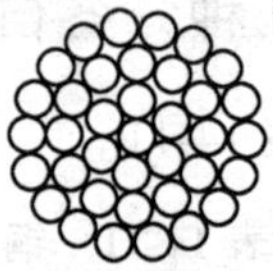 1×37	29.06	24.19
	36.16	29.27
	49.11	40.88
	56.96	47.42
	74.39	61.92
	94.15	78.38
	116.24	96.76
	140.65	117.08
	167.38	139.34
	181.62	151.19
	196.44	163.53
	227.83	189.66
	261.54	217.72
	297.57	247.72
	355.98	296.34
	464.95	387.06

14. 1. 15　什么是绕组线？其型号中各部分代号有何意义？

绕组线是一种具有绝缘层的导电金属电线，用于绕制电机、电器、仪器仪表和通信设备等产品中的线圈或绕组，包括漆包绝缘线、绕包绝缘线、特种绝缘线和无机绝缘线。按导体材料可分为铜线、铝线和合金线；按绝缘材料可分为漆包线、绕包线和无机绝缘线；按导体形状可分为圆线、扁线和异型线。

绕组线型号中各部分代号的意义见表 14-14。

表 14-14　绕组线型号中各部分代号的意义

类别代号			
漆包绝缘线		绕包绝缘线	特种绝缘线
Q—油性漆包线 QA—聚氨酯漆包线 QQ—缩醛漆包线 QZ—聚酯漆包线 QZ（G）—改性聚酯漆包线 QZY—聚酯亚胺漆包线	QY—聚酰亚胺漆包线 QXY—聚酰胺酰亚胺漆包线 QX—聚酰胺漆包线 N—热黏合或溶剂黏合漆包线	S—单丝包线 SE—双丝包线 D—涤纶丝包线 Z—纸包线 SB—玻璃丝包线 SBE—双玻璃丝包线 M—薄膜包线 YF—聚酰亚胺-氟 46 复合膜包线	B—玻璃丝 H—橡套 L—蜡克 S—尼龙丝 Y—聚乙烯绝缘耐水线 V—聚氯乙烯绝缘耐水线 VZ—阻燃聚氯乙烯 YT—交联聚乙烯绝缘耐水线 N—尼龙护套线

类别代号	导体代号		派生代号	
无机绝缘线	导体材料	导体特征	温度指数	漆膜厚度
YM—氧化膜线 C—涂层线 BM—玻璃膜线	T—铜（省略） L—铝 TWC—无磁性铜 A—合金 M—锰铜 NG—镍铬	B—扁线 D—带箔 J—绞制 R—柔软 BK—空心扁线 P—屏蔽 S—双绞 T—特种缠绕	1/120—120 1/130—130 2/155—155 2/180—180 3/200—200 3/220—220	漆包线 1—薄漆包线 2—厚漆包线 3—特厚漆包线 N—自黏层漆包线 1B—薄漆膜 2B—厚漆膜

14.1.16　绕组线的耐热等级分几级？各用什么绝缘材料？

绕组线的耐热等级和绝缘材料见表 14-15。

表 14-15　绕组线的耐热等级和绝缘材料

级别	极限工作温度/℃	绝缘材料
Y	90	木材、棉花、纸、纤维等天然纺织品，以醋酸纤维和聚酰胺为基础的纺织品，以及易于热分解和熔点较低的塑料（脲醛树脂）
A	105	工作于矿物油中的和用油或油-树脂复合胶浸过的 Y 级材料，漆包线、漆布、漆丝的绝缘及油性漆、沥青漆等
E	120	聚酯薄膜和 A 级材料复合、玻璃布、油性树脂漆、聚乙烯醇缩醛高强度漆包线、乙酸乙烯耐热漆包线
B	130	聚酯薄膜、经合适树脂黏合式浸渍涂覆的云母、玻璃纤维、石棉等制品，聚酯漆、聚酯漆包线
F	155	以有机纤维材料补强和石棉带补强的云母片制品、玻璃丝和石棉、玻璃漆布、以玻璃丝布和石棉纤维为基础的层压制品、以无机材料作补强和石棉带补强的云母粉制品、化学热稳定性较好的聚酯和醇酸类材料、复合硅有机聚酯漆

（续）

级别	极限工作温度/℃	绝缘材料
H	180	无补强或以无机材料为补强的云母制品、加厚的 F 级材料、复合云母、有机硅云母制品、硅有机漆、硅有机橡胶聚酰亚胺复合玻璃布、复合薄膜、聚酰亚胺漆等
C	>180	不采用任何有机粘结剂及浸渍剂的无机物，如石英、石棉、云母、玻璃和电瓷材料等

14.1.17　什么是绕包线？

绕包线是绕组线中的一个重要品种，主要有纸包线、丝包线、玻璃丝包线和薄膜绕包线等，近来还有用于风力发电的云母带包聚酰亚胺薄膜绕包铜扁线。需要根据各自的介电性能、耐热等级、机械强度、价格和寿命等因素选用。

14.1.18　漆包线有几种？各有哪些用途？

漆包线包括一般用途的漆包线、耐热漆包线和特殊用途漆包线。前者主要用于一般电机、电器、仪表、变压器等工作场合；中者主要用于 180℃及以上温度环境工作的电机、电器、仪表、变压器等工作场合；后者用于特定的场合（直焊、自黏）。

14.1.19　漆包线有几种类别？其名称和主要特点是什么？

漆包线的类别、名称和主要特点见表 14-16。

表 14-16　漆包线的类别、名称和主要特点

类　别	型号	名　称	耐热等级	规格范围[①]/mm	特　点
油性漆包线	Q	油性漆包圆铜线	A	0.02～2.5	漆膜均匀；耐溶性差
缩醛漆包线	QQ-1 QQ-2	缩醛漆包圆铜线	B	0.02～2.5	漆膜均匀，热冲击性、耐刮性和耐水解性好
	QQL-1 QQL-2	缩醛漆包圆铝线	B	0.06～2.5	
	QQS-1 QQS-2	彩色缩醛漆包圆铜线	B	0.02～2.5	
	QQB	缩醛漆包扁铜线	B	*a* 边： 0.8～5.6 *b* 边： 2.0～18.0	漆膜均匀；耐溶性差
	QQLB	缩醛漆包扁铝线	B		漆膜均匀，热冲击性、耐刮性和耐水解性好
聚氨酯漆包线	QA-1	聚氨酯漆包圆铜线	E	0.15～1.0	在高频条件下，介质损耗角小；不需刮去漆膜即可直接焊接
	QA-2	聚氨酯漆包扁铜线	E	0.15～1.0	
环气漆包线	QH-1 QH-2	环气漆包圆铜线	E	0.06～2.5	耐水解性和耐潮性好，耐酸碱腐蚀且耐油性好

（续）

类　　别	型号	名　　称	耐热等级	规格范围①/mm	特　　点
聚酯漆包线	QZ-1 QZ-2	聚酯漆包圆铜线	E	0.02~2.5	在干燥和潮湿条件下，耐电压击穿性好；软化击穿性好
	QZL-1 QZL-2	聚酯漆包圆铝线	B	0.06~2.5	
	QZS-1 QZS-2	聚酯漆包圆铜线	B	0.06~2.5	
	QZB	聚酯漆包扁铜线	B	a边：0.8~5.6 b边：2.0~18.0	
	QZLB	聚酯漆包扁铝线	B		
聚酯亚胺漆包线	QZY-1 QZY-2	聚酯亚胺漆包圆铜线	F	0.06~2.5	在干燥和潮湿条件下，耐击穿性好；耐热冲击性和软化击穿性好
	QZYB	聚酯亚胺漆包扁铜线	F	a边：0.8~5.6 b边：2.0~18.0	
聚酰胺酰亚胺漆包线	QXY-1 QXY-2	聚酰胺酰亚胺漆包圆铜线	C （200℃）	0.06~2.5	耐热性、耐热冲击性及耐电压击穿性优；耐刮性好；在干燥和潮湿条件下，耐电压击穿性好；耐化学腐蚀性好
	QXYB	聚酰胺酰亚胺漆包扁铜线		a边：0.8~5.6 b边：2.0~18.0	
聚酰亚胺漆包线	QY-1 QY-2	聚酰亚胺漆包圆铜线	C （220℃）	0.02~2.5	漆膜耐热性最好；软化击穿性及耐热冲击性好，能承受短期过载负荷；耐低温性及耐辐射性优；耐溶剂及化学药品腐蚀性优
	QYB	聚酰亚胺漆包扁铜线		a边：0.8~5.6 b边：2.0~18.0	
特种漆包线	QAN	自黏性直焊漆包圆铜线	E	0.1~0.44	在一定的温度、时间条件下，不需刮去漆膜即可直接焊接，同时不需浸漆处理，能自行黏合成形
	QHN	环氧自黏性漆包圆铜线	E	0.1~0.51	不需浸渍处理，在一定的温度、时间条件下，能自行黏合成形；耐油性较好
	QQN	缩醛自黏性漆包圆铜线	E	0.1~1.0	能自行黏合成形；耐热冲击性较好
	QZN	聚酯自黏性漆包圆铜线	E	0.1~1.0	能自行黏合成形；耐电压击穿性好
	QATWC	无磁聚氨酯漆包圆铜线	E	0.02~0.2	漆包线中含铁量极低，对感应磁场的干扰极微；在高频条件下介质损耗较小；不需刮去漆膜即可焊接

① 圆线规格范围以线芯的直径表示，扁线以线芯窄边（a）及宽边（b）的比度表示。

14.1.20　什么是电气装备用电线电缆？它有哪些型号？

电气装备用电线电缆是从电力系统的配电点把电能直接传送到各种用电设备、器具的电源连接线路用电线电缆（电气安装线和控制信号用电线电缆）。它们的额定电压较低：信号电缆和仪表电缆一般在300/500V及以下，其他电缆一般在450/750V及以下，最高不超过0.6/1kV。电气装配用电线电缆的型号、名称及用途见表14-17。

表 14-17　电气装备用电线电缆的型号、名称及用途

型　号	名　称	用　途
KVV KVV_{22} KVVP $KVVP_2$ KVVP2-22	铜芯聚氯乙烯绝缘聚氯乙烯护套控制电缆 铜芯聚氯乙烯绝缘聚氯乙烯护套钢带铠装控制电缆 铜芯聚氯乙烯绝缘聚氯乙烯护套编织屏蔽控制电缆 铜芯聚氯乙烯绝缘聚氯乙烯护套铜带屏蔽控制电缆 铜芯聚氯乙烯绝缘聚氯乙烯护套铜带屏蔽钢带铠装控制电缆	适用于交流额定电压为 450/750V 及以下控制监控电路及保护线路等场合
BV BLV BVR BVV BVVB BV-105 ZRBV	铜芯聚氯乙烯绝缘电线 铝芯聚氯乙烯绝缘电线 铜芯聚氯乙烯绝缘软电线 铜芯聚氯乙烯绝缘聚氯乙烯护套圆型电线 铜芯聚氯乙烯绝缘聚氯乙烯护套平型电线 铜芯耐热 105℃ 聚氯乙烯绝缘电线 铜芯聚氯乙烯绝缘阻燃型电线	用于交流额定电压为 450/750V 及以下动力装置用，固定敷设
RV RVB RVS RVV RVVB RV-105	铜芯聚氯乙烯绝缘连接软电线 铜芯聚氯乙烯绝缘平型连接软电线 铜芯聚氯乙烯绝缘绞型连接软电线 铜芯聚氯乙烯绝缘聚氯乙烯护套圆形连接软电线 铜芯聚氯乙烯绝缘聚氯乙烯护套平型连接软电线 铜芯耐热 105℃ 聚氯乙烯绝缘连接软电线	用于交流额定电压为 450/750V 及以下电器，电动工具仪器、仪表及动力照明用
YQ YZ YC	轻型橡套软电缆 中型橡套软电缆 重型橡套软电缆	用于各种移动电器设备及工具

14.1.21　什么是控制电缆？它有哪些型号？

控制电缆是从电力系统的配电点把电能直接传输到各种用电设备、器具的电源连接线路，主要用于固定敷设。电压为 450/750V，其绝缘线芯的颜色一般都是黑色印白字，截面一般超过 $10mm^2$，由于用作传输控制信号，故芯数较多（可达 61 芯）。控制电缆的型号及名称见表 14-18。

表 14-18　控制电缆的型号及名称

类　别	型　号	电缆名称
橡皮绝缘控制电缆	KXV	铜芯橡皮绝缘聚氯乙烯护套控制电缆
	KX22	铜芯橡皮绝缘钢带铠装聚氯乙烯护套控制电缆
	KX23	铜芯橡皮绝缘钢带铠装聚乙烯护套控制电缆
	KX32	铜芯橡皮绝缘细钢丝铠装聚氯乙烯护套控制电缆
	KX33	铜芯橡皮绝缘细钢丝铠装聚乙烯护套控制电缆
	KXF	铜芯橡皮绝缘氯丁橡套控制电缆
	KXQ	铜芯橡皮绝缘裸铅包控制电缆
	KXQ02	铜芯橡皮绝缘铅包聚氯乙烯护套控制电缆
	KXQ03	铜芯橡皮绝缘铅包聚乙烯护套控制电缆
	KXQ20	铜芯橡皮绝缘铅包裸钢带铠装控制电缆
	KXQ22	铜芯橡皮绝缘铅包钢带铠装聚氯乙烯护套控制电缆
	KXQ23	铜芯橡皮绝缘铅包钢带铠装聚乙烯护套控制电缆
	KXQ30	铜芯橡皮绝缘铅包裸细钢丝铠装控制电缆

（续）

类别		型号	电缆名称
塑料绝缘控制电缆	聚氯乙烯绝缘和聚氯乙烯护套控制电缆	KVV	聚氯乙烯绝缘聚氯乙烯护套控制电缆
		KVVP	聚氯乙烯绝缘聚氯乙烯护套铜丝编织屏蔽控制电缆
		KVVP2	聚氯乙烯绝缘聚氯乙烯护套铜带屏蔽控制电缆
		KVVP3	聚氯乙烯绝缘聚氯乙烯护套铝塑复合带屏蔽控制电缆
		KVV22	聚氯乙烯绝缘聚氯乙烯护套钢带铠装控制电缆
		KVVP2-22	聚氯乙烯绝缘聚氯乙烯护套铜带屏蔽钢带铠装控制电缆
		KVV32	聚氯乙烯绝缘聚氯乙烯护套细钢丝铠装控制电缆
		KVVR	聚氯乙烯绝缘聚氯乙烯护套控制软电缆
		KVVRP	聚氯乙烯绝缘聚氯乙烯护套铜丝编织屏蔽控制软电缆
	交联聚乙烯绝缘控制电缆	KYJV	交联聚乙烯绝缘聚氯乙烯护套控制电线
		KYJVP	交联聚乙烯绝缘聚氯乙烯护铜丝套编织屏蔽控制电缆
		KYJVP2	交联聚乙烯绝缘聚氯乙烯护套铜带屏蔽控制电缆
		KYJVP3	交联聚乙烯绝缘聚氯乙烯护套铝塑复合带屏蔽控制电缆
		KYJV22	交联聚乙烯绝缘聚氯乙烯护套钢带铠装控制电缆
		KYJVP2-22	交联聚乙烯绝缘聚氯乙烯护套铜带屏蔽铜带铠装控制电缆
		KYJV32	交联聚乙烯绝缘聚氯乙烯护套细钢丝铠装控制电缆
		KYJY	交联聚乙烯绝缘聚乙烯护套控制电缆
		KYJYP	交联聚乙烯绝缘聚乙烯护套铜丝编织屏蔽控制电缆
		KYJYP2	交联聚乙烯绝缘聚乙烯护套铜带屏蔽控制电缆
		KYJYP3	交联聚乙烯绝缘聚乙烯护套铝塑复合带屏蔽控制电缆
		KYJY23	交联聚乙烯绝缘聚乙烯护套钢带铠装控制电缆
		KYJYP2-23	交联聚乙烯绝缘聚乙烯护套铜带屏蔽钢带铠装控制电缆
		KYJY33	交联聚乙烯绝缘聚乙烯护套钢丝铠装控制电缆

14.1.22 什么是无感电缆？它有哪些型号规格？

无感电缆中的两根电缆，工作过程中电流方向相同，电感可以忽略。无感电缆的型号规格和技术数据见表14-19。

表14-19 无感电缆的型号规格和技术数据

型号规格	阻抗/μΩ		电阻/μΩ		冷却水流量/(L/min)	质量/kg	
	2M	24M	2M	24M		2M	24M
RIJI-6X	480±15	593±15	69	84	7	10.4	12.2

14.1.23 什么是电力电缆？其型号组成和代号如何？

电力电缆在电力系统主干线中用以传输和分配大功率电能，额定电压一般≥0.6/1kV，最大截面可达2500mm²，绝缘和护套厚度较大。电力电缆由导体（一般最多为5芯）、绝缘层、屏蔽层和护层四部分组成，按电压等级可分为中、低压电力电缆（≤35kV）、高压电力电缆（>35kV）、超高压电力电缆（275~800 kV）及特高压电力电缆（>1MV）；按绝缘材料可分为油浸纸绝缘电力电缆、塑料绝缘电力电缆、橡皮绝缘电力电缆和气体绝缘电力电缆几种。电力电缆的型号组成和代号见表14-20。

表 14-20　电力电缆的型号组成和代号

型号组成	代号	简单名称
绝缘层	Z	纸绝缘
	X	橡皮绝缘
	V	聚氯乙烯绝缘
	Y	聚乙烯绝缘
	YJ	交联聚乙烯绝缘
导体	—	铜导线
	L	铝导线
护套	Q	铅包
	L	铝包
	V	聚氯乙烯护套
	HF	非燃性橡套
特征	—	统包型
	F	分相铅包、分相护套
	P	干绝缘
	D	不滴流
	CY	充油
	C	滤尘器用

型号组成		代号	简单名称
外护层	防腐	1	一级
		2	二级
	麻包及铠装	1	麻包
		2	钢带铠装麻包
		3	细钢丝铠装麻包
		5	相应裸外护层
		0	相应内铠装外护层
		9	PVC 护套
		02	裸铅包 PVC 护套
		03	裸铅包 PE 护套
		22	钢带铠装 PVC 护套
		23	钢带铠装 PE 护套
		32	细钢丝铠装 PVC 护套
		33	细钢丝铠装 PE 护套
		42	粗钢丝铠装 PVC 护套
		43	粗钢丝铠装 PE 护套

14.1.24　什么是通信电缆、通信光缆和射频电缆？通信电缆有哪些代号？

通信电缆是传输电话、电报、电视、广播、数据和其他电信息的电缆；通信光缆是以光导纤维（光纤）作为光波传输介质，进行信息传输的电缆；射频电缆是适用于无线电通信、广播和有关电子设备中传输射频信号的电缆。通信电缆的代号见表 14-21。

表 14-21　通信电缆的代号

类别用途		导体	绝缘	内护套	特征	外护套	派生
CH—船用话缆	HOL—裸铝同轴电缆	T—铜芯	E—乙丙橡胶	F—氯丁橡胶	A—挡潮层综合护套	22—双钢带铠装	1—第一种
H—市内电话电缆	HP—配线电缆	L—铝芯	J—交联聚乙烯	H—橡套	C—自承式	33—单细钢丝铠装	2—第二种
HB—通信线	HR—电话软线	G—铁芯	K—纵孔聚乙烯	L—铝套	D—带形	43—单粗钢丝铠装	252—252kHz
HBGT—双芯铜包钢用户通信线	HRBB—聚丙烯绝缘聚氯乙烯护套扁形电话线		S—硅橡胶	Q—铅套	E—耳机用	53—单层纵包轧纹钢带铠装	P—低频通信
HBZR—阻燃聚乙烯平行线对室内线	HRV—电话软线		V—聚氯乙烯	Q02—铅套聚氯乙烯套	G—隔离式（内屏蔽）	553—双层纵包轧纹钢带铠装	252—252kHz

（续）

类别用途		导体	绝缘	内护套	特征	外护套	派生
HCJ—程控局用电缆	HS—数字通信电缆		W—物理发泡	Q03—铅套聚乙烯套	J—交换机用	82—钢丝编织	DA—在火焰条件下的燃烧特性
HE—长途通信电缆	HU—矿用话缆		X—橡皮	V—聚氯乙烯套	P—屏蔽		
HH—海底通信电缆	HW—岛屿通信电缆		X—橡皮		S—水下		
HHO—浅海通信电缆	LD—泄露电缆		YF—泡沫聚乙烯		T—填充式		
HJ—局用电缆	SYV—射频电缆		YP—单皮泡沫聚烯烃		Z—综合型		
HO—同轴电缆			Y—聚乙烯		W—尾巴电缆		
			Z—纸绝缘				

14.1.25 什么是光纤通信电缆？其型号组成如何？

光纤通信电缆是利用光导纤维（玻璃材料抽丝而成）为传输介质来传输信息的光缆，其型号由分类、加强构件、结构特性、外护套和外层代号构成，见表14-22。

表14-22 光纤通信电缆的型号组成

分类		加强构件		结构特性		外护套		外护层	
代号	含义	代号	含义	代号	含义	代号	含义	代号	含义
GY	通信用室（野）外光缆	—	金属加强构件	—	分立式光纤结构	Y	聚乙烯护套	—	无铠装层
GM	通信用移动式光缆			D	光纤带	V	聚氯乙烯	2	绕包双钢带
				—	光纤松套被覆	U	聚氨酯	3	单细圆钢丝
						A	铝-聚乙烯粘结护套	33	双细圆钢丝
GJ	通信用室（局）内光缆			J	光纤紧套被覆	S	钢-聚乙烯粘结护套	4	单粗圆钢丝
								44	双粗圆钢丝
GS	通信设备内光缆			S	光纤束结构			5	皱纹钢带
		F	非金属加强构件	—	塑料松套管	W	夹带钢丝的钢聚乙烯粘结护套	6	非金属丝
GH	通信用海底光缆			M	金属松套管			7	非金属带
				—	层绞结构			1	纤维外被
GT	通信用特殊光缆			G	骨架槽	L	铝护套	3	聚乙烯套
				X	中心束管	G	钢护套	4	聚乙烯套加覆尼龙套
GD	光电综合光缆			T	填充式	Q	铅护套		
				—	全干式			5	聚乙烯保护管

（续）

分类		加强构件		结构特性		外护套		外护层	
代号	含义	代号	含义	代号	含义	代号	含义	代号	含义
GYW	通信用微型室外光缆			C	自承式	Z	阻燃		
GYC	通信用气吹布放微型室外光缆			—	非自承式	H	低烟无卤护套		
GYP	通信用室外防鼠啮排水管道光缆			B	扁平形				
GJC	通信用气吹布放微型室内光缆			E	椭圆形				
GJY	通信用室内外光缆			8	8字形				
MG	煤矿用通信光缆			X	蝶形				

14.2　绝缘材料和磁性材料

14.2.1　什么是绝缘材料？它有哪些类别？

电工器材中使带电体与其他部分隔离的材料称为绝缘材料，其电阻率为 10^9 ~ $10^{22}\Omega\cdot cm$。不同的电工设备对绝缘材料性能的要求各有侧重。高压电工装置用的绝缘材料要求有高的击穿强度和低的介质损耗；低压电器用的绝缘材料则以机械强度、断裂伸长率、耐热等级等作为主要要求。每一种绝缘材料都有一个适当的最高允许工作温度。按照耐热程度，绝缘材料可分为 Y、A、E、B、F、H、C 等级别。绝缘材料往往还起着储能、散热、冷却、灭弧、防潮、防霉、防腐蚀、防辐照、机械支承和固定、保护导体等作用。绝缘材料的分类见表 14-23。

表 14-23　绝缘材料的分类

分类	名称	实例
按材料种类分	无机绝缘材料	云母、石棉、大理石、陶瓷、玻璃等
	有机绝缘材料	虫胶、树脂、橡胶、棉纱、纸、麻、蚕丝、人造丝等
	混合绝缘材料	上述两种材料的复合制品
按物理状态分	气体绝缘材料	空气、氮气、二氧化碳、六氟化硫等
	液体绝缘材料	矿物油、变压器油、开关油、电缆油、电力电容器浸渍油、硅油及有机合成脂类等
	固体绝缘材料	橡胶、塑料、云母制品、薄膜、纸制品、纤维制品等

14. 2. 2　绝缘材料的型号是如何规定的？

电气绝缘材料的型号由产品大类代号、小类名称，加上工作温度指数代号、顺序号和专用附加号组成，见表 14-24 ~ 表 14-26。

表 14-24　绝缘材料的分类名称

大类代号	大类名称	小类代号	小类名称	大类代号	大类名称	小类代号	小类名称
1	漆、可聚合树脂和胶类	0	有溶剂漆	4	模塑料类	0	木粉填料为主的模塑料
		1	无溶剂可聚合树脂			1	其他有机填料为主的模塑料
		2	覆盖漆、防晕漆、半导电漆			2	石棉填料为主的模塑料
		3	硬质覆盖漆、瓷漆			3	玻璃纤维填料为主的模塑料
		4	胶粘漆树脂			4	云母填料为主的模塑料
		5	熔敷粉末			5	其他有机填料为主的模塑料
		6	硅钢片漆			6	无填料塑料
		7	漆包线漆、丝包线漆			7 ~ 9	待发展
		8	灌注胶、包封胶、浇注树脂、胶泥、腻子	5	云母制品类	0	云母纸
		9	待发展			1	柔软云母板
2	树脂浸渍纤维制品类	0	棉纤维布			2	塑型云母板
		1	待发展			3	待发展
		2	漆绸			4	云母带
		3	合成纤维漆布、上胶布			5	换向器云母板
		4	玻璃纤维漆布、上胶布			6	电热设备用云母板
		5	混织纤维漆布、上胶布			7	衬垫云母板
		6	防晕漆布、防晕带			8	云母箔
		7	漆管			9	云母管
		8	树脂浸渍无纬绑扎带	6	薄膜、黏带和柔软复合材料类	0	薄膜
		9	树脂浸渍适形材料			1	薄膜上胶带
3	层压制品、卷绕制品真空压力浸胶和引拔制品类	0	有机底材层压板			2	薄膜黏带
		1	真空压力浸胶制品			3	织物黏带
		2	无机底材层压板			4	树脂浸渍柔软复合材料
		3	防晕板及导磁层压板			5	薄膜绝缘纸柔软复合材料 薄膜漆布柔软复合材料
		4	待发展			6	薄膜合成纤维纸柔软复合材料 薄膜合成纤维非织布柔软复合材料
		5	有机底材层压管			7	多种材质柔软复合材料
		6	无机底材层压管			8，9	待发展
		7	有机底材层压管	7			纤维制品类
		8	无机底材层压管	8			绝缘液体类
		9	引拔制品				

表 14-25　电气绝缘材料的温度指数代号和对应的耐热等级

代　　号	1	2	3	4	5	6	7
温度指数/℃	≥105	≥120	≥130	≥155	≥180	≥200	≥220

表 14-26　专用附加号

专用附加号	—	1	2	3	T
材料类别	白云母制品	粉云母制品	金云母制品	鳞片云母制品	含杀菌剂或防霉剂产品

14.2.3 什么是绝缘材料的耐热性？如何分级？

绝缘材料的耐热性是指绝缘材料及其制品承受高温而不致损坏的能力，按其长期正常工作所允许的最高温度可分为 10 级，见表 14-27。

表 14-27 电气绝缘材料耐热性分级

相对耐热等级	耐热等级	绝缘材料	以前表示方法
<90	70	柔软绝缘级、护层级 PVC 电缆料等	—
>90～105	90	木材、棉花、纸、纤维等天然纺织品，以醋酸纤维和聚酰胺为基础的纺织品，以及易于热分解和熔化点较低的塑料（脲醛树脂）	Y
>105～120	105	工作于矿物油中的和用油或油 + 树脂复合胶浸过的 Y 级材料，漆包线、漆布、漆丝的绝缘及油性漆、沥青漆等	A
>120～130	120	聚酯薄膜和 A 级材料复合、玻璃布、油性树脂漆、聚乙烯醇缩醛高强度漆包线、乙酸乙烯耐热漆包线	E
>130～155	130	聚酯薄膜、经合适树脂黏合式浸渍涂覆的云母、玻璃纤维、石棉等制品，聚酯漆、聚酯漆包线	B
>155～180	155	以有机纤维材料补强和石棉带补强的云母片制品、玻璃丝和石棉、玻璃漆布、以玻璃丝布和石棉纤维为基础的层压制品、以无机材料作补强和石棉带补强的云母粉制品、化学热稳定性较好的聚酯和醇酸类材料、复合硅有机聚酯漆	F
>180～200	180	无补强或以无机材料为补强的云母制品、加厚的 F 级材料，复合云母、有机硅云母制品、硅有机漆、硅有机橡胶聚酰亚胺复合玻璃布、复合薄膜、聚酰亚胺漆等	H
>200～220	200	不采用任何有机粘结剂及浸渍剂的无机物，如石英、石棉、云母、玻璃和电瓷材料、钢纸等	C
>220～250	220		
>250	250		

14.2.4 绝缘油和绝缘漆的作用是什么？

绝缘油主要用作电器设备的电介质，其主要性能是低温性能、氧化安定性和介质损耗。绝缘油包括变压器油、低温开关油、电缆油、电容器油、断路器油、化学合成绝缘油、聚丁烯油和硅油等几种。

绝缘漆可在电器设备表面快速形成坚韧、有弹性、高介电强度、高电阻系数的薄膜漆面，隔绝水分和湿气，主要用于印制电路板及外壳、马达线圈、终端器、电子零件、电缆等。

14.2.5 电缆纸分几种？其用途是什么？

1）电力电缆纸：适用于额定电压不大于 35kV 的电力电缆用纸及其他电器绝缘

用纸。

2）高压电缆纸：适用于额定电压为 110 ~ 330kV 的高压电力电缆及其他高压电器绝缘用纸。

3）半导电电缆纸：适用于纸绝缘电力电缆屏蔽用的半导电电缆纸。

4）浸渍绝缘纸：可作为纸基覆铜板的主要增强材料，常用的有浸渍漂白棉纤维纸和浸渍漂白木纤维纸两种。

5）卷缠绝缘纸：可用于涂以黏合物质制造电容套管芯和卷制绝缘管。

6）电容器纸：可用于做金属化纸介电容器及标准型电容器用纸，分Ⅰ型和Ⅱ型。

7）电解电容器纸：可用于做电解电容器中隔离电极和吸附电解质的纸张。

14.2.6　绝缘纸板的用途是什么？其纸型和厚度有哪些？

绝缘纸板适用于电机、电器、仪表、开关变压器等设备及其构件的绝缘，有平板和卷筒两种形式。绝缘纸板的纸型和厚度见表 14-28。

表 14-28　绝缘纸板的纸型和厚度　（单位：mm）

卷筒纸	平板纸
0.10，0.15，0.20，0.25，0.30，0.35，0.40	0.10，0.15，0.20，0.25，0.30，0.35，0.40，0.50，0.60，0.80，1.0，1.3，1.6，2.0，2.5，3.0，4.0，5.0，6.0，7.0，8.0

14.2.7　绝缘纸管的用途是什么？它分为几类？

绝缘纸管适用于卷绕织物、薄膜、纸张、金属箔、胶片等卷状材料的圆柱形螺旋纸管。直卷纸管亦参照使用。绝缘纸管分为以下两类：

1）A 类纸管：指经分切、螺旋制管、粗切、干燥、精切等工序制得的纸管，可用作塑料薄膜、纸张、金属箔、胶片等卷状材料的卷绕芯管。

2）B 类纸管：指经分切、螺旋制管、树脂涂布、粗切、干燥、精切等特殊加工工序制得的纸管，可用作收卷平整度要求特别高的聚酯、聚丙烯等塑料薄膜、高档纸张、金属箔等其他卷状材料的卷绕芯管。

14.2.8　绝缘钢纸管分为几类？各有什么用途？

绝缘钢纸管有 A 类和 B 类两种。前者供高压熔断器、避雷器及不同型号的玻璃钢复合管用材料；后者供低压熔断器及其他线路套管用。

14.2.9　绝缘层压板分为几种？其耐热等级、性能及用途如何？

绝缘层压板分为酚醛纸质层压板、酚醛布质层压板和玻璃布质层压板。其耐热等级、性能及用途分别见表 14-29 ~ 表 14-31。

表 14-29 酚醛纸质层压板的耐热等级、性能及用途

型号	耐热等级	性能特点	主要用途
3020	A（E）	介电性能好	电气设备中作为绝缘结构零部件，可在变压器油中使用
3021		力学性能好	
3022		耐潮性好	高湿条件下工作的电气设备中作为绝缘结构零部件
3023		介质损耗低	无线电、电信和高频设备中作为绝缘结构零部件
上6075		综合性能好	专用于电信元件、无线电等电位器及开关中
上3022-2		机械冲剪及电性能较好	高频、无线电和电信等装置
上3024		冲剪性能较好，无需预热	是电信元件、无线电和电位器等理想的结构材料

表 14-30 酚醛布质层压板的耐热等级、性能及用途

型号	耐热等级	性能特点	主要用途
3025	A	力学性能好，有一定的介电性能	电气设备中作为绝缘结构零部件，可在变压器油中使用
3027	A	介电性能好	
上3136	A	力学性能特好，可承受重载，噪声、振动小	作为无声齿轮、托轮、滑轮、轴瓦、导轨等零部件
上3321-1	A	介电性能较好，耐潮性好，厚薄均匀	作为电信、仪表、电容器和照相机中绝缘结构零部件
上3133	—	力学性能较好，坚韧耐磨，润滑性好，但不绝缘	专作轧钢机轴瓦、垫块等
上33137	A	有良好的耐电弧性和一定的机械强度	专作少油断路器等的灭弧栅结构材料

表 14-31 玻璃布质层压板的耐热等级、性能及用途

型号—名称	耐热等级	性能特点	主要用途
3240—环氧酚醛层压玻璃布板	H	力学性能、介电性能和耐水性好	电机、电器设备中作为绝缘结构零部件，可在变压器油中和潮湿条件下使用
3250—有机硅环氧层压玻璃布板	H	耐热性、力学性能和介电性能较好	热带型电机、电器中作为绝缘结构零部件
3251—有机硅层压玻璃布板	H	耐热性好，机械强度比3250稍低	可作为耐热180℃及热带型电机、电器中绝缘结构零部件
上3251—半导体环氧酚醛层压玻璃布板	B	有半导体性能	作为大型电机绕组槽衬之间的防电晕材料，以及在高温下的耐磨结构零部件
上3255—二苯醚层压玻璃布板	H	力学性能和介电性能好，耐热性、耐潮性好，耐辐射性好，有自熄性等	是理想的H级绝缘材料，可代替3250和3251，性能优越
上3252—二甲苯层压玻璃布板	H	力学性能、耐湿热性和防腐性好	热带型电机、电器设备中作为绝缘结构零部件

14.2.10 云母制品的型号有哪些？其耐热等级、结构及性能如何？

云母制品类的型号、耐热等级、结构及性能见表14-32。

表14-32 云母制品类的型号、耐热等级、结构及性能

型号及名称	耐热等级	厚度规格/mm	基材组成		补强材料	主要用途
			云母	胶粘漆		
5434 醇酸玻璃云母带	B	0.10，0.13，0.15，0.17	薄片白云母	醇酸	一面为无碱玻璃布，另一面为云母带、纸	高压电机的绕组绝缘
5438-1 环氧玻璃粉云母带	B	0.14	501粉云母纸	环氧	双面无碱玻璃布	大型高压电机的绕组绝缘。可代替5033等云母带
5131 醇酸玻璃柔软云母板	B	0.15，0.20，0.25，0.30，0.40，0.50	薄片白云母	醇酸	双面无碱玻璃布	电机的槽绝缘或匝间绝缘
5131-1 醇酸玻璃柔软粉云母板	B	0.25，0.30，0.40，0.50	501粉云母纸	醇酸	双面无碱玻璃布	
5151 有机硅玻璃柔软云母板	H	0.15，0.20，0.25，0.30，0.40，0.50	薄片白云母	有机硅	双面无碱玻璃布	耐高温电机的槽绝缘或匝间绝缘
5231 虫胶塑型云母板 *	B	0.15，0.20，0.25，0.30，0.40，0.50，	薄片白云母	虫胶		各种电机、电器的管、环及其他复杂绝缘零件
5250 有机硅塑型云母板 *	H	0.60，0.70，0.80，1.00，1.20	薄片白云母	有机硅		耐高温电机、电器的复杂零件
5535 虫胶换向器云母板	B	0.40~1.50（间隔0.05）	薄片白云母	虫胶	（厚度均匀，收缩率较小）	直流电机换向器铜片间的绝缘
5536-1 环氧换向器粉云母板	B		305粉云母纸	环氧	（价廉，可代替5535）	中小型直流电机换向器铜片间的绝缘
5731 虫胶衬垫云母板	B	0.5~1.0，1.5、2.0，3.0、4，5	薄片白云母	虫胶		一般电机、电器等的衬垫绝缘
5760-2 磷酸胺衬垫金云母板	C	0.5，0.8，1.0，1.5，2.0	薄片金云母	磷酸胺		耐高温的仪器和电器等的衬垫绝缘
5836-1 环氧玻璃粉云母箔①	B	0.15，0.20	505粉云母纸	环氧	单面无碱玻璃布	各种电机、电器的卷拱式绝缘零件

① 在110℃ ±5℃下处理15min，有良好的可塑性。

14.2.11　磁性材料分为哪几种？各小类的代号是什么？

磁性材料可用于制造磁功能器件。按矫顽力可分为软磁材料（矫顽力≤1kA/m）和硬（永）磁材料（矫顽力>1kA/m）两种，它们又可各分为若干类。

1）软磁材料的分类：A 类——铁，B 类——低碳软钢，C 类——硅钢，D 类——其他钢，E 类——铁镍合金，F 类——铁钴合金，G 类——其他合金，H 类——以粉末冶金工艺生产的软磁材料，I 类——非晶软磁材料。

2）硬（永）磁材料的分类：Q 类——磁致伸缩合金——稀土铁合金（Q.1 类），R 类——硬（永）磁合金（R.1 类——铝镍铁钴钛合金，R.3 类——铁钴钒铬合金，R.5 类——稀土钴（RE-Co）合金，R.6 类——铁铬钴合金，R.7 类——稀土铁硼合金），S 类——硬（永）磁陶瓷——硬（永）磁铁氧体（S.1 类），T 类——其他硬（永）磁材料——马氏体钢（T.1 类），U 类——粘结硬磁材料（U.1 类——粘结铝镍钴铁钛磁体，U.2 类——粘结稀土钴磁体，U.3 类——粘结钕铁硼磁体，U.4 类——粘结永（硬）磁铁氧体）。

14.3　开关与插座

14.3.1　什么是开关和插座？如何分类？

开关和插座是用来接通和断开电路的电器。

1. 开关的分类

1）按启动方式分：拉线开关、旋转开关、倒扳开关、按钮开关、跷板开关、触摸开关、复位开关、轻点开关、声控开关、光控开关、温控开关、压力开关、真空开关、磁控开关、时间开关、红外线感应开关、遥控开关、智能开关、琴键开关等。

2）按连接方式分：单控开关、双控开关、双极（双路）双控开关、转换开关等。双控开关每个单元比单控开关多一个接线柱。双控开关可以当单控开关用，但单控开关不可以作为双控开关用。家庭中最常见的开关就是单控开关，也就是一个开关控制一件或多件电器，根据所联电器的数量又可以分为单联开关、双联开关、三联开关、四联开关等多种形式。双控开关是两个开关同时控制一件或多件电器，根据所联电器的数量还可以分双联单开开关、双联双开开关等多种形式。此外，还有免布线开关。

3）按规格尺寸分：86 型开关（86mm×86mm）、118 型开关（118mm×74mm）、120 型开关（120mm×74mm）、146 型开关（86mm×146mm，现已淡出市场）。

4）按功能分：一开单（双）控开关、两开单（双）控开关、三开单（双）控开关、四开单（双）控开关、声光控延时开关、触摸延时开关、门铃开关、调速（调光）开关、插卡取电开关。此外还有荧光显示开关。

5）按结构特点分：按钮开关、拨动开关、薄膜开关、水银开关、杠杆式开关、微动开关和行程开关等。

6）按用途分：电源/稳压开关、录放开关、波段开关、预选开关、限位开关、脚踏开关、转换开关、控制开关、接地开关、漏电开关等。

7）按应用场合分：家用开关、船用开关、汽车用开关、矿用开关、发热器具用开关、精密仪器用开关、通信用开关、高压开关、低压开关、变压器用开关、液位开关等。

2. 插座的分类

（1）按应用场合分

1）家用插座：分10A和16A两种。前者又有三孔、五孔、多孔以及一开五孔等，后者又有三孔、一开三孔等。此外，还有10A两孔+16A三孔、10A三孔+16A三孔等。

2）计算机插座：又称网络插座、网线插座、宽带插座、网络面板。

3）电话插座：指有一个或一个以上网线接口可插入的座，通过它可插入网线，便于与电话等设备接通。网络从电话中分离后，产生了电话计算机一体插座。

4）电视插座：又称TV插座、电视面板、有线插座。网络从有线电视分离后，产生了电视计算机一体插座。

5）空调插座：又称16A插座，因为一般的插座都是10A电流，空调插座是16A电流。

6）USB插座：是带有USB接口的插座，属于弱电电子产品，输出电压为5V左右。

（2）按外形分

1）118插座：是横向长方形。

2）120插座：是纵向长方形。

3）86插座：是正方形（一般是五孔插座，或多五孔插座或一开带五孔插座）。

4）118插座：一般分为一位插座、二位插座、三位插座、四位插座。

（3）按形式分

1）A组——扁插系统：由美国国家标准委员会提出，主要应用在亚洲、北美地区（如美国、加拿大、日本、韩国等，中国属于该组）。

2）B组——方插系统：由英国国家标准委员会提出，主要应用在欧洲、大洋洲、南非地区（如英国、新西兰、澳大利亚、印度、巴基斯坦等）。

3）C组——圆插系统：由国际电气设备认证委员会提出，主要使用国在欧洲（如法国、意大利、西班牙、瑞典、瑞士等）。

（4）按有无保护门分　无保护门插座、有保护门插座。

（5）按有害进水的防护等级分

1）普通防护等级IPX0或IPX1的开关插座。

2）防溅型防护等级IPX4开关插座。

3）防喷型防护等级IPX5开关插座。

（6）按安装形式分　明装式插座、暗装式插座、移动式插座、地板暗装式插座。

14.3.2 照明控制电路基本接线方法有几种？

照明控制电路基本接线方法见表14-33。

表 14-33　照明控制电路基本接线方法

要　求	原　理　图	说　明
一只单联开关控制一盏灯	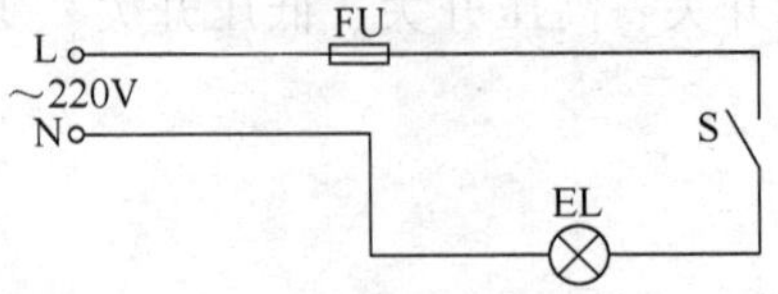	这是荧光灯安装中最简单、最基本、应用最多的接法。相线接开关，零线接灯头
	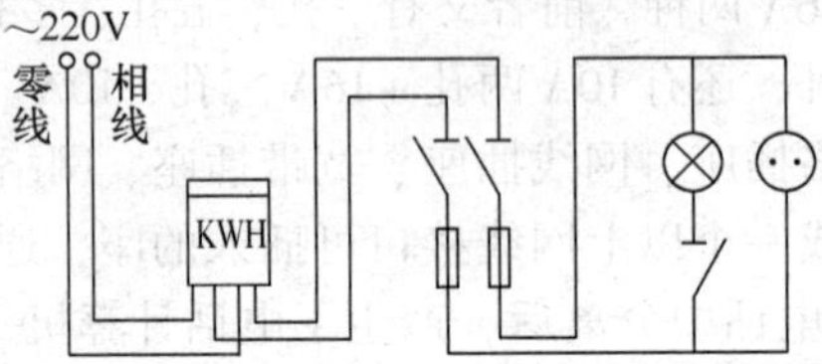	灯具、开关接线法同上，另外，电路中并接了一只单相插座
一只单联开关控制一盏灯并另外连接一个插座	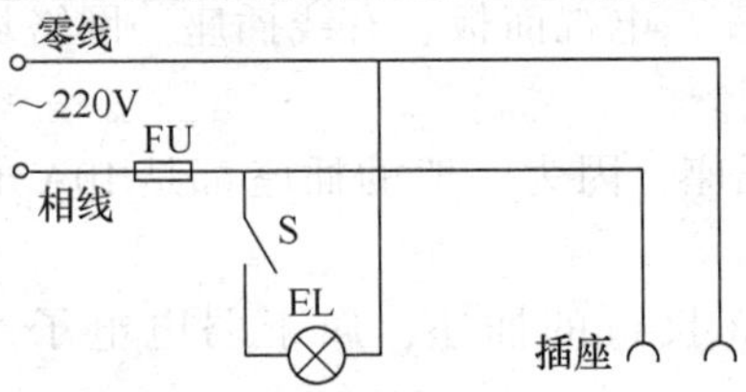	加接的插座并接于电源上(上图)。为了维修方便，减少故障点，接头可接入内部接线柱上，外部连线无接头(下图)
	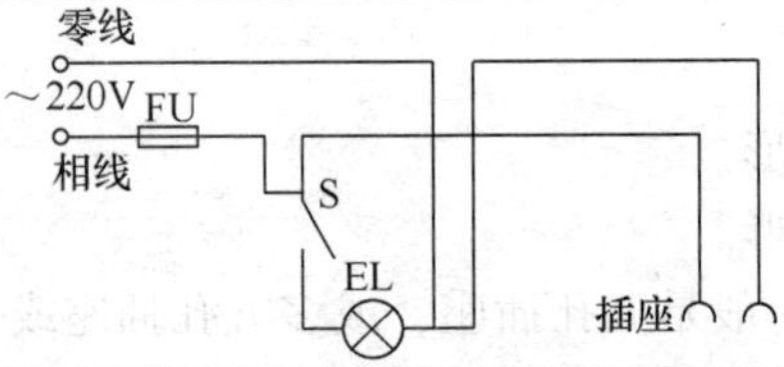	
一只单联开关控制两盏灯	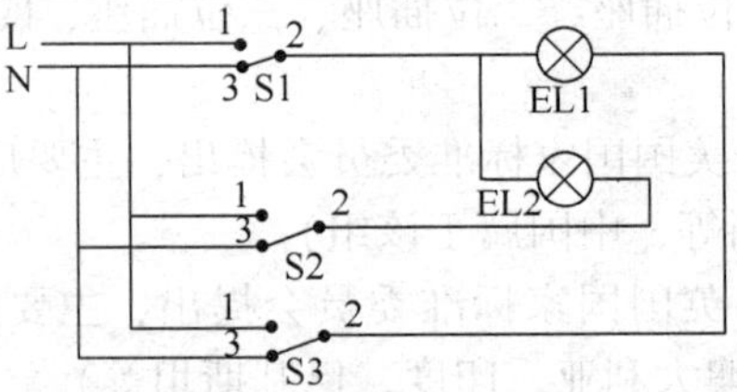	用单刀双掷开关：两边触点分别接相线（左触点）、零线（右触点），中间触点接两盏灯
一只单联开关控制多盏灯	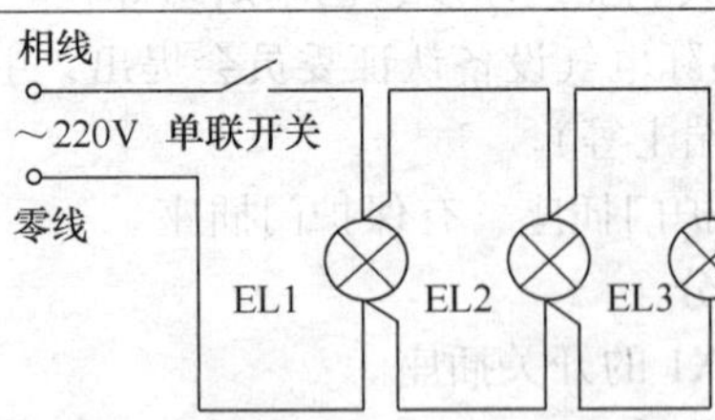	零线连续接每盏灯灯头，相线接开关，再用导线从开关顺序连接灯头
两只单联开关同时控制一盏灯	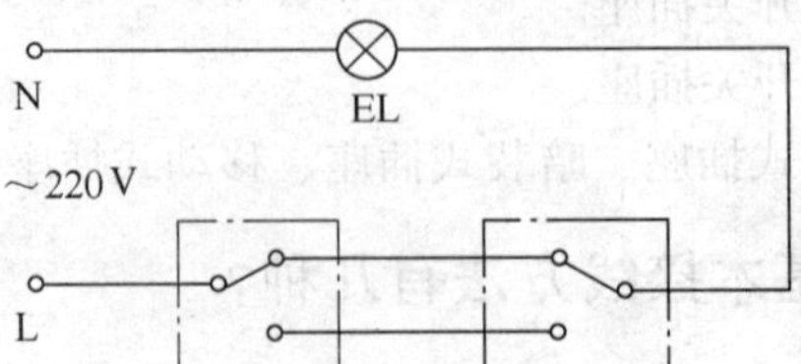	用单刀双掷开关：两边触点分别接相线（左触点）、零线（右触点），中间触点接灯泡

（续）

要　求	原　理　图	说　明
两只开关控制两盏灯	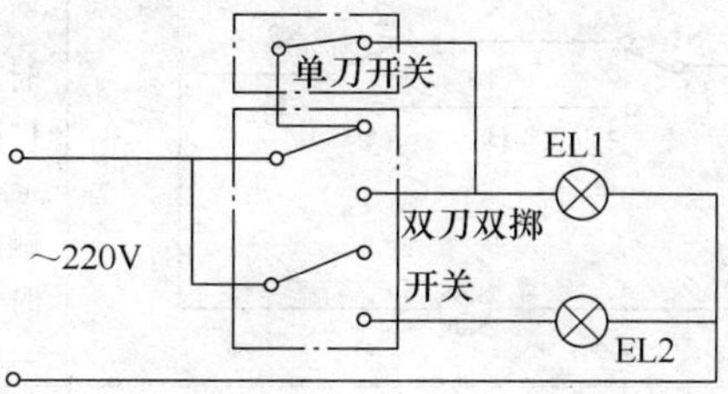	用单刀开关和双刀双掷开关：单刀开关闭合时，双刀双掷开关扳动到任何位置灯 1 总亮，灯 2 随所接开关扳动而亮灭；单刀开关打开时，灯 1、灯 2 随双刀双掷开关扳动而亮灭
用两只单联双控开关控制一盏灯（两地控制接线）	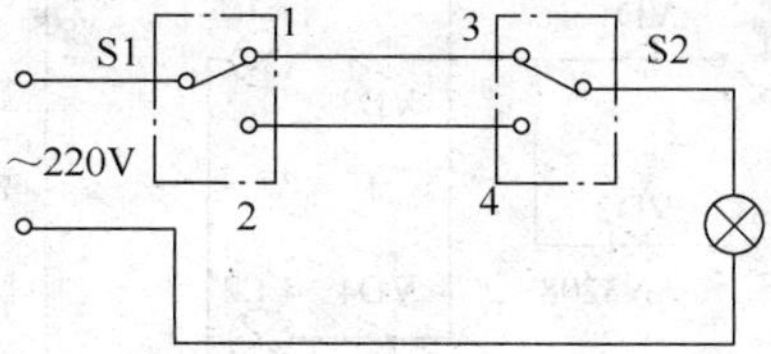	当 S1 扳到 1 位，S2 扳到 3 位时，电路接通，电灯亮，此时再扳动任何一个开关，都将使电路断开，电灯熄灭
两只单联双控开关控制一盏灯（三地控制接线）	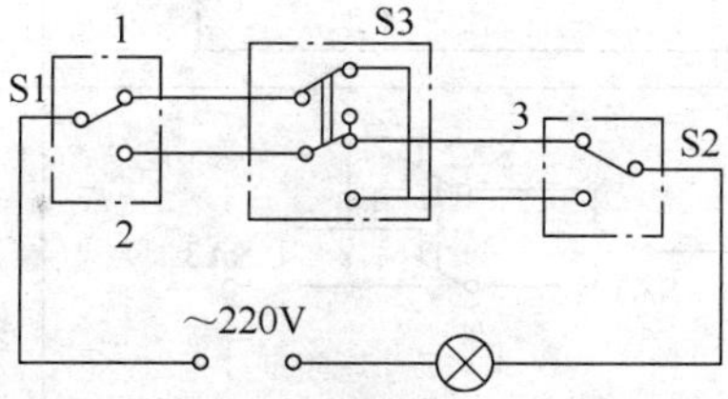 **电路断开** 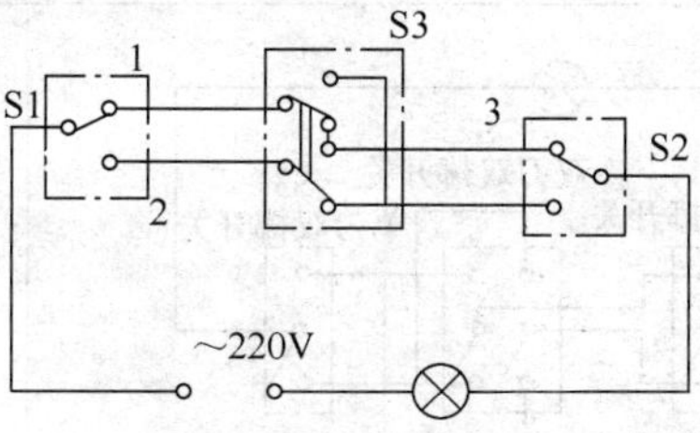 **电路接通**	在开关 S1 和 S2 之间任意点接入双刀双掷开关 S3，便可实现三地控制，S1、S2、S3 处于上图状态时，电路是断开的，这时无论扳动哪一个开关，都能使电路接通；当 S1、S2、S3 处于下图状态时，电路是接通的，这时无论扳动哪一个开关，都能使电路断开
多地控制开关接线	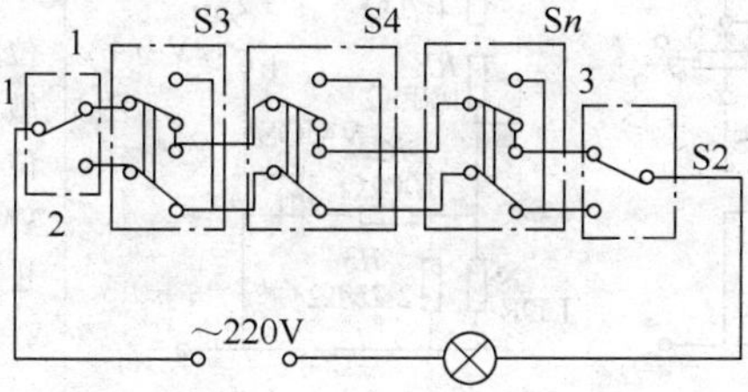	按上面的电路类推

（续）

<table>
<tr><th>要　求</th><th>原 理 图</th><th>说　明</th></tr>
<tr><td>两只双联开关在两地控制一盏灯</td><td>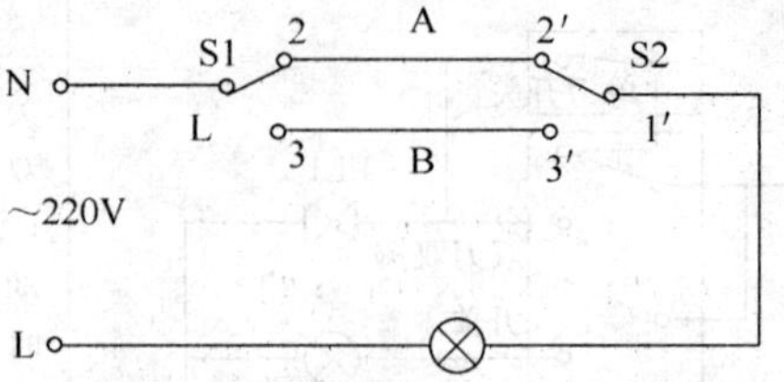
</td><td>当 1 和 2、1′和 2′相接触时，电路 A 接通；当 1 和 3、1′和 3′相接触时，电路 B 接通；当 1 和 2、1′和 3′相接触或 1 和 3、1′和 2′相接触时，A、B 两电路均断开</td></tr>
<tr><td>两只转换开关控制两盏灯</td><td>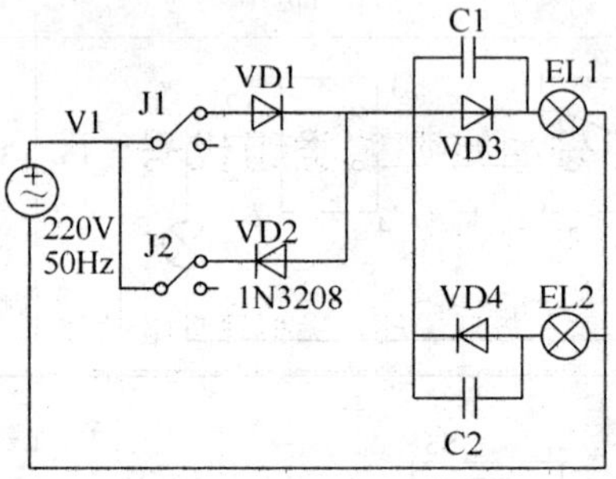
</td><td>零线连续接每盏灯灯头，相线分别接两只开关，再用导线从开关连接对应控制的灯头</td></tr>
<tr><td rowspan="2">三只开关控制一盏灯</td><td>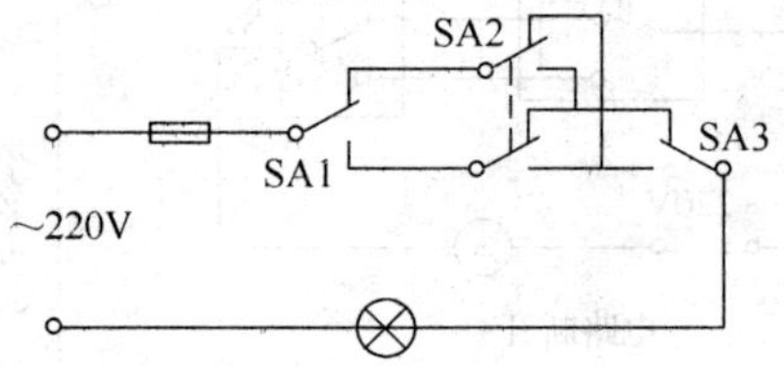
</td><td>用两只单刀双掷开关和一只双刀双掷开关</td></tr>
<tr><td>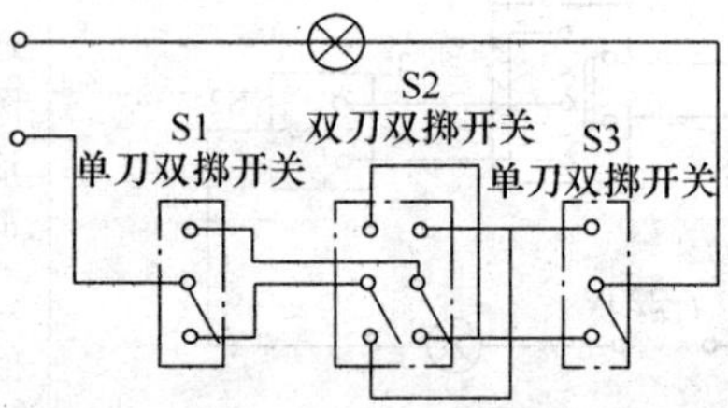
</td><td>用两只单刀双掷开关和一只双刀双掷开关</td></tr>
<tr><td>用功率 MOS 场效应晶体管作功率开关</td><td>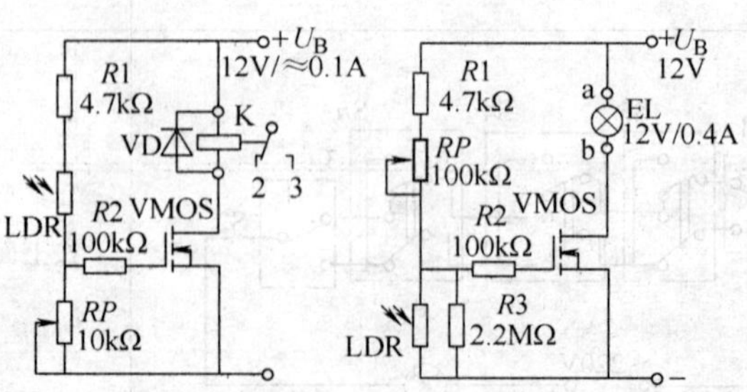
</td><td>光敏电阻 LDR 接在低电位处，则在无光线照射时光敏电阻大，VMOS 管栅极电位高，灯 EL 亮。反之，VMOS 管栅极处于低电位截止，灯 EL 不亮</td></tr>
</table>

14.4　各种电器

14.4.1　电器有哪些种类?

电器按耐压能力分有低压电器（交流电压小于 1.2kV、直流电压小于 1.5kV）和高压电器（电压在 3kV 以上）；按功能分有配电电器（开关电器、保护电器、电抗器等）、控制电器（主令电器、接触器、继电器、启动器、电阻器、变阻器、控制器、电磁铁等）和测量电器；按应用场合分有家用电器和工矿电器；按电流类别分有交流电器和直流电器。

14.4.2　低压电器产品型号中有哪些类组代号?

低压电器产品型号类组代号见表 14-34。

表 14-34　低压电器产品型号类组代号

代号	名称	A	B	C	D	G	H	J	K	L	M
H	刀开关和刀型转换开关				刀开关		封闭式负荷开关		开启式负荷开关		
R	熔断器			插入式			汇流排式			螺旋式	密闭管式
D	断路器										灭磁
K	控制器					鼓形					
C	接触器					高压		交流	真空		灭磁
Q	启动器	按钮式		电磁式				减压			
J	控制继电器				漏电					电流	
L	主令电器	按钮式						接近开关	主令控制器		
Z	电阻器		板形元件	冲片元件	铁铬铝带元件	管形元件					
B	变阻器			旋臂						励磁	
T	调整器				电压						
M	电磁铁										
A	其他		触电保护器	插销	信号灯		接线盒			电铃	

代号	名称	P	Q	R	S	T	U	W	X	Y	Z
H	刀开关和刀型转换开关			熔断器式刀开关	刀型转换开关					其他	组合开关
R	熔断器				快速	有填料封闭管式				其他	自复

（续）

代号	名称	P	Q	R	S	T	U	W	X	Y	Z
D	断路器				快速			框架式		其他	塑料外壳式
K	控制器	平面				凸轮				其他	
C	接触器	中频			时间	通用				其他	直流
Q	启动器				手动		油浸		星三角	其他	综合
J	控制继电器			热	时间	通用		温度		其他	中间
L	主令电器				主令开关	脚踏开关	旋钮	万能转换开关	行程开关	其他	
Z	电阻器			非线性电力电阻	烧结元件	铸铁元件			电阻器	硅碳电阻元件	
B	变阻器	频敏	启动		石墨	启动调速	油浸启动	液体启动	滑线式	其他	
T	调整器										
M	电磁铁		牵引				起重			液压	制动
A	其他										
首位代号		5		6		7		8		9	
代表意义		化工用		农用		纺织用		防爆用		船用	

注：代号为两位以上数字。

14. 4. 3　高压电器的产品名称代号有哪些？

高压电器的产品名称代号见表 14-35。

表 14-35　高压电器的产品名称代号

产品型号第 1 位		产品型号第 2 位	
L	六氟化硫断路器	场 所 类 别	
Z	真空断路器	W	户外
S	少油断路器	N	户内
D	多油断路器	操动机构类别	
G	隔离开关	T	弹簧操动机构
J	接地开关	D	电磁操动机构
F	负荷开关	Y	液压操动机构
ZF	封闭式组合电器	Q	气动操动机构
ZH	复合式组合电器	S	手力操动机构，人力操动机构
ZC	敞开式组合电器	J	电动机操动机构
C	操动机构		

注：电流互感器和避雷器型号有其自己的编制方法。

14.4.4　何谓开关电器？它有哪些种类？

开关电器是将线路与电源连接或隔离开的电器。它包括刀开关、转换开关和组合开关、隔离开关、负荷开关、组合开关和开关柜。低压刀开关通常用于 500V、1500A 以下不频繁操作的电路中和分断交、直流电路或作隔离开关用。

14.4.5　何谓保护电器？它有哪些种类？

保护电器是为设备提供安全保护的装置，当设备遭遇瞬间高电压的异常情况时，智能启动内部保护装置，确保后端用电电器的用电安全。低压电器的工作电压范围：交流电压≤1200V，直流电压≤1500V。

低压保护电器有低压熔断器、低压断路器和其他保护电器；高压保护电器有高压熔断器、高压断路器、避雷器和接闪器等。

14.4.6　何谓电抗器？它有哪些种类？

电抗器包括感抗器（电感器）和容抗器（电容器），其作用是在电力系统发生短路时，增大短路阻抗，限制短路电流，保持电气设备的动态稳定和热稳定。

电抗器分为限流电抗器、并联电抗器、通信电抗器、消弧电抗器、滤波电抗器、电炉电抗器和起动电抗器。

14.4.7　何谓主令电器？它有哪些种类？

主令电器是用作接通或断开控制电路，以发出指令或用于程序控制的开关电器。常用的主令电器有按钮开关、旋钮开关、主令控制器、行程开关、定时开关、微动开关、万能转换开关和脚踏开关等。

14.4.8　何谓控制电器？它有哪些种类？

接触器主要用于频繁接通或分断交、直流电路，其控制容量大，可远距离操作，配合继电器可以实现定时操作，联锁控制，各种定量控制和失电压及欠电压保护，广泛应用于自动控制电路，其主要控制对象是电动机，也可用于控制其他电力负载，如电热器、照明、电焊机、电容器组等。

接触器包括直流接触器、交流接触器、继电器、启动器、电阻器和变阻器、倒顺开关和万向开关、凸轮控制器、电磁铁和电磁吸盘，还有智能控制器。

14.4.9　何谓变压器？其基本结构是什么？它有哪些种类？

变压器是利用电磁感应原理改变交流电压的装置，用于变换电压、电流和阻抗，安全隔离、稳压等。当一次绕组中存在交流电流时，铁心中便产生交流磁通，使二次绕组中感应出电压。

变压器由铁心和两个或两个以上的绕组组成。铁心通常由含硅量较高、表面涂有绝缘漆的热轧或冷轧硅钢片叠装或卷制而成，其作用是构成电磁感应所需的磁路；线圈由纸包、漆包或丝包扁线或圆线绕成。

变压器有单相和三相之分。前者铁心上只有一个绕组，而后者一个铁心上绕了三个绕组。大型变压器中，也有采用三个单相变压器组合成的“三相组合式变压器”。

常用变压器有干式和油浸式两大类。干式变压器主要由铁心、绕组、底座、高低压引出线等组成（图 14-1a）；油浸式变压器主要由铁心、绕组、分接开关、油枕和油箱、散热片、机座和变压器油等组成（图 14-1b）。

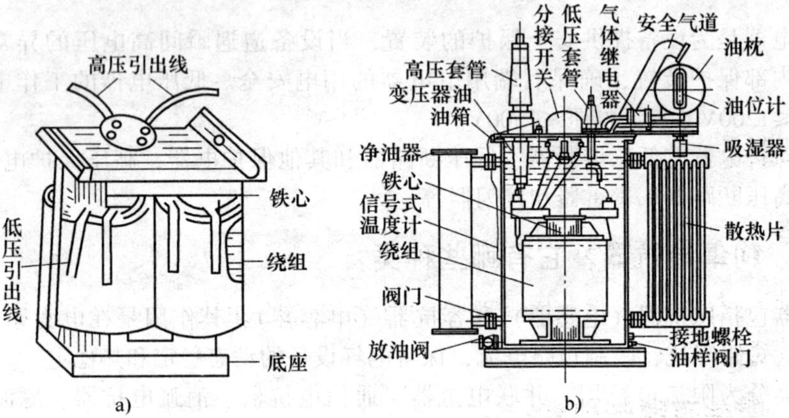

图 14-1　变压器的结构

a）干式变压器　b）油浸式变压器

第 15 章

紧固件与连接件

15.1　螺栓

15.1.1　什么是螺栓?

螺栓由头部和螺杆（带有外螺纹的圆柱体）两部分组成，与螺母一起用于紧固连接两个带有通孔的零件。

15.1.2　螺栓有哪些种类?

（1）按头部形状分　有六角头螺栓、圆头螺栓、方头螺栓、沉头螺栓、双头螺柱、活节螺栓、焊接单头螺栓和地脚螺栓等，其中以六角头螺栓最常用。

1）六角头螺栓：按其头部支承面大小又分大六角头与六角头两种；按其制作质量和产品等级则分为 A、B、C 三种。A 级螺栓通称精制螺栓，B 级螺栓为半精制螺栓，它们用于拆装式构造或衔接部位需传递较大剪力的重要构造的装置中；C 级螺栓为粗制螺栓，由未加工的圆杆压制而成，用于沿螺栓杆轴受拉的连接，以及次要结构的抗剪连接或安装时的临时固定。

2）圆头螺栓：又分圆头螺栓、半圆头螺栓和大半圆头螺栓三种。

3）方头螺栓：头部为四方形，尺寸较大，受力表面也较大，便于扳手卡住其头部。也可用于带 T 形槽的零件中，以便调整螺栓位置。C 级方头螺栓常用于比较粗糙的结构上。

4）沉头螺栓：头部是一个 90°的锥体，类似于木螺钉，上面有一字形、十字形或内六角形工具拧紧槽，拧紧后和连接件的表面平齐。

5）双头螺柱：通常又称螺柱。用于连接机械的固定链接功能，双头螺柱两头都有螺纹，中间的螺杆有粗的也有细的。双头螺柱一般用于矿山机械、桥梁、汽车、摩托车、锅炉钢结构、吊塔、大跨度钢结构和大型建筑等。

6）活节螺栓：用于需要紧固又有铰接的连接件。

7）焊接单头螺栓：没有螺纹的一端焊在被连接件上，另一端用于连接。

8）地脚螺栓：分为普通地脚螺栓、直角地脚螺栓、锤头螺栓和锚固地脚螺栓，它们埋在地基中，用于固定各种机器设备。

（2）按螺纹种类分　有管螺纹螺栓、管用管螺纹螺栓、管用密封螺纹螺栓、锯齿螺纹螺栓和方螺纹螺栓等。

1）管螺纹（60°）螺栓：用于连接或锁紧。

2）管用管螺纹（55°）螺栓：用于连接或锁紧。

3）管用密封螺纹（55°或 60°）螺栓：用于高温高压或密封性要求较高的管连接。

4）锯齿螺纹（33°或 45°）螺栓：用于起重机械或压力机械。

5）梯形螺纹（30°或 29°）螺栓：用于传递动力。

6）矩形螺纹（90°）螺栓：用于传递动力。

（3）按螺杆材料分　有钢螺栓、不锈钢螺栓、铜螺栓和铝合金螺栓等。

（4）按螺纹规格分　有粗牙螺栓、细牙螺栓等。

（5）按螺栓用途分　有机械连接用螺栓、密封用螺栓、自攻用螺栓等。

（6）按性能等级分　见 15.1.3 节。

15.1.3　螺栓如何按性能分级？

1. 钢结构连接螺栓

按性能分为 3.6、4.6、4.8、5.6、5.8、6.8、8.8、9.8、10.9、12.9 共 10 个等级，其中 8.8 级及以上螺栓材质为低碳合金钢或中碳钢并经热处理（淬火、回火），通称为高强度螺栓，其余通称为普通螺栓。

螺栓性能等级标号有两部分数字组成，分别表示螺栓材料的公称抗拉强度值和屈强比值。例如，性能等级为 4.6 级的螺栓，其含义是：①螺栓材质公称抗拉强度为 400MPa；②螺栓材质的屈强比值为 0.6；③螺栓材质的公称屈服强度达 400MPa × 0.6 = 240MPa。性能等级为 10.9 级的高强度螺栓，其含义是：①其材料经过热处理后，螺栓材质公称抗拉强度达 1000MPa；②螺栓材质的屈强比值为 0.9；③螺栓材质的公称屈服强度达 1000MPa × 0.9 = 900MPa。螺栓性能等级的含义是国际通用的标准，相同性能等级的螺栓，不管其材料和产地的区别，其性能是相同的，设计上只选用性能等级即可。

2. 不锈钢连接螺栓

强度等级形式为 A2-70，标志代号中“-”前的符号表示材料，如 A2、A4 等，标志代号“-”后的符号表示抗拉强度（以其值的 1/10 表示），如 A2-70 表示材质是奥氏体，公称抗拉强度为 700MPa。

奥氏体不锈钢连接螺栓有 A1、A2、A3、A4 和 A5 五组，强度分为 60（600 MPa，以下类推）、70、80 三级；马氏体不锈钢螺栓有 C1、C3、C4 三组，C1 有 50、70、110 三级，C3 只有 80 一级，C4 有 50、70 两级；铁素体不锈钢螺栓只有 F1 一组，分为 45、60 两级。

3. 有色金属螺栓

有色金属螺栓的性能等级见表 15-1。

表 15-1 有色金属螺栓的性能等级

性能等级		螺纹公称直径/mm	抗拉强度/MPa	屈服强度/MPa	推荐材料
铜和铜合金	CU1	≤39	240	160	T2
	CU2	≤6	440	340	H63
		>6~39	370	250	
	CU3	≤6	440	340	HPb58-2
		>6~39	370	250	
	CU4	≤12	470	340	QSn6. 5-0. 4
		>12~39	400	200	
	CU5	≤39	590	540	QSi1-3
	CU6	>6~39	440	180	—
	CU7	>12~39	640	270	QAl10-4-4
铝和铝合金	AL1	≤10	270	230	5A02
		>10~20	250	180	
	AL2	≤14	310	205	5A05
		>14~36	280	200	
	AL3	≤6	320	250	5A43
		>6~39	310	260	
	AL4	≤10	420	290	2B11，2A90
		>10~39	380	260	
	AL5	≤39	460	380	—
	AL6		510	440	7A09

15.1.4 常用的螺栓规格有哪些？

常用的螺栓规格见表 15-2。

表 15-2 常用的螺栓规格 （单位：mm）

螺纹规格 *d*	M1.6	M2	M2.5	M3	M4	M5	M6
l（商品规格范围）	12~16	16~20	16~25	20~30	25~40	25~50	30~60
螺纹规格 *d*	M8	M10	M12	M16	M20	M24	
l（商品规格范围）	35~80	40~100	45~120	55~160	65~200	80~240	
螺纹规格 *d*	M30	M36	M42	M48	M56	M64	
l（商品规格范围）	90~300	110~360	160~440	180~480	220~500	260~500	

注：*l* 系列（mm）为 12，16，20，25，30，35，40，45，50，55，60，65，70，80，90，100，110，120，130，140，150，160，180，200，220，240，260，280，300，320，340，360，380，400，420，440，460，480，500。

15.1.5 螺栓的规定标记是什么？

螺纹规格为 M12、公称长度为 80mm、性能等级为 10.9 级、产品等级为 A 级、表面氧化的六角头螺栓。完整表示方法：螺栓　GB/T 5782—2000　M12 × 80-10. 9-A-O；简化表示方法：螺栓　GB/T 5782　M12。

15. 1. 6　螺栓（螺钉、螺柱）的力学性能是怎样的?

螺栓（螺钉、螺柱）的力学性能见表 15-3。

表 15-3　螺栓（螺钉、螺柱）的力学性能

性能等级	3. 6	4. 6	4. 8	5. 6	5. 8	6. 8	8. 8		9. 9	10. 9	12. 9
							≤M16	>M16			
最小抗拉强度极限/MPa	330	400	420	500	520	600	800	830	900	1040	1220
最小屈服强度极限/MPa	190	240	340	360	420	480	640	660	720	940	1100
材料及热处理	Q215、Q235	Q215、10、15	Q235	Q235、35	15、25	35、45	低碳合金钢（如硼、锰、铬等）、中碳优质钢淬火并回火			15MnVB、20CrMnTi 40Cr 等合金钢淬火并回火	15MnVB、30CrMnTi 等合金钢淬火并回火
最低硬度 HBW	90	100	113	134	140	181	232	248	269	312	365
标配螺母的性能等级	4（d>M16） 4（d≤M16）			5		6	8 9（M16＜d≤M16		9 （d≤M16）	10	12 （d≤M39）

15. 1. 7　如何选用螺栓的性能等级?

1）高强度螺栓：主要用在一些像户外工程、风电或者具有能动性的机械上，以及抗拉强度要求比较大的永久连接。常用 8. 8 和 10. 9 两级，其中以 10. 9 级居多。

2）普通螺栓：应用在除上述情况之外而要求用螺栓连接之处。一般为 4. 4 级、4. 8 级、5. 6 级和 8. 8 级。

15. 1. 8　为什么螺母的性能等级不低于螺栓的性能等级?

在大多数情况下，螺杆螺纹的强度要比螺母高一级，以保证在配套使用时，螺杆的寿命比螺母长，拆卸更换紧固件时更加容易，成本也会更低。

15. 1. 9　什么是膨胀螺栓?

膨胀螺栓（图 15-1）是将管路支架（托架或设备）固定在墙上（楼板上）所用的一种特殊螺纹连接件。

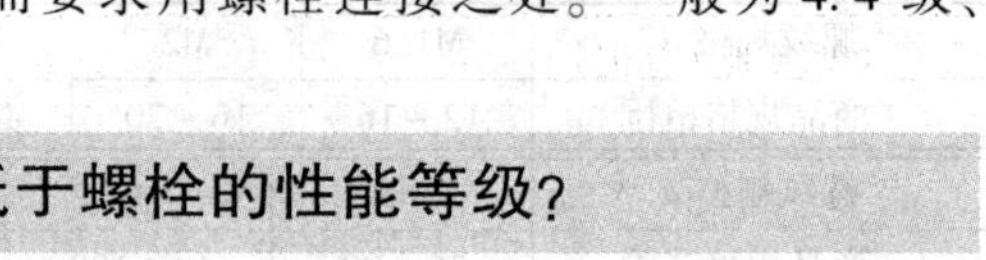

图 15-1　膨胀螺栓

使用时，先用冲击电钻（锤）在固定

体上钻出比螺栓直径大 2mm 的孔，再把胀管（直径比螺栓直径稍大）和螺栓装入孔中，由于螺栓尾部有一个大头，胀管上有几道开口，当螺栓拧紧以后，大头的尾部就被带到开口的胀管里面，把胀管撑大，达到膨胀的目的，进而把螺栓固定在地面或墙壁上。

15.1.10 什么是防卸螺栓？

防卸螺栓是在普通螺栓的螺纹表面加开一条纵向凹槽，凹槽沿螺纹的旋入方向由浅至深。当螺母旋入达到要求的紧固程度后，将销子插入凹槽并截去其外露部分，就可以使螺母即使在较大的外力作用下都无法反旋，从而达到防卸的目的。而当需要复紧时，螺母仍可继续旋入，不受影响。

15.2 螺母

15.2.1 什么是螺母？它有哪些类型？

螺母是与螺栓或螺杆拧在一起，用来起紧固作用的零件。

按照螺母的材料不同，可分为如下几类：

1）碳钢螺母或不锈钢螺母：六角螺母、圆螺母、方形螺母、锁紧螺母、自锁螺母、环形螺母、蝶形螺母和盖形螺母等。

2）铜材螺母：铜螺母、镶嵌铜螺母、滚花铜螺母、嵌装铜螺母、注塑铜螺母等。

3）合金螺母：锌铜合金螺母等。

15.2.2 螺母如何按性能分级？

螺母的强度级别见表 15-4。细牙螺母的强度级别见表 15-5。

表 15-4 螺母的强度级别

强度级别（标记）	4	5	6	8	9	10	12
抗拉强度极限/MPa	410 （d > M16）	520 （d ≤ M16）	600	800	900	1040	1150

推荐材料	易切削钢或低碳钢		低碳钢或中碳钢	中碳钢		合金钢	
相配螺栓的性能等级	3.6 4.6 4.8 （d > M16）	3.6 4.6 4.8 （d < M16） 5.6 5.8	6.8	8.8	8.8 （d ≥ M16 ~ M39） 9.8 （d < M16）	10.9	12.9

注：螺母的硬度 ≤ 30HRC。

表 15-5 细牙螺母的强度级别

强度级别（标记）	6	8	10	12
抗拉强度极限/MPa	600	800	1040	1150
推荐材料	低碳钢或中碳钢	中碳钢	合金钢	合金钢
相配螺栓的性能等级	≤6.8（d≤M39）	8.8（d≤M39） 9.8（d≤M16）	10.9（d≤M39）	12.9（d≤M16）

15.2.3 六角螺母有几种？各自的用途是什么？

六角螺母按照公称厚度分为1型、2型和薄型三种。8级以上的螺母分为1型与2型两种型式。

1型的六角螺母应用最广，分为A、B、C三级；2型六角螺母的厚度比较厚，多用在经常需要装拆的场合。六角薄螺母的厚度较薄，多用于被连接机件的表面空间受限制的场合。

15.2.4 1型六角螺母的常用规格有哪些？

1型六角螺母的优选规格有M1.6、M2、M2.5、M3、M4、M5、M6、M8、M10、M12、M16、M20、M24、M30、M36、M42、M48、M56、M64；性能等级为6、8、10、A2-50、A2-70、A4-50、A4-70、CU2、CU3、AL4级；产品等级为A级和B级，A级用于$D \leqslant 16$mm的螺母，B级用于$D > 16$mm的螺母。

15.2.5 2型六角螺母的常用规格有哪些？

2型六角螺母的常用规格有M5、M6、M8、M10、M12、M14、M16、M20、M24、M30、M36；性能等级为9、12级；产品等级为A级和B级，A级用于$D \leqslant 16$mm的螺母，B级用于$D > 16$mm的螺母。

15.2.6 方螺母C级的常用规格有哪些？

方螺母C级的常用规格有M3，M4，M5，M6～M24（以2mm递增）。

15.2.7 什么是自锁螺母？

自锁螺母是在使用过程中，受到振动等原因不自行松脱，有防松、抗振功能的螺母。其工作原理一般是靠摩擦力，有嵌尼龙圈、带颈收口和加金属防松装置几种方法。前者是在螺纹口带有尼龙材料，利用尼龙的阻尼作用使螺母不易松脱；中者是在螺纹口把螺纹做一定的变形量，使螺母和丝杆之间产生一定的阻尼；后者是在安装时加弹簧垫圈起抗振作用。

15.2.8 对顶螺母的防松原理是什么？运用在什么场合？

对顶螺母（图15-2）安装后，螺栓在旋合段内受拉而螺母受压，构成螺纹连接副纵向压紧，故螺母不易松脱。这种方法可靠性较低、重量较大、螺杆长度较长，但其结构简单、便于装卸，普遍用于低速重载场合。

15.2.9　椭圆收口螺母的防松原理是什么？运用在什么场合？

椭圆收口螺母（图15-3）的上端制成椭圆收口状，螺母拧紧后，收口端因螺杆的撑挤作用而胀开，使螺纹副横向压紧，螺母紧紧抱压在螺杆上，增加了螺纹间的压力和摩擦力。

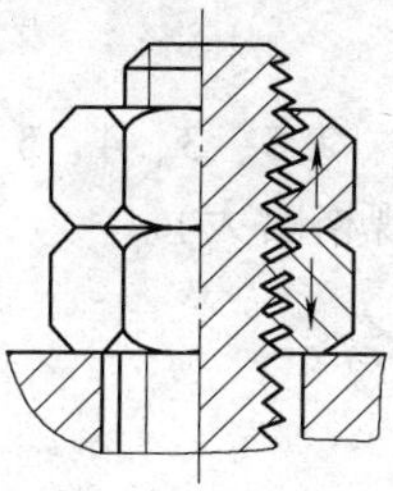

图15-2　对顶螺母防松

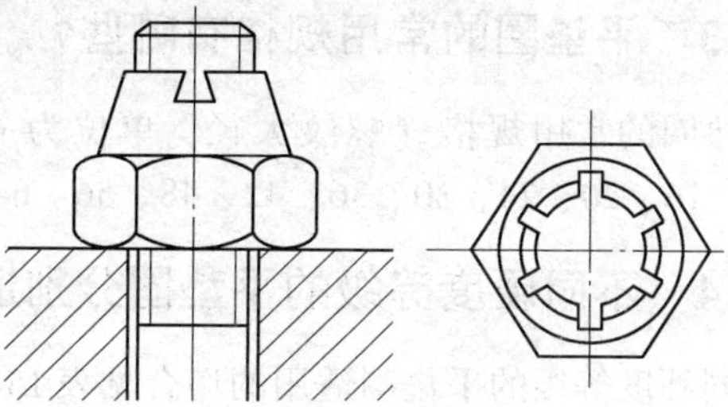

图15-3　椭圆收口螺母防松

这种方法结构简单，工作可靠，可多次拆装，而且不降低防松性能；但其制造成本较高，拧紧螺母时稍显困难，适用于较重要的连接。

15.2.10　槽形螺母的防松原理是什么？运用在什么场合？

槽形螺母（图15-4）上端开有垂直于轴线的若干槽，螺母拧紧后，找一个合适的槽位，在螺柱上垂直于螺杆轴线方向打一通孔，将开口销穿过槽和通孔，从另一端劈向两边分折，固定好螺杆和螺母的位置。有时也用普通螺母拧紧后再配钻开口销孔。其优点是防松可靠，缺点是螺杆要钻孔，对强度有影响，适用于有振动的高速机械上。

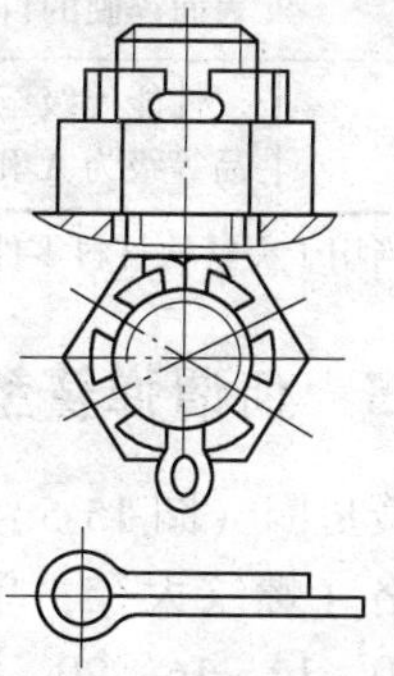

图15-4　槽形螺母防松

15.3　垫圈和挡圈

15.3.1　什么是垫圈？其作用是什么？

垫圈是指垫在被连接件与螺母之间的金属环状物，有平面垫圈、开口垫圈、弹簧垫圈、弹性垫圈和止动垫圈等。平面垫圈可增大螺栓或螺母与零件表面的接触面积，并防止零件表面被磨坏；开口垫圈的作用与平面垫圈相同，但换垫圈时不用卸下螺母；弹簧垫圈和弹性垫圈有防松作用；止动垫圈用于固定有外螺纹轴上的零件或紧定套上的轴承。

15.3.2 垫圈的类型有哪些?

垫圈分为平垫圈-C 级、大垫圈-A 和 C 级、特大垫圈-C 级、小垫圈-A 级、平垫圈-A 级、平垫圈-倒角型-A 级、钢结构用高强度垫圈、球面垫圈、锥面垫圈、工字钢用方斜垫圈、槽钢用方斜垫圈、标准型弹簧垫圈、轻型弹簧垫圈、重型弹簧垫圈、内齿锁紧垫圈、内锯齿锁紧垫圈、外齿锁紧垫圈、外锯齿锁紧垫圈、单耳止动垫圈、双耳止动垫圈、外舌止动垫圈、圆螺母用止动垫圈等。

15.3.3 平垫圈的常用规格有哪些?

平垫圈的常用规格（螺纹大径，单位为 mm）有 1.6、2、2.5、3、4、5、6、8、10、12、16、20、24、30、36、42、48、56、64（内径比对应规格略大）。

15.3.4 不同硬度等级的平垫圈分别适用于什么场合?

不同硬度等级的平垫圈适用的场合见表 15-6。

表 15-6 不同硬度等级的平垫圈适用的场合

硬度 HV	适用场合
100	性能等级至6.8 级、产品等级为 C 级的六角头螺栓和螺钉；性能等级至6 级、产品等级为 C 级的六角螺母；表面淬硬的自挤螺钉
200	性能等级至8.8 级、产品等级为 A 和 B 级的六角头螺栓和螺钉；性能等级至 8 级、产品等级为 A 和 B 级的六角螺母；不锈钢及类似化学成分的六角头螺栓、螺钉和六角螺母；表面淬硬的自挤螺钉
300	性能等级至10.9 级、产品等级为 A 和 B 级的六角头螺栓和螺钉；性能等级至 10 级、产品等级为 A 和 B 级的六角螺母

注：当用于夹紧软材料零件或者工件上大的螺栓通孔时供参考。

15.3.5 何谓弹簧垫圈和弹性垫圈? 各自的常用规格有哪些?

弹簧垫圈（图 15-5）是中间断开并带有弹性的垫圈，常用规格（螺纹大径，单位为 mm）有 2、2.5、3、4、5、6、8、10、12、16、20、24、30、36、42 和 48。

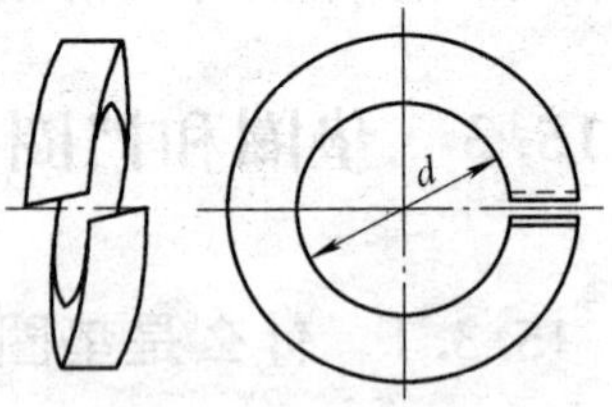

图 15-5 弹簧垫圈

弹性垫圈（图 15-6）有鞍形弹性垫圈、波形弹性垫圈和锥形弹性垫圈之分。鞍形弹性垫圈规格（螺纹大径，单位为 mm）有 2、2.5、3、4、5、6、8、10；波形弹性垫圈的规格（螺纹大径，单位为 mm）有 3、4、5、6、8、10、12、16、20、24、30；锥形弹性垫圈的规格（螺纹大径，单位为 mm）有 4、5、6、8、10、12、16、20、24、30。

它们的基本作用都是在螺母拧紧之后给螺母一个力，增大螺母和螺栓之间的摩擦力，可防止螺栓松动。弹性垫圈的作用要优于弹簧垫圈。

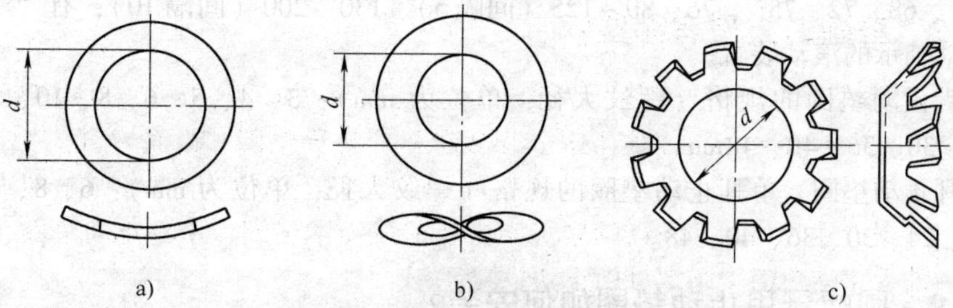

图15-6　弹性垫圈
a）鞍形弹性垫圈　b）波形弹性垫圈　c）锥形弹性垫圈

15.3.6　弹簧垫圈的防松原理是什么？应用在什么场合？

弹簧垫圈用弹簧钢制造，自然状态时呈立体曲面（图15-7），装配后被压平，形成的弹力使螺纹间增加了正压力和摩擦力。另外，其开口处刃口也可阻止螺母和螺杆相对转动，因而有防松作用。弹簧垫圈的优点是结构简单，使用方便，外廓小；缺点是螺杆受到附加弯矩作用对强度不利，同时在有冲击振动时也不可靠，不能用于重要场合。

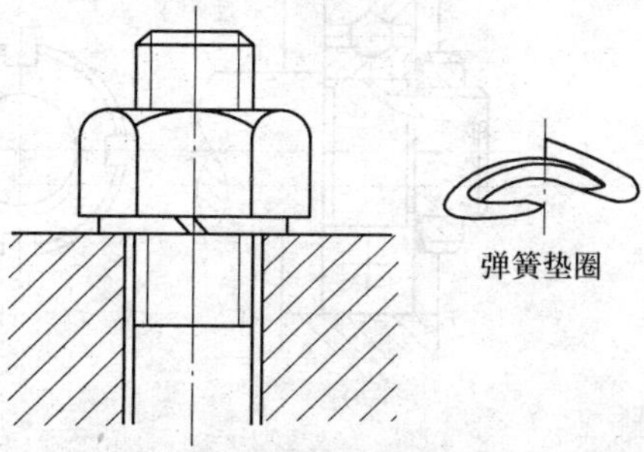

图15-7　弹簧垫圈防松

15.3.7　什么是止动垫圈？

止动垫圈（图15-8）是与螺母配合使用，用于固定有外螺纹轴上的零件或紧定套上的轴承，防止螺母松动的垫圈。止动垫圈一般分为内舌止动垫圈、外舌止动垫圈、双耳止动垫圈和单耳止动垫圈四类。

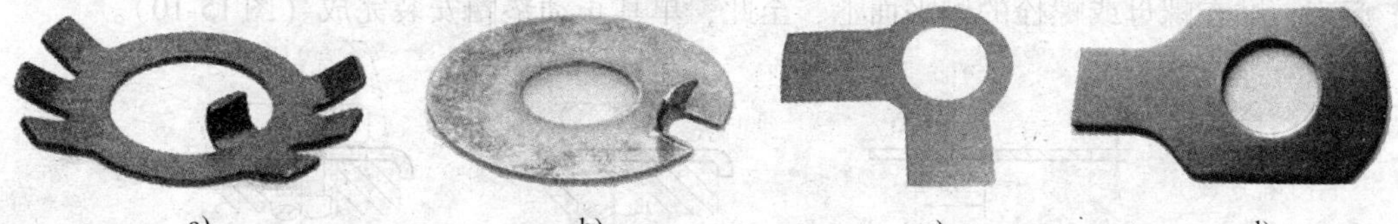

图15-8　止动垫圈
a）内舌止动垫圈　b）外舌止动垫圈　c）双耳止动垫圈　d）单耳止动垫圈

15.3.8　止动垫圈的常用规格有哪些？

内舌止动垫圈的规格（螺纹大径，单位为mm）：10、12、14、16、18、20、22、24、25*、27、30、33、35*、36、39、40*、42、45、48、50*、52、55*、56、60、

64、65*、68、72、75*、76、80 ~ 125（间隔 5）、130 ~ 200（间隔 10）；有“*”的仅用于滚动轴承的滚动装置。

外舌止动垫圈的规格（螺纹大径，单位为 mm）：3、4、5、6、8、10、12、16、20、24、30、36、40、48mm。

双耳止动垫圈、单耳止动垫圈的规格（螺纹大径，单位为 mm）：6、8、10、12、16、20、24、30、36、40、48。

15.3.9　圆螺母用止动垫圈如何安装？

圆螺母止动垫圈的内、外圈上都有齿，先把止动垫圈内齿与圆螺母所配合的外螺纹上对应的孔眼或槽对准，旋紧圆螺母，再把螺母扳拧槽所对应的垫圈外齿折弯嵌入槽中，至此，止动垫圈安装完成（图 15-9）。

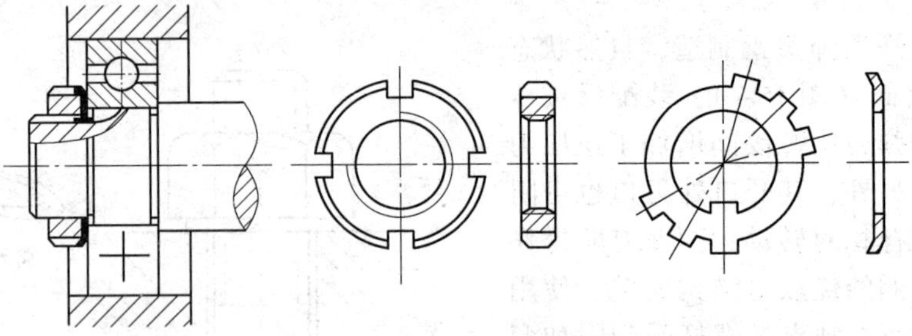

图 15-9　止动垫圈的安装

a）轴承内圈的固定　b）圆螺母　c）圆螺母用止动垫圈

15.3.10　螺栓用单耳止动垫圈如何安装？

首先将螺栓穿过单耳止动垫圈，拧好螺母，将单耳止动垫圈的长端紧靠被压紧件的边沿折下去。当六角螺母（六角头螺栓也一样）拧紧后，将单耳止动垫圈的圆端立起来，贴在螺母或螺栓的侧平面上，至此，单耳止动垫圈安装完成（图 15-10）。

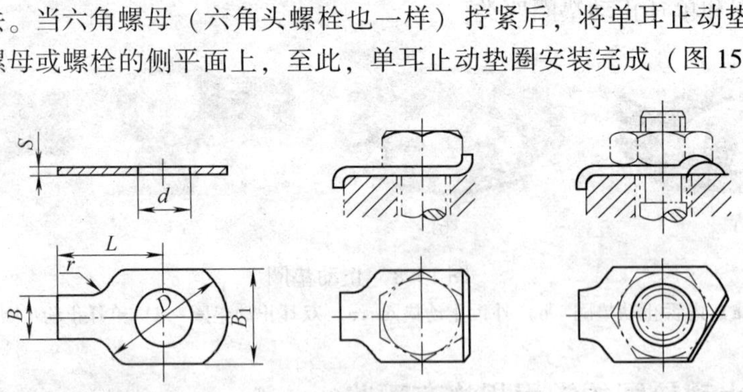

图 15-10　单耳止动垫圈的安装

a）单耳止动垫圈　b）拧上螺栓　c）拧上螺母

15.3.11　螺栓用双耳止动垫圈如何安装？

首先将螺栓穿过双耳止动垫圈，拧好螺母，将双耳止动垫圈的长端紧靠被压紧件的边沿折下去。当六角螺母（六角头螺栓也一样）拧紧后，将双耳止动垫圈的另一端立起来，贴在螺母或螺栓的侧平面上，至此，双耳止动垫圈安装完成（图 15-11）。

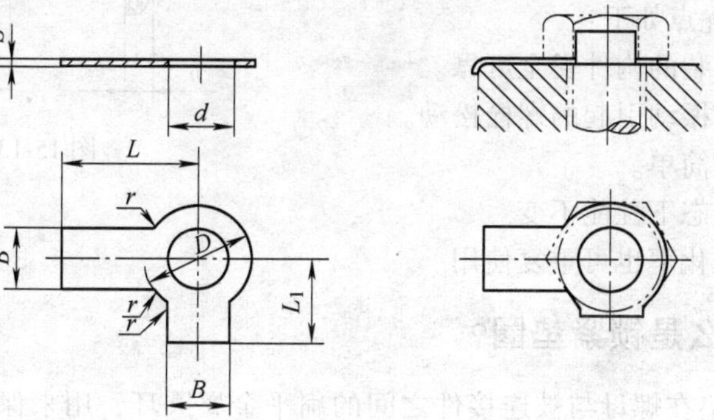

a)　　b)

图 15-11　双耳止动垫圈的安装

a）单耳止动垫圈　b）双耳止动垫圈的安装

15.3.12　螺栓用外舌止动垫圈如何安装？

首先将螺栓穿过外舌止动垫圈，拧好螺母，将外舌止动垫圈的长端紧靠被压紧件的边沿折下去。当六角螺母（六角头螺栓也一样）拧紧后，将外舌止动垫圈的另一端立起来，贴在螺母或螺栓的侧平面上，至此，外舌止动垫圈安装完成（图 15-12）。

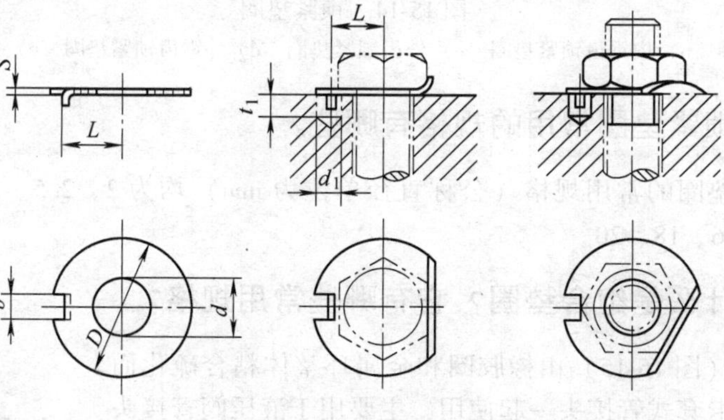

a)　　b)　　c)

图 15-12　外舌止动垫圈的安装

a）外舌止动垫圈　b）拧上螺栓　c）拧上螺母

15.3.13　什么是自锁垫圈？它有哪些优点？

自锁垫圈由两片垫圈组成，外侧是带有放射状的凸纹面，而内侧为斜齿面（图 15-13）。

装配时，把内侧斜齿面间相对，外侧放射状凸纹面与两端接触面成咬合状态，当连接件受到振动，并使螺栓有松动趋势时，仅仅允许两片垫圈内侧斜齿面间相对错动，产生抬升力，从而达到100%的锁紧。

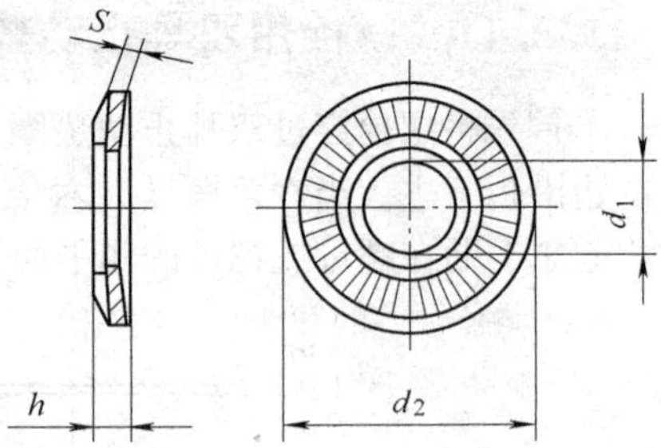

图 15-13　自锁垫圈

自锁垫圈的优点如下：

1）可确保安装的构件安全可靠。

2）可防止因振动引起的螺栓松动。

3）安装拆卸简单。

4）在润滑状态下性能不变。

5）在温度变化下也可重复使用。

15.3.14　什么是锁紧垫圈？

锁紧垫圈是垫在螺母与被连接件之间的扁平金属圆环，用来保护被连接件的表面不受螺母擦伤，并分散螺母对被连接件的压力。锁紧垫圈包括内齿锁紧垫圈、内锯齿锁紧垫圈、外齿锁紧垫圈、外锯齿锁紧垫圈、内外锯齿锁紧垫圈等（图 15-14）。

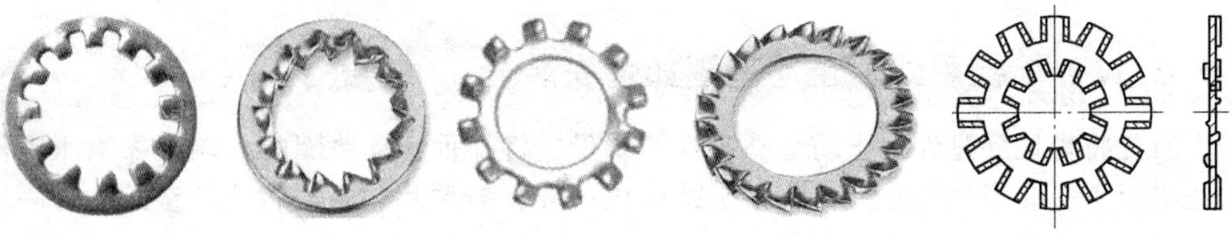

图 15-14　锁紧垫圈

a）内齿锁紧垫圈　b）内锯齿锁紧垫圈　c）外齿锁紧垫圈　d）外锯齿锁紧垫圈　e）内外锯齿锁紧垫圈

15.3.15　锁紧垫圈常用的规格有哪些？

各型锁紧垫圈的常用规格（公称直径单位为 mm）均为 2、2.5、3、4、5、6、8、10、12、14、16、18、20。

15.3.16　什么是组合垫圈？它有哪些常用规格？

组合垫圈（图 15-15）由橡胶圈和金属环整体粘合硫化而成的，一般和卡套式管接头一起使用，主要用于液压阀管接头螺纹连接处的端面静密封。金属环经防锈处理，橡胶圈一般采用耐油丁腈橡胶或氟橡胶。组合密封垫圈根据结构型式可分为 A 型、B 型；根据包胶的不同可分为全包、半包。

组合垫圈的常用规格（公称直径，单位为 mm）有 8、10、12、14、16、18、20、22、24、27、30、33、36、39、42、45、48、52、60。

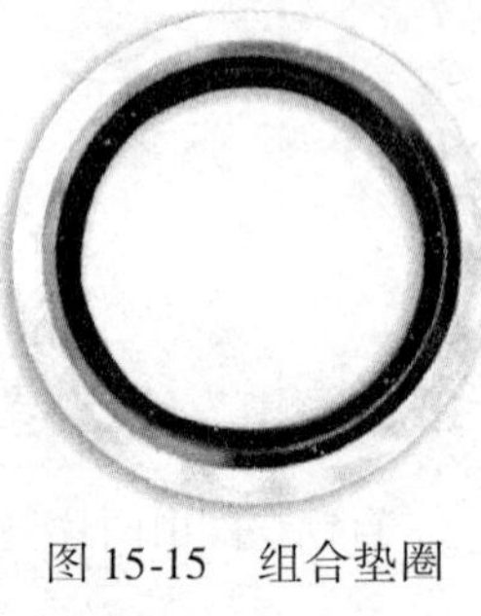
图 15-15　组合垫圈

15.3.17　什么是金属缠绕垫圈？它有什么特点？

金属缠绕垫圈（图 15-16）是一种由 V 形或 W 形薄钢带与各种填充料交替缠绕而成的半金属密合圈，能耐高温、高压和适应超低温或真空下的条件使用，通过改变垫片的材料组合，可解决各种介质对垫片的化学腐蚀问题，其结构密度可依据不同的锁紧力要求而异，为加强主体和准确定位，缠绕垫圈设有金属内加强环和外定位环，利用内、外钢环来控制其最大压紧度，对垫片接触的法兰密封面的表面精度要求不高。

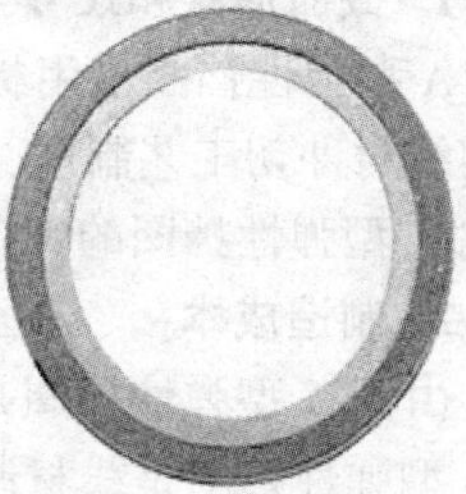

图 15-16　金属缠绕垫圈

金属缠绕垫圈的特点如下：

1）除非在极端环境下，通常不会失效；能耐高温、高压和适应超低温或真空下使用；使用温度为 $-196 \sim 650$℃（氧化介质中不高于 450℃），使用压力≤26MPa。

2）应用补偿能力强。在高温、高压波动频繁的工位上，密封性能稳定，可靠性好，有良好的密封性能，使用安装方便。

15.3.18　螺纹紧固件中垫圈的选取原则是什么？

1）为了增加螺栓螺纹的受力面积，避免因为紧固件和被紧固件因为材料硬度的差异而导致的变形失效时选择平垫圈。平垫圈的作用是增加接触面积，特别适用于软基体金属，如铝、镁等。玻璃螺栓连接时也会在螺母端加一个垫片而且还是大垫片。

2）防松时选弹簧垫圈，弹簧垫圈依靠其在轴向上的弹力而提供给紧固件和被紧固件之间更好的摩擦而起到防松的作用。

3）垫片规格的选择一般与螺栓的规格相同。

15.3.19　什么是弹性挡圈？其作用是什么？

弹性挡圈（图 15-17）是一个开口的圆形金属环零件，其功能是防止轴上（或孔内）的零件发生轴向窜动（类似于阶梯轴上的轴肩）。按工作场合可分为轴用挡圈和孔用挡圈（图 15-17）。前者的内径比装配轴的直径稍小；后者的外径比装配圆孔直径稍大。

a)　　b)

图 15-17　弹性挡圈

a）轴用挡圈　b）孔用挡圈

15.3.20 A 型弹性挡圈和 B 型弹性挡圈有什么区别？

两者在大多数场合没有本质上的区别，差异主要体现在：

1. 截面形状和尺寸

A 型弹性挡圈采用板材冲切工艺制成，横截面呈方形或者矩形；B 型弹性挡圈系采用线材冲切工艺制成，横截面呈圆形。由于工艺的原因，B 型弹性挡圈的最小规格要比 A 型弹性挡圈的大一点（见 15.3.21）。

2. 制造成本

由于 A 型弹性挡圈是用冲压板材生产的，形成的落料难以再次利用，价格较高；而 B 型弹性挡圈是线材制品，没有浪费的材料，价格较低，因此目前采用 B 型弹性挡圈的比较多。

3. 对接触面的保护

A 型弹性挡圈和被连接件是面接触，负载能力和抵抗变形能力大，可用于大负荷场合；而 B 型弹性挡圈和被连接件是线接触，容易损伤被连接件，故用于一般负荷场合。

15.3.21 轴用挡圈和孔用挡圈的规格有哪些？

轴用挡圈和孔用挡圈的规格见表 15-7。

表 15-7 轴用挡圈和孔用挡圈的规格 （单位：mm）

名　称	规格（轴径或孔径）
轴用挡圈	A 型：3～22，24～26，28～30，32，34～38（以上均间隔 1），40，42，45，48，50，52，55，56，58，60，62，63，65，68，70，72，75，78，80，82，85，88，90～200（间隔 5）。B 型：最小规格为 20，其余同 A 型
孔用挡圈	A 型：8～22，24～26，28，30，31，32，34～38（以上均间隔 1），40，42，45，47，48，50，52，55，56，58，60，62，63，65，68，70，72，75，78，80，82，85，88，90，92，95，98，100，102，105，108，110，112，115～200（间隔 5）。B 型：最小规格为 20，其余同 A 型

15.3.22 什么是锁紧挡圈？其规格有哪些？

锁紧挡圈（图 15-18）是用于防止轴上零件产生轴向位移的圆形圈，有锥销锁紧挡圈、螺钉锁紧挡圈和带锁圈的锁紧挡圈三种。三者的规格差别很小，见表 15-8。

表 15-8 锁紧挡圈的规格

名　称	规格（d）/mm
锥销锁紧挡圈	8，(9)，10，12，(13)，14，(15)，16，(17)，18，(19)，20，22，25，28，30，32，35～(125)（间隔 5），130
螺钉锁紧挡圈	8，(9)，10，12，(13)，14，(15)，16，17，18，(19)，20，22，25，28，30，32，35～(125)（间隔 5），130，(135)，140，(145)，150～200（间隔 10）
带锁圈的锁紧挡圈	8，(9)，10，12，(13)，14，15，16，17，18，(19)，20，22，25，28，30，32，35～(125)（间隔 5），130，(135)，140，(145)，150～200（间隔 10）

注：尽可能不采用括号内的规格。

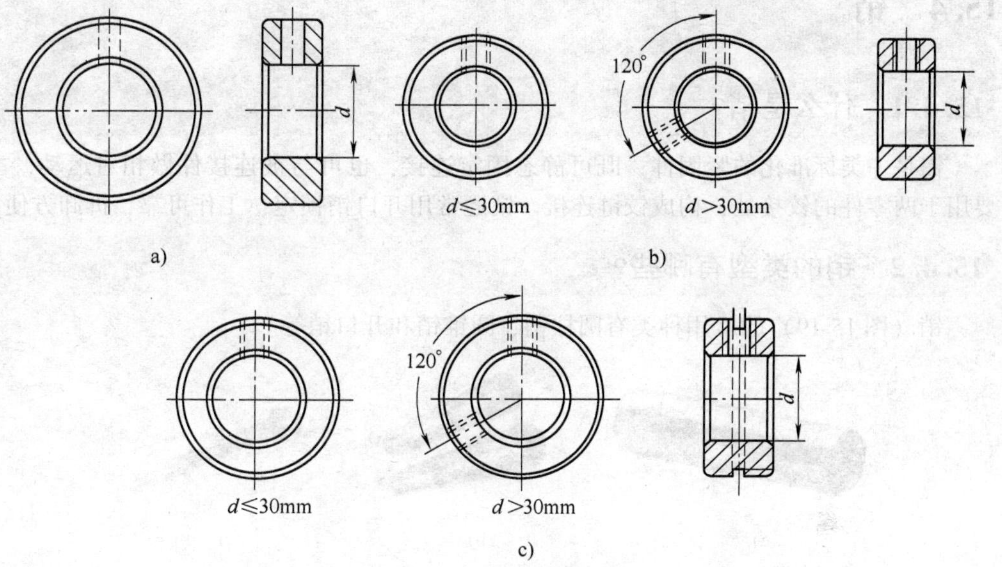

图 15-18　锁紧挡圈

a）锥销锁紧挡圈　b）螺钉锁紧挡圈　c）带锁圈的锁紧挡圈

15.3.23　什么是轴肩挡圈？其规格有哪些？

轴肩挡圈是在轴上轴肩处承受径向轴承和径向推力轴承轴向力的挡圈。轴肩挡圈分轻系列径向轴承用轴肩挡圈、中系列径向轴承和轻系列径向推力轴承用轴肩挡圈、重系列径向轴承和中系列径向推力轴承用轴肩挡圈三种。其规格见表 15-9。

表 15-9　轴肩挡圈的规格

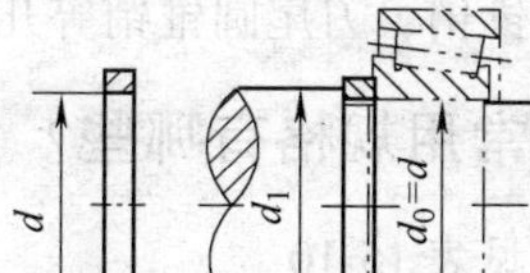

名　　称	规格（d）/mm
轻系列径向轴承用轴肩挡圈	30 ~ 50（4），55 ~ 75（5），80 ~ 95（6），100 ~ 110（8），120（8）
中系列径向轴承和轻系列径向推力轴承用轴肩挡圈	20 ~ 50（4），55 ~ 75（5），80 ~ 95（6），100 ~ 110（8），120（8）
重系列径向轴承和中系列径向推力轴承用轴肩挡圈	20 ~ 50（5），55 ~ 75（6），80 ~ 95（8），100 ~ 110（10），120（10）

注：规格 d 系列间隔为 5mm；括号内为 H 的值。

15.4　销

15.4.1　什么是销？

销是一类标准化的紧固件，既可静态固定连接，也可与被连接件做相对运动，主要用于两零件的铰接处，构成铰链连接。销通常用开口销锁定，工作可靠，拆卸方便。

15.4.2　销的类型有哪些？

销（图 15-19）的常用种类有圆柱销、圆锥销和开口销等。

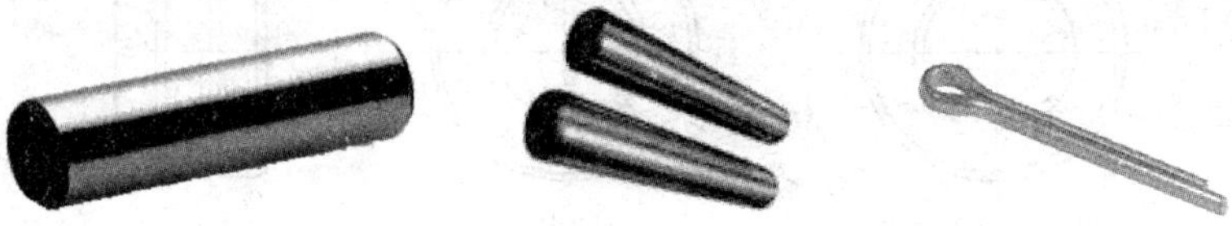

a)　　b)　　c)

图 15-19　销

a）圆柱销　b）圆锥销　c）开口销

15.4.3　什么是圆柱销？什么是圆锥销？

圆柱销利用微小过盈固定在铰制孔中，可以承受不大的载荷。为保证定位精度和连接的紧固性，销不宜经常拆卸，主要用于定位，也用作连接销和安全销。

圆锥销是一个锥度为 1∶50 的金属圆台体，在机械设备上常用来作为定位销，也可用来固定零件或传递动力。它与有锥度的铰制孔相配，受横向力时可以自锁，安装方便，定位精度高。圆锥销多用于经常拆装的场合，定位精度比圆柱销高。圆锥销有普通圆锥销、内螺纹圆锥销、螺尾锥销、刀尾圆锥销等几种。

15.4.4　圆柱销和圆锥销的常用规格有哪些？

圆柱销和圆锥销的常用的规格见表 15-10。

表 15-10　圆柱销和圆锥销的常用的规格

名　称	规格（公称直径，mm）
圆柱销（不淬硬钢和奥氏体不锈钢）	3，4，5，6，8，10，12，16，20，25，30，40，50
圆柱销（淬硬钢和马氏体不锈钢）	1，1.5，2，2.5，3，4，5，6，8，10，12，16，20
内螺纹圆柱销（不淬硬钢和奥氏体不锈钢、淬硬钢和马氏体不锈钢）	6，8，10，12，16，20，25，30，40，50
圆锥销	4，5，6，8，10，12，14，16，20，25，30

15.4.5　弹性圆柱销常用的规格有哪些？如何选用？

弹性圆柱销常用的规格见表 15-11。

表 15-11　弹性圆柱销常用的规格

类别		规格（公称直径，mm）
直槽	重型	1，1.5，2，2.5，3，3.5，4，4.5，5，6，8，10，12，13，14，16，18，20，21，25，28，30，32，35，38，40，45，50
	轻型	2，2.5，3，3.5，4，4.5，5，6，8，10，12，13，14，16，18，20，21，25，28，30，35，40，45，50
卷制	标准型	0.8，1，1.2，1.5，2，2.5，3，3.5，4，5，6，8，10，12，14，16，20
	重型	1.5，2，2.5，3，3.5，4，5，6，8，10，12，14，16，20
	轻型	1.5，2，2.5，3，3.5，4，5，6，8

弹性圆柱销的选用原则：销孔的公称直径应等于弹性销的公称直径，公差带为 H12；当弹性销装入允许的最小销孔时，槽口不得完全闭合。

15.4.6　什么是开口销？其常用的规格有哪些？

开口销（图 15-20）是用一根半圆金属条弯成的标准件，用于螺纹连接防松，其公称规格（d）有 0.6mm、0.8mm、1mm、1.2mm、1.6mm、2mm、2.5mm、3.2mm、4mm、5mm、6.3mm、8mm、10mm、13mm、16mm、20mm。

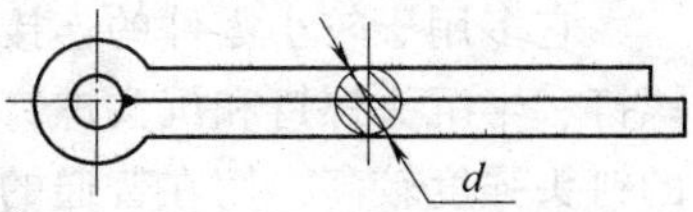

图 15-20　开口销

15.4.7　开口销如何安装？

如图 15-21 所示，当螺母拧紧后，把开口销插入螺母槽与螺栓尾部孔内，并将开口销尾部扳开，防止螺母与螺栓的相对转动。

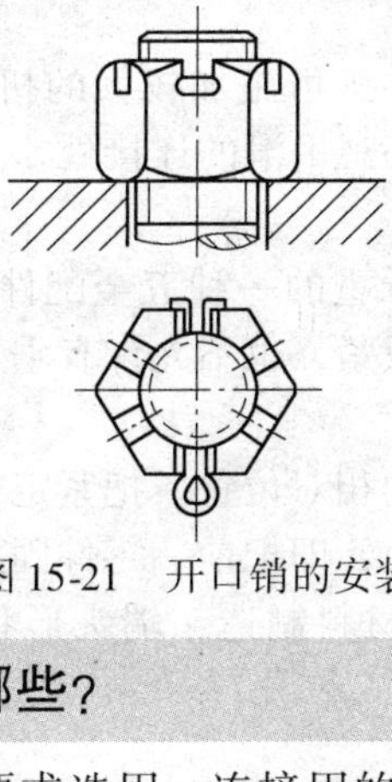

图 15-21　开口销的安装

15.4.8　销的选择原则有哪些？

销的类型在使用中依其工作要求选用。连接用的销，其直径可根据连接的结构特点，按经验确定，必要时再做强度校核。定位销可按结构确定，销在每一连接件内的长度，为其直径的 1 ~ 2 倍。

15.4.9 销的常用材料有哪些？

销的常用材料为 35 钢或 45 钢。安全销的材料为 35、45、50、T8A、T10A 等，热处理后硬度为 30 ~ 36HRC。销套材料可用 45、35SiMn、40Cr 等，热处理后硬度为 40 ~ 50HRC。

15.5 螺钉

15.5.1 什么是螺钉？它有哪些类型？

螺钉由带螺纹的螺杆和无螺纹的头部组成，头部的形状有平头、十字头等，杆部带有外螺纹，一般起紧固或紧定作用。其类型有开槽普通螺钉、十字槽普通螺钉、内六角及内六角花形螺钉、吊环螺钉、紧定螺钉、自攻螺钉等，如图 15-22 所示。

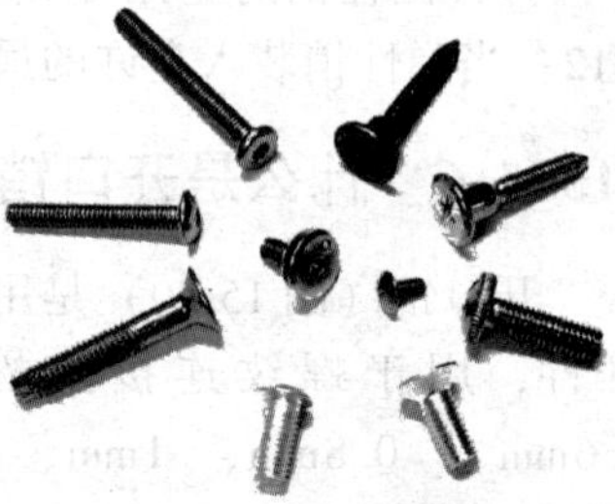

图 15-22 螺钉

1. 开槽普通螺钉

它多用于较小零件的连接，包括盘头螺钉、圆柱头螺钉、半沉头螺钉和沉头螺钉。盘头螺钉和圆柱头螺钉的钉头强度较高，用在普通的部件连接上；半沉头螺钉的头部呈弧形，安装后它的顶端略有外露，且美观光滑，一般用于仪器或精密机械上；沉头螺钉则用于不允许钉头露出的地方。

2. 十字槽普通螺钉

它与开槽普通螺钉的使用功能相似，可互相代换，但十字槽普通螺钉的槽形强度较高，不易拧秃，外形较为美观，使用时须用与之配套的十字槽螺钉旋具进行装卸。

3. 内六角及内六角花形螺钉

这类螺钉的头部能埋入构件中，可施加较大的扭矩，连接强度较高，可代替六角头螺栓，常用于结构要求紧凑、外观平滑的连接处。

4. 吊环螺钉

吊环螺钉是供安装和运输时承重的一种五金配件。使用时螺钉须旋进致使支承面紧密贴合的位置，不准使用工具扳紧，也不允许有垂直于吊环平面的荷载作用在上面。

5. 紧定螺钉

紧定螺钉用于紧固两个零件的相对位置。把紧定螺钉旋入待紧定的零件的螺孔中，以其末端紧压在另一零件的表面上，即把前一零件固定在后一零件上。

紧定螺钉通常由钢或不锈钢材料制造，端头形状有开槽、内六角、锥形、凹形、平头形、圆柱形和阶梯形等。

6. 自攻螺钉

自攻螺钉的螺纹表面具有较高的硬度（≥45HRC），可以在金属或非金属材料的预钻孔中自行攻钻出带螺纹的零件，从而形成连接。自攻螺钉常用于连接厚度较薄的金属板（钢板、铝板等）。其品种有锥端自攻螺钉与平端自攻螺钉两种。

7. 自攻锁紧螺钉

自攻锁紧螺钉不仅具有自攻作用，而且还具有低拧入力矩和高锁紧的性能。它的螺纹为三角形截面，螺钉的表面经过淬硬处理，有较高的硬度。它的螺纹规格有 M2 ~ M12。

15. 5. 2　螺钉的常用规格有哪些?

螺钉的常用规格见表 15-12。

表 15-12　螺钉的常用规格　（单位：mm）

名　称	螺纹规格
内六角平圆头螺钉	M3，M4，M5，M6，M8，M10，M12，M16
内六角圆柱头螺钉	M1.6，M2，M2.5，M3，M4，M5，M6，M8，M10，M12，M16，M20，M24，M30，M36，M42，M48，M56，M64
内六角沉头螺钉	M3，M4，M5，M6，M8，M10，M12，M16，M20
内六角平端/锥端/圆柱端/凹端紧定螺钉	M1.6，M2，M2.5，M3，M4，M5，M6，M8，M10，M12，M16，M20，M24
内六角花形沉头螺钉	M6，M8，M10，M12，M16，M20
沉头/平头、沉头/平头环槽钉	M2.5，M2.8，M3，M3.5，M4
开槽沉头螺钉、开槽半沉头螺钉	M1.6，M2，M2.5，M3，M4，M5，M6，M8，M10
开槽锥端/平端紧定螺钉	M1.2，M1.6，M2，M2.5，M3，M4，M5，M6，M8，M10，M12
开槽锥端定位螺钉	M3，M4，M5，M6，M8，M10，M12
开槽凹端/长圆柱端紧定螺钉	M1.6，M2，M2.5，M3，M4，M5，M6，M8，M10，M12
开槽圆柱端定位螺钉	M1.6，M2，M2.5，M3，M4，M5，M6，M8，M10
十字槽螺钉	M1.2，M1.4，M1.6，M2，M2.5，M3
自攻螺钉	ST2.2，ST2.9，ST3.5，ST4.2，ST4.8，ST5.5，ST6.3，ST8

15. 5. 3　紧定螺钉适用于什么场合?

开槽和内六角紧定螺钉适用于不允许螺钉外露的场合，相对而言，开槽紧定螺钉的压紧力较小，内六角紧定螺钉次之。

方头紧定螺钉适用于允许钉头外露的场合。方头紧定螺钉的压紧力较大。

锥端或凹端紧定螺钉的端头直接顶紧零件，一般用于安装后不常拆卸处；平端紧定螺钉的端头平滑，顶紧后不损伤零件表面，用于需经常调节位置的连接处，只能传递较小的荷载。

阶梯形紧定螺钉适用于壁厚较大的零件固定。

圆柱端紧定螺钉用在需经常调节固定位置或将零件固定在厚度较薄的材料上，能承受较大的荷载作用，但防松性能差，固定时需采取防松措施。

长圆柱端螺钉适用于管形轴（或薄壁零件上），螺钉的圆柱端旋入管形轴的钉孔中，以便传递较大的载荷。

15.5.4 自攻螺钉适用于什么场合？

盘头和六角头自攻螺钉适用于钉头允许露出的场合，六角头自攻螺钉可比盘头自攻螺钉承受较大的力矩。

沉头和内六角花形自攻螺钉适用于钉头不允许露出的场合，内六角花形自攻螺钉可比沉头自攻螺钉承受较大的力矩。

半沉头自攻螺钉适用于钉头允许轻微露出的场合。

自攻螺钉装拆时，开槽自攻螺钉需用一字槽螺钉旋具，十字槽自攻螺钉需用十字槽螺钉旋具，内六角花形自攻螺钉需用内六角花形扳手，六角头自攻螺钉需用呆扳手、梅花扳手、套筒扳手或活扳手。

15.5.5 怎么拆卸断头的螺钉？

1）螺钉断头后，如有一部分露出，可用适当的钳子夹紧后拧出，或在断头螺钉上焊接一个方螺母，将断头螺钉拧出。

2）断头略有外露，可用扁铲按拧出螺钉的方向慢慢铲出。

3）断头螺钉仅露出少许，可在露出部分锯一槽口然后用螺钉旋具拧出。

4）断头螺钉埋里面，可选用一个与螺钉螺纹小径相当的钻头，将螺钉全部钻掉，然后用同类丝锥攻螺纹即可。

5）在断头螺钉上钻一个适当大小的孔，打入一个丝锥或攻成反向螺纹，并拧入反向螺纹的螺钉，然后按一般拆卸螺钉的方法拧出。

15.6 铆钉

15.6.1 什么是铆钉？

铆钉（图 15-23）是一端有帽的钉形物件，在铆接中，是利用自身形变或过盈连接被铆接的零件。

图 15-23　铆钉

15.6.2　圆头铆钉的用途是什么？它有哪些规格？

圆头铆钉有半圆头铆钉和扁圆头铆钉两种。前者主要用于受较大横向载荷的铆接场合，应用最广；后者主要用于金属薄板或皮革、帆布、木料等非金属材料的铆接场合。圆头铆钉的规格见表 15-13。

表 15-13　圆头铆钉的规格　（单位：mm）

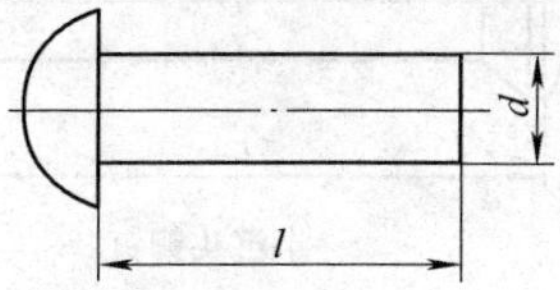

半圆头铆钉

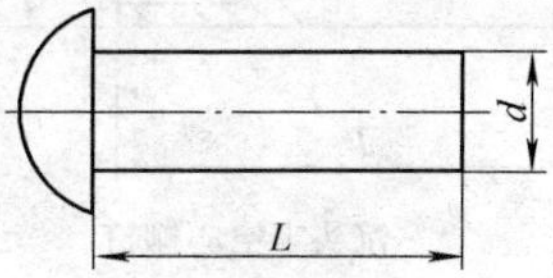

粗制半圆头铆钉

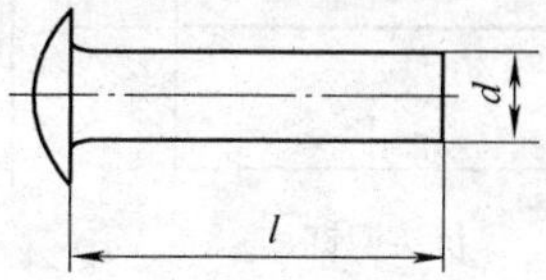

扁圆头铆钉

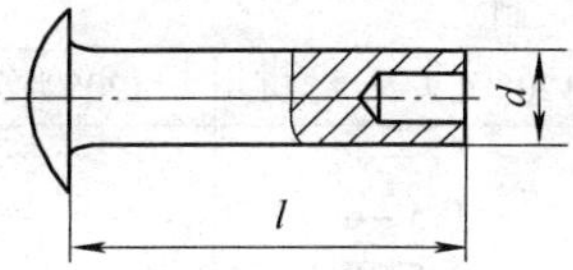

扁圆头半空心铆钉

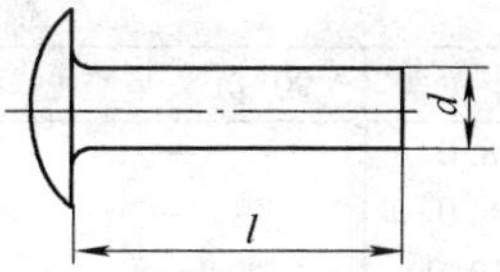

大扁圆头铆钉

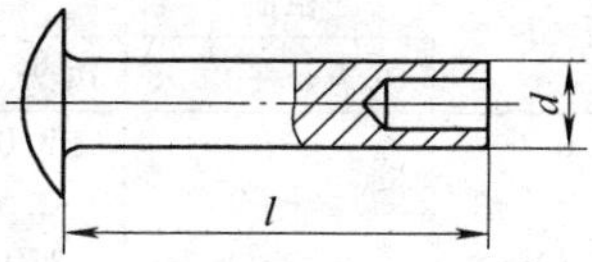

大扁圆头半空心铆钉

公称直径 d	长度 l				
	半圆头	扁圆头	大扁圆头	扁圆头半空心	大扁圆头半空心
0.6	1~6	—	—	—	—
0.8	1.5~8	—	—	—	—
1.0	2~8	—	—	—	—
(1.2)	2.5~8	1.5~6	—	4~6	—
1.4	3~12	2~8	—	4~8	—
(1.6)	3~12	2~8	—	4~8	—
2.0	3~16	2~13	3.5~16	3~14	2~13
2.5	5~20	3~16	3.5~20	3~16	3~16
3.0	5~26	3.5~30	3.5~24	4~30	3.5~30
(3.5)	7~26	5~36	6~28	5~50	5~36
4.0	7~50	7~50	6~32	3~40	5~40
5.0	7~55	7~50	8~40	6~50	6~50
6.0	8~60	7~50	10~40	6~50	7~50
8.0	16~65	9~50	14~50	10~50	8~40
10.0	16~85	10~50	—	20~50	—
12.0	20~90	—	—	—	—
(14.0)	22~100	—	—	—	—
16.0	26~110	—	—	—	—
(18.0)	32~150	—	—	—	—
20.0	32~150	—	—	—	—
(22.0)	38~180	—	—	—	—
24.0	52~180	—	—	—	—
(27.0)	55~180	—	—	—	—
30.0	55~180	—	—	—	—
36.0	55~200	—	—	—	—

注：1. 长度公称系列（mm）：1~3.5（间隔 0.5），4~20（间隔 1），22~52（间隔 2），55，58，60，62，65，68，70~90（间隔 5），100~200（间隔 10）。

2. 尽可能不用括号内的规格。

15.6.3 沉头铆钉的用途是什么？它有哪些规格？

沉头铆钉用于表面须平滑、载荷不大的铆缝。沉头铆钉的规格见表 15-14。

表 15-14 沉头铆钉的规格 （单位：mm）

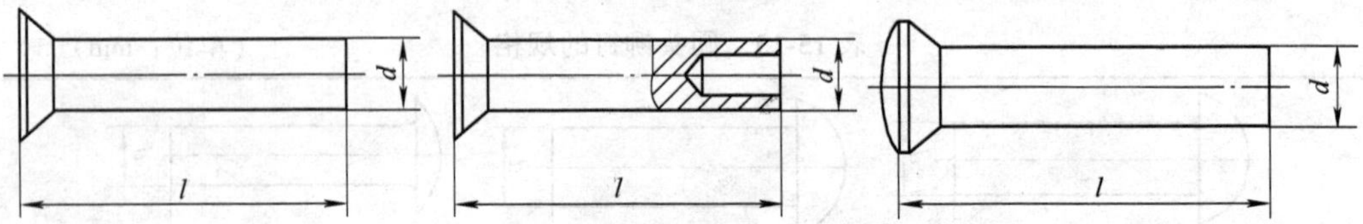

沉头铆钉　　沉头半空心铆钉　　半沉头铆钉

公称直径 d	长度 l				
	粗制	精制			
	沉头、半沉头	沉头、半沉头	90°沉头半空心	120°沉头及半空心	120°半沉头
1.0	—	2.0 ~ 8.0	—	—	—
1.2	—	2.5 ~ 8.0	—	1.5 ~ 6	—
(1.4)	—	3.0 ~ 12.0	3 ~ 8	2.5 ~ 8	—
1.6	—	3.0 ~ 12.0	3 ~ 10	2.5 ~ 10	—
2.0	—	3.5 ~ 16.0	4 ~ 14	3 ~ 10	—
2.5	—	5.0 ~ 18.0	5 ~ 16	4 ~ 15	—
3.0	—	5.0 ~ 22.0	6 ~ 18	5 ~ 20	5 ~ 24
(3.5)	—	6.0 ~ 24.0	8 ~ 20	6 ~ 36	6 ~ 28
4.0	—	6.0 ~ 30.0	8 ~ 24	6 ~ 46	6 ~ 32
5.0	—	6.0 ~ 50.0	10 ~ 40	7 ~ 50	8 ~ 40
6.0	—	6.0 ~ 50.0	12 ~ 40	8 ~ 50	10 ~ 40
8.0	—	12.0 ~ 60.0	14 ~ 50	10 ~ 50	—
10.0	—	16.0 ~ 75.0	18 ~ 50	—	—
12.0	20 ~ 75	18.0 ~ 75.0	—	—	—
(14.0)	20 ~ 100	20.0 ~ 10.0	—	—	—
16.0	24 ~ 100	24.0 ~ 10.0	—	—	—
(18.0)	28 ~ 150	—	—	—	—
20.0	30 ~ 150	—	—	—	—
(22.0)	38 ~ 180	—	—	—	—
24.0	50 ~ 180	—	—	—	—
(27.0)	55 ~ 180	—	—	—	—
30.0	60 ~ 200	—	—	—	—
36.0	65 ~ 200	—	—	—	—

注：1. 长度公称系列（mm）：2，2.5，3，3.5，4 ~ 20（间隔 1），22 ~ 52（间隔 2），55，58，60，62，65，68，70 ~ 100（间隔 5）。

2. 尽可能不用括号内的规格。

15.6.4 平头铆钉的用途是什么？它有哪些规格？

平头铆钉有普通平头铆钉、扁平头铆钉和扁平头半空心铆钉三种。前者用于受一般载荷的铆接场合；扁平头铆钉和扁平头半空心铆钉用于金属薄板或皮革、帆布、木料等的铆接场合。还有一种大扁平头铆钉，主要用于非金属材料的铆接场合。平头铆钉的规格见表 15-15。

表 15-15　平头铆钉的规格　（单位：mm）

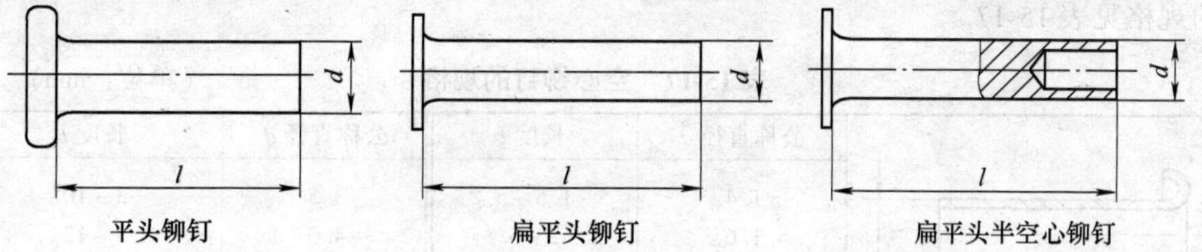

公称直径 d	长度 l			公称直径 d	长度 l		
	平头	扁平头	扁平半空心		平头	扁平头	扁平半空心
(1.2)	—	1.5~6	—	3.5	6~18	5~36	5~40
1.4	—	2~7	—	4.0	8~22	5~40	5~40
(1.6)	—	2~8	—	5.0	10~26	6~50	6~50
2.0	4~8	2~13	3~20	6.0	10~30	7~50	8~50
2.5	5~10	3~15	3~30	8.0	16~30	9~50	10~50
3.0	6~14	3.5~30	4~30	10.0	20~30	10~50	18~50

注：1. 长度公称系列（mm）：1~3.5（间隔 0.5），4~20（间隔 1），22~50（间隔 2）。
　　2. 尽可能不用括号内的规格。

15.6.5　锥头铆钉的用途是什么？它有哪些规格？

平锥头铆钉的钉头很大，能耐腐蚀，常用在船壳、锅炉水箱等腐蚀强烈处。锥头半空心铆钉用于耐腐蚀且载荷不大处。锥头铆钉的规格见表 15-16。

表 15-16　锥头铆钉的规格　（单位：mm）

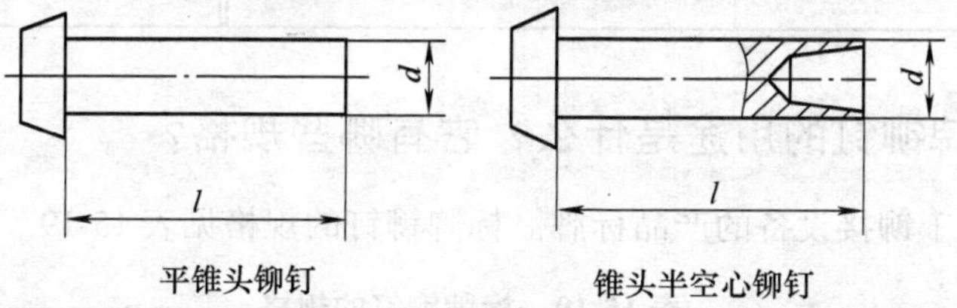

公称直径 d	长度 l			公称直径 d	长度 l		
	平锥头铆钉		锥头半空心铆钉		平锥头铆钉		锥头半空心铆钉
	粗制	精制			粗制	精制	
2.0	—	3~16	2~13	(14)	20~100	18~110	—
2.5	—	4~20	3~16	16	24~110	24~110	—
3.0	—	6~24	3.5~30	(18)	30~150	—	—
(3.5)	—	6~28	4~36	20	30~150	—	—
4.0	—	8~32	5~40	(22)	38~180	—	—
5.0	—	10~40	6~50	24	50~180	—	—
6.0	—	12~40	7~45	(27)	58~180	—	—
8.0	—	16~60	8~50	30	65~180	—	—
10.0	—	16~90	—	36	70~200	—	—
12.0	20~100	18~110	—			—	—

注：1. 长度公称系列：1~3.5（间隔 0.5），4~20（间隔 1），22~50（间隔 2）。
　　2. 尽可能不用括号内的规格。

15.6.6　空心铆钉的用途是什么？它有哪些规格？

空心铆钉的重量轻、钉头弱，用于受力不大的非金属材料的铆接场合。空心铆钉的规格见表 15-17。

表 15-17　空心铆钉的规格　（单位：mm）

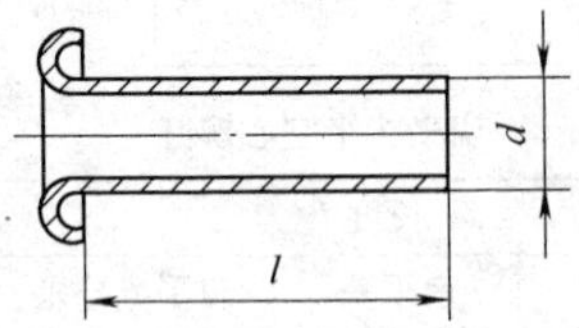

公称直径 d	长度 l	公称直径 d	长度 l
1.4	1.5～5	3.5	3～10
1.6	2～5	4.0	3～12
2.0	2～6	5.0	3～15
2.5	2～8	6.0	3～15
3.0	2～10	8.0	4～15

15.6.7　无头铆钉的用途是什么？它有哪些规格？

无头铆钉用于非金属材料不受力处的铆接。无头铆钉的规格见表 15-18。

表 15-18　无头铆钉的规格　（单位：mm）

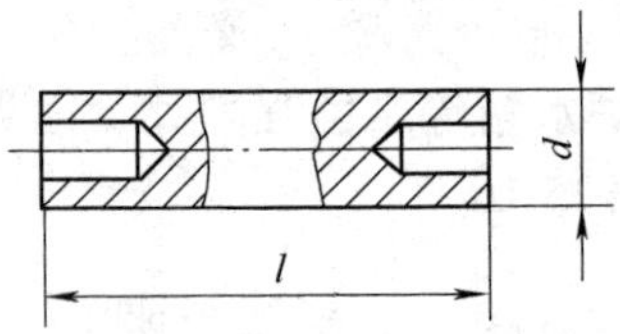

公称直径 d	长度 l	公称直径 d	长度 l
1.4	6～12	5.0	12～50
2.0	6～20	6.0	16～60
2.5	6～20	8.0	18～60
3.0	8～30	10.0	20～60
4.0	8～50		

15.6.8　标牌铆钉的用途是什么？它有哪些规格？

标牌铆钉用于铆接设备的产品标牌。标牌铆钉的规格见表 15-19。

表 15-19　标牌铆钉的规格　（单位：mm）

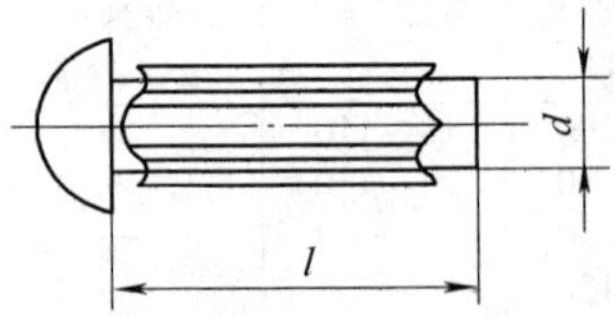

公称直径 d	长度 l	公称直径 d	长度 l
(1.6)	3～6	3	4～12
2	3～8	4	6～18
2.5	3～10	5	8～20

注：尽可能不同括号内的规格。

15.6.9　抽芯铆钉的用途是什么？它有哪些规格？

抽芯铆钉是一种单面铆接用的铆钉，铆接时须使用拉铆枪，特别适用于不便采用普通铆钉铆接的场合。抽芯铆钉分为封闭型抽芯铆钉、开口型沉头抽芯铆钉、开口型平圆头抽芯铆钉等几种（表 15-20 ~ 表 15-23）。其中以开口型扁圆头抽芯铆钉应用最广，沉头抽芯铆钉适用于表现需要平滑的铆接场合；封闭型抽芯铆钉是专为铆接后可以包住心轴头而设计的，非常适用于有防水要求的多方面应用。抽芯铆钉具有抗高剪力、防振动、抗高压的特点，可在汽车、船舶、建筑等不开敞场合应用拉铆枪铆接零件。

表 15-20 开口型沉头抽芯铆钉的规格 （单位：mm）

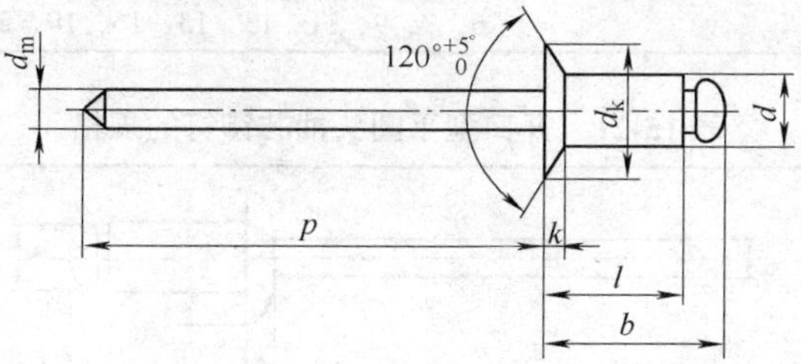

钉体	d	公称	2.4	3	3.2	4	4.8	5	6	6.4
	d_k	max	5.0	6.3	6.7	8.4	10.1	10.5	12.6	13.4
		min	4.2	5.4	5.8	6.9	8.3	8.7	10.8	11.6
	k	max	1	1.3	1.3	1.7	2	2.1	2.5	2.7
10、11 级［钉体材料为铝（AlA）合金、钉芯材料为钢（St）］										
钉芯	d_m	max	1.5	2.15	2.15	2.8	3.5	3.5	—	—
	p	min	25			27				
盲区长度 b		max	$l_{max}+3.5$	$l_{max}+3.5$	$l_{max}+4$	$l_{max}+4$	$l_{max}+4.5$	$l_{max}+4.5$	—	—
铆钉长度 $l_{公称}$		min	4，6，8，10，12，16，20，25，30							
铆钉长度 l		max	5，7，9，11，13，17，21，26，31							
30 级［钉体材料和钉芯材料均为钢（St）］										
钉芯	d_m	max	1.5	2.15	2.15	2.8	3.5	3.5	3.4	4
	p	min	25			27				
盲区长度 b		max	$l_{max}+3.5$	$l_{max}+3.5$	$l_{max}+4$	$l_{max}+4$	$l_{max}+4.5$	$l_{max}+4.5$	$l_{max}+5$	$l_{max}+5.5$
铆钉长度 $l_{公称}$		min	6，8，10，12，16，20，25							
铆钉长度 l		max	7，9，11，13，17，21，26							
12 级［钉体材料和钉芯材料均为铝合金（AlA）］										
钉芯	d_m	max	1.6	—	2.1	2.55	3.05	—	—	4
	p	min	25				27			
盲区长度 b		max	$l_{max}+3$	—	$l_{max}+3$	$l_{max}+3.5$	$l_{max}+4$	—	—	$l_{max}+5.5$
铆钉长度 $l_{公称}$		min	6，8，10，12，16，20							
铆钉长度 l		max	7，9，11，13，17，21							
51 级［钉体材料和钉芯材料均为奥氏体不锈钢（A2）］										
钉芯	d_m	max	1.5	2.15	2.15	2.8	3.5	3.5	3.4	4
	p	min	25			27				
盲区长度 b		max	—	$l_{max}+4$	$l_{max}+4$	$l_{max}+4.5$	$l_{max}+5$	$l_{max}+5$	—	—
铆钉长度 $l_{公称}$		min	6，8，10，12，14，16，18							
铆钉长度 l		max	7，9，11，13，15，17，19							

（续）

20、21、22 级［钉体材料为铜（Cu）、钉芯材料为钢（St）或青铜（Br）或不锈钢（SSt）］										
钉芯	d_m	max	—	2	2	2.45	2.95	—	—	—
	p	min	25				27			
盲区长度 b		max		$l_{max}+3.5$	$l_{max}+4$	$l_{max}+4$	$l_{max}+4.5$	—	—	—
铆钉长度 $l_{公称}$		min	5，6，8，10，12，14，15，18，20							
铆钉长度 l		max	6，7，9，11，13，15，16，19，21							

表 15-21　开口型平圆头抽芯铆钉的规格　　（单位：mm）

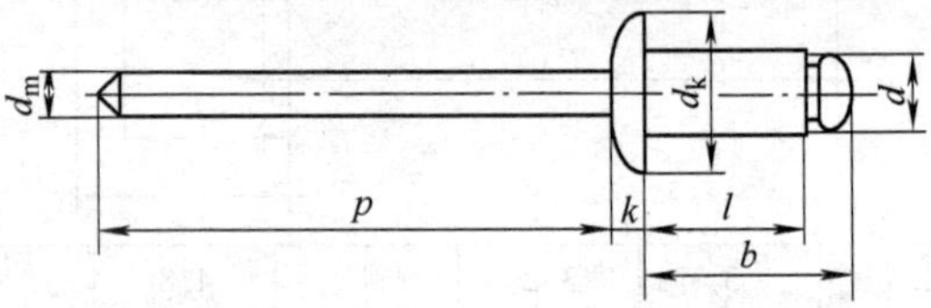

钉体	d	公称	2.4	3	3.2	4	4.8	5	6	6.4
	d_k	max	5.0	6.3	6.7	8.4	10.1	10.5	12.6	13.4
		min	4.2	5.4	5.8	6.9	8.3	8.7	10.8	11.6
	k	max	1	1.3	1.3	1.7	2	2.1	2.5	2.7
10、11 级［钉体材料为铝合金（AlA）、钉芯材料为钢（St）］										
钉芯	d_m	max	1.55	2	2	2.45	2.95	2.95	3.4	3.9
	p	min	25			27				
盲区长度 b		max	$l_{max}+3.5$	$l_{max}+3.5$	$l_{max}+4$	$l_{max}+4$	$l_{max}+4.5$	$l_{max}+4.5$	$l_{max}+5$	$l_{max}+5.5$
铆钉长度 $l_{公称}$		min	4，6，8，10，12，16，20，25，30							
铆钉长度 l		max	5，7，9，11，13，17，21，26，31							
30 级［钉体材料和钉芯材料均为钢（St）］										
钉芯	d_m	max	1.5	2.15	2.15	2.8	3.5	3.5	3.4	4
	p	min	25			27				
盲区长度 b		max	$l_{max}+3.5$	$l_{max}+3.5$	$l_{max}+4$	$l_{max}+4$	$l_{max}+4.5$	$l_{max}+4.5$	$l_{max}+5$	$l_{max}+5.5$
铆钉长度 $l_{公称}$		min	6，8，10，12，16，20，25，30							
铆钉长度 l		max	7，9，11，13，17，21，26，31							
12 级［钉体材料和钉芯材料均为铝合金（AlA）］										
钉芯	d_m	max	1.6	—	2.1	2.55	3.05	—	—	4
	p	min	$l_{max}+3$	—	$l_{max}+3$	$l_{max}+3.5$	$l_{max}+4$	—	—	$l_{max}+5.5$
盲区长度 b		max	25				27			
铆钉长度 $l_{公称}$		min	5，6，8，9，10，12，16，20，25，30							
铆钉长度 l		max	6，7，9，10，11，13，17，21，26，31							
51 级［钉体材料和钉芯材料均为奥氏体不锈钢（A2）］										
钉芯	d_m	max	—	2.05	2.15	2.75	3.2	3.25	—	—
	p	min	—	$l_{max}+4$	$l_{max}+4$	$l_{max}+4.5$	$l_{max}+5$	$l_{max}+5$	—	—
盲区长度 b		max	25				27			
铆钉长度 $l_{公称}$		min	6，8，10，12，14，16，18，20，25							
铆钉长度 l		min	7，9，11，13，15，17，19，21，26							

（续）

20、21、22 级［钉体材料为铜（Cu）、钉芯材料为钢（St）或青铜（Br）或不锈钢（SSt）］										
钉芯	d_m	max	—	2	2	2.45	2.95	—	—	—
	p	min	—	$l_{max}+3.5$	$l_{max}+4$	$l_{max}+4$	$l_{max}+4.5$	—	—	—
盲区长度 b		max	25				27			
铆钉长度 $l_{公称}$		min	5，6，8，10，12，14，16，18，20							
铆钉长度 l		max	6，7，9，11，13，15，17，19，21							
40、41 级［钉体材料为镍铜合金（NiCu）、钉芯材料为钢（St）或不锈钢（SSt）］										
钉芯	d_m	max	—	—	2.15	2.75	3.2	—	—	3.9
	p	min	—	—	$l_{max}+4$	$l_{max}+4$	$l_{max}+4.5$	—	—	$l_{max}+5.5$
盲区长度 b		max	25			27				
铆钉长度 $l_{公称}$		min	5，6，8，10，12，14，16，18，20							
铆钉长度 l		max	6，7，9，11，13，15，17，19，21							

表 15-22　封闭型平圆头抽芯铆钉的规格　（单位：mm）

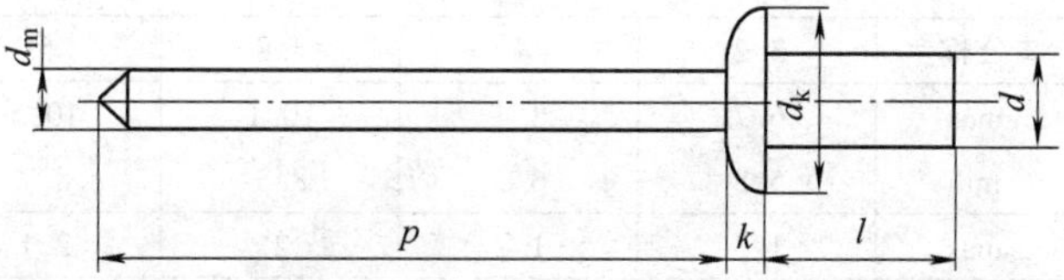

钉体	d	公称	3.2	4	4.8/5	6.4
	d_k	max	6.7	8.4	10.1/10.5	13.4
		min	5.8	6.9	8.3/8.7	11.6
	k	max	1.3	1.7	2/2.1	2.7
11 级［钉体材料为铝合金（AlA）、钉芯材料为钢（St）］						
钉芯	d_m	max	1.85	2.35	2.77/2.8	3.71
	p	min	25		27	
	$l_{公称}$	min	6.5，8，8.5，9.5，11，12.5，13，14.5，15.5，16，18，21			
	l	max	7.5，9，9.5，10.5，12，13.5，14，15.5，16.5，17，19，22			
30 级［钉体材料和钉芯材料均为钢（St）］						
钉芯	d_m	max	2	2.35	2.95	3.9
	p	min	25		27	
	$l_{公称}$	min	6，8，10，12，15，16，21			
	l	max	7，9，11，13，16，17，22			
06 级［钉体材料为铝（Al）、钉芯材料为铝合金（AlA）］						
钉芯	d_m	max	1.85	2.35	2.77	3.75
	p	min	25		27	
	$l_{公称}$	min	8.0，9.5，11.0，11.5，12.5，14.5，18.0			
	l	max	9.0，10.5，12.0，12.5，13.5，15.5，19.0			

（续）

51 级［钉体材料为奥氏体不锈钢（A2）、钉芯材料为不锈钢（SSt）］						
钉芯	d_m	max	2.15	2.75	3.2	3.9
	p	min	25		27	
	$l_{公称}$	min	6，8，10，12，14，16，20			
	l	max	7，9，11，13，15，17，21			

表 15-23 封闭型沉头抽芯铆钉（11 级）的规格 （单位：mm）

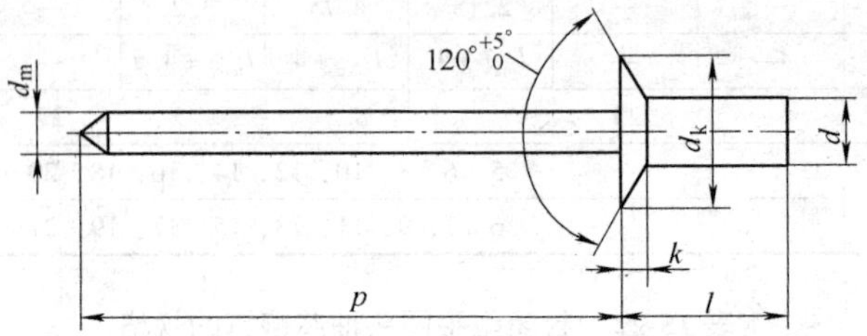

钉体材料为铝合金（AlA）、钉芯材料为钢（St）

钉体	d	公称	3.2	4	4.8	5	6.4
	d_k	max	6.7	8.4	10.1	10.5	13.4
		min	5.8	6.9	8.3	8.7	11.6
	k	max	1.3	1.7	2	2.1	2.7
钉芯	d_m	max	1.85	2.35	2.77	2.8	3.75
	p	min	25		27		
	$l_{公称}$	min	8，8.5，9.5，11，12.5，13，14.5，15.5，16，18，21				
	l	max	9，9.5，10.5，12，13.5，14，15.5，16.5，17，19，22				

15.6.10 击芯铆钉的优点是什么？其规格如何？

击芯铆钉也是适合于在比较狭小空间内进行单面铆接的铆钉，但不像抽芯铆钉那样，必须使用铆枪，因而铆合性更好，更便利。按照钉帽的形状，它可分为扁圆头和沉头击芯铆钉；根据材质组合的不同，可以分为全铝击芯铆钉、铝-钢击芯铆钉、铝-不锈钢击芯铆钉、全不锈钢击芯铆钉、钢－钢击芯铆钉、塑料击芯铆钉等。击芯铆钉广泛用于各种被连接件的铆合，例如汽车车身覆盖体、支架等部位。其规格见表 15-24。

表 15-24 击芯铆钉的规格 （单位：mm）

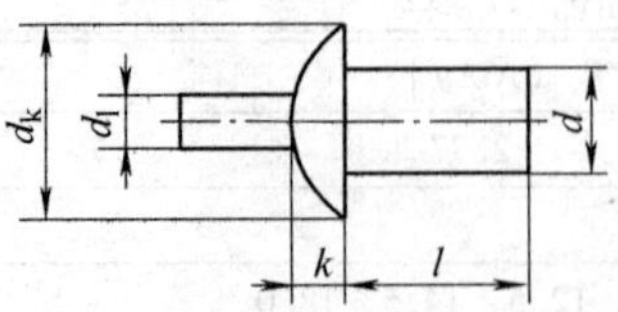

扁圆头击芯铆钉

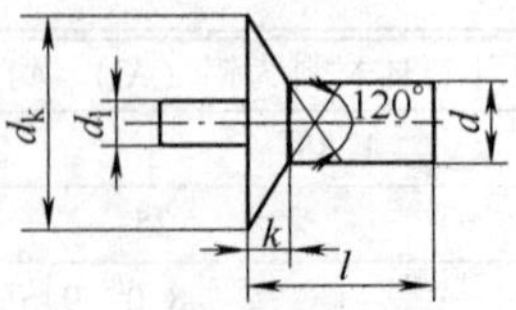

沉头击芯铆钉

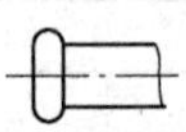

允许制造的钉芯形式

（续）

钉体	d	公称	3	4	5	(6)	6.4
	d_k	max	6.24	8.29	9.89	12.35	13.29
		min	5.76	7.71	9.31	11.65	12.71
	k	max	1.4	1.7	2	2.4	3
	l		6~45（其中11及其后面的单数尽量不采用）				
钉芯	d_1	参考	1.8	2.18	2.8	3.6	3.8

注：尽量不采用括号内的规格。

15.6.11　击芯铆钉的材料是什么？

击芯铆钉的材料见表15-25。

表15-25　击芯铆钉的材料

钉体材料			钉芯材料		
种　类	牌　号	标准编号	种　类	牌　号	标准编号
铝合金	5056	GB/T 3190	低碳、中碳结构钢丝	由制造者选择	GB/T 699 YB/T 5303
铝合金	5056	GB/T 3190	不锈钢	20Cr13	GB/T 1220
低碳钢	08、10、15	GB/T 699	低碳、中碳结构钢丝	由制造者选择	GB/T 699 YB/T 5303

15.6.12　半圆头铆钉的铆接过程分几步？

1）首先把工件彼此贴合，然后按划线钻孔，孔口需要倒角，之后将铆钉插入孔内，此时需要用压紧冲头压紧板料（图15-24a）。

2）用锤子敲击铆钉杆伸出部分，使其镦粗（图15-24b）。

3）用锤子斜敲周边，初步锤打成形（图15-24c）。

4）用罩模修整（图15-24d）。

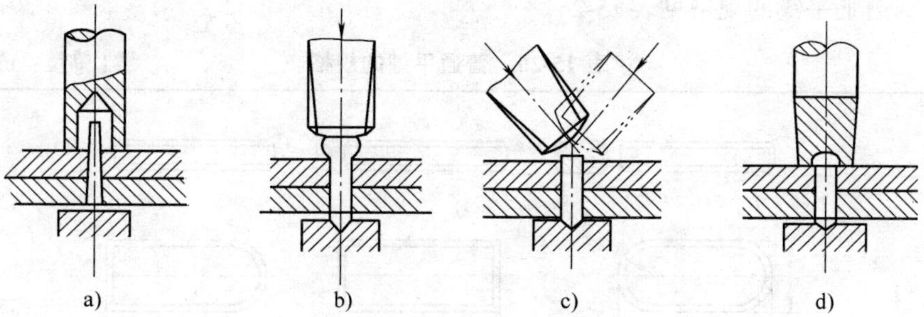

图15-24　半圆头铆钉的铆接过程
a）压紧板料　b）镦粗铆钉　c）锤打成形　d）整修

15.6.13　沉头铆钉的铆接过程分几步?

沉头铆钉的铆接，一种是用成品沉头铆钉铆接，另一种是用圆钢截断后代用。

用圆钢截断后作为铆钉的铆接过程：把铆钉插入孔后，在被铆接件下面支承好淬火平垫铁，在正中镦粗面 1 和面 2，之后铆面 2，然后铆面 1，最后修平高出平面部分（图 15-25）。

如果用成品沉头铆钉铆接，只要将铆钉头一端的材料经锤打填平沉头座即可。

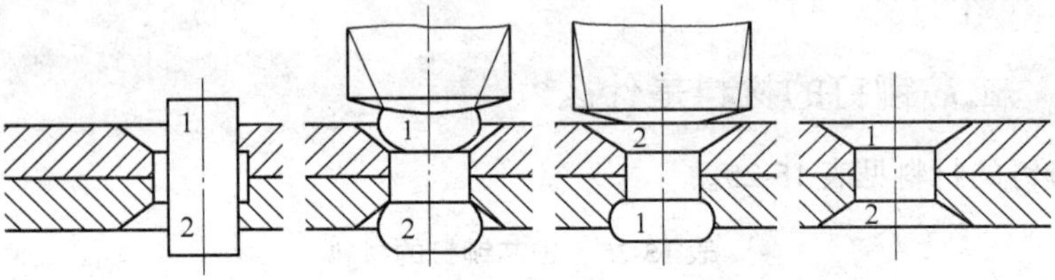

a)　　b)　　c)　　d)

图 15-25　沉头铆钉的铆接过程

a）将铆钉插入孔中　b）镦粗　c）铆第二个面　d）铆第一个面

15.7　键和花键

15.7.1　什么是键? 键分哪几种?

键主要用作轴和轴上零件之间的周向固定以传递转矩（如减速器中齿轮轴上的键)，有些键还可实现轴上零件的轴向固定或轴向移动。

键分为普通平键、导向平键、半圆键、楔键、切向键、钩头楔键和花键。

15.7.2　什么是普通平键? 它有哪些优点和规格?

普通平键的结构简单，拆装方便，对中性好，适合高速、变载、冲击的场合，用途最广。普通平键的规格见表 15-26。

表 15-26　普通平键的规格　　（单位：mm）

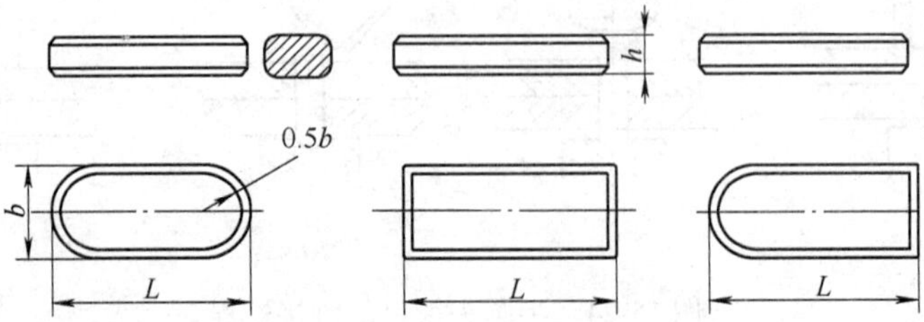

A 型（圆头）　　B 型（平头）　　C 型（单圆头）

（续）

宽度 b	高度 h	长度 L	适用轴径 d	宽度 b	高度 h	长度 L	适用轴径 d
2	2	6~20	>5~7	32	18	80~315	>105~120
3	3	6~28	>7~10	36	20	90~335	>120~140
4	4	8~35	>10~14	40	22	100~400	>140~170
5	5	10~45	>14~18	45	25	110~450	>170~200
6	6	14~55	>18~24	50	28	125~500	>200~230
8	7	18~70	>24~30	55	30	140~500	>230~260
10	8	22~90	>30~36	60	32	160~500	>260~290
12	8	28~110	>36~42	70	36	180~500	>290~330
14	9	35~140	>42~48	80	40	200~500	>330~380
16	10	45~180	>48~55	90	45	220~500	>380~440
18	11	50~200	>55~65	100	50	250~500	>440~500
20	12	55~220	>65~75	110	55	280~500	>500~560
24	14	60~250	>75~90	120	60	315~500	>560~630
28	16	70~280	>90~105				

注：键的长度 L 系列（mm）：6，8，10，12，14，16，18，20，22，25，28，32，36，40，45，50，56，63，70，80，90，100，110，125，140，160，180，200，220，250，280，320，360，400，450，500。

15.7.3　什么是导向平键？它有哪些特点和规格？

导向平键靠键和键槽侧面的挤压来传递转矩，对中性好，易拆装。键和键槽侧面为间隙配合，无轴向固定作用。因键较长，一般用螺钉把键固定在轴上。为便于拆卸，键上制有起键螺孔，以便拧入螺钉使键退出键槽。导向平键用于轴上零件沿轴向移动量不大的场合（如变速器中的滑移齿轮）。导向平键有圆头导向平键（A型）和方头导向平键（B型）两种。导向平键的规格见表15-27。

表15-27　导向平键的规格　（单位：mm）

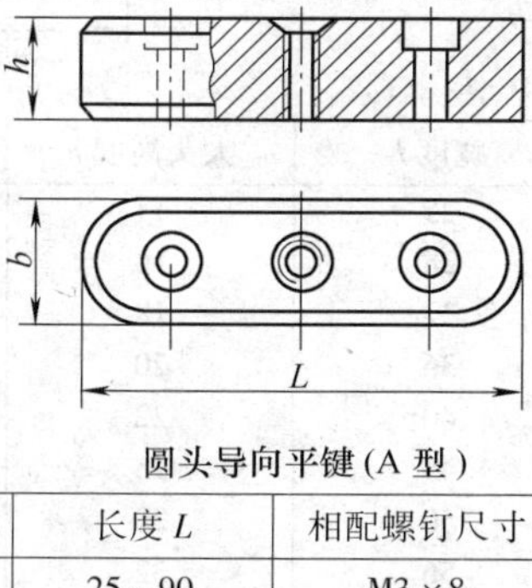

圆头导向平键（A型）

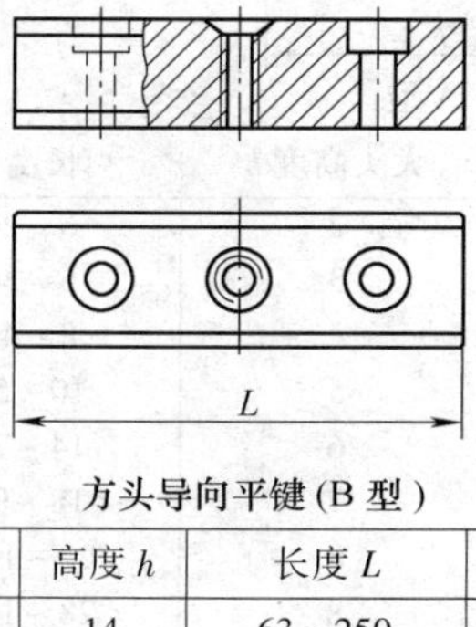

方头导向平键（B型）

宽度 b	高度 h	长度 L	相配螺钉尺寸	宽度 b	高度 h	长度 L	相配螺钉尺寸
8	7	25~90	M3×8	22	14	63~250	M6×16
10	8	25~110	M3×10	25	14	70~280	M8×16
12	8	28~140	M4×10	28	16	80~320	M8×16
14	9	36~160	M5×10	32	18	90~360	M10×23
16	10	45~180	M5×10	36	20	100~400	M12×25
18	11	50~200	M6×12	40	22	100~400	M12×25
20	12	56~220	M6×12	45	25	110~450	M12×25

15.7.4　什么是半圆键？它有哪些特点和规格？

半圆键（图 15-26）形似半圆，可以在键槽中摆动，以适应轮毂键槽底面的形状，常用于锥形轴端的连接，且连接工作负荷不大的场合（如一个带锥度的轴头，通过半圆键的连接带动普通 A 型带轮转动）。

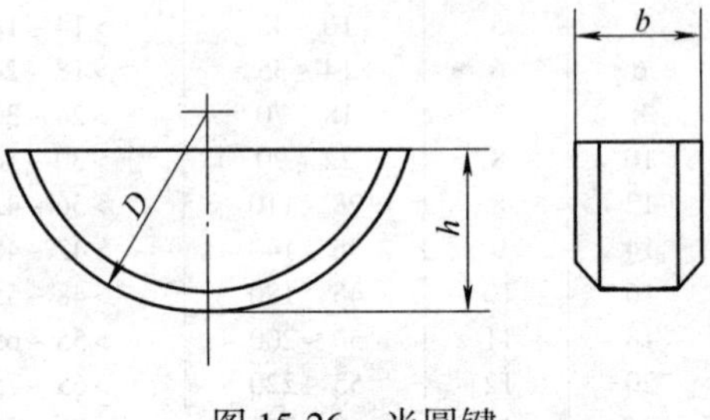

图 15-26　半圆键

半圆键的规格（$b \times h \times D$，单位均为 mm）：1×1.4×4、1.5×2.6×7、2.0×2.6×7、2.0×3.7×10、2.5×3.7×10、3×5.0×13、3×6.5×16、4×6.5×16、4×7.5×19、5×6.5×16、5×7.5×19、5×9×22、6×9×22、6×10×25、8×11×28、10×13×32。

15.7.5　什么是普通楔键？它有哪些特点和规格？

普通楔键靠键的上、下面传递转矩，键本身有 1∶100 的斜度，工作面上受有预紧力的挤压作用，因此普通楔键可用于受单向轴向力的键连接中。普通楔键连接的对中性不如平键好，常用在同轴度要求不高的连接中。普通楔键的规格见表 15-28。

表 15-28　普通楔键的规格　　（单位：mm）

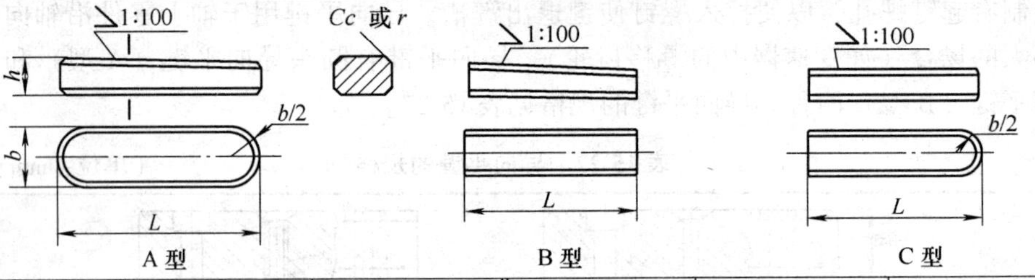

宽度 b	大头高度 h	长度 L	宽度 b	大头高度 h	长度 L
2	2	6～20	25	14	70～280
3	3	6～36	28	16	80～320
4	4	8～45	32	18	90～360
5	5	10～56	36	20	100～400
6	6	14～70	40	22	100～400
8	7	18～90	45	25	110～450
10	8	22～110	50	28	125～500
12	8	28～140	56	32	140～500
14	9	36～160	63	32	160～500
16	10	45～180	70	36	180～500
18	11	50～200	80	40	200～500
20	12	56～220	90	45	220～500
22	14	63～250	100	50	250～500

注：长度 L 系列（mm）：6，8，10，12，14，16，18，22，25，28，32，36，40，45，50，56，63，70，80，90，100，110，125，140，160，180，200，220，250，280，320，360，400，450，500。

15.7.6　什么是切向键？它有哪些特点和规格？

切向键由两个斜度为 1∶100 的楔键组成（图 15-27）。其上、下两面（窄面）为工作面，其中之一面在通过轴线的平面内。切向键用于载荷很大、对中要求不严的场合。由于键槽对轴削弱较大，常用于直径大于 100mm 的轴上（如大型带轮及飞轮与轴的连接，矿用大型绞车的卷筒及齿轮等与轴的连接）。

切向键工作面上的压力沿轴的切线方向作用，一个切向键只能传递一个方向的转矩（图 15-28），传递双向转矩时，须用互成 120°~130°角的两个键（图 15-29）。

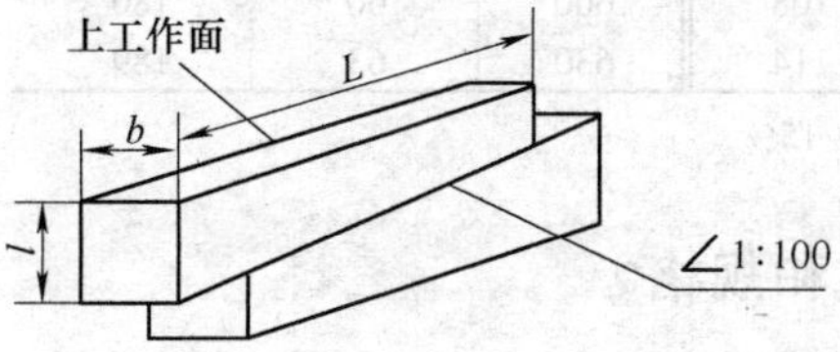

图 15-27　切向键由两个楔键组成

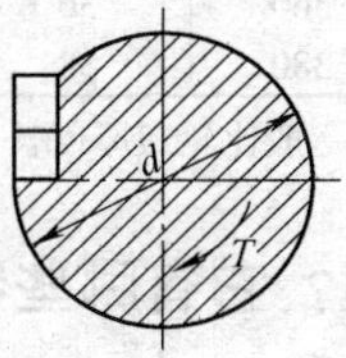

图 15-28　传递单向转矩

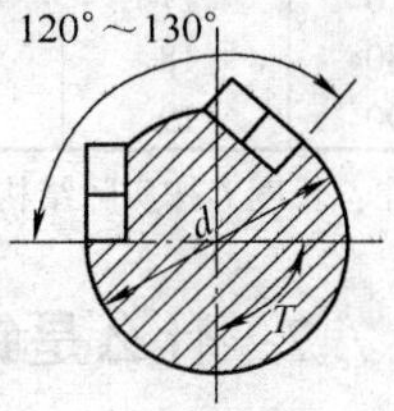

图 15-29　传递双向转矩

普通型切向键和强力型切向键的规格分别见表 15-29 和表 15-30。

表 15-29　普通型切向键的规格　（单位：mm）

轴径 d	厚度尺寸 t	计算宽度 b	轴径 d	厚度尺寸 t	计算宽度 b	轴径 d	厚度尺寸 t	计算宽度 b
60	7	19.3	140	11	37.7	360	26	93.2
63		19.8	150		39.1	380		95.9
65		20.1	160	12	42.1	400		98.6
70		21.0	170		43.5	420	30	108.2
71	8	22.5	180		44.9	440		110.9
75		23.2	190	14	49.6	450		112.3
80		24.0	200		51.0	460		113.6
85		24.8	220	16	57.1	480	34	123.1
90		25.6	240		59.9	500		125.9
95	9	27.8	250	18	64.6	530	38	136.7
100		28.6	260		66.0	560		140.8
110		30.1	280	20	72.1	600	42	153.1
120	10	33.2	300		74.8	630		157.1
125		33.9	320	22	81.0			
130		34.6	340		83.6			

注：长度 L 按实际结构确定，建议一般比轮毂厚度长 10% ~15%。

表 15-30　强力型切向键的规格　（单位：mm）

轴径 d	厚度尺寸 t	计算宽度 b	轴径 d	厚度尺寸 t	计算宽度 b	轴径 d	厚度尺寸 t	计算宽度 b
100	10	30	200	20	60	400	40	120
110	11	33	220	22	66	420	42	126
120	12	36	240	24	72	440	44	132
125	12.5	37.5	250	25	75	450	45	135
130	13	39	260	26	78	460	46	138
140	14	42	280	28	84	480	48	144
150	15	45	300	30	90	500	50	150
160	16	48	320	32	96	530	53	159
170	17	51	340	34	102	560	56	168
180	18	54	360	36	108	600	60	180
190	19	57	380	38	114	630	63	189

注：长度 L 按实际结构确定，建议一般比轮毂厚度长 10% ~15%。

15.7.7　什么是钩头楔键？它有哪些特点和规格？

钩头楔键主要用作紧键连接。在装配后，因钩头楔键斜度的影响，使轴与轴上的零件产生偏斜和偏心，所以不适合精度要求高的连接。钩头楔键的规格见表 15-31。

表 15-31　钩头楔键的规格　（单位：mm）

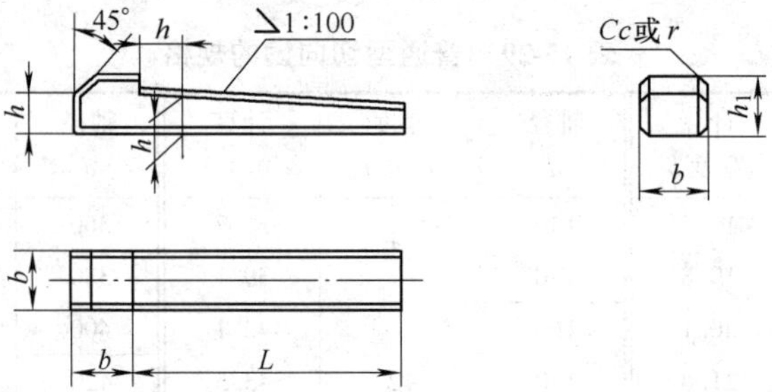

宽度 b	厚度 h	长度 L	宽度 b	厚度 h	长度 L
4	4	14 ~45	28	16	80 ~320
5	5	14 ~56	32	18	90 ~360
6	6	14 ~70	36	20	100 ~400
8	7	18 ~90	40	22	100 ~400
10	8	22 ~110	45	25	110 ~400
12	8	28 ~140	50	28	125 ~500
14	9	36 ~160	56	32	140 ~500
16	10	45 ~180	63	32	160 ~500
18	11	50 ~200	70	36	180 ~500
20	12	56 ~220	80	40	200 ~500
22	14	63 ~250	90	45	220 ~500
25	14	70 ~280	100	50	250 ~500

注：长度 $L \geqslant 14$mm 的系列尺寸同表 15-28。

15.7.8　什么是花键？它有哪些特点和规格？

花键的齿数多，承载能力大，对中性好，导向性好，对轴的削弱小。花键连接多用于滑动配合中，通常以滑键形式出现。

按花键和轴的相对位置的不同，花键可分为内花键和外花键；按齿形的不同，花键可分为矩形花键、渐开线花键和三角形花键，其中以矩形花键用得最广泛。矩形花键的规格见表 15-32。

表 15-32　矩形花键的规格　（单位：mm）

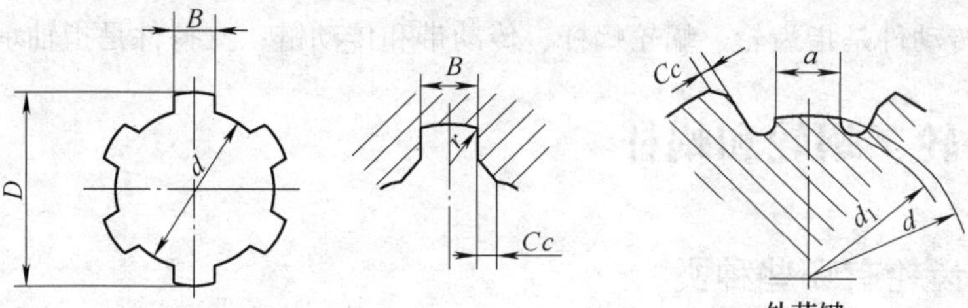

内花键　外花键

小径 d	轻系列 $N \times d \times D \times B$	小径 d	中系列 $N \times d \times D \times B$
23	6×23×26×6	11	6×11×14×3
26	6×26×30×6	13	6×13×16×3.5
28	6×28×32×7	16	6×16×20×4
32	8×32×36×6	18	6×18×22×5
36	8×36×40×7	21	6×21×25×5
42	8×42×46×8	23	6×23×26×6
46	8×46×50×9	26	6×26×30×6
52	8×52×5×10	28	6×28×32×7
56	8×56×62×10	32	8×32×36×6
62	8×62×68×12	36	8×36×40×7
72	10×72×78×12	42	8×42×46×8
82	10×82×88×12	46	8×46×50×9
92	10×92×98×14	52	8×52×58×10
102	10×102×108×16	56	8×56×62×10
112	10×112×120×18	62	8×62×68×12
		72	10×72×78×12
		82	10×82×88×12
		92	10×92×98×14
		102	10×102×108×16
		112	10×112×120×18

注：1. 内花键长度 l 或 l_1+l_2 系列（mm）：10，12，15，18，22，25，28，30，32，36，38，42，45，48，50，56，60，63，71，75，80，85，90，95，100，110，120，130，140，160，180，200。

2. N 为花键键数。

第 16 章

传动件与支持件

这里的传动件是指齿轮、蜗轮蜗杆、传动带和传动链；支持件是指轴承。

16.1　齿轮、蜗轮和蜗杆

16.1.1　齿轮有哪些种类？

齿轮按外形可分为圆柱齿轮（图 16-1）、锥齿轮（图 16-2）、齿轮-齿条（图 16-3）、蜗轮-蜗杆（图 16-4）、鼓形齿轮（图 16-5）、行星齿轮（图 16-6）和非圆齿轮（图 16-7）等。

按齿轮齿形，可分为直齿齿轮、斜齿齿轮、人字齿齿轮和曲线齿轮等几种。

按轮齿齿廓曲线，可分为渐开线齿轮、摆线齿轮、圆弧线齿轮、双圆弧线齿轮等。

按其传动形式，又可分为平行轴传动齿轮、相交轴传动齿轮及交错轴传动齿轮。

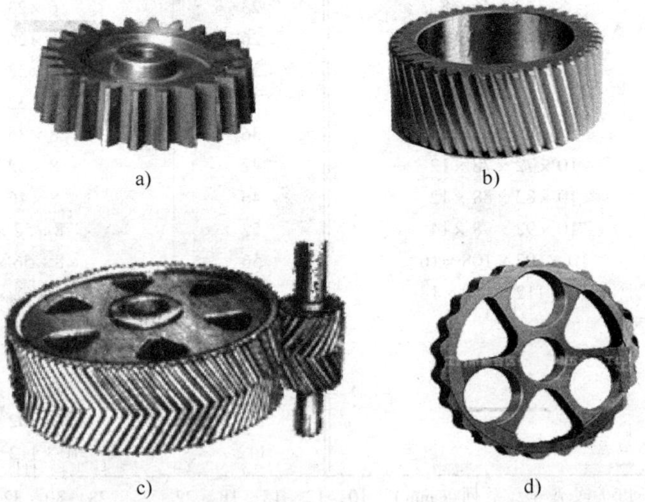

图 16-1　圆柱齿轮

a）直齿圆柱齿轮　b）斜齿圆柱齿轮　c）人字齿齿轮　d）摆线齿轮

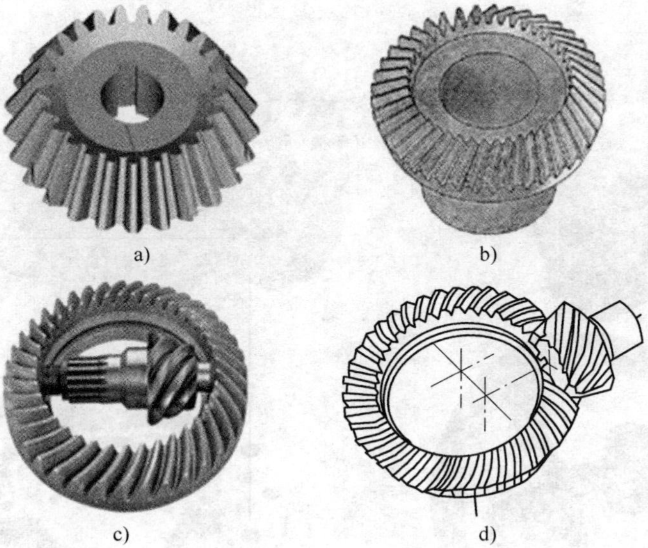

图 16-2　锥齿轮
a）直齿锥齿轮　b）斜齿锥齿轮　c）弧齿锥齿轮　d）双曲面锥齿轮

图 16-3　齿轮-齿条

图 16-4　蜗轮-蜗杆

图 16-5　鼓形齿轮

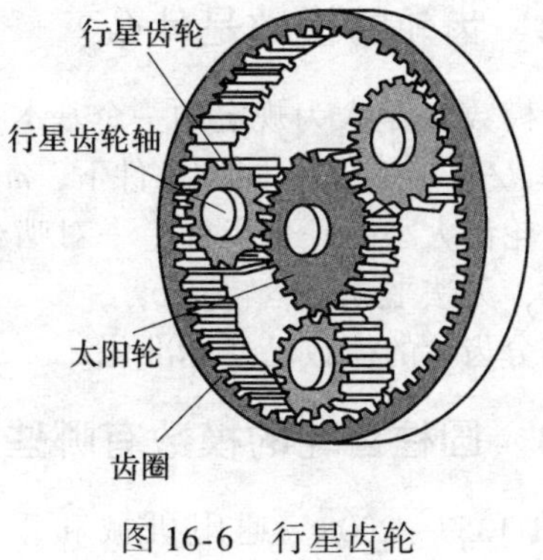

图 16-6　行星齿轮

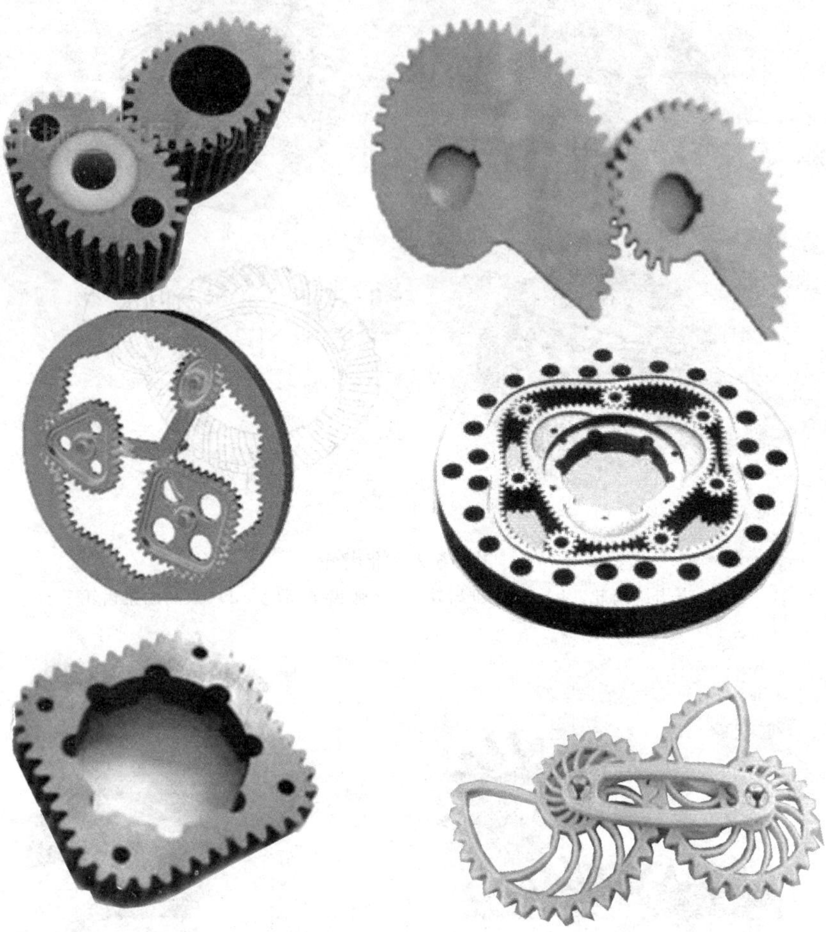

图 16-7　几种非圆齿轮

16.1.2　齿轮的模数是什么？

齿轮模数 m 是人为规定的一个基本参数，其值等于齿轮的分度圆直径 d 除以齿数 z，即 $m = d/z$。在齿数相同的条件下，m 越大，则轮齿就越大，抗弯能力越强。模数是表示齿轮轮齿大小的一个指标，一对啮合的齿轮其模数必须一致，否则两齿轮的轮齿规格不同，无法平顺地运转。

大部分齿轮的模数已经标准化。

16.1.3　圆柱齿轮的模数有哪些？

GB/T 1357—2008《通用机械和重型机械用圆柱齿轮　模数》规定的模数见表 16-1。

表 16-1　通用机械和重型机械用圆柱齿轮的模数　　（单位：mm）

第一系列	1	1. 25	1. 5	2	2. 5	3	4	5	6
第二系列	1. 125	1. 375	1. 75	2. 25	2. 75	3. 5	4. 5	5. 5	(6. 5)
第一系列	8	10	12	16	20	25	32	40	50
第二系列	7	9	11	14	18	22	28	35	45

注：1. 齿轮的最小模数可达 0. 1mm，本表仅列出 1mm 以上者。
2. 本表不适用于汽车齿轮。
3. 应优先采用第一系列模数，避免采用括号内的模数。

16. 1. 4　直齿锥齿轮大端端面模数有哪些?

直齿锥齿轮以其大端端面模数作为标准模数，其值见表 16-2。

表 16-2　锥齿轮大端端面模数　　（单位：mm）

0. 1	0. 12	0. 15	0. 2	0. 25	0. 3	0. 35	0. 4	0. 5
0. 6	0. 7	0. 8	0. 9	1	1. 125	1. 25	1. 375	1. 5
1. 75	2	2. 25	2. 5	2. 75	3	3. 25	3. 5	3. 75
4	4. 5	5	5. 5	6	6. 5	7	8	9
10	11	12	14	16	18	20	22	25
28	30	32	36	40	45	50	—	—

16. 1. 5　蜗杆的模数有哪些?

蜗杆的模数见表 16-3，应优先选用第一系列。

表 16-3　蜗杆的模数　　（单位：mm）

第一系列	0. 1，0. 12，0. 16，0. 2，0. 25，0. 3，0. 4，0. 5，0. 6，0. 8，1，1. 25，1. 6，2，2. 5，3. 15，4，5，6. 3，8，10，12. 5，16，20，25，31. 5，40
第二系列	0. 7，0. 9，1. 5，3，3. 5，4. 5，5. 5，6，7，12，14

16. 1. 6　蜗杆的分度圆直径有哪些?蜗杆传动的基本尺寸和参数有哪些?

蜗杆的分度圆直径见表 16-4，应优先采用第一系列。

表 16-4　蜗杆的分度圆直径　　（单位：mm）

第一系列	4，4. 5，5，5. 6，6. 3，7. 1，8，9，10，11. 2，12. 5，14，16，18，20，22. 4，25，28，31. 5，35. 5，40，45，50，56，63，71，80
第二系列	6，7. 5，8. 5，15，38，48，53，60，67，75，85

蜗杆传动的基本尺寸和参数见表 16-5。

表 16-5　蜗杆传动的基本尺寸和参数

模数 m/mm	分度圆直径 d_1/mm	直径系数 q	蜗杆头数 z_1	$m^2 d_1$/mm^3
1	18	18. 000	1	18. 0

（续）

模数 m/mm	分度圆直径 d_1/mm	直径系数 q	蜗杆头数 z_1	m^2d_1/mm^3
1.25	20	16.000	1	31.25
	21.4	17.920	1	35.0
1.6	20	12.500	1，2，4	51.2
	28	17.500	1	71.68
2	22.4	11.200	1，2，4，6	89.6
	35.5	17.750	1	142
2.5	28	11.200	1，2，4，6	175
	45	18.000	1	281.3
3.15	35.5	11.270	1，2，4，6	352.3
	56	17.778	1	555.7
4	40	10.000	1，2，4，6	640
	71	17.750	1	1136
5	50	10.000	1，2，4，6	1250
	90	18.000	1	2250
6.3	63	10.000	1，2，4，6	2500
	112	17.778	1	4445
8	80	10.000	1，2，4，6	5120
	140	17.500	1	8960
10	90	9.000	1，2，4，6	9000
	160	16.000	1	16000
12.5	112	8.960	1，2，4，6	17500
	200	16.000	1	31250
16	140	8.750	1，2，4	35840
	250	15.625	1	64000
20	160	8.000	1，2，4	64000
	315	15.750	1	126000
25	200	8.000	1，2，4	125000
	400	16.000	1	250000

16.1.7　蜗杆头数与蜗轮齿数之间的关系如何？

蜗杆头数与蜗轮齿数的推荐值见表 16-6。

表 16-6　蜗杆头数 z_1 与蜗轮齿数 z_2 的推荐值

$i=z_2/z_1$	z_1	z_2	$i=z_2/z_1$	z_1	z_2
7~8	4	28~32	25~27	2~3	50~81
9~13	3~4	27~52	28~40	1~2	28~80
14~24	2~3	28~72	≥40	1	≥40

注：i 为蜗杆传动的传动比。

16.2　传动带和传动链

16.2.1　什么是传动带？什么是传动链？

传动带（图 16-8）和传动链（图 16-9）是将原动机旋转产生的动力，通过带或链传递到机械设备上的机械部件，其种类繁多，用途广泛。

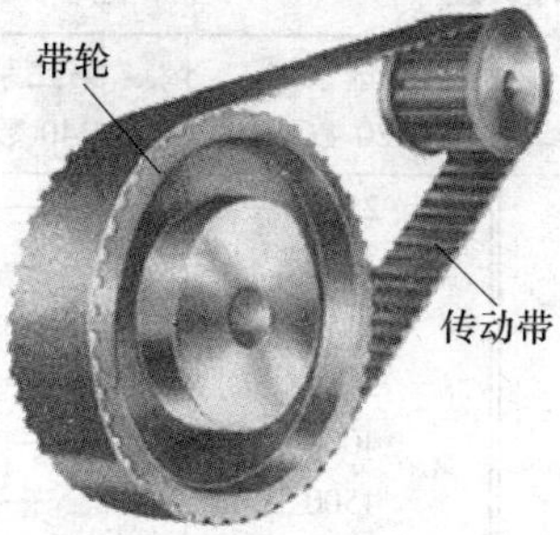

图 16-8　传动带和带轮

图 16-9　传动链和链轮

传动链的结构由内链节和外链节组成。它包括内链板、外链板、销轴、套筒和滚柱五个小部件，链条的优劣取决于销轴和套筒的质量。

16.2.2　传动带有哪些种类？平带有哪几种结构？

传动带的种类和平带的结构见表 16-7。

表 16-7　传动带的种类和平带的结构

传动带的种类	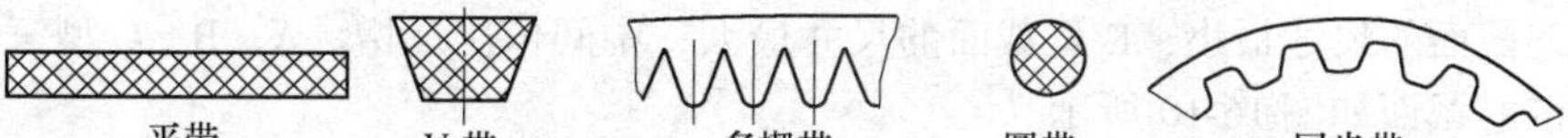 平带　V 带　多楔带　圆带　同步带
平带的结构	 切边式　包边式（边部封口）　包边式（中部封口）　包边式（双封口）

16.2.3　平带的公称宽度和长度有哪些规格？

平带由纤维织物及织物黏合材料（如橡胶、塑料）制成，有普通平带和环形平带两种。普通平带的规格见表 16-8。特别推荐的环形平带的长度见表 16-9。

表 16-8 普通平带的规格 （单位：mm）

公称带宽 b	轮宽荐用值	公称带宽 b	轮宽荐用值	公称带宽 b	轮宽荐用值	公称带宽 b	轮宽荐用值	公称带宽 b	轮宽荐用值
16	20	50	63	100	112	180	200	315	355
20	25	60	71	112	125	200	224	355	400
25	32	71	80	125	140	224	250	400	450
32	40	80	90	140	160	250	280	450	500
40	50	90	100	160	180	280	315	500	560

表 16-9 特别推荐的环形平带的长度 （单位：mm）

优选系列（R20 数系）	第二系列（R40 数系）	优选系列（R20 数系）	第二系列（R40 数系）	优选系列（R20 数系）	第二系列（R40 数系）
500	530	1120	1180	2500	—
560	600	1250	1320	2800	—
630	670	1400	1500	3150	—
710	750	1600	1700	3550	—
800	850	1800	1900	4000	—
900	950	2000	—	4500	—
1000	1060	2240	—	5000	—

16.2.4 V 带如何分类？普通 V 带的横截面形状有几种？

V 带按其边缘状态可分为包边 V 带和切边 V 带（分普通 V 带、有齿 V 带和夹布 V 带）两种；也可按截面的高度/节宽分为普通 V 带和窄 V 带。

一般传动用普通 V 带，适用于一般机械传动装置（不适用于帘布结构普通 V 带和汽车、农机、摩托车等机械传动装置）。

普通 V 带具有对称的梯形横截面，楔角为 40°，高度与节宽之比约为 0.7（窄 V 带为 0.9），其型号分为 Y、Z、A、B、C、D、E 七种（有齿切边带型号后面加 X），以 Y 型截面的尺寸最小，E 型截面的尺寸最大，中间依次递增。A、B、C 型三种最常用。V 带的截面如图 16-10 所示。

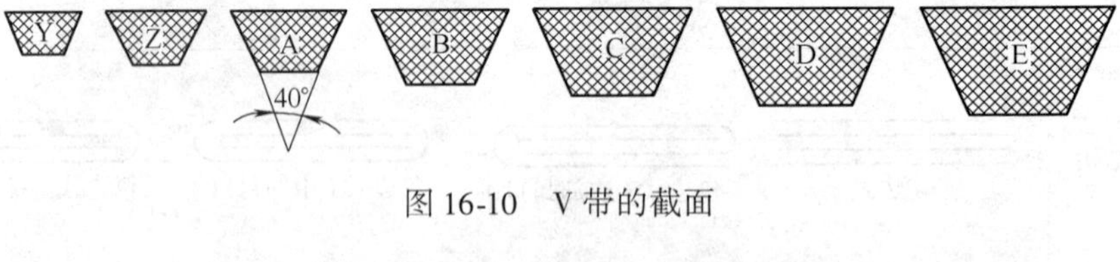

图 16-10 V 带的截面

窄 V 带的优点是传动功率大，拉伸强度高，质量小，结构紧凑，适用于有冲击、载荷波动较大、工作条件恶劣的场合和工作轴垂直于地面的大功率传动。

16.2.5 何谓同步带传动？如何分类？

同步带传动由一条内周表面设有等间距齿的环形带和具有相应齿的带轮所组成，

运行时带齿与带轮的齿槽相啮合传递运动和动力，它具有平带传动、链传动、齿轮传动的优点：具有准确的传动比，无滑差，可获得恒定的速比（传动比范围大、效率高），传动平稳，能吸振，噪声小，允许线速度高，结构紧凑。同步带传动广泛适用于多轴传动、无需润滑、不允许有污染和恶劣环境中。

同步带按齿形可以分为梯形齿同步带和弧齿同步带两大类。前者分单面有齿（单面带）和双面有齿（双面带）两种。双面带又按齿的摆放方法分为对称齿形和交织齿形。

梯形齿同步带有两种尺度制：节距制和模数制。我国选用节距制，并依据 ISO 5296 制定了同步带传动的相应标准 GB/T 11361—2008、GB/T 11362—2008 和 GB/T 11616—2013。

16.2.6　何谓多楔带？它有哪些特点和应用？

多楔带是指以平带为基体、内表面排布有等间距纵向 40°梯形楔的环形橡胶传动带，其工作面为楔的侧面。其特点是传动功率大，空间相同时比普通 V 带的传动功率高 30%；传动系统结构紧凑，在传动功率相同的情况下，传递装置所占空间比普通 V 带小 25%；带体薄，富有柔软性，适应带轮直径小的传动，也适应高速传动，带速可达 40m/s；振动小，发热少，运转平稳；耐热、耐油、耐磨，使用伸长小，寿命长。

多楔带应用在要求 V 带根数较多、承受较大冲击的设备上，如在一些废料切断机、重型纺织机和活塞泵等机器中均可采用多楔带传动；另外，也用在轮轴线垂直于地面的传动或半交叉传动中。

16.2.7　普通输送带的材料有哪几种？

普通输送带的材料是织物，其材料及代号见表 16-10。

表 16-10　普通输送带织物材料及代号

织物材料	棉线	人造棉	人造丝	锦纶（聚酰胺纤维）	涤纶（聚对苯二甲酸乙二酯）	芳纶（芳香族聚酰胺纤维）	玻璃纤维
代号	B	Z	R	P	E	D	G

16.2.8　金属丝编织输送带的材料有几种？各有哪些规格和编织形式？

金属丝编织输送带（图 16-11）的材质有碳素结构钢、不锈钢，可根据耐磨、耐温、耐蚀的要求选用。其宽度（mm）有 500、650、800、1000、1200、1400、1600、1800、2000、2200、2400、2600、2800、3000、3200 等规格。根据使用环境和要求的不同可有很多型号。

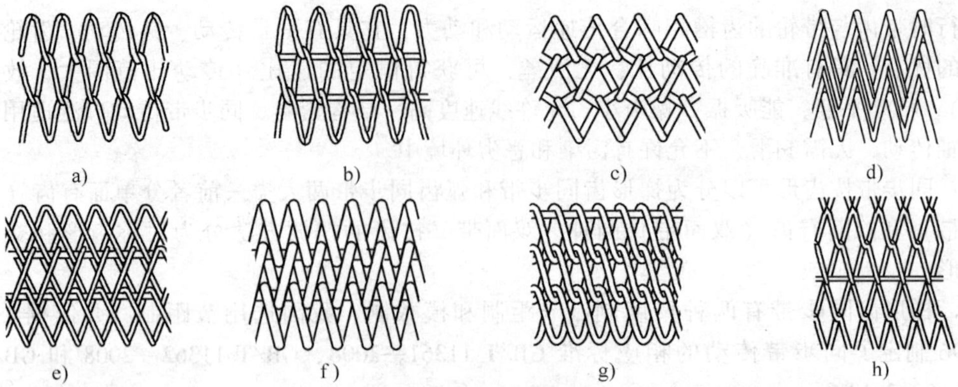

图 16-11 金属丝编织输送带的编织形式

a）普通型（C 型） b）分段普通型（S 型） c）加强型（R 型） d）双股加强型（DR 型）
e）平衡型（B 型） f）直串条平衡型（Bs 型） g）组合平衡型（CBns 型） h）直串条双股平衡型（DBs 型）

16.2.9 什么是传动链？传动链分几种？

传动链是由传动链条和链轮组成的动力传动装置，通常用于低速度大负荷场合。链条有滚子链和齿形链两种。前者又有套筒滚子链、水平翼板滚子链、直立翼板滚子链、标准长节距输送链几种。

16.2.10 滚子链有哪些品种？各应用在什么场合？

滚子链的品种有传动用短节距精密滚子链和套筒链、传动及输送用双节距精密滚子链、不锈钢短节距滚子链和套筒链、S 型和 C 型钢制滚子链、重载传动用弯板滚子链、输送用钢制滚子链等。

（1）传动用短节距精密滚子链和套筒链 用于机械传动和类似应用短节距精密滚子链和套筒链的场合，分 A、B 两个系列，套筒滚子链分普通系列和重载系列，其规格用链号表示，链号数乘以 25.4mm/16 等于链的节距值。例如链 08A－1 表示 A 系列，节距为 8×25.4mm/16＝12.7mm，1 表示单排（同样，2 表示 2 排，……）。普通系列的节距为 6.35～114.30mm；重载系列套筒滚子链无多列，链号有后缀 H，节距为 19.05～76.20mm。

（2）传动及输送用双节距精密滚子链 是传动用短节距精密滚子链和套筒链的派生品种，应用于传递的功率和速度比派生出它的基本链条相对要低一些的场合，也分 A、B 两个系列，链号是 2××，链号数后两位乘以 25.4mm/8 等于链的节距值。例如链 208A 表示 A 系列，节距为 8×25.4mm/8＝25.4mm。其节距为 25.4～101.6mm。

（3）不锈钢短节距滚子链和套筒链 适用于轻工、食品和卫生等行业应用，也用于易受化学、药品等侵蚀的场合和高低温场合，有单排和多排，也分 A、B 两个系列，链号为 04～32（后面的后缀 SS 表示不锈钢），节距为 6.35～50.8mm。

（4）S 型和 C 型钢制滚子链 适用于农业机械、建筑机械、采石机械及装卸机械等。S 系列的链号为 S32、S42、S45、S52、S55、S62、S77、S88，节距为 29.21～66.27mm。C 系列的链号为 C550 和 C620，节距为 41.40mm 和 42.01mm。

（5）重载传动用弯板滚子链　适用于在繁重工况下，作为动力、机械传动用的弯板滚子链条。链号标号是 4 位数：前两位数字为 1/8 节距的英寸数，后两位数字为 1/16 销轴直径的英寸数。链号有 2010、2512、2814、3315、3618、4020、4824、5628。

（6）输送用钢制滚子链　适用于各种物料输送机和提升机。链号有 2915-10、2915-20、2915-30、2915-40、2915-50、2915-60、2915-70、2915-80、2915-90。

滚子链的品种还有很多，如自动扶梯链、摩托车链条、农用夹持输送链和用于发动机曲轴和凸轮轴之间传动的时规链。

16.2.11　齿形链有几种链号？

齿形链可以分为两类：4.76mm 节距链条和 9.52mm 及以上节距链条。两者的链号均由字母 SC 与表示链条节距和链条公称宽度的数字组成。

1. 4.76mm 节距链条链号

链号由 SC 加“03”和另外 2 位数字组成。首位数字“0”后面的第一位数字“3”乘以 1.5875mm（1/16 in）为链条节距值，最后一位或两位数乘以 0.79375mm（1/32 in）为齿形链的公称链宽。例如，SC0309 表示节距为 4.76（3×1.5875）mm 和公称链宽为 7.14（9×0.79375）mm 的齿形链。该齿形链条的链板厚度均为 0.76mm。

2. 9.52mm 及以上节距链条链号

链号由 SC 加 3 位或 4 位数字组成。数字的前一位或前两位乘以 3.175mm（1/8 in）为链条节距值，最后两位或三位数乘以 6.35mm（1/4 in）为齿形链的公称链宽。例如，SC302 表示节距为 9.52（3×3.175）mm、公称链宽为 12.70（2×6.35）mm 的齿形链。

各种节距齿形链的链号见表 16-11。

表 16-11　各种节距齿形链的链号

4.76mm 节距链条链号	9.52mm 及以上节距链条链号							
	9.525	12.70	15.875	19.05	25.40	31.75	38.10	50.80
SC0305	SC302	SC402	SC504	SC604	SC808	SC1010	SC1212	SC1616
SC0307	SC303	SC403	SC505	SC605	SC810	SC1012	SC1216	SC1620
SC0309	SC304	SC404	SC506	SC606	SC812	SC1016	SC1220	SC1624
SC0311	SC305	SC405	SC507	SC608	SC816	SC1020	SC1224	SC1628
SC0313	SC306	SC406	SC508	SC610	SC820	SC1024	SC1228	SC1632
SC0315	SC310	SC407	SC510	SC612	SC824	SC1028	SC1232	SC1640
SC0317	SC312	SC408	SC512	SC614	SC828	SC1032	SC1236	SC1648
SC0319	SC316	SC409	SC516	SC616	SC832	SC1036	SC1240	SC1656
SC0321	SC320	SC410	SC520	SC620	SC836	SC1040	SC1248	SC1664
SC0323	SC324	SC411	SC524	SC624	SC840	SC1048	SC1256	SC1572
SC0325	—	SC412	SC528	SC628	SC848	SC1056	SC1264	SC1680
SC0327	—	SC414	SC532	SC632	SC856	SC1064	SC1272	SC1688
SC0329	—	SC416	SC540	SC636	SC864	SC1072	SC1280	SC1696
SC0331	—	SC420	—	SC640	—	SC1080	SC1288	SC16120
—	—	SC424	—	SC648	—	—	SC1296	—
—	—	SC432	—	—	—	—	—	—

16.2.12　传动链的链轮如何标记？

链轮的标记方法：

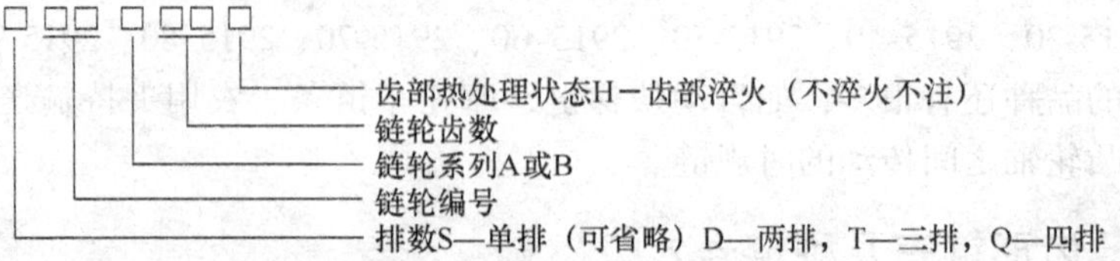

16.2.13　带传动和链传动各有什么特点？

1. 带传动的特点

1）结构简单，适用于两轴中心距较大的传动场合。

2）传动平稳，噪声小，能缓冲、吸振。

3）过载时带将会在带轮上打滑，可防止薄弱零部件损坏，起到安全保护作用。

4）可方便地改变主动轮与从动轮的轴夹角，易于调整，传输距离更大。

5）不能保证精确的传动比。带轮材料一般是铸铁。

2. 链传动的特点

1）和齿轮传动比较，可以在两轴中心相距较远的情况下传递运动和动力。

2）能在低速、重载和高温条件下及尘土飞扬的不良环境中工作。

3）和带传动比较，它能保证准确的平均传动比，传动精度高，转速高，传递功率较大，且作用在轴和轴承上的力较小，寿命长。

4）传递效率较高（一般为 0.95 ~ 0.97）。

5）链条的铰链磨损后，会使得节距变大造成脱落现象。

6）安装和维修要求较高。链轮材料一般是结构钢等。

16.2.14　带传动和链传动一般如何布置？

1）带传动布置在高速级，一般可以直接连接动力部分，例如很多电动机或柴油机直接通过带传动驱动下一级设备。这是因为当实际传动的功率超过所允许的额定功率时可过载保护，从而保护重要零件。

2）链传动应布置在低速级，因为速度过高，会引起额外的动载荷，会使链振动加剧，冲击大，噪声加大；且链传动承载能力强，一般低速级的承载较大。例如摩托车就是如此，齿轮布置在高速级，经减速器减速后，由链传动带动摩托车后轮运动。

16.2.15　带传动中为什么把小带轮接在电动机主轴上？

1）一般电动机转速较高，用小带轮是为了小幅降低转速。

2）小带轮作为主动轮有利于减速，可代替减速器。平时常用的电动机一般为 2 极、4 极和 6 极，转速都较高，如果要降低电动机转速就要增加电动机的极数，使电动机的质量和体积都相应增大。

3）带传动具有防止过载的作用，从包角的大小方面也应该采用小带轮为主动轮。特别是对于大功率电动机，带传动可以有效地防止起动过程中的过载问题。

16.2.16　传动带应如何保养？

（1）传动带的装卸　安装前首先要检查主动轮、从动轮和张紧轮是否在同一平面上。一般来讲，两带轮的中心距小于 1m 时允许偏差为 2～3mm，当中心距大于 1m 时允许偏差为 3～4mm。若偏差太大，应调整到符合要求后再进行安装并张紧。装卸时应首先将张紧轮松开，或将无级变速一端轮盘先卸下来，再将传动带装上或卸下。当新传动带太紧难以装卸时，应先卸下一个带轮，套上或卸下传动带后，再把带轮安装好，不得硬卸。一般联组 V 带应卸下带轮后装卸。

（2）传动带的张紧　传动带的张紧度是靠张紧轮进行调整的，传动带过紧会使其磨损严重，过松则易产生打滑现象，使传动带严重磨损甚至烧坏。一般两轮距离为 1m 左右时，用手指按压传动带中部，应垂直下降 10～20mm。传动带使用中应检查其张紧度，并随时进行调整。

（3）传动带的更换　传动带失效后应及时更换。多根 V 带合组使用时，如果其中一根或部分失效时，则其他几根应同时更换，不可新旧带一起使用。

（4）传动带的清洗　传动带沾上黄油、机油等油垢后易产生打滑并加速传动带的损坏，应及时用汽油或碱水等清洗剂清洗，不能带油作业。

（5）传动带的工作温度　传动带的工作温度一般不宜超过 60℃，检验方法：停止工作后，立即用手触摸传动带，若手在其上停留 1min 而不感到很烫手，即为温度不高。若烫手以至于不能停放 1min，说明温度过高，应查明原因，及时排除。

（6）带轮的更换　作业中可能出现带轮变形、开裂、周孔磨损等情况，应及时修复或更换有关部件。长期不用时，应将传动带卸下，挂在通风干燥处，或将张紧轮松开，使传动带处于松弛状态。

16.3　轴承

16.3.1　什么是轴承？

轴承用于确定旋转轴与其他零件相对运动位置，起支承或导向作用，即固定轴使其只能实现转动，而控制其轴向和径向的移动。其主要功能是支承轴，同时降低设备在传动过程中的机械摩擦系数。在通常情况下，只是轴旋转（也有轴不旋转而外壳旋转的）。

16.3.2　轴承可分为哪些类型？

按照支承转动轴部位的不同，轴承可分为滚动轴承和滑动轴承两大类。前者靠滚动体的转动支承转动轴，运动方式是滚动，接触方式是点接触；后者靠平滑面支承转动轴，运动方式是滑动，接触方式是面接触。

1. 滚动轴承的类型

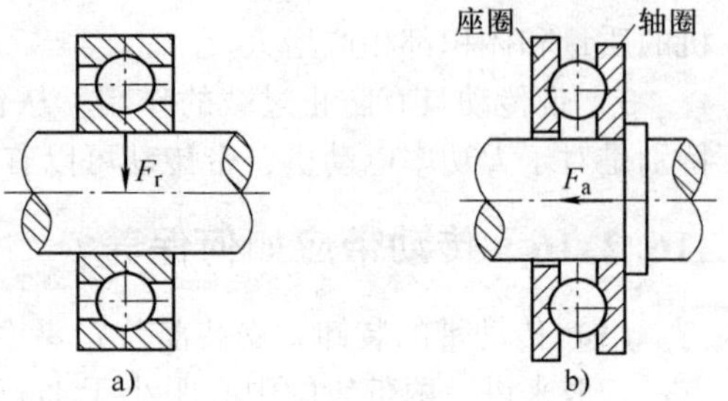

图 16-12　滚动轴承的类型

a）向心轴承　b）推力轴承

1）按照滚动轴承所能承受的载荷方向或公称接触角不同，可分为向心轴承和推力轴承（图 16-12）。前者主要用于承受径向载荷（按公称接触角的不同，又分为径向接触轴承和角接触向心轴承）；后者主要用于承受轴向载荷（按公称接触角的不同，又分为轴向接触轴承和角接触推力轴承）。滚动轴承的温度一般不宜超过100℃。

2）按滚动体的种类，可分为球轴承和滚子轴承。后者又可分为圆柱滚子轴承（长径比小于或等于3）、滚针轴承（长径比大于3，但直径小于或等于5mm）、圆锥滚子轴承（滚动体是圆锥滚子）和调心滚子轴承（滚动体是球面滚子）。

3）按轴承工作时能否调心，可分为调心轴承（滚道是球面形的，能适应两滚道轴线间的角偏差及角运动的轴承）和非调心轴承（刚性轴承，能阻抗滚道间轴线间角偏移的轴承）。

4）按轴承滚动体的列数，可分为单列轴承、双列轴承和多列轴承。

5）按公称外径尺寸大小，可分为微型轴承（直径小于或等于 6mm）、小型轴承（直径为 26 ~ 60mm）、中小型轴承（直径大于或等于 60mm 但小于 120mm）、中大型轴承（直径大于或等于 120mm 但小于 200mm）、大型轴承（直径大于或等于 200mm 但小于 440mm）和特大型轴承（直径大于 440mm）。

2. 滑动轴承的类型

1）整体式轴承、剖分式轴承和自动调心式轴承。

2）也可分为向心轴承和推力轴承。

滑动轴承的主要部件为轴承座和轴套，某些大型设备使用的滑动轴承，轴套一般采用巴氏合金制成，巴氏合金的软化点、熔点较低，与轴的接触面积大，可承受重载、冲击载荷，减振性好。

16. 3. 3　滚动轴承的类型代号有哪些？

滚动轴承的类型代号见表 16-12。

表 16-12　滚动轴承的类型代号

代　号	轴承类型	代　号	轴承类型
0	双列角接触球轴承	6	深沟球轴承
1	调心球轴承	7	角接触球轴承
2	调心滚子轴承	8	推力圆柱滚子轴承
3	推力调心滚子轴承	N	圆柱滚子轴承（双列或多列用字母 NN 表示）
	圆锥滚子轴承		
4	双列深沟球轴承	U	外球面球轴承
5	推力球轴承	QJ	四点接触球轴承

注：轴承类型代号的前面或后面，还可加注字母或数字，表示该类型轴承中的不同结构。

16.3.4 轴承的宽度和高度尺寸代号如何表示?

向心轴承、推力轴承的尺寸（宽度和高度）代号见表16-13。

表16-13 向心轴承、推力轴承的尺寸（宽度和高度）代号

直径系列代号	向心轴承								推力轴承			
	宽度系列代号								高度系列代号			
	8	0	1	2	3	4	5	6	7	9	1	2
	尺寸系列代号											
7			17		37							
8		08	18	28	38	48	58	68				
9		09	19	29	39	49	59	69				
0		00	10	20	30	40	50	60	70	90	10	
1		01	11	21	31	41	51	61	71	91	11	
2	82	02	12	22	32	42	52	62	72	92	12	22
3	83	03	13	23	33				73	93	13	23
4		04		24					74	94	14	24
5										95		

注：轴承的直径系列（即结构相同、内径相同的轴承在外径和宽度方面的变化系列）用基本代号右起第三位数字表示。例如，对于向心轴承和向心推力轴承，0、1表示特轻系列；2表示轻系列；3表示中系列；4表示重系列。推力轴承除了用1表示特轻系列之外，其余与向心轴承的表示一致。

16.3.5 轴承的内径代号如何表示?

轴承的内径代号见表16-14。

表16-14 轴承的内径代号

轴承公称内径/mm	内径代号表示方法	举 例
0.6～10 （非整数）	直接用公称内径毫米数值表示，尺寸系列代号与内径代号之间用“/”分开	深沟球轴承625/2.5 $d=2.5$mm
1～9 （整数）	直接用公称内径毫米数值表示，对7、8、9直径系列的深沟球轴承及角接触球轴承，尺寸系列代号与内径代号之间需用“/”分开；	深沟球轴承625，618/5 $d=5$mm
10，12，15，17	分别用00、01、02、03表示	深沟球轴承6200 $d=10$mm
20～480 （22，28，32除外）	用公称内径毫米数值除以5的商数表示，商数为个位数时，需在商数左边加“0”，如08	调心滚子轴承23208 $d=40$mm
≥500，以及 22，28，32	直接用公称内径毫米数值表示，但在尺寸系列代号与内径代号之间用“/”分开	深沟球轴承62/22 $d=22$mm 调心滚子轴承230/500 $d=500$mm

16.3.6 轴承的后置代号表示什么意义?

轴承的后置代号分成8个组，每个组中不同的代号有不同的含义和表示方法。轴承后置代号的分组见表16-15。轴承后置代号的表示方法见表16-16。

表16-15　轴承后置代号的分组

分组序号	后置代号（组）							
	1	2	3	4	5	6	7	8
表示意义	内部结构	密封与防尘套圈变型	保持架及其材料	轴承材料	公差等级	游隙	配置	其他

注：1. 后置代号用字母或字母加数字表示，置于基本代号右边（要空半个汉字距，代号中有符号“-”“/”时除外）。当改变项目多、具有多组后置代号时，则按表16-15所列组次顺序从左至右顺序排列。

2. 如改变为4组（含4组）以后的内容，则在其代号前用“/”符号与前面代号隔开。例如，6205-2Z/P6。

3. 如改变内容为第4组后的两组，当前组与后组代号中的数字或字母表示含义可能混淆时，两代号之间应空半个汉字距。例如，6208/P63 V1。

表16-16　轴承后置代号的表示方法

项　目	代　号	表示意义及代号举例
（1）内部结构组	A、B、C、D、E	① 表示轴承内部结构改变 ② 表示标准设计轴承，其含义随不同类型、结构而异 例：7210 B表示公称接触角 $\alpha=40°$ 的角接触球轴承；33210 B表示接触角加大的圆锥滚子轴承；7210 C表示公称接触角 $\alpha=15°$ 的角接触球轴承；23122 C表示调心滚子轴承；NU 207 E表示加强型内圈无挡边圆柱滚子轴承
	AC D ZW	7210 AC表示公称接触角 $\alpha=25°$ 的角接触球轴承 K 50×55×20 D表示剖分式滚针和保持架组件 K 20×25×40 ZW表示双列滚针和保持架组件
（2）密封与防尘套圈变型组	K	圆锥孔轴承，锥度1:12（外球面轴承除外），例1210 K
	K30	圆锥孔轴承，锥度1:30，例24122 K30
	R	轴承外圈有止动挡边（凸缘外圈）（不适用于内径<10mm的深沟球轴承），例30307 R
	N	轴承外圈上有止动槽，例6210 N
	NR	轴承外圈上有止动槽，并带止动环，例6210 NR
	-RS	轴承一面带骨架式橡胶密封圈（接触式），例6210-RS
	-2RS	轴承两面带骨架式橡胶密封圈（接触式），例6210-2RS
	-RZ	轴承一面带骨架式橡胶密封圈（非接触式），例6210-RZ
	-2RZ	轴承两面带骨架式橡胶密封圈（非接触式），例6210-2RZ
	-Z	轴承一面带防尘盖，例6210-Z
	-2Z	轴承两面带防尘盖，例6210-2Z
	-RSZ	轴承一面带骨架式橡胶密封圈（接触式），一面带防尘盖，例6210-RSZ
	-RZZ	轴承一面带骨架式橡胶密封圈（非接触式），一面带防尘盖，例6210-RZZ
	-ZN	轴承一面带防尘盖，另一面外圈有止动槽，例6210-ZN
	-2ZN	轴承两面带防尘盖，外圈有止动槽，例6210-2ZN
	-ZNR	轴承一面带防尘盖，另一面外圈有止动槽并带止动环，例6210-ZNR
	U	推力球轴承，带球面座圈，例53210 U

（续）

项　目	代　号	表示意义及代号举例
（3）保持架及其材料组		参见 JB/T 2974—2004《滚动轴承代号方法的补充规定》中的规定
（4）轴承材料组		
（5）公差等级组	/P0	公差等级符合标准规定的 0 级（普通级），代号中省略，例 6203
	/P6	公差等级符合标准规定的 6 级（高级），例 6203/P6
	/P6x	公差等级符合标准规定的 6x 级，例 30210/P6x
	/P5	公差等级符合标准规定的 5 级，例 6203/P5
	/P4	公差等级符合标准规定的 4 级，例 6203/P4
	/P2	公差等级符合标准规定的 2 级，例 6203/P2
（6）游隙组	—	游隙符合标准规定的 0 组，例 6210
	/C1	游隙符合标准规定的 1 组，例 NN 3006 K/C1
	/C2	游隙符合标准规定的 2 组，例 6210/C2
	/C3	游隙符合标准规定的 3 组，例 6210/C3
	/C4	游隙符合标准规定的 4 组，例 NN 3006 K/C4
	/C5	游隙符合标准规定的 5 组，例 NNU 4920 K/C5
（7）配置组	/DB	成对背对背安装的轴承，例 7210C/DB
	/DF	成对面对面安装的轴承，例 7210C/DF
	/DT	成对串联安装的轴承，例 7210C/DT

注：1. 公差等级代号与游隙代号同时表示时可简化，取公差等级代号加上游隙组合号（0 组不表示）组合表示，例/P63，/P52。

2. 其他组：在轴承振动、噪声、摩擦力矩、工作温度、润滑等要求特殊时，其代号按 JB/T 2974—2004 的规定。

16.3.7　滚动轴承有哪些类型？各用在什么场合？

滚动轴承有角接触球轴承、点接触球轴承、深沟球轴承、调心球轴承、外球面球轴承、圆柱滚子轴承、调心滚子轴承、推力调心滚子轴承、推力圆柱滚子轴承、圆锥滚子轴承、推力圆锥滚子轴承、滚针轴承和单向轴承。

（1）角接触球轴承　可同时承受单向径向载荷和轴向载荷，转速较高。此类轴承适用于高速及高精度旋转。其主要用途：单列，用于机床主轴、高频电动机、燃气轮机、离心分离机、小型汽车前轮、差速器小齿轮轴；双列，用于液压泵、罗茨鼓风机、空气压缩机、各类变速器、燃料喷射泵、印刷机械。

（2）双列角接触球轴承　能承受较大的以径向载荷为主的径向和轴向联合载荷，以及力矩载荷，广泛用于小汽车的前轮轮毂中，特别适用于有高刚性要求的应用场合。

（3）三点和四点接触球轴承

1）三点接触球轴承是单列角接触球轴承，当受纯径向载荷时，每个受载荷的钢球与一条沟道有两点接触，与另一条沟道有一点接触；当受纯轴向载荷时，每个钢球与每条沟道只有一点接触。

2）四点接触球轴承也是一种单列角接触球轴承，钢球与套圈四点接触，接触角为 35°。

该类轴承承受任何方向的轴向载荷时都能形成其中的一个接触角 α，因此套圈与钢球总在任一接触线上的两面三点接触，与其他球轴承相比，当径向游隙相同时，该类轴承的轴向游隙较小，极限转速较高。该类轴承主要用于飞机喷气式发动机、燃气轮机。

三点和四点接触球轴承，都适用于承受纯轴向载荷或以轴向载荷为主的轴向、径向联合载荷。该类轴承能限制两个方向的轴向位移，但比同规格的双列角接触球轴承占用的轴向空间小。该类轴承具有较大的承载能力，单个轴承可代替正面组合或背面组合的角接触球轴承。

（4）深沟球轴承　该类轴承是最具代表性的滚动轴承，内外圈滚道都有圆弧状深沟，主要用于承受径向载荷，也可承受一定的轴向载荷。当轴承的径向游隙加大时，具有角接触球轴承的功能，可承受较大的轴向载荷，而且适用于高速旋转及要求低噪声、低振动的场合。

（5）调心球轴承　其外圈滚道面为球面，具有调心性能。因加工安装及轴弯曲造成轴与座孔不同心时适合用这种轴承。其调整的偏斜角可在 3°以内。轴承接触角小，在轴向力作用下几乎不变，轴向承载能力小。

该类轴承主要承受径向载荷，也可承受少量的轴向载荷，极限转速比深沟球轴承低，主要用于木工机械、纺织机械传动轴等。

（6）外球面球轴承　该类轴承比一般的深沟球轴承使用方便，其主要特点：装卸简单，可以调心；采用双层密封结构，可以保证在环境条件比较苛刻的场合使用。

按照与轴的配合方式，外球面球轴承可分为三大类：

1）带顶丝外球面球轴承：广泛用于纺织机械、陶瓷机械等各制造行业。

2）有圆锥孔外球面球轴承：可以承受比带顶丝外球面球轴承更大的载荷。

3）带偏心套外球面球轴承：主要在农机（收割机、秸秆还田机、脱粒机等）上使用，也使用于跳动比较猛烈的结构上。

（7）圆柱滚子轴承　该类轴承的圆柱滚子与滚道为线接触，承载能力大，主要承受径向载荷。滚动体与套圈挡边摩擦小，适于高速旋转。该类轴承有内圈无挡边和外圈无挡边两种。该类轴承适用于承受大的径向载荷与冲击载荷，能高速运转（极限转速低于深沟球轴承），主要用于中型及大型电动机、发电机、内燃机、燃气轮机、机床主轴、减速装置、装卸搬运机械和各类产业机械。

（8）双列圆柱滚子轴承　该类轴承具有截面小、承载能力强和刚性好的特点，主要用于机床、轧机架、塑料滚筒、磨床以及大型齿轮箱等。其内径有圆柱孔和圆锥孔两种，其外圈以及滚子和保持架组件可与其内圈分别安装，或者所有部件均可分别安装，轴承的安装、检查和维护便利。

（9）调心滚子轴承　该类轴承具有内部调心性能，以适应轴与座孔的相对偏斜，可以承受径向大载荷和冲击载荷，也能承受一定的双向轴向载荷。在载荷容量和极限转速许可的情况下，可以与调心球轴承相互代用。

该类轴承主要用于造纸机械、减速装置、铁路车辆车轴、轧钢机齿轮箱座、轧钢机辊道子、破碎机、振动筛、印刷机械、木工机械、各类产业用减速机。

（10）推力调心滚子轴承　该类轴承的轴向承载能力非常大，在承受轴向载荷的同时还可承受小到中等的径向载荷，允许的转速较高。其使用时一般采用油润滑。该类轴承主要用于水力发电机、立式电动机、船舶用螺旋桨轴、轧钢机轧制螺杆用减速机、塔式起重机、碾煤机、挤压机、成形机。

（11）推力圆柱滚子轴承　该类轴承可承受单向轴向载荷，不能限制轴的径向位移；轴承刚性好，轴向承载能力大，对冲击载荷的敏感度低。双列推力圆柱滚子轴承具有有限的径向截面、超高的轴向承载能力、较长的工作寿命和最小的摩擦损耗。该类轴承主要用于低转速和推力球轴承无法适用的工作场合，如石油钻机、制铁制钢机械等。

（12）圆锥滚子轴承　该类轴承可承受径向载荷与单向轴向载荷，双列轴承可承受径向载荷与双向轴向载荷。该类轴承适用于承受大载荷与冲击载荷。

该类轴承主要用于汽车的前轮、后轮、变速器、差速器小齿轮轴；机床主轴、建筑机械、大型农业机械、铁路车辆齿轮减速装置、轧钢机辊颈及减速装置。

（13）双列圆锥滚子轴承　该类轴承由双外圈和两个单内圈组成。外圈（或内圈）是一个整体，两个内圈（或外圈）小端面相近，中间有隔圈，靠隔圈的厚薄来调整游隙，也可用隔圈的厚薄来调整双列圆锥滚子轴承的预过盈。该类轴承能够承受较大的复合（径向与轴向）载荷，刚性好，在两个方向都能轴向固定。该类轴承主要用于齿轮箱、起重设备、轧钢机和矿山机械（例如坑道掘进机等）。

（14）四列圆锥滚子轴承　该类轴承的结构紧凑，在有限的空间尺寸范围内，可承受较大的径向、轴向冲击载荷，广泛使用在中、低速的轧钢机上。

（15）推力圆锥滚子轴承　该类轴承的滚动体为圆锥滚子，表面可形成纯滚动，极限转速高于推力圆柱滚子轴承。其轴向非常紧凑，可承受很大的轴向载荷，对冲击载荷不敏感，而且刚性好，可用于轧钢机等。

（16）滚针轴承　该类轴承是带圆柱滚子的滚子轴承，滚子长度为直径的3～10倍，直径一般不大于5mm，但具有较高的承载能力，特别适用于径向安装尺寸受限制的支承结构。

（17）推力滚针轴承　该类轴承的滚子长度L与滚子直径D_w之比>2.5，D_w<6mm。虽其径向尺寸小，但径向承载能力很高，不能承受轴向载荷，仅作为自由端支承使用，且不适合较高的转速。该类轴承主要用于汽车、耕耘机、机床等的变速装置。

（18）单向轴承　该类轴承是在一个方向上可以自由转动，而在另一个方向上锁死的一种轴承。其体积小并具有高承载能力，有足够的储存润滑脂的空间，润滑周期长。该类轴承主要用于电动车、洗衣机、纺织机械、印刷机械、矿山机械、汽车工业机械、家用电器、验钞机。

16.3.8　轴承的精度等级有哪些？

轴承的精度包括尺寸精度、几何精度和旋转精度。尺寸精度是指将轴承安装于轴或轴承箱时所要求的项目，它包括内径、外径、宽度、倒角尺寸公差或允许值。几何精度包括内径偏差、平均内径差、外径偏差、平均外径差、套圈端面平行度偏差的允许值。旋转精度是规定旋转时振摆的，包括内圈及外圈径向摆动和轴向摆动，内圈侧摆及外径面垂直度公差范围。

GB/T 307.1—2005规定了向心滚动轴承的精度等级，从普通级0级到6级、5级、4级及2级，依次增高。

16.3.9 怎么把卡死的轴承内外圈取下来？

1）如果环境允许，高水平的气焊工可以用乙炔枪把轴承的内外圈割下来而不损伤轴。

2）还可以在内圈上焊一块铁块，然后用液压拉拔器将内圈拉下来。

3）有时用乙炔枪加热一下轴承的内圈，也能用锤子将其打下来。

16.3.10 轴承有几种配对方式？

1）背靠背（DB），其特点：对称安装；能承受径向载荷；能承受两个方向的轴向载荷，能承受较高的倾覆力矩。

2）面对面（DF），其特点：对称安装；能承受径向载荷；能承受两个方向的轴向载荷；能微弱调心，承受倾覆力矩的能力较差。

3）正面接背面（DT），其特点：两套轴承相同，同向排列；能承受径向载荷；能承受一个方向较大的轴向载荷。

16.3.11 轴承的支承方式有哪些？

1）双支点单向固定（两端固定式）：两个支承分别限制轴的单向移动，此种结构适用于工作温度变化不大的短轴。

2）单支点双向固定（一端固定、一端游动式）：一个支承限制轴的双向移动，另一个支承可以沿轴向移动。当轴在工作温度较高的条件下工作或轴细长时，为弥补轴受热膨胀时的伸长，常采用一端轴承双向固定、一端轴承游动的结构形式。

3）两端游动：两个支承都采用外圈无挡边的圆柱滚子轴承，轴承的内、外圈各边都要求固定，以保证轴能在轴承外圈的内表面做轴向游动。

16.3.12 轴承拆卸工具有哪些？

轴承拆卸工具一般有三角拉拔器和对角拉拔器两种；另外，还有拨轮器、锤子、螺钉旋具和扳手等。

16.3.13 轴承断裂的原因有哪些？其对策有哪些？

1）原材料中有夹杂、疏松、脆性元素偏析或碳化物液析、网状、带状、不均匀偏聚等缺陷，在加工过程中没有被消除或改善，造成应力集中，削弱套圈的基本强度，成为裂纹源。对策是采购质量稳定可靠的钢材，加强购进钢材的入库检查，从源头把好关。

2）磨削工序有裂纹出现。对策是加强磨削工序监控，成品轴承套圈不允许有磨削烧伤和磨削裂纹存在，特别是内圈改锥度的配合面上不得有烧伤。不允许有磨削烧伤的套圈进入装配工序。

3）热处理不当。对策是为解决中大型品种轴承套圈软点等缺陷，应测定淬火油的成分和性能，不合要求的要予以更换，以快速淬火油替代，以增强淬火介质的淬透能力，改善淬火冷却条件。严格回火工艺。针对断裂现象发生较多的品种，在其套圈粗磨后进行二次回火，这样既可进一步稳定套圈的组织和尺寸，又可减小磨削应力，改善磨削变质层的性能。

16.3.14　外球面球轴承怎样安装到轴承座里？

1）安装轴承前，先拔下轴承外套的固定销，同时将轴颈表面打磨光滑干净，并在轴颈处涂油防锈并润滑（允许轴承在轴上有稍微转动）。

2）在轴承座与轴承配合面上涂润滑油，把轴承装入轴承座内。然后将装配好的轴承与轴承座一起套在轴上，推至所需位置处进行安装。

3）先不要拧紧固定轴承座的螺栓，要让轴承外套在轴承座内能转动。用同样的方法装好同一根轴上另一端的轴承和轴承座，将轴转动几圈，让轴承本身自动找正位置后，再将轴承座螺栓紧固好。

4）装偏心套。先将偏心套套在轴承内套的偏心台阶上，并用手顺轴的旋转方向拧紧，然后再将小铁棍插入或顶住偏心套上的沉孔，用锤子顺轴的旋转方向敲击小铁棍，使偏心套安装牢固，最后锁紧偏心套上的内六角圆柱头螺钉。

16.3.15　滑动轴承的失效形式、特征和原因有哪些？

滑动轴承的失效形式、特征和原因见表16-17。

表16-17　滑动轴承的失效形式、特征和原因

失效形式				特　征	原　因
磨损失效	按磨损机理分类	磨粒磨损		轴承表面划伤、材料脱落	轴承表面与硬质颗粒发生摩擦
		粘着磨损		轴承表面局部点被撕脱，形成凹坑或凹槽	由于实际接触面上某些点接触应力过高，形成黏着点，相对滑动时黏着点被剪断
		疲劳磨损		首先产生裂纹，继而裂纹扩展，最终形成疲劳剥落。剥落坑呈大小不一的形状，有时呈疏松的点状，有时呈虫孔状	轴承表面受到交变应力作用；轴承表面工作时产生摩擦热和咬粘现象，温度升高产生热应力；铅相腐蚀和渗出形成疲劳源
		腐蚀磨损	电解质腐蚀	轴承表面产生麻点	硬而脆，氧化膜在载荷作用下崩碎剥离
			有机酸腐蚀	轴承表面粗糙	内燃机燃料未完全燃烧及润滑油被氧化
			其他腐蚀	硫化膜破碎形成磨粒磨损	润滑油中的硫化物与轴承中的银和铜等元素生成硬而脆的硫化膜
	按磨损形态分类	早期正常磨损		轴承与轴颈的接触面增大，接触面表面粗糙度值减小	工作表面微凸体峰谷相互切割，产生微观磨合
		正常磨损		在规定的使用期限内，配合间隙逐渐增大，轴承承载能力逐渐减弱。当磨损过大时发生振动噪声	滑动轴承的正常磨损量逐渐积累并超过了规定极限
		伤痕		滑动轴承表面形成点状凹坑或沿轴向分布形成线状痕迹和拉槽	由于不均匀磨损，凹坑和拉槽使油膜变薄或破坏
		异常磨损		轴承表面严重损伤	安装时轴线偏斜，轴承承载不均，或刚性不足，局部磨损大
		咬粘		轴承和轴颈直接局部接触，发生抱死	高温、大载荷、偏载、轴承间隙过小

（续）

失效形式	特征	原因
气蚀失效	轴承表面出现不规则的剥落，一般较轻微	润滑油中的油蒸气小气泡在压力较高区域破裂形成压力波
油膜涡动和油膜振荡	动压轴承发生半频涡动。转速接近等于轴承系统一阶临界转速的两倍时，发生近似等于一阶临界转速的共振	轴承油膜作用力引起的自激振动
过热	油温或轴承温度升高	承载能力不足，供油不充分，油质劣化，涡动剧烈，超载运行

第 17 章

密封件与润滑件

17.1 密封件

17.1.1 什么是密封件？

密封件是防止流体或固体微粒从相邻接合面间泄漏，以及防止外界杂质（如灰尘与水分等）侵入机器设备内部的零部件的材料或零件。

17.1.2 常见密封件有哪些？

按材料种类分有密封胶、密封填料、密封橡胶件和密封垫四大类。

1）密封胶：有玻璃胶、防水密封胶、钢桶密封胶、弹性密封胶、聚氨酯密封胶、聚氯乙烯胶泥、聚硫密封胶、丙烯酸密封胶、阻燃密封胶、环氧密封胶和丁腈密封胶等。

2）密封填料：有盘根、金属缠绕垫、石墨复合垫、齿型垫、八角垫、钢垫、石棉垫片、非石棉垫片、柔性石墨板材、石墨卷材、石墨垫片、石棉绳、耐油板、填充改性四氟板材、聚四氟乙烯板材等。

3）密封橡胶件：有 U 形圈、Y 形圈、O 形圈、Z 形圈、橡胶密封垫、组合垫圈、橡胶隔膜、橡胶板、尼龙板、尼龙棒、圆橡胶和圆橡胶管、橡胶密封条等。

4）密封垫：有油封皮圈、油封纸圈、毡封圈、丁腈橡胶密封垫、氟丁橡胶密封垫、硅橡胶密封垫、氟橡胶密封垫、聚氨酯密封垫和聚四氟乙烯密封垫。

17.1.3 机械密封件是如何分类的？

1）按零配件分，有密封圈、液压油封、包覆垫片、金属环垫、合金环和轴套。

2）按弹簧元件旋转或静止分，有旋转式内装内流非平衡型单端面密封件和静止式外装内流平衡型单端面密封件。

3）按静环位于密封端面内侧或外侧分，有内装式密封件和外装式密封件。

4）按密封介质泄漏方向分，有内流式密封件和外流式密封件。

5）按介质在端面引起的卸载情况分，有平衡式密封件和非平衡式密封件。

6）按密封端面的对数分，有单端面密封件和双端面密封件。

17. 1. 4　机械密封用 O 形橡胶密封圈的规格有哪些?

机械密封用 O 形橡胶密封圈的规格见表 17-1。

表 17-1　机械密封用 O 形橡胶密封圈的规格　（单位：mm）

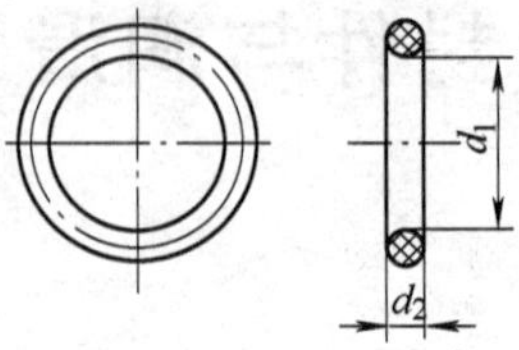

截面直径 d_2	内径系列 d_1
1. 6	6. 0，6. 9，8. 0，9. 0，10. 0，10. 6，11. 8，13. 2，15. 0，16. 0，17. 0，18. 0，19. 0，20. 0，21. 2，22. 4，23. 6，25. 0，25. 8，26. 5，28. 0，30. 0，31. 5，32. 5，34. 5，37. 5
1. 8	6. 0 ~ 32. 5（该范围内数值同上）
2. 1	6. 0，8. 0，10. 0，11. 8，13. 2，15. 0，18. 0，20. 0，22. 4，25. 0，28. 0，30. 0，32. 5，34. 5，37. 5，38. 7，40. 0
2. 65	10. 6，11. 8，13. 2，15. 0，16. 0，17. 0，17. 0，18. 0，19. 0，20. 0，21. 2，22. 4，23. 6，25. 0，25. 8，26. 5，28. 0，30. 0，31. 5，32. 5，34. 5，37. 5，38. 7，40. 0，42. 5，43. 7，45. 0，47. 5，48. 7，50. 0，53. 0，54. 5，56. 0，58. 0，60. 0，61. 5，63. 0，65. 0，67. 0，70 ~ 145（间隔 5），150
3. 10	17. 0 ~ 56（该范围内数值同上），60 ~ 145（间隔 5）
3. 55	18. 0 ~ 56（该范围内数值同上），60. 0，65. 0，70. 0，71. 0，75. 0，77. 5，80，82. 5，85，90，92. 5，95. 0，97. 0，100，103，105 ~ 250（间隔 5），258，265，272，280，290，300，307，315，325
4. 10	47. 5，48. 7，50. 0，53，54. 5，56. 0，60 ~ 120（间隔 5）
4. 30	30. 0，31. 5，32. 5，34. 5，37. 5，38. 7，40. 0，42. 5，43. 7，45. 0，47. 5，48. 7，50. 0，53，54. 5，56. 0，60. 0，65. 0，70. 0，71. 0，75，77. 5，80，82. 5，85，90，92. 5，95. 0，97. 0，100，103，105，110，115，120，125，130
4. 50	45. 0 ~ 120（该范围内数值同上）
4. 70	数值同上
5. 00	28. 0，30. 0，32. 5，34. 5，37. 5，40. 0，45. 0，50. 0，54. 5，60，65，70，75，80
5. 30	30. 0，31. 5，32. 5，34. 5，37. 5，38. 7，40. 0，42. 5，43. 7，45. 0，47. 5，48. 7，50. 0，53，54. 5，56. 0，60. 0，65. 0，70. 0，71. 0，75. 0，77. 5，80. 0，82. 5，85. 0，90. 0，92. 5，95. 0，97. 0，100，103，105 ~ 250（间隔 5），258，265，272，280，290，300，307，315，325，335，345，355，375，387，400
5. 70	90，92. 5，95，97，100，103，105 ~ 250（间隔 5）
6. 40	45. 0，47. 5，48. 7，50. 0，53. 0，54. 5，56. 0，60. 0，65. 0，70. 0，71. 0，75. 0，77. 5，80. 0，82. 5，85. 0，90. 0，92. 5，95. 0，97. 0，100. 0，103. 0，105 ~ 250（间隔 5），258，265，272，280，290，300

（续）

截面直径 d_2	内径系列 d_1
7.00	110～250（间隔5），258，265，272，280，290，300，307，315，325，335，345，355，375，387，400，412，425，437，450，462，475，487，500，515，530，545，560
8.40	150～250（间隔5），258～400（该范围内数值同上）
10.0	412，425，437，450，462，475，487，500，515，530，545，560

17.1.5　安装密封件的注意事项有哪些？

1）安装密封件前要考虑好沟槽尺寸精度、表面粗糙度、挤出间隙等参数。

2）选择合适的密封件材质和工作油，考虑其对工作温度的适应性、对油的相容性。

3）必须确保密封沟槽中没有杂质和裂纹，分别在密封沟槽和密封件表面涂油，并防止污物侵入，按照顺序安装，注意避开棱锐边，避免密封件扭曲或歪斜；若是分体槽，最后上紧压盖；孔用密封件装入整体槽必须借助安装工具。

17.2　润滑设备

17.2.1　什么是润滑设备？

绝大部分机械设备的转动部位都需要定期润滑，除正确合理选用润滑剂之外，应用合理有效的润滑装置或润滑设备也很重要。润滑设备是向润滑部位供给润滑剂（给油脂、排油脂）及其附属装置的总称。原始润滑的主要方式是到达一定的保养周期后进行人工润滑（如滴润滑油或打黄油）。

17.2.2　机械润滑是如何分类的？

1. 根据润滑剂的物质形态分类

（1）液体润滑　液体润滑剂包括矿物润滑油、合成润滑油、乳化油（水也可以作为初轧机胶木轴瓦的润滑剂和冷却剂）。轧钢机的减速机、齿轮座、精密油膜轴承等，均采用不同黏度和性能的液体润滑油润滑。

（2）半固体润滑　半固体润滑剂包括各种矿物润滑脂、合成润滑脂、动植物脂等，是介于液体和固体之间的一种塑性状态或膏脂状态的半固体物质。半固体润滑广泛用于各种类型的滚动轴承和垂直安装的平面导轨上。

（3）气体润滑　气体润滑采用空气、蒸汽或氦气等某些惰性气体作为润滑剂，可把摩擦表面用高压气体分隔开。其最大优点是摩擦系数接近于零，气体的黏度不受温度的影响，所以气体润滑的轴承，阻力小、精度高。如航海用的惯性陀螺仪，重型机械中垂直透平机的推力轴承，大型天文望远镜的转动支承，高速磨头的轴承等都可用气体润滑。

（4）利用具有特殊润滑性能的固体润滑剂　如石墨、二硫化钼、二硫化钨等，代替润滑油、脂隔离摩擦接触表面，形成良好的固体润滑膜，以达到良好的润滑作用。

2. 根据润滑膜在摩擦表面间的分布状态分类

（1）全膜润滑　摩擦面之间有润滑剂，并能生成一层完整的润滑膜，把摩擦表面完全隔开。摩擦副运动时，摩擦是在润滑膜的内部分子之间的内摩擦，而不是摩擦面的直接接触的外摩擦，这种状态称为全膜润滑，是一种理想的润滑状态。

（2）非全膜润滑　摩擦表面由于粗糙不平或因载荷过大、速度变化等因素的影响，使润滑膜遭到破坏，一部分为干摩擦，这种状态称为非全膜润滑。一般由于运动速度变化（起动、制动、反转）、受载性质变化（突加冲击、局部集中、变载荷等）以及润滑不良时，经常出现这种状态，其磨损也比较快，应力求减少和避免这种状态。

17.2.3　油和脂的润滑方法有几种？

油和脂的润滑方法见表 17-2。

表 17-2　油和脂的润滑方法

润滑方法	供油质量	可靠性	冷却能力	耗量	装置复杂性	维护工作量	油的回收	低速限制	应用举例
手工加油	差	差	差	多	低	大	不能	无	不要求冷却作用的各种摩擦副
滴油	中	中	差	多	中	中	不能	无	中载、中速轴承，导轨、气缸、齿轮传动
压力供油	优	好	优	中	高	中	能	无	重要的高速轴承、齿轮箱、导轨
油雾	优	好	极优	极少	高	—	不能	无	高速滚动轴承、齿轮箱
油气	优	—	极优		高	—	无须	无	极高速滚动轴承
油环、油底壳	好	好	中	少	中	小	能	有	中载、中速轴承、齿轮传动
油绳、油垫	中	中	差	中	中	中	不能	无	低速滚动轴承；一般滑动轴承、导轨
油浴、飞溅	好	好	好	少	中	中	能	有	重要轴承、导轨、齿轮箱
手工加脂	中	中	差	中	小	中	不能	无	低速轻载滚动轴承，重载高温滑动轴承、导轨
集中压力供脂	好	好	差	中	大	小	不能	无	同“手工加脂”，低速重载齿轮

17.2.4　润滑设备有哪些？

润滑设备主要有油壶、油杯、油标、油枪、润滑泵和密封装置。

1）油壶：有鼠形油壶、压力油壶、塑料油壶和喇叭油壶，如图 17-1 所示。

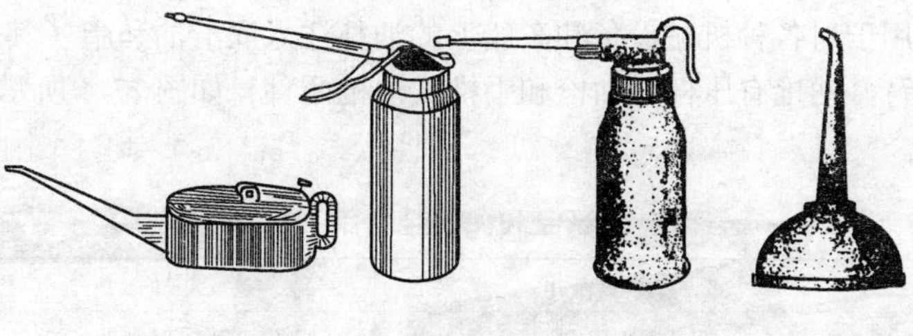

图 17-1　润滑用油壶

a）鼠形油壶　b）压力油壶　c）塑料油壶　d）喇叭油壶

2）油杯：有直通式、压注式、旋盖式、压配式压注油杯，弹簧盖油杯，针阀式注油杯，如图 17-2 所示。

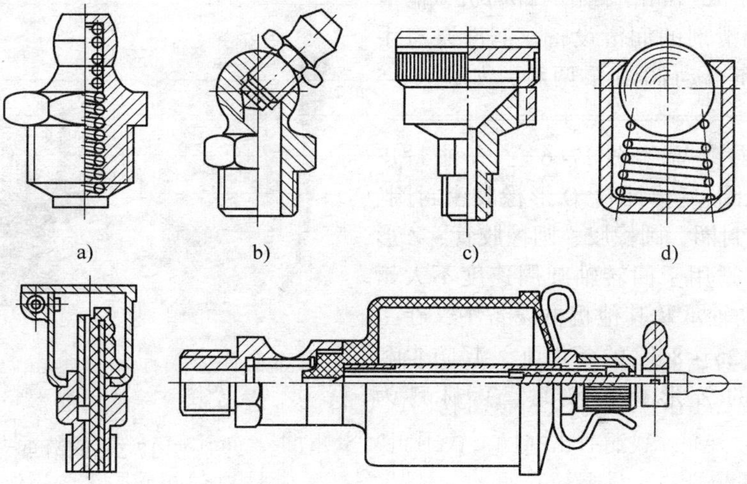

图 17-2　油杯

a）直通式压注油杯　b）压注式压注油杯　c）旋盖式压注油杯
d）压配式压注油杯　e）弹簧盖油杯　f）针阀式注油杯

3）油标（图 17-3）：压配式圆形油标用于观察设备内润滑系统中润滑油的贮存量；旋入式圆形油标、长形油标和管状油标用于标明油箱内的油面高度。

图 17-3　油标

a）压配式圆形油标　b）旋入式圆形油标　c）长形油标　d）管状油标

4）油枪：用于对各种机械设备和车船上的油杯注入润滑油和脂（其中压杆式油枪适用于注入润滑脂）。油枪有压杆式油枪和手推式油枪两种，如图 17-4 所示。

a)　　　　b)

图 17-4　油枪

a）压杆式油枪　b）手推式油枪

5）润滑泵：润滑泵是一种向机械润滑部位供给润滑剂的润滑设备。润滑泵有手动润滑泵和电动润滑泵两种，如图 17-5 所示。

6）密封装置（图 17-6）：有油封皮圈、油封纸圈、毡封圈、O 形橡胶密封圈、U 形橡胶密封圈、圆橡胶、圆橡胶管、Z 形橡胶油封（适用于回转轴圆周速度不大于 6m/s 的滚动轴承及其他机械设备中，在工作温度为 -25 ~ 80℃ 的条件下，起防尘和封油作用的 Z 形橡胶油封。其材料为 XA7453）。

a)　　　　b)

图 17-5　润滑泵

a）手动润滑泵　b）电动润滑泵

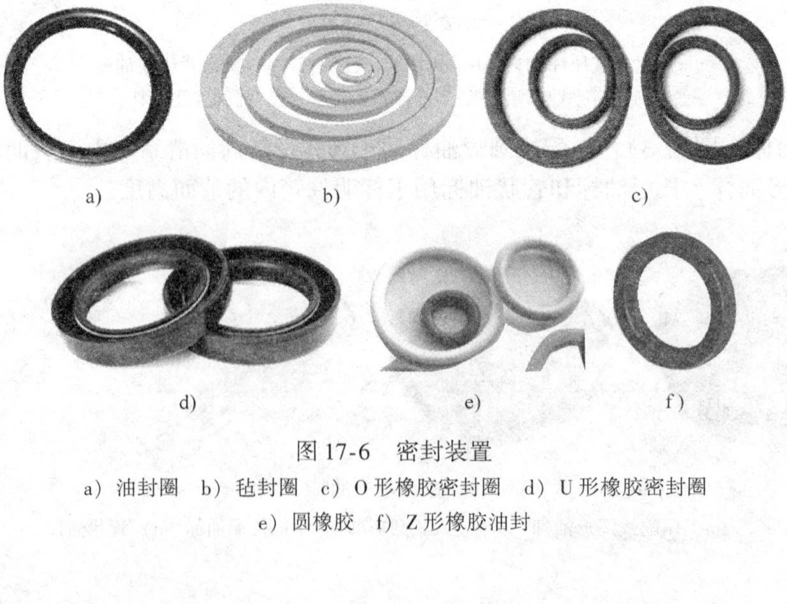

a)　b)　c)

d)　e)　f)

图 17-6　密封装置

a）油封圈　b）毡封圈　c）O 形橡胶密封圈　d）U 形橡胶密封圈

e）圆橡胶　f）Z 形橡胶油封

17.2.5　润滑设备不良会造成哪些损失?

设备在运转过程中，常因润滑系统出现故障致使设备各个机构润滑状态不良，性能与精度下降，甚至造成设备损坏事故。

设备润滑系统发生故障的原因很多，通常可归纳为设计制造、安装调试、使用操作和保养维修不当等原因而引起的设备失效，分述如下：

（1）机械设备制造方面的原因　在设计制造上容易造成润滑系统故障的原因常有：

1）设备润滑系统设计计算不能满足润滑条件。例如某摇臂钻床主轴箱油池设计得较小，储油量少，润滑泵开动时油液不足循环所需，但当停机后各处回油返流至油箱后，又发生过满而溢出。一些大型机床润滑油箱散热性能差，使润滑油黏度波动大，甚至在高温季节发生润滑不良。齿轮加工机床润滑系统与冷却系统容易相混，使油质污染劣化。

2）产品更新换代时未对传统的润滑原理与落后的加油方法加以改造。如有些机床改造后重要的导轨面或动压轴承依然用手工间歇加油润滑，机床容易出现摩擦损伤。

3）对设备在使用过程中的维修考虑不足。一些暴露在污染环境的导轨与横杠缺乏必要的防护装置，油箱防漏性差或回油小于出油，或加油孔开设不合理等，不仅给日后维修造成诸多不便，也易发生故障。

4）设备润滑状态监测与安全保护装置不完善。对于简单设备定时定量加油即可达到要求，但对于连续运转的机械应设有油窗以观察来油状况。而一些大型轧钢连续生产线，当轧辊轴承供油不正常时，欠缺必要的报警信号与电气安全联锁装置。

5）设备制造质量不佳或安装调试得不好。零件油槽加工不准确，箱体与箱盖接触不严密，供油管道出油口偏，油封装配不好，油孔位置不正，轴承端盖回油孔倒装，油管折扁，油管接头不牢，密封圈不合规格等都将造成润滑系统的故障。

（2）设备保养维修方面的原因　设备在使用过程中，保养不善或检修质量不良，是润滑系统发生故障最主要的原因。这些问题与企业设备管理体制不健全，设备润滑“五定”规范贯彻执行不认真，维修人员（含润滑工人）与设备操作者的技术素质都有密切关系。特别是一些大型现代化设备的润滑系统比较复杂，要求也较严格，更容易发生故障。常见故障原因有以下几种：

1）不经常检查调整润滑系统的工作状态。即使润滑系统完好无缺的设备，在运转一定时间之后，难免存在各种缺陷，如不及时检查修理，就会成为隐患，进而引起设备事故。

2）清洗保养不良。不按计划定期清洗润滑系统与加油装置，不及时更换损坏了的润滑元器件，致使润滑油中夹带磨粒，油嘴注不进油，甚至油路堵塞。一些载荷很大、往返运动频繁的滑动导轨，油垫储油槽内的油毡因长期不清洗而失效，结果使导轨咬粘、滑枕不动。一些压力油杯的弹簧坏了，钢球不能封闭孔口；利用毛细管作用，均匀滴油的毛线丢失或插入不深等，这些润滑元器件都应在日常保养中清洗或更换。

3）人为的故障。不经仔细考虑随意改动原有润滑系统，造成润滑不良的事故也有发生。一般机床的板都设有防屑保洁毡垫，要求压贴在与之相对的导轨表面，但有些企业对之长期不洗，任其发生失效或洗后重装不压贴。

4）盲目信赖润滑系统的自动监控装置。设备润滑状况监控与联锁装置常因本身发生故障或调整失误而失去监控功能，因而不发或错发信号。因此，要定期检查调整润滑监控装置，只有在确信其工作可靠的前提下，才可放心地操作设备。

以上主要是从设备故障表面现象加以分析，实际生产中，许多故障产生的原因是错综复杂的，有些故障直接原因是保养不良，但包含有润滑系统设计不合理或制造质量欠佳，或是选择润滑材料不当，或是机械零部件的材质与工艺存在的问题等因素。因此，对具体故障要做具体分析，从实际出发，找出主次原因，采取有效易行的故障排除方法。必要时对反复发生故障的原润滑系统加以改进，以求更臻完善。

第18章

建筑装潢五金件

18.1 钉类

18.1.1 木螺钉有什么用途？它有哪些规格？

木螺钉用于将金属构件（如插销、门锁、箱扣等）固定在木质器件上。木螺钉分为普通木螺钉和六角头木螺钉两种，其规格分别见表18-1和表18-2。

表18-1 普通木螺钉的规格

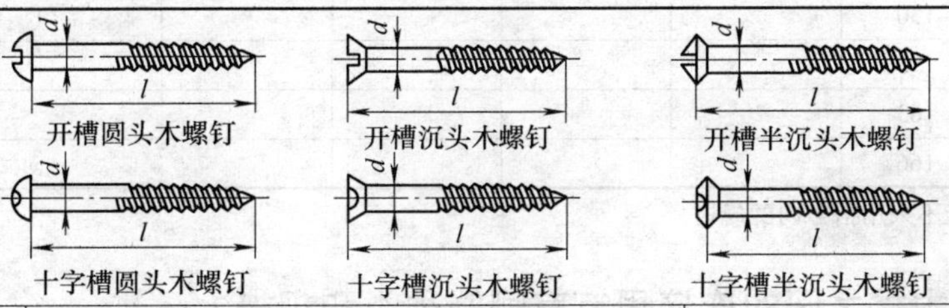

直径 d/mm	开槽木螺钉钉长 l/mm			十字槽木螺钉	
	沉头	圆头	半沉头	十字槽号	钉长 l/mm
1.6	6~12	6~12	6~12	—	—
2.0	6~16	6~14	6~16	1	6~16
2.5	6~25	6~22	6~25	1	6~25
3.0	8~30	8~25	8~30	2	8~30
3.5	8~40	8~38	8~40	2	8~40
4.0	12~70	12~65	12~70	2	12~70
(4.5)	16~85	14~80	16~85	2	16~85
5.0	18~100	16~90	18~100	2	18~100
(5.5)	25~100	22~90	30~100	3	25~100
6.0	25~120	22~120	30~120	3	25~120
(7)	40~120	38~120	40~120	3	40~120
8	40~120	38~120	40~120	3	40~120
10	75~120	65~120	70~120	4	70~120

注：1. 钉长系列（mm）：6，8，10，12，14，16，18，20，(22)，25，30，(32)，35，(38)，40，45，50，(55) 60，(65)，70，(75)，80，(85)，90，100，120。

2. 括号内的直径和长度尽可能不采用。

表 18-2　六角头木螺钉的规格

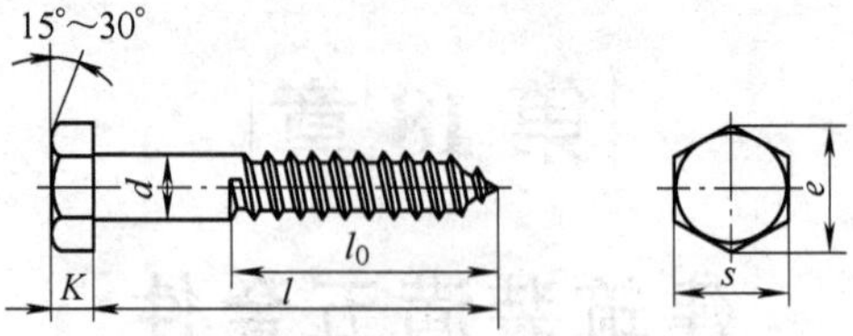

d/mm		6	8	10	12	16	20
l/mm	l_0/mm	通用规格范围					
35	23						
40	26						
50	33	通					
65	43		用				
80	52			规			
100	66				格		
120	80					范	
140	93						围
160	106						
180	130						
200	133						
(225)	163						
(250)	166						

注：尽可能不采用括号内的规格。

18.1.2　木材之间的连接用钉有哪些种类和规格?

木材之间的连接用钉有拼合用圆钢钉、瓦楞钉、瓦楞螺钉、鱼尾钉和骑马钉。

(1) 拼合用圆钢钉　主要用于木箱、家具、门扇及其他需要拼合木板时用。其规格见表 18-3。

表 18-3　拼合用圆钢钉的规格

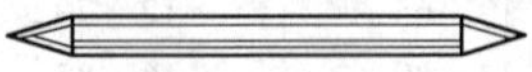

钉长/mm	25	30	35	40	45	50	60
钉杆直径/mm	1.6	1.8	2	2.2	2.5	2.8	2.8
质量/g	0.36	0.55	0.79	1.08	1.52	2.0	2.4

(2) 瓦楞钉　有瓦楞钉、瓦楞螺钉和镀锌瓦楞螺钉等。

1) 瓦楞钉用于固定屋面上的瓦楞铁皮。其规格见表 18-4。

表 18-4　瓦楞钉的规格

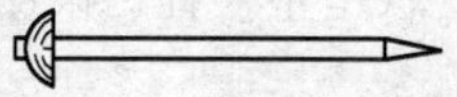

钉身直径/mm	钉帽直径/mm	长度（除钉帽）/mm			
		38	44.5	50.8	63.5
		质量/g			
3.73	20	6.30	6.75	7.35	8.35
3.37	20	5.58	6.01	6.44	7.30
3.02	18	4.53	4.90	5.25	6.17
2.74	18	3.74	4.03	4.32	4.90
2.38	14	2.30	2.38	2.46	

2）镀锌瓦楞钉用于木结构屋面上固定瓦楞铁皮及石棉瓦（加垫羊毛垫圈）。其规格见表 18-5。

表 18-5　镀锌瓦楞螺钉的规格

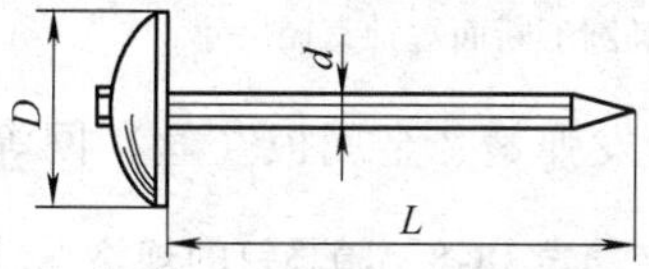

钉杆直径 d		钉帽直径 D/mm	钉长 L/mm							
线规号 SWG	相当 /mm		38.1	44.5	50.8	63.5	38.1	44.5	50.8	63.5
			质量/g				每 1kg 钉个数≈			
9	3.76	20	6.30	6.75	7.39	8.35	159	149	136	150
10	3.40	20	5.58	6.01	5.44	7.30	179	166	155	137
11	3.05	18	4.53	4.90	5.29	—	221	204	190	—
12	2.77	18	3.74	4.03	4.32	—	267	243	231	—
13	2.41	14	2.30	2.38	2.46	—	435	420	407	—

3）瓦楞螺钉专用于将瓦楞钢皮或石棉瓦楞板等固定在木质建筑物上，用于屋面上时，须加羊毛垫圈或瓦楞垫圈。其规格见表 18-6。

表 18-6　瓦楞螺钉的规格　（单位：mm）

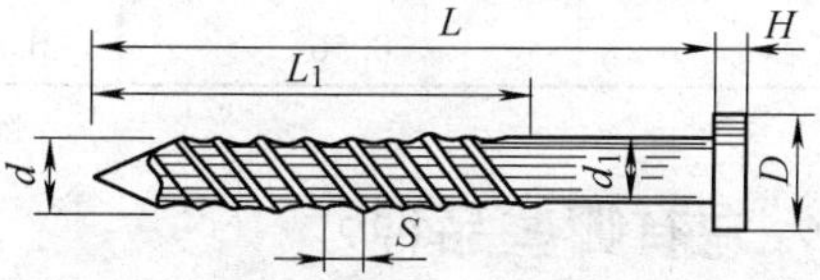

直径×长度	钉杆长 L	钉杆直径 d	螺纹长 L_1	直径×长度	钉杆长 L	钉杆直径 d	螺纹长 L_1
6×50	50		35	7×50	50		35
6×60	60		42	7×60	60		42
6×65	65		46	7×65	65		46
6×75	75	5	52	7×75	75	6	52
6×85	85		60	7×85	85		60
6×100	100		60	7×90	90		60
				7×100	100		70

（3）鱼尾钉　用于制造沙发、软坐垫、鞋、帐篷、纺织、皮革箱具、面粉筛、玩具、小型农具等。其规格见表 18-7。

表 18-7　鱼尾钉的规格

种　　类	薄型（A 型）					厚型（B 型）					
全长/mm	6	8	10	13	16	10	13	16	19	22	25
钉帽直径/mm	≥2. 2	≥2. 5	≥2. 6	≥2. 7	≥3. 1	≥3. 7	≥4. 0	≥4. 2	≥4. 5	≥5. 0	≥5. 0
钉帽厚度/mm	≥0. 2	≥0. 25	≥0. 30	≥0. 35	≥0. 40	≥0. 45	≥0. 50	≥0. 55	≥0. 60	≥0. 65	≥0. 65
卡颈尺寸/mm	≥0. 80	≥1. 00	≥1. 15	≥1. 25	≥1. 35	≥1. 50	≥1. 60	≥1. 70	≥1. 80	≥2. 00	≥2. 00
质量/g	44	69	83	122	180	132	278	357	480	606	800
每 1kg 个数≈	22700	14400	12000	8200	5550	7600	3600	2800	2100	1650	1250

注：卡颈尺寸指近钉头处钉身的椭圆形断面短轴直径尺寸。

（4）骑马钉　用于钉固沙发弹簧、金属板（丝）网等。其规格见表 18-8。

表 18-8　骑马钉的规格

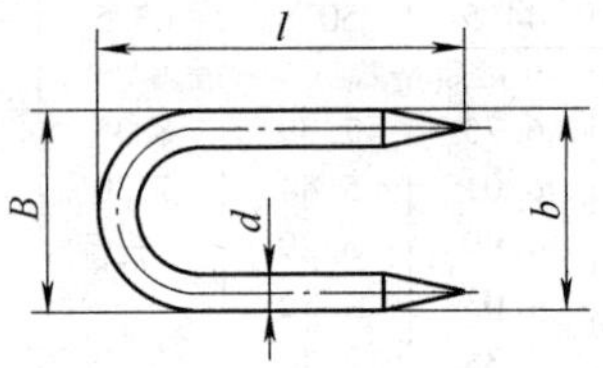

钉长 l/mm	10	11	12	13	15	16	20	25	30
钉杆直径 d/mm	1. 6	1. 8	1. 8	1. 8	1. 8	1. 8	1. 82. 0	2. 2	2. 5/2. 7
大端宽度 B/mm	8. 5	8. 5	8. 5	8. 5	10	10	10. 5/12	11/13	13. 5/14. 5
小端宽度 b/mm	7	7	7	7	8	8	8. 5	9	10. 5
质量/g　≈	0. 37	—	—	—	0. 56	—	0. 89	1. 36	2. 19

18. 1. 3　什么是射钉？它有哪些品种？

射钉与射钉器、射钉弹配合，射入被紧固零件或托架、门窗、墙壁、钢板之类基体中，用于紧固零件或吊挂其他物体。

射钉的种类（表 18-9）：仅有钉体构成的射钉、由钉体和定位件构成的射钉和由钉体和定位件和附件构成的射钉三种。

射钉的品种有圆头钉（YD）、大圆头钉（DD）、小圆头钉（PS）、平头钉（PD）、大平头钉（DPD）、6mm 平头钉（ZP）、6. 3mm 平头钉（DZP）、球头钉（QD）、眼孔钉（KD）、螺纹钉（M）、专用钉（ZD）等。钉杆表面压花时，要加“压花”。

表 18-9　射钉钉体的形状和尺寸

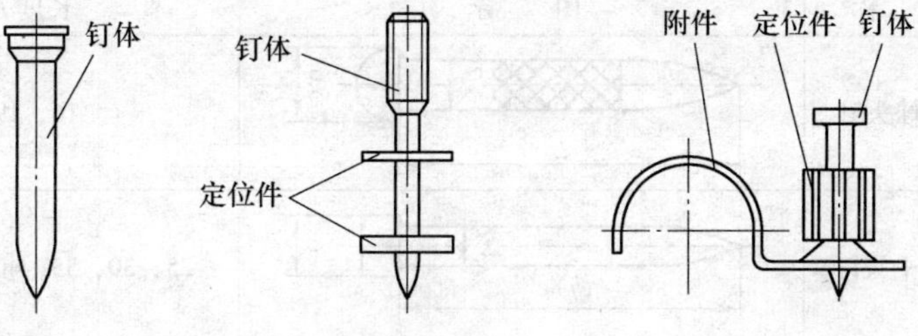

a)　　b)　　c)

代号	名　　称	图　　示	长度 L/mm
YD	圆头钉	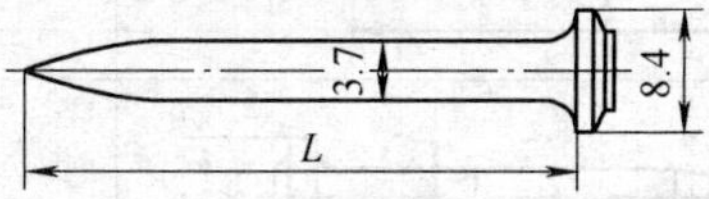	19，22，27，32，37，42，47，52，57，62，72
DD	大圆头钉	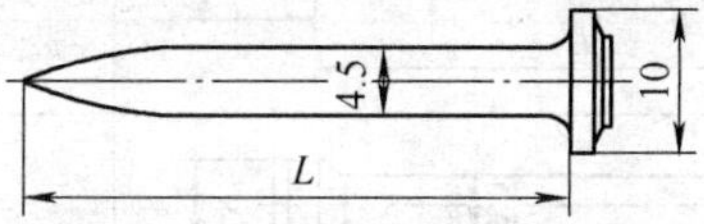	27，32，37，42，47，52，57，62，72，82，97，117
HYD	压花圆头钉	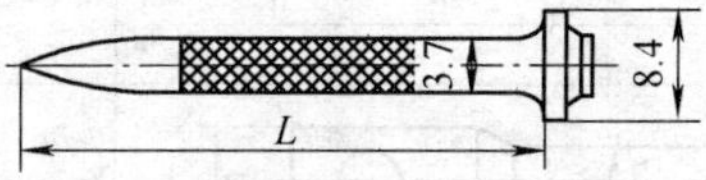	13，16，19，22
HDD	压花大圆头钉	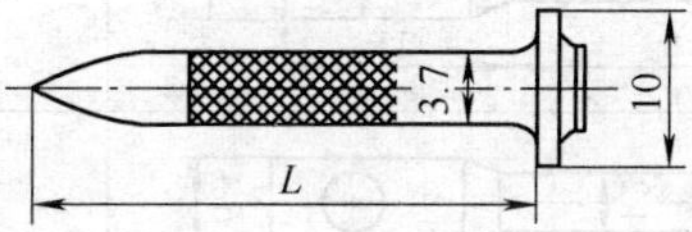	19，22
PD	平头钉	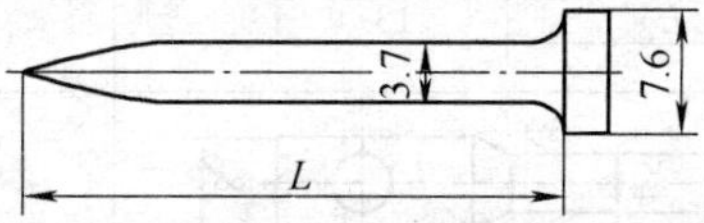	19，25，32，38，51，63，76
PS	小平头钉	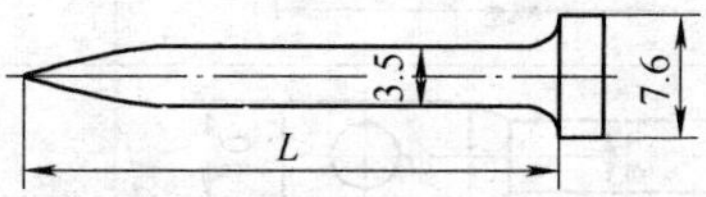	22，27，32，37，42，47，52，62，72
DPD	大平头钉	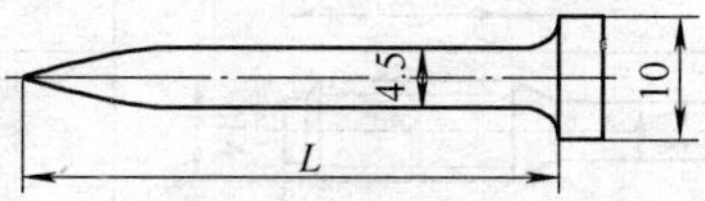	27，32，37，42，47，52，57，62，72，82，97，117
HPD	压花平头钉	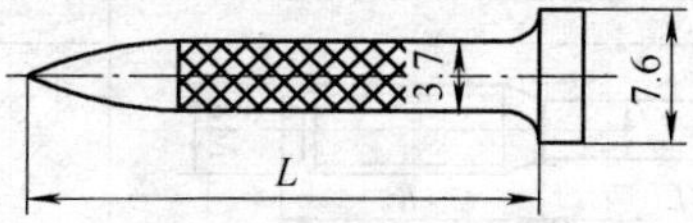	13，16，19
QD	球头钉	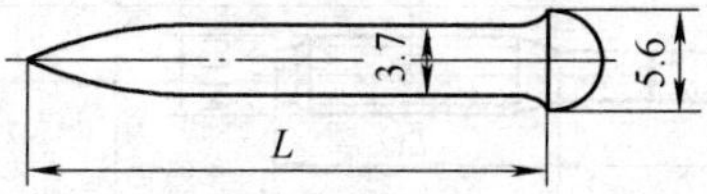	22，27，32，37，42，47，52，62，72，82，97

（续）

代号	名　　称	图　　示	长度 L/mm
HQD	压花球头钉	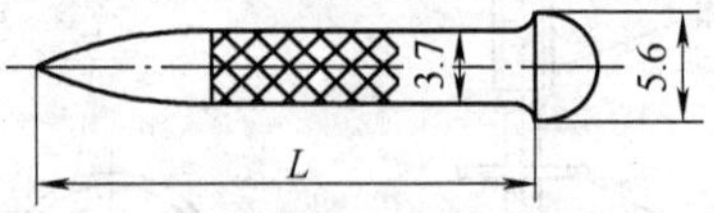	16，19，22
ZP	6mm 平头钉	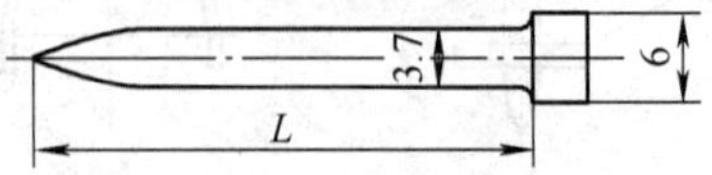	25，30，35，40，50，60，75
DZP	6. 3mm 平头钉	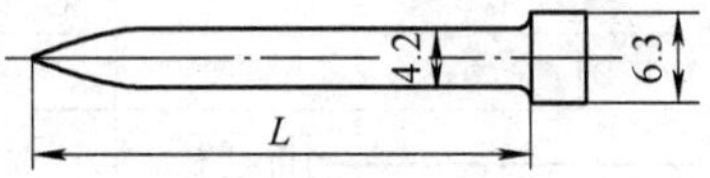	25，30，35，40，50，60，75
ZD	专用钉	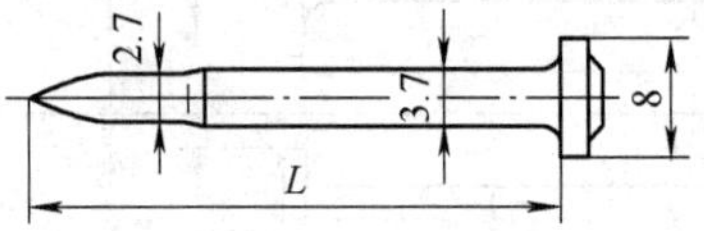	42，47，52，57，62
GD	GD 钉	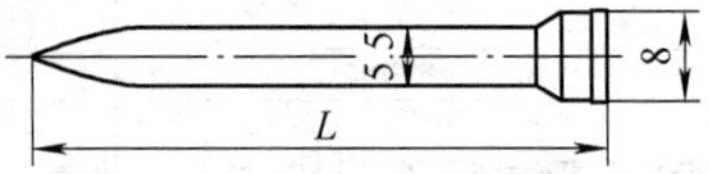	45，50
KD6	6mm 眼孔钉	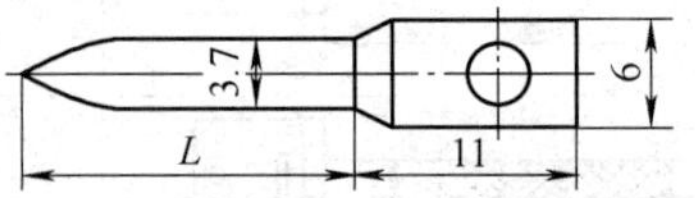	25，30，35，40，45，50，60
KD6. 3	6. 3mm 眼孔钉	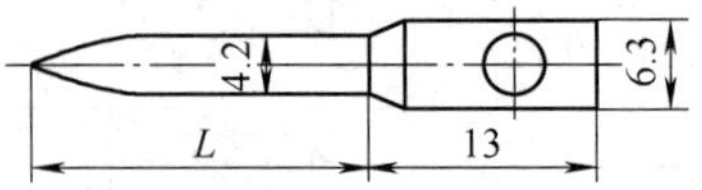	25，30，35，40，50，60
KD8	8mm 眼孔钉	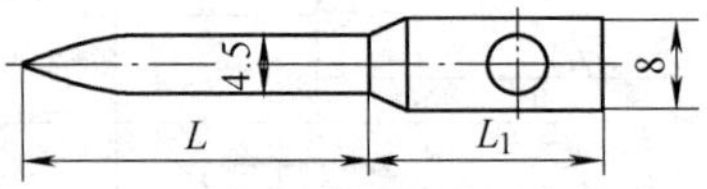	L = 22，32，42，52 L_1 = 20，25，30，35
KD10	10mm 眼孔钉	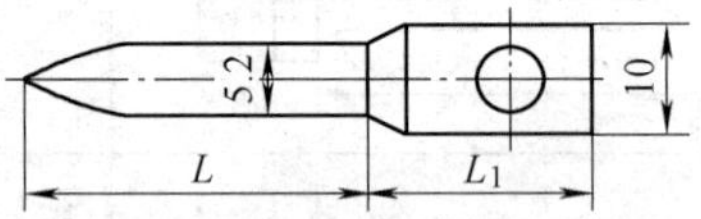	L = 32，42，52 L_1 = 24，30
M6	M6 螺纹钉	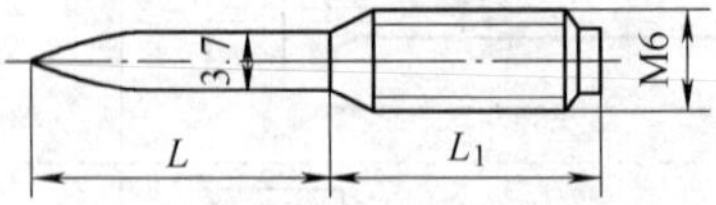	L = 22，27，32，42，52 L_1 = 11，20，25，32，38
M8	M8 螺纹钉	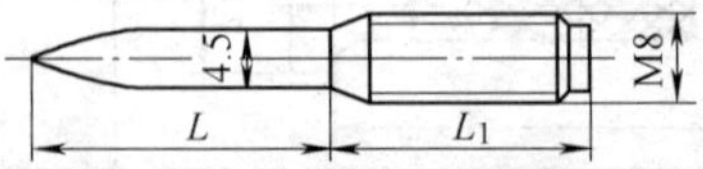	L = 27，32，42，52 L_1 = 15，20，25，30，35
M10	M10 螺纹钉	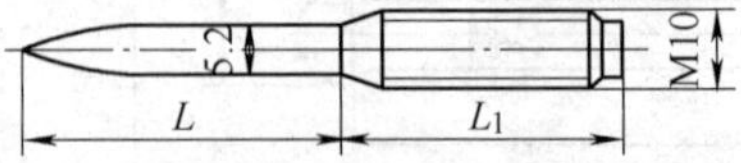	L = 27，32，42 L_1 = 24，30

（续）

代号	名　称	图　示	长度 L/mm
HM6	M6 压花螺纹钉	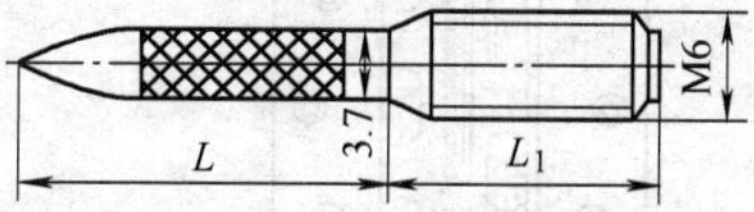	$L=9$，12 $L_1=15$，20，25，32
HM8	M8 压花螺纹钉	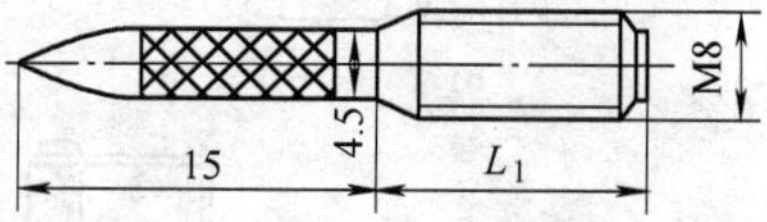	$L_1=15$，20，25，30，35
HM10	M10 压花螺纹钉	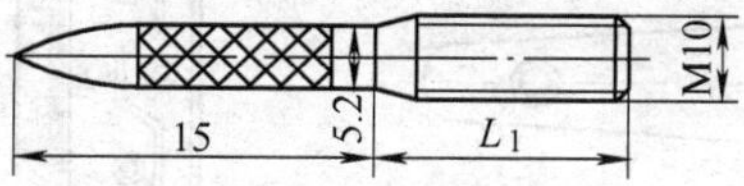	$L_1=24$，30
HTD	压花特种钉	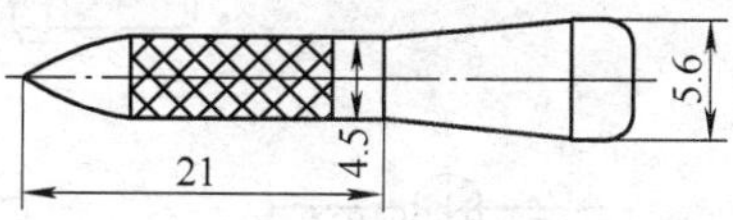	—

18.1.4　什么是水泥钉？其规格有哪些？

水泥钉是用于钉入砖墙或水泥墙的专用钉。其材质有 45 钢或 60 钢，经过拔丝、退火、制钉、淬火等工艺加工而成。其硬度很大，粗而短，穿凿能力很强。

水泥钉还可分为发黑（蓝）水泥钉、彩色水泥钉、沉头水泥钉、K 字水泥钉、T 字水泥钉、镀锌水泥钉等。其规格见表 18-10。

表 18-10　水泥钉的规格　（单位：mm）

名　称	规格（直径 × 长度）
发黑（蓝）水泥钉	2×20，2×25，2×30，2.5×25，2.5×30，2.5×40，3×30，3×40，3×50，3×60，3×70，3×80，3×90，3×100，4.2×75，4.2×100，4.2×125
彩色水泥钉	3×25，3×30，3.2×40，3.6×50，4×60，4.2×75，4.2×100
沉头水泥钉	2.5×25，2.5×30，2.5×40，3×30，3×40，3.2×50，3.6×65，4×75，4.2×100
K 字水泥钉 T 字水泥钉	3×25，3×40，3.8×20，3.8×40，3.8×50，3.8×65，3.8×75，3.8×100

18.2　合页

18.2.1　什么是合页？它有哪些种类？

合页又名铰链，常组成两折式，是连接物体两个部分并能使之活动的部件。普通合页用于橱柜门、窗等，其材质有铁、铜和不锈钢。合页的种类如图 18-1 所示。

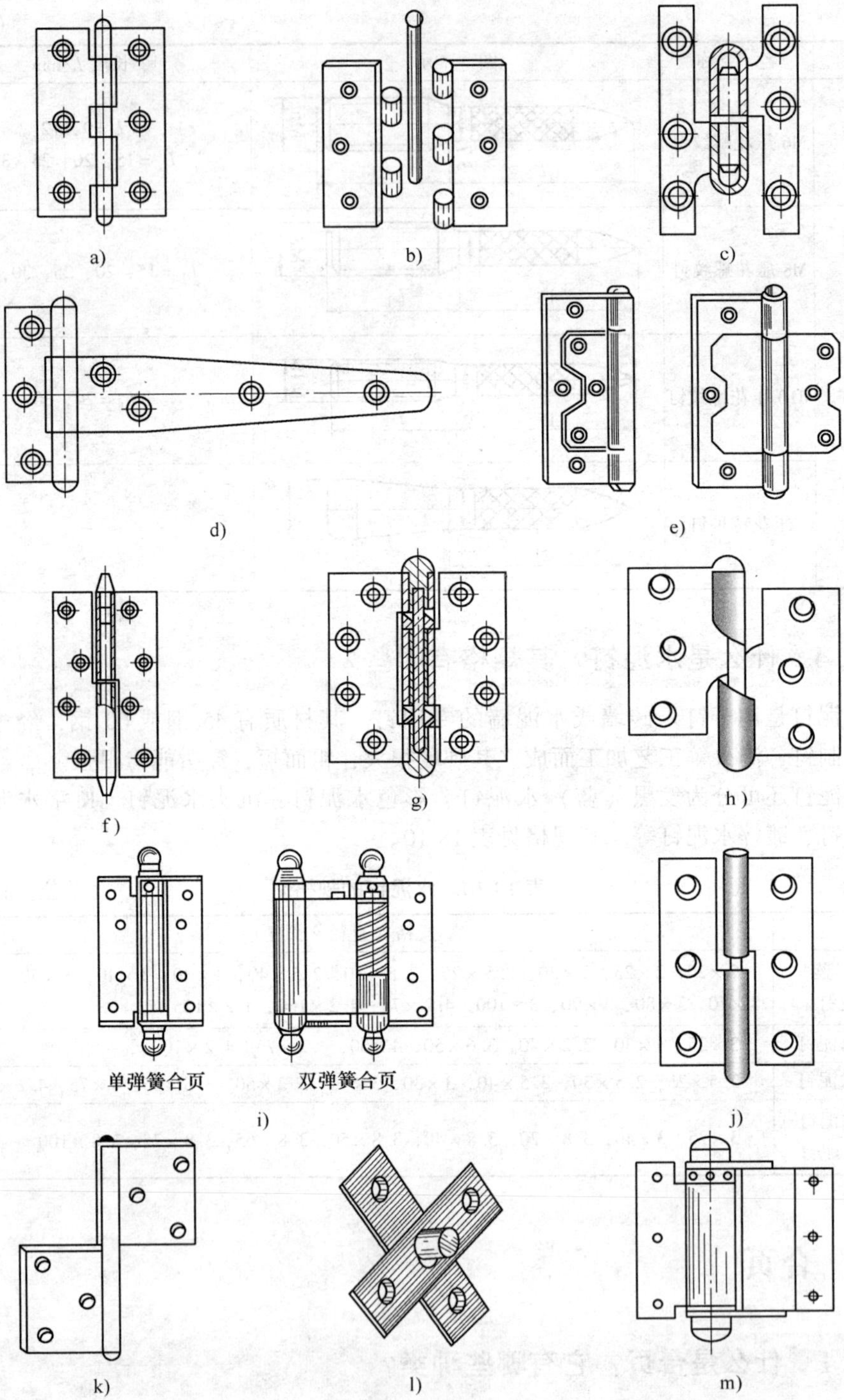

图 18-1　合页的种类

a）普通型和轻型合页　b）抽芯型合页　c）H 型合页　d）T 型合页　e）子母合页　f）双袖型合页　g）轴承合页　h）自关合页　i）弹簧合页　j）脱卸合页　k）单旗合页　l）翻窗合页　m）纱门合页

18.2.2　各种合页的特点和用途是什么？

1）普通型合页（图18-1a）：用作各类建筑木质门窗、箱盖之类的连接件，使它们能绕合页轴线转动。

2）轻型合页（图18-1a）：作用同普通型合页，但一般窄而薄，承载能力小，适用于轻型门窗及橱柜类使用。

3）抽芯型合页（图18-1b）：比普通合页宽、厚，作用同普通型合页，但其芯轴可以抽出，使两连接件易于分离，也便于擦洗。用于质量和尺寸较大、需经常拆卸的木制门窗或家具上。

4）H型合页（图18-1c）：属抽芯合页的一种，其中松配一片页板可以取下，主要用于需经常拆卸的木门或纱门上。

5）T型合页（图18-1d）：用于较宽重的门扇（如工厂、仓库大门等）上作为门框之间的连接件。

6）子母合页（图18-1e）：主体包括合页片与合页轴，其特征是合页片分为子页片和母页片，子页片与母页片均装在合页轴上且形成铰链连接，皆在合页轴同一个切线方向上，子页片形似母页片‘空心’的部分，可绕中轴360°旋转，并可嵌合到母页片之中，形成完整的一个页片。子页片与母页片上均有孔，通过安装螺钉，使门扇和门框达到固定并达到正常的开闭效果。子母合页在门框内居中、深浅、靠边都适合安装，不需要像平开合页那样开槽，子母合页价格只有普通型合页的3/5。

7）双袖型合页（图18-1f）：用在一般门窗上，分为左右两半，门扇自由开启、关闭和拆卸。

8）轴承合页（图18-1g）：每片页板轴中均装有一个推力球轴承，开关轻便灵活，多用于重型或特殊的钢骨架的钢板门。

9）自关合页（图18-1h）：利用合页的斜面和门的自重自动关门，用于需要经常关闭的大门。

10）弹簧合页（图18-1i）：在开启后能自行关闭，用于经常开启的门窗上，有单弹簧合页（代号D）和双弹簧合页（代号S）两种，前者适用于单方向开启的场合，后者适用于内外两个方向开启的场合。

用于柜门的弹簧合页则具有弹簧铰链的功能，附有调节螺钉，可以上下、左右调节板的高度、厚度。它可根据空间配合柜门开启角度，除90°角外，还有127°、144°、165°等。一般要求板厚度较大，表面镀锌铁、锌合金。

11）脱卸合页（图18-1j）：用于需要脱卸的轻便门上。

12）单旗合页（图18-1k）：拆卸方便，多用于双层窗上。

13）翻窗合页（图18-1l）：安装时，带心轴的两块页板应装在窗框两侧，无心轴的两块页板应装在窗扇两侧。其中带槽的无心轴负板，须装在窗扇带槽的一侧，以便窗扇装卸。翻窗合页用于工厂、仓库、住宅和公共场所等的活动气窗上。

14）纱门合页（图18-1m）：弹簧合页的一种，可使门扇开启后自动关闭。销子可以抽出，以便调整和调换弹簧，多用于一个方向启闭的实腹钢结构纱门门扇上。

15）扇形合页：与抽芯合页相似，但两页片较厚，且尺寸不同，主要用于各种需要转动启闭的门窗上，用作连接木质门扇与钢制（或水泥）门框（大页片与门扇连接，小页片与门框连接）。

16）斜面脱卸合页：利用合页的斜面与门扇的重量而使门自动关闭。它主要适用于较轻的木门或厕所等半截门上。

17）无声合页：又称尼龙垫圈合页，门窗开关时合页无声，主要用于公共建筑物的门窗上。

18）多功能合页：开启角度小于75°时，具有自动关闭功能，在75°~90°角位置时，自行稳定，大于95°的则自动定位。

19）防盗合页：两个页片上的销子和销孔有自锁作用，门扇不能卸下，可起到防盗作用，适用于住宅户门。

18.2.3　普通型合页和轻型合页有哪些规格？

普通型合页和轻型合页的规格分别见表18-11和表18-12。

表18-11　普通型合页的规格

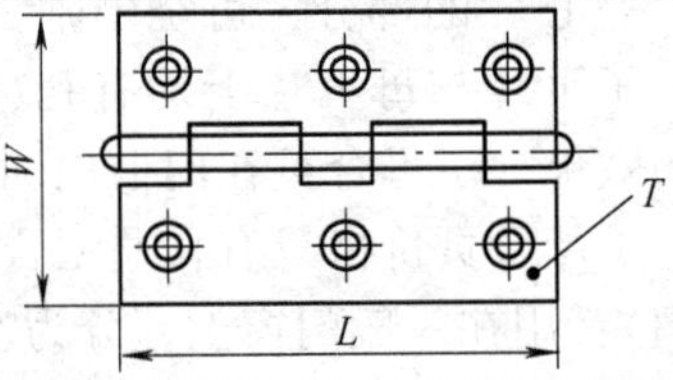

类　别	系列编号	合页长度 L/mm		合页厚度 T/mm	每片页片最少螺孔数/个	适用门质量/kg
		Ⅰ组（英制）	Ⅱ组（米制）			
中型合页	A35	88.90	90.00	2.50	3	20
	A40	101.60	100.00	3.00	4	27
	A45	114.30	110.00	3.00	4	34
	A50	127.00	125.00	3.00	4	45
	A60	152.40	150.00	3.00	5	57
重型合页	B45	114.30	110.00	3.50	4	68
	B50	127.00	125.00	3.50	4	79
	B60	152.40	150.00	4.00	5	104
	B80	203.20	200.00	4.50	7	135

注：系列编号后面的数字表示长度英寸值的10倍。

表18-12　轻型合页的规格

系列编号	合页长度 L/mm		合页厚度 T/mm	每片页片最少螺孔数/个	适用门质量/kg
	Ⅰ组（英制）	Ⅱ组（米制）			
C10	25.4		0.70	2	12
C15	38.10		0.80		
C20	50.80	50.00	1.00	3	15
C25	63.50	65.00	1.10		
C30	76.20	75.00	1.10	4	18
C35	88.90	90.00	1.20		20
C40	101.60	100.00	1.30		22

注：系列编号后面的数字表示长度英寸值的10倍（表18-13~表18-15同此，不另注）。

18.2.4　抽芯合页、H 型合页和 T 型合页有哪些规格?

抽芯合页、H 型合页和 T 型合页的规格分别见表 18-13 ~ 表 18-15。

表 18-13　抽芯型合页的规格

系列编号	合页长度 L/mm		合页厚度 T/mm	每片页片最少螺孔数/个	适用门质量/kg
	Ⅰ组（英制）	Ⅱ组（米制）			
D15	38.10		1.20	2	12
D20	50.80	50.00	1.30	3	15
D25	63.50	65.00	1.40		
D30	76.20	75.00	1.60	4	18
D35	88.90	90.00	1.60		20
D40	101.60	100.00	1.80		22

表 18-14　H 型合页的规格

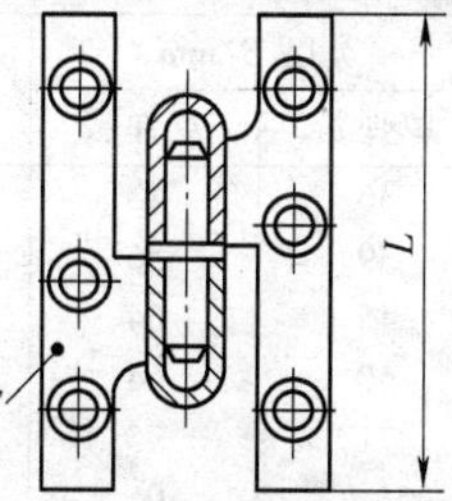

系列编号	合页长度 L/mm	合页厚度 T/mm	每片页片最少螺孔数/个	适用门质量/kg
H30	80.00	2.00	3	15
H40	95.00	2.00	3	18
H45	110.00	2.00	3	20
H55	140.00	2.50	4	27

表 18-15　T 型合页的规格

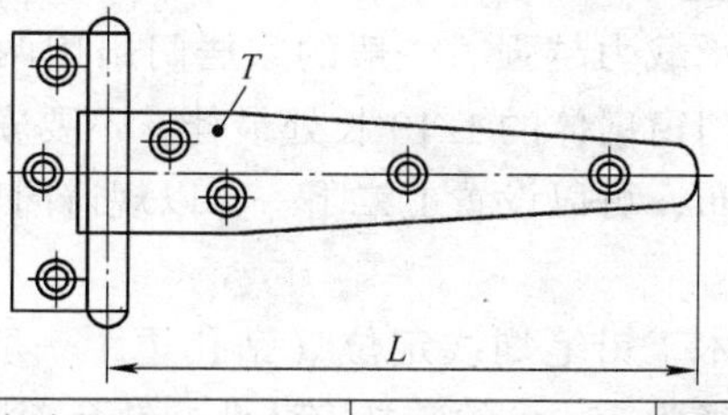

系列编号	合页长度 L/mm		合页厚度 T/mm	每片页片最少螺孔数/个	适用门质量/kg
	Ⅰ组（英制）	Ⅱ组（米制）			
T30	76.20	75.00	1.40	3	15
T40	101.60	100.00	1.40	3	18
T50	127.00	125.00	1.50	4	20
T60	152.40	150.00	1.50	4	27
T80	203.20	200.00	1.80	4	34

18.2.5 弹簧合页有哪些规格?

弹簧合页的规格见表 18-16。

表 18-16 弹簧合页的规格

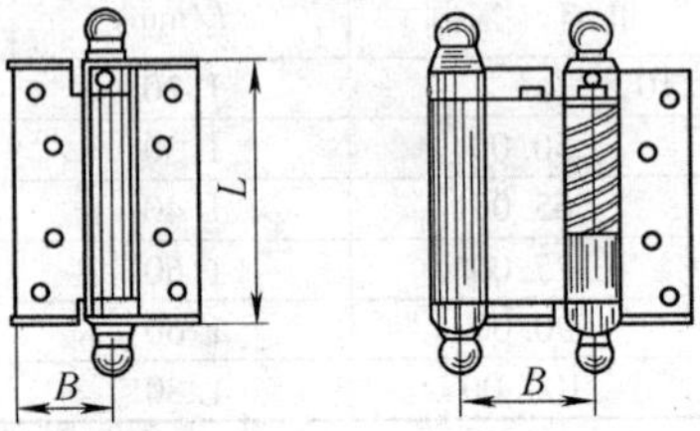

单弹簧合页 双弹簧合页

规格	页片材料尺寸					配用木螺钉（参考）	
	长度 L/mm		宽度 B/mm		页片材料厚 δ/mm	直径×长度/mm	数目/个
	Ⅰ型	Ⅱ型	单弹簧	双弹簧			
75	76	75	36	48	1.8	3.5×25	8
100	102	100	39	56	1.8	3.5×25	8
125	127	125	45	64	2.0	4×30	8
150	152	150	50	64	2.0	4×30	10
200	203	200	71	95	2.4	4×40	10
250	254	250	—	95	2.4	5×50	10

18.2.6 安装合页分几步？要注意哪些问题？

1. 准备工具

安装前要准备好专门的安装工具，如卷尺、水平尺、木工铅笔、木工开孔器、手枪钻和螺钉旋具等。

2. 确定安装位置及数量

两个合页间距越大，承载力越强。一般的家居门扇用两个合页，比较重的可以用三个合页。安装位置以在门窗扇体的1/10长处最佳，不要安装在门窗扇体的边角榫接处，并且避免三均分的分布，可以设置上二下一，以规避门扇往外倾斜。

3. 画线定位

首先用安装测量板或木工铅笔划线定位（钻孔边距一般为5mm），再用手枪钻或木工开孔器在门板上钻直径为35mm的铰杯安装孔，钻孔深度一般为12mm。

4. 固定铰杯和底座

将合页套入门板上的铰杯孔内，并用自攻螺钉将铰杯固定；再将合页嵌入门板杯孔后将合页打开，套入并对齐侧板，用自攻螺钉将底座固定。

5. 调节合页

一般的合页都可六向调节，上下对齐，两扇门左右适中，将柜门调试成最理想效果为佳，安装好关门后的间隙一般为2mm。

6. 几个注意的问题

1）选用规格合适的合页，同时使用配套的螺钉，防止坠扇。

2）合页与门板边的正常缝隙是3~5mm，要留出伸缩缝。

3）各零件之间相互匹配。包括合页与其连接的螺钉、紧固件的配套；页槽与合页高、宽、厚尺寸的匹配；合页与门窗框、扇的匹配；合页的连接方式与框、扇的材质匹配（如钢框木门所用的合页，与钢框连接的一侧为焊接，与木门扇连接的一侧则为木螺钉固定）。

4）在合页的两片页板不对称的情况下，应辨别哪一页板与扇相连，哪一页板与门窗框相连（与轴三段相连的一侧应与框固定，与轴两段相连的一侧应与框固定）。

5）保证同一扇上合页的轴线在一条铅垂线上，以免门窗扇弹翘。

18.3　钢插销和拉手、执手

18.3.1　什么是钢插销？它有哪些类别？

钢插销是一种防止门窗打开的部件，分两部分：一部分带有可活动的杆，通常固定在门窗上；另一部分是一个Ω形“鼻”，固定在门窗框上。这两部分上下左右位置对应，使用时，将杆插入“鼻”中即可。

钢插销可分为以下六类：

1）单动型钢插销（图18-2），安装在木门窗上，用于锁固木制门、窗及橱门、柜门。

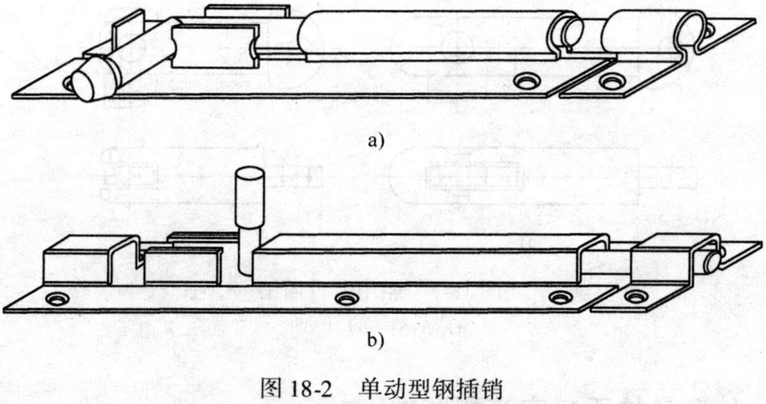

a)

b)

图18-2　单动型钢插销

a）普通式　b）封闭式

2）蝴蝶型钢插销（图18-3），用于锁固木质门窗。

3）暗插销（图18-4），装在双扇的门窗上，插销嵌装在门窗的侧面，起固定门窗的作用。

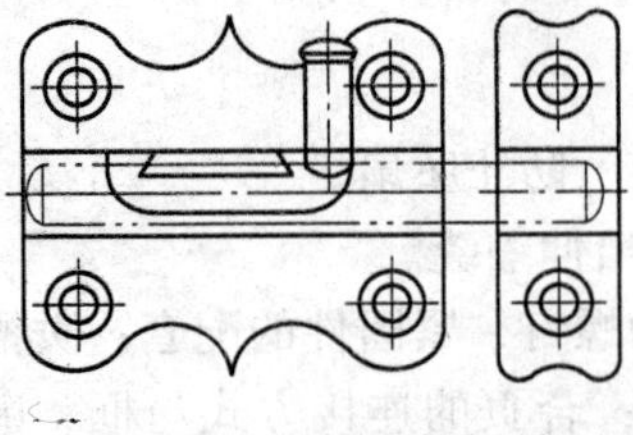

图 18-3　蝴蝶型钢插销

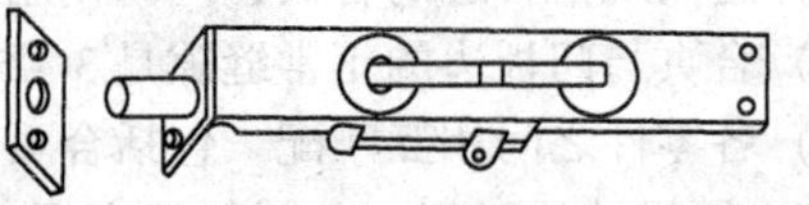

图 18-4　暗插销

4）翻窗插销（图 18-5），多用于不便启闭的高窗上，用绳子拉动插销便可开启窗扇。

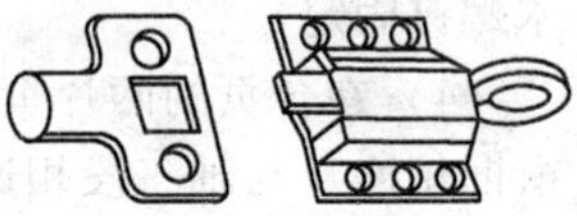

图 18-5　翻窗插销

5）铝合金门插销（图 18-6），用于锁固铝合金门等。

6）船用带舌插销（图 18-7），用于锁固甲板上舱口盖等。

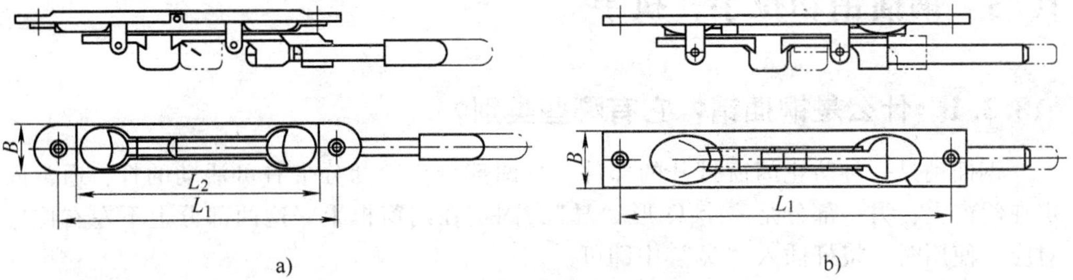

图 18-6　铝合金门插销

a）台阶式　b）平板式

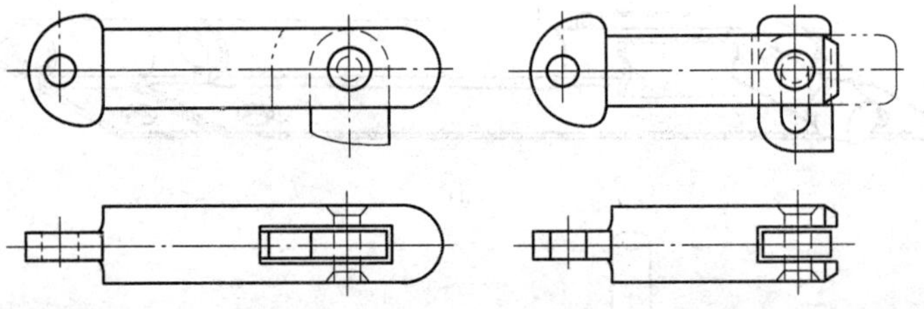

图 18-7　船用带舌插销

a）A 型　b）B 型

18.3.2　什么是拉手？它有哪些类别？

拉手是安装在门窗或抽屉上，靠手的推拉力量开关门窗或抽屉的木质或金属物件。按材质、外形、款式和用途等可分为若干类。现按各标准综合分列如下：

1）小拉手（图 18-8），用于房门、箱子、橱柜及抽屉，一般为低碳钢，表面镀铬或喷漆，香蕉式拉手也有用锌合金制造的，表面镀铬。

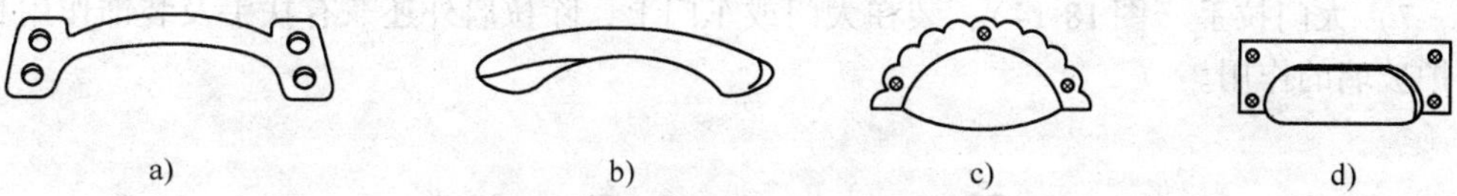

图 18-8　小拉手

a）普通式　b）香蕉式　c）普通型　d）方型

2）家具拉手（图 18-9），专门用在家具上。

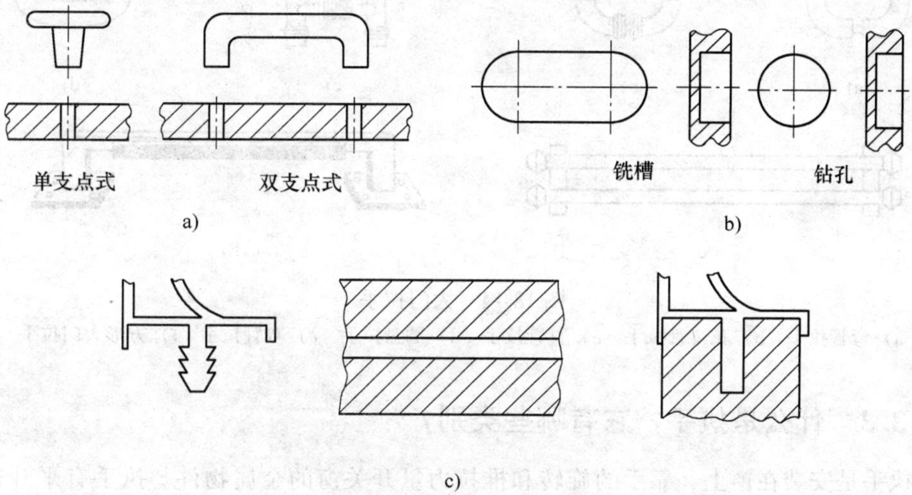

图 18-9　家具拉手

a）表面安装式　b）嵌入安装式　c）封边拉手

3）底板拉手（图 18-10），装在宾馆、饭店、学校和医院装有弹簧合页或地弹簧的双扇大门上，供推拉开关门用。

4）梭子拉手（图 18-11），用作工具箱、手提箱的提手或推拉立扇。

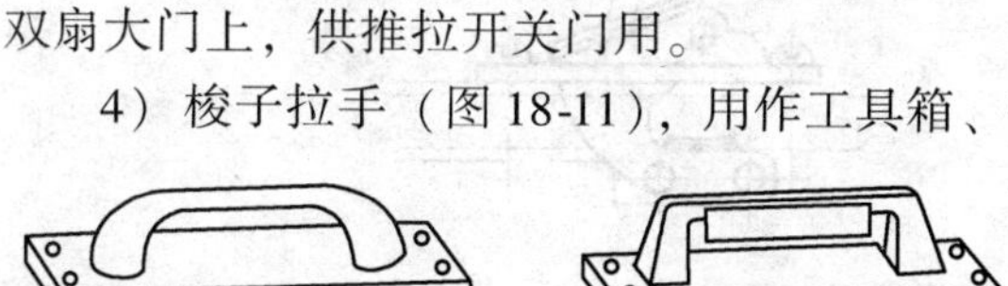

图 18-10　底板拉手

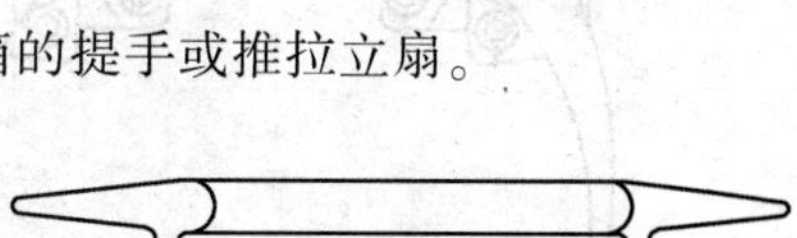

图 18-11　梭子拉手

5）管子拉手（图 18-12），装在公共场所及车厢的大门上，供推拉开关门用。

6）推板拉手（图 18-13），装在大门上，供推拉开关门用。

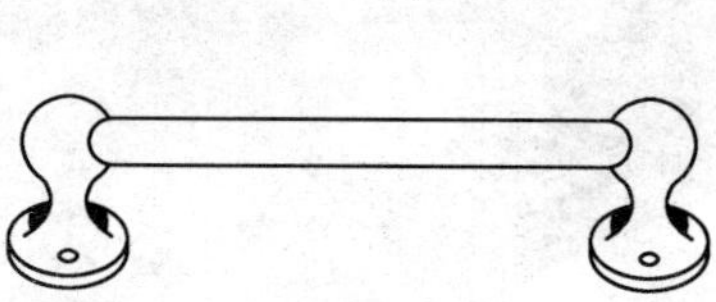

图 18-12　管子拉手

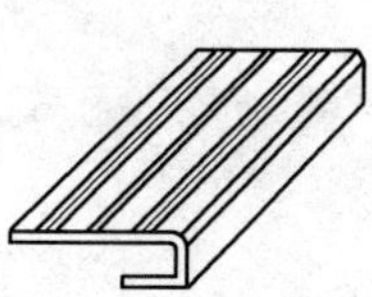

图 18-13　推板拉手

7）大门拉手（图18-14），装在大门或车门上，除拉启外还兼有扶手及装饰作用和保护玻璃的作用。

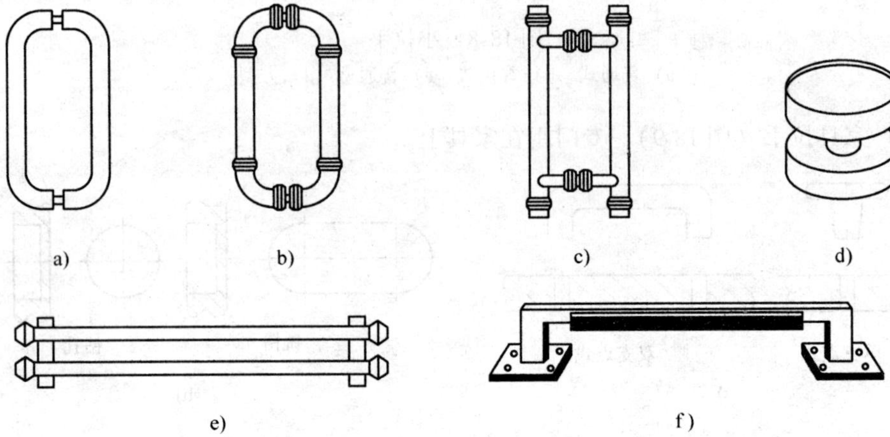

图18-14　大门拉手

a）弯管拉手　b）花弯管拉手　c）直管拉手　d）圆盘拉手　e）双管拉手　f）方形大门拉手

18.3.3　什么是执手？它有哪些类别？

执手是安装在窗上，靠手的旋转和推拉力量开关窗的金属物件。执手有平开铝合金窗执手（图18-15）和旋压执手（图18-16）。

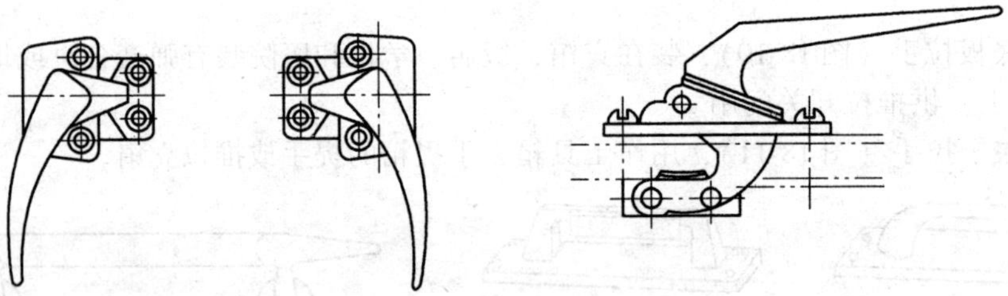

图18-15　平开铝合金窗执手

图18-16　旋压执手

18.3.4　其他门窗小五金件有哪些类别?

1）窗钩（图 18-17），用来固定窗扇的钩子。

2）灯钩（图 18-18），用来吊挂灯具和其他物件。

3）羊眼（图 18-19），是广泛用于饰品吊挂的配件，材质为碳钢或不锈钢。

4）锁扣（图 18-20），装在门、箱、柜、抽屉上，供挂锁用。

5）窗帘轨（图 18-21），装于窗扇上部用于吊挂窗帘，拉动一侧拉绳即可开闭窗帘（固定式向一侧移动，调节式向两侧移动）。

6）铁三角和 T 形铁角（图 18-22），用以连接门窗框构件的金属件，有直角形和 T 形两种。

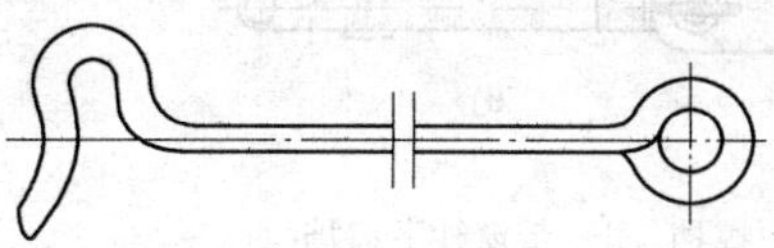

图 18-17　窗钩

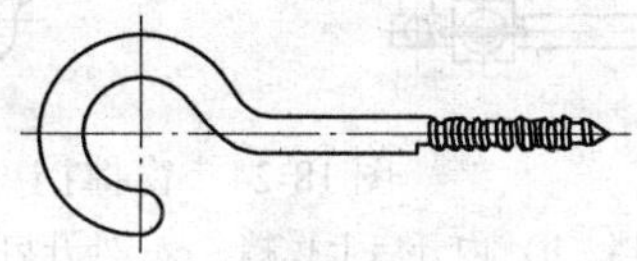

图 18-18　灯钩

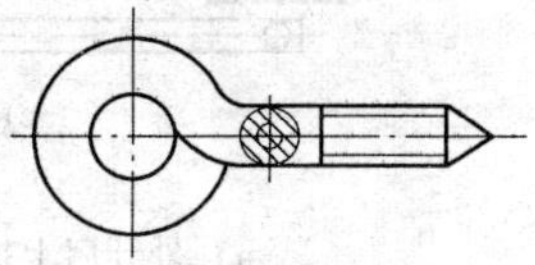

图 18-19　羊眼

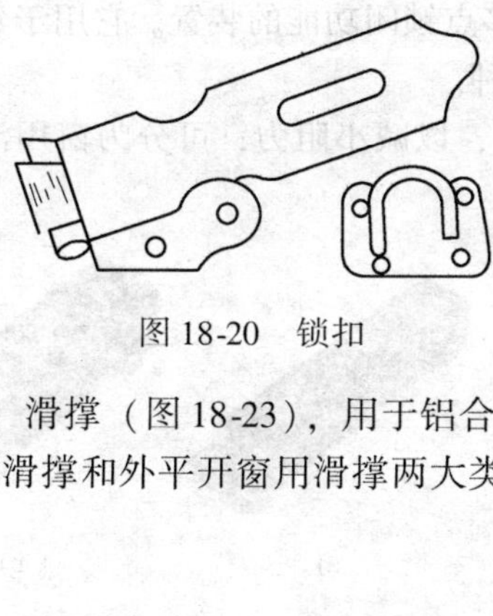

图 18-20　锁扣

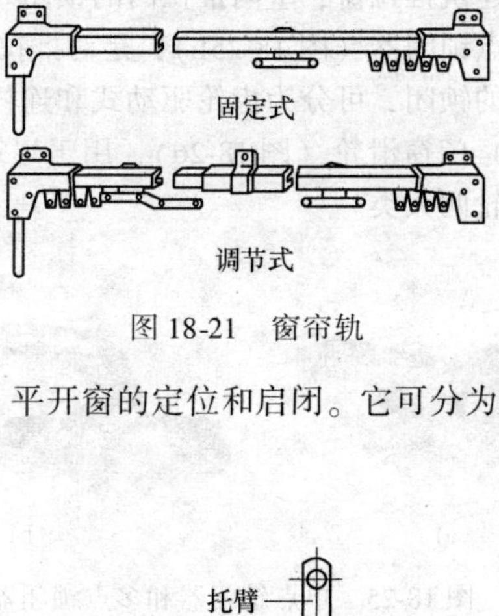

图 18-21　窗帘轨

7）滑撑（图 18-23），用于铝合金上悬窗、平开窗的定位和启闭。它可分为外开上悬窗用滑撑和外平开窗用滑撑两大类。

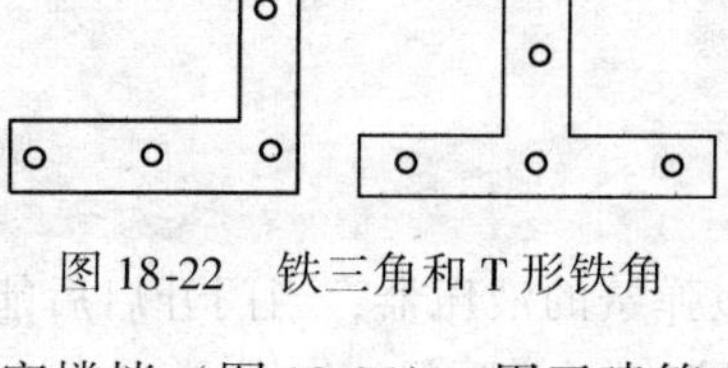

图 18-22　铁三角和 T 形铁角

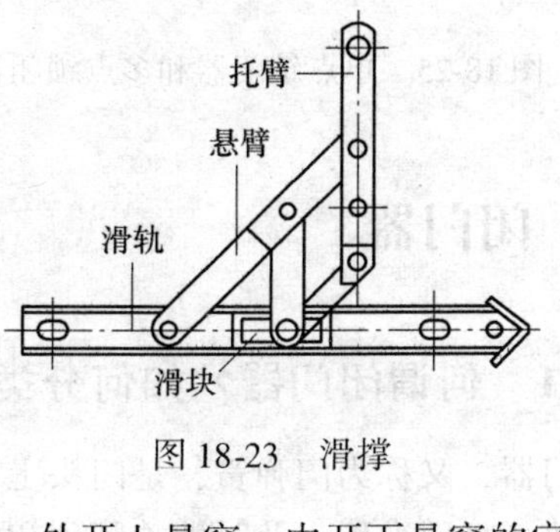

图 18-23　滑撑

8）窗撑挡（图 18-24），用于建筑内平开窗、外开上悬窗、内开下悬窗的定位和启闭。它可分为摩擦式撑挡和锁定式撑挡两大类。

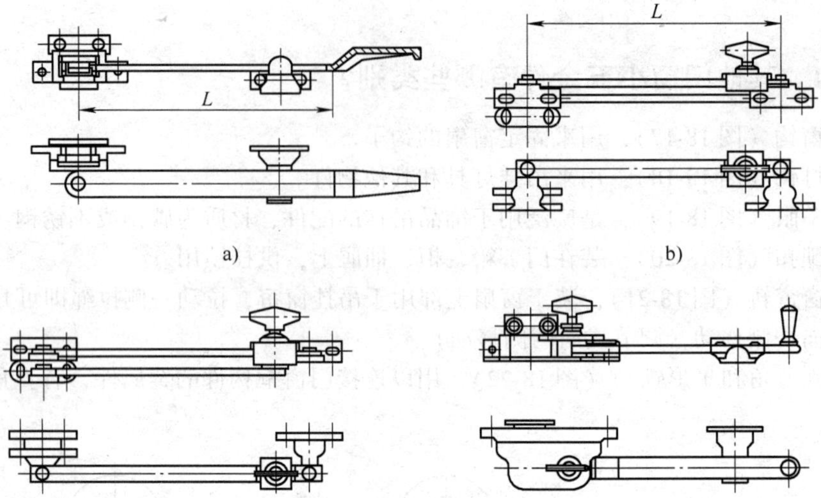

a)　b)　c)　d)

图 18-24　窗撑挡

a）外开启上撑挡　b）内开启上撑挡　c）外开启下撑挡　d）带窗纱下撑挡

9）单点锁闭器（图 18-25a），是通过操作实现推拉门窗单一位置锁闭功能的装置。它用于建筑推拉窗、室内推拉门的锁闭。

多点锁闭器（图 18-25b），是对推拉门窗实现多点锁闭功能的装置。它用于建筑推拉门窗的锁闭，可分为齿轮驱动式和连杆驱动式两种。

10）门窗滑轮（图 18-26），用于建筑推拉门窗，以减小阻力，可分为窗用滑轮和门用滑轮两大类。

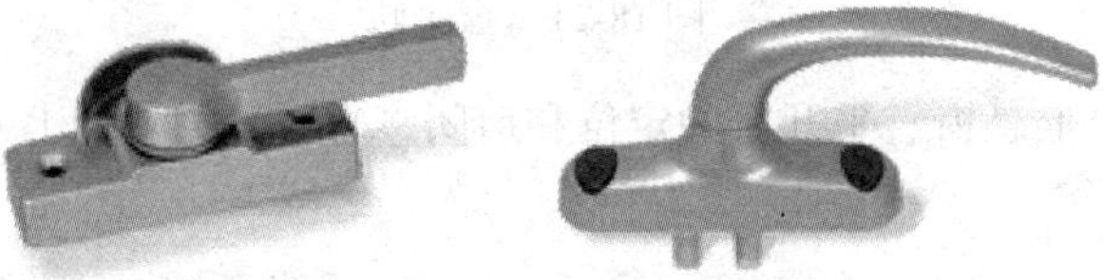

a)　b)

图 18-25　单点锁闭器和多点锁闭器

a)　b)

图 18-26　门窗滑轮

18.4　闭门器

18.4.1　何谓闭门器？如何分类？

闭门器，又称为门弹簧，是门头上一个类似弹簧的液压器，当门开启后能通过压缩后释放，将门准确、及时地关闭到初始位置，类似于弹簧门的作用。

按闭门器的动力源，可分为液压闭门器和电动闭门器两类。

按闭门器的安装位置，一般可分为门顶闭门器（分外装式和内嵌式）、门底弹簧和地弹簧三类。

18.4.2　闭门器有哪些技术条件?

闭门器有液压闭门器和电动闭门器两种，其技术条件见表 18-17。

表 18-17　闭门器的技术条件

液压闭门器

电动闭门器

类别	项　目	技 术 条 件
液压闭门器	负载性能	经负载性能测试后，闭门器及附件应无渗漏、断裂和变形现象
	定位功能	有定位器装置者，门应能在规定的位置或区域停门并易于脱开
	关门时间	全关闭调速阀时，不应小于 40s；全打开调速阀时，不应大于 3s
	关门力矩、能效比	应符合表 18-18 的规定
	渗漏	按 QB/T 2698—2013 规定的方法试验后，不应出现渗漏现象
	运转性能	使用时应运转灵活、无异常噪声
	闭锁功能	有此功能者，关门至 15°以下时，应可独立调节关门速度
	开门缓冲功能	有此功能者，开启至 65°之后应有明显减速现象，并能在 90°前停止
	延时关门功能	有此功能者，从开门角度 90°至延时末端的关门时间应大于 10s，且延时末端的角度应为 75°～60°
	温度变化对关闭时间的影响	当温度为 -15℃时，关闭时间应≤25s；当温度为 40℃时，关闭时间应≥3s
电动闭门器	关门力矩、能效比	应符合表 18-18 的规定
	关门时间	从 90°关到 10°时，所用时间不应小于 3s
	开门时间	从 0°开启到 80°时，所用时间不应小于 3s
	常开门（停门）	应能在规定的位置或区域长时间停留
	环境适应性	在低温（-15℃）时，试验 8h；在恒温（40℃ ±2℃）、相对湿度为(93 ±2)%时，试验 48h（均不加电）能正常工作
	防障碍功能	在开门、关门过程中，试验门遇到不大于 116N · m 的力矩，应能停止或反向运转
	推门功能	门在关闭（未锁住）状态下，用不大于 58N · m 的力矩，应能推开门
	寿命	在完成相应的寿命试验后，闭门器应能符合上述要求

注：有防火要求的闭门器应符合 GA 93—2004《防火门闭门器》的规定。

18.4.3　闭门器有哪些规格？

闭门器分为普通闭门器和防火门闭门器两种，其规格分别见表 18-18 和表 18-19。

表 18-18　普通闭门器的规格

系列编号	关门力矩/N·m	能效比（%）		规　　格	
		液压闭门器	电动闭门器	适用门扇质量/kg	适用门扇最大宽度/mm
1	9～13	≥45		15～30	750
2	13～18	≥50		25～45	850
3	18～26	≥55		40～65	950
4	26～37	≥60	≥65	60～85	1100
5	37～54	≥60		80～120	1250
6	54～87	≥65		100～150	1400
7	87～140	≥65		130～180	1600

表 18-19　防火门闭门器的规格

规格代号	开启力矩/N·m	关闭力矩/N·m	适用门扇质量/kg	适用门扇最大宽度/mm
2	≤25	≥10	25～45	830
3	≤45	≥15	40～65	930
4	≤80	≥25	60～85	1030
5	≤100	≥35	80～120	1130
6	≤120	≥45	110～150	1330

18.4.4　外装式门顶闭门器的主要特点是什么？如何安装？

外装式门顶闭门器装有液压缓冲泵装置，主要特点是门关闭时速度较慢，且关闭后无碰撞声音，可用于学校、医院、办公楼和宾馆等大门上。其缺点是不适用于双向开启门。其安装步骤如下：

1. 安装机体

闭门器只能安装在门扇上部靠近铰链一边，机体上无调速螺钉的一端面向铰链（图 18-27），否则门将不能开启（若强行开启，则闭门器、门扇和上门框槽即会被破坏）。

然后用四个螺钉将机体固定在门扇上，再把杠杆套进齿轴上端，另一端装上帽盖、拧紧紧固螺钉（图 18-28）。

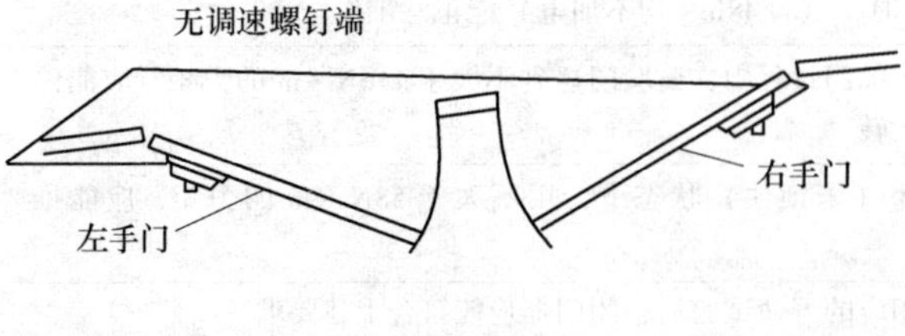

图 18-27　机体的安装位置

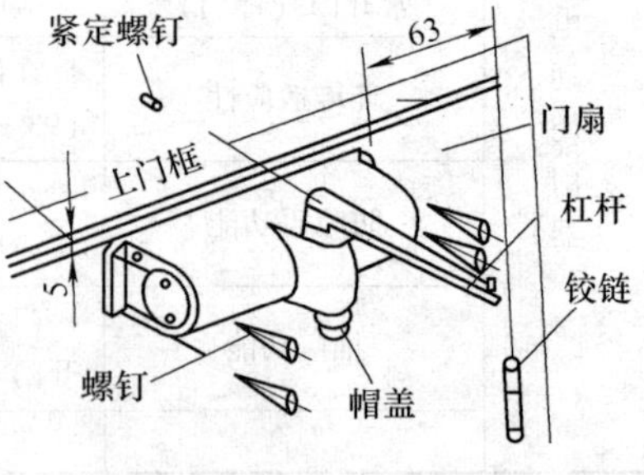

图 18-28　机体的固定

2. 安装连杆

用两个螺钉将连杆固定在门框上。手持连杆与上门框成直角。松动锁紧螺母，调节连杆至适合长度，轻轻扳动杠杆，使杠杆销正好插进连杆端部的孔，检查连杆与上门框成直角。放上垫圈，用半圆头螺钉紧固，锁紧螺母，完成安装（图 18-29）。

3. 调整关门速度

一般出厂产品的关门速度已经调整好，若需要改变速度，应按图 18-30 所示转动调速螺钉。

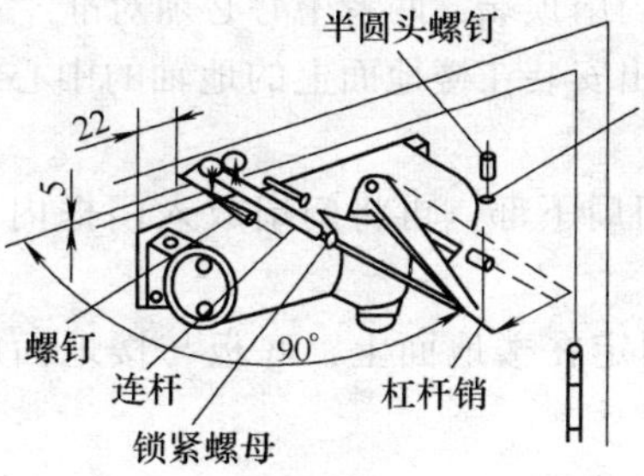

图 18-29　连杆的安装

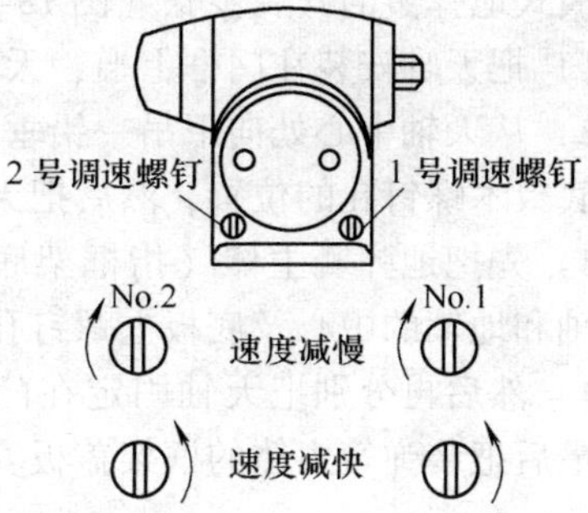

图 18-30　关门速度的调整

注意：闭门器使用一年后应加注防冻机油。加油时，拧开出油孔螺钉便可加油，油满后将螺钉拧紧。

18. 4. 5　内嵌式门顶闭门器的构造如何？如何安装？

内嵌式门顶闭门器安装在门扇和门框的槽内，门关闭时隐藏，适合用于高档宾馆客房。

闭门器（图 18-31）由安装在门扇上的液压缓冲弹簧和安装在门框上的滑道和滑块以及连杆等组成，液压缓冲弹簧给连杆恢复力矩，使连杆向远离铰链的方向旋转，从而带动滑块在滑道内同时向远离铰链的方向移动，达到关门的目的（滑道前端有一个临时锁定卡，当门扇打开到直角位置时，滑块移至接近铰链）。其安装步骤如下：

1）在门框、扇就位前，先在门扇顶部和门框上槛底部弹线剔槽。

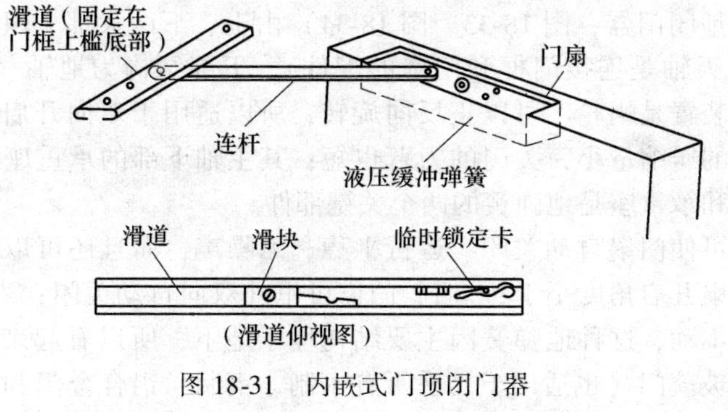

图 18-31　内嵌式门顶闭门器

2）然后在门窗安装前把液压缓冲弹簧埋置在槽内，把滑道用螺钉拧入门框槽内。

3）待门框、扇安装固定好后再用螺母将连杆固定在弹簧轴上。

18.4.6　横式地弹簧的构造如何？如何安装？

横式地弹簧由上、下两部分组成。上部为天轴和套板，下部为地轴和弹簧。其作用相当于双簧合页，可使门扇开启后自动关闭。当不需要门扇自动关闭时，把门扇开启到 90°即可。横式地弹簧可用于弹簧木门或里外双向开启的门上。

横式地弹簧的安装步骤（图 18-32，图中尺寸可能因品牌不同而有所差异）如下：

1）把天轴安装在门框上槛，天轴套板安装在门扇顶端，两者中心必须对准。

2）从天轴中心处向下吊一铅垂线至地面，找出安装在楼地面上的地轴的中心线位置和底板木螺钉孔的位置，然后把天轴拆下。

3）先把地弹簧主体（指框架底板等）装在门扇下部，再将门扇放入门框内，对准天轴和地轴的中心及底板上螺钉孔的位置。

4）然后再分别把天轴固定在门框上，底板固定在楼地面上，底板与楼地面应平齐，最后把装弹簧主体的框架盖板安在门扇上。

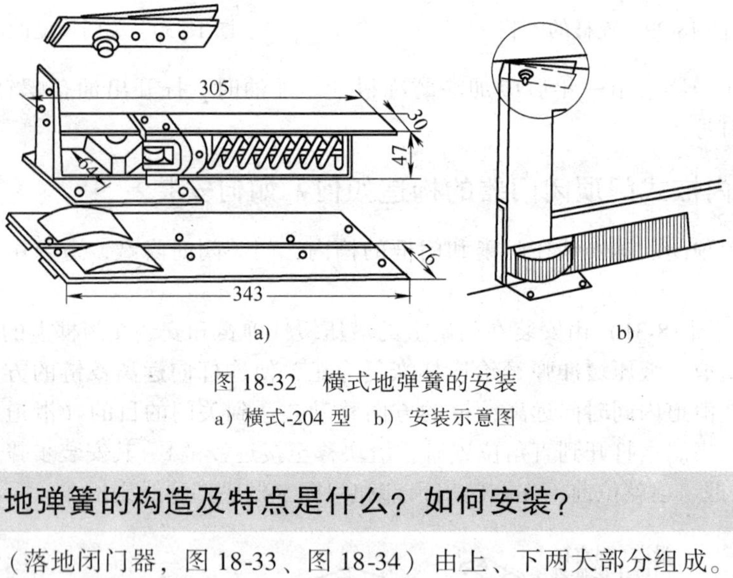

图 18-32　横式地弹簧的安装

a）横式-204 型　b）安装示意图

18.4.7　地弹簧的构造及特点是什么？如何安装？

地弹簧（落地闭门器，图 18-33、图 18-34）由上、下两大部分组成。其上部结构为天轴和套板（天轴是连接门框和门扇的配件），下部结构为地轴（地脚）和底座。由于压紧弹簧的装置是蜗轮，可以正反向旋转，所以适用于双向开启的门。地弹簧的蜗轮结构使弹簧的压缩量小，关门的力臂也短；其主轴下部的承重座需要承载门体的重量，所以蜗轮和承重座是地弹簧的两个关键部件。

地弹簧不仅可使门扇自动关闭、运行平稳、无噪声，而且还可以调整门扇自动关闭的速度。当门扇开启角度小于 90°时，门窗可里外双向自动关闭；当门扇开启到 90°时，门扇可固定不动，这种地弹簧因主要结构埋于地下，所以看起来很美观，多用于较高级建筑物的玻璃门（也适用于几乎所有木制、钢制、铝合金门和使用玻璃门夹的无边框玻璃门)。

图18-33　地弹簧成品

图18-34　安装好的地弹簧

地弹簧的安装步骤如下：

1）装天轴套板及回转轴杆：先将天轴套板固定在门扇上部，再将回转轴杆装于门扇底部，同时把螺钉装于两侧。天轴套板的轴孔中心与回转轴杆的轴孔中心必须上下对齐，在同一中心线上，并与门扇底面垂直。

2）装天轴：将天轴安装在门框顶部，安装时应注意天轴的中心距边柱的距离，应以门扇开闭灵活为准。

3）装底座：安装时先从天轴中心吊一垂线至地面，对准底座上地轴的中心。同时应保持底座水平，使底座上面板与门扇底部保持规定的缝隙，然后将外壳用混凝土填实浇固（不可将内壳浇牢)。

4）拧天轴上的升降螺钉：待混凝土养护期满后，将门窗上回转轴杆的轴孔套在底座的地轴上，然后将门扇顶部天轴套板的轴孔和门框上的天轴对准，拧动天轴上的升降螺钉，把天轴插入轴孔，门扇即可启闭使用。

18.4.8　地弹簧有哪些技术条件?

地弹簧有液压地弹簧和电动地弹簧两种，其技术条件见表18-20。

表18-20　地弹簧的技术条件

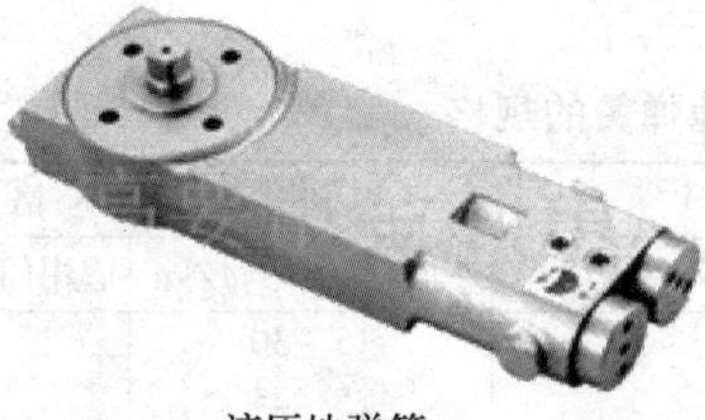

液压地弹簧

电动地弹簧

类别	项　目	技术条件
液压地弹簧	零位功能	零位偏差≤3mm
	负载性能	经负载性能测试后，地弹簧及附件应无渗漏、断裂和变形现象
	定位功能	有定位器装置者，门应能在规定的位置或区域停门并易于脱开

（续）

类别	项　目	技术条件
液压地弹簧	关门时间	全关闭调速阀时，不应小于 40s；全打开调速阀时，不应大于 3s
	关门力矩、能效比	应符合表 18-21 的规定
	渗漏	按 QB/T 2697—2013 规定的方法试验后，不应出现渗漏现象
	运转性能	使用时应运转灵活、无异常噪声
	闭锁功能	有此功能者，关门至 25°以下时，应可独立调节关门速度
	开门缓冲功能	有此功能者，开启至 65°之后应有明显减速现象，并能在 90°前停止
	延时关门功能	有此功能者，从开门角度 90°至延时末端的关门时间应大于 10s，且延时末端的角度应为 75°～60°
	温度变化对关闭时间的影响	当温度为 -15℃时，关闭时间应≤25s；当温度为 40℃时，关闭时间应≥3s
	寿命	在完成相应的寿命试验后，地弹簧应能符合上述要求
电动地弹簧	复位功能	复位偏差≤3mm
	关门力矩、能效比	应符合表 18-21 规定
	关门时间	从 90°关到 10°时，所用时间不应小于 3s
	开门时间	从 0°开启到 80°时，所用时间不应小于 3s
	常开门（停门）	应能在规定的位置或区域长时间停留
	环境适应性	在低温（-15℃）时，试验 8h；在恒温（40℃ ±2℃）、相对湿度为 (93 ±2)% 时，试验 48h（均不加电）能正常工作
	防障碍功能	在开门、关门过程中，试验门遇到不大于 116N · m 的力矩，应能停止或反向运转
	推门功能	门在关闭（未锁住）状态下，用不大于 58N · m 的力矩，应能推开门
	寿命	在完成相应的寿命试验后，复位偏差≤6mm，且应能符合上述其他要求

注：有防火要求的地弹簧应符合 GA 93—2004 的规定。

18.4.9　地弹簧有哪些规格？

地弹簧的规格见表 18-21。

表 18-21　地弹簧的规格

系列编号	关门力矩/N · m	能效比（%）		规　格	
		液压闭门器	电动闭门器	适用门扇质量/kg	适用门扇最大宽度/mm
1	9～13	≥45	≥65	15～30	750
2	13～18	≥50		25～45	850
3	18～26	≥55		40～65	950
4	26～37	≥60		60～85	1100
5	37～54	≥60		80～120	1250
6	54～87	≥65		100～150	1400
7	87～140	≥65		130～180	1600

18.5　锁具

18.5.1　何谓锁具？它可分为几类？

锁具是指起封闭作用的器具，它包括锁体、钥匙及其附件，是必须用钥匙（或光、电、磁、声及指纹等指令）方能开启的封缄器。锁具除了有防护功能外，还有管理和装饰作用。

锁的种类按使用对象分有建筑门窗锁、家具锁、船用锁、汽车用锁、自行车锁、箱包锁、铁道车辆锁等；按锁的结构型式分有弹子结构锁、叶片结构锁、磁性结构锁、密码结构锁和电子编码结构锁；按锁的破解难易程度分有普通锁和防盗锁；按锁的用途分有挂锁、建筑门锁和家具锁。锁的类别见表 18-22。

表 18-22　锁的类别

建筑门锁		
外装门锁	插芯门锁	球形门锁
单舌单保险门锁 单舌双保险门锁 单舌三保险门锁 双舌三保险门锁 多舌双头三保险门锁 移门锁	移门插芯门锁 单方舌插芯门锁 单斜舌插芯门锁 单斜舌按钮插芯门锁 双舌插芯门锁 双舌按压插芯门锁	大门锁 房间门锁 橱柜门锁 浴室门锁 厕所门锁 防风门锁

家具锁		挂锁	其他用途锁
抽屉锁	橱门锁		
方舌抽屉锁 斜舌抽屉锁 蟹钳抽屉锁	玻璃橱门锁 左右式橱门锁 拉手橱门锁	直开挂锁 横开挂锁 顶开挂锁 双开挂锁	自行车锁 铁道车辆锁 汽车用锁 船用锁等

18.5.2　各种锁的用途如何？

1. 挂锁（图 18-35）

挂锁用于门、橱、柜、箱、抽屉等，有普通锁具和密码挂锁等。

a)　　b)

图 18-35　挂锁

a）普通挂锁　b）密码挂锁

2. 外装门锁

外装门锁用于办公室、住宅、仓库等门锁。其款式很多，按舌头数量分有单舌（图 18-36）、双舌（图 18-37）、多舌；按舌头形状分有方舌、斜舌、钩舌；按保险程度分有单保险、双保险、三保险及单锁头、双锁头等。

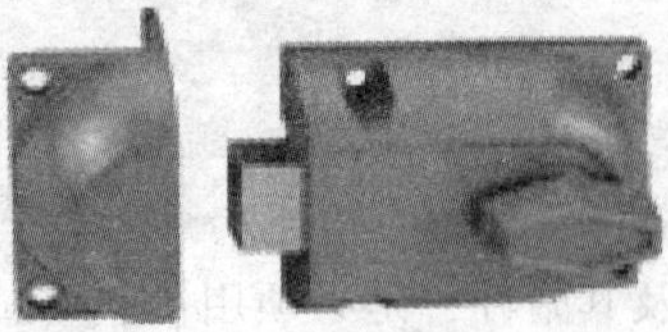

图 18-36　外装单舌门锁

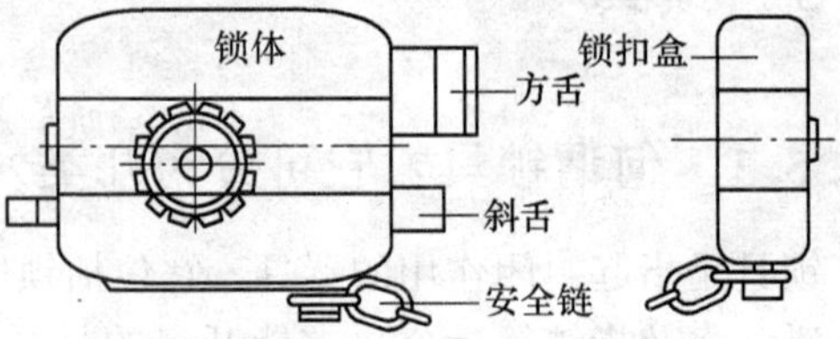

图 18-37　外装双舌门锁

3. 内装式插芯门锁（图 18-38）

（1）单舌弹子插芯门锁　用于门锁。单锁头，室外用钥匙、室内用旋钮开启；双锁头，室内外均须用钥匙开启。

（2）弹子执手插芯门锁　用于门锁，分为单舌平口式、双舌平口式、双舌企口式三种。单舌锁，将下长按钮嵌进后，即将门锁住，室外须用钥匙开启。双舌锁弹头方舌，室内用旋钮、室外用钥匙开启；双头方舌，室内外都须用钥匙开启。

（3）弹子拉手插芯门锁　与双舌弹子执手插芯门锁基本相同，适用于较长的门。

（4）移门锁　锁舌有钩形和蟹形，适用于移门。单头锁，室内可用旋钮、室外用钥匙开启；双头锁，室内外都必须用钥匙开启。

（5）叶片执手插锁（图 18-39）　用于门锁，斜活舌室内外均用执手开启，方舌室内外均用钥匙开启，双开式锁用钥匙旋转两圈，可增加方舌伸出的长度。

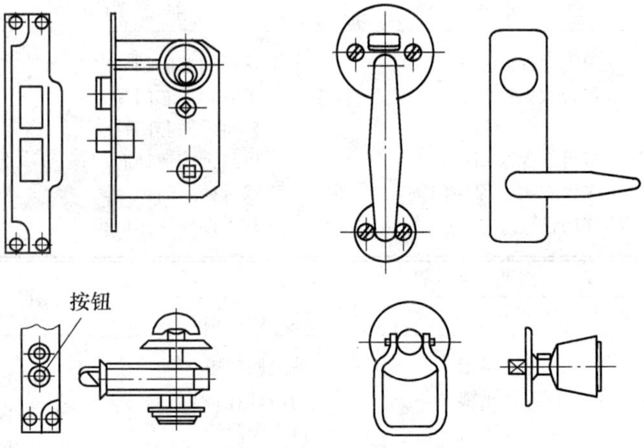

图 18-38　弹子插芯门锁

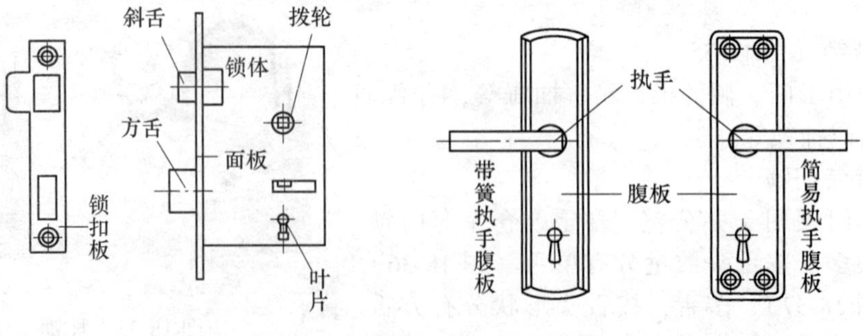

图 18-39　叶片执手插锁

（6）执手锁　用于木质门锁，室内外均用执手开启，带保险机构的锁锁后室外须用钥匙才能开启，故也可用于厕所门或浴室门锁。

（7）铝合金门用插锁　用于铝合金门，双锁头，方舌。

（8）球形门锁（图18-40）　用于木门和钢门门锁。其品种较多，造型美观，用料考究，多用于高级建筑房门。

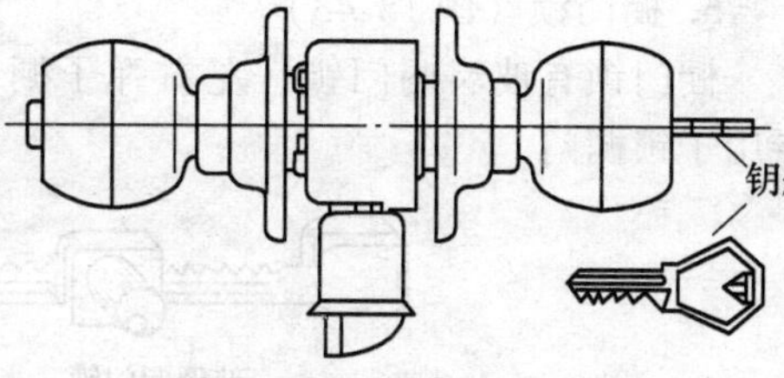

图18-40　球形门锁

（9）防盗门锁　包括密码门锁、指纹门锁和刷卡门锁等（图18-41）。另外还有声控门锁、刷脸门锁等。

a)　b)　c)

图18-41　门锁

a）密码门锁　b）指纹门锁　c）刷卡门锁

4. 抽屉锁（图18-42）

（1）弹子抽屉锁　用于抽屉或橱、柜门锁，低锁头式多用于板壁较薄的抽屉，其中斜舌式锁闭时不用钥匙，抽屉推进即被锁住；蟹钳式安全性高，多用于移门式柜门和盖板向上翻起的工作台、木箱上。

普通式　蟹钳式　斜舌式

图18-42　抽屉锁

（2）叶片抽屉锁　用于安全性要求不高的情况下。

5. 橱门锁（图 18-43）

橱门锁有玻璃橱门锁、左右弹子橱门锁、拉手橱门锁、橱柜移门锁等多种形式，专用于锁橱门。

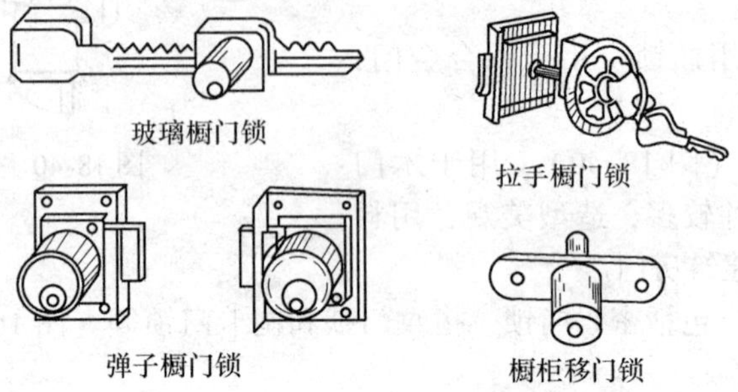

图 18-43　橱门锁

18.6　铝合金门窗

18.6.1　门和窗的分类有哪些?

1. 按门窗的开启方式分类

（1）折叠门　开启时门扇可以折叠在一起。

（2）弹簧门　装有弹簧合页的门，开启后会自动关闭。

（3）其他门　包括感应自动门、卷帘门、升降门、自由门、上翻门、转门等。

（4）平开门窗　门窗扇向内开或向外开。

（5）推拉门窗　门窗扇启闭采用横向移动方式。

（6）转门窗和固定窗　转门窗以转动门窗扇方式启闭，有旋转门、转窗（包括上悬窗、下悬窗、中悬窗、立转窗）、滑撑窗等；固定窗则不能打开。

2. 按门窗材料分类

可分为木门窗、塑料门窗、木铝复合门窗、铝合金门窗、不锈钢门窗、钢门窗、玻璃钢门窗、彩板门窗、玻璃幕墙、木质幕墙等。

3. 按门窗的功能分类

可分为保温门、防火门、防盗门、隔声门、隔热断桥铝门窗、百叶门窗等。

4. 按门窗的位置分类

门可分为外门和内门；窗可分为侧窗（设在内外墙上）和天窗。

5. 按门窗的用途分类

木门可分为常用木门、门连窗（门）、阁楼门、壁橱门、厕浴门、厂库房大门、防火门、隔声门、冷藏门、保温门、射线防护门、变电室门等。

木窗可分为常用木窗、橱窗、门连窗、工业组合窗、天窗、屋顶小气窗、木百叶窗等。

18.6.2 铝合金门和窗的开启形式与代号有几种?

铝合金门和窗的开启形式与代号分别见表 18-23 和表 18-24。

表 18-23 铝合金门的开启形式与代号

类 别	平开旋转类			推拉平移类			折 叠 类	
开启形式	(合页)平开	地弹簧平开	平开下悬	(水平)推拉	提升推拉	推拉下悬	折叠平开	折叠推拉
代号	P	DHP	PX	T	SH	TX	ZP	ZT

表 18-24 铝合金窗的开启形式与代号

类 别	平开旋转类							
开启形式	(合页)平开	滑轴平开	上悬	下悬	中悬	滑轴上悬	平开下悬	立转
代号	P	HZ	SX	XX	ZX	HSX	PX	LZ

类 别	推拉平移类					
开启形式	(水平)推拉	提升推拉	平开推拉	推拉下悬	提拉	折叠推拉
代号	T	ST	PT	TX	TL	ZT

18.6.3 何谓隔热断桥铝合金门窗?其特点是什么?

隔热断桥铝合金窗是在老铝合金窗的基础上,为了提高门窗的保温性能而推出的改进型,通过增强尼龙隔条将铝合金型材分为内外两部分,阻隔了铝的热传导。玻璃必须是中空玻璃 5mm+9A+5mm 双面钢化,抗压力,耐冲击性能好。

隔热断桥铝合金门窗的特点是强度高、保温隔热性好、刚性好、防火性好,采光面积大,耐大气腐蚀性好,使用寿命长,装饰效果好,多用于高档建筑门窗。

18.6.4 隔热断桥铝合金门窗的安装工艺流程是什么?

1)清理洞口,使之与窗框匹配;竖向吊线定位,确保整个立面上下洞口成直线。

2)将窗框安放在洞口,向两侧移动校准在窗洞内的位置。调整并校准窗框的水平度,同时调整与墙体连接处,注意墙面平均缝隙距离和上框的缝隙。

3)找正水平后可先对窗框进行发泡胶填充。并对泡沫表层进行晒水,使之干得更快。

4)用电锤对窗框进行固定。钻洞后用膨胀钉对窗框和墙体进行连接[第3)步和第4)步顺序可以颠倒]。

5)用壁纸刀切割发泡胶突出部分。发泡胶干固后,拉平,再打上玻璃胶或防水密封胶。

6)清理窗框与墙体之间的灰尘与杂物。用胶枪对窗框与墙体之间连接处进行玻璃胶外墙防水作业,以防止雨水从窗框和墙体间隙里流入屋内。

7）安装玻璃。首先在窗框内贴上玻璃幕墙双面贴，在窗框内垫上木楔（防止玻璃破裂）。在安装窗扇的时候，把玻璃放入窗扇内并对合页处和对角处放置木楔，以保证窗扇在长时间的开关下不会下坠从而影响窗户开关。

8）安放好玻璃后，将双面贴粘在扣条上并安装上，然后对玻璃内外进行密封处理，用胶枪对玻璃内外进行打胶处理。

9）检查五金件的使用和窗扇的开关，保证窗户的开启顺畅。

18.6.5 隔热断桥铝合金门窗的保养注意事项有哪些？

1）清洁隔热断桥铝合金门窗时，不要踩到铝框上，也不要拉住铝框作为支撑。

2）密封毛条和玻璃胶封如有脱落，要及时修补、更换。

3）清洁隔热断桥铝合金门窗时用软布蘸清水或中性洗涤剂，不要用普通肥皂和洗衣粉，更不能用去污粉、洗厕精等强酸碱的清洁剂。

4）雨天过后应及时抹干淋湿的玻璃和门窗框，特别注意应抹干滑槽积水。滑槽用久后摩擦力增加，可加少许机油或涂一层火蜡油。

5）应经常检查隔热断桥铝合金门窗框架的连接部位，及时旋紧螺栓，更换已受损的零件。定位轴销、风撑等易损部位，要时常检查，定期加润滑油，并保持干净、转动灵活。

18.6.6 什么是开窗器？它有哪几种？

开窗器是用于打开和关闭窗户的设备，用于内开窗或外开窗，可安装位置为顶部、底部或侧边。它有手动、气动和电动三种（图 18-44）；其开启方式可为杆式、链式、齿式或螺杆式。开窗器用于外开窗户、外开倾斜屋顶和大型墙面的重型窗户、幕墙和玻璃屋顶，以及高位置的屋顶窗。开窗器可分为以下四种。

1. 手动开窗器（图 18-44a）

手动开窗器一般包括开窗执行部件（如剪式开窗件）、角连接件、操作部件、连杆

a) b) c)

图 18-44 开窗器的种类

a）手动开窗器 b）电动开窗器 c）气动开窗器

和装饰盖板五部分，适用于下悬内开窗和上悬外开窗。开窗执行部件决定了开窗的宽度、开窗器的承载能力和有无锁紧功能。角连接件是传动部件，它的变形决定了开窗器适应不同窗型和不同安装条件的能力。操作部件可以是摇把式或摇杆式。摇把式操作部件简单，成本低；摇杆式操作部件的力量输出均匀，不易损坏，加工精度和成本较高。合页位于下部的下悬内开窗比较省力，而合页位于上部的上悬外开窗则比较费力。

2. 电动开窗器（图 18-44b）

最简单的电动开窗器是将机械式开窗的执行部件配以驱动马达，再配一个开关即可。还有齿轮-齿条式开窗器和链式开窗器。但是从产品的稳定性和使用寿命的要求看，开窗器还需要有防尘、防潮甚至防水功能。

3. 气动开窗器（图 18-44c）

由于产品用气体为动力，不会产生火花，因此用在一些特殊的场合（如化工厂、易燃易爆物品存放仓库等处）的优势非常明显。气动开窗器的另外一个特点是开启速度快，在发生火灾时，有利于在非常短的时间内将窗户开启排烟散热。

气动开窗器系统使用的气源传输系统采用铜管，避免了因为管道的腐蚀而造成气体传输的泄漏从而导致窗无法正常开启。气动开窗器可以通过各种阀门来控制窗户开启的速度和开启角度，同时也可以实现与消防中心联动控制。

4. 自动开窗器

当发生火警产生烟和热时，要求排烟排热的窗户能自动打开。电动和气动开窗器加上自动控制系统就可以成为自动开窗器。

18.7 金属网

18.7.1 金属网如何分类？

金属网，按生产方式可以分为编织加工和机械加工，前者称为丝网（平纹编织网和斜纹编织网），后者称为板网；按材料可分为钢板网、铝板网、镀锌低碳钢丝网、钢丝网、不锈钢网、铜丝网和镍丝网等；按加工方法可分为电焊网、轧花网、冲孔网、刺钢丝网和化学蚀刻网等；按形状可分为六角网、方孔网、斜方孔网、菱形网、梯形网、变孔网、花格网和预弯成型金属丝编织网等；按用途分可分为输送带网、护拦网、遮阳网、矿筛网、烧烤网、造纸网、印刷网、石笼网、过滤网、振动筛网、空调专用网、建筑安全网、养殖网等。

18.7.2 金属丝网的目数和网号如何对照？

金属丝网的目数和网号对照见表 18-25；我国通常使用的筛网目数与粒径对照见表 18-26。

表 18-25　金属丝网的目数和网号对照

目数	网号	孔面积/cm^2	目数	网号	孔面积/cm^2	目数	网号	孔面积/cm^2
4	5	2.56	38	0.425	231	130	0.12	2704
5	4	4	40	0.4	256	140	—	3136
6	3.22	5.76	42	0.375	282	150	0.1	3600
8	2.5	10.24	44	—	310	160	0.088	—
10	2	16	46	0.345	339	180	0.077	5184
12	—	23.04	48	—	369	190	—	5776
14	1.43	31.36	50	0.325	400	200	0.076	6400
16	1.24	40.96	55	—	484	230	0.065	8464
18	1	51.84	60	0.301	576	240	—	9216
20	0.95	64	65	0.28	676	250	0.06	10000
22	—	77.44	70	0.261	784	275	0.052	12100
24	0.75	92.16	75	0.25	900	280	—	12544
26	0.71	108.16	80	0.2	1024	300	0.045	14400
28	0.63	125.44	85	0.18	—	320	0.044	16384
30	0.60	144	90	0.17	1296	350	0.042	19600
32	0.55	163.84	100	0.15	1600	400	0.034	25600
34	0.525	185	110	0.14	1936			
36	0.5	207	120	0.125	2304			

注：1. 网号是指筛网的公称尺寸（单位为 mm），如 1 号网的正方形网孔边长为 1mm。

2. 目数是指 1in（1in＝25.4mm）长度上的孔数，单位为目/in，如 1in 长度上有 20 孔，即为 20 目。

表 18-26　我国通常使用的筛网目数与粒径对照

目数	粒径/μm	目数	粒径/μm	目数	粒径/μm	目数	粒径/μm
2.5	7925	12	1397	60	245	325	47
3	5880	14	1165	65	220	425	33
4	4599	16	991	80	198	500	25
5	3962	20	833	100	165	625	20
6	3327	24	701	110	150	800	15
7	2794	27	589	180	83	1250	10
8	2362	32	495	200	74	2500	5
9	1981	35	417	250	61	3250	2
10	1651	40	350	270	53	12500	1

18.7.3　主要金属网的品种和用途是什么？

1. 镀锌低碳钢丝网

（1）镀锌低碳钢丝方孔网　钢丝直径为 0.2～0.3mm，网孔尺寸为 0.5～1.6mm；用于建筑、围栏、一般筛选、过滤等。

（2）镀锌低碳钢丝六角网　钢丝直径为 0.4～1.3mm，网孔尺寸为 10～75mm；用于建筑门窗防护栏及工业设备上保温包扎材料等。

（3）镀锌低碳钢丝编织波纹方孔网　钢丝直径为 0.7～10mm，网孔尺寸为 1.5～110mm；用于矿山、冶金、建筑及农业生产中的筛选、过滤等。

（4）镀锌低碳钢丝斜方孔网　钢丝直径为 1.2～4.0mm，网孔宽度为 12.5～76mm；

用于企业、事业单位或仓库、工地等的隔离网等。

（5）镀锌斜方眼网　钢丝直径为0.9～8mm，网孔长节距为18～100mm；用于建筑围栏及设备防护网。

（6）镀锌梯形网　钢丝直径为0.7～1.4mm，绕缝箱距为42mm；用于保温墙或石棉瓦中的加强网。

（7）镀锌电焊网　钢丝直径为0.5～2.5mm，网孔尺寸为6.35～50.8mm；用于建筑、种植、养殖、围栏等用。

2. 编织网

（1）菱形编织网　其钢丝直径为2.2～4.0mm，网孔尺寸为50mm×50mm～160mm×80mm；由网片钢丝和张力钢丝组成，共用三根张力钢丝将编织网串连成整体，底部一根靠近地面，顶部一根靠近网边。菱形编织网用于道路、机场、铁路、体育场等场所作为栅栏。

（2）金属丝编织方孔筛网　其丝材采用热处理后的软态黄铜（H80、H68、H65和H62）、锡青铜（QSn6.5-0.1、QSn6.5-0.4）、不锈钢（奥氏体型）或碳素结构钢（10、08和10）。网孔基本尺寸为0.02～16.0mm。金属丝编织方孔筛网在工业上用于过滤流体、油脂，筛选化工原料、淀粉和药物等；在农业上用于筛选粮食、粉类。

（3）预弯成型金属丝编织方孔网　它有五种型式：A——双向弯曲金属丝编织网、B——单向隔波弯曲金属丝编织网、C——双向隔波弯曲金属丝编织网、D——锁紧（定位）弯曲金属丝编织网和E——平顶弯曲金属丝编织网；网孔基本尺寸为2～125mm。预弯成型金属丝编织方孔网用于颗粒的筛选，也适用于骨架、支撑、防护等其他用途。

（4）金属丝编织密纹网　它包括平纹编织网、经全包斜纹编织网和经不全包斜纹编织网；其名义孔径为0.003～0.347mm，规格用“经向基本目数×纬向基本目数/经丝基本直径×纬丝基本直径”表示。金属丝编织密纹网用于气体、液体过滤及其他介质分离。

3. 焊接网

焊接网有片网、卷网和变孔网三种。其钢丝直径为1.5mm、2.5mm和2.8mm；用于道路、机场、铁路、体育场等场所作为栅栏。

4. 钢板网

钢板网，按重量可分为微型、小型、轻型、中型和重型钢板网；按网孔的形状可分为菱形、六角形、圆形和异型孔钢板网；按材质及防腐处理可分为镀锌、涂PVC、喷漆钢板网和不锈钢、铝板网等；按产品用途可分为普通钢板网和建筑网（包括有筋扩张网、批荡网两种）。钢板网用于工业与民用建筑、装备制造业、交通、水利、市政工程以及耐用消费品等方面，如工厂、工地、仓库、家禽养殖场的隔离网、门窗防护网、设备防护罩等。

18.7.4　一般用途金属丝网的规格有哪些？

一般用途金属丝网的规格见表18-27。

表 18-27　一般用途金属丝网的规格

孔的大小		S. W. G 丝号	孔径/mm	丝径/mm	有效面积 (%)	质量/ (kg/m²)
目/in	孔数/cm					
3	1.18	14	6.27	2.200	62	7.0
	1.08	16	6.84	1.630	67	3.8
	1.20	18	7.25	1.219	70	2.5
3.5	1.40	20	6.34	0.914	66	1.8
4	1.57	16	4.72	1.630	58	5.0
	1.57	18	5.13	1.220	70	2.9
	1.60	20	5.45	0.914	76	2.1
4.5	1.80	22	4.93	0.711	71	1.2
5	1.97	18	3.86	1.220	57	3.6
	2.00	20	4.16	0.914	73	2.4
	2.00	22	4.36	0.711	76	1.3
6	2.36	18	3.04	1.220	50	4.3
	2.36	20	3.33	0.914	61	2.8
	2.36	22	3.52	0.711	63	1.6
8	3.15	20	2.26	0.910	43	3.2
	3.15	22	1.37	0.711	66	2.1
	3.15	24	2.50	0.599	67	1.5
10	3.94	20	1.63	0.910	41	4.0
	3.94	22	1.829	0.711	50	2.6
	3.94	24	1.981	0.559	55	1.9
	3.94	26	2.080	0.460	67	1.1
12	4.72	22	1.41	0.710	43	2.9
	4.72	26	1.74	0.457	0.68	1.4
14	5.52	26	1.36	0.460	57	1.4
	5.52	28	1.43	0.376	62	0.75
16	6.30	28	1.21	0.376	55	1.20
	6.30	30	1.27	0.315	67	0.85
18	7.09	30	1.10	0.315	60	0.85
20	7.87	30	0.95	0.315	58	0.95
	7.87	32	1.00	0.274	63	0.70
22	8.66	32	0.88	0.274	57	0.80
24	9.45	32	0.78	0.274	55	0.75
26	10.2	32	0.74	0.274	51	0.70
28	11.0	34	0.67	0.234	50	0.80
30	11.8	34	0.61	0.234	48	0.84
32	12.6	34	0.56	0.234	50	0.84

（续）

孔的大小		S. W. G 丝号	孔径/mm	丝径/mm	有效面积 (%)	质量/ (kg/m²)
目/in	孔数/cm					
36	14.2	34	0.47	0.234	45	0.95
38	15.0	36	0.48	0.193	46	0.70
40	15.7	36	0.44	0.193	50	0.80
50	19.7	38	0.36	0.152	46	0.58
50	23.6	38	0.271	0.152	40	0.71
60	23.6	40	0.30	0.122	50	0.45
80	31.5	40	0.198	0.12	44	0.58
80	31.5	42	0.216	0.102	43	0.40
100	39.4	42	0.154	0.100	37	0.50
100	39.4	44	0.172	0.081	49	0.32
120	47.2	44	0.130	0.081	40	0.39
120	47.2	45	0.142	0.07	44	0.30
130	51.2	45	0.125	0.07	41	0.325
140	55.1	45	0.111	0.07	38	0.350
	55.1	46	0.121	0.06	45	0.252
150	59.1	46	0.108	0.061	38	0.29
	59.1	46.5	0.115	0.055	48	0.206
160	63.0	46	0.097	0.061	32	0.30
	63.0	47	0.109	0.050	43	0.20
170	66.9	47	0.09	0.050	41	0.213
180	70.9	47	0.09	0.051	40	0.24
190	74.8	47	0.083	0.051	40	0.24
200	78.7	47	0.077	0.051	37	0.27
	78.7	48	0.086	0.041	46	0.17
220	86.6	48	0.074	0.041	41	0.19
240	94.5	48	0.065	0.041	39	0.20
250	98.4	48	0.061	0.041	38	0.22
260	102.4	48	0.057	0.041	34	0.22
280	110.2	49	0.060	0.031	31	0.14
300	118.1	49	0.054	0.031	40	0.15
320	126	49	0.048	0.031	39	0.16
350	137.8	49	0.042	0.031	36	0.16
400	157.5	50	0.0385	0.025	39	0.13
450	177.2	50	0.0314	0.025	37	0.14
500	196.6	50	0.0258	0.025	35	0.156
630	250	50	0.022	0.018	30	0.103

18. 7. 5　一般用途镀锌低碳钢丝网的规格有哪些？

1. 镀锌低碳钢丝方孔网（表 18-28）

表 18-28　镀锌低碳钢丝方孔网规格　　（单位：mm）

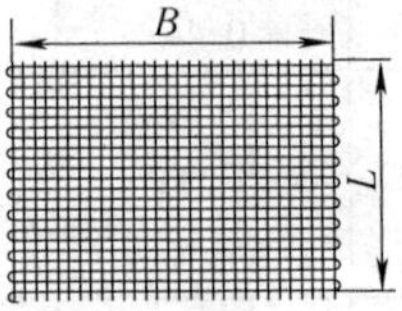

网孔尺寸 W	钢丝直径 d	净孔尺寸	网的宽度 B	相当英制目数	网孔尺寸 W	钢丝直径 d	净孔尺寸	网的宽度 B	相当英制目数
0. 50	0. 20	0. 30	914	50	1. 80	0. 35	1. 45	1000	14
0. 55		0. 35		46	2. 10	0. 45	1. 65		12
0. 60		0. 40		42	2. 55		2. 05		10
0. 64		0. 44		40	2. 80	0. 55	2. 25		9
0. 66		0. 46		38	3. 20		2. 65		8
0. 70		0. 50		36	3. 60		3. 05		7
0. 75	0. 25	0. 50		34	3. 90		3. 35		6. 5
0. 80		0. 55		32	4. 25	0. 70	3. 55		6
0. 85		0. 60		30	4. 60		3. 90		5. 5
0. 90		0. 65		28	5. 10		4. 40		5
0. 95		0. 70		26	5. 65	0. 90	4. 75		4. 5
1. 05		0. 80		24	6. 35		5. 45		4
1. 15	0. 30	0. 85		22	7. 25		6. 35		3. 5
1. 30		1. 00		20	8. 46	1. 20	7. 26	1200	3
1. 40		1. 10		18	10. 20		9. 00		2. 5
1. 60	0. 30	1. 25	1000	16	12. 70		11. 50		2

注：每卷长度 L 为 30m。

2. 镀锌低碳钢丝六角网（表 18-29）

表 18-29　镀锌低碳钢丝六角网的规格

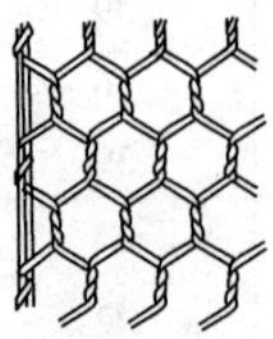

单向搓捻式 (Q)

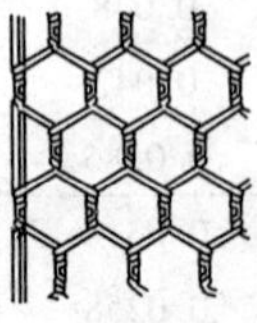

双向搓捻式 (S)

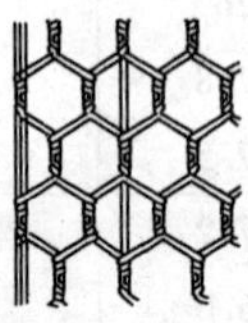

双向搓捻式有加强筋 (J)

（续）

类　别	镀锌方式			编织形式					
	先编网后镀锌	先电镀锌后编网	先热镀锌后编网	单向搓捻式		双向搓捻式		双向搓捻式有加强筋	
代　号	B	D	R	Q		S		J	
网孔尺寸 *W*/mm	10	13	16	20	25	30	40	50	75
钢丝直径 *d*/mm	0.40～0.60	0.40～0.90	0.40～0.90	0.40～1.00	0.40～1.30	0.45～1.30	0.50～1.30	0.50～1.30	0.50～1.30
钢丝直径系列（mm）：0.40，0.45，0.50，0.55，0.60，0.70，0.80，0.90，1.00，1.10，1.20，1.30；									
网宽系列（m）：0.5，1.0，1.5，2.0；网长系列（m）：25，30，35									

3. 镀锌低碳钢丝编织波纹方孔网（表 18-30）

表 18-30　镀锌低碳钢丝编织波纹方孔网规格　（单位：mm）

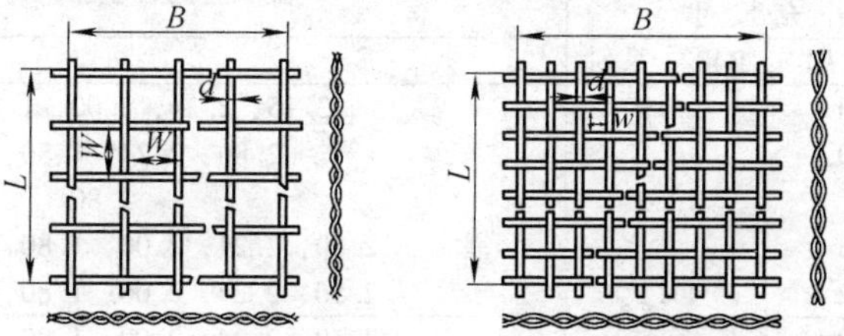

A 型网　　B 型网

网面尺寸		*L*/mm	*B*/mm
片网		<1000	900
		1000～5000	1000
		5001～10000	1500
卷网		10000～30000	2000

丝径 *d*	网孔尺寸 *W* A 型 Ⅰ系	A 型 Ⅱ系	B 型 Ⅰ系	B 型 Ⅱ系
0.70	—	—	1.5 2.0	—
0.90	—	—	2.5	—
1.20	6	8	—	—
1.60	8 10	12	3	5
2.20	12	15、20	4	6
2.80	15 20	25	6	10 12
3.50	20 25	30	—	8 10 15

丝径 *d*	网孔尺寸 *W* A 型 Ⅰ系	A 型 Ⅱ系	B 型 Ⅰ系	B 型 Ⅱ系
4.00	20 25	30	8	12 16
5.00	25 30	28 36	20	22
6.00	30 40 50	28 35 45	20 25	18 22
8.00	40 50	40 50	30	35
10.00	80 100 125	70 90 110	—	—

注：1. Ⅰ系为优先选用规格，Ⅱ系为一般规格。

2. 可根据用户需求生产其他规格尺寸。

18.7.6　金属丝筛网的规格有哪些？

金属丝筛网网孔基本尺寸和金属丝直径见表 18-31。

表 18-31　金属丝筛网网孔基本尺寸和金属丝直径

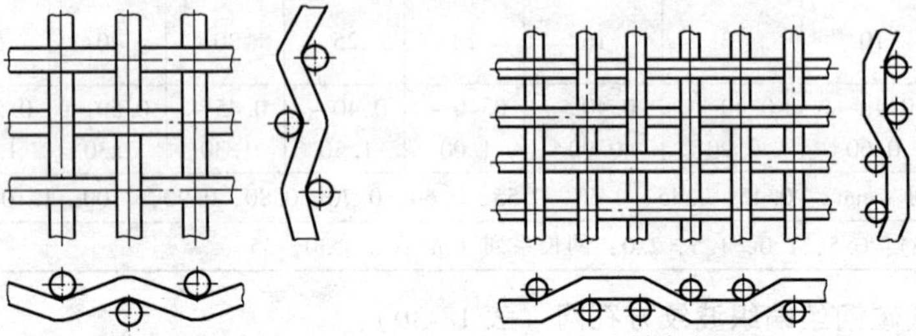

平纹编织网　　斜纹编织网

网孔基本尺寸 *W*/mm			金属丝直径基本尺寸 *d*/mm
主要尺寸	补充尺寸		
R10 系列	R20 系列	R40/3 系列	
	16.0	16.0	3.15，2.24，2.00，1.80，1.60
	14.0		2.80，2.24，1.80，1.40
		13.2	2.80
12.5	12.5		2.80，2.24，2.00，1.80，1.60，1.25
11.2	11.2	11.2	2.50，2.24，2.00，1.80，1.60，1.12
10.0	10.0		2.50，2.24，2.00，1.80，1.60，1.12
		9.50	2.24，2.00，1.80，1.60，1.40，1.00
	9.00		2.24，2.00，1.80，1.60，1.40，1.00
8.00	8.00	8.00	2.24，2.00，1.80，1.60，1.40，1.25，1.00
	7.10		1.80，1.60，1.40，1.25，1.12
		6.70	1.80，1.60，1.40，1.25，1.12
6.30	6.30		1.80，1.40，1.12，1.00，0.800
	5.60	5.60	1.60，1.40，1.25，1.12，0.900，0.800
5.00	5.00		1.60，1.40，1.25，1.00，0.900
		4.75	1.60，1.40，1.25，0.900
	4.50		1.600，1.400，1.120，1.00，0.900，0.800，0.630
4.00	4.00	4.00	1.400，1.250，1.120，0.900，0.710
	3.55		1.25，1.00，0.900，0.800，0.630，0.560
		3.35	1.25，0.900，0.560
3.15	3.15		1.25，1.12，0.900，0.800，0.110，0.630，0.560，0.500
	2.8	2.8	1.120，0.900，0.800，0.710，0.630，0.560，0.500
2.50	2.50		1.000，0.800，0.710，0.630，0.560，0.500
		2.36	1.800，1.000，0.800，0.710，0.630，0.560，0.500
	2.24		0.900，0.710，0.630，0.560，0.500，0.450，0.400
2.00	2.00	2.00	0.900，0.710，0.630，0.560，0.500，0.450，0.400，0.315
	1.80		0.800，0.630，0.560，0.500，0.400
		1.70	0.800，0.630，0.500，0.450，0.400
1.60	1.60		0.800，0.630，0.560，0.500，0.450，0.400，0.355
	1.40	1.40	0.710，0.560，0.450，0.400，0.355，0.315
1.25	1.25		0.630，0.560，0.500，0.400，0.315，0.280

（续）

网孔基本尺寸 W/mm			金属丝直径基本尺寸 d/mm
主要尺寸	补充尺寸		
R10 系列	R20 系列	R40/3 系列	
		1.18	0.630，0.560，0.500，0.450，0.400，0.355，0.315
	1.12		0.300，0.500，0.450，0.400，0.355，0.315，0.250
1.00	1.00	1.00	0.560，0.500，0.450，0.400，0.355，0.315，0.280，0.250
	0.900		0.500，0.450，0.400，0.355，0.315，0.250，0.224
		0.850	0.500，0.450，0.400，0.355，0.315，0.280，0.250，0.224
0.800	0.800		0.450，0.355，0.315，0.280，0.250，0.224，0.200
	0.710	0.710	0.450，0.355，0.315，0.280，0.250，0.224，0.200
0.630	0.630		0.400，0.355，0.315，0.280，0.250，0.224，0.200，0.180
		0.600	0.400，0.355，0.315，0.280，0.224，0.250，0.200
	0.560		0.355，0.315，0.280，0.250，0.224，0.200，0.180，0.160
0.500	0.500	0.500	0.315，0.280，0.250，0.224，0.200，0.180，0.160
	0.450		0.280，0.250，0.224，0.200，0.180，0.160，0.140
		0.425	0.280，0.224，0.200，0.180，0.160，0.140
0.400	0.400		0.250，0.224，0.200，0.180，0.160，0.140，0.125
	0.355	0.355	0.224，0.200，0.180，0.140，0.125
0.315	0.315	0.315	0.200，0.180，0.160，0.140，0.125
		0.300	0.200，0.180，0.160，0.140，0.125，0.112
	0.280		0.180，0.160，0.140，0.125，0.112
0.250	0.250	0.250	0.180，0.160，0.140，0.125，0.112，0.100
	0.224		0.160，0.140，0.125，0.112，0.100，0.090
		0.212	0.140，0.125，0.112，0.100，0.090
0.200	0.200		0.140，0.125，0.112，0.100，0.090，0.080
0.180	0.180		0.125，0.112，0.100，0.090，0.080，0.071
	0.160		0.112，0.100，0.090，0.080，0.071，0.063
		0.150	0.100，0.090，0.080，0.071，0.063
	0.140		0.100，0.090，0.071，0.063，0.056
0.125	0.125	0.125	0.090，0.080，0.071，0.063，0.056，0.050
	0.112		0.080，0.071，0.063，0.056，0.050
		0.106	0.080，0.071，0.063，0.056，0.050
0.100	0.100		0.080，0.071，0.063，0.056，0.050
	0.090	0.090	0.071，0.063，0.056，0.050，0.045
0.080	0.080		0.063，0.056，0.050，0.045，0.040
		0.075	0.056，0.050，0.045，0.040，0.036
	0.071		0.056，0.050，0.045，0.040，0.036
0.063	0.063	0.063	0.050，0.045，0.040，0.036
	0.056		0.045，0.040，0.036，0.032
		0.053	0.040，0.036，0.032，0.030
0.050	0.050		0.040，0.036，0.032，0.030，0.028
	0.045	0.045	0.036，0.032，0.030，0.028
0.040	0.040		0.036，0.032，0.030，0.028，0.025
		0.038	0.032，0.030，0.028，0.025
	0.036		0.030，0.028，0.025
0.032	0.032	0.032	0.028，0.025，0.022
	0.028		0.025，0.022
0.025	0.025		0.025，0.022
0.020	0.020		0.020

注：网孔基本尺寸优先选用 R10 系列，其次选用 R20 系列。如果需要，也可选用 R40/3 系列。

18.7.7　预弯成型金属丝编织方孔网的规格有哪些?

预弯成型金属丝编织方孔网的网孔基本尺寸见表18-32。

表18-32　预弯成型金属丝编织方孔网的网孔基本尺寸

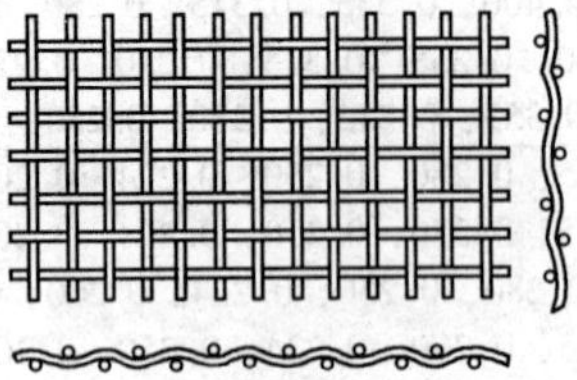

A—双向弯曲型

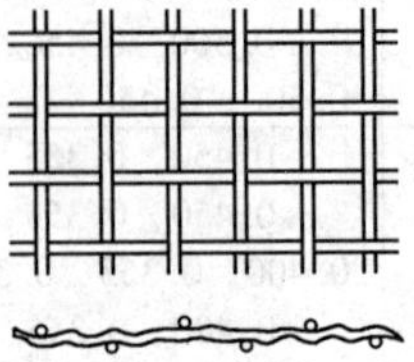

B—单向隔波弯曲型

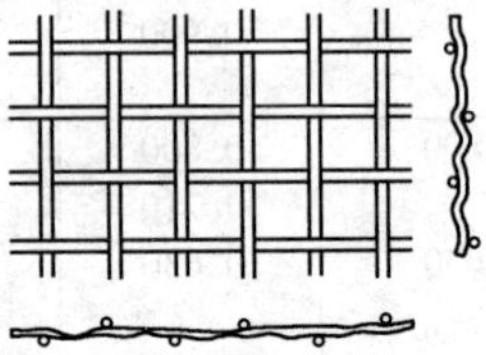

C—双向隔波弯曲型

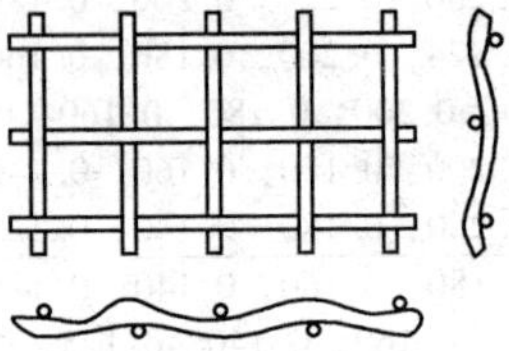

D—锁紧(定位)弯曲型

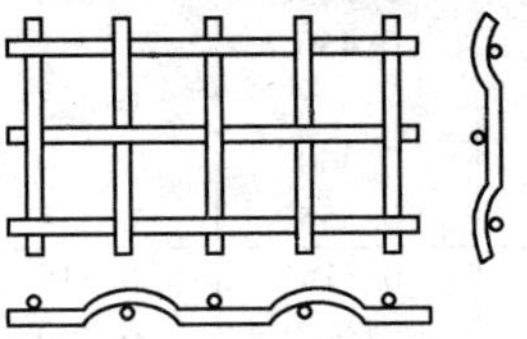

E—平顶弯曲型

网孔基本尺寸 *W*/mm			网孔算术平均尺寸偏差(%)	大网孔尺寸偏差范围(%)	金属丝直径基本尺寸 *d*/mm	筛分面积百分率 *Ac*(%)
主要尺寸	补充尺寸					
R10系列	R20系列	R40/3系列				
125	125	125	±4.5	+8 ~ +15	10.0	86
					12.5	83
					16.0	79
					20.0	74
					25.0	69
	112				10.0	84
					12.5	81
					16.0	77
					20.0	72
		106			10.0	84
					12.5	80
					16.0	75
					20.0	71
					25.0	65
100	100				10.0	83
					12.5	79
					16.0	74
					20.0	69
					25.0	64

（续）

网孔基本尺寸 W/mm 主要尺寸 R10 系列	补充尺寸 R20 系列	补充尺寸 R40/3 系列	网孔算术平均尺寸偏差（%）	大网孔尺寸偏差范围（%）	金属丝直径基本尺寸 d/mm	筛分面积百分率 Ac（%）
	90	90	±4.5	+8 ~ +15	10.0	81
					12.5	77
					16.0	72
					20.0	67
80	80				10.0	79
					12.5	75
					16.0	69
					20.0	64
		75			10.0	78
					12.5	73
					16.0	69
					20.0	62
	71				10.0	77
					12.5	72
					16.0	67
					20.0	61
63	63	63			8.00	79
					10.0	74
					12.5	70
					16.0	64
	56		±5	+10 ~ +20	8.00	77
					10.0	72
					12.5	67
					16.0	61
		53			8.00	75
					10.0	71
					12.5	65
					16.0	59
50	50				6.30	79
					8.00	74
					10.0	69
					12.5	64
					16.0	57
	45	45			6.30	77
					8.00	72
					10.0	67
					12.5	61
					16.0	54

（续）

网孔基本尺寸 W/mm			网孔算术平均尺寸偏差（%）	大网孔尺寸偏差范围（%）	金属丝直径基本尺寸 d/mm	筛分面积百分率 Ac（%）
主要尺寸	补充尺寸					
R10 系列	R20 系列	R40/3 系列				
40	40		±5	+10 ~ +20	6.30	75
					8.00	69
					10.0	64
					12.5	58
		37.5			6.30	74
					8.00	68
					10.0	63
					12.5	56
	35.5				5.00	77
					6.30	72
					8.00	67
					10.0	61
31.5	31.5	31.5			5.00	74
					6.30	69
					8.00	64
					10.0	58
	28				5.00	72
					6.30	67
					8.00	60
					10.0	54
		26.5			5.00	71
					6.30	65
					8.00	59
					10.0	53
25	25				4.00	74
					5.00	69
					6.30	64
					8.00	57
					10.0	51
	22.4	22.4			4.00	72
					5.00	67
					6.30	61
					8.00	54
20	20				3.15	75
					4.00	69
					5.00	64
					6.30	58
					8.00	51

（续）

网孔基本尺寸 W/mm			网孔算术平均尺寸偏差（%）	大网孔尺寸偏差范围（%）	金属丝直径基本尺寸 d/mm	筛分面积百分率 Ac（%）
主要尺寸	补充尺寸					
R10 系列	R20 系列	R40/3 系列				
		19	±5	+10 ~ +20	4.00	68
					5.00	63
					6.30	56
					8.00	50
	18				3.15	72
					4.00	67
					5.00	61
					6.30	55
					8.00	48
16	16	16	±5.6	+15 ~ +25	2.50	75
					3.15	70
					4.00	64
					5.00	58
					6.30	51
	14				2.50	72
					3.15	67
					4.00	60
					5.00	54
					6.30	48
		13.2			3.15	65
					4.00	59
					5.00	53
					6.30	46
12.5	12.5		±5.6	+10 ~ +25	2.50	69
					3.15	64
					4.00	57
					5.00	51
					6.30	44
	11.2	11.2			2.50	67
					3.15	61
					3.55	58
					4.00	54
					5.00	48
10	10		±6.3	+21 ~ +35	2.00	69
					2.50	64
					3.15	58
					4.00	51
					5.00	44

（续）

网孔基本尺寸 W/mm			网孔算术平均尺寸偏差（%）	大网孔尺寸偏差范围（%）	金属丝直径基本尺寸 d/mm	筛分面积百分率 Ac（%）
主要尺寸	补充尺寸					
R10 系列	R20 系列	R40/3 系列				
		9.5	±6.3	+21 ~ +35	2.24	65
					3.15	56
					4.00	50
					5.00	43
	9				1.80	69
					2.24	64
					2.50	61
					3.15	55
					4.00	48
8	8	8			2.00	64
					2.50	58
					3.15	51
					3.55	48
					4.00	44
	7.1				1.80	64
					2.00	61
					2.50	55
					3.15	48
		6.7			1.80	62
					2.50	53
					3.15	46
					4.00	39
6.3	6.3				1.60	64
					2.00	58
					2.50	51
					3.15	44
	5.6	5.6			1.60	60
					2.00	54
					2.50	48
					3.15	41
5	5		±7		1.60	57
					2.00	51
					2.50	44
					3.15	38

（续）

网孔基本尺寸 W/mm			网孔算术平均尺寸偏差（%）	大网孔尺寸偏差范围（%）	金属丝直径基本尺寸 d/mm	筛分面积百分率 Ac（%）
主要尺寸	补充尺寸					
R10系列	R20系列	R40/3系列				
		4.75	±7	+21～+35	1.60	56
					1.80	53
					2.24	47
					3.15	36
	4.5				1.40	58
					1.80	51
					2.24	45
					2.50	41
4	4	4			1.25	58
					1.60	51
					2.00	45
					2.24	41
					2.50	38
	3.55				1.25	55
					1.40	51
					1.60	48
					1.80	44
					2.00	41
		3.35			1.00	59
					1.25	53
					1.80	42
					2.24	36
3.15	3.15				1.12	54
					1.40	48
					1.60	44
					1.80	41
					2.00	37
	2.8	2.8			0.90	57
					1.12	51
					1.40	45
					1.80	37
2.5	2.5				1.00	51
					1.12	48
					1.25	44
					1.40	41
					1.60	37

（续）

网孔基本尺寸 W/mm			网孔算术平均尺寸偏差（%）	大网孔尺寸偏差范围（%）	金属丝直径基本尺寸 d/mm	筛分面积百分率 Ac（%）
主要尺寸	补充尺寸					
R10 系列	R20 系列	R40/3 系列				
		2.36	±7	+21 ~ +35	0.80	56
					1.00	49
					1.40	39
					1.80	32
	2.24				0.71	58
					0.90	51
					1.12	44
					1.40	38
2	2	2			0.71	54
					0.80	51
					0.90	48
					1.12	41
					1.25	38

注：网孔基本尺寸优先选用 R10 系列，其次选用 R20 系列。如果需要，也可选用 R40/3 系列。

18.7.8　普通钢板网的规格有哪些?

普通钢板网的规格见表 18-33。

表 18-33　普通钢板网的规格

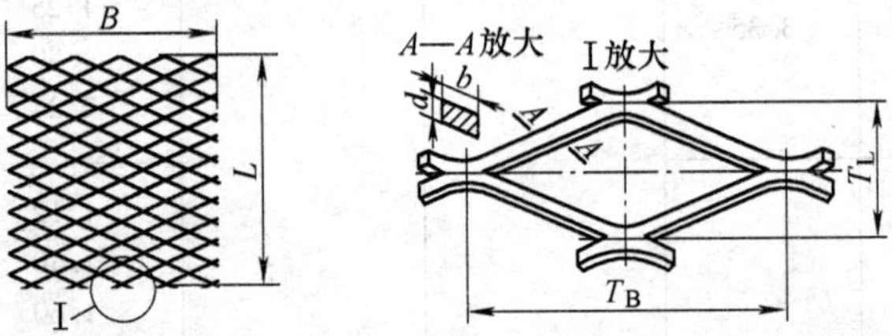

d/mm	网格尺寸			网面尺寸		钢板网理论质量/(kg/m²)
	T_L/mm	T_B/mm	b/mm	B/mm	L/mm	
0.3	2	3	0	100 ~ 500	—	0.71
	3	4.5	0.4	500		0.63
0.4	2	3	0.4			1.26
	3	4.5	0.5			1.05
0.5	2.5	4.5	0.5	500		1.57
	5	12.5	1.11	1000		1.74
	10	25	0.96	2000	600 ~ 4000	0.75

（续）

d/mm	网格尺寸			网面尺寸		钢板网理论质量 /(kg/m^2)
	T_L/mm	T_B/mm	b/mm	B/mm	L/mm	
0.8	8	16	0.8	1000		1.26
	10	20	1.0		600～5000	1.26
	10	25	0.96			1.21
1.0	10	25	1.10		600～5000	1.73
	15	40	1.68			1.76
12	10	25	1.13			2.13
	15	30	1.35			1.7
	15	40	1.68	2000		2.11
1.5	15	40	1.69		4000～5000	265
	18	50	2.03			2.66
	24	60	2.47			2.42
2.0	12	25	2.0			5.23
	18	50	2.03			3.54
	24	60	2.47			313
3.0	24	60	3.0		4800～5000	5.89
	40	100	4.05		3000～3500	4.77
	46	120	4.95		5600～6000	5.07
	55	150	4.99		3300～3500	4.27
4.0	24	60	4.5	2000	3200～3500	11.77
	32	80	5.0		3250～4000	9.81
	40	100	6.0		4000～4500	9.42
5.0	24	60	6.0		2400～3000	19.62
	32	80	6.0		3200～3500	4.72
	40	100	6.0		4000～4500	11.78
	56	150	6.0		5600～6000	8.41
6.0	24	60	6.0		2900～3500	2355
	32	80	7.0		3300～3500	20.60
	40	100	7.0	2000	4150～4500	16.49
	56	150	7.0		5800～6000	11.77
8.0	40	100	8.0		3650～4000	25.12
	40	100	9.0		3250～3500	2816
	60	150	9.0		4850～5000	18.84
10.0	45	100	10.0	1000	4000	34.89

18.7.9　铝板网的规格有哪些？

铝板网的规格见表 18-34。

表 18-34 铝板网的规格

<table>
<tr><th colspan="2" rowspan="2">规格型号</th><th colspan="4">网格尺寸</th><th colspan="2">标准成品尺寸</th><th rowspan="2">计算质量/kg</th></tr>
<tr><th>丝梗厚/mm</th><th>丝梗宽/mm</th><th>短节距/mm</th><th>长节距/mm</th><th>网面宽/mm</th><th>网面长/mm</th></tr>
<tr><td rowspan="15">菱形孔</td><td rowspan="2">LW0.8</td><td>0.1</td><td>0.2</td><td rowspan="2">0.8</td><td rowspan="2">2</td><td rowspan="4">200</td><td rowspan="9">—</td><td>0.135</td></tr>
<tr><td>0.2</td><td>0.3</td><td>0.405</td></tr>
<tr><td rowspan="3">LW1.1</td><td>0.1</td><td>0.2</td><td rowspan="3">1.1</td><td rowspan="3">3</td><td>0.096</td></tr>
<tr><td>0.2</td><td>0.3</td><td>0.295</td></tr>
<tr><td>0.3</td><td>0.4</td><td>400</td><td>0.589</td></tr>
<tr><td rowspan="3">LW1.5</td><td>0.2</td><td>0.4</td><td rowspan="3">1.5</td><td rowspan="3">4</td><td>200</td><td>0.288</td></tr>
<tr><td>0.3</td><td>0.5</td><td rowspan="3">400</td><td>0.540</td></tr>
<tr><td>0.4</td><td>0.6</td><td>0.860</td></tr>
<tr><td rowspan="2">LW2.3</td><td>0.4</td><td>0.6</td><td rowspan="2">2.3</td><td rowspan="2">6</td><td>0.563</td></tr>
<tr><td>0.5</td><td>0.7</td><td rowspan="3">400</td><td rowspan="6">—</td><td>0.822</td></tr>
<tr><td>LW3.2</td><td>0.5</td><td>0.8</td><td>3.2</td><td>8</td><td>0.675</td></tr>
<tr><td rowspan="2">LW4.0</td><td>0.5</td><td>0.9</td><td rowspan="2">4.0</td><td rowspan="2">10</td><td>0.607</td></tr>
<tr><td>1.0</td><td>1.1</td><td>1000</td><td>1.485</td></tr>
<tr><td rowspan="2">LW5.0</td><td>0.5</td><td>1.0</td><td rowspan="2">5.0</td><td rowspan="2">12.5</td><td>400</td><td>0.540</td></tr>
<tr><td>1.0</td><td>1.2</td><td>200</td><td>1.266</td></tr>
<tr><td rowspan="9">人字形孔</td><td rowspan="2">LW</td><td>0.4</td><td>0.5</td><td rowspan="2">1.7</td><td rowspan="2">6</td><td rowspan="2">1.5 *</td><td rowspan="2">≤400</td><td>0.635</td></tr>
<tr><td>0.5</td><td>0.6</td><td>0.953</td></tr>
<tr><td rowspan="2">LW</td><td>0.4</td><td>0.5</td><td rowspan="2">2.2</td><td rowspan="2">8</td><td rowspan="2">2.0 *</td><td rowspan="2">≤500</td><td>0.491</td></tr>
<tr><td>0.5</td><td>0.7</td><td>0.859</td></tr>
<tr><td rowspan="3">LW</td><td>0.4</td><td>0.6</td><td rowspan="3">2.8</td><td rowspan="3">10</td><td rowspan="3">2.5 *</td><td rowspan="3">1000</td><td>0.463</td></tr>
<tr><td>0.5</td><td>0.7</td><td>0.675</td></tr>
<tr><td>1.0</td><td>1.0</td><td>1.928</td></tr>
<tr><td rowspan="2">LW</td><td>0.5</td><td>0.8</td><td rowspan="2">3.5</td><td rowspan="2">12.5</td><td rowspan="2">3.1 *</td><td rowspan="2">2000</td><td>0.617</td></tr>
<tr><td>1.0</td><td>1.1</td><td>1.697</td></tr>
</table>

注：带“*”者为网格尺寸错位数据。

第 19 章

起 重 工 具

起重工具是用于吊运或移动重物的设备，工作过程带有间歇性。常用的起重工具包括千斤顶、起重葫芦、手动夹钳、滑车和滑车组、钢丝绳和吊具、索具等。

19.1 千斤顶

19.1.1 什么是千斤顶？

千斤顶通过顶部托座或底部托爪，用很小的力就能顶起很重的物体，还能校正设备安装的偏差和构件的变形等。千斤顶用于桥梁、铁道、运输、机械和建筑等行业，既可顶升重物，也可用托爪提起较低位置的重物。其顶升高度一般为 100 ~ 400mm，最大起重量可达 500t。

19.1.2 千斤顶主要有哪些类型？

千斤顶主要有机械千斤顶和液压千斤顶两大类（图 19-1）。

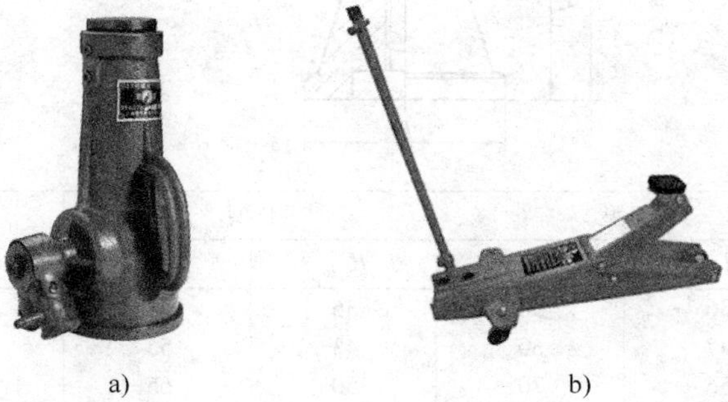

a)　　b)

图 19-1　千斤顶

a）机械千斤顶　b）液压千斤顶

1）机械千斤顶又分为齿条千斤顶和螺旋千斤顶两类。常用齿条千斤顶的起重量为 1.6 ~ 20t，行程较长，一次可达 300 ~ 350mm（主要用于铁路）；螺旋千斤顶的起重量为 0.5 ~ 100t。

2）液压千斤顶包括立式和立卧两用式，可带或不带安全限载装置；活塞杆可为单级或多级，动力可来自气动或电动。液压千斤顶的起重量为 2 ~ 320t，顶高一般大于 90mm。

19.1.3　千斤顶的工作原理是什么？

千斤顶按结构可分为螺旋千斤顶、齿条千斤顶和液压（油压）千斤顶三种；按其他方式可分为分离式千斤顶、卧式千斤顶、爪式千斤顶、同步千斤顶、油压千斤顶和电动千斤顶等。

1）机械千斤顶采用机械原理，往复扳动手柄，利用小锥齿轮带动大锥齿轮使举重螺杆旋转，使升降套筒获得起升或下降，从而实现顶升重物的功能。其使用方便，操作省力，上升速度快，能用于水平操作，但不如液压千斤顶简易。

2）液压千斤顶所基于帕斯卡原理，是利用液压的压力差顶起液压缸内的活塞而顶起重物的，工作平稳，安全可靠，省力，操作简便，承载力大，一般用来顶升较重的物体。

19.1.4　机械千斤顶的规格有哪些？

1. 千斤顶（表 19-1）

表 19-1　千斤顶的规格　　（单位：mm）

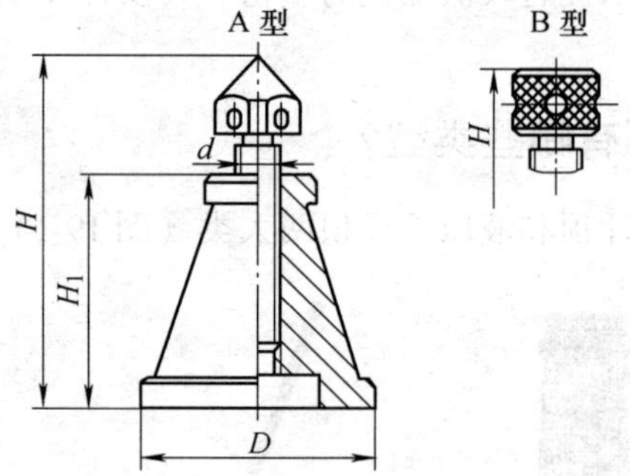

d	A 型		B 型		H_1	D
	H_{min}	H_{max}	H_{min}	H_{max}		
M6	36	50	36	48	25	30
M8	47	60	43	55	30	35
M10	56	70	50	65	35	40
M12	67	80	58	75	40	45
M16	76	95	65	85	45	50
M20	87	110	76	100	50	60
Tr 26 ×5	102	130	94	120	65	80
Tr 32 ×6	128	155	112	140	80	100
Tr 40 ×7	158	185	138	165	100	120
Tr55 ×9	198	255	168	225	130	160

2. QL 系列螺旋千斤顶（表 19-2）

表 19-2　QL 系列螺旋千斤顶的规格

型号	额定起重量/t	最低高度/mm	起升高度/mm	净质量/kg	外形尺寸/mm
QL3.2	3.2	200	110	7	160×130×200
QL5	5	250	130	8	178×150×250
QL8	8	260	145	9	184×160×260
QL10	10	280	150	11	194×170×280
QL16	16	320	180	16	229×182×320
QLD16	16	225	90	12	229×182×225
QL20	20	325	180	17	243×194×325
QLD25	25	262	125	20	252×200×262
QL32	32	395	200	30	263×223×395
QLD32	32	270	110	23	263×220×270
QL50	50	452	250	52	245×317×452
QLD50	50	332	150	48	245×317×330
QL100	100	452	200	78	280×320×452

用于制造业中安装时的起重或顶压

3. 齿条千斤顶（表 19-3）

表 19-3　齿条千斤顶的规格和技术参数

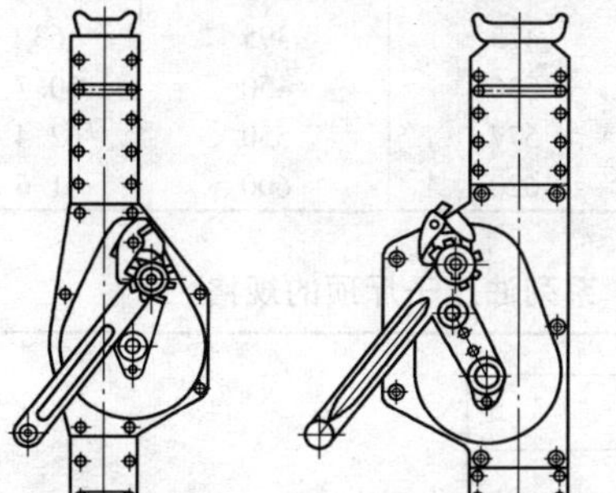

1.6t、3.2t　　5t、10t、16t、20t

手摇式千斤顶

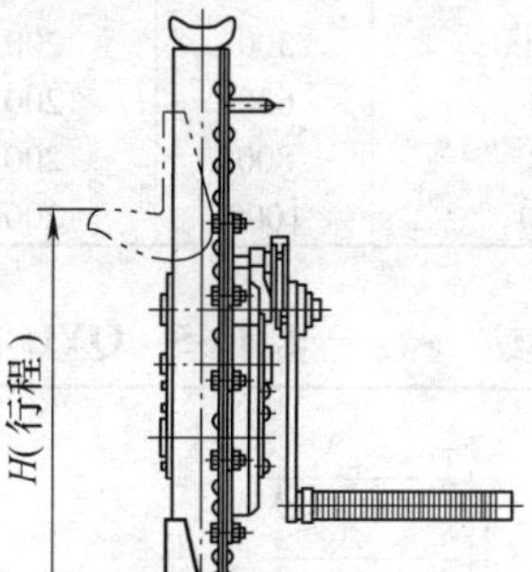

1.6t～20t

手扳式千斤顶

额定起重量 G_n/t	额定辅助起重量 G_r/t	行程 H/mm	手柄（扳手）力（最大）/N
1.6	1.6	350	280
3.2	3.2	350	280
5	5	300	280
10	10	300	560
16	11.2	320	640
20	14	320	640

19.1.5　液压千斤顶的规格有哪些？

FQY 型分离式液压千斤顶的规格见表 19-4。QYL 和 QW 系列油压千斤顶的规格见

表 19-5。

表 19-4　FQY 分离式液压千斤顶的规格

广泛应用于交通、铁路、桥梁、造船、建筑、厂矿等各行各业

型　号	起重量/t	行程/mm	最低高度/mm	液压缸外径/mm	压力/MPa	净质量/kg
FQY5-100	5	100	195	66	40	2
FQY10-125/200	10	125/200	213/330	90	63	5
FQY200-100/150	20	100/150	260/210	90	63	7
FQY20-200	20	200	360	90	63	9
FQY30-63/150	30	63/150	260	105	63	12.5
FQY50-25/100	50	125/160	263/298	132	63	25
FQY50-200	50	200	338	132	63	31
FQY100-125/100	100	125/160	291/326	172	63	49
FQY100-200	100	200	366	172	63	55
FQY200-200	200	200	396	244	63	118
FQY320-200	320	200	427	315	63	213
FQY500-200	500	200	475	395	63	394
FQY630	630	200	536	450	60.7	580
FQY800	800	200	577	550	62.4	1068
FQY1000	1000	200	620	600	61.6	1200

表 19-5　QYL 和 QW 系列油压千斤顶的规格

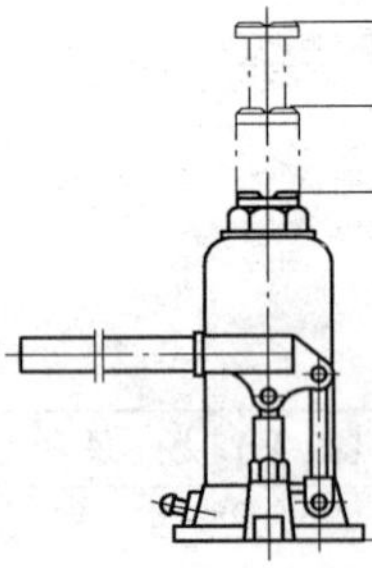

单级立式

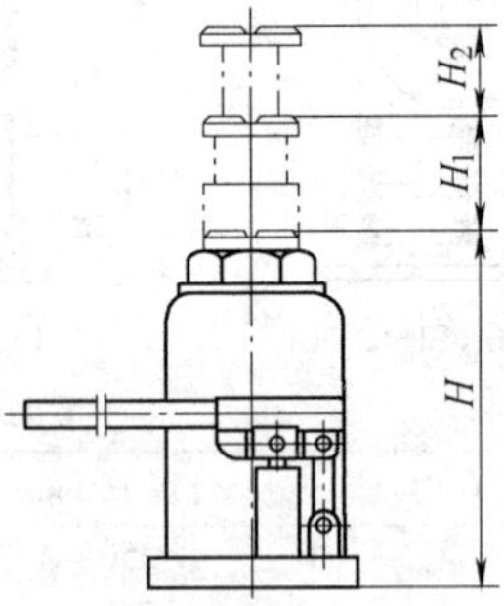

多级立式

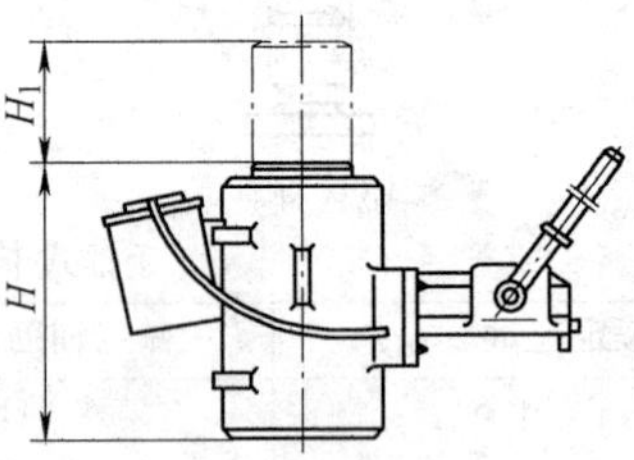

立卧两用式

型　号		起重量/t	最低高度 H/mm	起升高度 H_1/mm	调整高度 H_2/mm	起升进程/mm	公称压力/MPa	净质量/kg
立式	QYL2	2	158	90	60	50	34.7	2.2
	QYL3.2	3.2	195	125	60	32	44.4	3.5
	QYL5G	5	232	150	80	22	—	4.6
	QYL5D	5	200	125	80	22	48.2	4.6
	QYL8	8	236	160	80	16	56.6	6.9

（续）

型号		起重量/t	最低高度 H/mm	起升高度 H_1/mm	调整高度 H_2/mm	起升进程/mm	公称压力/MPa	净质量/kg
立式	QYL10	10	240	160	80	14	61.7	7.3
	QYL12.5	12.5	245	160	80	11	62.4	9.3
	QYL16	16	250	160	80	9	63.7	11.0
	QYL20	20	280	180	80	9.5	69.4	15.0
	QYL32	32	285	180	—	6	71	23.0
	QYL50	50	300	180	—	4	70	33.5
	QYL71	71	320	180	—	3	—	66.0
立卧两用式	QW100	100	360	200	—	4.5	63.7	120
	QW200	200	400	200	—	2.5	69.2	250
	QW320	320	450	200	—	1.6	69.3	435

注：1. 型号中QYL表示立式，QW表示立卧式，G表示高型，D表示低型。

2. 起升进程为液压泵工作10次的活塞上升距离。

19.1.6 千斤顶的安全操作规范有哪些？

1）千斤顶使用前应检查其各部分是否完好，油液是否干净。油压式千斤顶的安全栓有损坏，或螺旋千斤顶、齿条千斤顶的螺纹、齿条的磨损量达20%时，严禁使用。

2）千斤顶应设置在平整、坚实处，并用垫木垫平。

3）千斤顶必须与荷重面垂直，其顶部与重物的接触面间应加防滑垫层。

4）千斤顶严禁超载使用，不得加长手柄，不得超过规定人数操作。

5）使用时，任何人不得站在安全栓的前面。

6）在顶升的过程中，应随着重物的上升在重物下加设保险垫层，到达顶升高度后应及时将重物垫牢。

7）用两台及两台以上千斤顶同时顶升一个物体时，千斤顶的总起重能力应不小于荷重的两倍。顶升时应由专人统一指挥，确保各千斤顶的顶升速度及受力基本一致。

8）油压式千斤顶的顶升高度不得超过限位标志线；螺旋千斤顶及齿条千斤顶的顶升高度不得超过螺杆或齿条高度的3/4。

9）千斤顶不得在长时间无人照料下承受荷重。

10）千斤顶的下降速度必须缓慢，严禁在带负荷的情况下使其突然下降。

19.1.7 选购千斤顶应注意哪些事项？

1）确认所需的额定起重量：建议选用的液压千斤顶的额定起重量比负载高20%。

2）本体高度及行程：根据工况要求，选择合适的本体高度和所需行程。

3）使用频率：根据工况要求，区别维修级和工业级，如果用于生产或特别高频率使用的液压千斤顶，请注明。

4）高温或防腐蚀要求：根据实际工况，提出高温或防腐蚀要求，采用特殊表面处理方式和特殊材料密封件。

5）若液压千斤顶需要抗偏载时，可选择特殊承载设计的液压千斤顶。

6）若需要长时间保持负载时，选择自锁式液压千斤顶。

7）若需要在狭小的空间工作时，选择薄型千斤顶。

8）若需要穿过液压千斤顶时，选择空心千斤顶。

19.2　起重葫芦

19.2.1　什么是起重葫芦？它可分为几类？

起重葫芦是一种由装在公共吊架上的驱动装置、传动装置、制动装置以及挠性卷放或夹持装置带动取物装置升降的轻小起重设备。

起重葫芦可分为手动葫芦（分为手拉式和手扳式）和电动葫芦（分为钢丝绳式、环链式和小车式）两大类。

19.2.2　什么是手拉葫芦？它可分为几类？

手拉葫芦是一种结构简单、轻便省力的起重设备，带反向逆止制动的减速器和链条滑轮组的结合。由人力通过拽引链和链轮驱动，经星轮或有槽链轮卷放起重链条，带动货物升降，多用于垂直提升重物。

按照使用工况可分为两种工作级别：Z 级和 Q 级。前者为重载，可以频繁使用，其起重量为 0.5～40t；后者为轻载，不宜频繁使用，其起重量为 0.5～16t。

19.2.3　手拉葫芦有哪些规格？

手拉葫芦的规格见表 19-6。

表 19-6　手拉葫芦的规格

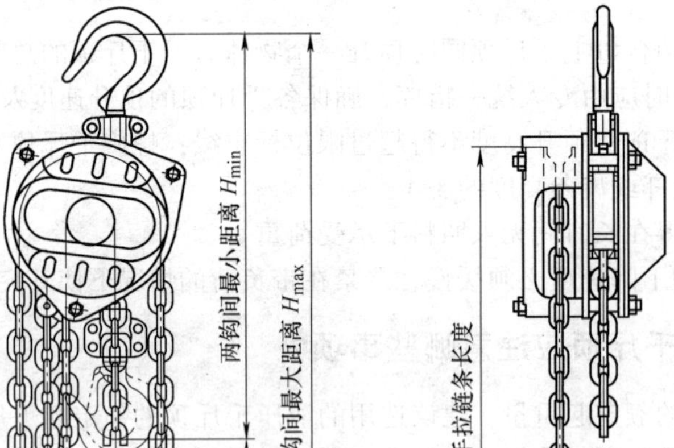

（续）

额定起重量/t	工作级别	标准起升高度/m	两钩间最小距离 H_{min}（不大于）/mm		标准手拉链条长度/m	自身质量（不大于）/kg	
			Z级	Q级		Z级	Q级
0.5	Z级 Q级	2.5	330	350	2.5	11	14
1.0	Z级 Q级	2.5	360	400	2.5	14	17
1.6	Z级 Q级	2.5	430	460	2.5	19	23
2.0	Z级 Q级	2.5	500	530	2.5	25	30
2.5	Z级 Q级	2.5	530	600	2.5	33	37
3.2	Z级 Q级	3	580	700	3	38	45
5	Z级 Q级	3	700	850	3	50	70
8	Z级 Q级	3	850	1000	3	70	90
10	Z级 Q级	3	950	1200	3	95	130
16	Z级 Q级	3	1200	—	3	150	—
20	Z级	3	1350	—	3	250	—
32	Z级	3	1600	—	3	400	—
40	Z级	3	2000	—	3	550	—

19.2.4 使用手拉葫芦有哪些注意事项？

1）使用前应做详细检查，如吊钩、链条与轴是否有变形或损坏，链条的销子是否固定牢固，传动部分是否灵活，拉链是否有滑链或掉链等现象。

2）使用时应检查起重链子是否缠扭，吊钩是否完好，如有缠扭现象应缠放清楚后方可使用。

3）在使用时先把链条稍微拉紧后，检查各部分有无变化，再试摩擦片、圆盘和转轮圈的自锁情况（即制动）是否良好。

4）手拉葫芦在起重时，不能超出其起重能力；在任何位置使用时，拉的方向都应在链轮的平面上，以防链条脱槽。拉链时用力要均匀，不能过快过猛，拉不动时应查明原因，不能增加人数猛拉。一般3t以上的手拉葫芦可增加一人拉。

5）已吊起的重物需中途停止时，要将手拉链拴在起重链上，以防由于时间过长而自锁失灵。

6）传动部分要经常上油，保证润滑，减少磨损。但切勿将润滑油渗进摩擦胶木片内，以防自锁失灵。

7）新的或经过大修的手拉葫芦，应以1.25倍的允许荷重进行10min静力试验后，再以1.1倍的允许荷重进行动力试验，制动性能应良好。一般一年试验一次。

19.2.5 什么是手扳葫芦？它可分为几类？

手扳葫芦（图19-2）是一款使用简单、携带方便的手动起重工具，通过杠杆原理，由人力通过手柄驱动钢丝绳或链条，以带动取物装置运动，多用于水平移动重物。手扳葫芦可以进行提升、牵引、下降、校准等作业。

手扳葫芦分为环链手扳葫芦和钢丝绳手扳葫芦。前者是通过手柄驱动链条带动取物装置运动，起重量为 0.25～9t，适用于边远地区和野外的起重、拽引作业，而且提升和拽引距离不受限制（可由所选用的链条长度而定）。后者具有起重、牵引和张紧三大功能，常见的起重量为 1.5t 和 3t，特别适用于野外无动力源的情况下。

a)　　b)

图 19-2　手扳葫芦

a）环链手扳葫芦　b）钢丝绳手扳葫芦

19.2.6　环链手扳葫芦的基本参数有哪些？

环链手扳葫芦的基本参数见表 19-7。

表 19-7　环链手扳葫芦的基本参数

额定起重量/t	0.25	0.5	0.8	1	1.6	2	3.2	5	6.3	9
标准起升高度/m	1	1.5								
两钩间最小距离 H_{min}（不大于）/mm	250	300	350	380	400	450	500	600	700	800
手扳力/N	200～550									
自身质量（不大于）/kg	3	5	8	10	12	15	21	30	32	48

注：手扳力是指提升额定起重量时，距离扳手端部 50mm 处所施加的扳动力。

19.2.7　使用手扳葫芦有哪些注意事项？

1）使用前必须确认机件完好无损，传动部件及起重链条润滑良好，空转情况正常。

2）使用前应检查上下吊钩是否挂牢，载荷应加在吊钩的钩腔中央。起重链条不得有错扭曲弯曲的链环，以确保安全。

3）严禁超载使用和擅自加长手柄，严禁用人力以外的其他动力操作，以免发生危险。

4）不准违规操作，不准把葫芦放置在雨中或很潮湿的地方。

5）起吊重物时，严禁人员在重物下工作或行走，防止发生人身事故。

6）使用完毕应注意及时进行清洗，检修以后应进行空载试验和重载试验，保证手扳葫芦完好，应在通风、干燥处妥善保存。

19.2.8 什么是电动葫芦?

电动葫芦是用电力起重的设备，具有体积小、自重轻、操作简单、使用方便等特点，起重量在1t以下。电动葫芦带急停开关及强制断开限位开关，防护等级为IP54，带热保护装置。它有钢丝绳电动葫芦和环链电动葫芦、防爆电动葫芦等几种，多安装于桥式起重机、门式起重机之上，主要用于工矿企业、仓储码头等场所，如图19-3所示。

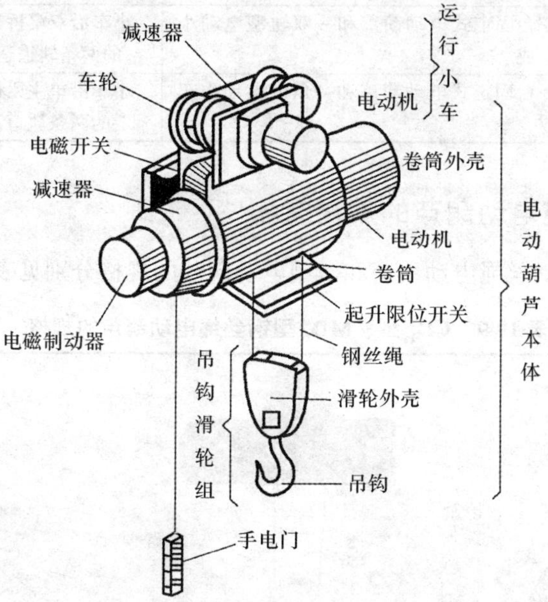

图19-3 电动葫芦的结构

19.2.9 电动葫芦的类别和型式有哪些?

电动葫芦的类别和型式见表19-8。

表19-8 电动葫芦的类别和型式

类别		特征		型式	代号
固定式		无运行机构、固定使用		上方固定	HGS
				下方固定	HGX
				左方固定	HGZ
				右方固定	HGY
单轨小车式	标准建筑高度	具有运行机构、以单轨下翼缘作为运行轨道的电动葫芦	直线型轨道、刚性连接	手拉小车式	HSG
				链轮小车式	HLG
				电动小车式	HDG
			曲线型轨道、铰式连接	手拉小车式	HSJ
				链轮小车式	HLJ
				电动小车式	HDJ

（续）

类别		特征		型式	代号
单轨小车式	低建筑高度	起升机构和配重装置分别布置在运行小车的两侧，运行轨道只有一条	直线型轨道、刚性连接	手拉小车式	HSDG
				链轮小车式	HLGD
				电动小车式	HDGD
			曲线型轨道、铰式连接	手拉小车式	HSJD
				链轮小车式	HLJD
				电动小车式	HDJD
双梁葫芦小车式		由一台固定式电动葫芦和一双轨型电动小车架组成		小车沿双梁桥架上的两条轨道运行	HSC
单主梁角形葫芦小车式		由一台固定式电动葫芦和一角形电动小车架组成		小车沿单主梁桥架上的两条轨道运行	HDC

19.2.10 钢丝绳电动葫芦的规格有哪些？

CD_1 型、MD_1 型钢丝绳电动葫芦和微型电动葫芦的规格分别见表 19-9 和表 19-10。

表 19-9　CD_1 型、MD_1 型钢丝绳电动葫芦的规格

型号规格		$CD_1$0.5-6	$CD_1$1-6	$CD_1$2-6	$CD_1$3-6	$CD_1$5-6	$CD_1$10-6
起重量/t		0.5	1	2	3	5	10
起升高度/m		6	6	6	6	6	9
起重速度/(m/min)	CD_1	8	8	8	8	8	7
	MD_1	8/0.8	8/0.8	8/0.8	8/0.8	8/0.8	7/0.7
运行速度/(m/min)		20	20	20	20	20	20
钢丝绳	绳径/mm	4.8	7.4	11	13	15	15
	规格	6×19-4.8	6×19-7.4	6×37-11	6×37-13	6×37-15	6×37-15
	长度/m	15.5	16	16	17	18	55
运行轨道	工字钢型号	16-28b	16-28b	20a-32c	20a-32c	25a-63c	25a-63c
	最小曲率半径/m	1.5		2			3
电源	额定电压/V	三相交流 380					
	额定频率/Hz	50					
工作制度		JC25%					
接合次数/(次/h)		120					

（续）

型号规格		$CD_1$0.5-6	$CD_1$1-6	$CD_1$2-6	$CD_1$3-6	$CD_1$5-6	$CD_1$10-6
起重电动机	型号	ZD21-4	ZD22-4	ZD31-4	ZD32-4	ZD41-4	ZD51-4
	额定功率/kW	0.8	1.5	3	4.5	7.5	13
	额定转速/(r/min)	1380	1380	1380	1380	1400	1400
	额定电流/A	2.2	4	7	10	16.5	28
运行电动机	型号	ZDY11-4	ZDY11-4	ZDY12-4	ZDY12-4	ZDY21-4	ZDY21-4
	额定功率/kW	0.2	0.2	0.4	0.4	0.8	0.8×2
	额定转速/(r/min)	1380					
	额定电流/A	0.7	0.7	1.3	1.3	2.2	2.2×2
固定式A型总质量/kg		80	130	174	234	392	820
电动小车D型总质量/kg		115	165	224	284	482	1030

注：起升高度可根据客户需要增加至9m、12m、18m、24m、30m。

表19-10 微型电动葫芦的规格

产品型号	使用方法	额定电压/V	输入功率/W	额定起重量/kg	起升速度/(m/min)	起升高度/m	每件数量/个	包装尺寸/cm	(毛质量/净质量)/kg
PA200	单钩	220/230	450	100	10	12	2	47×37×16	24/22
	双钩			200	5	6			
PA250	单钩	220/230	500	125	10	12			25/23
	双钩			250	5	6			
PA300	单钩	220/230	550	150	10	12			26/24
	双钩			300	5	6			
PA400	单钩	220/230	750	200	10	12		52×45×17.5	35/33
	双钩			400	5	6			
PA500	单钩	220/230	900	250	10	12			36/34
	双钩			500	5	6			
PA600	单钩	220/230	1050	300	10	12		53×45×19	41/38

19.2.11 环链电动葫芦提升机构的工作级别有几种?

环链葫芦提升机构的工作级别见表 19-11。

表 19-11 环链葫芦提升机构的工作级别

载荷状态级别	名义载荷谱系数 K_m	使用等级和总使用时间									
		T_0	T_1	T_2	T_3	T_4	T_5	T_6	T_7	T_8	T_9
		总使用时间/kh									
		0.2	0.4	0.8	1.6	3.2	6.3	12.5	25	50	100
L1	$0.000 < K_m \leqslant 0.125$	—	—	M1	M2	M3	M4	M5	M6	M7	M8
L2	$0.125 < K_m \leqslant 0.250$	—	M1	M2	M3	M4	M5	M6	M7	M8	—
L3	$0.250 < K_m \leqslant 0.500$	M1	M2	M3	M4	M5	M6	M7	M8	—	—
L4	$0.500 < K_m \leqslant 1.00$	M2	M3	M4	M5	M6	M7	M8	—	—	—

注：在起重机械等级未知和载荷状态未知的情况下，起重机的工作级别应和同类产品最低工作级别考虑；起重机的电动葫芦部分工作级别应与起重机级别相当。

19.2.12 环链电动葫芦的规格有哪些?

HHXG 环链电动葫芦的规格见表 19-12。

表 19-12 HHXG 环链电动葫芦的规格

起重量/t	起升高度/m	起升速度/(m/min)	功率/kW
1.5	3/9	10.2	3.0
2	3/9	6.8	3.0
2.5	3/9	5.6	3.0
3	3/9	5.8	3.0
5	3/9	2.8	3.0

注：电源电压为 380/220V，频率为 50/60Hz，三相，转速为 1440r/min。

19.2.13 防爆电动葫芦的型号有哪两种?

1）爆炸性气体环境用Ⅰ、Ⅱ类防爆葫芦的型号：

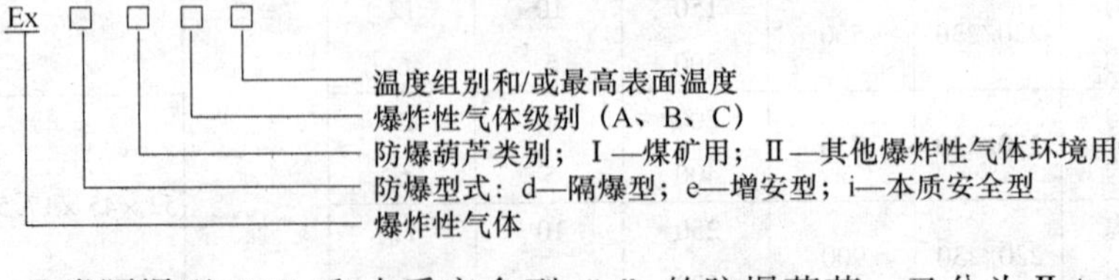

注意：Ⅱ类隔爆型“d”和本质安全型“i”的防爆葫芦，又分为ⅡA、ⅡB 和ⅡC 级防爆葫芦。ⅡB 级防爆葫芦可适用于ⅡA 级防爆葫芦的使用条件，ⅡC 级则可适用于

ⅡA和ⅡB级防爆葫芦使用条件。

2）可燃性粉尘环境用防爆葫芦的型号：

DIP □ □ □

- 温度组别和/或最高表面温度
- 电气设备使用区域（21区、22区）
- 型式（A型、B型）
- 防粉尘点燃

19.2.14　防爆电动葫芦的规格有哪些？

BCD（HB）防爆电动葫芦的规格见表19-13。

表19-13　BCD（HB）防爆电动葫芦的规格

型　号	BCD-0.5t	BCD-1t	BCD-2t	BCD-3t	BCD-5t	BCD-10t
起重量/t	0.5	1	2	3	5	10
起升速度/(m/min)	8					
起升高度/m	6，9，12	6，9，12，18，24，30				
运行速度/(m/min)	20					
最小曲率半径/m	1.8，2	2，2.5，3.0	2，2.5，3.0	2，2.5，3.0	2，2.5，3.0	2，2.5，3.0
电压/V	380					
频率/Hz	50					
相数	3					
工字梁轨道用钢型号	16-28b	16-28b	20a-32c	20a-32c	25a-63c	25a-63c

注：1. 表中所列型号均由济宁炎泰工矿机械设备有限公司生产。

2. 适用于工厂内含有级别为ⅡA、ⅡB、ⅡC级，温度组别为T1、T2、T3、T4组的可燃气体、蒸气与空气形成的爆炸性气体混合物的场所。

19.2.15　电动葫芦的安装注意事项有哪些？

1）要做好安装前的准备，轨道要水平，机架间隔要适合轨道宽度。

2）轨道两端要设置弹性缓冲器，保证电动葫芦运行至轨道两端时不脱轨，或防止碰撞破坏机体。

3）安装时，应检查固定钢丝绳用的塞块是否有松动。

4）轨道或其连接的构架上应设置接地线，接地线可用直径为$\phi4\sim\phi5$mm的裸铜线或截面面积不小于25mm²的金属导线。

19.2.16　电动葫芦在维护时应注意什么？

1）新安装或经拆检后安装的电动葫芦，首先应进行空车试运转数次（但未安装完毕前，切勿通电试转）。

2）禁止在不允许的环境下，以及超过额定负荷和每小时额定合闸次数的情况下使用电动葫芦。

3）不允许同时按下两个使电动葫芦按相反方向运动的手电门按钮。

4）应由专人操纵，且应充分掌握安全操作规程，严禁歪拉斜吊。

5）必须由专门人员定期对电动葫芦进行检查，工作中发现故障应立即切断主电源，及时采取措施，并仔细加以记录。

6）使用中必须保持足够的润滑油，润滑油中不应含有杂质和污垢。

7）不工作时，不允许把重物悬于空中，防止零件产生永久变形。

8）工作完毕后必须把电源的总闸拉开，切断电源。

19.2.17　电动葫芦有哪些常见故障？各有什么对策？

电动葫芦的常见故障和对策见表 19-14。

表 19-14　电动葫芦的常见故障和对策

故　障	原　因	对　策
制动不可靠，下滑距离超过规定要求	制动环磨损大等原因使弹簧压力减小 制动面有油污 制动环松动 压力弹簧疲劳 联轴器窜动不灵或卡死 锥形转子窜动量过大	调整弹簧压力 拆下清洗 更换制动环 更换弹簧 检查其连接部分 按规定调整
升温过高	超载使用 作业过于频繁 制动器间隙太小；运转时制动环未完全脱开	减轻载荷 减少作业次数 重新调整
减速器响声过大，或电动机发出嗡嗡声，或吊物中途停车后不能再起动	润滑不良 电源及电动机断相 电压过低波动大 超载起吊	拆卸检修 检修或更换接触器 等电压恢复后再起动 减载使用
起动后不能停车，或者到极限位置时仍不停车	交流接触器触头熔焊 限位器失灵 限位器内线头接错	切断总电源拆卸检修或更换 换交流接触器 检修限位器线路

19.3　手动起重用夹钳

19.3.1　什么是手动起重用夹钳？其型号如何标记？

手动起重用夹钳是用于起吊钢板、圆钢、钢轨及工字钢等一般用途的手动起重工具，包括竖吊钢板手动夹钳、横吊钢板手动夹钳、圆钢手动夹钳、钢轨手动夹钳和工字钢手动夹钳五种，如图 19-4 所示。

手动起重用夹钳的型号标记方法为：产品代号-极限工作载荷（WLL）。其中产品代号为：DSQ——竖吊钢板手动夹钳；DHQ/2——横吊钢板手动夹钳（成对使用）；DYQ——圆钢手动夹钳；DGQ——钢轨手动夹钳；DZQ/2——工字钢手动夹钳（成对使用)。极限工作载荷（WLL）的单位为 t。

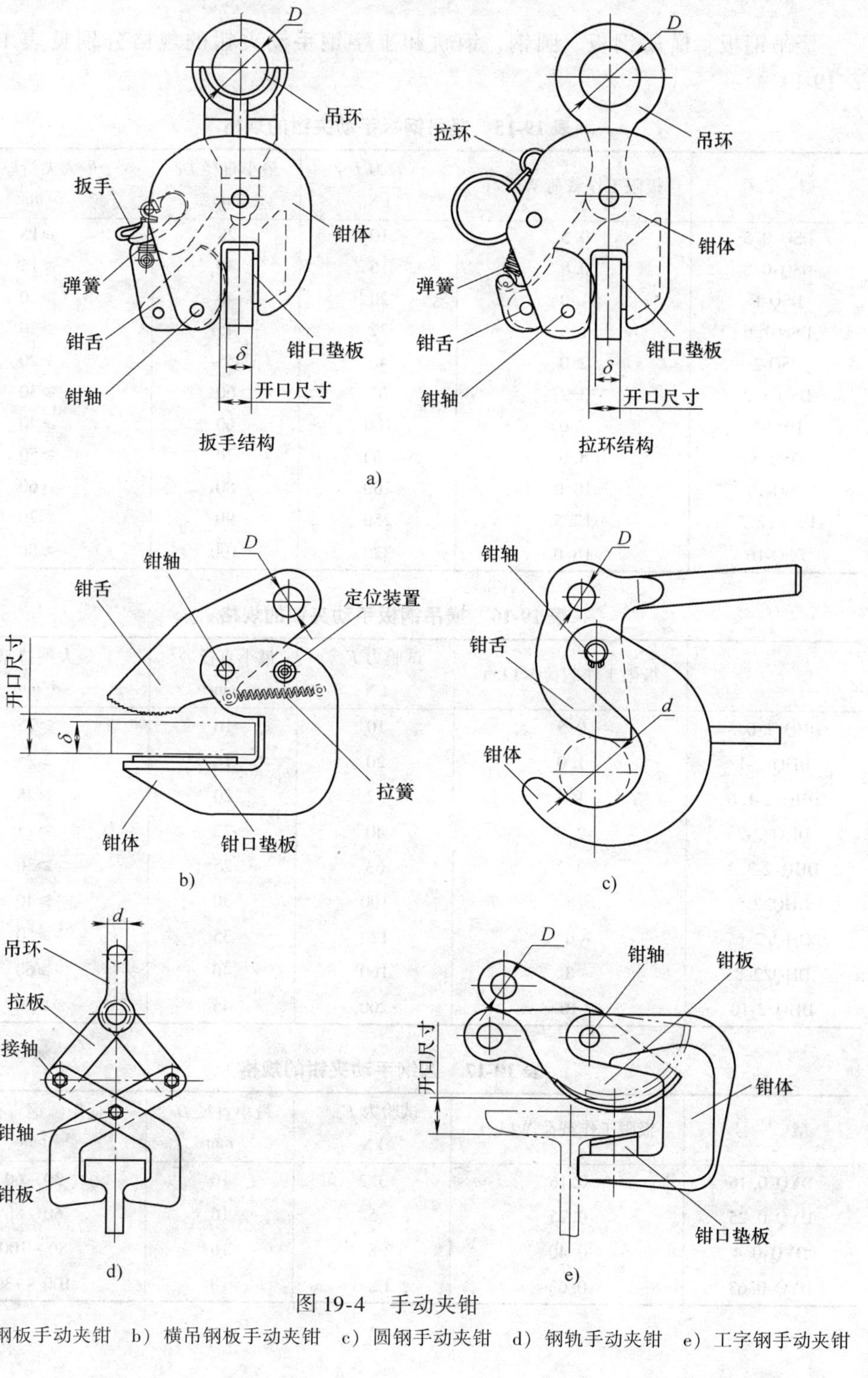

图 19-4 手动夹钳

a）竖吊钢板手动夹钳 b）横吊钢板手动夹钳 c）圆钢手动夹钳 d）钢轨手动夹钳 e）工字钢手动夹钳

19.3.2　各类手动夹钳有哪些规格?

竖吊钢板、横吊钢板、圆钢、钢轨和工字钢手动夹钳的规格分别见表 19-15 ~ 表 19-19。

表 19-15　竖吊钢板手动夹钳的规格

型　号	极限工作载荷 WLL/t	试验力 F_e/kN	最小直径 D/mm	最大夹持厚度 δ/mm
DSQ-0.5	0.5	10	28	≥15
DSQ-0.8	0.8	16	30	≥15
DSQ-1	1.0	20	40	≥20
DSQ-1.6	1.6	32	45	≥20
DSQ-2	2.0	40	55	≥20
DSQ-3.2	3.2	63	60	≥30
DSQ-5	5.0	100	60	≥40
DSQ-8	8.0	160	70	≥50
DSQ-10	10.0	200	80	≥60
DSQ-12.5	12.5	250	90	≥70
DSQ-16	16.0	320	100	≥80

表 19-16　横吊钢板手动夹钳的规格

型　号	极限工作载荷 WLL/t	试验力 F_e/kN	最小直径 D/mm	最大夹持厚度 δ/mm
DHQ/2-0.5	0.5	10	16	≥25
DHQ/2-1	1.0	20	16	≥25
DHQ/2-1.6	1.6	32	20	≥25
DHQ/2-2	2.0	40	22	≥25
DHQ/2-3.2	3.2	63	25	≥30
DHQ/2-5	5	100	30	≥40
DHQ/2-6	6	120	35	≥50
DHQ/2-8	8	160	40	≥60
DHQ/2-10	10	200	45	≥70

表 19-17　圆钢手动夹钳的规格

型　号	极限工作载荷 WLL/t	试验力 F_e/kN	最小直径 D/mm	适用圆钢直径 d/mm
DYQ-0.16	0.16	3.2	16	30 ~ 60
DYQ-0.25	0.25	5	16	60 ~ 80
DYQ-0.4	0.40	8	16	80 ~ 100
DYQ-0.63	0.63	12.6	18	100 ~ 130

表 19-18　钢轨手动夹钳的规格

型　号	极限工作载荷 WLL/t	试验力 F_e/kN	最小直径 d/mm	适用钢轨型号①/(kg/m)
DGQ-0.1	0.1	2	22.4	9~12
DGQ-0.25	0.25	5	22.4	15~22
DGQ-0.5	0.5	10	25.0	30~50

① 钢轨型号应符合 GB 2585 或 GB/T 11264 的规定。

表 19-19　工字钢手动夹钳的规格

型　号	极限工作载荷 WLL/t	试验力 F_e/kN	最小直径 D/mm	适用工字钢型号①
DZQ/2-0.5	0.5	10	18	10~16
DZQD/2-1	1.0	20	20	18~22
DZQ/2-1.6	1.6	32	22	25~32
DZQ/2-2	2.0	40	24	36~45
DZQ/2-3.2	3.2	63	25	50~63

① 工字钢型号应符合 GB/T 706 的规定。

19.4　滑车和滑车组

19.4.1　什么是滑车？它有哪些分类？

滑车是利用滑轮的自由旋转，通过与其他起重工器具的配合来完成起重工作的工具（图 19-5）。

滑车的分类如下：

1）按滑轮数分，可分为单轮（门）滑车、双门滑车、三门滑车、多门滑车。

2）按连接方式分，可分为吊钩型滑车（小起重量）、吊环型滑车（大起重量）、链环型滑车（小起重量）、吊梁型滑车（大起重量）。

3）按材质分，可分为木制滑车、钢制滑车。

4）按用途分，可分为定滑车、动滑车、导向滑车、平衡滑车。

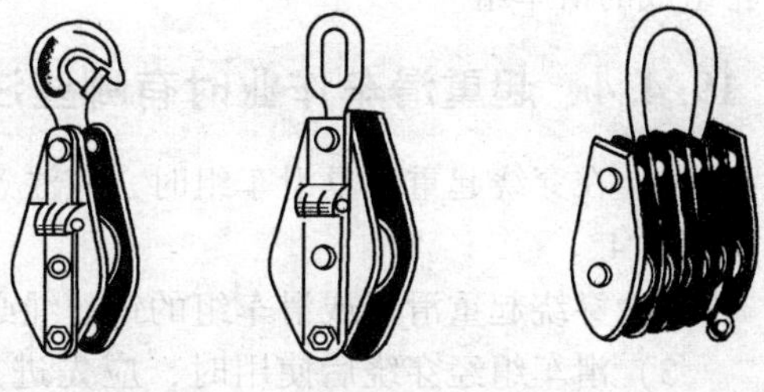

a)　　b)　　c)

图 19-5　滑车

a）吊钩型　b）吊环型　c）多门滑车

19.4.2　通用滑车的起重量及钢丝绳的直径范围如何？

通用滑车的起重量及钢丝绳的直径范围见表 19-20。

表 19-20　通用滑车的起重量及钢丝绳的直径范围

滑轮直径/mm	额定起重量/t 0.32	0.5	1	2	3.2	5	8	10	16	20	32	50	80	100	160	200	250	320	钢丝绳直径范围/mm
	滑轮数量																		
63	1																		6.2
71		1	2																6.2～7.7
85			1	2	3														7.7～11
112				1	2	3	4												11～14
132					1	2	3	4											12.5～15.5
160						1	2	3	4	5									15.5～18.5
180								2	3	4	6								17～20
210							1			3	5								20～23
240								1	2	—	4	6							23～24.5
280										2	3	5	8						26～28
315									1	—	—	4	6	8					28～31
355										1	2	3	5	6	8	10			31～35
400																8	10		34～38
450																		10	40～43

19.4.3　什么是滑车组？

滑车组是定滑车与动滑车的组合，具有定滑车和动滑车的优点，省力，可变速、换向，广泛应用于起重作业。

按起重量的大小，滑车组可分为单轮滑车组、双轮滑车组、三轮滑车组、四至十轮组成的滑车组。

19.4.4　起重滑车作业时有哪些注意事项？

1）在穿绕起重工具滑车组时，应注意钢丝绳在滑轮槽中的角度，滑轮槽的偏角不得超过4°。

2）穿绕起重滑车或滑车组的钢丝绳必须符合滑车的要求。

3）滑车组经穿绕后使用时，应先进行试吊，详细检查各部分是否良好，有无卡绳、摩擦或钢丝绳间互相摩擦之处，如有不妥之处，应经调整后才能正式起吊。

4）滑车所受力的方向变化较大时，或在高空作业中，不宜采用吊钩型滑车，以防脱钩。如使用吊钩型滑车，则应采取保护措施。

5）滑车不得超载使用，滑轮有裂纹或缺损时，不得投入使用。其他部位，如吊钩、轮轴、拉板等存在缺陷，不符合使用要求时，不准使用。

6）若多门滑车在使用中只用其中几门时，则其起重量应经折算相应降低，不能仍按原起重量使用。

19.5 钢丝绳和吊具、索具

19.5.1 什么是钢丝绳？它有什么特点？

钢丝绳（图19-6）是用优质高强度碳素钢丝制成的绳索，先将若干根钢丝拧成钢丝股，然后再由几个钢丝股绕一绳芯拧制成绳索。钢丝绳的绳芯可以是麻芯（棉芯）、石棉芯、金属芯等。钢丝绳主要用来捆绑、起吊、拖拉重物，是起重工作中最常用的绳索之一。其特点如下：

图19-6 钢丝绳

1）强度高，重量轻，弹性好，能承受冲击载荷。

2）高速运行时稳定，噪声小，挠性好，使用灵活。

3）磨损后，外表会出现许多毛刺，易于检查。

4）破断前有断丝的预兆。

5）成本低。

19.5.2 钢丝绳如何标记？

GB/T 8706－2006 规定的钢丝绳标记方法如下：

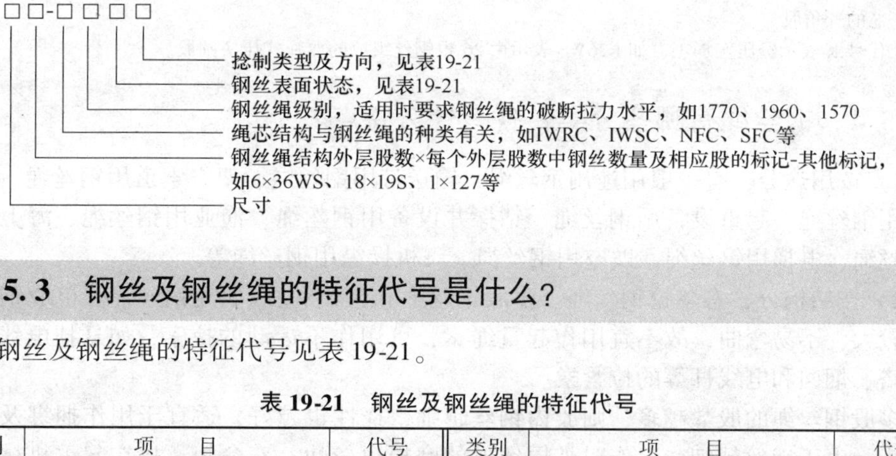

19.5.3 钢丝及钢丝绳的特征代号是什么？

钢丝及钢丝绳的特征代号见表19-21。

表19-21 钢丝及钢丝绳的特征代号

类别	项目		代号	类别	项目		代号
单层钢丝绳	纤维芯FC	天然纤维芯	NFC	平行捻密实钢丝绳	平行捻钢丝绳芯		PWRC
		合成纤维芯	SFC		压实股平行捻钢丝绳芯		PWRC（K）
		固态聚合物芯	SPC		填充聚合物的平行捻钢丝绳芯		PWRC(EP)
	钢芯WC	钢丝股芯	WSC	阻旋转钢丝绳	中心构件	纤维芯	FC
		独立钢丝绳芯	IWRC			钢丝般芯	WSC
		压实股独立钢丝绳芯	IWRC（K）			密实钢丝股芯	KWSC
		聚合物包覆独立绳芯	EPIWRC				

（续）

类别	项　目		代号
股结构类型	单捻	—	—
	平行捻	西鲁式	S
		瓦林吞式	W
		填充式	F
	组合平行捻		WS
	多工序捻	点接触捻	M
		复合捻	N①
横截面形状	圆形		—
	三角形（钢丝及股）		V
	组合芯（股）		B②
	矩形（钢丝）		R
	梯形（钢丝）		T
	椭圆形（钢丝及股）		Q
	Z 形（钢丝）		Z
	H 形（钢丝）		H
	扁形或带形（股）		P
	压实形（股及钢丝绳）		K③

类别	项　目		代号
横截面形状	编织形（钢丝绳）		BR
	扁形（钢丝绳）	单线缝合	PS
		双线缝合	PD
		铆钉铆接	PN
外层钢丝的表面状态	光面或无镀层		U
	B 级镀锌		B
	A 级镀锌		A
	B 级锌合金镀层		B（Zn/Al）
	A 级锌合金镀层		A（Zn/Al）
捻向	右捻		Z
	左捻		S
	右交互捻		SZ
	左交互捻		ZS
	右同向捻		ZZ
	左同向捻		SS
	右混合捻		aZ
	左混合捻		aS

① 代号 N 是一个附加代号并位于基本代号之后，表示复合，如 SN 表示复合西鲁式。

② 代号 B 位于股形代号之后，表示股芯由多根钢丝组合而成，如 V25B 表示由 25 根钢丝组成的带组合芯的三角股。

③ 代号 K 表示经压实加工，如 K26WS 表示由 26 根钢丝组成的西瓦式压实圆股。

19.5.4　钢丝绳有哪些分类？各有什么特点？

1）按用途分，有一般用途用钢丝绳、输送带用钢丝绳、架空索道用钢丝绳、矿井提升用钢丝绳、起重设备用钢丝绳、钻探井设备用钢丝绳、渔业用钢丝绳、海上设施用钢丝绳、电梯用钢丝绳、航空用钢丝绳、飞机操纵用钢丝绳等。

2）按结构分，有单捻钢丝绳、多股钢丝绳和包覆和/或填充钢丝绳。单股钢丝绳刚度较大，不易弯曲，故不宜用作起重绳索，可用作不运动的拉索，如悬挂电线、张拉铁塔、烟囱和电线杆等的拉紧索。

多股钢丝绳的股数越多，则股内钢丝越细，挠性也越好，适宜于用作捆绑及起重用绳索。由于钢丝越细，工作时外层钢丝的磨损也较快，寿命短，故在起重机械及起重作业中六股钢丝绳应用较多。

3）按表面状态分，有光面钢丝绳、镀锌（锌合金或其他金属镀层）钢丝绳和包（涂）塑钢丝绳。

4）按捻制特性（股内钢丝接触状态）分，有点接触钢丝绳、线接触钢丝绳和面接触钢丝绳。

5）按股断面形状分，有圆股钢丝绳和异形股（如三角股、椭圆股和扇形股等）钢丝绳。

6）按捻法分，有左交互捻（ZS）钢丝绳、右交互捻（SZ）钢丝绳、右同向捻（ZZ）钢丝绳和左同向捻（SS）钢丝绳，国外还有混合捻（aZ 或 aS）钢丝绳。

7）按绳芯种类分，有钢丝股芯（IWSC）钢丝绳、钢丝绳芯（IWRC）钢丝绳、天然纤维芯（NFC）钢丝绳和合成纤维芯（SFC）钢丝绳。

8）按材料不同分，有碳钢钢丝绳和不锈钢钢丝绳。

19.5.5 如何选用钢丝绳？

1）起吊重物或穿滑轮使用，应选择比较柔软、易弯曲的 6×37 或 6×61 的钢丝绳。

2）作为缆风绳或拖拉绳可选用 6×19 钢丝绳。

3）根据钢丝绳受力的大小和钢丝绳的许用拉力选择合适的直径。选择后的钢丝绳要进行验算。

19.5.6 使用钢丝绳的注意事项有哪些？

1）钢丝绳开卷时，应防止打结或扭曲。钢丝绳切断时，应有防止绳股散开的措施，钢丝绳端部用钢丝扎紧或用熔点低的合金焊牢，也可用铁箍箍紧，以免绳头松散。

2）安装钢丝绳时，不应在不干净的地方拖线。

3）钢丝绳应保持良好的润滑状态。

4）对日常使用的钢丝绳，每天都应该进行检查，对达到报废标准的应立即报废。

5）做到按规定使用，禁止拖拉、抛掷，使用中不准超负荷，不准使钢丝绳发生锐角折曲，不准急剧改变升降速度，避免冲击载荷。

6）钢丝绳有铁锈和灰垢时，用钢丝刷刷去并涂油。

7）钢丝绳每使用 4 个月涂油一次，涂油时最好用热油（50℃左右）浸透绳芯，再擦去多余的油脂。

8）钢丝绳盘好后应放在清洁干燥的地方，不得重叠堆置，防止扭伤。

9）使用中，钢丝绳表面如有油滴挤出，表示钢丝绳已承受相当大的力量，这时应停止增加负荷，并进行检查，必要时更换新钢丝绳。

10）起吊时，绳索与构件水平面的夹角不能小于 45°，否则会造成绳索在水平方向所受的横向力大于垂直方向的力，容易导致被吊装件侧翻。

19.5.7 钢丝绳用套环有几种？适用哪些钢丝绳规格？

钢丝绳用套环（图 19-7）分普通套环和重型套环两种。适用钢丝绳的公称直径为 6mm、8mm、10mm、12mm、14mm、16mm、18mm、20mm、22mm、24mm、26mm、28mm、32mm、36mm、40mm、44mm、48mm、52mm、56mm、60mm。6mm 规格只限于普通套环。

19.5.8 钢丝绳夹头有什么特点？

钢丝绳夹头（图 19-8）用于钢丝绳终端头的固定、钢丝绳的连接及捆绑绳的固定等。在使用钢丝绳夹头时，其大小要适合钢丝绳的粗细。钢丝绳夹头之间距离为钢丝绳直径的 6 ~ 8 倍。钢丝绳夹头的 U 形圈应卡在绳头的一边。U 形圈上的螺母一定要拧紧，直到钢丝绳被压扁 1/3 左右为止。

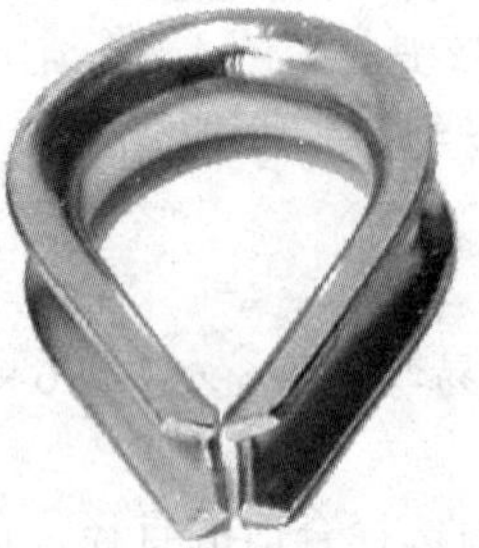

图 19-7　钢丝绳用套环

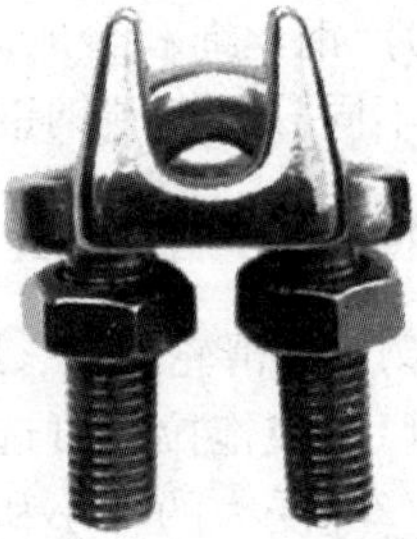

图 19-8　钢丝绳夹头

19.5.9　卸扣有什么特点？使用卸扣的注意事项有哪些？

卸扣是连接起重吊索、滑车组、钢丝绳与设备构件的主要工具，一般起重用锻造卸扣分为弓形卸扣和 D 形卸扣两类（图 19-9）。

a)　　b)

图 19-9　卸扣

a）弓形卸扣　b）D 形卸扣

弓形卸扣和 D 形卸扣的规格（起重量，单位为 t）均为 0.63、0.80、1.00、1.25、1.60、2.00、2.50、3.20、4.00、5.00、6.30、8.00、10.00、12.50、16.00、20.00、25.00、32.00、40.00、50.00、63.00、80.00、100.00。

使用卸扣时的注意事项：必须垂直使用；受力点必须在横销上；拧紧后松半牙；严禁横吊，避免斜吊；不准超载使用。

19.5.10　索具螺旋扣的用途是什么？它有哪些分类？

索具螺旋扣起收紧或松弛作用，常用来调节拉索、缆风绳的张紧或松弛。

索具螺旋扣的分类：

1）按型式分为开式和旋转式两类。开式的型号有 KUUD、KUUH、KOOD、KOOH、KOUD、KOUH、KCCD、KCUD、KCOD；旋转式的型号有 ZCUD、ZUUD。

2）按两端连接方式分为 UU、OO、OU、CC、CU、CO 六种。其中，U 表示 U 形螺杆或 U 形叉子；C 表示 C 形螺杆或 C 形叉子；O 表示 O 形螺杆或 O 形叉子。

3）按螺旋套型式分为模锻和焊接两类。

4）按强度分为 M、P、T 三级。

19.5.11　索具螺旋扣有哪些规格？

索具螺旋扣的规格见表 19-22。

表19-22　索具螺旋扣的规格

型式	种　类	螺杆螺纹规格 d
开式	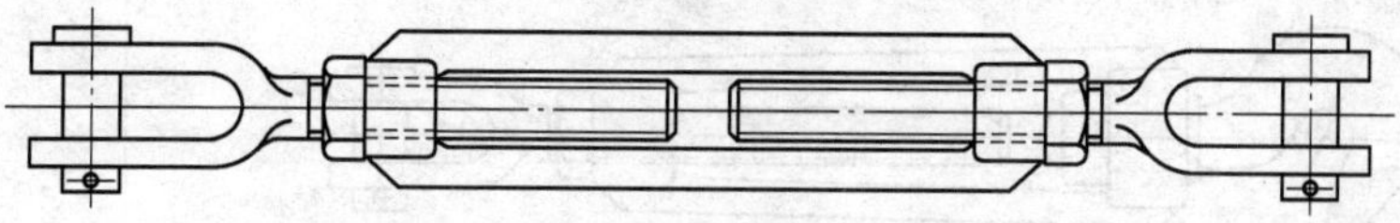 KUUD型 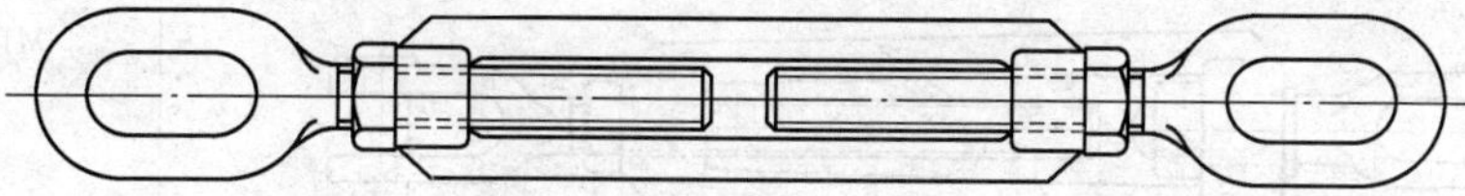 KOOD型 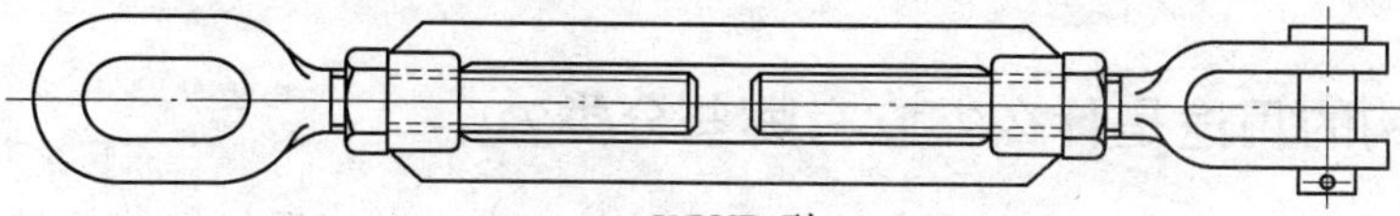 KOUD型	M6，M8，M10，M12，M14，M16，M18，M20，M22，M24，M27，M30，M36
	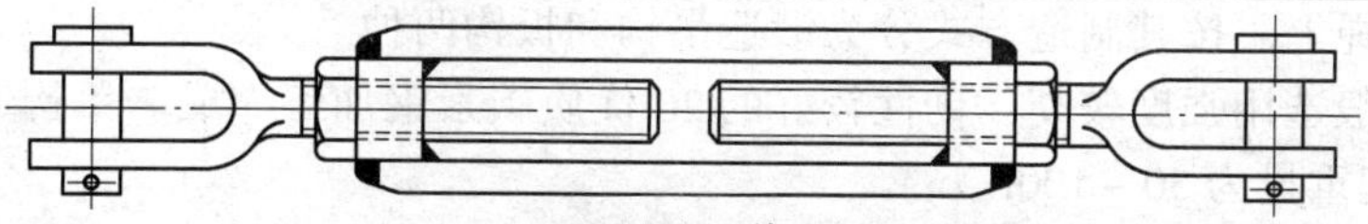 KUUH型 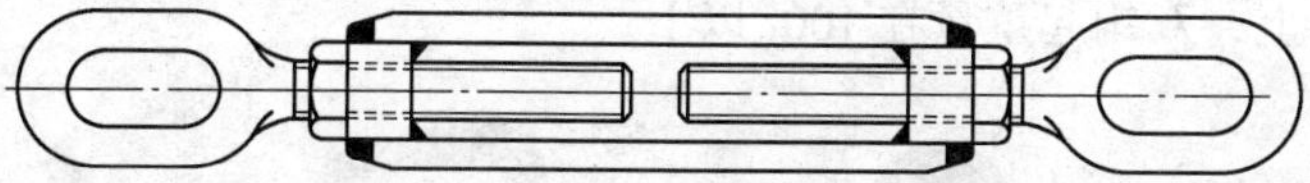 KOOH型 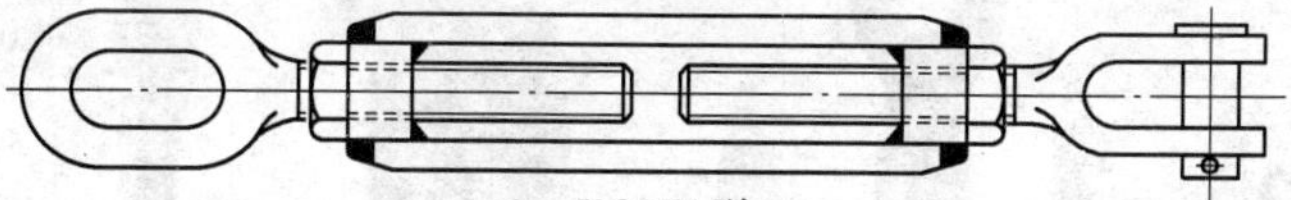 KOUH型	M22，M24，M27，M30，M36，M39，M42，M48，M56，M60，M64，M68，Tr70，Tr80，Tr90，Tr100，Tr120
	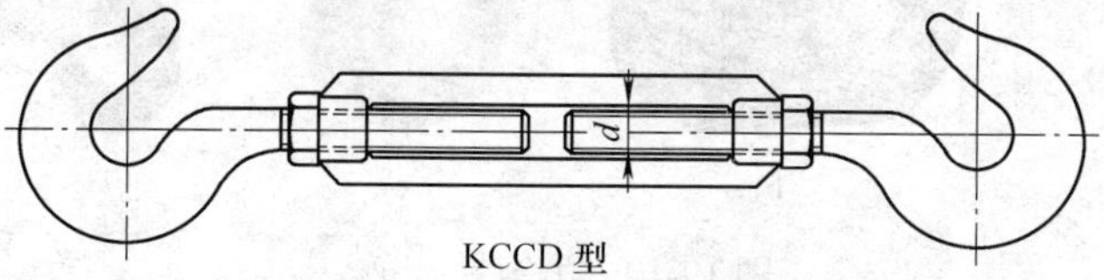 KCCD型 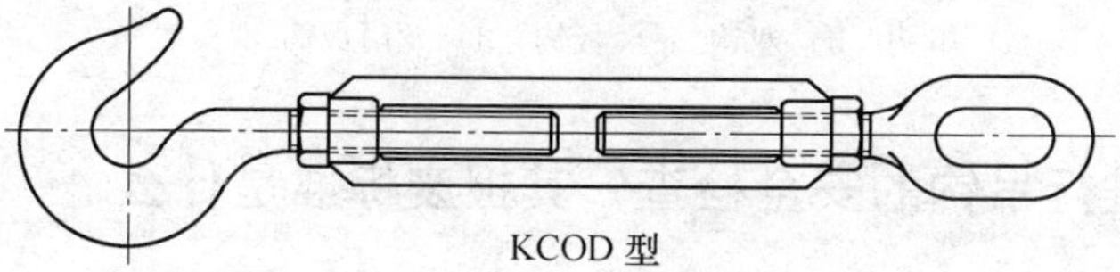 KCOD型 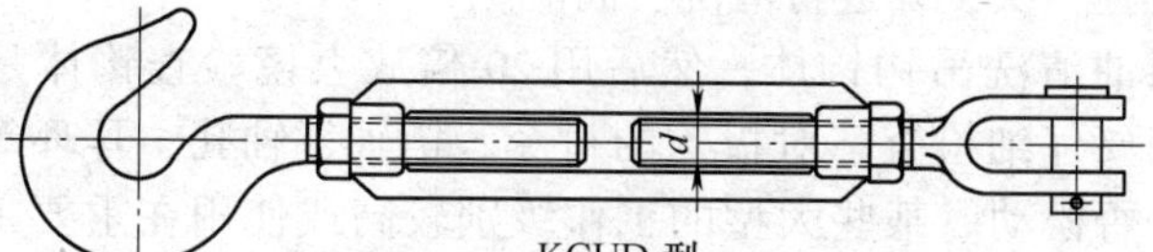 KCUD型	M6，M8，M10，M12，M14，M16

（续）

型式	种　类	螺杆螺纹规格 d
旋转式	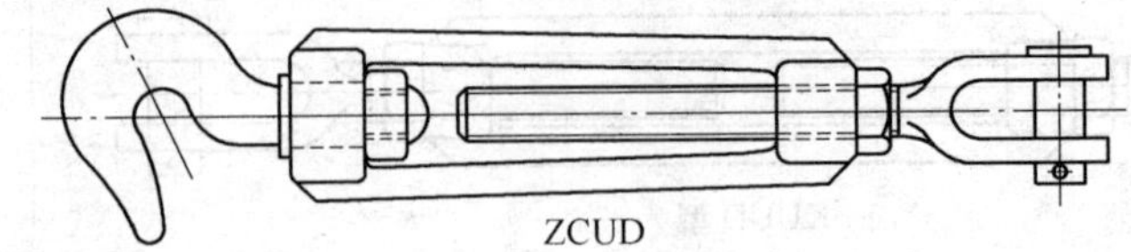 ZCUD 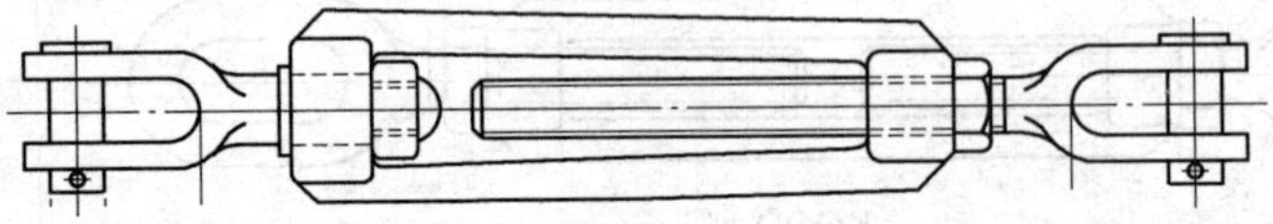 ZUUD	M8，M10，M12，M14，M16

19.5.12　吊钩的用途是什么？它有哪些分类？

吊钩（图 19-10）是起重机械中最常见的一种吊具，常借助于滑轮组等部件悬挂在起升机构的钢丝绳上。按其制造方式分为锻造吊钩和板钩两种。

锻造吊钩一般选用强度较高、韧性较好的 20 优质碳素钢加工而成。单钩起重量在 50t 以下，双钩起重量为 50～100t。

板钩一般选用厚度为 30mm 的 Q235 或 Q345 等普通碳素钢或低合金钢板铆合制成。单钩起重量在 75t 以上，双钩起重量在 100t 以上。

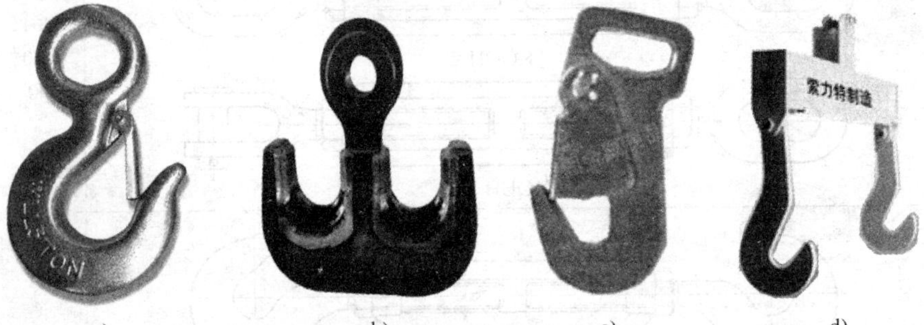

a)　　b)　　c)　　d)

图 19-10　吊钩

a）单钩　b）双钩　c）板钩　d）龙门板钩

19.5.13　如何进行吊钩的安全检查？其报废标准是什么？

吊钩至少每半年检查一次，并进行清洗、润滑。

检查方法：先用煤油清洗吊钩钩体，然后用 20 倍放大镜检查钩体是否有疲劳裂纹，尤其是对危险断面要仔细检查，对板钩的衬套、销轴、轴孔、耳环等检查其磨损情况，检查各紧固件是否松动。某些大型的工作级别较高或使用在重要工况环境的起重机的吊钩，还应采用无损检测法检查吊钩内、外部是否存在缺陷。

当有下列情况之一时应予以报废：吊钩有裂纹；危险断面磨损达原尺寸的10%；开口度比原尺寸增加15%；扭转变形超过10°；危险断面或吊钩颈部产生塑性变形。

19.5.14　吊装作业的注意事项有哪些?

1）作业前必须填写吊装作业申请单。

2）吊装区域设置警示标志，配备监护人。

3）所有起重工作人员应持证上岗。检查吊具是否完好，每次吊装时应使用至少两条导向绳。

4）严禁人员站在吊物的下方。

5）起重负荷不得超过起重机和索具的额定负荷。当绳索与起重物的尖锐边缘接触时，必须使用合适的衬垫加以保护。

6）作业完毕清扫现场，撤销所有围挡和警示标志。

19.5.15　缓冲器的型号和规格有哪些?

缓冲器是用于减少起重机行走机构相碰时动载荷的器材，用于行走速度不高的起重机上。缓冲器（图19-11）有弹簧缓冲器和橡胶缓冲器两种，后者专用于门式起重机和桥式起重机。

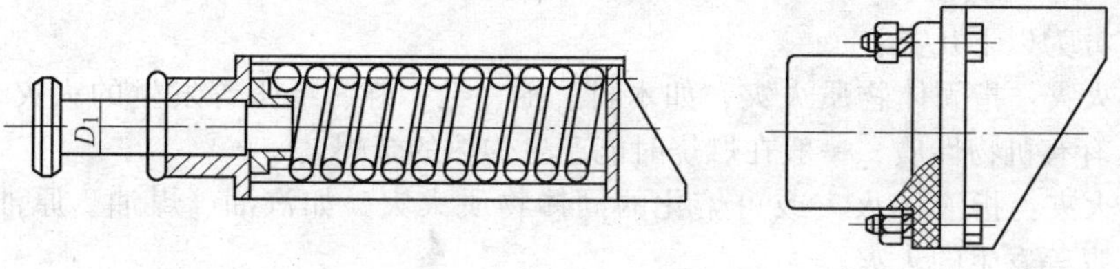

a）　b）

图19-11　缓冲器

a）弹簧缓冲器　b）橡胶缓冲器

弹簧缓冲器的型号和规格见表19-23。

表19-23　缓冲器的型号和规格

型　号	缓冲容量/kN·m	型　号	缓冲容量/kN·m	型　号	缓冲容量/kN·m	型　号	缓冲容量/kN·m
DL-HT1-16	0.16	DL-HT2-100	1.00	DL-HT3-630	6.3	DL-HT4-800	8.0
DL-HT1-40	0.40	DL-HT2-160	1.60	DL-HT3-800	8.0	DL-HT4-1000	10.0
DL-HT1-63	0.63	DL-HT2-250	2.50	DL-HT3-1000	10.0	DL-HT4-1250	12.5
DL-HT1-100	1.00	DL-HT2-315	3.15	DL-HT3-1250	12.5	DL-HT4-1600	16.0
		DL-HT2-400	4.00	DL-HT3-1600	16.0	DL-HT4-2000	20.0
		DL-HT2-500	5.00	DL-HT3-2000	20.0		
		DL-HT2-630	6.30				

第 20 章

消防器材

20.1 概述

20.1.1 什么是消防器材？它分哪几类？

消防器材是用于专业灭火的器材。最常见的消防器材主要包括灭火器、水枪和水炮、消火栓系统和消防破拆工具等。

20.1.2 火灾分哪几类？

火灾分为以下几类：

A 类火灾：指固体物质火灾，如木材、棉、毛、麻、纸张等发生的火灾。这种物质往往具有有机物性质，一般在燃烧时能产生灼热的余烬。

B 类火灾：指液体火灾或可熔化的固体物质火灾，如汽油、煤油、原油、甲醇、乙醇、沥青等发生的火灾。

C 类火灾：指气体火灾，如煤气、天然气、甲烷、乙烷等发生的火灾。

D 类火灾：指金属火灾，如钾、钠、镁、钛、铝镁合金等发生的火灾。

E 类火灾：指带电火灾，如发电机房、变压器室、配电间、仪器仪表间和电子计算机房等在燃烧时不能及时或不宜断电的电气设备带电燃烧的火灾。

F 类火灾：指烹饪器具内的烹饪物（动植物油脂）火灾。

20.1.3 扑救各类火灾如何选择消防器材？

对于 A 类火灾，应选用水型、泡沫、磷酸铵盐干粉、卤代烷型灭火器。

对于 B 类火灾，应选用干粉、泡沫、卤代烷、二氧化碳型灭火器（不能用化学泡沫灭火器，因为化学泡沫与有机溶剂接触，泡沫会迅速被吸收而消失，不能起到灭火的作用，醇、醛、酮、醚、酯等都属于极性溶剂）。

对于 C 类火灾，应选用干粉、卤代烷、二氧化碳型灭火器。

对于 D 类火灾，我国还没有定型的灭火器产品。建议采用干砂或铸铁粉末灭火。也可以用水雾式（或水蒸气）灭火器、水枪扑救（如果采用直流水枪时，水枪必须可靠接地）。如果附近有氮气、氩气也可以用来扑救。不能用直流水扑救电气设备火灾。

建议不用干粉灭火器，因为清理起来比较麻烦。

对于E类火灾，应选用磷酸铵盐干粉、卤代烷型灭火器。

对于F类火灾，应使用窒息灭火方式（隔绝氧气），忌用水、泡沫及含水性物质。

20.2 灭火器

20.2.1 灭火器分为哪几类？

灭火器可按以下多种方法分类：

1）按移动方式，可分为手提式灭火器和推车式灭火器。

2）按驱动灭火剂的动力来源，可分为储气瓶式灭火器、储压式灭火器、化学反应式灭火器。

3）按所充装的灭火剂，可分为泡沫（酸碱泡沫、机械泡沫）灭火器、干粉灭火器、二氧化碳灭火器、四氯化碳灭火器、卤代烷灭火器、二氟一氯一溴甲烷灭火器、水基型灭火器等。

4）按其充装的灭火剂量，可分为：

① 水基灭火器：2L，3L，6L，9L。

② 干粉灭火器：1kg，2kg，3kg，4kg，5kg，6kg，8kg，9kg，12kg。

③ 二氧化碳灭火器：2kg，3kg，5kg，7kg。

④ 洁净气体灭火器：1kg，2kg，4kg，6kg。

20.2.2 什么是简易式灭火器？它包括哪几种？各自的用途是什么？

简易式灭火器是近几年开发的轻便型灭火器。其特点是灭火剂充装量在500g以下，压力在0.8MPa以下，而且是一次性使用的，适合家庭使用。按充入的灭火剂类型，可分为：

1）简易式1211灭火器，也称气雾式卤代烷灭火器。

2）简易式干粉灭火器，也称轻便式干粉灭火器。

3）简易式空气泡沫灭火器，也称轻便式空气泡沫灭火器。

前两者可以扑救液化石油气灶及钢瓶上角阀或煤气灶等处的初起火灾，也能扑救火锅起火和废纸篓等固体可燃物燃烧的火灾。后者适用于油锅、煤油炉、油灯和蜡烛等引起的初起火灾，也能对固体可燃物燃烧的火进行扑救。

20.2.3 灭火器的型号如何编制？

灭火器的型号编制方法：

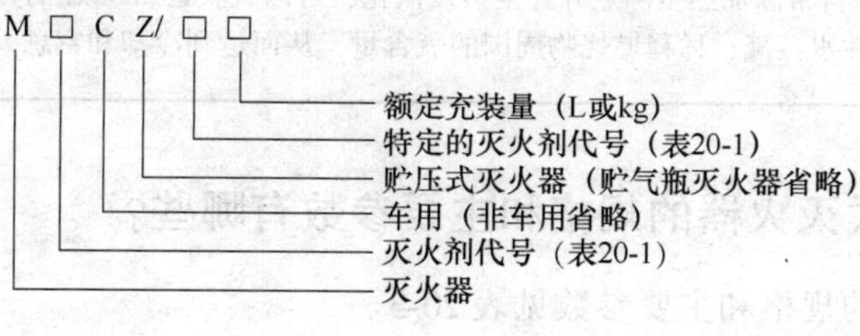

注：如产品结构有改变时，其改进代号可加在原型号的尾部以示区别。

灭火器的名称和代号见表20-1。

表20-1　灭火器的名称和代号

类　别	名　称	填料组	代　号	填料量单位
水基型灭火器	手提式水基型灭火器	水或带添加剂的水（S、P）	MS、MP	L
	车用（C）水基型灭火器		MPC、MSC	L
	推（T）车式水基型灭火器		MPT、MST、MFT	L
干粉灭火器	手提式干粉灭火器	干粉（F）	MF	kg
	车用（C）干粉灭火器		MFC	
	推（T）车式干粉灭火器		MFT	
CO_2灭火器	手提式二氧化碳灭火器	二氧化碳（T）	MT	kg
	车用（C）二氧化碳灭火器		MTC	
	推（T）车式二氧化碳灭火器		MTT	
	1211灭火器	二氟一氯一溴甲烷	1211	kg

注：灭火器的灭火级别由数字和字母组成，数字表示灭火级别的大小，字母表示火灾的类别。

20.2.4　灭火器的原理是什么？

灭火器的原理见表20-2。

表20-2　灭火器的原理

名　称	灭火原理
干粉灭火器	干粉灭火剂是易于流动的无机盐和少量添加剂微细粉末，具有灭火效能
风力灭火器	火灾形成必须要有三个条件：可燃物、氧气和一定的温度。风力灭火器能将大股的空气高速吹向火焰，使燃烧物体表面温度迅速下降到燃点以下
二氧化碳灭火器	1kg液态CO_2可产生约0.5m^3的气体，由于其密度比空气大，可以排除空气而包围在燃烧物体的表面或分布于较密闭的空间中，降低可燃物周围或防护空间内的氧浓度，产生窒息作用而灭火。另外，CO_2从储存容器中喷出时，会由液体迅速汽化成气体，而从周围吸收部分热量，起到冷却的作用
清水灭火器	1kg清水自常温加热至沸点并完全蒸发汽化，可以吸收近2600kJ的热量，同时形成1700倍左右的惰性水蒸气，稀释燃烧物周围的氧含量，从而达到冷却和窒息灭火的目的

20.2.5　手提式灭火器的规格和主要参数有哪些？

手提式灭火器的规格和主要参数见表20-3。

表 20-3 手提式灭火器的规格和主要参数

灭火器类型	灭火剂量/kg	最小喷射距离（20℃）/m 灭A类火	最小喷射距离（20℃）/m 灭B类火	最小有效喷射时间（20℃）/s 灭A类火	最小有效喷射时间（20℃）/s 灭B类火
水基型	2L 3L 6L 9L	灭火级别1A：3.0 灭火级别2A：3.0 灭火级别3A：3.5 灭火级别4A：4.5 灭火级别6A：5.0	3.0 3.0 3.5 4.0	灭火剂量为2～3L：15 灭火剂量＞3～6L：30 灭火剂量＞6L：40	
洁净气体型	1 2 4 6		2.0 2.0 2.5 3.0	1A：8 ≥2A：13	灭火级别21B～34B：8 灭火级别55B～89B：9 灭火级别（113B）：12 灭火级别≥144B：15
二氧化碳型	2 3 5 7		2.0 2.0 2.5 2.5		
干粉型	1 2 3 4 5 6 8 ≥9		3.0 3.0 3.5 3.5 3.5 4.0 4.5 5.0		

20.2.6 推车式灭火器的规格和主要参数有哪些？

推车式灭火器的规格和主要参数见表20-4。

表 20-4 推车式灭火器的规格和主要参数

灭火器类型	灭火剂额定充装量（充装误差）	充装密度	最小有效喷射时间（20℃）	最小喷射距离（20℃）/m
水基型	20L、45L、60L、125L （－5%～0%）	—	40～210s	具有扑灭A类火能力者：≥6m（标准试验方法） 有喷雾喷嘴的水基型灭火器：≥3m
二氧化碳型	10kg、20kg、30kg、50kg （－5%～0%）	≤0.74kg/L	具有扑灭A类火能力者：≥30s 没有扑灭A类火能力者：≥20s	
洁净气体型		≤筒体设计的充装密度		
干粉型	20kg、50kg、100kg、125kg （－2%～＋2%）	—		

注：喷射滞后时间≤5s；完全喷射后，喷射剩余率≤10%。

20.2.7 悬挂式感温自动灭火器的规格和主要参数有哪些?

悬挂式感温自动灭火器的规格见表20-5。

表20-5 悬挂式感温自动灭火器的规格

灭火剂量/kg		2	3	4	5	6	8	10	12	16
灭火剂充装量/kg		2	3	4	5	6	8	10	12	16
有效喷射时间/s		≤5	≤5	≤7	≤7	≤9	≤10	≤10	≤12	≤14
灭火性能	灭火级别（B类）	6B	8B	10B	12B	14B	18B	20B	22B	26B
	保护半径/m	≥0.62	≥0.71	≥0.80	≥0.87	≥0.94	≥1.07	≥1.13	≥1.18	≥1.29
	灭火级别（A类）	5A	8A	8A	13A	21A	21A	21A		
	保护半径/m	≥0.35	≥0.47	≥0.47	≥0.70	≥0.70	≥1.08	≥1.08		

注：推荐使用温度范围：-10（或-20）~55℃。

20.2.8 何谓消防水枪？其型号如何表示?

消防水枪（图20-1）与水带连接后会喷射密集充实的水流，成为灭火的射水工具。直流水枪射出的水流为实心水柱，开关水枪可控制水流大小，开花水枪可射出实心水柱或伞状开花水帘，喷雾水枪可射出实心水柱或雾状水流。消防水枪的适用工作压力为0.20~4.0MPa、流量不大于16L/s的场合，不适用于脉冲气压喷雾水枪。

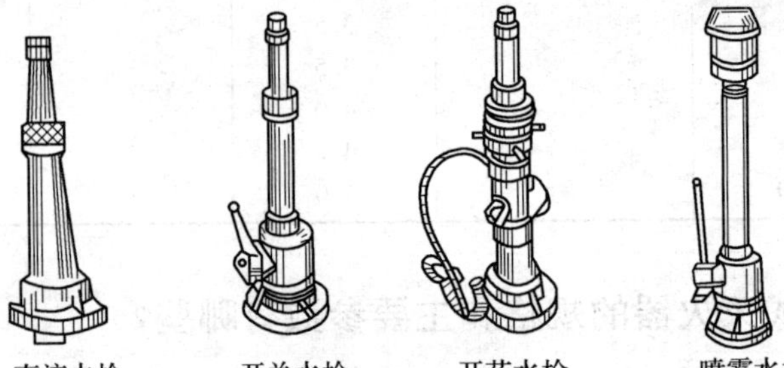

图20-1 消防水枪

消防水枪按其工作压力范围分为低压水枪（0.2~1.6MPa）、中压水枪（>1.6~2.5MPa）和高压水枪（>2.5~4.0MPa）。

消防水枪按其喷射的灭火水流形式可分为直流水枪、开关水枪、开花水枪和喷雾水枪，其中常用的水枪是直流水枪和喷雾水枪。

消防水枪的型号表示方法：

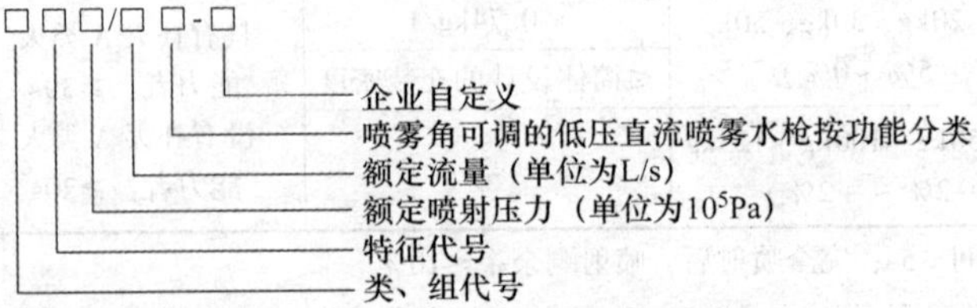

注意：型号中的额定流量，对喷雾水枪为喷雾流量，其余均为直流流量。对于第Ⅲ类低压直流喷雾水枪，最大流量刻度值示为额定流量；对于第Ⅳ类低压直流喷雾水枪，最大直流流量示为额定流量。

20.2.9　消防水枪的代号有哪些?

消防水枪的代号见表20-6。

表20-6　消防水枪的代号

类别	组	特征	水枪代号	代号含义
枪 Q	直流水枪 Z（直）	—	QZ	直流水枪
		开关G（关）	QZG	直流开关水枪
		开花K（开）	QZK	直流开花水枪
	喷雾水枪 W（雾）	撞击式J（式）	QWJ	撞击式喷雾水枪
		离心式L（离）	QWL	离心式喷雾水枪
		簧片式P（片）	QWP	簧片式喷雾水枪
	直流喷雾水枪 L（直流喷雾）	球阀转换式H（换）	QLH	球阀转换式直流喷雾水枪
		导流式D（导）	QLD	导流式直流喷雾水枪
	多用水枪D（多）	球阀转换式H（换）	QDH	球阀转换式多用水枪

例：型号QZ3.5/7.5表示额定喷射压力为0.35MPa，额定直流流量为7.5L/s的直流水枪。

20.2.10　低压水枪的性能如何?

低压水枪分为低压直流水枪、低压喷雾水枪和低压直流喷雾水枪，其性能分别见表20-7～表20-9。

表20-7　低压直流水枪的性能

接口公称通径/mm	当量喷嘴直径/mm	额定喷射压力/MPa	额定流量/(L/s)	射程/m
50	13	0.35	3.5	≥22
	16		5.0	≥25
65	19		7.5	≥28
	22	0.20	7.5	≥20

表20-8　低压喷雾水枪的性能

接口公称通径/mm	额定喷射压力/MPa	额定喷雾流量/(L/s)	喷雾射程/m	接口公称通径/mm	额定喷射压力/MPa	额定喷雾流量/(L/s)	喷雾射程/m
50	0.60	2.5	≥10.5	65	0.60	6.5	≥15.0
		4.0	≥12.5			8	≥16.0
		5.0	≥13.5			10	≥17.0
65		5.0	≥13.5			13	≥18.5

表 20-9 低压直流喷雾水枪的性能

接口公称通径/mm	额定喷射压力/MPa	额定直流流量/(L/s)	直流射程/m	接口公称通径/mm	额定喷射压力/MPa	额定直流流量/(L/s)	直流射程/m
50	0.60	2.5	≥21	65	0.60	6.5	≥30
		4	≥25			8	≥32
		5	≥27			10	≥34
65		5	≥27			13	≥37

20.2.11 中压和高压水枪的性能如何?

中压和高压水枪的性能见表 20-10。

表 20-10 中压和高压水枪的性能

中压水枪				高压水枪			
接口公称通径/mm	额定喷射压力/MPa	额定直流流量/(L/s)	直流射程/m	进口外螺纹尺寸/mm	额定喷射压力/MPa	额定直流流量/(L/s)	直流射程/m
40	2.0	3	≥17	M39×2	3.5	3	≥17

20.2.12 消防炮的型号如何表示?

消防炮的型号表示方法:

□□□□□□

- 自定义
- Z—自吸(非自吸略)
- 主参数(L/s, kg/s)
- C—船用(陆用略)
- 特征代号:KY—液控,KD—电控,Y—移动式,(固定式略)
- 类、组代号:PP—泡沫炮,PS—水炮,PL—两用炮,PF—干粉炮,PZ—组合炮

20.2.13 消防炮有几种?各自的性能参数有哪些?

消防炮有水炮、泡沫炮、两用炮和干粉炮四种,各自的性能见表 20-11 ~ 表 20-14。

表 20-11 水炮的性能

流量/(L/s)	额定工作压力上限/MPa	射程/m	流量/(L/s)	额定工作压力上限/MPa	射程/m
20	1.0	≥48	80	1.2	≥80
25		≥50	100		≥85
30		≥55	120		≥90
40		≥60	150	1.4	≥95
50		≥65	180		≥100
60	1.2	≥70	200		≥105
70		≥75			

注:具有直流喷射功能的水炮,最大喷雾角应≥90°。

表 20-12 泡沫炮的性能

泡沫混合液流量/(L/s)	额定工作压力上限/MPa	射程/m	泡沫混合液流量/(L/s)	额定工作压力上限/MPa	射程/m	泡沫混合液流量/(L/s)	额定工作压力上限/MPa	射程/m
24 32 40 48	1.0	≥40 ≥45 ≥50 ≥55	64 80 100 120	1.2	≥60 ≥70 ≥75 ≥80	150 180 200	1.4	≥85 ≥90 ≥95

注：1. 发泡倍数（20℃）：≥6。

2. 25%析液时间（20℃）：≥2.5min。

表 20-13 两用炮的性能

流量/(L/s)	额定工作压力上限/MPa	射程/m		流量/(L/s)	额定工作压力上限/MPa	射程/m	
		泡沫	水			泡沫	水
24	1.0	≥40	≥45	100	1.2	≥75	≥80
32		≥45	≥50	120		≥80	≥85
40		≥50	≥55	150	1.4	≥85	≥90
48		≥55	≥60	180		≥90	≥95
64		≥60	≥65	200		≥95	≥100
80		≥70	≥75				

注：1. 发泡倍数（20℃）：≥6。

2. 25%析液时间（20℃）：≥2.5min。

3. 表中两用炮由外部设备提供泡沫混合液，其混合比应符合6%～7%或3%～4%的要求；配备自吸装置的泡沫/水两用炮，其泡沫射程可以比表中规定的射程小10%，其混合比也应符合6%～7%或3%～4%的要求。

表 20-14 干粉炮的性能

有效喷射率/(kg/s)	工作压力范围/MPa	有效射程/m	有效喷射率/(kg/s)	工作压力范围/MPa	有效射程/m
10 20 25 30	0.5～1.7	≥18 ≥20 ≥30 ≥35	35 40 45 50	0.5～1.7	≥38 ≥40 ≥45 ≥50

20.3 消防破拆工具

20.3.1 消防斧有几种？其规格如何？

消防斧用于清理着火或易燃材料，切断火势蔓延途径，还可以劈开被烧变形的门窗，解救被困人员。消防斧有消防平斧和消防尖斧、消防腰斧之分，平斧和尖斧适用于消防抢险救援作业时破拆用，消防腰斧则适用于消防员随身佩带、在灭火救援时用于手动破拆非带电障碍物。消防斧的规格见表 20-15。

表 20-15　消防斧的规格

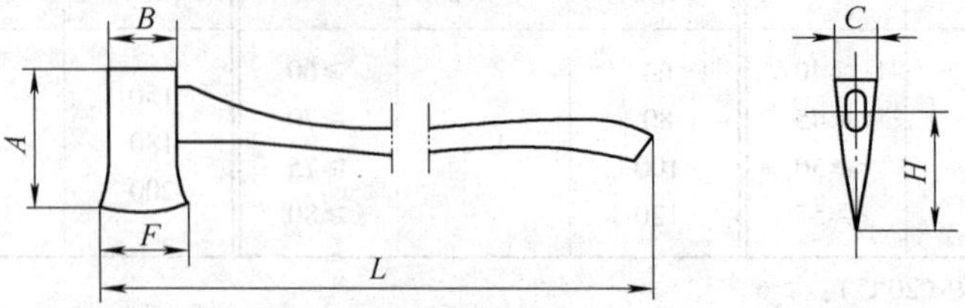

规格	平斧尺寸/mm								斧头质量/kg
	斧全长 L	斧头长 A	斧顶宽 B	斧顶厚 C	斧刃宽 F	斧孔长	斧孔宽	孔位 H	
P610	610	164	68	24	100	55	16	115	≤1.8
P710	710	172	72	25	105	58	17	120	
P810	810	180	76	26	110	61	18	126	≤1.5
P910	910	188	80	27	120	64	19	132	

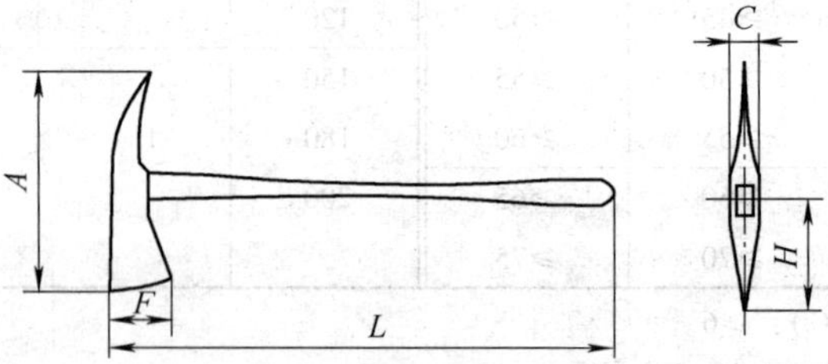

规格	尖平斧尺寸/mm							斧头质量/kg
	斧全长 L	斧头长 A	斧体厚 C	斧刃宽 F	斧孔长	斧孔宽	孔位 H	
J715	715	300	44	102	48	26	140 ~ 150	≤2.0
J815	815	330	53	112	53	31	155 ~ 166	≤3.5

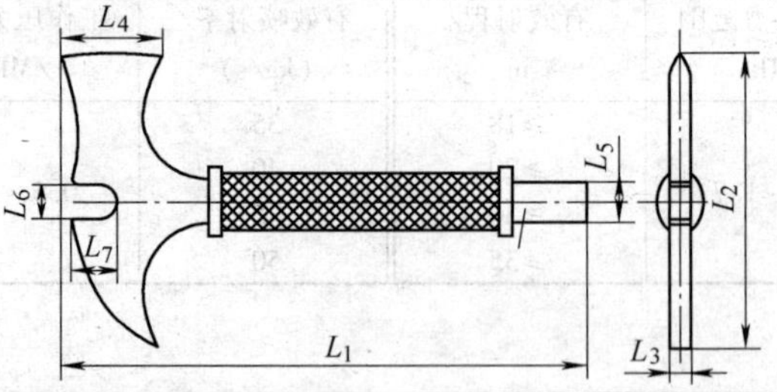

规格	腰斧全长 L_1	斧头长 L_2	斧头厚 L_3	平刃宽 L_4	柄刃宽 L_5	撬口宽 L_6	撬口深 L_7
	mm						
265	265	150	10	56	22	30	25
285	285	160					
305	305	165					
325	325	175					

20.3.2　对消防斧有哪些要求?

1. 材料

消防斧斧头应采用金属材料制造。斧柄应采用重量轻、强度高的硬质材料，经过GA 138—2010规定的力学性能试验后，不得出现折断、破裂等损伤；若采用木材，还应保证含水率不大于16%。

2. 表面质量

1）斧头表面抛光部分的表面粗糙度值应不大于$Ra6.3\mu m$。

2）金属表面应平整光洁，没有裂纹、毛刺、凹痕、缺损或有害杂质等缺陷，涂漆部分没有流痕、气泡等缺陷。

3）消防斧斧柄的表面应光滑、无缺损。

3. 硬度

消防斧斧刃硬度应为48～56HRC，斧孔壁硬度应不大于35HRC。

4. 对称度

1）斧头小面与斧孔中心的偏差量应小于2mm。

2）斧刃与斧柄端部中心线的偏差（即对称度）应小于8mm。

5. 力学性能

1）抗拉离性能：斧头与斧柄应装配牢固。最小拉离力：质量不大于1.4kg的斧头为12.5kN，质量更大的斧头为20 kN。

2）平刃砍断性能：重复砍击不超过3次，应能砍断直径10mm的Q235A热轧圆钢，且刃口应无明显卷刃、崩刃和开裂等现象。

3）尖刃凿击性能：重复凿击不超过3次，应能凿裂强度等级为C20的混凝土试块，且刃口应无明显的崩刃和开裂。

4）抗冲击性能：消防斧斧刃应能承受重锤锤击，冲击后斧刃不应有裂纹、变形等损伤。

20.4　消火栓系统

20.4.1　何谓分水器和集水器？其型号如何标记？

分水器和集水器都是消防车的附件。前者的作用是把单股水分成两股或三股水；后者的作用是把两个小口径的消火栓与大口径的消防车进口相连接。

分水器和集水器型号的标记方法：

□□□/□-□

- 公称压力，单位为MPa
- 分(集)水器的出(进)水口公称通径×数量（1不标），组合型的以“/”分开，通径由小到大排列，单位为mm
- 分(集)水器的进(出)水口公称通径，单位为mm
- 分(集)水器类型：Ⅱ—二分(集)水器，Ⅲ—三分(集)水器，Ⅳ—四分(集)水器
- F—分水器，J—集水器

20.4.2　分水器和集水器的性能与结构参数有哪些？

分水器和集水器的性能与结构参数见表 20-16。

表 20-16　分水器和集水器的性能与结构参数

二分水器

三分水器

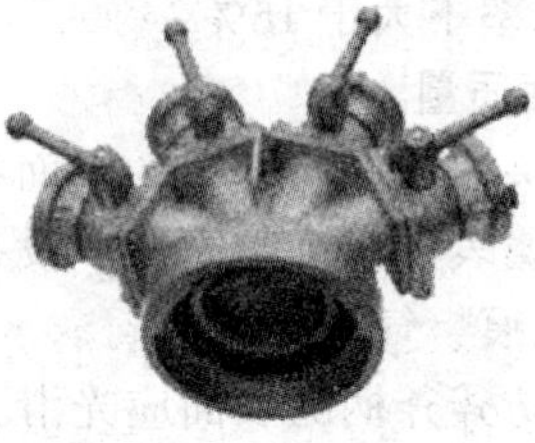

四分水器

名称	进水口		出水口		公称压力/MPa	开启力/N
	接口型式	公称通径/mm	接口型式	公称通径/mm		
二分水器 三分水器 四分水器	消防接口	65 80 100 125 150	消防接口	50 65 80 100 125	1.6 2.5	≤200

二集水器

四集水器

名称	进水口		出水口		公称压力/MPa	开启力/N
	接口型式	公称通径/mm	接口型式	公称通径/mm		
二集水器 三集水器 四集水器	消防接口	65 80 100 125	消防接口	80 100 125 150	1.0 1.6 2.5	≤200

20.5　消火栓

20.5.1　消火栓如何分类？

消火栓安装在消防管网上，与消防水带和水枪等配套使用，可为室内消火栓和室外消火栓两类。

1. 室内消火栓

室内消火栓（图20-2）是室内管网向火场供水的、带有阀门的接口，为工厂、仓库、高层建筑、公共建筑及船舶等室内固定消防设施，通常安装在消火栓箱内，与消防水带和水枪等器材配套使用。减压型消火栓为其中一种。室内消火栓可分为以下几种：

1）单阀单出口消火栓（图20-2a）。

2）双阀双出口消火栓（图20-2b）。

《高层民用建筑设计防火规范》规定：18层及其以下的单元式住宅，以及每层不超过8户、建筑面积不超过650m²的塔式住宅，设两根消防竖管有困难时，可设一根竖管，但必须采用双阀双出口型消火栓。

3）可旋转消火栓（图20-2c）。其栓体可相对于与进水管路连接的底座水平360°旋转，因而可以安装在超薄箱体内。当消火栓不使用时，可将栓体出水口旋转至与墙体平行状态，即可关闭箱门；在使用时，将栓体出水口旋出与墙体垂直，即可接驳水带，操作方便。

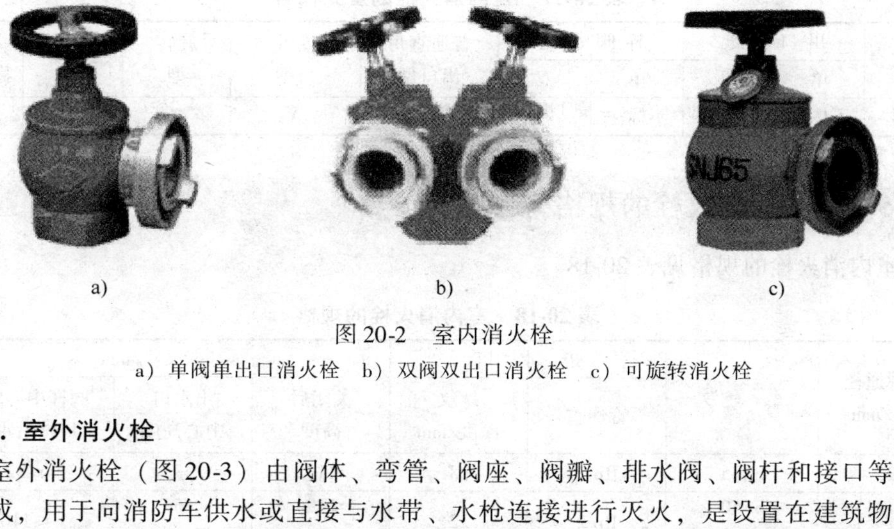

a)　　b)　　c)

图20-2　室内消火栓

a）单阀单出口消火栓　b）双阀双出口消火栓　c）可旋转消火栓

2. 室外消火栓

室外消火栓（图20-3）由阀体、弯管、阀座、阀瓣、排水阀、阀杆和接口等零部件组成，用于向消防车供水或直接与水带、水枪连接进行灭火，是设置在建筑物外面

a)　　b)

图20-3　室外消火栓

a）地下型消火栓　b）地上型消火栓

消防给水管网上的供水设施，主要供消防车从市政给水管网或室外消防给水管网取水实施灭火，也可以直接连接水带、水枪出水灭火。

室外消火栓有地下型消火栓和地上型消火栓两种。前者安装在地下，不影响市容和交通，尤其适宜于寒冷地区。

20.5.2　室内消火栓的型号如何编制？

室内消火栓的型号编制方法：

SN□ □-□-□

- 厂家标识
- 减压稳压类别代号（用Ⅰ、Ⅱ、Ⅲ表示）
- 公称通径 DN（单位为mm）
- 型式代号（表20-17）
- 室内消火栓代号

注：减压稳压型室内消火栓进水口压力 p_1：$p_{1Ⅰ}=0.4\sim0.8$MPa，$p_{1Ⅱ}=0.4\sim1.2$MPa，$p_{1Ⅲ}=0.4\sim1.6$MPa。Ⅰ、Ⅱ、Ⅲ三者的出水口压力 $p_2=0.25\sim0.35$MPa，流量 $Q\geqslant5.0$L/s。

表 20-17　室内消火栓的型式代号

型式	出口数量		栓阀数量		普通直角出口型	45°出口型	旋转型	减压型	减压稳压型
	单	双	单	双					
代号	不标注	S	不标注	S	不标注	A	Z	J	W

20.5.3　室内消火栓的规格有哪些？

室内消火栓的规格见表 20-18。

表 20-18　室内消火栓的规格

公称通径 DN/mm	型号	进水口		基本尺寸/mm		
		管螺纹	螺纹深度/mm	关闭后高度	出水口中心高度	阀杆中心距接口外沿距离
25	SN25	Rp 1	18	≤135	48	≤82
50	SN50	Rp 2	22	≤185	65	≤110
	SNZ50			≤205	65~71	
	SNS50	Rp 21/2	25	≤205	71	≤120
	SNSS50			≤230	100	≤112
65	SN65	Rp 21/2	25	≤205	71	≤120
	SNZ65			≤225	71~100	≤126
	SNZJ65					
	SNZW65					
	SNJ65	Rp 3				
	SNW65					
	SNS65	Rp 3	25	≤270	110	
	SNSS65					
80	SN80	Rp 3	25	≤225	80	

注：公称压力为 1.6MPa。

20.5.4 室外消火栓的型号如何编制？

室外消火栓型号编制方法：

□□□/□-□□

- 厂家自定义
- 公称压力，单位为MPa
- 出水口水带连接规格，单位为mm
- 出水口吸水管连接规格，单位为mm
- 特殊型代号：P—泡沫消火栓，F—防撞型，T—调压型，W—减压稳压型（普通型省略）
- 型式代号：SS—地上式，SA—地下式，SD—折叠式

20.5.5 室外消火栓的规格有哪些？

室外消火栓的规格见表20-19。

表20-19 室外消火栓的规格

型式规格	进水口公称通径/mm	出水口公称通径/mm	公称压力/MPa	尺寸/mm		
				长度	宽度	高度
SS100	100	100	1.6	≤400	≤340	≤1515
SS100	100	65/65	1.6	≤400	≤340	≤1515
SS150	150	150	1.0	≤450	≤335	≤1590
SS150	150	80/80	1.0	≤450	≤335	≤1590
SA100	100	100/65	1.6	≤476	≤285	≤1050
SA150	100	65/65	1.0	≤472	≤285	≤1040

注：进水口接口形式为法兰承插式，出水口接口形式为内扣式。

20.5.6 消防水带的型号如何编制？

消防水带的型号表示方法：

□-□-□-□/□-□/□-S

- 湿水带标识
- 编织层外覆（外套）材料材质（适用时）
- 衬里材质
- 编织层纬线材质
- 编织层经线材质
- 长度，单位为m
- 公称内径，单位为mm
- 型号（设计工作压力值的10倍），单位为MPa

20.5.7 消防水带的规格有哪些？

消防水带的规格见表20-20。

表 20-20　消防水带的规格

规格	水带内径的公称尺寸/mm	单位长度质量/(kg/m)	规格	水带内径的公称尺寸/mm	单位长度质量/(kg/m)
25	25.0	≤0.18	125	127.0	≤1.60
40	38.0	≤0.28	150	152.0	≤2.20
50	51.0	≤0.38	200	203.5	≤3.4
65	63.5	≤0.48	250	254.0	≤4.6
80	76.0	≤0.60	300	305.0	≤5.8
100	102.0	≤1.10			

注：消防水带的长度系列有 15m、20m、25m、30m、40m、60m、200m。

20.5.8　如何正确管理消防设施及器材？

1）消防设施及器材包括防盗门、应急照明灯、指示灯、各种消防标识及干粉灭火器等。

2）由消防监管员每月按照《消防设备设施月检查记录表》中的巡回路线项目检查一遍，并把检查情况登记在表格中。

3）检查内容如下：

① 防火门是否为关闭状态，铰链是否灵活，整体有无损坏。

② 应急照明灯及指示灯的电源是否正常，整体有无损坏，清扫表面灰尘等。

③ 各种消防标识的安装是否牢固，定位是否准确，整体有无损坏，清扫表面灰尘等。

④ 各种灭火器的瓶体是否完好，固定是否牢靠，保险栓是否完好，气体压力是否在规定的范围内等。

参考文献

[1] 刘光启，赵海霞．五金手册［M］．北京：化学工业出版社，2012.
[2] 李成栋，刘光启，等．常用金属型材速查速算手册［M］．北京：化学工业出版社，2013.
[3] 南京科标书社．国内外五金手册［M］．2版．南京：江苏科学技术出版社，2007.
[4] 许育龙．新编常用金属材料速查手册［M］．福州：福建科学技术出版社，2005.
[5] 孙贵鑫，耿炜．实用工具手册［M］．北京：金盾出版社，2006.
[6] 陈永，潘继民．新编五金手册［M］．北京：机械工业出版社，2010.
[7] 郭玉林．五金速查手册［M］．最新版．郑州：河南科学技术出版社，2008.
[8] 李春胜，黄德彬．金属材料手册［M］．北京：化学工业出版社，2005.
[9] 祝燮权．实用工具手册［M］．上海：上海科学技术出版社，2000.
[10] 宁辰校，张戌社．液压气动入门知识300问［M］．北京：化学工业出版社，2010.
[11] 全国液压气动标准化技术委员会．中国机械工业标准汇编：液压与气动卷［M］．北京：中国标准出版社，1999.
[12] 马玉贵，马志军．液压件检修与故障排除问答［M］．北京：中国建材工业出版社，2001.
[13] 刘延俊．液压系统使用与维修［M］．2版．北京：化学工业出版社，2015.
[14] 顾伯勤，等．静密封设计技术［M］．北京：中国标准出版社，2004.
[15] 李邦协．实用电动工具手册［M］．北京：机械工业出版社，2001.
[16] 张若美．建筑装饰施工技术［M］．2版．武汉：武汉理工大学出版社，2004.
[17] 刘胜新．五金工具手册［M］．北京：机械工业出版社，2011.
[18] 阳鸿钧，等．电动工具使用与维修960问［M］．北京：机械工业出版社，2013.
[19] 谢秀颖．实用电工工具与电工材料速查手册［M］．北京：机械工业出版社，2012.
[20] 潘继民．建筑五金实用手册［M］．北京：机械工业出版社，2014.
[21] 蒋世忠，罗晖．常用电动工具结构原理与维修［M］．北京：机械工业出版社，2013.
[22] 夏新涛，马伟，颉谭成，等．滚动轴承制造工艺学［M］．北京：机械工业出版社，2007.
[23] 曹岩，白瑀．常用滚动轴承手册与三维图库［M］．UG NX版．北京：化学工业出版社，2011.
[24] 马荣朝，漆向军．新编实用五金手册［M］．北京：人民邮电出版社，2007.
[25] 单洪标，耿玉岐．五金工具手册［M］．北京：金盾出版社，2003.